Frohn / Oberthür / Siedler / Wiemer / Zastrow

Elektronik II · Bauelemente und Grundschaltungen der Mikroelektronik

Lehrbuch

HPI-Fachbuchreihe
ELEKTRONIK / MIKROELEKTRONIK

ELEKTRONIK II
Bauelemente und Grundschaltungen der Mikroelektronik

Lehrbuch

Autoren

MANFRED FROHN · WOLFGANG OBERTHÜR · HANS-JOBST SIEDLER
MANFRED WIEMER · PETER ZASTROW

mit 696 Abbildungen

6., vollständig überarbeitete Auflage

Pflaum Verlag München

CIP-Titelaufnahme der Deutschen Bibliothek

Elektronik. – München; Bad Kissingen; Baden-Baden; Berlin;
Düsseldorf; Heidelberg: Pflaum
Teilw. hrsg. vom Heinz-Piest-Inst. für Handwerkstechnik
an d. Univ. Hannover
NE: Heinz-Piest-Institut für Handwerkstechnik <Hannover>

2. Bauelemente und Grundschaltungen der Mikroelektronik.
Lehrbuch. – 6., vollständig überarb. Aufl. – 1991

Bauelemente und Grundschaltungen der Mikroelektronik /
[Hrsg.: PROTECH-Medien-GmbH]. – München; Bad Kissingen;
Baden-Baden; Berlin; Düsseldorf; Heidelberg: Pflaum.
(Elektronik; 2)
(HPI-Fachbuchreihe Elektronik, Mikroelektronik)
NE: Protech-Medien GmbH <Duderstadt>

Lehrbuch. Autoren Manfred Frohn . . . – 6., vollständig
überarb. Aufl. – 1991
ISBN 3-7905-0585-4
NE: Frohn, Manfred

ISBN 3-7905-0585-4

Herausgeber: PROTECH-Medien-GmbH, D-3408 Duderstadt
Gesamtherstellung: Pustet, Regensburg

Vorwort zur 6. Auflage

Die bundeseinheitliche, praxisorientierte Elektronikschulung nach dem Schulungsprogramm und den Richtlinien des Heinz-Piest-Instituts ist seit ihrer Einführung im Herbst 1969 zu einem festen Begriff im Bereich der beruflichen Erwachsenenbildung geworden. Auf freiwilliger Basis arbeiten inzwischen über 200 anerkannte Elektronik-Schulungsstätten nach diesem Programm. Es besteht aus drei Grundlehrgängen sowie einer Reihe von Fachlehrgängen, und dient zur Anpassung an die schnelle technische Entwicklung auf dem Gebiet der Elektronik.
Der Elektronik-Paß als zugehöriger Qualifikationsnachweis hat bereits eine weitgehende Anerkennung in Wirtschaft und Verwaltung gefunden. In jedem Jahr verlassen etwa 18000 bis 20000 weitere erfolgreiche Teilnehmer an den HPI-Lehrgängen die Schulungsstätten. Sie können die erworbenen Kenntnisse und Fertigkeiten dann unmittelbar an ihrem Arbeitsplatz nachweisen und nutzbringend einsetzen.
Um sicherzustellen, daß bei diesen umfangreichen Schulungsmaßnahmen auch voll auf Inhalt und Zielsetzung der einzelnen Lehrgänge ausgerichtete Lehrbücher und Lernmittel zur Verfügung stehen, erschien eine eigene Fachbuchreihe unbedingt notwendig. Hierzu wurden Arbeitskreise gebildet, in denen von in der HPI-Elektronikschulung erfahrenen Praktikern Lehrbücher, Prüfungsaufgaben und Arbeitsblätter entwickelt worden sind.
Der hier vorliegende Band wurde primär für den Einsatz in dem Elektronik-Lehrgang II »Bauelemente und Grundschaltungen der Mikroelektronik« konzipiert. Er bildet zusammen mit den weiteren Bänden II »Prüfungsaufgaben« und »Arbeitsblätter« das Lehrmaterial für diesen Lehrgang. Darüber hinaus sind alle Bände aber auch bestens für vertiefende Übungen, selbständige Wiederholung oder Erarbeitung des Lehrstoffes sowie als übersichtliches Nachschlagewerk für die tägliche Arbeit geeignet.
Mit der vorliegenden 6. Auflage des Bandes »Bauelemente und Grundschaltungen der Mikroelektronik – Lehrbuch« erfolgte eine Anpassung an den Rahmenlehrplan des aktualisierten Lehrganges II »Bauelemente und Grundschaltungen der Mikroelektronik«. Hierbei wurden die wichtigsten Grundschaltungen aus dem bisherigen Lehrgang III »Grundschaltungen der Elektronik« mit in den Lehrgang II übernommen und den entsprechenden Bauelementen zugeordnet. Weiterhin ist das Kap. 7 »Logische Schaltungen und Signalspeicher« in den Lehrgang II mit aufgenommen worden, um in dem aktualisierten Lehrgang III intensiver auf »Baugruppen der Mikroelektronik« eingehen zu können.
Unser besonderer Dank gilt dem Herausgeber sowie den Autoren, die sich mit fundierter Sachkenntnis und großem Einsatz der Bearbeitung des Lehrganges II, »Bauelemente und Grundschaltungen der Mikroelektronik« sowie der Entwicklung der zugehörigen Fachbücher gewidmet haben. Auch dem Verlag sei Dank gesagt für die sorgfältige Bearbeitung und Produktion dieser Fachbücher.

Hannover, Mai 1991
Heinz-Piest-Institut für Handwerkstechnik an der Universität Hannover

Dr.-Ing. Delventhal
Institutsleiter

Inhaltsverzeichnis

1 Halbleiterdioden

1.1 Allgemeines

Dioden sind elektronische Bauelemente, durch die der elektrische Strom nur in einer Richtung fließen kann. Sie werden daher in großem Umfang als Gleichrichter, elektronische Schalter, Impulsformer sowie als Schutzorgan eingesetzt. Die Bezeichnung Diode ist aus der griechischen Silbe »*di*« (= zwei) und der Endung des Wortes »Elektr*ode*« zusammengesetzt. Dieses Kunstwort weist darauf hin, daß die Dioden zwei Elektroden, also zwei elektrische Anschlüsse besitzen.
Die heute in elektronischen Schaltungen eingesetzten Dioden werden aus Halbleiterwerkstoffen hergestellt. Es handelt sich hierbei um Materialien mit einem spezifischen Widerstand, der in dem Bereich zwischen dem spezifischen Widerstand von metallischen Leitern und dem von Isolatoren liegt. **Bild 1.1** gibt einen Überblick über die Einteilung in Leiter, Halbleiter und Isolatoren aufgrund des spezifischen Widerstandes bzw. des spezifischen Leitwertes. Für die einzelnen Bereiche sind jeweils einige Werkstoffe angegeben, die in der Elektrotechnik und Elektronik häufig verwendet werden.

Bezeichnung	spez. Widerstand ρ (Ω cm)	spez. Leitfähigkeit $\kappa \left(\frac{1}{\Omega\ \text{cm}}\right)$	Werkstoff
Isolatoren	10^{20}	10^{-20}	Bernstein
	10^{18}	10^{-18}	Paraffin
	10^{16}	10^{-16}	Polystyrol
	10^{14}	10^{-14}	Kohlenstoff Glimmer
	10^{12}	10^{-12}	Hartporzellan
	10^{10}	10^{-10}	PVC
	10^{8}	10^{-8}	Marmor Glas
Halbleiter	10^{6}	10^{-6}	Selen
	10^{4}	10^{-4}	Silizium, rein
	10^{2}	10^{-2}	
	10^{0}	10^{0}	Germanium, rein
	10^{-2}	10^{2}	Indiumarsenid Galliumarsenid
Leiter	10^{-4}	10^{4}	
	10^{-6}	10^{6}	Kupfer
	10^{-8}	10^{8}	Silber
	10^{-10}	10^{10}	Supraleitung

Bild 1.1 Einteilung von Werkstoffen in Leiter, Halbleiter und Isolatoren

Die wichtigsten Halbleiterwerkstoffe sind heute das Silizium (Si) und das Germanium (Ge). Reines Silizium und reines Germanium haben unter normalen Bedingungen nur wenige frei bewegliche Elektronen. Sie sind daher als schlechte elektrische Leiter zu bezeichnen. Durch gezielte Verunreinigungen des reinen Ausgangsmaterials lassen sich aber Halbleiter herstellen, die entweder einen Überschuß an negativen Ladungsträgern (Elektronen) oder einen Überschuß an positiven Ladungsträgern (Löchern) haben. Durch diese Verunreinigungen beim Herstellungsprozeß ist es möglich, Art, Anzahl sowie Beweglichkeit der Ladungsträger und damit auch den spezifischen Widerstand von Halbleitermaterial in weiten Grenzen zu variieren.
Diese Halbleiter-Werkstoffe werden entsprechend ihrem Leitungsmechanismus als n-Halbleiter (mit *n*egativen Ladungsträgern) und p-Halbleiter (mit *p*ositiven Ladungsträgern) bezeichnet. Sowohl in den n-Halbleitern als auch in den p-Halbleitern hängt aber die Stromrichtung wie bei einem metallischen Leiter nur von der Polarität der angelegten Betriebsspannung ab. Wird jedoch ein n-Halbleiter mit einem p-Halbleiter stoßstellenfrei zusammengefügt, so entsteht ein elektronisches Bauelement, durch das der Strom nur noch in eine Richtung fließen kann, also eine Halbleiterdiode. Der Anschluß an das p-Material wird als Anode, der Anschluß an das n-Material als Katode bezeichnet.
Die Hersteller von Halbleiterdioden geben zu jedem Diodentyp ein Datenblatt heraus, in dem die wichtigsten Kennwerte und Grenzwerte sowie mehrere Kennlinien enthalten sind. Grenzwerte dürfen auf keinen Fall überschritten werden, weil die Diode sonst zerstört wird und damit nicht mehr funktionsfähig ist. Kennwerte sind Daten, mit denen die Diode im normalen Einsatz betrieben werden soll. Diese Werte werden auch als charakteristische oder typische Kennwerte bezeichnet. Die Kenn- und Grenzwerte reichen aber nicht aus, um das Verhalten und die Eigenschaften der entsprechenden Diode bei den unterschiedlichsten Betriebsbedingungen ausführlich genug zu beschreiben. Daher sind in jedem Datenblatt auch noch mehrere Kennlinien angegeben, in denen die gegenseitigen Abhängigkeiten von zwei oder drei Variablen dargestellt sind.
Die Typenvielfalt ist bei den Halbleiterdioden außerordentlich groß. So gibt es Halbleiterdioden für Ströme von wenigen Milliampere, die dann aber besonders gut für einen Einsatz bei sehr hohen Frequenzen geeignet sind. Andererseits werden aber auch Leistungsdioden für Ströme von mehreren 1000 Ampere gefertigt. Schon hieraus ergeben sich zwangsläufig sehr unterschiedliche Bauformen von Dioden. Aber auch die Technologie und die Herstellungsverfahren der Dioden unterscheiden sich beträchtlich. So werden Spitzendioden für den Einsatz in Hochfrequenzschaltungen gefertigt. Flächendioden eignen sich dagegen wegen ihrer größeren Eigenkapazitäten nur für niederfrequente Gleichrichterschaltungen. Die meisten der heute eingesetzten Dioden werden in Planartechnik hergestellt und lassen sich sowohl in Gleichrichterschaltungen als auch in Impulsschaltungen verwenden. Bei den großen Leistungsdioden für Netzgleichrichter sind dagegen wieder andere Herstellungsverfahren notwendig.
Außer den Halbleiterdioden für die Gleichrichtung und für Schaltbetrieb wurden aber auch noch eine Reihe von Halbleiterdioden mit speziellen Eigenschaften entwickelt, wie z. B. Z-Diode, Kapazitätsdiode, Schottky-Diode, Tunneldiode, PIN-Diode, Fotodiode und Leuchtdiode.
Bild 1.2 zeigt die genormten Schaltzeichen der Halbleiterdioden. Auf die Fotodioden und die Leuchtdioden wird jedoch erst in den Kapiteln 5 und 6 näher eingegangen.

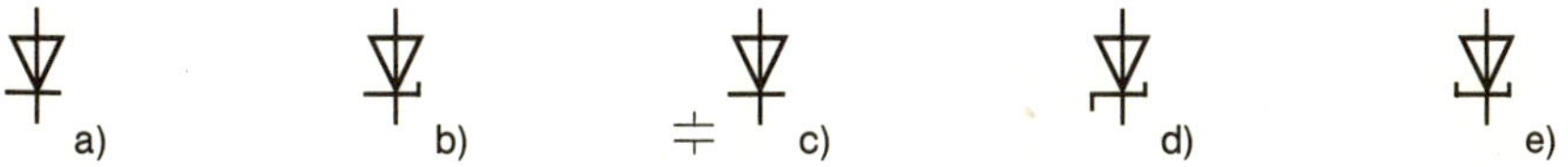

a) Gleichrichterdiode **b)** Z-Diode **c)** Kapazitatsdiode (Varaktordiode)
d) Schottky-Diode (nicht genormt) **e)** Tunneldiode

Bild 1.2 Schaltzeichen von Halbleiterdioden

Z-Dioden werden zur Konstanthaltung oder Stabilisierung von Gleichspannungen eingesetzt. Haupteinsatzgebiet der Kapazitätsdioden ist die Ab- oder Nachstimmung von Schwingkreisen. Sie sind heute in fast allen Geräten der Unterhaltungselektronik zu finden. Schottky-Dioden werden aufgrund ihrer speziellen Eigenschaften als schnelle Schalter eingesetzt. Die Kennlinie von Tunneldioden weicht stark von den Kennlinien aller anderen Halbleiterdioden ab. Sie dient zur Schwingungserzeugung im Mikrowellenbereich (> 1 GHz). PIN-Dioden haben im Bereich von 10 MHz bis 1 GHz einen nahezu idealen ohmschen Widerstand. Aufgrund dieser Eigenschaft werden sie als regelbare Hochfrequenz-Abschwächer in Fernseh-Kanalwählern eingesetzt. Da es sich bei den Tunnel- und PIN-Dioden um Spezialdioden handelt, die nur in der Hoch- und Höchstfrequenztechnik anzutreffen sind, wird hier nicht näher auf sie eingegangen.
Die Typenbezeichnung von Halbleiterdioden erfolgt entweder nach dem »JEDEC«- oder dem »Pro-Electron«-Bezeichnungsschema. In beiden Fällen werden sowohl Buchstaben als auch Ziffern zur Typenbezeichnung verwendet. Bei den kleineren Diodengehäusen erfolgt die Typenangabe meistens durch eine zugehörige Farbringcodierung.

1.2 Halbleiterphysik

1.2.1 Halbleiterwerkstoffe

In der Elektrotechnik wird üblicherweise die elektrische Leitfähigkeit als Kriterium für die Einteilung der Festkörperstoffe verwendet. So erfolgte von Anfang an eine Einteilung der Werkstoffe aufgrund ihrer spezifischen Leitwerte in elektrische Leiter und Isolatoren. Als »halbleitend« werden heute jedoch diejenigen Werkstoffe bezeichnet, deren spezifischer Leitwert zwischen dem von metallischen Leitern und dem echter Isolatoren liegt. Bereits im Bild 1.1 ist ein Überblick über die Zuordnung der Bereiche zum spezifischen Widerstand gegeben. Danach ergibt sich ganz grob folgende Einteilung:

Leiter: $1{,}5 \cdot 10^{-6}\,\Omega\text{cm}$ (Silber) bis ca. $5 \cdot 10^{-5}\,\Omega\text{cm}$ (Stahl)
Halbleiter: $10^{-2} \ldots 1{,}0\,\Omega\text{cm}$ (dotiertes Si) bis $2 \cdot 10^{5}\,\Omega\text{cm}$ (reines Si)
Isolatoren: $10^{8}\,\Omega\text{cm}$ (Holz) bis $10^{20}\,\Omega\text{cm}$ (Bernstein)

Periode	Schale	1. Gruppe	2. Gruppe	3. Gruppe	4. Gruppe	5. Gruppe	6. Gruppe	7. Gruppe	Edelgase
Wertigkeit gegen Wasserstoff		1	2	3	4	3	2	1	0
1.		1 H Wasserstoff							2 He Helium
	K	1 1,00797							2 4,0026
2.		3 Li Lithium	4 Be Beryllium	5 B Bor	6 C Kohlenstoff	7 N Stickstoff	8 O Sauerstoff	9 F Fluor	10 Ne Neon
	K	2 6,939	2 9,0122	2 10,811	2 12,011	2 14,007	2 15,999	2 18,998	2 20,183
	L	1	2	3	4	5	6	7	8
3.		11 Na Natrium	12 Mg Magnesium	13 Al Aluminium	14 Si Silizium	15 P Phosphor	16 S Schwefel	17 Cl Chlor	18 Ar Argon
	K	2 22,990	2 24,312	2 26,982	2 28,086	2 30,974	2 32,064	2 35,453	2 39,948
	L	8	8	8	8	8	8	8	8
	M	1	2	3	4	5	6	7	8
4.		19 K Kalium	20 Ca Calcium	21 Sc Scandium	22 Ti Titan	23 V Vanadium	24 Cr Chrom	25 Mn Mangan	
	K	2 39,102	2 40,08	2 44,956	2 47,90	2 50,942	2 51,996	2 54,938	
	L	8	8	8	8	8	8	8	
	M	8	8	9	10	11	13	13	
	N	1	2	2	2	2	1	2	
		29 Cu Kupfer	30 Zn Zink	31 Ga Gallium	32 Ge Germanium	33 As Arsen	34 Se Selen	35 Br Brom	36 Kr Krypton
	K	2 63,54	2 65,37	2 69,72	2 72,59	2 74,922	2 78,96	2 79,909	2 83,80
	L	8	8	8	8	8	8	8	8
	M	18	18	18	18	18	18	18	18
	N	1	2	3	4	5	6	7	8
5.		37 Rb Rubidium	38 Sr Strontium	39 Y Yttrium	40 Zr Zirkonium	41 Nb Niob	42 Mo Molybdän	43 Tc Technetium	
	K	2 85,47	2 87,62	2 88,905	2 91,22	2 92,906	2 95,94	2	
	L	8	8	8	8	8	8	8	
	M	18	18	18	18	18	18	18	
	N	8	8	9	10	12	13	14	
	O	1	2	2	2	1	1	1	
		47 Ag Silber	48 Cd Cadmium	49 In Indium	50 Sn Zinn	51 Sb Antimon	52 Te Tellur	53 J Jod	54 Xe Xenon
	K	2 107,87	2 112,40	2 114,82	2 118,69	2 121,75	2 127,60	2 126,90	2 131,30
	L	8	8	8	8	8	8	8	8
	M	18	18	18	18	18	18	18	18
	N	18	18	18	18	18	18	18	18
	O	1	2	3	4	5	6	7	8

Bild 1.3 Ausschnitt aus dem Periodischen System der Elemente

Dieser Einteilung entsprechend handelt es sich bei den Halbleitern um Elemente oder Verbindungen, die unter normalen Bedingungen nur wenig freie Elektronen besitzen. Die wichtigsten Halbleiterwerkstoffe sind heute das Silizium (Si) und das Germanium (Ge). Selen (Se) wird dagegen nur noch zur Herstellung kleinerer Netzgleichrichter verwendet. Hinzu kommen jedoch noch als sogenannte »intermetallische Verbindungen« Gallium-Arsenid (GaAs), Gallium-Phosphid (GaP) und Indium-Arsenid (InAs). Die Kristallgemische GaAs und GaP werden hauptsächlich zur Herstellung von Fotohalbleitern und InAs zur Herstellung von Hallgeneratoren (siehe Kapitel 5) verwendet.
Bild 1.3 zeigt als Ausschnitt eine Tabelle des Periodischen Systems der Elemente. Die beiden wichtigsten Halbleiterelemente Silizium und Germanium befinden sich in der 4. Gruppe und haben demnach vier Elektronen auf ihrer äußersten Schale. Wegen dieser vier Valenzelektronen werden Si und Ge als vierwertig bezeichnet.
Im **Bild 1.4** sind die im Periodensystem angegebenen Zahlen für das Siliziumatom näher erläutert.

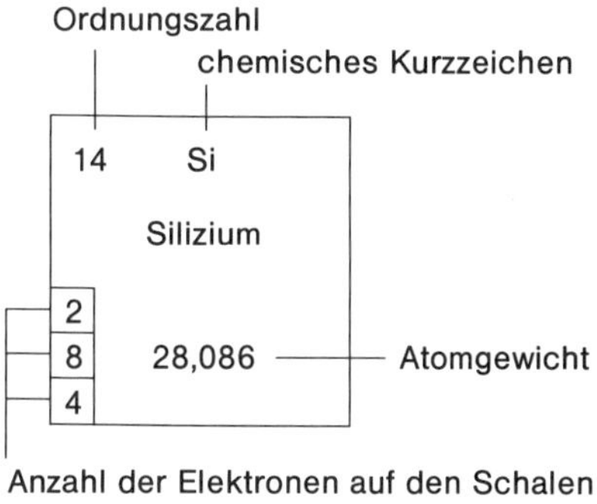

Bild 1.4 Ausschnitt aus dem Periodensystem für das Si-Atom

Die Herstellung von Halbleiterbauelementen ist aufwendig und kompliziert. Zunächst muß das Ausgangsmaterial einen sehr hohen Reinheitsgrad haben. So hat das in einem Lichtbogenofen aus Quarzsand und Kohlenstoff hergestellte Rohsilizium nur einen Reinheitsgrad von etwa 98 %. Aus diesem Rohsilizium werden dann in mehreren Reinigungsschritten polykristalline Siliziumstäbe mit einem Reinheitsgrad von $99{,}9999\,\% \triangleq 10^6$ gewonnen. In weiteren Bearbeitungsgängen, dem sogenannten Zonenziehen, entsteht monokristallines Reinstsilizium, ebenfalls in Stabform. Dieses Reinstsilizium muß einen Reinheitsgrad von 10^{10} besitzen, d. h. auf 10^{10} Si-Atome darf höchstens noch ein Fremdatom kommen. Dieses Verhältnis entspricht etwa der Verschmutzung eines mit sauberem Wasser gefüllten Schwimmbeckens mit den Ausmaßen $20\,m \times 10\,m \times 2\,m$ durch nur einen einzigen Farbtropfen von 4,25 mm Durchmesser.
Die erzeugten Reinstsiliziumstäbe werden in sehr dünne Scheiben (Wafer) geschnitten, aus denen schließlich in vielen weiteren Bearbeitungsgängen die unterschiedlichsten Halbleiterbauelemente und integrierten Schaltungen hergestellt werden. Die Herstellungsverfahren für Bauelemente aus Silizium und Germanium ähneln sich weitgehend.
Außer Edelgasen haben alle Elemente das Bestreben, durch Eingehen von Verbindungen mit anderen Elementen die Zahl der Elektronen auf der äußersten Schale so zu verändern, daß diese äußerste Schale voll besetzt ist. Um diesen Zustand zu erreichen,

können die vierwertigen Si- oder Ge-Atome entweder ihre vier Valenzelektronen abgeben oder Valenzelektronen von Nachbaratomen aufnehmen.
Wegen des hohen Reinheitsgrades des Reinstsiliziums – bzw. des Reinstgermaniums haben die Atome keine Möglichkeit, Verbindungen mit benachbarten Fremdatomen einzugehen, um so ihre äußere Schale voll besetzt zu bekommen. Sie gehen daher untereinander Atombindungen ein, die auch als kovalente Bindungen bezeichnet werden. Diese Bindungsart zwischen zwei Atomen ist in **Bild 1.5** dargestellt.

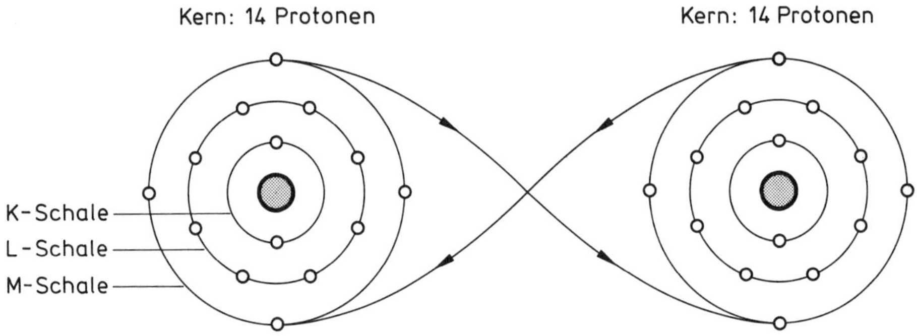

Bild 1.5 Atombindung zwischen zwei Si-Atomen

In der Prinzipdarstellung nach Bild 1.5 ist zu erkennen, daß die beiden Atomkerne auch jeweils von einem Valenzelektron des Nachbaratoms umkreist werden. Bei beiden Atomen ist daher für jeweils eine kurze Zeitdauer ein Valenzelektron mehr vorhanden. Damit die vier auf der äußersten Schale fehlenden Elektronen besetzt werden, gehen die vierwertigen Si- oder Ge-Atome mit jeweils vier weiteren Atomen des gleichen Elementes eine kovalente Bindung ein. Fünf derartige Atome schließen sich daher zusammen und bilden eine regelmäßige Anordnung, wie sie in **Bild 1.6** dargestellt ist. Die Kugeln symbolisieren die Atome, die Säulen die Bindungen zwischen den Valenzelektronen.
Da sich jedes Atom in der Mitte eines Würfels befindet, wird eine derartige Anordnung als kubischraumzentriertes Kristallgitter bezeichnet. Jedes Atom der Würfelecke ist wiederum Raummittelpunkt eines weiteren Würfels. Daher entsteht ein völlig regelmäßiger Aufbau des Kristallgitters entsprechend **Bild 1.7**.

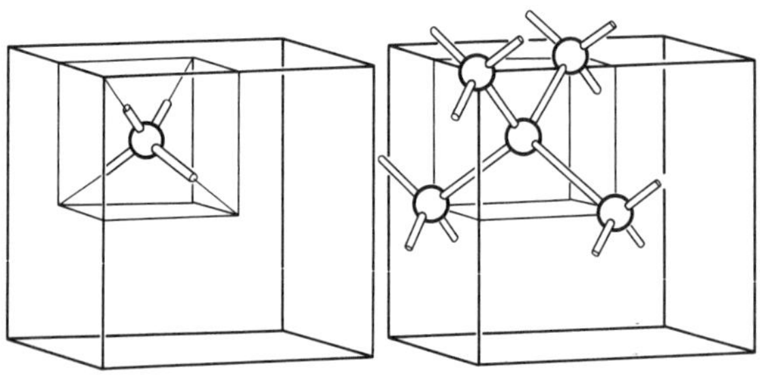

Bild 1.6 Räumliche Anordnung von Si-Atomen zu einem Kristallgitter

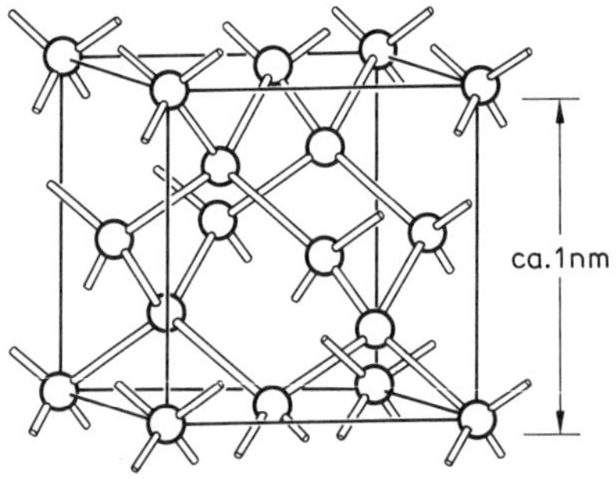

Bild 1.7 Si-Kristallgitter

Die räumliche Darstellung eines Kristallgitters ist schwierig zu zeichnen und auch für die weiteren Betrachtungen weniger anschaulich. Aus diesen Gründen wird meistens eine zweidimensionale Darstellung entsprechend **Bild 1.8** verwendet. Hier sind dann zusätzlich auch die Elektronen auf den inneren vollbesetzten Schalen der Atome weggelassen, weil diese Elektronen keinerlei Einfluß auf die Bindung haben.

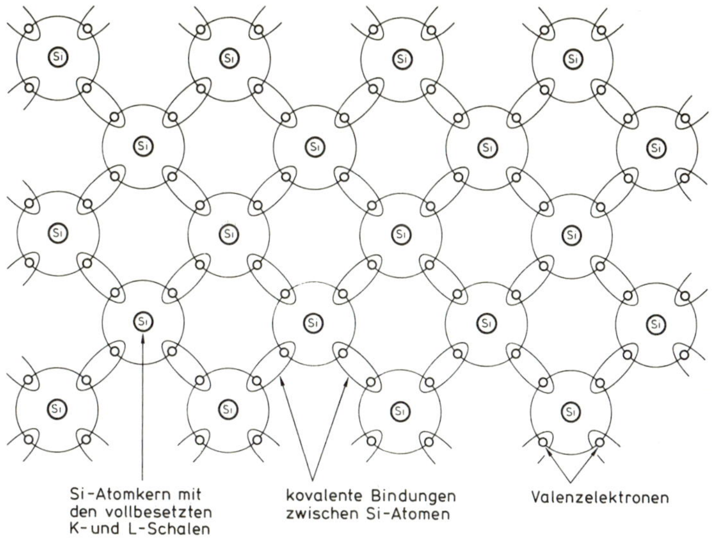

Bild 1.8 Zweidimensionale Darstellung eines Halbleiterkristalls aus Si-Atomen

1.2.2 Eigenleitfähigkeit

Bei einem Reinheitsgrad von 10^{10} bilden die Germanium- bzw. Siliziumatome ein Kristallgitter, bei dem alle vorhandenen Valenzelektronen der Halbleiteratome zum Aufbau benötigt werden. Bei einem solchen störungsfreien Kristallgitteraufbau befinden sich im absoluten Nullpunkt von 0 K (Kelvin) = — 273 °C alle Atome im Ruhestand und die an der Kristallbindung beteiligten Valenzelektronen sind fest an die benachbarten Atome gebunden. Daher sind keine freien Ladungsträger vorhanden. Die Leitfähigkeit des Halbleitermaterials ist unter den genannten Bedingungen gleich Null, und damit ist das Material ein absoluter Nichtleiter.
Wird einem solchen Halbleiterkristall jedoch Energie in Form von Wärme oder Licht zugeführt, so beginnen die Atome zu schwingen. Diese Schwingungen werden als thermische Eigenbewegung der Atome bezeichnet. Durch die Schwingungen vergrößert sich der Abstand zwischen Atomkern und Valenzelektronen. Die Bindekraft zwischen Kern und Elektronen wird kleiner. Aus diesem Grund können einige Valenzelektronen aus der Kristallbindung herausspringen und werden damit zu freien Elektronen. Wird jetzt eine Spannung an den Kristall gelegt, so ist infolge des elektrischen Feldes ein Stromfluß im Kristall möglich.
An der Stelle, an der ein Valenzelektron aus seiner ursprünglichen Bindung herausgesprungen ist, fehlt jedoch eine negative Ladung. Es bleibt daher im betreffenden Atom

eine positive Ladung zurück, die als »Defektelektron« oder kurz als »Loch« bezeichnet wird. Das Entstehen eines freien Elektrons und eines Loches wird als »Generation« oder »thermische Paarbildung« bezeichnet. Bei ständiger Energiezufuhr werden fortlaufend Elektronen frei. Sie wandern auf scheinbar regellosen Bahnen durch den Kristall, bis sie auf ein Loch treffen und dort wieder in einen festen Atomverband zurückspringen. Dieser Vorgang wird »Rekombination« genannt. In **Bild 1.9** sind die Zusammenhänge bei der Paarbildung und Rekombination sehr vereinfacht dargestellt.

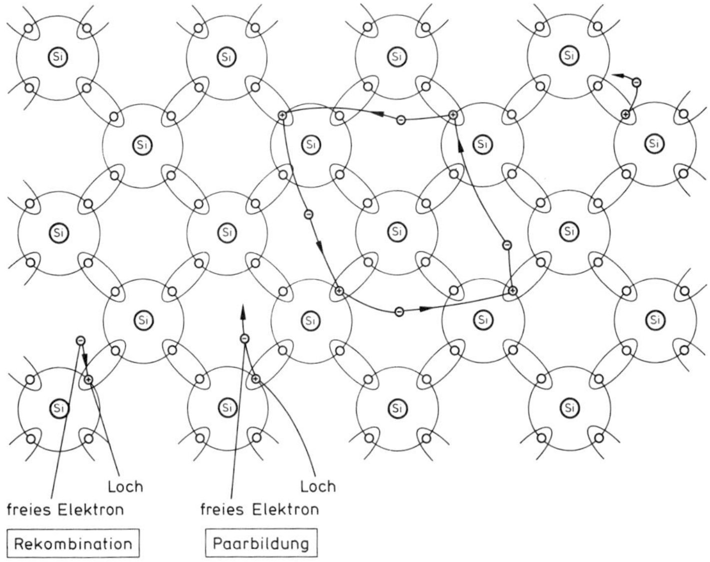

Bild 1.9 Paarbildung und Rekombination in einem Si-Kristall

Paarbildung und Rekombination sind stets im Gleichgewicht. Die Anzahl der verfügbaren Ladungsträger hängt aber von der Temperatur ab und wird mit steigender Temperatur größer. Allerdings ist auch bei Raumtemperatur (20 °C ≙ 293 K) von 10^9 Bindungen nur jeweils eine aufgerissen, d. h. es kommt auf eine Milliarde Atome nur ein Ladungsträgerpaar. Im Bereich der Raumtemperatur verdoppelt sich etwa die Anzahl der Ladungsträgerpaare, wenn eine Temperaturerhöhung um 10 K vorgenommen wird.

Bei reinen Halbleitermaterialien werden also mit steigender Temperatur mehr Valenzelektronen frei. Dadurch wird die elektrische Leitfähigkeit größer, bzw. der elektrische Widerstand wird kleiner. Halbleitermaterialien sind bezüglich ihrer Leitfähigkeit oder ihres Widerstandes wesentlich temperaturabhängiger als metallische Leiter. Sie haben im Gegensatz zu den Metallen einen negativen Temperaturbeiwert. In **Bild 1.10** ist der spezifische Widerstand in Abhängigkeit von der Temperatur für Silizium, Germanium und Kupfer aufgetragen.

Beim Anlegen einer Spannung entsteht im Halbleiterkristall ein elektrisches Feld. Dadurch werden die Elektronen, die aufgrund der thermischen Paarbildung frei geworden sind, zum Pluspol der Spannungsquelle gezogen. Sie springen auf ihrem Weg dahin immer von einem Loch zum anderen. Damit wandern die Löcher aber scheinbar vom Pluspol der Spannungsquelle zum Minuspol. Diese Vorgänge bei der Elektronen- und Löcherwanderung unter Einfluß eines elektrischen Feldes sind in **Bild 1.11** veranschaulicht.

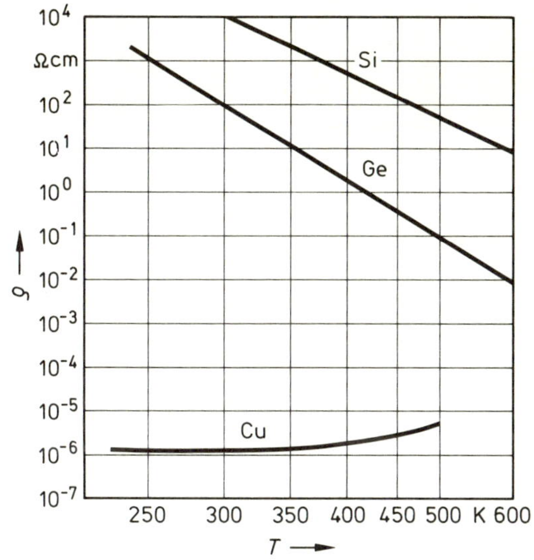

Bild 1.10 Spezifischer Widerstand von Silizium, Germanium und Kupfer in Abhängigkeit von der Temperatur

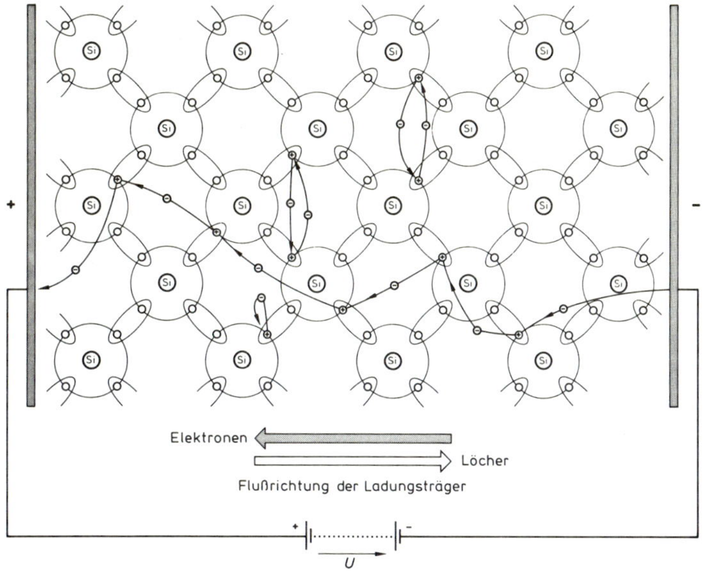

Bild 1.11 Elektronen- und Löcherwanderung im Si-Kristall unter Einfluß eines elektrischen Feldes

Die elektrische Leitfähigkeit eines Halbleiters, die allein aufgrund der thermischen Paarbildung entstanden ist, wird als »Eigenleitfähigkeit« oder »Intrinsicleitfähigkeit« (intrinsic = im Innern) bezeichnet.

Dabei führen die freien Ladungsträger im Kristall thermisch bedingte Schwirrbewegungen aus. Durch das elektrische Feld erhalten die freien Ladungsträger aber eine gleiche Bewegungsrichtung. Diese gleiche Bewegungsrichtung wird als »Drift« bezeichnet. Sie ist der wärmebedingten Zick-Zack- oder Schwirrbewegung überlagert. In **Bild 1.12** sind die Vorgänge veranschaulicht.

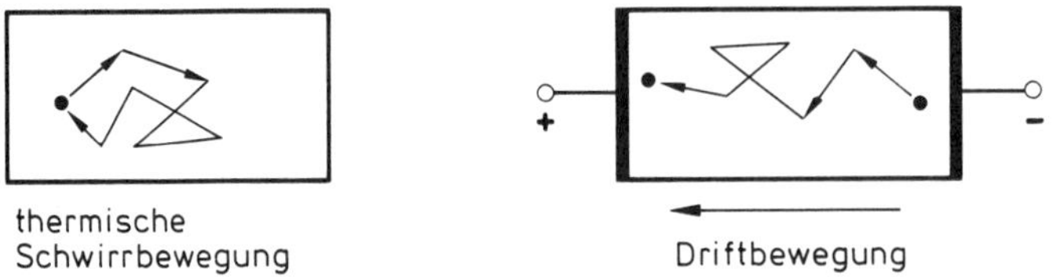

Bild 1.12 Schwirr- und Driftbewegung von Ladungsträgern in einem Halbleitermaterial

In jedem Halbleitermaterial stehen also zum Ladungstransport sowohl Elektronen als auch Löcher zur Verfügung. Dieser bipolare Leitungsmechanismus ist in **Bild 1.13** im Modell dargestellt.

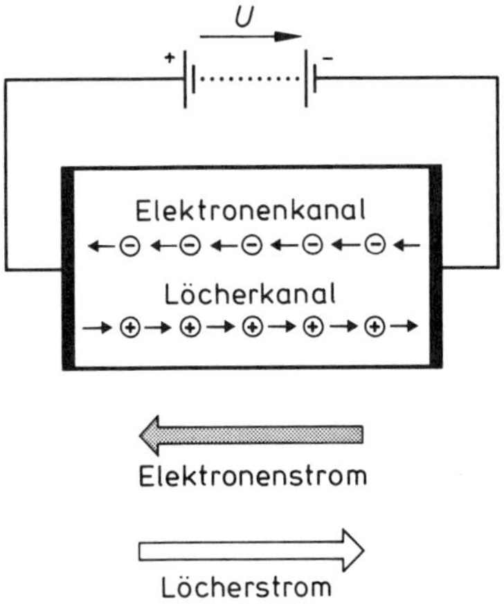

Bild 1.13 Ladungsträgerströme in einem Halbleiter

Bei Raumtemperatur hat der Löcherkanal z. B. bei Germanium einen spezifischen Widerstand ρ (rho) ≈ 250 Ωcm und der Elektronenkanal einen spezifischen Widerstand von ρ ≈ 150 Ωcm. Da beide Leitungskanäle parallel liegen, ergibt sich ein spezifischer Gesamtwiderstand von ρ ≈ 100 Ωcm. Der höhere spezifische Widerstand des Löcherkanals tritt auf, weil bei der Elektronenwanderung nicht jedes Loch von einem Elektron aufgefüllt wird. Manche Elektronen überspringen einfach die nächstliegende Lochstelle.

1.2.3 Dotierte Halbleiter

1.2.3.1 Störstellenleitfähigkeit

Die Leitfähigkeit eines reinen Halbleiters hängt von der Temperatur und dem Halbleitermaterial ab. Sie kann aber auch unabhängig vom Temperatureinfluß durch den Einbau von Fremd- oder Störatomen in das Kristallgitter stark verändert werden. Ein derartiger Einbau von Fremdatomen in das Kristallgitter von reinen Halbleitern wird als »Dotieren« oder »Dopen« bezeichnet.

Zum Dotieren von Silizium- oder Germaniumkristallen sind Stoffe geeignet, die entweder ein Valenzelektron mehr oder ein Valenzelektron weniger besitzen. Da Si und Ge zur 4. Gruppe im periodischen System gehören, kommen Elemente der 5. Gruppe mit ihren 5 Valenzelektronen oder Elemente der 3. Gruppe mit ihren 3 Valenzelektronen in Frage.
Dem Bild 1.3 ist zu entnehmen, daß die Elemente Phorphor, Arsen und Antimon fünfwertig sind und damit ein Elektron mehr als Germanium und Silizium haben. Durch Verunreinigung mit diesen Fremdatomen entsteht im Kristallgitter ein Elektronenüberschuß. Daher werden die höherwertigen Fremdatome als »Donatoren« (Elektronenspender) bezeichnet.
Wird dagegen mit Bor, Aluminium, Gallium oder Indium dotiert, so entsteht im Kristallgitter ein Elektronenmangel, weil die Atome dieser Stoffe nur drei Valenzelektronen und damit ein Elektron weniger als Germanium und Silizium haben. Diese niederwertigen Fremdatome werden daher als »Akzeptoren« (Elektronenempfänger) bezeichnet.
Die Leitfähigkeit eines dotierten Halbleiters hängt vom Grad der Verunreinigung ab. Diese durch gezielte Verunreinigung bewirkte Leitfähigkeit wird »Störstellenleitfähigkeit« genannt. Sie ist maßgebend für die Leitfähigkeit aller dotierten Halbleitermaterialien.
Die Verunreinigung eines reinen Halbleiterkristalls darf jedoch nicht beliebig stark vorgenommen werden. Sonst könnte der Fall eintreten, daß sich der gesamte Kristallaufbau nach den Fremdatomen mit ihren fünf oder drei Valenzelektronen ausrichtet. So darf die Störstellendichte nur etwa $1 : 10^6$ betragen, d. h. auf 10^6 Si- oder Ge-Atome ist maximal ein Fremdatom zulässig.

1.2.3.2 n-Halbleiter

Beim Dotieren eines reinen Halbleitermaterials mit 5wertigen Stoffen wie Phosphor, Arsen oder Antimon können vier der fünf Valenzelektronen eine wechselseitige Bindung mit den benachbarten Si- oder Ge-Atomen eingehen. Das fünfte Valenzelektron des Fremdatoms findet jedoch keinen Partner und löst sich daher relativ leicht aus der Bindung mit dem eigenen Atom. Bei Raumtemperatur steht somit je eingebautem Fremdatom ein freies Elektron für den Ladungstransport zur Verfügung. In **Bild 1.14** sind diese Zusammenhänge veranschaulicht.
Hat sich ein Elektron vom Donatoratom gelöst, so bleibt in seinem Kern jedoch eine positive Ladung zurück. Sie versucht, wieder ein frei bewegliches Elektron einzufangen, damit im Atom wie ursprünglich gleich viele Elektronen wie Protonen vorhanden sind. Unter dem Einfluß eines elektrischen Feldes wandern die freien Elektronen, von Loch zu Loch springend, in Richtung des Pluspoles der Spannungsquelle.
Da der Ladungstransport in einem mit Donatoren dotierten Halbleitermaterial durch freie Elektronen erfolgt, wird ein derartiger Halbleiter als »n-leitendes Material« (= negativ leitend) bezeichnet. Die Leitfähigkeit eines n-Halbleiters wird auch »Elektronenleitfähigkeit« genannt.

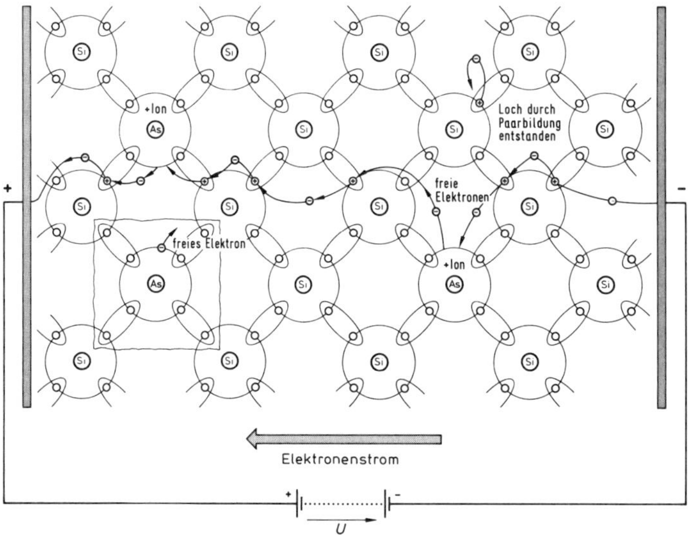

Bild 1.14 Kristallaufbau und Leitungsmechanismus eines n-Halbleiters

1.2.3.3 p-Halbleiter

Auch beim Dotieren eines reinen Halbleitermaterials mit einem 3wertigen Stoff wie Bor, Aluminium, Gallium oder Indium wird ein Halbleiteratom im Kristallaufbau durch ein Fremdatom ersetzt. Da dieses Fremdatom aber nur drei Valenzelektronen besitzt, fehlt jetzt in der Kristallbindung ein Elektron. Durch das Dotieren ist daher ein Loch oder Defektelektron entstanden. Dieses Primärloch wird jedoch durch ein bei der thermischen Paarbildung freigewordenes Elektron eines Nachbaratoms aufgefüllt. Dadurch ist aber im Nachbaratom ein neues Loch, ein sogenanntes Sekundärloch, entstanden, das wiederum von einem Elektron des Nachbaratoms besetzt wird. Auf diese Weise

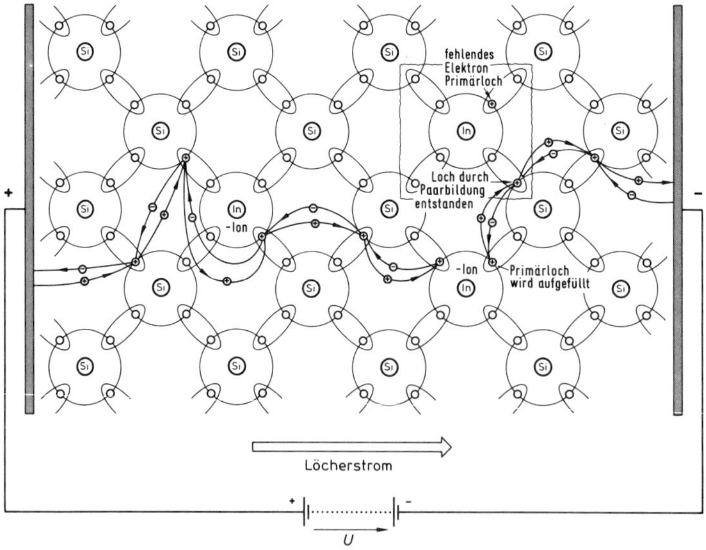

Bild 1.15 Kristallaufbau und Leitungsmechanismus eines p-Halbleiters

wandern die Löcher als positive Elementarladungen unter dem Einfluß eines äußeren elektrischen Feldes zum negativen Pol der Spannungsquelle. In **Bild 1.15** ist dieser Vorgang dargestellt.
In einem p-Halbleiter übernehmen positive Elementarladungen den Ladungstransport. Dieses Halbleitermaterial wird daher als »p-leitend« und seine Leitfähigkeit als »Lochleitfähigkeit« bezeichnet.

1.2.4 pn-Übergang

1.2.4.1 Herstellung eines pn-Überganges

Die meisten Halbleiterbauelemente besitzen Zonen sowohl aus reinem p-Material als auch aus reinem n-Material. Zwischen ihnen tritt zwangsläufig eine Übergangszone auf. Dieser pn-Übergang ist für die Funktion der Bauelemente von besonderer Bedeutung. Um eine einwandfreie Arbeitsweise des pn-Überganges zu erreichen, müssen das p-Material und das n-Material stoßstellenfrei ineinander übergehen.
Diese Stoßstellenfreiheit wird herstellungstechnisch durch Diffusionsvorgänge erreicht. Hierbei wird z. B. eine kleine Indiumpille auf ein Stück n-Silizium gesetzt und die so vorbereitete Scheibe in einem Ofen auf ca. 600 °C aufgeheizt. Bei dieser Temperatur dringen Indiumatome in das n-Silizium ein und überschwemmen es mit 3wertigen Fremdatomen. Dieser Vorgang wird als »Eindiffundieren« bezeichnet. In **Bild 1.16** ist dieses Herstellungsprinzip eines pn-Überganges dargestellt.

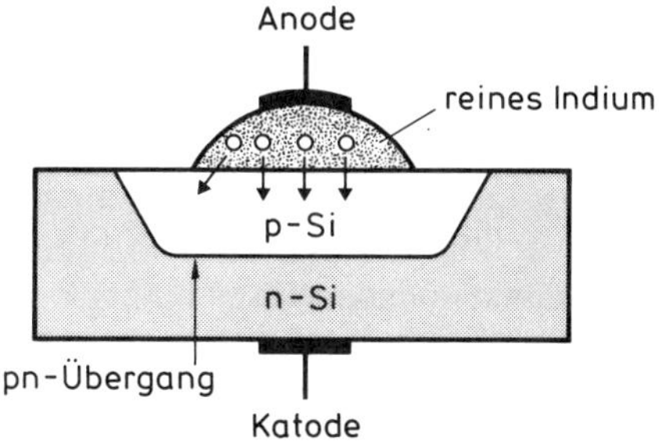

Bild 1.16 Herstellungsprinzip eines stoßstellenfreien pn-Überganges

Durch das Eindiffundieren der 3wertigen Fremdatome in das n-Silizium entsteht um die Indiumpille herum eine Zone, in der mehr Löcher als freie Elektronen vorhanden sind. Das ursprünglich in dieser Zone vorhandene n-Silizium wird somit in p-Silizium umdotiert. Die Vorgänge laufen bei diesem Verfahren so ab, daß der Übergang zwischen dem p- und dem n-Material stoßstellenfrei ist.

1.2.4.2 pn-Übergang ohne angelegte Spannung

Infolge der thermischen Eigenbewegungen der Atome werden bei einem pn-Übergang die jeweils freien Ladungsträger auch über die Grenzfläche hinwegwandern. Auf diese

Weise gelangen Elektronen aus dem n-dotierten Material in das p-Gebiet sowie Löcher aus dem p-dotierten Material in das n-Gebiet. Dieser Vorgang wird als »Diffusion« bezeichnet. Er ist in **Bild 1.17** dargestellt.

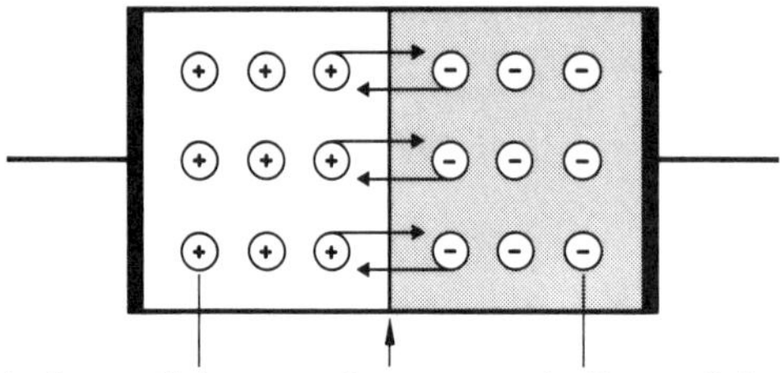

Bild 1.17 Diffusion in einem pn-Übergang

Da die aus dem n-Gebiet kommenden Elektronen im p-Gebiet genügend freie Löcher und die aus dem p-Gebiet kommenden Löcher genügend freie Elektronen vorfinden, kommt es in der Nähe der Grenzfläche in beiden Kristallabschnitten zu Rekombinationen. Dabei vereinigen sich dann die aus dem n-dotierten Kristall kommenden Elektronen mit den im p-Kristall schon vorhandenen Löchern und die aus dem p-Kristall kommenden Löcher mit den im n-Kristall bereits vorhandenen Elektronen.
Als Folge dieser Diffusion entsteht somit zu beiden Seiten der Grenzfläche eine Zone, die praktisch frei von beweglichen Ladungsträgern ist. Sie hat wegen der fehlenden beweglichen Ladungsträger eine wesentlich schlechtere Leitfähigkeit als das jeweils angrenzende p- und n-Material und wird daher als »Sperrschicht« bezeichnet. Diese Sperrschicht hat nur eine Dicke von ca. 1 bis 5 µm. Alle beschriebenen Vorgänge von Diffusion, Rekombination und Ausbildung der Sperrschicht vollziehen sich bereits während des Herstellungsprozesses des pn-Überganges.
Reines n-Halbleitermaterial und reines p-Halbleitermaterial sind nach außen hin elektrisch neutral, weil auch nach dem Einbringen von Fremdatomen in reines Halbleitermaterial in dem Kristallgitter noch immer die gleiche Anzahl von Protonen und Elektronen vorhanden sind. Während des Diffusionsvorganges wandern aber negative Ladungsträger aus dem elektrisch neutralen n-dotierten Kristall in den vorher ebenfalls elektrisch neutralen p-dotierten Kristall. Somit fehlen in der Umgebung der Sperrschicht im n-Material die von den eingebauten Fremdatomen stammenden Elektronen. In dieser Zone tritt daher eine positive Ladung auf.
Die in den p-dotierten Teil der Sperrschicht eingewanderten Elektronen füllen dagegen die bei den dort vorhandenen, von den Fremdatomen stammenden Löcher auf. Dadurch erhält diese Zone eine negative Ladung. Infolge dieser Vorgänge baut sich zu beiden Seiten der Grenzfläche eine Raumladung auf, die im n-dotierten positiv und im p-dotierten Teil negativ ist. In **Bild 1.18** sind diese Zusammenhänge dargestellt.
Die durch die Diffusionsvorgänge entstandene Raumladung kann aber nicht unbegrenzt wachsen. Je mehr Elektronen von der n-Schicht in die p-Schicht wandern, desto größer wird die negative Raumladung in der p-Schicht. Sie wirkt dem Eindringen weiterer Elektronen entgegen. Ein entsprechender Vorgang tritt auch für die aus dem p-Kristall kommenden Löcher infolge der immer größer werdenden positiven Raumladung im n-Kristall auf. Sobald die Raumladungen einen bestimmten Wert erreicht

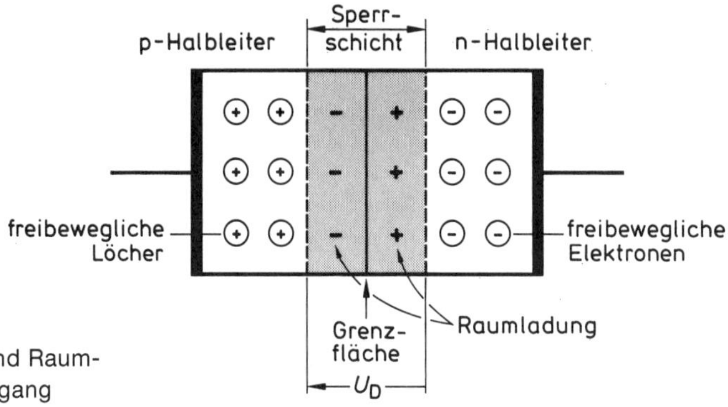

Bild 1.18 Sperrschicht und Raumladung bei einem pn-Übergang

haben, ist eine weitere Diffusion nicht mehr möglich und es tritt Gleichgewichtszustand ein. Der Spannungswert, bei dem die Diffusion aufhört, wird als »Diffusionsspannung U_D« bezeichnet. Eigentlich müßte diese Spannung Anti-Diffusionsspannung heißen, weil sie der weiteren Diffusion entgegenwirkt.

Weil die Diffusionsspannung nur unmittelbar an der Sperrschicht auftritt, kann sie von außen nicht direkt gemessen werden. Sie läßt sich aber durch eine indirekte Messung ermitteln, indem sie durch eine gleichgroße, aber entgegengesetzte äußere Spannung kompensiert wird. Diese Kompensationsspannung wird hier »Schleusenspannung« genannt.

Die Größe der entstehenden Diffusionsspannung hängt im wesentlichen vom verwendeten Halbleitermaterial ab. Sie beträgt bei

Germanium: $U_D \approx 0{,}2$ bis 0,4 V und bei
Silizium: $U_D \approx 0{,}5$ bis 0,8 V

Die genauen Zwischenwerte innerhalb der beiden Bereiche werden vom jeweiligen Dotierungsgrad sowie von der Temperatur der Sperrschicht bestimmt.

1.2.4.3 pn-Übergang in Durchlaßrichtung

In **Bild 1.19** ist eine äußere Spannungsquelle so an einen Halbleiterkristall mit pn-Übergang angeschlossen, daß der Minuspol an dem n-dotierten Material und der Pluspol am p-dotierten Material liegt. Unter dem Einfluß des dann im Halbleiterkristall auftretenden elektrischen Feldes wandern sowohl die im n-Halbleiter vorhandenen freien Elektronen als auch die im p-Halbleiter vorhandenen freien Löcher in Richtung Sperrschicht. Sie dringen dabei in die durch Diffusion entstandene, vor Anlegen der äußeren Spannung ladungsträgerfreie Zone ein. Dadurch wird die ursprüngliche Breite dieser Zone kleiner.

Bei einer ausreichend großen äußeren Spannung ist die Sperrschicht fast vollständig abgebaut. Dadurch ist auch der Widerstand dieser Zone klein, und es kann ein von der Spannungsquelle getriebener Strom durch den Halbleiterkristall fließen. Der pn-Übergang wird also in Durchlaßrichtung betrieben, wenn der negative Pol der äußeren Spannungsquelle am n-Material liegt.

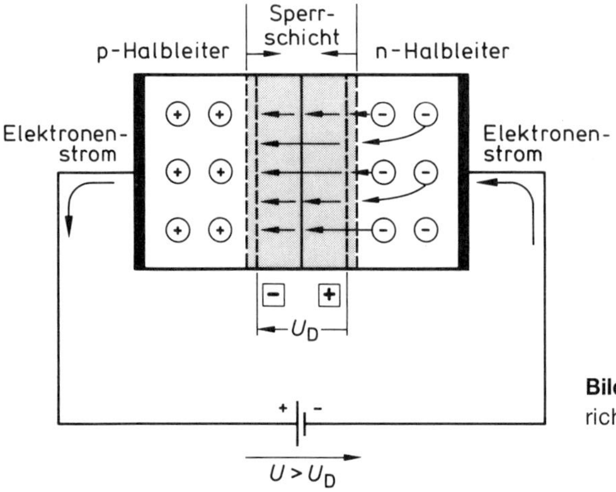

Bild 1.19 pn-Übergang in Durchlaßrichtung

In Bild 1.19 ist auch zu erkennen, daß bei Durchlaßbetrieb die angelegte Spannung der inneren Diffusionsspannung entgegengerichtet ist. Ein Strom kann daher erst durch den pn-Übergang fließen, wenn die Diffusionsspannung durch die entgegengerichtete äußere Spannung kompensiert ist. Der dazu erforderliche Spannungswert der Spannungsquelle ist die Schleusenspannung U_S. Sie ist genau so groß wie die Diffusionsspannung, aber dieser entgegengerichtet. Die Größe der Schleusenspannung hängt genau wie die Diffusionsspannung vom Halbleitermaterial und der Sperrschichttemperatur ab. Die Schleusenspannung beträgt daher

Germanium: $U_S \approx 0{,}2$ bis 0,4 V und bei
Silizium: $U_S \approx 0{,}5$ bis 0,8 V

1.2.4.4 pn-Übergang in Sperrichtung

In **Bild 1.20** liegt der Pluspol einer Spannungsquelle am n-Material und der Minuspol am p-Material eines Halbleiterkristalls mit pn-Übergang. Infolge des auftretenden elektrischen Feldes im Kristall bewegen sich jetzt die freien Elektronen im n-Halbleiter zum Pluspol und die Löcher im p-Halbleiter zum Minuspol der Spannungsquelle. Die an den Grenzen des pn-Überganges vorhandenen freien Ladungsträger wandern daher von der Grenzfläche weg. Dadurch wird die von Ladungsträgern freie Zone breiter. Ein Stromfluß durch den Kristall ist nicht möglich, weil die wegen fehlender Ladungsträger ohnehin mit einem großen Widerstand behaftete Sperrschicht nur noch breiter wird. Ein pn-Übergang wird also in Sperrichtung betrieben, wenn der positive Pol der Spannungsquelle am n-Halbleiter liegt. In diesem Fall sind Diffusionsspannung und äußere Spannung gleichgerichtet.
Infolge der thermisch bedingten Eigenschwingungen entstehen im gesamten Kristall ständig Elektronen-Löcher-Paare und damit auch bewegliche Löcher in der n-Schicht sowie Elektronen in der p-Schicht. Diese beweglichen Ladungsträger werden jeweils als Minoritäts- oder Minderheitsträger bezeichnet. Die Elektronen der p-Schicht und die Löcher der n-Schicht wandern als Minoritätsträger aufgrund der angelegten Span-

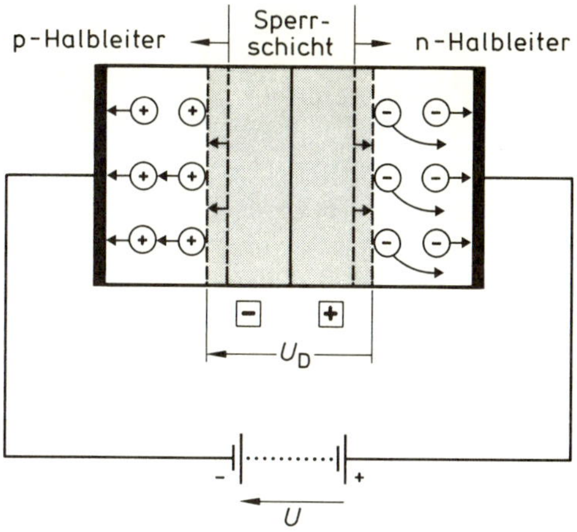

Bild 1.20 pn-Übergang in Sperrichtung

nung auch durch die in Sperrichtung betriebene pn-Grenzschicht und verursachen einen kleinen Strom, der als »Sperrstrom I_R« bezeichnet wird. Er ist stark temperaturabhängig und hat bei Raumtemperatur Werte von:

$I_R \approx$ 10 bis 500 µA für Germanium und
$I_R \approx$ 5 bis 500 nA für Silizium

Die Spannung an einem in Sperrichtung betriebenen pn-Übergang darf aber nicht beliebig groß werden. Wird ein bestimmter Wert überschritten, so wird die Kraftwirkung des elektrischen Feldes größer als die Bindungskräfte der Valenzelektronen. Es fließt dann schlagartig ein großer Strom, der ohne Begrenzung zur Zerstörung des pn-Überganges führt.
Ein pn-Übergang in Sperrichtung hat noch eine weitere Eigenschaft, die technisch ausgenutzt wird. Wegen der fehlenden Ladungsträger wirkt die Sperrschicht wie ein Dielektrikum, an das sich auf beiden Seiten gut leitendes Material anschließt. Ein in Sperrichtung betriebener pn-Übergang wirkt daher wie ein Kondensator. Dieser hat allerdings nur eine relativ kleine Kapazität, die als »Sperrschichtkapazität« bezeichnet wird. Ihre Größe ist von der Größe der angelegten Sperrspannung abhängig. Je größer die Sperrspannung wird, desto breiter wird die Sperrschicht. Dies entspricht einer Vergrößerung des Plattenabstandes beim Kondensator. Die Sperrschichtkapazität wird also mit steigender Sperrspannung kleiner. Diese spezielle Eigenschaft eines pn-Überganges wird in der Kapazitätsdiode praktisch ausgenutzt und in Abschnitt 1.6 eingehend behandelt.

1.3 Gleichrichter- und Schaltdioden

1.3.1 Kennlinien

Bei den Gleichrichter- und Schaltdioden handelt es sich um eine einfache praktische Anwendung der Halbleiterphysik. Dioden bestehen aus einem Halbleiterkristall mit einem n-dotierten und einem p-dotierten Teil, zwischen denen sich ein pn-Übergang befindet. Da durch diesen pn-Übergang Strom nur in einer Richtung fließen kann, gehören die Gleichrichter- und Schaltdioden zu den stromrichtungsabhängigen Bauelementen.

Dioden werden in Durchlaßrichtung betrieben, wenn der Pluspol der Spannungsquelle am p-dotierten Teil und der Minuspol der Spannungsquelle am n-dotierten Teil des Halbleiterkristalls liegt. Ein Betrieb in Sperrichtung liegt dagegen vor, wenn der Minuspol an der p-dotierten und der Pluspol an der n-dotierten Zone der Diode angeschlossen ist.

Von der Durchlaßrichtung sind die Bezeichnungen der Diodenanschlüsse abgeleitet. So wird die Elektrode, an der der p-dotierte Kristall angeschlossen ist, als Anode [(griech.) = Eingang, Aufweg] und die am n-dotierten Kristall liegende Elektrode als Katode [(griech.) = Hinabweg] bezeichnet.

In **Bild 1.21** sind der schematische Aufbau und das genormte Schaltzeichen für Gleichrichterdioden nebeneinandergestellt. Bei dem Schaltzeichen weist die Spitze des Dreiecks auf die Durchlaßrichtung des Stromes (technische Stromrichtung) hin.

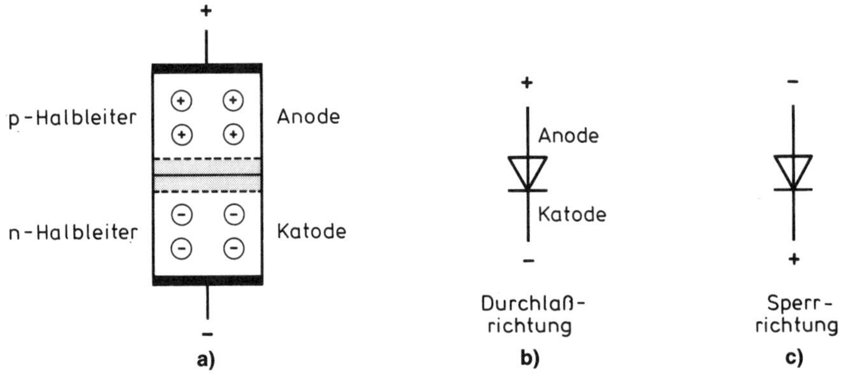

Bild 1.21 Schematische Darstellung und Schaltzeichen für Gleichrichterdioden

Das Verhalten von Dioden bei den verschiedenen Werten der Betriebsspannungen wird in Form von Kennlinien dargestellt. Der Verlauf dieser Kennlinien ist im Durchlaß- und Sperrbereich sehr unterschiedlich. **Bild 1.22** zeigt die charakteristischen Durchlaß- und Sperrkennlinien für Si- und Ge-Gleichrichterdioden. Im Durchlaßbereich haben die X- und Y-Achsen die Bezeichnungen U_F *und* I_F. Der Index »F« ist aus der englischen Bezeichnung »*F*orward direction« = Vorwärtsrichtung = Durchlaßrichtung abgeleitet. Für den Sperrbereich wird dagegen der Index »R« verwendet, der aus der englischen Bezeichnung »*R*everse direction« = Rückwärtsrichtung = Sperrichtung übernommen worden ist.

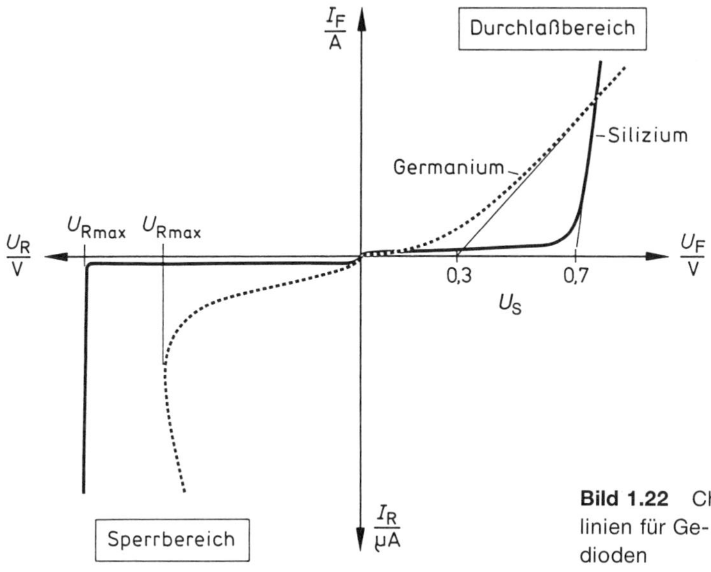

Bild 1.22 Charakteristische Kennlinien für Ge- und Si-Gleichrichterdioden

Aus dem Kennlinienverlauf in Bild 1.22 ist zu erkennen, daß im Durchlaßbereich erst dann ein nennenswerter Stromfluß einsetzt, wenn die Durchlaßspannung U_F größer als die Diffusionsspannung U_D wird. Dieser Mindestwert der Durchlaßspannung U_F wird als Schleusenspannung U_S bezeichnet. Der Übergang vom geringen zum großen Stromfluß unterscheidet sich bei Ge- und Si-Dioden. So liegt bei Germanium-Dioden die Schleusenspannung bei $U_S \approx 0{,}3$ V und der Übergang vom kleinen zum großen Stromfluß erfolgt allmählich. Bei den Silizium-Dioden tritt nach Überschreiten der Schleusenspannung von $U_S \approx 0{,}7$ V dagegen fast schlagartig ein großer Stromfluß auf. Die Durchlaßkennlinie der Si-Diode ist daher stark geknickt.
Auch im Sperrbereich unterscheiden sich die Kennlinien von Si- und Ge-Dioden. Wird bei der Si-Diode die höchstzulässige Sperrspannung U_{Rmax} überschritten, steigt der Sperrstrom $I_R = I_{Rest}$ plötzlich stark an, und es entsteht ein scharfer Kennlinienknick. Bei den Ge-Dioden gibt es keinen so ausgeprägten Kennlinienknick beim Übergang in den Durchbruchbereich. Die Sperrspannung U_{Rmax} darf bei beiden Dioden nicht überschritten werden, weil sonst der pn-Übergang und damit die Dioden zerstört werden. Die maximal zulässige Sperrspannung U_{Rmax} hängt vom Halbleitermaterial ab und beträgt

$U_{Rmax} \approx$ 80 bis ca. 1500 V bei Si-Dioden sowie
$U_{Rmax} \approx$ 40 bis ca. 100 V bei Ge-Dioden.

Die maximal zulässige Sperrspannung liegt also bei Si-Dioden wesentlich höher als bei Ge-Dioden. Dieser Unterschied ist auf den etwas andersartigen Atomaufbau von Germanium und Silizium zurückzuführen.
Auch bei den kleinen Restströmen, also den Strömen, die bei Betrieb in Sperrichtung fließen und auf die Eigenleitfähigkeit des Halbleiterkristalls zurückzuführen sind, gibt

es wesentliche Unterschiede zwischen Ge- und Si-Dioden. So liegen die Restströme in den Bereichen

$I_{Rest} \approx$ 5 bis 500 nA bei Si-Dioden und
$I_{Rest} \approx$ 10 bis 500 µA bei Ge-Dioden.

In dem Diagramm nach Bild 1.22 ist daher der Durchlaßstrom I_F in Ampere und der Sperrstrom I_R in Mikroampere angegeben.
Die Durchlaß- und Sperrkennlinien von Gleichrichterdioden können statisch oder dynamisch ermittelt werden. **Bild 1.23** zeigt eine Meßschaltung zur punktweisen Ermittlung der Durchlaß- und Sperrkennlinien. Beide Schaltungen unterscheiden sich nur durch die unterschiedlichen Anordnungen der Spannungs- und Strommeßgeräte. Dadurch werden bei der Durchlaß- und Sperrkennlinie die Meßfehler infolge der Innenwiderstände der Meßgeräte möglichst klein gehalten.

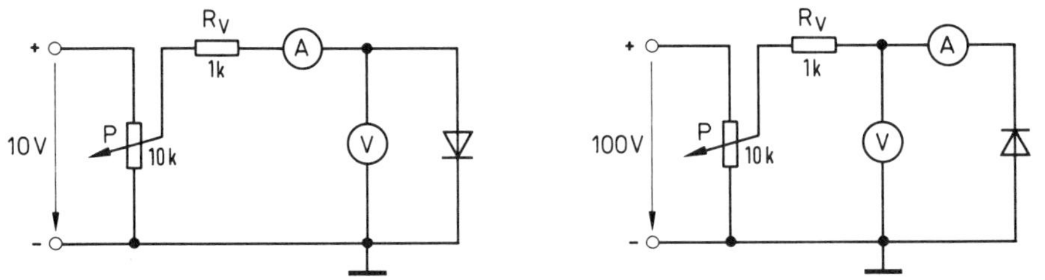

a) Zur Aufnahme der Durchlaßkennlinie **b)** Zur Aufnahme der Sperrkennlinie

Bild 1.23 Schaltungen zur statischen Aufnahme von Diodenkennlinien

Mit Hilfe der Schaltung nach **Bild 1.24** lassen sich die Durchlaß- und Sperrkennlinien von Dioden in einfacher Weise auf dem Bildschirm eines Oszilloskops darstellen. Infolge der als Betriebsspannung angelegten Wechselspannung werden beide Teile der Diodenkennlinie ständig durchlaufen, so daß ein stabiles Bild erscheint. Diese dynamische Messung eignet sich gut zur optischen Darstellung und zum Vergleich von Kennlinien, aber weniger zur exakten Ermittlung einzelner Meßwerte.

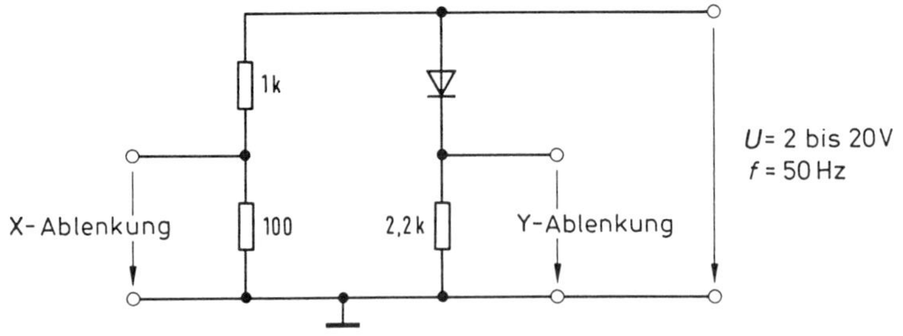

Bild 1.24 Schaltung zur Darstellung von Diodenkennlinien mit dem Oszilloskop

Die im Bild 1.22 angegebene charakteristische Kennlinie von Gleichrichterdioden reicht zur Information des Anwenders in keiner Weise aus. Daher geben die Hersteller zu jedem Diodentyp Datenblätter heraus, in denen eine größere Zahl spezieller Kennlinien enthalten ist. Hierbei handelt es sich meistens um Ausschnitte der wichtigsten Kennlinienbereiche. Zur besseren Darstellung wird dabei oft von dem doppelt-linearen Maßstab abgewichen und ein linear-logarithmischer oder auch doppelt-logarithmischer Maßstab gewählt. Dadurch erhalten die Kennlinien dann meistens ein Aussehen, das wesentlich von den charakteristischen Kennlinien in Bild 1.22 abweicht. Einige Original-Kennlinien von Gleichrichterdioden werden noch im folgenden Abschnitt ausführlicher behandelt.

1.3.2 Kennwerte

Aus den Diodenkennlinien lassen sich viele wichtige Daten für den Einsatz und das Verhalten der einzelnen Diodentypen in elektronischen Schaltungen ermitteln. Dies ist oft sehr zeitaufwendig. Daher geben die Hersteller in den Datenblättern zur schnellen Information über bestimmte Eigenschaften eine Reihe von Kennwerten an. Diese Dioden-Kennwerte sind meistens getrennt nach Grenzdaten und Kenndaten.
Grenzdaten sind Werte, die auf keinen Fall überschritten werden dürfen, weil das Bauelement sonst zerstört wird. Hierbei sind auch Schwankungen der Betriebsspannung und die Toleranzen anderer Bauelemente zu berücksichtigen. Ein einzelner Grenzwert darf aber auch dann nicht überschritten werden, wenn andere Grenzwerte nicht voll ausgenutzt sind.
Als Kenndaten werden Eigenschaften des Halbleiterbauelementes angegeben, die das Verhalten in bestimmten Arbeitspunkten kennzeichnen. Die Kenndaten werden in statische und dynamische unterteilt. Statische Kenndaten beschreiben das Gleichstromverhalten, dynamische Kenndaten informieren dagegen über das Verhalten bei Wechselstrom- und Impulsbetrieb.

1.3.2.1 Grenzdaten

Eine Diode kann auf verschiedene Arten elektrisch überbeansprucht werden:
1. Durch einen zu großen Durchlaßstrom I_F.
2. Durch eine zu hohe Sperrspannung U_R.
3. Durch eine zu große, in ihr umgesetzte Verlustleistung P_V.
4. Durch eine zu hohe Umgebungstemperatur ϑ_U (In Datenblättern auch häufig T_U).

Die Hersteller geben daher für jede dieser Beanspruchungsarten Grenzwerte an, deren Formelzeichen gewöhnlich mit dem Index M = maximal gekennzeichnet sind. Eine nennenswerte Überschreitung dieser Grenzdaten hat meistens eine sofortige oder vorzeitige Zerstörung des Bauteiles zur Folge. Da die Dioden überwiegend in umfangreichen elektronischen Schaltungen und Geräten eingesetzt sind, können durch Überbeanspruchung und der dadurch eintretenden Funktionsuntüchtigkeit leicht weitaus schwerwiegendere Folgeschäden eintreten.

Grenzwerte für U_R und I_F

Die Datenblätter enthalten in der Regel Strom- und Spannungswerte mit folgenden Bedeutungen:

U_R = maximale Gleichspannungen in Sperrichtung
U_{RM} = höchstzulässige Spitzensperrspannung. Dies ist der Scheitelwert einer Wechselspannung in Sperrichtung für eine Betriebsfrequenz größer 20 Hz.
I_F = maximaler Strom in Durchlaßrichtung als Gleich- oder Effektivwert.
I_0 = Richtstrom als arithmetischer Mittelwert des Diodenstromes.
I_{FM} = höchstzulässiger periodischer Spitzendurchlaßstrom. Dies ist der Scheitelwert eines Wechselstromes in Durchlaßrichtung für eine Betriebsfrequenz größer 20 Hz.
I_{FS} = Höchstwert des Stromes, der für maximal 1 Sekunde fließen darf. Bei periodischer Wiederholung treten Schäden auf.

In **Bild 1.25** sind die aufgeführten Stromgrenzwerte zur besseren Veranschaulichung nochmals grafisch dargestellt.

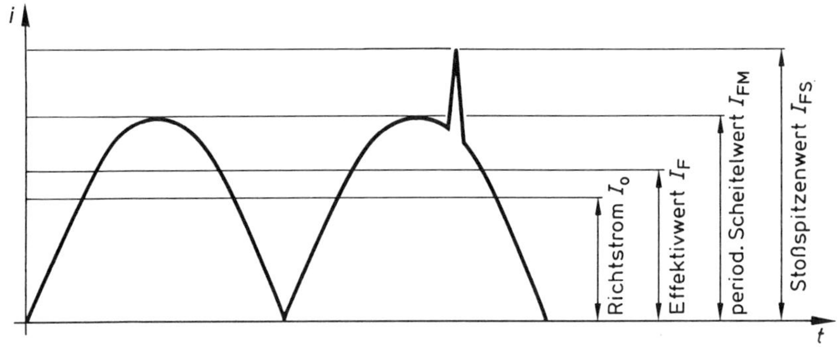

Bild 1.25 Stromgrenzwerte bei Halbleiterdioden

Grenzwerte für Impulsbelastung

Wird eine Diode nicht mit einer sinusförmigen, sondern mit einer rechteckförmigen Betriebsspannung betrieben, so muß die in **Bild 1.26** angegebene zulässige Impulsbelastbarkeit beachtet werden.

In dem Diagramm nach Bild 1.26 ist die Abhängigkeit des zulässigen Durchlaßstromes I_F von der Impulsdauer t_i für die Diodentypen BAY44, BAY 45 und BAY 46, die hier als Beispiele ausgewählt wurden, aufgetragen. Als Parameter ist das Verhältnis $g = \frac{t_i}{T}$ angegeben. Je größer der Wert von g wird, desto kleiner ist der maximal zulässige Strom in Durchlaßrichtung.

Grenzwerte für Verlustleistung P_{tot}

Bei Betrieb einer Diode in Durchlaßrichtung liegt an den Anschlüssen die Durchlaßspannung U_F und es fließt ein bestimmter Durchlaßstrom I_F. Das Produkt aus Strom und Spannung ergibt die Verlustleistung P_V.

$$P_V = U_F \cdot I_F$$

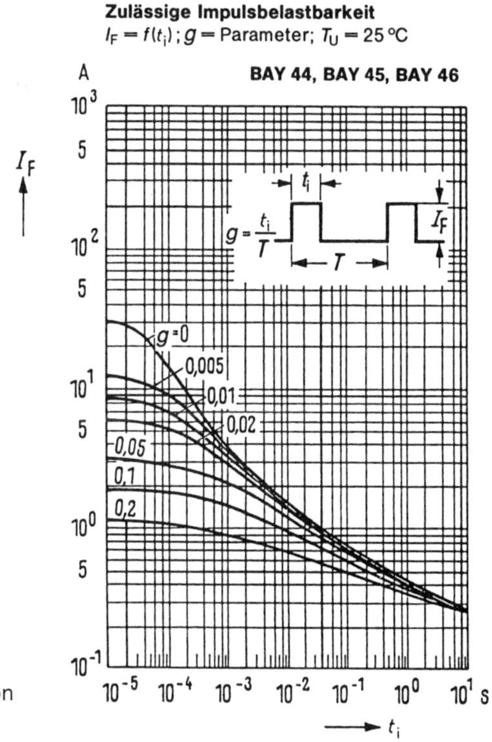

Bild 1.26 Zulässige Impulsbelastbarkeit von Dioden

Diese Verlustleistung P_V führt zur Erwärmung des Halbleiterkristalls.
Die größte zulässige Verlustleistung wird als totale Verlustleistung P_{tot} vom Hersteller für bestimmte Temperaturbedingungen angegeben. Grundsätzlich gilt:

$$P_V \leqq P_{tot}$$

Die schon erwähnte Diode BAY 45 hat eine totale Verlustleistung von P_{tot} = 250 mW bei der Umgebungstemperatur ϑ_U = 25 °C. Diese Angabe besagt, daß z. B. bei einer Durchlaßspannung U_F = 1 V ein Strom von

$$I_F \leqq \frac{P_{tot}}{U_F} = \frac{250\,\text{mW}}{1\,\text{V}} = 250\,\text{mA}$$

fließen darf, sofern die Temperaturbedingungen dabei eingehalten werden.
Auch bei Betrieb einer Diode in Sperrichtung tritt eine Verlustleistung auf, die sich aus der anliegenden Sperrspannung U_R und dem fließenden Reststrom I_R ergibt. Wegen des sehr kleinen Sperrstromes ist die Verlustleistung bei Betrieb in Sperrichtung vernachlässigbar klein. So tritt bei der Diode BAY 45 bei Sperrbetrieb nur eine Verlustleistung

$$P_V = U_R \cdot I_R = 150\,\text{V} \cdot 0{,}02\,\mu\text{A} = 3\,\mu\text{W}$$

auf.

Grenzwerte für Sperrschichttemperatur ϑ_{Jmax}

Im wesentlichen durch die Verlustleistung bei Durchlaßbetrieb entsteht in der Sperrschicht Wärme, durch die sich die Sperrschichttemperatur erhöht. Diese Sperrschichttemperatur ϑ_J darf bestimmte Werte nicht überschreiten, weil der Kristall dann seine Halbleitereigenschaften stark verändert und die Diode zerstört wird. Die zulässige Sperrschichttemperatur hängt vom Halbleitermaterial ab und beträgt

$\vartheta_{Jmax} \approx$ 70 ° bis 90 °C bei Germaniumdioden sowie
$\vartheta_{Jmax} \approx$ 150 ° bis 200 °C bei Siliziumdioden.

Grenzwerte für Umgebungstemperatur ϑ_{Umax}

Einige Hersteller geben anstelle der maximalen Sperrschichttemperatur auch die höchste Umgebungstemperatur ϑ_{Umax} als Grenzwert an. ϑ_{Umax} ist dann stets kleiner als ϑ_{Jmax}.
Besteht die Gefahr, daß die höchstzulässige Sperrschichttemperatur infolge der Verlustleistung und der Umgebungstemperatur überschritten werden kann, so muß die Diode gekühlt werden. Auf Fragen der Kühlung von Dioden wird in Abschnitt 1.3.2.3 näher eingegangen.

1.3.2.2 Kenndaten

Bild 1.27 zeigt die Durchlaßkennlinien der schon erwähnten Dioden BAY 44, BAY 45 und BAY 46, wie sie in den zugehörigen Datenblättern enthalten sind. Die Durchlaßspannung U_F ist in dieser Darstellung in einem linearen Maßstab, der Durchlaßstrom I_F dagegen im logarithmischen Maßstab aufgetragen. Dadurch ergibt sich auch für den dargestellten Bereich in der Nähe der Schleusenspannung ein völlig anderes Aussehen als bei einer doppelt-linearen Darstellung entsprechend Bild 1.22.
Bild 1.27 enthält neben der Kennlinie für die Umgebungstemperatur $\vartheta_U = 25$ °C auch noch eine entsprechende Kennlinie für $\vartheta_U = 100$ °C. Die weiter vorhandene gestrichelte Kennlinie gibt den Streuwert bei $\vartheta_U = 25$ °C an. Die tatsächlichen Kennlinien der gelieferten Dioden eines Typs können zwischen den beiden Kurven für $\vartheta_U = 25$ °C verlaufen.

Statischer Durchlaßwiderstand R_F

In das Diagramm nach Bild 1.27 wurden zusätzlich zwei Arbeitspunkte eingetragen. Für $I_F = 100$ mA ergibt sich z. B. eine Durchlaßspannung $U_F = 0{,}97$ V. Aus diesen beiden Werten kann der statische Durchlaßwiderstand R_F ermittelt werden.

$$R_F = \frac{U_F}{I_F} = \frac{0{,}97\,\text{V}}{0{,}1\,\text{A}} = 9{,}7\,\Omega$$

Für den zweiten gewählten Arbeitspunkt $I_F = 0{,}3$ mA mit $U_F = 0{,}6$ V ergibt sich

$$R_F = \frac{0{,}6\,\text{V}}{0{,}3\,\text{mA}} = 2\,\text{k}\Omega$$

Bild 1.27 Durchlaßkennlinien für die Dioden BAY 44, BAY 45 und BAY 46 für den Bereich der Schleusenspannung mit zusätzlicher Eintragung von zwei Arbeitspunkten

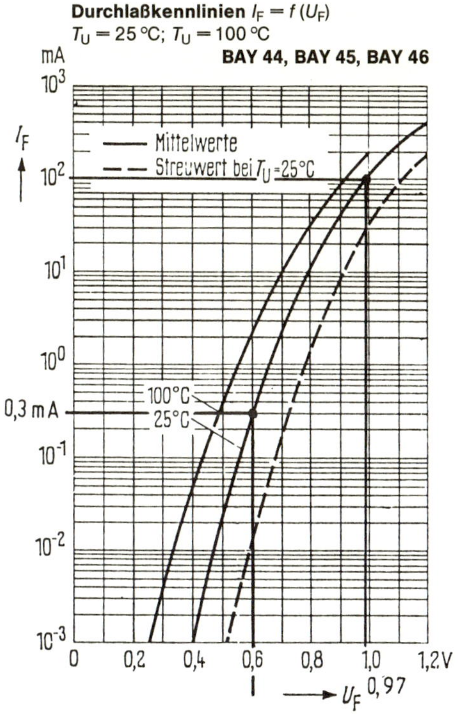

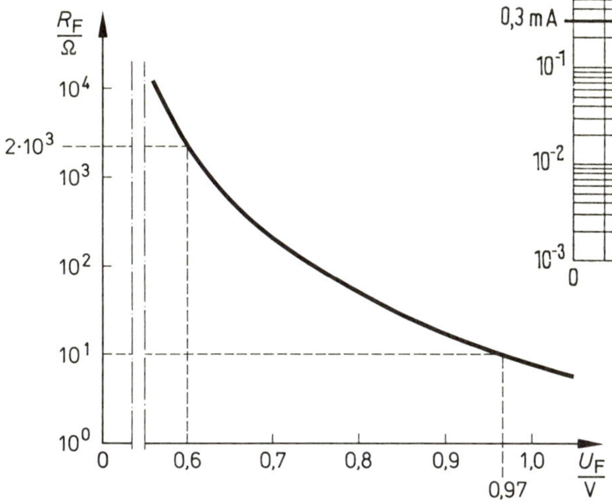

Bild 1.28 Statischer Durchlaßwiderstand für die Dioden BAY 44, BAY 45 und BAY 46 im Bereich der Schleusenspannung

Der statische Durchlaßwiderstand ist der Gleichstromwiderstand einer Diode. Er ist nicht konstant, sondern hängt vom gewählten Arbeitspunkt ab.
Oberhalb der Schleusenspannung ist R_F sehr niederohmig, unterhalb aber bereits relativ hochohmig. In **Bild 1.28** ist der aus Bild 1.27 ermittelte statische Durchlaßwiderstand nochmals im Zusammenhang $R_F = f(U_F)$ dargestellt.

Dynamischer Durchlaßwiderstand r_F

Für den dynamischen Durchlaßwiderstand wird das Formelzeichen r_F verwendet. Er läßt sich aus der Stromänderung ΔI_F infolge einer Spannungsänderung ΔU_F für einen bestimmten Arbeitspunkt ermitteln. In **Bild 1.29** ist in das gleiche Kennlinienfeld wie in Bild 1.27 eine Arbeitspunktverschiebung eingetragen.
Aus Bild 1.29 kann der dynamische oder differentielle Durchlaßwiderstand r_F für die gewählten Arbeitspunkte ermittelt werden, indem das Verhältnis von Spannungsänderung ΔU_F zur Stromänderung ΔI_F gebildet wird.

$$r_F = \frac{\Delta U_F}{\Delta I_F} = \frac{0{,}8\,\text{V} - 0{,}7\,\text{V}}{10\,\text{mA} - 2{,}5\,\text{mA}} = \frac{0{,}1\,\text{V}}{7{,}5\,\text{mA}} = 13{,}3\,\Omega$$

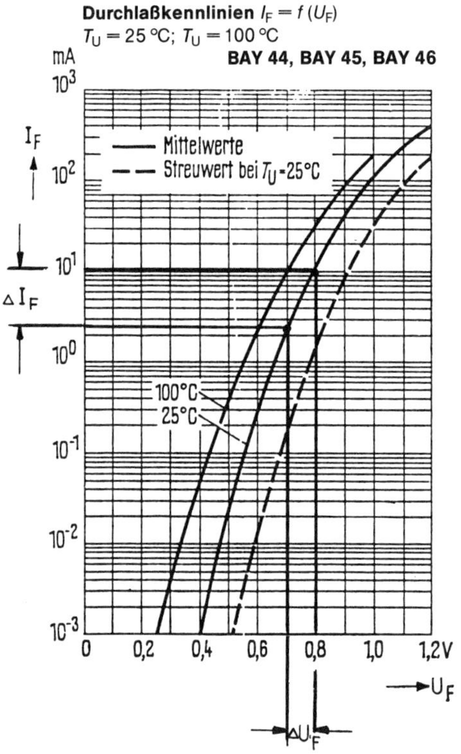

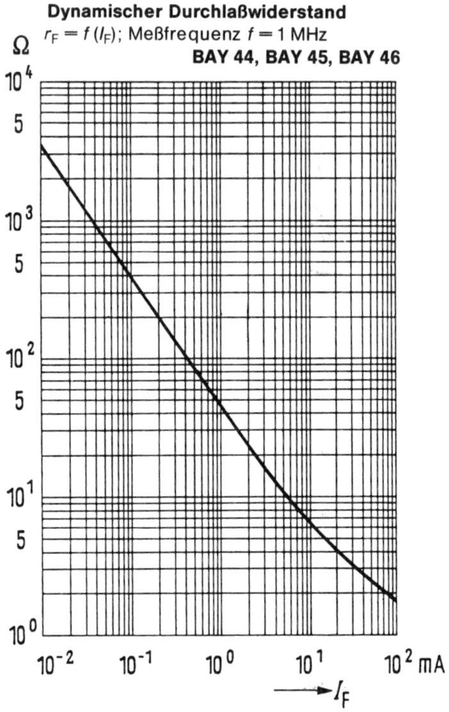

Bild 1.29 Durchlaßkennlinien für die Dioden BAY 44, BAY 45 und BAY 46 mit zusätzlicher Eintragung von zwei Arbeitspunkten

Bild 1.30 Dynamischer Durchlaßwiderstand für die Dioden BAY 44, BAY 45 und BAY 46

Auch der dynamische Durchlaßwiderstand r_F hängt stark vom Arbeitspunkt ab, in dem die Diode betrieben wird. Er wird mit steigendem Durchlaßstrom kleiner. In **Bild 1.30** ist der dynamische Durchlaßwiderstand für die schon genannten Dioden im doppelt-logarithmischen Maßstab als Kennlinie aufgetragen.

Statischer Sperrwiderstand R_R

Auch für den Sperrbetrieb von Dioden werden in den Datenblättern Kennlinien angegeben. **Bild 1.31** zeigt die Sperrkennlinien für die Diode BAY 45 für ϑ_U = 25 °C und ϑ_U = 100 °C. Die Streuwerte sind wieder gestrichelt eingezeichnet.

Aus der Sperrkennlinie nach Bild 1.31 kann der statische Sperrwiderstand ermittelt werden.

$$R_R = \frac{U_R}{I_R} = \frac{70\,\text{V}}{10\,\text{nA}} = 7\,\text{G}\Omega$$

Der Sperrwiderstand R_R ist im gesamten zulässigen Sperrbereich sehr groß. Er ändert sich auch nur relativ wenig in Abhängigkeit von der Sperrspannung. Kommt es jedoch nach Überschreiten der höchstzulässigen Spitzensperrspannung U_{RM} zu einem Durchbruch, so wird der Sperrwiderstand plötzlich sehr klein. Die Diode ist damit nicht mehr funktionsfähig. Ein dynamischer Sperrwiderstand r_R wird nur selten angegeben, weil er für den praktischen Betrieb von Dioden weitgehend ohne Bedeutung ist.

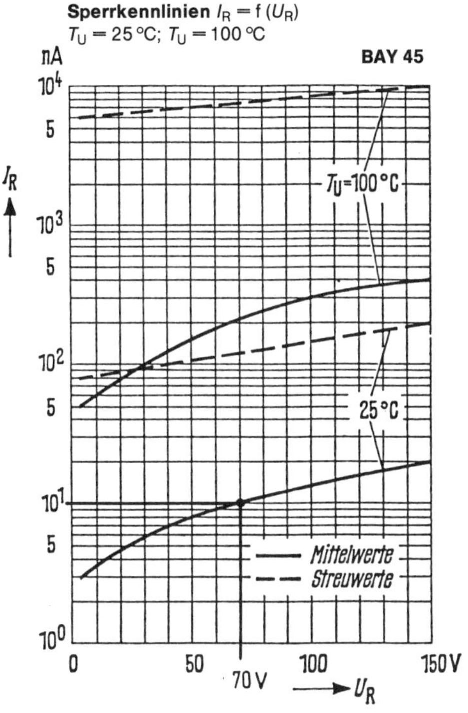

Bild 1.31 Sperrkennlinie der Diode BAY 45

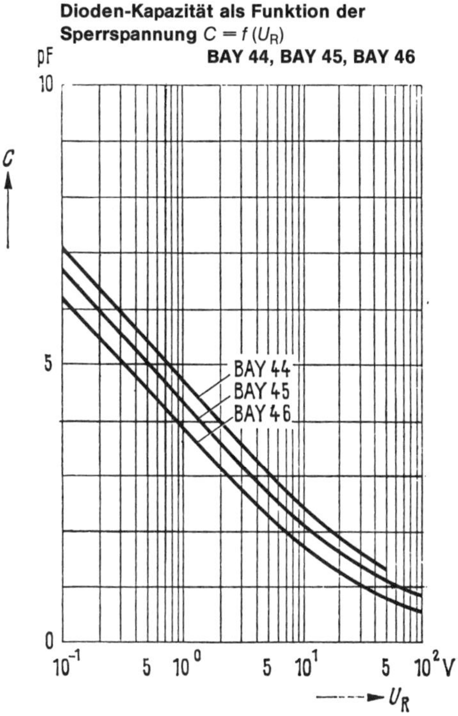

Bild 1.32 Diodenkapazität in Abhängigkeit von der Sperrspannung für die Dioden BAY 44, BAY 45 und BAY 46

Diodenkapazität C_D

Die Sperrschicht, die sich zwischen dem p-dotierten und dem n-dotierten Material ausbildet, wirkt wie ein Dielektrikum, an das sich auf beiden Seiten ein gut leitendes Material anschließt. Jede Diode besitzt daher auch ohne angelegte Spannung eine Sperrschichtkapazität. Sie wird mit zunehmender Sperrspannung kleiner, weil die Breite der Sperrschicht größer wird.

Aus der Sperrschichtkapazität und der zwischen den Anschlüssen der Diode und dem Gehäuse auftretenden Kapazität ergibt sich die Diodenkapazität C_D. In **Bild 1.32** ist die Abhängigkeit der Diodenkapazität von der Sperrspannung für die Dioden BAY 44, BAY 45 und BAY 46 dargestellt.

Obwohl diese Diodenkapazität C_D einen relativ kleinen Wert hat, kann sie beim praktischen Einsatz von Dioden sehr störend wirken. So kann entsprechend **Bild 1.33** aus der Diodenkapazität zusammen mit einem Vorwiderstand der äußeren Spannung ein RC-Glied entstehen, das eine bestimmte Zeitkonstante hat.

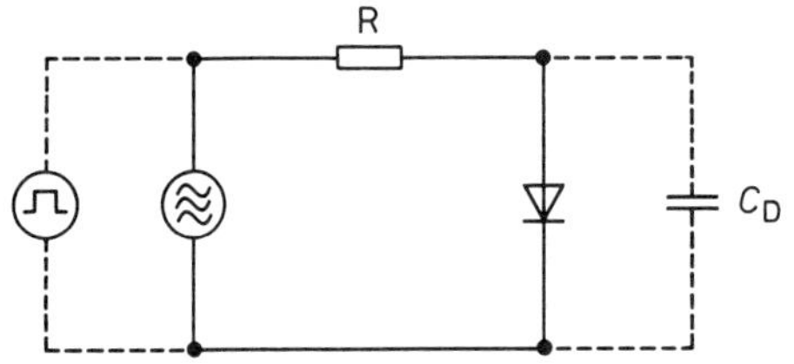

Bild 1.33 RC-Glied aus der Diodenkapazität und einem Vorwiderstand

Bei Betrieb mit einer Wechselspannung sehr hoher Frequenz wirkt das RC-Glied als Tiefpaß, bei Impulsbetrieb als Integrierglied, durch das eine Impulsverformung auftritt. Bei sehr hohen Frequenzen oder im Impulsbetrieb, wie z. B. in der Digitaltechnik, müssen Dioden mit möglichst kleiner Diodenkapazität ausgewählt werden.

Sperrverzögerungszeit t_{rr}

Wird eine Diode in Durchlaßrichtung betrieben, so ist die Sperrschicht abgebaut, und es befinden sich zahlreiche Ladungsträger im Bereich der Grenzschicht zwischen dem p- und dem n-Material. Bei schlagartigem Umpolen der äußeren Spannung (Übergang von Durchlaß- in Sperrbetrieb) kann eine Sperrwirkung des pn-Übergangs erst dann entstehen, wenn alle Ladungsträger aus der Grenzschicht abgeflossen sind.
In **Bild 1.34** ist die Übergangsphase vom Durchlaß- in den Sperrbetrieb schematisch dargestellt. Zu erkennen ist, daß noch eine bestimmte Zeit nach dem Umpolen ein großer Strom in Sperrichtung fließt. Die Zeit, die das Ausräumen der Ladungsträger aus der Grenzschicht erfordert, wird *Sperrverzögerungszeit* oder *Rückwärtserholzeit* t_{rr} genannt. Der Index »rr« ist wiederum aus dem englischen Sprachgebrauch übernommen und von »*r*everse *r*ecovery time« abgeleitet.

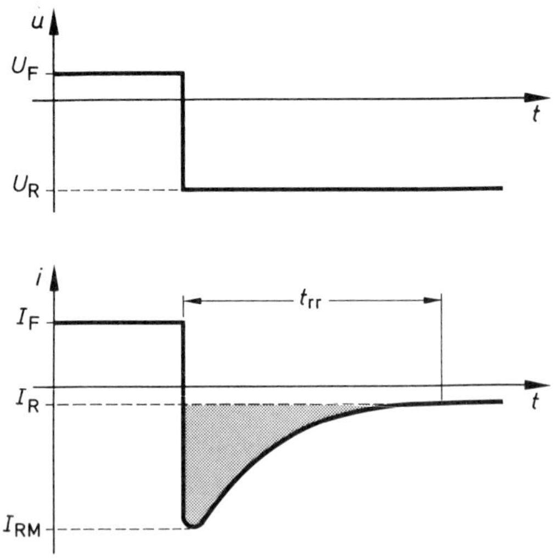

Bild 1.34 Sperrverzögerungszeit

In den Datenblättern wird die Sperrverzögerungszeit immer für bestimmte Bedingungen angegeben. So wird meistens der Durchlaßstrom I_F vor dem Umschalten und die angelegte Sperrspannung U_R für den Zeitpunkt nach dem Umschalten genannt. Bei der Diode BAY 45 ist z. B. der in Sperrichtung fließende Strom bei U_R = 10 V nach t_{rr} = 4,5 µs auf I_R = 2 mA zurückgegangen, wenn vorher in Durchlaßrichtung ein Strom I_F = 5 mA geflossen ist. Der sich anschließend endgültig einstellende Sperrstrom ist dann kleiner als 20 nA.
Die Sperrverzögerungszeit soll aus mehreren Gründen möglichst klein sein. So kann unmittelbar nach dem Umschalten vom Durchlaß- in den Sperrbetrieb bereits eine hohe Sperrspannung U_R anliegen, während noch für eine gewisse Zeit der relativ große Ausräumstrom I_{RM} fließt. Kurzzeitig ergibt sich dadurch eine hohe Verlustleistung P_V, durch die die Diode zerstört werden kann. Weiterhin begrenzt die Sperrverzögerungszeit aber auch die höchste Frequenz, die mit der betreffenden Diode noch gleichgerichtet werden kann. Eine Gleichrichtung ist nur möglich, wenn die Dauer der zu sperrenden Halbwelle größer als die Sperrverzögerungszeit ist.
Dioden mit besonders kleinen Sperrverzögerungszeiten werden als »schnelle Schaltdioden« bezeichnet und nach speziellen Verfahren hergestellt. Bei ihnen liegt die Sperrverzögerungszeit weit unterhalb einer Nanosekunde. Bei größeren Gleichrichterdioden kann der Wert für t_{rr} dagegen einige Mikrosekunden betragen.

1.3.2.3 Temperaturabhängigkeit

Wird einer Halbleiterdiode von außen Energie in Form von Wärme zugeführt, so reißen mehr Kristallbindungen auf und die Eigenleitfähigkeit wird größer. Dadurch fließen bei gleichen Spannungswerten sowohl in Durchlaß- als auch in Sperrichtung größere Ströme. In **Bild 1.35** ist die Temperaturabhängigkeit des Durchlaßstromes erkennbar. Wird z. B. bei den genannten Dioden bei einer Spannung U_F = 0,8 V die Umgebungstemperatur von ϑ_U = 25 °C auf ϑ_U = 100 °C erhöht, so steigt der Durchlaßstrom von I_F = 10 mA auf I_F = 35 mA an.
Bild 1.36 zeigt die Temperaturabhängigkeit des Sperrstroms I_R für die Dioden BAY 44, BAY 45 und BAY 46. Aufgetragen ist hier der Sperrstrom als Funktion der Temperatur bei maximal zulässiger Sperrspannung. Für die beiden gekennzeichneten Arbeitspunkte ist abzulesen, daß der Sperrstrom von I_R = 20 nA bei ϑ_U = 30 °C auf I_R = 430 nA bei ϑ_U = 100 °C ansteigt. Wegen der Temperaturabhängigkeit von I_F und I_R geben die Diodenhersteller in den Datenblättern die Kenn- und Grenzdaten immer für bestimmte Umgebungstemperaturen an.

Wärmewiderstand

Bei Betrieb einer Diode wird die in der Sperrschicht auftretende Verlustleistung P_V in Wärme umgewandelt. Diese Wärme muß über das den Kristall umschließende Gehäuse aus Metall, Kunststoff oder Glas an die Umgebungsluft abgeführt werden. Aufgrund der thermischen Gesetze erfolgt dieses umso besser, je größer die Temperaturdifferenz zwischen Sperrschicht und Umgebungsluft ist und je ungehinderter die Ableitung der erzeugten Wärme erfolgen kann. Wie gut die Wärme von der Sperr-

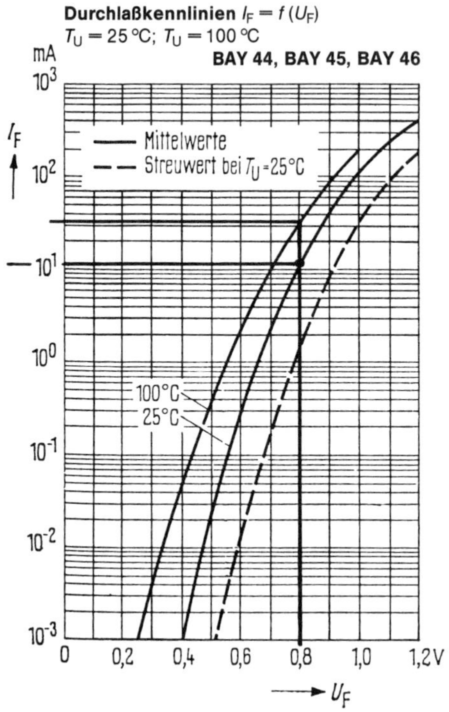

Bild 1.35 Durchlaßkennlinie für die Dioden BAY 44, BAY 45 und BAY 46

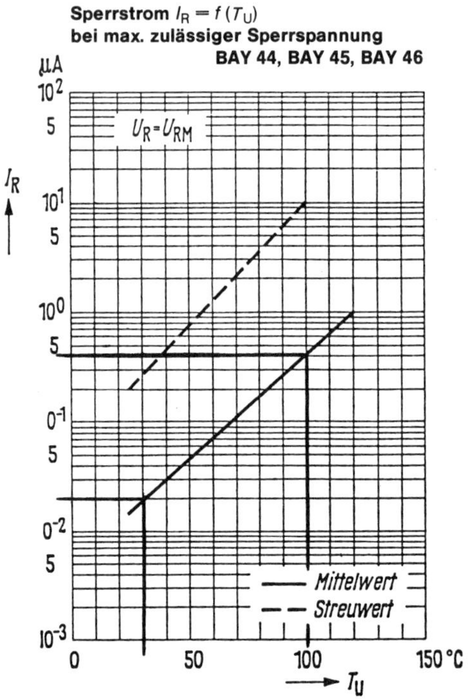

Bild 1.36 Temperaturabhängigkeit des Sperrstromes für die Dioden BAY 44, BAY 45 und BAY 46

schicht durch das Material an die Luft abgeführt wird, wird durch den Wärmewiderstand R_{thJU} (th = thermisch; J = junction = Sperrschicht; U = Umgebung) angegeben. In **Bild 1.37** ist dieser Zusammenhang in einem Ersatzschaltbild dargestellt.

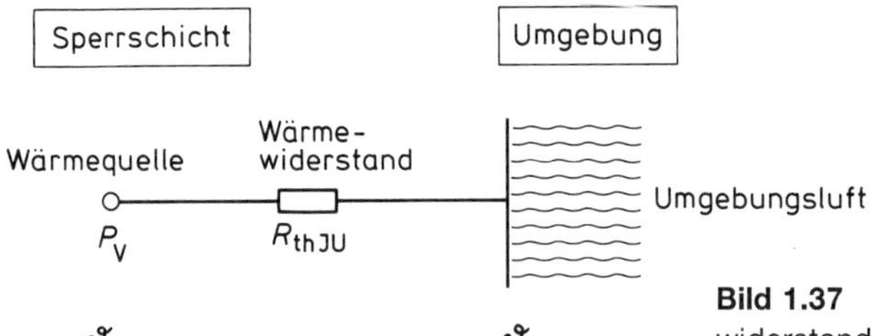

Bild 1.37 Ersatzschaltbild für den Wärmewiderstand R_{thJU}

Der Wärmewiderstand R_{thJU} ist definiert als

$$R_{thJU} = \frac{\vartheta_J - \vartheta_U}{P_V} \text{ in } \frac{K}{W} \quad \text{(Kelvin pro Watt)}$$

mit ϑ_J = Sperrschichttemperatur
ϑ_U = Umgebungstemperatur
P_V = Elektrische Leistung, die in der Sperrschicht in Wärme umgesetzt wird.

Aus der Gleichung ergibt sich, daß eine umso größere Wärmemenge aus der Sperrschicht abgeführt werden kann, je kleiner der Wärmewiderstand ist. Beträgt z. B. die Temperaturdifferenz 50 K und hat der Wärmewiderstand einen Wert R_{thJU} = 50 K/W, so wird eine Leistung P_V = 1 W abgeführt, ohne daß sich der Halbleiter weiter erwärmt. Bei ΔT = 50 K und R_{thJU} = 10 K/W kann bereits eine Leistung P_V = 5 W abgeleitet werden. Die für eine Diode geltende totale Verlustleistung P_{tot} ist daher nicht nur von der maximalen Sperrschichttemperatur, sondern auch vom Wärmewiderstand R_{thJU} abhängig.
Bei Dioden mit Verlustleistungen $P_V < 1$ W genügt in der Regel die Wärmeableitung über die Oberfläche des Gehäuses. Der Wärmewiderstand R_{thJU} umfaßt, wie in Bild 1.37 angegeben, den Weg von der Sperrschicht über das Gehäuse an die Umgebungsluft.

Kühlung

Bei Verlustleistungen $P_V > 1$ W reicht die Wärmeableitung nur über das Gehäuse aber nicht mehr aus, weil die Oberfläche des Gehäuses zu klein ist. Die abstrahlende Oberfläche läßt sich jedoch erheblich vergrößern, wenn die Diode einen zusätzlichen Kühlkörper erhält. Hierfür eignen sich Bleche oder besonders ausgebildete Rippenprofile aus Kupfer, Aluminium sowie Stahl, weil diese Werkstoffe eine gute Wärmeleitfähigkeit haben.
Werden Dioden mit einem zusätzlichen Kühlkörper betrieben, dann setzt sich der gesamte Wärmewiderstand R_{thU} aus einer Reihenschaltung von drei Teilwiderständen zusammen und es gilt:

$$R_{thU} = R_{thJG} + R_{thGK} + R_{thK}$$

mit

R_{thJG} = Wärmewiderstand zwischen Sperrschicht und Gehäuse
R_{thGK} = Wärmewiderstand zwischen Gehäuse und Kühlkörper
R_{thK} = Wärmewiderstand des Kühlkörpers

Bei der in **Bild 1.38** dargestellten Montageart ist jedoch zu beachten, daß trotz der Reihenschaltung der Teil-Wärmewiderstände der gesamte Wärmewiderstand R_{thU} zwischen Sperrschicht und Umgebungsluft wegen der großen Oberfläche kleiner ist

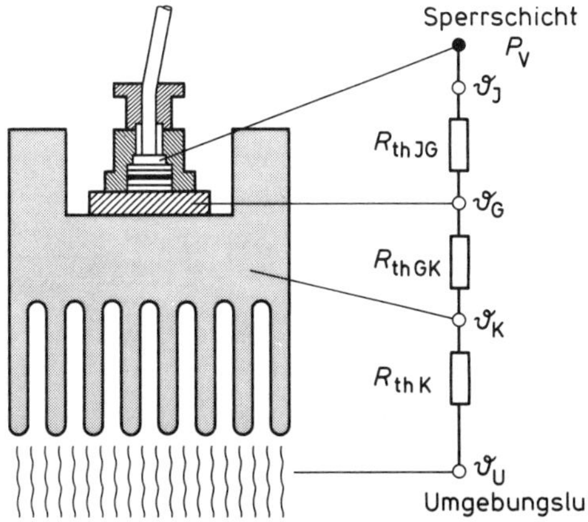

Bild 1.38 Ersatzsschaltbild des Wärmewiderstandes bei Halbleitern mit Kühlkörper

als der Wärmewiderstand R_{thJU}, der für das Halbleiterbauelement ohne Kühlkörper gilt.
Die Verlustleistung P_V einer Diode mit Kühlkörper läßt sich mit Hilfe der Gleichung

$$P_V = \frac{\vartheta_J - \vartheta_U}{R_{thJG} + R_{thGK} + R_{thK}}$$

berechnen.

Beispiel 1

Eine Si-Diode hat eine Sperrschichttemperatur ϑ_J = 150 °C und einen Wärmewiderstand zwischen Sperrschicht und Umgebungsluft R_{thJU} = 60 K/W.
Welcher Strom I_F darf durch die Diode fließen, wenn die Umgebungstemperatur ϑ_U = 40 °C und die Durchlaßspannung U_F = 0,8 V betragen?

$$P_V = \frac{\vartheta_J - \vartheta_U}{R_{thJU}} = \frac{150\,°C - 40\,°C}{60\,K/W} = \frac{110\,K}{60\,K/W} = 1{,}83\,W$$

$$I_F = \frac{P_V}{U_F} = \frac{1{,}83\,W}{0{,}8\,V} = 2{,}29\,A$$

Beispiel 2

Die in Beispiel 1 genannte Diode wird mit einem Kühlkörper versehen, so daß sich folgende Teil-Wärmewiderstände ergeben: R_{thJG} = 10 K/W; R_{thGK} = 2 K/W; R_{thK} = 20 K/W.
Welcher Strom darf jetzt durch die Diode fließen?

$$P_V = \frac{\vartheta_J - \vartheta_U}{R_{thJG} + R_{thGK} + R_{thK}} = \frac{150\,°C - 40\,°C}{10\,K/W + 2\,K/W + 20\,K/W} = \frac{110\,K}{32\,K/W} = 3{,}44\,W$$

$$I_F = \frac{P_V}{U_F} = \frac{3{,}44\,W}{0{,}8\,V} = 4{,}3\,A$$

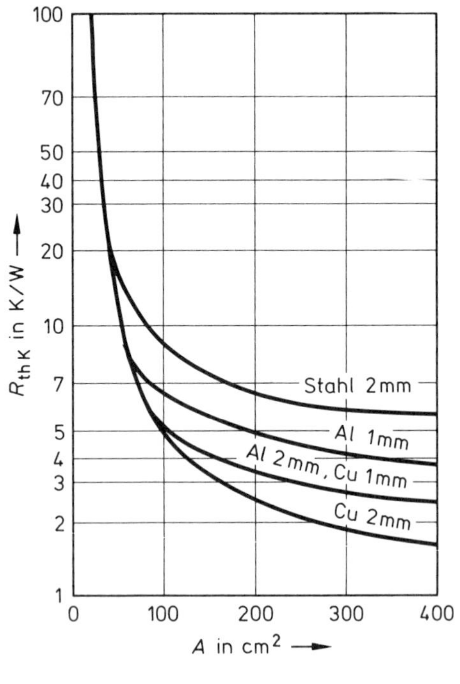

Bild 1.39 Wärmewiderstand verschiedener Kühlbleche

Der Wärmewiderstand R_{thK} eines Kühlkörpers ist aber nicht nur von der Größe der Oberfläche, sondern auch vom Material abhängig. Diese Materialabhängigkeit wird meistens in einem Diagramm angegeben. **Bild 1.39** zeigt ein derartiges Diagramm.
Die in Bild 1.39 angegebenen Kennlinien gelten für quadratische, blanke, senkrecht freistehende Kühlbleche aus den verschiedenen Materialien. Durch Schwärzen der Bleche kann die Wärmeleitfähigkeit weiter verbessert werden. Dann sind die in Bild 1.39 ablesbaren Werte des Wärmewiderstandes oder die Fläche A des Kühlbleches mit dem Faktor 0,7 zu multiplizieren.
Bei waagerechter Anordnung der Kühlbleche muß dagegen einer der beiden abgelesenen Werte mit dem Faktor 1,7 multipliziert werden, weil die Wärmeabgabe nicht mehr so günstig ist.

Beispiel

Die Si-Diode BY 195 hat laut Datenblatt die Werte: ϑ_U = 150 °C; R_{thJG} = 5 K/W; R_{thGK} = 1,5 K/W. Bei einer Umgebungstemperatur ϑ_U = 50 °C und einer Durchlaßspannung U_F = 1 V soll ein Durchlaßstrom I_F = 10 A fließen.
Welche Größe muß das Kühlblech haben, wenn geschwärztes, 2 mm starkes Aluminiumblech verwendet werden soll.

$$R_{thK} = \frac{\vartheta_J - \vartheta_U}{P_V} - (R_{thJG} + R_{thGK})$$

$$= \frac{150\,°C - 50\,°C}{1\,V \cdot 10\,A} - (5\,K/W + 1{,}5\,K/W) = 3{,}5\,K/W$$

Aus dem Diagramm in Bild 1.39 läßt sich die Fläche für ein 2-mm-Al-Blech ermitteln zu

$A \approx 200\,cm^2$

Da das Kühlblech geschwärzt sein soll, verringert sich die Fläche um den Faktor 0,7. Damit ergibt sich die erforderliche Kühlfläche zu

$A \approx 200\,cm^2 \cdot 0{,}7 = 140\,cm^2$

Heute werden in zunehmendem Umfang Rippenkühlkörper verwendet. Sie sind meistens aus einer Aluminiumlegierung gefertigt. Es gibt sie sowohl als Einzelstücke wie auch als Meterware. Die Oberfläche ist entweder mattgebeizt oder matteloxiert. Für Leistungsdioden und Thyristoren gibt es auch fertige Kühlblöcke nach DIN. In **Bild 1.40** sind einige Kühlkörper abgebildet.
Zwischen dem Gehäuse des Bauelementes und dem Kühlkörper soll ein sehr enger Kontakt bestehen, damit der Wärmewiderstand R_{thGK} möglichst klein wird. Dies läßt sich mit einer Wärmeleitpaste aus Siliconfett erreichen.
In bestimmten Fällen darf zwischen dem Metallgehäuse des Bauelementes und dem Kühlkörper keine elektrische Verbindung bestehen. Als Isolationsmaterial werden dann Glimmer- oder Kunststoffscheiben als Zwischenlage verwendet. Zu beachten ist dabei jedoch, daß sich dadurch der Wärmewiderstand R_{thGK} um 0,25 K/W bis 1,5 K/W erhöht. Dieser größere Wärmewiderstand läßt sich durch Verwendung von Wärmeleitpaste nicht wieder herabsetzen.
Werden Dioden im Impulsbetrieb betrieben, so darf die jeweils während des Impulses auftretende Verlustleistung größer als die im Dauerbetrieb sein, weil während der

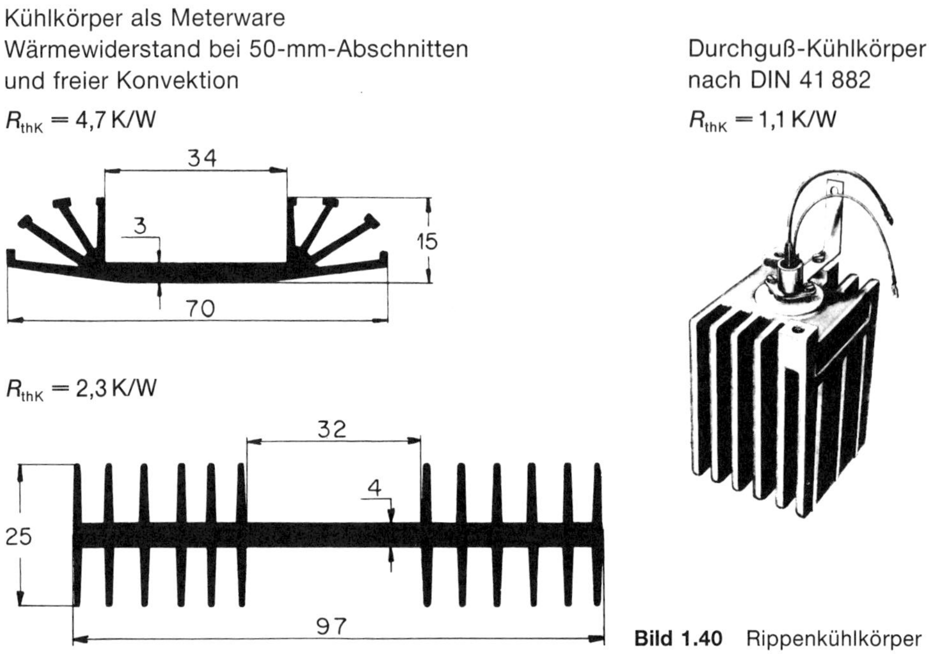

Bild 1.40 Rippenkühlkörper

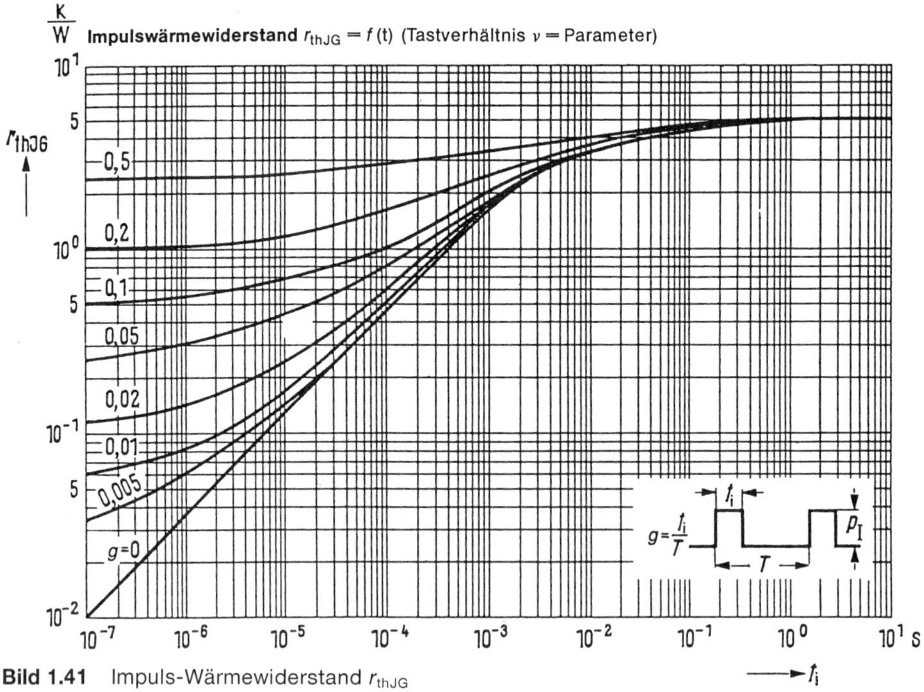

Bild 1.41 Impuls-Wärmewiderstand r_{thJG}

Impulspause wieder eine Abkühlung erfolgt. Um die Berechnung zu vereinfachen, ist in den Datenblättern anstelle des Wärmewiderstandes R_{thJG} oft ein Impuls-Wärmewiderstand r_{thJG} in Form von Kennlinien angegeben. Als Parameter wird, wie bereits in

Bild 1.26, das Verhältnis $g = \frac{t_i}{T}$ benutzt. **Bild 1.41** zeigt das Diagramm für den Impuls-Wärmewiderstand r_{thJG}.

1.3.3 Charakteristische Eigenschaften von Si-, Ge- und Se-Dioden

In der Tabelle nach **Bild 1.42** sind die charakteristischen Eigenschaften von Silizium-Dioden, Germanium-Dioden und Selen-Dioden zusammengefaßt und gegenübergestellt. Selen-Dioden waren früher stark verbreitet, werden aber heute nur noch als Gleichrichter in Ladegeräten eingesetzt.

Eigenschaft	Siliziumdiode	Germaniumdiode	Selendiode
Schleusenspannung U_s	0,5 V–0,8 V	0,2 V–0,4 V	0,6 V
max. Sperrspannung $U_{R\,max}$	80 V–1500 V	40 V–100 V	20 V–30 V pro Platte
Höchstzulässige Stromdichte in der Halbleiterschicht	100 A/cm²	50 A/cm²	0,1 A/cm²
Sperrstrom I_{Rest}	5 nA–500 nA	10 μA–500 μA	100 μA–500 μA
max. Sperrschichttemperatur $\vartheta_{J\,max}$	150 °C–200 °C	70 °C–90 °C	60 °C–80 °C
Temperaturabhängigkeit des Sperrstromes	Verdopplung bei 8 K Temperaturerhöhung	Verdopplung bei 10 K Temperaturerhöhung	Verdopplung bei 5 K Temperaturerhöhung
Zulässige Verlustleistung $P_{V\,max}$	groß (wegen der höheren Sperrschichttemperatur)	mittel	mittel
Kennlinienverlauf	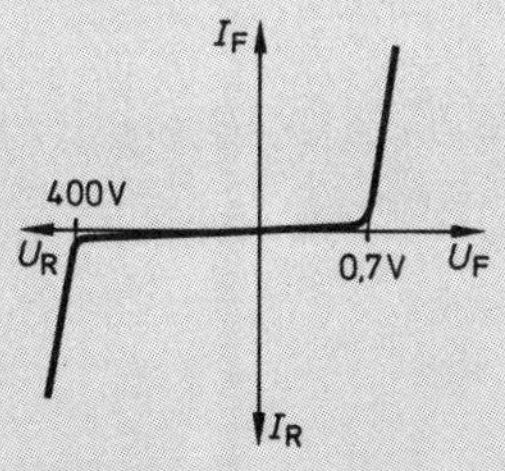	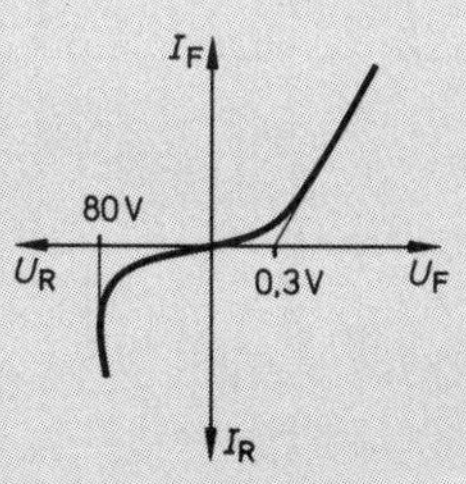	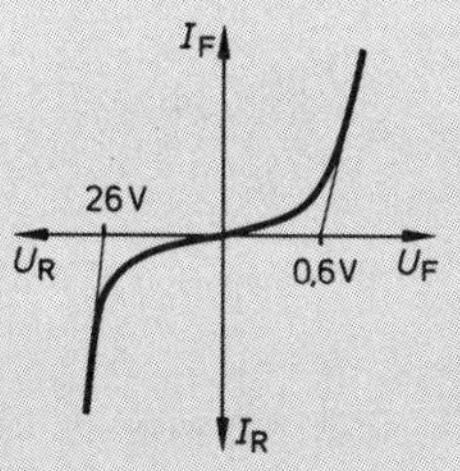
Anwendung	Gleichrichtung aller Art Schalterbetrieb	HF-Gleichrichtung	Netzgleichrichtung

Bild 1.42 Charakteristische Eigenschaften von Si-, Ge- und Se-Dioden

1.3.4 Kennzeichnung von Dioden

Bei der Typenbezeichnung von Halbleiterdioden benutzen europäische Hersteller überwiegend den »Pro-Electron«-Typenschlüssel, die amerikanischen und japanischen Hersteller dagegen meistens den »JEDEC«-Typenschlüssel. In beiden Fällen werden Buchstaben und Ziffern verwendet. Da viele Diodentypen jedoch nur geringe Ausmaße haben, ist ein Gehäuseaufdruck mit der Angabe von Buchstaben und Ziffern zwangsläufig sehr klein und das Ablesen daher sehr schwierig. Auch die Verwischungs- und Verwechslungsgefahr ist recht groß. Aus diesen Gründen wird heute bei kleinen Dioden der jeweilige Diodentyp oft nicht mit Ziffern und Buchstaben, sondern, ähnlich wie bei den Widerständen, durch Farbringe auf dem Gehäuse angegeben.

1.3.4.1 Kennzeichnung nach »JEDEC«

Die JEDEC-Typenbezeichnung für Dioden besteht aus einer Kombination von »1N« und einer vierstelligen Zahl. Die grundsätzliche Angabe »1N« weist auf das Vorhandensein von »1 pn«-Übergang hin. Es folgt dann eine vierstellige Zahl, die auf dem Gehäuse aufgedruckt oder mit Hilfe von Farbringen angegeben wird. Der erste Farbring ist stets doppelt so breit wie die anderen drei Ringe. Durch ihn wird gleichzeitig der Katodenanschluß der Diode gekennzeichnet. Für die Zuordnung der Farbe zu den zehn Ziffern gilt die gleiche Zuordnung wie beim Farbcode für Widerstände, und zwar:

Schwarz	≙ 0	Grün	≙ 5
Braun	≙ 1	Blau	≙ 6
Rot	≙ 2	Violett	≙ 7
Orange	≙ 3	Grau	≙ 8
Gelb	≙ 4	Weiß	≙ 9

Die Kennzeichnung der Si-Diode vom Typ 1N4148, deren Kenndaten bereits in Bild 1.42 angegeben wurden, ist in **Bild 1.43** dargestellt.

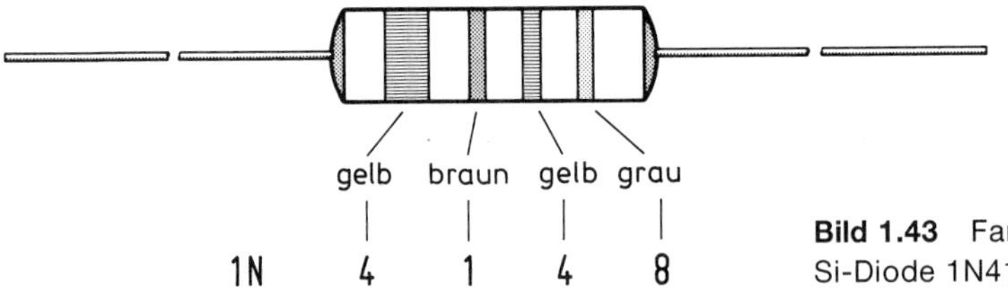

Bild 1.43 Farbkennzeichnung der Si-Diode 1N4148 nach JEDEC

1.3.4.2 Kennzeichnung nach »Pro Electron«

Der »JEDEC«-Typenschlüssel hat den großen Nachteil, daß aus der Diodenbezeichnung keinerlei Hinweise über Art und Einsatzmöglichkeit der betreffenden Diode entnommen werden können. Bei der »Pro Elektron«-Bezeichnung werden dagegen die Diodentypen weiter differenziert. So gibt der erste Buchstabe das Halbleitermaterial

an. Der zweite Buchstabe kennzeichnet die Hauptfunktion, und ein eventuell vorhandener dritter Buchstabe weist auf eine kommerzielle Verwendung hin. Es folgen dann nur noch 2 oder 3 Ziffern.
Bei der Kennzeichnung von Dioden nach »Pro Electron« gibt der *1. Buchstabe* Auskunft über das Halbleitermaterial:

A = Germanium
B = Silizium

Durch den *2. Buchstaben* wird die Hauptfunktion näher beschrieben:

A = Allgemeine Kleinsignalgleichrichtung, Schaltdiode
B = Kapazitätsdiode
E = Tunneldiode
G = Oszillatordiode für HF-Anwendung
H = Diode, die auf ein Magnetfeld anspricht
X = Vervielfacherdiode
Y = Leistungsdiode für Netzgleichrichter
Z = Z-Diode; Referenzdiode

Der *3. Buchstabe* wird zur Kennzeichnung von kommerziellen Typen benutzt. Verwendet werden hier überwiegend die Buchstaben X und Y sowie auch Z.

Die *Standard-Diodentypen* haben eine Typenbezeichnung, die aus

2 Buchstaben und 3 Ziffern

besteht, während die Diodentypen für den kommerziellen Einsatz

3 Buchstaben und 2 Ziffern

haben.
Buchstaben und Ziffern werden auf den Gehäusen aufgedruckt oder mit einer Farbringcodierung entsprechend der Tabelle in **Bild 1.44** angegeben. Der erste und zweite Farbring sind in doppelter Breite ausgeführt und kennzeichnen wiederum den Katodenanschluß.

Breite Farbringe 1. und 2. Buchstabe	 3. Buchstabe	Schmale Farbringe Ziffern
Braun = AA	Weiß = Z	Schwarz = 0
Rot = BA	Grau = Y	Braun = 1
	Schwarz = X	Rot = 2
	Blau = W	Orange = 3
	Grün = V	Gelb = 4
	Gelb = T	Grün = 5
	Orange = S	Blau = 6
		Violett = 7
		Grau = 8
		Weiß = 9

Bild 1.44 Farbschlüssel für die Diodenkennzeichnung nach »Pro Electron«

Bild 1.45 zeigt als Beispiel die Farbkennzeichnung der Diode BAY 93. Es handelt sich dabei um eine Si-Diode (1. Buchstabe B) für Kleinsignalgleichrichtung oder für Schaltaufgaben (2. Buchstabe A) als kommerzieller Typ, (3. Buchstabe Y) mit der Seriennummer 93.

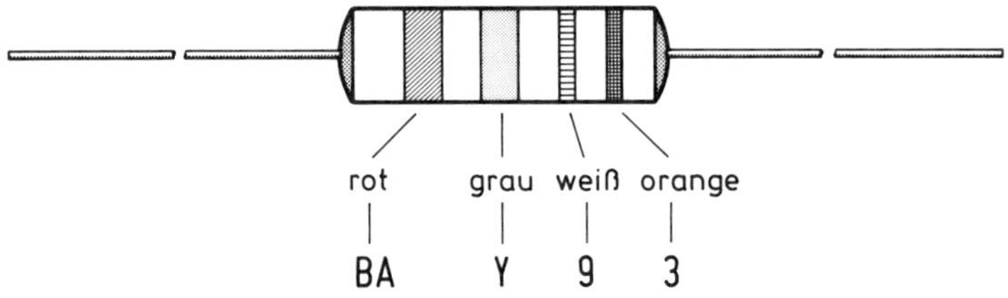

Bild 1.45 Farbkennzeichnung der Diode BAY 93 nach dem »Pro-Electron«-Typenschlüssel

Bei den kommerziellen Si-Dioden gibt es noch die Möglichkeit, daß die Buchstabenkombination durch die Gehäusefarbe gekennzeichnet wird. Dabei gilt dann:

Hellgrün = BAV
Hellblau = BAW
Schwarz = BAX

Die nachfolgende Seriennummer wird wie üblich durch Farbringe angegeben. Der breite erste Farbring liegt auf der Katodenseite der Diode. In **Bild 1.46** ist eine derartige Kennzeichnung für die Diode BAW 62 als Beispiel dargestellt.

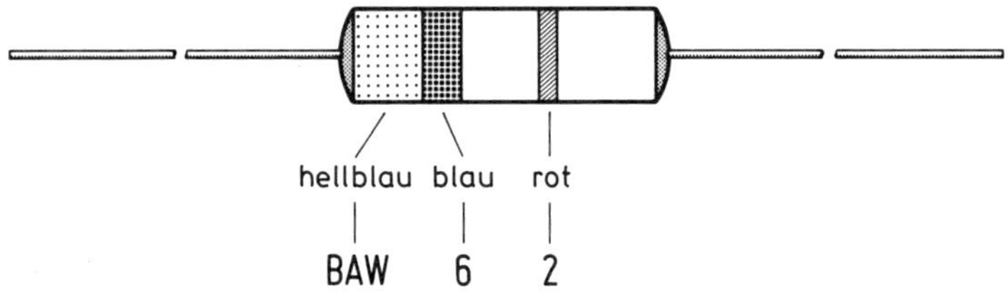

Bild 1.46 Farbkennzeichnung der Diode BAW 62

Es sind auch Dioden zu finden, deren Kennzeichnung von den beiden genannten Typenschlüsseln abweicht. So können die Farbringe alle die gleiche Breite haben, aber eindeutig an ein Diodenende gerückt sein. Dann ist dieses Ende die Katodenseite. Sie wird oft auch durch einen Farbpunkt oder durch ein aufgedrucktes Diodensymbol gekennzeichnet.

1.4 Anwendungsbeispiele für Gleichrichter- und Schaltdioden

Gleichrichterdioden lassen sich in Klein- und Leistungsgleichrichterdioden unterteilen.
Als Kleingleichrichterdioden werden in der Regel Dioden mit höchstzulässigen Durchlaßströmen von einigen mA bis zu etwa 5 A bezeichnet. Der Bereich der Leistungs-

gleichrichterdioden erstreckt sich von etwa 5 bis 2000 A. Haupteinsatz der Klein- und Leistungsgleichrichterdioden ist die Gleichrichtung niederfrequenter Wechselspannungen, insbesondere von Netzspannungen. Für die Gleichrichtung von hochfrequenten Wechselspannungen werden wegen ihrer sehr kleinen Sperrschichtkapazität überwiegend Germanium-Spitzendioden eingesetzt. Sie werden daher auch als Hochfrequenzdioden bezeichnet. Schaltdioden haben besonders kleine Sperrverzögerungszeiten. Sie ermöglichen ein schnelles Schalten bei Impulsbetrieb und werden deshalb in großem Umfang in der Digitaltechnik verwendet. Universaldioden lassen sich als Kleingleichrichterdioden sowie als Hf-Dioden bis zu Frequenzen von einigen MHz einsetzen. Sie sind aber auch als Schaltdioden verwendbar, sofern keine besonderen Anforderungen an extrem kurze Schaltzeiten gestellt werden.

1.4.1 Gleichrichterschaltungen

Im allgemeinen benötigen elektronische Schaltungen als Stromversorgung eine oder mehrere Gleichspannungsquellen. Bei höherem Energiebedarf ist die Verwendung von Batterien unwirtschaftlich, und es erfolgt eine Speisung aus dem Wechselspannungsnetz. Hierbei ist neben einer Abwärtstransformation auch eine Gleichrichtung der Wechselspannung erforderlich. Halbleiterdioden sind hierfür wegen ihrer kleinen Durchlaßspannung, ihrer hohen Belastbarkeit und ihres großen Verhältnisses zwischen Sperrwiderstand und Durchlaßwiderstand sehr gut geeignet. Für mittlere Spannungs- und Belastungswerte werden neben den Si-Dioden auch noch Selengleichrichter eingesetzt, für große Spannungs- und Belastungswerte dagegen überwiegend Silizium-Gleichrichterdioden.
Für die Dimensionierung von Gleichrichterschaltungen ist die Kenntnis des mittleren Durchlaßstromes, des Spitzenstromes und der maximalen Sperrspannung unbedingt erforderlich. Diese Werte hängen u. a. auch davon ab, ob die Gleichrichtung mit Hilfe einer Einweggleichrichterschaltung oder einer Zweiweggleichrichterschaltung erfolgt.

1.4.1.1 Einpuls-Mittelpunkt-Schaltung (M1U)
(Einweggleichrichterschaltung)

Bei der in **Bild 1.47** angegebenen Schaltung ist die Diode nur während der positiven Halbwellen der vom Transformator gelieferten Wechselspannung leitend. Daher fließt auch nur während der positiven Halbwellen ein Strom durch den Lastwiderstand. An diesem Lastwiderstand kann aber nur dann eine Spannung auftreten, wenn der Spitzenwert der Wechselspannung größer als die Schleusenspannung der Diode ist. Der Spannungsverlauf am Lastwiderstand R_L entspricht der positiven Halbwelle der Transformatorspannung, vermindert jedoch um die Durchlaßspannung der Diode. Da die Diode während der Halbwelle der Wechselspannung gesperrt ist, liegt während dieser negativen Halbwelle die gesamte Transformatorspannung u_1 an der Diode. Wird die Diode in der Schaltung nach Bild 1.47 umgepolt, so ist sie während der positiven Halbwelle gesperrt und in der negativen Halbwelle leitend. Die Spannung am Lastwiderstand ist dann negativ gegenüber Masse, da der Strom in anderer Richtung durch R_L fließt.

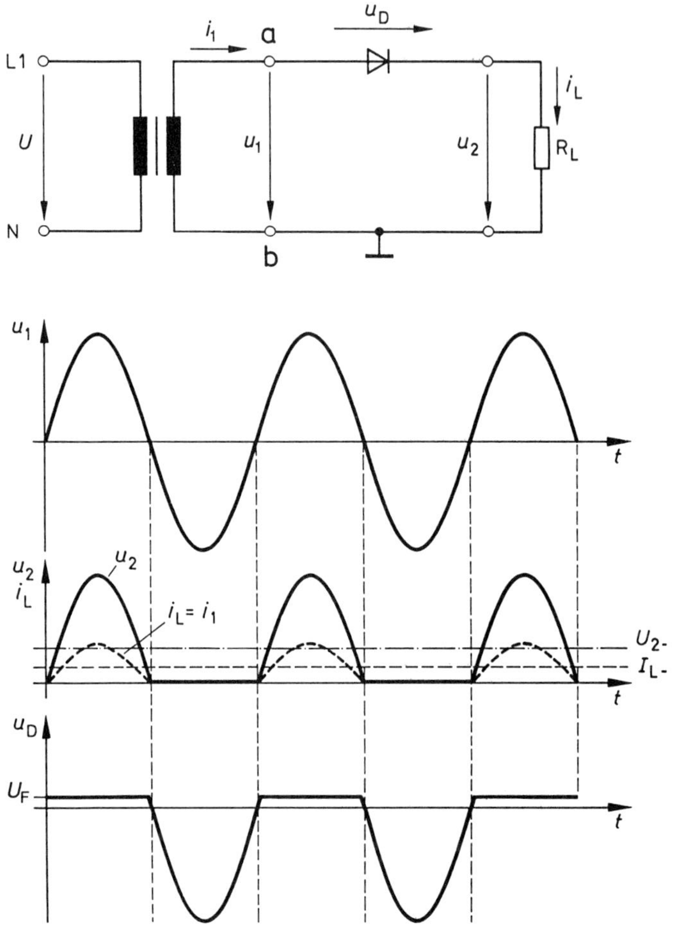

Bild 1.47 Schaltung und Spannungsverläufe bei einer Einpuls-Mittelpunkt-Schaltung (M1U) mit ohmscher Last

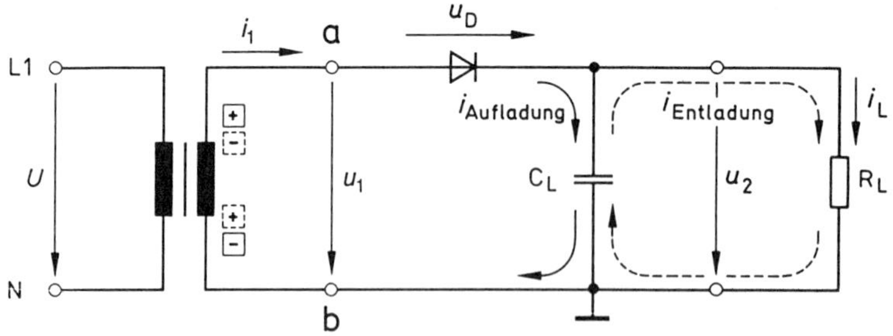

Bild 1.48 Einweggleichrichterschaltung mit Ladekondensator und Lastwiderstand

In Bild 1.47 sind weiterhin die Verläufe der Transformatorspannung u_1, der Spannung am Lastwiderstand u_2 und der Spannung an der Diode u_D phasenrichtig zueinander aufgezeichnet. Außerdem ist der Verlauf des Stromes i_L eingetragen. Die am Lastwiderstand auftretende Spannung u_2 ist eine pulsierende Gleichspannung. Die Ausgangsspannung u_2 einer Einweggleichrichterschaltung nach Bild 1.47 pulsiert so stark, daß sie in der Regel zur Spannungsversorgung von elektronischen Geräten nicht geeignet ist. Aus diesem Grund muß dafür gesorgt werden, daß auch während der Sperrzeit der Diode ein Strom durch den Lastwiderstand fließt. Dieses ist möglich, wenn ein Kondensator C_L mit großer Kapazität parallel zum Lastwiderstand geschaltet wird. **Bild 1.48** zeigt eine derartige Schaltung.

Der Kondensator C_L wirkt in der Schaltung nach Bild 1.48 als Speicher. Er wird aufgeladen, wenn in der positiven Halbwelle die Diode leitend ist. Es fließen dann gleichzeitig ein Ladestrom für den Kondensator und ein Laststrom durch den Lastwiderstand. Während der negativen Halbwellen, in denen die Diode gesperrt ist, liefert der Ladekondensator den Strom und die Spannung für den Lastwiderstand, indem er sich über R_L entlädt. Wie gut der Ladekondensator C_L die stark pulsierende Gleichspannung glättet, hängt im wesentlichen von zwei Bedingungen ab, und zwar

1. Von der Kapazität des Ladekondensators C_L. Je kleiner seine Kapazität ist, desto stärker wird er während der negativen Halbwelle entladen. Damit wird die Welligkeit größer und der arithmetische Mittelwert der Ausgangsspannung kleiner.

2. Von der Größe des Lastwiderstandes R_L. Je hochohmiger der Lastwiderstand ist, desto geringer ist der durch ihn fließende Laststrom und umso weniger wird der Kondensator bei gesperrter Diode entladen. Fehlt der Lastwiderstand, also bei $R_L = \infty\Omega$, wird der Kondensator etwa auf den Spitzenwert der Trafoausgangsspannung aufgeladen, weil während der Sperrzeiten keine Entladung mehr erfolgt.

Die Größe der Ausgangsgleichspannung U_{2-} ist sehr stark abhängig von der Kapazität des Ladekondensators C_L und vom Laststrom I_{L-}. Bei Netzgeräten wurde bisher als mittlerer Wert für die Größe des Ladekondensators eine Kapazität von 1 µF je 1 mA Laststrom eingesetzt. In Niederspannungsnetzgeräten wird heute für den Ladekondensator eine Kapazität von 10 µF je 1 mA Laststrom angenommen. Unter dieser Voraussetzung läßt sich zur überschlägigen Berechnung ein festes Verhältnis zwischen der Ausgangsgleichspannung U_{2-} und dem Effektivwert U_1 der Wechselspannung am Transformatorausgang angeben. Es gilt dann:

$$U_{2-} \approx 1{,}2 \cdot U_1$$

Für die Leerlauf-Ausgangsspannung, also bei $R_L = \infty\Omega$, gilt:

$$U_{2-\mathrm{Leer}} \approx \sqrt{2} \cdot U_1$$

In **Bild 1.49** sind die Spannungsverläufe bei einer M1U-Schaltung für drei Fälle dargestellt.

In einer Einweggleichrichterschaltung mit Ladekondensator ist die Diode nicht mehr während einer gesamten Halbwelle, sondern nur noch während eines kurzen Zeitabschnittes leitend. Dieser Zeitabschnitt hängt von den Augenblickswerten der Spannungsdifferenz zwischen Katode und Anode ab. Die Nachladung des Ladekondensators beginnt jeweils während der positiven Halbwelle der Transformatorausgangs-

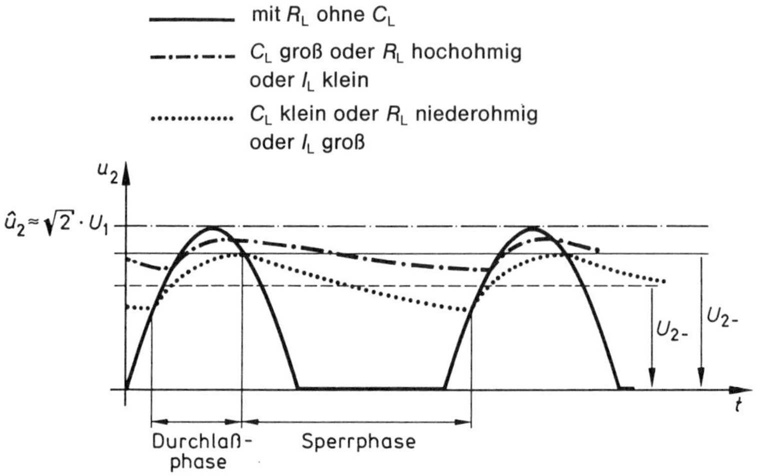

Bild 1.49 Spannungsverläufe bei einer Einpuls-Mittelpunkt-Schaltung (M1U) mit Ladekondensator

spannung zu dem Zeitpunkt, in dem die Spannung an der Anode um etwa 0,6 V größer wird als die Spannung an der Katode. Die Nachladung wird beendet, sobald die Spannung an der Anode wieder unter die Spannung an der Katode, also unter die Kondensatorspannung, abgesunken ist.

Damit die Ausgangsspannung möglichst konstant bleibt, muß dem Ladekondensator C_L in der kurzen Aufladezeit genau soviel Energie zugeführt werden, wie während der wesentlich längeren Entladezeit über den Lastwiderstand abgegeben wird. Aus diesem Grunde ist der durch die Diode fließende Nachladestrom je nach Netzteil und Lastauslegung um den Faktor 5 bis 12mal größer als der entnommene Gleichstrom. In **Bild 1.50** sind die Zusammenhänge dargestellt.

Je größer der Ladekondensator ist, desto größer werden auch die Durchlaßströme, weil wegen der geringen Entladung für die Nachladung nur noch eine immer kürzere Zeit zur Verfügung steht. Daher geben die Hersteller von Gleichrichterdioden in den Datenblättern oft auch einen Höchstwert für den Ladekondensator an.

Aber auch beim ersten Einschalten eines Netzgerätes ist die Diode gefährdet, weil der noch völlig ungeladene Kondensator praktisch einen Kurzschluß darstellt. Daher muß der Einschaltstrom begrenzt werden. Bei Gleichrichterschaltungen, die über einen Transformator betrieben werden, reicht der Drahtwiderstand der Trafowicklung meistens schon als Begrenzungswiderstand aus. Bei Netzgleichrichterschaltungen ohne Transformator muß jedoch ein Schutz- oder Begrenzungswiderstand in Reihe mit der Diode vorgesehen werden. Ein solcher Widerstand kann einen Wert bis maximal etwa 5 Ω haben.

Der Ausgangsgleichstrom einer M1U-Schaltung mit Ladekondensator ergibt sich zu

$$I_{L-} \approx 0{,}5 \cdot I_1$$

Weil die Diode bei einer Gleichrichterschaltung mit Ladekondensator nur noch während einer kurzen Zeit leitend ist, steigt auch die an ihr liegende Sperrspannung an. Der

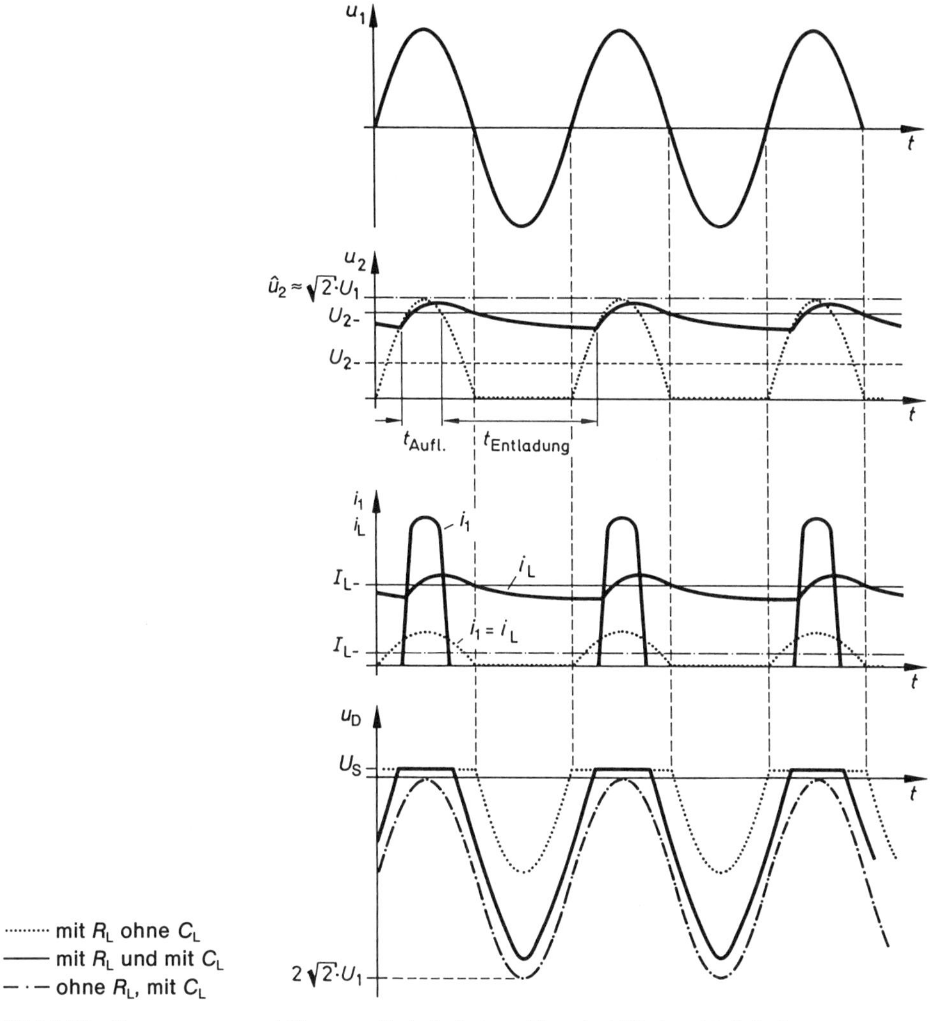

Bild 1.50 Spannungs- und Stromverläufe bei einer Einpuls-Mittelpunkt-Schaltung mit Ladekondensator

Höchstwert der Sperrspannung tritt im Leerlauf auf und beträgt entsprechend Bild 1.50

$$U_{RM} = 2 \cdot \sqrt{2} \cdot U_1$$

In der Praxis wird noch mit einem Sicherheitsfaktor von etwa 1,5 gearbeitet, so daß bei der Auswahl einer Diode von einer geforderten maximalen Sperrspannung

$$U_{RM} \approx 3 \cdot \sqrt{2} \cdot U_1$$

auszugehen ist.

Wegen der fortlaufenden Auf- und Entladung des Ladekondensators ist der mittleren Ausgangsgleichspannung U_{2-} immer noch eine Wechselspannung überlagert. Diese Restwelligkeit hat bei Betrieb einer M1U-Gleichrichterschaltung mit Netzfrequenz auch eine Frequenz von $f = 50$ Hz. Da sie z. B. in einem Lautsprecher als tiefes Brummen gut hörbar ist, wird diese überlagerte Wechselspannung auch als Brummspannung bezeichnet. Die Brummspannung entsprechend **Bild 1.51** hat aber keinen sinusförmigen Verlauf.

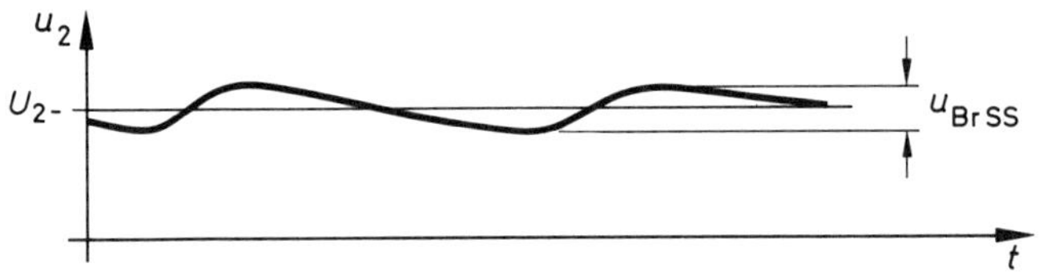

Bild 1.51 Brummspannung bei einer M1U-Schaltung mit Ladekondensator

Die Größe der Brummspannung u_{BrSS} hängt im wesentlichen von

- der Kapazität des Ladekondensators C_L,
- der Größe des Laststromes I_{L-} sowie
- einer schaltungsspezifischen Konstanten K

ab. Bei der Einpuls-Mittelpunkt-Schaltung (M1U) hat diese Konstante den Wert

$$K \approx 4{,}8 \cdot 10^{-3}\,\mathrm{s} \quad \text{(gilt nur, wenn } U_{2-} \gg U_{Br} \text{ ist)}$$

Für den Effektivwert der Brummspannung gilt

$$U_{Br} \approx 4{,}8 \cdot 10^{-3}\,\mathrm{s} \cdot \frac{I_{L-}}{C_L}$$

und für den Spitzen-Spitzenwert der Brummspannung

$$u_{BrSS} \approx 14 \cdot 10^{-3}\,\mathrm{s} \cdot \frac{I_{L-}}{C_L}$$

Beispiel

Eine Einweggleichrichterschaltung mit Ladekondensator soll eine Ausgangsgleichspannung $U_{2-} = 24$ V und einen Ausgangsgleichstrom $I_{L-} = 250$ mA liefern. Welche technischen Daten müssen die Diode und der Transformator bei Betrieb an Netzspannung haben und wie groß ist die auftretende Brummspannung U_{Br}?

Ladekondensator

$C_L = 2500\,\mu$F (nach Faustformel: 10 µF für je 1 mA)

Diode

$I_{FM} \approx 5$ bis $12 \cdot I_{L-}$ (hier gewählt Faktor 8,5)

$I_{FM} = 8{,}5 \cdot 250\,\mathrm{mA} = 2{,}1\,\mathrm{A}$

$$U_1 \approx \frac{U_{2-}}{1{,}2} = \frac{24\,\mathrm{V}}{1{,}2} = 20\,\mathrm{V}$$

$U_{RM} \approx 3 \cdot \sqrt{2} \cdot U_1 = 3 \cdot \sqrt{2} \cdot 20\,\mathrm{V} = 84{,}9\,\mathrm{V}$

Transformator

$$\ddot{u} = \frac{U}{U_1} = \frac{220\,\text{V}}{20\,\text{V}} = 11:1$$

$$I_1 \approx \frac{I_{\text{L-}}}{0{,}5} = \frac{250\,\text{mA}}{0{,}5} = 0{,}5\,\text{A}$$

$$I_{\text{primär}} \approx \frac{I_1}{\ddot{u}} = \frac{0{,}5\,\text{A}}{11} = 45{,}5\,\text{mA}$$

Brummspannung

$$U_{\text{Br}} \approx K \cdot \frac{I_\text{L}}{C_\text{L}} = 4{,}8 \cdot 10^{-3}\,\text{s} \cdot \frac{250 \cdot 10^{-3}\,\text{A}}{2500 \cdot 10^{-6}\,\text{As/V}} = 0{,}48\,\text{V}$$

1.4.1.2 Zweipuls-Schaltungen (Zweiweggleichrichterschaltungen)

Wegen der großen Welligkeit der Ausgangsgleichspannung sind Einpuls-Mittelpunkt-Schaltungen trotz Ladekondensator nur dann vertretbar, wenn Lastströme bis etwa 50 mA auftreten und keine besonderen Forderungen nach einer möglichst geringen Brummspannung bestehen. Zur Stromversorgung von elektronischen Schaltungen werden daher überwiegend Zweipuls-Schaltungen verwendet. Bei diesen Schaltungen werden dann beide Halbwellen der Eingangswechselspannung ausgenutzt. Bei den Zweipuls-Schaltungen ist zwischen der Zweipuls-Mittelpunkt-Schaltung (M2U) und der Zweipuls-Brückenschaltung (B2U) zu unterscheiden.
Eine Zweipuls-Mittelpunkt-Schaltung entsteht, wenn zwei Einpuls-Mittelpunkt-Schaltungen entsprechend **Bild 1.52** zusammengeschaltet werden.

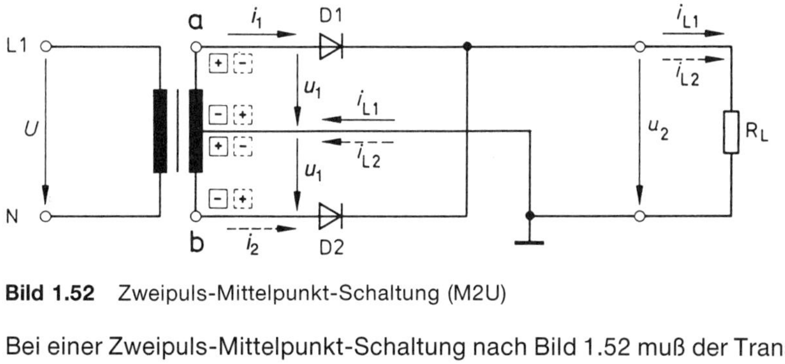

Bild 1.52 Zweipuls-Mittelpunkt-Schaltung (M2U)

Bei einer Zweipuls-Mittelpunkt-Schaltung nach Bild 1.52 muß der Transformator eine Mittelanzapfung besitzen. Dieser Mittelpunkt der Sekundärwicklung liegt an Masse und dient als Bezugspunkt. Die obere Transformatorwicklung bildet zusammen mit der Diode D1 eine Einwegschaltung für positive Ausgangsspannung, die untere Transformatorwicklung zusammen mit der Diode D2 eine zweite Einwegschaltung für positive Ausgangsspannung. Ist während einer Halbwelle der Punkt a positiv gegenüber Punkt b, so fließt ein Strom i_{L1} in der in Bild 1.52 angegebenen Richtung durch den Lastwiderstand R_L. Die Diode D2 ist während dieser Zeit gesperrt. In der nächsten Halbwelle ist der Punkt b positiv gegenüber Punkt a, und es fließt der gestrichelt eingezeichnete Strom i_{L2} in der gleichen Richtung wie i_{L1} durch den Lastwiderstand. In **Bild 1.53** ist der Verlauf der Ausgangsspannung u_2 dargestellt. An R_L treten nur noch positive Halbwellen mit einer Frequenz f = 100 Hz auf.

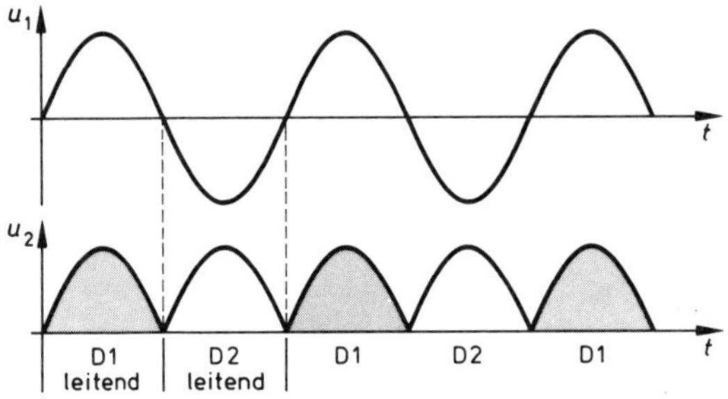

Bild 1.53 Spannungsverlauf bei einer M2U-Schaltung ohne Ladekondensator

Genau wie bei einer Einweggleichrichterschaltung kann auch bei der Mittelpunktschaltung ein Ladekondensator parallel zu R_L geschaltet und damit die pulsierende Ausgangsspannung geglättet werden. Die Mittelpunktschaltung wird heute jedoch nur noch relativ wenig eingesetzt, weil der erforderliche Transformator eine Sekundärwicklung mit Mittelanzapfung haben muß und daher unnötig teuer ist.
Am häufigsten verwendet wird die Zweipuls-Brückenschaltung (B2U). Sie kommt mit einer Transformatorwicklung ohne Anzapfung auf der Sekundärseite aus, benötigt aber 4 Dioden. In **Bild 1.54** ist die Brückenschaltung in zwei verschiedenen zeichnerischen Darstellungen angegeben.

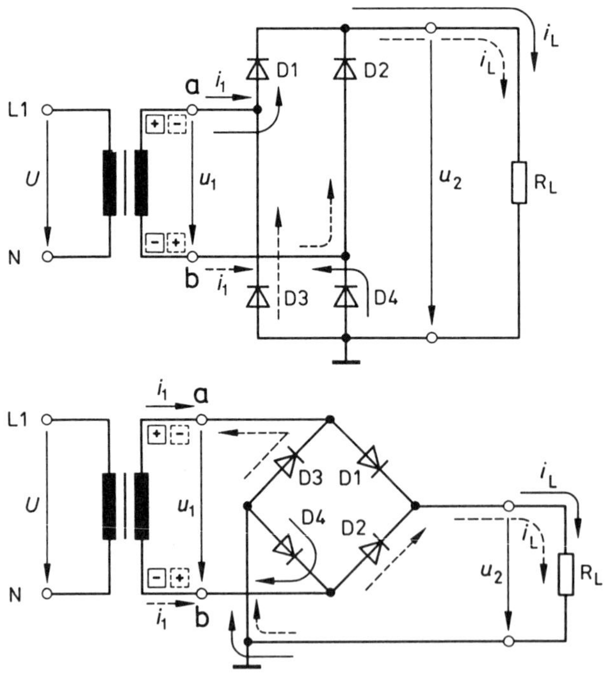

Bild 1.54 Zweipuls-Brücken-Schaltung (B2U)

Wenn bei der Brückenschaltung nach Bild 1.54 der Punkt a positiv gegenüber Punkt b ist, so fließt durch die Dioden D1 und D4 ein Strom in der eingezeichneten Richtung durch den Lastwiderstand R_L. Die Dioden D2 und D3 sind während dieser Halbwelle gesperrt. In der nächsten Halbwelle ist der Punkt b positiv gegenüber Punkt a. Dann sind die Dioden D1 und D4 gesperrt und die Dioden D2 und D3 leitend. Durch den Lastwiderstand fließt daher ein Strom in der gleichen Richtung wie während der ersten Halbwelle und die Ausgangsspannung u_2 hat den gleichen Verlauf wie bei der Mittelpunkt-Schaltung in Bild 1.53.
Die am Lastwiderstand einer Zweipuls-Mittelpunkt-Schaltung auftretende pulsierende Gleichspannung wird durch Parallelschalten eines Ladekondensators C_L geglättet. In **Bild 1.55** sind eine Brückenschaltung mit Ladekondensator sowie der zugehörige Verlauf der Ausgangsspannung angegeben.

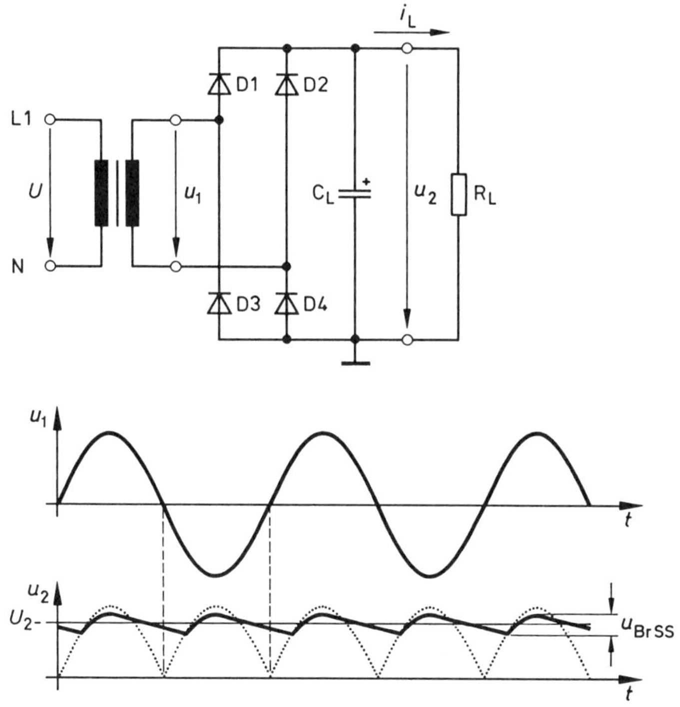

Bild 1.55 Brückenschaltung mit Ladekondensator und Verlauf der Ausgangsspannung u_2

Auch bei der Brückenschaltung wirkt der Ladekondensator als Energiespeicher, der bei $R_L = \infty\Omega$ bis etwa auf den Spitzenwert der Trafoausgangsspannung aufgeladen wird. Bezüglich der Auflade- und Entladevorgänge ergeben sich ähnliche Verhältnisse wie bei der Einweggleichrichterschaltung, jedoch erfolgt bei der Brückenschaltung die Aufladung und Entladung des Kondensators in jeder Halbwelle.
Auch bei der Brückenschaltung kann mit der Faustformel für die Kapazität des Ladekondensators

10 µF je 1 mA Laststrom

gearbeitet werden. Unter Berücksichtigung des Innenwiderstandes des Transformators und der Durchlaßwiderstände der Dioden in Form eines Zuschlagfaktors ergeben sich folgende Werte für die Zweipuls-Schaltungen M2U und B2U mit Ladekondensator:

Ausgangsgleichspannung

$U_{2\text{-Leer}} = \sqrt{2} \cdot U_1 - 0{,}7\,\text{V}$ (Zweipuls-Mittelpunkt-Schaltung)

$U_{2\text{-Leer}} = \sqrt{2} \cdot U_1 - 1{,}4\,\text{V}$ (Zweipuls-Brückenschaltung)

Bei Vernachlässigung der Diodenspannungen gilt:

$U_{2-} \approx 1{,}3 \cdot U_1$ (M2U und B2U)

Ausgangsgleichstrom

$I_{L-} = 0{,}9 \cdot I_1$ (M2U)

$I_{L-} = 0{,}6 \cdot I_1$ (B2U)

Periodische Spitzensperrspannung einer Diode

$U_{RM} = 2 \cdot \sqrt{2} \cdot U_1$ (M2U)

$U_{RM} = \sqrt{2} \cdot U_1$ (B2U)

In der Praxis wird mit einem Sicherheitsfaktor von etwa 1,5 gearbeitet.
Auch bei einer Zweipuls-Schaltung mit Ladekondensator hat die Ausgangsgleichspannung noch eine Restwelligkeit. Sie entsteht durch die ständige Auf- und Entladung des Ladekondensators und hat eine Frequenz von $f = 100\,\text{Hz}$ (doppelte Netzfrequenz). Die Größe der Brummspannung hängt wie bei der Einpuls-Schaltung im wesentlichen von der Kapazität des Ladekondensators, der Größe des Laststromes sowie von der schaltungsspezifischen Konstanten K ab. Für die Zweipuls-Schaltungen gelten folgende Werte:

Schaltungstechnische Konstante

$K = 1{,}8 \cdot 10^{-3}\,\text{s}$
(gilt nur, wenn $U_{2-} \gg U_{Br}$ ist.)

Brummspannung

$$U_{Br} \approx 1{,}8 \cdot 10^{-3}\,\text{s} \cdot \frac{I_{L-}}{C_L}$$

$$u_{BrSS} \approx 7 \cdot 10^{-3}\,\text{s} \cdot \frac{I_{L-}}{C_L}$$

Beispiel 1

Eine Brückengleichrichterschaltung mit Ladekondensator soll eine Ausgangsgleichspannung $U_{2-} = 24\,\text{V}$ und einen Ausgangsgleichstrom $I_{L-} = 250\,\text{mA}$ liefern.
Welche technischen Daten müssen die Dioden und der Transformator bei Betrieb an Netzspannung haben, und wie groß ist die auftretende Brummspannung U_{Br}?

Ladekondensator

$C_L \;= 2500\,\mu F$ (nach Faustformel: $10\,\mu F$ für je 1 mA)

Dioden

$I_{FM} \;\approx 5$ bis $12 \cdot I_{L-}$ (hier gewählt Faktor 8,5)

$I_{FM} \;= 8{,}5 \cdot 250\,mA = 2{,}1\,A$

$$U_1 \approx \frac{U_{2-}}{1{,}3} = \frac{24\,V}{1{,}3} = 18{,}5\,V$$

$$U_{RM} \approx 1{,}5 \cdot \sqrt{2} \cdot U_1 = 1{,}5 \cdot \sqrt{2} \cdot 18{,}5\,V = 39{,}2\,V$$

Transformator

$$\ddot{u} = \frac{220\,V}{18{,}5\,V} = 11{,}9$$

$$I_1 = \frac{I_L}{0{,}6} = \frac{250\,mA}{0{,}6} = 0{,}42\,A$$

$$I_{primär} \approx \frac{I_1}{\ddot{u}} = \frac{0{,}42\,A}{11{,}9} = 35{,}3\,mA$$

Brummspannung

$$U_{Br} \approx K \cdot \frac{I_{L-}}{C_L} = 1{,}8 \cdot 10^{-3}\,s \cdot \frac{250 \cdot 10^{-3}\,A}{2500 \cdot 10^{-6}\,As/V}$$

$$U_{Br} \approx 0{,}18\,V$$

Ein Vergleich mit dem Beispiel für die Einpuls-Mittelpunkt-Schaltung in Abschnitt 1.4.1.1 zeigt, daß bei gleichen Ausgangsdaten und gleichem Ladekondensator $C_L = 2500\,\mu F$ die Brummspannung bei der Brückenschaltung nur etwa ein Drittel so groß wie bei der Einpuls-Mittelpunkt-Schaltung ist.

Beispiel 2

Bei einer Brückenschaltung entsprechend Beispiel 1 darf die Brummspannung am Verbraucher bei Vollast den Wert $U_{Br} = 50\,mV$ nicht überschreiten.
Wie groß muß in diesem Fall der Ladekondensator gewählt werden?

$$C_L \approx 1{,}8 \cdot 10^{-3}\,s \cdot \frac{I_{L-}}{U_{Br}} = 1{,}8 \cdot 10^{-3}\,s \cdot \frac{250 \cdot 10^{-3}\,A}{50\,mV}$$

$$C_L \approx 9000\,\mu F$$

Es müßte ein Kondensator $C_L = 10\,000\,\mu F$ eingesetzt werden.

Um den Aufbau von Gleichrichterschaltungen zu vereinfachen, bieten die Hersteller komplette Gleichrichtersätze in einem Kunststoff- oder Metallgehäuse an. **Bild 1.56** zeigt zwei Bauformen.

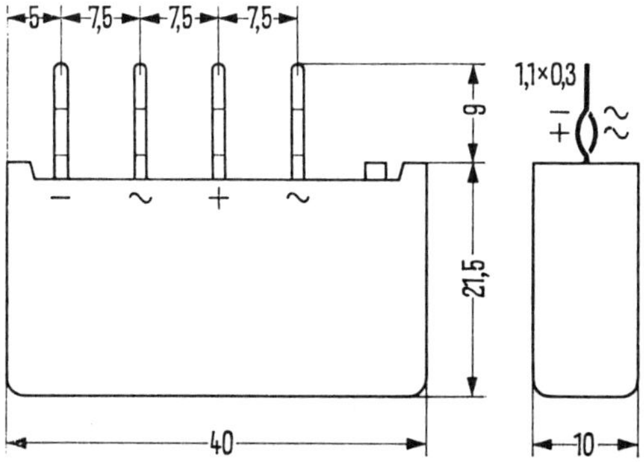

Bild 1.56 Bauformen von Gleichrichtersätzen

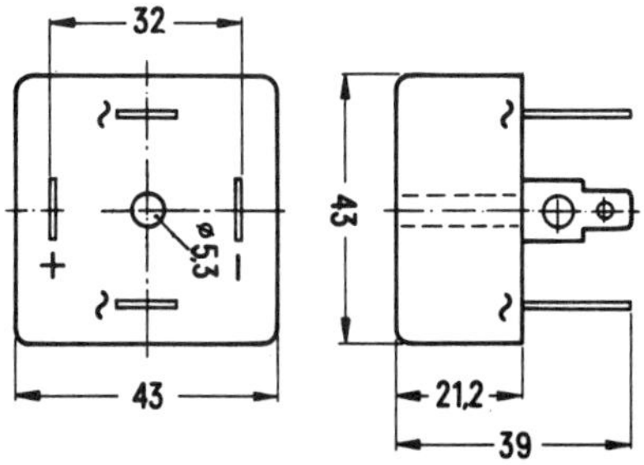

Lieferbar sind verschiedene Baureihen, deren Typenbezeichnungen nach der in **Bild 1.57** angegebenen Tabelle aufgebaut sind.

1. Buchstabe	1. Zahl	2. Buchstabe	2. Zahl
E (= Einwegschaltung) M (= Mittelpunktschaltung) B (= Brückenschaltung)	Effektivwert der Nennanschluß-spannung	C Kennzeichnung für kapazitive Belastung	Nennausgangs-gleichstrom in mA

Bild 1.57 Kennzeichnungsschema für Gleichrichtersätze

Eine Typenbezeichnung von z. B. B40C1000 gibt also an, daß es sich um einen Brükkengleichrichter für 40 V Eingangswechselspannung, für Ladekondensatorbetrieb und einen Ausgangsgleichstrom von 1000 mA handelt. Als Beispiel einer Baureihe sind in **Bild 1.58** die wichtigsten Daten der Baureihe B40Cxxxx zusammengestellt. Sind für I_{L-} zwei Werte angegeben, so gelten die kleinen Werte für einen Betrieb ohne Kühlblech.

Typ	U_1	I_L	Strombegrenzungs-widerstand (R_i)	C_{Lmax}
B 40 C 800	40 V	0,8 A	1 Ω	2500 µF
B 40 C 1000	40 V	1,0 A	1 Ω	2500 µF
B 40 C 1500/1000	40 V	1,5 A/1 A	1 Ω	2500 µF
B 40 C 3200/2200	40 V	3,2 A/2,2 A	0,6 Ω	5000 µF
B 40 C 5000/3300	40 V	5,0 A/3,3 A	0,5 Ω	10000 µF

Bild 1.58 Technische Daten der Baureihe B40Cxxxx

Aus der Typenbezeichnung geht nicht hervor, welchen maximal zulässigen Wert der Ladekondensator haben darf. Dieses wird von den Herstellern jedoch in den zugehörigen Datenblättern angegeben. Bei Einhaltung dieses Wertes ist sichergestellt, daß der

	M1U	M2U	B2U
Leerlaufspannung $U_{2-} = \hat{u}_1$	$\sqrt{2} \cdot U_1$	$\sqrt{2} \cdot U_1$	$\sqrt{2} \cdot U_1$
Ausgangsspannung U_{2-} bei Belastung	$1{,}2 \cdot U_1$	$1{,}3 \cdot U_1$	$1{,}3 \cdot U_1$
Ausgleichsspannung I_{L-}	$0{,}5 \cdot I_1$	$0{,}9 \cdot I_1$	$0{,}6 \cdot I_1$
Max. Sperrspannung U_{RM}	$2 \cdot \sqrt{2} \cdot U_1$	$2 \cdot \sqrt{2} \cdot U_1$	$\sqrt{2} \cdot U_1$
Brummspannung U_{Br}	$4{,}8 \cdot 10^{-3}\,\mathrm{s} \cdot \frac{I_L}{C_L}$	$1{,}8 \cdot 10^{-3}\,\mathrm{s} \cdot \frac{I_L}{C_L}$	$1{,}8 \cdot 10^{-3}\,\mathrm{s} \cdot \frac{I_L}{C_L}$
Frequenz von U_{Br}	50 Hz	100 Hz	100 Hz

Bild 1.59 Kennwerte von Gleichrichterschaltungen

zulässige periodische Spitzendurchlaßstrom I_{FM} der einzelnen Dioden nicht überschritten wird. Im Datenblatt ist weiterhin oft noch ein Strombegrenzungswiderstand angegeben. Bei Einhaltung dieses Wertes ist u. a. gewährleistet, daß der sehr große Einschaltstrom beim ersten Aufladen des Kondensators in den für den Gleichrichtersatz zulässigen Grenzen bleibt. Ein zusätzlicher Strombegrenzungs- oder Schutzwiderstand ist aber meistens nicht erforderlich, weil ein leistungsmäßig richtig ausgewählter Transformator einen ausreichend großen, ohmschen Widerstand der Sekundärwicklung hat.
In **Bild 1.59** sind die wichtigsten Kennwerte von Gleichrichterschaltungen in einer Tabelle zusammengefaßt.

1.4.1.3 Siebung der Ausgangsspannung

Bei Belastung einer Gleichrichterschaltung tritt am Ladekondensator eine Brummspannung auf. Ihre Größe hängt im wesentlichen von der Größe des Laststromes, vom Kapazitätswert des Ladekondensators sowie von der Schaltungskonstanten K ab. Die Brummspannung läßt sich bei vorgegebenem Laststrom nicht beliebig verringern, weil aus schaltungstechnischen Gründen nicht beliebig große Ladekondensatoren eingesetzt werden können.
Eine zu große Brummspannung kann die Funktion der angeschlossenen elektronischen Schaltung gegebenenfalls erheblich stören. Es ist daher in den meisten Fällen erforderlich, der Gleichrichterschaltung noch eine Schaltung zur Reduzierung der Brummspannung nachzuschalten. Für diese Aufgabe können Siebglieder eingesetzt werden. Sie sollen den Brummspannungsanteil möglichst stark, den Gleichspannungsanteil der am Ladekondensator liegenden Mischspannung dagegen möglichst wenig reduzieren. Siebglieder müssen daher die Eigenschaften eines Tiefpasses haben.
Die Wirkung eines Siebgliedes wird durch den Glättungsfaktor G, oft auch Siebfaktor S genannt, beschrieben. Er gibt das Verhältnis der Brummspannung am Eingang des Siebgliedes U_{Br1} zur Brummspannung U_{Br2} am Ausgang des Siebgliedes an. Die Brummspannung am Ausgang des Siebgliedes wird oft auch als Restwelligkeit bezeichnet:

$$G = \frac{U_{Br1}}{U_{Br2}}$$

Wichtig ist hierbei, daß für U_{Br1} und U_{Br2} gemeinsam entweder Spitzenwerte, doppelte Spitzenwerte oder auch die Effektivwerte eingesetzt werden.
Werden mehrere Siebglieder hintereinander geschaltet, so ergibt sich der Gesamtglättungsfaktor aus dem Produkt der einzelnen Glättungsfaktoren, also

$$G_{ges} = G_1 \cdot G_2 \cdot G_3 \ldots.$$

Zur Siebung der Ausgangsspannung von Gleichrichterschaltungen werden *RC-Siebglieder* oder *LC-Siebglieder* eingesetzt.

Bild 1.60 zeigt ein *RC-Siebglied.* Am Eingang liegt die Ausgangsspannung des Gleichrichters, also die Spannung am Ladekondensator. Es handelt sich dabei um eine Mischspannung mit dem Gleichspannungsanteil U_{2-} und dem Wechselspannungsanteil U_{Br1}. Die Frequenz der Brummspannung hängt von der vorgeschalteten Gleichrichterschaltung ab. Sie beträgt bei der Einpuls-Mittelpunkt-Schaltung f = 50 Hz und bei den Zweipuls-Schaltungen M2U und B2U f = 100 Hz, wenn die Netzfrequenz 50 Hz beträgt.

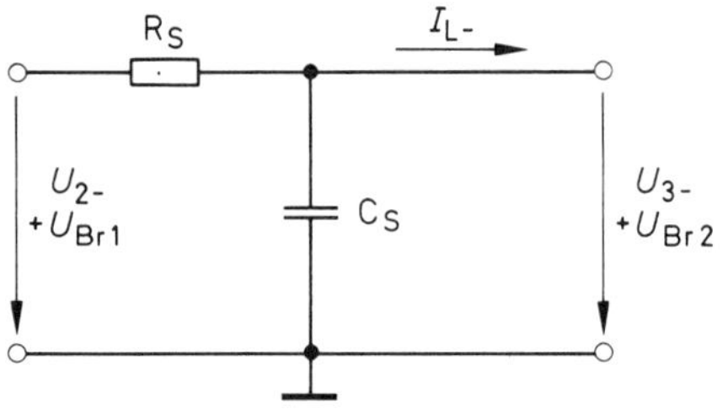

Bild 1.60 RC-Siebglied

Die Eingangsspannung des Siebgliedes liegt an einer Reihenschaltung von R_S und dem kapazitiven Widerstand X_C des Siebkondensators. Die Ausgangsspannung liegt dagegen nur an X_C. Da sich die Brummspannung U_{Br1} zu U_{Br2} wie der Gesamtwiderstand zum kapazitiven Widerstand verhält, kann für den Glättungsfaktor geschrieben werden:

$$G = \frac{U_{Br1}}{U_{Br2}} = \frac{\sqrt{R_S^2 + X_C^2}}{X_C} = \sqrt{\frac{R_S^2}{X_C^2} + 1}$$

Unter der Voraussetzung, daß bei einem Siebglied R_S groß gegenüber X_C ist, kann die Gleichung vereinfacht werden zu:

$$G \approx \frac{R_S}{X_C}$$

Mit $X_C = \dfrac{1}{\omega_{Br} \cdot C_S}$ ergibt sich für den Glättungsfaktor:

$$G \approx \omega_{Br} \cdot R_S \cdot C_S$$

Mit RC-Siebgliedern lassen sich Glättungsfaktoren von etwa 10 bis 20 erreichen, d. h. die Brummspannung U_{Br2} verringert sich auf:

$$U_{Br2} \approx 0{,}05 \cdot U_{Br1} \ldots 0{,}1 \cdot U_{Br1}$$

Aus der Gleichung $G \approx \omega_{Br} \cdot R_S \cdot C_S$ ist zu erkennen, daß der Glättungsfaktor G direkt proportional der Frequenz der Brummspannung, der Größe des Siebwiderstandes und der Kapazität des Siebkondensators ist. Die Frequenz ist durch die Art der Gleichrichterschaltung vorgegeben. Je größer also R_S und C_S sind, desto größer ist auch der Glättungsfaktor G.

Bei der Dimensionierung eines Siebgliedes muß bezüglich der Größe des Siebwiderstandes R_S stets ein Kompromiß getroffen werden. Um einen großen Glättungsfaktor G zu erreichen, soll R_S möglichst groß sein. Andererseits soll R_S aber auch möglichst klein sein, damit durch den Spannungsabfall an R_S die Gleichspannung so wenig wie möglich reduziert wird, denn hierfür gilt:

$$U_{3-} = U_{2-} - R_S \cdot I_{L-}$$

Ein in der Praxis brauchbarer Kompromiß liegt vor, wenn R_S so gewählt wird, daß an R_S etwa 1/10 der Ausgangsgleichspannung U_{3-} abfällt, d. h.

$$U_{R_S} \approx 0{,}1 \cdot U_{3-}$$

Die Größe des Widerstandes R_S kann also nicht frei gewählt werden.
Aus diesen Gründen kann das RC-Siebglied nur bei relativ kleinen Lastströmen eingesetzt werden. Sind dagegen kleine Brummspannungen gefordert, so ist es günstiger, auf ein RC-Siebglied zu verzichten und an den Ausgang der Gleichrichterschaltung einen integrierten Spannungsregler anzuschließen.
Die Nachteile des RC-Siebgliedes lassen sich vermeiden, wenn anstelle des Siebwiderstandes R_S eine Siebdrossel L_S eingesetzt wird. Ihr ohmscher Widerstand R_L ist klein, so daß auch der Gleichspannungsabfall an der Siebdrossel klein bleibt und meistens vernachlässigt werden kann. **Bild 1.61** zeigt ein *LC-Siebglied*.

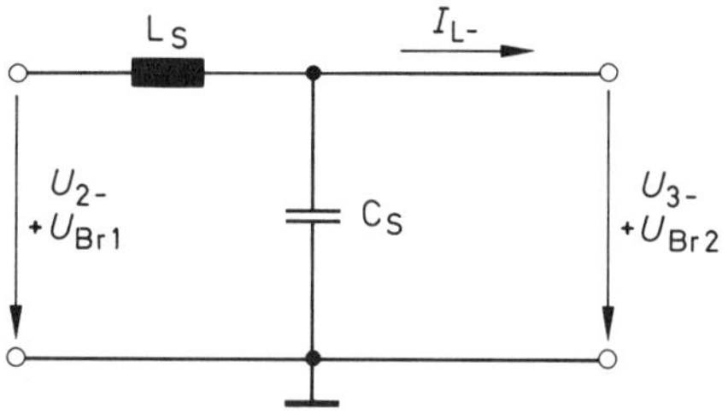

Bild 1.61 LC-Siebglied

Bei Vernachlässigung von R_L gilt für das LC-Siebglied:

$$G = \frac{U_{Br1}}{U_{Br2}} = \frac{X_L - X_C}{X_C} = \frac{X_L}{X_C} - 1$$

Da X_L/X_C bei einem Siebglied viel größer als 1 ist, kann die Gleichung vereinfacht werden zu:

$$G \approx \frac{X_L}{X_C}$$

Mit $X_L = \omega_{Br} \cdot L_S$ und $X_C = 1/\omega_{Br} \cdot C_S$ ergibt sich:

$$G \approx \omega_{Br}^2 \cdot L_S \cdot C_S$$

Wegen des vernachlässigbar kleinen ohmschen Widerstandes der Siebdrossel kann bei gleichem Glättungsfaktor der Laststrom I_{L-} bei einem LC-Siebglied wesentlich größer als bei einem RC-Siebglied sein. LC-Siebglieder haben andererseits den Nachteil, daß eine Drossel mit entsprechender Induktivität bereits ein großes Gewicht und Volumen hat und gegenüber dem Siebwiderstand sehr viel teurer ist. Außerdem sind Drosseln mit den gewünschten technischen Daten meistens serienmäßig nicht lieferbar. Aus diesen Gründen ist der Einsatz von integrierten Spannungsreglern anstelle von LC-Siebgliedern viel günstiger.

Beispiel

Am Ausgang einer Brückengleichrichterschaltung tritt bei $U_{2-} = 24\,\text{V}$ am Ladekondensator eine Brummspannung $U_{Br} = 0{,}5\,\text{V}/100\,\text{Hz}$ auf, wenn die Schaltung mit einem Laststrom $I_{L-} = 250\,\text{mA}$ belastet wird. Durch ein RC-Siebglied soll diese Brummspannung auf $U_{Br} = 0{,}1\,\text{V}$ reduziert werden.
Wie groß muß der Glättungsfaktor G sein und welchen Wert muß der Siebwiderstand R_S haben, wenn ein Siebkondensator $C_S = 1000\,\mu\text{F}$ verwendet werden soll?

Glättungsfaktor

$$G = \frac{U_{Br1}}{U_{Br2}} = \frac{0{,}5\,\text{V}}{0{,}1\,\text{V}} = 5$$

Siebwiderstand

$$R_S \approx G \cdot X_C = \frac{G}{2\pi f \cdot C_S} = \frac{5}{2 \cdot 3{,}14 \cdot 100 \frac{1}{\text{s}} \cdot 1 \cdot 10^{-3} \cdot \frac{\text{As}}{\text{V}}} = 8\,\Omega$$

Ausgangsgleichspannung

$$U_{3-} = U_{2-} - R_S \cdot I_{L-} = 24\,\text{V} - 8\,\Omega \cdot 0{,}25\,\text{A} = 22\,\text{V}$$

1.4.1.4 Spannungsverdoppler- und Spannungsvervielfacherschaltungen

Zum Betrieb von Oszilloskop-Röhren, Bildröhren oder Geiger-Müller-Zählrohren werden Gleichspannungen benötigt, die erheblich größer als die Netzspannung sind und damit auch bereits im Bereich der Hochspannung liegen. Da diese Spannungsquellen meistens nur sehr geringe Lastströme liefern müssen, ist es in der Regel günstiger, keine speziellen Hochspannungstransformatoren einzusetzen, sondern die hohen Gleichspannungen mit Hilfe von Spannungsverdoppler- oder Spannungsvervielfacherschaltungen zu erzeugen. Es handelt sich hierbei um Gleichrichterschaltungen, bei denen Dioden und Ladekondensatoren in anderer Weise als bei den bisher behandelten Gleichrichterschaltungen zusammenwirken. Als Spannungsverdopplerschaltungen werden die Einpuls-Verdoppler-Schaltung (D1) und die Zweipuls-Verdoppler-Schaltung (D2) eingesetzt. Die Einpuls-Verdoppler-Schaltung läßt sich zur Vervielfacherschaltung erweitern. Sie wird dann auch als Hochspannungskaskade bezeichnet.

Zweipuls-Verdoppler-Schaltung (Delon-Schaltung)

Die Zweipuls-Verdoppler-Schaltung besteht aus zwei Einpuls-Mittelpunkt-Schaltungen, die entsprechend **Bild 1.62** zusammengeschaltet sind.

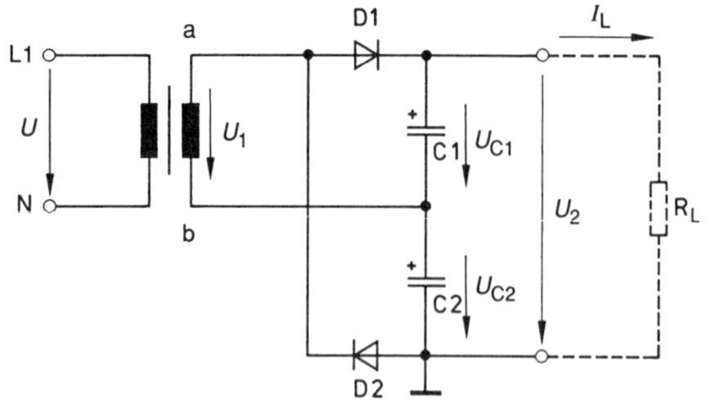

Bild 1.62 Zweipuls-Verdoppler-Schaltung (D2-Delon-Schaltung)

Ist bei der Schaltung nach Bild 1.62 der Punkt a positiv gegenüber Punkt b, so wird der Kondensator C 1 über die Diode D 1 auf den Scheitelwert der Wechselspannung U_1 aufgeladen, wenn kein Lastwiderstand angeschlossen ist. In der folgenden Halbwelle ist der Punkt b positiv gegenüber Punkt a. Die Diode D 2 wird daher in Durchlaßrichtung betrieben und der Kondensator C 2 mit der angegebenen Polarität aufgeladen. Die Ladespannungen beider Kondensatoren liegen in Reihe, so daß sie sich zur Gesamtspannung U_2 addieren. Bei unbelasteter Schaltung gilt daher:

$$U_2 = U_{C1} + U_{C2} = 2 \cdot U_1$$

Die Delon-Schaltung ist also eine Spannungsverdoppler-Schaltung.
Bei Belastung der Schaltung durch einen Laststrom sinkt die Ausgangsspannung ab. Die Dimensionierung der Schaltung erfolgt meistens so, daß die Ausgangsspannung bei mittlerem Laststrom etwa

$$U_2 \approx 2{,}5 \cdot U_1$$

beträgt. Je größer der Laststrom, desto größer muß zur Einhaltung dieser Bedingung die Kapazität der Ladekondensatoren gewählt werden. Zu bedenken ist hierbei, daß die Ladekondensatoren für eine hohe Betriebsspannung ausgelegt sein müssen.
Bei einer Netzfrequenz von $f = 50\,\text{Hz}$ beträgt die Frequenz der Brummspannung $f = 100\,\text{Hz}$. Die Dioden müssen für eine Sperrspannung $U_{RM} = 2 \cdot \sqrt{2} \cdot U_1$ ausgelegt werden. Der mittlere Durchlaßstrom für die Dioden beträgt $I_F = I_L$. Aus Sicherheitsgründen werden hier aber meist Dioden eingesetzt, die für $I_F \approx 1{,}5 \cdot I_L$ ausgelegt sind.

Einpuls-Verdoppler-Schaltung (Villardschaltung)

Eine weitere Spannungsverdopplerschaltung ist die Einpuls-Verdoppler-Schaltung. Auch sie beruht auf dem Grundprinzip der Einpuls-Mittelpunkt-Schaltung. **Bild 1.63** zeigt eine Einpuls-Verdoppler-Schaltung.

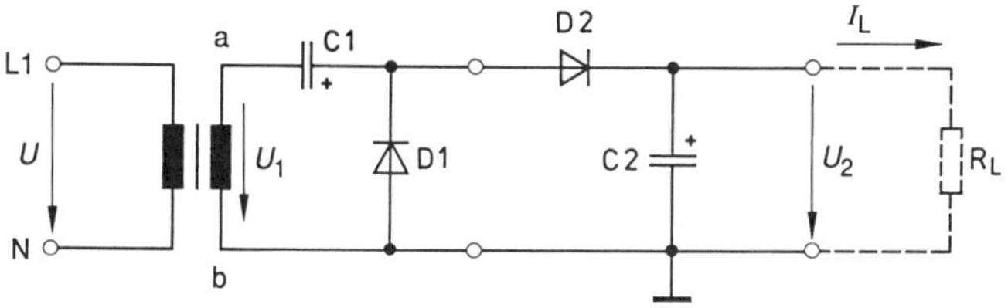

Bild 1.63 Einpuls-Verdoppler-Schaltung (D1-Villardschaltung)

Ist bei der Villard-Schaltung nach Bild 1.63 der Punkt a negativ gegenüber Punkt b, so wird über D 1 der Kondensator C 1 mit der angegebenen Polarität auf $\sqrt{2} \cdot U_1$ aufgeladen. Wenn dann in der nächsten Halbwelle der Punkt a positiv gegenüber Punkt b ist, so wird D 1 in Sperrichtung betrieben. An der Diode D 1 liegt dann als Sperrspannung $U_{RM} = \sqrt{2} \cdot U_1 + U_{C1}$. Diese Spannung ist jetzt die Speisespannung für die nachgeschaltete Gleichrichterschaltung. Über D 2 wird der Kondensator C 2 dann auf die Spannung $2\sqrt{2} \cdot U_1$ aufgeladen. Auch hier müssen die Dioden eine maximale Sperrspannung von mindestens $U_{RM} = 2\sqrt{2} \cdot U_1$ haben, während der Strom $I_F = I_L$ beträgt. Die Brummspannung hat eine Frequenz $f = 50\,\text{Hz}$ bei 50 Hz Netzfrequenz und entspricht damit der der

Einpuls-Schaltung. Für die beiden Kondensatoren werden stets gleiche Kapazitätswerte gewählt.
Die Belastung der Villard-Schaltung erfolgt in der Praxis nur so, daß die Ausgangsspannung auf höchstens

$$U_2 \approx 2{,}5 \cdot U_1$$

absinkt. Auch der Einpuls-Verdoppler-Schaltung können nur kleine Lastströme entnommen werden.

Einpuls-Vervielfacher-Schaltung (Kaskadenschaltung)

Werden zwei oder auch mehrere Einpuls-Vervielfacher-Schaltungen hintereinandergeschaltet, entsteht eine Kaskadenschaltung. Sie wird auch als Spannungsvervielfacherschaltung V 1 bezeichnet. **Bild 1.64** zeigt eine Kaskadenschaltung für eine Ausgangsspannung $U_2 = 6 \cdot \sqrt{2} \cdot U_1$.

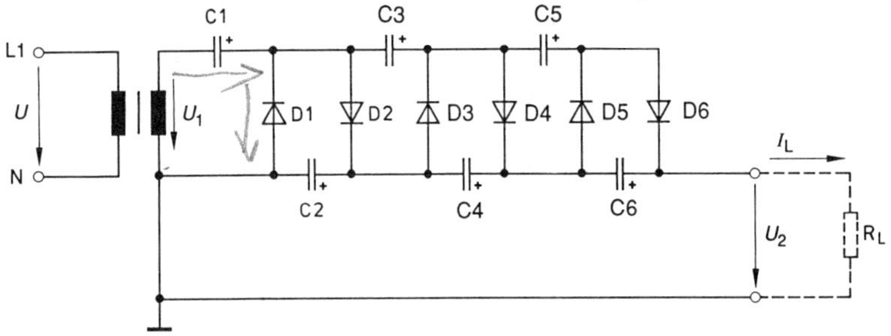

Bild 1.64 Einpuls-Vervielfacher-Schaltung (V1-Kaskadenschaltung) für $U_2 = 6 \cdot \sqrt{2} \cdot U_1$

Für die Ausgangsspannung einer unbelasteten Kaskadenschaltung gilt:

$$U_2 \approx n \cdot \sqrt{2} \cdot U_1.$$

Dabei bedeutet *n* die Anzahl der aneinandergereihten Villard-Schaltungen. Da fast beliebig viele Villard-Schaltungen aneinandergesetzt werden können, wird diese Kaskadenschaltung meistens zur Hochspannungserzeugung eingesetzt. Sie kann aber – wie auch die Spannungsverdopplerschaltungen – nur mit sehr geringen Lastströmen belastet werden.
Hochspannungskaskaden werden meistens nicht wie in Bild 1.64, sondern wie in **Bild 1.65** dargestellt.

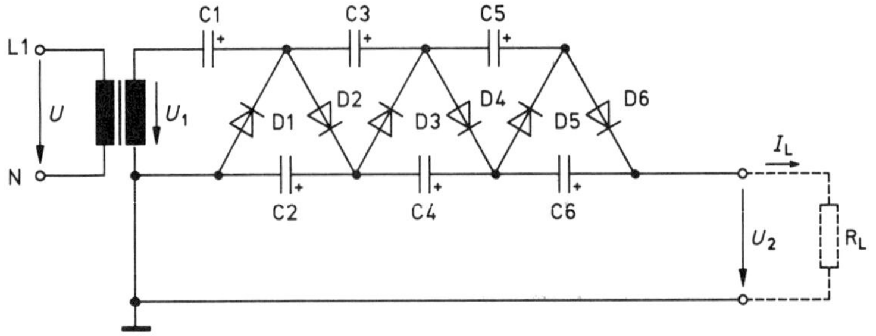

Bild 1.65 Einpuls-Vervielfacher-Schaltung (V1-Kaskadenschaltung) für $U_2 = 6 \cdot \sqrt{2} \cdot U_1$

Kaskadenschaltungen mit vielen Stufen zeigen deutlich ein Hochlaufen der Ausgangsspannung, weil die einzelnen Kondensatoren nacheinander aufgeladen und die Ladungen von einem Kondensator auf den nächsten verschoben werden. Alle Kondensatoren müssen eine Spannungsfestigkeit von mindestens $2 \cdot \sqrt{2} \cdot U_1$ haben. Dieser Wert gilt auch für die Sperrspannung jeder Diode.
Der Innenwiderstand der Kaskade steigt mit der Anzahl der Stufen, d. h. je mehr Stufen vorhanden sind, desto größer wird die Lastabhängigkeit der Ausgangsspannung.
Hochspannungskaskaden werden heute aber nur noch in Ausnahmefällen mit einzelnen Dioden und Kondensatoren aufgebaut. Sie sind in vergossener Ausführung in mehreren Typenreihen für verschiedene Ausgangsspannungen lieferbar.

1.4.2 Diodenschalter

1.4.2.1 Grundprinzip

In der Elektrotechnik und Elektronik haben Schalter die Aufgabe, Stromkreise zu schließen oder zu unterbrechen. Daher muß ein Schalter in seiner Stellung »geschlossen« einen möglichst kleinen Widerstand und in seiner Stellung »offen« einen möglichst großen Widerstand haben. Mit mechanischen Schaltern lassen sich die idealen Werte $R = 0\ \Omega$ bzw. $R = \infty\ \Omega$ weitgehend erreichen, bei elektronischen Schaltern jedoch nur näherungsweise.
Einfachster elektronischer Schalter ist die Diode, wenn ihr kleiner Durchlaßwiderstand R_F und ihr großer Sperrwiderstand R_R als Schalterfunktionen ausgenutzt werden. Der Schaltzustand der Diode und damit auch des Diodenschalters hängt von der Polarität der angelegten Betriebsspannung ab. **Bild 1.66** zeigt das Grundprinzip eines Diodenschalters.
Bei einem Diodenschalter sind die Diode D und der Lastwiderstand R_L in Reihe geschaltet. Durch beide Bauteile fließt daher der gleiche Strom und es gilt die Gleichung

$$U_B = U_D + U_{RL}$$

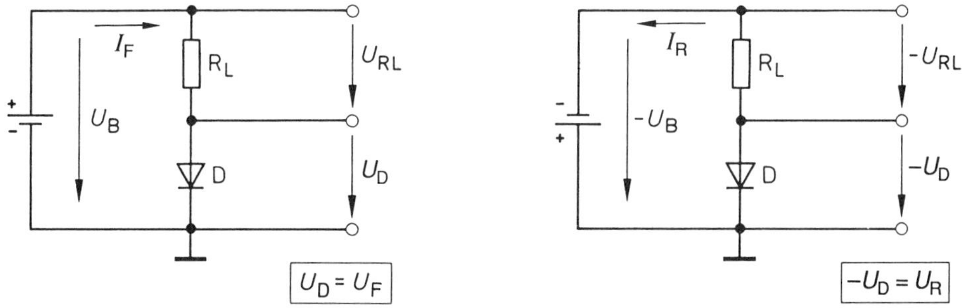

Diode leitend (Schalter geschlossen) — Diode gesperrt (Schalter geöffnet)

Bild 1.66 Diodenschalter

Ist bei dem Diodenschalter nach Bild 1.66 die angelegte Betriebsspannung positiv gegenüber Masse, so ist die Diode D leitend. Ihr Durchlaßwiderstand R_F ist niederohmig, und infolge des fließenden Durchlaßstromes I_F ist der Spannungsabfall an R_L groß. Bei negativer Betriebsspannung ist die Diode gesperrt, und es fließt nur der sehr kleine Sperrstrom I_R. Der Spannungsabfall an R_L ist daher sehr klein und fast die gesamte Betriebsspannung liegt an der Diode. In **Bild 1.67** sind die Spannungszustände für einen Diodenschalter nach Bild 1.66 dargestellt.

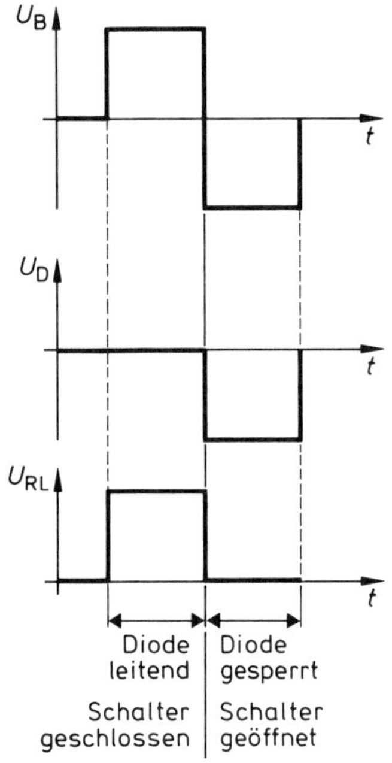

Für einen Diodenschalter gelten die Gleichungen:

$U_B = I_F \cdot R_L + U_F$ (Schalter geschlossen)

$U_B = I_R \cdot R_L + U_R$ (Schalter offen)

Bild 1.67 Spannungszustände für den Diodenschalter nach Bild 1.66

In Diodenschaltern werden entweder Universaldioden oder spezielle Schaltdioden verwendet. Stört die bei Si-Dioden relativ große Schleusenspannung, so können auch Ge-Spitzendioden eingesetzt werden, sofern die kleineren Durchlaßströme ausreichen. Weiterhin ist bei der Auswahl einer Diode für den Schalterbetrieb auch zu beachten, daß die folgenden Grenzdaten nicht überschritten werden:

Maximale Sperrspannung	U_{RM}
Maximaler Durchlaßstrom	I_{FM}
Maximale Sperrschichttemperatur	$\vartheta_{J\,max}$
Maximale Verlustleistung	P_{tot}
Minimale Sperrverzögerungszeit	$t_{rr\,min}$

Die in einer im Schaltbetrieb arbeitenden Diode auftretende Verlustleistung ist vom Verlauf der anliegenden Spannung abhängig. Da es sich hierbei häufig um Rechteckspannungen handelt, ist das Verhältnis $g = t_i/T$ von Bedeutung. Es gilt:

$$P_V = U_F \cdot I_F \cdot g = U_F \cdot I_F \cdot \frac{t_i}{T}$$ (Verlustleistung im Schaltbetrieb)

t_i = Einschaltdauer
T = Periodendauer

Die Schaltleistung P_S ist die Leistung am Lastwiderstand R_L, die mit einer Diode geschaltet werden kann. Sie ist wesentlich größer als die zulässige Verlustleistung der Diode. Diese Schaltleistung hängt praktisch nur von der Betriebsspannung ab. Ihr Maximalwert $P_{S\,max}$ wird durch die Grenzwerte der Diode festgelegt und beträgt:

$$P_{S\,max} = I_{RL} \cdot U_{F\,max} = (U_B - U_F) \cdot \frac{P_{tot}}{U_F}$$

$$P_{S\,max} = \left(\frac{U_B}{U_F} - 1\right) \cdot P_{tot} \qquad \text{(Schaltleistung)}$$

Daraus ergibt sich ein minimaler Lastwiderstand $R_{L\,min}$:

$$R_{L\,min} = \frac{U_{RL}^2}{P_{S\,max}} = \frac{(U_B - U_F)^2}{P_{S\,max}} \qquad \text{(Minimaler Lastwiderstand)}$$

Beispiel

Eine Diode mit $P_{tot} = 0{,}5\,\text{W}$ hat eine Kennlinie entsprechend **Bild 1.68**. Sie wird über einen Lastwiderstand $R_L = 1\,\text{k}\Omega$ an einer Betriebsspannung $U_B = 10\,\text{V}$ betrieben.
Wie groß ist die Schaltleistung $P_{S\,max}$?

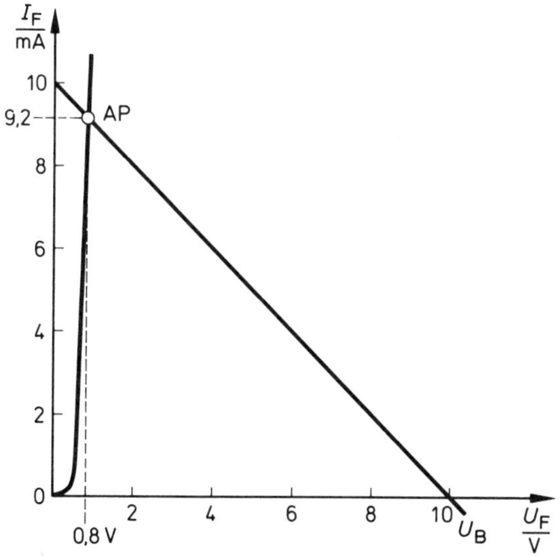

Bild 1.68 Diodenkennlinie zum Beispiel

Aus Bild 1.68 ist zu entnehmen:

$I_F \approx 9{,}2\,\text{mA}$; $U_F \approx 0{,}8\,\text{V}$; $U_{RL} \approx 9{,}2\,\text{V}$

Schaltleistung

$$P_{S\,max} = \left(\frac{U_B}{U_F} - 1\right) \cdot P_{tot} = \left(\frac{10\,\text{V}}{0{,}8\,\text{V}} - 1\right) \cdot 0{,}5\,\text{W}$$

$$P_{S\,max} = 5{,}75\,\text{W}$$

1.4.2.2 Logische Verknüpfungen

Eine wichtige Einsatzmöglichkeit von Diodenschaltern sind die Logikschaltungen. **Bild 1.69** zeigt die Zusammenschaltung dreier Diodenschalter zu einer Logikschaltung.

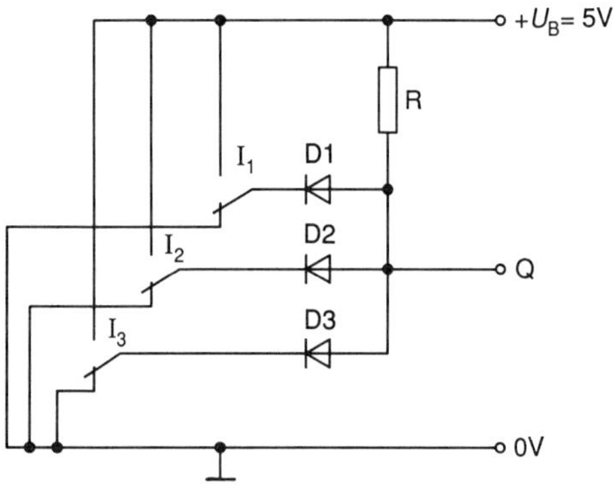

Bild 1.69 UND-Schaltung aus drei Diodenschaltern

U_{I1}	U_{I2}	U_{I3}	U_Q
0 V	0 V	0 V	0,7 V
0 V	0 V	5 V	0,7 V
0 V	5 V	0 V	0,7 V
0 V	5 V	5 V	0,7 V
5 V	0 V	0 V	0,7 V
5 V	0 V	5 V	0,7 V
5 V	5 V	0 V	0,7 V
5 V	5 V	5 V	5 V

Bild 1.70 Wahrheitstabelle der Schaltung nach Bild 1.69

An die Katode der einzelnen Diode kann durch den jeweiligen Umschalter entweder $U_I = +5\,V$ oder $U_I = 0\,V$ (Masse) gelegt werden. Liegt eine Diode an $U_I = 0\,V$, so ist diese Diode leitend, und die Spannung am Ausgang Q hat dann den Wert der Schleusenspannung $U_Q = U_F \approx 0{,}7\,V$, unabhängig von der Spannung U_I der übrigen Dioden. Nur wenn alle drei Dioden mit ihren Katoden an der Betriebsspannung liegen, sind sie gesperrt, und die Ausgangsspannung U_Q hat dann den Wert der Betriebsspannung.
In einer Wahrheits- oder Funktionstabelle **(Bild 1.70)** läßt sich übersichtlich darstellen, welche Ausgangsspannung sich bei der jeweiligen Eingangskombination ergibt.
Aus der Wahrheitstabelle ist ersichtlich, daß nur bei der Eingangskombination U_{I1} und U_{I2} und $U_{I3} = 5\,V$ das Ausgangssignal $U_Q = 5\,V$ ist. Aus diesem Grund wird eine solche logische Schaltung als *UND-Schaltung* bezeichnet.
Ist die Diodenschaltung an einer anderen Betriebsspannung als $U_B = 5\,V$ angeschlossen, liefert die Wahrheitstabelle das gleiche Resultat, jedoch mit anderen Spannungswerten. Bei leitender Diode hat die Ausgangsspannung auch dann den Wert $U_Q = U_F \approx 0{,}7\,V$.
Um die Aussage über die Funktion dieser Schaltung unabhängig von der Betriebsspannung zu machen, wird definiert:

$U = 5\,V$ ≙ hohe Spannung ≙ High (H) ≙ 1
$U = 0\,V$ bis $0{,}7\,V$ ≙ niedrige Spannung ≙ LOW (L) ≙ 0

Diese spannungsunabhängigen definierten Zustände »0« und »1« werden *logische Zustände* genannt und bilden die Grundlage für die Funktionsbeschreibungen der Digitalbausteine. Damit wird auch die Wahrheits- oder Funktionstabelle nach **Bild 1.71** spannungsunabhängig.

I_1	I_2	I_3	Q
L	L	L	L
L	L	H	L
L	H	L	L
L	H	H	L
H	L	L	L
H	L	H	L
H	H	L	L
H	H	H	H

I_1	I_2	I_3	Q
0	0	0	0
0	0	1	0
0	1	0	0
0	1	1	0
1	0	0	0
1	0	1	0
1	1	0	0
1	1	1	1

Bild 1.71 Spannungsunabhängige Wahrheitstabelle für die Schaltung nach Bild 1.69

Erhalten die drei Diodenschalter nach Bild 1.69 nicht über Umschalter die Eingangsspannung, sondern werden an Rechteckimpulsgeneratoren angeschlossen, so kann am Ausgang Q mit einem Oszilloskop ein entsprechendes Impuls- oder Signal-Zeit-Diagramm aufgenommen werden.
Bild 1.72 zeigt diese Zusammenhänge.

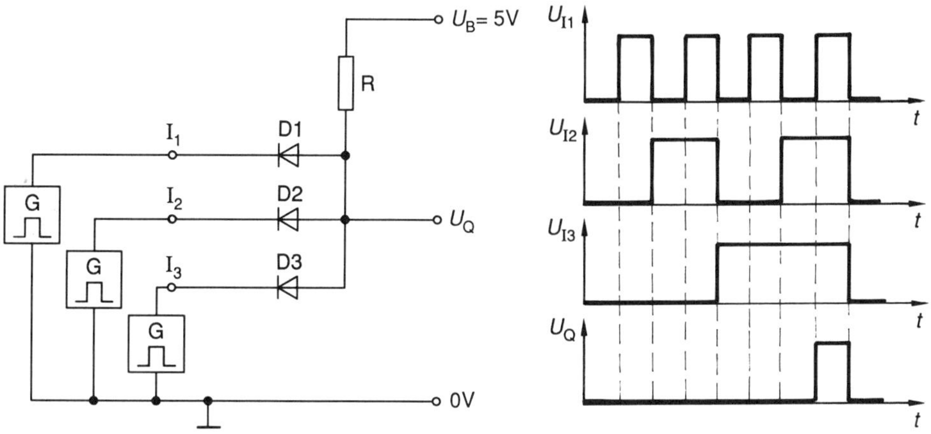

Bild 1.72 UND-Schaltung bei Impulsbetrieb

Werden drei Diodenschalter nach **Bild 1.73** zusammengeschaltet, so ergibt sich ein anderes Verhalten. Wie aus der Wahrheitstabelle nach **Bild 1.74** zu entnehmen ist, entsteht am Ausgang schon ein 1-Signal, wenn der Eingang I1 oder Eingang I2 oder Eingang I3 ein 1-Signal hat. Eine Schaltung mit diesem Verhalten wird als *ODER-Schaltung* bezeichnet. Den Zusammenhang zeigt auch das Impulsdiagramm nach **Bild 1.75**.

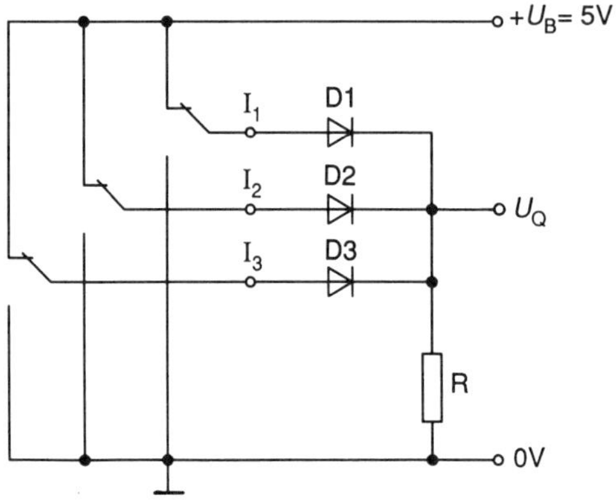

Bild 1.73 ODER-Schaltung aus drei Diodenschaltern

U_{I1}	U_{I2}	U_{I3}	U_Q	I_1	I_2	I_3	Q	I_1	I_2	I_3	Q
0 V	0 V	0 V	0 V	L	L	L	L	0	0	0	0
0 V	0 V	5 V	4,3 V	L	L	H	H	0	0	1	1
0 V	5 V	0 V	4,3 V	L	H	L	H	0	1	0	1
0 V	5 V	5 V	4,3 V	L	H	H	H	0	1	1	1
5 V	0 V	0 V	4,3 V	H	L	L	H	1	0	0	1
5 V	0 V	5 V	4,3 V	H	L	H	H	1	0	1	1
5 V	5 V	0 V	4,3 V	H	H	L	H	1	1	0	1
5 V	5 V	5 V	4,3 V	H	H	H	H	1	1	1	1

Bild 1.74 Wahrheitstabellen zur ODER-Schaltung

Bild 1.75 ODER-Schaltung bei Impulsbetrieb

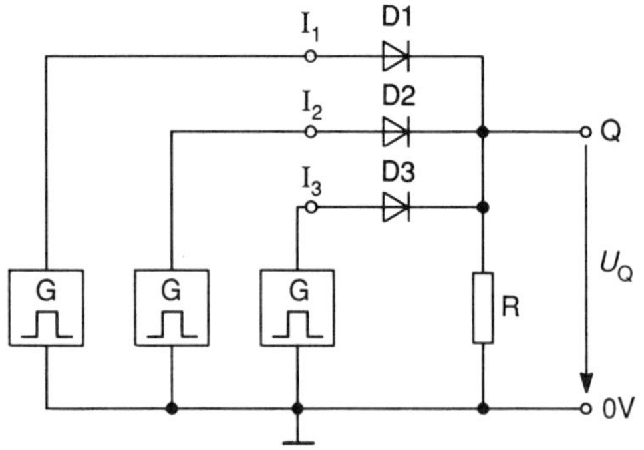

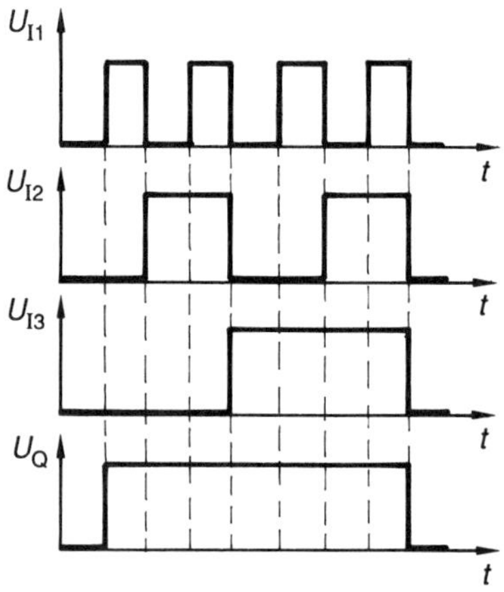

1.4.2.3 Begrenzerschaltungen

Ein wichtiges Einsatzgebiet von Diodenschaltern sind die Begrenzerschaltungen. Diese haben die Aufgabe, Spannungsamplituden oberhalb und unterhalb eines bestimmten Pegels durchzulassen oder zu unterdrücken.

Bild 1.76 zeigt das Prinzip einer derartigen Begrenzerschaltung zur Unterdrückung von Störspannungsspitzen.

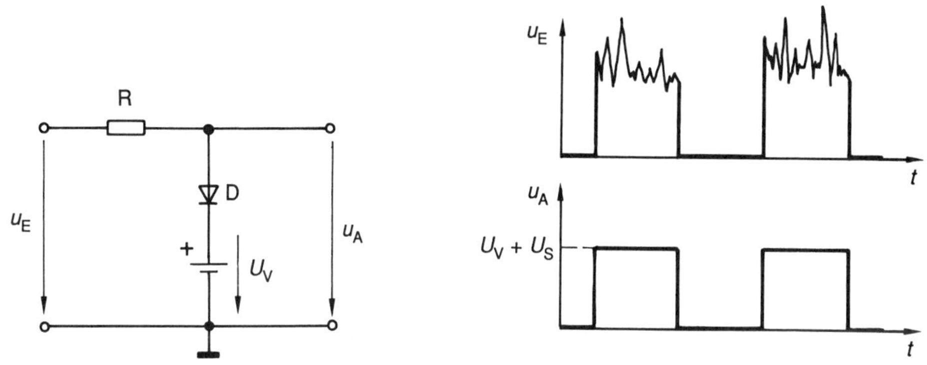

Bild 1.76 Begrenzerschaltung für Störspannungsspitzen

Wird bei der Schaltung nach Bild 1.76 das Eingangssignal größer als die Summe aus der Vorspannung U_V und der Schleusenspannung der Diode, so leitet die Diode. Am Ausgang der Schaltung tritt dann nur eine Spannung mit der Amplitude von $U_V + U_S$ auf. Die Eingangsimpulse werden also auf diesen Wert begrenzt. Durch Wahl einer entsprechenden Vorspannung kann der Pegel festgelegt werden, bei dem die Begrenzung einsetzen soll. Anstelle einer separaten Batterie werden meistens mehrere Dioden in Reihe geschaltet. Die Begrenzung setzt dann bei der Summe der Schleusenspannungen ein.
Auch bei der in **Bild 1.77** angegebenen Schaltung handelt es sich um eine Begrenzerschaltung. Hier erfolgt die Begrenzung jedoch bei kleineren Spannungspegeln. Eine derartige Schaltung wird oft auch als Klipperschaltung bezeichnet.

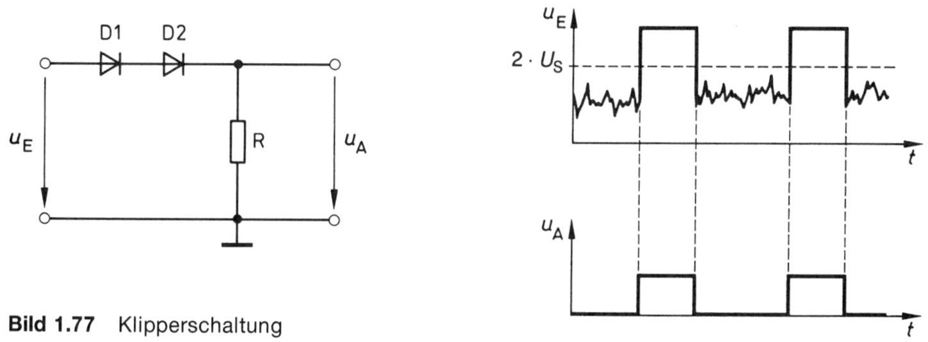

Bild 1.77 Klipperschaltung

Das am Eingang der Schaltung nach Bild 1.77 liegende Signal ist durch ein Rauschen überlagert. Als Rauschen werden in der Rundfunk- und Fernsehtechnik Störspannungen bezeichnet, die auch einem Nutzsignal überlagert sein können. Sie machen sich besonders bei kleinen Amplituden des Nutzsignals störend bemerkbar und können mit der angegebenen Klipperschaltung unterdrückt werden. Die beiden in Reihe geschal-

teten Dioden lassen nämlich am Widerstand R_L nur dann ein Signal auftreten, wenn die Eingangsspannung größer als die Summe der Schleusenspannungen der beiden Dioden ist. Daher kann das besonders in den Impulspausen störende Rauschen nicht auf den Ausgang gelangen.
Diodenschalter lassen sich auch zur Impulsformung einsetzen. **Bild 1.78** zeigt eine derartige Schaltung mit den zugehörigen Impulsdiagrammen.

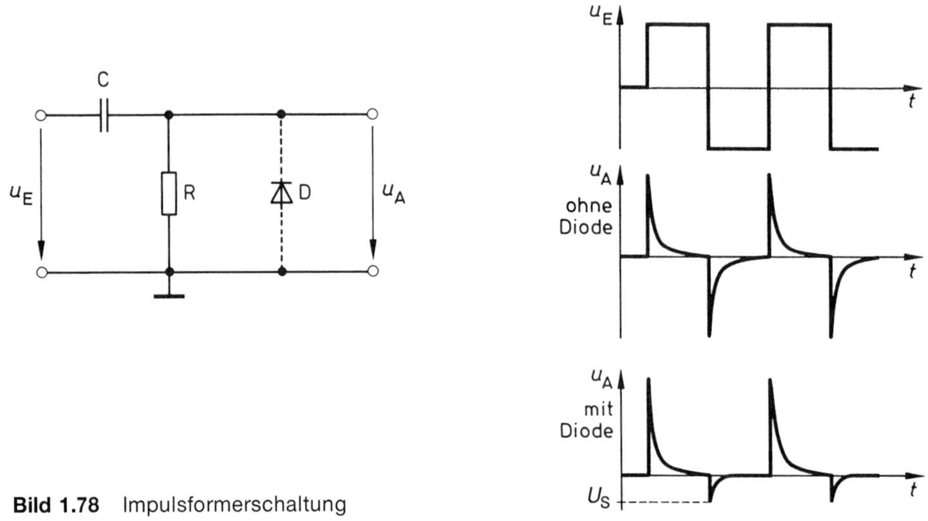

Bild 1.78 Impulsformerschaltung

Kondensator und Widerstand der Schaltung nach Bild 1.78 bilden ein Differenzierglied. Es soll so ausgelegt sein, daß bei einer bestimmten Frequenz der Eingangsspannung am Ausgang schmale positive und negative Nadelimpulse auftreten, solange die Diode nicht angeschlossen ist. Wird die Diode in der angegebenen Polarität angeschlossen, wird sie durch den negativen Nadelimpuls leitend und begrenzt diesen auf die Schleusenspannung. Durch Umpolen der Diode läßt sich in gleicher Weise auch der positive Nadelimpuls begrenzen. Mit einer Schaltung nach Bild 1.78 ist es daher möglich, aus einer Rechteckspannung je nach Polung der Diode nur positive oder negative Nadelimpulse zu erzeugen. Derartige Impulsformerschaltungen werden sehr oft in elektronischen Zählschaltungen eingesetzt.

1.5 Z-Dioden

1.5.1 Grundprinzip und Arbeitsweise

Wird bei einer Siliziumdiode die Sperrspannung noch über den zulässigen Wert $U_{R\,max}$ hinaus weiter erhöht, so setzt nach Überschreiten eines bestimmten Spannungswertes, der Durchbruchspannung, plötzlich ein stark ansteigender Strom ein. Bei den

Gleichrichter- und Schaltdioden liegt diese Durchbruchspannung je nach Typ oberhalb von etwa 80 V bis 1500 V.
Durch eine entsprechend höhere Dotierung kann aber die sich bei der Herstellung von Si-Dioden ausbildende Sperrschicht zwischen dem n- und p-Kristall auch so schmal gemacht werden, daß der Durchbruch bereits bei wesentlich kleineren Sperrspannungen von etwa 1 V bis 50 V auftritt. Diese speziellen Ausführungen von Si-Dioden werden als Z-Dioden bezeichnet. Ihr Name ist von dem Wissenschaftler C. Zener abgeleitet, der den für Z-Dioden charakteristischen Effekt entdeckte.
Z-Dioden werden stets in Sperrichtung betrieben. Da ihr Arbeitspunkt im Bereich der Durchbruchspannung liegt, ist zur Strombegrenzung unbedingt ein Vorwiderstand R_V erforderlich. Wegen ihres charakteristischen Kennlinienverlaufs im Bereich der Durchbruchspannung, die hier als Z-Spannung bezeichnet wird, lassen sich die Z-Dioden zur Stabilisierung oder Begrenzung kleiner Gleichspannungen einsetzen. **Bild 1.79** zeigt die einfachste Ausführung einer Spannungsstabilisierungsschaltung mit Z-Diode.

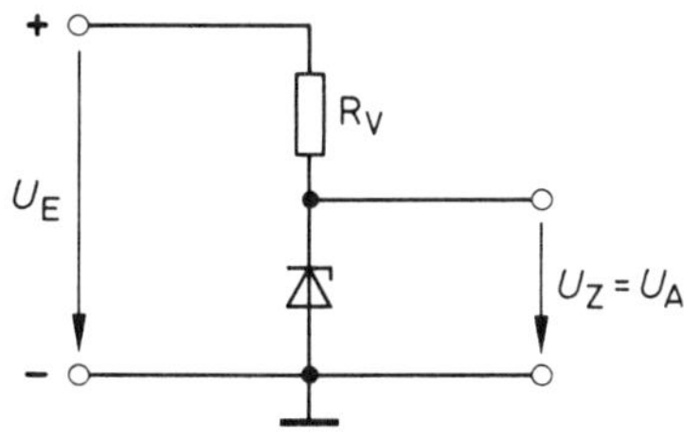

Bild 1.79 Spannungsstabilisierungsschaltung mit Z-Diode

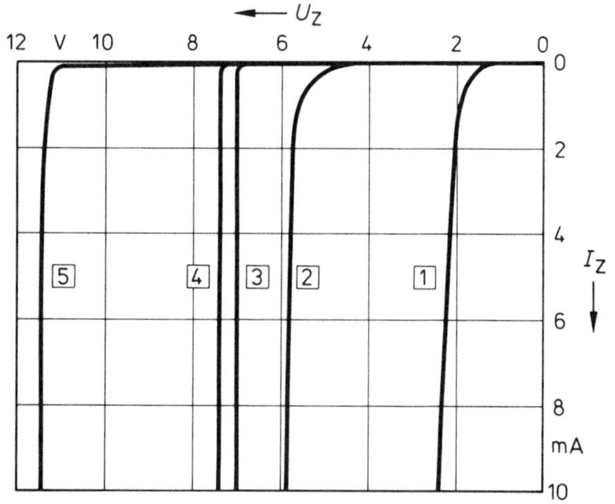

Bild 1.80 Durchbruchkennlinien verschiedener Z-Dioden

Bei den Z-Dioden überlagern sich im Bereich der Durchbruchspannungen zwei unterschiedliche physikalische Effekte. So tritt bei Z-Dioden mit einer Z-Spannung von etwa $U_Z < 5$ V eine innere Feldemission auf, die als Zener-Effekt bezeichnet wird. Bei Z-Dioden mit etwa $U_Z > 6$ V erfolgt dagegen der Durchbruch aufgrund des Lawineneffektes. Dieser führt entsprechend **Bild 1.80** zu einem sehr scharfen Abknicken der Sperrkennlinien 3, 4 und 5, während die Kennlinien 1 und 2 für Z-Spannungen < 5 V einen weicheren Übergang haben.
Zener-Effekt und Lawinen-Effekt beruhen auf zwei unterschiedlichen physikalischen Durchbruchmechanismen. Ein Durchbruch aufgrund des Zener-Effektes erfolgt, weil beim Überschreiten einer Feldstärke von etwa 200 bis 500 kV/cm beim Silizium Elektronen aus dem Gitterverband herausgelöst werden. Diese so entstandenen freien Elektronen vergrößern zusammen mit den dabei ebenfalls entstandenen Löchern die

Zahl der frei beweglichen Ladungsträger und damit die Leitfähigkeit. Dadurch steigt der Sperrstrom, der hier als Z-Strom I_Z bezeichnet wird, stark an.
Bei Z-Dioden mit $U_Z > 6\,V$ wird der Lawinen-Effekt wirksam. Hierbei ist die Geschwindigkeit der vorhandenen beweglichen Ladungsträger infolge der hohen Feldstärke so groß, daß sie beim Zusammenstoß mit den Atomen des Kristallgitters neue bewegliche Ladungsträger (Elektronen und Löcher) herausschlagen. Diese neu auftretenden Ladungsträger werden durch das anliegende elektrische Feld ebenfalls beschleunigt und schlagen nun wieder weitere neue Ladungsträger aus dem Atomverband heraus. Weil der Strom dadurch sehr schnell anwächst, wird dieser Vorgang als Lawinen-Effekt oder Lawinendurchbruch (engl.: avalanche breakdown) bezeichnet. Wegen des sehr starken Stromanstieges entsteht ein schärferer Kennlinienknick beim Übergang vom normalen Sperrstrom zum Z-Strom als beim Zener-Effekt. Zwischen etwa $5\,V < U_Z < 6\,V$ liegt ein Gebiet, in dem sich Zener-Effekt und Lawinen-Effekt überlagern.
Weil bei Dioden mit $U_Z > 6\,V$ der Lawinen-Effekt weitaus überwiegt, müßten alle Z-Dioden mit $U_Z > 6\,V$ eigentlich als Lawinen-Dioden bezeichnet werden. Unabhängig von der Durchbruchspannung und damit auch von ihrem physikalischen Durchbruchmechanismus werden alle derartigen Dioden aber doch einheitlich Z-Dioden genannt.
Solange die Grenzwerte der Z-Dioden, insbesondere die maximale Sperrschichttemperatur, nicht überschritten werden, sind der Zener-Effekt und der Lawinen-Effekt reversible, also wiederholbare Vorgänge. Der Arbeitspunkt wandert daher bei Erhöhung und Verringerung der Sperrspannung auf der gleichen Kennlinie entlang.

1.5.2 Kennwerte

1.5.2.1 Kennlinien

In **Bild 1.81** ist die charakteristische Strom-Spannungs-Kennlinie einer Z-Diode mit $U_Z \approx 8\,V$ dargestellt. Im Durchlaßbereich besteht kein Unterschied gegenüber einer normalen Si-Diode. Bis zu einer Durchlaßspannung von $U_F \approx 0{,}6\,V$ ist der Durchlaßstrom I_F sehr klein und nahezu konstant. Bei $U_F > 0{,}6\,V$ steigt der Durchlaßstrom stark an. Wird eine Z-Diode im Durchlaßbereich betrieben, so muß auf jeden Fall der Durchlaßstrom durch einen Vorwiderstand begrenzt werden. Der zulässige Strom in Durchlaßrichtung ist jedoch viel größer als der zulässige Z-Strom in Sperrichtung.
Im Sperrbereich hat die Kennlinie im Bereich der Z-Spannung einen sehr steilen Verlauf. Der höchstzulässige Strom, der in Sperrichtung fließen darf, wird als $I_{Z\,max}$ bezeichnet. In diesem Punkt schneidet die Verlustleistungskurve P_{tot} die Sperrkennlinie der Z-Diode.
Z-Dioden werden in einem Arbeitsbereich betrieben, der zwischen dem Stromwert $I_{Z\,max}$ und einem Wert I_Z liegt. Als Strom I_Z wird ein Wert unmittelbar hinter dem scharfen Kennlinienbereich gewählt. In Bild 1.81 ist deutlich erkennbar, daß sich wegen der großen Steigung der Kennlinie die Z-Spannung U_Z in diesem Arbeitsbereich nur wenig ändert.

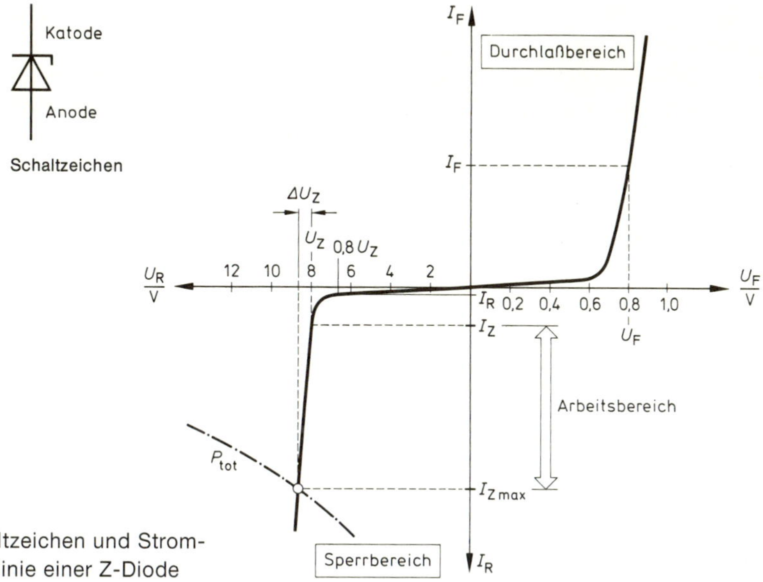

Bild 1.81 Schaltzeichen und Strom-Spannungskennlinie einer Z-Diode

Weil alle Z-Dioden auch trotz ihrer unterschiedlichen Z-Spannungen das gleiche Durchlaßverhalten aufweisen, geben die Hersteller meistens nur eine einzige Durchlaßkennlinie für eine Baureihe von Z-Dioden an. **Bild 1.82** zeigt eine solche Durchlaßkennlinie im üblichen linear-logarithmischen Maßstab.

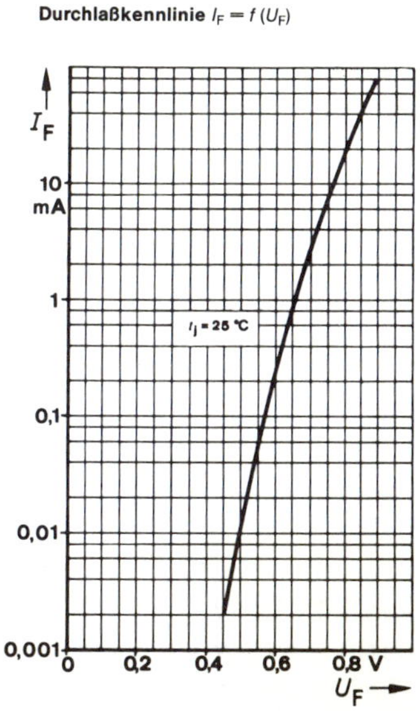

Bild 1.82 Durchlaßkennlinie von Z-Dioden

Im Idealfall sollte bis zum Erreichen der Durchbruchspannung im Sperrbereich kein Strom fließen. Wegen Verunreinigungen des Halbleitermaterials ist jedoch stets ein geringer Rest- oder Sperrstrom I_R vorhanden. In den Datenblättern wird von den Herstellern der Wert des Reststromes I_R für 0,8 bis 0,9 U_Z angegeben.
Bild 1.83 zeigt die Verläufe von Sperrkennlinien für eine Baureihe von Z-Dioden. Im linken Diagramm ist der Bereich für kleinere, im rechten der Bereich für höhere Z-Spannungen dargestellt. Zu beachten ist weiterhin, daß es sich gegenüber der sonst üblichen Darstellung im 3. Quadranten auch hier um den Sperrbereich handelt.

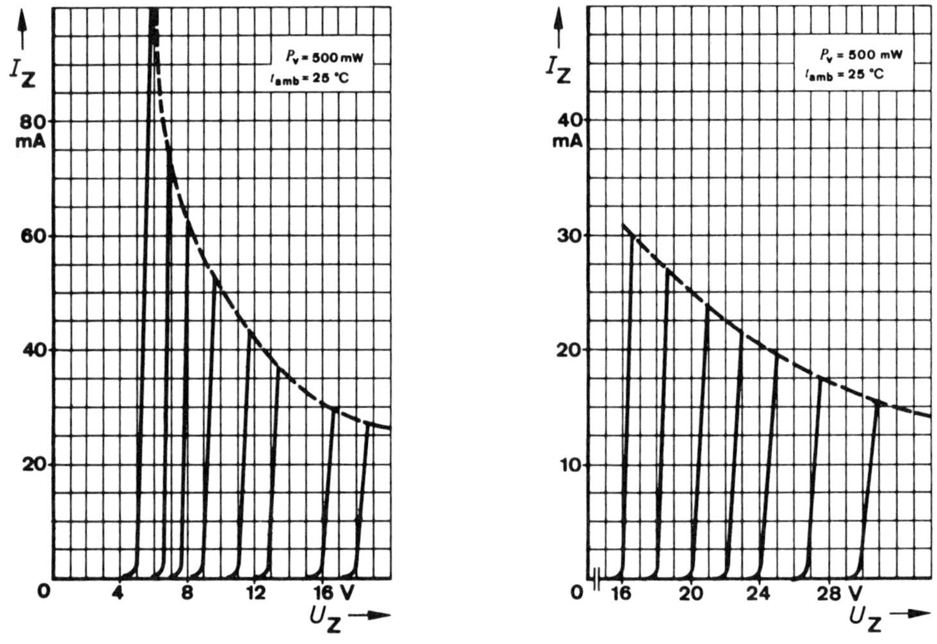

Bild 1.83 Sperrkennlinien für eine Baureihe von Z-Dioden

1.5.2.2 Spannungsbereiche

Die für eine Z-Diode angegebene Z-Spannung gilt meistens für einen Strom von $I_Z = 5$ mA. Lieferbar sind heute Z-Dioden mit Z-Spannungen zwischen $U_Z \approx 2{,}4$ V und $U_Z \approx 47$ V. Leistungs-Z-Dioden werden jedoch auch für Z-Spannungen bis $U_Z \approx 200$ V gefertigt. Die Abstufung zwischen den einzelnen Z-Spannungen der Dioden einer Baureihe entspricht häufig der E24-Reihe, d. h. es gibt nur Z-Dioden mit Z-Spannungen von 2,4 V; 2,7 V; 3,0 V; 3,3 V; 3,6 V usw. Die angegebene Z-Spannung hat dabei jedoch noch eine gewisse Toleranz, die je nach Güteklasse der Z-Diode zwischen 1 % und 10 % liegen kann.

Um die verschiedenen Spannungsgruppen mit den dazugehörigen Toleranzen von Z-Dioden eines Grundtyps unterscheiden zu können, werden an die Typenbezeichnung des Grundtyps (z. B. BZX 83) Zusatzbuchstaben angehängt. Die verschiedenen Buchstaben haben dabei nach dem Pro-Elektron-System folgende Bedeutung:

A ≙ ±1 %;   B ≙ ±2 %;   C ≙ ±5 %;   D ≙ ±10 %.

An diese Toleranzangabe schließt sich die Angabe des mittleren Wertes der Z-Spannung in Volt an. Handelt es sich dabei um Werte, die zwischen zwei ganzen Zahlen liegen, z. B. 6,8 V, so wird anstelle des Kommas ein »V« gesetzt, also 6V8.
Hat z. B. eine Z-Diode die Typenbezeichnung BZX 83 C 6V8, so lassen sich daraus folgende Informationen ablesen:

BZX 83	C	6V8
|	|	|
Grundtyp	Toleranz	Z-Spannung
B ≙ Silizium	C ≙ ±5 %	6,8 V Nennwert
Z ≙ Z-Diode		
X ≙ Industrietyp		
83 ≙ Registriernummer		

Aufgrund dieses Bezeichnungsschemas ist es sehr leicht möglich, die wichtigsten Eigenschaften einer vorliegenden Z-Diode zu erkennen. Die Katodenseite ist immer durch einen Farbring gekennzeichnet.

1.5.2.3 Temperaturabhängigkeit

Bei Z-Dioden mit einer Durchbruchspannung $U_Z < 6$ V erfolgt der Durchbruch aufgrund des Zener-Effektes. Eine Temperaturerhöhung bewirkt hier eine verstärkte Feldemission. Ein bestimmter Durchbruchstrom kann daher bei höherer Temperatur schon bei einer kleineren anliegenden Spannung erreicht werden. Die Spannung, bei der der Durchbruch erfolgt, wird also mit zunehmender Temperatur kleiner. Z-Dioden mit einer Durchbruchspannung $U_Z < 5$ V haben daher für die Durchbruchspannung einen negativen Temperaturkoeffizient. In dem Diagramm nach **Bild 1.84** ist der Kennlinienverlauf für $\vartheta_U = 50$ °C gestrichelt eingetragen.
Bei Z-Dioden mit einer Durchbruchspannung $U_Z > 6$ V erfolgt der Durchbruch aufgrund des Lawineneffektes. Mit zunehmender Temperatur wird hier die freie Weglänge der Ladungsträger kleiner. Um den gleichen Durchbruchstrom zu erzielen, sind bei höheren Temperaturen größere Sperrspannungen notwendig. Daher haben Z-Dioden mit $U_Z > 6$ V einen positiven Temperaturbeiwert für die Z-Spannung. In Bild 1.84 sind die Einflüsse der unterschiedlichen Temperaturbeiwerte gut zu erkennen. Im Spannungsbereich zwischen $U_Z = 5$ V und $U_Z = 6$ V erfolgt ein Übergang zwischen dem negativen und dem positiven Temperaturbeiwert. Dieser Übergang ist fließend, so daß kein exakter Wert angegeben werden kann, bei dem der Temperaturbeiwert *TK* genau Null beträgt, also keinerlei Temperaturabhängigkeit der Z-Spannung mehr vorhanden ist.

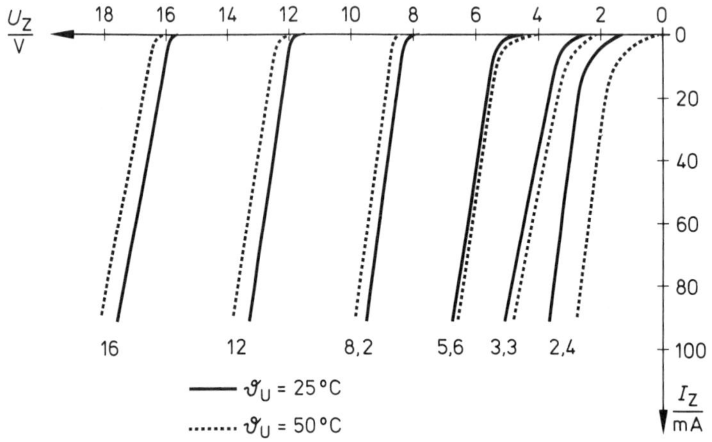

Bild 1.84 Temperaturabhängigkeit der Durchbruchkennlinie von Z-Dioden

In **Bild 1.85** ist der Temperaturbeiwert *TK* als Funktion der Z-Spannung U_Z aufgetragen. Da dieser Temperaturbeiwert auch von der Größe des Durchbruchstromes abhängt, ist in Bild 1.85 der Wert $I_Z = 5$ mA als Parameter angegeben.
Die Z-Spannung einer Z-Diode bei einer Temperaturerhöhung läßt sich nach folgender Gleichung ermitteln:

$$U_{Z\,warm} = U_Z + U_Z \cdot TK_{UZ} \cdot \Delta T = U_Z\,(1 + TK_{UZ} \cdot \Delta T)$$

mit $U_{Z\,warm}$ = Z-Spannung bei höherer Temperatur als +25 °C
U_Z = Nennspannung der Z-Diode
TK_{UZ} = Temperaturbeiwert der Z-Diode
ΔT = Temperaturänderung

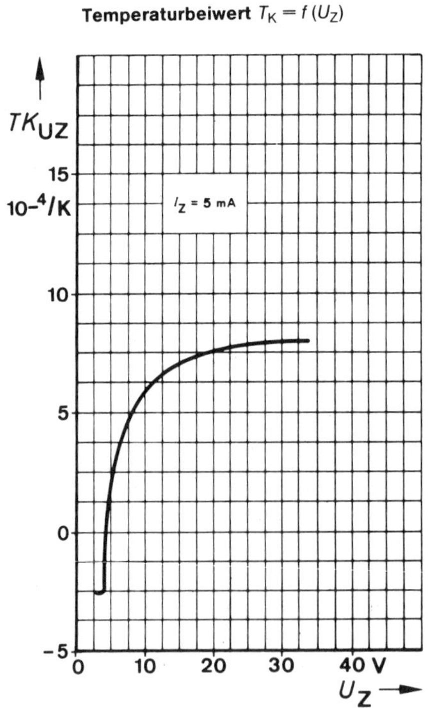

Bild 1.85 Temperaturbeiwert von Z-Dioden in Abhängigkeit von der Z-Spannung

Beispiel

Die Z-Diode von Typ BZX 55 C 9V1 hat einen Temperaturbeiwert $TK_{UZ} = 9 \cdot 10^{-4} \frac{1}{K}$.
Wie groß ist die Z-Spannung, wenn die Umgebungstemperatur 80 °C beträgt?

$$\Delta T = 80\,°C - 25\,°C = 55\,°C \mathrel{\hat{=}} 55\,K$$

$$U_{Z\,warm} = U_Z\,(1 + TK_{UZ} \cdot \Delta T) = 9{,}1\,V \left(1 + 9 \cdot 10^{-4} \frac{1}{K} \cdot 55\,K\right)$$

$$U_{Z\,warm} = 9{,}55\,V$$

Für besonders hohe Anforderungen an die Temperaturabhängigkeit der Z-Spannung wurden die temperaturkompensierten Referenzdioden entwickelt. Sie werden in Kurzform auch als Z-TK-Dioden bezeichnet. Referenzdioden bestehen aus zwei oder auch mehreren in Reihe geschalteten pn-Übergängen. Die Polarität ist dabei aber so gerichtet, daß einer dieser Übergänge in Sperrichtung, d. h. als Z-Diode betrieben wird, die weiteren Übergänge jedoch in Durchlaßrichtung. Die Temperaturbeiwerte aller Dioden haben den gleichen Betrag, aber in Abhängigkeit vom Durchlaß- oder Sperrbetrieb unterschiedliche Vorzeichen. Insgesamt ergibt sich dadurch eine Z-Diode, deren Z-Spannung nahezu unabhängig von einer Temperaturänderung ist. Wichtig ist dabei jedoch, daß der positive und negative Temperaturbeiwert jeweils einen gleichartigen Verlauf haben, damit auch in einem größeren Temperaturbereich ein guter Gleichlauf erreicht werden kann.
In **Bild 1.86** sind drei verschiedene Kombinationen von Z-Dioden und Kompensationsdioden für unterschiedliche Referenzspannungen angegeben.
Je größer die gewünschte Referenzspannung ist, desto mehr zusätzliche Kompensationsdioden sind erforderlich, weil mit größerem U_Z auch der positive TK_{UZ} einer Z-Diode größer wird. Während sich die Z-Spannung einer Z-Diode z. B. um 4 mV/K ändert, lassen sich mit Referenzdioden gleicher Z-Spannung die Temperaturänderungen auf Werte von nur etwa 0,18 mV/K verringern.
Oft werden die in einem Gehäuse untergebrachten Kombinationen aus Z-Diode und Kompensationsdioden statt Referenzdioden auch als Referenzelement bezeichnet und als Spannungsnormal oder Vergleichsspannung verwendet.

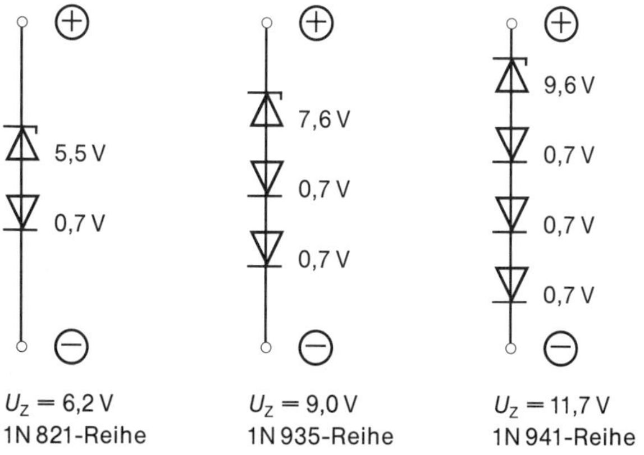

Bild 1.86 Aufbauschema für Referenzdioden

1.5.2.4 Differentieller Widerstand r_Z

In **Bild 1.87** ist die charakteristische Kennlinie einer Z-Diode nochmals dargestellt. Sie besitzt im Arbeitsbereich eine nahezu konstante Steilheit. Je steiler sie verläuft, desto geringer ist die Spannungsänderung ΔU_Z bei einer bestimmten Stromänderung ΔI_Z. Wird das Verhältnis ΔU_Z zu ΔI_Z gebildet, so ergibt sich ein Widerstand:

$$r_Z = \frac{\Delta U_Z}{\Delta I_Z}$$

Dieser Widerstand wird als differentieller Widerstand oder auch als dynamischer Durchbruchwiderstand der Z-Diode bezeichnet.

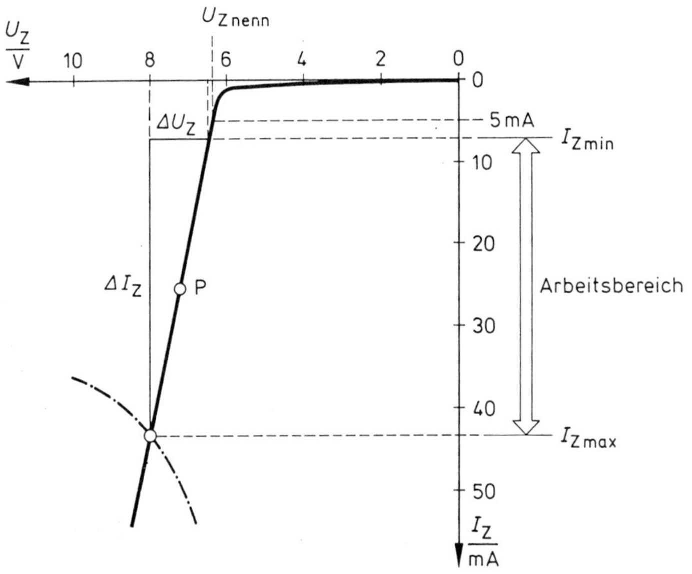

Bild 1.87 Ermittlung von r_Z für den Arbeitspunkt P einer Z-Diode

Je kleiner der Wert von r_Z ist, desto weniger ändert sich die Z-Spannung bei einer Änderung des Z-Stromes. Der differentielle Widerstand r_Z liefert also eine Aussage über den Stabilisierungsgrad einer Z-Diode.

r_Z ist aber nicht völlig konstant, sondern wegen der doch etwas gekrümmten Kennlinie vom Z-Strom abhängig. Weil bei kleineren Z-Strömen der Arbeitspunkt kurz unter dem Durchbruchknick liegt, ist die Steilheit der Kennlinie in diesem Übergangsgebiet kleiner und damit r_Z größer als in dem in Bild 1.87 eingezeichneten Arbeitspunkt.

Neben der Abhängigkeit des differentiellen Widerstandes r_Z vom Strom I_Z besteht noch eine Abhängigkeit von der Spannung U_Z. Diese Abhängigkeit ist in dem Diagramm nach **Bild 1.88** zu erkennen. Die kleinsten Werte für r_Z liegen danach bei Z-Spannungen von $U_Z \approx 7\,V$.

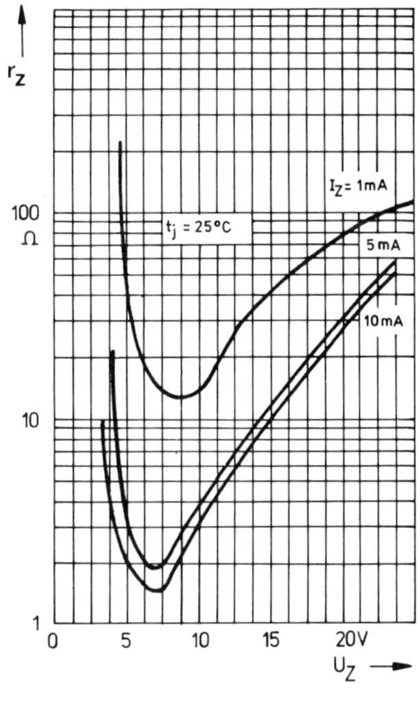

Bild 1.88 Differentieller Widerstand r_Z in Abhängigkeit von U_Z

Beispiel

Eine Z-Diode hat bei $I_Z = 10\,mA$ eine Spannung $U_Z = 8{,}2\,V$. Wird der Strom auf $I_Z = 5\,mA$ verringert, so beträgt $U_Z = 8{,}19\,V$.
Welchen Wert hat der differentielle Widerstand r_Z in dem angegebenen Arbeitsbereich?

$$r_Z = \frac{\Delta U_Z}{\Delta I_Z} = \frac{8{,}2\,V - 8{,}19\,V}{10\,mA - 5\,mA} = \frac{10\,mV}{5\,mA}$$

$r_Z = 2\,\Omega$

1.5.2.5 Kenn- und Grenzdaten

Von den Herstellern werden für die Z-Dioden gleiche Grenzdaten wie bei den Gleichrichter- und Schaltdioden angegeben:

Maximale Sperrschichttemperatur	$\vartheta_{J\,max}$
Maximale Verlustleistung	P_{tot}
Maximaler Durchlaßstrom	$I_{F\,max}$
Wärmewiderstand	$R_{th\,JU}$
Lagertemperatur	ϑ_S

Entsprechend dem Arbeitsbereich beziehen sich dagegen die Kenndaten von Z-Dioden im wesentlichen auf den Sperrbetrieb. So sind in den Datenblättern meistens folgende Kenndaten aufgeführt:

Nennspannung	U_Z bei $I_Z = 5\,\text{mA}$
Differentieller Widerstand	r_Z bei $I_Z = 5\,\text{mA}$ und $1\,\text{mA}$
Sperrstrom	I_R bei 0,8 bis $0{,}9\,U_Z$
Durchlaßspannung	U_F bei einem bestimmten I_F

Die maximale Verlustleistung ergibt sich aus:

$$P_V = U_Z \cdot I_{Z\,max} \leqq P_{tot}$$

$$P_V = \frac{\vartheta_{J\,max} - \vartheta_U}{R_{th\,JU}}$$

Beispiel

Die Z-Diode BZX 83 C 9V1 hat laut Datenblatt eine maximale Sperrschichttemperatur $\vartheta_{J\,max} = 175\,°\text{C}$ und einen Wärmewiderstand $R_{thJU} = 250\,\text{K/W}$.
Welcher Strom darf bei $\vartheta_U = 60\,°\text{C}$ durch diese Diode fließen?

$$P_V = \frac{\vartheta_{J\,max} - \vartheta_U}{R_{thJU}} = \frac{175\,°\text{C} - 60\,°\text{C}}{250\,\text{K/W}} = 0{,}46\,\text{W}$$

$$I_{Z\,max} = \frac{P_V}{U_Z} = \frac{0{,}46\,\text{W}}{9{,}1\,\text{V}} = 50{,}5\,\text{mA}$$

1.5.3 Beispiele für Original-Datenblätter

Als Beispiel für Datenblätter von Z-Dioden wurde die Baureihe BZX 83 C... ausgewählt. In der Tabelle nach **Bild 1.89** sind die wichtigsten technischen Daten aufgeführt.
In der Spalte »Nennspannung« ist die Abstufung der E24-Reihe zu erkennen. Die in der 1. Zeile aufgeführte Diode mit $U_Z = 0{,}78\,\text{V}$ ist eigentlich keine Z-Diode, sondern eine normale Gleichrichterdiode, die etwas oberhalb der Schleusenspannung in Durchlaßrichtung betrieben wird. Daher ist in der zugehörigen Zeile kein Sperrstrom angegeben. Der kleinste dynamische Widerstand r_Z liegt bei Z-Spannungen von 7,5 V und 8,2 V. Bei $I_Z = 5\,\text{mA}$ beträgt der kleinste Wert $r_{Z\,min} = 7\,\Omega$ und bei $I_Z = 1\,\text{mA}$ ist $r_{Z\,min} = 50\,\Omega$. Der Sperrstrom ist bei $U_Z > 5{,}1\,\text{V}$ stets kleiner $1\,\mu\text{A}$.
Da für sämtliche Typen dieser Baureihe $P_{tot} = 0{,}5\,\text{W}$ gilt, wird der maximal zulässige Z-Strom $I_{Z\,max}$ bei den Typen mit höherer Z-Spannung immer kleiner. In der Spalte *TK* ist zu erkennen, daß der Übergang vom negativen zum positiven Temperaturbeiwert zwischen $U_Z = 4{,}3\,\text{V}$ und $U_Z = 4{,}7\,\text{V}$ auftritt und damit etwas niedriger als bei anderen Baureihen von Z-Dioden liegt.

BZX 83 C...

Kenndaten bei $T_L = 25\,°C$

Typ	Nennspannung U_z (V)	Durchbruchspannungsbereich $I_z = 5\,mA$ U_z (V)	dyn. Widerstand $f = 1000\,Hz$ $I_z = 5\,mA$ r_z (Ω)	$I_z = 1\,mA$ r_z (Ω)	Sperrstrom I_R(µA)	bei U_R(V)	Maximal zulässiger Z-Strom $I_{z\,max}$ (mA)	*TK* der U_z bei I_z $\alpha U_z \cdot 10^{-4}/K$	Durchlaßspannung bei $I_F = 50\,mA$ U_F (V)
BZX83 C0V8	0,78	0,73 bis 0,83	<10	–	–	–	–	–	–
BZX83 C2V4	2,4	2,28 bis 2,56	<90	<600	<120	1	<155	–8	<1
BZX83 C2V7	2,7	2,5 bis 2,9	<90	<600	<100	1	<135	–7	<1
BZX83 C3V0	3,0	2,8 bis 3,2	<90	<600	<60	1	<125	–7	<1
BZX83 C3V3	3,3	3,1 bis 3,5	<90	<600	<30	1	<115	–6	<1
BZX83 C3V6	3,6	3,4 bis 3,8	<90	<600	<20	1	<105	–6	<1
BZX83 C3V9	3,9	3,7 bis 4,1	<90	<600	<10	1	<95	–5,5	<1
BZX83 C4V3	4,3	4,0 bis 4,6	<85	<600	<5	1	<90	–4,5	<1
BZX83 C4V7	4,7	4,4 bis 5,0	<80	<600	<2	1	<85	2	<1
BZX83 C5V1	5,1	4,8 bis 5,4	<60	<550	<1	1	<75	2	<1
BZX83 C5V6	5,6	5,2 bis 6,0	<40	<450	<1	1	<70	3	<1
BZX83 C6V2	6,2	5,8 bis 6,6	<10	<200	<1	2	<64	4	<1
BZX83 C6V8	6,8	6,4 bis 7,2	<8	<150	<1	3	<58	4,5	<1
BZX83 C7V5	7,5	7,0 bis 7,9	<7	<50	<1	3,5	<53	5	<1
BZX83 C8V2	8,2	7,7 bis 8,7	<7	<50	<1	4	<47	5,5	<1
BZX83 C9V1	9,1	8,5 bis 9,6	<10	<50	<1	5	<43	6	<1
BZX83 C10	10	9,4 bis 10,6	<15	<70	<1	6	<40	6,5	<1
BZX83 C11	11	10,4 bis 11,6	<20	<70	<1	7	<36	7	<1
BZX83 C12	12	11,4 bis 12,7	<20	<90	<1	8	<31	7	<1
BZX83 C13	13	12,4 bis 14,1	<25	<110	<1	9	<29	7,5	<1
BZX83 C15	15	13,8 bis 15,6	<30	<110	<1	11	<27	7,5	<1
BZX83 C16	16	15,3 bis 17,1	<40	<170	<1	11	<24	8	<1
BZX83 C18	18	16,8 bis 19,1	<55	<170	<1	12	<21	8	<1
BZX83 C20	20	18,8 bis 21,2	<55	<220	<1	14	<20	8	<1
BZX83 C22	22	20,8 bis 23,3	<60	<220	<1	15	<18	8,5	<1
BZX83 C24	24	22,8 bis 25,6	<80	<220	<1	16	<16	8,5	<1
BZX83 C27	27	25,1 bis 28,9	<80	<220	<1	18	<14	8,5	<1
BZX83 C30	30	28 bis 32	<90	<220	<1	20	<13	9	<1
BZX83 C33	33	31 bis 35	<90	<220	<1	22	<12	9	<1
BZX83C36	36	34 bis 38	<90	<250	<1	25	<11	9	<1
BZX83 C39	39	37 bis 41	<100	<600	<1	27	<10	9	<1
BZX83 C43	43	40 bis 46	<100	<700	<1	30	<9,2	9	<1
BZX83 C47	47	44 bis 50	<120	<1000	<1	33	<8,5	9	<1

Bild 1.89 Datenblatt für die Baureihe BZX 83 C ...

Z-Dioden 0,5 W im Glasgehäuse **BZX 83 C ...**

BZX 83 ... ist eine epitaktische Silizium-Planar-Z-Diode im Glasgehäuse 56 A2 DIN 41 883 (DO-35). Sie dient zur Stabilisierung und Begrenzung von Spannungen im Bereich von 0,78 bis 47 V sowie zur Erzeugung von Vergleichsspannungen bei kleinem Leistungsbedarf. Durch die moderne Technologie wird ein besonders scharfer Abbruch der Sperrkennlinie, ein niedriges Rauschen und ausgezeichnete zeitliche Stabilität der elektrischen Daten gesichert. Die Kathodenseite wird durch einen Farbring gekennzeichnet.

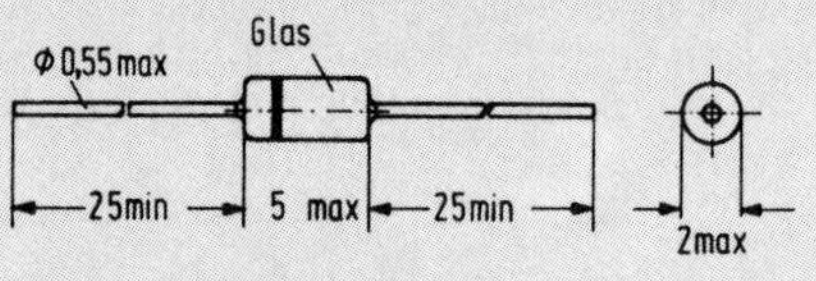

Gewicht ca. 0,5 g **Maße in mm**

Grenzdaten ($T_U = 25\,°C$)

Lagertemperatur	T_s	− 55 bis + 175	°C
Sperrschichttemperatur	T_j	max. 175	°C
max. Durchlaßstrom	$I_{F\,max}$	400	mA
Maximale Verlustleistung	P_{tot}	500[1])	mW
Wärmewiderstand Sperrschicht/Lötstelle	R_{thJL}	≦ 250	K/W

[1]) Diese Werte gelten, wenn die Anschlußdrähte in 6 mm Abstand vom Gehäuse auf 50 °C gehalten werden.

Z-Bereich-Kennlinien

$I_Z = f(U_Z)$, Spannungsverlauf 0–10 V

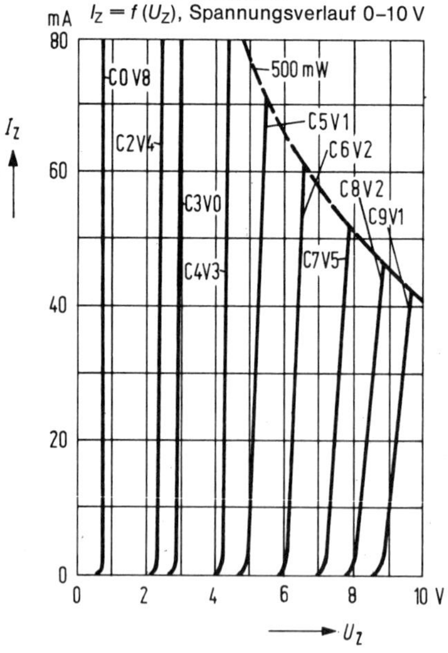

Z-Bereich-Kennlinien

$I_Z = f(U_Z)$, Spannungsverlauf 10–28 V

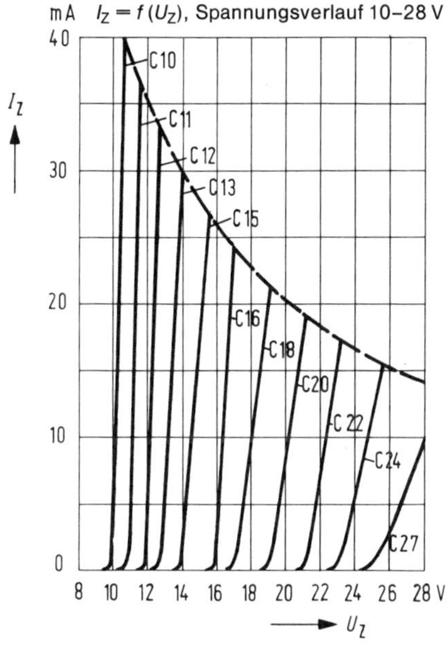

Z-Bereich-Kennlinien

$I_Z = f(U_Z)$, Spannungsverlauf 28–48 V

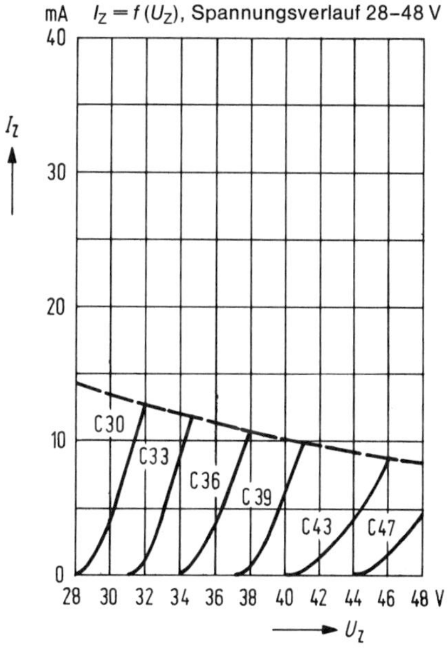

Zulässige Gesamtverlust-Leistung

$P_{tot} = f(T)$

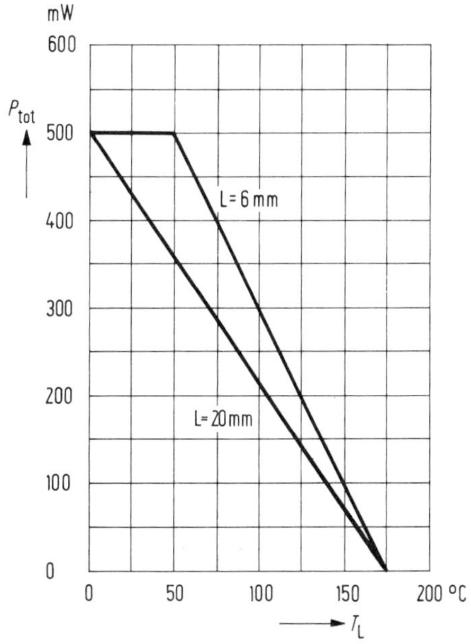

(T_L = Temperatur der Lötstelle)
(L = Abstand zwischen Lötstelle und Gehäuse)

Durchlaßspannung

$I_F = f(U_F)$

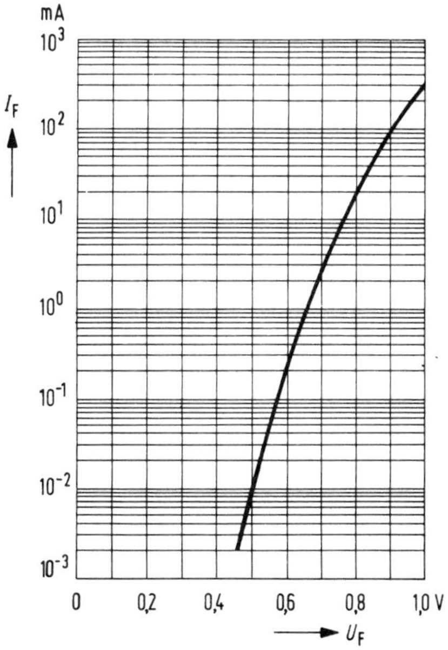

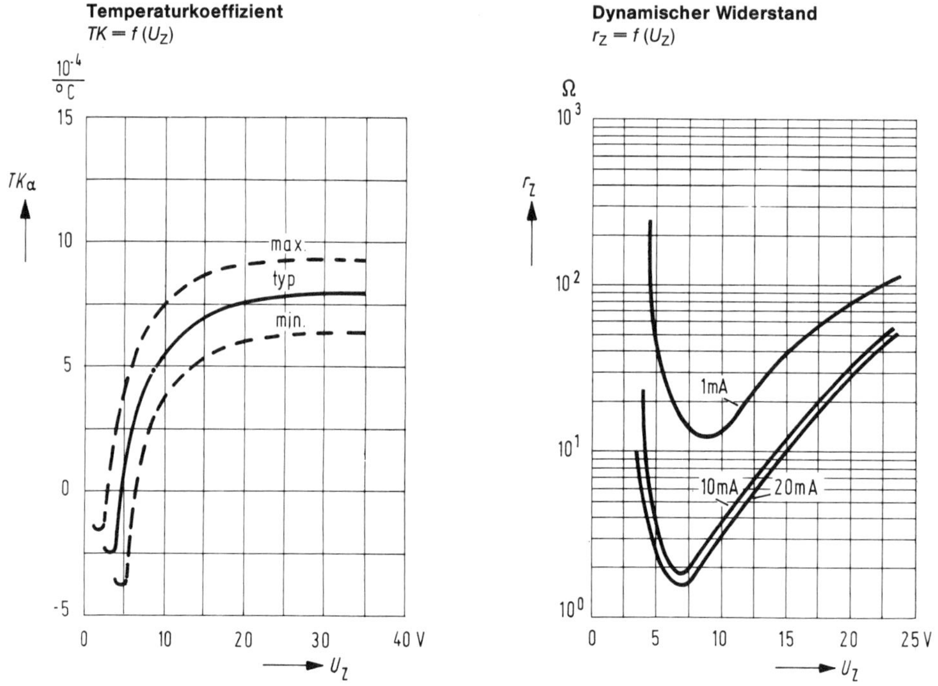

Bild 1.90 Datenblatt für die Baureihe BZX 83 C ...

1.5.4 Anwendungsbeispiele

1.5.4.1 Spannungsstabilisierung

Bild 1.91 zeigt die Grundschaltung für die Spannungsstabilisierung mit Hilfe einer Z-Diode. Als stabilisierte Ausgangsspannung tritt die an der Z-Diode liegende Spannung auf. Im zulässigen Arbeitsbereich bleibt sie sowohl bei einer Änderung der Eingangsspannung U_E als auch bei einer Änderung des Laststromes I_L nahezu konstant. Zum leichteren Verständnis der Arbeitsweise der Stabilisierungsschaltung nach Bild 1.91 ist es zweckmäßig, die Vorgänge bei einer Änderung von U_E und I_L getrennt zu betrachten und dabei jeweils die andere Größe als Konstante anzusetzen. Damit ergeben sich zwei Fälle:

1. Konstante Eingangsspannung U_E, aber veränderlicher Laststrom I_L
2. Konstanter Laststrom I_L, aber veränderliche Eingangsspannung U_E

Bild 1.92 zeigt das Kennlinienfeld für den Fall 1. Für U_E = const. ist die Arbeitsgerade des Vorwiderstandes R_V in das Kennlinienfeld einer Z-Diode eingezeichnet. Die Eingangsspannung U_E teilt sich in U_{RV} und U_Z auf und der in die Schaltung fließende Gesamtstrom I_{ges} in I_Z und I_L. Daher gelten generell die beiden Gleichungen:

$$U_E = U_{RV} + U_Z \qquad I_{ges} = I_Z + I_L$$

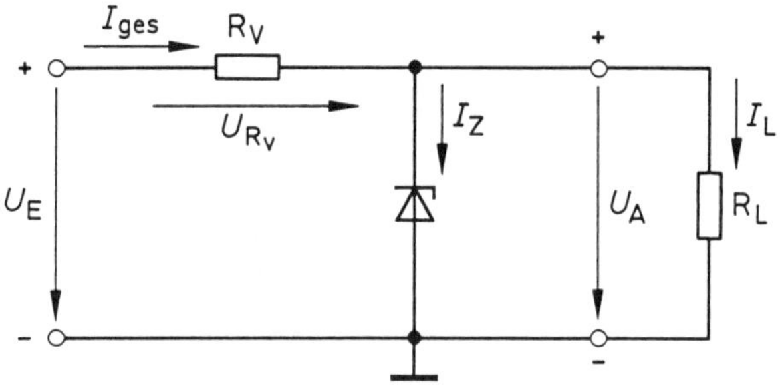

Bild 1.91 Schaltung zur Spannungsstabilisierung mit Z-Diode

Hat der in Bild 1.91 eingezeichnete Lastwiderstand den Wert $R_L = \infty\,\Omega$, so kann kein Laststrom fließen und es gilt:

$$I_{ges} = I_Z$$

Die Z-Diode wird dabei im Arbeitspunkt A1 betrieben und der fließende Strom kann mit Hilfe der Gleichung

$$I_{ges} = I_Z = \frac{U_E - U_A}{R_V} \qquad \text{mit } U_A = U_Z$$

ermittelt werden.
Wird die Schaltung jedoch belastet, d. h. $R_L < \infty\,\Omega$, so fließt ein Laststrom. Es gilt daher:

$$I_{ges} = I_Z + I_L$$

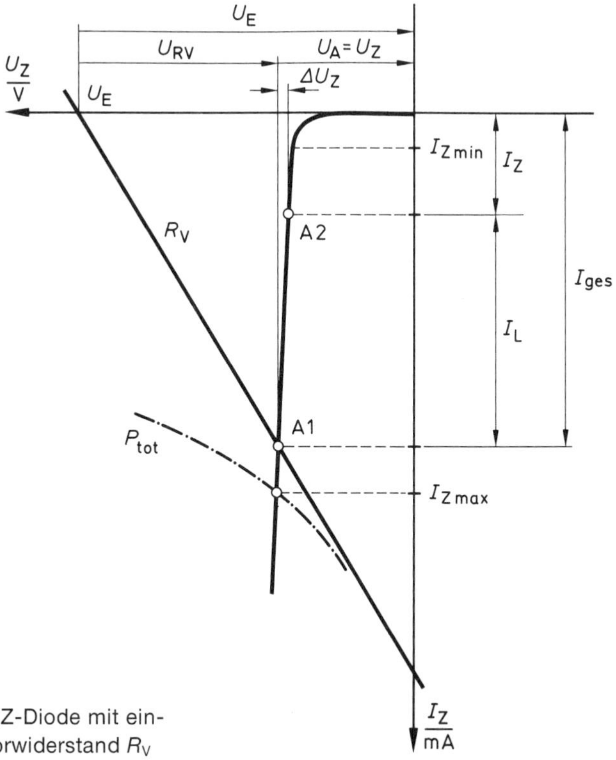

Bild 1.92 Kennlinienfeld einer Z-Diode mit eingetragener Arbeitsgerade für Vorwiderstand R_V

Weil sich aufgrund des steilen Verlaufes der Kennlinie der Z-Diode die Spannung an der Z-Diode nur geringfügig ändern kann, muß auch der Spannungsabfall am Vorwiderstand R_V nahezu konstant bleiben. Das ist aber nur möglich, wenn auch der Gesamtstrom I_{ges} konstant bleibt. Dieser Fall kann nur eintreten, wenn der Z-Strom um den gleichen Betrag kleiner wird wie der Laststrom größer. Der Arbeitspunkt der Z-Diode wandert daher auf der Durchbruchkennlinie in Richtung zum Arbeitspunkt A2.
Infolge der steilen Kennlinie der Z-Diode ändert sich die Ausgangsspannung nur um den kleinen Betrag ΔU_Z, d. h. U_A bleibt nahezu konstant, wenn sich der Laststrom I_L ändert. Je größer I_L wird, desto kleiner wird I_Z. Wird dabei jedoch $I_Z < I_{Z\,min}$, so beginnt der Arbeitspunkt der Z-Diode in den waagerechten Bereich der Kennlinie zu wandern und $U_Z = U_A$ ändert sich sehr stark. Die Stabilisierungsschaltung wird dann nicht mehr in ihrem zulässigen Arbeitsbereich betrieben.
Sind für eine bestimmte Stabilisierungsschaltung die konstante Eingangsspannung U_E, die zu stabilisierende Ausgangsspannung U_A sowie der maximale Laststrom $I_{L\,max}$ vorgegeben, so kann der erforderliche Vorwiderstand mit Hilfe der Gleichung

$$R_V = \frac{U_E - U_A}{I_{Z\,min} + I_{L\,max}}$$

ermittelt werden.
Die stärkste Belastung der Z-Diode tritt auf, wenn die Schaltung ohne Lastwiderstand arbeitet, weil dann $I_Z = I_{Z\,max}$ wird. Die Verlustleistung der Diode läßt sich mit Hilfe folgender Gleichung berechnen:

$$P_V = I_{Z\,max} \cdot U_Z$$

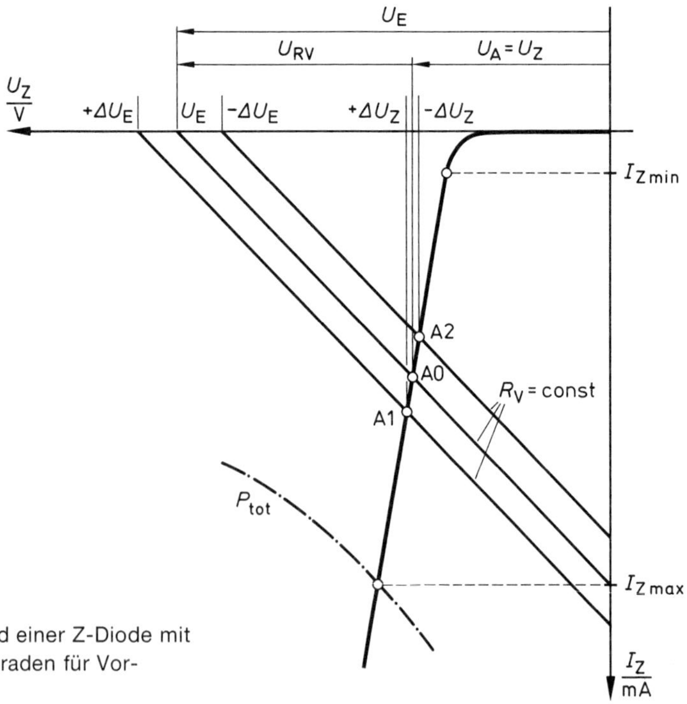

Bild 1.93 Kennlinienfeld einer Z-Diode mit eingetragenen Arbeitsgeraden für Vorwiderstand R_V

Im Fall 2 ändert sich die Eingangsspannung U_E bei konstantem Laststrom. Die Zusammenhänge sind im **Bild 1.93** dargestellt.
In Bild 1.93 schneidet die Arbeitsgerade für R_V die Kennlinie der Z-Diode im Arbeitspunkt A0, wenn die Eingangsspannung U_E anliegt. Wird jetzt U_E z. B. um den Betrag ΔU_E größer, so verschiebt sich die Arbeitsgerade und die Z-Diode wird im Arbeitspunkt A1 betrieben. Wegen der steilen Kennlinie der Z-Diode ist ΔU_Z sehr viel kleiner als ΔU_E, so daß die Ausgangsspannung U_A nahezu konstant bleibt. Die Schaltung nach Bild 1.91 ist also in der Lage, die Ausgangsspannung U_A sowohl bei Schwankungen des Laststromes als auch bei Schwankungen der Eingangsspannung zu stabilisieren.
Beim praktischen Einsatz der Spannungsstabilisierungsschaltungen überlagern sich beide Fälle häufig, so daß eine exakte Trennung kaum noch möglich ist.
Das Verhältnis der Änderung der Eingangsspannung ΔU_E zur Änderung der Ausgangsspannung ΔU_A wird als Glättungsfaktor G bezeichnet.

$$G = \frac{\Delta U_E}{\Delta U_A} \qquad \text{(Glättungsfaktor)}$$

Ein weiterer Kennwert einer Spannungsstabilisierungsschaltung ist der Relative Stabilisierungsfaktor S. Er gibt das Verhältnis der relativen Änderung der Eingangsspannung $\Delta U_E/U_E$ zur relativen Änderung der Ausgangsspannung $\Delta U_A/U_A$ an.

$$S = \frac{\Delta U_E/U_E}{\Delta U_A/U_A} \qquad \text{(Relativer Stabilisierungsfaktor)}$$

Je größer die Faktoren G und S sind, desto wirksamer ist die Spannungsstabilisierung. Bei einer vorgegebenen Schaltung lassen sich G und S meßtechnisch relativ einfach ermitteln.
Soll eine Spannungsstabilisierungsschaltung dimensioniert werden, so ist es erforderlich, die Steilheit der zu verwendenden Z-Diode durch ihren differentiellen Widerstand r_Z zu berücksichtigen. Da in jedem Fall $R_V \gg r_Z$, kann für den Glättungsfaktor geschrieben werden:

$$G = \frac{\Delta U_E}{\Delta U_A} = 1 + \frac{R_V}{r_Z} \qquad \text{(Glättungsfaktor)}$$

Für den Stabilisierungsfaktor S ergibt sich damit:

$$S = \frac{\Delta U_E/U_E}{\Delta U_A/U_A} = G \cdot \frac{U_A}{U_E} = \left(1 + \frac{R_V}{r_Z}\right) \cdot \frac{U_A}{U_E}$$

Bei der Dimensionierung einer Stabilisierungsschaltung müssen noch einige weitere wichtige Voraussetzungen berücksichtigt werden. So wird die Stabilisierung bei einer vorgegebenen Z-Diode umso besser, je größer die Eingangsspannung U_E gewählt wird. Nachteilig wirkt sich die Tatsache aus, daß die Verlustleistung an R_V schneller zunimmt als der Relative Stabilisierungsfaktor S. In der Praxis muß daher stets ein Kompromiß zwischen einem möglichst großen Wert für S und einer nicht zu großen Verlustleistung P_{RV} gesucht werden. Ein geeigneter Kompromiß liegt vor, wenn

$$U_E \approx 2 \text{ bis } 4 \cdot U_A \quad \text{und}$$
$$U_{E\,min} \approx 1{,}2 \text{ bis } 2 \cdot U_A$$

gewählt werden.

Damit der Arbeitspunkt der Z-Diode nicht zu sehr in die Nähe des Kennlinienknickes verschoben werden kann, sollte die Bedingung

$$I_{Z\,min} \approx 0{,}1 \cdot I_{Z\,max}$$

eingehalten werden. Davon ausgehend ist ein maximaler Laststrom

$$I_{L\,max} \approx 0{,}9 \cdot I_{Z\,max}$$

zulässig.

Für U_E = const. und I_L = const. läßt sich der Vorwiderstand mit Hilfe der Gleichung

$$R_V = \frac{U_E - U_A}{I_Z + I_L}$$

ermitteln. Da jedoch Änderungen von U_E und I_L berücksichtigt werden müssen, ergeben sich zwei Gleichungen, mit denen sich die Extremfälle $R_{V\,min}$ und $R_{V\,max}$ näherungsweise berechnen lassen.

$$R_{V\,min} \approx \frac{U_{E\,max} - U_Z}{I_{Z\,max} + I_{L\,min}}$$

$$R_{V\,max} \approx \frac{U_{E\,min} - U_Z}{I_{Z\,min} + I_{L\,max}}$$

Der erforderliche Vorwiderstand R_V muß zwischen $R_{V\,min}$ und $R_{V\,max}$ liegen. $R_{V\,max}$ darf nicht überschritten werden, weil sonst die Z-Diode nicht mehr im steilen Teil ihrer Kennlinie betrieben wird. $R_{V\,min}$ darf dagegen nicht unterschritten werden, weil sonst der zulässige Z-Strom überschritten wird. Üblicherweise wird ein Wert für den Vorwiderstand R_V gewählt, der mehr in der Nähe von $R_{V\,max}$ liegt. S und G werden dann groß und die Verlustleistung der Z-Diode bleibt klein.

Beispiel

Eine Schaltung zur Spannungsstabilisierung mit Z-Diode ist für folgende Bedingungen zu dimensionieren:

$U_A = 4{,}7\,V$; $I_{L\,max} = 45\,mA$; $U_E = 2{,}6 \cdot U_A$; $\Delta U_E = \pm 1\,V$

Wahl der Z-Diode

Aus der Tabelle in Bild 1.89 wird als geeignete Z-Diode der Typ BZX C 4V7 gewählt mit den Daten: $U_{Z\,Nenn} = 4{,}7\,V$; $r_Z = 80\,\Omega$ bei $I_Z = 5\,mA$; $r_Z = 4\,\Omega$ bei $I_Z = 10\,mA$ (aus Kennlinie in Bild 1.90); $I_{Z\,max} < 85\,mA$; $P_{tot} = 0{,}5\,W$

Vorwiderstand R_V

$U_E = 2{,}6 \cdot U_A = 2{,}6 \cdot 4{,}7\,V = 12{,}2\,V$

$U_{E\,max} = U_E + 1\,V = 13{,}2\,V$

$U_{E\,min} = U_E - 1\,V = 11{,}2\,V$

$I_{Z\,min} = 0{,}1 \cdot I_{Z\,max}$

$I_{Z\,min} = 0{,}1 \cdot 85\,mA = 8{,}5\,mA$

$$R_{V\,min} \approx \frac{U_{E\,max} - U_Z}{I_{Z\,max} + I_{L\,min}} = \frac{13{,}2\,V - 4{,}7\,V}{85\,mA + 0\,mA} = \frac{8{,}5\,V}{85\,mA} = 100\,\Omega$$

$$R_{V\,max} \approx \frac{U_{E\,min} - U_Z}{I_{Z\,min} + I_{L\,max}} = \frac{11\,V - 4{,}7\,V}{8{,}5\,mA + 45\,mA} = \frac{6{,}5\,V}{53{,}5\,mA} = 121{,}5\,\Omega$$

Aus der E24-Reihe wird ein Widerstand $R_V = 110\,\Omega \pm 5\,\%$ gewählt.

$$P_{RV} = \frac{(U_{E\,max} - U_A)^2}{R_V} = \frac{(13{,}2\,V - 4{,}7\,V)^2}{110\,\Omega} = 0{,}66\,W$$

Für den Widerstand R_V kann eine Ausführung mit $P_{RV} = 1\,W$ verwendet werden.

Kleinster Lastwiderstand $R_{L\,min}$

$$R_{L\,min} = \frac{U_A}{I_{L\,max}} = \frac{4{,}7\,V}{45\,mA} = 104{,}4\,\Omega$$

Glättungsfaktor G

$$G = 1 + \frac{R_V}{r_Z} \qquad (r_Z \approx 4\,\Omega \text{ bei } I_Z = 10\,mA)$$

$$G = 1 + \frac{110\,\Omega}{4\,\Omega} = 28{,}5$$

Relativer Stabilisierungsfaktor S

$$S = \left(1 + \frac{R_V}{r_Z}\right) \cdot \frac{U_A}{U_E} = 28{,}5 \cdot \frac{4{,}7\,V}{12{,}2\,V} = 11$$

Verlustleistung der Diode

$P_V = U_Z \cdot I_{Z\,max} = 4{,}7\,V \cdot 85\,mA = 399{,}5\,mW$

Somit wird die totale Verlustleistung der Diode nicht überschritten.

In **Bild 1.94** ist die Schaltung mit den berechneten Werten angegeben.

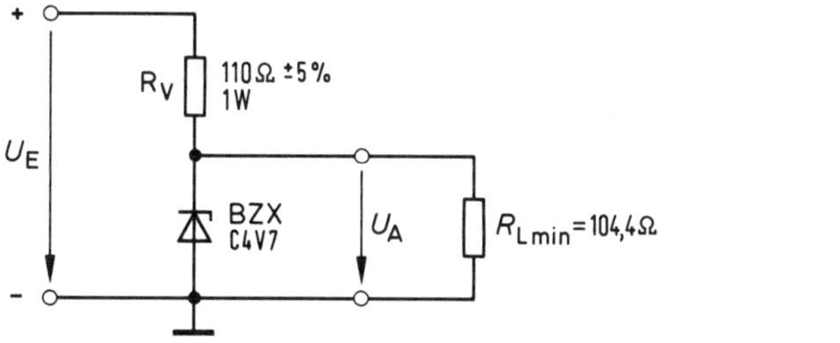

Bild 1.94 Stabilisierungsschaltung mit Z-Diode zum Rechenbeispiel

Wird eine noch höhere Stabilisierung der Ausgangsspannung gefordert, so können zwei Stabilisierungsschaltungen entsprechend Bild 1.91 hintereinander geschaltet werden. **Bild 1.95** zeigt eine derartige Stabilisierungsschaltung.
Voraussetzung für eine einwandfreie Funktion der Schaltung nach Bild 1.95 ist, daß etwa die folgenden Spannungswerte eingehalten werden:

$U_{A1} = 2 \text{ bis } 4 \cdot U_{A2}$
$U_E = 2 \text{ bis } 4 \cdot U_{A1}$

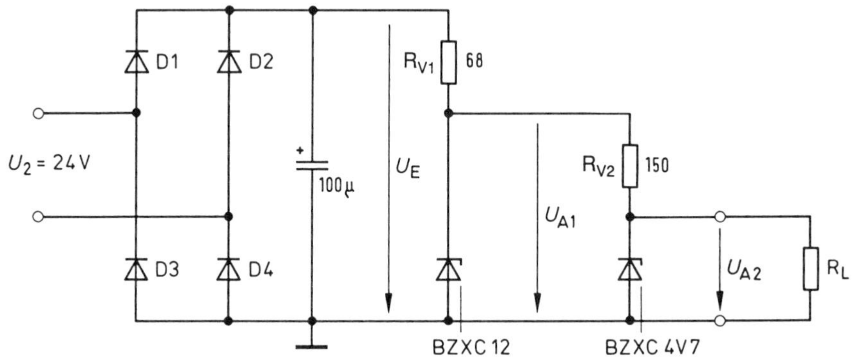

Bild 1.95 Präzisionsstabilisierung mit Z-Dioden

Der gesamte Glättungsfaktor G_{ges} bzw. Stabilisierungsfaktor S_{ges} ergibt sich aus den Produkten der einzelnen Faktoren. Es gilt daher:

$$G_{ges} = G_1 \cdot G_2$$
$$S_{ges} = S_1 \cdot S_2.$$

1.5.4.2 Spannungsbegrenzung

Z-Dioden lassen sich nicht nur zur Stabilisierung von Gleichspannungen, sondern auch zur Begrenzung von Gleich- und Wechselspannungen verwenden. Dabei wird ihre Eigenschaft ausgenutzt, daß die anliegende Spannung nicht über die charakteristische Z-Spannung ansteigen kann. **Bild 1.96** zeigt eine einfache Schaltung zur Begrenzung der Amplituden einer Wechselspannung.

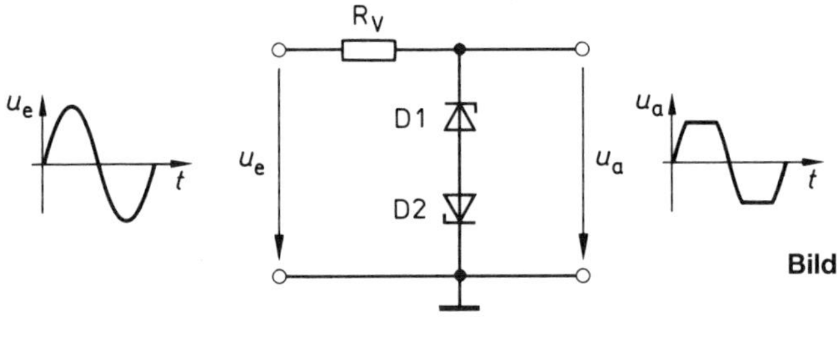

Bild 1.96 Amplitudenbegrenzer

Bei dem Amplitudenbegrenzer nach Bild 1.96 sind zwei Z-Dioden gegeneinandergeschaltet. Während der positiven Halbwelle der Eingangsspannung u_e wird D1 in Sperrichtung und D2 in Durchlaßrichtung betrieben, während der negativen Halbwelle jedoch D1 in Durchlaßrichtung und D2 in Sperrichtung. Solange jeweils $u_e < U_Z$, fließt kein Strom durch die beiden Z-Dioden, und die Ausgangsspannung hat den gleichen Verlauf wie die Eingangsspannung. Sobald jedoch $u_e > U_Z$, wird eine der beiden Z-Dioden im Durchbruchgebiet betrieben. Es fließt dann ein Z-Strom durch die Dioden, der einen Spannungsabfall an R_V bewirkt. Dadurch wird die Amplitude der Eingangsspan-

nung auf den Wert der Z-Spannungen begrenzt. Ist $u_e \gg U_Z$, dann hat die Ausgangsspannung u_a einen fast rechteckförmigen Verlauf. Daher läßt sich diese Schaltung unter bestimmten Bedingungen auch zur Erzeugung von Rechteckspannungen aus Sinusspannungen einsetzen.
Bild 1.97 zeigt einen Brückengleichrichter, bei dem die sonst verwendeten Gleichrichterdioden durch Z-Dioden ersetzt sind.

Bild 1.97 Amplitudenbegrenzung mit Brückengleichrichter

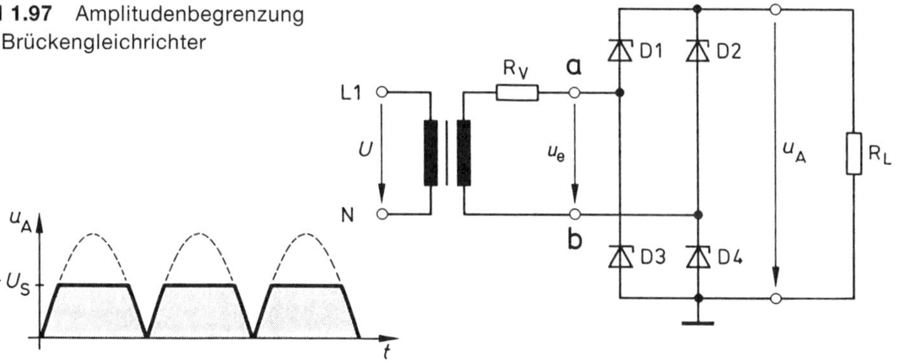

Ist in der Schaltung nach Bild 1.97 der Punkt a positiv gegenüber Punkt b, so werden nach Überschreiten der Schleusenspannung $U_S \approx 0{,}7$ V die Dioden D1 und D4 leitend. Es fließt ein Strom durch R_L und der Verlauf von u_A entspricht zunächst der positiven Halbwelle der Eingangswechselspannung u_e. Sobald $u_e > U_Z$ wird, arbeitet die Z-Diode D2 im Bereich ihrer Durchbruchspannung. Dadurch wird die Ausgangsspannung u_A auf $U_{Z(D2)} - U_{S(D4)}$ begrenzt. Wenn in der anderen Halbwelle der Punkt a negativ gegenüber Punkt b ist, sind zunächst D2 und D3 leitend. Wird jetzt $u_e > U_Z$, so wird die Z-Diode D4 im Bereich ihrer Durchbruchspannung betrieben und die Ausgangsspannung auf $U_{Z(D4)} - U_{S(D2)}$ begrenzt. Somit entsteht der in Bild 1.97 ebenfalls angegebene Spannungsverlauf an R_L.
Ein weiteres Anwendungsbeispiel für Z-Dioden zeigt **Bild 1.98**. Hier ist eine Z-Diode parallel zum Meßwerk eines Spannungsmessers geschaltet und wirkt dabei als Überlastungsschutz.

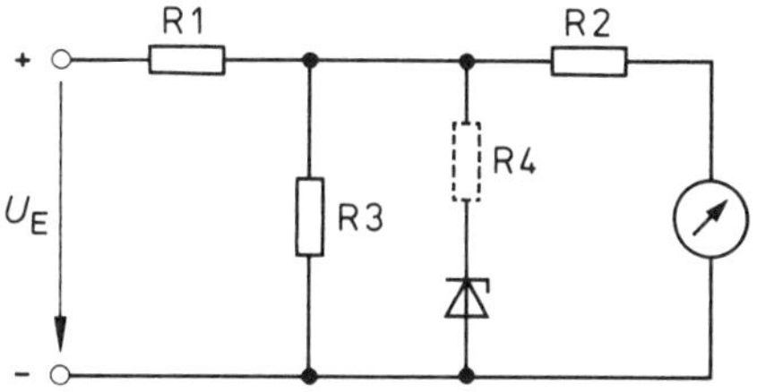

Bild 1.98 Überlastungsschutz bei einem Gleichstrommeßinstrument

Wird bei der Schaltung nach Bild 1.98 der Spannungsabfall an R2 und dem Meßwerk größer als die Z-Spannung, so fließt wegen des kleineren dynamischen Widerstandes der Z-Diode der Hauptanteil des Stromes über die Z-Diode. Auf diese Weise ist das Meßwerk sicher vor einer Überspannung und damit vor einer Überlastung geschützt.
Bis zu $U_E \approx U_Z$ hat die Skala einen normalen Verlauf. Danach, d. h. im oberen Bereich,

ist sie zusammengedrängt. Mit Hilfe der Widerstände R1, R2, R3 und R4 kann der Skala des Meßinstrumentes ein gewünschter, nichtlinearer Verlauf gegeben werden. Wechselspannungsmesser können in gleicher Weise vor Überlastung geschützt werden, indem zwei Z-Dioden gegeneinander geschaltet werden.
Bild 1.99 zeigt eine Schaltung, bei der erst dann ein Strom durch das Meßwerk fließt, wenn $U_E > U_Z$ ist. Auf diese Weise entsteht eine Nullpunktunterdrückung. Mit einem Widerstand R2 parallel zur Z-Diode geschaltet, wird ein zusammengedrängter Skalenverlauf vom Nullpunkt bis zum Wert von U_Z erreicht. Die Skala hat dann bis zum Endwert einen linearen Verlauf.

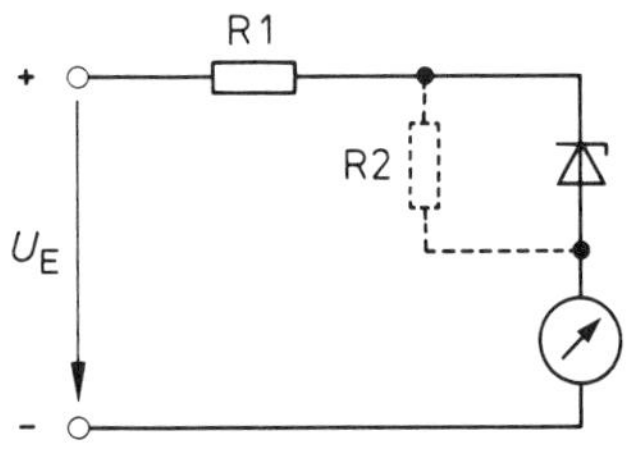

Bild 1.99 Nullpunktunterdrückung bei einem Gleichstrommeßinstrument

Die angeführten Anwendungsbeispiele sind nur eine kleine Auswahl aus den vielfältigen Einsatzmöglichkeiten von Z-Dioden. So gibt es noch zahlreiche andere Beispiele für den Einsatz von Z-Dioden, auf die hier jedoch nicht weiter eingegangen werden kann.

1.6 Kapazitätsdioden

1.6.1 Grundprinzip und Arbeitsweise

In den Abschnitten 1.2.4.4 und 1.3.2.2 wurde bereits erläutert, daß jeder in Sperrichtung betriebene pn-Übergang eine Sperrschichtkapazität hat. Sie entsteht, weil zwischen dem p-Kristall und dem n-Kristall eine an Ladungsträgern verarmte Zone auftritt, die wie das Dielektrikum eines Kondensators wirkt. Obwohl diese Sperrschichtkapazität relativ klein ist, macht sie sich bei den Gleichrichter- und Schaltdioden störend bemerkbar und begrenzt ihre Einsatzmöglichkeiten in Richtung höherer Frequenzen. Bei den Kapazitätsdioden wird diese Sperrschichtkapazität und die Abhängigkeit ihrer Größe von der anliegenden Sperrspannung aber als spezielle Eigenschaft ausgenutzt.

Eine in Sperrichtung betriebene Kapazitätsdiode kann mit einem Plattenkondensator verglichen werden. Seine Kapazität hängt vom Dielektrikum, der Plattenfläche sowie dem Plattenabstand ab, und es gilt:

$$C = \frac{\varepsilon_0 \cdot \varepsilon_r \cdot A}{d}$$

Bei einer Kapazitätsdiode sind die Konstanten ε_o und ε_r sowie die Fläche A durch den mechanischen Aufbau der Diode fest vorgegeben. Die Breite der Sperrschicht, d. h. hier der Plattenabstand, kann durch die Größe der Sperrspannung variiert werden. So wird mit zunehmender Sperrspannung die Breite der Sperrschicht größer und damit, der angeführten Kondensatorgleichung entsprechend, die Sperrschichtkapazität kleiner. In **Bild 1.100** sind die Zusammenhänge dargestellt.

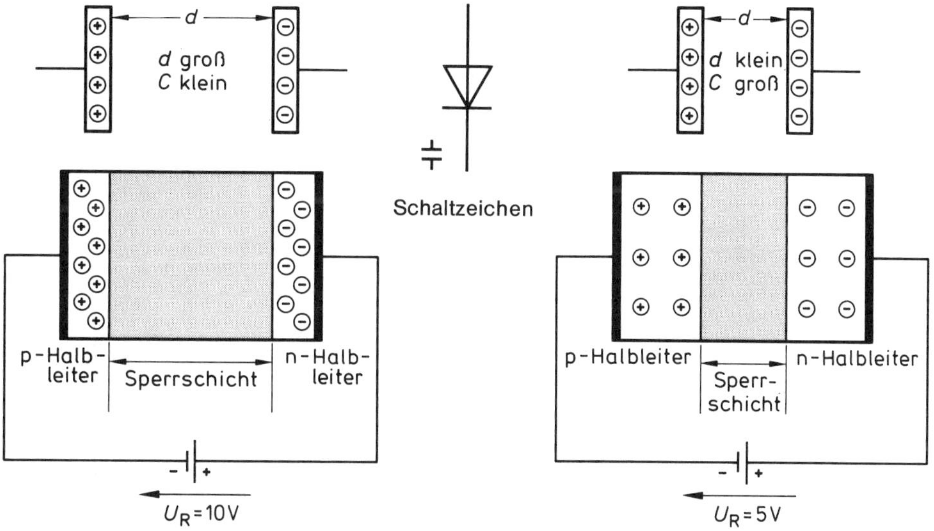

Bild 1.100 Schaltzeichen und Zusammenhang zwischen Sperrspannung, Sperrschichtbreite und Kapazität einer Kapazitätsdiode

Der Zusammenhang zwischen der Diodenkapazität C_D und der Sperrspannung U_R wird stets in Form von Kennlinien angegeben. In **Bild 1.101** ist diese charakteristische Abhängigkeit sowohl in doppeltlinearem als auch in linear-logarithmischem Maßstab wiedergegeben.

1.6.2 Kennwerte

Alle bereits bei den Gleichrichter- und Schaltdioden angegebenen Grenzwerte wie

Maximale Sperrschichttemperatur	$\vartheta_{J\,max}$
Maximale Lagertemperatur	ϑ_S
Maximale Verlustleistung	P_{tot}
Maximale Sperrspannung	$U_{R\,max}$
Maximaler Durchlaßstrom	$I_{F\,max}$

gelten auch für die Kapazitätsdioden.

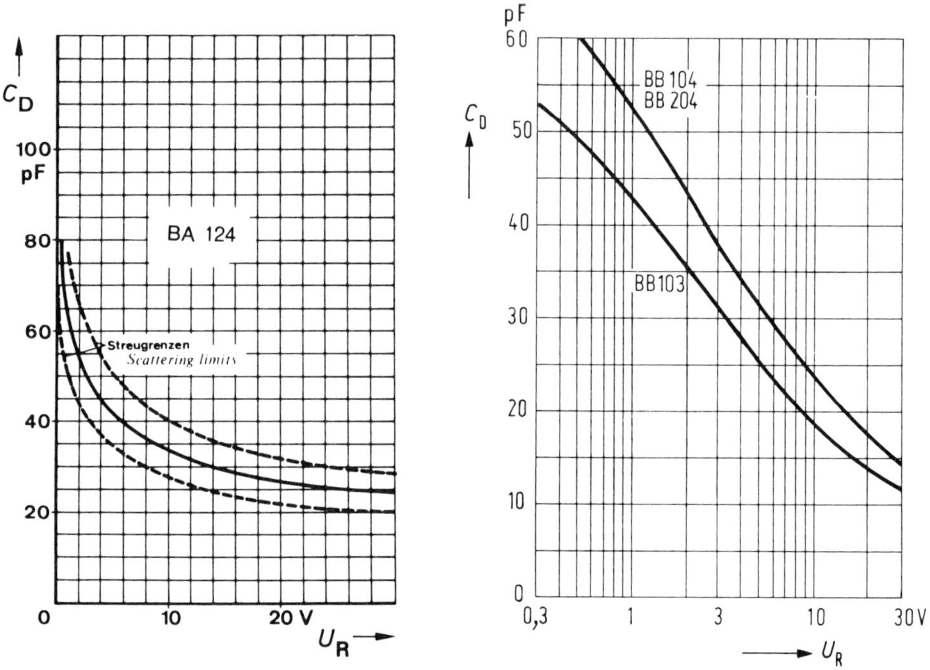

Bild 1.101 C_D als Funktion von U_R bei Kapazitätsdioden

Bei den Kenndaten ist die Nennkapazität von wesentlicher Bedeutung. Sie wird in den Datenblättern stets für bestimmte Sperrspannungen angegeben.
Die heute lieferbaren Kapazitätsdioden lassen sich grob in drei Änderungsbereiche unterteilen:

$C_D \approx$ 3 bis 10 pF
$C_D \approx$ 20 bis 50 pF
$C_D \approx$ 50 bis 200 pF

Es sind inzwischen schon einige Typen mit noch höherer Diodenkapazität und noch größerem Variationsbereich auf dem Markt.
Die Sperrschicht bildet keinen idealen kapazitiven Blindwiderstand. Vereinfacht ergibt sich ein Ersatzschaltbild, das aus der Sperrschichtkapazität C_S, einem Bahnwiderstand R_S sowie einer Induktivität L_O der Zuleitungen besteht. Bei Frequenzen bis etwa 100 MHz kann L_O vernachlässigt werden. Damit besteht das vereinfachte Ersatzschaltbild entsprechend **Bild 1.102** nur noch aus C_S und R_S, für das auch das zugehörige Zeigerdiagramm angegeben ist.

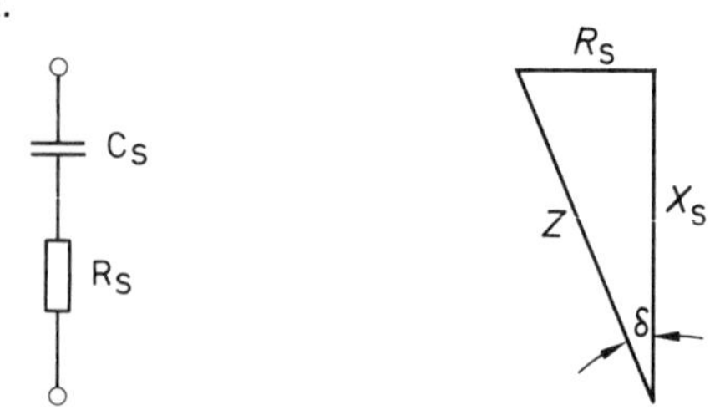

Bild 1.102 Vereinfachtes Ersatzschaltbild einer Kapazitätsdiode mit zugehörigem Widerstandsdreieck

Aus Bild 1.102 kann der Verlustfaktor $\tan\delta$ des realen Kondensators abgelesen werden:

$$\tan\delta = \frac{R_S}{X_S}$$

Der Kehrwert des Verlustfaktors ist die Güte Q eines realen Kondensators:

$$Q = \frac{1}{\tan\delta} = \frac{X_S}{R_S} = \frac{1}{2\pi \cdot f \cdot C_S \cdot R_S}$$

Neben der Kapazität C_D ist auch die Güte Q einer Kapazitätsdiode beim praktischen Einsatz in HF-Schwingkreisen von Bedeutung. Sie soll möglichst groß sein und läßt sich für beliebige Frequenzen mit Hilfe der angegebenen Gleichung ermitteln. Hierzu wird von den Herstellern der Bahn- oder Serienwiderstand R_S in den Datenblättern angegeben. R_S wird jedoch mit wachsender Sperrspannung kleiner.
Die Diodenkapazität wird dagegen mit steigender Temperatur größer. Für diesen Zusammenhang geben die Hersteller meistens ein Diagramm mit der normierten Kapazität $C_D(\vartheta_U)/C_D(25\,°C)$ als Funktion der Temperatur an. Darüber hinaus besteht aber auch noch eine Temperaturabhängigkeit der Diodenkapazität von der Sperrspannung. Der entsprechende Temperaturbeiwert beträgt etwa $TK_D \approx 4 \cdot 10^{-4}\,1/K$ bei $U_R = 3\,V$. Er wird mit steigender Sperrspannung kleiner.
Um diese Temperaturabhängigkeit so gering wie möglich zu halten, ist es zweckmäßig, die Kapazitätsdioden immer mit möglichst hoher Sperrspannung zu betreiben.
In **Bild 1.103** ist für einige Kapazitätsdioden das Datenblatt mit Grenz- und Kenndaten sowie zwei Diagrammen wiedergegeben.

Silizium-Kapazitätsdioden — **BB105A**, **BB105B**, **BB105G**

für den UHF/VHF-Bereich

BB105A, BB105B und **BB105G** sind doppeltdiffundierte epitaktische Silizium-Kapazitätsdioden in Planartechnik mit Kunststoffumhüllung (SOD-23). Sie eignen sich besonders zur Verwendung als Abstimmdioden in Fernseh-Kanalwählern.
Die Kathode ist durch einen weißen Farbstrich gekennzeichnet.

BB105A für UHF-Kanalwähler bis 790 MHz

BB105B für UHF-Kanalwähler bis 860 MHz

BB105G für VHF-Kanalwähler, ist durch einen zusätzlichen grünen Farbstrich gekennzeichnet

Grenzdaten		**BB105A**	**BB105B**	**BB105G**	
Sperrspannung	U_R	28	28	28	V
Sperrspannung Scheitelwert	U_{RM}	30	30	30	V
Durchlaßstrom ($T_U \leq 60\,°C$)	I_F	20	20	20	mA
Umgebungstemperatur	T_U		−55 bis +100		°C

Kenndaten (T_U = 25°C)		**BB 105 A**	**BB 105 B**	**BB 105 G**	
Sperrstrom (U_R = 28 V; T_U = 25 °C)	I_R	≦ 50	≦ 50	≦ 50	nA
Sperrstrom (U_R = 28 V; T_U = 60 °C)	I_R	≦ 0,5	≦ 0,5	≦ 0,5	µA
Kapazität (U_R = 1 V; f = 500 kHz)	C_D	17	17,5	17,5	pF
Kapazität (U_R = 3 V; f = 500 kHz)	C_D	11,5	11,5	11,5	pF
Kapazität (U_R = 25 V; f = 500 kHz)	C_D	2,3 bis 2,8	2,0 bis 2,3	1,8 bis 2,8	pF
Kapazitätsverhältnis (f = 500 kHz)	$\frac{C_{D3V}}{C_{D25V}}$	4 bis 5	4,5 bis 6	4 bis 6	–
Serienwiderstand (f = 470 MHz; C_D = 9 pF)	R_s	0,6 (≦ 0,8)	0,7 (≦ 0,8)	0,9 (≦ 1,2)	Ω

Temperaturabhängigkeit der Sperrschichtkapazität

$\frac{C_D(T_U)}{C_D(25°C)} = f(T_U)$

BB 105 A, BB 105 B, BB 105 G

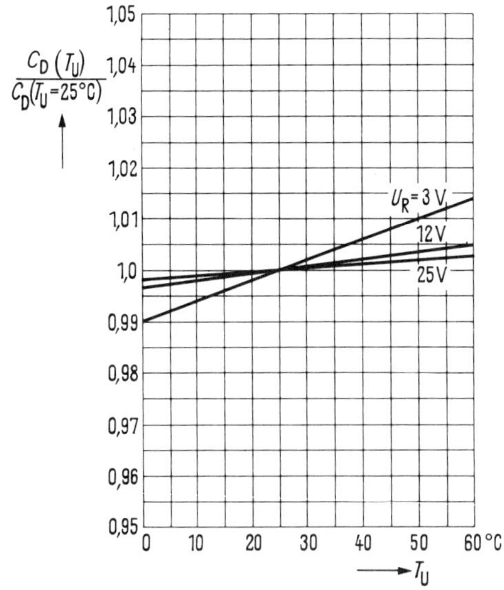

Spannungsabhängigkeit der Sperrschichtkapazität $C_D = f(U_R)$

f = 500 kHz; T_U = 25°C

BB 105 A

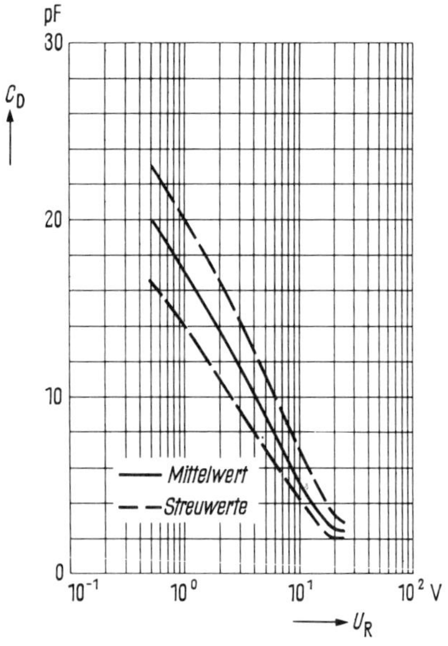

Bild 1.103 Datenblatt für Kapazitätsdioden

1.6.3 Anwendungsbeispiel

Wegen ihrer relativ kleinen Kapazitäten werden die Kapazitätsdioden überwiegend als Schwingkreiskapazitäten in der Hochfrequenztechnik eingesetzt. Sie haben in Radio- und Fernsehgeräten den früher üblichen mechanischen Drehkondensator weitgehend verdrängt. **Bild 1.104** zeigt das Grundprinzip der Nachstimmschaltung für einen Schwingkreis.

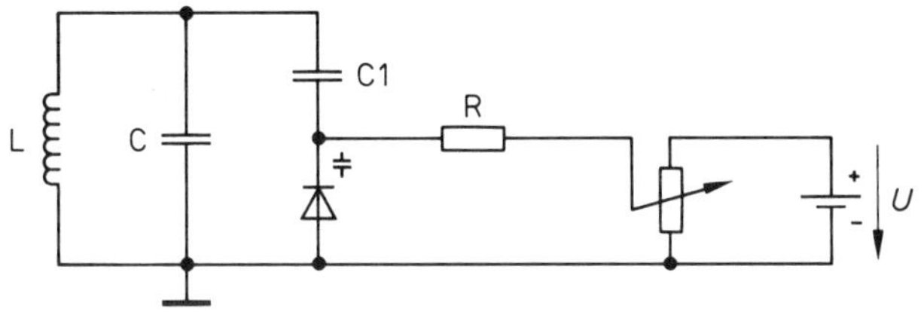

Bild 1.104 Nachstimmschaltung mit einer Kapazitätsdiode

Die Kapazität der Kapazitätsdiode ist in den Nachstimmschaltungen meistens nur eine Teilkapazität. Durch Ansteuern mit einer veränderbaren Gleichspannung wird die Sperrschichtkapazität und damit auch die Resonanzfrequenz des Schwingkreises verändert.

1.7 Schottky-Dioden

Unter gewissen Bedingungen stellt sich eine Gleichrichterwirkung auch zwischen einer Si-n-Zone und einer darauf aufliegenden Metallelektrode ein. Dieser Effekt wurde nach seinem Entdecker »Schottky-Effekt« benannt. In **Bild 1.105** ist der Prinzipaufbau einer Schottky- oder Metall/Halbleiterdiode dargestellt.

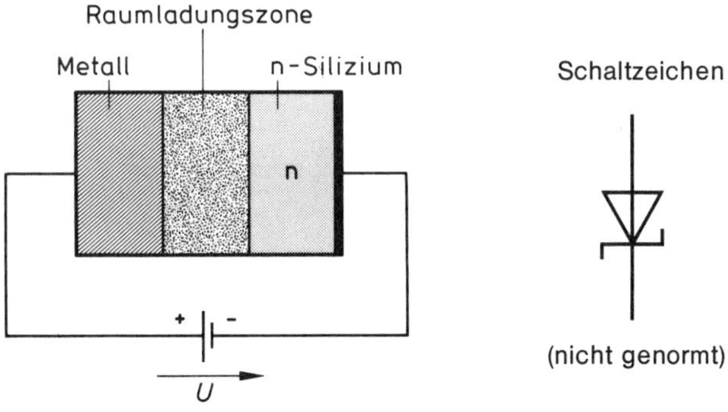

Bild 1.105 Prinzipaufbau einer Schottky-Diode mit Batteriepolung in Durchlaßrichtung und Schaltzeichen (nicht genormt)

Bei einer Schottky-Diode berührt eine Metallzone eine n-Si-Zone. Weil die Elektronen im n-Silizium einen höheren Energiezustand haben als die Elektronen im Metall, wandern Elektronen aus dem n-Silizium in das Metall. Dadurch entsteht in der Grenzschicht eine Raumladungszone.

Wird die Diode in Durchlaßrichtung gepolt, erreichen die frei beweglichen Elektronen des n-Siliziums eine so hohe Energie, daß sie aus der n-Si-Zone in das Metall hineinwandern. Die frei beweglichen Elektronen des Metalls können dagegen bei Raumtemperatur das Metall nicht verlassen. Daher kann auch bei Umpolen der angelegten Spannung kein Elektronenfluß in dem Si-Kristall zustandekommen.
Die Elektronen im Si-Kristall werden wegen ihres höheren Energiezustandes gegenüber den Elektronen im Metall »heiße Ladungsträger« genannt. Daraus abgeleitet wird die Schottky-Diode auch als »Hot-Carrier-Diode« (engl. = heiße Ladungsträger-Diode) bezeichnet.
Der Übergang vom Durchlaßzustand in den Sperrzustand erfolgt bei der Schottky-Diode sehr schnell, weil keine Ladungsträger wie bei den reinen Halbleiterdioden ausgeräumt werden müssen. Auch der Übergang vom gesperrten in den leitenden Zustand erfolgt außerordentlich rasch, weil die Sperrschicht schnell abgebaut wird. Die Schaltzeiten von Schottky-Dioden sind daher sehr klein und liegen bei nur etwa 100 ps.
In **Bild 1.106** ist die Kennlinie einer Schottky-Diode angegeben und zum Vergleich auch die Kennlinie einer Ge-Spitzendiode mit eingezeichnet.
Der Kennlinienknick bei der Schottky-Diode ist wesentlich schärfer ausgeprägt als bei der ihr funktionsmäßig verwandten Spitzendiode. Die Schleusenspannung liegt bei Schottky-Dioden zwischen 0,3 V bis 0,4 V und ist somit nur halb so groß wie bei Si-Dioden.

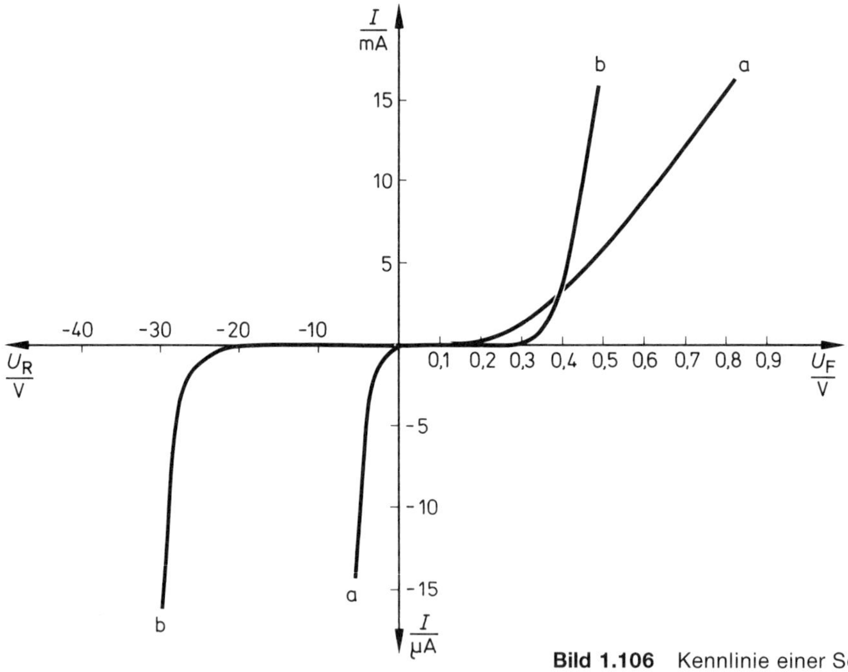

a) Ge-Spitzendiode, **b)** Schottky-Diode

Bild 1.106 Kennlinie einer Schottky-Diode und einer Ge-Spitzendiode

Die wichtigsten Grenzwerte von Schottky-Dioden betragen je nach Typ:

Sperrspannung:	U_R	≈ 5 V bis 100 V
Durchlaßstrom:	I_F	≈ 10 mA bis 400 mA
Verlustleistung:	P_{tot}	≈ 0,1 W bis 0,4 W
Sperrschichttemperatur:	ϑ_J	≈ 100 °C

Als wichtige Kennwerte werden von den Herstellern angegeben:

Einschaltverzögerungszeit:	t_{fr}	≈ 50 ps
Ausschaltverzögerungszeit:	t_{rr}	≈ 100 ps
Diodenkapazität:	C_D	≈ 10 pF
Sperrstrom:	I_R	≈ 5 µA

Aufgrund ihrer speziellen Eigenschaften können Schottky-Dioden als extrem schnelle Schalter eingesetzt werden. Ein Haupteinsatzgebiet ist daher die Höchstfrequenz- und Mikrowellentechnik mit $f > 15$ GHz. Wegen ihres scharfen Kennlinienknickes und ihres schnellen Schaltvermögens werden Schottky-Dioden aber zunehmend auch in integrierten Schaltungen der Digitaltechnik und getakteten Schaltnetzteilen eingesetzt. Als Beispiel ist in **Bild 1.107** das Originaldatenblatt der Si-Schottky-Diode vom Typ BYS 21 wiedergegeben.

Silizium-Schottky-Gleichrichterdioden **BYS 21**

Schottky-Dioden für 45 V; 1,0 A

Applikation	vorwiegend für den Einsatz in getakteten Niedervolt-Stromversorgungen (5 V bis 12 V) und DC/DC-Wandlern.
Tablette	Silizium, diffundiert
Gehäuse	Kunststoff umpreßt
Kennzeichnung	Kathode = Farbring Spannungsklasse 45 V = silber

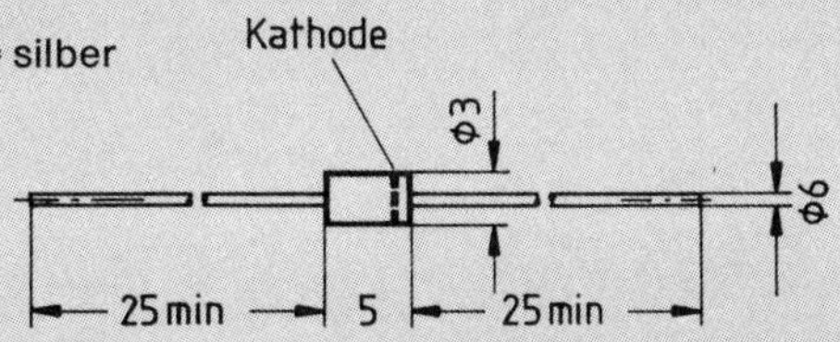

Technische Daten			Nebenbedingungen
Periodische Spitzensperrspannung	U_{RRM}	45 V	
Stoßspitzensperrspannung	U_{RSM}	48 V	
Sperrstrom	I_R	max. 2 mA	bei U_{RRM}
Dauergrenzstrom	I_{FAV}	1,0 A	T_{amb} = 25 °C
Stoßstrom	I_{FSM}	50 A	Sinus 50 Hz, bei Nennlast
Durchlaßspannung	U_F	max. 0,55 V	i_F = 1,0 A
Betriebstemperaturbereich	T_j	−40 °C bis +125 °C	
Lagertemperaturbereich	T_{stg}	−40 °C bis +125 °C	

Dauergrenzstrom
in Abhängigkeit von der Umgebungstemperatur T_{amb}

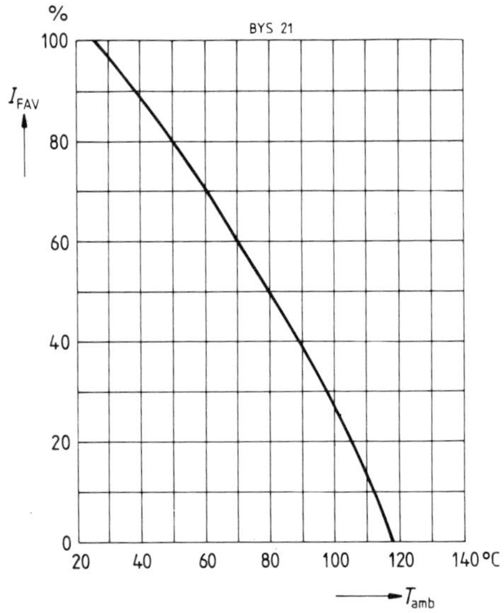

Durchlaßkennlinie

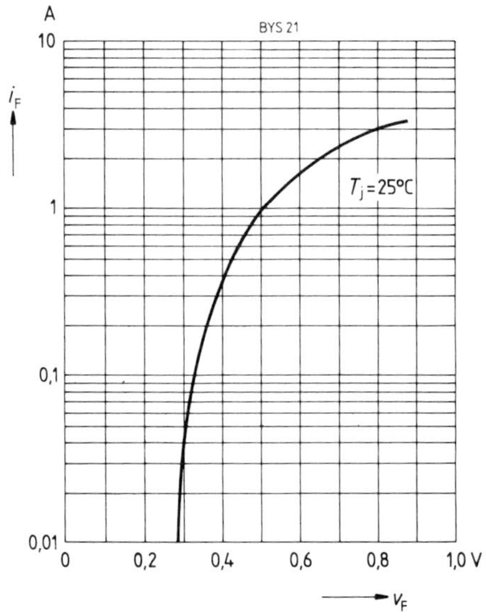

Sperrkennlinien
Parameter: Sperrschichttemperatur

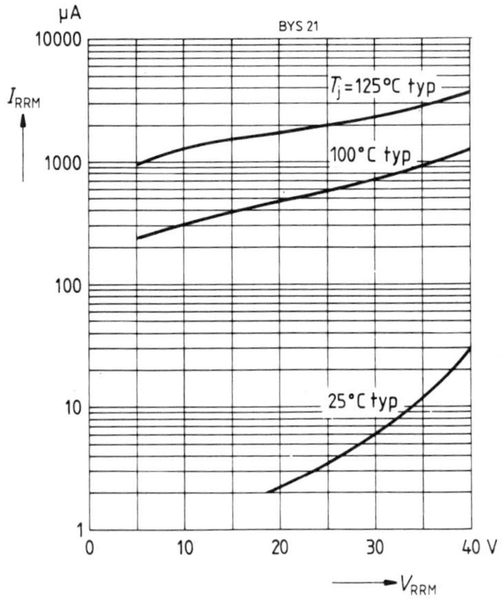

Bild 1.107 Datenblatt für die Schottky-Diode BYS 21

2 Bipolare Transistoren

2.1 Allgemeines

Bei den bipolaren Transistoren handelt es sich um aktive Halbleiter-Bauelemente. Sie besitzen zwei pn-Übergänge und damit drei aufeinanderfolgende Schichten aus unterschiedlich dotiertem Halbleitermaterial. Je nach Schichtfolge wird bei den bipolaren Transistoren grundsätzlich unterschieden zwischen NPN-Transistoren und PNP-Transistoren. **Bild 2.1** zeigt die Schichtfolgen und die zugehörigen Schaltzeichen dieser beiden Arten von bipolaren Transistoren.

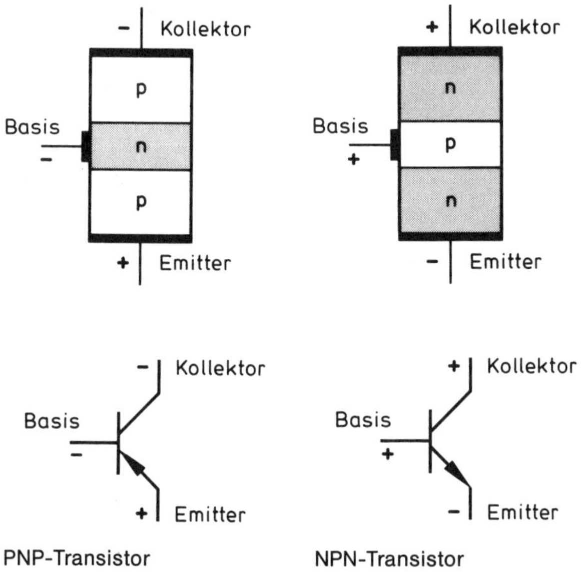

Bild 2.1 Schichtfolgen und Schaltzeichen von bipolaren NPN-Transistoren und PNP-Transostoren

Die drei Schichten und ihre zugehörigen Anschlüsse werden bei den bipolaren Transistoren als Emitter, Basis und Kollektor bezeichnet. Der Emitter (emittere (lat.) = hervorbringen) liefert die Ladungsträger. Der Kollektor (collector (lat.) = Sammler) sammelt sie wieder ein. Die Basis (basis (lat.) = Grundlage) ist das Steuerorgan und war bei früheren Herstellungsverfahren auch die Grundzone für die beiden pn-Übergänge.
Um eine verstärkende Wirkung zu erreichen, muß die Emitter-Basis-Sperrschicht in Durchlaßrichtung und die Basis-Kollektor-Sperrschicht in Sperrichtung betrieben werden. Dann läßt sich mit einem kleinen, in die Basis fließenden Steuerstrom ein wesentlich größerer, über den Kollektor fließender Hauptstrom beeinflussen. Das Verhältnis der Änderung des Kollektorstromes ΔI_C zur Änderung des Basisstromes ΔI_B wird als Stromverstärkung β bezeichnet.

$$\beta = \frac{\Delta I_C}{\Delta I_B}$$

Durch einen in die Kollektorleitung eingeschalteten ohmschen Widerstand kann nicht nur der Kollektorstrom begrenzt, sondern auch die Stromverstärkung in eine Spannungsverstärkung V_u umgewandelt werden. Damit ist es möglich, eine kleine Signalspannung ΔU_e am Eingang des Transistors in eine wesentlich größere Signalspannung ΔU_a am Ausgang umzuwandeln.

$$V_u = \frac{\Delta U_a}{\Delta U_e}$$

Die Bezeichnung »Transistor« ist ein Kunstwort, das aus den englischen Wörtern *trans*fer = übertragen und re*sistor* = Widerstand zusammengesetzt wurde. Die Bezeichnung »bipolar« (bi = zwei) soll dagegen darauf hinweisen, daß der Hauptstrom durch zwei unterschiedliche Ladungsträgerarten bestimmt wird. Im allgemeinen Sprachgebrauch werden die bipolaren Transistoren aber meistens nur als Transistoren bezeichnet. Im Gegensatz zu den bipolaren Transistoren fließt bei den Unipolar-Transistoren (unum = eins) der Hauptstrom nur durch eine einzige Zone und wird daher nur durch eine Ladungsträgerart von dem entsprechend dotierten Halbleitermaterial bestimmt. Unipolar-Transistoren werden unter der Bezeichnung Feldeffekt-Transistoren jedoch erst in Abschnitt 3 behandelt.
Eine genaue Kenntnis der Eigenschaften und des Verhaltens der einzelnen Transistortypen ist auch für den Anwender von großer Bedeutung. Daher geben die Hersteller zu jedem Transistortyp ausführliche Kennwerte und Kennlinien in Form von Datenblättern heraus. Sie enthalten, genau wie bei den Halbleiterdioden, Kenndaten und Grenzdaten sowie Kennlinien.
Da es sich bei einem Transistor um einen Vierpol mit zwei Eingangselektroden und zwei Ausgangselektroden handelt, ist die Zahl der notwendigen Kennwerte und Kennlinien aber wesentlich größer als bei den Halbleiterdioden. Einige wichtige Kennlinien werden in den folgenden Abschnitten näher erläutert.
Bipolare Transistoren werden aus Germanium und Silizium als Ausgangsmaterial gefertigt. Wegen ihrer besseren Eigenschaften haben Si-Transistoren heute aber eine wesentlich größere Bedeutung als Ge-Transistoren.
Die Einteilung der zahlreichen Transistortypen kann nach mehreren Gesichtspunkten erfolgen. So ist bezüglich der Bauarten eine grundsätzliche Unterteilung in Kleinsignal-Transistoren und Leistungs-Transistoren möglich. Eine derartige Unterteilung nach Bauarten ist in **Bild 2.2** dargestellt.
Kleinsignal-Transistoren werden überwiegend zur Verstärkung kleiner Wechselstromsignale eingesetzt. Sie werden dann meistens in einem festen Arbeitspunkt betrieben und um diesen Arbeitspunkt herum nur wenig ausgesteuert. Kleinsignal-Transistoren lassen sich auch als elektronische Schalter einsetzen. Dann erfolgt eine Durchsteuerung über den gesamten Kennlinienbereich.
Leistungs-Transistoren sind für große Ströme und auch für höhere Spannungen ausgelegt. Sie haben ein relativ großes Gehäuse, damit die im Kristall entstehende Wärme schnell abgeführt werden kann. Leistungs-Transistoren werden meistens als Großsignalverstärker in Leistungs- und Endstufen oder als elektronische Schalter eingesetzt.
Zur besseren Unterscheidung der verschiedenen Transistortypen haben die Transistor-Hersteller ein Bezeichnungsschema eingeführt. Bei den europäischen Herstellern wird hauptsächlich die »Pro-Electron«-Kennzeichnung verwendet, die aus einer Buchstaben- und Ziffernkombination besteht.

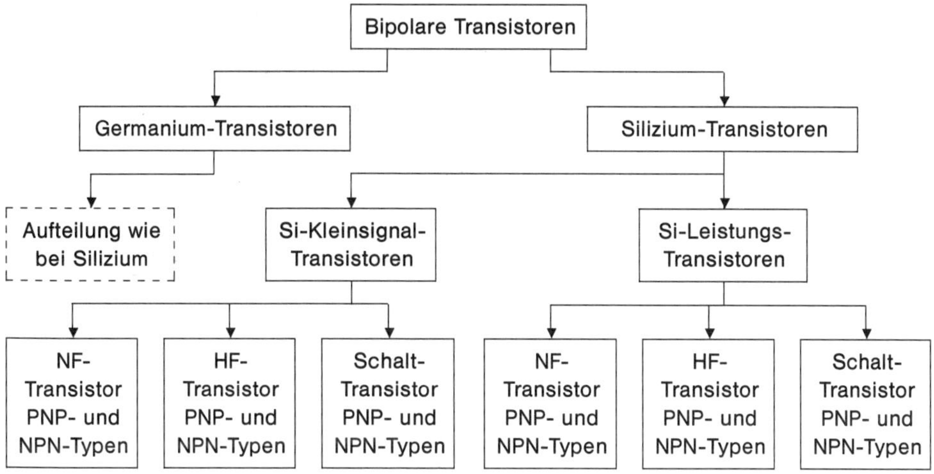

Bild 2.2 Bauarten von Transistoren

Damit ein Transistor ordnungsgemäß arbeiten kann, muß an ihm nicht nur eine Kollektor-Emitter-Spannung, sondern auch eine ausreichend hohe Basisspannung angelegt werden. Dabei spielt die thermische Arbeitspunktstabilisierung eine besondere Rolle. Sie ist erforderlich, weil sonst mit steigender Umgebungstemperatur auch die Transistorströme ansteigen. Als Folge davon erwärmt sich der Kristall immer mehr und seine Leitfähigkeit steigt, was wiederum zu höheren Strömen führt. Auf diese Weise steigt die Verlustleistung immer weiter und der Transistor würde schließlich infolge thermischer Selbstzerstörung unbrauchbar werden.

Transistoren können in drei verschiedenen Grundschaltungen betrieben werden. Es sind dieses die Emitterschaltung, die Basisschaltung und die Kollektorschaltung. Sie sind jeweils nach derjenigen Elektrode benannt, die für ein eingespeistes Wechselspannungssignal als gemeinsamer Pol für Eingang und Ausgang der Verstärkerstufe wirksam ist. Jede dieser Grundschaltungen hat ihre Vor- und Nachteile. Die Emitterschaltung wird am häufigsten eingesetzt. Die Kollektorschaltung kann zur Impedanzwandlung verwendet werden und die Basisschaltung hat ihre besondere Bedeutung in der Hochfrequenztechnik.

Für den praktischen Einsatz müsssen die Transistoren, jeweils ausgehend von einer der drei Grundschaltungen, noch weiter beschaltet werden. Die Art der zusätzlichen Beschaltung mit ohmschen Widerständen und Kondensatoren richtet sich im wesentlichen nach der Aufgabe, die ein Transistor in einer elektronischen Schaltung erfüllen soll. Hierbei wird unterschieden zwischen Gleichspannungsverstärkern, Wechselspannungsverstärkern, Leistungsverstärkern und Schaltverstärkern.

Gleichspannungsverstärker werden immer dort eingesetzt, wo auch Gleichspannungen und Spannungsschwankungen bis zu sehr hohen Frequenzen hin verstärkt werden müssen. Typisches Beispiel ist z. B. der Y-Verstärker eines Oszilloskops. Damit Gleichspannungsverstärker ihre Aufgabe erfüllen können, dürfen keine frequenzabhängigen Bauteile, wie z. B. Kondensatoren, Einfluß auf die Verstärkung haben. Mit Wechselspannungsverstärkern können dagegen je nach Transistortyp und Schaltungsdimensionierung Wechselspannungen mit der Frequenz von einigen Hertz bis zu einigen Giga-Hertz verstärkt werden, aber keine Gleichspannungen. Kondensatoren sind bei diesen Verstärkern wichtige Bauelemente. Leistungsverstärker sollen eine möglichst große Signalleistung an einen Verbraucher abgeben. Dieser Verbraucher kann z. B. ein Lautsprecher, eine Sendeantenne oder ein Motor sein. An einen Schaltverstärker werden wiederum andere Anforderungen als an die Gleich- und Wechselspannungsverstärker gestellt. Schaltverstärker sollen möglichst schnell vom Schaltzustand »Ein« in den Schaltzustand »Aus« umgeschaltet werden können und umgekehrt. Dabei spielen neben der Schaltungsdimensionierung auch die Transistorkapazitäten eine wichtige Rolle.

2.2 Grundprinzip

2.2.1 Wirkungsweise von NPN- und PNP-Transistoren

Die ersten Transistoren wurden im Legierungsverfahren als eine Weiterentwicklung von Halbleiterdioden hergestellt. Um die zwei pn-Übergänge zu erzeugen, wurde auf beiden Seiten eines dotierten Ausgangsmaterials eine Fremdatompille entsprechend **Bild 2.3** aufgesetzt. Beim Herstellungsprozeß diffundieren die Fremdatome dann von beiden Seiten in das Ausgangsmaterial ein. Die mittlere Schicht wird dabei sehr schmal und besitzt wesentlich weniger freie Ladungsträger als die beiden äußeren Schichten. Je nach verwendeten Ausgangsmaterialien kann eine npn- oder pnp-Schichtfolge erreicht werden.

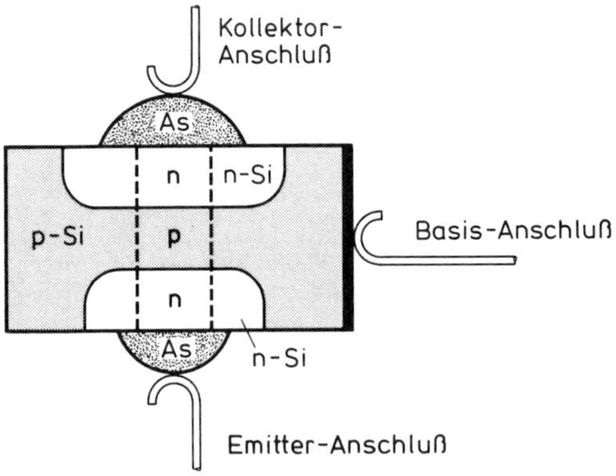

Bild 2.3 Herstellung eines NPN-Transistors nach dem Legierungsverfahren

In **Bild 2.4** sind der Aufbau eines NPN-Transistors und eines PNP-Transistors mit ihren zwei pn-Übergängen nochmals schematisch dargestellt. Zum Betrieb eines Transistors wird zwischen Basis und Emitter eine Spannungsquelle so angeschlossen, daß der untere pn-Übergang in Durchlaßrichtung betrieben wird. Hierzu muß beim NPN-Transistor die Basis positiv gegenüber dem Emitter, beim PNP-Transistor aber die Basis negativ gegenüber dem Emitter sein. Die erforderliche Basis-Emitterspannung bei Si-Transistoren liegt mit $U_{BE} \approx 0{,}7$ V in der Größenordnung der Diffusionsspannung

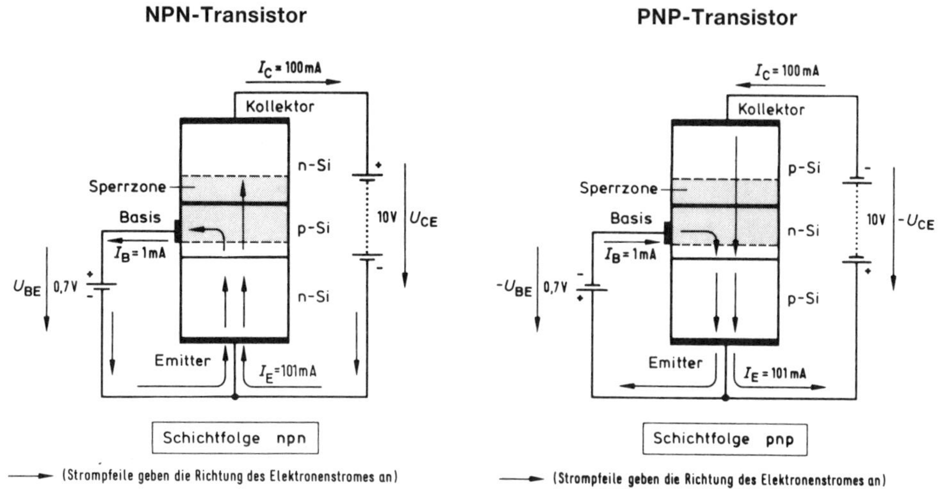

Bild 2.4 Aufbau von NPN- und PNP-Transistoren

von Si-Dioden. Die eingezeichneten Stromrichtungen kennzeichnen die Richtung des Elektronenstromes.

Der obere pn-Übergang wird dagegen in Sperrichtung betrieben. Die Spannungsquellen sind daher so angeschlossen, daß beim NPN-Transistor der Kollektor positiv gegenüber dem Emitter, beim PNP-Transistor aber negativ gegenüber dem Emitter ist. Infolge der angelegten Spannungen wird der untere pn-Übergang in Durchlaßrichtung, der obere pn-Übergang in Sperrichtung betrieben. Es bildet sich daher in der mittleren und oberen Schicht eine Sperrzone aus. Sie erstreckt sich fast über die gesamte Breite der mittleren Schicht, weil diese sehr schmal ist und nur wenige Ladungsträger besitzt.

Da der untere pn-Übergang in Durchlaßrichtung gepolt ist, überschwemmen die aus der Emitterschicht kommenden Ladungsträger die Sperrzone in der mittleren Schicht. Diese Sperrzone wird dadurch abgebaut und ihr Widerstand wird kleiner. Daher können die aus dem Emitter kommenden Ladungsträger durch die abgebaute Sperrzone hindurch in die Kollektorschicht eindringen und zur Batterie abfließen.

Weil die Ladungsträger aus der unteren Schicht kommen, wird diese als Emitter (emittere (lat.) = hervorbringen) bezeichnet. Die mittlere Schicht ist der Ausgangspunkt für die beiden pn-Übergänge und wird daher Basis genannt. Die obere Schicht sammelt alle nicht über die Basis abgeflossenen Ladungsträger ein und hat die Bezeichnung Kollektor (Collector (lat.) = Sammler) erhalten.

Der über die Basis abfließende Basisstrom I_B ist wesentlich kleiner als der über die abgebaute Sperrzone fließende Kollektorstrom I_C. Fließt z. B. bei einer Basisspannung $U_{BE} \approx 0{,}7\,V$ ein Basisstrom $I_B = 1\,mA$, so tritt ein Kollektorstrom von $I_C \approx 100\,mA$ auf. Wird I_B durch geringfügige Vergrößerung von U_{BE} auf z. B. $I_B = 2\,mA$ erhöht, gelangen mehr Ladungsträger vom Emitter in die Sperrzone. Sie wird weiter abgebaut und der Kollektorstrom steigt auf $I_C \approx 200\,mA$ an. Bei Verkleinerung von U_{BE} und damit auch von

I_B wird der Sperrwiderstand größer und der Kollektorstrom I_C kleiner. Basisstrom I_B und Kollektorstrom I_C verhalten sich dabei in weiten Grenzen proportional zueinander. Bei einem Transistor läßt sich also mit einem kleinen Basisstrom I_B als Eingangsstrom ein viel größerer Kollektorstrom I_C als Ausgangsstrom steuern. Dieser Zusammenhang wird als Stromverstärkung β des Transistors bezeichnet.

$$\text{Stromverstärkung } \beta = \frac{\text{Änderung des Ausgangsstromes}}{\text{Änderung des Eingangsstromes}} = \frac{\Delta I_C}{\Delta I_B}$$

NPN-Transistoren und PNP-Transistoren unterscheiden sich grundsätzlich durch ihre Schichtfolgen. Sie bedingen eine unterschiedliche Polarität der Basis- und Kollektorspannungen. In **Bild 2.5** sind die in Bild 2.4 nur schematisch dargestellten Zusammenhänge nochmals unter Verwendung der zugehörigen Transistorsymbole angegeben. Bei den Spannungsangaben U_{BE} und U_{CE} gibt der letzte Buchstabe immer die Bezugselektrode an. Bezugselektrode ist hier der Emitter E. Bei der Festlegung der Stromrichtung wird von der technischen Stromrichtung ausgegangen. Alle in den Transistor hineinfließenden Ströme sind positiv, alle herausfließenden Ströme erhalten negative Vorzeichen. Die in den Transistorsymbolen eingezeichneten Emitterpfeile kennzeichnen ebenfalls die technische Stromrichtung. Damit ein Transistor arbeitet, muß die Basis-Emitterstrecke in Durchlaßrichtung, die Basis-Kollektorstrecke aber in Sperrrichtung betrieben werden.

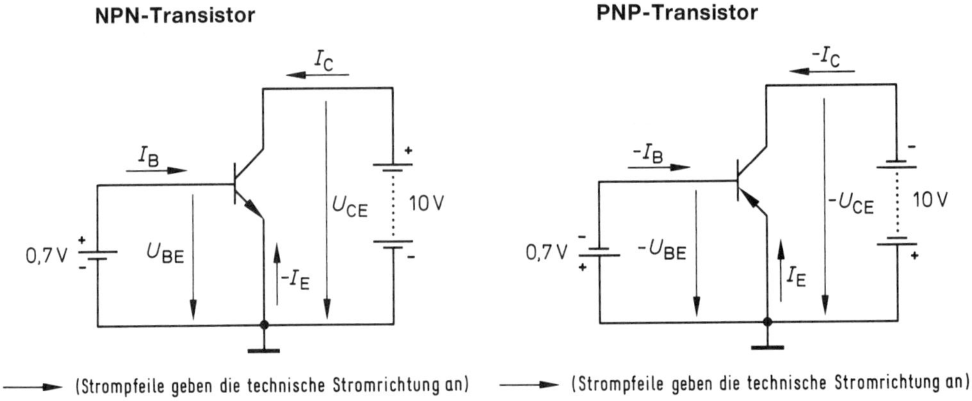

Bild 2.5 Betriebsspannungen und -ströme bei NPN- und PNP-Transistoren

In **Bild 2.6** ist zwischen dem Kollektoranschluß und der Batterie noch ein Kollektorwiderstand R_C als Arbeitswiderstand eingefügt. Er begrenzt nicht nur den Kollektorstrom, sondern er wandelt auch die im Transistor entstandene Stromverstärkung in eine Spannungsverstärkung um. Transistor und Kollektorwiderstand bilden dabei einen Spannungsteiler für die Betriebsspannung $U_B = +10\,\text{V}$. Bei $I_C = 5\,\text{mA}$ und $R_C = 1\,\text{k}\Omega$ fällt am Kollektorwiderstand eine Spannung

$$U_{RC} = 5 \cdot 10^{-3}\,\text{A} \cdot 1 \cdot 10^{3}\,\Omega = 5\,\text{V}$$

ab. Damit wird die Kollektor-Emitterspannung als Ausgangsspannung des Transistors zu

$$U_{CE} = U_B - U_{RC} = 10\,\text{V} - 5\,\text{V} = 5\,\text{V}.$$

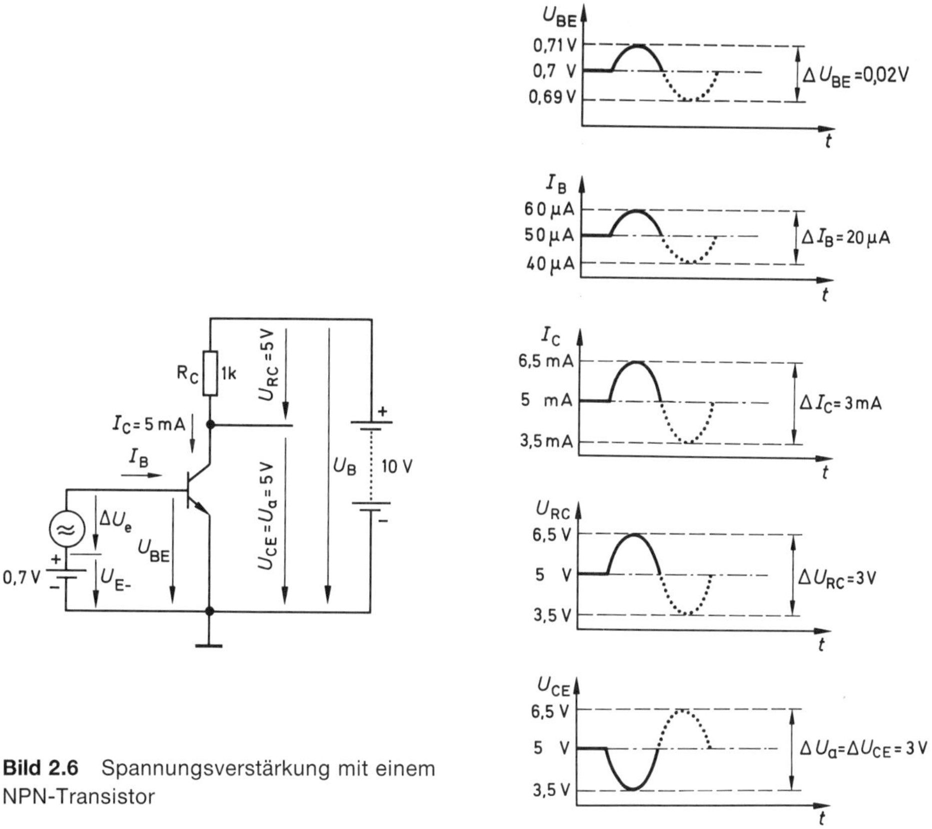

Bild 2.6 Spannungsverstärkung mit einem NPN-Transistor

Wird die stets erforderliche Basis-Emitterspannung U_{BE} durch eine von dem eingezeichneten Generator gelieferte Wechselspannung auf z. B. $U_{BE} = 0{,}71\,V$ vergrößert, so steigt der Basisstrom an. Ein größerer Basisstrom bewirkt einen größeren Kollektorstrom, der z. B. von $I_C = 5\,mA$ auf $I_C = 6{,}5\,mA$ ansteigt. Dieser größere Kollektorstrom ruft am Kollektorwiderstand R_C einen größeren Spannungsabfall von

$$U_{RC} = 6{,}5 \cdot 10^{-3}\,A \cdot 1 \cdot 10^{3}\,\Omega = 6{,}5\,V$$

hervor. Dadurch muß zwangsläufig die Kollektor-Emitterspannung des Transistors von $U_{CE} = 5\,V$ auf $U_{CE} = 3{,}5\,V$ absinken. Während der negativen Halbwelle der Generatorspannung wird I_B kleiner und daher auch I_C. Als Folge davon steigt die Kollektor-Emitterspannung U_{CE} des Transistors an. Die Liniendiagramme der Spannungs- und Stromverläufe sind zusammen mit der zugehörigen Transistorschaltung in Bild 2.6 dargestellt.

Der an der Basis des Transistors liegende Generator bewirkt eine Änderung des Basisstromes von $\Delta I_B = 20\,\mu A$. Diese Basisstromänderung erzeugt wegen der Stromverstärkung des Transistors eine Änderung des Kollektorstromes von $\Delta I_C = 3\,mA$.

Daraus ergibt sich für den angenommenen Fall eine Stromverstärkung des Transistors

$$\beta = \frac{\Delta I_C}{\Delta I_B} = \frac{3 \cdot 10^{-3}\,A}{20 \cdot 10^{-6}\,A} = 150$$

Die Spannungsverstärkung V_u einer Transistorschaltung ist ähnlich definiert wie die Stromverstärkung.

$$\text{Spannungsverstärkung } V_u = \frac{\text{Änderung der Ausgangsspannung } (\Delta U_a)}{\text{Änderung der Eingangsspannung } (\Delta U_e)}$$

$$V_u = \frac{\Delta U_a}{\Delta U_e} = \frac{\Delta U_{CE}}{\Delta U_{BE}}$$

Die Spannungsverstärkung hängt außer von der Größe der Stromverstärkung des Transistors auch noch von der Größe des Kollektorwiderstandes ab. In dem Beispiel bewirkt eine Änderung der Eingangswechselspannung $\Delta U_{BE} = 0{,}02\,V$ eine Änderung der Ausgangswechselspannung $\Delta U_{CE} = 3\,V$. Daher beträgt in diesem Fall die Spannungsverstärkung

$$V_u = \frac{3\,V}{0{,}02\,V} = 150$$

Durch den Kollektorwiderstand R_C wird also die als Transistoreigenschaft auftretende Stromverstärkung in eine Spannungsverstärkung umgewandelt.

2.2.2 Gegenüberstellung von Ge- und Si-Transistoren

Genau wie bei den Halbleiterdioden kann auch bei den Transistoren sowohl Germanium als auch Silizium als Ausgangsmaterial verwendet werden. Ge-Transistoren und Si-Transistoren unterscheiden sich u. a. in den folgenden wesentlichen Punkten:

	Ge-Transistor	Si-Transistor
Basis-Emitterspannung		
für $I_C < 20\,mA$	$U_{BE} \approx 0{,}2\,V$	$U_{BE} \approx 0{,}6\,V$
für $I_C > 20\,mA$	$U_{BE} \approx 0{,}3\,V$	$U_{BE} \approx 0{,}7\,V$
max. Sperrschichttemperatur	$\vartheta_{J\,max} \approx 90\,°C$	$\vartheta_{J\,max} \approx 150\,°C$
max. Kollektor-Emitterspannung	$U_{CE\,max} \approx 90\,V$	$U_{CE\,max} \approx 150\,V$

Wegen ihrer vielen besseren Eigenschaften werden heute überwiegend Si-Transistoren gefertigt und eingesetzt.

2.3 Kennlinien

Die speziellen Eigenschaften eines Transistortyps lassen sich nur durch Kennlinien sehr genau angeben. Um das Verhalten bei verschiedenen Spannungen und Stromwerten zu erfassen, sind beim Transistor – im Gegensatz zur Diode – mehrere Kennlinien erforderlich. So müssen zur eindeutigen Beschreibung beim Transistor die gegenseitigen Abhängigkeiten folgender vier Größen in Kennlinien dargestellt werden:

Basisspannung	U_{BE}	Kollektorspannung	U_{CE}
Basisstrom	I_B	Kollektorstrom	I_C

Mit der im **Bild 2.7** angegebenen Schaltung lassen sich die vier genannten Größen messen und somit die verschiedenen Transistorkennlinien aufnehmen.

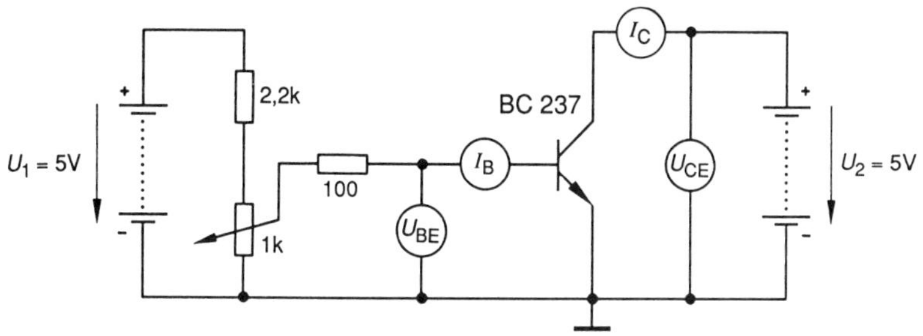

Bild 2.7 Schaltung zur Aufnahme von Transistorkennlinien

2.3.1 Eingangskennlinie

Der Zusammenhang $I_B = f(U_{BE})$ bei U_{CE} = const. wird als Eingangskennlinie des Transistors bezeichnet. Sie hat den gleichen Verlauf wie die Durchlaßkennlinie einer Si-Diode. In **Bild 2.8** ist diese Eingangskennlinie eines Si-Transistors sowohl im doppelt-linearen als auch im linear-logarithmischen Maßstab dargestellt. In den Datenblättern der Hersteller ist meistens nur eine Darstellung im linear-logarithmischen Maßstab zu finden. Der charakteristische Kennlinienknick in der doppelt-linearen Darstellung ist aber in der linear-logarithmischen Darstellung nicht mehr erkennbar.

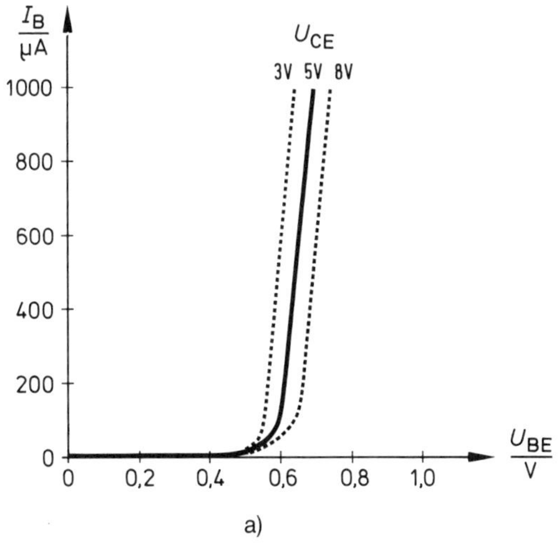

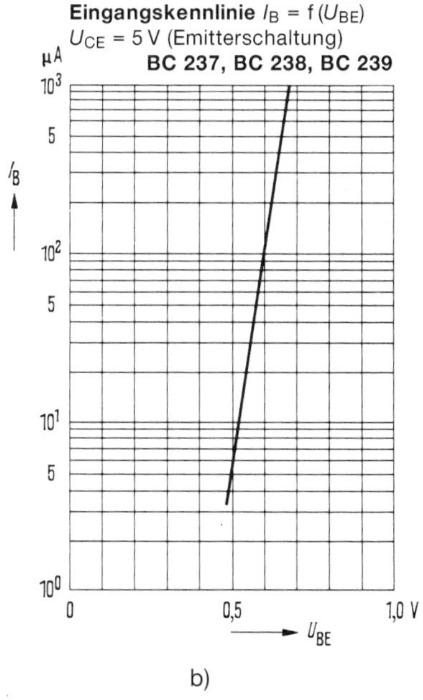

Bild 2.8 Eingangskennlinie eines Si-Transistors
a) im doppelt-linearen Maßstab
b) im linear-logarithmischen Maßstab

Aus der Eingangskennlinie kann der Eingangswiderstand des Transistors ermittelt werden zu:

$$r_{BE} = \frac{\Delta U_{BE}}{\Delta I_B} \text{ bei } U_{CE} = \text{const.}$$

In den Datenblättern wird der Eingangswiderstand häufig in der Vierpol-Schreibweise als h-Parameter angegeben:

$h_{11e} = r_{BE}$ (lies: h-eins-eins)

2.3.2 Stromverstärkungskennlinie

Der Zusammenhang $I_C = f(I_B)$ bei U_{CE} = const. wird als Stromverstärkungskennlinie des Transistors bezeichnet. Die Stromverstärkungskennlinie in **Bild 2.9** zeigt im unteren Bereich einen linearen Zusammenhang zwischen I_B und I_C.

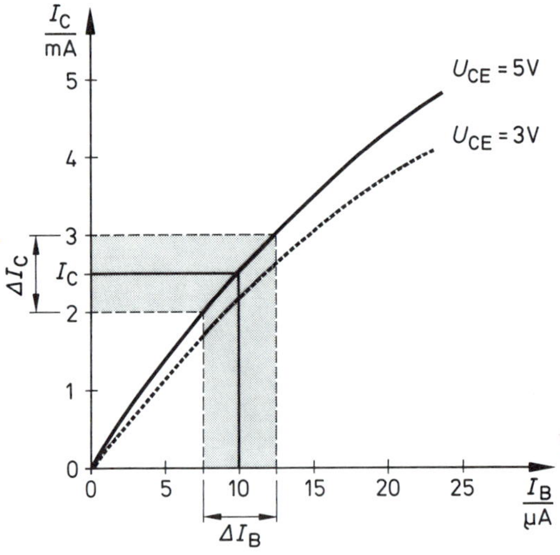

Bild 2.9 Stromverstärkungskennlinie

Stromverstärkung $B = f(I_C)$
U_{CE} = 5 V; T_U = Parameter
(Emitterschaltung)

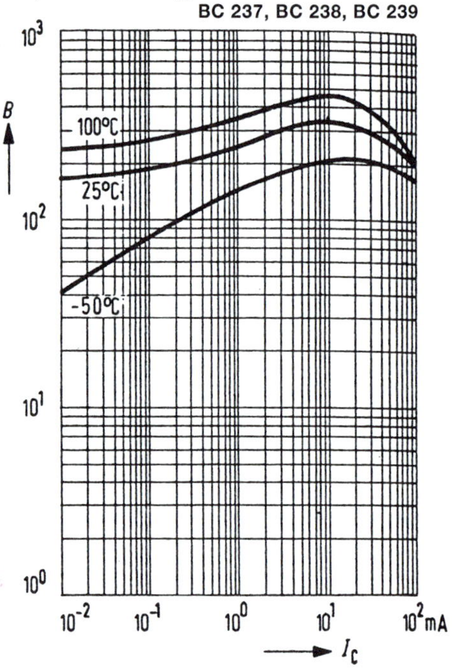

Bild 2.10 Gleichstromverstärkung $B = f(I_C)$ bei U_{CE} = const.

Aus der Stromverstärkungskennlinie kann die Stromverstärkung des Transistors ermittelt werden. Dabei ist zu unterscheiden zwischen der

Gleichstromverstärkung $B = \frac{I_C}{I_B}$ und der

dynamischen Stromverstärkung $\beta = \frac{\Delta I_C}{\Delta I_B}$ bei U_{CE} = const.

In Datenblättern wird die dynamische Stromverstärkung auch mit h_{21e} angegeben. Aus Bild 2.9 läßt sich ablesen, daß für den zugehörigen Transistor im angegebenen Arbeitspunkt

$$B = \frac{I_C}{I_B} = \frac{2{,}5 \cdot 10^{-3}\,\text{A}}{10 \cdot 10^{-6}\,\text{A}} = 250 \quad \text{und} \quad \beta = \frac{\Delta I_C}{\Delta I_B} = \frac{1 \cdot 10^{-3}\,\text{A}}{5 \cdot 10^{-6}\,\text{A}} = 200$$

beträgt.
Weil der Aussagewert der Stromverstärkungskennlinie nicht sehr groß ist, geben die Hersteller meistens die Gleichstromverstärkung B in Abhängigkeit vom Kollektorstrom und von der Temperatur an. Dieser Zusammenhang ist in **Bild 2.10** dargestellt.
Aus der Kennlinie in Bild 2.10 ist zu entnehmen, daß die Stromverstärkung B vom Kollektorstrom abhängig ist. Aufgrund der physikalischen Eigenschaften nimmt bei großen Kollektorströmen die Stromverstärkung ab. Zusätzlich ist auch die Temperaturabhängigkeit der Stromverstärkung erkennbar.

2.3.3 Ausgangskennlinie

Damit überhaupt ein Kollektorstrom fließen kann, muß zunächst ein Basisstrom eingestellt werden. In dem Diagramm nach **Bild 2.11** ist daher der Kollektorstrom nicht nur in Abhängigkeit von der Kollektor-Emitterspannung, sondern auch vom Basisstrom dargestellt. Diese Kennlinien $I_C = f(U_{CE})$ mit I_B = const. werden als Ausgangskennlinien bezeichnet.
Weil aber nur ein Basisstrom fließen kann, wenn eine entsprechende Basis-Emitterspannung vorhanden ist, geben die Hersteller die Ausgangskennlinie wahlweise auch mit U_{BE} = const. als Parameter an. Diese Ausgangskennlinien sind in **Bild 2.12** gezeigt.
Aus den Ausgangskennlinien kann der Ausgangswiderstand des Transistors ermittelt werden zu:

$$r_{CE} = \frac{\Delta U_{CE}}{\Delta I_C} \quad \text{bei} \quad I_B = \text{const.}$$

In den Datenblättern wird jedoch der Ausgangsleitwert in der Vierpolschreibweise als h-Parameter angegeben

$$h_{22e} = \frac{1}{r_{CE}} = \frac{\Delta I_C}{\Delta U_{CE}} \quad \text{bei} \quad I_B = \text{const.}$$

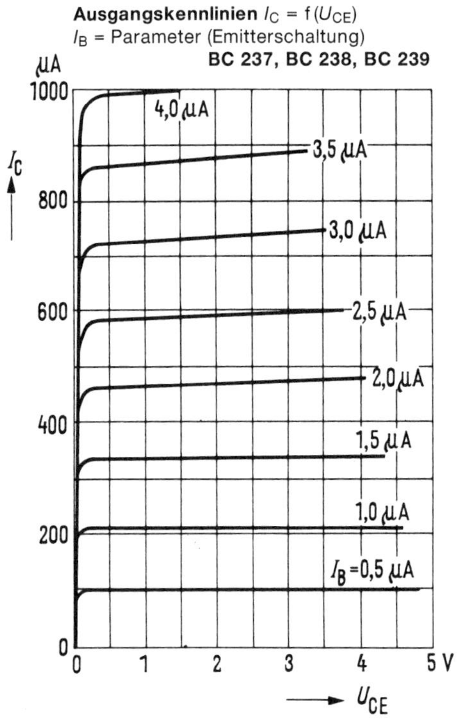

Bild 2.11 Ausgangskennlinie
I_C = f (U_{CE}); I_B = const.

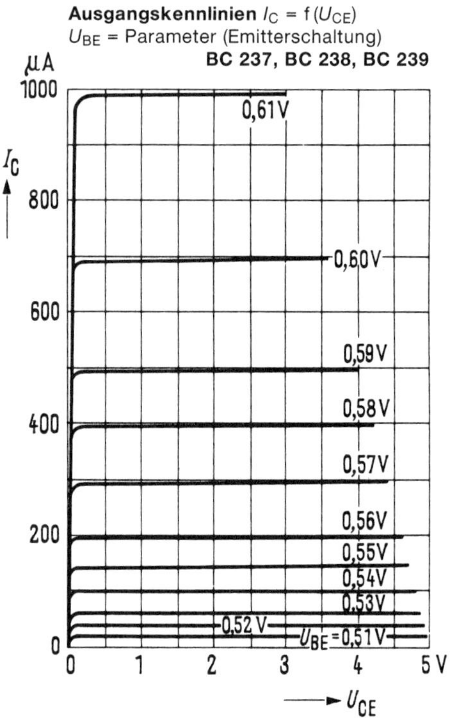

Bild 2.12 Ausgangskennlinie
I_C = f (U_{CE}); U_{BE} = const.

2.3.4 Steuerkennlinie

Bei der Steuerkennlinie handelt es sich um eine Kombination aus der Eingangskennlinie und der Stromverstärkungskennlinie eines Transistors. Diese Steuerkennlinie $I_C = f(U_{BE})$ mit U_{CE} = const. ist in **Bild 2.13** im linearen Maßstab und in **Bild 2.14** im üblichen linear-logarithmischen Maßstab dargestellt. Die Steuerkennlinie ist bei der Betrachtung der Steuerwirkung und der Wahl des günstigsten Arbeitspunktes von besonderem Vorteil.

Aus der Steuerkennlinie kann die Steilheit des Transistors ermittelt werden zu:

$$y_{21} = \frac{\Delta I_C}{\Delta U_{BE}} \quad \text{bei} \quad U_{CE} = \text{const.}$$

Der Formelbuchstabe der Steilheit leitet sich aus der Vierpolschreibweise der sogenannten *y*-Parameter her.

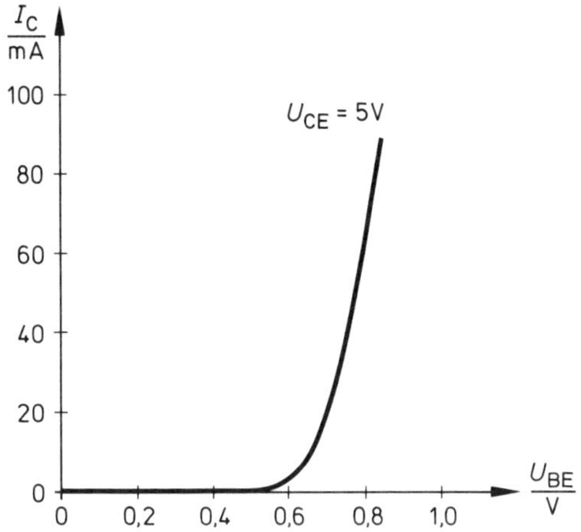

Bild 2.13 Steuerkennlinie I_C = f (U_{CE}); U_{BE} = const. im linearen Maßstab

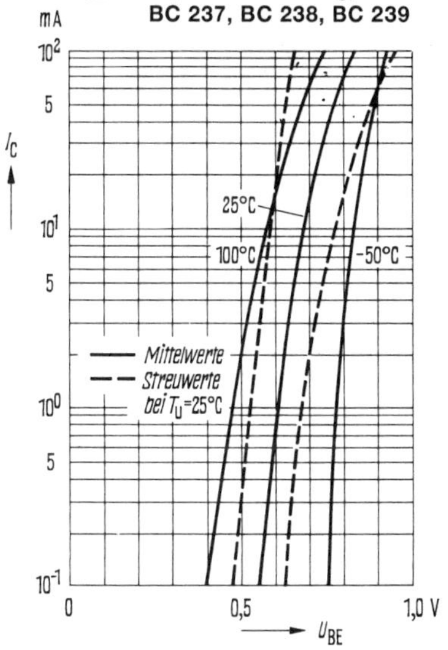

Bild 2.14
Steuerkennlinie I_C = f (U_{BE}); U_{CE} = const. im linearlogarithmischen Maßstab

2.4 Kennwerte

2.4.1 Allgemeines

Aus den verschiedenen Transistor-Kennlinien lassen sich viele wichtige Daten für den Einsatz und das Verhalten der einzelnen Transistortypen ermitteln. Die Kennlinien sind besonders wichtig, wenn Transistoren als Großsignalverstärker, z. B. in Leistungs- und Endstufen eingesetzt werden, weil dann die Kennlinien voll durchgesteuert werden. Werden Transistoren jedoch als Kleinsignalverstärker, z. B. in Vorverstärkerstufen, eingesetzt, dann sind die Spannungs- und Stromamplituden des Eingangssignals klein gegenüber den Spannungs- und Stromwerten des Arbeitspunktes. Wegen der geringen Aussteuerung haben die verschiedenen Kennlinien dann keine so große Bedeutung mehr. Die Hersteller geben daher für den Einsatz von Transistoren als Kleinsignalverstärker bestimmte Kennwerte an, die den Anwender über das Verhalten des Transistors ausreichend informieren.

Die Transistor-Kennwerte sind genau wie bei den Halbleiterdioden grundsätzlich in Grenzdaten und Kenndaten unterteilt. Grenzdaten sind Werte, die auf keinen Fall überschritten werden dürfen, weil der Transistor sonst zerstört wird. Als Kenndaten werden Eigenschaften des Transistors angegeben, die das Verhalten in bestimmten Arbeitspunkten kennzeichnen.

Diese Kenndaten sind nochmals unterteilt in statische und dynamische Kenndaten. Die statischen Kenndaten beschreiben das Gleichstromverhalten, die dynamischen Kenndaten geben dagegen Auskunft über das Verhalten bei Wechselstrom- und Impulsbetrieb.

2.4.2 Grenzdaten

Transistoren können auf verschiedene Art elektrisch überbeansprucht werden:

1. Durch eine zu hohe Kollektor-Emitterspannung $U_{CE} > U_{CE\,max}$
2. Durch einen zu großen Kollektorstrom $I_C > I_{C\,max}$
3. Durch eine zu große Basis-Emitterspannung $U_{BE} > U_{BE\,max}$
4. Durch einen zu großen Basisstrom $I_B > I_{B\,max}$
5. Durch eine zu große Verlustleistung $P_V > P_{tot}$
6. Durch eine zu große Umgebungstemperatur $\vartheta_U > \vartheta_{U\,max}$

2.4.2.1 Grenzwerte für Spannungen und Ströme

Oberhalb einer bestimmten, vom Basisstrom abhängigen Kollektor-Emitterspannung wächst der Kollektorstrom plötzlich sehr stark mit U_{CE} an. Dieses Verhalten wird als »2. Durchbruch« bezeichnet. In diesem Durchbruchgebiet darf ein Transistor selbstverständlich nicht mehr betrieben werden. In den Datenblättern werden deshalb maximal zulässige Kollektor-Emitterspannungen als Funktion eines zwischen Basis und Emitter liegenden Widerstandes angegeben. Dieser Widerstand ist in der Meßschaltung nach **Bild 2.15** mit R_{BE} bezeichnet.

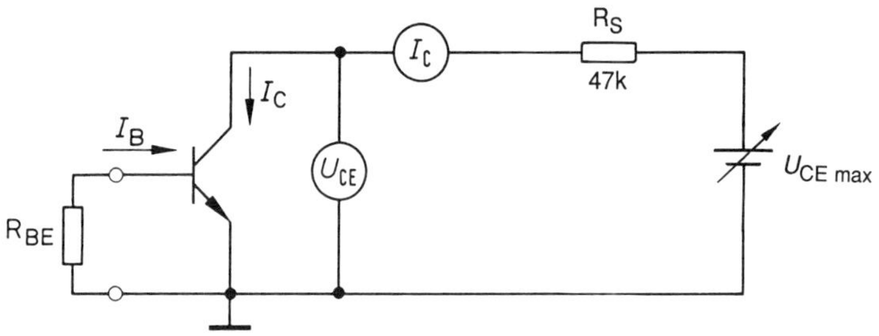

Bild 2.15 Prinzipschaltung zur Ermittlung der Grenzwerte eines Transistors

Je nach Beschaltung des Transistoreinganges mit unterschiedlichen Werten für R_{BE} ergeben sich die in **Bild 2.16** gezeigten Kennlinien.

Im einzelnen haben die Durchbruchspannungen folgende Bedeutung:

U_{CEO} = Wert, wenn die Basis offen ist. $I_B = 0\,mA$; $R_{BE} = \infty\,\Omega$
U_{CER} = Wert, wenn ein Widerstand zwischen Basis und Emitter liegt und $I_B < 0\,mA$
U_{CES} = Wert, wenn Basis und Emitter kurzgeschlossen sind. $R_{BE} = 0\,\Omega$; $I_B < 0\,mA$
U_{CEV} = Wert, wenn die Emitterdiode gesperrt ist. $I_B < 0\,mA$
U_{CBO} = Wert, wenn der Emitter offen ist. $I_E = 0\,mA$

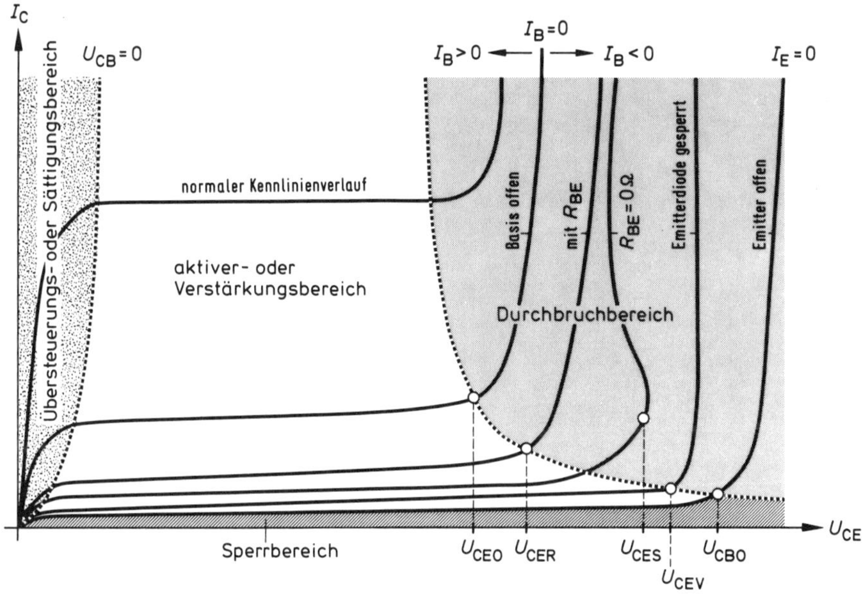

Bild 2.16 Ausgangskennlinienfeld eines Transistors mit verschiedenen Grenzwerten der Kollektor-Emitterspannung

Für den Leistungstransistor vom Typ 2N3055 geben die Hersteller z. B. folgende Grenzwerte an:

$U_{CEO} = 60\,V$; $U_{CER} = 70\,V$ mit $R_{BE} = 100\,\Omega$ $U_{CES} = 80\,V$;
$U_{CEV} = 90\,V$ $U_{CBO} = 100\,V$.

Aus diesen Daten sowie auch aus den Kennlinien in Bild 2.16 ist zu entnehmen, daß die höchste Durchbruchspannung bei offenem Emitter, die kleinste Durchbruchspannung bei offener Basis auftritt. Für alle Transistoren gilt daher die Beziehung

$$U_{CEO} < U_{CER} < U_{CES} < U_{CEV} < U_{CBO}$$

Auch für den zwischen Basis und Emitter liegenden pn-Übergang geben die Hersteller einen Spannungsgrenzwert an. Er wird als U_{EBO} bezeichnet und gibt die höchstzulässige Sperrspannung dieser Emitterdiode bei offenem Kollektor an.
Bei den Grenzwerten für die Kollektor- und Basisströme wird mit I_C bzw. I_B in der Regel der höchstzulässige Gleichstrom bzw. der Mittelwert des Stromes bei periodischen Änderungen oder aber auch der höchstzulässige Scheitelwert als I_{CM} bzw. I_{BM} aufgeführt.

2.4.2.2 Grenzwerte für die Verlustleistung

Bei Betrieb eines Transistors liegt am Kollektor und an der Basis eine Spannung, und es fließt nicht nur ein Kollektorstrom, sondern auch ein Basisstrom. Die Produkte aus den zueinander gehörenden Spannungen und Strömen ergeben eine elektrische Leistung, die zur Erwärmung des gesamten Halbleiterkristalls führt. Die auftretende Verlustleistung P_V darf die vom Hersteller angegebene Verlustleistung P_{tot} nicht überschreiten. Es gilt:

$$P_V = U_{CE} \cdot I_C + U_{BE} \cdot I_B \leqq P_{tot}$$

Das Produkt $U_{BE} \cdot I_B$ kann wegen der kleinen Spannung und des kleinen Stromes gegenüber dem Produkt $U_{CE} \cdot I_C$ vernachlässigt werden. Daher gilt für die Verlustleistung beim bipolaren Transistor mit genügender Genauigkeit

$$P_V \approx U_{CE} \cdot I_C < P_{tot}$$

Der bereits erwähnte Transistor BC 237 hat eine Verlustleistung von P_{tot} = 300 mW bei einer Umgebungstemperatur von ϑ_U = 25 °C. Diese Angabe besagt, daß z. B. bei U_{CE} = 5 V höchstens ein Kollektorstrom von

$$I_C < \frac{P_{tot}}{U_{CE}} < \frac{300\,\text{mW}}{5\,\text{V}} < 60\,\text{mA}$$

fließen darf, sofern ϑ_U = 25 °C gewährleistet werden kann.

2.4.2.3 Grenzwerte für die Sperrschichttemperatur ϑ_J

Im wesentlichen durch die Verlustleistung bei Dauerbetrieb entsteht in der Sperrschicht Wärme, durch die sich die Sperrschichttemperatur erhöht. Diese Sperrschichttemperatur ϑ_J darf bestimmmte Werte nicht überschreiten, weil der Kristall seine Halbleitereigenschaften stark verändert und der Transistor zerstört wird. Die zulässige Sperrschichttemperatur hängt vom Halbleitermaterial ab und beträgt

$\vartheta_J \approx$ 90 °C bei Germaniumtransistoren sowie
$\vartheta_J \approx$ 150 °C bis 200 °C bei Siliziumtransistoren.

2.4.2.4 Grenzwerte für die Umgebungstemperatur ϑ_U

Einige Hersteller geben anstelle der maximalen Sperrschichttemperatur auch die höchste Umgebungstemperatur ϑ_U als Grenzwert an. ϑ_U ist dann stets kleiner als ϑ_J. Zu diesen beiden Angaben ist in den Datenblättern meistens aber noch ein Diagramm entsprechend **Bild 2.17** zu finden, in dem die Temperaturabhängigkeit der höchstzulässigen Gesamtverlustleistung aufgetragen ist.
Aus dem Diagramm in Bild 2.17 kann dann unmittelbar entnommen werden, wie hoch die Verlustleistung bei einer bestimmten Umgebungstemperatur sein darf. Als Parameter ist der Wärmewiderstand R_{th} des Transistors aufgetragen. Wird nämlich durch einen Kühlkörper oder durch eine Montage auf ein Chassis die im Transistor erzeugte Wärme besser abgeführt, so ist die Gesamtverlustleistung auch noch bei höheren Umgebungstemperaturen zulässig. Da die Wärmeprobleme bei den Transistoren denen bei Dioden gleichen, können die dort aufgeführten Verfahren hier unmittelbar übertragen werden.

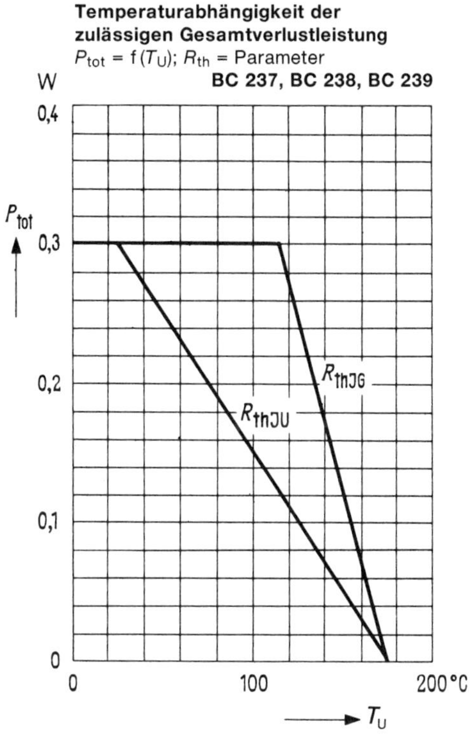

Bild 2.17 Temperaturabhängigkeit der höchstzulässigen Gesamtverlustleistung P_{tot} = f (T_U) mit R_{th} = const.

2.4.2.5 Zulässiger Arbeitsbereich

Die angeführten Grenzdaten begrenzen den zulässigen Arbeitsbereich eines Bipolartransistors. In das Ausgangskennlinienfeld eines Transistors sind in **Bild 2.18** die Grenzwerte $I_{C\,max}$, U_{CEO} und P_{tot} eingetragen.

Die Verlustleistung P_{tot} ergibt beim Einzeichnen in das Ausgangskennlinienfeld die sogenannte Verlustleistungshyperbel. Der Arbeitsbereich wird durch U_{CEO}, P_{tot} und $I_{C\,max}$ zu jeweils größeren Werten hin begrenzt. Der Arbeitspunkt muß stets so gewählt werden, daß er in dem erlaubten Arbeitsbereich liegt.

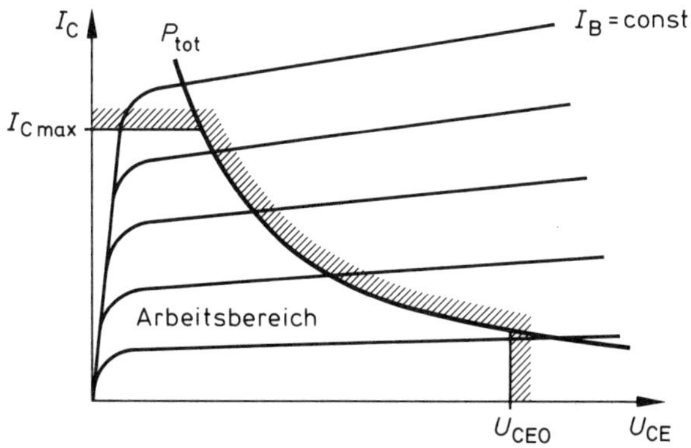

Bild 2.18 Arbeitsbereich eines Transistors

2.4.3 Kenndaten

Die statischen Kenndaten geben Auskunft über das Gleichstromverhalten eines Transistors. Auch ohne Ansteuerung hat der Transistor nämlich bestimmte Eigenschaften, die durch Kennlinien nicht erfaßt werden können. In den Datenblättern sind daher stets folgende statische Kenndaten angegeben:

1. Die Gleichstromverstärkung
2. Die Sättigungsspannung
3. Die Restströme

Gleichstromverstärkung

Die Gleichstromverstärkung B gibt das Verhältnis von Kollektorgleichstrom zu Basisgleichstrom an. Sie wird auch als statische Stromverstärkung B bezeichnet.

$$B = \frac{I_C}{I_B}$$

Die Gleichstromverstärkung ist aber nicht nur von der Größe des Kollektorstromes (Bild 2.10), sondern auch von der Umgebungstemperatur abhängig.
Die Hersteller gruppieren einige Transistortypen nach ihrer Gleichstromverstärkung ein und kennzeichnen sie dann mit den Zusatzbuchstaben A, B oder C, manchmal auch durch römische Ziffern I, II, III oder IV. Eine solche Gruppierung ist in der Taballe nach **Bild 2.19** für die Transistoren BC 237, BC 238 und BC 239 für $U_{CE} = 5$ V und $\vartheta_U = 25$ °C angegeben.

B-Gruppe	A	B	C
Typ	**BC 237** **BC 238** **–**	**BC 237** **BC 238** **BC 239**	**–** **BC 238** **BC 239**
I_C mA	B I_C/I_B	B I_C/I_B	B I_C/I_B
0,01 2 100[1])	90 170 (120 bis 220) 120	150 290 (180 bis 460) 200[1])	270 500 (380 bis 800) 400[1])

[1]) Meßwerte gelten nicht für BC 239

Bild 2.19 Gruppierung von Transistortypen nach ihrer Stromverstärkung

Sättigungsspannung

Die Sättigungsspannung $U_{CE\,sat}$ wird auch Kniespannung oder Restspannung $U_{CE\,Rest}$ genannt. Sie ist als die Kollektor-Emitterspannung an der Übersteuerungsgrenze für einen bestimmten Kollektorstrom I_C definiert. Die Übersteuerungsgrenze beginnt an dem Kennlinienpunkt, an dem der aufsteigende Teil der Ausgangskennlinie in den horizontal verlaufenden Teil übergeht. In **Bild 2.20** ist die Sättigungsspannung $U_{CE\,sat}$ für einen bestimmten Kollektorstrom besonders gekennzeichnet.

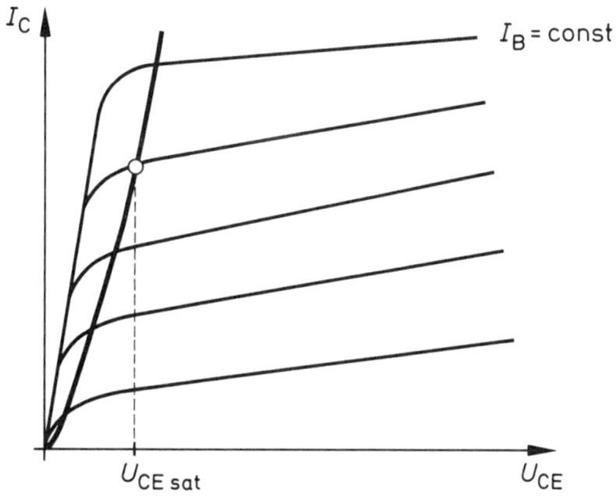

Bild 2.20 Sättigungsspannung

Die Sättigungsspannung ist also die kleinste Kollektor-Emitterspannung eines Transistors, die noch vorhanden sein muß, damit der Kollektorstrom noch überwiegend vom Basisstrom beeinflußt werden kann. Sie ist also auch die Kollektor-Emitterspannung, die unterschritten werden muß, wenn der Transistor voll durchgesteuert werden soll. Die Sättigungsspannung ist daher von besonderer Bedeutung, wenn ein Transistor im Schalterbetrieb eingesetzt wird.
Weil der Spannungswert $U_{CE\,sat}$, bei dem der Kollektorstrom in die Sättigung übergeht, aus den Ausgangskennlinien nicht eindeutig abgelesen werden kann, geben die Hersteller noch die in **Bild 2.21** wiedergegebene Kennlinie der Sättigungsspannung an. Die Sättigungsspannung wird mit zunehmender Temperatur größer.
In Bild 2.20 ist zu erkennen, daß die Sättigungsspannung von der Größe des Kollektorstromes abhängig ist. Daher geben die Hersteller die Sättigungsspannungen für verschiedene Kollektorströme an.

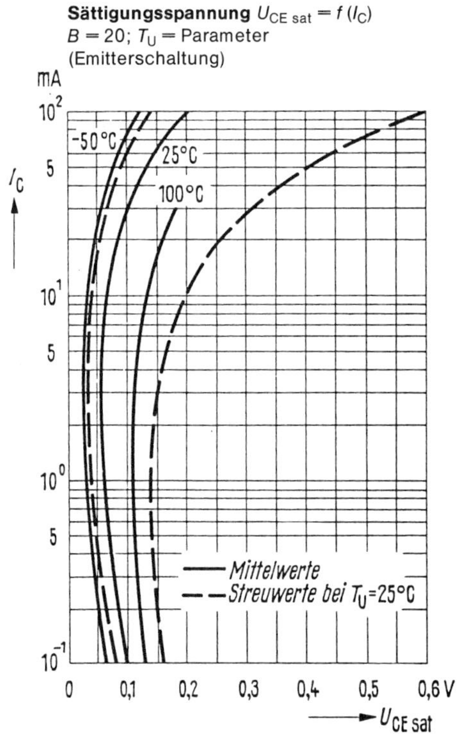

Bild 2.21 Kennlinie der Sättigungsspannung; $U_{CE\,sat}$ = f (I_C); T_U = const. für die Transistortypen BC 237, BC 238 und BC 239

In der Tabelle nach **Bild 2.22** sind die Herstellerangaben für die schon genannten drei Transistortypen als Beispiel gebracht.

Kollektorsättigungsspannung				
I_C = 10 mA, I_B = 0,5 mA	$U_{CE\,sat}$	90	250	mV
I_C = 100 mA, I_B = 5 mA	$U_{CE\,sat}$	200		mV
Basis-Sättigungsspannung				
I_C = 10 mA, I_B = 0,5 mA	$U_{BE\,sat}$	700		mV
I_C = 100 mA, I_B = 5 mA	$U_{BE\,sat}$	900		mV
Basis-Emitter-Spannung				
U_{CE} = 5 V, I_C = 0,1 mA	U_{BE}	550		mV
U_{CE} = 5 V, I_C = 2 mA	U_{BE}	620	700	mV
U_{CE} = 5 V, I_C = 10 mA	U_{BE}	675		mV

Bild 2.22 Sättigungsspannungen für die Transistortypen BC 237, BC 238 und BC 239

Restströme

Wird ein pn-Übergang in Sperrichtung betrieben, so fließt ein Reststrom. Da ein Transistor zwei pn-Übergänge hat, treten unterschiedliche Restströme auf. Sie werden als

I_{CER}, I_{CEO}, I_{CBO}, I_{CEV}, I_{EBO} und I_{CES} bezeichnet. Ihre meßtechnische Ermittlung ist in **Bild 2.23** angegeben.
Wegen der Temperaturabhängigkeit des Halbleitermaterials ist die Größe der Restströme ebenfalls von der Umgebungstemperatur abhängig.

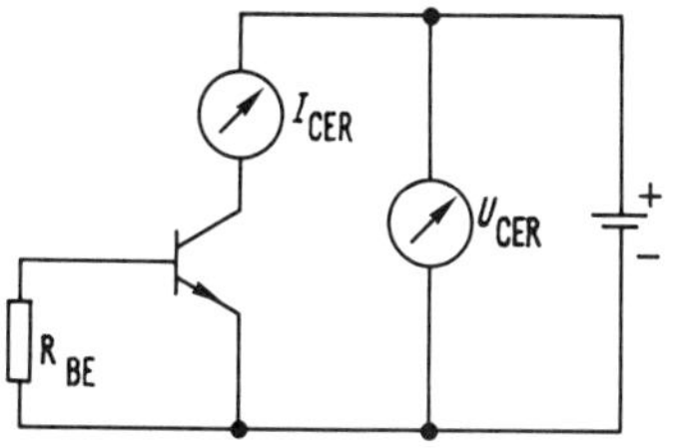

U_{CER} (I_{CER})
Kollektor-Emitter-Sperrspannung (Kollektor-Emitter-Reststrom) mit einem Widerstand zwischen Basis und Emitter. Der maximal zulässige Wert des Widerstandes R_{BE} ist in den Datenblättern angegeben. Bei höheren Werten von R_{BE} gilt die Sperrspannung U_{CEO}

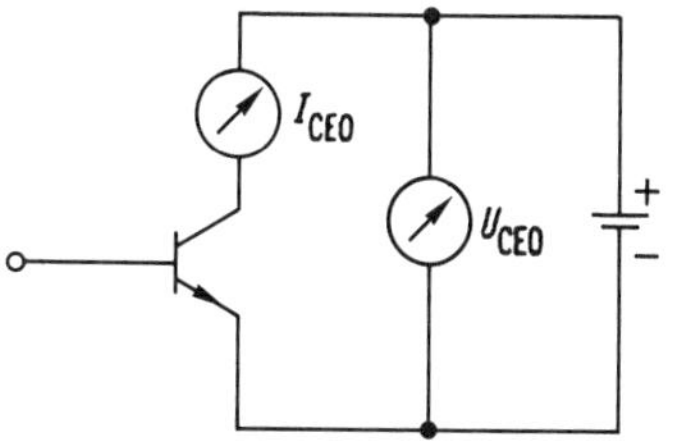

U_{CEO} (I_{CEO})
Kollektor-Emitter-Sperrspannung (Kollektor-Emitter-Reststrom) bei offener Basis; $I_B = 0$. Der Zustand $I_B = 0$ kann z. B. im Schalterbetrieb auch dann kurzzeitig auftreten, wenn zwischen Basis und Emitter ein Widerstand angeordnet ist

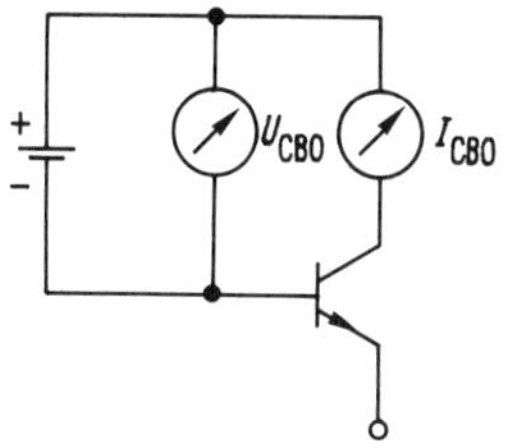

U_{CBO} (I_{CBO})
Kollektor-Basis-Sperrspannung (Kollektor-Basis-Reststrom) bei offenem Emitter; $I_E = 0$

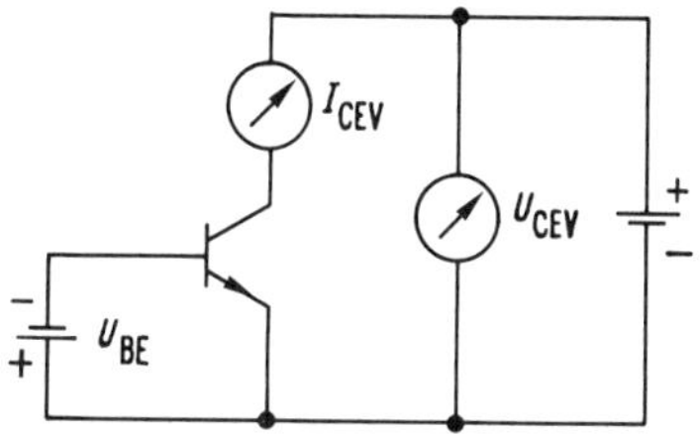

U_{CEV} (I_{CEV})
Kollektor-Emitter-Sperrspannung (Kollektor-Emitter-Reststrom) bei gesperrter Emitterdiode, d. h. Vorspannung in Sperrichtung zwischen Basis und Emitter

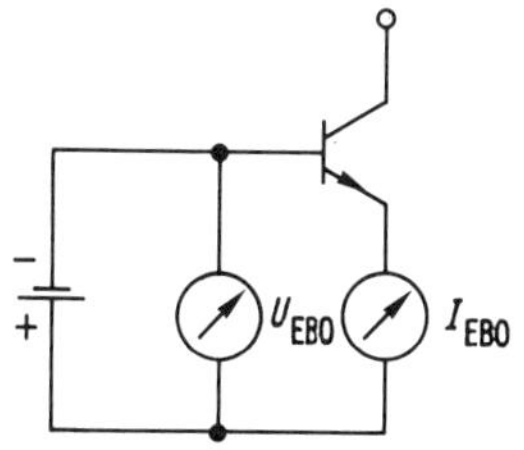

U_{EBO} (I_{EBO})
Emitter-Basis-Sperrspannung (Emitter-Basis-Reststrom) bei offenem Kollektor; $I_C = 0$

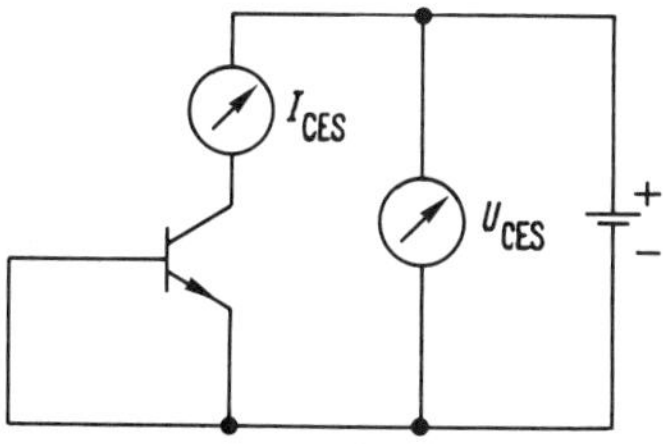

U_{CES} (I_{CES})
Kollektor-Emitter-Sperrspannung (Kollektor-Emitter-Reststrom) bei kurzgeschlossener Emitterdiode; $U_{BE} = 0$

Bild 2.23 Meßschaltungen zur Ermittlung der Restströme

2.5 Transistorausführungen

2.5.1 Transistorarten

Bipolare Transistoren lassen sich zunächst nach ihrem Ausgangsmaterial in Germanium-Transistoren und Silizium-Transistoren unterteilen. Ein weiteres Unterscheidungskriterium ist die im Transistor umgesetzte Leistung. Sie führt zur Aufteilung in Kleinsignal-Transistoren und Leistungs-Transistoren. Eine solche Untergliederung der Transistoren ist bereits in Bild 2.2 dargestellt.

Leistungstransistoren sind für größere Ströme und meistens auch für höhere Spannungen ausgelegt. Sie haben eine hohe Verlustleistung, die noch wesentlich gesteigert werden kann, wenn die in der Sperrschicht entstehende Wärme durch zusätzliche Kühlflächen schnell an die Umgebungsluft abgeführt wird. Mit Leistungstransistoren können Signalleistungen von wenigen Watt bis ca. 100 Watt erzeugt werden. Im unteren Bereich ist die leistungsmäßige Abgrenzung zu den Kleinsignal-Transistoren aber fließend.

Kleinsignal-Transistoren haben im wesentlichen die Aufgabe, kleine und kleinste Wechselspannungssignale zu verstärken. Sie sollen dabei selbst nur möglichst wenig Störsignale wie z. B. Rauschen erzeugen. Um eine große Verstärkung zu erreichen, haben die Kleinsignal-Transistoren auch eine große Gleichstromverstärkung B, die in der Regel erheblich größer als 100 ist. Mit den sehr zahlreichen Typen von Kleinsignal-Transistoren lassen sich nahezu alle Verstärkungsaufgaben erfüllen.

Eine weitere Unterteilung der Transistoren ist nach ihren Einsatzgebieten möglich. So sind NF-Transistoren nur für einen Einsatz im Niederfrequenzbereich bis etwa 50 kHz vorgesehen. Die Verstärkung von Hochfrequenzsignalen erfordert spezielle HF-Transistoren. Ihre Sperrschichtkapazitäten müssen möglichst klein sein, damit durch sie die hochfrequenten Signale nicht kurzgeschlossen werden.

Schalttransistoren sollen ein schnelles Umschalten vom leitenden in den gesperrten Zustand und umgekehrt ermöglichen. Sie sind daher so ausgelegt, daß die Schaltzeiten t_{ein} und t_{aus} möglichst klein sind. Darüber hinaus haben sie im leitenden Zustand nur sehr kleine Rest- oder Sättigungsspannungen. Auch dürfen im gesperrten Zustand nur sehr kleine Restströme in der Größenordnung von nA fließen.

Alle angeführten Transistorarten werden sowohl in NPN-Ausführungen als auch in PNP-Ausführungen gefertigt. Zwei zueinander gehörende Typen von NPN- und PNP-Transistoren mit weitgehend gleichen technischen Daten werden als Komplementär-Transistoren bezeichnet. Entsprechend zusammengeschaltet sind sie z. B. in fast allen NF-Leistungsstufen zu finden.

2.5.2 Bezeichnungsschema für Halbleiter

Europäische Hersteller verwenden zur Kennzeichnung der verschiedenen Halbleiterbauelemente das »Pro-Electron«-Bezeichnungsschema. Es ist bereits in Abschnitt 1.3.4.2 für die Kennzeichnung von Dioden angegeben und in der folgenden Aufstellung auf Transistoren sowie bereits auf die erst in Kapitel 8 behandelten Thyristoren erweitert, so daß sich eine Gesamtübersicht ergibt.

Nach »Pro Electron« erfolgt die Bezeichnung von Halbleiterbauelementen mit

3 Buchstaben und 2 Ziffern.

Abweichend hiervon werden aber Typen, die vorwiegend in Rundfunk-, Fernseh- und Magnettongeräten eingesetzt werden, mit

2 Buchstaben und 3 Ziffern

gekennzeichnet.

Der *erste Buchstabe* gibt Auskunft über das Ausgangsmaterial. Es bedeuten:

A = Ausgangsmaterial Germanium
B = Ausgangsmaterial Silizium
C = Ausgangsmaterial wie Gallium-Arsenid usw.
R = Ausgangsmaterial für Fotohalbleiter und Hallgeneratoren.

Der *zweite Buchstabe* kennzeichnet die Hauptfunktion des Bauelementes. Es bedeuten dabei:

A = Diode für Kleinsignal-Gleichrichtung; Schaltdiode
B = Kapazitätsdiode
C = NF-Transistor
D = NF-Leistungstransistor
E = Tunneldiode
F = HF-Transistor
G = Oszillatordioden für HF-Anwendung
H = Hall-Feldsonde (Kap. 5)
L = HF-Leistungstransistor
N = Optokoppler (Kap. 6)
P = Fotodiode, Fotoelement (Kap. 5)
Q = Leuchtdiode (Kap. 6)
R = Thyristor (Kap. 8)
S = Schalttransistor
T = Thyristor (Kap. 8)
U = Leistungs-Schalttransistor
X = Vielfacher-Diode
Y = Leistungsdiode
Z = Z-Diode

Als *dritter Buchstabe* werden nur X, Y und Z verwendet. Sie weisen lediglich auf den kommerziellen Einsatz dieser Typen hin.
Die nachfolgenden *zwei oder drei Ziffern* geben nur eine Registriernummer an, haben also keine besondere technische Aussage.

Nach dem JEDEC-Schema werden Dioden durch eine Kombination von »1N« und einer vierstelligen Zahl angegeben. »1N« weist darauf hin, daß das betreffende Bauelement einen pn-Übergang hat. Demzufolge beginnt die Bezeichnung von Transistoren wegen ihrer zwei pn-Übergänge mit »2N«. Die nachfolgende vierstellige Zahl ist nur eine Registriernummer.
Außer Halbleiterbauelementen mit diesen beiden Kennzeichnungsschlüsseln gibt es noch zahlreiche Transistortypen, bei denen nur firmenspezifische Kennzeichnungen verwendet werden.

2.6 Einstellung und Stabilisierung des Arbeitspunktes

2.6.1 Bestimmung des Kollektorwiderstandes R_C

Die Emitterschaltung ist die am häufigsten eingesetzte Grundschaltung. Der Emitter ist bei dieser Schaltung die gemeinsame Elektrode für den Eingang und den Ausgang des Transistors. Zum Betrieb eines Transistors in Emitterschaltung ist außer der Spannungsversorgung auch ein Widerstand in der Kollektorleitung erforderlich. **Bild 2.24** zeigt eine Verstärkerstufe in Emitterschaltung.

Der Kollektorwiderstand R_C hat zwei Aufgaben zu erfüllen:

1. den Kollektorstrom I_C zu begrenzen und
2. die im Transistor auftretende Stromverstärkung β in eine Spannungsverstärkung V_U umzuwandeln.

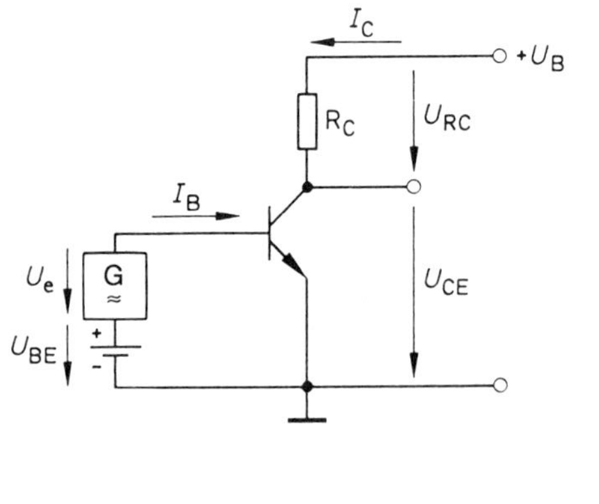

Bild 2.24 Verstärkerstufe in Emitterschaltung

Der Transistor muß in einem bestimmten Arbeitspunkt betrieben werden. Dieser Arbeitspunkt wird durch $U_{CE(A)}$ und $I_{C(A)}$ festgelegt. Bei vorgegebener Betriebsspannung U_B ergibt sich der Kollektorwiderstand R_C zu

$$R_C = \frac{U_B - U_{CE(A)}}{I_{C(A)}}$$

Wird die Kennlinie des Kollektorwiderstandes in das Ausgangskennlinienfeld des Transistors eingetragen, so ergibt sich eine Gerade, die zwischen den Punkten U_B und $I = \frac{U_B}{R_C}$ verläuft.

In **Bild 2.25** ist die Widerstandsgerade in das Ausgangskennlinienfeld eines Transistors eingetragen.

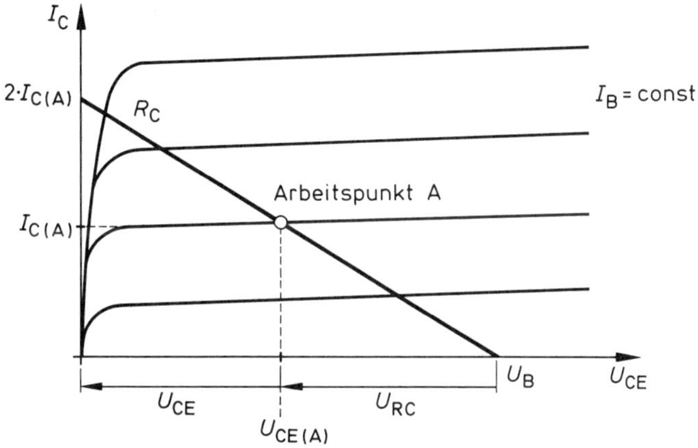

Bild 2.25 Ausgangskennlinienfeld mit Widerstandsgerade

In Bild 2.25 sind zusätzlich auch die Spannungsabfälle am Transistor und am Kollektorwiderstand eingetragen. Sie ergeben zusammen die Betriebsspannung U_B.

$$U_B = U_{CE} + U_{RC}$$

Je hochohmiger der Kollektorwiderstand R_C bei gleicher Betriebsspannung und gleicher Kollektor-Emitterspannung gewählt wird, desto kleiner wird der mögliche Kollektorstrom. Dieser Zusammenhang ist in **Bild 2.26** zu erkennen.

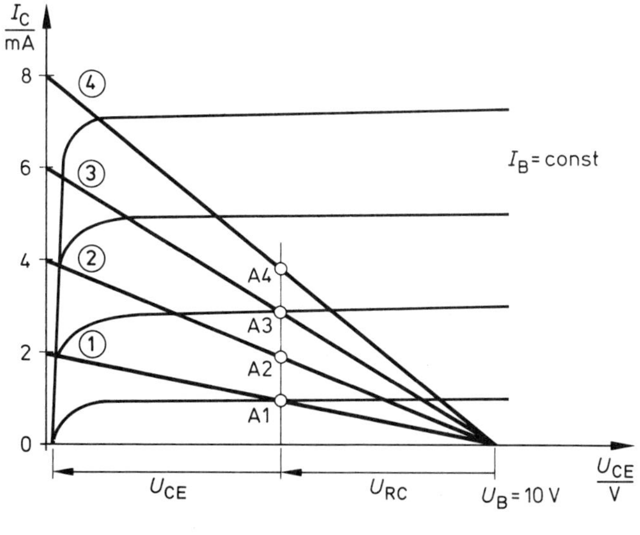

Bild 2.26 Ausgangskennlinienfeld mit verschieden großen Kollektorwiderständen

Für die Widerstandsgerade 1 in Bild 2.26 ergibt sich ein Kollektorwiderstand

$$R_{C1} = \frac{U_B}{I_C} = \frac{10\,V}{2\,mA} = 5\,k\Omega$$

und für die Widerstandsgerade 4

$$R_{C4} = \frac{U_B}{I_C} = \frac{10\,V}{8\,mA} = 1{,}25\,k\Omega$$

Der Arbeitspunkt eines Transistors sollte möglichst in der Mitte der Widerstandsgeraden liegen. Dadurch wird vermieden, daß bei Ansteuerung ein Signal infolge der Kennlinienkrümmungen unsymmetrisch verstärkt wird. Bei Ansteuerung des Transistors mit einem Basiswechselstrom ΔI_B ändert sich der Kollektorstrom um ΔI_C. Die Zusammenhänge sind noch einmal in **Bild 2.27** dargestellt.

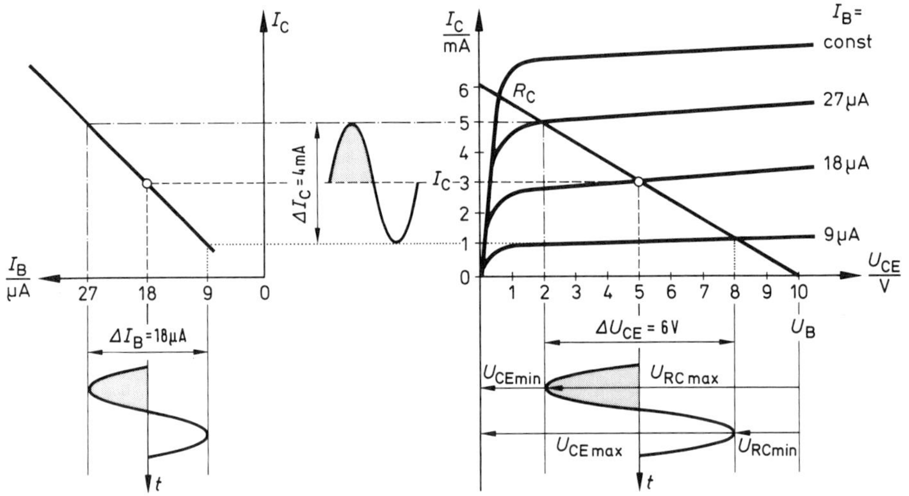

Bild 2.27 Änderung von U_{CE} durch R_C

Die Änderung des Kollektorstromes ist um den Faktor β größer als die Änderung des Basisstromes. Aus Bild 2.27 läßt sich die Stromverstärkung des verwendeten Transistors ablesen.

$$\beta = \frac{\Delta I_C}{\Delta I_C} = \frac{4\,mA}{18\,\mu A} = 220$$

Der sich bei Aussteuerung ändernde Kollektorstrom bewirkt eine Änderung der Kollektor-Emitterspannung. Sie beträgt in diesem Fall $\Delta U_{CE} = 6\,V$. Durch R_C wird also die auftretende Änderung des Kollektorstromes in eine Änderung der Kollektor-Emitterspannung umgesetzt.

2.6.2 Erzeugung der Basisvorspannung

Damit ein Transistor verstärken kann, muß seine Basis-Emitter-Sperrschicht in Durchlaßrichtung betrieben werden. Dieses erfolgt durch eine Basisvorspannung U_{BE}. Sie muß mindestens so groß sein wie die Schleusenspannung der Basis-Emitter-Diode und ihre Größe hängt daher vom Ausgangsmaterial des Transistors ab. Die erforderliche Basisvorspannung beträgt:

$U_{BE} \approx 0{,}2\,V$ bis $0{,}3\,V$ bei Ge-Transistoren und
$U_{BE} \approx 0{,}6\,V$ bis $0{,}7\,V$ bei Si-Transistoren.

Bild 2.28 zeigt die einfachste Schaltung zur Erzeugung der erforderlichen Basisvorspannung mit Hilfe eines Basisvorwiderstandes.
Der Basisstrom fließt durch den Widerstand R1 und ruft einen Spannungsabfall an ihm hervor. Dieser Spannungsabfall muß so groß sein, daß die erforderliche Vorspannung zwischen Basis und Emitter auftritt. Die Größe des Basisvorwiderstandes kann daher mit Hilfe der Gleichung

$$R_1 = \frac{U_B - U_{BE}}{I_B}$$

ermittelt werden.

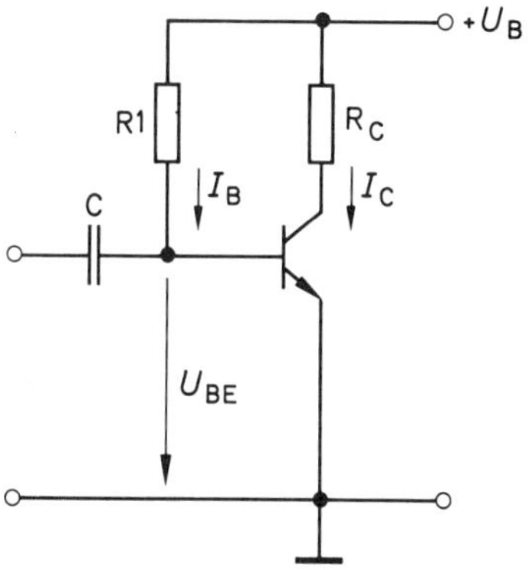

Bild 2.28 Einfachste Schaltung zur Erzeugung der Basisvorspannung mit Basisvorwiderstand

Beispiel:

Ein Transistor BC 237 hat eine Gleichstromverstärkung $B = 170$. Er soll mit $U_B = 10\,V$ betrieben werden. Damit ein Kollektorstrom $I_C = 2\,mA$ fließt, muß die Basisvorspannung $U_{BE} = 0{,}62\,V$ betragen. Sie soll durch einen Basiswiderstand entsprechend Bild 2.28 erzeugt werden. Welchen Wert muß der Basiswiderstand R1 haben?

$$I_B = \frac{I_C}{B} = \frac{2\,mA}{170} = 11{,}77\,\mu A$$

$$R_1 = \frac{U_B - U_{BE}}{I_B} = \frac{10\,V - 0{,}62\,V}{11{,}77\,\mu A} = 796{,}9\,k\Omega$$

Gewählt wird der Normwert $R_1 = 820\,k\Omega$.

Der Erzeugung der Basisvorspannung mit Hilfe des Basisvorwiderstandes entsprechend Bild 2.28 hat sowohl Vorteile als auch Nachteile. Von Vorteil ist der stets sehr hochohmige Widerstand, weil dadurch der Generator für die Signalspannung nur gering belastet wird. Weiterhin bleibt die Basisvorspannung auch bei Schwankungen der Betriebsspannung oder bei Temperaturänderungen nahezu konstant. Will nämlich der Basisstrom ansteigen, so fällt an R1 auch eine höhere Spannung ab, so daß U_{BE}

kleiner wird und daher der Basisstrom annähernd auf seinen ursprünglichen Wert zurückgeht.
Von Nachteil ist dagegen, daß bei jeder einzelnen Verstärkerstufe oder nach Auswechseln eines Transistors wegen der Exemplarstreuungen der Basisstrom abgeglichen werden muß. Verwendbar ist daher nur eine Schaltung nach **Bild 2.29**. Sie enthält einen zusätzlichen Trimmer, so daß die notwendige Anpassung der Basisvorspannung für den jeweiligen Transistor möglich ist. Der Kondensator hat in den beiden Schaltungen nach Bild 2.28 und 2.29 die Aufgabe, zu verhindern, daß die Basisvorspannung durch den meistens sehr niederohmigen Gleichstrom-Innenwiderstand des Generators kurzgeschlossen wird oder der Generator durch die Basisvorspannung gegebenenfalls zerstört werden kann.

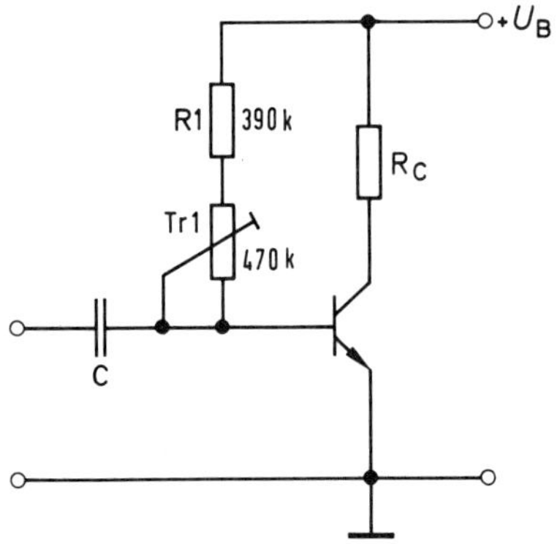

Bild 2.29 Einstellung von U_{BE} mit Trimmer Tr1

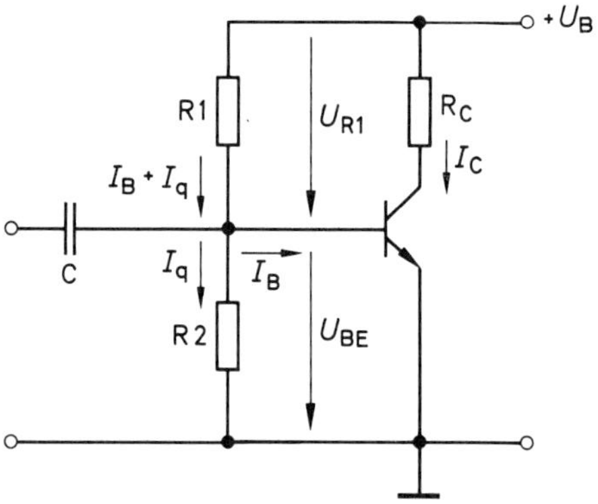

Bild 2.30 Erzeugung der Basisvorspannung durch einen Spannungsteiler

Der Nachteil der Basisvorspannungserzeugung mit Hilfe eines Basiswiderstandes entsprechend Bild 2.29 kann durch Einsatz eines Basisspannungsteilers vermieden werden. **Bild 2.30** zeigt die Erzeugung der Basisvorspannung mit Hilfe eines Spannungsteilers.
Damit die Schaltung nach Bild 2.30 einwandfrei arbeitet, wird der Querstrom I_q, das ist der durch den Spannungsteiler fließende Strom, groß gegenüber dem auch durch R1 zusätzlichen fließenden Basisstrom I_B gewählt.

$$I_q \approx 2 \cdot I_B \text{ bis } 10 \cdot I_B$$

Damit ist der Widerstand R2 wesentlich niederohmiger als der Gleichstromwiderstand der leitenden Basis-Emitter-Diode, und die Basisvorspannung wird im wesentlichen nur noch von den Spannungsteilerwiderständen R1 und R2 bestimmt. Von Vorteil ist daher bei dieser Schaltung, daß bei kleineren Betriebsspannungsänderungen oder beim Auswechseln des Transistors keine neue Einstellung von U_{BE} erforderlich wird.
Die feste Basisvorspannung durch einen Basisspannungsteiler hat aber auch einen Nachteil. Steigt die Umgebungstemperatur, so steigt der Kollektorstrom sowie auch der Basisstrom des Transistors, und der Arbeitspunkt verschiebt sich. Da U_{BE} aber konstant gehalten wird, tritt keine thermische Arbeitspunktstabilisierung wie bei der Schaltung nach Bild 2.29 auf.

Die Werte der Spannungsteilerwiderstände lassen sich mit folgenden Gleichungen berechnen:

$$R_1 = \frac{U_B - U_{BE}}{I_q + I_B} \qquad \text{mit } I_q \approx 2 \cdot I_B \div 10 \cdot I_B$$

$$R_2 = \frac{U_{BE}}{I_q}$$

Beispiel

Für eine Schaltung nach Bild 2.30 mit einem Transistor BC 237 A sind folgende Werte gegeben:

$U_B = 10\,V$; $I_q = 5 \cdot I_B$; $B = 170$; $U_{BE} = 0{,}62\,V$; $I_C = 2\,mA$.

Welche Werte müssen die Spannungsteilerwiderstände R1 und R2 erhalten?

$$I_B = \frac{I_C}{B} = \frac{2\,mA}{170} = 11{,}77\,\mu A$$

$$I_q = 5 \cdot I_B = 5 \cdot 11{,}77\,\mu A = 58{,}85\,\mu A$$

$$R_2 = \frac{U_{BE}}{I_q} = \frac{0{,}62\,V}{58{,}85\,\mu A} = 10{,}54\,k\Omega$$

Gewählt wird der Normwert $R_2 = 10\,k\Omega$

$$R_1 = \frac{U_B - U_{BE}}{I_Q + I_B} = \frac{10\,V - 0{,}62\,V}{58{,}85\,\mu A + 11{,}77\,\mu A} = 132{,}82\,k\Omega$$

Gewählt wird der Normwert $R_1 = 120\,k\Omega$

2.6.3 Thermische Arbeitspunktstabilisierung

2.6.3.1 Stabilisierung durch NTC-Widerstand

Die Erzeugung der Basisvorspannung mit Hilfe eines Basisspannungsteilers hat den Nachteil, daß bei Temperaturschwankungen der Arbeitspunkt des Transistors nicht konstant gehalten wird. Eine einfache Möglichkeit zur thermischen Arbeitspunktstabilisierung zeigt die Schaltung nach **Bild 2.31**.

Bei der Schaltung nach Bild 2.31 ist zwischen Basis und Emitter, und damit parallel zum Spannungsteilerwiderstand R2, ein NTC-Widerstand (NTC = Negative Temperature Coefficient) geschaltet. NTC-Widerstände haben die Eigenschaft, daß ihr Widerstandswert mit zunehmender Temperatur kleiner wird. Auf diese Art von Widerständen wird in Kapitel 5 noch näher eingegangen. Der NTC-Widerstand wird unmittelbar an das Transistorgehäuse bzw. an seinen Kühlkörper, also in gutem Wärmekontakt mit dem Transistor, befestigt. Sein Einfluß auf die Basisspannung U_{BE} ist in **Bild 2.32** zu erkennen.

In Bild 2.32 ist der Arbeitspunkt des Transistors bei $\vartheta_U = 25\,°C$ mit $U_{BE} = 0{,}7\,V$ und $I_C = 2\,mA$ angegeben. Bei Erhöhung der Umgebungstemperatur auf $\vartheta_U = 50\,°C$ würde sich der Arbeitspunkt bei $U_{BE} = 0{,}7\,V$ auf $I_C = 4{,}8\,mA$ verschieben. Da bei der höheren Temperatur der NTC-Widerstand niederohmiger wird, ändert sich auch das Basisspannungsteilerverhältnis, und U_{BE} wird kleiner. Bei richtiger Dimensionierung sinkt

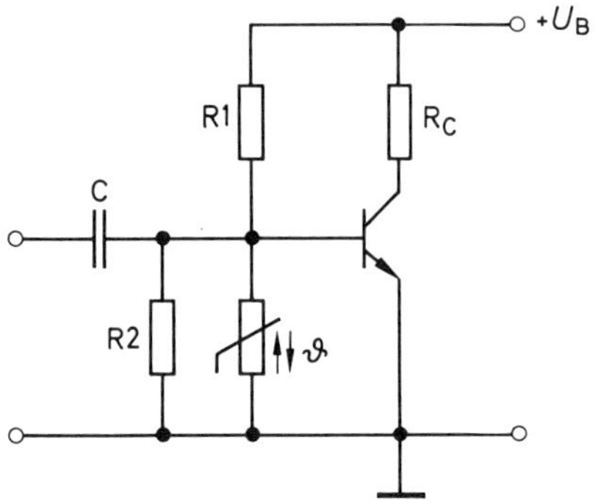

Bild 2.31 Thermische Arbeitspunktstabilisierung mit einem NTC-Widerstand

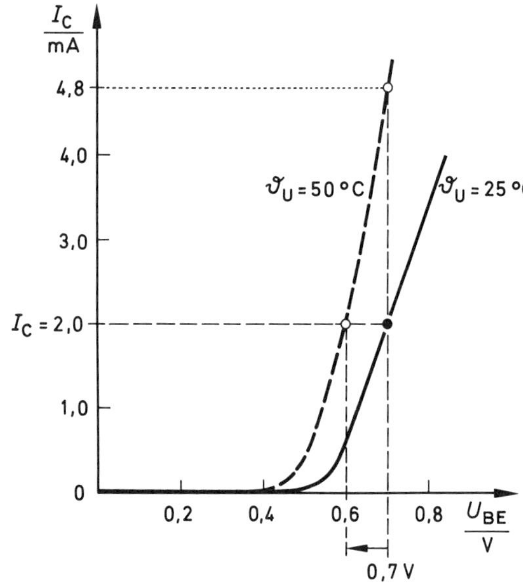

Bild 2.32 Wirkungsweise der thermischen Arbeitspunktstabilisierung durch einen NTC-Widerstand

bei $\vartheta_U = 50$ °C die Basisspannung auf $U_{BE} = 0{,}6$ V, so daß wieder ein Kollektorstrom von $I_C = 2$ mA fließt. Auf diese Weise wird der Arbeitspunkt des Transistors auch bei Temperaturschwankungen stabil gehalten. Da NTC-Widerstände eine gewisse Trägheit haben, ist diese Art der thermischen Arbeitspunktstabilisierung nur bei Leistungstransistoren einzusetzen.

2.6.3.2 Stabilisierung durch Emitterwiderstand

Eine weitaus wirkungsvollere thermische Arbeitspunktstabilisierung läßt sich durch Einbau eines Emitterwiderstandes R_E entsprechend **Bild 2.33** erreichen.
Durch den Emitterstrom I_E entsteht am Emitterwiderstand R_E ein Spannungsabfall. Die Schaltung wird meistens so ausgelegt, daß je nach Höhe der Betriebsspannung dieser Spannungsabfall etwa zwischen $U_{RE} = 1$ V und $U_{RE} = 3$ V liegt. Damit nun die erforderliche Basis-Emitterspannung $U_{BE} \approx 0{,}7$ V erhalten bleibt, muß der Basisspannungsteiler so dimensioniert sein, daß

$$U_{R2} = U_{RE} + U_{BE}$$

beträgt. Bei Änderung der Umgebungstemperatur tritt ein Regelungsvorgang auf, der anhand von **Bild 2.34** beschrieben wird.
Will sich der Arbeitspunkt des Transistors aufgrund einer Änderung der Umgebungstemperatur verschieben, so ändert sich augenblicklich der Emitterstrom und damit auch der Spannungsabfall an R_E. Bei Erhöhung der Temperatur wird I_E ansteigen. Dadurch steigt aber auch der Spannungsabfall an R_E z. B. von $U_{RE} = 1$ V auf $U_{RE} = 1{,}1$ V.

Bild 2.33 Thermische Arbeitspunktstabilisierung durch einen Emitterwiderstand

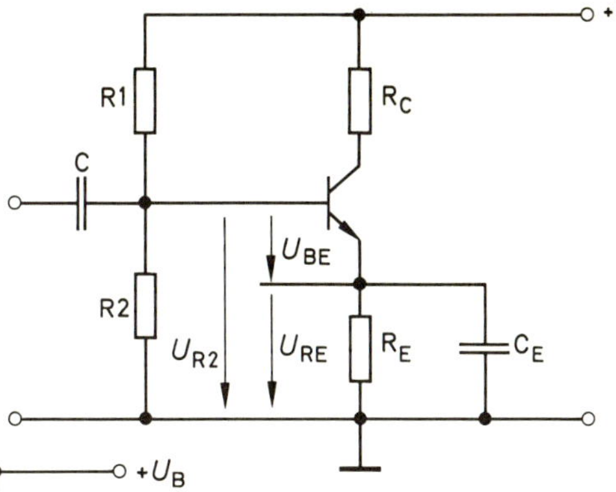

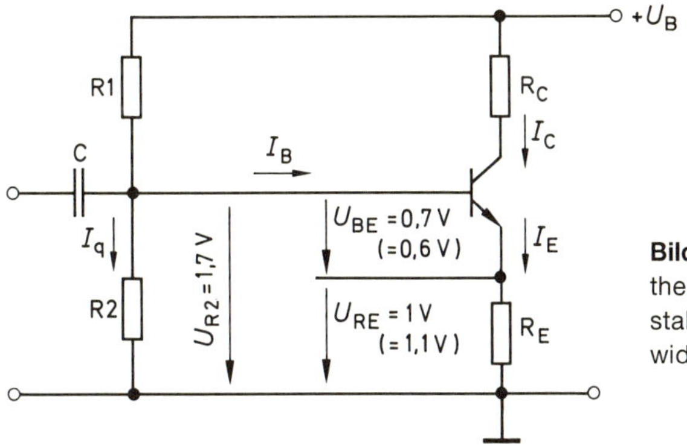

Bild 2.34 Wirkungsweise der thermischen Arbeitspunktstabilisierung durch Emitterwiderstand

Da der Spannungsabfall an R2 mit U_{R2} = 1,7 V aber konstant ist, muß sich die Basisvorspannung U_{BE} um 0,1 V verringern. Entsprechend der Kennlinie in Bild 2.32 wandert der Arbeitspunkt dadurch aber wieder auf den ursprünglichen Wert des Kollektorstromes zurück.

Weil sich die Basis-Emitterspannung U_{BE} bei jeder kleinsten Emitterstromänderung sofort mit verändert, wird die thermische Arbeitspunktstabilisierung mit Hilfe eines Emitterwiderstandes wegen ihrer großen Wirksamkeit in fast allen Verstärkerschaltungen angewandt. Diese Schaltungsmaßnahme bewirkt gleichzeitig, daß die Exemplarstreuungen von Transistoren auf den Arbeitspunkt ohne Einfluß bleiben. Sie wird als Stromgegenkopplung bezeichnet.

Infolge des Emitterwiderstandes tritt eine Gegenkopplung auf, durch die die Verstärkung der Transistorstufe herabgesetzt wird. Bei Ansteuerung des Transistors mit einem Wechselspannungssignal ändert sich der Kollektorstrom und damit auch der Emitterstrom im Rhythmus des Ansteuerungssignals. Liegt am Eingang z. B. die positive Halbwelle, so fließt, weil U_{BE} größer wird, ein größerer Basisstrom und daher auch ein größerer Emitterstrom. An R_E fällt somit eine höhere Spannung ab, und die wirksame Steuerspannung wird dadurch kleiner. Die Zusammenhänge sind in **Bild 2.35** gesondert dargestellt.

Die am Emitterwiderstand R_E auftretende Wechselspannung ist stets gegenphasig zur Eingangswechselspannung. Dieser schaltungstechnische Zusammenhang wird daher als Gegenkopplung bezeichnet. Sie bewirkt, daß die Spannungsverstärkung V_U einer Transistorstufe mit Emitterwiderstand kleiner ist als bei einer Stufe ohne diesen Emitterwiderstand.

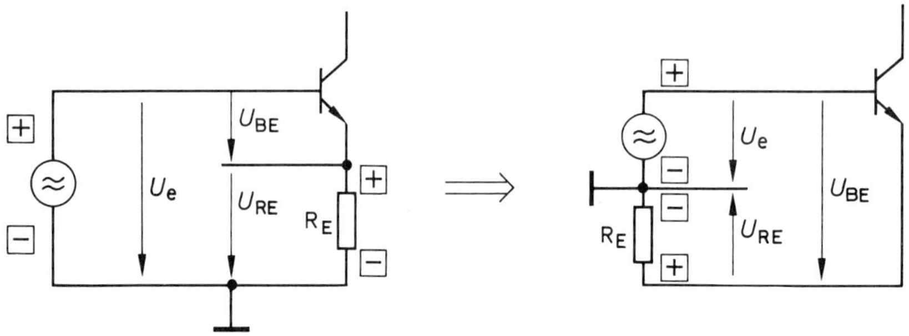

Bild 2.35 Wirkungsweise der Gegenkopplung durch R_E

Dieser wesentliche Nachteil kann durch einen Emitterkondensator C_E parallel zu R_E beseitigt werden. Bei ausreichender Kapazität von C_E ist R_E dann für die Wechselspannungssignale kurzgeschlossen. An R_E tritt daher kein Wechselspannungsabfall mehr auf, und die gegenkoppelnde Wirkung von R_E ist für Wechselspannungen aufgehoben.

Der Kapazitätswert des Emitterkondensators richtet sich nach der unteren Grenzfrequenz, die die Verstärkerstufe haben soll und den Widerständen, über die der Kondensator auf- bzw. entladen wird. Dieses sind der Eingangswiderstand des Transistors und der Generatorwiderstand R_i. Die erforderliche Größe des Emitterkondensators kann nach folgender Gleichung berechnet werden:

$$C_E = \frac{h_{21e}}{2\,\pi \cdot f_{gu} \cdot (h_{11e} + R_i)}$$

mit h_{21e} = Stromverstärkung des Transistors
h_{11e} = Eingangswiderstand des Transistors
R_i = Innenwiderstand des Generators
f_{gu} = untere Grenzfrequenz der Verstärkerstufe

Beispiel:

Die in **Bild 2.36** angegebene Verstärkerstufe soll dimensioniert werden. Folgende Werte sind vorgegeben:

$U_B = 10\,V$; $U_{RE} = 1\,V$; $I_q = 5 \cdot I_B$; $f_{gu} = 30\,Hz$; $R_i = 1\,k\Omega$

Der verwendete Transistor BC 237 A hat die Daten: $h_{11e} = 2{,}7\,k\Omega$; $h_{21e} = 220$; $B = 170$. Er soll im Arbeitspunkt $U_{CE} = 5\,V$, $I_C = 2\,mA$ und $U_{BE} = 0{,}62\,V$ betrieben werden.

$$R_C = \frac{U_B - U_{CE} - U_{RE}}{I_C} = \frac{10\,V - 5\,V - 1\,V}{2\,mA} = 2\,k\Omega$$

Gewählt: Normwert $R_C = 2{,}2\,k\Omega$

$$I_B = \frac{I_C}{B} = \frac{2\,mA}{170} = 11{,}77\,\mu A$$

$$R_E = \frac{U_{RE}}{I_C + I_B} \approx \frac{U_{RE}}{I_C} = \frac{1\,V}{2\,mA} = 500\,\Omega$$

Bild 2.36 Verstärkerstufe mit Transistor BC 237 A

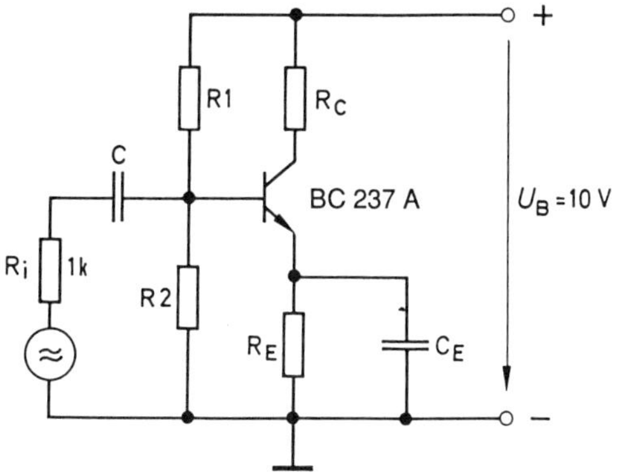

Gewählt: Normwert R_E = 470 kΩ

$$R_2 = \frac{U_{RE} + U_{BE}}{I_q} = \frac{1\,\text{V} + 0{,}62\,\text{V}}{5 \cdot 11{,}77\,\mu\text{A}} = 27{,}5\,\text{k}\Omega$$

Gewählt: Normwert R_2 = 27 kΩ

$$R_1 = \frac{U_B - U_{RE} - U_{BE}}{I_q + I_B} = \frac{10\,\text{V} - 1\,\text{V} - 0{,}62\,\text{V}}{6 \cdot 11{,}77\,\mu\text{A}} = 118{,}7\,\text{k}\Omega$$

Gewählt: Normwert R_1 = 120 kΩ

$$C_E = \frac{h_{21e}}{2\,\pi \cdot f_{gu}\,(h_{11e} + R_i)} = \frac{220}{2\,\pi \cdot 30\,\frac{1}{\text{s}}\,(2{,}7\,\text{k}\Omega + 1\,\text{k}\Omega)}$$

C_E = 315,44 µF

Gewählt: Normwert C_E = 330 µF

Die durch die gewählten Normwerte für die Widerstände auftretende geringfügige Verschiebung des Arbeitspunktes liegt im Toleranzfeld des Transistors und braucht deshalb nicht weiter berücksichtigt zu werden.

2.6.3.3 Stabilisierung durch Spannungsgegenkopplung

Eine weitere Möglichkeit zur thermischen Arbeitspunktstabilisierung zeigt die Schaltung in **Bild 2.37**.

Bei der Schaltung nach Bild 2.37 wird die Spannung für den Basisspannungsteiler vom Kollektor des Transistors abgegriffen. Daher lauten die Gleichungen zur Berechnung der Teilerwiderstände R_1 und R_2:

$$R_1 = \frac{U_{CE} - U_{BE}}{I_q + I_B} \quad \text{mit } I_q = 2 \cdot I_B \text{ bis } 10 \cdot I_B$$

$$R_2 = \frac{U_{BE}}{I_q}$$

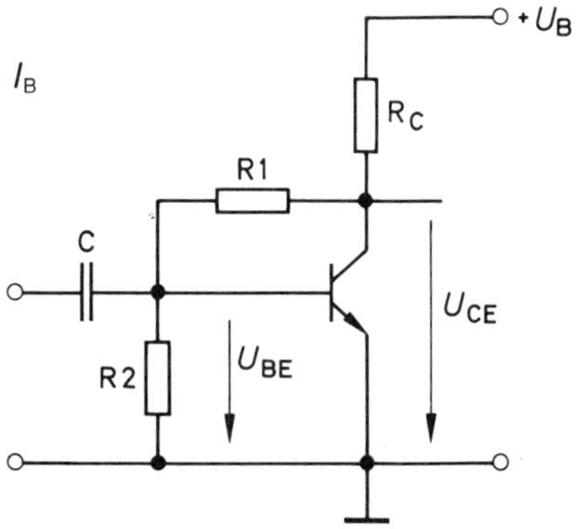

Bild 2.37 Thermische Arbeitspunktstabilisierung durch Spannungsgegenkopplung

Bei einer Temperaturänderung oder bei Exemplarstreuungen ändert sich der eingestellte Kollektorstrom und damit auch die Kollektor-Emitterspannung U_{CE} und als Folge davon auch die Basisvorspannung. Will z. B. infolge einer Temperaturerhöhung der Kollektorstrom ansteigen, so wird U_{CE} kleiner und damit auch U_{BE}. Dadurch wird der Arbeitspunkt, wie in Bild 2.32 dargestellt, konstant gehalten.
Auch bei dieser Schaltung wird bei Ansteuerung des Transistors mit einem Wechselspannungssignal die Basisvorspannung über R1 gegensinnig zum Generatorsignal beeinflußt. Es tritt also eine Gegenkopplung für das Eingangssignal auf. Eine einfache und wirkungsvolle Schaltungsmaßnahme zur Aufhebung dieser Gegenkopplung wie durch einen Emitterkondensator in Schaltungen nach Bild 2.33 ist bei einer Schaltung nach Bild 2.37 nicht möglich. Daher wird diese Schaltung zur thermischen Arbeitspunktstabilisierung nicht so häufig eingesetzt.

Beispiel:

Ein Transistor BC 237 A mit $B = 170$ soll in einer Verstärkerstufe entsprechend Bild 2.37 im Arbeitspunkt $U_{CE} = 5\,V$, $I_C = 2\,mA$, $U_{BE} = 0{,}62\,V$ betrieben werden. Die Betriebsspannung beträgt $U_B = 10\,V$.
Welche Werte müssen die Widerstände R_C, R1 und R2 haben?

$$R_C \approx \frac{U_B - U_{CE}}{I_C} = \frac{10\,V - 5\,V}{2\,mA} = 2{,}5\,k\Omega$$

Gewählt: Normwert $R_C = 2{,}7\,k\Omega$

$$I_B = \frac{I_C}{B} = \frac{2\,mA}{170} = 11{,}77\,\mu A$$

$$R_1 = \frac{U_{CE} - U_{BE}}{I_q + I_B} = \frac{5\,V - 0{,}62\,V}{6 \cdot 11{,}77\,\mu A} = 62\,k\Omega$$

Gewählt: Normwert $R_1 = 68\,k\Omega$

$$R_2 = \frac{U_{BE}}{I_q} = \frac{0{,}62\,V}{5 \cdot 11{,}77\,\mu A} = 10{,}5\,k\Omega$$

Gewählt: Normwert $R_2 = 10\,k\Omega$

2.7 Transistor-Grundschaltungen

Ein Verstärker hat stets zwei Anschlüsse für den Eingang und zwei Anschlüsse für den Ausgang. Transistoren haben aber nur drei Anschlüsse. Wird daher ein Transistor als Verstärker eingesetzt, so muß eine dieser Elektroden sowohl zu den Eingangsanschlüssen als auch zu den Ausgangsanschlüssen gehören. Damit ergeben sich drei Möglichkeiten, Transistoren als Verstärker einzusetzen. Diese drei Schaltungen werden als Transistor-Grundschaltungen bezeichnet und sind in **Bild 2.38** angegeben. Die jeweilige Bezeichnung der Tansistor-Grundschaltung ist von derjenigen Elektrode abgeleitet, die gemeinsamer Bezugspunkt für das Eingangs- und Ausgangssignal ist.

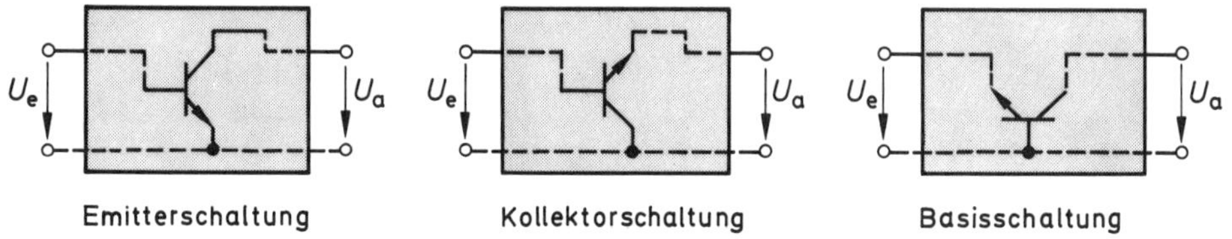

Bild 2.38 Prinzip der Transistor-Grundschaltungen

Aufgrund der Wirkungsweise eines Transistors hat jede der drei Grundschaltungen besondere Eigenschaften. Diese technischen Eigenschaften von Transistor-Grundschaltungen werden durch eine Reihe von Kenngrößen näher beschrieben. Die wichtigsten dieser Verstärker-Kenngrößen sind:

Wechselstrom-Eingangswiderstand	r_e
Wechselstrom-Ausgangswiderstand	r_a
Spannungsverstärkung	V_u
Stromverstärkung	V_i
Leistungsverstärkung	V_p
Phasenverschiebung zwischen Eingangs- und Ausgangssignal	φ
Grenzfrequenzen der Schaltung	f_{gu}; f_{go}

Wegen ihrer hohen Grenzfrequenz wird die Basisschaltung fast ausschließlich in Hoch- und Höchstfrequenzschaltungen eingesetzt. Sie ist meistens als Eingangsstufe für Signalfrequenzen größer 100 MHz zu finden. In Rundfunk- und Fernsehschaltungen ergibt sich als weiterer Vorteil der niedrige Eingangswiderstand, der eine sehr gute und einfache Anpassung an die niederohmige Antennenimpedanz von z. B. $Z = 75\ \Omega$ ermöglicht. Wegen dieser Eigenschaften und der damit verbundenen speziellen Anwendungsschaltungen wird hier nicht näher auf die Basisschaltung eingegangen.

2.7.1 Emitterschaltung

Ein Transistor wird in Emitterschaltung betrieben, wenn der Emitter Bezugspunkt für das Eingangs- und Ausgangssignal ist. **Bild 2.39** zeigt einen Transistor in Emitterschaltung. In **Bild 2.40** ist eine vollständige Verstärkerstufe mit Wechselspannungsgenerator für das Eingangssignal, Basisvorspannungserzeugung, Lastwiderstand R_L, Stabilisierung des Arbeitspunktes sowie Eingangs- und Ausgangskondensator dargestellt. Der Transistor wird hier in Emitterschaltung betrieben. Daher wird auch die vollständige Verstärkerstufe meistens als Emitterschaltung bezeichnet.
In der Schaltung nach Bild 2.40 wird die Basisvorspannung durch den Spannungsteiler aus R1 und R2 erzeugt. Die Stabilisierung des Arbeitspunktes erfolgt durch den Emitterwiderstand R_E. Er ist wechselstrommäßig durch den Emitterkondensator C_E überbrückt. Der Eingangskondensator C1 verhindert einen möglichen Kurzschluß der Basisvorspannung durch den Signalgenerator. Der Ausgangskondensator C2 trennt den Lastwiderstand gleichspannungsmäßig von der Kollektorspannung ab. Beide

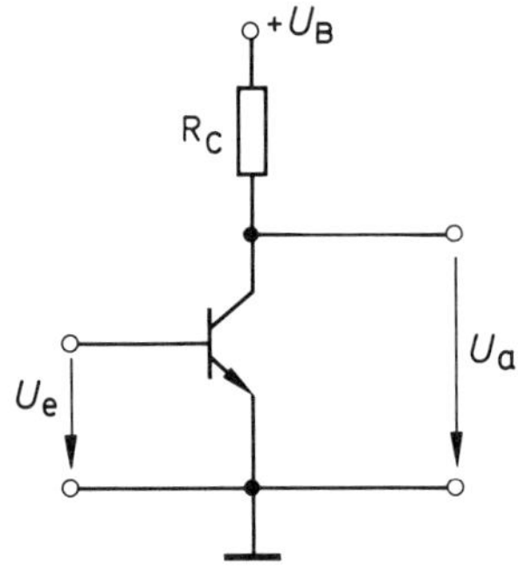

Bild 2.39 Prinzip der Emitterschaltung

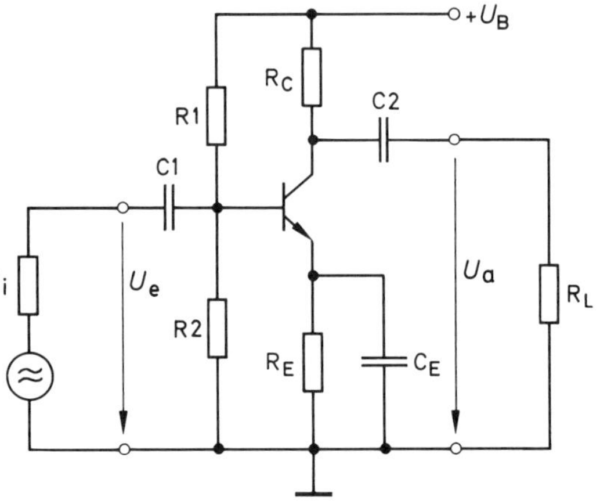

Bild 2.40 Verstärkerstufe in Emitterschaltung

Kondensatoren müssen eine so große Kapazität haben, daß an ihrem kapazitiven Widerstand kein nennenswerter Spannungsabfall auftritt. Zur Herleitung der Kennwerte einer Emitterschaltung wird von der Schaltung in Bild 2.40 nur das zugehörige Wechselstrom-Ersatzschaltbild benötigt. Es ist in **Bild 2.41** angegeben.
Da die Spannungsquelle der Betriebsspannung U_B einen Kurzschluß für die Wechselspannung des Eingangssignals darstellt, können im Ersatzschaltbild der Widerstand R1 des Basisspannungsteilers und der Kollektorwiderstand R_C direkt an Masse angeschlossen werden. Der Emitterwiderstand R_E kann in der Ersatzschaltung entfallen, weil er durch den Emitterkondensator wechselspannungsmäßig überbrückt ist. Entfallen können auch die beiden Kondensatoren C1 und C2, da sie für das Wechselspannungssignal einen Kurzschluß darstellen. Zusätzlich in das Wechselstrom-Ersatzschaltbild sind der Innenwiderstand R_i des Generators und ein Lastwiderstand R_L eingezeichnet.
Aus dem Wechselstrom-Ersatzschaltbild nach Bild 2.41 lassen sich die verschiedenen Kennwerte der Emitterschaltung ermitteln.

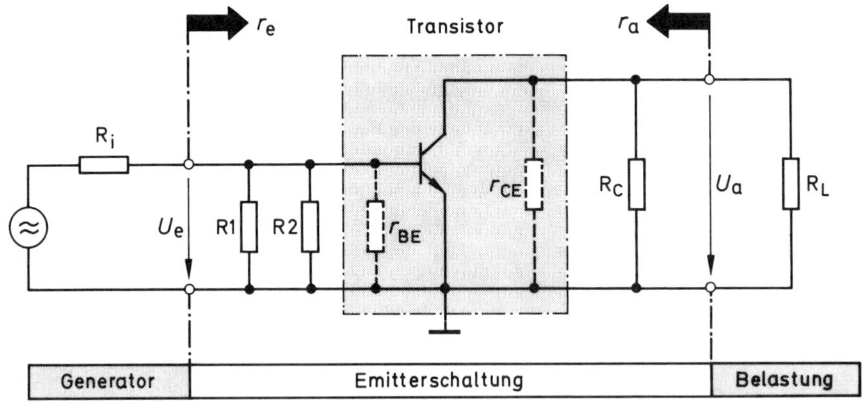

Bild 2.41 Wechselstrom-Ersatzschaltbild für die Emitterschaltung

Wechselstrom-Eingangswiderstand r_e

$r_e = R_1 \parallel R_2 \parallel r_{BE}$

Da R_1 und R_2 in der Regel sehr viel größer als r_{BE} sind, gilt die Näherung:

$r_e \approx r_{BE}$

Wechselstrom-Ausgangswiderstand r_a

$r_a = R_C \parallel r_{CE}$

Da r_{CE} in der Regel groß gegenüber R_C ist, gilt näherungsweise:

$r_a \approx R_C$

Spannungsverstärkung V_u

Für die Spannungsverstärkung gilt grundsätzlich:

$$V_u = \frac{\text{Ausgangswechselspannung } U_a}{\text{Eingangswechselspannung } U_e} = \frac{\Delta U_{CE}}{\Delta U_{BE}}$$

$$V_u = \frac{\beta}{r_{BE}} \cdot \frac{r_{CE} \cdot R_C}{r_{CE} + R_C}$$

Da $r_{CE} \gg R_C$ ergibt sich als Näherungsgleichung:

$$V_u \approx \frac{\beta}{r_{BE}} \cdot R_C$$

Stromverstärkung V_i

Für die Stromverstärkung gilt grundsätzlich:

$$V_i = \frac{\text{Ausgangswechselstrom } I_a}{\text{Eingangswechselstrom } I_e} = \frac{\Delta I_C}{\Delta I_B}$$

$$V_i = \beta \cdot \frac{r_{CE}}{r_{CE} + R_C}$$

$$V_i \approx h_{21e} = \beta$$

Leistungsverstärkung V_p

Die Leistungsverstärkung V_p ist das Produkt aus der Spannungsverstärkung V_u und der Stromverstärkung V_i

$$V_p = V_u \cdot V_i$$

Phasenverschiebung φ des Signals

Wird der Transistor mit der positiven Halbwelle angesteuert, so erhöht sich die Basisspannung. Dadurch fließt ein größerer Kollektorstrom, durch den am Kollektorwiderstand ein größerer Spannungsabfall auftritt, so daß U_{CE} kleiner wird. Bei positiver Halbwelle am Eingang tritt also die negative Halbwelle am Ausgang auf. Die Phasenverschiebung zwischen Eingangs- und Ausgangsspannung beträgt bei der Emitterschaltung

$$\varphi = 180°$$

Charakteristische Eigenschaften

Die Emitterschaltung hat eine große Spannungsverstärkung und eine große Stromverstärkung. Daraus ergibt sich auch eine große Leistungsverstärkung. Aus diesen Gründen wird die Emitterschaltung als Standardschaltung in NF-Verstärkern und HF-Verstärkern eingesetzt.

Beispiel:

Ein Transistor BC 237 A wird entsprechend **Bild 2.42** in Emitterschaltung betrieben. Er hat im Arbeitspunkt $U_{CE} = 5\,V$; $I_C = 2\,mA$; $U_{BE} = 0{,}62\,V$ folgende Daten: $h_{11e} = 2{,}7\,k\Omega$; $h_{21e} = 220$; $h_{22e} = 18\,\mu S$, $B = 170$. Zusätzlich vorgegeben sind die Werte: $U_B = 10\,V$; $U_{RE} = 1\,V$ und $I_q = 5 \cdot I_B$.

Wie groß sind V_u, V_i, V_p, r_e und r_a bei dieser Emitterschaltung, wenn

a) kein Lastwiderstand und

b) ein Lastwiderstand $R_L = 1\,k\Omega$ angeschlossen ist?

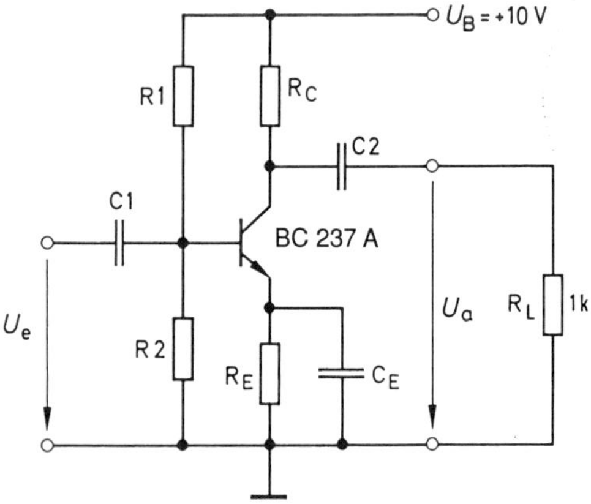

Bild 2.42 Verstärkerstufe in Emitterschaltung

$$R_C = \frac{U_B - U_{CE} - U_{RE}}{I_C} = \frac{10\,V - 5\,V - 1\,V}{2\,mA} = 2\,k\Omega$$

Gewählt: Normwert $R_C = 2{,}2\,k\Omega$

$$I_B = \frac{I_C}{B} = \frac{2\,mA}{170} = 11{,}77\,\mu A$$

$$R_2 = \frac{U_{CE} + U_{BE}}{I_q} = \frac{1\,V + 0{,}62\,V}{5 \cdot 11{,}77\,\mu A} = 27{,}5\,k\Omega$$

Gewählt: Normwert $R_2 = 27\,k\Omega$

$$R_1 = \frac{U_B - U_{BE} - U_{RE}}{I_q + I_B} = \frac{10\,V - 0{,}62\,V - 1\,V}{6 \cdot 11{,}77\,\mu A}$$

$$= 118{,}7\,k\Omega$$

Gewählt: Normwert $R_1 = 120\,k\Omega$

Spannungsverstärkung V_u

a) ohne R_L

$$V_u \approx \frac{\beta \cdot R_C}{r_{BE}} = \frac{220 \cdot 2{,}2\,k\Omega}{2{,}7\,k\Omega} = 179{,}3$$

b) mit $R_L = 1\,k\Omega$

$$V_u \approx \frac{\beta}{r_{BE}} \cdot \frac{R_C \cdot R_L}{R_C + R_L} = \frac{220}{2{,}7\,k\Omega} \cdot \frac{2{,}2\,k\Omega \cdot 1\,k\Omega}{2{,}2\,k\Omega + 1\,k\Omega} = 56$$

Die niederohmige Belastung mit $R_L = 1\,k\Omega$ verkleinert die Spannungsverstärkung auf ca. ein Drittel.

Stromverstärkung V_i

a) ohne R_L

$$V_i = \frac{h_{21e}}{1 + h_{22e} \cdot R_C} = \frac{220}{1 + 18\,\mu S \cdot 2{,}2\,k\Omega} = 211{,}6$$

b) mit $R_L = 1\,k\Omega$

$$V_i = \frac{h_{21e}}{1 + h_{22e} \cdot (R_C \parallel R_L)} = \frac{220}{1 + 18\,\mu S \cdot \frac{2{,}2\,k\Omega \cdot 1\,k\Omega}{2{,}2\,k\Omega + 1\,k\Omega}} = 217{,}3$$

Der Einfluß des Lastwiderstandes R_L auf die Stromverstärkung V_i ist wesentlich geringer als sein Einfluß auf die Spannungsverstärkung V_u.

Leistungsverstärkung V_p

a) ohne R_L

$V_p = V_u \cdot V_i = 179{,}3 \cdot 211{,}6 = 37940$

b) mit $R_L = 1\,k\Omega$

$V_p = V_u \cdot V_i = 56 \cdot 217{,}3 = 12168{,}8$

Wechselstrom-Eingangswiderstand r_e

$r_e = R_1 \parallel R_2 \parallel r_{BE} = 120\,k\Omega \parallel 27\,k\Omega \parallel 2{,}7\,k\Omega$

$r_e = 2{,}4\,k\Omega$

Näherungswert: $r_e \approx r_{BE} = 2{,}7\,k\Omega$

Wechselstrom-Ausgangswiderstand r_a

$r_a = R_C \parallel r_{CE} = 2{,}2\,k\Omega \parallel \frac{1}{18\,\mu S}$

$r_a = 2{,}1\,k\Omega$

Näherungswert: $r_a \approx R_C = 2{,}2\,k\Omega$

2.7.2 Kollektorschaltung

Bei der Kollektorschaltung ist der Kollektor gemeinsamer Bezugspunkt für das Eingangs- und Ausgangssignal. Das Grundprinzip einer Kollektorschaltung ist in **Bild 2.43** dargestellt. **Bild 2.44** zeigt die vollständige Schaltung einer Verstärkerstufe in Kollektorschaltung mit Generator, Basisvorspannungserzeugung und Lastwiderstand.

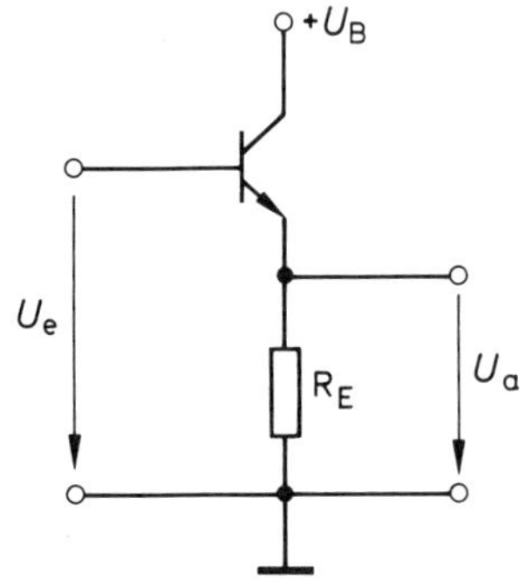

Bild 2.43 Prinzip der Kollektorschaltung

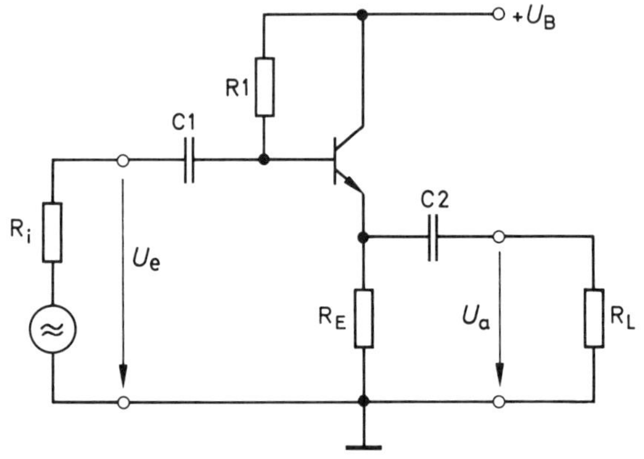

Bild 2.44 Verstärkerstufe in Kollektorschaltung

Bei der Schaltung nach Bild 2.44 wird die Basisvorspannung durch den Vorwiderstand R1 erzeugt und der Arbeitspunkt durch den Emitterwiderstand R_E stabilisiert. Dieser Emitterwiderstand darf aber bei der Kollektorschaltung nicht durch einen Kondensator überbrückt werden, weil an R_E das Ausgangssignal abgenommen wird. Der Kondensator C1 hat die Aufgabe, einen möglichen Kurzschluß der Basisvorspannung durch den Generator zu verhindern. Der Kondensator C2 trennt den Lastwiderstand gleichspannungsmäßig von der Emitterspannung ab. Beide Kondensatoren müssen eine so große Kapazität haben, daß an ihnen kein nennenswerter Wechselspannungsabfall entsteht.

Die Kennwerte einer Kollektorschaltung lassen sich aus dem Wechselstrom-Ersatzschaltbild der Kollektorschaltung herleiten. Es ist in **Bild 2.45** dargestellt.

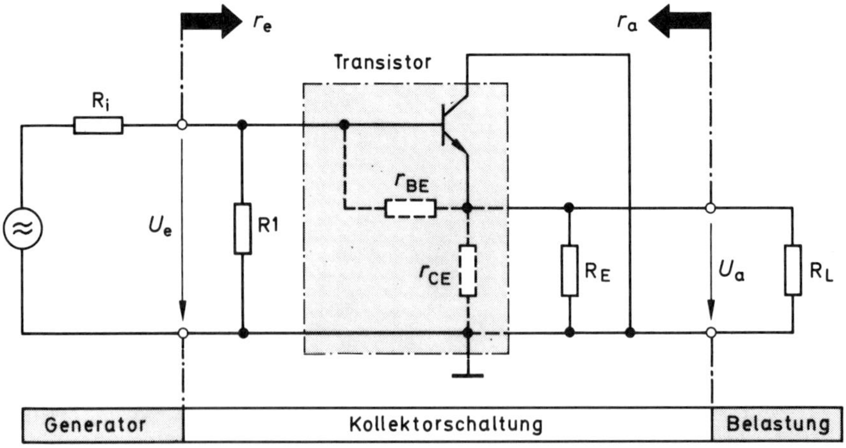

Bild 2.45 Wechselstrom-Ersatzschaltbild der Kollektorschaltung

Wechselstrom-Eingangswiderstand r_e

Der Wechselstrom-Eingangswiderstand r_e einer Kollektorschaltung setzt sich zusammen aus r_{BE} und dem mit der Stromverstärkung β multiplizierten Emitterwiderstand R_E sowie dem parallelgeschalteten Basisvorwiderstand R1.

$$r_e = [r_{BE} + \beta \cdot (R_E \parallel r_{CE})] \parallel R_1$$

Da $r_{CE} \gg R_E$ gilt:

$$r_e \approx (r_{BE} + \beta \cdot R_E) \parallel R_1$$

Wechselstrom-Ausgangswiderstand r_a

Der Wechselstrom-Ausgangswiderstand r_a einer Kollektorschaltung ergibt sich aus der Parallelschaltung des Emitterwiderstandes mit der um die Stromverstärkung β verkleinerten Reihenschaltung aus r_{BE} und dem Innenwiderstand R_i des Generators.

$$r_a = R_E \parallel \frac{r_{BE} + R_i}{\beta}$$

Spannungsverstärkung V_u

$$V_u = \frac{\Delta U_a}{\Delta U_e} = \frac{\Delta U_{RE}}{\Delta U_{RE} + \Delta U_{BE}} < 1$$

Die Ausgangsspannung ist bei der Kollektorschaltung um den Betrag der Basis-Emitterspannung kleiner als die Eingangsspannung. Aus diesem Grunde muß die Spannungsverstärkung bei der Kollektorschaltung immer kleiner 1 sein.
Mit den Transistor- und Schaltungsgrößen lautet die Gleichung:

$$V_u = \frac{\beta \cdot R_E}{\beta \cdot R_E + r_{BE}}$$

Stromverstärkung V_i

$$V_i = \frac{\Delta I_a}{\Delta I_e} = \frac{\Delta I_E}{\Delta I_B} = \frac{\Delta I_C + \Delta I_B}{\Delta I_B} = \beta + 1$$

$$V_i \approx \beta$$

Genauerer Wert:

$$V_i = \frac{r_{CE} \cdot (1 + \beta)}{R_E + r_{CE}}$$

Leistungsverstärkung V_p

Die Leistungsverstärkung ergibt sich aus dem Produkt von V_u und V_i. Daher gilt:

$$V_p = V_u \cdot V_i$$

Weil bei der Kollektorschaltung $V_u \approx 1$ und $V_i \approx \beta$, kann näherungsweise gesetzt werden:

$$V_p \approx V_i \approx \beta$$

Phasenverschiebung φ des Signals

Wird die Basis des Transistors einer Kollektorschaltung mit der positiven Halbwelle angesteuert, so erhöht sich nicht nur die Basisvorspannung, sondern auch der Basisstrom und damit auch der Kollektorstrom. Bei größerem Kollektorstrom steigt auch der Emitterstrom an und erzeugt an R_E einen größeren Spannungsabfall. Damit tritt auch beim Ausgangssignal die positive Halbwelle auf. Bei einer Kollektorschaltung entsteht somit keine Phasenverschiebung zwischen dem Eingangs- und Ausgangssignal.Daher gilt:

$$\varphi = 0°$$

Weil bei der Kollektorschaltung das Signal am Emitter ohne Phasenverschiebung dem Eingangssignal folgt, wird die Kollektorschaltung oft auch als Emitterfolger bezeichnet.

Charakteristische Eigenschaften

Die Kollektorschaltung hat einen hochohmigen Eingangswiderstand und einen niederohmigen Ausgangswiderstand. Sie eignet sich daher besonders gut als Eingangsschaltung für mehrstufige Verstärkerschaltungen, weil sie den Signalgenerator nur wenig belastet. Die Kollektorschaltung wird daher im NF-Bereich häufig zur Anpassung eines Verstärkereinganges an den Innenwiderstand einer Signalquelle eingesetzt, auch wenn ihre Spannungsverstärkung kleiner 1 ist. Hierbei wird dann die Kollektorschaltung auch als Impedanzwandler bezeichnet.

Beispiel:

Der Transistor BC 237 A wird entsprechend **Bild 2.46** in Kollektorschaltung betrieben. Dieser Transistor hat im Arbeitspunkt U_{CE} = 5 V; I_C = 2 mA und U_{BE} = 0,62 V folgende Daten: r_{BE} = 2,7 kΩ; β = 220; r_{CE} = 55,6 kΩ; B = 170.
Welche Kennwerte r_e; r_a; V_u; V_i und V_p hat diese Kollektorschaltung ohne und mit einem Lastwiderstand R_L = 1 kΩ?

$$R_E = \frac{U_B - U_{CE}}{I_E} \approx \frac{U_B - U_{CE}}{I_C} = \frac{10\,\text{V} - 5\,\text{V}}{2\,\text{mA}} = 2{,}5\,\text{k}\Omega$$

Gewählt: Normwert R_E = 2,7 kΩ

$$I_B = \frac{I_C}{B} = \frac{2\,\text{mA}}{170} = 11{,}77\,\mu\text{A}$$

$$R_1 = \frac{U_B - U_{BE} - U_{RE}}{I_B} = \frac{10\,V - 0{,}62\,V - 5\,V}{11{,}77\,\mu A} = 372\,k\Omega$$

Gewählt: Normwert $R_1 = 390\,k\Omega$

Wechselstrom-Eingangswiderstand r_e

a) ohne Lastwiderstand

$r_e \approx (r_{BE} + \beta \cdot R_E) \parallel R_1 = (2{,}7\,k\Omega + 220 \cdot 2{,}7\,k\Omega) \parallel 390\,k\Omega$

$r_e \approx 235\,k\Omega$

b) mit Lastwiderstand $R_L = 1\,k\Omega$

$r_e \approx (r_{BE} + \beta \cdot (R_E \parallel R_L)) \parallel R_1 = (2{,}7\,k\Omega + 220\,(2{,}7\,k\Omega \parallel 1\,k\Omega)) \parallel 390\,k\Omega$

$r_e \approx 115\,k\Omega$

Wechselstrom-Ausgangswiderstand r_a

$$r_a = R_E \parallel \frac{r_{BE} + R_i}{\beta} = 2{,}7\,k\Omega \parallel \frac{2{,}7\,k\Omega + 100\,\Omega}{220}$$

$r_a = 12{,}67\,\Omega$

Spannungsverstärkung V_u

a) ohne Lastwiderstand

$$V_u = \frac{\beta \cdot R_E}{\beta \cdot R_E + r_{BE}} = \frac{220 \cdot 2{,}7\,k\Omega}{220 \cdot 2{,}7\,k\Omega + 2{,}7\,k\Omega}$$

$V_u = 0{,}995$

b) mit Lastwiderstand $R_L = 1\,k\Omega$

$$V_u = \frac{\beta \cdot (R_E \parallel R_L)}{\beta\,(R_E \parallel R_L) + r_{BE}} = \frac{220\,(2{,}7\,k\Omega \parallel 1\,k\Omega)}{220\,(2{,}7\,k\Omega \parallel 1\,k\Omega) + 2{,}7\,k\Omega}$$

$V_u = 0{,}983$

Stromverstärkung V_i

$V_i \approx \beta \approx 220$ (Näherungswert)

Genauerer Wert:

$$V_i = \frac{r_{CE}\,(1 + \beta)}{R_E + r_{CE}} = \frac{55{,}6\,k\Omega\,(1 + 220)}{2{,}7\,k\Omega + 55{,}6\,k\Omega}$$

$V_i = 210{,}8$

Leistungsverstärkung V_p

a) ohne Lastwiderstand

$V_p = V_u \cdot V_i = 0{,}995 \cdot 210{,}8$

$V_p = 209{,}7$

b) mit Lastwiderstand $R_L = 1\,k\Omega$

$V_p = V_u \cdot V_i = 0{,}983 \cdot 210{,}8$

$V_p = 207{,}2$

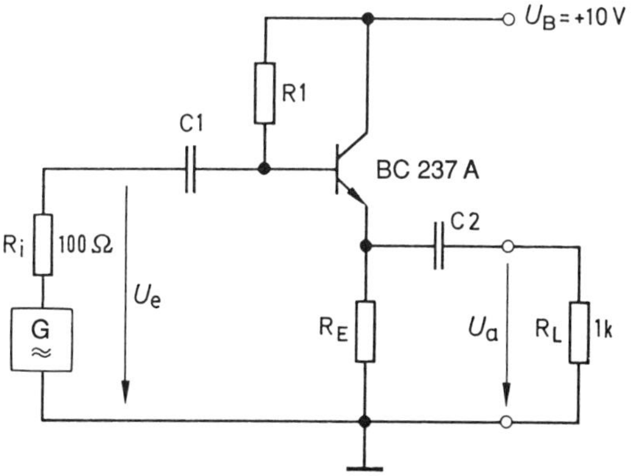

Bild 2.46 Verstärkerstufe in Kollektorschaltung

2.7.3 Zusammenfassung und Gegenüberstellung

In **Bild 2.47** sind die Berechnungsformeln und die typischen Kennwerte der drei Transistorgrundschaltungen zusammengefaßt und gegenübergestellt.

		Emitterschaltung	Kollektorschaltung	Basisschaltung
Schaltung		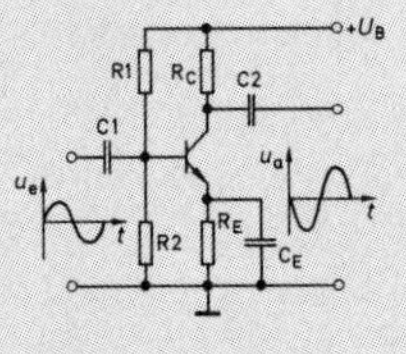	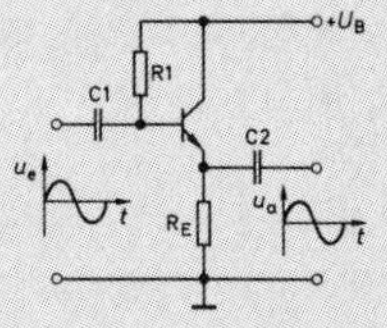	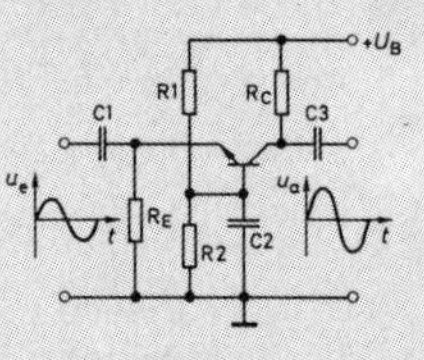
Wechselstromeingangswiderstand	Gleichung	$r_e = r_{BE} \parallel R_1 \parallel R_2$ $r_e \approx r_{BE}$	$r_e = (r_{BE} + \beta \cdot R_E) \parallel R_1$	$r_e = \frac{r_{BE}}{\beta} \parallel R_E$
	typ. Werte	0,4 kΩ ... 5 kΩ	200 kΩ ... 500 kΩ	50 Ω ... 200 Ω
Wechselstromausgangswiderstand	Gleichung	$r_a = R_C \parallel r_{CE}$ $r_a \approx R_C$	$r_a = \frac{r_{BE} + R_i}{\beta} \parallel R_E$	$r_a = R_C \parallel r_{CE}$ $r_a \approx R_C$
	typ. Werte	10 kΩ ... 100 kΩ	100 Ω ... 500 Ω	50 kΩ ... 200 kΩ
Spannungsverstärkung	Gleichung	$V_u = \frac{\beta}{r_{BE}} \cdot \frac{r_{CE} \cdot R_C}{r_{CE} + R_C}$ $V_u \approx \frac{\beta \cdot R_C}{r_{BE}}$	$V_u = \frac{\beta \cdot R_E}{\beta \cdot R_E + r_{BE}}$ $V_u \approx 1$	$V_u = \frac{\beta}{r_{BE}} \cdot \frac{r_{CE} \cdot R_C}{r_{CE} + R_C}$ $V_u \approx \frac{\beta \cdot R_C}{r_{BE}}$
	typ. Werte	100 ... 1000	<1	100 ... 1000
Stromverstärkung	Gleichung	$V_i = \frac{\beta \cdot r_{CE}}{R_C + r_{CE}}$ $V_i \approx \beta$	$V_i = \frac{r_{CE}(1 + \beta)}{R_E + r_{CE}}$ $V_i \approx \beta$	$V_i = \frac{\beta}{1 + \beta}$ $V_i \approx 1$
	typ. Werte	20 ... 500	20 ... 500	<1
Leistungsverstärkung	Gleichung	$V_p = V_u \cdot V_i$ $V_p \approx \beta^2 \cdot \frac{R_C}{r_{BE}}$	$V_p = V_u \cdot V_i$ $V_p \approx \beta$	$V_p = V_u \cdot V_i$ $V_p \approx V_u$
	typ. Werte	2000 ... 50 000	20 ... 500	100 ... 1000
Phasenverschiebung (tiefe Frequenzen)		$\varphi = 180°$	$\varphi = 0°$	$\varphi = 0°$
Anwendung		Standardschaltung für NF- und HF-Schaltungen	Impedanzwandler NF-Eingangsstufen	HF-Verstärker besonders bei $f > 100$ MHz

Bild 2.47 Zusammenfassung und Gegenüberstellung der wichtigsten Kennwerte der drei Transistorgrundschaltungen

2.8 Anwendungsbeispiele

Der Einsatz von bipolaren Transistoren hat der Elektronik ganz entscheidend zum Durchbruch verholfen. Obwohl integrierte Schaltkreise die bisherigen diskreten Schaltungen und Transistoren immer mehr verdrängen, wird der bipolare Transistor auch in Zukunft noch in vielen elektronischen Schaltungen seine Bedeutung noch behalten. Dieses gilt insbesondere auch für die Lösung von Anpassungsproblemen an Eingängen und Ausgängen von integrierten Schaltkreisen sowie für Leistungsverstärker.

Beim Einsatz von bipolaren Transistoren in Verstärkerschaltungen ist im wesentlichen zu unterscheiden zwischen Gleichspannungsverstärkern, Wechselspannungsverstärkern, Leistungsverstärkern und Schaltverstärkern. Gleichspannungsverstärker werden immer dann eingesetzt, wenn Gleichspannungen oder Spannungsschwankungen sehr niedriger Frequenz verstärkt werden müssen. Mit Wechselspannungsverstärkern lassen sich Signale mit Frequenzen von einigen Hertz bis zu einigen Gigahertz verstärken. Gleichspannungsänderungen werden nicht übertragen. Leistungsverstärker sollen eine möglichst große Signalleistung an einen Verbraucher abgeben. Eingesetzt werden hierfür meistens Transistoren mit hohen Kollektorströmen und Verlustleistungen. Schaltverstärker haben zwei sehr unterschiedliche Arbeitspunkte. Die Ansteuerung von Schaltverstärkern erfolgt mit rechteckförmigen Signalspannungen. Die Wahl der Transistoren erfolgt hier im wesentlichen nach der Größe der zu schaltenden Ströme und der Schaltgeschwindigkeit.

2.8.1 Gleichspannungsverstärker

Damit auch Gleichspannungsänderungen übertragen werden können, dürfen Gleichspannungsverstärker keine frequenzabhängigen Bauteile wie z. B. Kondensatoren enthalten. **Bild 2.48** zeigt die Schaltung eines Gleichspannungsverstärkers.

Die Basisvorspannung des Gleichspannungsverstärkers nach Bild 2.48 wird durch den Spannungsteiler aus R1 und R2 erzeugt. Um eine wirksame thermische Stabilisierung des Arbeitspunktes zu erhalten, wird ein Emitterwiderstand R_E benutzt. Damit die Verstärkung aber frequenzunabhängig bleibt, darf der Emitterwiderstand hier nicht durch

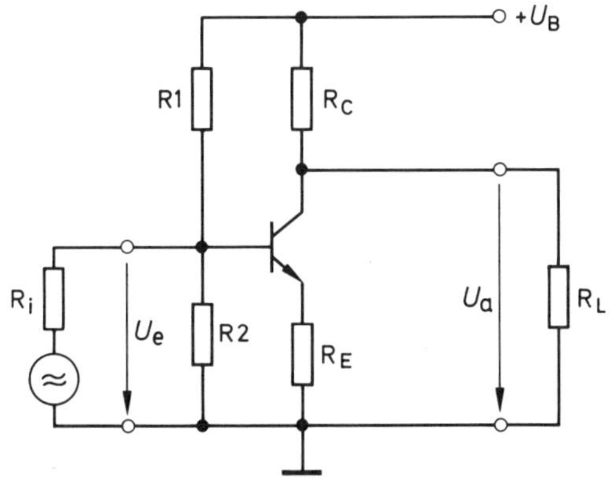

Bild 2.48 Schaltung eines Gleichspannungsverstärkers

einen Emitterkondensator überbrückt werden. Ohne diesen Emitterkondensator liegt jedoch eine Gegenkopplung vor, wie sie bereits in Abschnitt 2.6.3 beschrieben wurde. Für eine Emitterschaltung mit Emitterkondensator gilt bei $r_{CE} \gg R_C$ entsprechend Abschnitt 2.7.1 ohne Lastwiderstand

$$V_u \approx \frac{\beta \cdot R_C}{r_{BE}} \approx \frac{\beta \cdot R_C}{r_e}$$

Für die Spannungsverstärkung einer Emitterschaltung ohne Emitterkondensator und ohne Lastwiderstand entsprechend Bild 2.48 gilt:

$$V_u \approx \frac{\beta \cdot R_C}{r_{BE} + \beta \cdot R_E} \approx \frac{R_C}{R_E}$$

Beispiel

Der Transistor BC 237 A hat für den Arbeitspunkt U_{CE} = 5 V; I_C = 2 mA und U_{BE} = 0,62 V folgende Daten: h_{11e} = 2,7 kΩ; h_{21e} = 220. Der Kollektorwiderstand wurde mit R_C = 2,2 kΩ und der Emitterwiderstand R_E = 470 Ω gewählt.
Wie groß ist die Spannungsverstärkung, wenn ein nach Bild 2.48 aufgebauter Verstärker
a) als Wechselspannungsverstärker mit Emitterkondensator und
b) als Gleichspannungsverstärker ohne Emitterkondensator betrieben wird?

a) $V_u \approx \frac{\beta \cdot R_C}{r_{BE}} = \frac{220 \cdot 2{,}2\,\text{k}\Omega}{2{,}7\,\text{k}\Omega} = 179$

b) $V_u \approx \frac{R_C}{R_E} = \frac{2{,}2\,\text{k}\Omega}{470\,\Omega} = 4{,}68$

In diesem Beispiel ist deutlich zu erkennen, daß ein Gleichspannungsverstärker eine sehr viel kleinere Spannungsverstärkung als ein gleichartig aufgebauter Wechselspannungsverstärker hat. Um eine ausreichend große Spannungsverstärkung auch bei Gleichspannungsverstärkern zu erzielen, müssen in der Regel mehrere Verstärkerstufen hintereinander geschaltet werden. Dabei ergeben sich aber erhebliche schaltungstechnische Schwierigkeiten wegen der Potentialanpassung der Eingangs- und Ausgangssignale und der thermischen Arbeitspunktverschiebungen.
Eine andere Möglichkeit, die Verstärkung eines Gleichspannungsverstärkers zu erhöhen, bietet der Darlington-Transistor. Sein Grundprinzip und sein Schaltzeichen sind in **Bild 2.49** dargestellt.

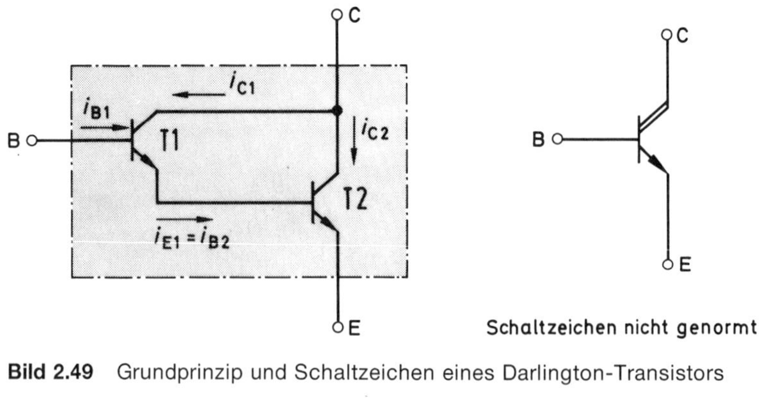

Bild 2.49 Grundprinzip und Schaltzeichen eines Darlington-Transistors

Bei einem Darlington-Transistor werden zwei oder mehrere Transistoren gleicher Zonenfolge so zusammengeschaltet, daß die Kollektoren der Transistoren miteinander verbunden sind. Weiterhin ist der Emitter des vorhergehenden Transistors jeweils an der Basis des nachfolgenden Transistors angeschlossen. Die so entstandene neue Einheit hat wiederum drei Anschlüsse, die ebenfalls als Emitter, Basis und Kollektor bezeichnet werden.
Durch eine derartige Zusammenschaltung von z. B. zwei Transistoren ergeben sich für den Darlington-Transistor folgende Größen:

$$U'_{BE} = U_{BE1} + U_{BE2}$$

$$B' \approx B_1 \cdot B_2$$

$$\beta' \approx \beta_1 \cdot \beta_2$$

$$r'_{BE} = r_{BE1} + \beta_1 \cdot r_{BE2} \approx 2 \cdot r_{BE1}$$

$$r'_{CE} = r_{CE2} \parallel \frac{2\, r_{CE1}}{\beta_2} \approx \frac{2}{3} \cdot r_{CE2}$$

Der besondere Vorteil eines Darlington-Transistors liegt in seiner großen Stromverstärkung, die sich aus dem Produkt der Stromverstärkung der einzelnen Transistoren ergibt. So ist bei diesem Transistor in der Regel die Stromverstärkung $B' > 1000$. Da keine frequenzabhängigen Bauteile einen Einfluß auf die Verstärkung ausüben, gelten die Darlington-Transistoren als Gleichstromverstärker. Wegen ihrer großen Stromverstärkung werden sie insbesondere in Leistungsverstärkern, dagegen weniger in Kleinsignalverstärkerstufen eingesetzt.
Wird ein NPN-Transistor mit einem PNP-Transistor entsprechend **Bild 2.50** zusammengeschaltet, so entsteht ein Komplementär-Darlington-Transistor.

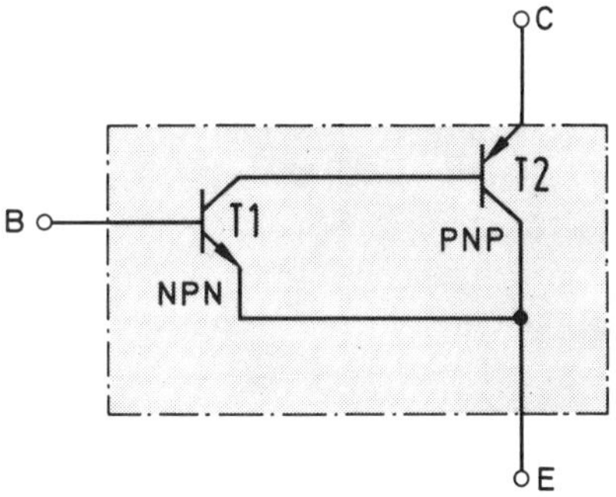

Bild 2.50 Komplementär-Darlington-Transistor

Der Transistortyp, der sich durch diese Zusammenschaltung ergibt, wird durch den Eingangstransistor T1 bestimmt. So zeigt der in Bild 2.50 angegebene Komplementär-Darlington-Transistor das Verhalten eines NPN-Transistors, weil es sich bei dem Eingangstransistor T1 hier um einen NPN-Transistor handelt.
Komplementär-Darlington-Transistoren haben den Vorteil, daß sie nur eine sehr kleine Schleusenspannung besitzen. Als weitere Werte ergeben sich:

$$B' \approx B_1 \cdot B_2 \qquad r'_{BE} = r_{BE1}$$

$$\beta' \approx \beta_1 \cdot \beta_2 \qquad r'_{CE} = r_{CE2} \parallel \frac{r_{CE1}}{\beta_2}$$

Mit Komplementär-Darlington-Transistoren lassen sich z. B. Emitterfolger aufbauen, die sehr günstige Werte für den Eingangs- und Ausgangswiderstand haben. Ein derartiger Emitterfolger ist in **Bild 2.51** gezeigt.

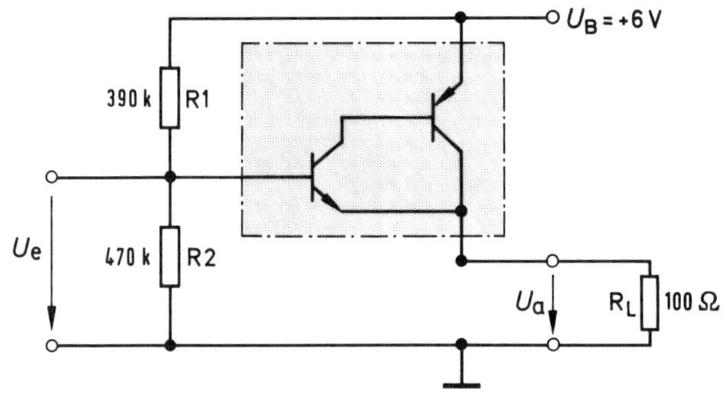

Bild 2.51 Emitterfolge mit Komplementär-Darlington-Transistor

Die in Bild 2.49 und Bild 2.50 angegebenen Darlington-Transistoren bzw. Komplementär-Darlington-Transistoren können durchaus aus einzelnen Transistoren zusammengeschaltet werden. Von den Herstellern werden verschiedene Typen angeboten, bei denen die zwei oder drei Transistoren in einem Gehäuse enthalten sind. Es handelt sich hier dann um die einfachste Form einer integrierten Schaltung.

2.8.2 Wechselspannungsverstärker

Bei den Wechselspannungsverstärkern ist im wesentlichen zwischen Breitbandverstärkern und selektiven Verstärkern zu unterscheiden. Als Breitbandverstärker werden Wechselspannungsverstärker bezeichnet, die einen großen Frequenzbereich übertragen können. So muß z. B. ein Niederfrequenzverstärker Signalspannungen mit Frequenzen zwischen etwa 20 Hz und 20 kHz verstärken können. **Bild 2.52** zeigt die Schaltung eines NF-Verstärkers.

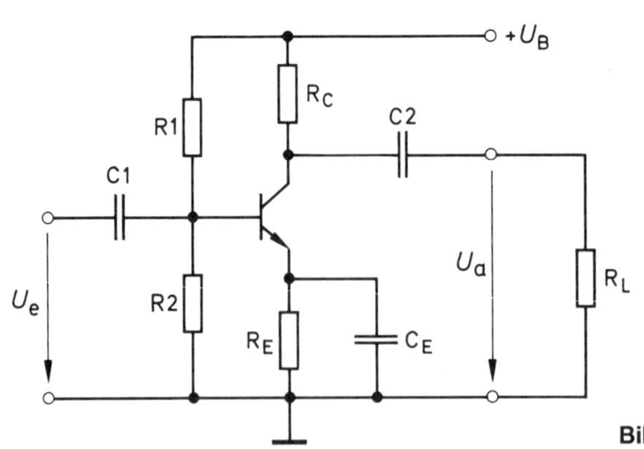

Bild 2.52 Breitbandiger NF-Verstärker

Bei der Schaltung nach Bild 2.52 handelt es sich um eine Emitterschaltung. Die Festlegung des Arbeitspunktes und die Berechnung der Widerstände erfolgt entsprechend. Durch den Kondensator C1 wird die Basisspannung von der Generatorspannung gleichspannungsmäßig abgeblockt und durch den Kondensator C2 der Lastwiderstand von der Kollektorspannung. Für den Eingang ergibt sich eine Ersatzschaltung nach **Bild 2.53**. Sie stellt einen Hochpaß für das Eingangssignal dar.

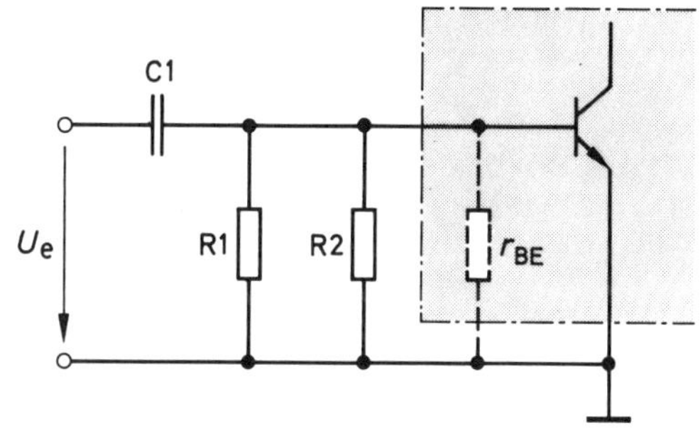

Bild 2.53 Eingangshochpaß

Für die untere Grenzfrequenz eines Hochpasses gilt ganz allgemein:

$$f_{gu} = \frac{1}{2\,\pi \cdot R \cdot C}$$

Damit ergibt sich für den Eingangshochpaß des NF-Verstärkers nach Bild 2.52:

$$f_{gu} = \frac{1}{2\,\pi \cdot r_e \cdot C_1}$$

mit $r_e = R_1 \parallel R_2 \parallel r_{BE}$

Beispiel

Ein NF-Verstärker nach Bild 2.52 ist mit einem Transistor BC 237 A aufgebaut und soll eine untere Grenzfrequenz f_{gu} = 20 Hz haben. Die Widerstände haben die Werte R_1 = 120 kΩ; R_2 = 27 kΩ; r_{BE} = 2,7 kΩ.
Welchen Wert muß der Eingangskondensator haben?

$$C_1 \approx \frac{1}{2\,\pi \cdot f_{gu} \cdot r_e} \qquad \text{mit } r_e = R_1 \parallel R_2 \parallel r_{BE} = 120\,\text{k}\Omega \parallel 27\,\text{k}\Omega \parallel 2{,}7\,\text{k}\Omega = 2{,}4\,\text{k}\Omega$$

$$C_1 \approx \frac{1}{2\,\pi \cdot 20\,\text{Hz} \cdot 2{,}4\,\text{k}\Omega} = 3{,}3\,\mu\text{F}$$

Am Ausgang bildet der Kondensator C2 mit den wechselspannungsmäßig parallelliegenden Widerständen R_C, und r_{CE} sowie dem Lastwiderstand R_L ebenfalls einen Hochpaß. Die Ersatzschaltung für den NF-Verstärker-Ausgang ist in **Bild 2.54** angegeben.
Auch hier gilt für die untere Grenzfrequenz:

$$f_{gu} = \frac{1}{2\,\pi \cdot (r_a + R_L) \cdot C_2}$$

mit $r_a = R_C \parallel r_{CE}$

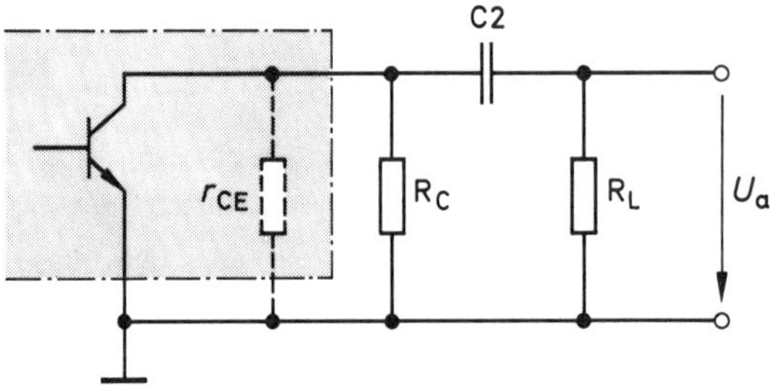

Bild 2.54 Ausgangshochpaß

Mit Hilfe der beiden Gleichungen lassen sich bei vorgegebener unterer Grenzfrequenz die erforderlichen Werte für die Kondensatoren C1 und C2 näherungsweise berechnen oder bei vorgegebenen Werten der Kondensatoren die untere Grenzfrequenz des Verstärkers.
Die obere Grenzfrequenz eines Wechselspannungsverstärkers wird bestimmt durch
die Transistorkapazitäten,
die Frequenzabhängigkeit von β,
die Schaltkapazitäten des Aufbaues.

Transistorkapazitäten

Bei einem Transistor wird die Kollektor-Basis-Strecke in Sperrichtung betrieben. Daher ist auch eine Sperrschichtkapazität C_{CB} vorhanden, die nicht vernachlässigt werden kann. Sie liegt je nach Transistortyp zwischen etwa 0,5 pF und 50 pF. Wird auch die Emitter-Basis-Strecke in Sperrichtung betrieben, so tritt hier ebenfalls eine Sperrschichtkapazität C_{EB} auf. Weiterhin besitzt jeder Transistor auch noch eine Kapazität C_{CE} zwischen Kollektor und Emitter. In **Bild 2.55** sind die Transistorkapazitäten als reale Kapazitäten eingezeichnet.

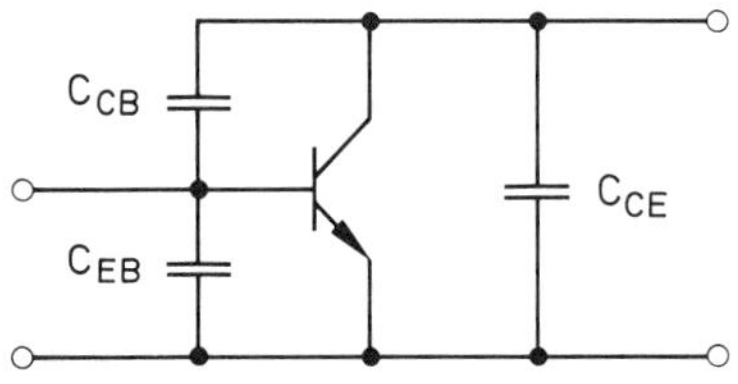

Bild 2.55 Trasistorkapazitäten

Beim Betrieb eines Transistors als Kleinsignalverstärker wird die Emitter-Basis-Strecke in Durchlaßrichtung betrieben, so daß in diesem Fall nur die Kollektor-Basis-Kapazität C_{CB} wirksam ist. Die Hersteller geben in den Datenblättern daher nur die beiden Transistorkapazitäten C_{CB} und C_{EB} an. Da der Wert dieser Sperrschichtkapazitäten von den angelegten Sperrspannungen abhängig ist, wird diese Abhängigkeit wie bei den Dioden in einer Kennlinie dargestellt. In **Bild 2.56** ist die Abhängigkeit der Transistorkapazitäten für die Transistoren BC 237, BC 238 und BC 239 in einem Diagramm dargestellt.

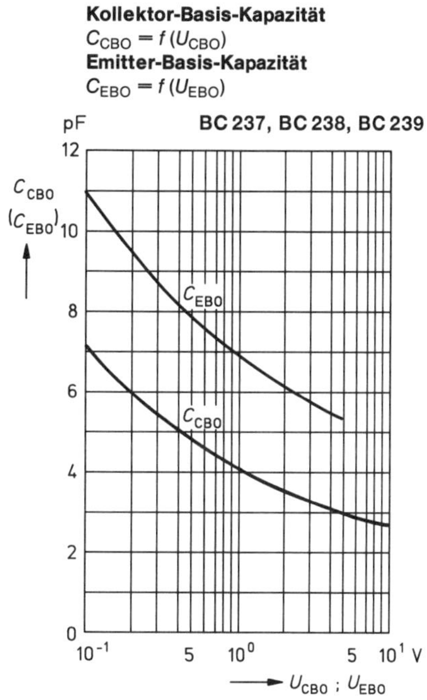

Bild 2.56 Spannungsabhängigkeit der Transistorkapazitäten für die Transistoren BC 237, BC 238 und BC 239

Frequenzabhängigkeit der Stromverstärkung

Da jeder Transistor eine Kollektor-Basis-Kapazität C_{CB} hat, entsteht in Verbindung mit dem Ausgangswiderstand des Transistors ein Tiefpaß für die Signalfrequenz. Zusätzlich macht sich aber bei höheren Frequenzen auch die Laufzeit der Ladungsträger durch den Transistor bemerkbar. Aus diesen Gründen wird die Stromverstärkung $\beta = h_{21e}$ des Transistors mit zunehmender Frequenz kleiner. Dieser Zusammenhang ist in **Bild 2.57** dargestellt.

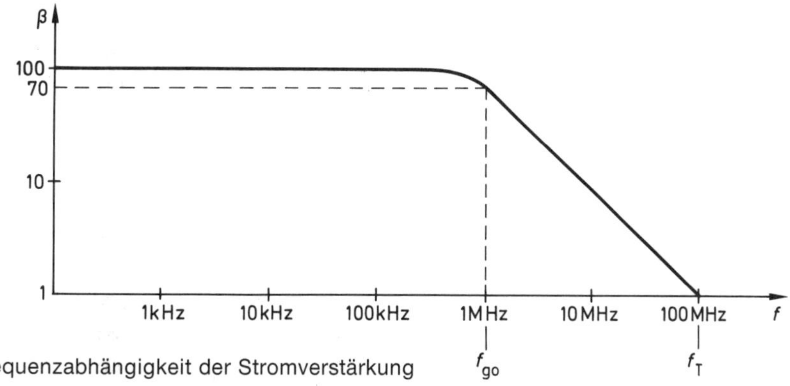

Bild 2.57 Frequenzabhängigkeit der Stromverstärkung eines Transistors

In Bild 2.57 ist die Stromverstärkung bei niedrigen Frequenzen mit 100 % angesetzt. Als *Grenzfrequenz* f_{go} des Transistors wird diejenige Frequenz bezeichnet, bei der die Stromverstärkung auf $1/\sqrt{2} \approx 70{,}7$ % der Stromverstärkung bei niedrigen Frequenzen abgesunken ist. Eine Verstärkerwirkung ist aber auch noch oberhalb f_{go} vorhanden. Erst bei $\beta = 1$ kann keine Verstärkung auftreten. Die Frequenz, bei der $\beta = 1$ ist, wird als *Transitfrequenz* f_T bezeichnet und von den Herstellern in den Datenblättern angegeben.

Zwischen Transitfrequenz, Grenzfrequenz und Stromverstärkung eines Transistors gilt folgender Zusammenhang:

$$f_T = f_{go} \cdot \beta \qquad \text{(mit } \beta \text{ bei } f = 1 \text{ kHz)}$$

Daraus ergibt sich bei f_T = const., daß die Grenzfrequenz eines Transistors um so kleiner ist, je größer die Stromverstärkung β ist.

Beispiel

Für den Transistor BC 237 werden $f_T = 250$ MHz und $\beta = 330$ (bei $f = 1$ kHz) angegeben. Die Grenzfrequenz dieses Transistortyps beträgt daher

$$f_{go} = \frac{f_T}{\beta} = \frac{250 \text{ MHz}}{330} = 757 \text{ kHz}$$

Die Sperrschichtkapazität und die Schaltkapazität bilden zusammen mit dem Kollektorwiderstand einen Tiefpaß, durch den die obere Grenzfrequenz des Verstärkers bestimmt wird. Die Ersatzschaltung dieses Tiefpasses ist in **Bild 2.58** angegeben.

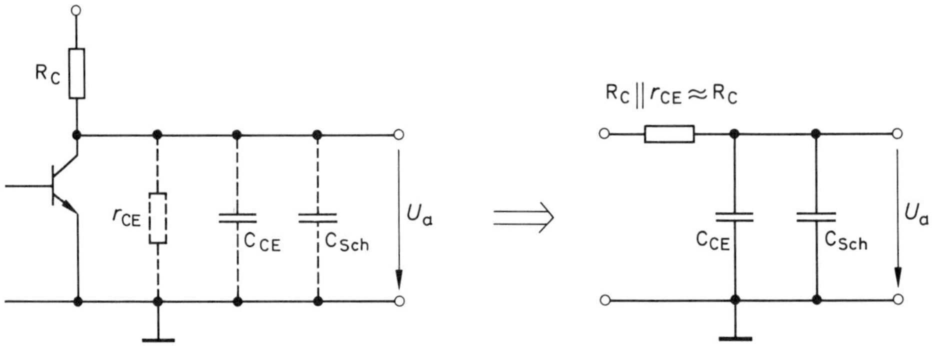

Bild 2.58 Ausgangstiefpaß

Für die obere Grenzfrequenz eines Tiefpasses gilt ganz allgemein:

$$f_{go} = \frac{1}{2\,\pi \cdot R \cdot C}$$

und somit für den Ausgangstiefpaß eines NF-Verstärkers

$$f_{go} \approx \frac{1}{2\,\pi \cdot R_C \cdot (C_{CE} + C_{Sch})}$$

Beispiel

Wie groß ist die obere Grenzfrequenz eines Wechselspannungsverstärkers, wenn $R_C = 2{,}2\,\text{k}\Omega$; $C_{CE} = 3{,}5\,\text{pF}$ und $C_{Sch} = 100\,\text{pF}$ betragen?

$$f_{go} \approx \frac{1}{2\,\pi \cdot R_C \cdot (C_{CE} + C_{Sch})} = \frac{1}{2\,\pi \cdot 2{,}2\,\text{k}\Omega\,(2{,}5\,\text{pF} + 100\,\text{pF})}$$

$$f_{go} \approx 700\,\text{kHz}$$

Bei dieser Rechnung ist der Einfluß der Frequenzabhängigkeit der Stromverstärkung β des Transistors nicht berücksichtigt.

Die Berechnung der oberen und der unteren Grenzfrequenz eines Wechselspannungsverstärkers ist mit den angegebenen Gleichungen nur in grober Näherung möglich. Daher können f_{gu} und f_{go} sowie die Bandbreite b von Wechselspannungsverstärkern mit genügender Genauigkeit nur meßtechnisch ermittelt werden.
Selektive Verstärker werden insbesondere zur Verstärkung von HF-Signalen eingesetzt. Sie sollen nur Signale eines schmalen Frequenzbereiches verstärken. Dieses wird möglich, wenn anstelle eines ohmschen Kollektorwiderstandes ein Parallelschwingkreis eingesetzt wird. Er hat bei Resonanzfrequenz seinen größten Widerstandswert und damit die Stufe auch die größte Verstärkung. **Bild 2.59** zeigt einen selektiven Wechselspannungsverstärker.

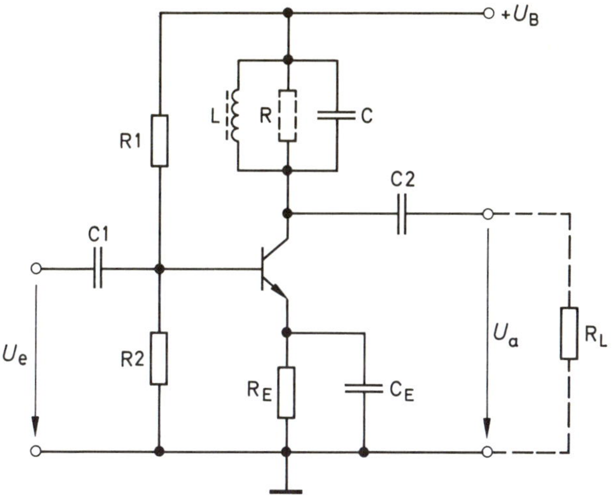

Bild 2.59 Selektiver Wechselspannungsverstärker

Die Resonanzfrequenz eines selektiven Verstärkers nach Bild 2.59 läßt sich mit Hilfe der Thomsonschen Schwingungsgleichung berechnen.

$$f_o = \frac{1}{2\,\pi\sqrt{L \cdot C}}$$

Die Bandbreite hängt von der Güte des Schwingkreises ab. Für die Güte Q eines Parallelschwingkreises gilt ganz allgemein:

$$Q = \frac{R}{X_C} = \frac{R}{X_L} \qquad \text{mit } R = Z_o = \text{Resonanzwiderstand}$$

Bei einem selektiven Verstärker ist dem Resonanzwiderstand R noch der Ausgangswiderstand r_{CE} parallelgeschaltet. Damit wird:

$$Q = \frac{R \parallel r_{CE}}{X_C} = \frac{R \parallel r_{CE}}{X_L}$$

Somit ergibt sich für die Bandbreite:

$$b = \frac{f_o}{Q} = f_o \cdot \frac{X_C}{R \parallel r_{CE}} = f_o \cdot \frac{X_L}{R \parallel r_{CE}}$$

Die Verstärkung eines selektiven Verstärkers bei Resonanzfrequenz läßt sich mit Hilfe der Gleichung

$$V_u = \frac{\beta \cdot (R \parallel r_{CE})}{r_{BE}}$$

berechnen. Da bei HF-Transistoren stets der Wert y_{21} angegeben ist, lautet die Gleichung hiermit:

$$V_u = y_{21} \cdot (R \parallel r_{CE}) \qquad \text{(Spannungsverstärkung bei Resonanzfrequenz } f_o\text{)}$$

In **Bild 2.60** ist die Abhängigkeit der Spannungsverstärkung V_u von der Frequenz für einen selektiven Verstärker dargestellt.

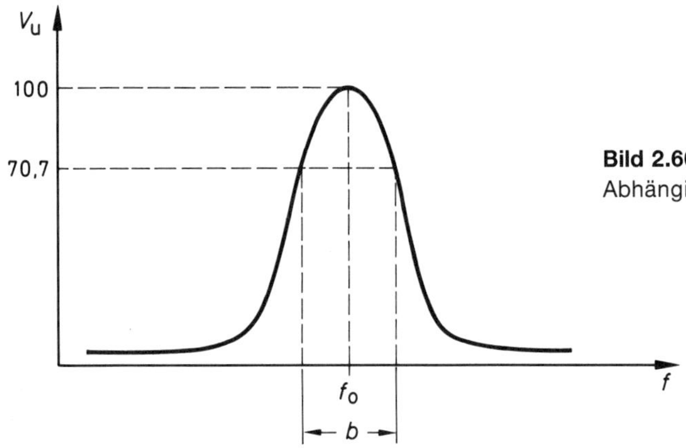

Bild 2.60 Spannungsverstärkung in Abhängigkeit von der Frequenz

Beispiel

Der Transistor BF 255 hat bei f = 450 kHz die Daten y_{21} = 36 mS und $g_{22} = \frac{1}{r_{CE}}$ = 2,7 µS. Er wird in einem selektiven Verstärker für f_o = 450 kHz entsprechend Bild 2.59 eingesetzt. Der Parallelschwingkreis hat eine Spule mit L = 500 µH und einen Resonanzwiderstand R = 200 kΩ. Wie groß sind die Schwingkreiskapazität C, die Verstärkung V_u und die Bandbreite b, wenn

a) kein Lastwiderstand R_L und
b) ein Lastwiderstand R_L = 10 kΩ vorhanden ist?

a) $R_L = \infty\ \Omega$

$$f_o = \frac{1}{2\pi \cdot \sqrt{L \cdot C}}$$

$$C = \frac{1}{4\,\pi^2 \cdot f_0^2 \cdot L} = \frac{1}{4\,\pi^2 \cdot (450\,\text{kHz})^2 \cdot 500\,\mu\text{H}} = 250\,\text{pF}$$

$$V_u = y_{21} \cdot (R \,\|\, r_{CE}) \quad \text{mit} \quad r_{CE} = \frac{1}{g_{22}} = \frac{1}{2{,}7\,\mu\text{S}} = 370\,\text{k}\Omega$$

$$V_u = 36\,\text{mS} \cdot (200\,\text{k}\Omega \,\|\, 370\,\text{k}\Omega) = 36\,\text{mS} \cdot 130\,\text{k}\Omega = 4680$$

$$b = \frac{f_o}{Q} = \frac{f_o \cdot X_L}{R \,\|\, r_{CE}} = \frac{f_o \cdot 2\,\pi\, f_o \cdot L}{R \,\|\, r_{CE}} = \frac{(450\,\text{kHz})^2 \cdot 2\,\pi \cdot 500\,\mu\text{H}}{130\,\text{k}\Omega}$$

$$b \approx 5\,\text{kHz}$$

b) $R_L = 10\,\text{k}\Omega$

$$V_u = y_{21} \cdot (R \,\|\, r_{CE} \,\|\, R_L) = 36\,\text{mS} \cdot (200\,\text{k}\Omega \,\|\, 370\,\text{k}\Omega \,\|\, 10\,\text{k}\Omega) = 36\,\text{mS} \cdot 9{,}3\,\text{k}\Omega = 334$$

$$b = \frac{f_o}{Q} = \frac{f_o^2 \cdot 2\,\pi \cdot L}{R \,\|\, r_{CE} \,\|\, R_L} = \frac{(450\,\text{kHz})^2 \cdot 2\,\pi \cdot 500\,\mu\text{H}}{200\,\text{k}\Omega \,\|\, 370\,\text{k}\Omega \,\|\, 10\,\text{k}\Omega}$$

$$b \approx 68{,}5\,\text{kHz}$$

In diesem Beispiel ist deutlich zu erkennen, welchen großen Einfluß der Lastwiderstand R_L auf die Verstärkung und die Bandbreite eines selektiven Verstärkers hat. Auch für selektive Verstärker gilt, daß die Berechnung nur zu Näherungwerten für V_u und b führt und die genauen Werte eines Verstärkers meßtechnisch ermittelt werden müssen.

2.8.3 Leistungsverstärker

Leistungsverstärker sollen eine möglichst große Signalleistung an den Verbraucher abgeben. Derartige Verbraucher können z. B. Lautsprecher, Relais, Magnetventile, Sendeantennen, Schrittmotore oder Infrarot-Sende-Dioden sein. Bei den Leistungsverstärkern handelt es sich daher immer um die Endstufen eines Gesamtverstärkers. Da große Leistungen auch stets große Spannungen und Ströme erfordern, werden bei Leistungsverstärkern die Transistoren voll durchgesteuert. Leistungsverstärker sind daher immer auch Großsignalverstärker. Eine nicht völlig lineare Kennlinie führt dabei zu Verzerrungen. Daher ist neben der Signalleistung auch die Verzerrungsfreiheit von großer Bedeutung.
Als Wirkungsgrad des Leistungsverstärkers ist festgelegt:

$$\eta = \frac{P_{ab}}{P_{zu}} = \frac{\text{an den Verbraucher abgegebene Leistung}}{\text{der Gleichstromquelle entnommene Leistung}}$$

Gute Leistungsverstärker erreichen einen Wirkungsgrad von $\eta \approx 0{,}7$, also bis zu 70 %. Die Verlustleistung berechnet sich zu:

$$P_V = P_{zu} - P_{ab}$$

Diese Verlustleistung wird im Transistor in Wärme umgewandelt und muß an die Umgebungsluft abgeführt werden. Wegen ihrer relativ großen Verlustleistung sind die Leistungstransistoren meistens auf Kühlkörper montiert oder mit aufgesteckten Kühlfahnen versehen.

Leistungsverstärker können in unterschiedlichen Arbeitspunkten betrieben werden. Je nach Lage des Arbeitspunktes auf der Arbeitsgeraden wird zwischen einem A-Betrieb, einem AB-Betrieb, einem B-Betrieb und einem C-Betrieb unterschieden. Die Lage des Arbeitspunktes bzw. die entsprechende Bezeichnung gibt auch einen Hinweis auf die Betriebsart eines Leistungsverstärkers. Unterschieden wird hierbei zwischen Eintaktverstärkern und Gegentaktverstärkern.

Bei *A-Betrieb* eines Leistungsverstärkers liegt der Arbeitspunkt in der Mitte des geradlinigen Kennlinienteiles. Der Transistor wird dabei durch beide Halbwellen des Steuersignals ausgesteuert. Daher wird diese Betriebsart auch als Eintaktverstärker bezeichnet. **Bild 2.61** zeigt das Kennlinienfeld für A-Betrieb.

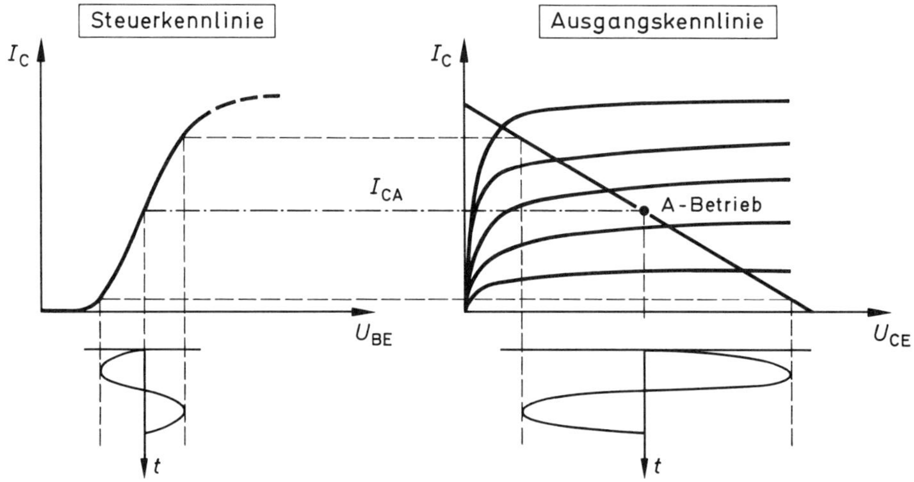

Bild 2.61 Kennlinienfeld für A-Betrieb

Wegen des ständig fließenden großen Ruhestromes tritt bei A-Betrieb eines Leistungsverstärkers die größte Verlustleistung $P_{V\,max}$ auf, wenn der Verstärker nicht ausgesteuert wird. Obwohl diese Verlustleistung bei Aussteuerung kleiner wird, kann der Wirkungsgrad η bei A-Betrieb theoretisch nie größer als 0,5 werden.

$\eta \leqq 0{,}5 \mathrel{\hat{=}} 50\,\%$ (Wirkungsgrad bei A-Betrieb)

Wegen der Kennlinienkrümmungen führt eine größere Aussteuerung stets zu Verzerrungen. Der A-Betrieb eines Leistungsverstärkers hat daher einige wesentliche Nachteile. Es sind:

kleiner linearer Aussteuerbereich,
hoher Ruhestrom,
kleiner Wirkungsgrad.

Eintaktverstärker können sowohl in Emitterschaltung als auch in Kollektorschaltung betrieben werden. Beide Möglichkeiten sind in **Bild 2.62** angegeben.

Die Kollektorschaltung hat zwar gegenüber der Emitterschaltung eine kleinere Leistungsverstärkung und einen maximalen Wirkungsgrad η_{max} = 6,25 %, aber dafür

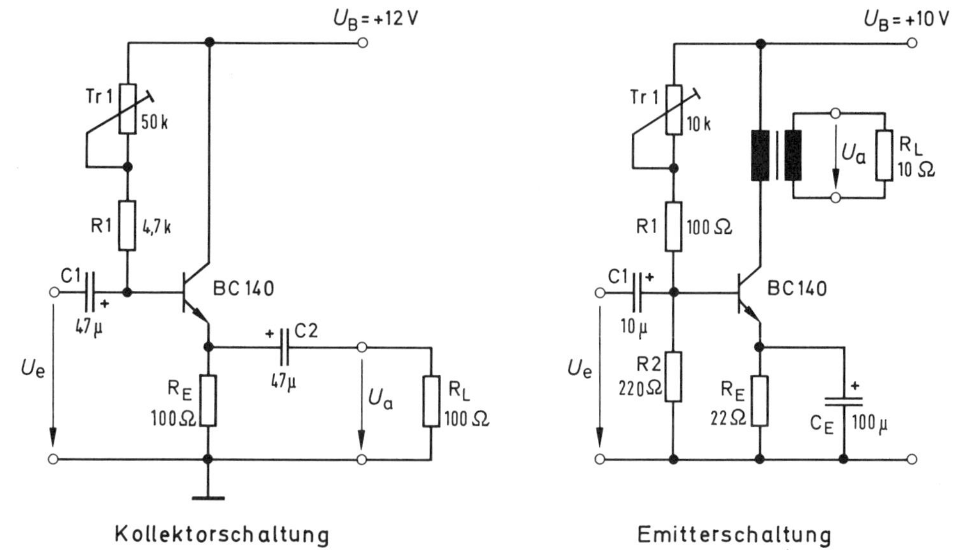

Bild 2.62 Eintakt-A-Verstärker

den Vorteil, daß der Eingangswiderstand r_e hochohmig ist. Bei der Kollektorschaltung wird daher die Signalquelle nur wenig belastet.

Bei der Emitterschaltung nach Bild 2.62 wird wegen der Leistungsanpassung ($R_L = r_a$) der niederohmige Lastwiderstand R_L mittels eines Transformators auf den erforderlichen Wert des Belastungswiderstandes herauftransformiert. Auf diese Weise kann ein besserer Wirkungsgrad erreicht werden. Die Verwendung eines Transformators bringt aber nicht nur eine zusätzliche Frequenzabhängigkeit der Verstärkerstufe, sondern auch höhere Kosten. Wegen dieser Nachteile hat der Eintakt-A-Betrieb eines Leistungsverstärkers inzwischen nur noch eine untergeordnete Bedeutung.

Beim AB-Betrieb, B-Betrieb und C-Betrieb liegt der Arbeitspunkt im unteren Kennlinienknick der Steuerkennlinie. Die verschiedenen Arbeitspunkte sind in die Diagramme nach **Bild 2.63** eingetragen.

Bei *B-Betrieb* hat der Arbeitspunkt seine Lage genau im Kennlinienknick, so daß sich ein sehr kleiner Ruhestrom einstellt. Bei Ansteuerung kann jedoch nur eine Halbwelle der Signalschwingung verstärkt werden. Die Amplitude dieser verstärkten Halbwelle kann am Ausgang etwa die Größe der Betriebsspannung erreichen, so daß $\Delta U_{CE\,max} \approx U_B$ beträgt. Bei Ansteuerung mit kleiner Signalamplitude ergeben sich beim B-Betrieb wegen der Kennlinienkrümmung Verzerrungen.

Beim *AB-Betrieb* ist der Arbeitspunkt etwas in Richtung des A-Arbeitspunktes verschoben. Auch beim AB-Betrieb wird nur eine Halbwelle verstärkt. Diese kann wie beim B-Betrieb eine Amplitude $\Delta U_{CE\,max} \approx U_B$ erreichen. Der Vorteil des AB-Betriebes liegt in der geringeren Verzerrung des Ausgangssignals bei kleiner Aussteuerung.

Beim *C-Betrieb* liegt der Arbeitspunkt im Sperrbereich des Transistors. Es kann daher nur ein Kollektorstrom fließen, wenn die Eingangswechselspannung über den Fußpunkt der Kennlinie hinausgeht. C-Betrieb wird nur bei speziellen Verstärkern, z. B. in Sende-Verstärkern angewendet.

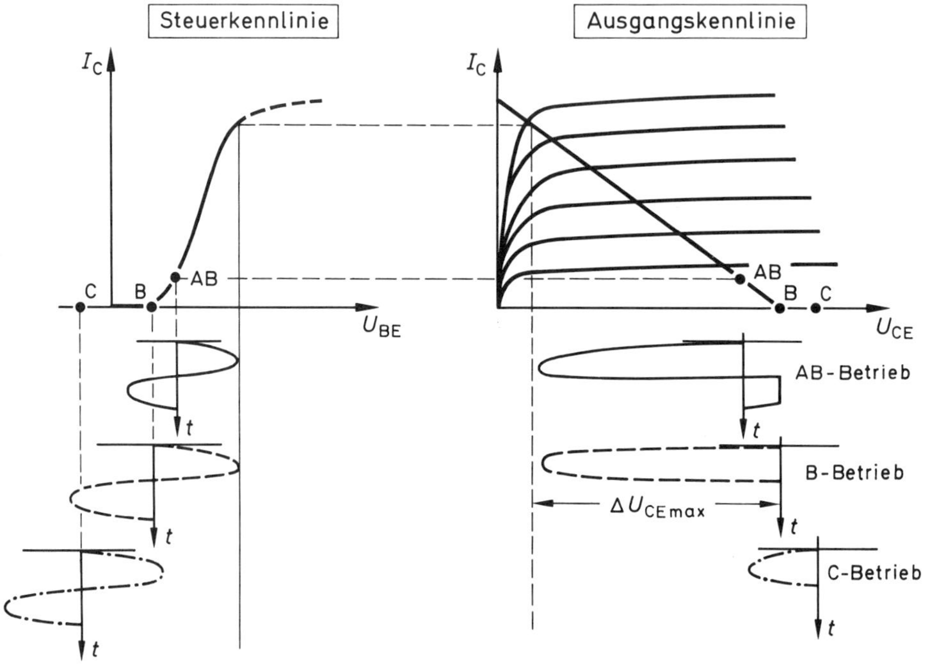

Bild 2.63 Lage der Arbeitspunkte bei AB, B- und C-Betrieb

Wegen des sehr kleinen Ruhestromes und der ebenfalls sehr geringen Verlustleistung werden Leistungsverstärker überwiegend im B-Betrieb oder AB-Betrieb betrieben. Weil aber nur jeweils eine Halbwelle verstärkt werden kann und die andere gesperrt wird, ist ein besonderes Schaltungskonzept erforderlich. Dieses Schaltungskonzept wird als Gegentaktverstärker bezeichnet. Ein Verstärker mit Komplementär-Transistoren in Gegentaktschaltung ist in **Bild 2.64** dargestellt. Beide Transistoren arbeiten hier in Kollektorschaltung.

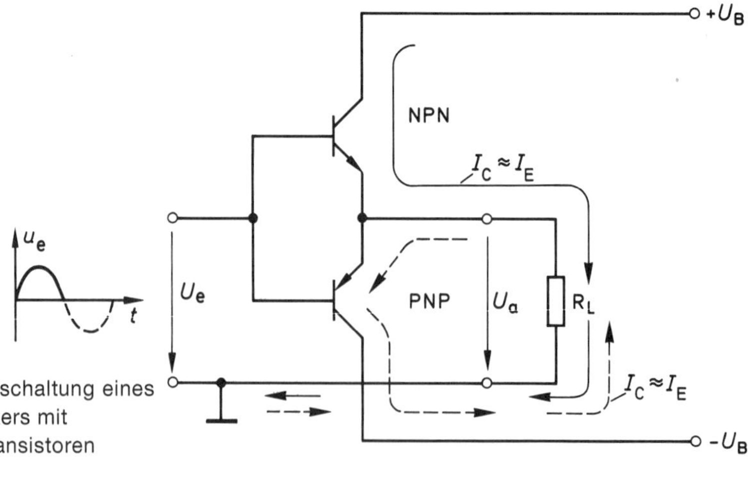

Bild 2.64 Prinzipschaltung eines Gegentaktverstärkers mit Komplementär-Transistoren

Während der positiven Halbwelle des Eingangssignales wird nur der NPN-Transistor in der Gegentaktschaltung nach Bild 2.64 leitend. Es fließt ein Strom durch den Lastwiderstand mit der eingezeichneten Richtung.
Während der negativen Halbwelle des Steuersignals wird dagegen der PNP-Transistor leitend und es fließt ein Strom in umgekehrter Richtung durch den Lastwiderstand R_L. Die beiden einzelnen, verstärkten Halbwellen werden auf diese Weise im Lastwiderstand wieder zu einem Gesamtsignal zusammengefügt. Bei Vollaussteuerung erreicht die Amplitude jeder Halbwelle eine Größe von:

$$\Delta U_{CE\,max} \approx U_B$$

Die maximale Ausgangswechselleistung, die mit einem Gegentakt-B-Verstärker erzeugt werden kann, beträgt:

$$P_{RL\,max} = \frac{U_B^2}{2 \cdot R_L}$$

Bei einer Schaltung nach Bild 2.64 muß die Amplitude des Ansteuersignals größer als der Schwellwert der Basis-Emitterdiode der Transistoren werden, bevor ein Emitterstrom fließen kann. Das Ausgangssignal ist daher bei einem Gegentakt-B-Verstärker im Bereich des Nulldurchganges zwangsläufig verzerrt. Bei größerer Amplitude des Ansteuersignals sind diese sogenannten Übernahmeverzerrungen aber nicht mehr von so großer Bedeutung.
Um die Übernahmeverzerrungen zu vermeiden und um nur eine Betriebsspannung verwenden zu müssen, wird die Gegentaktschaltung nach **Bild 2.65** benutzt.

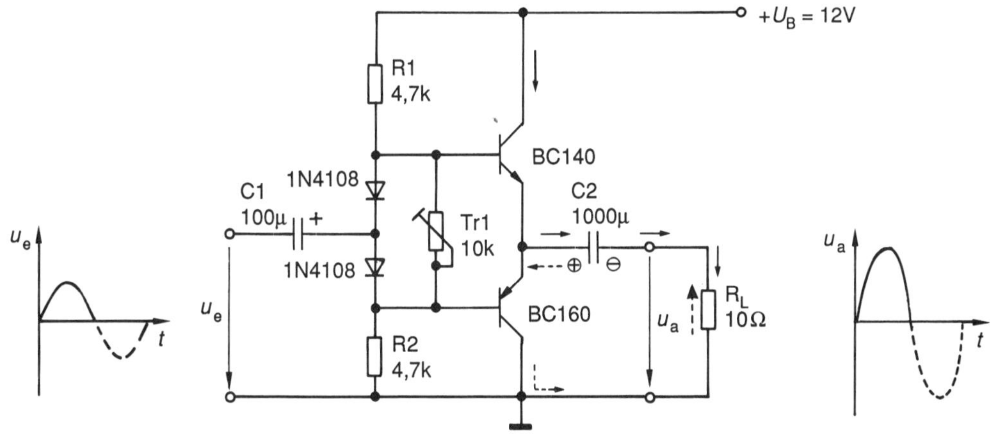

Bild 2.65 Gegentakt-AB-Verstärker mit Komplementärtransistoren und einer Betriebsspannung

In dieser Schaltung erhalten die Transistoren durch den Spannungsteiler R1, R2 und die beiden Dioden eine Basisvorspannung. Da der NPN-Transistor eine Basisvorspannung von U_{BE} = +0,6 V, der PNP-Transistor jedoch eine Basisvorspannung von U_{BE} = −0,6 V erhalten muß, besteht also zwischen beiden Vorspannungen eine Differenz von U = 1,2 V. Diese Spannung wird durch die Schleusenspannungen der

beiden in Durchlaßrichtung betriebenen Dioden erzeugt und auch stabilisiert. Mit dem Trimmwiderstand Tr1 werden die Arbeitspunkte der beiden Transistoren eingestellt. Beide Transistoren arbeiten infolge der Basisvorspannungen im AB-Betrieb.
Bei der Ansteuerung dieses Gegentaktverstärkers mit der positiven Halbwelle des Eingangssignals wird der NPN-Transistor leitend. Der Emitterstrom dieses Transistors lädt den Kondensator C2 mit der eingezeichneten Polarität auf und erzeugt gleichzeitig am Lastwiderstand die positive Halbwelle des Ausgangssignals. Bei diesem Vorgang wird der Kondensator auf $U_C = 0{,}5 \cdot U_B$ aufgeladen. Bei der negativen Halbwelle des Eingangssignals wird der NPN-Transistor gesperrt, der PNP-Transistor ist aber leitend. Somit kann der PNP-Transistor seine erforderliche Versorgungsspannung nur vom aufgeladenen Kondensator C2 beziehen. Er entlädt deshalb diesen Kondensator, und es fließt ein Strom in entgegengesetzter Richtung durch den Lastwiderstand. An R_L entsteht dadurch die negative Halbwelle des Ausgangssignals. Der Kondensator C2 wird also während der positiven Halbwelle (NPN-Transistor ist leitend) aufgeladen und während der negativen Halbwelle (PNP-Transistor ist leitend) entladen.
Damit dieser Kondensator keine Frequenzbeeinflussung hervorruft, muß er eine entsprechende Kapazität besitzen. Der Wert ist abhängig von der unteren Grenzfrequenz und von dem Wert des Lastwiderstandes. Die Kapazität dieses Kondensators wird daher bestimmt zu:

$$C = \frac{1}{2\,\pi\, f_{gu} \cdot R_L}$$

Vorteile von Leistungsverstärkern im AB- und B-Betrieb sind:

- kleiner Ruhestrom und kleine Verlustleistung,
- großer Wirkungsgrad ($\eta \leqq 0{,}7$),
- großer Aussteuerbereich,
- große Ausgangswechselleistung.

Nachteilig ist die Notwendigkeit von zwei Transistoren und die gegenüber A-Betrieb größeren Verzerrungen bei kleiner Aussteuerung.

Beispiel

Ein Gegentaktverstärker nach Bild 2.65 wird mit einer Betriebsspannung von $U_B = 24$ V betrieben.
a) Welche Ausgangsleistung ergibt sich am Lastwiderstand $R_L = 10\,\Omega$?
b) Wie groß ist die untere Grenzfrequenz, wenn der Kondensator C2 eine Kapazität $C_2 = 1000\,\mu F$ hat?

a) $$P_{RL\,max} = \frac{U_B^2}{2 \cdot R_L}$$

$$P_{RL\,max} = \frac{(24\ V)^2}{2 \cdot 10\,\Omega}$$

$$P_{RL\,max} = 28{,}8\ W$$

b) $$f_{gu} = \frac{1}{2\,\pi \cdot R_L \cdot C_2}$$

$$f_{gu} = \frac{1}{2\,\pi \cdot 10\,\Omega \cdot 1000\,\mu F}$$

$$f_{gu} = 15{,}9\ Hz$$

2.8.4 Schaltverstärker

Bei einem Schaltverstärker befindet sich der Transistor entweder im Zustand »leitend« oder »gesperrt«. Es gibt also zwei sehr unterschiedliche Arbeitspunkte. **Bild 2.66** zeigt das Schaltbild eines Transistorschalters oder Schaltverstärkers.

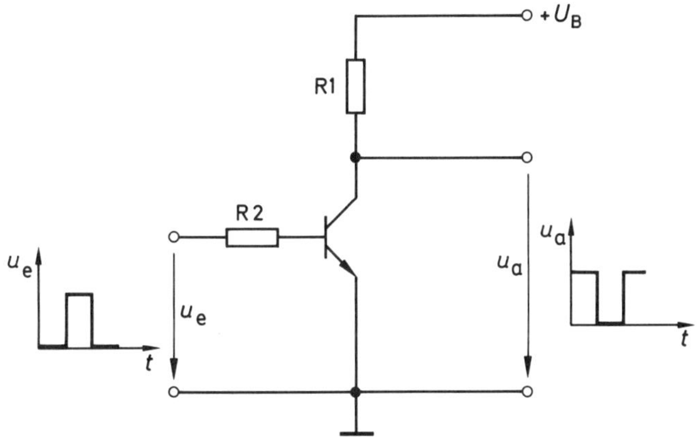

Bild 2.66 Schaltverstärker

Ein fester Arbeitspunkt ergibt sich, wenn der Eingangsstrom I_B = 0 A beträgt. Der Transistor ist dann gesperrt und es kann kein Kollektorstrom fließen. Daher ist $u_a \approx U_B$. In **Bild 2.67** ist das Ausgangskennlinienfeld eines Transistorschalters dargestellt und dieser Arbeitspunkt mit A1 gekennzeichnet.

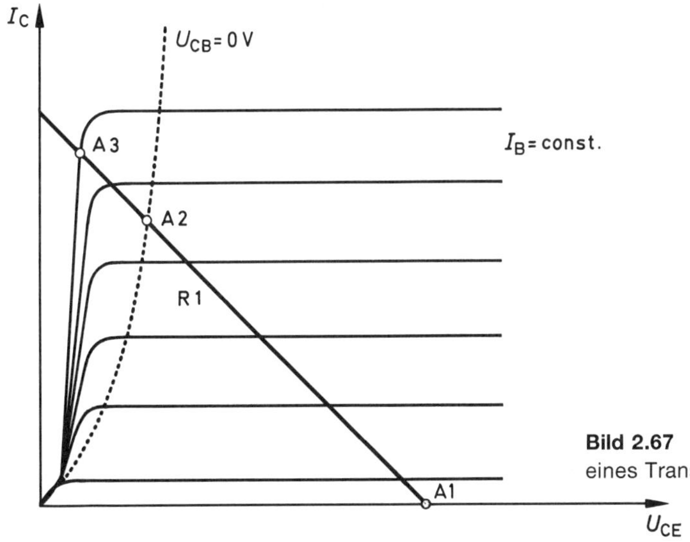

Bild 2.67 Ausgangskennlinienfeld eines Transistorschalters

Der zweite feste Arbeitspunkt liegt im Sättigungs- oder Übersteuerungsbereich. Als Grenze für diesen Bereich gilt die eingezeichnete Kurve für U_{CB} = 0 V. Die Kollektor-Basis-Spannung U_{CB} ist genau 0 V, wenn die Restspannung des Transistors die gleiche Größe wie die Basis-Emitterspannung hat. Dieser Arbeitspunkt ist in Bild 2.67 mit A2 bezeichnet.

Nachteilig bei diesem Arbeitspunkt A2 ist jedoch die noch relativ große Restspannung von $U_{CE\,Rest} \approx 0{,}7\,V$. Sie hat eine unnötig große Verlustleistung P_V zur Folge. Die Restspannung läßt sich aber noch weiter verringern, wenn der Transistor übersteuert wird. Diese Übersteuerung ist ein Betriebszustand, bei dem ein Basisstrom fließt, der größer ist, als es eigentlich zum Erreichen des maximalen Kollektorstromes erforderlich wäre.
Je größer die Übersteuerung ist, desto mehr wandert der Arbeitspunkt von A2 in Richtung A3. Als Folge davon wird die Kollektor-Restspannung kleiner und erreicht Werte von $U_{CE\,Rest} \approx 0{,}1\,V$. Damit wird auch die Verlustleistung im leitenden Zustand kleiner.
Der Grad der Übersteuerung wird mit dem Übersteuerungsfaktor $ü$ angegeben. Er ist das Verhältnis zwischen dem tatsächlich eingespeisten Basisstrom I_B und dem Basisstrom I'_B, der erforderlich wäre, um den Transistor bis zur Grenze $U_{CB} = 0\,V$ durchzusteuern.

$$ü = \frac{I_B}{I'_B}$$

I_B = tatsächlich fließender Basisstrom
I'_B = erforderlicher Basisstrom

Transistoren in Schaltverstärkern werden meistens übersteuert. Je stärker die Übersteuerung ist, desto kleiner wird die Einschaltzeit t_{ein}, die der Transistor benötigt, um vom gesperrten Zustand in den leitenden Zustand zu gelangen. Nachteilig ist dabei jedoch, daß gleichzeitig die Ausschaltzeit t_{aus} größer wird, weil nach einer Übersteuerung beim Ausschalten wieder mehr Ladungsträger aus der Basis ausgeräumt werden müssen. Es muß daher ein brauchbarer Kompromiß zwischen den Vorteilen und den Nachteilen einer Übersteuerung gefunden werden.
In der Praxis wird daher mit Übersteuerungsfaktoren von

$$ü \approx 2 \text{ bis } 10$$

gearbeitet.

Auch elektronische Schalter sollen schnell schalten. Der Übergang von einem Arbeitspunkt in den anderen muß daher in möglichst kurzer Zeit erfolgen. Dieses läßt sich mit einem rechteckförmigen Steuersignal am Eingang des Transistorschalters erreichen. Dann tritt auch am Ausgang des Schaltverstärkers ein nahezu rechteckförmiges Signal auf. Es ist jedoch in der Phase um $\varphi = 180°$ gegenüber der Eingangsspannung verschoben. In **Bild 2.68** sind die Zusammenhänge zwischen Eingangs- und Ausgangsspannung nochmals dargestellt.
Nahezu jeder Transistortyp läßt sich als Transistorschalter einsetzen. Müssen aber besonders schnelle Änderungen des Eingangssignals verarbeitet werden, so ist es zweckmäßig, spezielle Schalttransistoren zu verwenden. Diese haben besonders kurze Schaltzeiten und sind stets Epitaxial-Transistoren. Sie haben neben den kurzen Schaltzeiten auch sehr kleine Bahnwiderstände, so daß sich besonders kleine Kollektorrestspannungen erreichen lassen. Damit ist auch die Verlustleistung im leitenden Zustand kleiner.

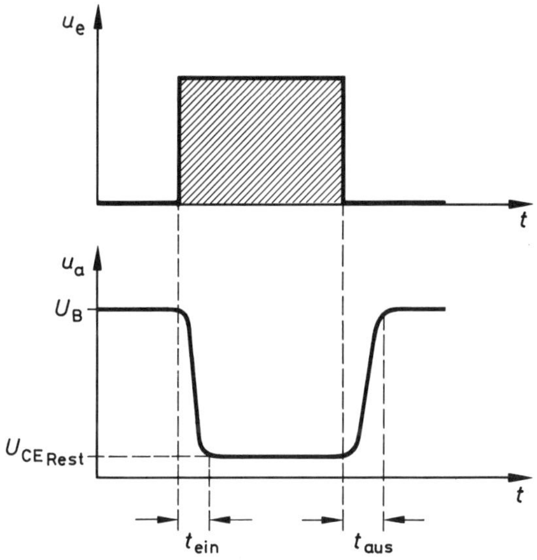

Bild 2.68 Signalverläufe bei einem Schaltverstärker

Beispiel

Es ist ein Schaltverstärker mit einem Transistor BC 237 A entsprechend **Bild 2.69** zu dimensionieren. Bei I_C = 10 mA ist B = 120. Die Ansteuerung soll mit einem Rechtecksignal erfolgen, dessen Amplitude + 6 V beträgt. Anzusetzen ist ein Übersteuerungsfaktor $ü$ = 4.

$$R_1 \approx \frac{U_B}{I_C} = \frac{12\ \text{V}}{10\ \text{mA}} = 1{,}2\ \text{k}\Omega$$

Gewählt: Normwert R_1 = 1,2 kΩ

$$I'_B = \frac{I_C}{B} = \frac{10\ \text{mA}}{120} = 83\ \mu\text{A}$$

$$I_B = ü \cdot I'_B = 4 \cdot 83\ \mu\text{A} = 332\ \mu\text{A}$$

$$R_2 = \frac{U_e - U_{BE}}{I_B} = \frac{6\ \text{V} - 0{,}7\ \text{V}}{332\ \mu\text{A}} = 15{,}96\ \text{k}\Omega$$

Gewählt: Normwert R_2 = 15 kΩ

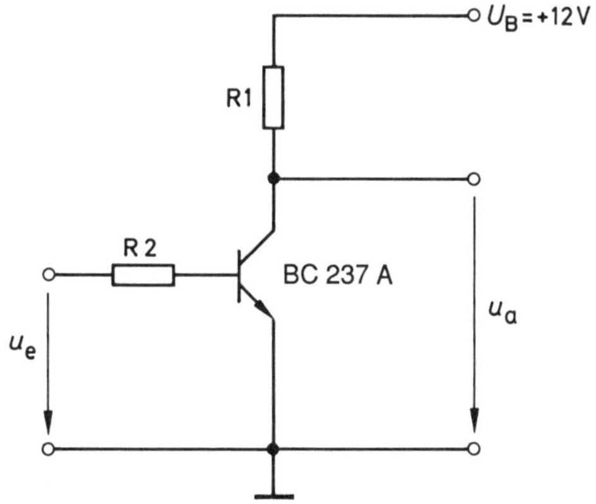

Bild 2.69 Schaltverstärker

Transistorschalter haben insbesondere durch die Digitaltechnik eine immer größere Bedeutung erlangt. Auch wenn heute in der Digitaltechnik fast nur noch integrierte Schaltkreise eingesetzt werden, so lassen sich doch alle Funktionen dieser Technik auf das Grundprinzip des Transistorschalters zurückführen.
Wichtige Kennwerte eines Transistors im Schalterbetrieb sind die Schaltzeiten. Sie geben eine Auskunft über den zeitlichen Zusammenhang zwischen Eingangs- und Ausgangsstrom. In **Bild 2.70** ist ein derartiger Zusammenhang dargestellt. Die Bezeichnungen und die Definitionen für die einzelnen Zeiten sind einheitlich festgelegt.

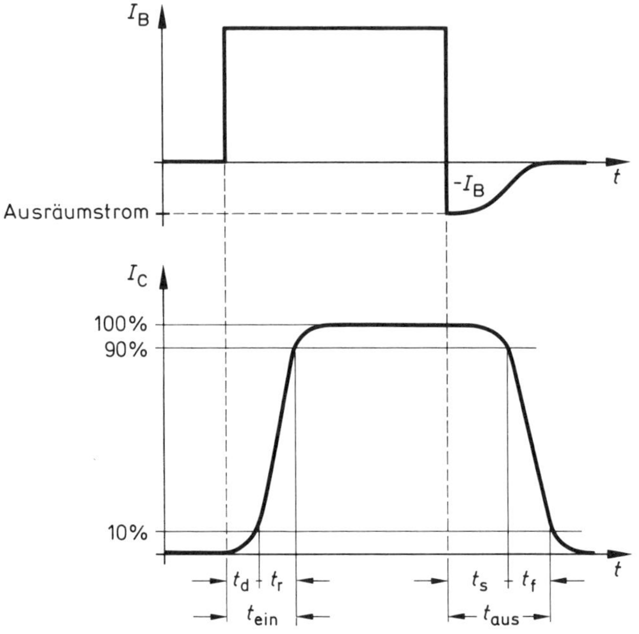

Bild 2.70 Schaltzeiten eines Transistors

Verzögerungszeit t_d

Als Verzögerungszeit t_d (engl.: delay time) wird die Zeit bezeichnet, die vom Augenblick des Einschaltens des Basisstromes I_B bis zum Anstieg des Kollektorstromes auf 10 % seines Endwertes vergeht. Diese Verzögerungszeit tritt auf, weil die Emitter-Basis-Sperrschichtkapazität C_{EB} zunächst umgeladen und die Emitterdiode in Durchlaßrichtung gepolt werden muß. Je größer der Steuerstrom I_B bei einem Transistortyp ist, desto kleiner wird die Verzögerungszeit.

Anstiegszeit t_r

Die Anstiegszeit t_r (engl.: rise time) gibt an, wieviel Zeit der Kollektorstrom benötigt, um von 10 % auf 90 % seines Endwertes anzusteigen. Sie entsteht, weil über den Steuerstrom erst eine entsprechende Anzahl von Ladungsträgern in den Basisraum eindringen muß.

Einschaltzeit t_{ein}

Die Einschaltzeit t_{ein} ergibt sich aus der Summe von Verzögerungszeit und Anstiegszeit; t_{ein} wird mit zunehmendem Basisstrom kleiner.

Speicherzeit t_s

Die Speicherzeit t_s (engl.: storage time) wird durch die Sperrschichtkapazität zwischen Kollektor und Basis bestimmt. Sie gibt an, in welcher Zeit nach Abschalten des Basisstromes der Kollektorstrom auf 90 % seines Endwertes abgesunken ist.

Abfallzeit t_f

Die Abfallzeit t_f (engl.: fall time) gibt an, welche Zeit der Kollektorstrom braucht, um von 90 % auf 10 % seines Maximalwertes abzusinken.

Ausschaltzeit t_{aus}

Die Speicherzeit und die Abfallzeit ergeben zusammen die Ausschaltzeit t_{aus}. Sie ist umso größer, je größer der Basisstrom I_B vor dem Ausschalten war. Bei schnellen Transistorschaltern wird die Ausschaltzeit verkürzt, indem der Basisstrom nicht nur abgeschaltet, sondern umgepolt wird. Es fließt dann ein Ausräumstrom $-I_B$, der die Ausschaltzeit verkürzt.
Die Periodendauer der höchsten Frequenz, mit der ein Schalttransistor betrieben werden kann, ergibt sich aus der Summe der Einschalt- und Ausschaltzeit eines Transistors. Für die höchste Frequenz gilt daher

$$f_{max} = \frac{1}{t_{ein} + t_{aus}}$$

Beispiel

Für den Schalttransistor BSS 81 sind im Datenblatt folgende Schaltzeiten angegeben:

$t_d = 10\,\text{ns}$; $t_r = 10\,\text{ns}$; $t_s = 225\,\text{ns}$; $t_f = 60\,\text{ns}$.

Wie groß sind die Ein- und Ausschaltzeiten, und wie groß ist die höchste Schaltfrequenz dieses Transistors?

$$t_{ein} = t_d + t_r = 10\,\text{ns} + 10\,\text{ns} = 20\,\text{ns}$$

$$t_{aus} = t_s + t_f = 225\,\text{ns} + 60\,\text{ns} = 285\,\text{ns}$$

$$f_{max} = \frac{1}{t_{ein} + t_{aus}} = \frac{1}{20\,\text{ns} + 285\,\text{ns}} = \frac{1}{305\,\text{ns}} = 3{,}28\,\text{MHz}$$

Schaltverstärker mit Transistoren werden auch in großem Umfang als Leistungsschalter eingesetzt. Hierbei kann die Last unmittelbar in die Kollektorleitung geschaltet werden. **Bild 2.71** zeigt die Prinzipschaltung eines Leistungsschalters mit ohmschem Lastwiderstand. In **Bild 2.72** ist das zugehörige, idealisierte Kennlinienfeld dargestellt.

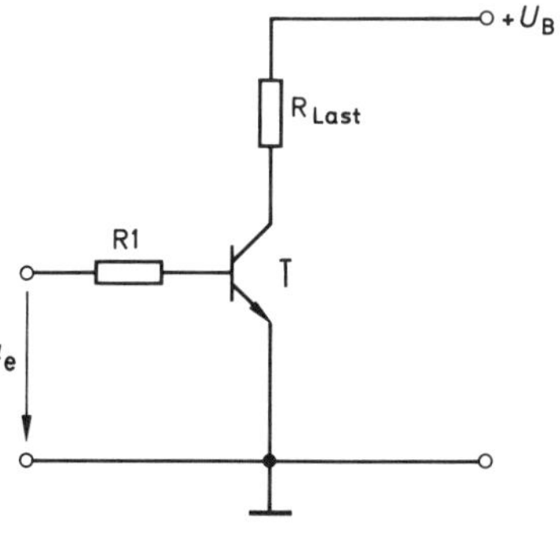

Bild 2.71 Leistungsschalter mit ohmschen Widerstand

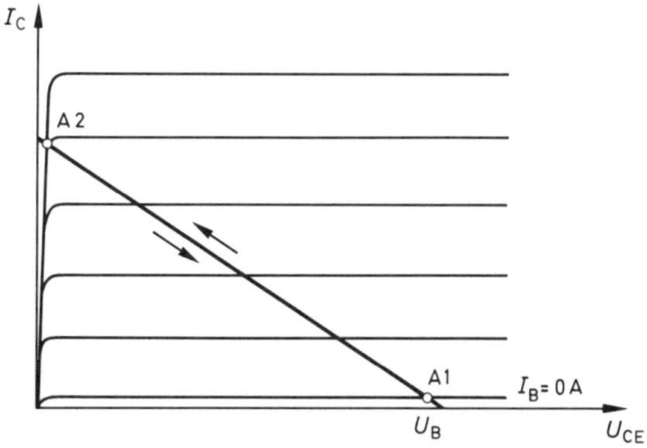

Bild 2.72 Kennlinienfeld zum Leistungsschalter nach Bild 2.71

Die Steigung der in Bild 2.72 eingezeichneten Arbeitsgeraden ist durch die Größe des Lastwiderstandes bestimmt. Im Arbeitspunkt A1 (I_B = 0 A) ist der Transistor gesperrt, im Arbeitspunkt A2 dagegen leitend. Weil der Transistor übersteuert wird, ist die Restspannung $U_{CE\,Rest}$ entsprechend klein. Sowohl beim Einschalten als auch beim Ausschalten wandert der Arbeitspunkt des Leistungsschalters zwischen den Arbeitspunkten A1 und A2 stets auf der durch den ohmschen Lastwiderstand festgelegten Arbeitsgeraden entlang.

Als Lastwiderstände treten in der Praxis nicht nur ohmsche Widerstände, sondern insbesondere auch induktive Widerstände auf. Es sind dieses z. B. Relaisspulen oder Spulen von Hubmagneten. Ihre Induktivität behindert dann den direkten und schnellen Übergang von dem einen zum anderen Arbeitspunkt. Beim schnellen Ausschalten dieser Induktivitäten durch den Transistorschalter können sogar Spannungsspitzen auftreten, die weit über der Betriebsspannung des Transistors liegen. Diese Überspannungen können zur Zerstörung des Schalttransistors führen, so daß Schutzmaßnahmen erforderlich sind.

Beim Betrieb eines Leistungsschaltverstärkers mit einem kapazitiven Lastwiderstand nach **Bild 2.73** ergibt sich die entsprechende Kennlinie.

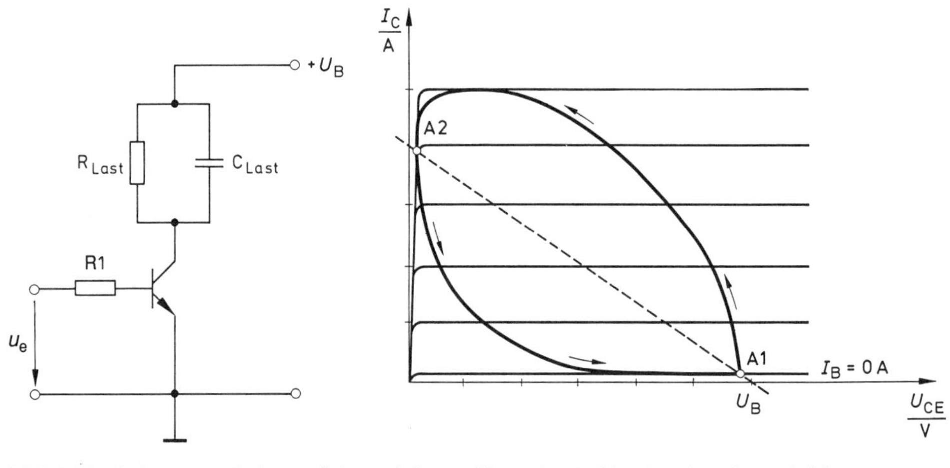

Bild 2.73 Leistungsschaltverstärker mit kapazitivem Lastwiderstand und zugehöriger Kennlinie

Der parallelgeschaltete ohmsche Widerstand R_{Last} ist erforderlich, da sonst ein statischer Betrieb im Arbeitspunkt A2 nicht möglich wäre.

Im Arbeitspunkt A2 ist der Transistor leitend. Der Kondensator C_{Last} ist nahezu auf die Betriebsspannung aufgeladen. Der Kollektorstrom fließt ausschließlich über den ohmschen Widerstand R_{Last}. Wird nun der Transistor gesperrt, so kann sich der Kondensator über R_{Last} – und solange der Transistor noch nicht voll gesperrt ist auch über den Transistor – entladen. Die Spannung an R_{Last} sinkt daher etwa nach einer e-Funktion ab. Daher ändert sich auch U_{CE} nicht mehr linear wie bei einem rein ohmschen Lastwiderstand. Der Arbeitspunkt wandert vielmehr auf der durch Pfeile gekennzeichneten Kennlinie von A2 nach A1 entlang. Je kleiner das Verhältnis von C_{Last} zur R_{Last} ist, desto mehr nähert sich die Übergangskennlinie der gestrichelten Arbeitsgeraden.

Im Arbeitspunkt A1 ist der Transistor gesperrt. Der Kondensator C_{Last} ist ungeladen, und an ihm liegt die Spannung $U_C = 0$ V. Wird nun im Augenblick des Einschaltens der erforderliche Basisstrom I_B eingespeist, so muß der Kondensator vom Kollektorstrom aufgeladen werden. Die Spannung an R_{Last} kann daher nicht wie in Bild 2.72 linear mit dem Kollektorstrom ansteigen. Als Folge davon wandert der Arbeitspunkt beim Einschalten des Leistungsschalters im Übergangsgebiet auf der mit Pfeilrichtung gekennzeichneten Kennlinie zum statischen Arbeitspunkt A2. Je kleiner C_{Last} ist, desto mehr nähert sich die Übergangskennlinie der gestrichelten Arbeitsgeraden.
Zu beachten ist, daß der Arbeitspunkt beim Umschalten die beiden Übergangskennlinien sehr schnell durchläuft. Weiterhin ist die Wanderungsgeschwindigkeit des Arbeitspunktes auf diesen Kennlinien nicht konstant. Sie ist zunächst sehr groß, wird dann aber in der Nähe des jeweils anderen Arbeitspunktes immer kleiner.
Zu erkennen ist in dem Kennlinienfeld nach Bild 2.73 auch, daß beim Einschalten eines kapazitiven Lastwiderstandes eine Stromüberhöhung auftreten kann. Sie hängt im wesentlichen vom Übersteuerungsfaktor des Transistorschalters, von der Anstiegsgeschwindigkeit des Steuersignals und der Kapazität des Kondensators ab. Diese Stromüberhöhung muß durch Wahl eines Transistors mit einem genügend großen $I_{C\,max}$ berücksichtigt werden.
Wird ein Leistungsschaltverstärker mit einem induktiven Lastwiderstand betrieben, ergibt sich die Schaltung und die Kennlinie nach **Bild 2.74**.

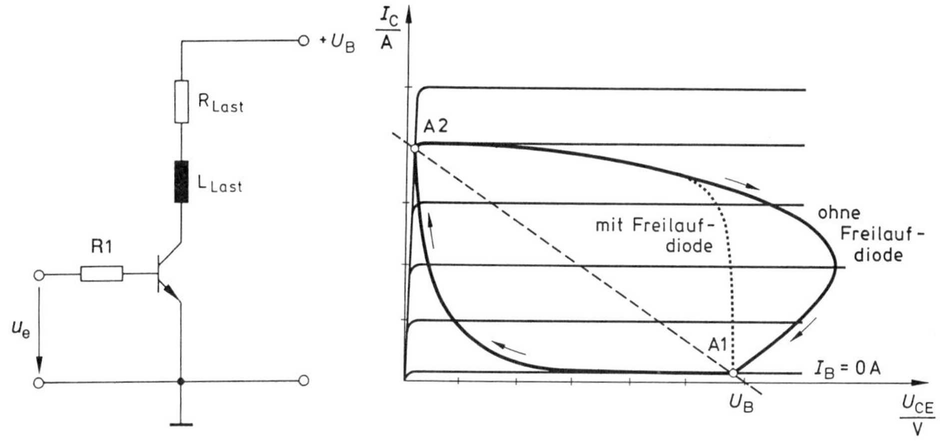

Bild 2.74 Leistungsschaltverstärker mit induktiver Last und zugehöriger Kennlinie

Im Arbeitspunkt A1 ist der Transistor gesperrt. Durch R_{Last} und L_{Last} fließt kein Strom, und in der Spule ist auch keine magnetische Energie gespeichert. Wird nun im Augenblick des Einschaltens der erforderliche Basisstrom eingespeist, so entsteht in der Spule eine Selbstinduktionsspannung, die zu Beginn etwas kleiner als die Betriebsspannung U_B ist und sich dann verringert. Sie wirkt dem Strom entgegen und bewirkt, daß der Kollektorstrom zunächst nur wenig ansteigen kann. Der Arbeitspunkt wandert daher im Übergangsbereich auf der unteren Kennlinie in Pfeilrichtung zum Arbeitspunkt A2.

Im Arbeitspunkt A2 ist der Transistor leitend. Der durch R_{Last} bestimmte Kollektorstrom fließt durch R_{Last} und L_{Last}. In dem Magnetfeld der Spule ist Energie gespeichert. Wird nun im Augenblick des Ausschaltens der Transistor gesperrt, so kommt es zu einem schnellen Zusammenbruch des Magnetfeldes, und die gespeicherte Energie wird frei. Es entsteht eine hohe Selbstinduktionsspannung U_L, die so gepolt ist, daß sie als positive Kollektorspannung auftritt. Die Größe dieser Selbstinduktionsspannung hängt von der gespeicherten Energie und der Schnelligkeit des Abschaltvorganges ab. Der Arbeitspunkt wandert daher im Übergangsbereich auf der Kennlinie in Richtung der Pfeile zum Arbeitspunkt A1.

Durch die Selbstinduktion kann beim Ausschaltvorgang als wirksame Kollektorspannung auch eine Überspannung auftreten, die größer als die Betriebsspannung ist. Sie kann Werte erreichen, durch die der Transistor zerstört wird. Aus diesem Grunde muß der Transistorschalter bei Betrieb mit induktivem Lastwiderstand vor möglichen Überspannungen, die beim Ausschaltvorgang auftreten, geschützt werden. **Bild 2.75** zeigt einen Transistorschalter mit induktivem Lastwiderstand und einer Schutzbeschaltung mit Freilaufdiode D_S und Vorwiderstand R_S.

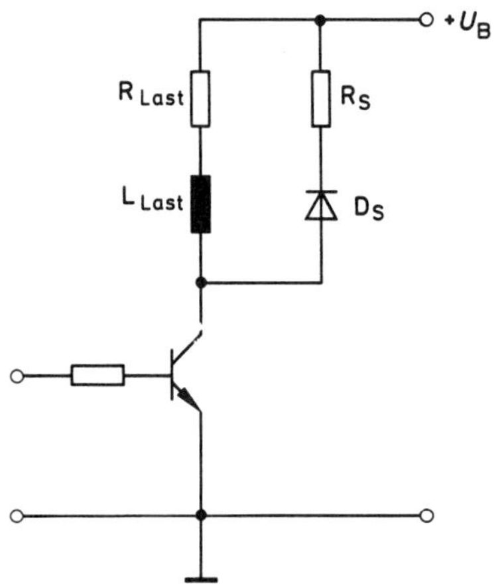

Bild 2.75 Leistungsschaltverstärker mit induktiver Last und Freilaufdiode

Im Arbeitspunkt A1 ist die Diode gesperrt und daher ist die Schutzbeschaltung ohne Einfluß. Das gilt auch beim Einschaltvorgang im gesamten Übergangsgebiet und im Arbeitspunkt A1. Sobald dann aber beim Ausschaltvorgang die Selbstinduktionsspannung und damit die Kollektorspannung größer als die Betriebsspannung U_B wird, wird die Freilaufdiode in Durchlaßrichtung betrieben. Es fließt dann durch die Reihenschaltung von D_S und R_S ein Strom I_F, durch den die Energie des Magnetfeldes so schnell abgebaut wird, daß keine Überspannung mehr auftritt. In Bild 2.74 ist die Kennlinie für den Betrieb mit Freilaufdiode bereits gestrichelt dargestellt.

Die Wirksamkeit der Freilaufdiode läßt sich in einfacher Weise nachweisen, wenn anstelle einer Gleichrichterdiode eine Leuchtdiode eingesetzt wird. Sie leuchtet dann bei entsprechender Dimensionierung von R_S beim Ausschalten kurzzeitig auf.

Der Verlauf der Kennlinien im Übergangsbereich hängt im wesentlichen von dem Verhältnis L_{Last} zu R_{Last} ab. Je kleiner das Verhältnis L_{Last} zu R_{Last}, desto mehr nähern sich die Übergangskennlinien der gestrichelten Arbeitsgeraden zwischen A1 und A2 und desto

geringer wird auch die Überspannung. Der Schutzwiderstand R_S hat die Aufgabe, die magnetische Energie möglichst schnell in Wärmeenergie umzuwandeln. R_S muß stets kleiner U_{CE}/I_C gewählt werden. R_S kann in den meisten Fällen aber entfallen.
Die gesamte Verlustleistung P_V eines Leistungsschalttransistors ergibt sich aus der Summe der Verlustleistungen im Sperrzustand P_R, der Verlustleistung im Durchlaßbereich P_F und der Verlustleistung während des Umschaltens P_S. Es gilt allgemein:

$$P_V = P_F + P_R + P_S$$

Die Sperrverlustleistung mit $P_R = U_{CE} \cdot I_{CE0}$ ist sehr klein gegenüber den Durchlaßverlusten und kann deshalb vernachlässigt werden.
Die Durchlaßverluste lassen sich meßtechnisch und rechnerisch einfach ermitteln:

$$P_F = U_{CE\,Rest} \cdot I_C$$

Ein genaues Erfassen der Umschaltverlustleistung P_S ist dagegen sehr schwierig, weil sich während der gesamten sehr kurzen Umschaltzeit die Werte für den Kollektorstrom und die Spannung am Transistor ständig ändern.
In **Bild 2.76** sind der Kollektorstrom sowie die bei den verschiedenen Belastungsarten auftretenden Umschaltverluste vereinfacht dargestellt.

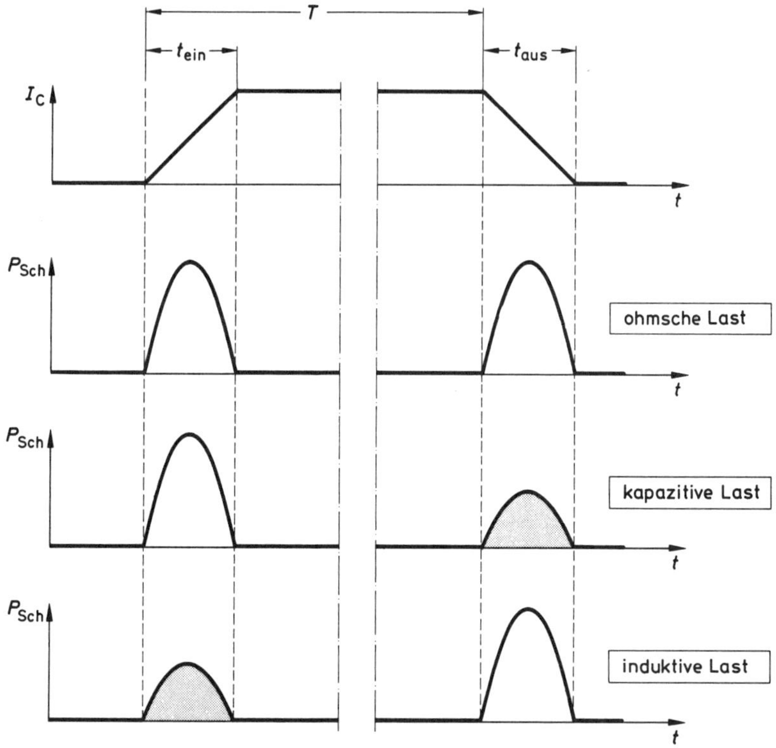

Bild 2.76 Umschaltverluste bei den verschiedenen Lastarten

Die Ermittlung der in einem realen Fall tatsächlich auftretenden Umschaltverluste ist sehr schwierig. Für eine überschlägige Berechnung kann aber für alle drei Belastungsfälle in grober Vereinfachung angesetzt werden:

$$P_S = U_{CE} \cdot I_C \frac{t_{ein} + t_{aus}}{T}$$

mit $U_{CE} \approx U_B$
$I_C = I_{C\,max}$
T = Dauer des Schaltzyklus

Ist $T \gg t_{ein} + t_{aus}$, wird die auftretende Schaltleistung sehr klein und damit die Gesamtverlustleistung

$$P_V \approx P_F = U_{CE\,Rest} \cdot I_{C\,max}$$

Beispiel

Bei einem Leistungsschaltverstärker wird eine Last im Schaltzyklus von T = 10 ms ein- und ausgeschaltet. Die Betriebsspannung beträgt U_B = 12 V, und der Lastwiderstand hat einen Wert R_L = 12 Ω. Für den Schalttransistor ist angegeben: t_{ein} = 1 µs, t_{aus} = 3 µs. Seine Restspannung beträgt $U_{CE\,Rest}$ = 0,1 V. Wie groß ist die gesamte Verlustleistung?

$$I_{C\,max} \approx \frac{U_B}{R_L} = \frac{12\,\text{V}}{12\,\Omega}$$

$$I_{C\,max} = 1\,\text{A}$$

$$P_V = P_F + P_S = U_{CE\,Rest} \cdot I_{C\,max} + U_B \cdot I_{C\,max} \cdot \frac{t_{ein} + t_{aus}}{T}$$

$$P_V = 0{,}1\,\text{V} \cdot 1\,\text{A} + 12\,\text{V} \cdot 1\,\text{A} \cdot \frac{1\,\mu\text{s} + 3\,\mu\text{s}}{10\,\text{ms}} = 0{,}1\,\text{W} + 4{,}8\,\text{mW}$$

$$P_V = 104{,}8\,\text{mW}$$

3 Feldeffekt-Transistoren

3.1 Allgemeines

Feldeffekt-Transistoren werden in Kurzform als FETs bezeichnet (*F*eldeffekt-*T*ransistor). Die Steuerung des Stromflusses erfolgt bei ihnen durch ein senkrecht zur Strombahn liegendes elektrisches Feld. Eine solche Möglichkeit war zwar bereits 1928 entdeckt worden, die praktische Ausnutzung konnte aber erst nach der Entwicklung der verschiedenen Halbleitermaterialien erfolgen. **Bild 3.1** zeigt das Grundprinzip der Arbeitsweise von FETs.

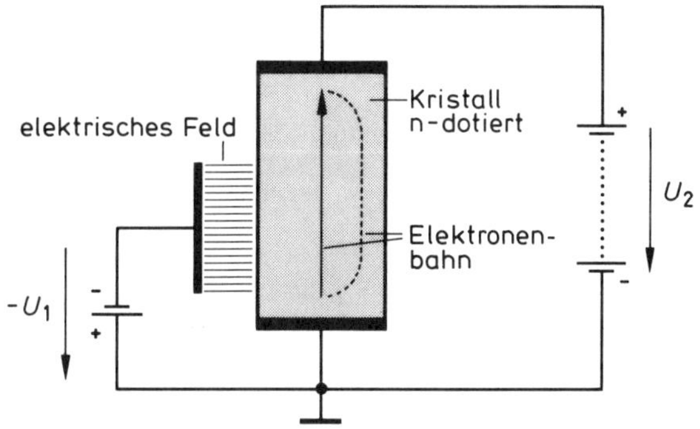

Bild 3.1 Grundprinzip der Arbeitsweise von FETs

Während bei bipolaren Transistoren der Hauptstrom immer durch n-dotiertes und p-dotiertes Halbleitermaterial fließt, wandern die Ladungsträger im Feldeffekt-Transistor je nach Ausführung entweder nur durch n-dotiertes oder nur durch p-dotiertes Halbleitermaterial. Besteht der Stromweg aus n-dotiertem Material, wird von einem N-Kanal-Typ gesprochen. Beim P-Kanal-Typ besteht der Stromweg dagegen aus p-dotiertem Material. Dementsprechend erfolgt die Stromleitung beim P-Kanal-Typ nur durch Löcher, beim N-Kanal-Typ nur durch Elektronen. Aus diesen Gründen werden die FETs auch als unipolare Transistoren bezeichnet.

Es gibt heute sehr unterschiedliche Bauarten von Feldeffekt-Transistoren. Grundsätzlich muß zwischen zwei Gruppen unterschieden werden, und zwar zwischen den Sperrschicht-FETs und den MOS-FETs (MOS = *m*etall-*o*xide-*s*emiconductor = Metalloxid-Halbleiter). Die Sperrschicht-FETs werden oft auch J-FETs oder PN-FETs genannt. Für MOS-FETs ist dagegen auch die Bezeichnung IG-FETs (IG = *I*soliertes *G*ate) zu finden. **Bild 3.2** enthält eine Übersicht über die verschiedenen Bauarten von Feldeffekt-Transistoren.

Die Sperrschicht-FETs sind weiter unterteilt in N-Kanal-Typen und P-Kanal-Typen. Bei den MOS-FETs muß dagegen zwischen den selbstleitenden und den selbstsperrenden MOS-FETs unterschieden werden, bei denen wieder jeweils N-Kanal-Typen und P-Kanal-Typen auftreten. Außerdem gibt es noch einige Sonderbauformen.

Ein spezielles Bezeichnungsschema für die verschiedenen Bauarten von FETs gibt es nicht. Auch die Gehäuseformen unterscheiden sich nicht von denen der bipolaren Transistoren.

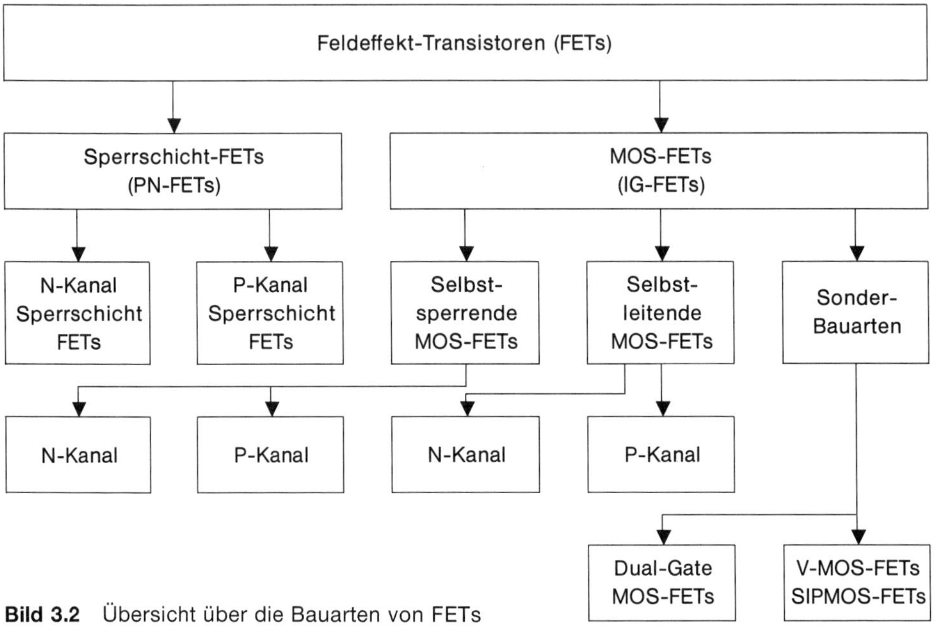

Bild 3.2 Übersicht über die Bauarten von FETs

Bis auf einige Sonderformen haben die Feldeffekt-Transistoren drei Anschlüsse. Sie werden als Source (engl. source = Quelle), Gate (engl. gate = Tor) und Drain (engl. drain = Abfluß, Senke) bezeichnet. Die Source-Elektrode (S) entspricht dem Emitter, die Gate-Elektrode (G) der Basis und die Drain-Elektrode (D) dem Kollektor bei den bipolaren Transistoren.
Jede Bauart der Feldeffekt-Transistoren hat ein eigenes genormtes Schaltzeichen. Sie sind in **Bild 3.3** zusammengefaßt.

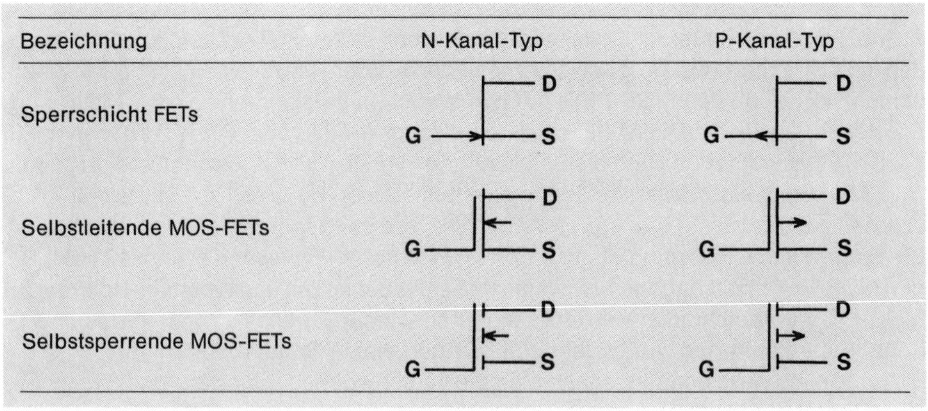

Bild 3.3 Schaltzeichen für Feldeffekt-Transistoren

Eine charakteristische Eigenschaft aller FETs ist ihr sehr hochohmiger Eingangswiderstand. Er beträgt bei den Sperrschicht-FETs etwa $10^9\,\Omega$ und bei den MOS-FETs sogar etwa $10^{15}\,\Omega$. Die Steuerung des Stromflusses erfolgt daher bei den Feldeffekt-Transistoren nahezu leistungslos über ein elektrisches Feld. Dadurch haben sich eine Vielzahl vorteilhafter Einsatzmöglichkeiten ergeben. So wird z. B. bei der Großintegration die MOS-Technik immer mehr angewendet.
Die technischen Eigenschaften von Feldeffekt-Transistoren werden von den Herstellern genau wie bei allen anderen Halbleiter-Bauelementen in Datenblättern näher beschrieben. Diese sind wieder unterteilt in Kennwerte mit den wichtigsten Grenzdaten und Kenndaten sowie in Kennlinien. Wegen der meistens völlig vernachlässigbaren Steuerleistung ist die Zahl der verschiedenen Kennlinien aber geringer als bei den bipolaren Transistoren.
Auch bei den FETs bestehen Temperaturabhängigkeiten der Kennwerte, die im praktischen Betrieb berücksichtigt werden müssen. Weiterhin tritt eine Verlustleistung auf. Sie wird in Wärme umgewandelt und muß an die Umgebungsluft abgeführt werden. Die Zusammenhänge gleichen denen der bipolaren Transistoren.
Außer den Standardausführungen von Sperrschicht-FETs und MOS-FETs gibt es bei den MOS-FETs einige Sonderformen als Weiterentwicklungen. Es sind dieses die Dual-Gate-MOS-FETs sowie die V-MOS-FETs und die SIPMOS-FETs. Die Dual-Gate-MOS-FETs besitzen zwei Steueranschlüsse, so daß eine weitgehend voneinander unabhängige Doppelsteuerung möglich ist. Damit können z. B. Verstärker aufgebaut werden, deren Verstärkungsfaktoren in weiten Grenzen regelbar sind. Die V-MOS- und SIPMOS-FETs wurden dagegen speziell zum Verstärken bzw. Schalten größerer Leistungen bis etwa 5 kW entwickelt. Der große Vorteil liegt dabei in der sehr geringen erforderlichen Steuerleistung.
Auch bei Feldeffekt-Transistoren ist eine Arbeitspunkteinstellung und dessen Stabilisierung erforderlich.
Da die Feldeffekt-Transistoren drei Anschlüsse haben, ergeben sich auch drei verschiedene Grundschaltungen. Es sind dieses die Sourceschaltung, die Drainschaltung und die Gateschaltung. Sie sind wieder jeweils nach der Elektrode benannt, die gemeinsamer Bezugspunkt für das Eingangs- und Ausgangssignal ist. Die Sourceschaltung entspricht der Emitterschaltung und ist die am häufigsten verwendete FET-Grundschaltung. Die Drainschaltung ist mit der Kollektorschaltung vergleichbar und wird hauptsächlich zur Impedanzwandlung eingesetzt. Bei der Gateschaltung treten ähnliche Eigenschaften wie bei der Basisschaltung auf. Ihr Einsatz ist auf spezielle Fälle beschränkt.
Feldeffekt-Transistoren werden als diskrete Bauelemente vorwiegend in Gleichspannungsverstärkern, in Konstantstromquellen und in Wechselspannungsverstärkern eingesetzt. Der Einsatz in Wechselspannungsverstärkern beschränkt sich dabei fast nur auf die Vorverstärkung im HF- und NF-Bereich, also auf die Eingangsstufen mehrstufiger Verstärker. Das Hauptanwendungsgebiet von Feldeffekt-Transistoren liegt jedoch inzwischen bei den integrierten Schaltungen der Analogtechnik und insbesondere der Digitaltechnik.

3.2 Sperrschicht-FETs

3.2.1 Aufbau und Wirkungsweise

Sperrschicht-FETs bestehen aus einem stabförmig ausgebildeten Halbleitermaterial, bei dem es sich entweder um ein n-Silizium oder um ein p-Silizium handelt. An den beiden Stirnseiten des Stabes sind sperrschichtfreie Kontaktflächen angebracht, die als Source (S) und Drain (D) bezeichnet werden. **Bild 3.4** zeigt das Schnittbild eines N-Kanal-Sperrschicht-FETs.

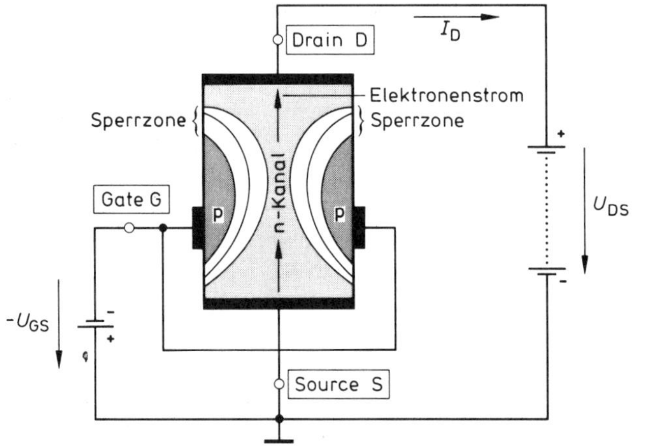

Bild 3.4 Schnittbild eines N-Kanal-Sperrschicht-FETs

Beim N-Kanal-Sperrschicht-FET wird als Ausgangsmaterial n-Silizium verwendet. In die Breitseiten des Stabes sind zusätzliche p-Zonen einlegiert, die leitend miteinander verbunden sind. Dadurch entstehen pn-Übergänge, die einander gegenüber liegen. Der p-Anschluß wird hier als Gate (G) bezeichnet. Wegen dieser pn-Übergänge werden die Sperrschicht-FETs oft auch PN-FETs oder J-FETs (Junction-FETs) genannt.

Wird nun an die Anschlüsse D und S eine Spannung U_{DS} angelegt, so fließt ein Elektronenstrom I_D durch das n-Silizium-Stäbchen. Bei der in Bild 3.4 angegebenen Polarität der Drain-Source-Spannung U_{DS} wandern die Elektronen vom Source-Anschluß zum Drain-Anschluß durch den als N-Kanal bezeichneten Stromweg aus n-Silizium.

Durch Anlegen einer negativen Gate-Source-Spannung $-U_{GS}$ an die Anschlüsse Gate und Source entsprechend Bild 3.4 werden die beiden pn-Übergänge in Sperrichtung betrieben. Im n-Silizium und im p-Silizium bilden sich dabei Sperrzonen aus, so daß kein Strom durch diese in Sperrichtung gepolten pn-Übergänge fließen kann.

Durch die sich im Kanal ausbreitende Sperrzone wird aber auch der stromführende Querschnitt des n-Kanals verringert. Der Verlauf dieser sich ausbildenden Sperrzonen entsteht durch das Spannungsgefälle entlang der Strombahnen im Kanal. In der Nähe der Source-Elektrode ist die Strombahn am breitesten. In Richtung Drain wird sie dann schmaler.

Je größer die angelegte, negative Gate-Source-Spannung $-U_{GS}$ ist, desto breiter werden die Sperrzonen im Kanal und als Folge davon wird der stromführende Querschnitt im Kanal kleiner. Die Größe des Bahnwiderstandes R_{DS} zwischen Source und Drain hängt also beim N-Kanal-Sperrschicht-FET von der Größe der negativen Gate-Spannung $-U_{GS}$ ab. Mit Hilfe einer negativen Gatespannung ist es somit möglich, den Bahnwiderstand in weiten Grenzen zu ändern. Wird $-U_{GS}$ so groß, daß sich die Sperrzonen berühren, ist der Kanal abgeschnürt und der Stromfluß unterbrochen. Der Drainstrom I_D wird zu Null. Da bei einem in Sperrichtung betriebenen pn-Übergang nur ein sehr kleiner Reststrom fließt, erfolgt die Steuerung des Drainstromes durch $-U_{GS}$ praktisch leistungslos.

3.2.2 Bezeichnungen und Schaltzeichen

Weil die Feldeffekt-Transistoren sich in ihrem Verhalten und in ihrer Arbeitsweise wesentlich von den bipolaren Transistoren unterscheiden, werden nicht nur andere Schaltzeichen, sondern auch andere Elektrodenbezeichnungen verwendet.
In **Bild 3.5** sind die Schnittbilder von N-Kanal und P-Kanal-FETs gegenübergestellt.

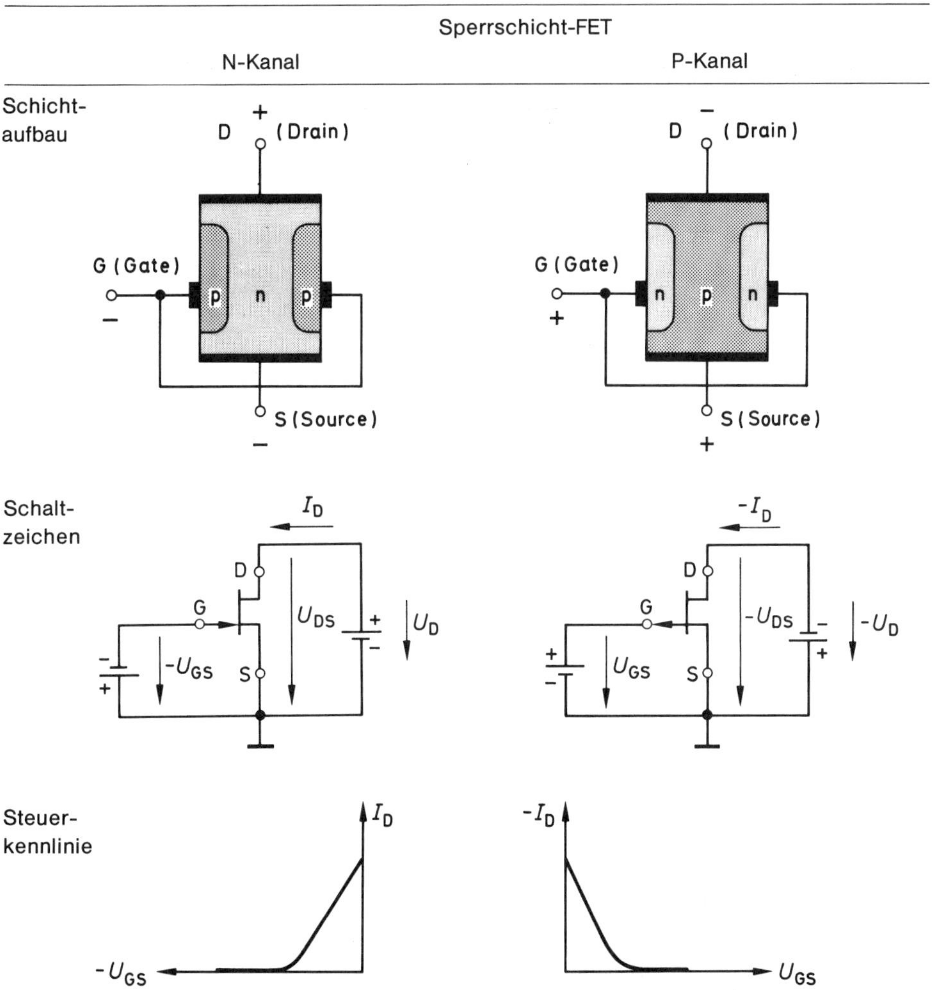

Bild 3.5 Schnittbilder, Schaltzeichen und Steuerkennlinien von N-Kanal-FETs und P-Kanal-FETs

Der mit S bezeichnete Anschluß liefert die Ladungsträger und wird deshalb Source (engl. source = Quelle) genannt. Die mit D bezeichnete Elektrode wirkt als Auffangelektrode und heißt daher Drain (engl. drain = Abfluß, Senke). Über den G-Anschluß wird der Ladungsträgerstrom im Kanal gesteuert. Er trägt die Bezeichnung Gate (engl. gate = Tor).
Der N-Kanal-FET wird mit positiver Spannung U_{DS} und mit negativer Steuerspannung $-U_{GS}$ betrieben. Die Stromleitung erfolgt hier durch Elektronen. Beim P-Kanal-FET erfolgt die Stromleitung dagegen durch Löcher, und der Betrieb erfolgt mit negativer Spannung $-U_{DS}$ und positiver Steuerspannung U_{GS}.
Bild 3.5 zeigt auch die genormten Schaltzeichen der beiden FET-Typen. Der Pfeil am Gateanschluß kennzeichnet jeweils den Übergang von der p-Schicht zur n-Schicht. Zusätzlich angegeben sind die beiden, zum Betrieb von FETs erforderlichen Spannungen U_{DS} und U_{GS}. Ebenfalls dargestellt sind die Steuerkennlinien der beiden FET-Typen. In beiden Fällen wird mit steigender Steuerspannung U_{GS} bzw. $-U_{GS}$ der Drainstrom I_D kleiner.

3.2.3 Kennlinien

3.2.3.1 Steuer- und Übertragungskennlinie

Bei den Sperrschicht-FETs erfolgt die Steuerung des Stromflusses im Kanal durch Änderung der Sperrspannung an den pn-Übergängen. In Bild 3.4 ist zu erkennen, daß sich die Sperrzonen im Kanal nicht gleichförmig ausbreiten. In Richtung des Drain-Anschlusses tritt eine keilförmige Verengung auf, weil der Spannungsunterschied zwischen Gate und Drain immer größer wird. Wird die Gate-Source-Spannung $-U_{GS}$ so weit erhöht, daß sich die Sperrzonen berühren, dann ist der Kanal abgeschnürt und damit praktisch gesperrt. Der Spannungswert, bei dem dieser Effekt eintritt, wird als *Abschnürspannung* oder pinch-off-Spannung U_p bezeichnet.
Die Abhängigkeit des Drainstromes I_D von der Gate-Source-Spannung $-U_{GS}$ kann mit der in **Bild 3.6** angegebenen Schaltung ermittelt werden. Bei der Untersuchung eines P-Kanal-Typs müssen lediglich die beiden Spannungsquellen umgepolt werden.

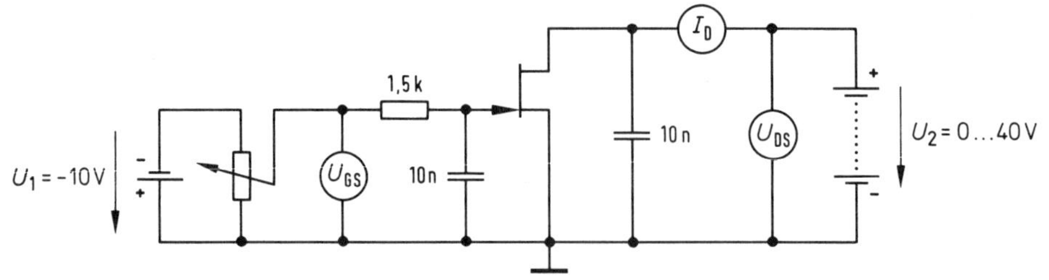

Bild 3.6 Schaltung zur Kennlinienaufnahme

In **Bild 3.7** ist als Beispiel die Steuer- oder Übertragungskennlinie $I_D = f(-U_{GS})$ bei konstanter Spannung $U_{DS} = 15\,V$ wiedergegeben. Sie gilt für einen N-Kanal-Sperrschicht-FET vom Typ BF 245 C.

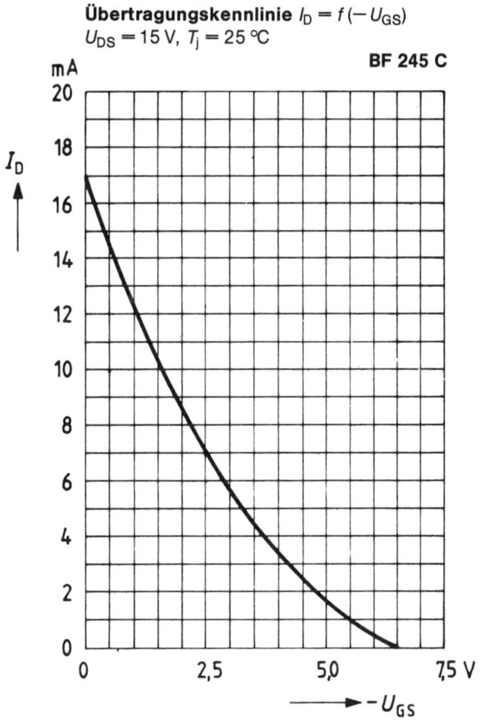

Bild 3.7 Übertragungskennlinie $I_D = f(-U_{GS})$ des Sperrschicht-FETs BF 245 C

In der Kennlinie nach Bild 3.7 ist zu erkennen, daß die Abschnürspannung bei diesem Typ $U_p \approx -6{,}5\,V$ beträgt, also bei $-U_{GS} \geqq 6{,}5\,V$ kein Drainstrom mehr fließt. Bei Verkleinerung von $-U_{GS}$ steigt der Drainstrom an und erreicht bei $U_{GS} = 0\,V$ mit $I_D \approx 17\,mA$ bei dem genannten Transistortyp seinen Maximalwert.

3.2.3.2 Ausgangskennlinie

Mit der Schaltung nach Bild 3.6 lassen sich auch die Ausgangskennlinien eines Sperrschicht-FETs, also die Abhängigkeit des Drainstromes I_D von der Drain-Source-Spannung bei den verschiedenen Gate-Source-Spannungen ermitteln. Diese Ausgangskennlinien $I_D = f(U_{DS})$ bei $-U_{GS} = \text{const.}$ sind in **Bild 3.8** wiedergegeben.
Wird bei konstanter Steuerspannung $-U_{GS}$ die Drain-Source-Spannung U_{DS} von Null ausgehend vergrößert, so steigt der Drainstrom zunächst nach dem Ohmschen Gesetz proportional an. Ein Sperrschicht-FET zeigt in diesem Bereich das Verhalten eines ohmschen Widerstandes. Der erste Bereich des Ausgangskennlinienfeldes wird daher auch als »Ohmscher Bereich« bezeichnet.

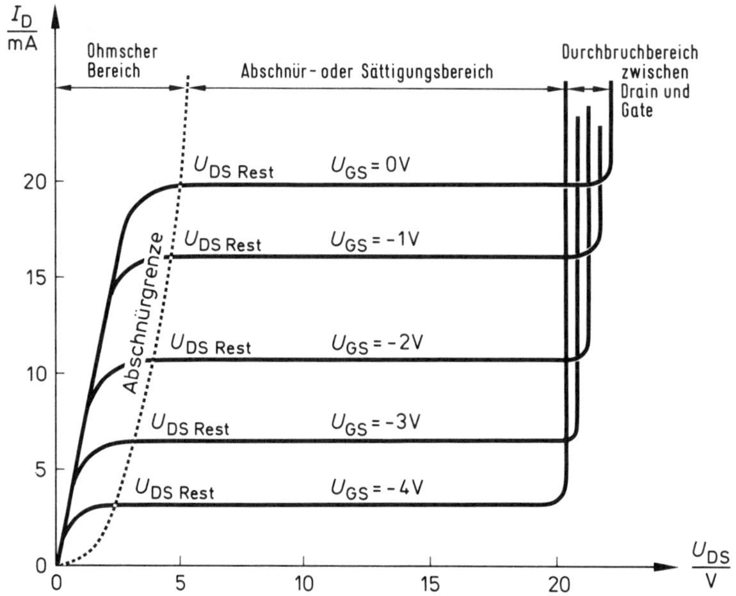

Bild 3.8 Ausgangskennlinienfeld eines Sperrschicht-FETs

Wird die Spannung U_{DS} weiter erhöht, so knicken die Kennlinien ab und gehen in einen nahezu waagerechten Verlauf über. Eine noch weitere Vergrößerung von U_{DS} führt zu keiner nennenswerten Änderung des Drainstromes mehr.

Dies ist auch der Fall, wenn $U_{GS} = 0$ V ist. Hieraus ist zu erkennen, daß auch die Drain-Source-Spannung zu einer Abschnürung des Kanals führen kann. Bei $U_{GS} = 0$ V liegen Gate und Source auf gleichem Potential. Im unteren Teil des Kanals liegt keine oder nur eine sehr geringe Spannung zwischen Gate und Kanal und es bildet sich somit keine verbreiterte Sperr- oder Raumladungszone aus. In Richtung zur Drain-Elektrode wird das Kanal-Potential gegenüber dem Gate-Potential aber immer positiver. In der Nähe des Drain-Anschlusses liegt dann sogar die gesamte Spannung U_{DS} in Sperrichtung zwischen Gate und Kanal. Von einem bestimmten Wert der Drain-Source-Spannung ab berühren sich die Sperrzonen im Kanal und schnüren ihn ab. In **Bild 3.9** ist die Abschnürung des Kanals durch die Drain-Source-Spannung im Schnittbild dargestellt.

In Bild 3.9 beträgt $U_{GS} = 0$ V. Wird an das Gate jedoch eine zusätzliche negative Spannung angelegt, so berühren sich die Raumladungszonen schon bei kleineren Spannungswerten von U_{DS}. Der Spannungswert von U_{DS}, bei dem der Kanal abgeschnürt ist, wird als $U_{DS\,Rest}$ oder $U_{DS\,sat}$ bezeichnet. Dabei ist es gleichgültig, ob der Kanal infolge einer Gate-Source-Spannung $U_{GS} = U_p$ auf der gesamten Kanallänge oder durch eine Drain-Source-Spannung $U_{DS} = U_p$ nur in der Nähe des Drain-Anschlusses abgeschnürt wird.

Aufgrund dieser Zusammenhänge läßt sich die Rest-, Knie- oder Sättigungsspannung $U_{DS\,Rest}$ ermitteln, wenn U_p und U_{GS} bekannt sind. Es gilt:

$$U_{DS\,Rest} = U_{GS} - U_p$$

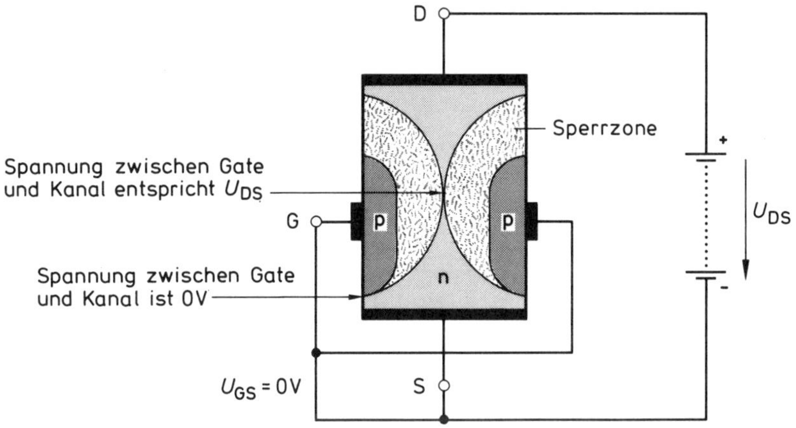

Bild 3.9 Kanalabschnürung durch U_{DS}

Beispiel

Der FET vom Typ BF 245 C hat eine Abschnürspannung $-U_p = 6{,}5\,V$.
Wie groß ist die Restspannung $U_{DS\,Rest}$, wenn die Gate-Source-Spannung $-U_{GS} = 2\,V$ beträgt?

$$U_{DS\,Rest} = U_{GS} - U_p$$
$$= -2\,V - (-6{,}5\,V)$$
$$U_{DS\,Rest} = +4{,}5\,V$$

Der zweite Bereich im Ausgangskennlinienfeld ist gekennzeichnet durch einen nahezu geradlinigen Verlauf der Kennlinien. Ursache hierfür ist die bereits erfolgte Abschnürung des Kanals. Eine Spannungserhöhung der Drain-Source-Spannung über den Wert $U_{DS\,Rest}$ hinaus bewirkt hier nämlich keine nennenswerte Stromänderung mehr. Daher wird dieser zweite Bereich auch Abschnür- oder Sättigungsbereich genannt. Er ist der eigentliche Arbeitsbereich eines FETs, weil der Drainstrom I_D hier im wesentlichen nur noch durch die Gate-Source-Spannung U_{GS}, aber nur wenig durch die Drain-Source-Spannung U_{DS} geändert werden kann.
Im dritten Bereich des Ausgangskennlinienfeldes kommt es aufgrund einer zu hohen Drain-Source-Spannung zu einem Durchbruch zwischen Drain und Gate. Die Sperrschicht wird dabei abgebaut und der Drainstrom steigt sprunghaft an, so daß die Gefahr einer Zerstörung des FETs auftritt. Bei den heute üblichen Sperrschicht-FETs liegt die Durchbruchspannung zwischen 20 V und 30 V. Im Kennlinienfeld nach Bild 3.8 tritt der Durchbruch bei $U_{DS} \approx 20\,V$ auf.

In **Bild 3.10** ist als Beispiel das Ausgangskennlinienfeld des N-Kanal-Sperrschicht-FETs vom Typ BF 245 C wiedergegeben. Der verbotene dritte Kennlinienbereich wird grundsätzlich nicht mit dargestellt, weil in diesem Durchbruchbereich keine Aussage für den Anwender zu finden ist.

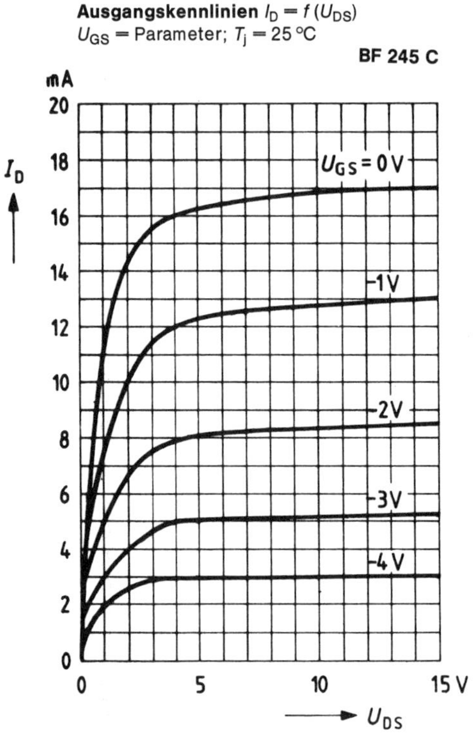

Bild 3.10 Ausgangskennlinienfeld des N-Kanal-Sperrschicht-FETs vom Typ BF 245 C

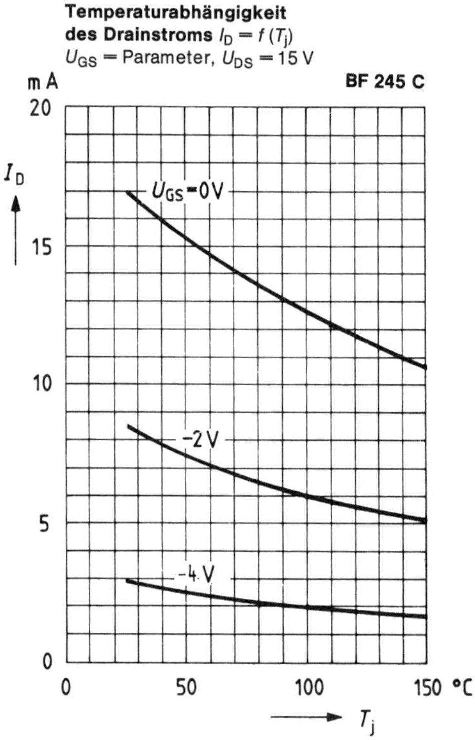

Bild 3.11 Temperaturabhängigkeit des Drainstromes I_D für den FET vom Typ BF 245 C

3.2.3.3 Temperaturabhängigkeit

Wie bei allen Halbleiterbauelementen treten auch beim Sperrschicht-FET Temperaturabhängigkeiten auf. Während jedoch bei den bipolaren Transistoren der Kollektorstrom mit steigender Temperatur ebenfalls ansteigt, wird der Drainstrom beim Sperrschicht-FET mit steigender Temperatur kleiner. In **Bild 3.11** ist diese Temperaturabhängigkeit des Drainstromes für den BF 245 C wiedergegeben.

Die Kennlinien in Bild 3.11 gelten für U_{DS} = 15 V = const. Der FET wird hier im Abschnür- oder Sättigungsbereich betrieben. Bei einem N-Kanal-Typ wird der Stromfluß im Kanal durch die freien, beweglichen und durch Dotierung entstandenen Ladungsträger hervorgerufen. Bei höheren Drainströmen nimmt die Leitfähigkeit des Drain-Source-Kanales mit steigender Temperatur ab, weil durch die thermische Eigenbewegung der Atome die Beweglichkeit der freien Ladungsträger immer mehr gehemmt wird.

Weiterhin wird aber auch die Abschnürspannung U_p mit steigender Temperatur immer größer. Dieser Effekt beruht darauf, daß sich bei kleinen Drainströmen der Einfluß der thermischen Paarbildung stärker auswirkt als die Abnahme der Kanalleitfähigkeit.

Bild 3.12 zeigt den Temperatureinfluß auf die Übertragungskennlinie.
Im Übergangsbereich zwischen den beiden vorgenannten Effekten tritt ein Punkt auf, in dem der Drainstrom temperaturunabhängig ist. Sofern keine anderen Maßnahmen zur thermischen Arbeitspunktstabilisierung getroffen werden, sollte daher immer eine Steuerspannung gewählt werden, bei der die Temperaturunabhängigkeit des Drainstromes auftritt.

Bild 3.12 Temperatureinfluß auf die Übertragungskennlinie

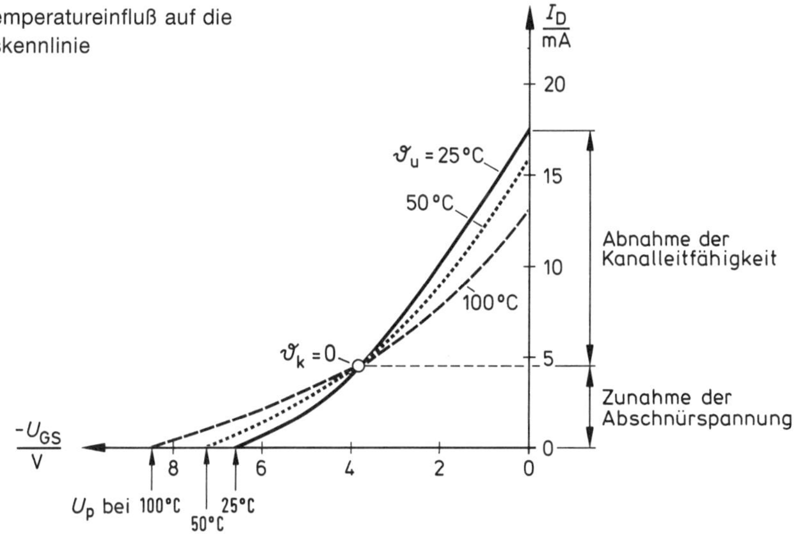

3.2.4 Kennwerte

3.2.4.1 Grenzdaten

Sperrschicht-FETs können auf verschiedene Weise elektrisch überlastet werden, und zwar:

1. Durch eine zu hohe Drain-Source-Spannung $U_{DS} > U_{DS\,max}$
2. Durch eine zu hohe Drain-Gate-Spannung $U_{DG} > U_{DG\,max}$
3. Durch eine zu hohe Gate-Source-Spannung $U_{GS} > U_{GS\,max}$
4. Durch einen zu hohen Drainstrom $I_D > I_{D\,max}$
5. Durch einen zu hohen Gatestrom $I_G > I_{G\,max}$
6. Durch eine zu hohe Verlustleistung $P_V > P_{tot}$
7. Durch eine zu hohe Kanaltemperatur $\vartheta_K > \vartheta_{K\,max}$

Grenzwerte für Spannungen

Liegt zwischen dem Kanal- und dem Gate-Anschluß eine zu hohe Spannung, so kann der in Sperrichtung betriebene pn-Übergang zerstört werden. Dieser Fall kann auftreten, wenn die Spannungswerte $U_{DS\,max}$, $U_{DG\,max}$, $U_{GS\,max}$ überschritten werden. Die Spannungs-Grenzwerte $U_{DS\,max}$, $U_{DG\,max}$ und $U_{GS\,max}$ liegen bei den heute verwendeten N-Kanal-Sperrschicht-FETs etwa zwischen 20 V und 30 V.

Grenzwerte für Ströme

Der durch den Kanal fließende Strom I_D darf nicht größer als $I_{D\,max}$ werden, weil sonst das Halbleitermaterial überlastet wird. Der Strom durch den in Sperrichtung betriebenen pn-Übergang ist im normalen Betriebszustand so klein, daß er gegenüber dem Drainstrom vernachlässigt werden kann. Bei der Ansteuerung des FET kann aber der Fall eintreten, daß dieser pn-Übergang kurzzeitig auch in Durchlaßrichtung betrieben wird. Der dann fließende Gatestrom darf den Wert $I_{G\,max}$ nicht überschreiten. Der Wert $I_{D\,max}$ hängt stark vom jeweiligen Transistortyp ab, während $I_{G\,max}$ meistens in der Größenordnung von 10 mA liegt.

Grenzwerte für Verlustleistung

Beim Betrieb eines FETs liegt zwischen Drain und Source die Spannung U_{DS} und es fließt ein Strom I_D. Das Produkt aus U_{DS} und I_D ergibt eine elektrische Leistung P_V, die zur Erwärmung des Kristalls führt. Die größte zulässige Leistung wird als totale Verlustleistung P_{tot} bezeichnet. Es gilt:

$$P_V = U_{DS} \cdot I_D \leqq P_{tot}$$

Der N-Kanal-Sperrschicht-FET vom Typ BF 245 C hat z. B. eine totale Verlustleistung $P_{tot} = 300$ mW bei einer Umgebungstemperatur von $\vartheta_U = 75$ °C. Aus dieser Angabe läßt sich ermitteln, daß z. B. bei $U_{DS} = 15$ V ein maximaler Drainstrom von $I_D = 20$ mA fließen darf, sofern $\vartheta_U = 75$ °C gewährleistet werden kann.

$$I_D = \frac{P_{tot}}{U_{DS}} = \frac{300\,\text{mW}}{15\,\text{V}} = 20\,\text{mA}$$

Grenzwerte für die Kanaltemperatur

Im wesentlichen durch die Verlustleistung im Dauerbetrieb entsteht in der Sperrzone und im Kanal Wärme, durch die sich die Temperatur im Halbleiter erhöht. Diese Temperatur darf bestimmte Werte nicht überschreiten, weil der Kristall seine Halbleitereigenschaften stark ändert und der FET dann nicht mehr einwandfrei arbeitet. Die bei den FETs angegebene Sperrschichttemperatur ϑ_J bezieht sich auf die höchste im Kanal auftretende Kanaltemperatur ϑ_K. Bei den üblichen FETs beträgt $\vartheta_{K\,max}$ etwa 150 bis 200 °C.

Grenzwerte für die Umgebungstemperatur

Einige Hersteller geben anstelle der maximalen Kanaltemperatur auch die höchstzulässige Umgebungstemperatur ϑ_U als Grenzwert an. ϑ_U ist stets kleiner als ϑ_J. Neben dieser Angabe ist in den Datenblättern dann auch noch ein Diagramm für die Temperaturabhängigkeit der zulässigen Gesamtverlustleistung zu finden. **Bild 3.13** zeigt als Beispiel ein solches Diagramm für den FET vom Typ BF 245.

Aus dem Diagramm nach Bild 3.13 kann unmittelbar abgelesen werden, wie groß P_{tot} bei einer bestimmten Umgebungstemperatur ist.

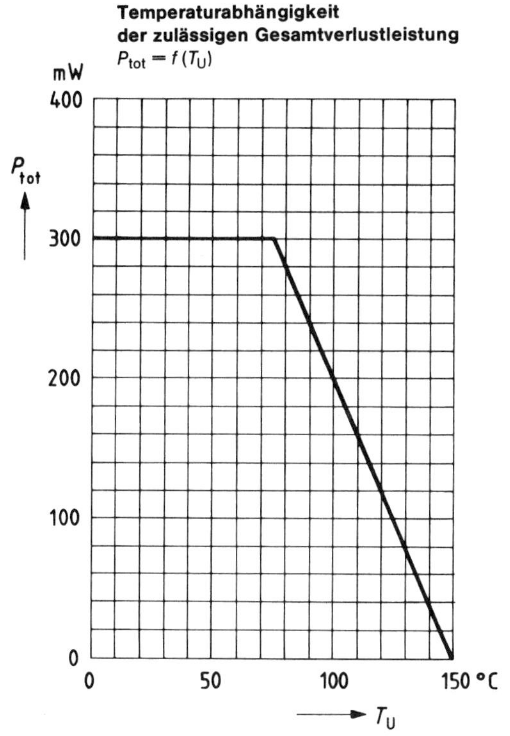

Bild 3.13 Temperaturabhängigkeit der zulässigen Gesamtverlustleistung für den FET vom Typ BF 245

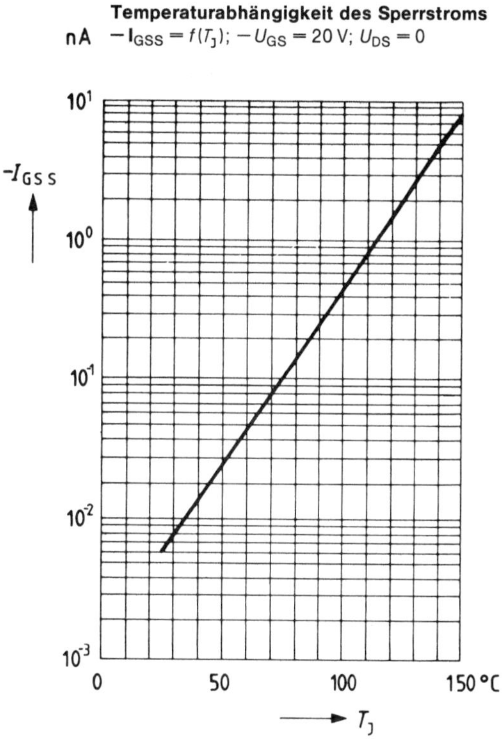

Bild 3.14 Temperaturabhängigkeit des Sperrstromes für den BF 245

3.2.4.2 Kenndaten

STATISCHE KENNDATEN

Mit den statischen Kenndaten wird das Gleichstromverhalten eines FETs beschrieben. So geben die Hersteller stets folgende statische Kenndaten an:

Gate-Reststrom $-I_{GS\,S}$
Abschnürspannung U_p

Gate-Reststrom $-I_{GS\,S}$

Der pn-Übergang zwischen Gate und Kanal wird stets in Sperrichtung betrieben. Trotzdem fließt hier, wie bei jedem anderen pn-Übergang, noch ein Gate-Reststrom $-I_{GS\,S}$. Die Größe dieses Reststromes ist sowohl von der Temperatur des Kanalmaterials ϑ_K als auch von der Sperrschichttemperatur ϑ_J abhängig. Der Gate-Reststrom steigt mit zunehmender Temperatur an. In **Bild 3.14** ist die Temperaturabhängigkeit des Sperrstromes für den BF 245 als Kennlinie angegeben.

Abschnürspannung U_p

Obwohl die Abschnürspannung auch aus den Steuer- oder Übertragungskennlinien abzulesen ist, geben die Hersteller diesen Wert bei den statischen Kenndaten mit an. Er gilt dann für bestimmte Werte von U_{DS} und I_D. So wird für den BF 245 eine Abschnürspannung U_p = 0,4 V bis 7,5 V bei U_{DS} = 15 V und I_D = 10 nA angegeben. Wegen der sehr großen Streuung der Abschnürspannung bei diesem FET-Typ sind drei Klassen lieferbar. Danach erfolgt eine Einteilung in:

Klasse	$I_{D\,max}$	$-U_{GS} = U_p$
BF 245 A	2 mA bis 6,5 mA	0,4 V bis 2,2 V
BF 245 B	6 mA bis 15 mA	1,6 V bis 3,8 V
BF 245 C	12 mA bis 25 mA	3,2 V bis 7,5 V

DYNAMISCHE KENNDATEN

Vorwärtssteilheit y_{21}

Aus der Steuer- oder Übertragungskennlinie in **Bild 3.15** läßt sich eine Aussage über die Verstärkung eines FETs herleiten.
Bei einer Änderung der Gate-Source-Spannung um ΔU_{GS} ändert sich der Drainstrom um ΔI_D. Wird in die Drainleitung eines FETs ein Arbeitswiderstand R_D entsprechend **Bild 3.16** gelegt, dann erzeugt der Drainstrom ΔI_D an diesem Widerstand einen ent-

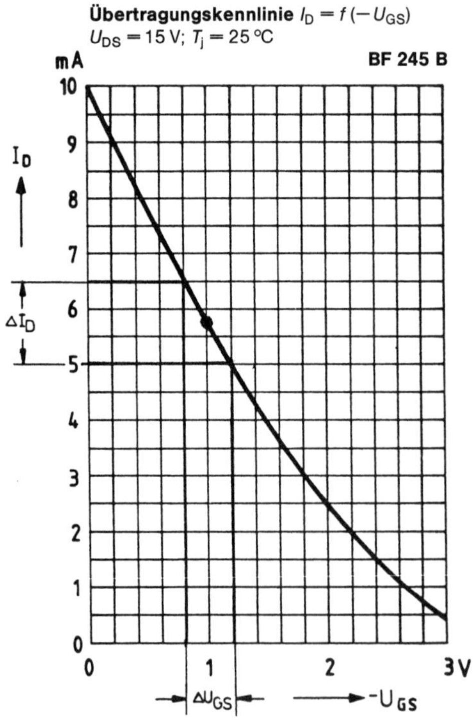

Bild 3.15 Übertragungskennlinie des BF 245 B

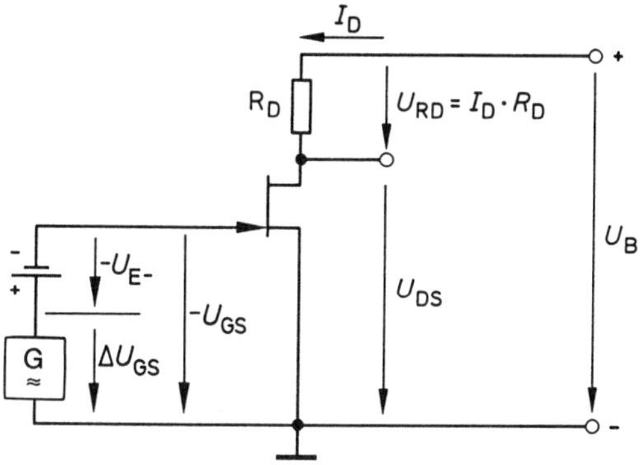

Bild 3.16 Verstärkerschaltung mit FET

sprechenden Spannungsabfall, so daß sich auch die Drain-Source-Spannung um ΔU_{DS} ändert. Das Verhältnis der Änderung der Drain-Source-Spannung zur Änderung der Gate-Source-Spannung wird als Spannungsverstärkung V_u bezeichnet:

$$V_u = \frac{\Delta U_{DS}}{\Delta U_{GS}}$$

In **Bild 3.17** ist die Verstärkerwirkung in die Übertragungskennlinie und das Ausgangskennlinienfeld eines FETs eingetragen.

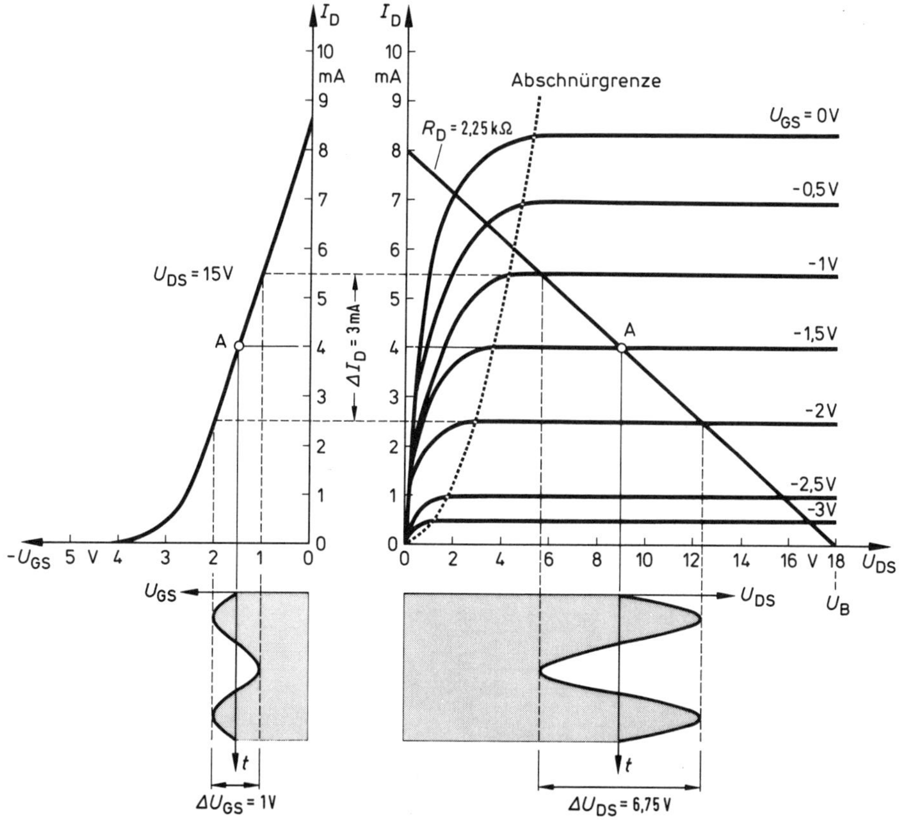

Bild 3.17 Spannungsverstärkung eines FETs

Je steiler die Übertragungskennlinie verläuft, desto größer wird die Stromänderung ΔI_D bei gleicher Änderung der Gate-Source-Spannung ΔU_{GS}. Die Verstärkung ist dann ebenfalls groß.
Die Beziehung zwischen ΔU_{GS} und ΔI_D wird in einer dynamischen Kenngröße zusammengefaßt. Sie wird als Steilheit S oder Vorwärtssteilheit y_{21} bezeichnet.

$$y_{21} = S = \frac{\Delta I_D}{\Delta U_{GS}} \quad \text{bei} \quad U_{DS} = \text{const.}$$

Aus der Kennlinie in Bild 3.15 läßt sich für die Steilheit in dem gewählten Arbeitspunkt folgender Wert ermitteln:

$$y_{21} = S = \frac{\Delta I_D}{\Delta U_{GS}} = \frac{6{,}5\,\text{mA} - 5\,\text{mA}}{1{,}2\,\text{V} - 0{,}8\,\text{V}} = \frac{1{,}5\,\text{mA}}{0{,}4\,\text{V}} = 3{,}75 \cdot 10^{-3}\,\frac{\text{A}}{\text{V}}$$

$$y_{21} = S = 3{,}75\,\text{mS}$$

Wegen der gekrümmten Kennlinie ist die Vorwärtssteilheit nicht konstant, sondern sie hat in jedem Arbeitspunkt einen anderen Wert. In **Bild 3.18** ist die Vorwärtssteilheit y_{21} für die drei schon erwähnten FET-Typen angegeben.
Mit diesen dynamischen Kennwerten läßt sich die Spannungsverstärkung unmittelbar berechnen.

$$V_u \approx S \cdot R_D \quad \text{bzw.} \quad V_u \approx y_{21} \cdot R_D$$

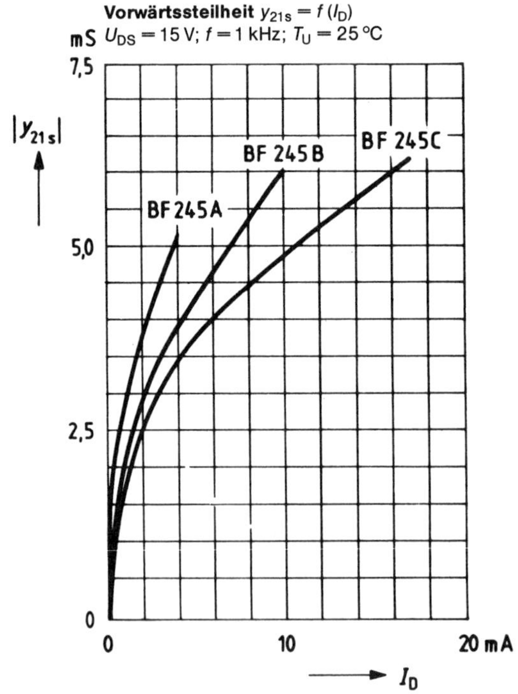

Bild 3.18 Vorwärtssteilheit y_{12} für die FET-Typen BF 245 A, BF 245 B und BF 245 C

Beispiel

Aus den Kennlinien in Bild 3.17 lassen sich für den gewählten Arbeitspunkt folgende Daten ermitteln:

$$R_D = \frac{U_B - U_{DS}}{I_D} = \frac{18\,V - 9\,V}{4\,mA} = 2{,}25\,k\Omega$$

$$y_{21} = S = \frac{\Delta I_D}{\Delta U_{GS}} = \frac{5\,mA - 2\,mA}{2\,V - 1\,V} = \frac{3\,mA}{1\,V} = 3\,mS$$

$$V_u \approx y_{21} \cdot R_D = 3\,mS \cdot 2{,}25\,k\Omega = 6{,}75$$

Ausgangsleitwert y_{22}

Ein weiterer wichtiger dynamischer Kennwert ist der Ausgangsleitwert y_{22}.

$$y_{22} = \frac{\Delta I_D}{\Delta U_{DS}} \quad \text{bei} \quad U_{GS} = \text{const.}$$

Dieser Ausgangsleitwert kann aus dem Ausgangskennlinienfeld ermittelt werden. In **Bild 3.19** sind die Änderungen ΔI_D und ΔU_{DS} bereits eingetragen.
Aus dem Bild 3.19 läßt sich folgender Wert ermitteln:

$$y_{22} = \frac{\Delta I_D}{\Delta U_{DS}} = \frac{5{,}75\,mA - 5{,}5\,mA}{13\,V - 5\,V} = \frac{0{,}25\,mA}{8\,V} = 3{,}125 \cdot 10^{-5}\,S$$

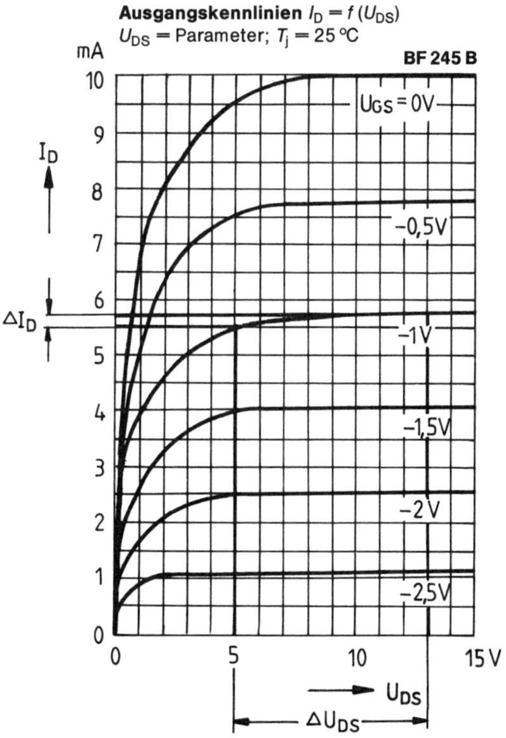

Bild 3.19 Ermittlung des Ausgangsleitwertes y_{22} aus dem Ausgangskennlinienfeld

Der Kehrwert des dynamischen Ausgangsleitwertes y_{22} ist der dynamische Ausgangswiderstand r_{DS}.

$$r_{DS} = \frac{1}{y_{22}}$$

Wegen der Kennlinienkrümmung, insbesondere im ohmschen Bereich der Kennlinie, ändert sich der Ausgangswiderstand sehr stark. In **Bild 3.20** sind die Ausgangswiderstände r_{DS} als Funktion von U_{GS} für die FETs BF 245 aufgetragen.

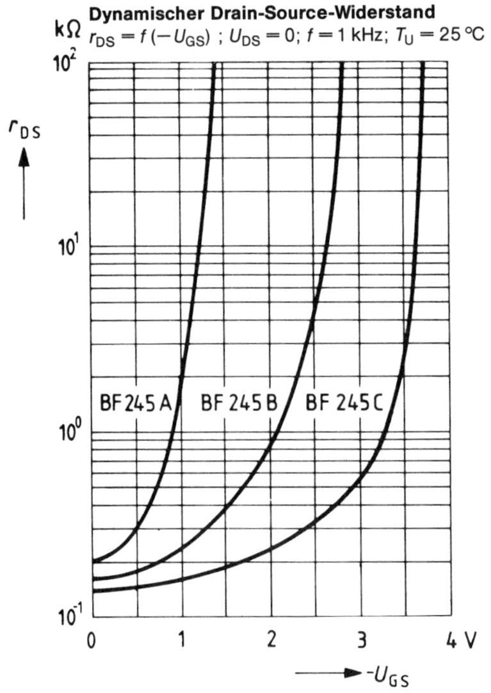

Bild 3.20 Dynamischer Ausgangswiderstand r_{DS} als Funktion von U_{GS}

Dieser dynamische Ausgangswiderstand liegt wechselstrommäßig parallel zum Drainwiderstand R_D, so daß die Spannungsverstärkung einer FET-Verstärkerstufe entsprechend Bild 3.16 mit Hilfe der Gleichung

$$V_u = y_{21} \cdot \frac{r_{DS} \cdot R_D}{r_{DS} + R_D}$$

ermittelt werden kann.

Kapazitäten

Die Steuerung des Drainstromes erfolgt bei den FETs durch elektrische Felder. Daher treten in Feldeffekttransistoren auch Kapazitäten auf, die oft nicht mehr vernachlässigt werden können. Es sind:

Eingangskapazität	C_{11S}	(zwischen Gate und Source)
Rückwirkungskapazität	C_{12S}	(zwischen Drain und Gate)
Ausgangskapazität	C_{22S}	(zwischen Drain und Source).

3.2.4.3 Wärmewiderstand

Bei Betrieb eines FETs wird die im Kanal umgesetzte Verlustleistung P_V in Wärme umgewandelt. Sie muß über das den Kristall umschließende Gehäuse aus Metall oder Kunststoff an die Umgebungsluft abgeführt werden. Hierbei treten die gleichen wärmetechnischen Zusammenhänge wie bei den Halbleiterdioden und wie bei den bipolaren Transistoren auf. Daher stimmen auch die Berechnungsmethoden vollständig überein.
Beim FET ist der Wärmewiderstand genauso definiert wie bei den bipolaren Transistoren:

$$R_{thJU} = \frac{\vartheta_J - \vartheta_U}{P_V}$$

mit $\vartheta_J = \vartheta_K$ = Sperrschicht- und Kanaltemperatur
ϑ_U = Umgebungstemperatur
P_V = Elektrische Verlustleistung, die im Kanal in Wärme umgesetzt wird.

Beispiel

Für den BF 245 wird angegeben: $R_{thJU} = 250\ \text{K/W}$ und $\vartheta_{J\,max} = 150\ °\text{C}$.
Wie groß darf der Drainstrom I_D sein, wenn $U_{DS} = 15\ \text{V}$ beträgt und der FET bei $\vartheta_U = 75\ °\text{C}$ betrieben werden soll?

$$R_{thJU} = \frac{\vartheta_J - \vartheta_U}{P_V} \qquad P_V = \frac{\vartheta_J - \vartheta_U}{R_{thJU}} = U_{DS} \cdot I_D$$

$$I_D = \frac{\vartheta_J - \vartheta_U}{R_{thJU} \cdot U_{DS}} = \frac{150\ °\text{C} - 75\ °\text{C}}{250\ \text{K/W} \cdot 15\ \text{V}} = \frac{75\ \text{K}}{250\ \text{K/W} \cdot 15\ \text{V}} = 20\ \text{mA}$$

3.3 MOS-FETs

Bei den MOS-FETs erfolgt die Ansteuerung nicht über eine Sperrschicht, sondern über eine Isolierschicht. Diese Isolierschicht besteht in der Regel aus einem Metalloxid, von der auch der Name MOS-Feldeffekttransistor (*M*etall-*O*xide-*S*emiconductor = Metalloxid-Halbleiter) abgeleitet worden ist. Verwendet wird aber auch die Bezeichnung Isolierschicht-FET, für die dann die Abkürzungen IFET oder IGFET (für *i*soliertes *G*ate) zu finden sind.
Bei den MOS-FETs muß grundsätzlich zwischen den selbstsperrenden Typen und den selbstleitenden Typen unterschieden werden. Die selbstleitenden MOS-FETs besitzen bei $U_{GS} = 0\ \text{V}$ einen leitfähigen Kanal. Sie werden aufgrund ihrer Arbeitsweise auch als Verarmungstyp (engl.: depletion type) bezeichnet. Bei den selbstsperrenden MOS-

FETs ist dagegen der Kanal bei U_{GS} = 0 V gesperrt, so daß in diesem Fall kein Drainstrom I_D fließen kann. Selbstsperrende MOS-FETs werden auch als Anreicherungstyp (engl.: enhancement type) bezeichnet. Da der als Strombahn erforderliche Kanal sowohl aus n-Silizium als auch aus p-Silizium bestehen kann, ergeben sich bei den MOS-FETs insgesamt vier unterschiedliche Typen. Für jeden dieser vier Typen wird entsprechend Bild 3.3 ein eigenes Schaltzeichen verwendet. Die einzelnen Typen haben aber eine sehr unterschiedliche praktische Bedeutung.

3.3.1 Selbstleitende MOS-FETs

3.3.1.1 Aufbau und Wirkungsweise

Bild 3.21 zeigt den Aufbau eines selbstleitenden MOS-FETs vom N-Kanal-Typ. Hierbei sind in ein p-dotiertes Siliziumplättchen, das als Substrat oder Bulk bezeichnet wird, zwei hochdotierte n-Zonen eindiffundiert und mit sperrschichtfreien Drain- und Sourceanschlüssen versehen. Zwischen den beiden Zonen befindet sich ein dünner, schwach n-dotierter Kanal, der auch ohne äußere Feldeinwirkung eine leitende Verbindung zwischen Source und Drain herstellt. Dieser Kanal ist durch eine Isolierschicht aus Siliziumoxid (SiO_2) abgedeckt, auf die eine Metallelektrode als Gateanschluß aufgebracht ist.

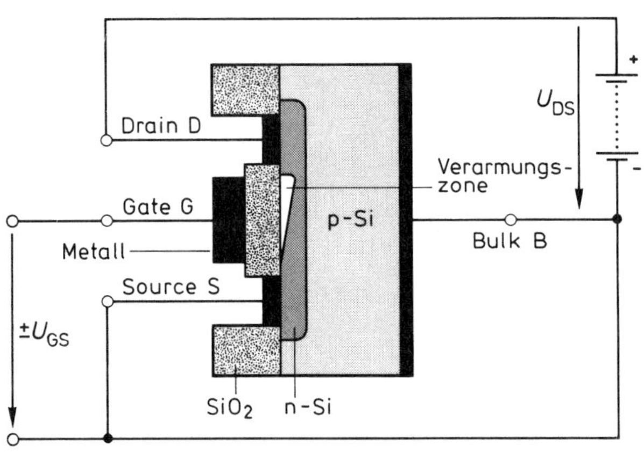

Bild 3.21 Aufbau eines selbstleitenden N-Kanal-MOS-FET

Wird zwischen Source und Drain eine Spannung U_{DS} angelegt, so fließt bei U_{GS} = 0 V ein Elektronenstrom von der Sourceelektrode über den n-Kanal zur Drainelektrode. Wird aber an die Steuerelektrode G eine negative Spannung angelegt, so werden die im n-Kanal vorhandenen Elektronen aus der Nähe der Gateelektrode abgedrängt, so daß hier eine an Ladungsträgern verarmte Zone entsteht. Sie führt zu einer Einschnürung des n-Kanals und damit auch zu einer Verminderung seiner Leitfähigkeit. Wird die Gatespannung negativer, nimmt die Leitfähigkeit des Kanals und damit auch der Drainstrom I_D ab.

Eine Besonderheit des selbstleitenden MOS-FETs liegt noch darin, daß er auch mit einer positiven Gatespannung angesteuert werden kann. Dadurch werden dann Ladungsträger aus dem p-dotierten Substrat in den n-Kanal hineingezogen und seine Leitfähigkeit gegenüber der Leitfähigkeit bei U_{GS} = 0 V noch vergrößert.

3.3.1.2 Bezeichnungen und Schaltzeichen

Für die Anschlüsse des MOS-FETs werden die gleichen Bezeichnungen wie bei den Sperrschicht-FETs verwendet, nämlich Source, Drain und Gate. Es gibt aber bei den MOS-FETs noch eine weitere Elektrode, die als Bulk- oder Substratanschluß bezeichnet wird. Dieses Substrat oder Bulk (Masse) bildet mit dem Halbleitermaterial des Kanals einen pn-Übergang, der als zweite Steuerelektrode dienen kann. Er ist dann wie die anderen Elektroden aus dem Gehäuse herausgeführt. Bei einer Reihe von Ausführungen ist der Substratanschluß aber im Gehäuse direkt mit dem Sourceanschluß verbunden, so daß die zusätzliche Steuermöglichkeit entfällt.
Bild 3.22 zeigt die Schaltzeichen von selbstleitenden N-Kanal-MOS-FETs und P-Kanal-MOS-FETs. Beim N-Kanal-Typ zeigt der Pfeil auf den Kanal-Strich hin, beim P-Kanal-Typ dagegen vom Kanal-Strich weg. Der durchgehende Kanal-Strich weist darauf hin, daß es sich um einen selbstleitenden MOS-FET handelt.

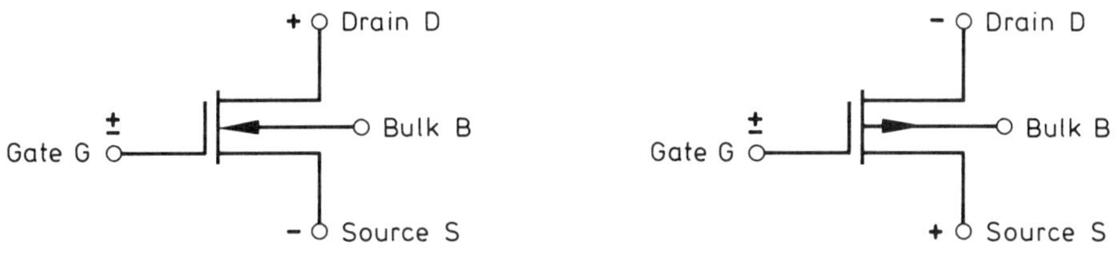

N-Kanal-MOS-FET P-Kanal-MOS-FET

Bild 3.22 Schaltzeichen für selbstleitende MOS-FETs (Verarmungstyp)

N-Kanal-MOS-FETs werden mit einer positiven Drain-Source-Spannung betrieben. Sie haben eine wesentlich größere praktische Bedeutung als die P-Kanal-MOS-FETs, die zum Betrieb eine negative Drain-Source-Spannung erfordern.

3.3.1.3 Kennlinien

Beim selbstleitenden N-Kanal-MOS-FET steigt der Drainstrom an, wenn die Gatespannung U_{GS} positiv wird. Dieser Zusammenhang ist in **Bild 3.23** als Übertragungs- oder Steuerkennlinie dargestellt. Als Parameter ist hier zusätzlich die Bulk-Source-Spannung U_{BS} aufgetragen. Wird der pn-Übergang zwischen Substrat und Kanal in Sperrrichtung betrieben, so hängt der Drainstrom I_D mit von der Größe dieser Sperrspannung ab. Daher kann der MOS-FET nicht nur durch die Gate-Source-Spannung U_{GS}, sondern auch durch die Substrat-Source-Spannung U_{BS} gesteuert werden.

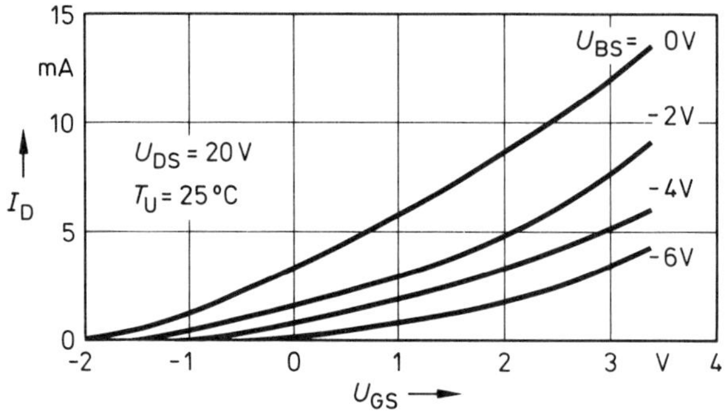

Bild 3.23 Steuer- oder Übertragungskennlinie eines selbstleitenden N-Kanal-MOS-FETs

In **Bild 3.24** ist das Ausgangskennlinienfeld eines selbstleitenden N-Kanal-MOS-FETs dargestellt. Hier wird die Spannung U_{GS} als Parameter verwendet. Deutlich erkennbar ist die Abhängigkeit des Drainstromes I_D von der Größe der positiven oder negativen Gatespannung U_{GS}. Die Ausgangskennlinien eines selbstleitenden P-Kanal-MOS-FETs haben fast den gleichen Verlauf, jedoch wechseln die Vorzeichen der Gate-Source-Spannung und der Drain-Source-Spannung.

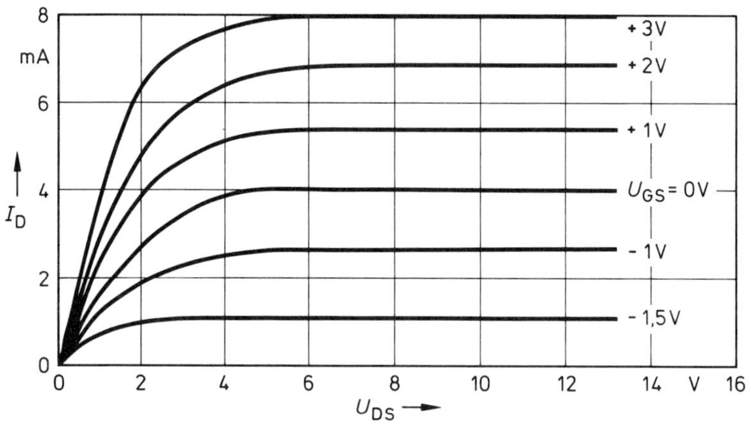

Bild 3.24 Ausgangskennlinienfeld eines selbstleitenden N-Kanal-MOS-FETs

Bei einem selbstleitenden N-Kanal-MOS-FET kann der Drainstrom I_D durch eine positive Gatespannung U_{GS} nicht beliebig weiter erhöht werden, weil von einem bestimmten Spannungswert ab eine Vergrößerung der Leitfähigkeit des Kanals nicht mehr möglich ist. Die gleiche Aussage gilt sinngemäß auch für einen P-Kanal-Typ.

In **Bild 3.25** ist der Kanalwiderstand eines selbstleitenden MOS-FETs als Funktion der Gate-Source-Spannung angegeben.

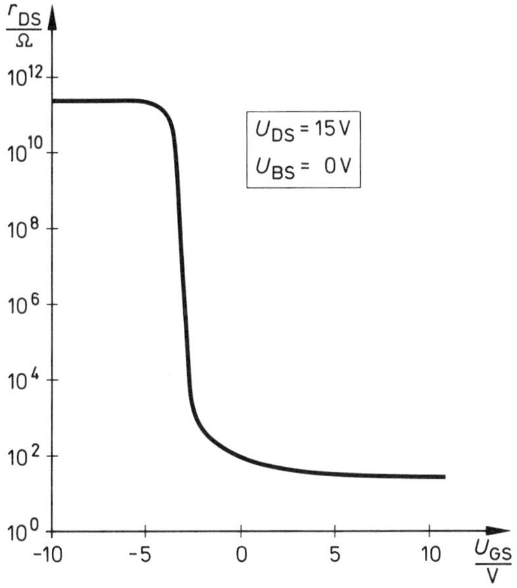

Bild 3.25 Kanalwiderstand eines selbstleitenden MOS-FETs

Einige Hersteller geben auch Steilheitskennlinien für Änderungen von U_{GS} und U_{BS} an. **Bild 3.26** zeigt ein derartiges Kennlinienfeld.

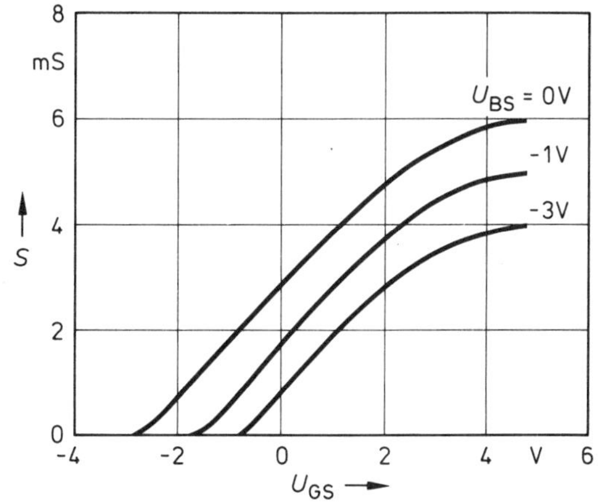

Bild 3.26 Steilheitskennlinienfeld für einen selbstleitenden MOS-FET

MOS-FETs vom Verarmungstyp haben wie die Sperrschicht-FETs einen geringen negativen Temperatur-Koeffizienten. Der Drainstrom I_D wird also mit zunehmender Temperatur kleiner. Dieser charakteristische Zusammenhang ist in **Bild 3.27** dargestellt.

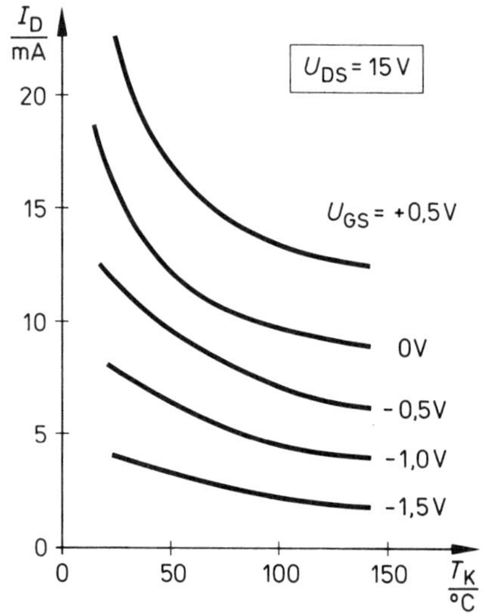

Bild 3.27 Temperaturabhängigkeit des Drainstromes beim selbstleitenden MOS-FET

3.3.2 Selbstsperrende MOS-FETs

3.3.2.1 Aufbau und Wirkungsweise

Selbstsperrende MOS-FETs haben einen ähnlichen technologischen Aufbau wie die selbstleitenden Typen. Ohne äußere Feldeinwirkung ist aber zwischen dem Drain-Anschluß und dem Source-Anschluß kein leitfähiger Kanal vorhanden, so daß bei U_{GS} = 0 V auch kein Drainstrom fließen kann. **Bild 3.28** zeigt den Aufbau eines selbstsperrenden N-Kanal-MOS-FETs.

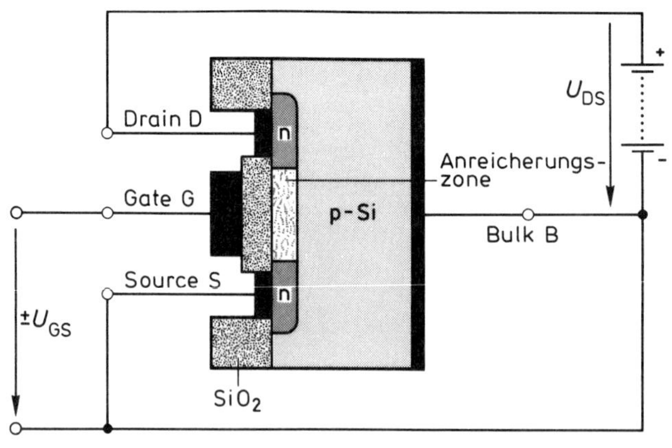

Bild 3.28 Aufbau eines selbstsperrenden N-Kanal-MOS-FETs

Vorhanden sind zunächst nur die beiden stark n-dotierten Inseln um den Drain- und Source-Anschluß herum. Sie befinden sich in dem schwach p-dotierten Substrat, so daß sich zwei pn-Übergänge ausbilden. Diese haben hier jedoch einen so großen Abstand, daß der normale Transistoreffekt keine Rolle spielt.
Wird bei $U_{GS} = 0\,V$ eine positive Drain-Source-Spannung U_{DS} angelegt, so ist kein Stromfluß zwischen Source und Drain möglich, weil die Sperrschicht um die Draininsel in Sperrichtung betrieben wird und sich verbreitert. Der MOS-FET bleibt gesperrt.
Durch Anlegen einer positiven Spannung $+U_{GS}$ zwischen Gate und Source werden Elektronen aus dem p-dotierten Substrat in Richtung Gate gezogen. Die sich ausbildende Elektronenladung unterhalb des Gate-Anschlusses führt zur Ausbildung eines leitfähigen Kanals zwischen Drain und Source, und es kann ein Strom zwischen beiden Elektroden fließen. Dieser Drainstrom ist umso größer, je größer die positive Gate-Source-Spannung $+U_{GS}$ bei gleicher Spannung U_{DS} wird.
Der selbstsperrende MOS-FET wird auch als Anreicherungstyp bezeichnet, weil ein Drainstrom erst dann fließen kann, wenn sich durch Anreicherung von Elektronen unterhalb der Isolierschicht des Gateanschlusses ein leitfähiger Kanal gebildet hat.
Selbstsperrende P-Kanal-MOS-FETs sind ähnlich wie die N-Kanal-Typen aufgebaut, wobei aber die Leitfähigkeitsart der einzelnen Schichten vertauscht ist. Sie werden daher mit negativer Drain-Source-Spannung $-U_{DS}$ betrieben, und bei genügend großer negativer Gate-Source-Spannung bildet sich ein p-leitender Kanal aus, durch den ein Drainstrom als Löcherstrom fließen kann.

3.3.2.2 Bezeichnungsweise und Schaltzeichen

Beim selbstsperrenden MOS-FET werden für die vier Elektroden die gleichen Bezeichnungen wie bei den selbstleitenden Typen verwendet: Drain, Source, Gate und Bulk bzw. Substrat. Unterschiedlich sind aber die verwendeten Schaltzeichen. So ist beim selbstsperrenden MOS-FET der Kanal-Strich im Schaltzeichen unterbrochen. Damit wird gekennzeichnet, daß bei $U_{GS} = 0\,V$ kein Drainstrom I_D fließt. In **Bild 3.29** sind die Schaltzeichen für die beiden Typen der selbstsperrenden MOS-FETs angegeben.

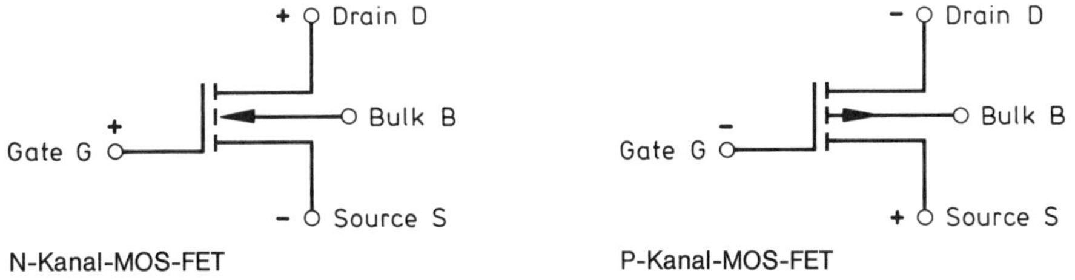

Bild 3.29 Schaltzeichen für selbstsperrende MOS-FETs (Anreicherungstyp)

MOS-FETs vom Anreicherungstyp werden als Einzeltransistoren nur selten gefertigt. Ihr Aufbau und ihr Arbeitsprinzip wird aber inzwischen in großem Umfang in integrierten MOS-Schaltkreisen verwendet.

3.3.2.3 Kennlinien

Ohne Gate-Source-Spannung ist die Drain-Source-Strecke eines selbstsperrenden MOS-FETs gesperrt. Beim N-Kanal-MOS-FET kann daher erst ein Drainstrom I_D fließen, wenn eine ausreichend große positive Gate-Source-Spannung anliegt. Der Zusammenhang zwischen I_D und U_{GS} ist in der Übertragungs- oder Steuerkennlinie nach **Bild 3.30** dargestellt. Da genau wie bei dem Verarmungstyp auch noch eine Steuerungsmöglichkeit durch die Bulk-Source-Spannung U_{BS} besteht, ist U_{BS} als zusätzlicher Parameter aufgetragen.

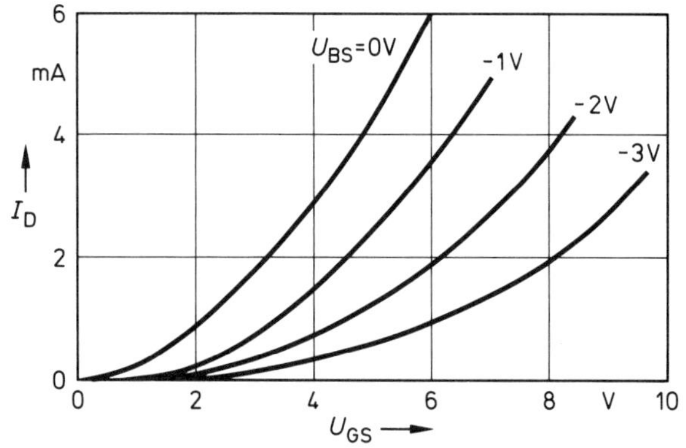

Bild 3.30 Übertragungs- oder Steuerkennlinie eines selbstsperrenden N-Kanal-MOS-FETs

In **Bild 3.31** ist das Ausgangskennlinienfeld mit U_{GS} als Parameter dargestellt. Selbstsperrende P-Kanal-MOS-FETs haben ein ähnliches Ausgangskennlinienfeld wie in Bild 3.24. Die Spannungen U_{DS} und U_{GS} haben dann aber negative Werte.

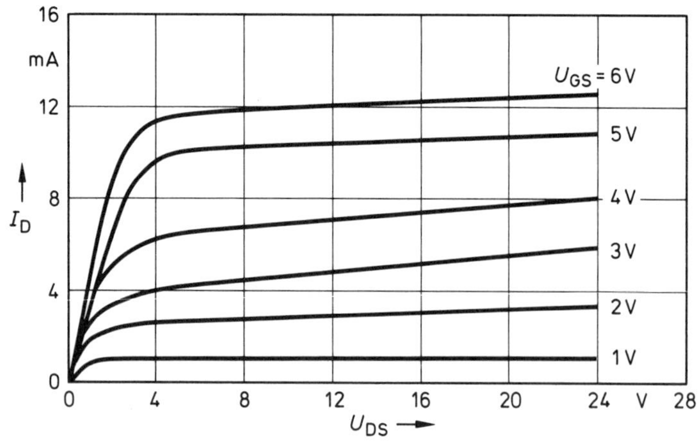

Bild 3.31 Ausgangskennlinienfeld eines selbstsperrenden N-Kanal-MOS-FETs

3.3.3 Kennwerte

3.3.3.1 Grenzdaten

MOS-FETs können auf verschiedene Arten elektrisch überlastet werden, und zwar:

1. Durch eine zu hohe Drain-Bulk-Spannung $U_{DB} > U_{DB\,max}$
2. Durch eine zu hohe Source-Bulk-Spannung $U_{SB} > U_{SB\,max}$
3. Durch eine zu hohe Gate-Bulk-Spannung $U_{GB} > U_{GB\,max}$
4. Durch einen zu hohen Drainstrom $I_D > I_{D\,max}$
5. Durch eine zu hohe Verlustleistung $P_V > P_{tot}$
6. Durch eine zu hohe Kanaltemperatur $\vartheta_K > \vartheta_{K\,max}$
7. Durch eine zu hohe statische Aufladung des Gates

Weil beim MOS-FET das Gate isoliert zum Kanal aufgebracht ist, sind keine Grenzwerte für U_{DG} und U_{GS} wie beim Sperrschicht-FET erforderlich. Wegen des vorhandenen pn-Überganges zwischen Bulk und den drei anderen Elektroden müssen beim MOS-FET aber unbedingt die Grenzdaten für die zugehörigen Spannungen beachtet werden.
Infolge des isolierten Gates haben MOS-FETs extrem hohe Eingangswiderstände. Sie liegen in der Größenordnung von etwa $10^{15}\,\Omega$. Statische Aufladungen, die in der Verpackung, beim Berühren mit der Hand oder beim Einlöten entstehen können, bilden daher für MOS-FETs eine große Gefahr. Diese Ladungen können nämlich wegen des hohen Eingangswiderstandes nicht abfließen, so daß am Gate hohe Spannungen entstehen. Dadurch tritt dann in der nur wenige µm dicken Oxidschicht zwischen Gate und Bulk eine so hohe Feldstärke auf, daß es zu einem Durchschlag kommen kann, durch den der MOS-FET zerstört wird.
Um diese statischen Aufladungen zu verhindern, werden MOS-FETs mit einem um die Anschlußdrähte gelegten Kurzschlußring geliefert. Dieser Ring darf erst nach Einlöten des MOS-FETs in die Schaltung entfernt werden.

3.3.3.2 Kenndaten

STATISCHE KENNDATEN

Durch die statischen Kenndaten wird auch bei den MOS-FETs das Gleichstromverhalten beschrieben. Von den Herstellern werden hier wieder nur der

Gate-Reststrom $I_{GS\,S}$ und die
Abschnürspannung U_P

als wichtigste Daten angegeben.

So hat z. B. der selbstleitende N-Kanal-MOS-FET vom Typ BFR 29 bei $\pm U_{GS} = 10\,V$ und $\vartheta_K = 25\,°C$ einen Gate-Reststrom von $\pm I_{GS\,S} = 10\,pA$. Daraus läßt sich für diesen Betriebsfall ein statischer Eingangswiderstand

$$R_{GS} = \frac{U_{GS}}{I_{GS\,S}} = \frac{10\,V}{10\,pA} = 1 \cdot 10^{12}\,\Omega = 1\,T\Omega$$

ermitteln.
Die Abschnürspannung U_P gibt genau wie beim Sperrschicht-FET den Wert an, bei dem der Kanal gesperrt ist bzw. nur noch ein sehr kleiner Drainstrom in der Größenordnung von wenigen nA fließt.

DYNAMISCHE KENNDATEN

Als dynamische Kenndaten sind bei den MOS-FETs angegeben:

Die Vorwärtssteilheit	y_{21}
Der Ausgangsleitwert	y_{22}
Die Eingangskapazität	C_{11}
Die Rückwirkungskapazität	C_{12}
Die Ausgangskapazität	C_{22}

Die Definition dieser dynamischen Kenndaten für MOS-FETs stimmt mit den Definitionen für die Sperrschicht-FETs im Abschnitt 3.2.4.2 völlig überein.

$$\text{Vorwärtssteilheit} \quad y_{21} = \frac{\Delta I_D}{\Delta U_{GS}} \quad \text{bei } U_{DS} = \text{const.}$$

$$\text{Ausgangsleitwert} \quad y_{22} = \frac{\Delta I_D}{\Delta U_{DS}} \quad \text{bei } U_{GS} = \text{const.}$$

Wird ein MOS-FET in einer Verstärkerstufe entsprechend **Bild 3.32** eingesetzt, so kann die Spannungsverstärkung V_u mit Hilfe der Gleichung

$$V_u = y_{21} \cdot \frac{1/y_{22} \cdot R_D}{1/y_{22} + R_D} = y_{21} \cdot \frac{r_{DS} \cdot R_D}{r_{DS} + R_D}$$

berechnet werden.

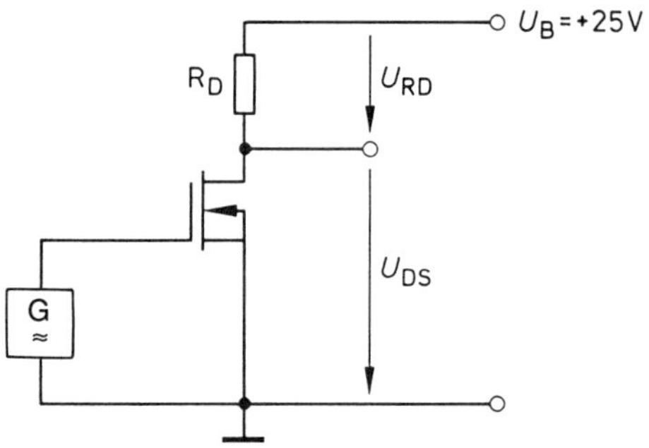

Bild 3.32 Verstärkerstufe mit selbstleitendem N-Kanal-MOS-FET

Beispiel

Ein MOS-FET vom Typ BFR 29 wird entsprechend der Schaltung nach Bild 3.32 mit einem Drain-Widerstand $R_D = 2\,\text{k}\Omega$ betrieben. Bei $U_{DS} = 15\,\text{V}$ und $I_D = 5\,\text{mA}$ hat dieser Transistor eine Vorwärtssteilheit $y_{21} = 6\,\text{mS}$ und einen Ausgangsleitwert $y_{22} = 0{,}4\,\text{mS}$.
Wie groß ist die Spannungsverstärkung V_u dieser Stufe?

$$V_u = y_{21} \cdot \frac{1/y_{22} \cdot R_D}{1/y_{22} + R_D} = 6\,\text{mS} \cdot \frac{\frac{1}{0{,}4\,\text{mS}} \cdot 2\,\text{k}\Omega}{\frac{1}{0{,}4\,\text{mS}} + 2\,\text{k}\Omega}$$

$$V_u = 6{,}67 \approx 7$$

Bei den drei als dynamische Kenndaten genannten Kapazitäten C_{11}, C_{12} und C_{22} handelt es sich ebenfalls um Sperrschichtkapazitäten. Die auftretenden Kapazitätswerte sind vom Aufbau des jeweiligen Typs und von den anliegenden Spannungen abhängig.

3.3.3.3 Wärmewiderstand

Auch beim Betrieb eines MOS-FETs wird die im Kanal umgesetzte Verlustleistung P_V in Wärme umgewandelt. Sie muß daher wie bei allen anderen Halbleitern über das Gehäuse aus Metall oder Kunststoff an die Umgebungsluft abgeführt werden. Dabei treten die gleichen wärmetechnischen Zusammenhänge wie bei den Sperrschicht-FETs und wie bei allen Halbleiterdioden oder bipolaren Transistoren auf. So ist auch bei den MOS-FETs der Wärmewiderstand definiert als

$$R_{thJU} = \frac{\vartheta_K - \vartheta_U}{P_V} \qquad \text{in } \frac{K}{W} \quad \text{(Kelvin pro Watt)}$$

Beispiel

Das MOS-FET vom Typ BRF 29 hat eine zulässige Kanaltemperatur $\vartheta_{K\,max} = 125\ °C$ und einen Wärmewiderstand $R_{thJU} = 500\ K/W$.
Wie groß darf die Drain-Source-Spannung U_{DS} bei einer Umgebungstemperatur $\vartheta_U = 50\ °C$ werden, wenn ein Drainstrom $I_D = 15\ mA$ fließt?

$$P_V = \frac{\vartheta_K - \vartheta_U}{R_{thJU}} = U_{DS} \cdot I_D$$

$$U_{DS} = \frac{\vartheta_K - \vartheta_U}{R_{thJU} \cdot I_D} = \frac{125\ °C - 50\ °C}{500\ K/W \cdot 15\ mA} = 10\ V$$

3.3.4 Gegenüberstellung

In **Bild 3.33 a–b** sind nochmals die vier unterschiedlichen Typen der MOS-FETs mit den zugehörigen Schaltzeichen sowie ihren Steuer- und Ausgangskennlinien übersichtlich zusammengefaßt.

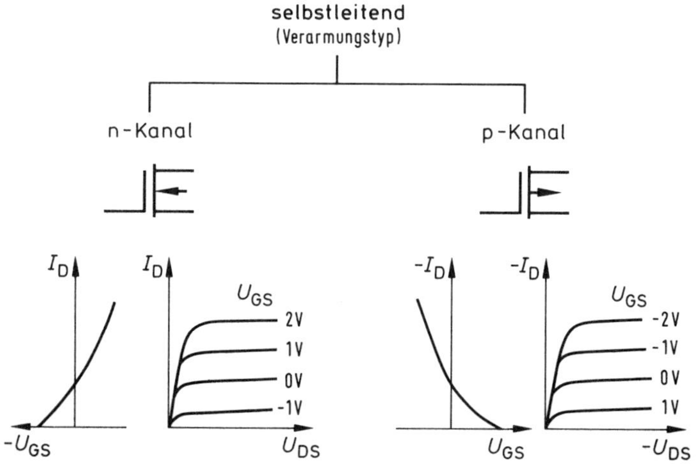

Bild 3.33 a Selbstleitende MOS-FETs

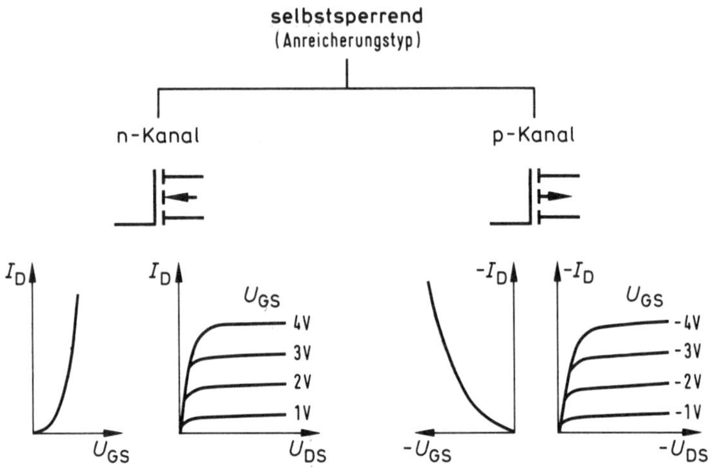

Bild 3.33 b Selbstsperrende MOS-FETs

3.4 MOS-FET-Sonderbauformen

3.4.1 Dual-Gate-MOS-FET

Der Dual-Gate-MOS-FET ist die Sonderbauform eines selbstleitenden MOS-FETs. Er besitzt als Strombahn zwei in Reihe geschaltete Kanalbereiche. Jeder dieser beiden Kanalbereiche kann über ein eigenes Gate unabhängig voneinander in seiner Leitfähigkeit beeinflußt werden. In **Bild 3.34** sind der Aufbau und das Schaltzeichen eines selbstleitenden Dual-Gate-MOS-FETs vom N-Kanal-Typ dargestellt. Wegen der vier Anschlüsse wird diese Sonderbauform auch als MOS-FET-Tetrode bezeichnet.

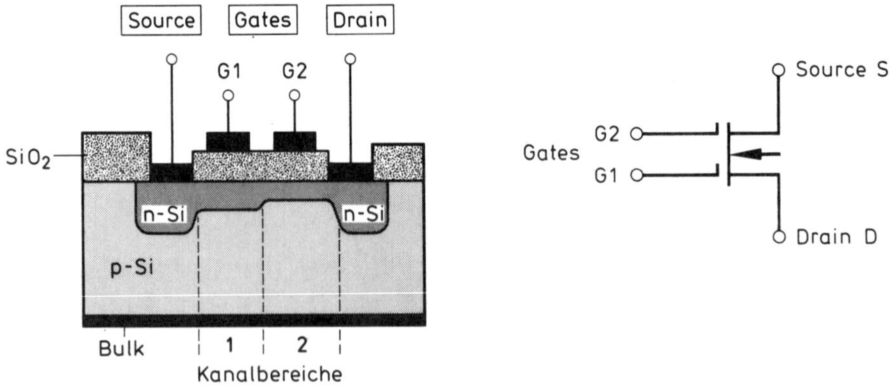

Bild 3.34 Aufbau und Schaltzeichen eines selbstleitenden Dual-Gate-MOS-FETs

Über das Gate G1 kann der Kanalbereich 1 und über das Gate G2 der Kanalbereich 2 beeinflußt werden. Dadurch läßt sich der Drainstrom I_D weitgehend unabhängig voneinander durch zwei verschiedene Gatespannungen U_{GS1} und U_{GS2} steuern. **Bild 3.35** zeigt die Steuerkennlinie eines derartigen Dual-Gate-MOS-FETs. Dargestellt ist hier die Abhängigkeit des Drainstromes I_D von der Steuerspannung U_{GS1} mit U_{GS2} als Parameter.

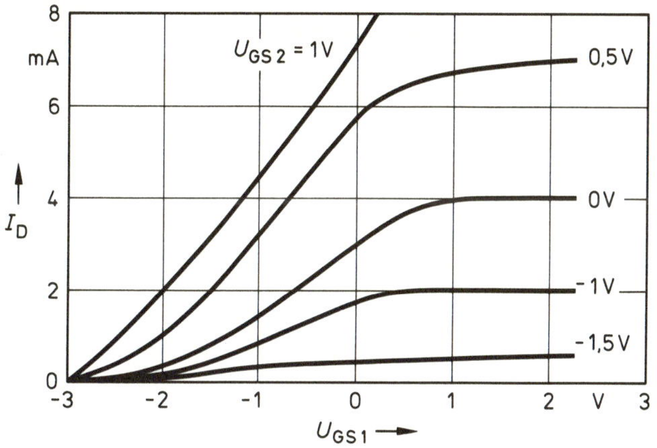

Bild 3.35 Steuerkennlinie eines selbstleitenden Dual-Gate-MOS-FETs

Als weitere wichtige Kennlinie ist in **Bild 3.36** die Steilheit S_{G1}, also die Vorwärtssteilheit y_{12} für das Gate 1 als Funktion der Steuerspannung am Gate 2 aufgetragen.
In Bild 3.36 ist erkennbar, daß sich aufgrund dieser Kennlinien mit einem Dual-Gate-MOS-FET Verstärkerstufen aufbauen lassen, deren Verstärkungsfaktor in weiten Grenzen veränderbar ist. Auf das Gate G1 kann z. B. das zu verstärkende Signal gegeben werden, während an das Gate G2 eine Regelspannung gelegt wird. Dadurch läßt sich die Steilheit des FETs und damit die Verstärkung der Stufe auf recht einfache Weise in weiten Grenzen verändern. Eine solche Verstärkerstufe wird als Regelverstärker bezeichnet. Weiterhin lassen sich Dual-Gate-MOS-FETs als Mischstufen in UKW-

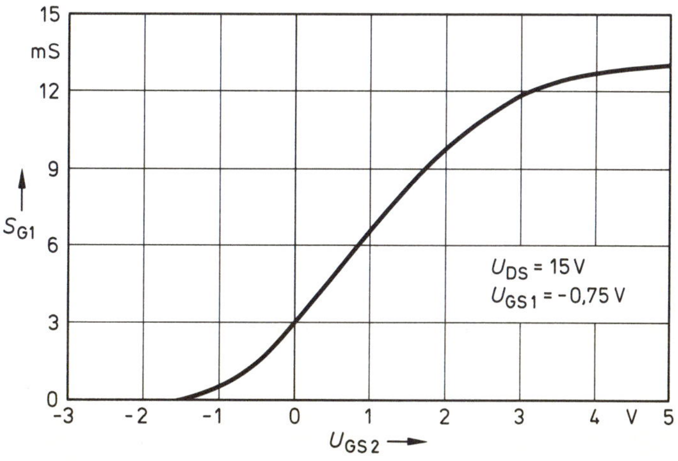

Bild 3.36 Vorwärtssteilheit S_{G1} für das Gate 1 als Funktion der Steuerspannung am Gate 2

und Fernsehempfängern einsetzen. Dabei werden auf die beiden Gates Signalspannungen mit verschiedenen Frequenzen gegeben. Sie werden durch die doppelte Steuerung »gemischt« und können als Mischfrequenz am Arbeitswiderstand abgegriffen werden.
Obwohl Ausführungen in den vier MOS-FET-Typen möglich sind, werden nur selbstleitende N-Kanal-Typen gefertigt. Sie besitzen meistens eine zusätzliche interne Schutzbeschaltung mit zwei antiparallel geschalteten Z-Dioden an jedem Gate. Auf diese Weise wird der Zerstörungsschutz gegenüber statischen Aufladungen wesentlich verbessert, weil die Ladungen über die Z-Dioden zur Source-Elektrode und zum Substrat abfließen können. Der Substrat-Anschluß ist in der Regel intern mit der Source-Elektrode verbunden. **Bild 3.37** zeigt das interne Schaltbild eines Dual-Gate-MOS-FETs vom Typ BF 961.

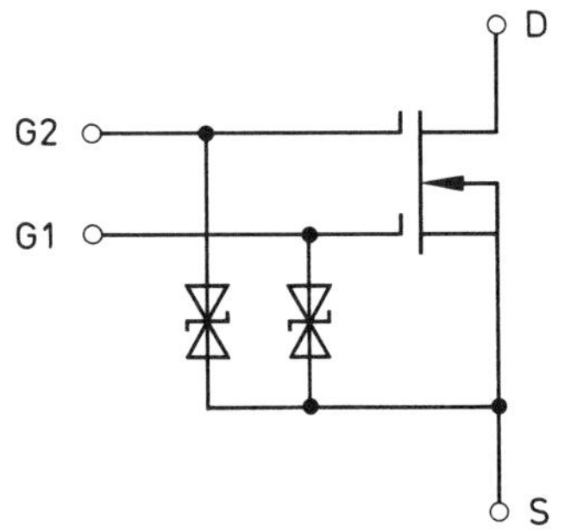

Bild 3.37 Internes Schaltbild eines Dual-Gate-MOS-FETs vom Typ BF 961

3.4.2 VMOS-FET

Mit den bisher behandelten Feldeffekt-Transistoren können nur relativ kleine Leistungen verstärkt oder geschaltet werden. Der Grund hierfür liegt in dem relativ langen Kanal von ca. 5 µm mit seinem Durchlaßwiderstand von ca. 1 kΩ bis 10 kΩ. Mit den heutigen Fertigungstechniken ist es möglich, bei den FETs anstelle der üblichen horizontalen Schichtfolgen auch eine Vertikalstruktur herzustellen. Als Folge davon ergeben sich höhere zulässige Ströme und Spannungen, so daß wesentlich größere Leistungen verstärkt oder geschaltet werden können.
Bild 3.38 zeigt den Aufbau eines selbstsperrenden N-Kanal-VMOS-FETs und das zugehörige Schaltzeichen.

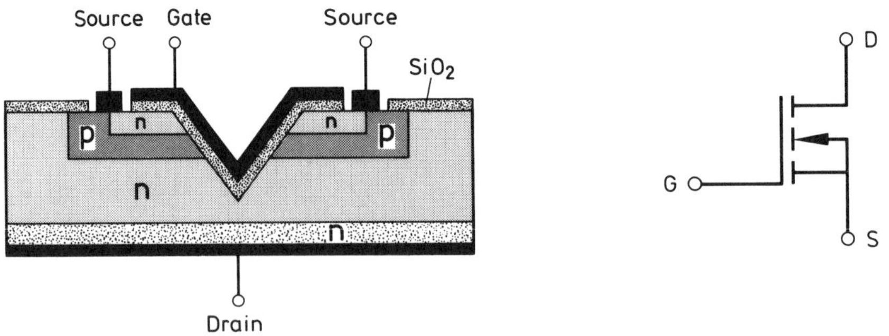

Bild 3.38 Aufbau und Schaltzeichen eines selbstsperrenden N-Kanal-VMOS-FETs

Deutlich erkennbar ist der V-förmig geätzte Graben, von dem auch die Bezeichnung VMOS abgeleitet wurde. Durch diese V-förmige Anordnung der Dotierungsschichten lassen sich Kanallängen von nur ca. 1,5 µm und Durchlaßwiderstände von nur etwa 1 Ω bis 5 Ω erreichen.
Bei den VMOS-FETs sind weiterhin auf einem Halbleiterplättchen mehrere solcher V-förmigen MOS-FET-Elemente parallelgeschaltet. Dadurch läßt sich der zulässige Strom noch wesentlich erhöhen, so daß MOS-FETs für relativ hohe Verlustleistungen entstehen. So werden heute VMOS-FETs für zulässige Ströme bis 10 A und zulässige Drain-Source-Spannung bis etwa 100 V gefertigt. Trotzdem liegen ihre Schaltzeiten im Nanosekundenbereich. Die Anzahl der intern parallelgeschalteten VMOS-Elemente kann nicht beliebig erhöht werden, weil dadurch die Eingangskapazität und damit auch die Schaltzeit größer wird.

In **Bild 3.39** sind die Steuerkennlinie eines VMOS-FETs und das zugehörige Ausgangskennlinienfeld dargestellt. Sie haben ähnliche Verläufe wie bei den normalen selbstsperrenden N-Kanal-MOS-FETs. Bei den VMOS-FETs ist der Drainstrom I_D jedoch wesentlich größer.

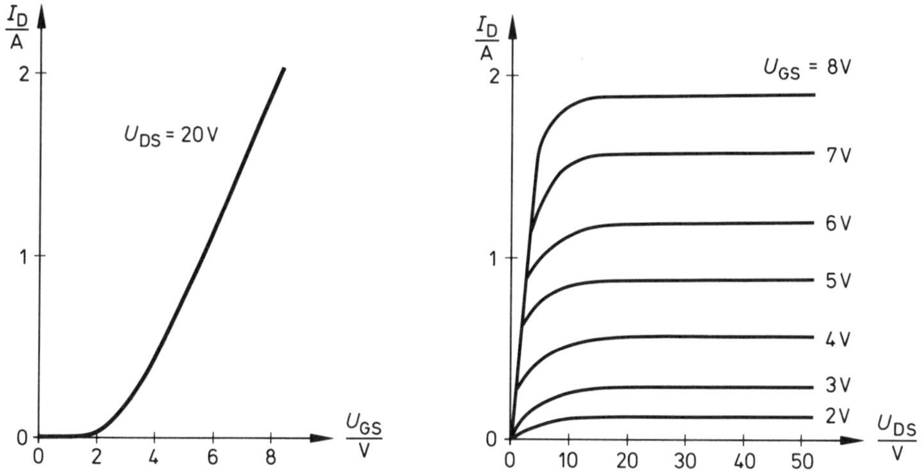

Bild 3.39 Steuerkennlinie und Ausgangskennlinienfeld eines selbstsperrenden N-Kanal-VMOS-FETs

VMOS-FETs werden zunehmend als Verstärker oder Schalter im Kleinleistungsbereich eingesetzt. Der Eingangswiderstand R_{GS} liegt wegen der Isolierschicht in der Größenordnung von etwa $10^{12}\,\Omega$, so daß eine große Leistungsverstärkung möglich ist. Von Nachteil für die VMOS-FETs ist heute immer noch der durch die Vertikalstruktur wesentlich schwierigere Fertigungsprozeß.

3.4.3 SIPMOS-FET

Der Name SIPMOS-FET ist eine Abkürzung für die Bezeichnung *Si*emens *P*ower-*MOS-FET*. Auch hier handelt es sich um MOS-FETs für hohe Leistungen. Sie werden durch einen wesentlich anderen Schichtaufbau als bei den VMOS-FETs erreicht. **Bild 3.40** zeigt den Schichtaufbau und das Schaltbild eines SIPMOS-FETs.

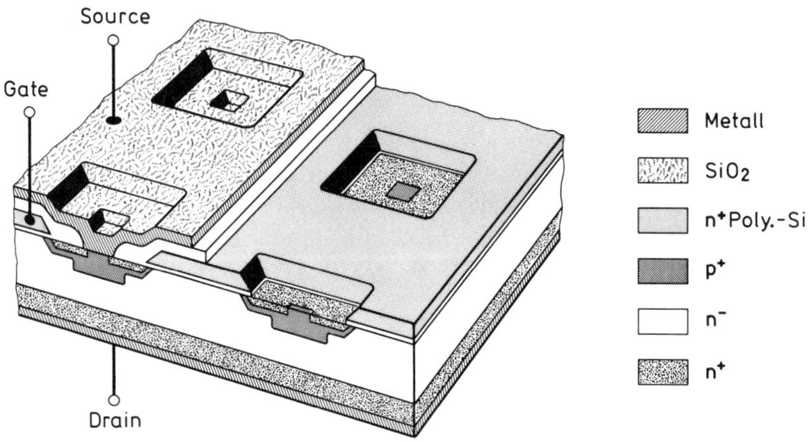

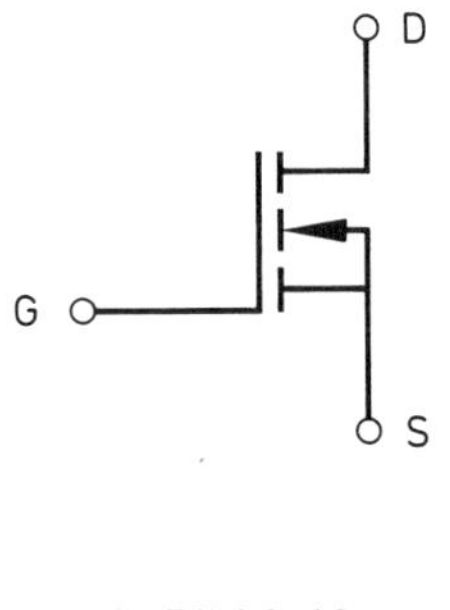

Bild 3.40 Aufbau und Schaltzeichen eines SIPMOS-FETs

Wie in Bild 3.40 zu erkennen ist, ist der SIPMOS-FET in Planartechnik mit horizontaler Schichtfolge aufgebaut. Auf einem niederohmigen n^+-Kristall befindet sich eine schwachleitende n-Schicht. Auf ihrer Oberfläche sind zellenförmige n^+-leitende Sourcegebiete in p-leitenden Wannen angeordnet. Eine in Quarz isoliert eingebettete Gateelektrode bedeckt die Oberfläche zwischen den Sourcezellen. Diese einzelnen Sourcezellen sind durch eine abdeckende Isolierung parallelgeschaltet. Damit besteht ein solcher SIPMOS-FET aus der Parallelschaltung von mehreren Tausend einzelner MOS-Elemente. Auf diese Weise wird eine hohe zulässige Verlustleistung erreicht.
Bei den SIPMOS-FETs handelt es sich um selbstsperrende FETs. Dieses ist auch aus dem Verlauf der Steuerkennlinie und dem Ausgangskennlinienfeld für den Typ BUZ 23 erkennbar, die in **Bild 3.41** dargestellt sind.

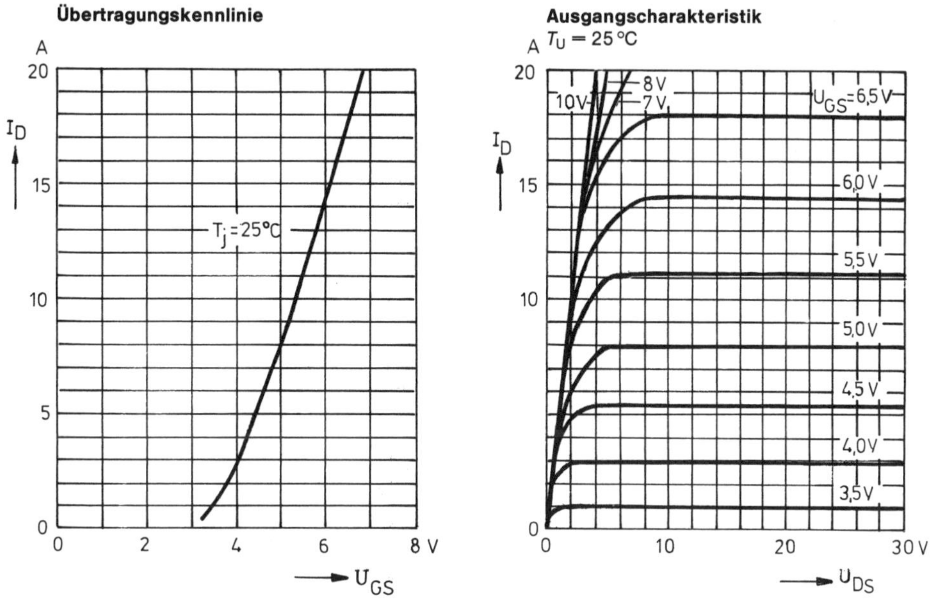

Bild 3.41 Steuerkennlinie und Ausgangskennlinienfeld eines SIPMOS-FETs vom Typ BUZ 23

SIPMOS-FETs haben hohe Eingangswiderstände, aber Durchlaßwiderstände in der Größenordnung von nur einigen Milliohm bis einigen Ohm. Ihre Schaltzeit liegt in der Größenordnung von nur wenigen hundert Nanosekunden. Es gibt keinen zweiten Durchbruch wie bei den bipolaren Transistoren, weil der Durchlaßwiderstand des Kanals einen positiven Temperaturbeiwert hat und der SIPMOS-FET sich dadurch selbst gegen eine thermische Überlastung schützt.

SIPMOS-FETs eignen sich aufgrund ihrer besonderen Eigenschaften für den Einsatz als schnelle Leistungsschalter und finden hier zunehmend Verwendung. Von Vorteil ist hierbei auch, daß die Ansteuerleistung nicht wie bei bipolaren Leistungstransistoren von der geschalteten Leistung abhängt. So kann die gleiche Ansteuerschaltung für eine 10-W-Stufe auch ohne weiteres für eine 100-W-Stufe verwendet werden. In **Bild 3.42** ist die Temperaturabhängigkeit der zulässigen Verlustleistung für den SIPMOS-FET vom Typ BUZ 23 aufgetragen. Die zulässigen Verlustleistungen liegen wesentlich höher als bei den normalen MOS-FETs.

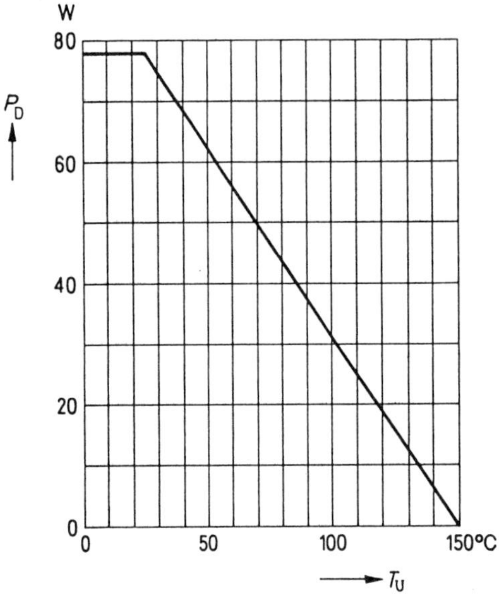

Bild 3.42 Temperaturabhängigkeit der zulässigen Verlustleistung für den SIPMOS-FET vom Typ BUZ 23

3.5 Einstellung des Arbeitspunktes

Bei allen Feldeffekt-Transistoren ist der Eingangsstrom vernachlässigbar klein, so daß lediglich für die erforderliche Gate-Source-Spannung zu sorgen ist. Bedingt durch die verschiedenen FET-Typen müssen bei der Festlegung des Arbeitspunktes mehrere Faktoren beachtet werden und zwar:

Typ des FET (PN-FET oder MOS-FET, P-Kanal oder N-Kanal),
Betrieb als Kleinsignal- oder Großsignalverstärker,
Stabilisierung des Arbeitspunktes.

In **Bild 3.43** sind noch einmal die Steuerkennlinien der drei möglichen N-Kanal-Typen gegenübergestellt. Eingetragen ist jeweils der günstigste Arbeitspunkt für den Betrieb in einem Wechselspannungsverstärker.

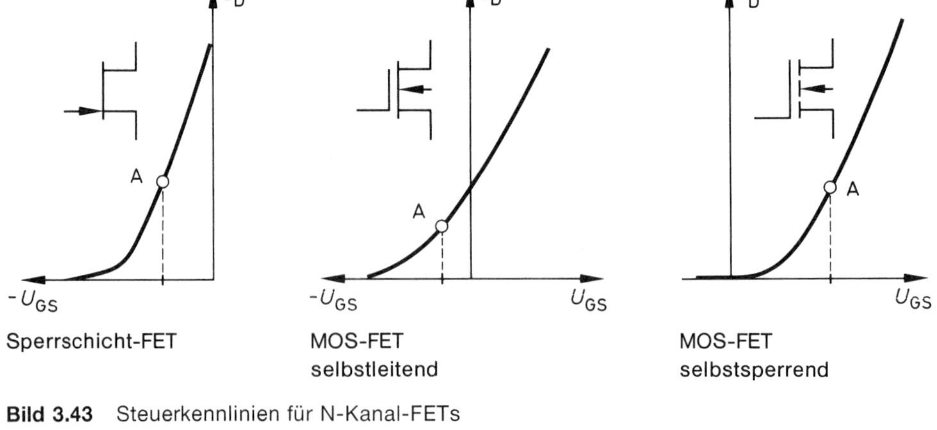

Bild 3.43 Steuerkennlinien für N-Kanal-FETs

Damit eine große Verstärkung bei möglichst geringen Verzerrungen erreicht wird, sollen die Arbeitspunkte jeweils im steilen und linearen Bereich der Steuerkennlinie liegen. Diese Forderung gilt sowohl für Kleinsignalverstärker wie auch für Großsignalverstärker.
Zur Einstellung des Arbeitspunktes muß beim Sperrschicht-FET das Gate eine negative Vorspannung gegenüber der Source haben. Auch bei den selbstleitenden MOS-FETs wird der Arbeitspunkt vorwiegend mit einer negativen Gatespannung eingestellt. Dagegen muß beim selbstsperrenden MOS-FET das Gate positiv gegenüber der Source vorgespannt sein. Werden P-Kanal-Typen verwendet, so gelten die Aussagen jeweils für die entgegengesetzte Polarität der Gate-Source-Spannung.
Bei der Wahl des Arbeitspunktes ist weiterhin zu berücksichtigen, daß er im Sättigungsbereich des Ausgangskennlinienfeldes liegt. **Bild 3.44** zeigt ein Ausgangskennlinienfeld mit eingetragener Arbeitsgerade.

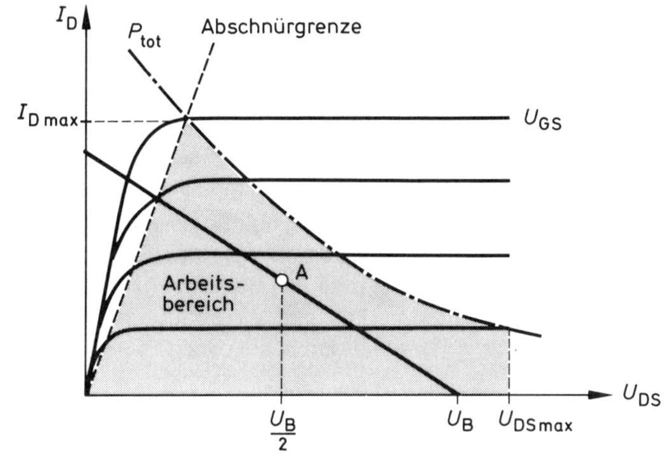

Bild 3.44 Ausgangskennlinienfeld mit Arbeitsgerade

In Bild 3.44 ist der Arbeitspunkt so eingetragen, daß $U_{DS} = \frac{1}{2}\,U_B$ ist. Dieses ist genau wie bei einem Verstärker mit bipolarem Transistor ein günstiger Arbeitspunkt. Bei einer Verschiebung zu einem Randbereich hin werden die Signalverzerrungen größer oder die mögliche verzerrungsfreie Ansteuerung wird kleiner.
Werden FETs in Verstärkerstufen mit höherem Ruhestrom betrieben, so muß auch hier der Arbeitspunkt gegen eine Verschiebung infolge Erwärmung des FETs stabilisiert werden. Diese thermische Arbeitspunktstabilisierung hat aber bei FETs keine so große Bedeutung wie beim bipolaren Transistor, weil die Temperaturabhängigkeit des Drainstromes wesentlich geringer als die des Emitterstromes ist. In **Bild 3.45** ist eine häufig angewandte Schaltung zur Arbeitspunkteinstellung bei einem Sperrschicht-FET angegeben.
Sperrschicht-FETs sind selbstleitende Typen. Ohne Gate-Source-Spannung fließt also ein großer Drainstrom. Dieser Drainstrom I_D bewirkt bei der Schaltung nach Bild 3.45 am Sourcewiderstand R_S einen Spannungsabfall $U_S = R_S \cdot I_D$. Die Source-Elektrode ist daher um den Wert dieses Spannungsabfalles U_S positiver als das auf Masse

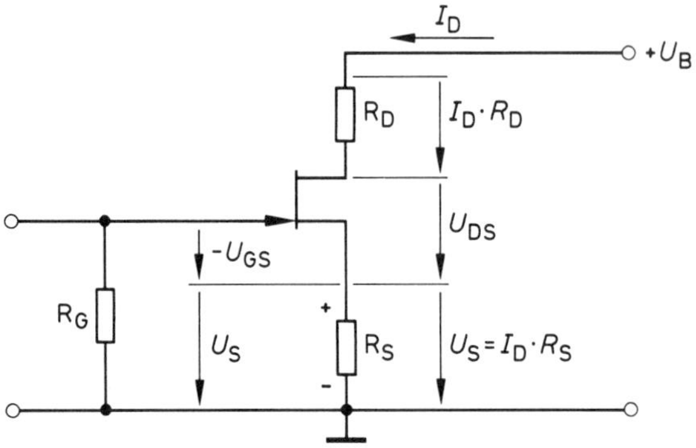

Bild 3.45 Verstärkerschaltung mit Sperrschicht-FET

liegende Bezugspotential. Da das Gate über den Gatewiderstand R_G an Masse liegt und über R_G kein Gatestrom fließt, ist das Gate um die Spannung U_S negativer als die Source-Elektrode. Weil auf diese Weise stets $-U_{GS} = U_S$ ist, wird dieses Verfahren auch als automatische Arbeitspunkteinstellung bezeichnet. Der Gatewiderstand R_G hat bei dieser Schaltung einen Wert von $R_G = 1\,\text{M}\Omega$ bis etwa $R_G = 4{,}7\,\text{M}\Omega$.
Neben dieser automatischen Gatevorspannungserzeugung wird durch den Sourcewiderstand gleichzeitig auch der Arbeitspunkt stabilisiert. Will z. B. der Drainstrom I_D infolge einer Exemplarstreuung ansteigen, so steigt auch U_S an. Eine höhere Sourcespannung bewirkt aber eine höhere negative Gatevorspannung. Sie bewirkt, daß der Arbeitspunkt wieder in Richtung kleinerer Drainströme verschoben wird. Der Sourcewiderstand R_S löst also den gleichen Regelvorgang aus wie der Emitterwiderstand beim bipolaren Transistor. Temperaturänderungen und Exemplarstreuungen beeinflussen die Lage des Arbeitspunktes auf der Arbeitsgeraden daher nur noch unwesentlich.
Die Einstellung und Stabilisierung des Arbeitspunktes durch einen Sourcewiderstand kann gegenüber der Schaltung in Bild 3.45 unverändert auch für die selbstleitenden MOS-FETs benutzt werden. Die Methode läßt sich bei Beachtung der umgekehrten Polarität auch für Sperrschicht-FETs und selbstleitende MOS-FETs vom P-Kanal-Typ verwenden.

Beispiel

Der Arbeitspunkt eines Sperrschicht-FETs soll bei $-U_{GS} = 2{,}3\,\text{V}$ und $I_D = 6\,\text{mA}$ liegen. Welchen Wert muß der Sourcewiderstand R_S haben, wenn eine Schaltung nach Bild 3.45 verwendet wird?

$$R_S = \frac{-U_{GS}}{I_D} = \frac{U_S}{I_D} = \frac{2{,}3\,\text{V}}{6\,\text{mA}} = 383{,}3\,\Omega$$

Gewählt: $R_S = 390\,\Omega$ (E12-Reihe)

Kontrolle: $U_S = R_S \cdot I_D = 390\,\Omega \cdot 6\,\text{mA} = 2{,}34\,\text{V}$

Bei den selbstsperrenden MOS-FETs ist das Prinzip der automatischen Vorspannungserzeugung nicht möglich, weil ein Drainstrom erst dann fließen kann, wenn eine Gate-Source-Spannung ausreichender Größe vorhanden ist. Daher wird bei den selbstsperrenden MOS-FETs die Arbeitspunkteinstellung durch einen Gate-Spannungsteiler vorgenommen. In **Bild 3.46** ist eine Schaltung mit Gate-Spannungsteiler zur Arbeitspunkteinstellung angegeben. Der Spannungsteiler aus R1 und R2 kann hier als unbelasteter Spannungsteiler betrachtet werden, da der Gatestrom stets vernachlässigbar klein ist.

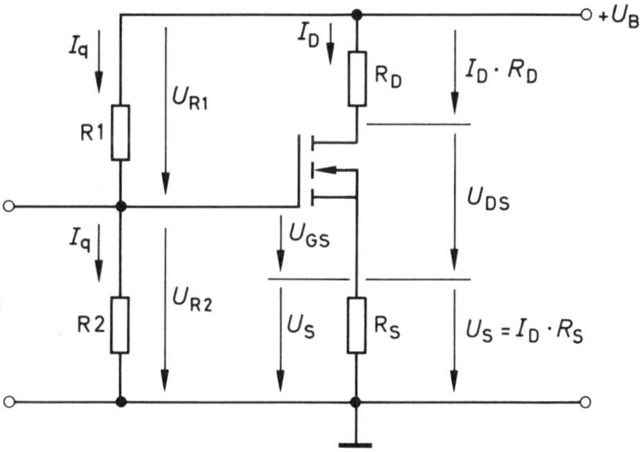

Bild 3.46 Arbeitspunkteinstellung bei einem selbstsperrenden N-Kanal-MOS-FET mit Gate-Spannungsteiler

In der Schaltung nach Bild 3.46 ist außer dem Gate-Spannungsteiler zur Einstellung des Arbeitspunktes noch ein Sourcewiderstand R_S vorhanden. Er dient hier zur Stabilisierung des Arbeitspunktes.

Der Querstrom I_q durch den Spannungsteiler kann sehr klein gewählt werden, weil kein Gatestrom berücksichtigt werden braucht. Weil dadurch die beiden Widerstände sehr hochohmig werden können, ist die Belastung der Betriebsspannungsquelle und eines angeschlossenen Signalgenerators nur sehr gering.

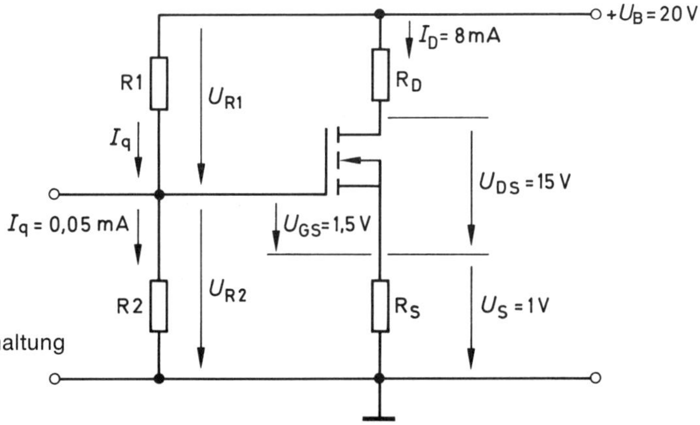

Bild 3.47 Verstärkerschaltung mit FET

Beispiel

Ein selbstsperrender MOS-FET wird mit einer Spannung $U_B = 20\,V$ entsprechend **Bild 3.47** betrieben. Der Arbeitspunkt soll auf $U_{GS} = 1{,}5\,V$, $I_D = 8\,mA$ und $U_{DS} = 15\,V$ eingestellt werden. Weiterhin soll $U_S = 1\,V$ und $I_q = 50\,\mu A$ betragen.

Welche Werte müssen die Widerstände R_D, R_S, R1 und R2 erhalten?

$$R_D = \frac{U_B - U_{DS} - U_S}{I_D} = \frac{20\,V - 15\,V - 1\,V}{8\,mA} = 500\,\Omega$$

Gewählt: $R_D = 470\,\Omega$

$$R_S = \frac{U_S}{I_D} = \frac{1\,V}{8\,mA} = 125\,\Omega$$

Gewählt: $R_S = 120\,\Omega$

$$R_2 = \frac{U_S + U_{GS}}{I_q} = \frac{1\,V + 1{,}5\,V}{50\,\mu A} = 50\,k\Omega$$

Gewählt: $R_2 = 47\,k\Omega$

$$R_1 = \frac{U_B - U_{R2}}{I_q} = \frac{20\,V - 2{,}5\,V}{50\,\mu A} = 350\,k\Omega$$

Gewählt: $R_1 = 330\,k\Omega$

3.6 FET-Grundschaltungen

Genau wie bei den bipolaren Transistoren gibt es auch bei den FETs drei verschiedene Grundschaltungen. Sie werden entsprechend den drei Elektroden des FETs als Sourceschaltung, Gateschaltung und Drainschaltung bezeichnet. Jede dieser Schaltungen leitet ihren Namen von der Elektrode ab, die gemeinsamer Bezugspunkt für das Eingangs- und Ausgangssignal ist.
Bild 3.48 zeigt das Prinzip der drei FET-Grundschaltungen.

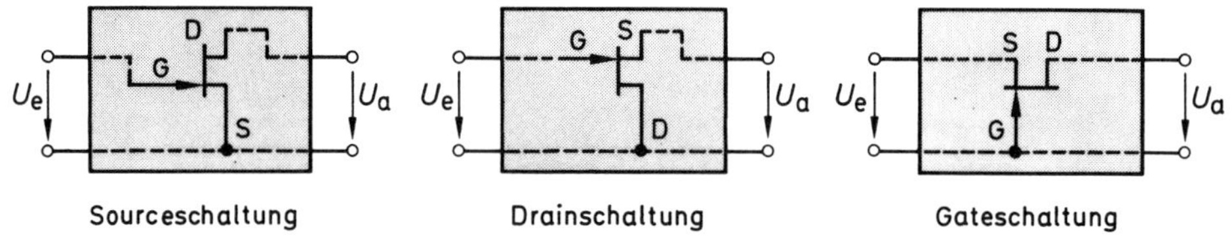

Bild 3.48 Prinzip der drei FET-Grundschaltungen

Jede dieser Grundschaltungen hat ihre speziellen und charakteristischen Eigenschaften. Diese technischen Eigenschaften werden wieder durch eine Reihe von Kenngrößen beschrieben. Die wichtigsten Kenngrößen dieser Grundschaltungen sind:

Wechselstrom-Eingangswiderstand	r_e
Wechselstrom-Ausgangswiderstand	r_a
Spannungsverstärkung	V_u
Phasenverschiebung zwischen Eingangs- und Ausgangssignal	φ

Die Gateschaltung hat ähnliche Eigenschaften wie die Basisschaltung mit bipolaren Transistoren. Die Angaben für die Kennwerte gelten sinngemäß auch für die Gateschaltung. Weil der hohe Gate-Kanal-Widerstand nicht zur Geltung kommt, wird die Gateschaltung mit FETs nur sehr selten angewendet. Aus diesem Grund wird sie hier nicht weiter behandelt.

3.6.1 Sourceschaltung

Bei der Sourceschaltung ist die Source-Elektrode gemeinsamer Bezugspunkt für das Eingangs- und Ausgangssignal. Diese Grundschaltung entspricht somit der Emitterschaltung. **Bild 3.49** zeigt das Prinzip der Sourceschaltung mit Sperrschicht-FET und MOS-FET.

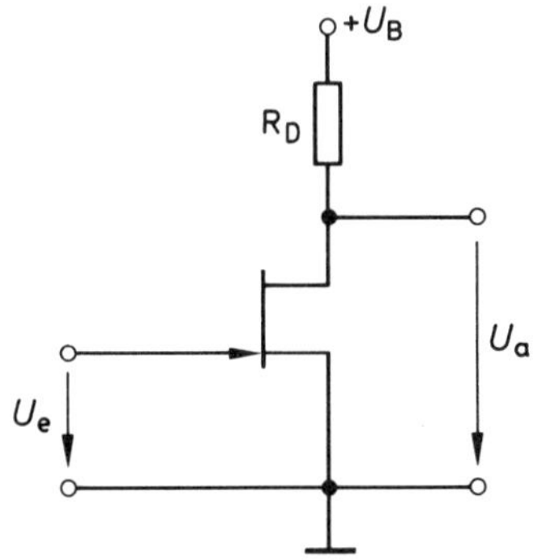

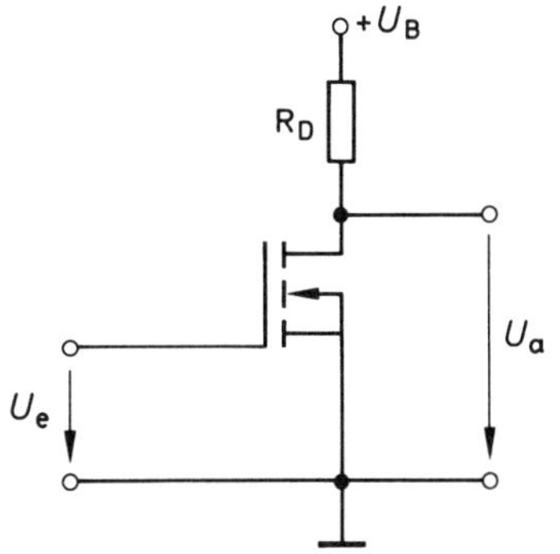

Bild 3.49 Prinzip der Sourceschaltung mit Sperrschicht-FET und MOS-FET

Bei der mathematischen Betrachtung einer Sourceschaltung müssen aber auch der Innenwiderstand des Signalgenerators, der Lastwiderstand, die Widerstände zur Vorspannungserzeugung usw. mit berücksichtigt werden. In **Bild 3.50** ist die vollständige Schaltung eines Verstärkers in Sourceschaltung angegeben.

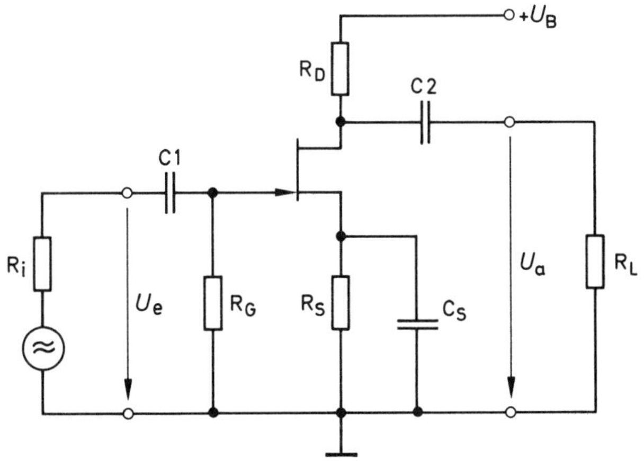

Bild 3.50 Verstärker in Sourceschaltung

Die erforderliche Gate-Source-Spannung $-U_{GS}$ wird für den angegebenen selbstleitenden N-Kanal-FET durch den Sourcewiderstand R_S automatisch erzeugt. Bei Ansteuerung mit einer Wechselspannung fällt an R_S eine Wechselspannung ab, die eine gegenkoppelnde Wirkung hat. Dadurch wird genau wie bei der Emitterschaltung die Wechselspannungsverstärkung herabgesetzt. Durch einen Sourcekondensator C_S mit ausreichender Kapazität wird R_S wechselspannungsmäßig überbrückt und damit die Verringerung der Wechselspannungsverstärkung weitgehend vermieden. Die erforderliche Kapazität des Sourcekondensators kann überschlägig mit Hilfe der Gleichung

$$C_S \approx 0{,}2 \frac{S}{f_{gu}} \qquad \text{mit } S = \text{Steilheit des FETs}, \quad f_{gu} = \text{untere Grenzfrequenz}$$

berechnet werden.

Haben der Sourcekondensator C_S und die Koppelkondensatoren C1 und C2 ausreichend große Werte, so ergibt sich für die Sourceschaltung ein Ersatzschaltbild entsprechend **Bild 3.51**.
Aus dem Wechselstrom-Ersatzschaltbild lassen sich die wichtigsten Kennwerte für die Sourceschaltung ermitteln.

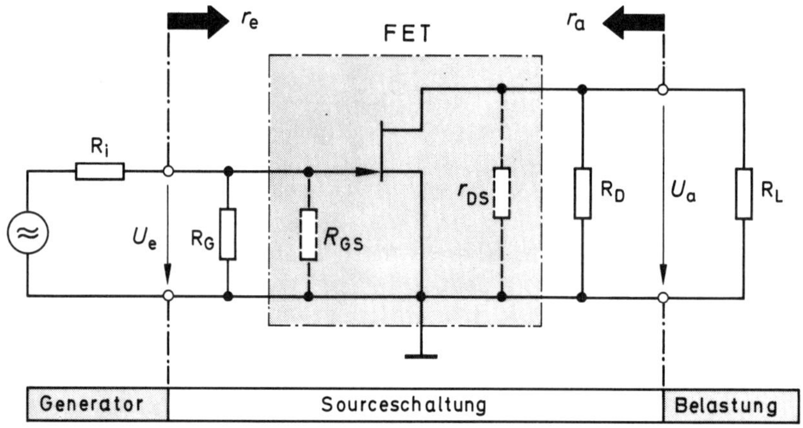

Bild 3.51 Wechselstrom-Ersatzschaltbild der Sourceschaltung

Wechselstrom-Eingangswiderstand r_e

Der Wechselstrom-Eingangswiderstand ist derjenige Widerstand, mit dem die Verstärkerschaltung die Signalquelle belastet. Er wird gebildet aus der Parallelschaltung der Widerstände R_{GS} und R_G.

$$r_e = R_G \parallel R_{GS} = \frac{R_G \cdot R_{GS}}{R_G + R_{GS}}$$

Da R_{GS} stets viel größer als R_G ist, gilt als Näherung:

$$r_e \approx R_G$$

Der Eingangswiderstand einer Sourceschaltung wird also im wesentlichen durch den Gatewiderstand R_G bestimmt. R_G wird so ausgelegt, daß der höchste Sperrstrom $I_{GS\,S}$ an ihm höchstens einen Spannungsabfall von etwa 0,5 V erzeugt.

$$R_G \approx \frac{0{,}5\,\text{V}}{-I_{GS\,S}}$$

Wechselstrom-Ausgangswiderstand r_a

Der Ausgangswiderstand r_a ist derjenige Widerstand, der als Innenwiderstand der Verstärkerstufe für einen Lastwiderstand wirksam ist. Er setzt sich zusammen aus der Parallelschaltung der Widerstände R_D und r_{DS}.

$$r_a = R_D \parallel r_{DS} = \frac{R_D \cdot r_{DS}}{R_D + r_{DS}}$$

Da in der Regel $r_{DS} = \frac{1}{y_{22}}$ hochohmig gegenüber R_D ist, kann als Näherungsgleichung gesetzt werden:

$$r_a \approx R_D$$

Spannungsverstärkung V_u

Die Spannungsverstärkung einer Sourceschaltung ergibt sich aus dem Produkt der Steilheit und dem Wechselstrom-Ausgangswiderstand.

$$V_u = S \cdot r_a = S \cdot \frac{r_{DS} \cdot R_D}{r_{DS} + R_D}$$

Da $r_{DS} > R_D$ kann als Näherungsgleichung angegeben werden:

$$V_u \approx S \cdot R_D$$

Da Feldeffekt-Transistoren leistungslos gesteuert werden, kann für die Sourceschaltung keine Stromverstärkung V_i und damit auch keine Leistungsverstärkung V_p wie bei bipolaren Transistoren angegeben werden.

Phasenverschiebung φ des Signals

Wird der FET mit der positiven Halbwelle angesteuert, so erhöht sich die Gatevorspannung. Dadurch fließt ein größerer Drainstrom, der am Drainwiderstand R_D einen höheren Spannungsabfall hervorruft. Er führt zu einer kleineren Drain-Source-Spannung U_{DS}. Am Ausgang tritt eine negative Halbwelle auf. Die Phasenverschiebung zwischen Eingangs- und Ausgangsspannung beträgt bei der Sourceschaltung daher $\varphi = 180\,°$.

Beispiel

Ein N-Kanal-Sperrschicht-FET vom Typ BF 245 B soll bei $U_B = 25\,V$ im Arbeitspunkt $U_{DS} = 15\,V$, $I_D = 5\,mA$, $-U_{GS} = 1{,}2\,V$ betrieben werden. Er hat in diesem Arbeitspunkt die Werte: $y_{21} = 3{,}5\,mS$ und $y_{22} = 25\,\mu S$. Der größte Sperrstrom beträgt $-I_{GS\,S} = 500\,nA$ bei $\vartheta_J = 125\,°C$. Bei $-U_{GS} = 20\,V$ beträgt $-I_{GS\,S} = 5\,nA$.

Welche Kennwerte hat eine Sourceschaltung entsprechend **Bild 3.52** mit diesem FET?

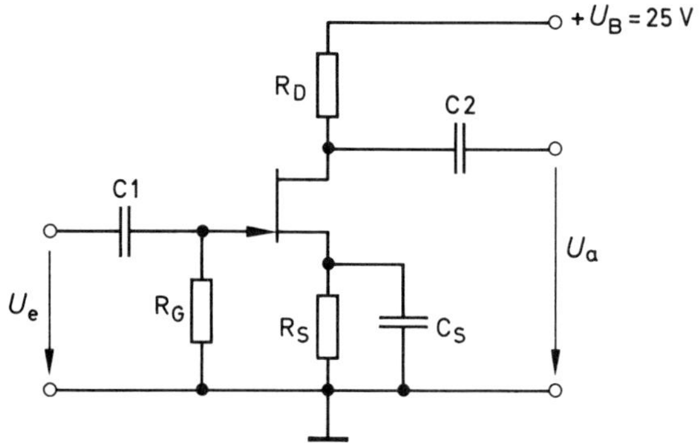

Bild 3.52 Sourceschaltung mit BF 245 B

$$R_D = \frac{U_B - U_{DS} - U_{RS}}{I_D} = \frac{25\,V - 15\,V - 1{,}2\,V}{5\,mA} = 1{,}76\,k\Omega$$

Gewählt: $R_D = 1{,}8\,k\Omega$

$$R_S = \frac{-U_{GS}}{I_D} = \frac{1{,}2\,V}{5\,mA} = 240\,\Omega$$

Gewählt: $R_S = 220\,\Omega$

$$R_G = \frac{0{,}5\,V}{-I_{GS\,S}} = \frac{0{,}5\,V}{500\,nA} = 1\,M\Omega$$

Gewählt: $R_G = 1\,M\Omega$

Wechselstrom-Eingangswiderstand r_e

$$r_e = R_G \parallel R_{GS}$$

$$R_{GS} = \frac{-U_{GS}}{-I_{GS\,S}} = \frac{20\,V}{5\,nA} = 4\,G\Omega$$

$$r_e = 1\,M\Omega \parallel 4\,G\Omega = 999{,}75\,k\Omega \approx 1\,M\Omega$$

Wechselstrom-Ausgangswiderstand r_a

$$r_a = R_D \parallel r_{DS} \qquad r_{DS} = \frac{1}{y_{22}} = \frac{1}{25\,\mu S} = 40\,k\Omega$$

$$r_a = 1{,}8\,k\Omega \parallel 40\,k\Omega$$

$$r_a \approx R_D = 1{,}8\,k\Omega$$

Spannungsverstärkung V_u

$$V_u = S \cdot r_a \approx S \cdot R_D = 3{,}5\,mS \cdot 1{,}8\,k\Omega = 6{,}3$$

3.6.2 Drainschaltung

Bei der Drainschaltung ist die Drain-Elektrode gemeinsamer Bezugspunkt für das Eingangs- und Ausgangssignal. Sie entspricht der Kollektorschaltung bei den bipolaren Transistoren. **Bild 3.53** zeigt das Prinzip der Drainschaltung mit einem Sperrschicht-FET sowie einem selbstsperrenden MOS-FET.

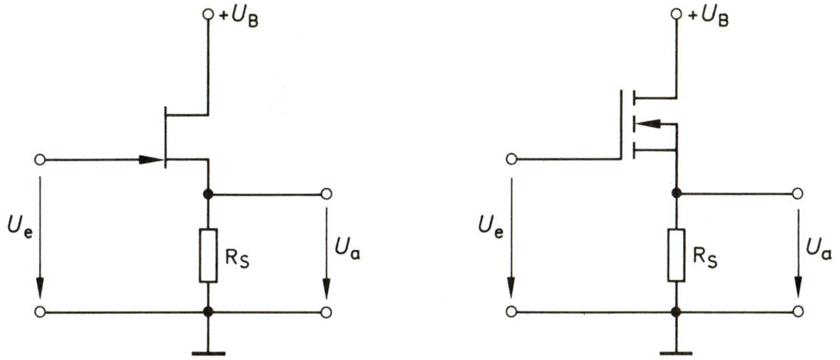

Bild 3.53 Prinzip der Drainschaltung mit Sperrschicht-FET und selbstsperrendem MOS-FET

Bild 3.54 enthält die vollständigen Schaltungen mit Generator, Gatevorspannungserzeugung und Lastwiderstand für eine Drainschaltung mit Sperrschicht-FET sowie für eine Drainschaltung mit selbstsperrendem MOS-FET.

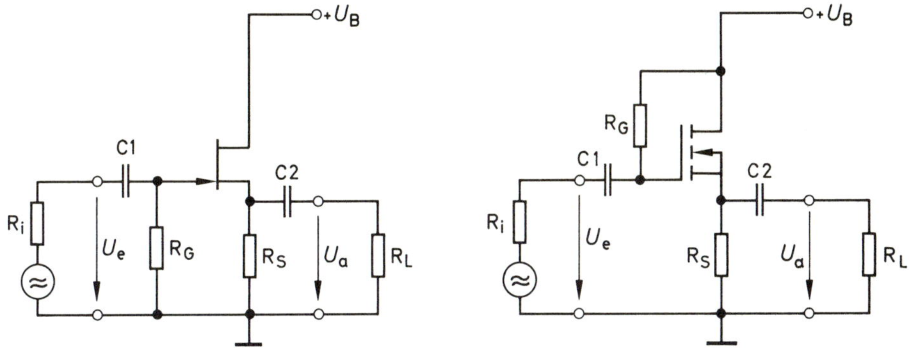

Bild 3.54 Verstärker in Drainschaltung mit Sperrschicht-FET und selbstsperrendem MOS-FET

Bei der Drainschaltung mit Sperrschicht-FET wird die erforderliche Gatevorspannung durch einen Sourcewiderstand R_S erzeugt. Diese Methode ist aber bei den selbstsperrenden MOS-FETs nicht möglich, so daß die Gatevorspannung hier über einen Vorwiderstand R_G vom Pluspol der Betriebsspannung zum Gate gewonnen wird. In beiden Schaltungen darf der Sourcewiderstand nicht durch einen Kondensator überbrückt werden, weil das Ausgangssignal am Sourcewiderstand abgenommen wird. Der Koppelkondensator C1 verhindert, daß ein Kurzschluß der Gatespannung durch den Generator auftritt. Durch den Koppelkondensator C2 wird der Lastwiderstand gleichspannungsmäßig von der Sourcespannung abgetrennt. Beide Kondensatoren müssen auch in dieser Schaltung eine ausreichend große Kapazität haben, damit an ihnen kein nennenswerter Wechselspannungsabfall entsteht.

Zur Ermittlung der Kennwerte ist in **Bild 3.55** das Wechselstrom-Ersatzschaltbild der Drainschaltung angegeben.

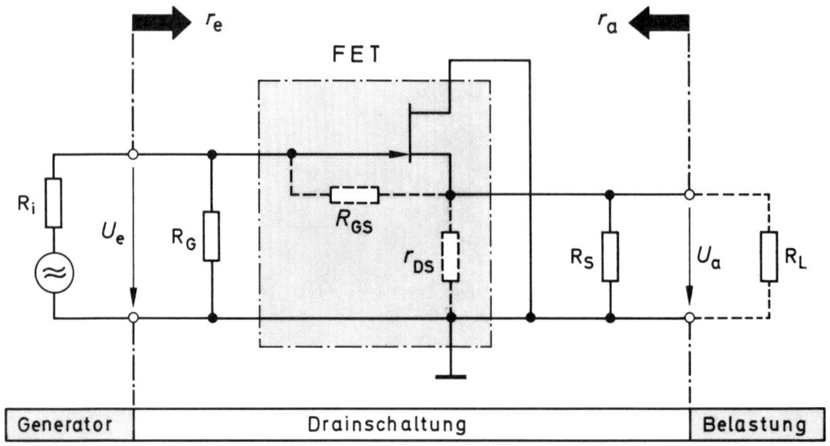

Bild 3.55 Wechselstrom-Ersatzschaltbild der Drainschaltung

Aus dem Wechselstrom-Ersatzschaltbild lassen sich die wichtigsten Kennwerte ableiten.

Wechselstrom-Eingangswiderstand r_e

Der Wechselstrom-Eingangswiderstand r_e einer Drainschaltung setzt sich zusammen aus R_{GS} und dem um den Faktor der Steilheit vergrößerten Sourcewiderstand R_S, denen der Gatewiderstand R_G parallelgeschaltet ist.

$$r_e = (1 + S \cdot R_S) \cdot R_{GS} \parallel R_G$$

Wechselstrom-Ausgangswiderstand r_a

Für den Wechselstrom-Ausgangswiderstand einer Drainschaltung gilt:

$$r_a = \frac{1}{S} \parallel R_S$$

In Näherung kann hierfür gesetzt werden:

$$r_a \approx \frac{1}{S}$$

Spannungsverstärkung V_u

Bei einer Drainschaltung ist die Spannungsverstärkung stets kleiner 1. Es gilt:

$$V_u = \frac{S \cdot R_S}{1 + S \cdot R_S}$$

Als Näherung kann gesetzt werden:

$$V_u \approx 1$$

Phasenverschiebung φ des Signals

Wird das Gate des FETs in einer Drainschaltung mit der positiven Halbwelle angesteuert, so erhöht sich nicht nur die Gatespannung, sondern auch der Drainstrom. Damit steigt aber auch der Spannungsabfall am Sourcewiderstand, so daß als Ausgangssignal ebenfalls die positive Halbwelle auftritt. Die Phasenverschiebung zwischen Eingangs- und Ausgangsspannung ist daher $\varphi = 0\,°$. Weil bei einer Drainschaltung das Signal an der Source-Elektrode genau dem Steuersignal folgt, wird die Drainschaltung auch als Sourcefolger bezeichnet.

Beispiel

Ein N-Kanal-Sperrschicht-FET vom Typ BF 245 B soll bei $U_B = 25\,V$ im Arbeitspunkt $I_D = 5\,mA$ und $-U_{GS} = 1{,}2\,V$ betrieben werden. Er hat in diesem Arbeitspunkt die Werte: $y_{21} = 3{,}5\,mS$ und $y_{22} = 25\,\mu S$. Bei $-U_{GS} = 20\,V$ beträgt $-I_{GS\,S} = 5\,nA$. Der größte Sperrstrom beträgt $-I_{GS\,S} = 500\,nA$ bei $\vartheta_J = 125\,°C$.
Welche Kennwerte hat eine Drainschaltung entsprechend **Bild 3.56** mit diesem FET?

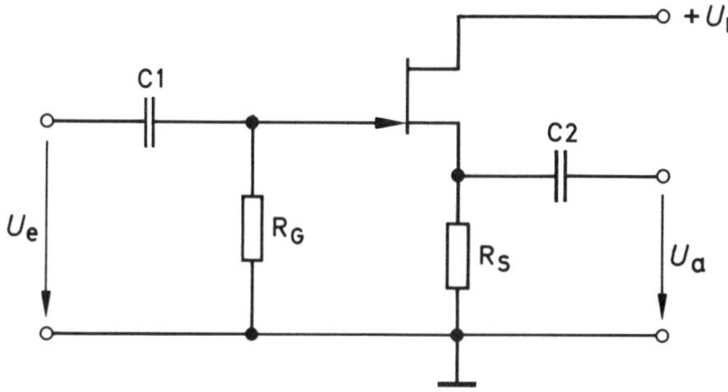

Bild 3.56 Drainschaltung mit BF 245 B

$$R_G = \frac{0{,}5\,V}{-I_{GS\,S}} = \frac{0{,}5\,V}{500\,nA} = 1\,M\Omega$$

Gewählt: $R_G = 1\,M\Omega$

$$R_S = \frac{U_{RS}}{I_D} = \frac{1{,}2\,V}{5\,mA} = 240\,\Omega$$

Gewählt: $R_S = 270\,\Omega$

$$R_{GS} = \frac{-U_{GS}}{-I_{GS\,S}} = \frac{20\,V}{5\,nA} = 4\,G\Omega$$

Wechselstrom-Eingangswiderstand r_e

$$r_e = (1 + S \cdot R_S) \cdot R_{GS} \,\|\, R_G = (1 + 3{,}5\,mS \cdot 270\,\Omega) \cdot 4\,G\Omega \,\|\, 1\,M\Omega$$

$$r_e \approx 1\,M\Omega$$

Wechselstrom-Ausgangswiderstand r_a

$$r_a = \frac{1}{S} \,\|\, R_S = \frac{1}{3{,}5\,mS} \,\|\, 270\,\Omega$$

$$r_a \approx 139\,\Omega$$

Spannungsverstärkung V_u

$$V_u = \frac{S \cdot R_S}{1 + S \cdot R_S} = \frac{3{,}5\,\text{mS} \cdot 270\,\Omega}{1 + 3{,}5\,\text{mS} \cdot 270\,\Omega} = 0{,}49$$

$V_u = 0{,}49$

3.6.3 Zusammenfassung und Gegenüberstellung

In **Bild 3.57** sind die Berechnungsformeln und die typischen Kennwerte der drei FET-Grundschaltungen zusammengefaßt und gegenübergestellt. Ein Vergleich dieser Werte mit den in Bild 2.47 zusammengefaßten Kennwerten für die bipolaren Transistoren läßt die Gemeinsamkeiten und Unterschiede deutlich erkennen.

		Sourceschaltung	Drainschaltung	Gateschaltung
Schaltung		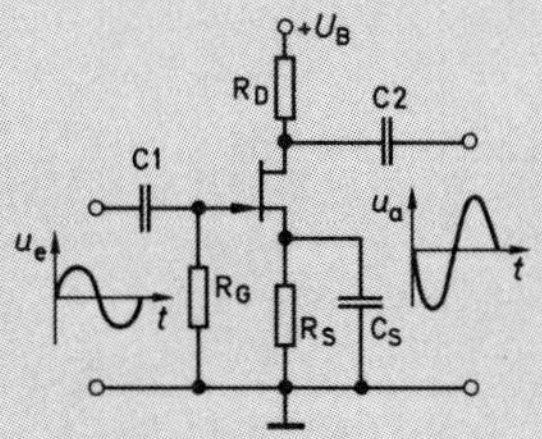	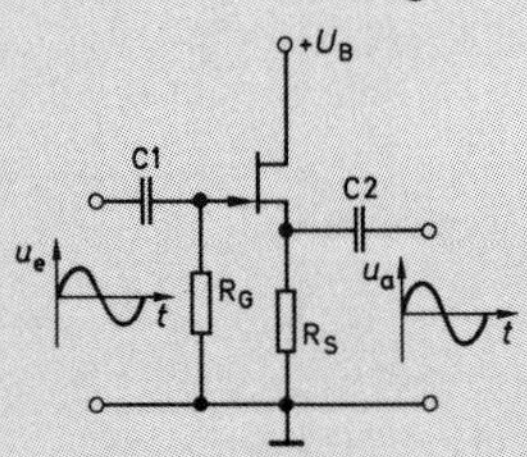	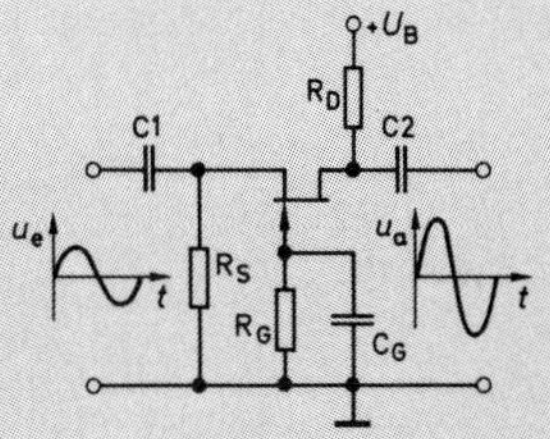
Wechsel-strom-Eingangs-widerstand	Gleichung	$r_e = R_G \parallel R_{GS}$ $r_e \approx R_G$	$r_e = (1 + S \cdot R_S) \cdot R_{GS} \parallel R_G$	
	typ. Wert	1 MΩ ÷ 10 MΩ	1 MΩ ... 20 MΩ	100 Ω ... 500 Ω
Wechsel-strom-Ausgangs-widerstand	Gleichung	$r_a = R_D \parallel r_{DS}$ $r_a \approx R_D$	$r_a = \frac{1}{S} \parallel R_S$ $r_a \approx \frac{1}{S}$	$r_a \approx R_D$
	typ. Wert	1,5 kΩ ÷ 10 kΩ	100 Ω ... 500 Ω	2 kΩ ... 10 kΩ
Spannungs-verstärkung	Gleichung	$V_u = S \cdot \frac{r_{DS} \cdot R_D}{r_{DS} + R_D}$ $V_u \approx S \cdot R_D$	$V_u = \frac{S \cdot R_S}{1 + S \cdot R_S}$ $V_u \approx 1$	$V_u \approx S \cdot R_D$
	typ. Wert	5 ÷ 20	$V < 1$	5 ÷ 20
Phasen-verschiebung		$\varphi = 180°$	$\varphi = 0°$	$\varphi = 0°$
Anwendung		Standardschaltung für NF- und HF-Schaltungen	Impedanzwandler	Spezialfälle

Bild 3.57 Zusammenfassung und Gegenüberstellung der wichtigsten Kennwerte der drei FET-Grundschaltungen

3.7 Anwendungsbeispiele

Feldeffekt-Transistoren haben gegenüber den bipolaren Transistoren einige Vorteile. Sofern diese Vorteile in Gleichspannungsverstärkern, Wechselspannungsverstärkern und Konstantstromquellen voll ausnutzbar sind, werden FETs in diesen Schaltungen auch als diskrete Bauelemente eingesetzt. Das Haupteinsatzgebiet der FET-Technologie liegt inzwischen bei den integrierten Schaltungen der Analogtechnik und Digitaltechnik.
Die folgenden vier Anwendungsbeispiele zeigen den Einsatz von FETs in einfachen Gleich- und Wechselspannungsverstärkern sowie als Konstantstromquelle und steuerbarer Widerstand.

3.7.1 Wechselspannungsverstärker

Als Wechselspannungsverstärker werden Feldeffekt-Transistoren vorwiegend nur in Vorverstärkerstufen eingesetzt. Sie arbeiten dann als Kleinsignalverstärker mit möglichst großer Verstärkung. Um eine hohe Verstärkung zu erreichen, muß der Drainwiderstand R_D möglichst hochohmig sein. Als Folge davon wird der Drainstrom I_D sehr klein.
Die Schaltung in **Bild 3.58** zeigt einen typischen Kleinsignal-Wechselspannungsverstärker.

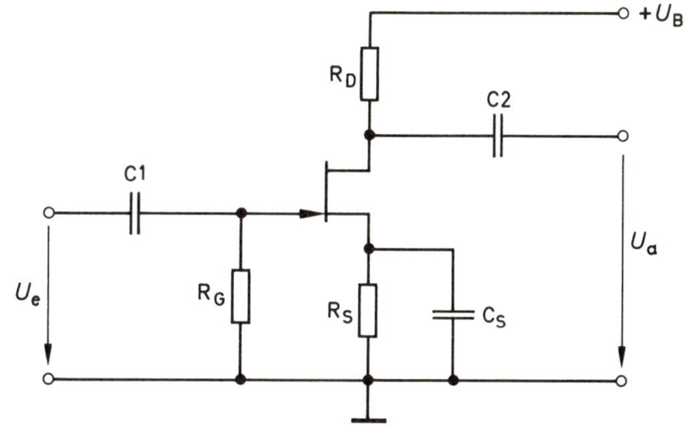

Bild 3.58 Kleinsignal-Wechselspannungsverstärker mit FET

Die Kondensatoren C1 und C2 blocken die Gleichspannungen der Stufe zum Generator und zum Lastwiderstand hin ab. Der Kondensator C1 bildet dabei mit den wechselspannungsmäßig parallelliegenden Widerständen R_G und R_{GS} einen Hochpaß. Für seine untere Grenzfrequenz gilt:

$$f_{gu} = \frac{1}{2\pi \cdot C_1 \cdot r_e} \qquad \text{mit} \quad r_e = R_G \parallel R_{GS}$$

Ein weiterer Hochpaß tritt am Ausgang auf. Er wird gebildet aus dem Kondensator C2, den wechselspannungsmäßig parallelliegenden Widerständen R_D und r_{DS} sowie dem Lastwiderstand R_L. Hierfür gilt:

$$f_{gu} = \frac{1}{2\pi \cdot C_2 \cdot (r_a + R_L)} \qquad \text{mit} \quad r_a = R_D \parallel r_{DS}$$

Die obere Grenzfrequenz des Verstärkers wird dagegen im wesentlichen bestimmt durch

die Grenzfrequenz der Vorwärtssteilheit,
die Ausgangskapazität des FETs C_{22} sowie
die Schaltkapazitäten C_{sch} des Aufbaues.

Die Ausgangskapazität C_{22} und die Schaltkapazität C_{sch} bilden zusammen mit dem Wechselstrom-Ausgangswiderstand r_a einen Tiefpaß, dessen obere Grenzfrequenz sich errechnet zu:

$$f_{go} = \frac{1}{2\pi\,(C_{22} + C_{sch}) \cdot r_a} \qquad \text{mit} \quad r_a = R_D \parallel r_{DS}$$

Insbesondere die auftretenden Schaltkapazitäten lassen sich mathematisch kaum erfassen, so daß eine genauere Berechnung der oberen Grenzfrequenz nicht möglich ist. Sie wird daher meistens meßtechnisch ermittelt.

Beispiel

Eine Verstärkerstufe entsprechend Bild 3.58 soll dimensioniert werden. Zur Verfügung steht ein Sperrschicht-FET vom Typ BF 245 B. Der Arbeitspunkt ist so zu wählen, daß bei $U_{DS} = 15\,V$ und $-U_{GS} = 2\,V$ ein Drainstrom $I_D = 150\,\mu A$ fließt.
Der FET hat in diesem Arbeitspunkt die Daten: $y_{21} = 1\,mS$, $y_{22} = 25\,\mu S$, $C_{22} = 1{,}6\,pF$. Bei $\vartheta_J = 25\,°C$ und $-U_{GS} = 20\,V$ hat der Gate-Reststrom den Wert $-I_{GS\,S} = 5\,nA$. Er steigt bei $\vartheta_J = 125\,°C$ auf $-I_{GS\,S} = 500\,nA$. Für den Schaltungsaufbau wird eine Schaltkapazität $C_{sch} \approx 150\,pF$ angenommen und der Lastwiderstand hat einen Wert $R_L = 10\,k\Omega$. Die untere Grenzfrequenz der Verstärkerstufe soll $f_{gu} \approx 30\,Hz$ betragen.

$$R_D = \frac{U_B - U_{DS} - U_S}{I_D} = \frac{24\,V - 15\,V - 2\,V}{150\,\mu A} = 46{,}67\,k\Omega$$

Gewählt: $R_D = 47\,k\Omega$

$$R_S = \frac{-U_{GS}}{I_D} = \frac{2\,V}{150\,\mu A} = 13{,}3\,k\Omega$$

Gewählt: $R_S = 12\,k\Omega$

$$R_G = \frac{0{,}5\,V}{-I_{GS\,S}} = \frac{0{,}5\,V}{500\,nA} = 1\,M\Omega$$

Gewählt: $R_G = 1\,M\Omega$

$$R_{GS} = \frac{-U_{GS}}{-I_{GS\,S}} = \frac{20\,V}{5\,nA} = 4\,G\Omega$$

$$r_e = R_G \parallel R_{GS} = 1\,M\Omega \parallel 4\,G\Omega$$

$$r_e \approx 1\,M\Omega$$

$$C_1 = \frac{1}{2\pi \cdot f_{gu} \cdot r_e}$$

$$C_1 = \frac{1}{2\pi \cdot 30\,Hz \cdot 1\,M\Omega} = 5{,}3\,nF$$

Gewählt: $C_1 = 5{,}6\,nF$

$$C_2 = \frac{1}{2\pi \cdot f_{gu} \cdot (r_a + R_L)} \qquad r_a = R_D \| r_{DS} = 47\,k\Omega \| \frac{1}{25\,\mu S} \qquad R_L = 10\,k\Omega$$

$$r_a = 21{,}61\,k\Omega$$

$$C_2 = \frac{1}{2\pi \cdot 30\,Hz \cdot 21{,}61\,k\Omega} = 167{,}8\,nF$$

Gewählt: $C_2 = 220\,nF$

$$C_S \approx 0{,}2 \cdot \frac{S}{f_{gu}} = 0{,}2 \cdot \frac{1\,mS}{30\,Hz} = 6{,}67\,\mu F$$

Gewählt: $C_S = 6{,}8\,\mu F$

$$V_u \approx S \cdot r_a \| R_L = 1\,mS \cdot (21{,}61\,k\Omega \| 10\,k\Omega)$$

$$V_u \approx 7$$

$$f_{go} \approx \frac{1}{2\pi\,(C_{22} + C_{sch}) \cdot (r_a \| R_L)} = \frac{1}{2\pi\,(1{,}6\,pF + 150\,pF) \cdot (21{,}61\,k\Omega \| 10\,k\Omega)}$$

$$f_{go} \approx 153\,kHz$$

Die ermittelten Werte für die Widerstände und Kondensatoren sind in die Schaltung nach **Bild 3.59** eingetragen.

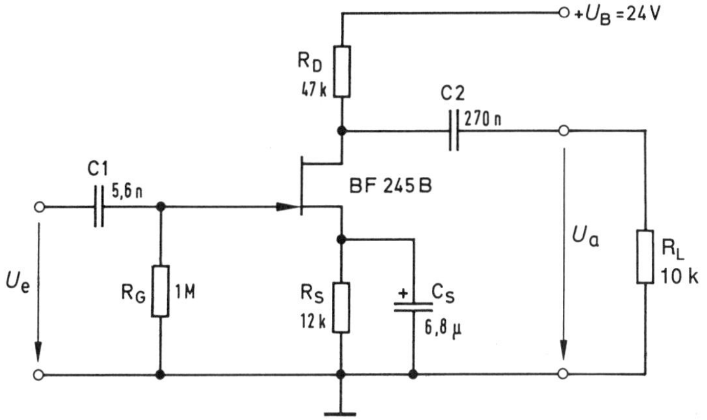

Bild 3.59 Schaltbild des berechneten Wechselspannungsverstärkers

Bei der Schaltung nach Bild 3.59 ist die Verstärkung durch die Dimensionierung festgelegt. Sie läßt sich aber auch in gewissen Grenzen verändern, wenn der Drainwiderstand und der Sourcewiderstand einstellbar gemacht werden. Hierzu können jeweils Trimmer in Reihe geschaltet werden. **Bild 3.60** zeigt eine derartige Versuchsschaltung.

Bei der Schaltung nach Bild 3.60 kann der Drainwiderstand durch den Trimmer Tr1 zwischen $R_D = 4{,}7\,k\Omega$ und $R_D = 51{,}7\,k\Omega$ geändert werden. Mit dem Trimmer Tr2 wird der Sourcewiderstand von insgesamt $R_S = 14{,}7\,k\Omega$ wechselspannungsmäßig durch den Sourcekondensator überbrückt. Bei Einstellung des Trimmer Tr2 in Richtung zum Anschlag b entsteht eine Gegenkopplung durch den nicht überbrückten Widerstandsteil, so daß die Verstärkung kleiner wird.

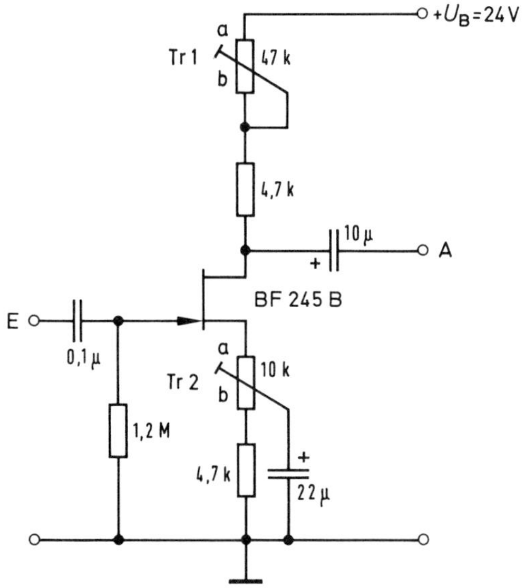

Bild 3.60 Wechselspannungsverstärker mit einstellbarer Verstärkung

Je nach Einstellung der Trimmer ergeben sich folgende Verstärkungen:

Trimmer Tr1	Trimmer Tr2	V_u
Anschlag a	Anschlag a	$\approx$ 14
Anschlag b	Anschlag a	$\approx$ 155
Anschlag a	Anschlag b	$\approx$ 2,4
Anschlag b	Anschlag b	$\approx$ 24

Bei der Versuchsschaltung nach Bild 3.60 kann die Verstärkung zwischen $V_u \approx 2{,}4$ und $V_u \approx 155$ kontinuierlich auf jeden beliebigen Zwischenwert eingestellt werden. Sie eignet sich daher z. B. sehr gut zur Anpassung der Ausgangsspannung eines Signalgebers an die Eingangsbedingungen einer weiteren Verstärkerstufe.

3.7.2 Gleichspannungsverstärker

Wegen ihres sehr hohen Eingangswiderstandes lassen sich Feldeffekt-Transistoren sehr gut auch als Gleichspannungsverstärker in elektronischen Spannungsmessern einsetzen. **Bild 3.61** zeigt als Beispiel die Schaltung eines elektronischen Spannungsmessers für Gleichspannungen, in der ein Sperrschicht-FET als Gleichspannungsverstärker verwendet wird.

Der Sperrschicht-FET wird hier in Drainschaltung betrieben. Er bildet mit seinem Sourcewiderstand einen Zweig einer Brückenschaltung. In der Brückendiagonale liegt das 100-µA-Meßwerk. Der Nullabgleich erfolgt bei kurzgeschlossenem Eingang mit dem Trimmer Tr2, indem der Brückenstrom auf Null eingestellt wird.
Der Vollausschlag des 100-µA-Instrumentes wird bei einer Eingangsspannung von 100 mV vorgenommen. Der Abgleich auf Vollausschlag erfolgt mit Hilfe des Trimmers Tr1. Die Dioden D1 und D2 wirken als Überlastungsschutz. Sie werden leitend, wenn

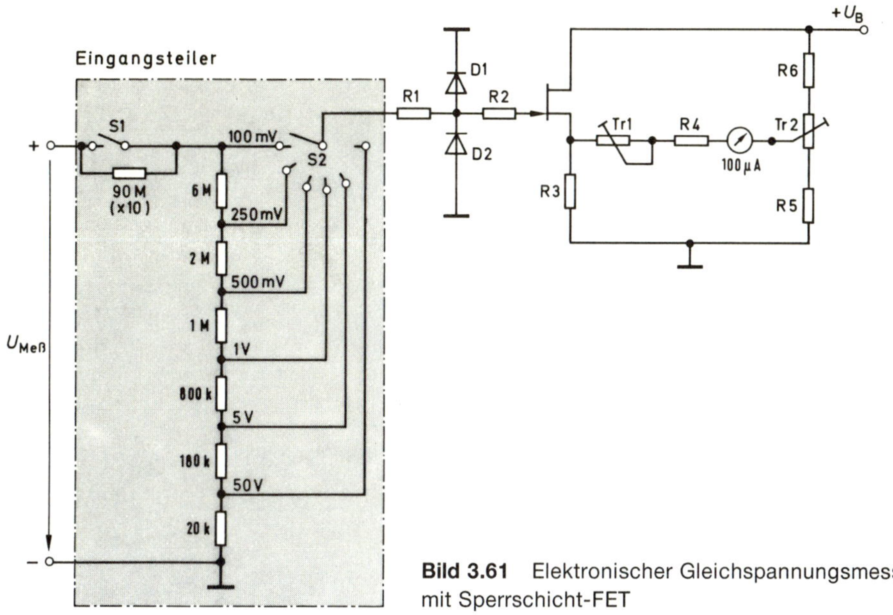

Bild 3.61 Elektronischer Gleichspannungsmesser mit Sperrschicht-FET

nach dem Eingangswiderstand R1 noch eine Spannung größer 0,7 V auftritt. Die Gatevorspannung wird durch den Widerstand R3 erzeugt.
Gelangt ein Gleichspannungs-Meßsignal über den Eingangswiderstand R1 auf das Gate des Sperrschicht-FETs, so wird sein Drainstrom größer. Sein Kanalwiderstand R_{DS} wird also niederohmiger und die Brücke kommt aus dem Gleichgewicht. Es fließt ein Strom über das Instrument, dessen Ausschlag proportional der Eingangs-Meßspannung ist.
Durch Vorschalten eines mehrstufigen Spannungsteilers kann der beschriebene elektronische Spannungsmesser zu einem Mehrbereichsinstrument erweitert werden. Bei der angegebenen Dimensionierung des Spannungsteilers ergeben sich Meßbereiche mit Endausschlägen für U_E = 100 mV bis U_E = 50 V. Die Umschaltung dieser Meßbereiche erfolgt mit dem Schalter S2. Durch Öffnen des Schalters S1 wird ein zusätzlicher Widerstand von 90 MΩ zwischen Eingangsbuchse und Spannungsteiler gelegt. Dadurch werden alle Meßbereiche um den Faktor 10 vergrößert.
Bei geschlossenem Schalter S1 hat der elektronische Spannungsmesser also 6 Meßbereiche mit Endausschlägen bei 100 mV, 250 mV, 500 mV, 1 V, 5 V und 50 V. Der Eingangswiderstand beträgt hierbei 10 MΩ. Bei geöffnetem Schalter S1 ergeben sich 6 Meßbereiche mit den Endausschlägen bei 1 V, 2,5 V, 5 V, 10 V, 50 V und 500 V. Der Eingangswiderstand beträgt dann 100 MΩ.

3.7.3 Konstantstromquelle

Konstantstromquellen sind Schaltungen mit einem sehr hochohmigen Innenwiderstand, die in einem größeren Spannungsbereich nahezu gleichbleibende Ströme liefern. Mit Feldeffekt-Transistoren lassen sich besonders einfach Konstantstromquellen realisieren. Ausgenutzt wird dabei der große Ausgangswiderstand r_{DS} von FETs bei Betrieb im Abschnürbereich. Die Drain-Source-Spannung U_{DS} hat nämlich nur einen sehr kleinen Einfluß auf die Größe des Drainstromes. **Bild 3.62** zeigt eine Konstantstromquelle mit einem Sperrschicht-FET.

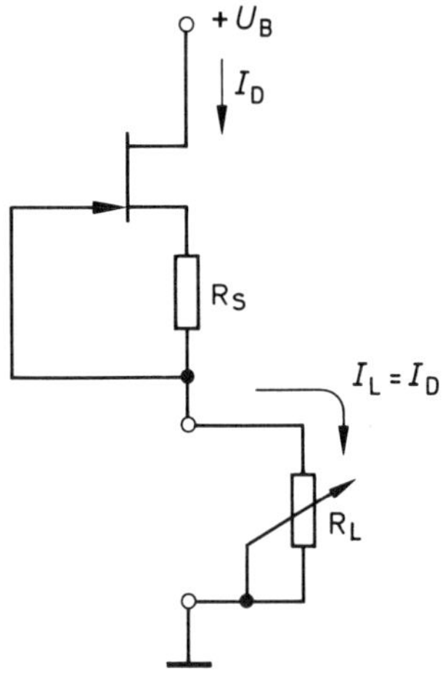

Bild 3.62 Konstantstromquelle mit Sperrschicht-FET

Bei der Schaltung nach Bild 3.62 wird die erforderliche Gatespannung U_{GS} durch den Sourcewiderstand R_S erzeugt.

$$-U_{GS} = I_D \cdot R_S$$

Die Gatespannung wird meistens so gewählt, daß der Arbeitspunkt in der Mitte der Steuerkennlinie liegt. Aus dieser Kennlinie kann auch ermittelt werden, welche Gate-Source-Spannung für einen bestimmten Laststrom I_L erforderlich ist.

$$I_L = I_D = \frac{-U_{GS}}{R_S}$$

Die Arbeitsweise der Konstantstromquelle beruht auf einem Regelvorgang. Steigt z. B. der konstant zu haltende Laststrom geringfügig an, so steigt auch der Spannungsabfall an R_S an. Dadurch wird aber die Gatevorspannung negativer und bewirkt, daß der Drainstrom wieder auf seinen ursprünglichen Wert absinkt. Ein gegensätzlicher Regelvorgang läuft ab, wenn I_L geringfügig kleiner wird.
Der dynamische Innenwiderstand einer Konstantstromquelle mit FET ergibt sich zu:

$$r_i = r_{DS}\,(1 + S \cdot R_S)$$

Soll der Laststrom I_L einstellbar sein, so muß für einen Teil des Widerstandes R_S ein Trimmer verwendet werden. Der zulässige Arbeitsbereich hängt dann vom eingestellten Konstantstrom und von der Wahl des Arbeitspunktes ab.

Beispiel

Eine Konstantstromquelle soll für eine Betriebsspannung $U_B = 12$ V mit einem Sperrschicht-FET vom Typ BF 245 B aufgebaut werden. Die Schaltung ist so zu dimensionieren, daß der Konstantstrom im Bereich von $I_{L\,max} = 10$ mA bis $I_{L\,min} = 2$ mA einstellbar ist.

Aus der Steuerkennlinie lassen sich folgende Werte entnehmen:

$$I_D = 10\,\text{mA} \quad \text{bei} \quad -U_{GS} = 0{,}1\,\text{V}$$
$$I_D = 1\,\text{mA} \quad \text{bei} \quad -U_{GS} = 2\,\text{V}.$$

Weiterhin wird für diesen FET-Typ angegeben: $S = 3$ mS, $y_{22} = 25$ µS.

Für $I_{L\,max} = 10$ mA

$$R_S = \frac{-U_{GS}}{I_{D\,max}} = \frac{0{,}1\,\text{V}}{10\,\text{mA}} = 10\,\Omega$$

$$r_i = r_{DS}\,(1 + S \cdot R_S) = \frac{1}{25\,\mu\text{S}}\,(1 + 3\,\text{mS} \cdot 0{,}01\,\text{k}\Omega) = 41{,}2\,\text{k}\Omega$$

Für $I_{L\,min} = 2$ mA

$$R_S = \frac{-U_{GS}}{I_{D\,min}} = \frac{2\,\text{V}}{2\,\text{mA}} = 1\,\text{k}\Omega$$

$$r_i = r_{DS}\,(1 + S \cdot R_S) = \frac{1}{25\,\mu\text{S}}\,(1 + 3\,\text{mS} \cdot 1\,\text{k}\Omega) = 160\,\text{k}\Omega$$

Die ermittelten Werte für R_S lassen sich mit der Schaltung nach **Bild 3.63** einstellen.

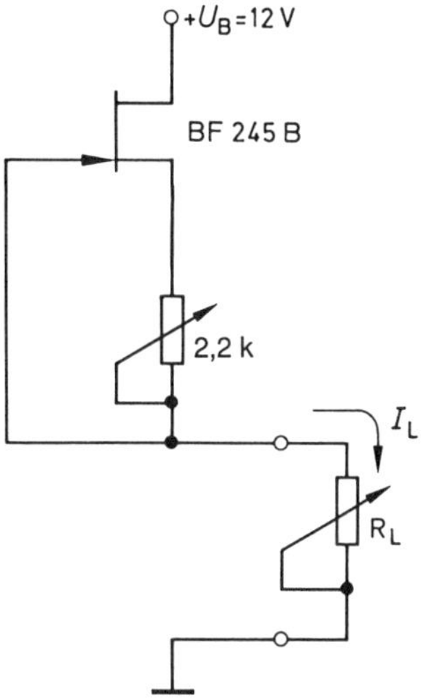

Bild 3.63 Schaltbild der berechneten Konstantstromquelle

Beim Einsatz von Konstantstromquellen mit FETs muß unbedingt darauf geachtet werden, daß die Grenzwerte $U_{DS\,max}$, $I_{D\,max}$ und P_{tot} nicht überschritten werden können.
Konstantstromquellen mit FETs haben den großen Vorteil, daß sie ohne zusätzliche Hilfsspannungen auskommen und sich wie Zweipole behandeln lassen. Sie können daher wie ein beliebiger ohmscher Widerstand in eine Schaltung eingebaut werden.

3.7.4 Steuerbarer Widerstand

FETs verhalten sich annähernd wie ohmsche Widerstände, solange die Drain-Source-Spannung kleiner als die Abschnürspannung ist. In **Bild 3.64** ist dieser ohmsche Bereich im Ausgangskennlinienfeld eines FETs angegeben.

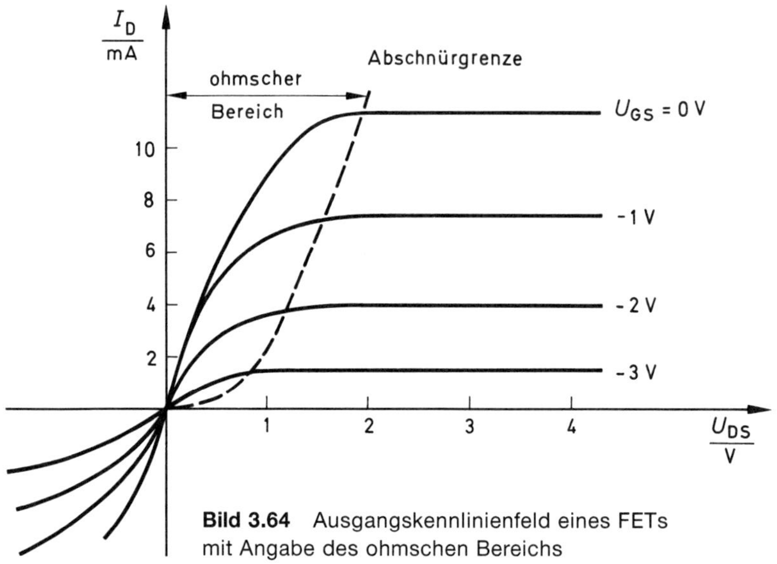

Bild 3.64 Ausgangskennlinienfeld eines FETs mit Angabe des ohmschen Bereichs

Der Kanalwiderstand hat im ohmschen Bereich den Wert

$$R_{DS} = \frac{U_{DS}}{I_D}$$

Dieser Kanalwiderstand hängt stark von der Gate-Source-Spannung ab und läßt sich je nach FET-Typ zwischen etwa $10^1\ \Omega$ bis $10^9\ \Omega$ variieren. Wird ein Festwiderstand R_V entsprechend **Bild 3.65** mit diesem veränderbaren Kanalwiderstand eines FETs in Reihe geschaltet, so entsteht ein Spannungsteiler, dessen Ausgangsspannung sich über U_{GS} leistungslos verändern läßt. Für die Ausgangsspannung ergibt sich dann:

$$U_A = U_B \cdot \frac{R_{DS}}{R_V + R_{DS}}$$

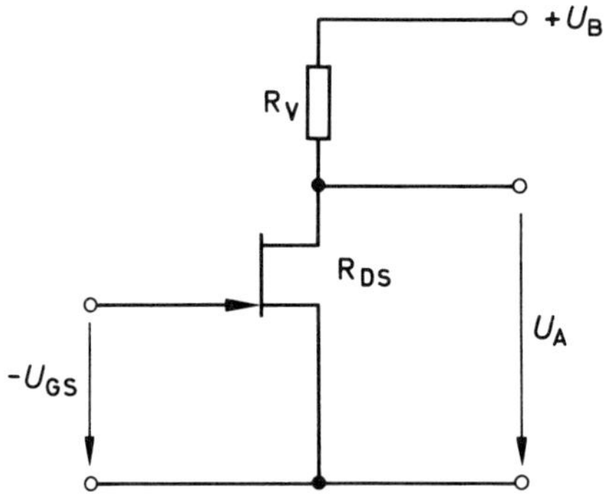

Bild 3.65 FET als steuerbarer Widerstand

Beispiel

Welche Ausgangsspannung U_A stellt sich bei einer Schaltung nach Bild 3.65 ein, wenn $U_B = 6$ V, $R_V = 470\ \Omega$ und $R_{DS} = 100\ \Omega$ bei $-U_{GS} = 1$ V betragen?

$$U_A = U_B \cdot \frac{R_{DS}}{R_V + R_{DS}} = 6\ \text{V} \cdot \frac{100\ \Omega}{470\ \Omega + 100\ \Omega} = 1{,}05\ \text{V}$$

4 Operationsverstärker

4.1 Allgemeines

Die Bezeichnung »Operationsverstärker« stammt noch aus einem der ersten Anwendungsbereiche dieser integrierten Verstärkerbausteine. So wurden mit ihrer Hilfe in der Rechentechnik und in der Regelungstechnik mathematische Operationen wie z. B. Addieren und Subtrahieren von Spannungswerten durchgeführt. In Kurzform werden die Operationsverstärker als OPs oder als OpAmps (= *Op*erations *Amp*lifier) bezeichnet. Hergestellt werden die Operationsverstärker heute als monolitisch integrierte Schaltungen. Ihr Einsatzbereich ist überwiegend die Analogtechnik.
OPs enthalten komplexe Innenschaltungen mit vielen Transistorfunktionen. Ihre Endstufe ist oft als Leistungsverstärker ausgelegt. Beim Einsatz in elektronische Schaltungen lassen sich OPs als kompakte »elektronische Bauelemente« mit bestimmten Kennwerten betrachten. Eine solche Betrachtungsweise ist möglich, weil die wesentlichen Eigenschaften der mit OPs aufgebauten Verstärkerstufen durch die äußere Beschaltung dieses »Bauelementes« bestimmt werden. Da diese äußere Beschaltung meistens nur aus wenigen passiven Bauelementen besteht, ist eine Berechnung der Verstärkung relativ leicht möglich.
Das **Bild 4.1** zeigt die Schaltzeichen für den OP. Beide sind aus dem allgemeinen Verstärkersymbol abgeleitet. Die Ausführung a) wird vorwiegend in technischen Unterlagen verwendet und ist an die Darstellung in DIN 40900, Teil 10 angepaßt, die Ausführung b) entspricht der DIN 40900 Teil 13.

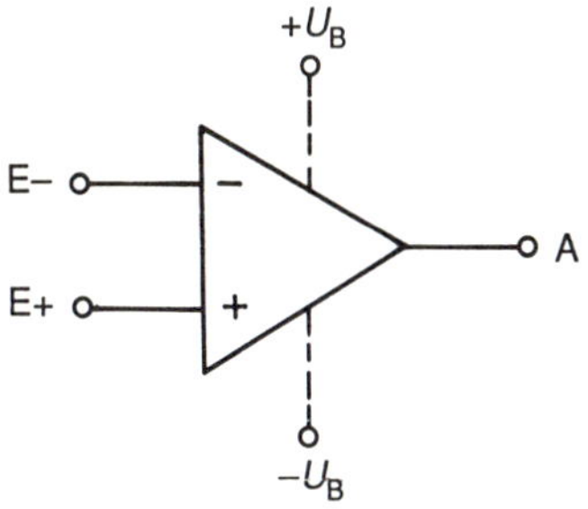

a) übliche Darstellung (ähnlich DIN 40 900 T 10)

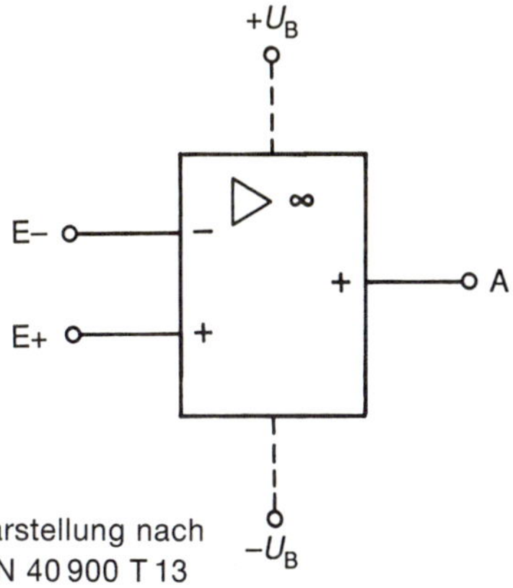

b) Darstellung nach DIN 40 900 T 13

Bild 4.1 Schaltzeichen eines OPs

Operationsverstärker werden in der Regel mit zwei symmetrischen Betriebsspannungen $\pm U_B$ betrieben. Diese beiden Anschlüsse der Betriebsspannung sind jedoch in Schaltbildern häufig nicht angegeben. Es gibt aber auch Typen, insbesondere für NF-Anwendungen, die mit nur einer Betriebsspannung $+U_B$ oder $-U_B$ (jeweils bezogen auf Masse) versorgt werden können.
Ein Operationsverstärker hat stets zwei Eingänge. Sie werden E+ oder E− oder auch P-Eingang (P = positiv) und N-Eingang (N = negativ) genannt. Gebräuchlich ist für den Eingang E+ auch die Bezeichnung »nicht-invertierender Eingang« und für E− die

Bezeichnung »invertierender Eingang«. Diese Bezeichnungen weisen darauf hin, daß zwischen den Eingängen und dem Ausgang eines OPs bestimmte Phasenbeziehungen bestehen. So erscheint ein Signal am »nichtinvertierenden Eingang« E+ ohne Phasenverschiebung ($\varphi = 0\,°$) verstärkt am Ausgang. Ein Signal am »invertierenden Eingang« E– wird dagegen mit einer Phasenverschiebung von $\varphi = 180\,°$ verstärkt.
Der Ausgang des Operationsverstärkers wird in der Regel mit dem Buchstaben A (= Ausgang) bezeichnet. OPs haben somit mindestens 5 Anschlüsse, und zwar die beiden Eingänge E+ und E–, den Ausgang A sowie die Anschlüsse für die Betriebsspannungen $+U_B$ und $-U_B$. Hierzu kommen bei den meisten Typen aber noch weitere Anschlüsse für die externe Kompensation, auf die noch in Abschnitt 4.3.5.3 eingegangen wird.
In **Bild 4.2** sind einige charakteristische Eigenschaften idealer und realer OPs gegenübergestellt. Bei der Leerlaufverstärkung V_o und dem Eingangswiderstand r_e kommen die Werte des realen OPs denen eines idealen OPs nahe. Bei den Berechnungen können daher die idealen Werte eingesetzt werden.

Charakteristische Eigenschaft	Idealer OP	Realer OP
Leerlaufverstärkung $V_o = \frac{U_A}{U_D}$	$V_o = \infty$	$V_o = 20 \cdot 10^3 \ldots 100 \cdot 10^3$
Eingangswiderstand $r_e = \frac{\Delta U_D}{\Delta I_E}$	$r_e = \infty\,\Omega$	$r_e = 10^5\,\Omega \ldots 10^{15}\,\Omega$
Ausgangswiderstand $r_a = \frac{\Delta U_A}{\Delta I_A}$	$r_a = 0\,\Omega$	$r_a = 30\,\Omega \ldots 1\,k\Omega$
Temperatureinfluß $\Delta U = f(\vartheta)$	Nicht vorhanden	Im Bereich von $-50\,°C \ldots +75\,°C$ vernachlässigbar gering
Übertragungsbandbreite	$B = \infty\,Hz$	Von V abhängig, $10^4 \ldots 10^7$ Hz
Aussteuerbereich $U_A = f(U_E)$	$-\infty\,V \ldots +\infty\,V$	$-U_B \ldots +U_B$

Bild 4.2 Charakteristische Eigenschaften von idealen und realen Operationsverstärkern

4.2 Grundprinzip und Kennwerte von Operationsverstärkern

4.2.1 Schaltungstechnisches Grundprinzip von Operationsverstärkern

Operationsverstärker sind stets aus einer größeren Zahl direkt gekoppelter Transistor-Verstärkerstufen in integrierter Schaltungstechnik aufgebaut. Diese Verstärkerstufen lassen sich bei jedem OP zu drei Funktionsgruppen zusammenfassen, und zwar in

eine Eingangsstufe,
eine Spannungsverstärkerstufe und
eine Leistungsendstufe.

Die Zahl der integrierten Transistorstufen, Dioden und Widerstände sowie die Schaltungstechnik ist bei den einzelnen Typen teilweise sehr unterschiedlich. Wie bei der integrierten Schaltungstechnik üblich, wird mit einer Vielzahl von Transistorfunktionen gearbeitet, wodurch gegenüber der diskreten Schaltungstechnik viele Schaltungsfeinheiten und -verbesserungen ausgenutzt werden können. Für den Praktiker reicht es aber völlig aus, nur das Grundprinzip der Arbeitsweise der Eingangsstufen und der Leistungsendstufen zu kennen.
Als Beispiel für die Schaltungstechnik zeigt **Bild 4.3** den internen Aufbau eines OPs vom Typ 709. Deutlich zu erkennen ist die Trennung in drei Funktionsgruppen.

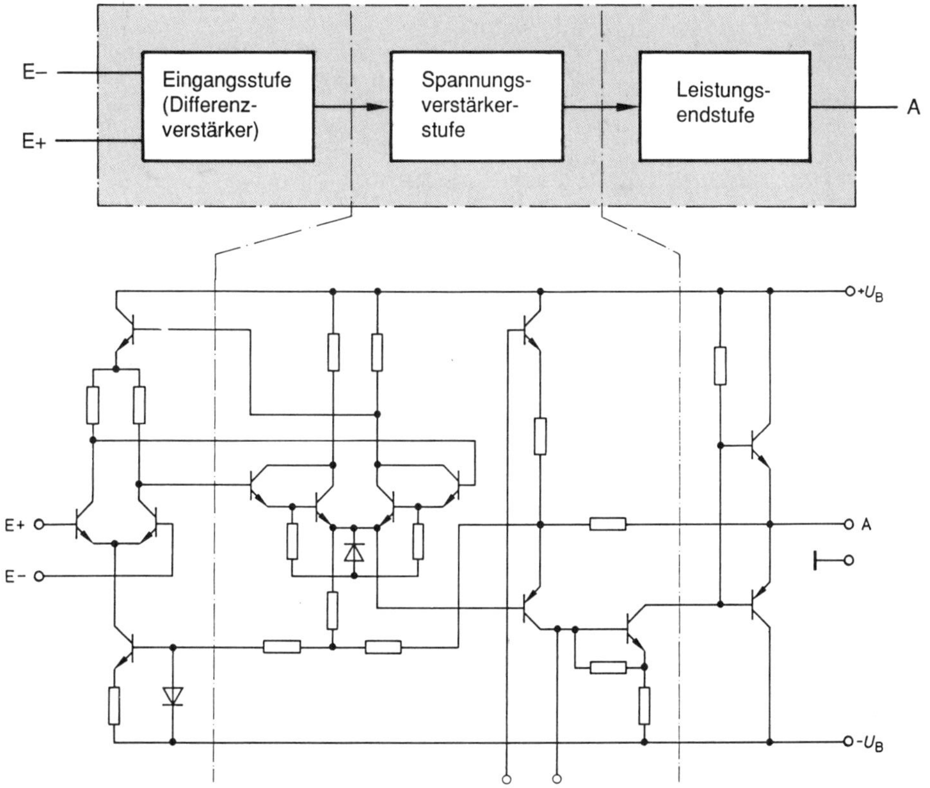

Bild 4.3 Aufbau eines OPs

Ein Differenzverstärker besteht aus zwei Verstärkerstufen in Emitterschaltung, die aber nur einen gemeinsamen Emitterwiderstand haben. Die Kopplung der beiden Transistorverstärker erfolgt über diesen gemeinsamen Emitterwiderstand. Zu unterscheiden ist beim Differenzverstärker zwischen einem Gleichtaktbetrieb und einem Differenzbetrieb.

Differenzbetrieb

Bild 4.4 zeigt die Grundschaltung eines Differenzverstärkers. Die Eingangsspannungen U_{E1} und U_{E2} werden bei dieser Schaltung durch gleichartig dimensionierte Spannungsteiler direkt aus der Betriebsspannung gewonnen.

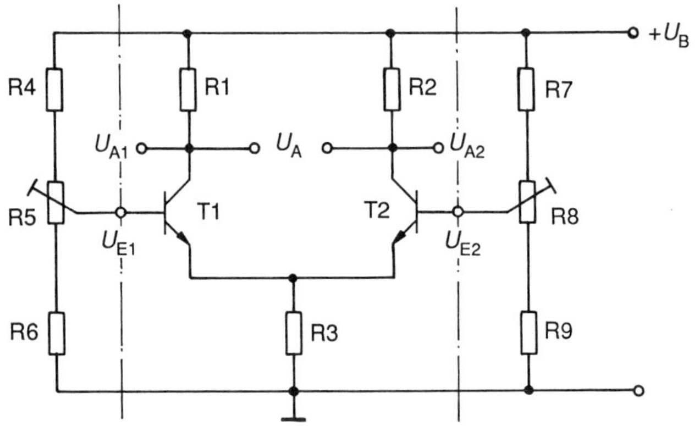

Bild 4.4 Grundschaltung eines Differenzverstärkers

Die Trimmer R 5 und R 8 sind zunächst so eingestellt, daß $U_{E1} = U_{E2}$ ist. Damit sind dann auch die beiden wirksamen Steuerspannungen $U_{BE(T1)}$ und $U_{BE(T2)}$ gleich groß. Unter der Voraussetzung, daß die beiden Transistoren völlig gleiche technische Daten haben, sind auch die beiden Kollektorströme $I_{C(T1)}$ und $I_{C(T2)}$ gleich groß, also $I_{C(T1)} = I_{C(T2)}$. Ist auch $R_1 = R_2$, so wird $U_{A1} = U_{A2}$ und damit die Differenzspannung $U_A = U_{A1} - U_{A2} = 0\,V$.

Wird nun R 5 z. B. so verändert, daß U_{E1} geringfügig kleiner wird, dann wird auch $U_{BE(T1)}$ geringfügig kleiner und damit auch der Kollektorstrom $I_{C(T1)}$. Der Spannungsabfall an R 1 sinkt, und U_{A1} steigt. Zwischen ΔU_{E1} und ΔU_{A1} besteht also eine Phasenverschiebung von $\varphi = 180\,°$.

Infolge der kleineren Eingangsspannung U_{E1} will aber auch der Emitterstrom $I_{E(T1)}$ kleiner werden und somit ebenfalls der Spannungsabfall am gemeinsamen Emitterwiderstand R 3. Dadurch wird aber gleichzeitig $U_{BE(T2)}$ größer. Es fließt ein größerer Kollektorstrom $I_{C(T2)}$, der zu einem größeren Spannungsabfall an R 2 führt. U_{A2} wird somit kleiner. Zwischen ΔU_{E1} und ΔU_{A2} tritt demnach keine Phasenverschiebung, also ein Phasenverschiebungswinkel $\varphi = 0\,°$, auf.

Die Arbeitsweise eines Differenzverstärkers beruht im wesentlichen darauf, daß der Strom durch den gemeinsamen Emitterwiderstand R 3 konstant bleibt. In OPs wird der Widerstand R 3 durch eine Konstantstromquelle ersetzt.
Es gilt also:

$$I_{E(T1)} + I_{E(T2)} = \text{const.}$$

Wird z. B. wegen einer Änderung von U_{E1} der Strom $I_{E(T1)}$ um einen bestimmten Betrag größer, so sinkt der Strom $I_{E(T2)}$ um den gleichen Betrag. Als Folge davon ergibt sich, daß die Änderungen der Ausgangsspannungen ΔU_{A1} und ΔU_{A2} stets gleich groß, aber entgegengesetzt sind. Die Ausgangsspannung U_A ergibt sich aus den beiden Spannungsänderungen ΔU_{A1} und ΔU_{A2} zu:

$$U_A = 2 \cdot \Delta U_{A1} = 2 \cdot \Delta U_{A2}$$

Genau das gleiche Verhalten tritt auf, wenn bei einem Differenzverstärker U_{E1} konstant gehalten und U_{E2} verändert wird. Dann besteht jedoch zwischen U_{E2} und U_{A2} eine Phasenverschiebung von $\varphi = 180°$ und zwischen U_{E2} und U_{A1} eine Phasenverschiebung von $\varphi = 0°$.
Die Betriebsart, bei der eine der beiden Eingangsspannungen konstant gehalten und die andere verändert wird, wird als unsymmetrischer Betrieb bezeichnet. Wird z. B. U_{E2} konstant gehalten und U_{E1} geändert, so gilt für die Spannungsverstärkung:

$$V = \frac{\Delta U_A}{\Delta U_{E1}} = \frac{2 \cdot \Delta U_{A1}}{\Delta U_{E1}} = \frac{2 \cdot \Delta U_{A2}}{\Delta U_{E1}}$$

Wird dagegen U_{E1} konstant gehalten und U_{E2} verändert, so ergibt sich für die Spannungsverstärkung:

$$V = \frac{\Delta U_A}{\Delta U_{E2}} = \frac{2 \cdot \Delta U_{A1}}{\Delta U_{E2}} = \frac{2 \cdot \Delta U_{A2}}{\Delta U_{E2}}$$

Beim Differenzverstärker können aber durchaus auch beide Eingangsspannungen gleichzeitig verändert werden. Wirksam ist jeweils die Differenz U_D dieser beiden Eingangsspannungen:

$$U_D = U_{E1} - U_{E2}.$$

Für die Verstärkung des Differenzverstärkers gilt daher ganz allgemein:

$$V_D = \frac{\Delta U_A}{\Delta U_D} \quad \text{(Differenzverstärkung)}$$

Der Verstärkungsfaktor V_D eines Differenzverstärkers ist groß und liegt etwa in der gleichen Größenordnung wie bei einer Emitterschaltung. Er gilt sowohl für die Verstärkung von Gleichspannungen als auch für die Verstärkung von Wechselspannungen.

Gleichtaktbetrieb

Werden bei einem Differenzverstärker die beiden Eingangsspannungen U_{E1} und U_{E2} immer nur so verändert, daß $U_{E1} = U_{E2}$ ist, dann liegt Gleichtaktbetrieb vor. Bei dieser Betriebsart ist die Differenz zwischen den Ausgängen $U_A = 0\,V$, und zwar unabhängig von der Größe der beiden Eingangsspannungen. Für die Gleichtaktverstärkung gilt:

$$V_{Gl} = \frac{\Delta U_A}{\Delta U_{Gl}} \quad \text{(Gleichtaktverstärkung)}, \qquad \text{mit } \Delta U_{Gl} = \Delta U_{E1} = \Delta U_{E2}.$$

Da $\Delta U_A = 0\,V$, ist auch $V_{Gl} = 0$, d. h. Änderungen der Eingangsspannungen werden bei Gleichtaktbetrieb nicht verstärkt. Diese Eigenschaft wird beim Differenzverstärker ausgenutzt.

Ändert sich die Umgebungstemperatur eines Transistors, so ändert sich die Basis-Emitter-Spannung U_{BE} um etwa 2 ... 3 mV/K. Dadurch ändert sich auch bei fester Basisvorspannung der Kollektorstrom und damit der Arbeitspunkt.

Diese Wanderung des Arbeitspunktes wird als Temperaturdrift bezeichnet. Sind bei einem Differenzverstärker die beiden Transistoren völlig gleich und räumlich eng benachbart, so ist auch die Temperaturdrift gleich. Selbst wenn sich nun infolge der Temperaturdrift die Arbeitspunkte der beiden Transistoren verschieben, so bleibt die Differenz der Ausgangsspannung $U_A = 0\,V$, d. h. die Umgebungstemperatur hat keinen Einfluß mehr auf die Ausgangsspannung U_A. Dies ist einer der wesentlichen Vorteile des Differenzverstärkers gegenüber anderen Verstärkerstufen.

In der Praxis gibt es aber keine zwei Transistoren mit völlig gleichen technischen Daten und damit auch völlig gleichem Temperaturverhalten. Dies hat zur Folge, daß bei einem realen Differenzverstärker auch bei Gleichtaktbetrieb eine kleine Differenzspannung zwischen den Ausgängen A 1 und A 2 auftritt und damit U_A ungleich 0 V wird. Dadurch ergibt sich eine Gleichtaktverstärkung $V_{Gl} >$ Null. In **Bild 4.5** ist die Übertragungskennlinie eines OP im Gleichtaktbetrieb dargestellt.

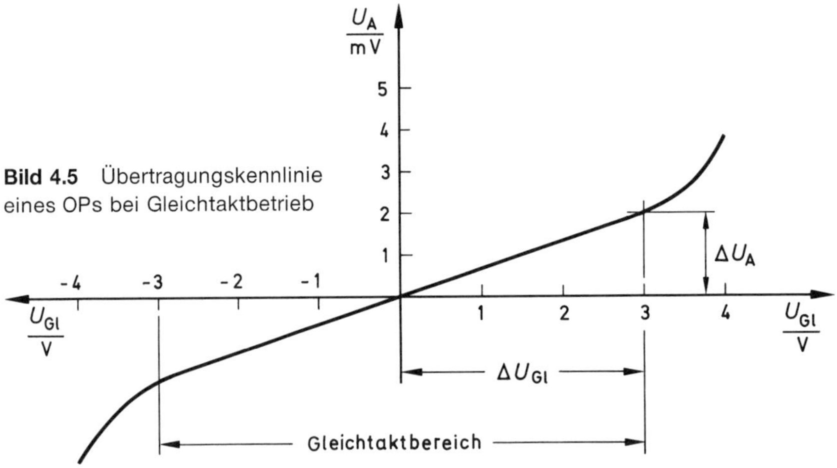

Bild 4.5 Übertragungskennlinie eines OPs bei Gleichtaktbetrieb

Ein Maß für die Güte eines Differenzverstärkers ist daher die Gleichtaktunterdrückung G. Sie ist festgelegt als Verhältnis der Differenzverstärkung V_D zur Gleichtaktverstärkung V_{Gl}:

$$G = \frac{V_D}{V_{Gl}} \quad \text{(Gleichtaktunterdrückung)}$$

Je größer die Gleichtaktunterdrückung G, desto besser ist der Differenzverstärker. Ein typischer Wert für gute Differenzverstärker liegt bei $G \approx 10\,000$. Er wird oft auch in dB angegeben ($G = 10\,000 \triangleq 20 \cdot \lg 10\,000 = 80\,dB$).

Beispiel

Ein Operationsverstärker hat eine Gleichtaktunterdrückung von 80 dB. Welche Eingangsdifferenzspannung ΔU_D bewirkt am Ausgang die gleiche Ausgangsspannungsänderung ΔU_A, wie eine Gleichtaktspannungsänderung $\Delta U_{Gl} = 2\,V$?

$$G = \frac{V_D}{V_{Gl}} = \frac{\Delta U_A / \Delta U_D}{\Delta U_A / \Delta U_{Gl}} = \frac{\Delta U_{Gl}}{\Delta U_D} \qquad \Delta U_D = \frac{\Delta U_{Gl}}{G} = \frac{2\,V}{10\,000} = 0{,}2\,mV$$

Die gleiche Ausgangsspannungsänderung ΔU_A wird also von einer Gleichtaktspannungsänderung $\Delta U_{Gl} = 2\,V$ und von einer Eingangsdifferenzspannung $\Delta U_D = 0{,}2\,mV$ erreicht.

Differenzverstärker lassen sich auch mit Feldeffekttransistoren aufbauen, die Funktion entspricht der mit bipolaren Transistoren. Zur Begrenzung der Differenzspannung U_D zwischen den Eingängen E+ und E− sind bei einigen Typen bereits antiparallelgeschaltete Dioden integriert. Ist dies nicht der Fall, so kann es bei bestimmten Anwendungen erforderlich sein, die Eingangsstufen des OPs durch antiparallel geschaltete externe Dioden vor einer unzulässig großen Differenzspannung am Eingang zu schützen. Die der Eingangsstufe folgende Spannungsverstärkerstufe (Bild 4.3) enthält meist einen weiteren Differenzverstärker, der je nach Typ und Hersteller sehr unterschiedlich ausgeführt sein kann. Weiterhin wird in diesem Teil das Signal so aufbereitet, daß die Leistungsendstufe angesteuert werden kann.
Bei den Leistungsendstufen sind im wesentlichen zwei Ausführungen zu unterscheiden, und zwar eine Schaltung mit »Gegentakt-Endstufe« und eine Schaltung mit »Offenem Kollektor«. **Bild 4.6** zeigt das Grundprinzip dieser beiden Leistungsendstufen.

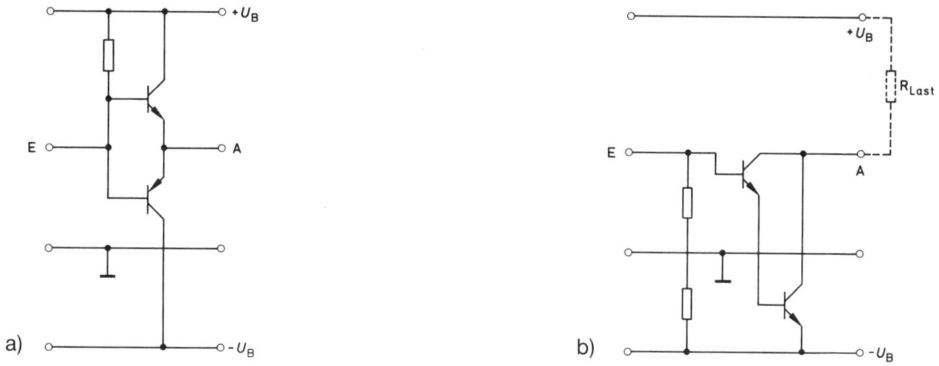

Bild 4.6 a) Gegentakt-Endstufe und b) Endstufe mit „Offenem Kollektor"

Die Ausgangswiderstände liegen bei der Ausführung a) mit Gegentakt-Endstufe in der Größenordnung von $r_A \approx 30\,\Omega$ bis $100\,\Omega$, und die maximalen Lastströme betragen je nach OP-Typ 10 mA bis 25 mA. Diese maximalen Lastströme reichen für einige wichtige Einsatzgebiete des OP-Verstärkers jedoch nicht aus. Für höhere Lastströme gibt es daher auch OP-Verstärker mit einem Eintakt-Ausgang in Darlington-Schaltung. Bei dieser in Bild 4.6 b dargestellten bezeichneten Version ist dann der extern anzuschließende Verbraucher der Arbeitswiderstand R der Eintakt-Endstufe. Diese Ausführungen mit »Open Collector« können, je nach Typ, Lastströme bis etwa $I_A = 70\,mA$ liefern.
Eine Reihe von OP-Typen haben durch zusätzliche interne schaltungstechnische Maßnahmen einen kurzschlußfesten Ausgang. Dies kann in vielen Fällen von erheblichem Vorteil sein.

4.2.2 Kennwerte und Bauformen

Die Hersteller von Operationsverstärkern bieten heute neben einer Reihe von Standardtypen auch immer mehr Spezialtypen an. Diese haben dann für bestimmte Anwendungsgebiete besonders günstige Kennwerte. Wegen der Vielzahl von OP-Typen ist eine umfassende Darstellung der Eigenschaften, Kennwerte und Bauformen kaum noch möglich. Die Tabelle in **Bild 4.7** soll daher nur einen Überblick über die Grenzwerte und Kenndaten von vier häufig verwendeten Operationsverstärkern geben.

Bezeichnung	Symbol	Bipolare Eingänge TBA 221 – 741	TAA 521 – 709	TAA 761	J-FET-Eingänge LF 355	LF 357
Grenzwerte						
Betriebsspannung	$U_{B\,max}$	±18 V	±18 V	±18 V	±18 V	±18 V
Diff.-Eing.-Spg.	$U_{D\,max}$	±30 V	± 5 V	±18 V	±30 V	±30 V
Kurzschlußdauer	t_z	∞ s	5 s	o. K.*	∞ s	∞ s
Sperrschichttemp.	$\vartheta_{J\,max}$	150 °C	150 °C	150 °C	100 °C	100 °C
Wärmewiderstand (Kunststoff-Geh.)						
System-Umgebung	R_{thSu}	120 K/W	120 K/W	120 K/W	175 K/W	175 K/W
System Gehäuse	R_{thSG}	80 K/W	80 K/W	80 K/W	–	–
Kenndaten $U_B = \pm 15$ V $\vartheta_U = 25$ °C						
Leerlaufverst.	V_o	100 dB (100.000)	93 dB	85 dB	80 dB	80 dB
Offsetspg.	U_o	±6 mV	±2 mV	±6 mV	±3 mV	±3 mV
Gleichtaktunterdrückung	G	90 dB	90 dB	79 dB	100 dB	100 dB
Eingangswiderstand	r_e	2 MΩ	250 kΩ	200 kΩ	10^{12} Ω	10^{12} Ω
Eingangsruhestrom	I_E	80 nA	300 nA	500 nA	30 pA	30 pA
Ausgangswiderstand	r_a	75 Ω	150 Ω	o. K.*	50 Ω	–
Ausgangsstrom (max)	I_A	20 mA	10 mA	70 mA	25 mA	–
Grenzfrequenz (3 dB)	f_g	5 Hz	abhängig von Frequenzkompensation	10 Hz	25 Hz	–
Transitfrequenz	f_T	500 kHz	5 MHz	200 kHz	2,5 MHz	25 MHz
Ausgangsaussteuerbarkeit	$U_{A\,max}$	±13 V	±13 V	±13 V	±13 V	±13 V
Gleichtakt-Aussteuerbarkeit	$U_{Gl\,max}$	±13 V	±10 V	±9 V	+15 V −12 V	–

Die Daten sind Mittelwerte der Angaben verschiedener Hersteller. * = offener Kollektor

Bild 4.7 Grenzwerte und Kenndaten von vier verschiedenen OP-Typen

Operationsverstärker werden in den verschiedensten Bauformen und Gehäusetypen geliefert. Typisch und weit verbreitet sind die Kunststoff-Steckgehäuse in 6-, 8- und 14poliger Ausführung, Kunststoff-Miniaturgehäuse, Mikropackgehäuse und Metall-Rundgehäuse. Oft wird auch der gleiche OP-Typ mit verschiedenen Gehäuseausführungen angeboten. **Bild 4.8** zeigt die üblichen Gehäuseausführungen sowie die Anschlußbelegungen von Operationsverstärkern der Typen TBA 221/TBA 222.

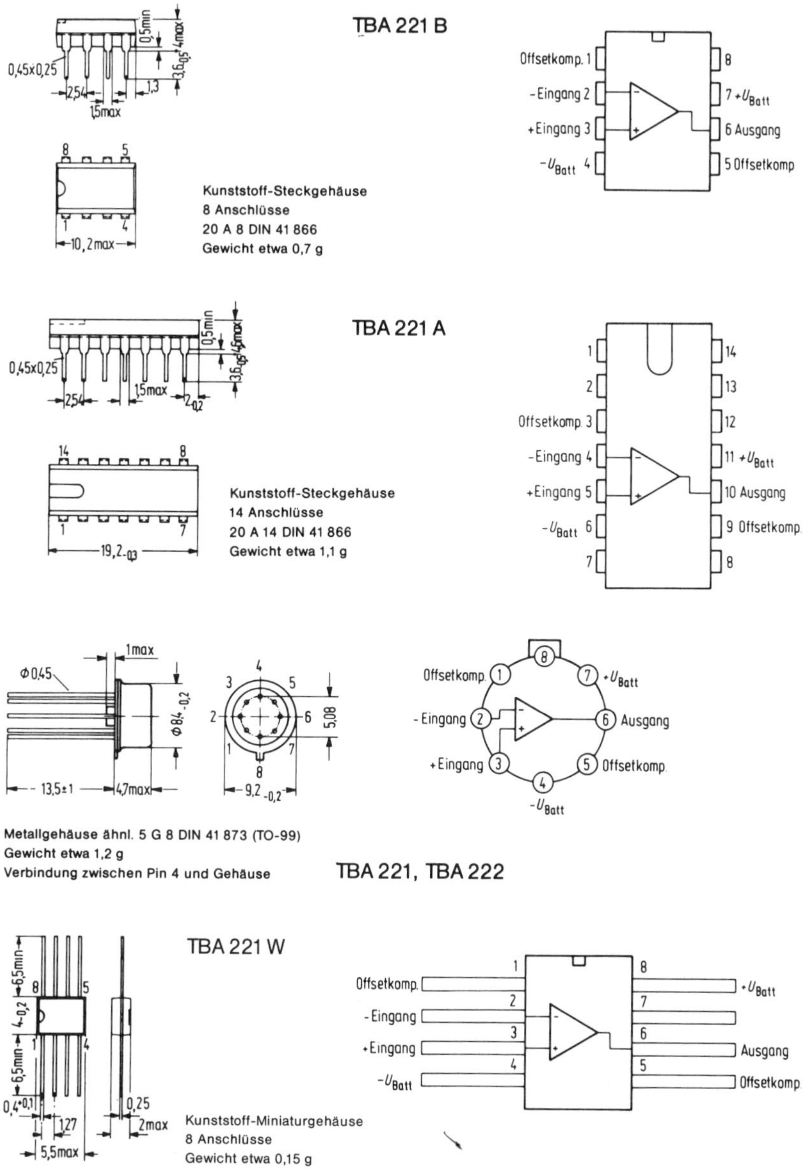

Bild 4.8 Gehäuseausführungen und Anschlußbelegungen der Operationsverstärker vom Typ TBA 221/TBA 222.

4.3 Grundlagen der Operationsverstärker

Operationsverstärker haben eine sehr hohe Leerlaufverstärkung V_0, die in der Größenordnung von 20 000 bis 100 000 liegt. Ausgenutzt wird diese hohe Verstärkung nur beim Komparator, bei allen anderen Grundschaltungen mit OPs erfolgt durch Rückkopplung eine Herabsetzung der Verstärkung auf geeignete Werte. Bei den Grundschaltungen ist zwischen invertierenden und nichtinvertierenden Verstärkern zu unterscheiden. Für beide jedoch gilt, daß die Eigenschaften der Schaltung wesentlich durch die Beschaltungskomponenten bestimmt werden und daher unabhängig vom jeweils gewählten OP sind.

4.3.1 Eingangs- und Ausgangsspannungen

Die an den Eingängen E+, E– und am Ausgang A liegenden Spannungen werden auf Masse bezogen. In **Bild 4.9** sind alle Spannungen entsprechend eingetragen.

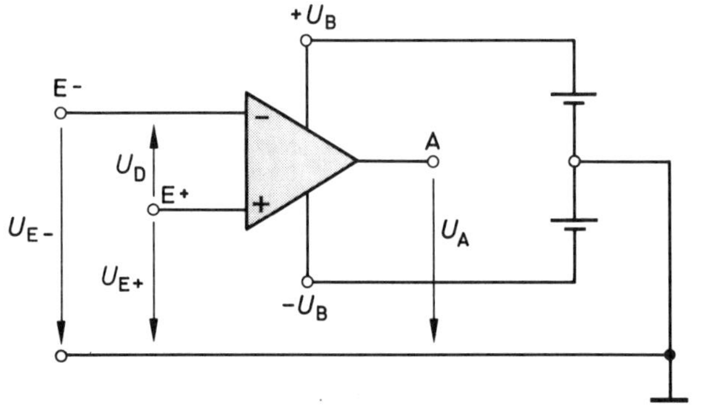

Bild 4.9 Spannungen beim Operationsverstärker

Die Differenz der Spannungen U_{E+} und U_{E-} wird als Differenz-Eingangsspannung U_D bezeichnet. Nur diese Differenzspannung U_D wird vom OP verstärkt. Es gilt:

$$U_D = U_{E+} - U_{E-}$$

Beim unbeschalteten Operationsverstärker wird diese Differenz-Eingangsspannung U_D mit der Leerlaufverstärkung V_0 zur Leerlauf-Ausgangsspannung U_A verstärkt.

$$U_A = V_0 \cdot U_D$$

Aus der Gleichung für die Differenz-Eingangsspannung U_D läßt sich erkennen, daß für U_D sowohl positive als auch negative Werte möglich sind. Damit kann beim symmetrischen Betrieb eines OPs mit $\pm U_B$ die Ausgangsspannung U_A ebenfalls positiv oder negativ werden. Es müssen daher zwei Fälle unterschieden werden:

a) $U_{E+} > U_{E-} \rightarrow U_D$ positiv $\rightarrow U_A$ positiv

b) $U_{E+} < U_{E-} \rightarrow U_D$ negativ $\rightarrow U_A$ negativ

Die Phasenlage des Ausgangssignals steht in einem direkten Bezug zu dem größeren der beiden Eingangssignale. Liegt das größere Eingangssignal am nichtinvertierenden Eingang E+, so ist die Phasenverschiebung $\varphi = 0°$. Ist dagegen das Eingangssignal am invertierenden Eingang E– größer, so tritt eine Phasenverschiebung von $\varphi = 180°$ auf.

In einem bestimmten Bereich arbeitet der Operationsverstärker nahezu linear. Die Leerlaufverstärkung V_0 ist in diesem Bereich also konstant. **Bild 4.10** zeigt die Übertragungskennlinie eines Operationsverstärkers.

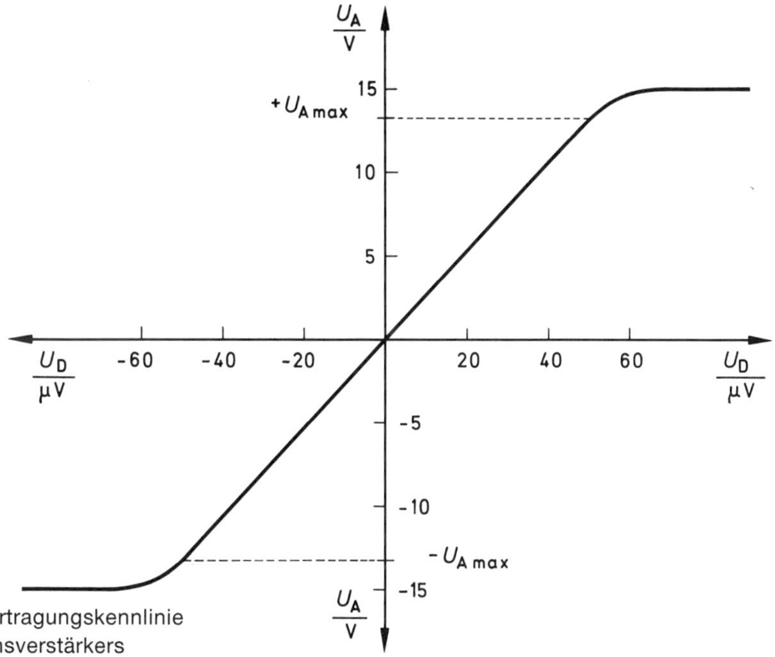

Bild 4.10 Übertragungskennlinie eines Operationsverstärkers

Wegen der hohen Leerlaufverstärkung wird ein unbeschalteter OP bereits bei kleinen Eingangsspannungen in die Sättigung gesteuert. Im Bereich der Übersteuerung ist die Ausgangsspannung $U_A \approx \pm U_B = \text{const}$. Für den Einsatz als Analogverstärker kann nur der lineare Bereich der Übertragungskennlinie ausgenutzt werden. Seine Grenzen $+U_{A\,max}$ und $-U_{A\,max}$ geben die Aussteuerbarkeit eines OPs an.

4.3.2 Der Komparator

Die Komparator-Schaltung des OPs besitzt keine Gegenkopplung. Daher ist die hohe Leerlaufverstärkung V_0 für die Eingangsspannung $U_E = U_D$ voll wirksam. **Bild 4.11** zeigt die beiden Komparatorschaltungen mit einem OP.

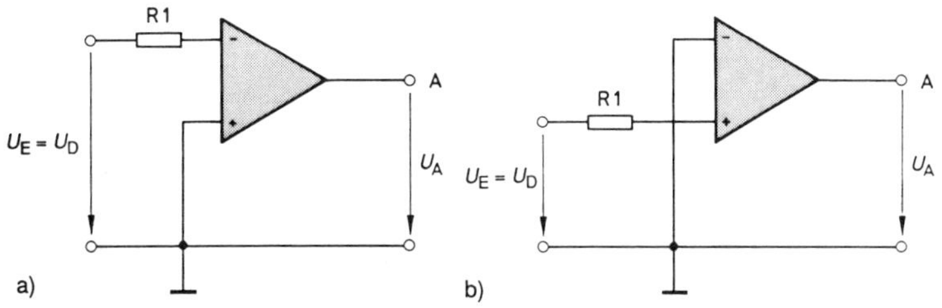

Bild 4.11 Operationsverstärker als Komparator

Wegen der sehr hohen Verstärkung reicht bereits eine sehr kleine Eingangsspannung U_E an den Eingängen aus, um den OP-Verstärker zu übersteuern und in die Begrenzung zu bringen. So ist z. B. bei $V_o = 30\,000$ und $U_B = \pm 12$ V nur eine Eingangsspannung von $U_E = 0{,}4$ mV erforderlich, damit $U_A \approx U_B$ wird. Für die beiden Schaltungen nach Bild 4.11 ergibt sich eine Übertragungskennlinie gemäß **Bild 4.12**. Bei der Schaltung a) wird das Ausgangssignal in Bezug auf das Eingangssignal invertiert, während bei Schaltung b) Ausgangs- und Eingangssignal phasengleich sind.

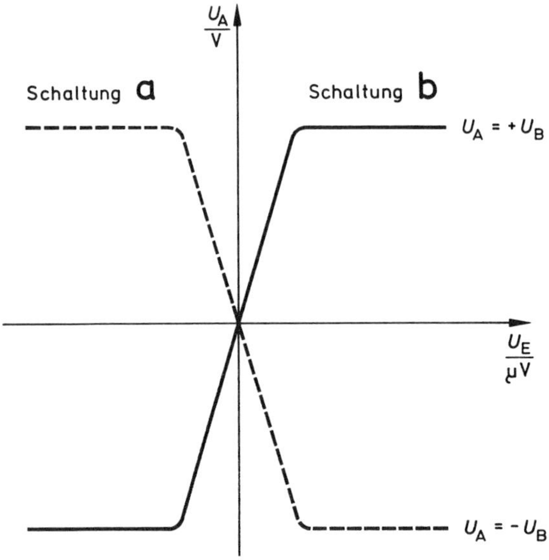

Bild 4.12 Übertragungskennlinie für die Komparator-Schaltungen nach Bild 4.11

Wird die Eingangsspannung z. B. von einem kleinen negativen Wert auf einen kleinen positiven Wert verändert, so ändert sich die Ausgangsspannung U_A nicht sprunghaft, sondern mit einer gewissen Verzögerung. Die Anstiegszeit von U_A liegt bei OP-Verstärkern in der Größenordnung von etwa 1 V/µs. Ein Anstieg von −18 V auf +18 V dauert demnach ca. 36 µs. Zu berücksichtigen ist, daß wegen der hohen Verstärkung der OP bei größeren Eingangsspannungen übersteuert ist. Daher treten beim Umschalten von einer Grenzlage in die andere Verzögerungen auf, die ihre Ursache in der Übersteuerung der Transistorsysteme im OP haben. Um einen schnelleren Anstieg von U_A bei einem langsamen Anstieg der Eingangsspannung U_E zu erreichen, kann beim Komparator eine Mitkopplung eingeführt werden. Bei der Schaltung nach **Bild 4.13** erfolgt die Mitkopplung durch den Widerstand R 3, über den eine phasengleiche Spannung vom Ausgang auf den P-Eingang zurückgeführt wird. Der Komparator erhält dadurch den Charakter eines elektronischen Schalters, der als Schmitt-Trigger bezeichnet wird.

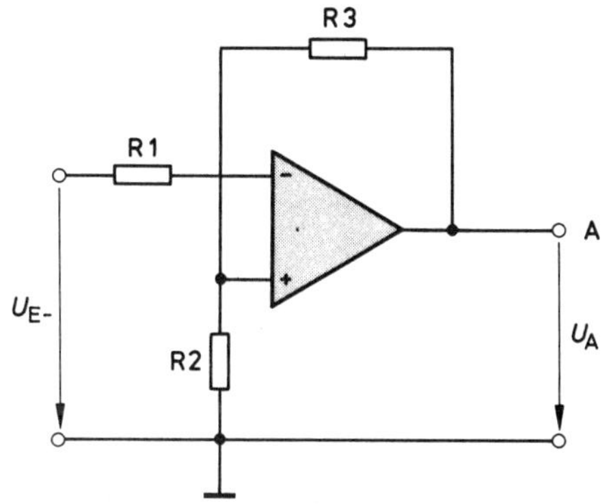

Bild 4.13 Komparator mit Mitkopplung

4.3.3 Der invertierende Verstärker

Damit ein Operationsverstärker als linearer Verstärker betrieben werden kann, muß die Leerlaufverstärkung V_0 wesentlich herabgesetzt werden. Dieses erfolgt beim invertierenden Verstärker durch Rückführung einer Teilspannung vom Ausgang auf den invertierenden Eingang. **Bild 4.14** zeigt das Schaltbild eines invertierenden Verstärkers mit einem OP.

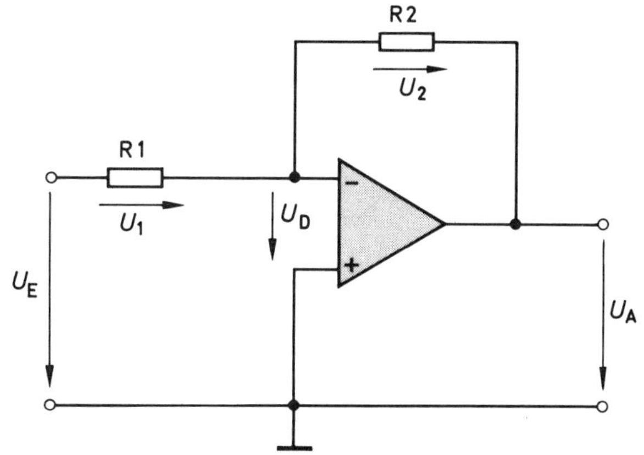

Bild 4.14 Invertierender Verstärker mit OP

Bei der Berechnung der Spannungsverstärkung V der Schaltung nach Bild 4.14 wird davon ausgegangen, daß der OP ein Bauelement mit idealen Eigenschaften ist und er daher eine sehr große Leerlaufverstärkung V_0 sowie einen sehr hochohmigen Eingangswiderstand r_e hat.

Die Maschengleichung am Eingang der Schaltung lautet:

$$U_E = U_1 + U_D$$

Beim idealen OP ist mit $V_o = \infty$, die Differenz-Eingangsspannung $U_D = 0\,V$. Auch beim realen OP ist diese Spannung sehr klein und kann vernachlässigt werden. Daher gilt:

$$U_E = U_1$$

Auch für den Ausgang läßt sich eine Maschengleichung aufstellen. Hier lautet der Zusammenhang:

$$U_A = U_D - U_2$$

Bei Vernachlässigung von U_D gilt:

$$U_A = -U_2$$

Aus den Gleichungen für U_E und U_A ergibt sich für die Verstärkung V der Schaltung:

$$V = \frac{U_A}{U_E} = \frac{U_2}{U_1}$$

Da sich die Spannungen wie die Widerstände verhalten, gilt weiterhin:

$$V = \frac{R_2}{R_1} \quad \text{(Invertierender Verstärker)}$$

Aus dieser Gleichung ist zu erkennen, daß die Verstärkung beim invertierenden Verstärker nur von der externen Beschaltung des OPs abhängt. Daher ist die Berechnung der Verstärkung recht einfach.
Bei den im Bild 4.14 eingetragenen Spannungen und den daraus abgeleiteten Gleichungen wurde die Polarität nicht berücksichtigt. Wegen der Ansteuerung des OPs am invertierenden Eingang E– tritt jedoch eine Phasenverschiebung von $\varphi = 180\,°$ zwischen Ausgangssignal und Eingangssignal auf. Ein positives Eingangssignal führt somit zu einem negativen Ausgangssignal, ein negatives Eingangssignal zu einem positiven Ausgangssignal.
Wegen dieser Signalumkehr wird die in Bild 4.14 angegebene Schaltung als »invertierender Verstärker mit OP« bezeichnet. Durch entsprechende Wahl von R 1 und R 2 kann die Verstärkung dieser Schaltung in weiten Grenzen verändert werden.

Beispiel

Ein invertierender Verstärker entsprechend Bild 4.14 soll ein Eingangssignal $U_E = 100\,mV$ so verstärken, daß am Ausgang U_A eine Spannung $U_A = -2\,V$ zur Verfügung steht. Für R 1 soll ein Wert $R_1 = 10\,k\Omega$ gewählt werden.
Wie groß ist die Verstärkung V der Schaltung und welchen Wert muß der Widerstand R 2 haben?

$$V = \left|\frac{U_A}{U_E}\right| = \frac{2\,V}{100\,mV} = \frac{2\,V}{0{,}1\,V} = 20$$

$$V = \frac{R_2}{R_1}$$

$$R_2 = V \cdot R_1 = 20 \cdot 10\,k\Omega = 200\,k\Omega$$

Bild 4.15 zeigt den berechneten Verstärker als Schaltsymbol.

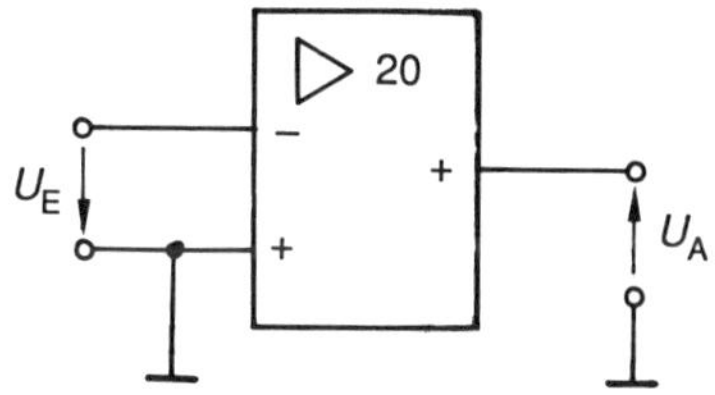

Bild 4.15 Invertierender Verstärker nach DIN 40 900 T 13

Infolge der Gegenkopplung unterscheiden sich auch der Eingangs- und Ausgangswiderstand eines invertierenden OP-Verstärkers von denen eines OP-Verstärkers ohne Gegenkopplung. In **Bild 4.16** sind die wichtigsten Werte für den invertierenden OP-Verstärker angegeben.

Bild 4.16 Kennwerte für den invertierenden Operationsverstärker

Spannungsverstärkung	$V = \frac{R_2}{R_1}$
Eingangswiderstand	$r'_e = R_1$
Ausgangswiderstand	$r'_a \approx r_a \cdot \frac{V}{V_0}$

Bei Operationsverstärkern handelt es sich um Gleichspannungsverstärker. Ihre untere Grenzfrequenz liegt daher bei $f_{gu} = 0$ Hz. Die obere Grenzfrequenz f_{go} von OPs liegt im Bereich von etwa 1 kHz, also relativ niedrig. In **Bild 4.17** ist der Frequenzgang eines OPs im doppelt-logarithmischen Maßstab dargestellt.
Aufgetragen ist in Bild 4.17 die Abhängigkeit der Verstärkung V von der Frequenz der Eingangsspannung. In den meisten Anwendungsschaltungen werden die Operationsverstärker aber mit einer externen Gegenkopplung betrieben. Dadurch wird die Verstärkung stark herabgesetzt, und als Folge davon wird die Grenzfrequenz f_{go} größer. Damit steigt auch die Bandbreite einer Verstärkerstufe mit OP erheblich an. In Bild 4.17 ist als Beispiel der Frequenzgang einer Verstärkerstufe mit Gegenkopplung zusätzlich punktiert eingezeichnet. Hier tritt bei Herabsetzung der Verstärkung auf $V = 10$ eine Bandbreite $b_2 \approx 1$ MHz auf.

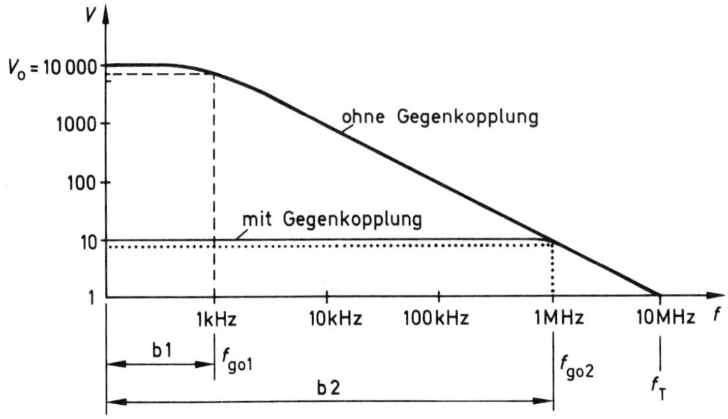

Bild 4.17 Frequenzgang eines Operationsverstärkers

Für jeden Operationsverstärkertyp wird die Transitfrequenz f_T als charakteristische Kenngröße angegeben. Sie ist ähnlich wie bei einem Transistor als die Frequenz definiert, bei der die Signalverstärkung ohne Gegenkopplung $V = 1$ ist. Auch hier gilt für den Zusammenhang zwischen Verstärkung und Grenzfrequenz:

$$V \cdot f_{go} = f_T = \text{const.}$$

Wegen f_T = const. ergibt sich, daß die Grenzfrequenz eines OP-Verstärkers umso größer ist, je kleiner die eingestellte Spannungsverstärkung V ist.
Bei realen Operationsverstärkern ist der Verlauf der Leerlaufverstärkung V_o nicht so linear wie in Bild 4.17 dargestellt. So kann in bestimmten Frequenzbereichen eine Abweichung von dem angegebenen linearen Verlauf auftreten. Dieses unerwünschte Verhalten wird durch eine zusätzliche Frequenzkompensation (Abs. 4.3.5.3) verhindert oder weitgehend beseitigt. Dazu muß bei einigen Typen an zusätzlichen Anschlüssen des OPs extern noch ein Kondensator oder eine RC-Kombination angeschlossen werden. Welche Werte diese zur Frequenzkompensation erforderlichen Kondensatoren und Widerstände haben müssen, wird von den Herstellern im Datenblatt angegeben.

4.3.4 Der nicht-invertierende Verstärker

Bild 4.18 zeigt das Schaltbild eines nicht-invertierenden Verstärkers. Er wird über den nicht-invertierenden Eingang E+ angesteuert. Auch bei dieser Schaltung wird ein Teil der Ausgangsspannung U_A auf den Eingang E− zurückgeführt.
Wie beim invertierenden Verstärker wird auch beim nicht-invertierenden Verstärker vom idealen OP ausgegangen. Die Maschengleichungen für Eingang und Ausgang der Schaltung nach Bild 4.18 lauten:

$$U_E = U_D + U_1$$

$$U_A = U_2 + U_1$$

Für $U_D = 0\,V$ ergibt sich vereinfacht:

$$U_E = U_1$$

$$U_A = U_2 + U_1$$

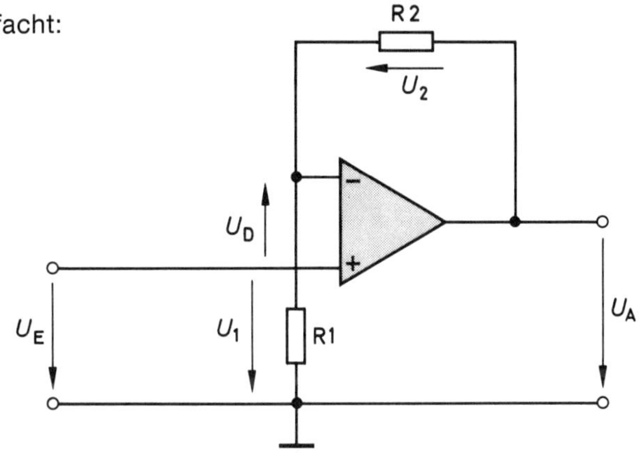

Bild 4.18 Nicht-invertierender Verstärker mit OP

Die Verstärkung V dieser Schaltung beträgt somit:

$$V = \frac{U_A}{U_E} = \frac{U_2 + U_1}{U_1} = 1 + \frac{U_2}{U_1}$$

Wegen der Proportionalität von Spannungen und Widerständen gilt:

$$V = 1 + \frac{R_2}{R_1} \quad \text{(nicht-invertierender Verstärker)}$$

Aus dieser Gleichung ist zu ersehen, daß die Verstärkung des nicht-invertierenden Verstärkers ebenfalls nur von der äußeren Beschaltung des OPs abhängt. Da die Ansteuerung am nicht-invertierenden Eingang E+ erfolgt, tritt zwischen Ausgangssignal und Eingangssignal keine Phasenverschiebung auf.
Der besondere Vorteil des nicht-invertierenden Verstärkers mit OP liegt in seinem extrem hohen Eingangswiderstand. Diese Schaltung wird daher oft auch als Elektrometerverstärker bezeichnet.

Beispiel

Ein nicht-invertierender Verstärker entsprechend Bild 4.18 ist mit den Widerständen $R_1 = 10\,k\Omega$ und $R_2 = 200\,k\Omega$ aufgebaut.
Wie groß ist die Verstärkung V und welche Ausgangsspannung tritt auf, wenn $U_E = 100\,mV$ beträgt?

$$V = 1 + \frac{R_2}{R_1} = 1 + \frac{200\,k\Omega}{10\,k\Omega} = 21$$

$$U_A = V \cdot U_E = 21 \cdot 0{,}1\,V = 2{,}1\,V$$

Bild 4.19 zeigt den berechneten Verstärker als Schaltsymbol.

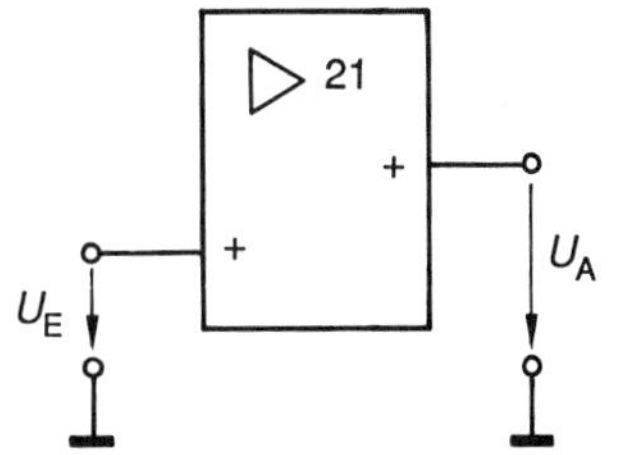

Bild 4.19 Nicht-invertierender Verstärker nach DIN 40 900 T 13

Da bei Vernachlässigung eines Eingangsstromes $U_E = U_{E+}$ ist und die Schaltung sich stets so einstellt, daß $U_{E-} = U_{E+}$, also $U_D = 0\,V$ ist, tritt als Eingangswiderstand r_e beim nicht-invertierenden OP-Verstärker der sehr hohe Gleichtaktwiderstand r_{Gl} des OPs auf. In der folgenden Tabelle sind die wichtigsten Kennwerte des nicht-invertierenden OP-Verstärkers angegeben.

Spannungsverstärkung	$V = 1 + \frac{R_2}{R_1}$
Eingangswiderstand	$r_e' \approx r_{GL}$
Ausgangswiderstand	$r_a' = r_a \cdot \frac{V}{V_o}$

Charakteristisch für den nicht-invertierenden OP-Verstärker ist der sehr hohe Eingangswiderstand. Zu beachten ist aber dabei, daß bei dem invertierenden OP bei entsprechender Wahl der Widerstandswerte für R 2 und R 1 der Verstärkungsfaktor auch kleiner als 1 werden kann, so daß die Ausgangsspannung kleiner als die Eingangsspannung wird. Bei dem nichtinvertierenden Verstärker tritt dieser Fall nicht auf, wie aus der Formel für die Spannungsverstärkung leicht ersichtlich ist.

4.3.5 Kompensation von Störgrößen

In einigen wichtigen technischen Daten kommen die integrierten OPs dem idealen Verstärker bereits sehr nahe. Es treten aber doch einige unerwünschte und nachteilige Eigenschaften auf, die nach Möglichkeit durch äußere Kompensationsschaltungen beseitigt oder verringert werden müssen. Dabei handelt es sich im wesentlichen um die Kompensation von drei Störeinflüssen, und zwar um

die Kompensation der Eingangsruheströme,
die Kompensation der Eingangs-Offset-Spannung und
die Kompensation des Frequenzganges.

4.3.5.1 Kompensation der Eingangsruheströme

Bei den bisherigen Betrachtungen wurden die Eingangsruheströme I_N und I_P der OPs stets vernachlässigt. Die beiden Eingänge E+ und E— bilden aber die Basisanschlüsse der Eingangstransistoren des Differenzverstärkers in der Eingangsstufe. Es fließt daher ein Basisstrom, der je nach Größe der äußeren Widerstände unterschiedliche Spannungsabfälle an diesen Widerständen hervorruft. Obwohl diese Basisströme als Eingangsruheströme sehr klein sind und nur in der Größenordnung von 10^{-6} A bis 10^{-9} A liegen, können sie infolge der unterschiedlichen Spannungsabfälle eine Differenzspannung an den Eingängen des OPs bewirken. Diese Differenzspannung würde dann verstärkt und als Störgröße am Ausgang des OPs auftreten.

Bei den OPs gibt es aber eine einfache Möglichkeit, die durch die Eingangsruheströme hervorgerufene Spannungsdifferenz an den Eingängen möglichst klein zu halten, d. h. sie weitgehend zu kompensieren. **Bild 4.20** zeigt die Kompensation der Eingangsruheströme bei einem invertierenden OP-Verstärker.

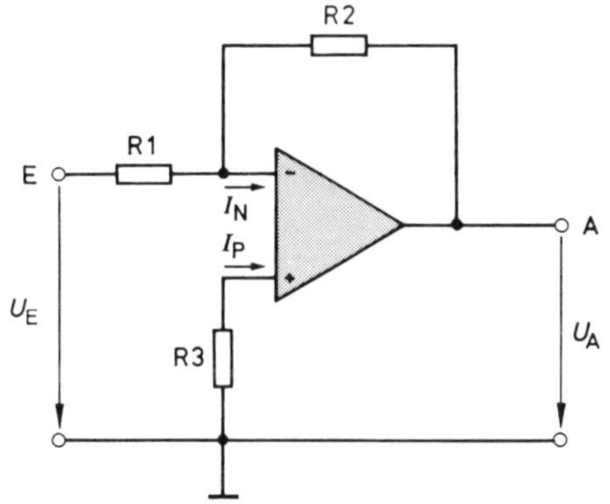

Bild 4.20 Kompensation der Eingangsruheströme des OPs bei einem invertierenden Verstärker

Die Schaltung nach Bild 4.20 unterscheidet sich von der Schaltung nach Bild 4.14 nur durch den zusätzlichen Widerstand R 3, der zwischen dem Eingang E+ und Masse liegt. Seine Größe wird so gewählt, daß gilt:

$$R_3 \approx R_1 \parallel R_2 = \frac{R_1 \cdot R_2}{R_1 + R_2}$$

Damit wird erreicht, daß die meistens nur geringfügig unterschiedlichen Eingangsruheströme an R 3 und R 1 ‖ R 2 etwa gleiche Spannungsabfälle hervorrufen und damit die als Störgröße auftretende Differenzspannung an den beiden Eingängen weitgehend kompensiert wird.
Bei Verstärkungsfaktoren $V > 10$ kann in Näherung auch $R_1 \parallel R_2 \approx R_1$ gesetzt werden, damit wird $R_3 = R_1$.
Eine schaltungstechnisch gleichartige Kompensation der Eingangsruheströme ist auch beim nichtinvertierenden OP-Verstärker möglich. **Bild 4.21** zeigt diese Schaltung.

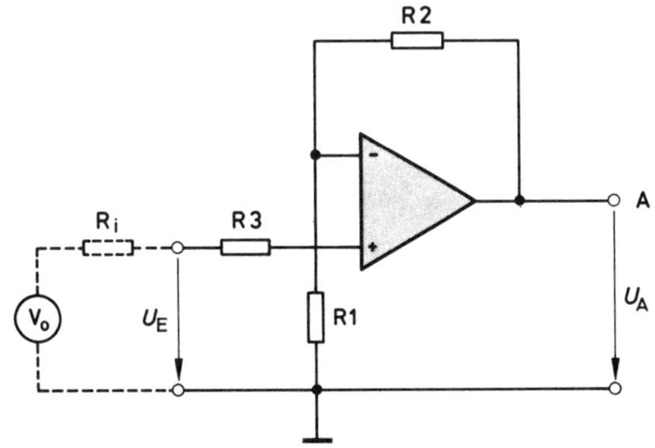

Bild 4.21 Kompensation der Eingangsruheströme bei einem nichtinvertierenden Operationsverstärker

Die Schaltung nach Bild 4.21 unterscheidet sich von der nach Bild 4.18 durch den Widerstand R 3. Für seine Größe gilt:

$$R_3 = R_1 \quad \text{wenn} \quad V > 10$$

Bei den Schaltungen nach Bild 4.20 und 4.21 wird davon ausgegangen, daß der Innenwiderstand der Steuerspannungsquelle $R_i = 0\,\Omega$ ist oder doch so klein, daß er vernachlässigt werden kann. Ist dies nicht der Fall, so muß der Innenwiderstand bei der Festlegung des Kompensationswiderstandes R 3 in Bild 4.21 und R 1 in Bild 4.20 berücksichtigt werden.
Dies führt aber insbesondere bei dem nicht-invertierenden Verstärker oft zu Schwierigkeiten. Dieser Verstärker wird wegen seines großen Eingangswiderstandes nämlich häufig eingesetzt, wenn eine Steuerspannungsquelle mit sehr großem Innenwiderstand vorliegt. Es müßten dann zwangsläufig auch sehr große Widerstandswerte für R 1 und R 2 gewählt werden, wenn eine wirksame Kompensation der Eingangsströme erreicht werden soll. In der Praxis verwendet man in solchen Fällen dann lieber einen OP mit FET-Eingang. Bei diesem Typ können die Eingangsruheströme stets vernachlässigt werden, so daß auch eine Kompensation der Eingangsruheströme nicht mehr erforderlich ist.

4.3.5.2 Kompensation der Offset-Spannung

Werden bei einem OP die Eingänge E+ und E− direkt mit Masse verbunden, so liegt keine äußere Differenzspannung U_D an den Eingängen, und die Ausgangsspannung müßte $U_A = 0\,V$ betragen. Dies ist aber bei einem realen OP nicht der Fall, weil die beiden Eingangstransistoren des OP nicht mit absolut gleichartigen technischen Werten hergestellt werden können. Unter dem Begriff Offset-Spannung wird die Spannung verstanden, die als Differenz-Eingangsspannung anzuliegen scheint. Als Folge davon hat die Ausgangsspannung einen von 0 V abweichenden Wert.
Soll jedoch $U_A = 0\,V$ bei $U_{E+} = 0\,V$ und $U_{E-} = 0\,V$ erreicht werden, so kann an einen der beiden Eingänge E + oder E − eine Hilfsspannung angelegt werden. Sie muß in ihrem Spannungswert und ihrer Polarität so beschaffen sein, daß sie die interne Differenzspannung als Störgröße kompensiert und somit dann $U_A = 0\,V$ wird. Die Spannung am Eingang des OPs, die erforderlich ist, damit die Ausgangsspannung $U_A = 0\,V$ wird, wird als Eingangsnullspannung U_0 bezeichnet. Sie liegt in Abhängigkeit vom OP-Typ und Einzelexemplar in der Größenordnung von etwa $\pm 5\,mV$ bis $\pm 20\,mV$ und ist in der Tabelle von Bild 4.7 für die fünf OP-Typen angegeben.

Bild 4.22 a zeigt eine Schaltung zur Kompensation der Offset-Spannung für den Operationsverstärker vom Typ 709.
Mit dem Trimmer R 4 kann eine Spannung von etwa $\pm 25\,mV$ abgegriffen werden. Sie reicht sicher aus, um die Offset-Spannung U_0 zu kompensieren. Die Kompensation wird hier so vorgenommen, daß bei an Masse gelegtem Eingang E die Ausgangsspannung mit dem Trimmer R 4 auf $U_A = 0\,V$ abgeglichen wird.
Von Nachteil bei der Kompensationsschaltung entsprechend Bild 4.22 a ist jedoch die Abhängigkeit der eingestellten Kompensationsspannung U_0 von der Betriebsspannung $\pm U_B$. Jede Änderung der Betriebsspannung $+U_B$ und $-U_B$ bewirkt hier eine Ände-

rung des einmal abgeglichenen Zustandes und würde damit die Kompensation wieder verschlechtern. Aus diesem Grunde wird oft eine Schaltung mit stabilisierter Eingangsnullspannung verwendet. In **Bild 4.22 b** ist eine solche Kompensationsschaltung für den OP-Typ 761 dargestellt.
Die Schaltung nach Bild 4.22 hat den Vorteil, daß Schwankungen von $\pm U_B$ sich kaum noch auf die einmal eingestellte Offset-Spannung auswirken können, weil die Spannung an R 4 durch die beiden Dioden konstant gehalten wird. Die Kompensationsschaltung mit Dioden wird auch beim OP-Typ 709 verwendet.

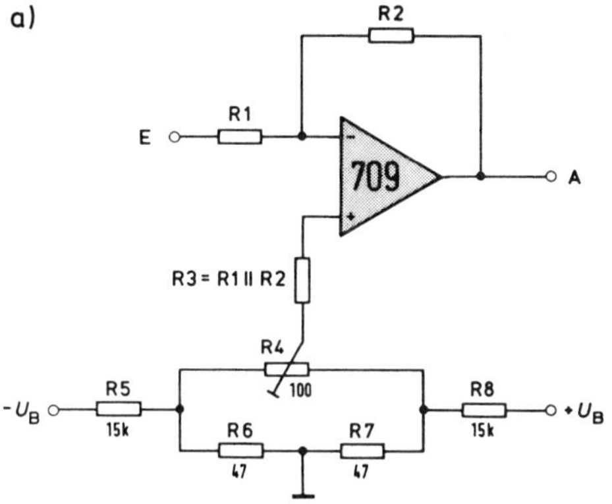

Bild 4.22 a Offset-Kompensation beim Operationsverstärker-Typ 709

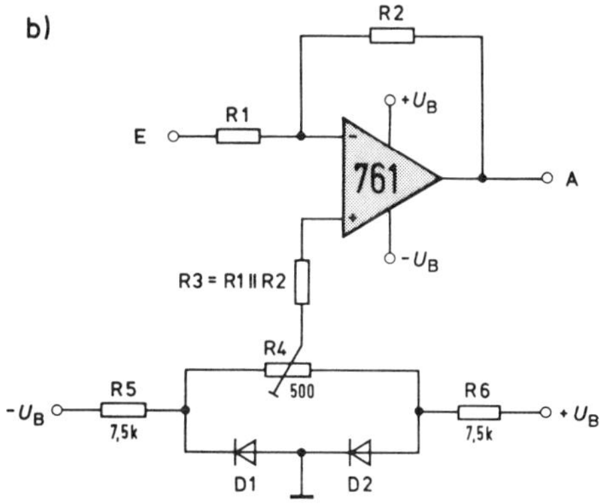

Bild 4.22 b Offset-Kompensation beim Operationsverstärker-Typ 761

Besonders einfach ist die äußere Beschaltung, wenn intern eine Offset-Kompensation vorgesehen ist. Meist wird dann nur noch ein Potentiometer an die hierfür vorgesehenen Anschlüsse angeschaltet und der Schleifer mit einer der beiden Betriebsspannungen verbunden **(Bild 4.23)**. Für OPs mit bipolaren Eingangsstufen erfolgt der Anschluß an die negative Betriebsspannung (OP-Typ 741), bei solchen mit FET-Eingangsstufen wird der Schleifer mit der positiven Betriebsspannung verbunden. Die Widerstandswerte für die Kompensationspotentiometer gibt der Hersteller in den Datenunterlagen an.

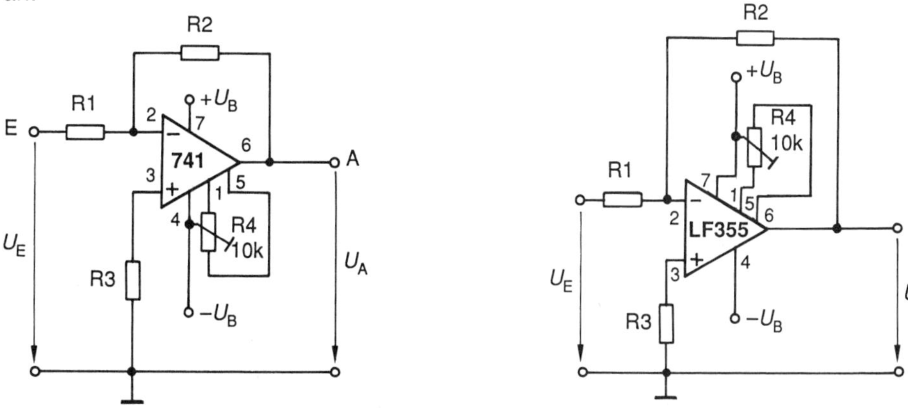

a) OP mit bipolaren Eingängen

b) OP mit FET-Eingängen

Bild 4.23 OP mit interner Offset-Kompensation

4.3.5.3 Kompensation des Frequenzganges

Jeder OP hat unerwünschte interne Schalt- und Transistor-Kapazitäten. Diese Kapazitäten ergeben zusammen mit den integrierten Widerständen der einzelnen Verstärkerstufen Tiefpässe. Sie bewirken, daß die Leerlaufverstärkung V_0 des OPs nicht konstant bleibt, sondern bei höheren Frequenzen zunehmend kleiner wird. Aber auch im unteren Frequenzbereich ist der Frequenzgang nicht völlig linear. Es treten vielmehr auch Bereiche auf, in denen V_0 den Mittelwert für den unteren Frequenzbereich überschreitet. Durch eine äußere Kompensation mit einem Kondensator oder mit einer RC-Kombination kann beim OP dieser Frequenzgang linearisiert und damit verbessert werden. **Bild 4.24** zeigt den Frequenzgang eines OPs mit und ohne Frequenzkompensation.

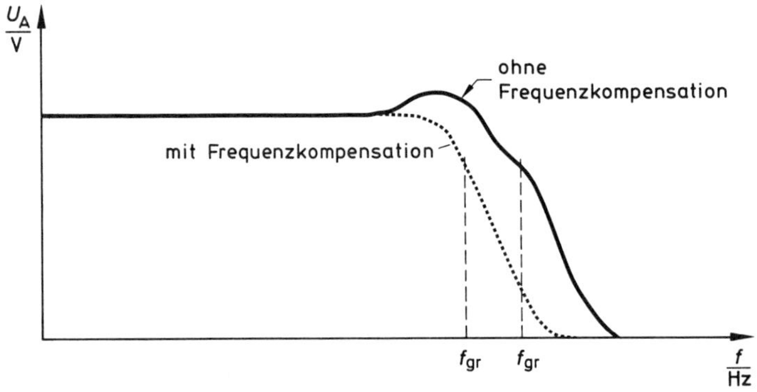

Bild 4.24 Frequenzgang eines Operationsverstärkers mit und ohne Frequenzkompensation

Durch die zwangsläufig im OP vorhandenen Tiefpässe ändert sich aber nicht nur die Verstärkung, d. h. die Amplitude in Abhängigkeit von der Frequenz, sondern auch die Phasenverschiebung zwischen Eingangs- und Ausgangsspannung. Dabei kann dann für bestimmte Frequenzen der Fall eintreten, daß infolge der auftretenden Phasenverschiebung aus der Gegenkopplung eine Mitkopplung wird. Der OP »schwingt« dann bei diesen Frequenzen, d. h. er wirkt als Generator und erzeugt eine sinusförmige Spannung. Die Frequenz dieser erzeugten Spannung liegt im Bereich von etwa 0,5 MHz bis 3 MHz.

Dieses unerwünschte und für den Betrieb des OPs störende Schwingen wird ebenfalls durch die äußere Beschaltung mit einem Kondensator oder einem RC-Glied unterdrückt. Art und Umfang der Kompensation hängen bei den einzelnen OP-Typen von ihrem internen Aufbau ab. Von den Herstellern wird jeweils vorgegeben, welche Werte die anzuschließenden Kondensatoren und Widerstände haben müssen, damit der Frequenzgang linearisiert und die Schwingneigung unterdrückt wird.

Recht einfach ist die erforderliche Frequenzkompensation bei dem OP-Typ 761. Hier ist lediglich ein Kondensator mit $C_K = 22$ pF bis $C_K = 47$ pF an die Anschlüsse 5 und 6 anzuschließen **(Bild 4.25 a)**.

Etwas aufwendiger ist die Frequenzkompensation beim OP-Typ 709 **(Bild 4.25 b)**. Hier ist ein RC-Kompensationsglied für die Eingangsstufe und ein Kondensator für die Ausgangsstufe erforderlich.

Die erforderlichen Werte für R 1, C 1 und C 2 hängen vom Verstärkungsfaktor des OP-

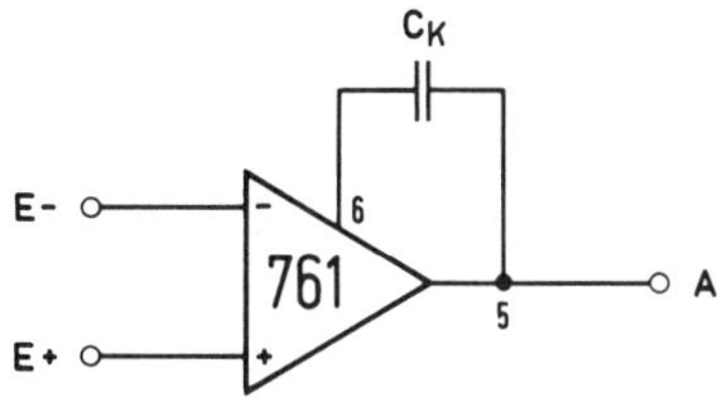

Bild 4.25 a Frequenzkompensation beim Operationsverstärker-Typ 761

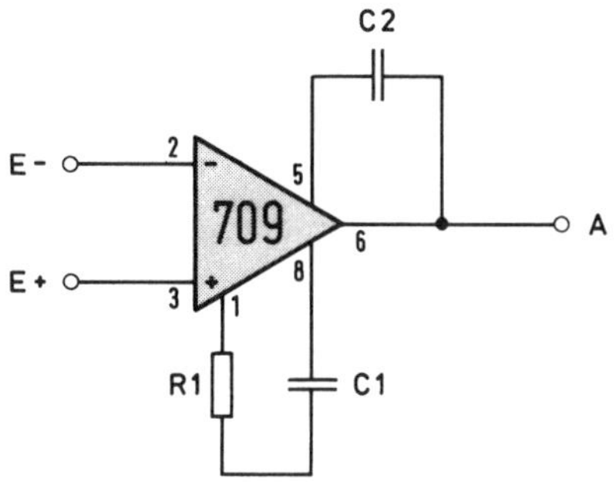

Bild 4.25 b Frequenzkompensation beim Operationsverstärker-Typ 709

Verstärkers ab. Die Hersteller geben für unterschiedliche Verstärkungsfaktoren Richtwerte an **(Bild 4.26)**.

Verstärkung V	R_1/Ω	C_1/pF	C_2/pF
1000	0	10	3
100	1,5 k	100	3
10	1,5 k	500	20
1	1,5 k	5000	200

Bild 4.26 Richtwerte für die Frequenzgangkorrektur beim OP 709

Eine Reihe von Operationsverstärkern, wie z. B. auch der 741, verfügen über eine interne, vom Hersteller optimierte Frequenzgangkorrektur, so daß eine Beschaltung nicht erforderlich ist.

4.3.5.4 Anstiegsgeschwindigkeit der Ausgangsspannung

Eine weitere nachteilige Eigenschaft des OP-Verstärkers, die jedoch nicht kompensiert werden kann, ist die Abhängigkeit der maximalen Amplitude der Ausgangsspannung von der Frequenz. In **Bild 4.27** ist als Beispiel dieser Zusammenhang für den OP-Typ 741 dargestellt.

Aus dem Diagramm ist abzulesen, daß die maximal mögliche Signalamplitude am Ausgang bis etwa 10 kHz konstant bleibt. Sie beträgt in diesem Bereich und bei $U_B = \pm 15$ V etwa $u_{A\,SS} \approx 27$ V. Ab $f > 10$ kHz wird dann die maximal mögliche Amplitude kleiner. Sie beträgt dann z. B. bei $f = 100$ kHz $u_{A\,SS} = 4$ V.

Die Abhängigkeit der Amplitude von U_A von der Frequenz wird hervorgerufen durch die begrenzte Anstiegsgeschwindigkeit von U_A. Diese Anstiegsgeschwindigkeit wird auch als »slew-rate« bezeichnet und beträgt beim OP-Verstärker 741 etwa 0,5 µs. Sie ist eine charakteristische Eigenschaft von OP-Verstärkern und sagt aus, daß sich auch bei einem Spannungssprung am Eingang des OPs die Ausgangsspannung U_A nur mit der angegebenen Anstiegsgeschwindigkeit von 0,5 V/µs ändern kann. Bei höherer Ein-

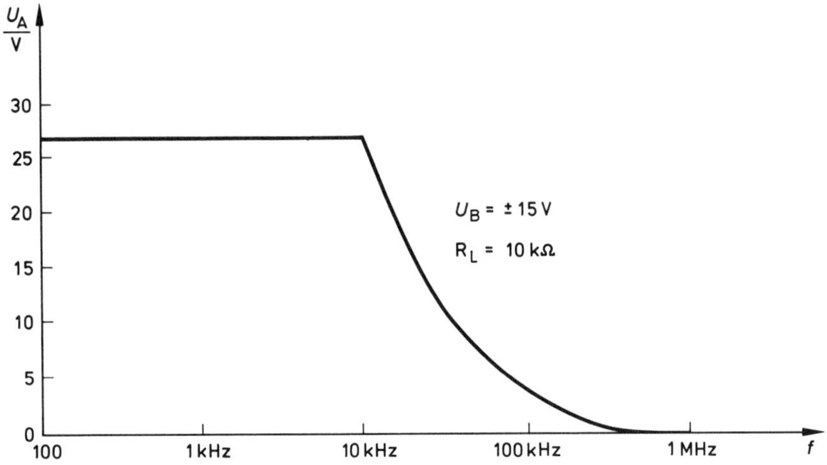

Bild 4.27 Amplitude von U_A in Abhängigkeit von der Frequenz beim Operationsverstärker-Typ 741

gangsfrequenz, auch einer sinusförmigen Spannung, kann die Anstiegsgeschwindigkeit bereits so groß sein, daß U_A nicht mehr folgen kann.
U_A wird dann zunächst verzerrt, und aus einer sinusförmigen Spannung wird eine dreieckförmige Spannung. Bei weiter steigender Frequenz besteht dann für U_A wegen der begrenzten Anstiegsgeschwindigkeit nicht mehr genügend Zeit, die Amplitude zu erreichen, die sich aufgrund des Verstärkungsfaktors eigentlich einstellen müßte. Als Folge davon wird die maximal mögliche Amplitude von U_A mit zunehmender Frequenz immer kleiner.
Diese durch den Aufbau des OP-Verstärkers bedingte Eigenschaft läßt sich nicht durch äußere Beschaltung kompensieren. Reicht die Anstiegsgeschwindigkeit des eingesetzten Verstärkers für den Anwendungsfall nicht aus, weil er zu langsam ist, so muß ein breitbandigerer Verstärker gewählt werden. Als Alternative für einen zu langsamen 741 bietet sich z. B. der LF 357 als Ersatz an.

4.4 Operationsverstärker mit frequenzunabhängiger Gegenkopplung

Wenn bei OP-Verstärkern im Gegenkopplungszweig nur ohmsche Widerstände auftreten, so ist die Gegenkopplung frequenzunabhängig. Dadurch ist im zulässigen Arbeitsbereich des Verstärkers der Verstärkerfaktor V konstant und unabhängig von der Signalfrequenz.
Weiterhin können alle beschriebenen Verstärkerschaltungen mit den vier bereits genannten OP-Typen 709, 741, 761 und LF 357 sowie vergleichbaren anderen Typen

aufgebaut werden. Zu berücksichtigen sind dann aber die entsprechenden technischen Daten und die unterschiedlichen Kompensationsschaltungen.

4.4.1 Der Umkehrverstärker

4.4.1.1 Grundprinzip des Umkehrverstärkers

Der bereits im Abschnitt 4.3.3 behandelte invertierende Verstärker wird häufig auch als Umkehrverstärker bezeichnet. In **Bild 4.28** ist ein Umkehrverstärker mit dem OP 741 dargestellt. Durch R 3 erfolgt die Kompensation des Eingangsruhestromes und mit R 4 die Kompensation der Eingangs-Offset-Spannung. Eine äußere Frequenzkompensation ist beim OP-Typ 741 nicht erforderlich.
Für den Umkehrverstärker gilt:

$$U_A = -\frac{R_2}{R_1} \cdot U_E; \quad V = \frac{R_2}{R_1}; \quad r_e' = R_1; \quad r_a' = r_a \cdot \frac{V}{V_o}.$$

Das Minuszeichen in der Formel für die Ausgangsspannung ergibt sich aus der Phasenverschiebung von $\varphi = 180\,°$. Die Kompensation des Eingangsruhestromes erfolgt durch $R_3 = R_2 \| R_1$. In Abhängigkeit von der gewählten Verstärkung kann bei $V > 10$ auch $R_3 = R_1$ gewählt werden.

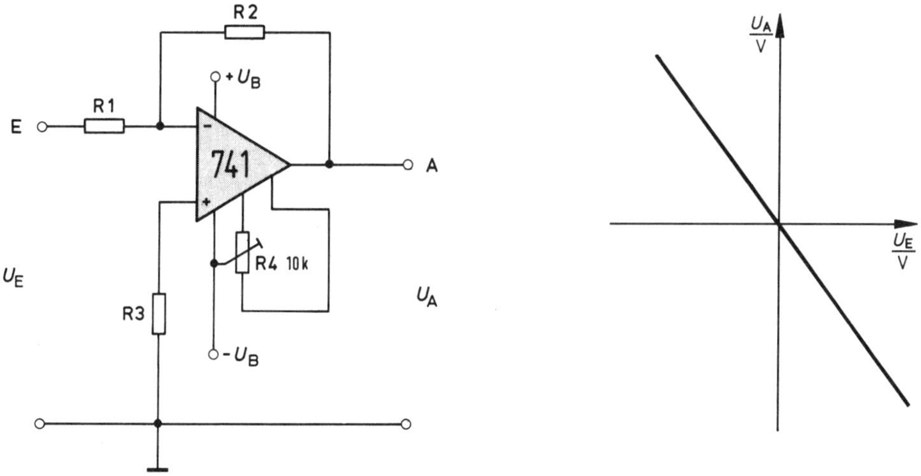

Bild 4.28 Umkehrverstärker mit Operationsverstärker-Typ 741 und Kennlinie

4.4.1.2 Anwendungsbeispiel

Bild 4.29 zeigt einen Umkehrverstärker mit umschaltbarer Verstärkung.

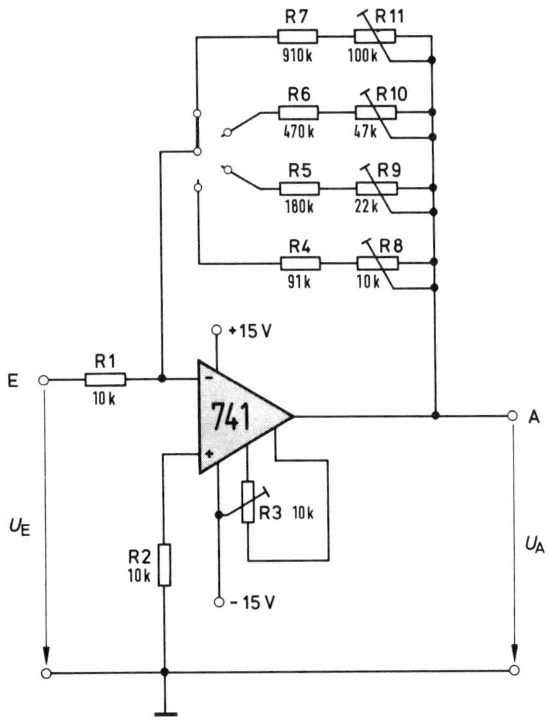

Bild 4.29 Umkehrverstärker mit umschaltbarer Verstärkung

Verwendet wird in der Schaltung nach Bild 4.29 ein OP-Typ 741. Die Kompensation der Offset-Spannung wird mit dem Trimmer R3 bei kurzgeschlossenen und an Masse gelegten Eingängen E+ und E− vorgenommen. Durch Wahl von R_1 = 10 kΩ ergibt sich für den Verstärker ein Eingangswiderstand r_e' = 10 kΩ. Zur Kompensation des Eingangsruhestromes ist $R_2 = R_1$ gesetzt.

Die Verstärkung läßt sich umschalten in den Stufen V = 10; 20; 50 und 100. In jeder Stufe ist mit einem zusätzlichen Trimmer ein Feinabgleich möglich.

Der Ausgangswiderstand r_a' ist sehr klein und hängt von der jeweils eingestellten Verstärkung ab. Der maximale Laststrom beträgt bei dem angegebenen OP-Verstärker $I_{L\,max}$ = 20 mA.

4.4.2 Der Elektrometerverstärker

4.4.2.1 Grundprinzip des Elektrometerverstärkers

In Abschnitt 4.3.4 ist die Arbeitsweise des nicht-invertierenden OPs bereits behandelt worden. Dieser OP wird auch als Elektrometerverstärker bezeichnet. In **Bild 4.30** ist ein Elektrometerverstärker mit dem OP-Typ 741 dargestellt.
Für den Elektrometerverstärker gilt:

$$U_A = \left(1 + \frac{R_2}{R_1}\right) \cdot U_E \qquad V = 1 + \frac{R_2}{R_1} \qquad r_e' = r_{Gl} \qquad r_a' = r_a \cdot \frac{V}{V_0}$$

Die Eingangs-Offset-Spannung wird wie vorgeschrieben mit dem Trimmer R 4 kompensiert.

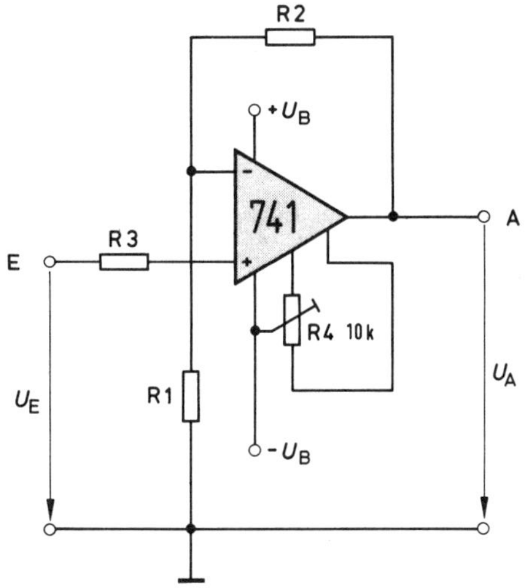

Bild 4.30 Elektrometerverstärker mit Operationsverstärker-Typ 741

4.4.2.2 Der Spannungsfolger

Ein Sonderfall des Elektrometerverstärkers ist der Spannungsfolger, der auch als Impedanzwandler bezeichnet wird. Bei einem Spannungsfolger ist der Widerstand vom N-Eingang gegen Masse $R_1 = \infty\,\Omega$ und der Gegenkopplungswiderstand vom Ausgang A zum N-Eingang $R_2 = 0\,\Omega$. **Bild 4.31** zeigt das Schaltbild des Spannungsfolgers.
Wird $R_1 = \infty\,\Omega$ und $R_2 = 0\,\Omega$ gesetzt, so lautet die Gleichung für den Spannungsfolger:

$$U_A = \left(1 + \frac{R_2}{R_1}\right) \cdot U_E = \left(1 + \frac{0\,\Omega}{\infty\,\Omega}\right) \cdot U_E \quad \text{d. h. aber}$$

$$U_A = U_E$$

Die Spannungsverstärkung des Spannungsfolgers beträgt $V = 1$. Es erfolgt keine Verstärkung der Eingangsspannung. Von wesentlicher Bedeutung ist aber beim Span-

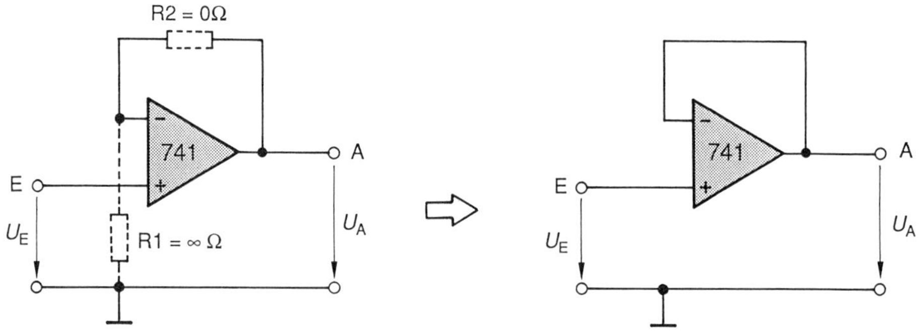

Bild 4.31 Spannungsfolger mit dem Operationsverstärker-Typ 741

nungsfolger die Impedanzwandlung. Die Schaltung hat nämlich einen sehr großen Eingangswiderstand und einen sehr kleinen Ausgangswiderstand, denn es gilt:

$$r_e' = r_{Gl} \quad \text{und} \quad r_a' = r_a \cdot \frac{1}{V_o}$$

Da $V = 1$ beträgt, kann der Einfluß der Offset-Spannung vernachlässigt werden. Eine Kompensation der Offset-Spannung ist daher beim Spannungsfolger nicht erforderlich.

4.4.2.3 Anwendungsbeispiele

Bild 4.32 zeigt eine Anwendung des Impedanzwandlers zur Realisierung einer sehr niederohmigen Referenzspannungsquelle.

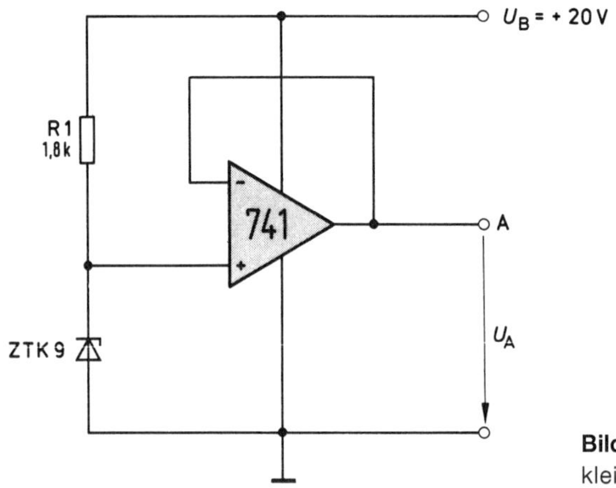

Bild 4.32 Referenzspannungsquelle mit kleinem Innenwiderstand

Als Referenzspannungsquelle wird hier eine Z-Diode verwendet. Sie wird nur durch den sehr großen Eingangswiderstand r_{Gl} des OP-Verstärkers belastet. Am Ausgang des Impedanzwandlers steht die Referenzspannung dagegen mit dem sehr kleinen Ausgangswiderstand des Impedanzwandlers $r_a' = r_a \cdot 1/V_o \approx 3\,\text{m}\Omega$ zur Verfügung.
Bei der Z-Diode handelt es sich um eine temperaturkompensierte Ausführung mit einem Temperaturkoeffizient $\alpha = 2 \cdot 10^{-5}/\text{K}$ und $r_z \approx 10\,\Omega$. Dieser dynamische Innenwiderstand $r_z \approx 10\,\Omega$ wird durch den Impedanzwandler in einen dynamischen Ausgangswiderstand $r_a' \approx 3\,\text{m}\Omega$ umgewandelt. Daher kann der Ausgang der Schaltung erheblich stärker belastet werden als bei einer Stabilisierungsschaltung mit Z-Diode.

In **Bild 4.33** ist ein einfacher NF-Verstärker in Elektrometerschaltung dargestellt. Der Eingangswiderstand dieses OP-Verstärkers wird im wesentlichen durch $R_3 = 91\,\text{k}\Omega$ bestimmt. R 3 wurde hier so gewählt, daß auch bei diesem nicht-invertierenden Verstärker eine Kompensation der Eingangsruheströme erfolgt. Der Eingangskondensator C 1 bildet zusammen mit dem Widerstand R 3 einen Hochpaß, durch den die untere Grenzfrequenz auf etwa 20 Hz festgelegt ist. Die Verstärkung dieses NF-Verstärkers beträgt $V = 11$.

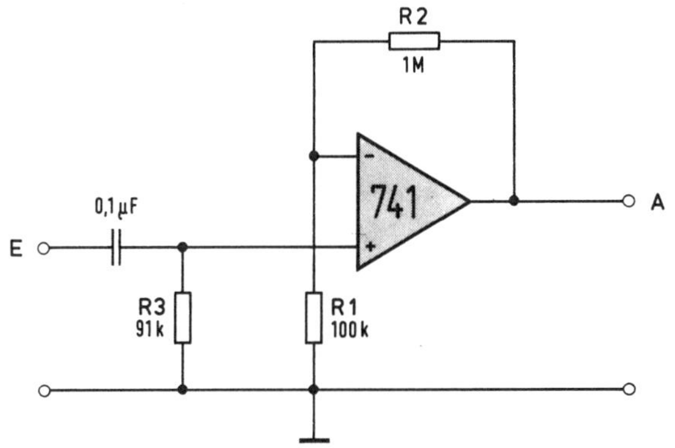

Bild 4.33 NF-Verstärker in Elektrometerschaltung

Bei dem Regelverstärker nach **Bild 4.34** wird insbesondere der Vorteil ausgenutzt, daß beim Elektrometerverstärker eine Änderung der Rückkopplungswiderstände keinen Einfluß auf den Eingangswiderstand der Schaltung hat. Die Änderung des Verstärkungsfaktors erfolgt bei diesem Regelverstärker durch die Änderung des Drain-Source-Widerstandes des FET.
Der Eingangswiderstand der Schaltung nach Bild 4.34 wird durch $R_1 = 33\,\text{k}\Omega$ bestimmt. Der hohe Eingangswiderstand des Elektrometerverstärkers wird hier also nicht ausgenutzt. Die Verstärkungseinstellung erfolgt hier durch Änderung des Drain-Source-Widerstandes R_{DS} des FET, der in bestimmten Grenzen durch eine Steuergleichspannung U_{St} variiert werden kann. So läßt sich die Verstärkung dieses Regelverstärkers etwa im Bereich von $V = 1$ bis $V = 150$ verändern.

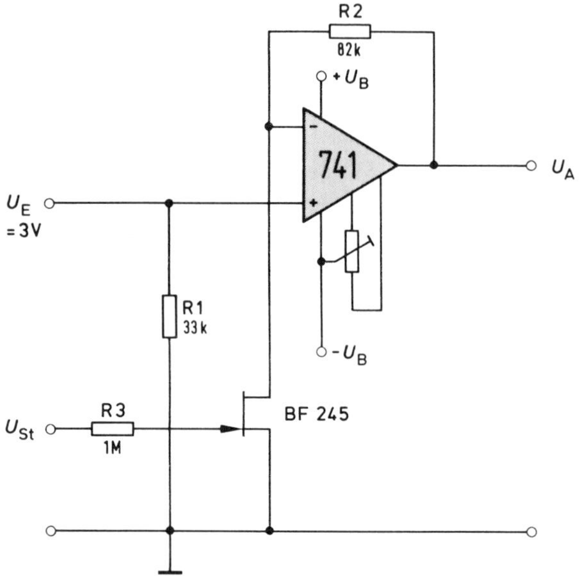

Bild 4.34 Regelverstärker

Ein weiteres Beispiel für die Anwendung des Elektrometerverstärkers ist sein Einsatz in sehr hochohmigen Spannungsmessern. **Bild 4.35** zeigt eine derartige Schaltung.

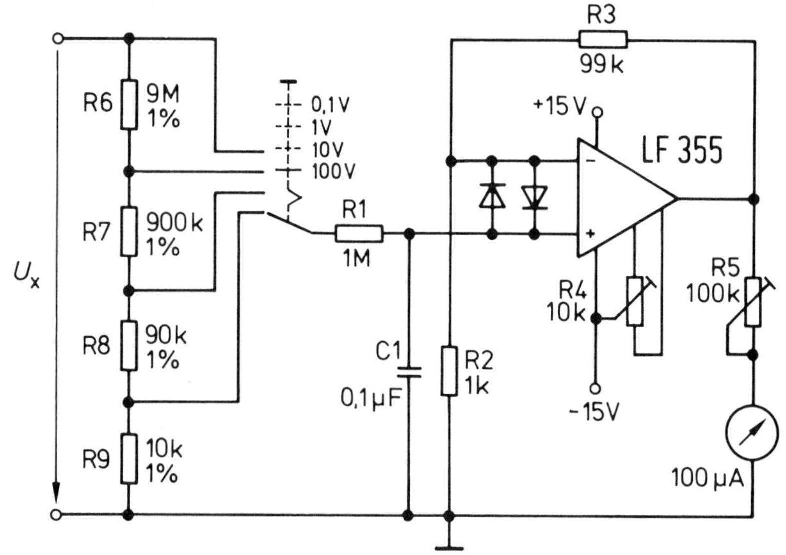

Bild 4.35 Hochohmiger Spannungsmesser

Der Eingang dieser Meßschaltung wird durch einen Spannungsteiler aus Meßwiderständen gebildet. Er ist so dimensioniert, daß sich die Meßbereiche 100 mV, 1 V, 10 V und 100 V ergeben. Das Meßsignal U_X gelangt über ein Tiefpaßfilter aus R 1 und C 1 auf den P-Eingang des OP-Verstärkers, der in Elektrometerschaltung mit einer Verstärkung $V = 100$ betrieben wird. Durch Einstellen des Trimmers R 5 wird der Strom durch

das Meßinstrument auf einen Vollausschlag von 100 µA abgeglichen. Die Nullpunktkorrektur erfolgt durch die Offset-Spannungskompensation mit R 4.
Der Spannungsmesser hat einen konstanten Eingangswiderstand $R_E = 10\ M\Omega$, der die Spannungsquelle beim Meßvorgang nur sehr geringfügig belastet. Auftretende Meßfehler können daher in der Regel vernachlässigt werden.
Wird ein Elektrometerverstärker von einer hochohmigen Spannungsquelle angesteuert, so können durch die Eingangsruheströme bereits erhebliche Fehler entstehen. Beim OP-Typ 741 liegen diese Eingangsruheströme in der Größenordnung von etwa 200 nA. Bei einem Innenwiderstand der Spannungsquelle von z. B. $R_i = 1\ M\Omega$ würde durch den fließenden Eingangsruhestrom dann bereits ein Spannungsabfall von 200 mV an R_i auftreten. Zur Kompensation dieses Einflusses müßte daher auch für den Kompensationswiderstand (in Bild 4.35 der Widerstand R 2) ebenfalls ein Widerstand mit $R = 1\ M\Omega$ gewählt werden. Dies hätte dann zur Folge, daß z. B. bei $V = 100$ ein Gegenkopplungswiderstand $R_3 = 100\ M\Omega$ eingesetzt werden müßte, was jedoch völlig unrealistisch wäre.
Um diese durch hochohmige Spannungsquellen bedingten Schwierigkeiten zu vermeiden, ist es zweckmäßig, in solchen Fällen grundsätzlich OP-Verstärker mit FET-Eingang einzusetzen. Das ist auch in der Schaltung nach Bild 4.35 erfolgt. Die Eingangsruheströme sind bei diesem Typ mit FET-Eingang so gering, daß keine Kompensation erforderlich ist. Daher kann der Widerstand R 2 in der Schaltung nach Bild 4.35 so gewählt werden, daß auch R 3 in einer realisierbaren Größenordnung liegt.

4.4.3 Der Addierer

4.4.3.1 Grundprinzip des Addierers

Invertierende OP-Verstärker lassen sich so beschalten, daß mehrere Eingangsspannungen elektrisch addiert und verstärkt werden. **Bild 4.36** zeigt einen Umkehrverstärker mit einer Beschaltung als Addierer für zwei Eingangsspannungen. Erweiterungsmöglichkeiten sind gestrichelt angedeutet.

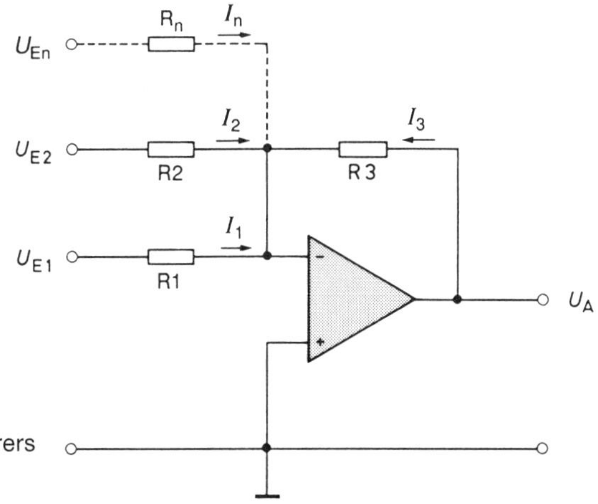

Bild 4.36 Prinzipschaltung des Addierers

Bei einem Umkehrverstärker stellt sich U_A stets so ein, daß der Eingang E– als virtueller Nullpunkt auf Massepotential liegt. In diesem virtuellen Nullpunkt gilt für die drei Ströme die Gleichung:

$$I_1 + I_2 = -I_3$$

Daher kann auch eingesetzt werden:

$$\frac{U_{E1}}{R_1} + \frac{U_{E2}}{R_2} = -\frac{U_A}{R_3}$$

Wird diese Gleichung nach U_A aufgelöst, so ergibt sich:

$$-U_A = \left(\frac{R_3}{R_1} \cdot U_{E1}\right) + \left(\frac{R_3}{R_2} \cdot U_{E2}\right)$$

Für den Fall, daß $R_1 = R_2 = R$ gewählt wird, kann geschrieben werden:

$$-U_A = \frac{R_3}{R} \cdot (U_{E1} + U_{E2}) = V\,(U_{E1} + U_{E2})$$

Aus dieser Gleichung ist zu erkennen, daß die Eingangsspannungen U_{E1} und U_{E2} addiert und dann mit dem Verstärkungsfaktor $V = R_3/R$ zur Ausgangsspannung U_A verstärkt werden. Das Minuszeichen (–) in der Gleichung weist lediglich auf die Phasenverschiebung von $\varphi = 180\,°$ des Umkehrverstärkers hin.
Der Addierer nach Bild 4.36 kann auf eine beliebige Zahl von Eingängen erweitert werden. Durch entsprechende Wahl der Widerstandsverhältnisse R_3/R_1, R_3/R_2, R_3/R_n usw. lassen sich auch entsprechende Vielfache der Eingangsspannungen addieren. Es gilt dann ganz allgemein:

$$-U_A = \frac{R_3}{R_1} \cdot U_{E1} + \frac{R_3}{R_2} \cdot U_{E2} + \ldots \frac{R_3}{R_n} \cdot U_{En}$$

4.4.3.2 Anwendungsbeispiel

Ein universell einsetzbarer Addierer ist in **Bild 4.37** dargestellt. Die Verstärkungsfaktoren für die einzelnen Eingangsspannungen können hier jeweils im Bereich von $V = 2$ bis $V = 10$ eingestellt werden.
Für die Ausgangsspannung des Addierers nach Bild 4.37 gilt:

$$-U_A = \frac{R_7}{R_1 + R_2} \cdot U_{E1} + \frac{R_7}{R_3 + R_4} \cdot U_{E2} + \frac{R_7}{R_5 + R_6} \cdot U_{E3}$$

Diese Ausgangsspannung kann jedoch durch einige Störfaktoren beeinflußt werden. So ändert sich jeweils der Eingangswiderstand für die Eingangsspannungen mit der Einstellung der Trimmer R 2, R 4 und R 6. Damit dadurch keine Fehler auftreten, müssen die speisenden Spannungsquellen U_{E1}, U_{E2} und U_{E3} sehr niederohmig sein. Ist diese Bedingung nicht erfüllt, so müssen vor die einzelnen Eingänge Spannungsfolger geschaltet werden. Diese haben, wie in Abschnitt 4.4.2.2 beschrieben, einen sehr niederohmigen Ausgang, so daß die Einstellung der Trimmer keinen Einfluß mehr auf die Genauigkeit der Addition hat.

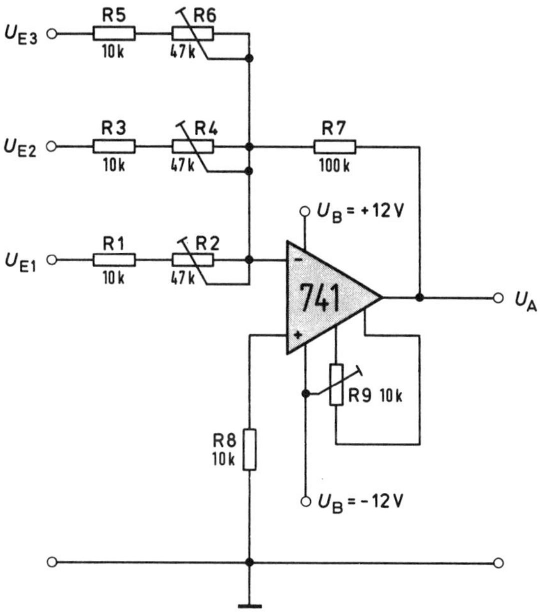

Bild 4.37 Addierer mit einstellbarem Verstärkungsfaktor für die Eingangsspannungen

Die Eingangs-Offset-Spannung wird wie üblich mit dem Trimmer R 9 kompensiert. Zur Kompensation der Eingangsruheströme ist für R 8 ein Mittelwert gewählt worden.

4.4.4 Der Subtrahierer

4.4.4.1 Grundprinzip des Subtrahierers

Ein Subtrahierer entsteht durch Kombination eines Umkehrverstärkers mit einem Elektrometerverstärker. **Bild 4.38** zeigt die Prinzipschaltung eines Subtrahierers.

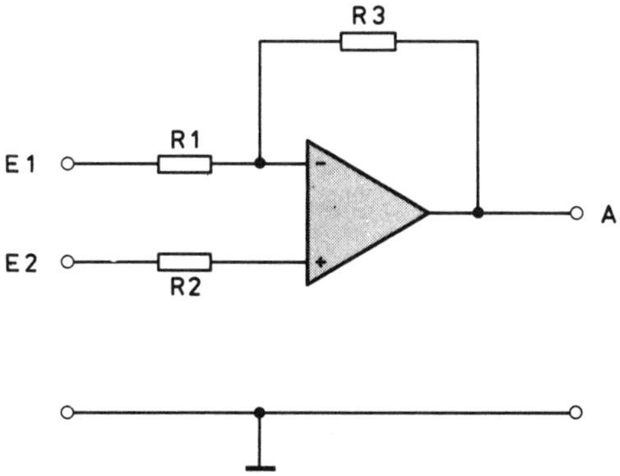

Bild 4.38 Prinzipschaltung des Subtrahierers

Wird bei der Schaltung nach Bild 4.38 der Eingang E 2 an Masse gelegt und E 1 angesteuert, so liegt ein Umkehrverstärker vor. Hierfür gilt die Gleichung:

$$U_A = -\frac{R_3}{R_1} \cdot U_{E1}$$

Wird dagegen der Eingang E 1 an Masse gelegt und der Eingang E 2 angesteuert, so arbeitet die Schaltung als Elektrometerverstärker. Hierfür lautet die entsprechende Gleichung:

$$U_A = \left(1 + \frac{R_3}{R_1}\right) \cdot U_{E2}$$

Werden beide Eingänge jedoch gleichzeitig angesteuert, so überlagern sich beide Betriebsarten des OPs, und es entsteht eine Ausgangsspannung entsprechend der Gleichung:

$$U_A = \left(1 + \frac{R_3}{R_1}\right) \cdot U_{E2} - \frac{R_3}{R_1} \cdot U_{E1}$$

Die Ausgangsspannung U_A ergibt sich als Differenz der beiden Eingangsspannungen U_{E1} und U_{E2}, wobei jede mit einem unterschiedlichen Verstärkungsfaktor multipliziert wird.
Eine korrekte Subtraktion der Eingangsspannungen erfordert eine Verringerung der Eingangsspannung U_{E2} durch einen Spannungsteiler, der in **Bild 4.39** durch die Widerstände R 2 und R 4 gebildet wird.

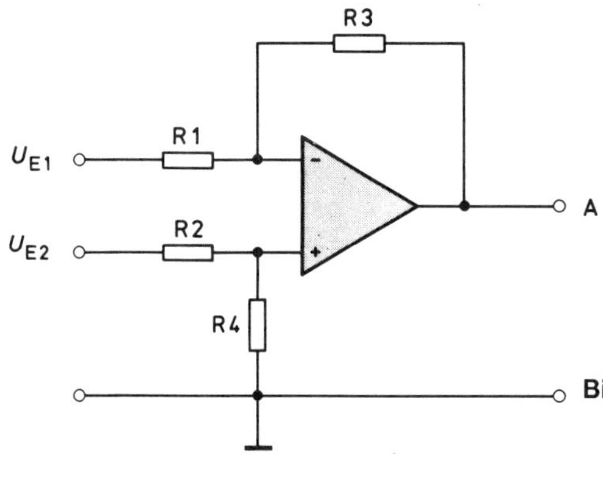

Bild 4.39 Verbesserte Subtraktionsschaltung

Für die am Eingang E+ des OP-Verstärkers wirksam werdende Spannung gilt jetzt:

$$U_{E+} = U_{E2} \cdot \frac{R_4}{R_2 + R_4}$$

Damit ergibt sich für U_A:

$$U_A = \left(1 + \frac{R_3}{R_1}\right) \cdot \left(\frac{R_4}{R_2 + R_4}\right) \cdot U_{E2} - \frac{R_3}{R_1} \cdot U_{E1}$$

Werden die Widerstände so gewählt, daß $R_2 = R_1$ und $R_4 = R_3$ ist, verbleibt nach Einsetzen und Kürzen anstelle der beiden Klammerausdrücke nur noch als Faktor für die

Ausgangsspannung R_3/R_1. Beide Eingangsspannungen werden also mit dem gleichen Verstärkungsfaktor verstärkt. Daher kann für den Subtrahierer nach Bild 4.39 geschrieben werden:

$$U_A = \frac{R_3}{R_1} \cdot U_{E2} - \frac{R_3}{R_1} \cdot U_{E1} \quad \text{oder} \quad U_A = \frac{R_3}{R_1} \cdot (U_{E2} - U_{E1})$$

Unter der angegebenen Voraussetzung arbeitet der Subtrahierer korrekt. Beide Eingangsspannungen U_{E1} und U_{E2} werden subtrahiert und mit dem gleichen Verstärkungsfaktor verstärkt. Nach diesem Prinzip arbeiten alle Subtrahierer.

4.4.4.2 Anwendungsbeispiel

Sehr häufig wird der Subtrahierer in Zusammenhang mit Brückenschaltungen eingesetzt. Dabei wird die massefreie Brückenspannung verstärkt und in eine auf Masse bezogene Spannung umgesetzt **(Bild 4.40)**.

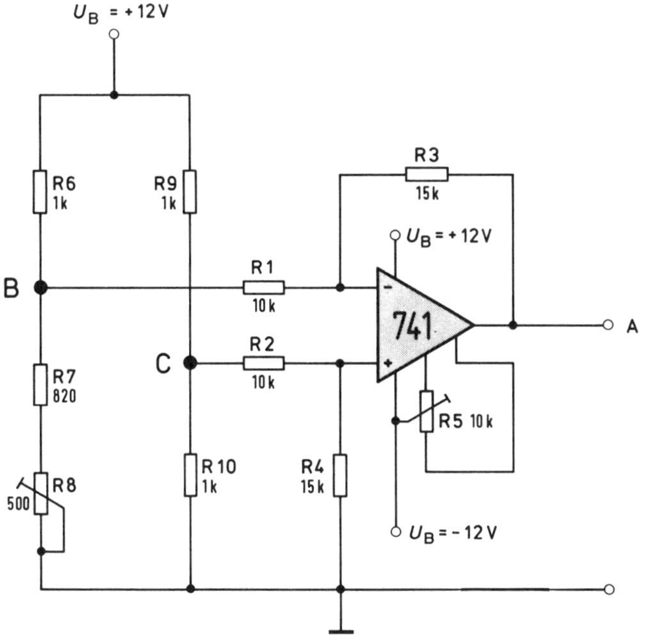

Bild 4.40 Subtrahierer als Brückenspannungsverstärker

Die Schaltung nach Bild 4.40 ist so dimensioniert, daß die Brückenspannung U_{BC} als Differenzspannung um den Faktor $V = 1{,}5$ verstärkt am Ausgang A gemessen werden kann. Eine derartige Schaltung ist auch als Brückenspannungsverstärker bekannt. Der Subtrahierer, der einer Brückenschaltung nachgeschaltet ist, wird in seiner Anwendung als Verstärker für Spannungsdifferenzen auch als Differenzverstärker mit OP bezeichnet.

4.5 Operationsverstärker mit frequenzabhängiger Gegenkopplung

Eine frequenzabhängige Gegenkopplung entsteht, wenn im Gegenkopplungszweig neben ohmschen Widerständen auch kapazitive oder induktive Widerstände wirksam sind. Zu unterscheiden sind dabei im wesentlichen zwei verschiedenartige Einsatzgebiete, und zwar die Analogrechentechnik sowie Verstärker, von denen ein bestimmtes Frequenzübertragungsverhalten verlangt wird.
In der Analogrechentechnik werden mathematische Operationen elektrisch nachgebildet und durchgeführt. In den Abschnitten 4.4.3 und 4.4.4 sind bereits die Addierer und Subtrahierer behandelt, die die beiden einfachsten Rechenoperationen durchführen. Durch entsprechende Beschaltung von OPs sind aber auch Rechenoperationen höheren Grades wie Integrieren und Differenzieren möglich. Auf die mathematischen Zusammenhänge bei diesen beiden Rechenoperationen wird hier nicht näher eingegangen, da sie sich nur mit Hilfe der höheren Mathematik beschreiben lassen. Zur zweiten Gruppe der OP-Verstärker mit frequenzabhängiger Gegenkopplung gehören die Wechselspannungsverstärker. Bei ihnen wird der Frequenzgang durch die Wirkung der Gegenkopplung in unterschiedlichster Weise beeinflußt.

4.5.1 Der Integrator

Bild 4.41 zeigt zwei Integratorschaltungen.

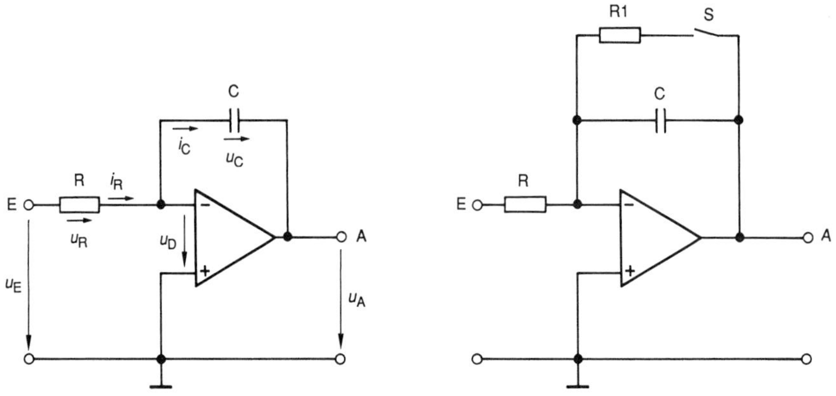

a) Grundschaltung des Integrators b) Integrator mit Rücksetzmöglichkeit

Bild 4.41 Grundschaltung des Integrators und Integrator mit Rücksetzmöglichkeit

Für den Praktiker reicht eine einfache Beschreibung aus, um die wichtigsten Eigenschaften und das Verhalten des Integrators zu verstehen. Bild 4.41 a zeigt eine Integratorschaltung mit OP, in Bild 4.41 b ist der Integrator durch eine Rücksetzmöglichkeit erweitert, die aus dem Widerstand R 1 und dem Schalter S besteht. Die Rücksetzmöglichkeit besteht in der Entladung des Kondensators C durch Schließen des Schalters S; der Entladestrom wird durch den Widerstand R 1 begrenzt. Bei der Beschreibung der

Funktion des Integrators wird vom rückgesetzten Zustand, Kondensator entladen, ausgegangen.
Aufgrund der Maschengleichung am Eingang und am Ausgang ergibt sich:

$$u_E = u_R + u_D \quad \text{und} \quad u_A = u_D - u_C$$

Wegen der nur geringen Abweichungen zwischen idealem und realem OP kann die Eingangsdifferenzspannung $u_D = 0\,V$ angesetzt werden. Damit vereinfachen sich beide Gleichungen zu:

$$u_E = u_R \quad \text{und} \quad u_C = -u_A$$

Da in den Eingang E– des OPs kein Strom hineinfließen kann, muß der Strom $i_E = i_R$ durch den Widerstand R in den Kondensator fließen und diesen aufladen. Für den Ladestrom i_C gilt:

$$i_C = i_E = i_R = \frac{u_R}{R} = \frac{u_E}{R}$$

Durch den Ladestrom wird der Kondensator aufgeladen. Die sich in ihm befindliche Ladung Q läßt sich aus dem Ladestrom und der Zeit, in der der Ladestrom fließt, ermitteln:

$$Q = i_C \cdot t = i_R \cdot t$$

Über die Ladung $Q = C \cdot U$ ist auch die Spannung am Kondensator berechenbar:

$$u_C = \frac{Q}{C} = \frac{1}{C} \cdot i_C \cdot t = \frac{1}{C} i_R \cdot t$$

Da der Ladestrom aber über die Eingangsspannung und den Widerstand R bestimmt wird, ergibt sich für die Spannung am Kondensator:

$$u_C = \frac{1}{C \cdot R} \cdot u_R \cdot t = \frac{1}{C \cdot R} u_E \cdot t$$

Für die Ausgangsspannung folgt aufgrund der Maschengleichung am Ausgang auch:

$$u_A = -\frac{1}{C \cdot R} \cdot u_E \cdot t$$

Der Wert von $\frac{1}{C \cdot R}$ ist eine schaltungsabhängige Konstante, sie wird auch als Integrier-Beiwert K_I bezeichnet. Das Produkt aus R und C trägt in Analogie zur Lade-Zeitkonstanten die Bezeichnung Integrationszeitkonstante T_I.
Die Einflüsse von u_E und K_I auf den Verlauf der Ausgangsspannung sind in **Bild 4.42** zusammengestellt.
Aus den Bildern läßt sich entnehmen, daß die lineare Änderung der Ausgangsspannung um so langsamer erfolgt, je größer $R \cdot C$ ist. Weiterhin steigt oder fällt die Ausgangsspannung um so schneller, je größer die Eingangsspannung u_E ist. In **Bild 4.43** ist der Verlauf der Ausgangsspannung u_A bei sich ändernder Eingangsspannung u_E dargestellt. Besondere Bedeutung hat der Integrator unter anderem als Teilfunktion in Regelstrecken und Regeleinrichtungen der Regelungstechnik.

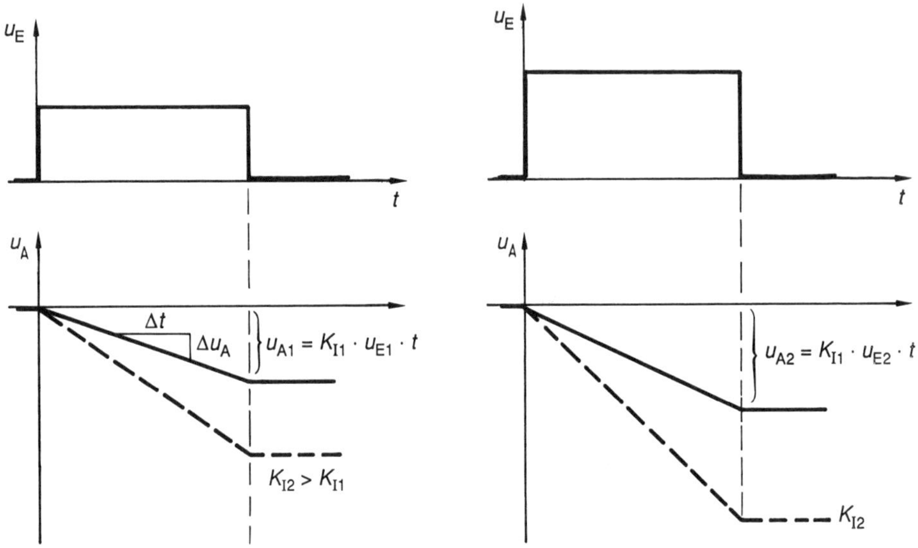

$$K_I = \frac{1}{R \cdot C}$$

Bild 4.42 Die Ausgangsspannung als Funktion der Eingangsspannung und des Integrier-Beiwertes

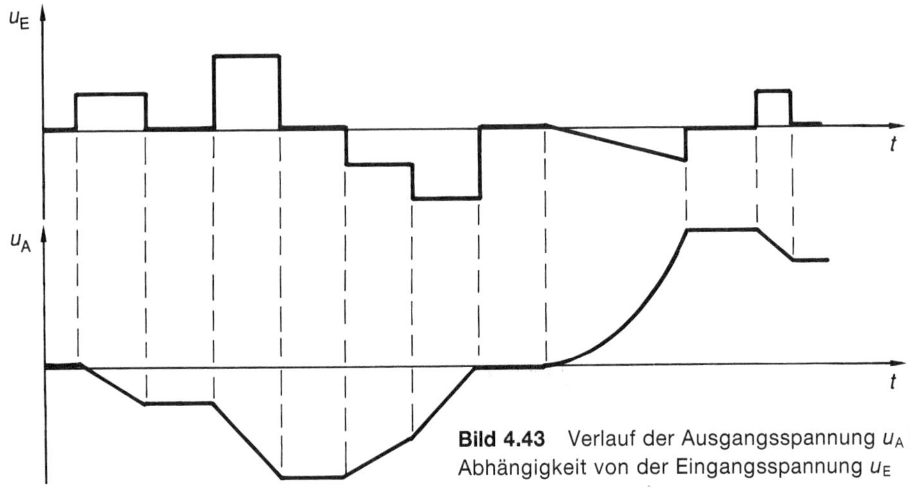

Bild 4.43 Verlauf der Ausgangsspannung u_A in Abhängigkeit von der Eingangsspannung u_E

4.5.2 Der Differenzierer

Wird beim Integrator nach Bild 4.41 die Anordnung von Widerstand und Kondensator vertauscht, so entsteht ein Differenzierer. In **Bild 4.44** ist die Grundschaltung des Differenzierers dargestellt.

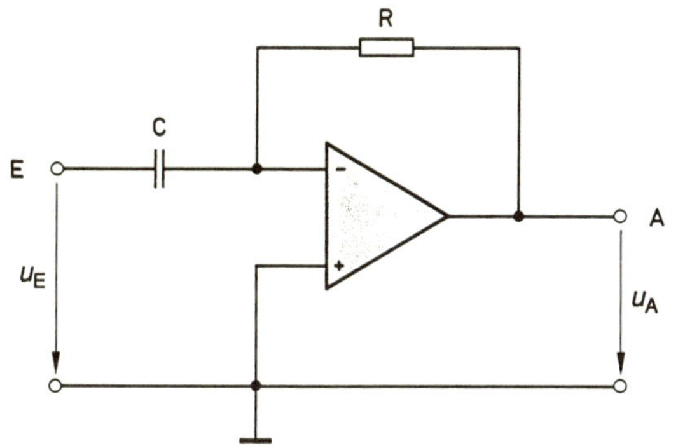

Bild 4.44 Grundschaltung des Differenzierers

Der Differenzierer hat ähnliche Eigenschaften wie ein Differenzierglied mit Widerstand und Kondensator. **Bild 4.45** zeigt das prinzipielle Verhalten des Differenzierers bei sprunghafter und sich kontinuierlich ändernder Eingangsspannung.

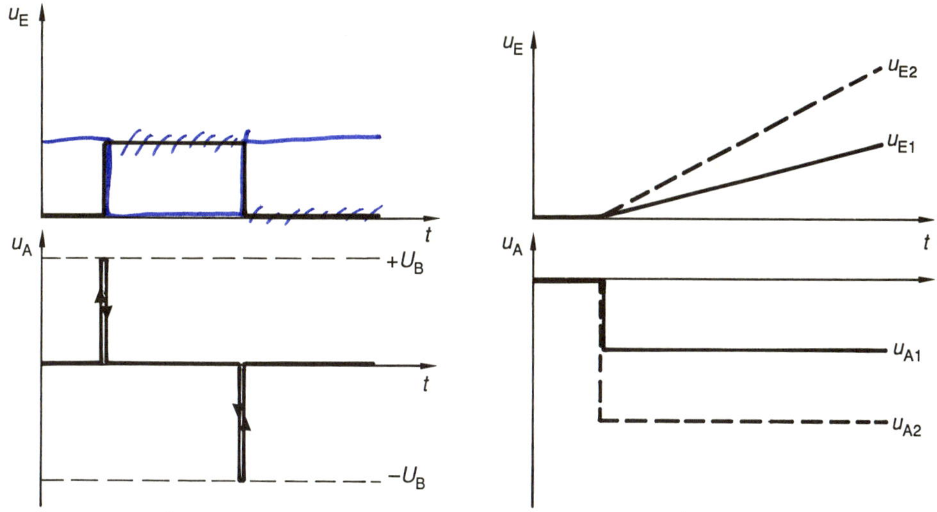

a) sprunghafte Änderung der Eingangsspannung

b) kontinuierliche Änderung der Eingangsspannung

Bild 4.45 Verlauf der Ausgangsspannung u_A in Abhängigkeit von der Eingangsspannung u_E

Wird an den Eingang eines Differenzierers eine rechteckförmige Eingangsspannung u_E angelegt, so fließt ein nur durch den Innenwiderstand der Spannungsquelle der Eingangsspannung begrenzter Ladestrom in den Kondensator C. Ein hoher Eingangsstrom i bedeutet aber auch einen hohen Strom durch den Widerstand R und demzufolge auch eine hohe Spannung u_A. Begrenzt wird die Größe der Ausgangsspannung durch die Aussteuerbarkeit des OPs, die wiederum von der Betriebsspannung abhängt. Ist der Kondensator geladen, so fließt kein Strom mehr, und auch die Ausgangsspannung ist wieder 0 V. Es entsteht, einen sehr kleinen Innenwiderstand der Spannungsquelle vorausgesetzt, die in Bild 4.45 angedeutete Spannungsspitze.

Ändert sich die Spannung am Eingang des Differenzierers kontinuierlich, so fließt ein konstanter Ladestrom. Mit dem konstanten Ladestrom ist auch der Strom durch den Widerstand R konstant, und am Ausgang erscheint eine konstante Spannung. Die Größe der Spannung hängt ab von der Änderung der Eingangsspannung je Zeiteinheit und von den Werten von C und R. Je größer C und R werden, umso größer wird die Ausgangsspannung. Formelmäßig ergibt sich die Ausgangsspannung zu:

$$u_A = -\left(R \cdot C \cdot \frac{\Delta u_E}{\Delta t}\right)$$

Auch hier werden die schaltungsbedingten Konstanten zu einer charakteristischen Konstante für den Differenzierer $K_D = R \cdot C$, dem Differenzier-Beiwert, zusammengefaßt, so daß die Ausgangsspannung mit der Formel

$$u_A = -\left(K_D \cdot \frac{\Delta u_E}{\Delta t}\right)$$

beschrieben werden kann.
Auch der Differenzierer hat wie der Integrator besondere Bedeutung als Teilfunktion in Regeleinrichtungen der Regelungstechnik.

4.5.3 Wechselspannungsverstärker

Verstärker mit Operationsverstärkern können unterhalb ihrer Grenzfrequenz Gleich-, Wechsel- und Mischspannungen verstärken. In vielen Anwendungen ist es zweckmäßig, nur reine Wechselspannungen innerhalb eines bestimmten Übertragungsbereiches zu verstärken. Verstärker für diese Anwendungen werden als Wechselspannungsverstärker bezeichnet.

4.5.3.1 Grundprinzip des Wechselspannungsverstärkers mit frequenzabhängiger Gegenkopplung

Bild 4.46 zeigt die Grundschaltung eines Wechselspannungsverstärkers, die in vielfältiger Weise abgewandelt und erweitert werden kann. Der OP wird in der Grundschaltung Elektrometerverstärker betrieben, also am P-Eingang angesteuert. Die Schaltung hat einen großen Eingangswiderstand und die Verstärkung $V \geqq 1$.

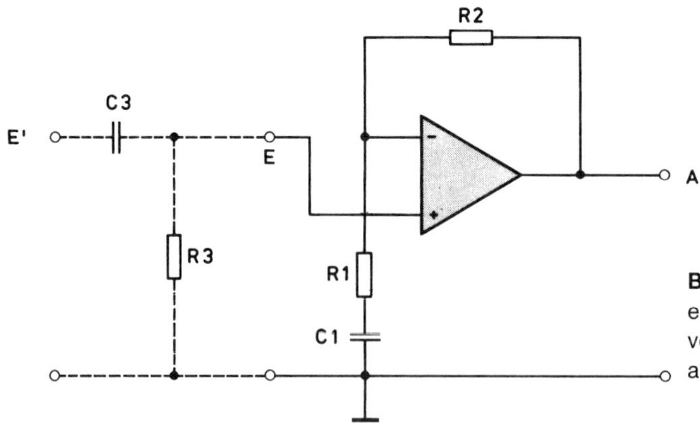

Bild 4.46 Grundschaltung eines Wechselspannungsverstärkers mit frequenzabhängiger Gegenkopplung

Der Gegenkopplungszweig besteht aus dem Gegenkopplungswiderstand R 2 und der Reihenschaltung von R 1 und C 1 zwischen dem N-Eingang und Masse. Der Widerstand dieser Reihenschaltung ist frequenzabhängig und damit auch der Verstärkungsfaktor V:

$$U_A = \left(1 + \frac{R_2}{\sqrt{R_1^2 + X_{C1}^2}}\right) \cdot U_E \qquad V = \left(1 + \frac{R_2}{\sqrt{R_1^2 + X_C^2}}\right)$$

Bei niedrigen Frequenzen ist der kapazitive Widerstand X_{C1} sehr groß gegenüber R_1, und der Verstärkungsfaktor ist nur wenig größer als 1. Mit zunehmender Frequenz wird X_{C1} immer kleiner und daher V immer größer. Die untere Grenzfrequenz f_{gu} ist bei dieser Schaltung genau wie bei einem Hochpaß nur mit Widerstand und Kondensator festgelegt als:

$$f_{gu} = \frac{1}{2\pi \cdot R_1 \cdot C_1}$$

Mit weiter zunehmender Frequenz wird dann der Einfluß von X_{C1} immer kleiner und kann schließlich gegenüber R_1 vernachlässigt werden. Dann gilt für den Verstärker:

$$U_A \approx \left(1 + \frac{R_2}{R_1}\right) \cdot U_E$$

Die obere Grenzfrequenz des Verstärkers wird dann im wesentlichen nur noch durch die internen Eigenschaften des OPs bestimmt. Ihre Einflüsse wurden bereits in Abschnitt 4.3.5 behandelt.

In der Regel ist zur Ankopplung des Verstärkers an die Spannungsquelle für die Signalfrequenz noch ein CR-Glied vorgeschaltet. Es wird so dimensioniert, daß dieser Hochpaß die gleiche untere Grenzfrequenz wie der OP hat. Durch gleiche Widerstandswerte von R 1 und R 3 kann zusätzlich eine Kompensation der Eingangsruheströme erreicht werden.

Die einfache Reihenschaltung von R 1 und C 1 in der Grundschaltung nach Bild 4.46 ist bei praktisch ausgeführten NF-Verstärkern in vielfältiger Weise erweitert und variiert. Dadurch ist es dann möglich, dem Verstärker fast jeden beliebigen Frequenzgang zu geben. Die Berechnungsmethoden sind aber so komplex, daß der gewünschte Verlauf meistens nur durch praktische Versuche angenähert und erreicht wird. Dies gilt ganz besonders auch für die umfangreichen Klangregelnetzwerke in hochwertigen NF-Verstärkern.

4.5.3.2 Anwendungsbeispiele

Bild 4.47 zeigt einen einfachen Wechselspannungsverstärker, der entsprechend der Grundschaltung nach Bild 4.46 aufgebaut ist.

Die untere Grenzfrequenz liegt bei diesem NF-Verstärker bei $f_{gu} \approx 16$ Hz. Oberhalb f_{gu} ist $V \approx 11$. Der Hochpaß am Eingang ist ebenfalls für $f_{gu} \approx 16$ Hz ausgelegt. Dadurch beträgt die untere Grenzfrequenz für die gesamte Schaltung etwa 22 Hz. Der Eingangswiderstand wird im wesentlichen durch R 3 bestimmt. Zur Unterdrückung einer Schwingneigung bei höheren Frequenzen wird dem Gegenkopplungswiderstand R 2

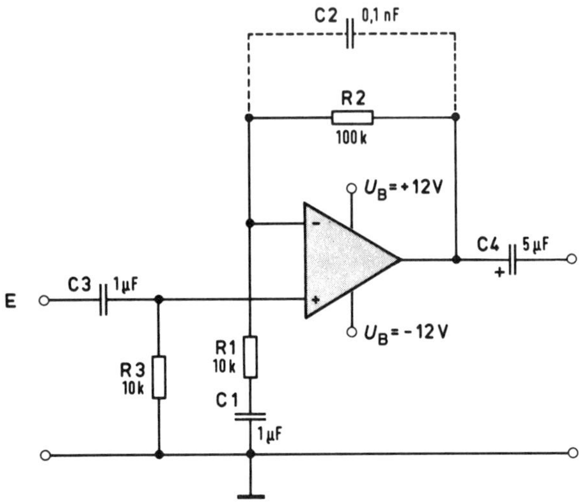

Bild 4.47 NF-Verstärker mit OP

oft noch ein Kondensator parallelgeschaltet. Durch ihn wird dann jedoch die obere Grenzfrequenz beeinflußt, denn es gilt:

$$f_{go} \approx \frac{1}{2\pi \cdot C_2 \cdot R_2}$$

Bei $C_2 = 0{,}1$ nF liegt die obere Grenzfrequenz dieses Verstärkers bei $f_{go} \approx 16$ kHz. Ein weiteres Anwendungsbeispiel ist in **Bild 4.48** dargestellt. Es handelt sich um einen Mikrofonverstärker mit asymmetrischer Spannungsversorgung.

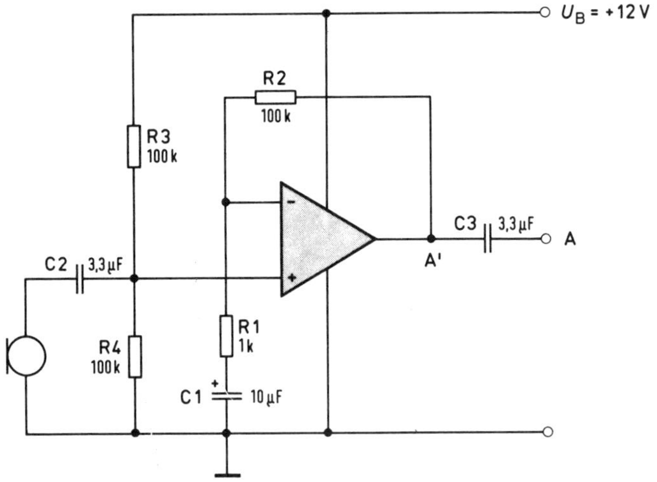

Bild 4.48 Mikrofonverstärker mit asymetrischer Spannungsversorgung

Durch den Spannungsteiler aus R 3 und R 4 wird der P-Eingang auf $U_B/2 = +6$ V gelegt. Der Verstärkungsfaktor ermittelt sich zu:

$$V = \left(1 + \frac{R_2}{\sqrt{R_1^2 + X_{C1}^2}}\right)$$

Da für Gleichspannung X_C unendlich groß ist, erfolgt eine Verstärkung mit $V = 1$. Am Ausgang A des OPs beträgt dadurch die Spannung ebenfalls $1/2\,U_B$. C_1 ist so gewählt, daß die untere Grenzfrequenz bei $f_{gu} \approx 15$ Hz liegt. Der Eingangswiderstand der Schaltung wird im wesentlichen durch den Spannungsteiler aus R 3 und R 4 bestimmt und es gilt:

$$R_E \approx R_3 \parallel R_4 = 50\,\mathrm{k\Omega}$$

4.5.4 Filter

Als Filter werden Netzwerke aus ohmschen, kapazitiven und induktiven Widerständen bezeichnet. Sie werden eingesetzt, um den Frequenzgang einer Schaltung in gewünschter Weise zu beeinflussen. Einfachste Filter sind die aus einem Widerstand und einem Kondensator aufgebauten RC-Glieder, die als Hoch- oder Tiefpässe wirken. Nachteilig ist bei diesen Filtern aber, daß sie auch im Durchlaßbereich eine Dämpfung haben, u_A also stets kleiner als u_E ist. Durch Einbeziehung eines Verstärkerelements in Filterschaltungen entsteht ein aktives Filter. Sie haben dann anstelle einer Dämpfung eine Verstärkung $V \geqq 1$. Die mathematische Behandlung, d. h. die Dimensionierung von aktiven Filtern, ist außerordentlich aufwendig. Aus diesem Grunde werden bei den folgenden Beispielen nur einige dimensionierte Schaltungen angegeben, die durch Variation der frequenzgangbestimmenden Werte auf andere Grenzfrequenzen umgestellt werden können.

4.5.4.1 Aktiver Tiefpaß

Bild 4.49 zeigt einen aktiven Tiefpaß, der an der oberen Grenzfrequenz bereits einen sehr steilen Abfall hat.
Die Verstärkung dieses aktiven Tiefpasses beträgt $V = 1$. Die eigentliche Filterkette besteht aus einem Doppel-T-Filter. Die Ausgangsspannung wird sowohl über den Kondensator C 3 als auch über R 4 auf den N-Eingang zurückgeführt.
Bei $R_1 = R_2 = R_3 = 10\,\mathrm{k\Omega}$ und $R_4 = 20\,\mathrm{k\Omega}$ kann die obere Grenzfrequenz f_{go} durch entsprechende Wahl der Kondensatoren C_1, C_2 und C_3 variiert werden. Die erforderlichen

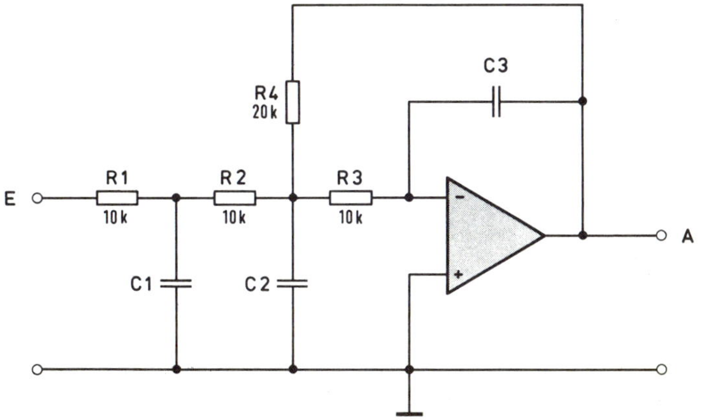

Bild 4.49
Aktiver Tiefpaß

Werte für 6 verschiedene Grenzfrequenzen können in der Tabelle nach **Bild 4.50** entnommen werden.

f_{go}	C_1	C_2	C_3
100 Hz	0,39 µF	0,33 µF	33 nF
300 Hz	0,12 µF	0,1 µF	10 nF
500 Hz	82 nF	68 nF	6,8 nF
1000 Hz	39 nF	33 nF	3,3 nF
3000 Hz	12 nF	10 nF	1 nF
5000 Hz	8,2 nF	6,8 nF	680 pF

Bild 4.50 Wertetabelle für verschiedene Grenzfrequenzen

4.5.4.2 Aktiver Hochpaß

Ein aktiver Hochpaß **(Bild 4.51)** entsteht, wenn in der Schaltung nach Bild 4.49 die Anordnung der Widerstände und Kondensatoren vertauscht wird.

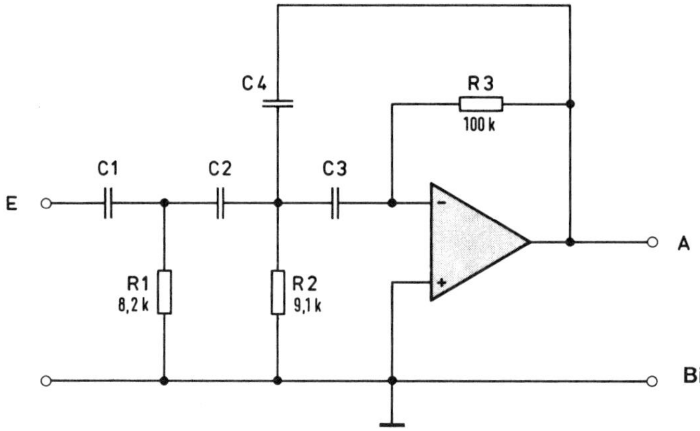

Bild 4.51 Aktiver Hochpaß

Die Verstärkung beträgt auch bei dieser Schaltung $V = 1$. Bei $R_1 = 8{,}2\ \text{k}\Omega$, $R_2 = 9{,}1\ \text{k}\Omega$ und $R_3 = 100\ \text{k}\Omega$ kann die untere Grenzfrequenz f_{gu} durch andere Wahl von $C_1 = C_2 = C_3$ und C_4 variiert werden. Die erforderlichen Werte für sechs verschiedene Grenzfrequenzen sind in der Tabelle nach **Bild 4.52** angegeben.

f_{gu}	$C_1 = C_2 = C_3$	C_4
100 Hz	82 nF	47 nF
300 Hz	27 nF	12 nF
500 Hz	16 nF	8,2 nF
1000 Hz	8,2 nF	4,7 nF
3000 Hz	2,7 nF	1,2 nF
5000 Hz	1,5 nF	680 pF

Bild 4.52 Wertetabelle für verschiedene Grenzfrequenzen

Andere Grenzfrequenzen können durch entsprechende Zwischenwerte der Kondensatoren erreicht werden. Zur Anpassung des Eingangswiderstandes wird diesen aktiven Filtern oft noch ein Umkehrverstärker mit $V = 1$ vorgeschaltet.

4.6 Operationsverstärker mit Leistungsendstufe

Die OPs verfügen zwar meist über Gegentaktausgänge, jedoch werden oft größere Leistungen benötigt. Eine Möglichkeit ist das Nachschalten einer Endstufe mit Leistungstransistoren, eine andere der Einsatz spezieller OPs mit Leistungsausgang.

4.6.1 Leistungsendstufe mit Transistoren

Bild 4.53 zeigt die Grundschaltung für einen OP mit seiner nachgeschalteten Leistungsendstufe mit Transistoren. Bei der Leistungsendstufe handelt es sich um einen komplementären Emitterfolger für B-Betrieb. Der OP wird als Umkehrverstärker betrieben. Zu beachten ist dabei, daß der Gegenkopplungswiderstand R 2 jetzt auch an dem Ausgang der Endstufe und nicht am Ausgang des OPs angeschlossen werden muß.

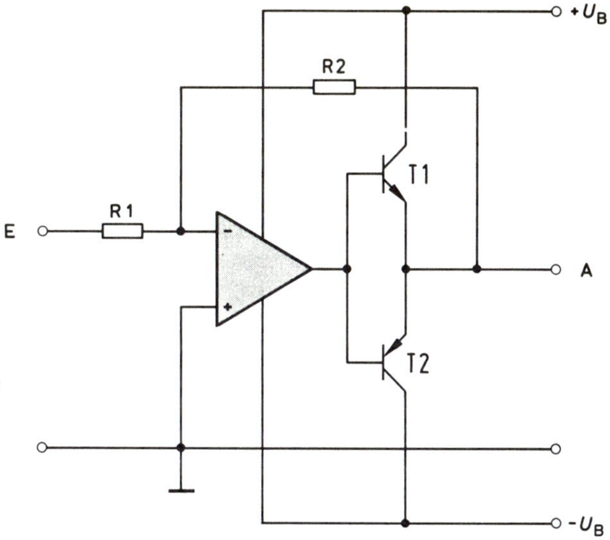

Bild 4.53 Operationsverstärker mit komplementärem Emitterfolger

Liegt bei der Schaltung nach Bild 4.53 eine positive Spannung am Ausgang des OPs, so ist T 1 leitend und T 2 gesperrt. Bei einer negativen Spannung am Ausgang ist dagegen T 1 gesperrt und T 2 leitend. Diese einfache Schaltung hat aber den Nachteil, daß bei Ausgangsspannungen des OPs kleiner $\pm 0{,}7\,V$ beide Leistungstransistoren gesperrt sind, und damit die Ausgangsspannung $U_A \approx 0\,V$ beträgt. Im Bereich des

Überganges von positiver zu negativer Ausgangsspannung treten Abweichungen von der linearen Kennlinie auf, die als Übernahmeverzerrungen bezeichnet werden. Sie lassen sich verringern, wenn zwischen dem Ausgang des OPs und dem Ausgang der Endstufe ein niederohmiger Widerstand geschaltet wird. Über diesen Widerstand fließt ein kleiner Strom durch den Lastwiderstand, und am Ausgang steht eine geringe Ausgangsspannung, obwohl die Endstufentransistoren bereits gesperrt sind. **Bild 4.54** zeigt eine entsprechend aufgebaute Schaltung mit komplementären Kleinleistungstransistoren BC 140 und BC 160. Durch die nachgeschaltete Leistungsendstufe wird erreicht, daß der zulässige Laststrom etwa 200 mA beträgt.

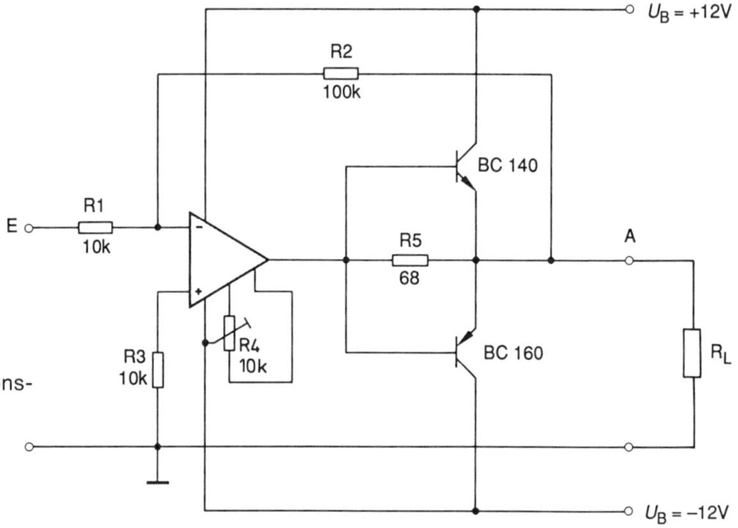

Bild 4.54 Operationsverstärker mit Leistungsendstufe

4.6.2 Operationsverstärker mit integrierter Leistungsendstufe

Inzwischen sind auch OP-Verstärker entwickelt worden, die zusätzlich in einem Gehäuse eine integrierte Leistungsendstufe enthalten. Als Beispiel hierfür wird die Serie OPA 501, 511 und 512 von Burr & Brown genannt. Die Hauptdaten sind in **Bild 4.55** aufgelistet.

Typ	Versorgungs-spannung	Ausgangsstrom maximal	Verlustleistung maximal
OPA 501	10 V bis 40 V	10 A	260 W
OPA 511	10 V bis 30 V	5 A	67 W
OPA 512	10 V bis 50 V	15 A	125 W

Bild 4.55 Daten von Operationsverstärkern mit Leistungsendstufe

Der erstgenannte Verstärker ist vornehmlich für hohe Ausgangsleistungen vorgesehen. Die beiden folgenden Typen sind optimiert auf eine geringe Verzerrung des Ausgangssignals.

Bild 4.56 zeigt das Prinzipschaltbild für den Verstärker OPA 511. Die Ausgangsstufen arbeiten mit Transistoren in Darlington-Schaltung. Die Dioden schützen die Transistorsysteme bei induktiven Lasten. Neben dem OP sind die Steuerschaltung und eine Schaltung zur Begrenzung des Ausgangsstromes als Block dargestellt. Für die Strombegrenzung ist zwischen Leistungstransistor und Ausgang der Gegentaktendstufe ein niederohmiger Widerstand eingefügt, die an ihm abfallende Spannung dient als Steuersignal. Für einen maximalen Laststrom $I_{L\,max}$ läßt sich der erforderliche Strombegrenzungswiderstand R_{CL} errechnen nach:

$$R_{CL} = \left(\frac{0{,}65\,\text{V}}{I_{L\,max}} - 0{,}01\,\Omega\right)$$

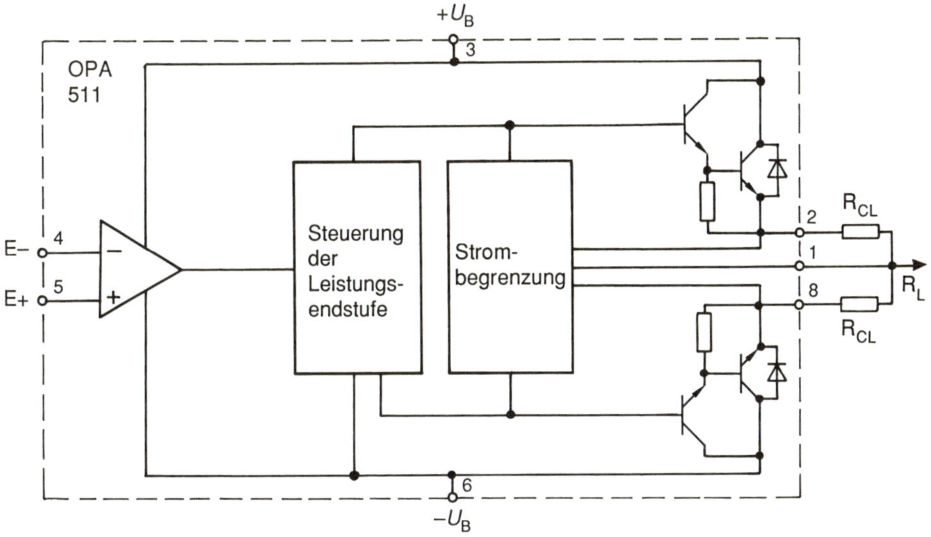

Bild 4.56 Blockschaltbild des OPA 511

Die Ermittlung des Widerstandswertes für den Strombegrenzungswiderstand erfolgt so, daß bei maximalem Laststrom der Spannungsabfall 0,65 V beträgt. Von diesem Widerstandswert wird nach Herstellervorgabe noch 0,01 Ω abgezogen.

Beispiel

Der maximale Ausgangsstrom eines OPA 511 soll 4 A betragen. Welchen Wert hat der Strombegrenzungswiderstand?

$$R_{CL} = \frac{0{,}65\,\text{V}}{I_{L\,max}} - 0{,}01\,\Omega = \frac{0{,}65\,\text{V}}{4\,\text{A}} - 0{,}01\,\Omega$$

$$R_{CL} = 0{,}153\,\Omega$$

Gehäuse und Anschlußbelegung des OPA 511 sind in **Bild 4.57** zusammengestellt.

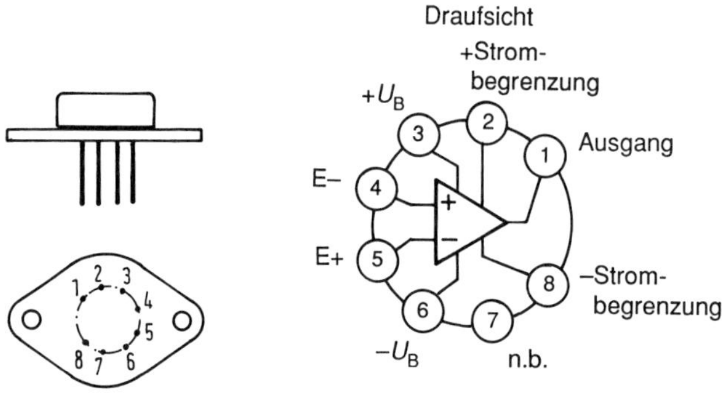

Bild 4.57 Gehäuse mit Anschlußbelegung des OPA 511

Operationsverstärker mit Leistungsendstufen werden als Servo-Verstärker, als Motortreiber und Audio-Verstärker eingesetzt. **Bild 4.58** zeigt ein Anwendungsbeispiel.

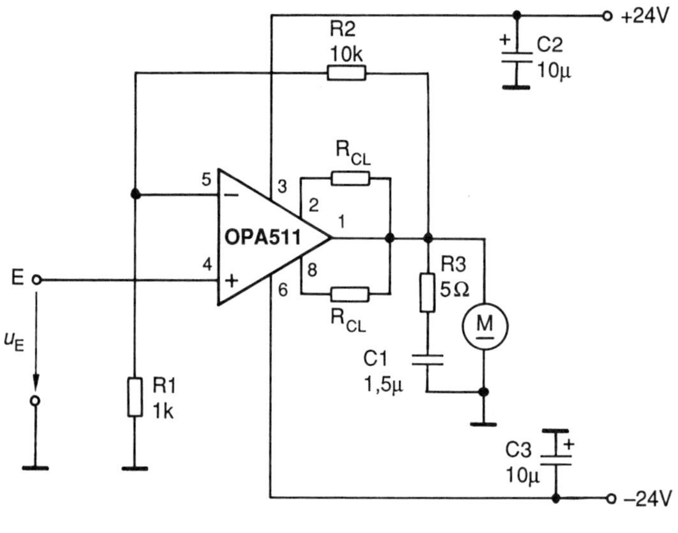

Bild 4.58 OP mit Leistungsendstufe als Servo-Amplifier

5 Sensoren

5.1 Allgemeines

Sensoren (lat. sensus = Gefühl, Wahrnehmung) werden auch als Meßwertfühler oder Meßwertaufnehmer bezeichnet. Sie haben die Aufgabe, physikalische Größen zu erfassen und in eine andere – meist elektrische – Größe umzuwandeln. Diese elektrischen Größen müssen dann häufig noch in Nachfolgeschaltungen aufbereitet und weiterverarbeitet werden. Sensoren sind daher die ersten Glieder in Meßketten, die wegen der zunehmenden Automatisierung eine immer größere Bedeutung erlangen.

Die Zuordnung von Bauelementen zu den Sensoren ist sehr weit gefaßt. So werden z. B. einfache mechanische Endlagenschalter, die nur eine digitale Ja/Nein-Information liefern können, ebenso als Sensoren bezeichnet wie sehr komplexe Gebilde, die neben dem eigentlichen Sensorelement auch noch die gesamte Anpaß- und Auswerteelektronik enthalten.

Sensoren lassen sich nach unterschiedlichen Ordnungskriterien unterteilen. So kann z. B. eine Einteilung in *passive* und *aktive* Sensoren vorgenommen werden. Passive Sensoren benötigen zur Erfassung der Meßgröße eine Hilfsenergie, während die aktiven ohne eine solche auskommen. Wesentlich vorteilhafter ist aber eine Einteilung der Sensoren nach physikalischen Einflußgrößen. **Bild 5.1** zeigt ein solches Ordnungsschema. Darin sind verschiedene Sensorarten fünf wichtigen Einflußgrößen zugeordnet. Dargestellt ist jedoch nur ein kleiner Ausschnitt aus der weitaus größeren Palette der Sensoren. Weitere Sensoren werden im Fachlehrgang IVB »Meß- und Regelungstechnik« behandelt.

Bei der Mehrzahl der in Bild 5.1 aufgeführten Sensoren wird der ohmsche Widerstand des Sensormaterials durch die jeweilige physikalische Einflußgröße verändert. So ändert der Varistor (= *Var*iable Res*istor*), der häufig auch als VDR (*V*oltage *D*ependent *R*esistor = spannungsabhängiger Widerstand) bezeichnet wird, seinen Widerstand in Abhängigkeit von der anliegenden Spannung.

Widerstandsmeßfühler und Thermistoren ändern ihren ohmschen Widerstand dagegen in Abhängigkeit von der Umgebungstemperatur. Prinzipiell wird diese Abhängigkeit auch bei den Si-Temperatursensoren und den integrierten Temperatursensoren ausgenutzt, wobei hier aber die sich ändernde Spannung an einem pn-Übergang gemessen wird.

Die Wirkungsweise von Feldplatten und Hall-Generatoren beruht auf einem elektrodynamischen Elementargesetz, nach dem sich bewegende Elektronen unter bestimmten Bedingungen durch ein Magnetfeld abgelenkt werden. Die auftretende Kraft wird als Lorentzkraft bezeichnet. Dieser Effekt wird bei der Feldplatte als Widerstandsänderung ausgenutzt. Je stärker das Magnetfeld, desto hochohmiger wird der Widerstand der Feldplatte, wobei aber keine Proportionalität zwischen der magnetischen Flußdichte und dem Widerstandswert besteht.

Infolge der Ablenkung bewegter Elektronen durch die Lorentzkraft tritt in bestimmten Halbleitermaterialien eine nutzbare Spannung, die sogenannte Hallspannung, auf. Sie wurde nach dem Entdecker dieses Effektes, dem amerikanischen Physiker Hall, benannt und daraus die Bezeichnung Hallgenerator abgeleitet.

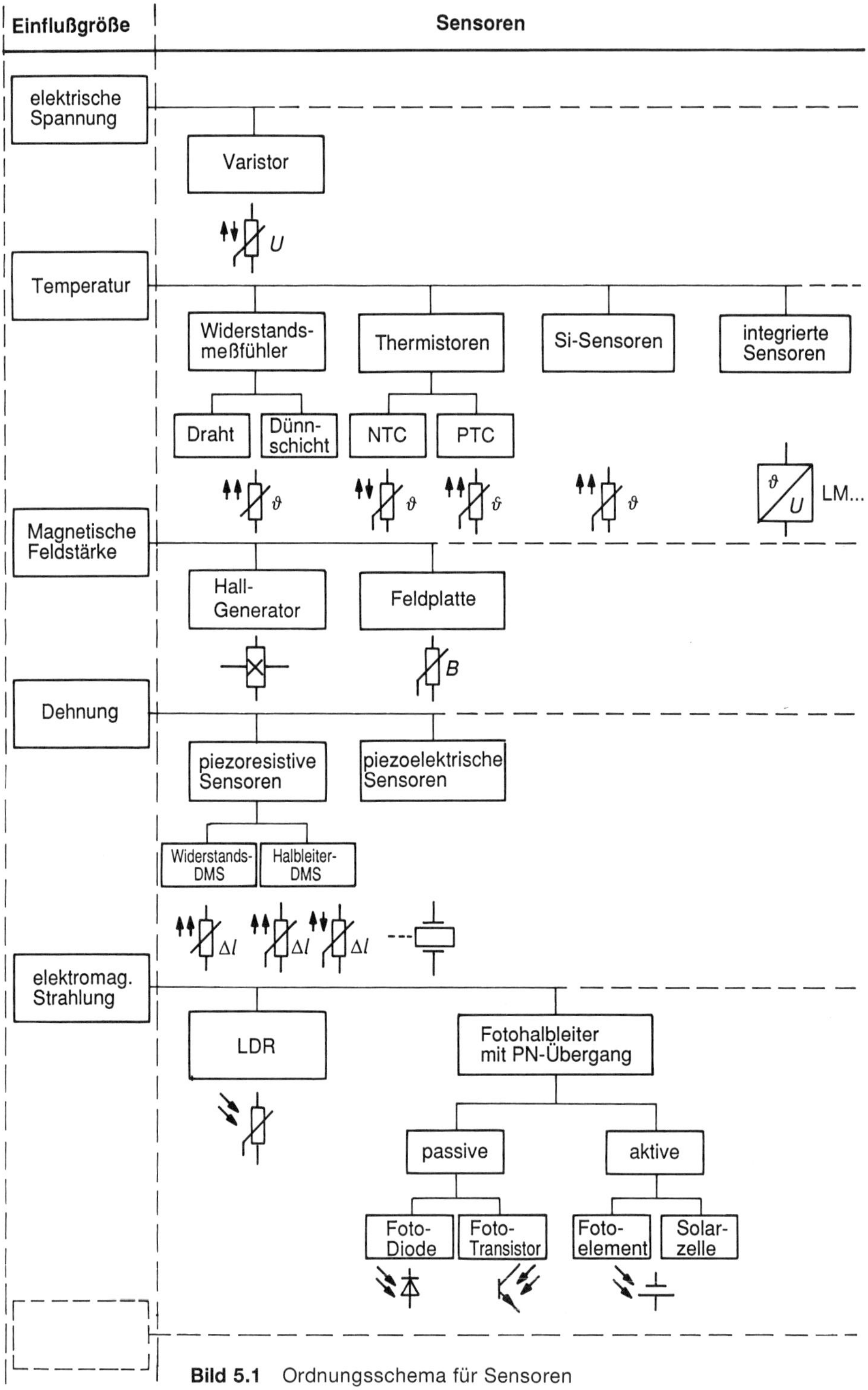

Bild 5.1 Ordnungsschema für Sensoren

Feldplatten und Hallgeneratoren werden insbesondere zur Messung von Magnetfeldern sowie als magnetfeldabhängige Sensoren in der Steuerungs- und Regelungstechnik eingesetzt.
Bei den *piezoresistiven* Sensoren (griech. *piezein* = drücken) tritt infolge der Dehnung eines Si-Plättchens durch Druck- oder Zugspannung eine Änderung des ohmschen Widerstandes des Sensormaterials auf. Bei den *piezoelektrischen* Sensoren wird dagegen durch eine äußerlich angreifende Kraft zwischen zwei gegenüberliegenden Grenzflächen des Sensormaterials eine elektrische Spannung erzeugt.
Auch bei den lichtempfindlichen Sensoren läßt sich eine Einteilung in passive und aktive vornehmen. So ändert sich bei den LDRs (*L*ight *D*ependent *R*esistor = lichtabhängiger Widerstand) der Widerstand in Abhängigkeit von der Belichtung. Sie werden daher auch als Fotowiderstände bezeichnet. Bei den Fotohalbleitern mit pn-Übergang wird dagegen durch das auftreffende Licht ein elektrischer Strom erzeugt und damit die elektromagnetische Strahlung direkt in elektrische Energie umgewandelt.

5.2 Varistoren

5.2.1 Grundprinzip und Kennlinien

Die heute serienmäßig produzierten Varistoren bestehen aus einer Sinterkeramik. Ausgangsmaterial hierfür war zunächst Siliziumkarbid (SiC), eine Verbindung zwischen Silizium und Kohlenstoff. Wegen besserer Eigenschaften werden heute aber überwiegend Metalloxide wie Titandioxid (TiO_2) und Zinkoxid (ZnO) verwendet. Diese mischkristallinen Werkstoffe werden zusammen mit keramischen Bindemitteln zu kleinen Scheiben oder Stäben gepreßt und anschließend bei Temperaturen von 1000 bis 1500 °C gesintert. Dabei entstehen dann die gewünschten elektrischen Eigenschaften. **Bild 5.2** zeigt den Aufbau eines Metalloxidvaristors.

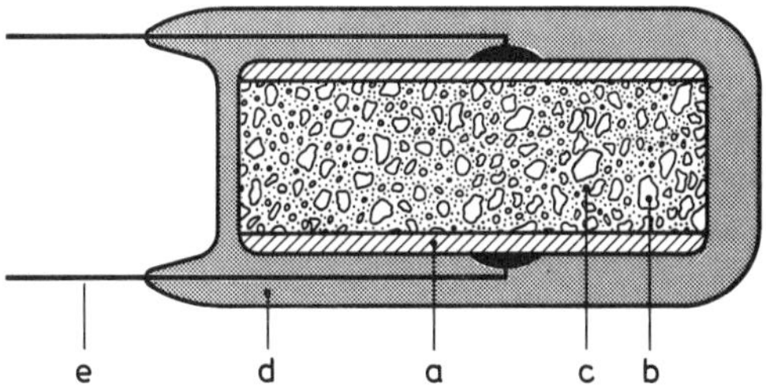

Bild 5.2 Aufbau eines Metalloxidvaristors

Zwischen den beiden Kontaktplatten aus Metall (a) befindet sich eine Schicht aus gesintertem Zinkoxid (b), dem andere Metalloxide (c) beigemischt sind. Ein Überzug aus Kunstharz (d) schützt den aktiven Teil vor mechanischen und chemischen Einflüssen. Er dient gleichzeitig aber auch zur Isolierung. Die Anschlußdrähte (e) sind so ausgeführt, daß unterschiedliche Einbauarten möglich sind. Neben dieser Scheibenausführung von Varistoren gibt es auch noch Blocktypen, bei denen der aktive Teil dann in einem blockförmigen Gehäuse vergossen ist. In **Bild 5.3** sind als Beispiel ein Scheibentyp und ein Blocktyp dargestellt.

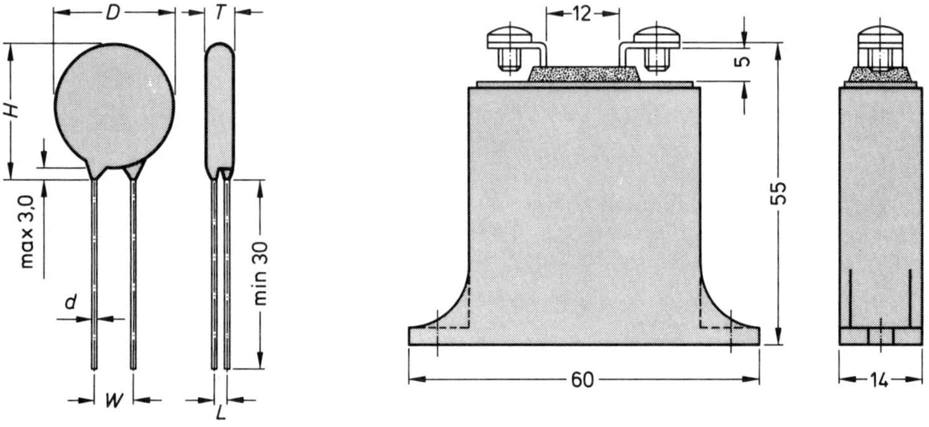

Bild 5.3 Bauformen von Varistoren

Der Leitungsmechanismus des Varistors entsteht während des Sintervorganges. Die Zn- oder TiO_2-Körner selbst sind gut leitend, während die Körner der anderen Mischkristalle hochohmig sind. An den Korngrenzen, wo Zn- oder TiO_2-Körner direkt zusammentreffen, bilden sich beim Sintern Übergangswiderstände, die als Mikrovaristoren bezeichnet werden können. Sie zeigen das Verhalten zweier Z-Dioden in Antireihenschaltung, deren Gesamt-Durchbruchspannung bei etwa 3,8 V liegt. Das Gesamtverhalten des Varistors ergibt sich aus einer Vielzahl von Reihen- und Parallelschaltungen solcher Mikrovaristoren. Durch unterschiedliche Korngrößen der Mischkristalle sowie durch unterschiedliche Dicke der Keramikschicht lassen sich die Durchbruchspannungen bzw. Ansprechschwellen von Varistoren in weiten Grenzen variieren.
Bild 5.4 zeigt den charakteristischen Zusammenhang von Strom und Spannung für Siliziumkarbid- und Metalloxidvaristoren im doppelt-linearen Maßstab.

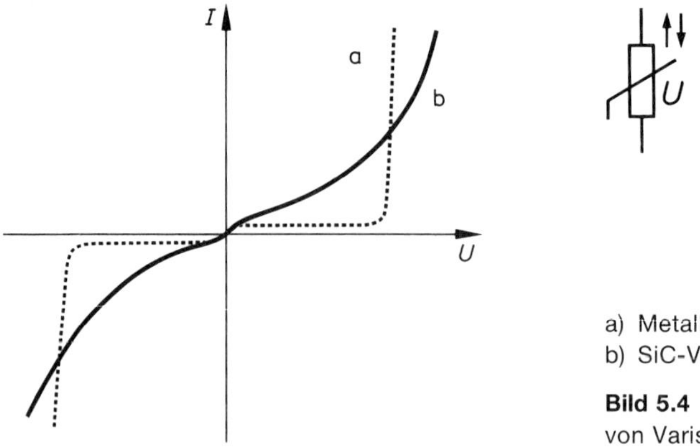

a) Metalloxidvaristor
b) SiC-Varistor

Bild 5.4 Charakteristische Kennlinien von Varistoren und Schaltzeichen

In Bild 5.4 ist zu erkennen, daß die Kennlinien symmetrisch verlaufen, also keine Abhängigkeit von der Polarität der anliegenden Spannung besteht. Aus der Steigung $\Delta U / \Delta I$ läßt sich zu jedem Punkt der Kennlinie der dynamische Widerstand r des Varistors ermitteln. Da die Kennlinien vom Nullpunkt ausgehend zunächst nur eine kleine Steigung haben, sind hier die Widerstandswerte groß. Oberhalb einer Ansprechspannung verlaufen die Kennlinien dann steil und die Widerstandswerte sind klein.
Die Hersteller von Varistoren geben die Kennlinien aber meistens nicht in linearem, sondern in doppelt-logarithmischem Maßstab an. Da keine Abhängigkeit von der Polarität der Spannung vorliegt, reicht die Kennliniendarstellung im ersten Quadranten aus.
Bild 5.5 zeigt als Beispiel die *U*/*I*-Kennlinie eines Metalloxid-Varistors im doppelt-logarithmischen Maßstab.

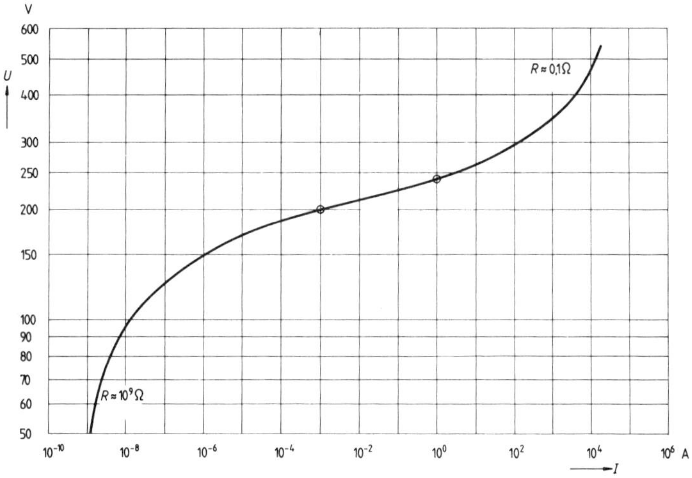

Bild 5.5 *U*/*I*-Kennlinie eines Metalloxid-Varistors vom Typ SIOV-B32 K 130 (Siemens)

Die wichtigsten Angaben in den Datenblättern der Hersteller sind:

- maximal zulässige Sinuswechselspannung $U_{\text{eff max}}$ (engl.: RMS Voltage);
  maximal zulässiger Effektivwert einer sinusförmigen Wechselspannung, die dauernd am Varistor liegen darf. Seine Werte liegen etwa zwischen 4 V ... 2800 V.
- maximal zulässige Gleichspannung $U_{-\text{max}}$ (engl.: DC Voltage);
  maximal zulässiger Wert einer Gleichspannung, die dauernd am Varistor liegen darf. Die Werte liegen hier zwischen ca. 5 V ... 3500 V.
- Varistorspannung U_{V1mA} (engl.: Varistor Voltage);
  Spannungsabfall am Varistor bei einem eingeprägten Strom von 1 mA. Die Werte liegen zwischen 8 V ... 5000 V.

Weitere Grenzwerte sind für den Praktiker nur von untergeordneter Bedeutung. Alle Hersteller von Varistoren bieten Baureihen an, bei denen die einzelnen Typen im wesentlichen nach ihrer höchstzulässigen Betriebsspannung abgestuft sind.

5.2.2 Anwendungsbeispiele

Aufgrund ihrer Eigenschaften werden Varistoren überwiegend als Schutzelemente für Schaltkreise jeglicher Art eingesetzt. Beim Auftreten energiereicher Überspannungsspitzen geht der Varistor vom hochohmigen in den leitenden Zustand über. Mit absinkender Spannung wird er dann wieder hochohmig. Auf diese Weise werden die unerwünschten Spannungsimpulse gewissermaßen absorbiert.
Überspannungen lassen sich unterteilen in äußere und innere Überspannungen. Äußere Überspannungen gelangen in der Regel über das Netz auf die zu schützende Schaltung. Sie entstehen z. B. durch Schalten anderer Verbraucher, durch Blitzeinschlag auf Versorgungsleitungen, durch Kurzschlüsse im Netz. Sie sind in ihrer Art und Häufigkeit nicht vorhersehbar, so daß daraus für die Auswahl eines bestimmten Varistortyps keine speziellen Informationen gewonnen werden können.
Die inneren Überspannungen werden dagegen in dem zu schützenden System selbst verursacht. Sie können beim Schalten von Induktivitäten oder durch statische Aufladungen entstehen. Die Ermittlung von tatsächlich auftretenden Überspannungen ist meistens sehr schwierig und nur mit einigem meßtechnischen Aufwand möglich.
Bild 5.6 zeigt einige Beispiele für den Schutz von elektronischen Schaltungen durch Varistoren gegenüber äußeren Überspannungen.

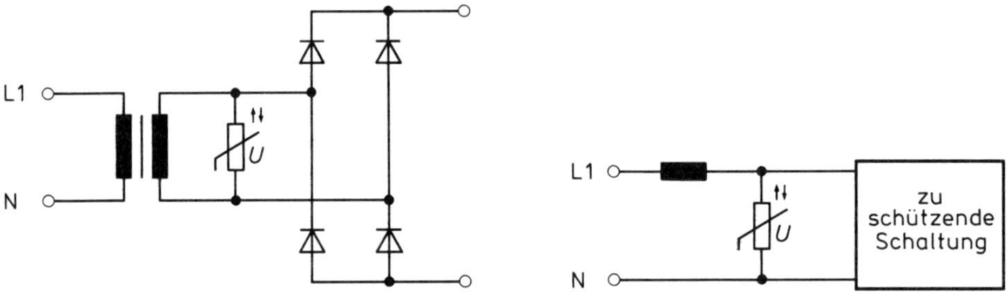

Bild 5.6 Beispiele für den Schutz gegenüber äußeren Überspannungen

In **Bild 5.7** sind zwei Schaltungen angegeben, in denen durch Varistoren das Entstehen von inneren Überspannungen verhindert wird. Es handelt sich in beiden Fällen um das Schalten induktiver Lasten. Die Überspannungen können hier beim Abschalten der Induktivität auftreten.

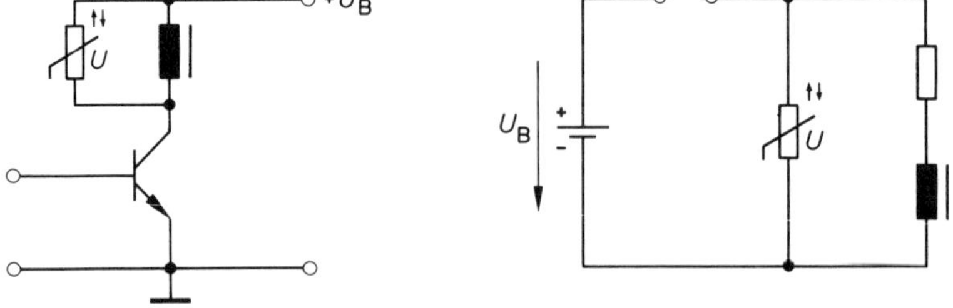

Bild 5.7 Beispiele für den Schutz gegenüber inneren Überspannungen

In der Leistungselektronik haben Varistoren als Schutzelemente eine besondere Bedeutung. Da hier meistens große induktive Lasten geschaltet werden, müssen die verwendeten Halbleiterbauelemente wie Thyristoren und Triacs oft vor den bei den Schaltvorgängen auftretenden Überspannungen durch Varistoren geschützt werden.

5.3 Temperatursensoren

Zur Temperaturerfassung wird eine Vielzahl verschiedener Sensoren angeboten, in denen die unterschiedlichsten physikalischen Prinzipien zur Anwendung gelangen. Ganz allgemein werden folgende Anforderungen an Temperatursensoren gestellt:

- Einsatzmöglichkeit über einen großen Temperaturbereich
- möglichst lineare Kennlinie über den gesamten zu messenden Temperaturbereich
- schnelle Reaktion auf Änderungen der Meßgröße
- Reproduzierbarkeit, d. h., die Kennlinie des Sensors soll sich auch durch ständige Temperaturwechsel langfristig nicht ändern (Langzeitstabilität)
- möglichst kleine Hysterese, d. h., das jeweilige Meßsignal soll unabhängig von der Anfahrrichtung des Meßpunktes sein
- geringe thermische Masse, um die zu messende Temperatur nicht unnötig zu beeinflussen
- geringe Toleranzabweichungen, damit problemloser Austausch defekter Sensoren ohne aufwendigen Neuabgleich der Meßeinrichtung möglich ist

Natürlich erfüllen nicht alle in diesem Abschnitt behandelten Sensoren die genannten Forderungen gleichermaßen gut. Allen gemeinsam ist jedoch die Tatsache, daß bei ihnen die Temperaturabhängigkeit des elektrischen Widerstandes ausgenutzt wird, wobei je nach verwendetem Material unterschiedliche Leitungsmechanismen zum Tragen kommen.
Temperatursensoren können grob in sechs Gruppen eingeteilt werden:

- *Widerstandsmeßfühler*
- *Thermistoren*
- *Silizium-Temperatursensoren*
- *Integrierte Halbleitersensoren*
- *Infrarot-Temperatursensoren*
- *Thermoelemente*

5.3.1 Widerstandsmeßfühler

5.3.1.1 Grundprinzip und Aufbau

Die ersten der seit mehreren Jahrzehnten in der Temperaturmeßtechnik bewährten Widerstandsmeßfühler bestanden aus Platindraht, der auf einen Träger gewickelt war. Später kam dann auch Nickel als Sensormaterial hinzu. In den letzten Jahren bieten die Hersteller jedoch auch zunehmend Widerstandsmeßfühler an, die mit modernen Verfahren der Halbleitertechnik hergestellt werden. Bei diesen sogenannten Dünnschicht- oder Dünnfilm-Meßwiderständen wird als Sensormaterial neben Platin (Pt) und Nickel (Ni) neuerdings auch Iridium (Ir) verwendet. Das aufgrund seiner Sprödigkeit in Drahtform nicht zu verarbeitende Iridium eignet sich besonders für Messungen im Tieftemperaturbereich bis − 200 °C. Selbst bei diesen Temperaturen sind im Gegensatz zu Platin keine wesentlichen Hystereseeffekte nachweisbar.
Unabhängig von den unterschiedlichen Ausführungsformen wird bei allen Widerstandsmeßfühlern der über weite Bereiche nahezu lineare Zusammenhang zwischen elektrischem Widerstand und der Temperatur der Sensormaterialien ausgenutzt. Mathematisch wird dieser Zusammenhang wie folgt beschrieben:

$$R_\vartheta = R_0\,(1 + \alpha \Delta T)$$

mit R_ϑ = Widerstandswert in Ω bei der Temperatur ϑ
R_0 = Widerstandswert in Ω bei $\vartheta = 0$ °C (Bezugswert)
α = Temperaturkoeffizient in 1/K; gibt die relative Widerstandsänderung in Abhängigkeit von der Temperatur an
ΔT = Temperaturdifferenz in K.

Charakteristisch für die als Widerstandsmeßfühler verwendeten Metalle ist neben deren großem spezifischen Widerstand und dem hohen Temperaturkoeffizienten α die geringe Temperaturabhängigkeit von α.
In der Norm IEC 751 (DIN 43760) sind die Nennwerte für Widerstandsmeßfühler festgelegt. In **Bild 5.8** sind einige Grundwerte und zulässige Abweichungen für die Genauigkeitsklassen A und B zusammengestellt. Die Bezeichnung setzt sich aus dem chemischen Kurzzeichen des Sensormaterials und dem Zahlenwert des ohmschen Widerstandes bei der Temperatur $\vartheta = 0$ °C zusammen, z. B. Pt 100 ≙ Platin-Sensor mit einem Nennwiderstand von 100 Ω bei $\vartheta = 0$ °C.
Diese Norm wurde zwar für Drahtwiderstandsmeßfühler entwickelt, aber die Hersteller fertigen auch die Dünnschicht-Meßwiderstände dieser Norm entsprechend.
Bei den Drahtwiderstandsmeßfühlern wird das drahtförmige Sensormaterial mit einem Durchmesser zwischen 0,05 und 0,3 mm auf einen Keramikkörper gewickelt. Grundsätzlich sind hierbei Ausführungen mit linearer und bifilarer Wicklung zu unterscheiden **(Bild 5.9)**.
Bei der bifilaren Wicklung tritt beim Einschalten kein Induktionsstrom auf. Daher sind auch Messungen mit Wechselspannung möglich. **Bild 5.10** zeigt einige Ausführungsformen von Draht-Widerstandsmeßfühlern.
Dünnschicht-Widerstandsmeßfühler werden mit unterschiedlichen Verfahren der Halbleitertechnologie hergestellt. Dabei wird eine etwa 1 ... 2 µm dicke Schicht des Sensormaterials auf einen Trägerkörper aufgebracht. Nach dem Abgleich auf den

Meßwiderstand Nickel 100 Ω (Kurzzeichen: Ni-100)

mittlerer Temperaturkoeffizient α zwischen 0 °C und 100 °C: $\alpha = 0{,}00618\,\frac{1}{K}$

Temperaturbereich: − 60 °C bis + 150 °C

Grundwerte:

Meßtemperatur	− 60 °C	0 °C	100 °C
Widerstand	69,5 ± 1,0 Ω	100,0 ± 0,2 Ω	161,8 ± 0,8 Ω

Meßwiderstand Platin 100 Ω (Kurzzeichen: Pt-100)

mittlerer Temperaturkoeffizient α zwischen 0 °C und 100 °C: $\alpha = 0{,}00385\,\frac{1}{K}$

Temperaturbereich: − 200 °C bis 650 °C (Klasse A), bis 850 °C (Klasse B)

Grundwerte:

Meßtemperatur	− 200 °C	0 °C	200 °C	400 °C
Widerstand (Klasse A)	18,49 ± 0,24 Ω	100,00 ± 0,13 Ω	175,84 ± 0,20 Ω	247,04 ± 0,33 Ω
Widerstand (Klasse B)	18,49 ± 0,56 Ω	100,00 ± 0,30 Ω	175,84 ± 0,48 Ω	247,04 ± 0,79 Ω

Bild 5.8 Grundwerte und zulässige Abweichungen für Meßwiderstände Ni-100 und Pt-100

Bild 5.9 Lineare und bifilare Wicklung

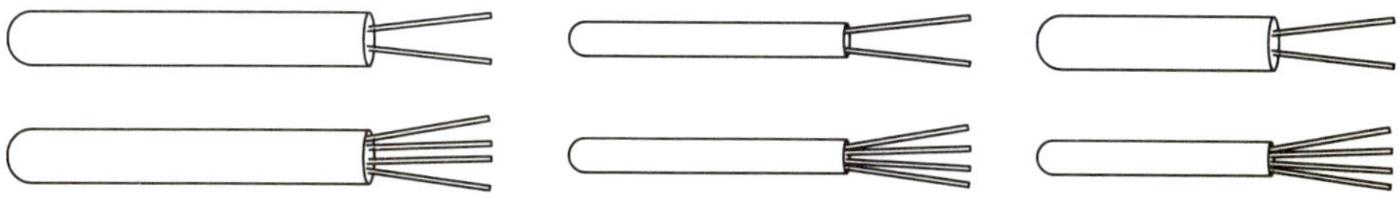

Bild 5.10 Ausführungsformen von Widerstandsmeßfühlern

jeweiligen Nennwert wird der Sensor je nach Anwendungsgebiet in unterschiedliche Gehäuse eingebaut oder mit einer Schutzschicht umweltbeständig gemacht.
Bild 5.11 a zeigt den prinzipiellen Aufbau, **Bild 5.11 b** das Foto eines Pt-Dünnschicht-Meßwiderstandes mit der Abmessung 2 mm × 2,3 mm × 0,65 mm. Auf dem Foto ist gut die mäanderförmige Struktur des Sensormaterials zu erkennen. Diese Strukturen werden je nach Herstellungsverfahren mit Laserschneid- oder Ätztechnik in der Sensorschicht erzeugt. In **Bild 5.12** sind einige Ausführungsformen von Dünnschichtmeßwiderständen dargestellt.

a)

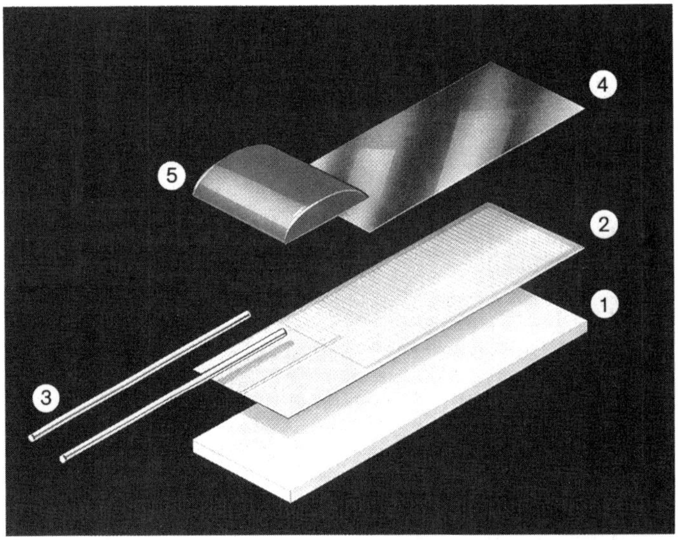

Schaltzeichen

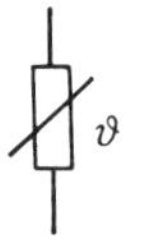

b)

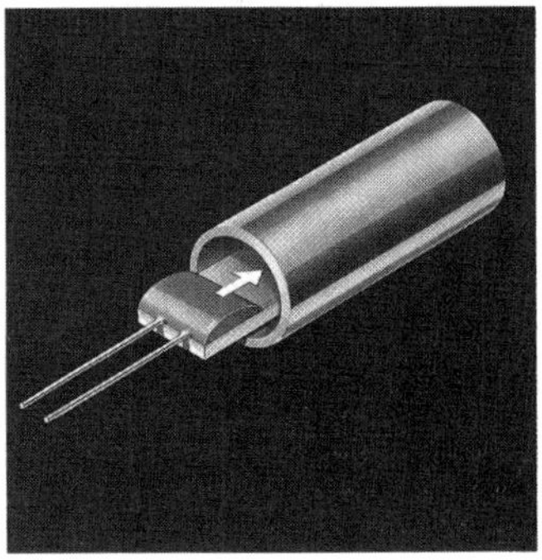

Bild 5.11 Aufbau, Foto und Schaltzeichen eines Pt-Dünnschicht-Meßwiderstandes

1 = Keramiksubstrat
2 = Platinschicht
3 = Anschlußdraht (Nickel mit Plantinüberzug)
4 = Glasschutz für Platinschicht
5 = Glasschutz und Fixierung für Anschlußdrähte

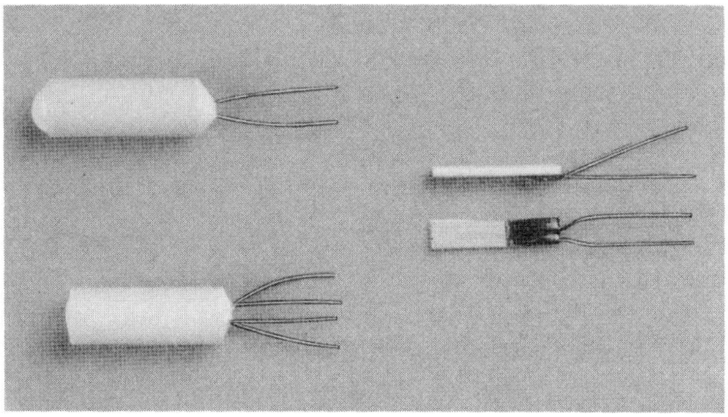

Bild 5.12 Ausführungsformen von Dünnschichtmeßwiderständen, abgebildet in 1,5facher Vergrößerung

5.3.1.2 Anwendungsbeispiele und Auswahlkriterien

Die Temperaturmessung mit Widerstandsmeßfühlern basiert auf der Messung des ohmschen Widerstandes des Sensors. Da es sich bei diesen Temperaturmeßwiderständen um passive Bauelemente handelt, wird eine Hilfsenergie benötigt. Sie ist der Grund für einen der beiden wesentlichen systematischen Fehler dieser Meßmethode. Der durch den Meßkreis fließende Strom führt nämlich zu einer Eigenerwärmung des Sensors, die gegebenenfalls bei der Auswertung des Meßergebnisses berücksichtigt werden muß.
Einen weiteren systematischen Fehler stellen die Widerstände der Zuleitungen dar, deren Einfluß auf die Messung aber durch geeignete Anschlußarten vermieden werden kann. **Bild 5.13** zeigt die drei wichtigsten Anschlußarten für Meßwiderstände.

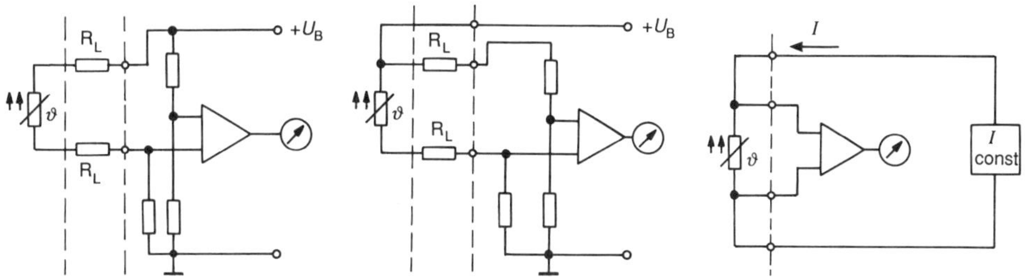

a) 2-Leiter-Schaltung b) 3-Leiter-Schaltung c) 4-Leiter-Schaltung

Bild 5.13 Anschlußarten von Widerstandsmeßfühlern

Sowohl bei der 2-Leiter-Schaltung als auch bei der 3-Leiter-Schaltung handelt es sich um Wheatstone-Brücken. Bei der 2-Leiter-Schaltung geht der Zuleitungswiderstand R_L und somit auch dessen Temperaturabhängigkeit mit in die Messung ein. Wird durch möglichst kurze Zuleitungen jedoch dafür gesorgt, daß $R_\vartheta \gg R_L$ ist, kann der Meßfehler in vielen Anwendungsfällen vernachlässigt werden.
Der der 2-Leiter-Schaltung anhaftende Fehler tritt bei der 3-Leiter-Schaltung nicht auf, da die Zuleitungswiderstände symmetrisch in beiden Brückenzweigen liegen und sich somit gegenseitig kompensieren. Die genauesten Meßergebnisse liefert die 4-Leiter-Schaltung. Sie arbeitet nach der Strom-Spannungs-Methode. Unabhängig vom Ge-

samtwiderstand des Meßkreises fließt durch den Sensor ein konstanter Strom. Mit einem hochohmigen Meßgerät läßt sich somit unabhängig von der Zuleitungslänge der Widerstand des Sensors sehr genau ermitteln. Nachteil dieser Schaltung ist jedoch, daß vier Leitungen zwischen Sensor und Auswerte-Schaltung verlegt werden müssen.
Alle drei hier erwähnten Schaltungen können sowohl für Draht-Meßwiderstände als auch für Dünnschicht-Meßwiderstände verwendet werden. Das Schaltzeichen ist für beide Meßwiderstandsbauformen identisch.
Die Auswahl eines Temperatur-Meßwiderstandes wird neben dem Preis und der Verfügbarkeit in erster Linie von der Meßumgebung, also dem Ort, an dem der Sensor angebracht werden soll, und dem zu messenden Temperaturbereich bestimmt.
Der Temperaturbereich hängt im wesentlichen vom Sensormaterial ab.
Für die genannten Materialien gelten etwa die folgenden Temperaturbereiche:

Platin	−250 .... +1000 °C
Nickel	− 60 .... + 250 °C
Iridium	−200 .... + 600 °C

5.3.2 Thermistoren

Bei den Thermistoren (engl.: *therm*al sensitive res*istor* = temperaturabhängiger Widerstand) wird aufgrund des unterschiedlichen elektrischen Verhaltens zwischen NTC- (*n*egative *t*emperatur *c*oefficient) und PTC- (*p*ositive *t*emperature *c*oefficient) Thermistoren unterschieden.
Sie werden aus polykristalliner Mischoxidkeramik hergestellt. Dazu wird ein aus verschiedenen Metalloxiden und Stabilisatoren aufbereitetes Pulver mit plastischen Bindemitteln vermischt. Diese Masse wird dann zu den drei wesentlichen Bauformen – Scheiben-, Stab- und Perlenform – gepreßt. Während des anschließenden Sintervorganges bei Temperaturen zwischen 1000 und 1400 °C entstehen die speziellen elektrischen Eigenschaften der Thermistoren. Das unterschiedliche Temperaturverhalten bei NTC- und PTC-Widerständen wird durch unterschiedliche Ausgangsmaterialien und Mischungsverhältnisse, sowie durch unterschiedliche Sinterverfahren erzielt.

5.3.2.1 NTC-Widerstände (Heißleiter)

Kennlinien und Kennwerte

Während der Widerstandswert reiner Metalle mit steigender Temperatur um etwa 0,4 % je Grad Temperaturerhöhung zunimmt, wird der Widerstandswert von Heißleitern um etwa 3 bis 5,5 % je Grad Temperaturerhöhung kleiner. Die Widerstandsänderung ist also beim Heißleiter etwa sieben- bis vierzehnmal größer als bei einem metallischen Leiter. Diese Eigenschaft entsteht beim Sinterprozeß, weil dabei an den Korngrenzen der Metalloxide Baufehler in dem Kristallgitter erzeugt werden. Sie führen bei Temperaturerhöhung zu einem veränderten Leitungsmechanismus im Halbleitermaterial.

Bild 5.14 zeigt die Kennlinie eines Heißleiters mit der charakteristischen Abhängigkeit des Widerstandes R_{HL} von der Umgebungstemperatur ϑ_U im linear-logarithmischen Maßstab.

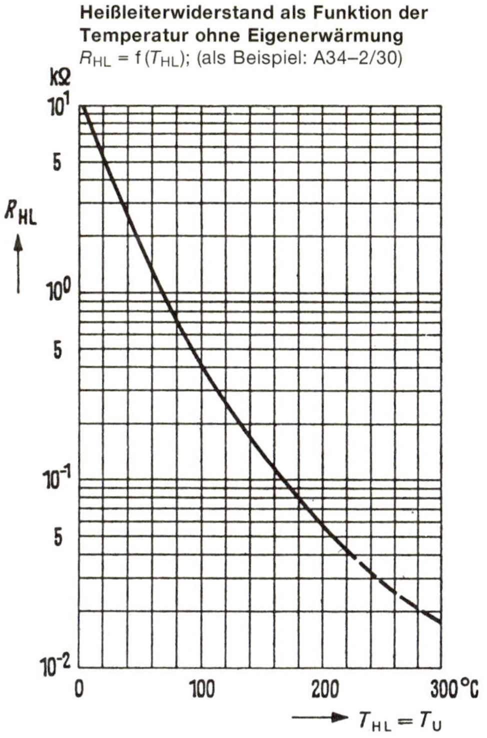

Bild 5.14 Widerstand R_{HL} eines Heißleiters in Abhängigkeit von der Umgebungstemperatur T_U

Solange der Heißleiter elektrisch nur wenig belastet ist, ist seine Eigentemperatur gleich der Umgebungstemperatur. Aus der Kennlinie in Bild 5.14 kann unter dieser Voraussetzung der Widerstand des Heißleiters bei den verschiedenen Temperaturen direkt abgelesen werden. Er ändert sich bei dem angegebenen Typ von $R_{HL} \approx 5{,}5\ \text{k}\Omega$ bei $\vartheta_U = 20\ °\text{C}$ auf $R_{HL} = 400\ \Omega$ bei $\vartheta_U = 100\ °\text{C}$.

Aussagefähiger als die Widerstands-Temperaturkennlinie in Bild 5.14 ist jedoch die Strom-Spannungs-Kennlinie eines Heißleiters. Sie ist auch dann gültig, wenn der NTC-Widerstand von dem ihn durchfließenden Strom auf eine Temperatur aufgeheizt wird, die größer als die Umgebungstemperatur ist. In **Bild 5.15** ist die Strom-Spannungs-Kennlinie eines Heißleiters im doppelt-logarithmischen Maßstab dargestellt.

Die in Bild 5.15 angegebene Strom-Spannungs-Kennlinie wird als statische Kennlinie eines Heißleiters bezeichnet. Ihre Ermittlung erfolgt bei konstanter Umgebungstemperatur. Der am NTC-Widerstand auftretende Spannungsabfall wird dabei immer erst dann abgelesen, wenn sich ein Gleichgewichtszustand zwischen der zugeführten elektrischen Energie und der abgegebenen Wärme eingestellt hat.

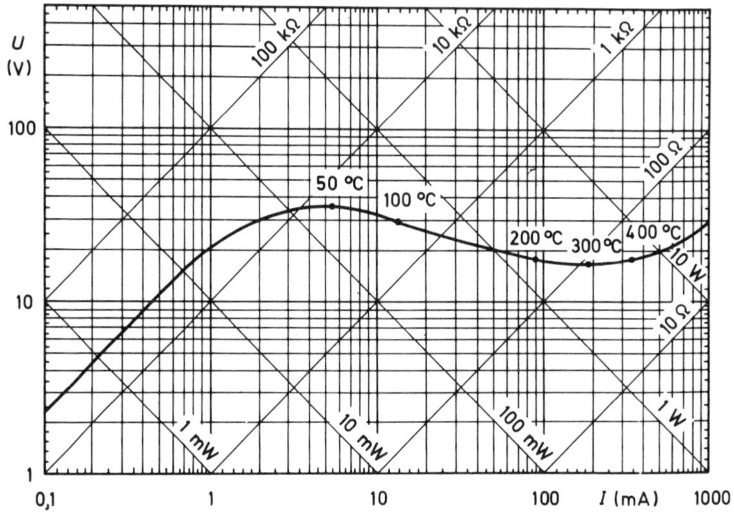

Bild 5.15 Strom-Spannungs-Kennlinie eines Heißleiters

Die Strom-Spannungs-Kennlinie nach Bild 5.15 hat drei unterschiedliche Bereiche.

1. In dem nahezu geradlinigen Anstiegsteil der Kennlinie ist die zugeführte elektrische Leistung so gering, daß keine merkliche Eigenerwärmung auftritt. Der Widerstandswert des Heißleiters wird in diesem Bereich nur von der Umgebungstemperatur bestimmt. In der angegebenen Kennlinie endet dieser Bereich bei etwa 10 mW. Nur in diesem Bereich ist es sinnvoll, einen NTC-Widerstand als Temperaturfühler einzusetzen.
2. Wird der Strom weiter erhöht, so steigt die Temperatur des Widerstandes über die der Umgebung an. Infolge der Eigenerwärmung sinkt der Widerstand des Heißleiters merklich ab. Bei einem bestimmten Stromwert erreicht die Spannung ein Maximum.
3. Bei weiterer Erhöhung des Stromes wird der Spannungsabfall wieder kleiner. Am Ende der Kennlinie ist der Widerstandswert des Heißleiters fast ausschließlich von der umgesetzten elektrischen Leistung und nur noch in einem geringen Umfang von der Umgebungstemperatur abhängig.

In den Datenblättern der Hersteller werden die Strom-Spannungs-Kennlinien von NTC-Widerständen für eine Umgebungstemperatur von $\vartheta_U = 25\ °C$ bei ruhender Luft angegeben. Diese Kennlinien ändern sich daher, wenn aus irgendeinem Grund eine Änderung der Wärmeabfuhr auftritt. Dieses ist der Fall, wenn der Heißleiter z. B. auf einer Metallplatte aufliegt, Luft an ihm vorbeiströmt oder er in eine Flüssigkeit eingetaucht ist. Ist dadurch die Kühlung besser als in ruhender Luft von 25 °C, so verschiebt sich die gesamte Kennlinie in Richtung zu größeren Strömen und Spannungen. Maßgebend für die Lage des Maximums der Strom-Spannungs-Kennlinie ist aber auch die Größe der Oberfläche eines Heißleiters. Je größer seine Oberfläche, desto mehr wandert das Maximum nach rechts. Bei den verschiedenen Typen von Heißleitern liegt dieses Maximum je nach Bauform und Oberfläche des Heißleiters jeweils anders. Der charakteristische Verlauf der Kennlinie bleibt aber stets erhalten.

In dem Diagramm nach Bild 5.15 sind außer der eigentlichen Strom-Spannungs-Kennlinie auch noch Kennlinien für fünf verschiedene Leistungen (1 mW bis 10 W) und fünf verschiedene Widerstände (10 Ω bis 100 kΩ) eingetragen. Zwischenwerte können jeweils durch eine Parallelverschiebung der beiden Geraden angegeben werden, wobei aber auch hier der logarithmische Maßstab zu beachten ist. Daher läßt sich bei jeder Belastung eines NTC-Widerstandes der zugehörige Widerstandswert ablesen oder umgekehrt.
In den Datenblättern von NTC-Widerständen sind außer den Kennlinien auch noch einige wichtige Kennwerte angegeben:

R_{20} oder R_{25} = Kaltwiderstand oder Nennwiderstand. Er gibt den Widerstandswert des Heißleiters bei $\vartheta_U = 20$ oder 25 °C an. Die Toleranzen können aber 5 bis 20 % betragen.

$\vartheta_{U\,min}$; $\vartheta_{U\,max}$ bzw. $T_{U\,min}$; $T_{U\,max}$ = Grenztemperaturen, innerhalb denen der Heißleiter betrieben werden darf. $\vartheta_{U\,min}$ liegt häufig bei − 55 °C. Je nach Ausführung und Verwendungszweck kann $\vartheta_{U\,max} = +70$ bis etwa +350 °C betragen.

P_{max} = Maximal zulässige, im Heißleiter in Wärme umgesetzte Leistung. Da sie von der Temperatur des Heißleiters abhängig ist, wird sie immer für eine bestimmte Temperatur angegeben, z. B. $P_{max} = 0{,}5$ W bei $\vartheta_U = +55$ °C.

G_{th} = Wärmeleitwert in mW/K. Er ist der Reziprokwert des Wärmewiderstandes R_{th}.

Wird einem Heißleiter eine konstante elektrische Leistung zugeführt, so steigt seine Temperatur zunächst an. Diese Temperaturzunahme klingt aber infolge Kühlung nach einiger Zeit wieder ab. Es wird dann ein stationärer Zustand erreicht, bei dem die zugeführte elektrische Energie als Wärme voll an die Umgebung abgegeben wird. In diesem Fall gilt:

$$P = I^2 \cdot R_T = \frac{U^2}{R_T} = G_{th} \cdot (T - T_U)$$

mit
R_T = Widerstandswert in Ω bei der Temperatur T
G_{th} = Wärmeleitwert in mW/K
T_U = Umgebungstemperatur in K

Anwendungsbereiche und Bauformen

Bezüglich ihrer Anwendungsbereiche lassen sich die Heißleiter unterteilen in
1. Kompensations- und Meßheißleiter sowie
2. Anlaßheißleiter.

Kompensations- und Meßheißleiter

Kompensations- und Meßheißleiter sollen elektrisch so schwach belastet werden, daß keine wesentliche Eigenerwärmung eintritt. Sie arbeiten also im geradlinigen Kennlinienteil des Diagrammes in Bild 5.15. In diesem Bereich wird der Widerstand des Heißleiters nur von der Umgebungstemperatur bestimmt. Wesentliche Anwendungsgebiete dieser Gruppe von NTC-Widerständen sind die Temperaturmessung, -regelung und -überwachung. Sie werden aber auch zur Kompensation der Temperaturabhängigkeit von Widerständen sowie zur Temperaturstabilisierung von Transistorschaltungen eingesetzt. **Bild 5.16 a** zeigt als Beispiel die Temperatur-Widerstands-Kennlinien von Heißleitern der Baureihe 6101 (Valvo). Die Widerstandswerte an den einzelnen Kennlinien geben die Kaltwiderstände R_{25} dieser Baureihe an.

a) $R = f(T_U)$-Kennlinien

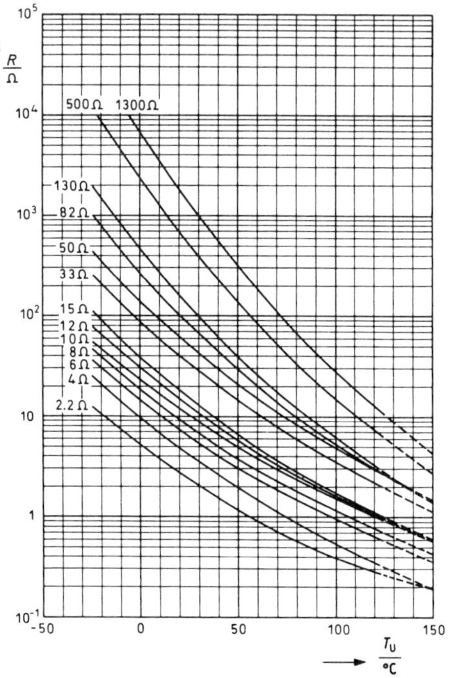

Bild 5.16 Kennlinien eines Meß- und Kompensations-Heißleiters vom Typ 6101 (Valvo)

b) Strom-Spannungs-Kennlinien

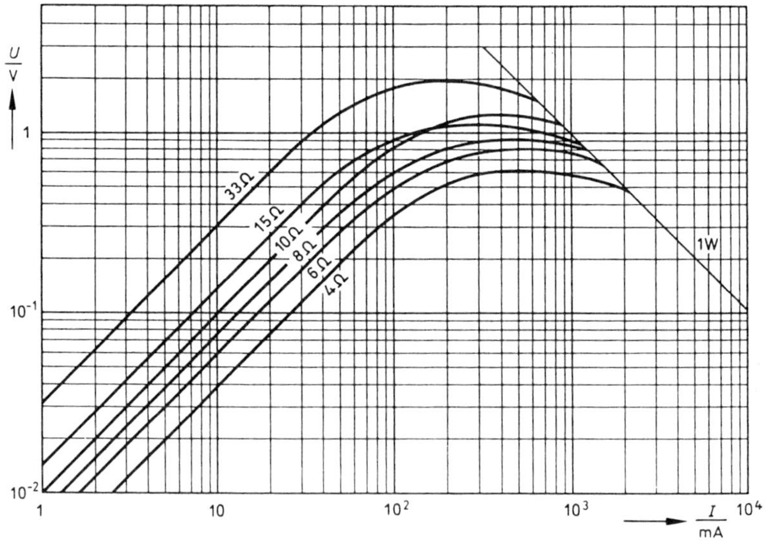

Als Meßheißleiter sollen die einzelnen Typen jeweils nur im geradlinigen Teil der Kennlinien betrieben werden. Nur hier ist sichergestellt, daß die Eigenerwärmung infolge elektrischer Belastung sehr klein gegenüber der Erwärmung durch die Umgebungstemperatur bleibt. Für den Bereich der Temperaturmessung und -regelung werden von mehreren Herstellern besonders spezifizierte Heißleiter mit engen Toleranzen in einem breiteren Temperaturbereich angeboten. Hierfür ist nicht nur ein Kaltwiderstand R_{25} angegeben, sondern noch ein oder zwei weitere Widerstandswerte für andere Temperaturen, z. B. R_{10} oder R_{100}, je nach Einsatzbereich. Derartige Heißleiter werden als Zweipunkt- oder Dreipunkt-Sensoren bezeichnet und zur genaueren Temperaturmessung und -regelung in Kühlschränken, Tiefkühltruhen oder Waschmaschinen eingesetzt.

Für die Heißleiter der Baureihe 6101 wird eine maximale Verlustleistung $P_{max} = 1$ W bei $\vartheta_U = 55$ °C angegeben. Der Betriebstemperaturbereich bei P_{max} erstreckt sich von $\vartheta_{U\,min} = 0$ °C bis $\vartheta_{U\,max} = +55$ °C. In **Bild 5.16 b** sind die Strom-Spannungs-Kennlinien dieser Baureihe mit $R_{25} = 4\ \Omega$ bis $R_{25} = 33\ \Omega$ dargestellt. Die entsprechenden Kennlinien der weiteren Werte mit $R_{25} = 50\ \Omega$ bis $R_{25} = 1300\ \Omega$ schließen sich links oben an.

Anlaßheißleiter

Die Anlaßheißleiter werden elektrisch so stark belastet, daß ihr Widerstand durch Eigenerwärmung stark abnimmt. Die Geschwindigkeit, mit der der Widerstand niederohmiger wird, ist um so größer, je stärker die elektrische Belastung ist. Anlaßheißleiter sind insbesondere zur Unterdrückung von Stromstößen vorgesehen, die beim Einschalten von Glühlampen, Kleinmotoren, Kondensatoren oder Heizkreisen von Röhren auftreten. Sie werden auch häufig zur Erzielung eines zeitlich definierten Stromanstieges für die Anzugs- und Abfallverzögerung von Relais verwendet. In **Bild 5.17 a** ist die $R = f(\vartheta_U)$-Kennlinie eines Anlaßheißleiters vom Typ 90 008 (Valvo) dargestellt. Dieser Typ wird speziell für den Schutz von Halbleiterbauelementen gegen hohe Einschaltstromspitzen empfohlen. Der Kaltwiderstand beträgt $R_{25} = 20\ \Omega \pm 25$ %, die maximale Leistung $P_{max} = 4$ W bei $\vartheta_U = 55$ °C, und der Betriebstemperaturbereich geht von $\vartheta_{U\,min} = 0$ °C bis $\vartheta_{U\,max} = +55$ °C bei P_{max}.

Die Strom-Spannungs-Kennlinie des Typs 90 008 ist in **Bild 5.17 b** angegeben. Da Anlaßheißleiter im Bereich des Spannungsmaximums betrieben werden, liegt der Arbeitsbereich für den angegebenen Typ etwa zwischen 0,1 A und 1 A.

Bauformen

Heißleiter werden in unterschiedlichen Bauformen gefertigt. Sie sind jeweils dem vorgesehenen Verwendungszweck angepaßt. So kann im wesentlichen unterschieden werden zwischen scheiben-, stab- und perlförmigen Heißleitern sowie Heißleitern mit speziellen Gehäusen.

Scheibenförmige Heißleiter werden aus einem Oxidgemisch gepreßt. An beiden Seiten der Scheiben befindet sich je ein Anschlußdraht. Die scheibenförmigen Heißleiter werden lackiert und unlackiert angeboten.

Stabförmige Heißleiter sind stranggepreßt und an beiden Seiten mit Kappen versehen, an denen sich die Anschlußdrähte befinden. Diese Bauform ist häufig bei den Anlaßheißleitern zu finden.

Perlförmige Heißleiter werden als Tropfen auf zwei parallel gespannten Drähten angebracht. Die Perlen haben sehr geringe Abmessungen von z. B. nur 0,4 mm Durchmesser.

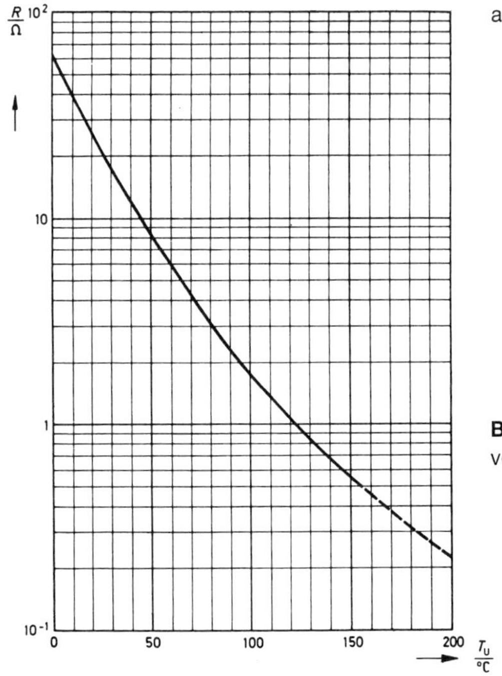

a) $R = f(T_U)$-Kennlinien

Bild 5.17 Kennlinien eines Anlaßheißleiters vom Typ 90008 (Valvo)

b) Strom-Spannungs-Kennlinien

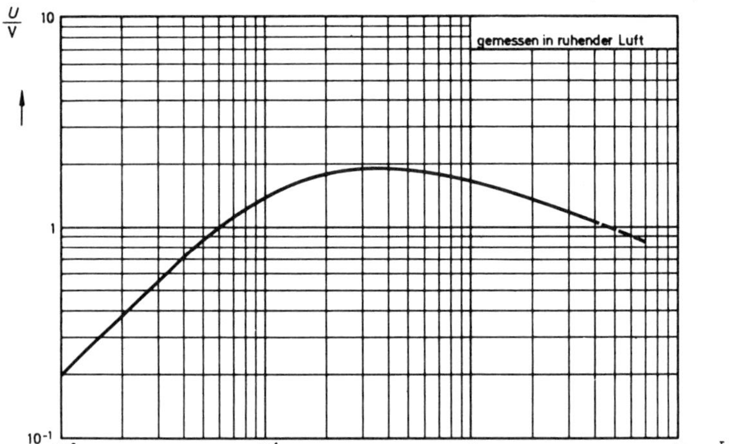

Entsprechend den vorgesehenen Einsatzzwecken sind Heißleiter auch mit besonderen Gehäusen versehen. So bestehen Temperaturfühler oft aus einer Heißleiterperle, die in einem Glasstäbchen eingeschmolzen ist. Heißleitertabletten in Kunststoffbechern mit Steckanschlüssen werden für den Einsatz in Tiefkühltruhen gefertigt. Heißleiter in zylinderförmigen Metallgehäusen sind zur Temperaturüberwachung und -regelung von Flüssigkeiten und Gasen vorgesehen.
Mit Gewinde versehene Heißleiter können auf Kühlkörpern oder anderen Metallflächen aufgeschraubt werden und deren Temperatur überwachen. Das Metallgehäuse ist dann vom Heißleiter elektrisch isoliert, steht aber in gutem Wärmekontakt mit der

Montagefläche. **Bild 5.18** zeigt einige Bauformen sowie das Schaltzeichen von Heißleitern.

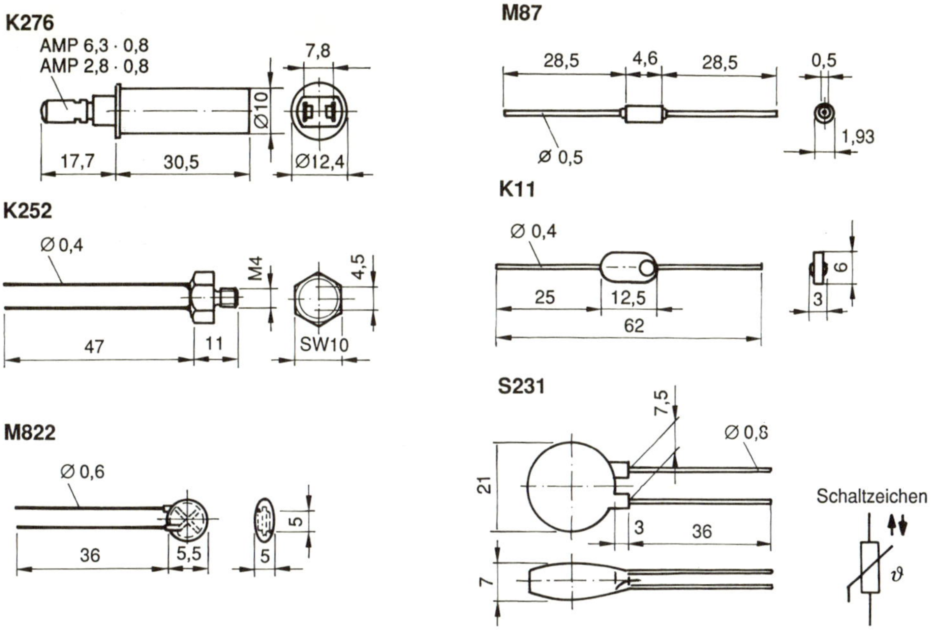

Bild 5.18 Schaltzeichen und Bauformen einiger Heißleiter (Siemens)

Die Typenbezeichnungen von Heißleitern sind leider sehr uneinheitlich. So verwenden einige Hersteller ein firmenspezifisches Bezeichnungsschema aus Buchstaben und Ziffern, aus denen sich Einsatzgebiet, Bauform, Kaltwiderstand, Toleranz des Kaltwiderstandes und Temperaturbeiwert ablesen lassen. Andere Hersteller geben dagegen für ihre Typen und Baureihen nur mehrstellige Kennzahlen oder Bestellnummern an. Auch die verwendeten Farbkennzeichen sind firmenspezifisch.

Auswahlkriterien und Kennlinienkorrektur

Das Anwendungsgebiet grenzt die Auswahl des geeigneten Heißleiters ein. Ist die Wahl auf einen der Anwendungsbereiche – Meß- und Kompensations- oder Anlaßheißleiter – gefallen, sind in der Regel der gewünschte Temperaturbereich und die Bauform die nächsten Auswahlkriterien. Für meßtechnische Anwendungen sollten noch folgende Grundsätze beachtet werden:

- möglichst hochohmigen Typ wählen, um eine hohe temperaturproportionale Signalspannung zu erhalten;
- Nennstrom des NTC beachten, da ein zu großer Strom durch den NTC das Meßergebnis unnötig verfälscht.

Da NTC-Widerstände eine stark nichtlineare Kennlinie haben, ist häufig eine Kennlinienkorrektur erforderlich. **Bild 5.19 a** zeigt eine einfache Schaltung zur Linearisierung des Kennlinienverlaufes mit Parallel- und Reihenwiderstand.

Eine für die meisten Anwendungsfälle ausreichende Linearisierung wird erzielt, wenn $R_1 \approx R_\vartheta$ und $R_2 \approx 10 \cdot R_\vartheta$ gewählt werden. Als Bezugsgröße ist dabei für R_ϑ der Widerstandswert in der Mitte des zu linearisierenden Temperaturbereiches einzusetzen. **Bild 5.19 b** zeigt Signalspannung und Verlustleistung des linearisierten Heißleiters.

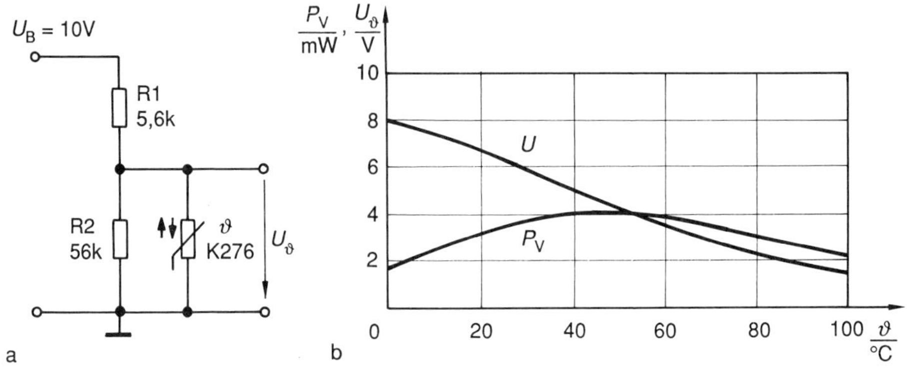

a) Linearisierungsschaltung

b) Signalspannung und Verlustleistung des linearisierten Heißleiters

Bild 5.19 Linearisierung eines Heißleiters

Beispiel

Ein Meß- und Kompensationsheißleiter aus der Baureihe A34 (Siemens) mit einem Nennwiderstand $R_{20} = 5\,\text{k}\Omega$ (Bild 5.14) soll bei Temperaturen zwischen 40 und 140 °C eingesetzt werden. Für die angegebene Linearisierungsschaltung sind für den genannten Temperaturbereich die Werte für R 1 und R 2 zu berechnen:

Temperaturbereich: $\vartheta_u = 40\,°\text{C}$ $\vartheta_o = 140\,°\text{C}$

$$\Delta\vartheta = \vartheta_o - \vartheta_u = 140\,°\text{C} - 40\,°\text{C} = 100\,°\text{C}$$

$$\vartheta_m = \vartheta_u + \frac{\Delta\vartheta}{2} = 40\,°\text{C} + 50\,°\text{C} = 90\,°\text{C}$$

Aus der Kennlinie in Bild 5.14 ergibt sich für $R_\vartheta\ (\vartheta_m) \approx 500\,\Omega$. Somit ist für R_1 zu wählen: $R_1 \approx R_\vartheta \approx 500\,\Omega$, gewählt $470\,\Omega$. Für R_2 ergibt sich: $R_2 \approx 10 \cdot R_1 = 10 \cdot 470\,\Omega = 4{,}7\,\text{k}\Omega$.

Eine Kombination aus der Linearisierungsschaltung und einer einfachen Schaltung zur Verstärkung der Signalspannung zeigt **Bild 5.20 a**. Die Ausgangsspannung U_A ist in **Bild 5.20 b** dargestellt.

Anwendungsbeispiele

In Geräten und Anlagen zur Messung, Steuerung oder Regelung von Temperaturen sind die Heißleiter als Sensoren nur ein Bestandteil der meist bereits recht umfangreichen elektronischen Schaltungen. Die Arbeitsweise dieser Schaltungen wird dabei den jeweils verwendeten Sensoren angepaßt. Wegen der Vielzahl praktischer Einsatzmöglichkeiten von Heißleitern können hier nur einige Prinzipschaltungen angeführt werden.

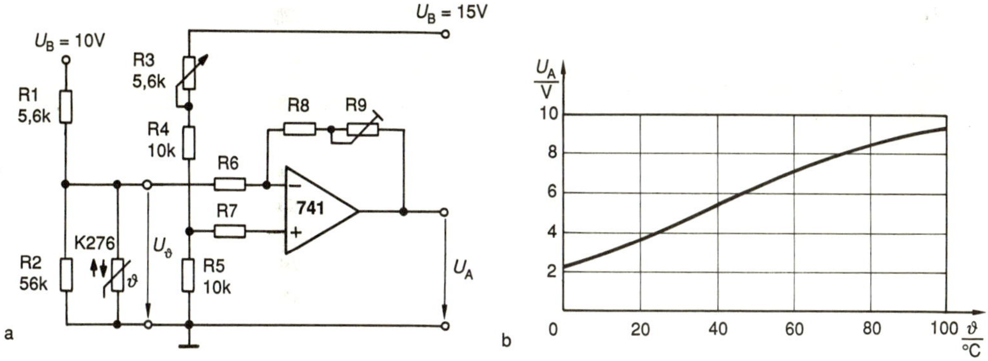

a) Verstärkerschaltung für linearisierten Heißleiter

b) Ausgangsspannung

Bild 5.20 Linearisierungsschaltung für Heißleiter mit nachgeschaltetem Verstärker

1. Elektronisches Thermometer

Bild 5.21 zeigt das Grundprinzip eines sehr einfachen Thermometers. Als Temperaturfühler lassen sich beliebige Meßheißleiter verwenden. Die Meßbereiche hängen im wesentlichen von den zulässigen Temperaturbereichen der einzelnen Heißleitertypen ab.

Die Betriebsspannung muß stets so gewählt werden, daß der Heißleiter auch im oberen Temperaturbereich ohne Eigenerwärmung, also im geradlinigen Kennlinienteil, betrieben wird. Steigt die Umgebungstemperatur an, so sinkt der Widerstandswert des Heißleiters, und der Strom durch das Anzeigeinstrument wird größer. Die Skala des Strommessers kann direkt in Temperaturwerten kalibriert werden. Nachteilig bei dieser einfachen Ausführung eines elektronischen Thermometers ist jedoch der starke Einfluß der Betriebsspannung auf die Anzeigegenauigkeit. Jede kleine Änderung der Betriebsspannung führt zu Anzeigefehlern auf der Temperaturskala. Als Betriebsspannung ist daher eine stabilisierte Spannung erforderlich.

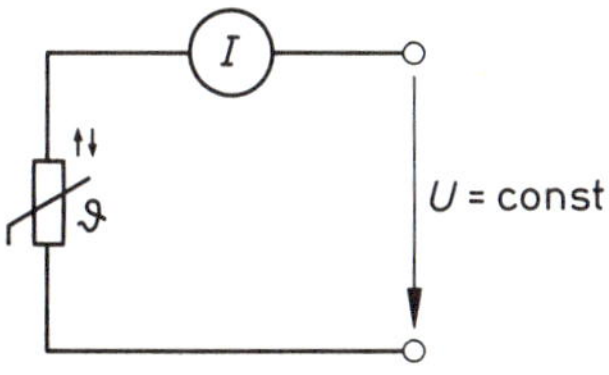

Bild 5.21 Prinzipschaltung eines einfachen elektronischen Thermometers

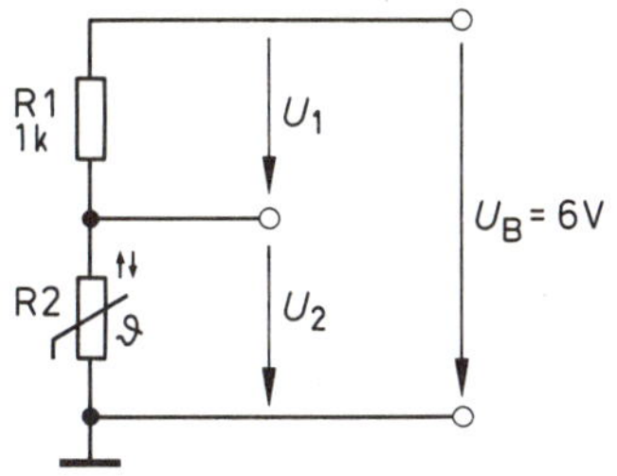

Bild 5.22 Spannungsteiler mit Heißleiter

2. Spannungsteiler mit Heißleiter

In vielen praktischen Anwendungen wird nicht der Strom durch den Heißleiter, sondern der Spannungsabfall an ihm als veränderliche und von der Temperatur abhängige Größe ausgenutzt. **Bild 5.22** zeigt einen Spannungsteiler mit NTC-Widerstand.

Beispiel

Wie groß ist U_2 bei ϑ_U = 20 °C und bei ϑ_U = 50 °C, wenn in der Schaltung nach Bild 5.22 ein Heißleiter der Baureihe 6101 mit R_{25} = 1300 Ω verwendet wird?
Aus den Kennlinien in Bild 5.16 a kann für den angegebenen Heißleitertyp abgelesen werden, daß R_{20} = 1800 Ω und R_{50} = 300 Ω betragen.

$$I_{(20)} = \frac{U_B}{R_1 + R_{2(20)}} = \frac{6\,V}{1000\,\Omega + 1800\,\Omega} = 2{,}15\,mA$$

$$I_{(50)} = \frac{U_B}{R_1 + R_{2(50)}} = \frac{6\,V}{1000\,\Omega + 300\,\Omega} = 4{,}62\,mA$$

$$U_{2(20)} = I_{(20)} \cdot R_{2(20)} = 2{,}15 \cdot 10^{-3}\,A \cdot 1{,}8 \cdot 10^3\,\Omega = 3{,}87\,V$$

$$U_{2(50)} = I_{(50)} \cdot R_{2(50)} = 4{,}62 \cdot 10^{-3}\,A \cdot 0{,}3 \cdot 10^3\,\Omega = 1{,}38\,V$$

Die beiden Spannungswerte gelten nur für den jeweils unbelasteten Spannungsteiler. Bei Belastung des Spannungsteilers muß geprüft werden, in welcher Weise sich die Spannungswerte ändern.

Selbstverständlich kann in der Schaltung nach Bild 5.22 die Anordnung der Widerstände vertauscht oder der Spannungsabfall am ohmschen Widerstand ausgenutzt werden. Weiterhin läßt sich durch Wahl eines anderen Widerstandswertes für R 1 oder eines anderen Heißleitertyps die ausnutzbare Spannungsänderung infolge Temperaturänderung in vielfacher Weise variieren und beeinflussen. Meistens wird ein Transistorverstärker oder ein Transistorschalter von dem temperaturabhängigen Spannungsteiler angesteuert. Dann muß der Spannungsteiler selbstverständlich so dimensioniert werden, daß der nachgeschaltete Transistor in der gewünschten Weise einwandfrei arbeiten kann.

3. Temperaturmessung mit Brückenschaltungen

In **Bild 5.23** sind drei verschiedene Möglichkeiten des Einbaues von NTC-Widerständen in eine Brückenschaltung dargestellt.

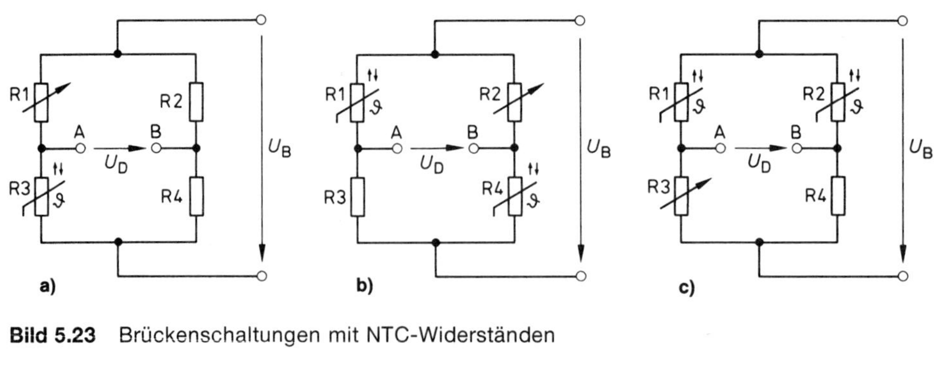

Bild 5.23 Brückenschaltungen mit NTC-Widerständen

Bei der Brückenschaltung a) wird nur ein NTC-Widerstand verwendet. Seine Wahl richtet sich nach der vorgesehenen Aufgabe und dem Temperaturbereich, in dem die Brückenschaltung arbeiten soll. Aus der Kennlinie des gewählten NTC-Widerstandes

lassen sich die Widerstandswerte bei den Grenztemperaturen ermitteln. Mit Hilfe dieser Werte können dann die erforderlichen Werte für die ohmschen Widerstände R 2 und R 4 berechnet werden.
R 1 muß dabei so dimensioniert sein, daß sich die Brücke bei der gewünschten Ausgangstemperatur auf U_D = 0 V abgleichen läßt.
Ändert sich nach dem Nullabgleich der Brücke die Umgebungstemperatur des Heißleiters, so tritt eine Brückenspannung U_D auf, die je nach Temperaturänderung und Wahl des Bezugspunktes A oder B positiv oder negativ sein kann. Von dieser Brückenspannung U_D wird meistens ein nachgeschalteter Differenzverstärker angesteuert.
Bei der Brückenschaltung b) werden zwei Heißleiter verwendet. Dadurch kann die Meßempfindlichkeit erheblich vergrößert werden. Damit ein fester Zusammenhang zwischen der Brückenspannung und der zu messenden Temperatur bestehen bleibt, müssen beide Heißleiter stets die gleiche Umgebungstemperatur haben.
Die Brückenschaltung c) kann zur Messung oder Überwachung von Temperaturunterschieden eingesetzt werden. Die beiden Heißleiter werden dazu an den Stellen angeordnet, deren Temperaturdifferenz überwacht werden soll. Der Brückenabgleich auf U_D = 0 V erfolgt bei Temperaturgleichheit beider Meßstellen. Eine Brückenspannung tritt auf, sobald ein Temperaturunterschied zwischen beiden Meßstellen besteht.

4. Relaisverzögerungen mit Heißleitern

Relaisverzögerungen lassen sich heute mit RC-Gliedern und elektronischen Schaltern mit großer Genauigkeit erreichen. Ist jedoch keine große Genauigkeit oder Einstellmöglichkeit für die Verzögerungszeiten erforderlich, so können Verzögerungsschaltungen bei geringem schaltungstechnischen Aufwand auch mit NTC-Widerständen verwirklicht werden. **Bild 5.24** zeigt zwei Prinzipschaltungen.

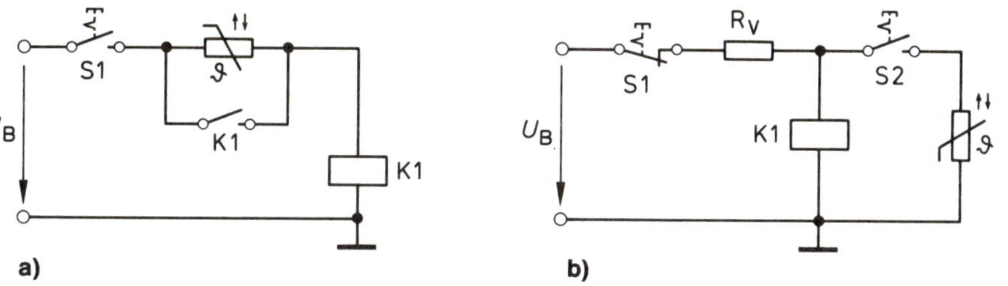

Bild 5.24 Prinzipschaltungen zur Anzugs- und Abfallverzögerung von Relais

Mit der Schaltung a) wird eine Anzugsverzögerung des Relais erreicht. Nach dem Anlegen der Betriebsspannung fließt ein Strom durch die Spule, der wegen des hohen Kaltwiderstandes des Heißleiters zunächst auf einen Bruchteil des Relais-Ansprechstromes begrenzt ist. Durch die Eigenerwärmung des Heißleiters wird sein Widerstandswert kleiner und der Strom steigt an, bis der Ansprechstrom des Relais überschritten wird. Die gleiche Anzugsverzögerung bei erneutem Einschalten des Relais wird aber nur erreicht, wenn der NTC-Widerstand vorher wieder auf seine ursprüngliche Umgebungstemperatur abgekühlt war. Dieser Vorgang kann je nach Kühlungsverhältnissen mehrere Sekunden dauern. Damit die Abkühlung schnell einsetzen

kann, wird der Heißleiter durch einen Relaiskontakt sofort nach dem Anziehen überbrückt.
Liegt der Heißleiter entsprechend Schaltung b) parallel zur Relaisspule, so wird eine Abfallverzögerung erreicht. Sobald S 2 geschlossen wird, fließt durch den Heißleiter ein mit seiner Eigenerwärmung steigender Strom. Dadurch steigt der Spannungsabfall am Vorwiderstand R_V und das Relais fällt schließlich ab. Die Verzögerungszeit hängt auch hier wesentlich von den Erwärmungsverhältnissen des Heißleiters ab. Mit dem Schalter S 1 wird die gesamte Anordnung ein- und ausgeschaltet.

5.3.2.2 PTC-Widerstände (Kaltleiter)

Kennlinien und Kennwerte

Kaltleiter bestehen aus Mischungen von Bariumcarbonat und bestimmten Metalloxiden. Die Ausgangsmaterialien werden wie bei der Herstellung von Heißleitern gemahlen, mit keramischen Zuschlagstoffen gemischt, in Formen gepreßt und bei hohen Temperaturen gesintert. Die unterschiedlichen elektrischen Eigenschaften lassen sich durch unterschiedliche Zusammensetzungen der Ausgangsmaterialien sowie durch voneinander abweichende Sinterverfahren erreichen. Nach dem Sintern werden die Widerstände kontaktiert und mit Anschlußdrähten versehen. Zum Schutz gegen atmosphärische Einflüsse sind die Kaltleiter meistens mit einer Lackschicht überzogen. Die Bauformen gleichen weitgehend denen von Heißleitern.
Kaltleiter haben jeweils nur in einem bestimmten Temperaturbereich einen positiven Temperaturkoeffizienten. Er kann je nach Typ etwa 6 % bis 60 % je Grad Temperaturänderung betragen und ist damit wesentlich größer als der negative Temperaturkoeffizient von Heißleitern. **Bild 5.25** zeigt die charakteristische $R_{KL} = f(T_U)$-Kennlinie von Kaltleitern.

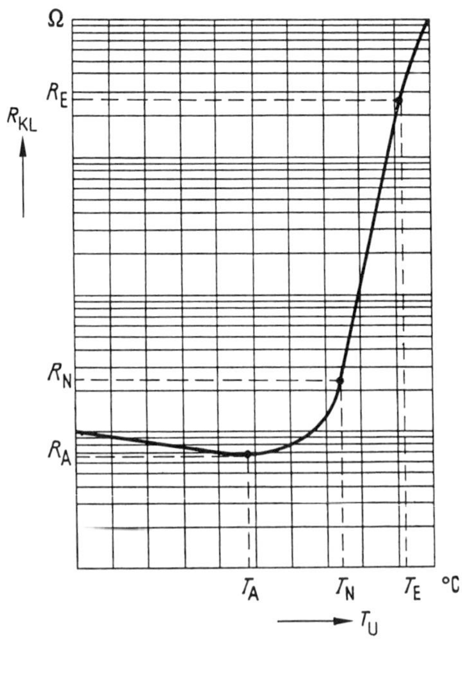

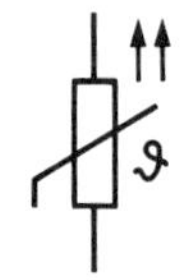

Bild 5.25 Charakteristische $R = f(T_U)$-Kennlinie von Kaltleitern und Schaltzeichen

Die Kennlinie nach Bild 5.25 läßt sich in drei Bereiche unterteilen. Bei niedriger Temperatur hat jeder Kaltleiter zunächst einen Bereich mit einem kleinen negativen Temperaturkoeffizienten. Er verhält sich hier also fast wie ein Heißleiter. Nach Erreichen einer bestimmten Temperatur, der Anfangstemperatur T_A, geht der bisher negative *TK* in einen positiven *TK* über. Der Wert des Kaltleiterwiderstandes bei der Anfangstemperatur T_A wird mit Anfangswiderstand R_A bezeichnet. Es ist der kleinste Widerstandswert, den der Kaltleiter überhaupt annehmen kann.
Mit steigender Temperatur wird im weiteren Kennlinienverlauf der positive *TK* immer größer. Nach Erreichen der Nenntemperatur T_N steigt der Widerstandswert des Kaltleiters dann plötzlich sehr steil an, und zwar gleich um mehrere Zehnerpotenzen. Dieser Bereich des starken Widerstandsanstieges ist der Arbeitsbereich von Kaltleitern. Der bei Nenntemperatur T_N vorhandene Widerstand wird meistens als Nennwiderstand R_N bezeichnet.
Der steile Widerstandsanstieg nach Überschreiten der Nenntemperatur beruht auf dem Zusammenwirken von Halbleiterverhalten und Ferroelektrizität. So bilden sich bei den verwendeten Ausgangsmaterialien beim Sintern Sperrschichten an den Korngrenzen der Einzelkristalle aus. Ihre Potentialhöhe hängt dabei stark von der Dielektrizitätskonstanten des diese Sperrschichten umgebenden Materials ab. Unterhalb einer von der Materialzusammensetzung abhängigen, charakteristischen Temperatur, die als Curie-Temperatur bezeichnet wird, ist die Dielektrizitätskonstante groß und die Sperrschichten sind nur schwach ausgeprägt. Unterhalb der Curie-Temperatur haben Kaltleiter daher einen kleinen Widerstandswert. Oberhalb dieser Curie-Temperatur ist die Dielektrizitätskonstante jedoch klein, die Sperrschichtpotentiale werden größer und es tritt ein steiler Widerstandsanstieg bei Temperaturerhöhung auf.
Nach höheren Temperaturen hin wird der Arbeitsbereich von Kaltleitern durch die Endtemperatur T_E mit dem Endwiderstand R_E begrenzt. Bei Überschreiten von T_E wird der Widerstandsanstieg immer geringer, bis schließlich ein Maximum des Widerstandes erreicht ist. Danach tritt dann wieder ein Bereich mit negativem *TK* auf. Dieser Bereich wird in den Kennlinien aber meistens nicht mehr dargestellt, weil er außerhalb des Arbeitsbereiches von Kaltleitern liegt.
Ähnlich wie bei den NTC-Widerständen wird auch für die PTC-Widerstände eine Strom-Spannungs-Kennlinie als charakteristische Kennlinie angegeben. Zu beachten ist dabei jedoch, daß beim PTC-Widerstand die Strom-Spannungs-Achsen gegenüber den Strom-Spannungs-Achsen beim NTC-Widerstand meistens vertauscht angegeben werden. In **Bild 5.26** sind die Strom-Spannungs-Kennlinien eines Kaltleiters im doppelt-linearem Maßstab für mehrere Umgebungstemperaturen dargestellt.
In dem Diagramm nach Bild 5.26 läßt sich die strombegrenzende Eigenschaft von Kaltleitern deutlich erkennen. Im Bereich kleinerer Spannungen bis etwa 3 V ist die Kennlinie linear und folgt daher dem Ohmschen Gesetz. In diesem Bereich wird die Temperatur des PTC-Widerstandes im wesentlichen nur durch die Umgebungstemperatur bestimmt. Innerhalb dieses Gebietes lassen sich Kaltleiter in gleicher Weise wie die Heißleiter als Temperaturfühler einsetzen.
Wird die Spannung jedoch weiter erhöht, so steigt die Temperatur des Widerstandes infolge Eigenerwärmung an und der Strom wird dadurch kleiner. In diesem Bereich werden die Kaltleiter dann als Strombegrenzer und als Überlastschutz betrieben. Mitbestimmend für den Kennlinienverlauf in diesem Gebiet ist wieder der Wärmeübergang vom Bauelement zur Umgebung und somit auch die Umgebungstemperatur.

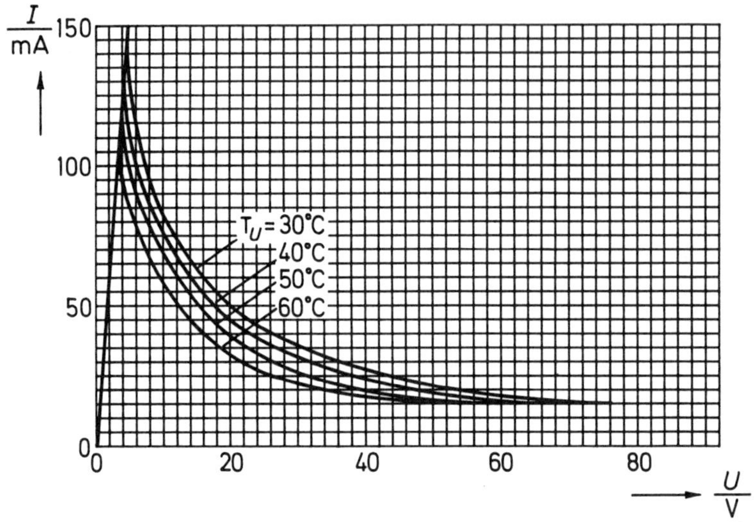

Bild 5.26 Strom-Spannungs-Kennlinien eines Kaltleiters im doppelt-linearen Maßstab

Die Strom-Spannungs-Kennlinien zu den einzelnen Typen werden von den Herstellern meistens jedoch nicht im doppelt-linearen, sondern im doppelt-logarithmischen Maßstab dargestellt. Infolge der Vertauschung der Strom- und Spannungs-Achsen erhält diese Strom-Spannungs-Kennlinie von Kaltleitern dann einen ähnlichen Verlauf wie die entsprechenden Kennlinien von Heißleitern. **Bild 5.27** zeigt die charakteristischen Strom-Spannungs-Kennlinien von Kaltleitern im doppelt-logarithmischen Maßstab.

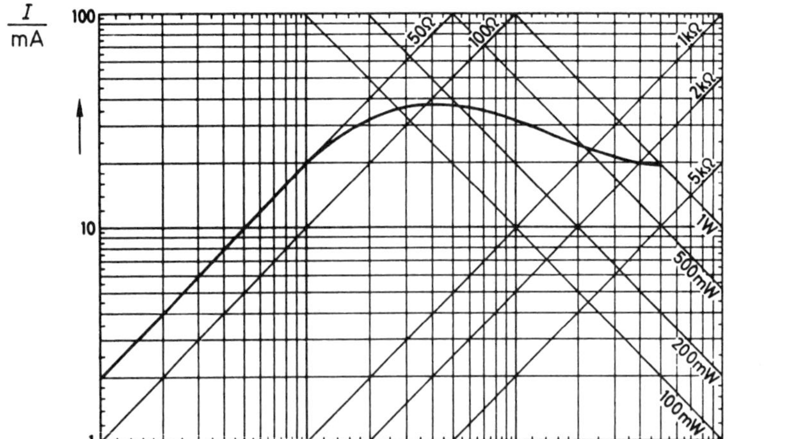

Bild 5.27 Charakteristische Strom-Spannungs-Kennlinien von Kaltleitern im doppelt-logarithmischen Maßstab

In den Datenblättern von PTC-Widerständen werden außer den Kennlinien stets auch noch einige wichtige Kennwerte angegeben. Leider sind hier häufig firmenspezifische Bezeichnungen und Definitionen zu finden:

T_N; ϑ_B = Nenntemperatur oder Bezugstemperatur.
Sie ist dort erreicht, wo sich der Widerstandswert gegenüber dem Minimum (Anfangswiderstand R_A) verdoppelt hat. Hier beginnt der Arbeitsbereich des Kaltleiters.

α_R = Temperaturkoeffizient des Kaltleiters.
Er gilt angenähert für den gesamten steilen Kennlinienverlauf im Arbeitsbereich von Kaltleitern.

T_E; ϑ_{max} = Endtemperatur oder Grenztemperatur.
Sie grenzt den Arbeitsbereich in Richtung höherer Temperaturen ab und gibt das Ende des steilen Widerstandsanstieges an.

R_{25} = Kaltwiderstand bei einer Umgebungstemperatur $\vartheta_U = 25\,°C$.

R_{80}; R_{155} = Mit diesen Widerstandswerten werden von manchen Herstellern gleichzeitig auch die Endtemperaturen der einzelnen Typen angegeben.
$R_{125} = 2000\,\Omega$ bedeutet dann z. B., daß die Endtemperatur $\vartheta_U = 125\,°C$ beträgt und der Kaltleiter dabei einen Widerstand von $2000\,\Omega$ hat.

G_{th} = Wärmeleitwert in mW/K. Er ist der Reziprokwert des Wärmewiderstandes R_{th}.

Mehrere weitere, in den Datenblättern angegebene Kennwerte sind für den Praktiker nur von untergeordneter Bedeutung.

Anwendungsbereiche

Auch bei den Kaltleitern müssen zwei Anwendungsbereiche unterschieden werden, und zwar:

1. Anwendungen, bei denen die Temperatur des Kaltleiters im wesentlichen durch die Umgebungstemperatur bestimmt wird. PTC-Widerstände arbeiten dann als sehr empfindliche Temperaturfühler.
2. Anwendungen, bei denen die Widerstandserhöhung des Kaltleiters infolge Eigenerwärmung durch die umgesetzte elektrische Leistung ausgenutzt wird. Beispiele hierfür sind der Einsatz als Überlastschutz, als Überfüllsicherung in Öltanks, als Starter von Leuchtstoffröhren, als selbstregelndes Heizelement, in Relaisverzögerungsschaltungen oder in Schaltungen zur Entmagnetisierung von Farbbildröhren.

Kaltleiter als Temperaturfühler

Bild 5.28a zeigt die Temperatur-Widerstandskennlinie eines Kaltleiters vom Typ 91 008 (Valvo). Er wird für den Einsatz als Temperatursensor in der Meß- und Regelungstechnik gefertigt. Der Arbeitsbereich des Typs 91 008 liegt etwa zwischen $T_N \approx 80\,°C$ und $T_E \approx 125\,°C$. In diesem Bereich ändert sich der Widerstand von $R_{80} \approx 100\,\Omega$ auf $R_{125} \approx 150\,k\Omega$. Der Anfangswert liegt mit $R_A \approx 45\,\Omega$ bei $T_U \approx 30\,°C$. Die Werte der einzelnen Kaltleiter des genannten Typs können aber bis zu $\pm 30\,\%$ von den angegebenen Mittelwerten abweichen. Der Maximalwert der Betriebsspannung beträgt $U_{max} = 25\,V$.

In **Bild 5.28 b** ist die statische Strom-Spannungs-Kennlinie des Typs 91 008 dargestellt, und zwar für zwei verschiedene Umgebungstemperaturen. Als Temperaturfühler darf der Typ 91 008 nur in dem vorderen, geradlinig ansteigenden Teil der Kennlinie betrieben werden, also bis $U \approx 2$ V. Ein Betrieb in der Nähe des Strommaximums oder im fallenden Kennliniengebiet ist aber ebenfalls zulässig, wenn der PTC-Widerstand unter Berücksichtigung der Eigenerwärmung als Strombegrenzer oder als Überlastschutz eingesetzt wird.

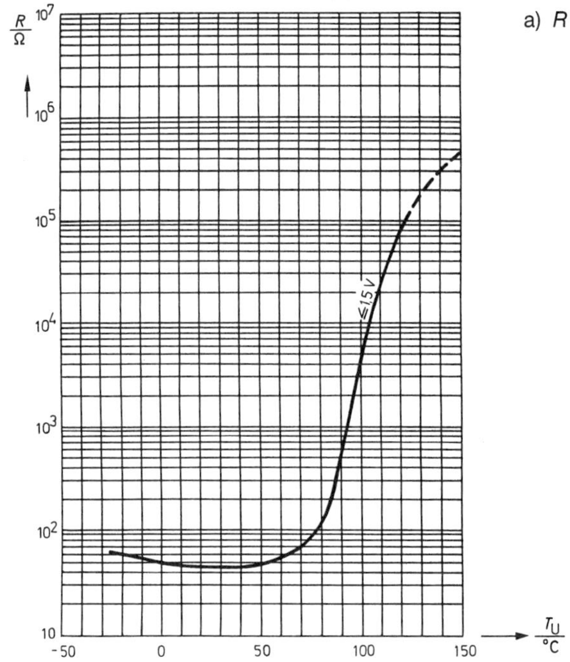

a) $R = f(T_U)$-Kennlinie

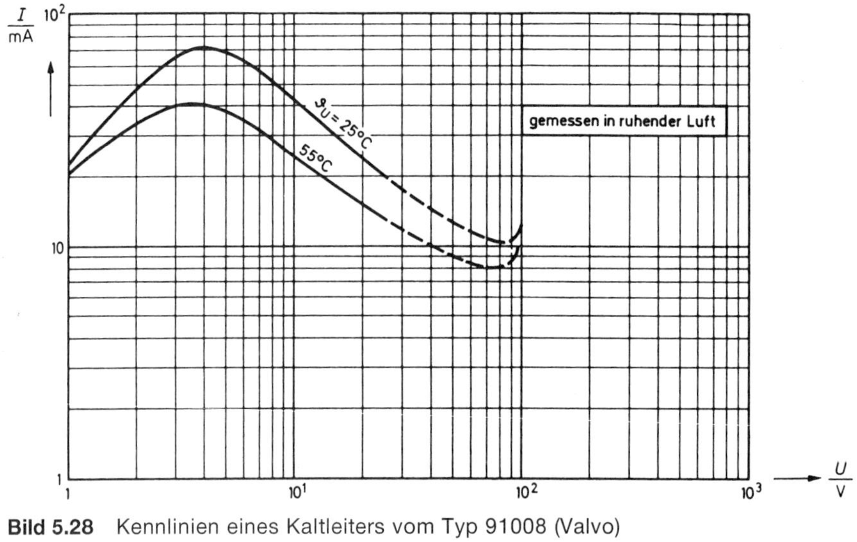

b) Strom-Spannungs-Kennlinie

Bild 5.28 Kennlinien eines Kaltleiters vom Typ 91008 (Valvo)

Kaltleiter mit Eigenerwärmung

Ein Beispiel für den Betrieb des Kaltleiters mit Ausnutzung der Eigenerwärmung ist sein Einsatz als Überlastschutz. Er wird hierbei in Reihe mit einem Verbraucher geschaltet und so ausgewählt, daß die Nennströme von Verbraucher und Kaltleiter gleich groß sind. Im Normalbetrieb ist der Widerstandswert des Kaltleiters klein. Tritt jedoch ein Kurzschluß im Verbraucher auf, fließt ein höherer Strom durch die Reihenschaltung. Der PTC-Widerstand erwärmt sich dadurch, sein Widerstandswert steigt schnell an, und der Strom durch den Verbraucher wird auf einen ungefährlichen Wert begrenzt.
In **Bild 5.29** sind die Kennlinien eines niederohmigen Kaltleiters vom Typ 93 012 (Valvo)

a) R = f (T_U)-Kennlinie

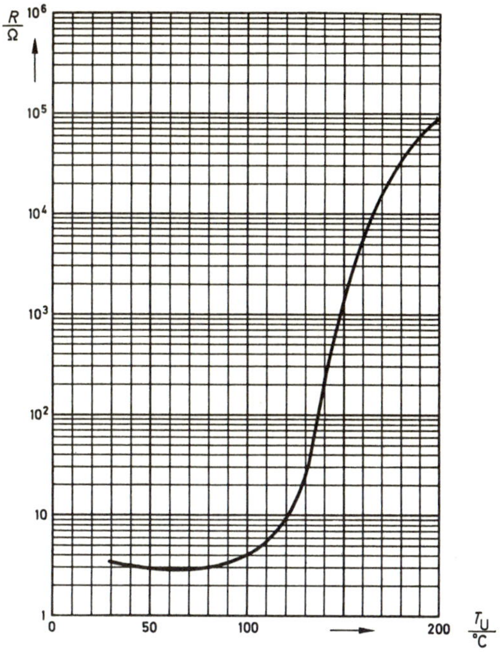

b) Strom-Spannungs-Kennlinie

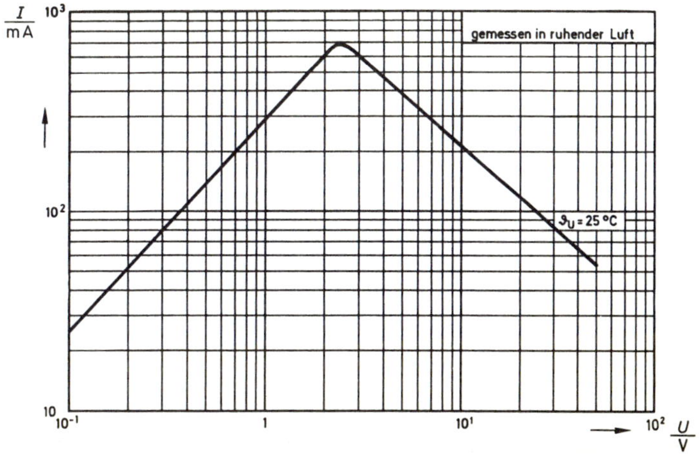

Bild 5.29 Kennlinien eines Kaltleiters vom Typ 93012 (Valvo)

dargestellt, der speziell zum Schutz von Verbrauchern bei Überlast und Kurzschluß entwickelt wurde. Er ist für eine maximale Betriebsspannung U_{max} = 245 V ausgelegt und kann daher auch direkt an Netzspannung betrieben werden.

Bauformen und Typenbezeichnungen

Kaltleiter werden überwiegend in scheibenförmigen Ausführungen gefertigt. Sie entsprechen dann in Form und Größe weitgehend den scheibenförmigen Heißleitern in Bild 5.18. Es gibt aber auch spezielle Bauformen, bei denen die Gehäuseform dem Einsatzzweck weitgehend angepaßt ist. **Bild 5.30** zeigt als Beispiel einige Bauformen von Kaltleitern für den Bereich Meß- und Regelungstechnik.

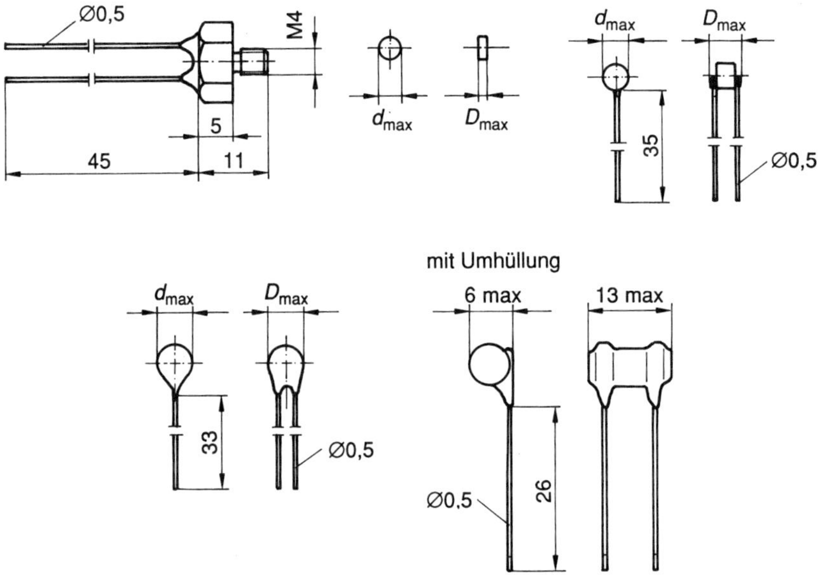

Bild 5.30 Kaltleiterbauformen für den Bereich Meß- und Regelungstechnik (Siemens)

Leider sind auch die Typenbezeichnungen von Kaltleitern bei den verschiedenen Herstellern sehr uneinheitlich. Meistens werden nur Bestellnummern oder mehrstellige Kennzahlen angegeben, so daß lediglich aus dem zugehörigen Datenblatt ermittelt werden kann, für welche Anwendungsbereiche der betreffende Typ vorgesehen ist. Bestimmte Baureihen werden auch mit einem Farbcode gekennzeichnet. Jeder Hersteller hat hier aber seinen eigenen Farbcode.

Anwendungsbeispiele

1. Kaltleiter als Temperaturfühler

Als Temperaturfühler werden Kaltleiter meistens in Spannungsteilern eingesetzt. Hierbei muß dann aber auf jeden Fall beachtet werden, daß im gesamten Arbeitsbereich des PTC-Widerstandes die Eigenerwärmung vernachlässigbar klein bleibt. In **Bild 5.31** ist die Grundschaltung eines Spannungsteilers mit Kaltleiter angegeben.

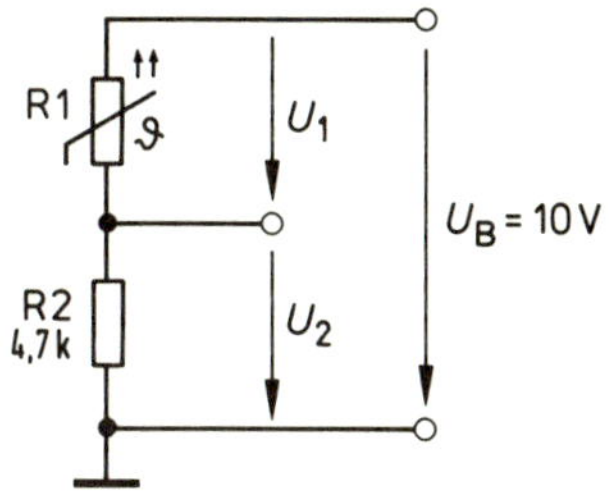

Bild 5.31 Kaltleiter als Temperaturfühler

Beispiel

Wie groß ist die Spannung U_2 bei ϑ_U = 80 °C und bei ϑ_U = 100 °C, wenn in der Schaltung nach Bild 5.31 ein Kaltleiter von Typ 91 008 als Temperaturfühler eingesetzt wird?
Aus der Kennlinie in Bild 5.28 a kann ermittelt werden, daß für den angegebenen Kaltleiter die Widerstände $R_{80} \approx 100\,\Omega$ und $R_{100} \approx 4\,\text{k}\Omega$ betragen.

$$I_{(80)} = \frac{U_B}{R_{1\,(80)} + R_2} = \frac{10\,\text{V}}{100\,\Omega + 4700\,\Omega} = \frac{10\,\text{V}}{4800\,\Omega} = 2{,}08\,\text{mA}$$

$$I_{(100)} = \frac{U_B}{R_{1\,(100)} + R_2} = \frac{10\,\text{V}}{4000\,\Omega + 4700\,\Omega} = \frac{10\,\text{V}}{8700\,\Omega} = 1{,}15\,\text{mA}$$

$$U_{2\,(80)} = I_{(80)} \cdot R_2 = 2{,}08 \cdot 10^{-3}\,\text{A} \cdot 4{,}7 \cdot 10^3\,\Omega = 9{,}8\,\text{V}$$

$$U_{2\,(100)} = I_{(100)} \cdot R_2 = 1{,}15 \cdot 10^{-3}\,\text{A} \cdot 4{,}7 \cdot 10^3\,\Omega = 5{,}4\,\text{V}$$

Die beiden Spannungswerte gelten nur für den unbelasteten Spannungsteiler. Wird der angegebene Temperaturbereich vergrößert, so muß gegebenenfalls ein anderer Wert für den Widerstand R2 gewählt werden. Es ist dann in jedem Fall zu überprüfen, ob der Kaltleiter noch in seinem zulässigen Arbeitsbereich, also ohne Eigenerwärmung, betrieben wird.

Kaltleiter können in gleicher Weise wie Heißleiter auch in Brückenschaltungen eingesetzt werden. Bei den drei Brückenschaltungen in Bild 5.23 sind dann jeweils die Heißleiter durch Kaltleiter zu ersetzen. Auch hier muß dann stets überprüft werden, ob die PTC-Widerstände als Temperaturfühler nur im geradlinigen Kennlinienteil betrieben werden. Dieses erfordert oft einen erheblichen Rechenaufwand bei der Dimensionierung der einzelnen Brückenwiderstände.

2. Kaltleiter als Flüssigkeits-Niveaufühler

Mit Hilfe von Kaltleitern lassen sich sehr einfache Flüssigkeits-Niveaufühler aufbauen. Hierbei kommt es nur auf eine Ja/Nein-Aussage an. Ein Beispiel für diese Anwendungen sind z. B. die Überfüllsicherungen von Heizöltanks. Ausgenutzt wird hierbei die Tatsache, daß ein durch Eigenerwärmung aufgeheizter PTC-Widerstand relativ stark auf Änderungen seiner Abkühlbedingungen durch Änderung seiner Leistungsaufnahme reagiert. Bei konstanter Spannung ist daher die Stromaufnahme ein Maß für die jeweils gegebene Wärmeableitung. Besonders stark ist die Stromänderung, wenn ein in Luft aufgeheizter Kaltleiter in eine Flüssigkeit eintaucht, weil dann die Wärmeableitung wesentlich größer ist. **Bild 5.32** zeigt das Grundprinzip eines Flüssigkeits-Niveaufühlers mit Kaltleiter.

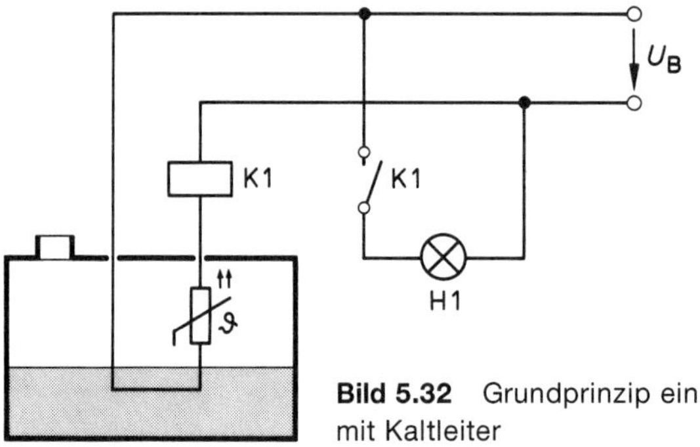

Bild 5.32 Grundprinzip eines Flüssigkeits-Niveaufühlers mit Kaltleiter

Die Reihenschaltung aus Relaiswicklung und Kaltleiter wird so ausgelegt, daß der fließende Strom kleiner als der Anzugsstrom des Relais ist, solange sich der Kaltleiter in Luft befindet. Steigt der Flüssigkeitsspiegel so weit an, daß der PTC-Widerstand von der Flüssigkeit bedeckt wird, so wird er auf die Temperatur der Flüssigkeit abgekühlt. Dadurch sinkt sein Widerstand, der Strom durch die Relaiswicklung wird größer als der Anzugsstrom, und das Relais zieht an. Dadurch kann dann entweder eine Signallampe eingeschaltet oder der Pumpenmotor abgeschaltet werden.

3. Kaltleiter als Überstromsicherung

Aufgrund ihrer Strom-Spannungs-Kennlinie lassen sich Kaltleiter als Kurzschluß- oder Überstromsicherungen einsetzen. Der Kaltleiter wird hierzu entsprechend **Bild 5.33** in Reihe mit dem zu schützenden Verbraucher geschaltet.
Das Kennlinienfeld in Bild 5.33 enthält die Strom-Spannungs-Kennlinie eines PTC-

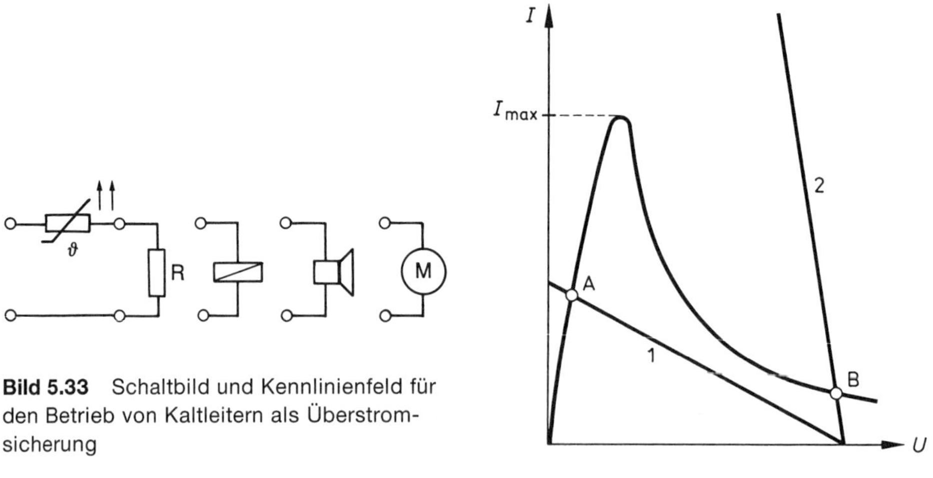

Bild 5.33 Schaltbild und Kennlinienfeld für den Betrieb von Kaltleitern als Überstromsicherung

Widerstandes. Eingetragen sind weiterhin zwei Arbeitsgeraden für unterschiedlich große Lastwiderstände. Die Arbeitsgerade 1 gilt für den Nennwert des Lastwiderstandes. Durch die Reihenschaltung fließt der Nennstrom des Verbrauchers, und der Kaltleiter wird im Arbeitspunkt A betrieben. Seine Eigenerwärmung ist hier vernachlässigbar klein, so daß ein stabiler Zustand vorliegt.
Tritt jedoch infolge eines Kurzschlusses oder eines Teilkurzschlusses eine Überlast auf, so wird der Strom durch die Reihenschaltung größer. Überschreitet er den Wert I_{max} des PTC-Widerstandes, so wird dieser in kurzer Zeit über seine Umgebungstemperatur erwärmt, und sein Widerstand steigt stark an. Der Kaltleiter wirkt dann als Schalter, der bei zu starkem Absinken des Verbraucherwiderstandes den Strom auf einen ungefährlichen Wert begrenzt. In Bild 5.33 ist dieser Wert als Arbeitspunkt B angegeben. Er ergibt sich aus dem Schnittpunkt der Kennlinie des PTC-Widerstandes mit der Arbeitsgeraden 2 des durch Teilkurzschluß verringerten Lastwiderstandes. Erst nach Abschalten der Betriebsspannung und anschließendem Abkühlen des Kaltleiters kann der Verbraucher wieder eingeschaltet werden.
Der mit den Kennlinien in Bild 5.29 angegebene Kaltleiter vom Typ 93 012 ist z. B. für den Einsatz als Überlastschutz konzipiert. Sein maximaler Strom beträgt $I_{max} \approx 700$ mA und er kann in Reihenschaltung mit einem Verbraucher direkt an das 220 V-Netz angeschlossen werden. Um einen thermischen Schock im Einschaltmoment bzw. im Kurzschlußfall zu vermeiden, ist aber noch ein zusätzlicher ohmscher Mindestserienwiderstand $R_{s\,min} = 22\ \Omega$ erforderlich. Ein thermischer Schock kann auftreten, wenn ein PTC-Widerstand durch einen unzulässig hohen Strom zu schnell erwärmt wird. Es treten dann im Inneren des Bauteiles punktuell so große Temperaturdifferenzen auf, daß der Keramikkörper reißt oder platzt. Der PTC-Widerstand ist dann unbrauchbar.

4. Kaltleiter als selbstregelnder Thermostat

Aufgrund ihrer Kennlinie lassen sich Kaltleiter auch als selbstregelnde Thermostate einsetzen. Sie werden hierzu in ein wärmeisoliertes Gehäuse zusammen mit dem auf konstanter Temperatur zu haltenden Bauelement, z. B. einen Schwingquarz, eingebaut. Der Strom durch den Kaltleiter wird so eingestellt, daß er sich selbst und damit auch die Luft in dem Gehäuse auf eine bestimmte Temperatur aufheizt. Steigt z. B. die Temperatur weiter an, wird der Widerstand des Kaltleiters hochohmig und seine Leistungsaufnahme, d. h. auch seine Wärmeabgabe, wird kleiner. Sinkt dagegen die Innentemperatur des Thermostatgehäuses, wird der Widerstandswert des Kaltleiters kleiner und seine Leistungsaufnahme sowie Wärmeabgabe wird dadurch größer.
In den letzten Jahren ist das Prinzip des Heiz-Kaltleiters wesentlich weiterentwickelt worden. So werden bereits speziell entwickelte Heiz-Kaltleiter zur Warmwasserbereitung, Erwärmung von Luftströmen, als Heizelement in Frisierstäben, zur Heizölvorwärmung, zur Gemischvorwärmung im Kfz oder zur Außenspiegel- oder Türschloßheizung eingesetzt. Ihr großer Vorteil liegt darin, daß sie einen vollständigen Schutz gegen Überhitzung bieten und alle zusätzlichen mechanischen und elektronischen Regelelemente zur Konstanthaltung der Temperatur entfallen.

5.3.3 Silizium-Temperatursensoren

5.3.3.1 Grundprinzip und Kennlinie

Silizium-Temperatursensoren zählen zu den neueren Entwicklungen in der Sensorik. Sie bestehen aus einem Si-Plättchen, bei dem auf zwei gegenüberliegenden Seiten metallisierte Flächen als Kontakte aufgebracht sind. Während jedoch die eine Seite vollständig metallisiert ist, besitzt die andere Seite nur eine wesentlich kleinere, meist kreisförmige Elektrode. Dadurch entsteht bei angelegter Spannung in dem Si-Kristall nach dem Prinzip des *radialen Ausbreitungswiderstandes* eine kegelförmige Stromverteilung. **Bild 5.34** zeigt die schematische Darstellung dieses Prinzips.

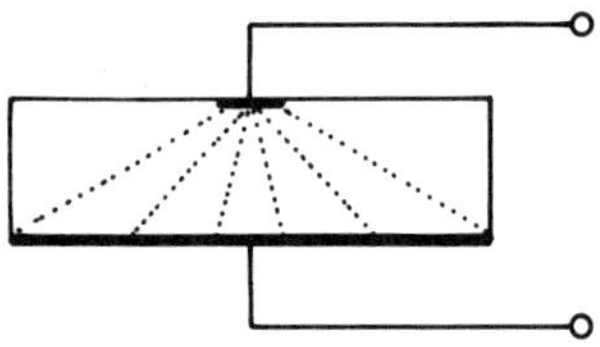

Bild 5.34 Prinzipdarstellung des radialen Ausbreitungswiderstandes

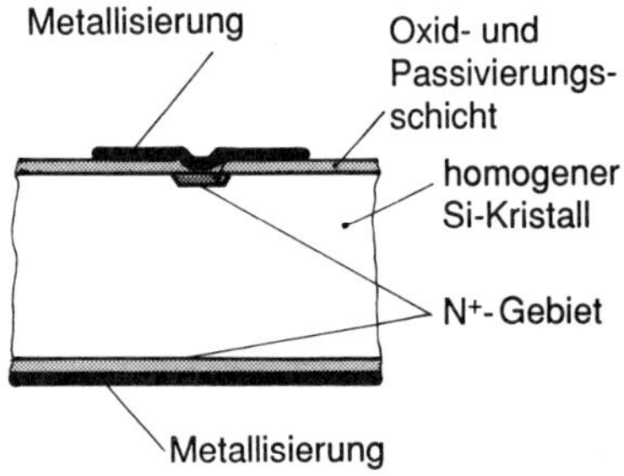

Bild 5.35 Prinzipieller Aufbau eines Si-Temperatursensorelementes

In **Bild 5.35** ist der prinzipielle Aufbau eines Si-Temperatursensorelementes mit einer typischen Abmessung von etwa 0,50 mm × 0,50 mm × 0,24 mm dargestellt. Der Durchmesser der kreisförmigen Elektrode beträgt etwa 0,02 mm. Im Grenzbereich zu den beiden Elektroden hin werden in dem ansonsten homogenen Si-Kristall durch Diffusion n^+-Gebiete erzeugt. Die Variation der Kristallabmessungen und der Dotierungskonzentration ermöglicht bei der Herstellung die gezielte Beeinflussung des Nennwiderstandes des Sensorelementes. Bei dem dargestellten Sensorelement ist der ohmsche Widerstand von der Richtung der angelegten Spannung abhängig. Dieser Nachteil wird üblicherweise durch die Antireihenschaltung zweier solcher Sensorelemente umgangen.

Bild 5.36 zeigt die schematische Schnittdarstellung dieses Prinzips. Die beiden entgegengesetzt gepolten Einzelelemente sind über die durchgehende Metallfläche miteinander verbunden. Als Anschlußkontakte dienen die beiden kreisförmigen Kontakte der Einzelelemente.

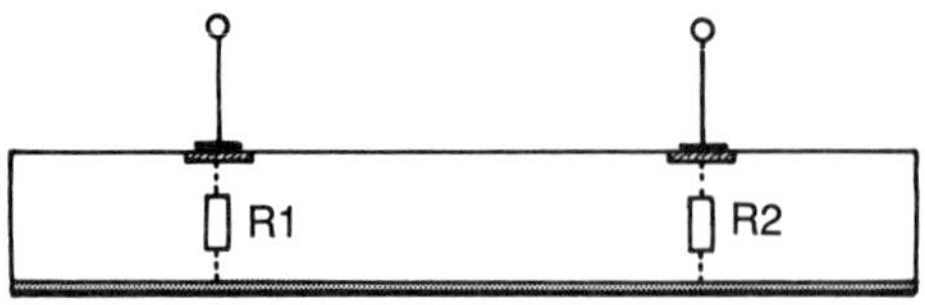

Bild 5.36 Schematische Schnittdarstellung eines aus zwei entgegengesetzt gepolten Sensorelementen bestehenden Temperatursensors

Bedingt durch die Verwendung n-dotierten Siliziums haben Si-Temperatursensoren bis zu einer gewissen Grenztemperatur einen positiven Temperaturkoeffizienten. In **Bild 5.37** ist dieser Kennlinienbereich des Sensors KTY 81 (Valvo) dargestellt.

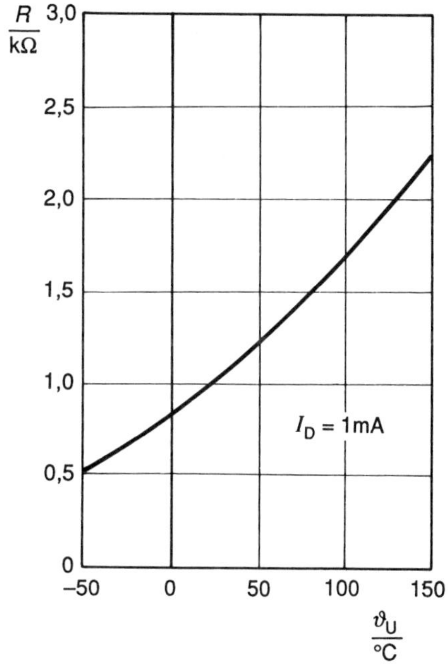

Bild 5.37 Kennlinie des Sensors KTY 81 (Valvo)

5.3.3.2 Kennlinienkorrektur

Für viele Anwendungen ist es erforderlich, den leicht gekrümmten Kennlinienverlauf der Si-Temperatursensoren zu linearisieren. Eine hinreichende Linearisierung kann sowohl mit einem zusätzlichen Parallelwiderstand, wie auch mit einem Reihenwiderstand erzielt werden.

Die Linearisierung mit Reihenwiderstand setzt eine Konstantspannungs-Versorgung voraus, wogegen eine Linearisierung mit Parallelwiderstand eine Konstantstrom-Versorgung erfordert. **Bild 5.38** zeigt diese beiden Schaltungsmöglichkeiten. Für höhere Anforderungen werden jedoch auch umfangreichere Linearisierungs-Netzwerke verwendet.

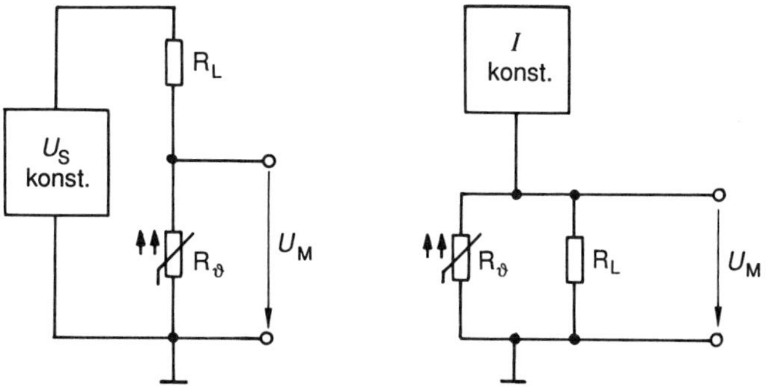

Bild 5.38 Kennlinienlinearisierung von Si-Temperatursensoren

Mit folgender Gleichung läßt sich der Linearisierungswiderstand R_L berechnen:

$$R_L = \frac{R_b\,(R_a + R_c) - 2\,R_a R_c}{R_a + R_c - 2\,R_b}$$

mit

R_L = Linearisierungswiderstand in Ω
R_a = Sensorwiderstand bei der unteren Grenztemperatur ϑ_u des gewünschten Temperaturbereiches in Ω
R_b = Sensorwiderstand in der Mitte des gewünschten Temperaturbereiches in Ω
R_c = Sensorwiderstand bei der oberen Grenztemperatur ϑ_0 des gewünschten Temperaturbereiches in Ω.

Diese Gleichung gilt gleichermaßen für eine Linearisierung mit Parallel- oder Reihenwiderstand. Sie liefert für die meisten Anwendungsfälle ein befriedigendes Ergebnis. Die Werte für $R_{a,\,b,\,c}$ können entweder aus der Kennlinie des Sensors entnommen oder nach folgender Gleichung berechnet werden:

$$R_\vartheta = R_N \cdot e^{A\,\Delta\,\vartheta}$$

mit $\Delta\vartheta = \vartheta_N - \vartheta_u$

R_ϑ = Widerstand bei der Temperatur ϑ in Ω
R_N = Nennwiderstand in Ω
A = Temperaturkoeffizient bei ϑ_N in K^{-1}
$\Delta\vartheta$ = Temperaturdifferenz in K
ϑ_N = Nenntemperatur in °C
ϑ_u = Umgebungstemperatur in °C

Beispiel

Für einen Sensor KTY 81 ist für den Temperaturbereich von $\vartheta = 0$ °C bis 100 °C eine Kennlinienlinearisierung vorzunehmen.
Aus der Kennlinie in Bild 5.37 folgt:

$R_a = R_{0\,°C} = 820\,\Omega$ $R_b = R_{50\,°C} = 1220\,\Omega$ $R_c = R_{100\,°C} = 1700\,\Omega$

$$R_L = \frac{R_b\,(R_a + R_c) - 2\,R_a R_c}{R_a + R_c - 2\,R_b}$$

$$= \frac{1220\,(820 + 1700) - 2 \cdot 820 \cdot 1700}{820 + 1700 - 2 \cdot 1220}\,\Omega$$

$R_L = 3580\,\Omega$

Gewählt wird $R_L = 3{,}6\,k\Omega$.

Mit diesem Wert für R_L kann nun für beide Schaltungen die Meßspannung U_M bei unterschiedlichen Temperaturen berechnet werden. Die jeweiligen Werte für R_ϑ lassen sich aus der Kennlinie in Bild 5.37 entnehmen. Bei Linearisierung mit einem Reihenwiderstand wird U_M nach der Regel des unbelasteten Spannungsteilers wie folgt berechnet:

$$U_M = U_S \cdot \frac{R_\vartheta}{R_L + R_\vartheta}$$

Mit einer Konstantspannung $U_S = 5$ V ergibt sich dann für den Temperaturbereich 0 °C bis 100 °C die in **Bild 5.39** abgebildete Meßspannung.
U_M bei der Parallelschaltung läßt sich nach dem 1. Kirchhoff'schen Gesetz folgendermaßen berechnen:

$$U_M = I \cdot \frac{R_L \cdot R_\vartheta}{R_L + R_\vartheta}$$

Für den Konstantstrom wurde $I = 1$ mA gewählt. Die sich ergebende Meßspannung ist ebenfalls in Bild 5.39 dargestellt. Zusätzlich ist in dem Diagramm noch die Spannung U für einen unlinearisierten KTY 81 (Valvo) bei $I_{\text{konst.}} = 1$ mA angegeben.

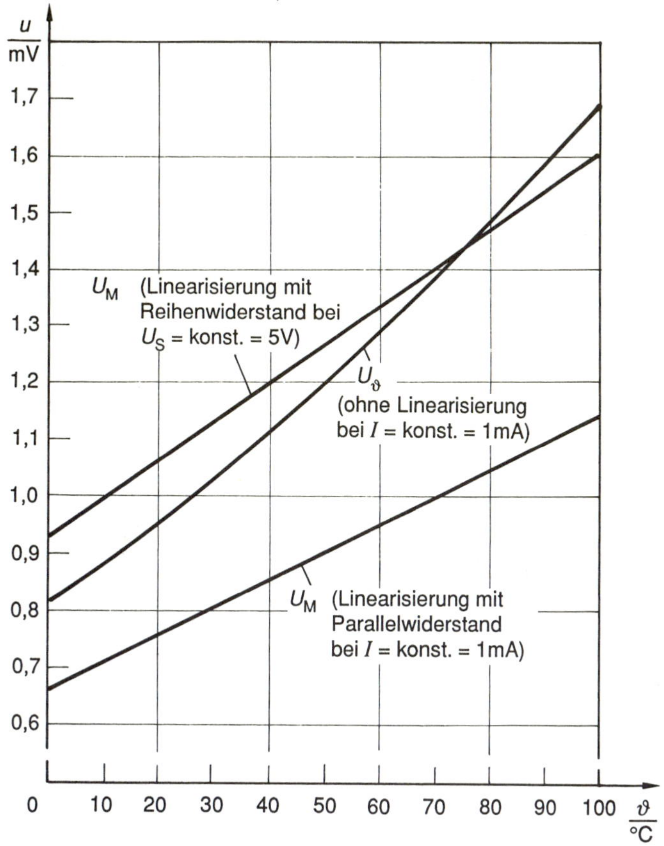

Bild 5.39 Kennlinien für unlinearisierten und linearisierten Si-Temperatursensor

5.3.3.3 Kennwerte und Ausführungsformen

Angeboten werden die Si-Temperatursensoren in unterschiedlichen Glas- oder Kunststoffgehäusen. Eine herstellerübergreifende Bezeichnung existiert nicht, lediglich die drei Anfangsbuchstaben *KTY* werden von mehreren Herstellern gemeinsam verwendet. Die beiden folgenden Ziffern stehen für unterschiedliche Gehäuseformen und sind herstellerspezifisch.

So verwendet Siemens z. B. KTY 10 ... KTY 18. Valvo bezeichnet seine Sensorreihe mit KTY 81 ... KTY 86. Während die Valvo-Reihe überwiegend einen Nennwiderstand von 1 kΩ hat, weisen die Si-Temperatursensoren von Siemens meist einen Nennwiderstand von 2 kΩ auf.
Angehängt an die obigen Bezeichnungen ist häufig noch eine zwei- bis dreistellige Kombination aus Buchstaben oder Ziffern, die weiteren Aufschluß über Nennwiderstand und Toleranzen gibt.
Bild 5.40 zeigt in Tabellenform die wichtigsten Daten einiger ausgewählter Si-Temperatursensoren (Valvo) und **Bild 5.41** einige Gehäuseformen.

Typ	Widerstandswert Ω	bei: I mA	ϑ_U °C	Temperatur-Koeffizient bei ϑ_U = 25 °C	Meß-temperatur-bereich	Maßbild Material
KTY 81-120	980–1020	1	25	0,75 %/K	– 55 ... + 150 °C	1 Kunststoff
KTY 81-220	1960–2040	1	25			
KTY 83-120	980–1020	1	25		– 55 ... + 175 °C	2 Glas
KTY 84-130	970–1030	2	100	0,60 %/K	0 ... + 300 °C	
KTY 85-120	980–1020	1	25	0,75 %/K	– 25 ... + 125 °C	3 Glas

Bild 5.40 Kenndaten von Si-Temperatursensoren KTY ... (Valvo)

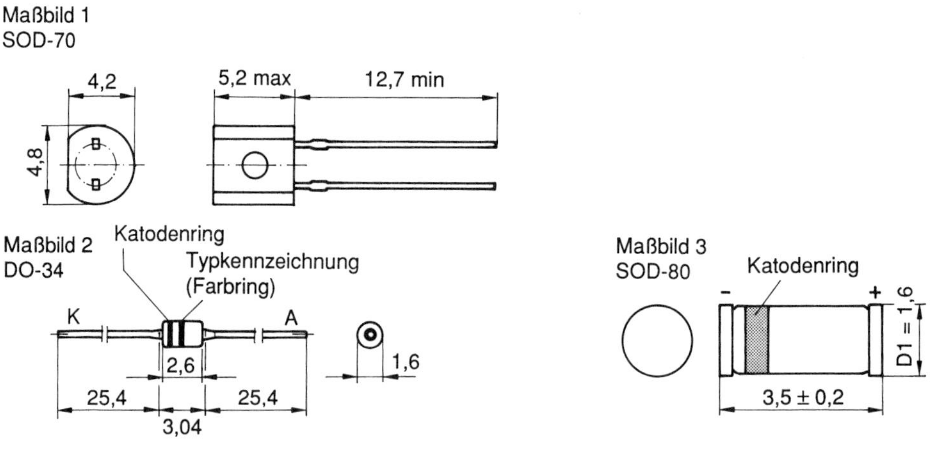

Bild 5.41 Gehäuseformen von Si-Temperatursensoren (Valvo)

5.3.3.4 Anwendungsbeispiel

Eine einfache Schaltung zur Temperaturmessung mit einem Sensor KTY 81 ist in **Bild 5.42** dargestellt. Der Sensor bildet zusammen mit den beiden Linearisierungswiderständen R 1 und R 2 einen Brückenzweig einer Wheatstone-Brücke. Zur Linearisierung wird hier eine etwas aufwendigere Kombination aus Parallel- und Reihenwiderstand eingesetzt, auf deren Berechnung hier aber nicht näher eingegangen werden kann. Der zweite Brückenzweig besteht aus den Widerständen R 3 und R 4 sowie dem Potentiometer R 7, mit dem sich die Eingangsspannung des Operationsverstärkers abgleichen läßt. Die Verstärkung des OPs und damit auch die Ausgangsspannung lassen sich über R 8 einstellen.

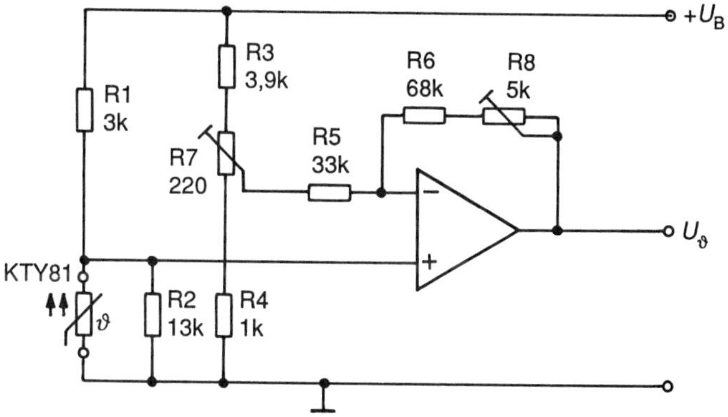

Bild 5.42 Einfache Schaltung zur Temperaturmessung mit KTY 81

5.3.4 Integrierte Temperatursensoren

Bei den integrierten Temperatursensoren wird die Temperaturabhängigkeit eines pn-Überganges ausgenutzt. Sie enthalten aber neben dem pn-Übergang, als dem eigentlichen Sensorelement, auch noch eine Auswerteelektronik, die je nach Sensortyp einen temperaturproportionalen Ausgangsstrom oder eine temperaturproportionale Ausgangsspannung liefert. Integrierte Temperatursensoren werden deshalb auch als temperaturabhängige Strom- bzw. Spannungsquellen bezeichnet.
In der Tabelle nach **Bild 5.43** sind die wichtigsten Daten für drei verschiedene integrierte Temperatursensoren zusammengefaßt.

Typ	Betriebs-spannung	Temperatur-Bereich	Empfind-lichkeit	Ausgangs-impedanz	Gehäuse
AD 590	+4 V ... +30 V	−55 °C ... +150 °C	1 µA/K	10 MΩ	T 0-46; T 0-92
LMX 35	+4 V ... +30 V	−55 °C ... +150 °C	10 mV/K	0,5 Ω	T 0-46; T 0-92
LM 35	+4 V ... + 3 V	−55 °C ... +150 °C	10 mV/K	0,5 Ω	T 0-46; T 0-92

Bild 5.43 Betriebsdaten für drei verschiedene integrierte Temperatursensoren

Der Sensor AD 590 (Analog Devices) ist als temperaturabhängige Stromquelle konzipiert. Er hat daher eine hohe Ausgangsimpedanz. Herstellerseitig ist der AD 590 so abgeglichen, daß sein Ausgangsstrom in µA der absoluten Temperatur in K entspricht. Er liefert daher in seinem zulässigen Temperaturbereich einen Ausgangsstrom von 218 µA bis 423 µA. Um eine Verfälschung des Meßergebnisses durch die Eigenerwärmung des Sensors möglichst gering zu halten, sollte die Betriebsspannung so klein wie möglich gewählt werden.

Die integrierten Temperatursensoren LMX 35 und LM 35 (National Semiconductors) gehören zu den temperaturabhängigen Spannungsquellen. Sie haben daher sehr niedrigere Ausgangsimpedanzen. In **Bild 5.44** sind die Kennlinien der drei in der Tabelle 5.43 als Beispiele aufgeführten integrierten Temperatursensoren dargestellt. **Bild 5.45** zeigt zwei Schaltungen für Thermometer mit analogem Ausgang.

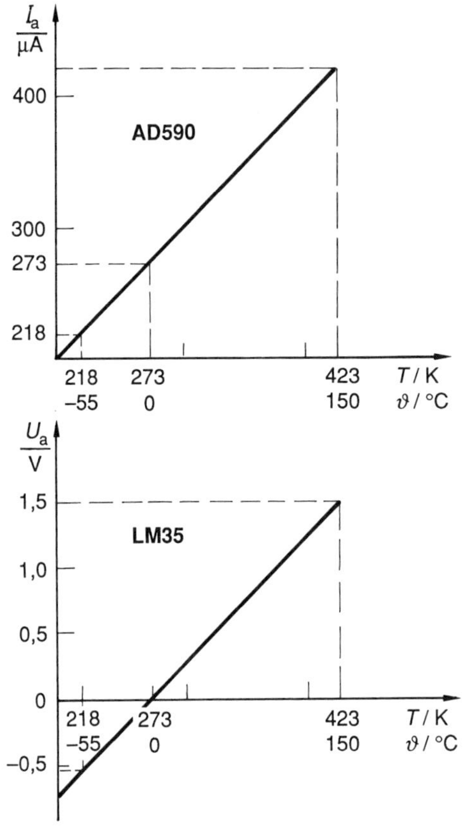

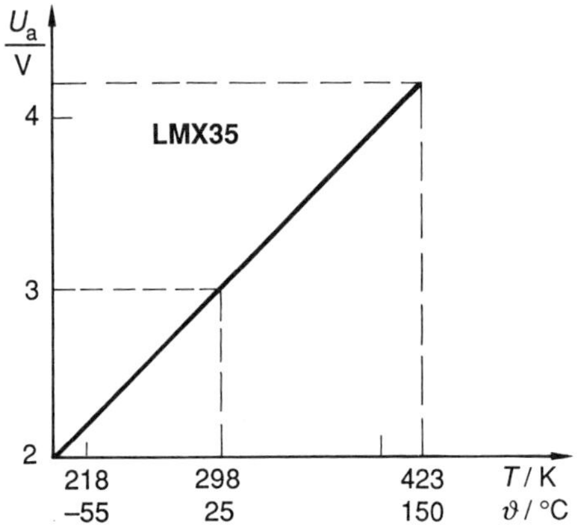

Bild 5.44 Kennlinien von integrierten Temperatursensoren

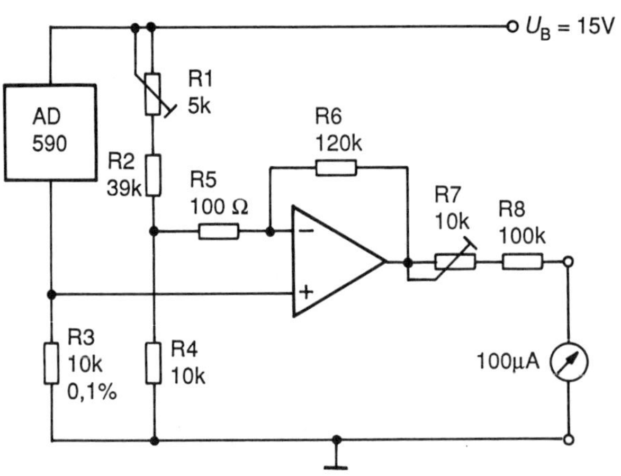

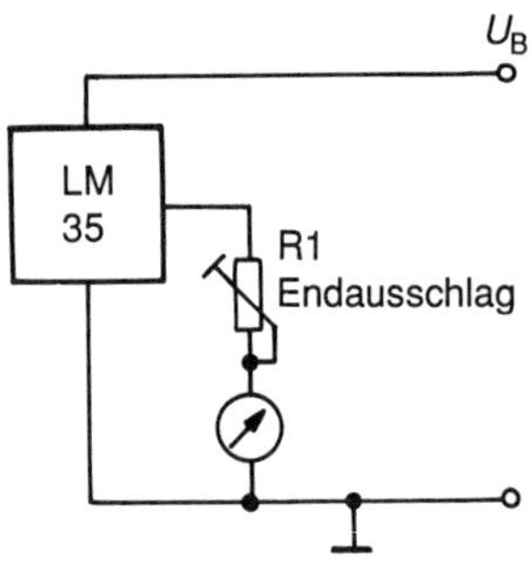

Bild 5.45 Zwei Schaltungen für Thermometer mit analoger Anzeige

In der Schaltung nach Bild 5.45 a bildet die Reihenschaltung eines AD 590 mit dem Widerstand R 3 einen Zweig einer Brückenschaltung. Mit R 1 kann bei $\vartheta = 0\ °C$ die Brückenspannung auf $U = 0$ V abgeglichen werden. Die bei einer Temperatur $\vartheta = 0\ °C$ auftretende Brückenspannung liegt dann am Eingang des als Differenzverstärker beschalteten OPs. Die Ausgangsspannung des OPs wird über ein Anzeigeinstrument mit einer linearen °C-Skala angezeigt. Das Potentiometer R 7 ist zur Kalibrierung des Meßwerkes erforderlich.
Der Baustein LM 35 gehört zu den *selbstjustierenden* Temperatursensoren. Er ist so konzipiert, daß er auch ohne Einbau in eine Brückenschaltung – und daher auch ohne zusätzliche Abgleichmöglichkeit – bei $\vartheta = 0\ °C$ eine Ausgangsspannung $U_A = 0$ V liefert. Dadurch ist der Aufbau eines Thermometers recht einfach. Auch hier kann die lineare Skala direkt in °C kalibriert werden.

5.4 Magnetfeldabhängige Sensoren

Magnetfeldabhängige Sensoren lassen sich aufgrund der ausgenutzten physikalischen Effekte oder Gesetzmäßigkeiten im wesentlichen in drei verschiedene Kategorien einteilen. Dies sind:

- induktive Sensoren
- magnetoresistive Sensoren
- Hall-Sensoren

Die Arbeitsweise induktiver Sensoren beruht auf dem Induktionsgesetz, welches je nach Bauart des Sensors auf unterschiedliche Weise ausgenutzt wird. Die Behandlung der induktiven Sensoren erfolgt jedoch erst im Fachlehrgang IV B »Meß- und Regelungstechnik«. Die *magnetoresistiven* Sensoren (magnetfeldabhängige Widerstände) ändern durch Einwirken eines Magnetfeldes ihren ohmschen Widerstand. Der wohl bekannteste nach diesem magnetoresistiven Effekt arbeitende Sensor ist die Feldplatte. Im Gegensatz dazu wird bei den nach dem *Hall*-Effekt arbeitenden Sensoren durch das Magnetfeld eine Spannung, die sogenannte Hallspannung, erzeugt. Derartige Sensoren werden als *Hall-Generatoren* bezeichnet. So unterschiedlich diese beiden Effekte auch sind, basieren sie doch auf dem gleichen elektrodynamischen Elementargesetz.
Jeder von einem Strom durchflossene elektrische Leiter ist von magnetischen Kraftlinien umgeben. In **Bild 5.46** sind die Zusammenhänge nochmals vereinfacht dargestellt. Das Kreuz innerhalb des angedeuteten Leiters in Bild 5.46 a besagt laut Vereinbarung, daß ein Strom (technische Stromrichtung) in die Bildebene hineinfließt. Das erzeugte magnetische Feld verläuft dann im Uhrzeigersinn in konzentrischen Kreisen um den Leiter herum. Wird dieser stromdurchflossene Leiter in ein zweites, äußeres Magnetfeld gebracht, so entsteht durch die gegenseitige Beeinflussung der beiden Magnetfelder eine magnetische Kraft F. Sie wird als Lorentzkraft bezeichnet.
In Bild 5.46 b ist zu erkennen, daß eine Verdichtung der Kraftlinien auftritt, wenn beide Felder gleichgerichtet sind. Sind beide Felder gegeneinandergerichtet, so entsteht

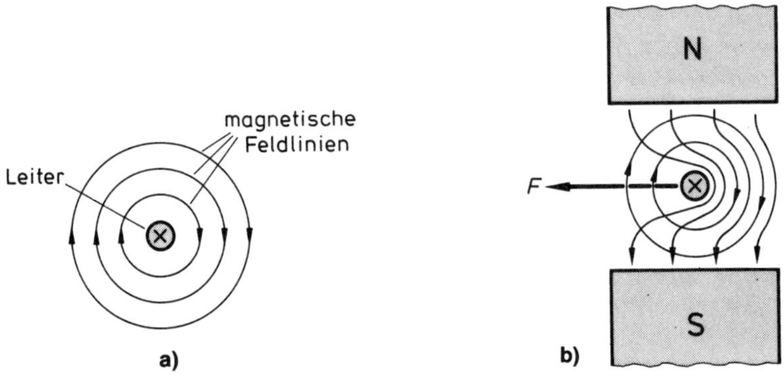

Bild 5.46 Entstehung der Lorentzkraft *F*

eine Feldschwächung. Die auf den Leiter ausgeübte Lorentzkraft *F* ist stets von der Seite der Feldverdichtung zur Seite der Feldschwächung gerichtet. Weil die Ursache des magnetischen Feldes eines stromdurchflossenen Leiters die Bewegung freier Elektronen ist, wirkt die Lorentzkraft allerdings nicht unmittelbar auf den Leiter, sondern auf die darin bewegten Elektronen ein.
Wird anstelle eines runden elektrischen Leiters ein dünnes, elektrisch leitendes Plättchen in das Magnetfeld gebracht, dann werden bei Stromfluß durch das Plättchen die sich bewegenden Elektronen in Richtung der Lorentzkraft aus ihrer Bahn abgelenkt. Die Ablenkung erfolgt dabei immer im rechten Winkel zu den Kraftlinien des äußeren Magnetfeldes. Je stärker dieses Magnetfeld ist, desto größer ist auch die Ablenkung der Elektronen.

5.4.1 Magnetoresistive Sensoren

5.4.1.1 Grundprinzip und Arbeitsweise

Der bekannteste magnetoresistive Sensor ist die Feldplatte. Sie besteht aus einer rechteckförmigen Trägerplatte, auf die eine dünne Halbleiterschicht aus Indiumantimonid (InSb) aufgebracht ist. In diese Halbleiterschicht sind in sehr geringen Abständen elektrisch gut leitende Metallnadeln aus Nickelantimonid (NiSb) eingebettet. Alle diese winzigen Nadeln sind quer zur Stromrichtung ausgerichtet. In **Bild 5.47** ist das Grundprinzip des Aufbaues dargestellt.

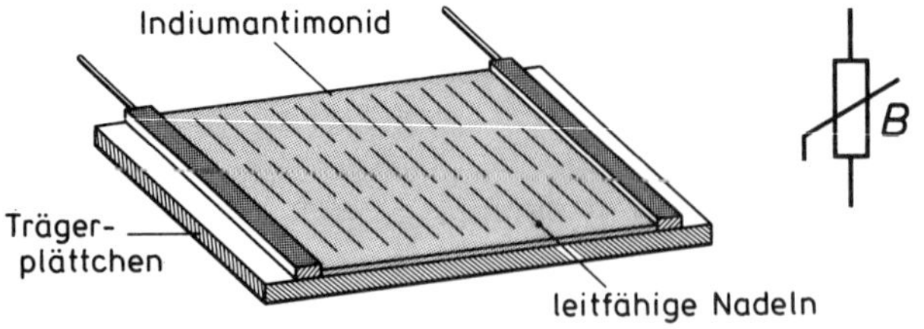

Bild 5.47 Aufbau einer Feldplatte und Schaltzeichen

Wird an die Enden einer nach Bild 5.47 aufgebauten Feldplatte eine elektrische Spannung angelegt, so fließt ein Strom durch das Halbleitermaterial. Die Metallnadeln behindern oder beeinflussen die Bewegungen und die Bewegungsrichtung der Elektronen nicht, da Nickelantimonid gut leitet und alle Nadeln quer zur Ladungsträgerbewegung liegen. Der Bahnwiderstand der Feldplatte ist in diesem Zustand gering und kann je nach Aufbau und Abmessungen des Halbleitermaterials zwischen einigen Ohm und mehreren Kiloohm liegen.
Wird die Feldplatte aber in ein Magnetfeld gebracht, so werden alle sich infolge des vorhandenen elektrischen Feldes bewegenden Ladungsträger durch die Lorentzkraft nach einer Seite hin abgelenkt. Die Elektronenbahnen verlaufen dann nicht mehr parallel zur Längskante der Feldplatte, sondern in einem von der Größe der magnetischen Flußdichte B abhängigen Winkel dazu. Dieser Winkel wird als Hallwinkel bezeichnet. Bei InSb kann dieser Hallwinkel bis zu 80 ° betragen. In **Bild 5.48** sind die Zusammenhänge für zwei verschiedene Flußdichten B dargestellt.

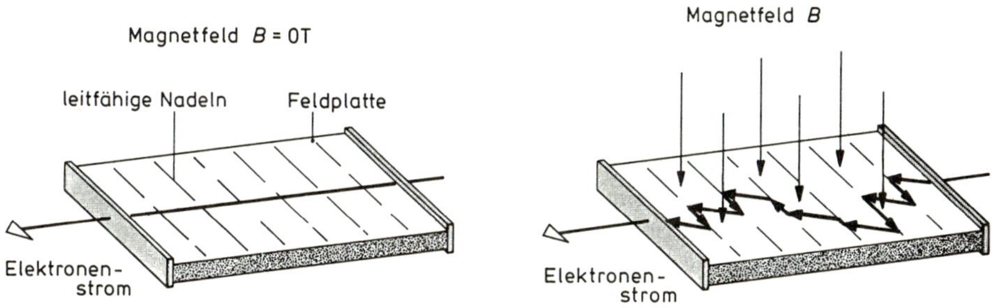

Bild 5.48 Strombahnen in einer Feldplatte unter dem Einfluß verschiedener magnetischer Flußdichten B

Die durch die Lorentzkraft abgedrängten Ladungsträger verlaufen in schrägen Bahnen von einer Metallnadel zur anderen. Diese stellen praktisch Kurzschlußbrücken dar, durch die sich die auftretenden unterschiedlichen Ladungsträgerdichten jeweils wieder ausgleichen.
Je größer die magnetische Flußdichte B, desto mehr werden die Elektronen abgelenkt. Ihre Bahnen verlaufen dann immer schräger und daher werden auch die Weglängen der einzelnen Elektronen immer größer. Eine Vergrößerung ihrer Weglängen bedeutet aber eine Erhöhung des Bahnwiderstandes der Feldplatte.
Eine Umpolung der Richtung des Magnetfeldes hat keinen Einfluß auf die Größe des Widerstandes der Feldplatte, weil dieser nur von der Größe des Bahnwiderstandes abhängt, nicht aber davon, ob die Abdrängung der Elektronen zur rechten oder linken Seite der Feldplatte erfolgt.
Bei den magnetoresistiven Sensoren der Baureihe KMZ.. (Valvo) besteht das Widerstandsmaterial nicht aus einer Halbleiterlegierung, sondern aus *Permalloy*, einer Legierung aus 20 % Eisen und 80 % Nickel. Die Funktion der NiSb-Nadeln übernehmen bei dieser Bauweise Goldbahnen, die unter einem Winkel von 45 ° auf das mäanderförmige Widerstandsmaterial aufgebracht werden. Da Gold eine wesentlich höhere Leitfähigkeit besitzt als Permalloy, fließt ein Strom so lange wie möglich in den Goldbahnen, also zickzack-förmig durch den Sensor. Werden die Elektronen auf ihrem direkten Weg von einer Goldbahn zur anderen durch ein Magnetfeld abgelenkt, so wird

ihr Weg durch das Permalloy zwangsläufig länger. Dies ist gleichbedeutend mit einer Zunahme des ohmschen Widerstandes des Sensors. In **Bild 5.49** sind die Zusammenhänge vereinfacht dargestellt. Nach diesem Prinzip lassen sich auch Sensoren konstruieren, deren Widerstand mit zunehmender Feldstärke sinkt. Die Sensoren der Reihe KMZ.. sind als Brücke mit je zwei Elementen konzipiert, deren Widerstand mit zunehmender Feldstärke steigt und zwei Elementen, deren Widerstand mit zunehmender Feldstärke sinkt.

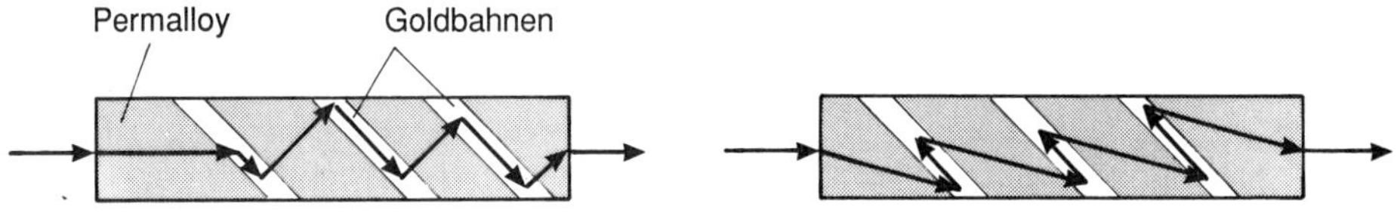

a) ohne äußeres Magnetfeld

b) mit äußerem Magnetfeld

Bild 5.49 Prinzipdarstellung eines Sensors aus der Reihe KMZ (Valvo)

5.4.1.2 Kennlinien und Kennwerte

Als Beispiel ist in **Bild 5.50 a** die Kennlinie einer Feldplatte vom Typ FP30D250E (Siemens) dargestellt. Die beiden gestrichelten Kennlinien geben den möglichen Streubereich an. Der Grundwiderstand bei $B = 0$ T liegt bei diesem Typ bei $R_0 \approx 250\ \Omega$. Er steigt bei $B = 1$ T auf $R_B \approx 3{,}6$ kΩ an. Wird die Richtung des Magnetfeldes umgepolt, so verlaufen die Kennlinien spiegelsymmetrisch zur Y-Achse.

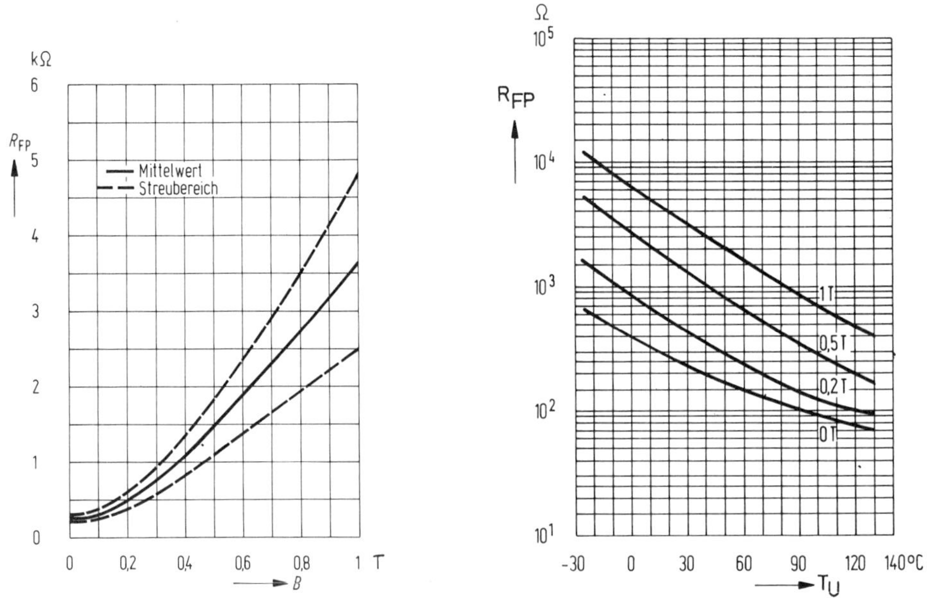

a) $R_{FP} = f(B)$-Kennlinie

b) $R_{FP} = f(B)$-Kennlinie für verschiedene Flußdichten

Bild 5.50 Kennlinie einer Feldplatte vom Typ FP 30250 E (Siemens)

Die Temperaturabhängigkeit des Feldplatten-Widerstandes ist relativ groß. Der Temperaturkoeffizient ist negativ, und es besteht eine zusätzliche Abhängigkeit von der Größe des einwirkenden Magnetfeldes. In **Bild 5.50 b** sind die Zusammenhänge für eine Feldplatte vom Typ FP30D250E dargestellt.
Die Hersteller geben für die Feldplatte jeweils mehrere wichtige Kennwerte an:

ϑ_{max} = Maximale Betriebstemperatur.
Sie liegt bei den meisten Feldplatten bei etwa 100 °C und darf auf keinen Fall überschritten werden.

P_{tot} = Maximale elektrische Belastung.
Sie wird meistens für eine bestimmte Temperatur angegeben und darf ebenfalls auf keinen Fall überschritten werden. Die totale Verlustleistung liegt bei Feldplatten etwa zwischen 0,5 W und 1 W.

U_I = Isolationsspannung zwischen System und Trägerplatte.
U_I beträgt etwa 100 V.

R_0 = Grundwiderstand bei $B = 0\,T$.
Er liegt je nach Typ zwischen einigen Ohm und mehreren Kiloohm.

R_0-Tol = Toleranz des Grundwiderstandes.
Sie beträgt meistens $\pm 20\,\%$.

R_B; R_{FP} = Widerstand bei einer bestimmten Flußdichte.
Er kann aus der $R_{FP} = f(B)$-Kennlinie ermittelt werden.

Einige weiterhin angegebene Kennwerte haben für die Praktiker keine so wesentliche Bedeutung.

5.4.1.3 Bauformen und Anwendungsbereiche

Die Leitfähigkeit des Feldplattenmaterials ist relativ hoch. Sie kann durch unterschiedliche Dotierungen beeinflußt werden. Um möglichst lange Bahnen aus Indiumantimonid zu erhalten, wird das Halbleitermaterial in Mäanderform ausgeätzt. Durch Ändern der Anzahl, Länge, Breite und Dicke der Stege des Mäanders kann der Grundwiderstand R_0 in relativ weiten Grenzen verändert werden. **Bild 5.51** zeigt den Aufbau einer Feldplatte in Mäanderform auf einem Träger.

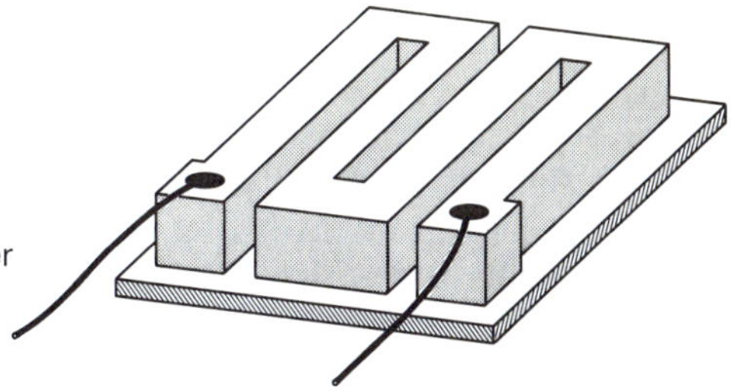

Bild 5.51 Aufbau einer Feldplatte mit Träger

Das Halbleitermaterial ist stets auf einen Träger aufgebracht. Bei den E-Typen besteht dieser Träger aus einem dünnen Plättchen aus ferromagnetischen Werkstoffen mit hoher Permeabilität. Die K-Typen haben dagegen als Träger ein dünnes Kunststoff- oder Keramikplättchen. Die Halbleiteroberfläche ist zum Schutz gegen mechanische

Beschädigungen mit einer Lackschicht abgedeckt. **Bild 5.52** zeigt die Bauformen von Feldplatten der Typen FP17D500E und FP30D250E (Siemens). Feldplatten haben sehr kleine Abmessungen und sind sehr empfindlich gegen mechanische Beanspruchungen. E-Typen müssen in Betrieb immer aufgeklebt sein, weil magnetische Kräfte auf den Träger einwirken. Bei den K-Typen ist dieses nicht der Fall.

FP30D250E FP17D500E

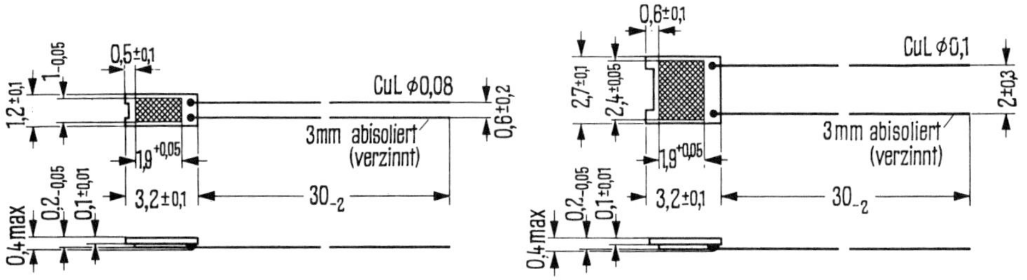

Gewicht etwa 0,017 g Gewicht etwa 0,02 g

Bild 5.52 Bauformen von Feldplatten (Siemens)

Feldplatten werden als kontakt- und stufenlos steuerbare Widerstände eingesetzt. Die Ansteuerung erfolgt dann mit einem Dauermagneten oder einem Elektromagneten, in dessen Luftspalt sich die Feldplatte befindet. Neben den Einzel-Feldplatten werden auch Differential-Feldplatten gefertigt. Sie haben einen zusätzlichen Mittelanschluß, durch den das System in zwei gleichartige aktive Bereiche aufgeteilt wird. Differential-Feldplatten eignen sich besonders gut zur Erfassung von Bewegungsvorgängen wie Drehzahlerfassung, Drehsinnerfassung, Geschwindigkeitsmessung von linearen Bewegungen usw.

In allen diesen Fällen sind aber spezielle mechanische Einrichtungen wie z. B. Zahnscheiben sowie bereits recht umfangreiche elektronische Schaltungen zum Auswerten der von der Feldplatte gelieferten Signale erforderlich.

Feldplatten eignen sich aber auch als Meßsonden zum Ausmessen und Überwachen von Magnetfeldern. Sie werden dazu in den Luftspalt von Eisenkernen oder Jochen eingebaut und ermöglichen so eine dauernde Überprüfung und Anzeige des magnetischen Flusses.

5.4.1.4 Anwendungsbeispiele

Mit Feldplatten lassen sich in recht einfacher Weise Transistorschalter ansteuern. Derartige kontaktlose Schalter finden zunehmend Verwendung in der Steuerungs- und Regelungstechnik. **Bild 5.53** zeigt das Grundprinzip eines derartigen Transistorschalters. Bei diesem Transistorschalter ist die Feldplatte in einen Spannungsteiler eingesetzt. Diese Anordnung läßt sich auch für viele andere Aufgaben in der Meß- und Regelungstechnik verwenden. In **Bild 5.54** sind zwei einfache Spannungsteilerschaltungen sowie eine Brückenschaltung mit Feldplatten dargestellt.

Bei der Schaltung 5.54 a begrenzt R 1 den Steuerstrom durch die Feldplatte. Der unter-

Bild 5.53 Kontaktloser Transistorschalter mit Ansteuerung über Feldplatte

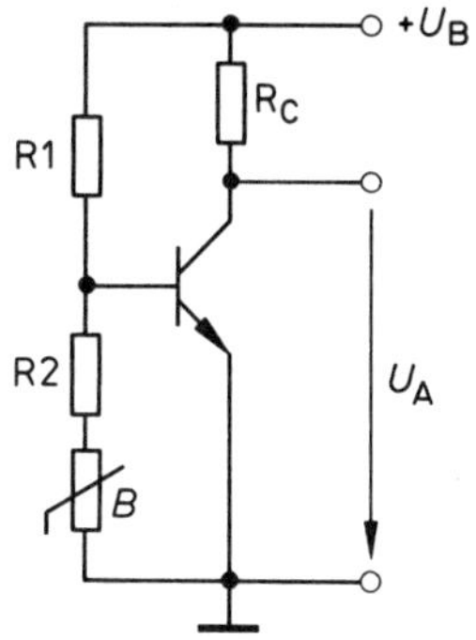

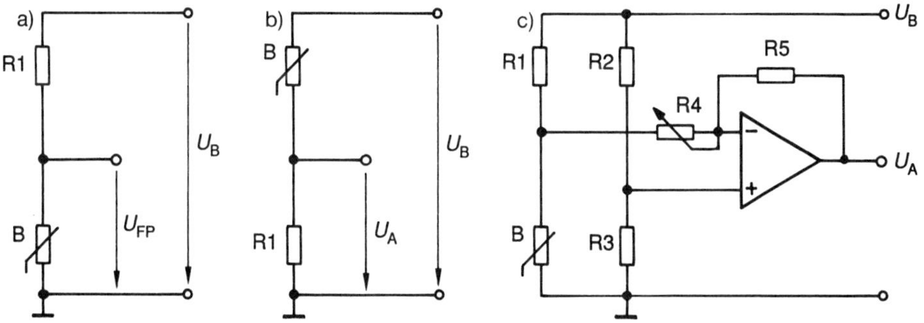

Bild 5.54 Spannungsteilerschaltungen und Brückenschaltung mit Feldplatten

schiedliche Spannungsabfall U_{FP} an der Feldplatte wird weiterverarbeitet. Bei der Schaltung nach Bild 5.54 b bestimmt die Feldplatte den Strom durch den Widerstand R 1, dessen Spannungsabfall dann ausgenutzt wird.

Neben der einfachen Anwendung als Spannungsteiler werden Feldplatten häufig auch in Brückenschaltung eingesetzt. In Bild 5.54 c ist eine derartige Schaltung dargestellt. Durch Einwirkung eines Magnetfeldes verändert sich das Spannungsteilerverhältnis im linken Brückenzweig, und es fließt ein Strom durch das Potentiometer R 3. Mit diesem Potentiometer läßt sich der Leerlaufabgleich vornehmen, d. h. die Schaltung kann mit R 3 an den Temperaturbereich und eine eventuelle Vormagnetisierung angepaßt werden. Bei der Dimensionierung der Schaltung sollte für R 3 etwa der halbe Wert der beiden Spannungsteilerwiderstände gewählt werden.

5.4.2 Hall-Effekt-Sensoren

Bereits im Jahre 1879 entdeckte der amerikanische Physiker E. C. Hall, daß sich zwischen zwei gegenüberliegenden Längsseiten eines Leiterplättchens eine elektrische Spannung aufbaut, wenn dieses Plättchen senkrecht zur Stromflußrichtung von einem Magnetfeld durchsetzt wird. Bei den meisten Leiter- und Halbleitermaterialien ist die erzeugbare Hallspannung aber für eine technische Ausnutzung zu gering. Diese wurde erst möglich durch die Verwendung neuartiger Halbleitermaterialien wie Indiumarsenid (InAs) und Indiumantimonid (InSb), weil beide Materialien eine hohe Ladungsträgerbeweglichkeit besitzen.

5.4.2.1 Grundprinzip und Arbeitsweise

Hall-Generatoren bestehen aus einer rechteckförmigen Trägerplatte, auf die eine dünne Halbleiterschicht aus Indiumarsenid (InAs) oder Indiumantimonid (InSb) aufgebracht ist. In dieses Halbleitermaterial sind jedoch keine kleinen Metallnadeln wie bei der Feldplatte eingebettet. Dafür besitzt der Hall-Generator aber in der Mitte der beiden Längsseiten zwei weitere Anschlüsse, die als Hall-Elektroden bezeichnet werden. Zusammen mit den beiden Steuerelektroden an den Schmalseiten des Halbleiterplättchens hat der Hall-Generator also insgesamt vier Anschlüsse und stellt somit einen Vierpol dar. **Bild 5.55** zeigt das Aufbauprinzip eines Hall-Generators.

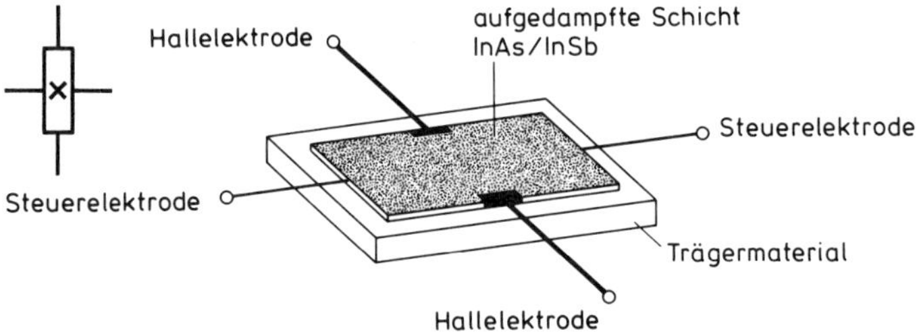

Bild 5.55 Aufbauprinzip eines Hall-Generators und Schaltzeichen

Wird ein stromdurchflossener Hall-Generator von einem Magnetfeld durchsetzt, so werden die sich bewegenden Ladungsträger wie bei der Feldplatte infolge der Lorentzkraft, die rechtwinklig zum Stromfluß und dem Magnetfeld wirkt, abgelenkt. Dadurch entsteht auf der einen Längsseite des Hall-Generators ein Elektronenmangel, auf der gegenüberliegenden Seite dagegen ein Elektronenüberschuß. Zwischen den beiden Hallanschlüssen tritt daher eine Spannung auf, die als Hall-Spannung U_H bezeichnet wird. In **Bild 5.56** ist dieser Zusammenhang prinzipiell dargestellt.

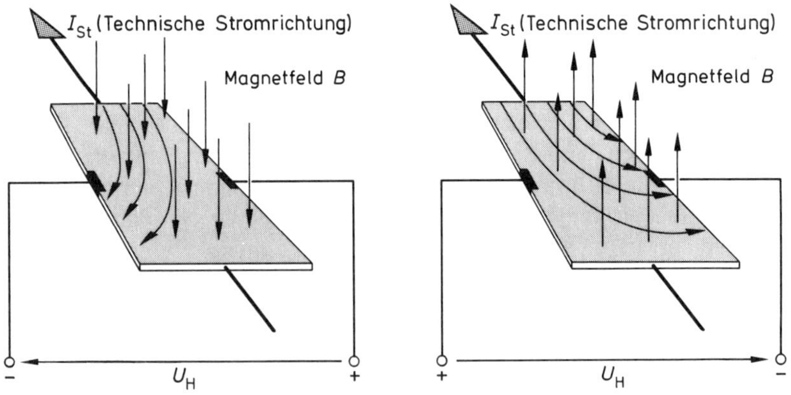

Bild 5.56 Zusammenhänge zwischen Steuerstrom I_{St}, Magnetischer Induktion B und Hallspannung U_H

Die Polarität der Hallspannung hängt von der Richtung des Steuerstromes I_{St}, der Richtung der magnetischen Induktion B und von der Art des Leitungsmechanismus des Sensormaterials ab. Die Größe der Hallspannung ist dagegen von der Größe des Steuerstromes und der magnetischen Induktion, sowie dem Hall-Faktor R_H und der

Dicke des Sensormaterials abhängig. Der Hallfaktor erfaßt die Materialeigenschaften wie Anzahl der freien Ladungsträger pro Volumeneinheit und die Ladungsträgerbeweglichkeit.

Für die erzeugte Hallspannung gilt:

$$U_H = \frac{R_H}{d} \cdot I_{St} \cdot B$$

mit U_H = Hallspannung in V
R_H = Hallfaktor in m^3/As
I_{St} = Steuerstrom in A
B = Magnetische Induktion in Vs/m^2
d = Dicke des Halbleiterplättchens in m

Da bei einem Hall-Generator R_H und d stets vom Hersteller vorgegeben sind, läßt sich die Hallspannung nur durch den Steuerstrom und die magnetische Flußdichte verändern. U_H ist daher proportional dem Produkt aus I_{St} und B:

$$U_H \sim I_{St} \cdot B$$

5.4.2.2 Kennlinien und Kennwerte

Bild 5.57 zeigt die $U_H = f(B)$-Kennlinie eines Hall-Generators. Sie gilt für konstanten Steuerstrom und unbelastete Hallspannung. Es handelt sich hier also um die Leerlaufkennlinie des Hall-Generators.

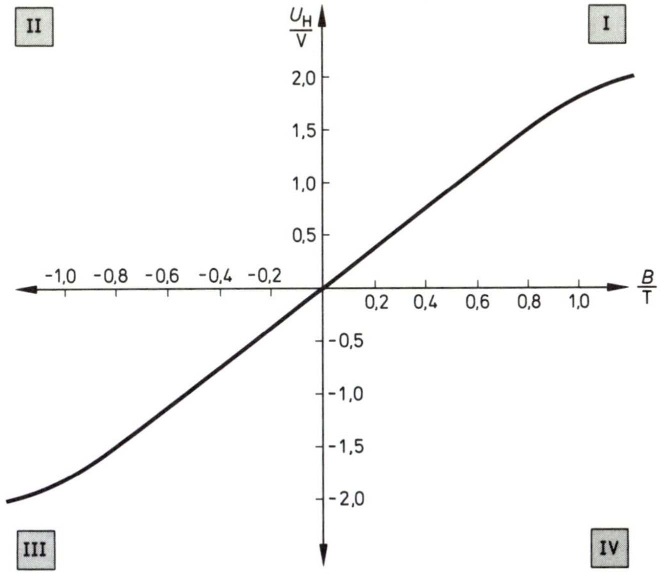

Bild 5.57 Leerlaufkennlinie eines Hall-Generators für I_{St} = const.

Die Kennlinie verläuft im I. und III. Quadranten, weil die Polarität der Hallspannung von der Richtung des Magnetfeldes abhängt. Wegen des gleichartigen Verlaufes in den beiden Quadranten wird in Datenblättern meistens nur der Kennlinienverlauf im I. Quadranten dargestellt.

Die erzeugte Hallspannung ist relativ klein. Sie liegt bei den meisten Typen im Bereich von 50 mV bis etwa 750 mV und ist nur bei wenigen Typen größer als 1000 mV.
Der Hallfaktor R_H hat einen negativen Temperaturkoeffizienten. Daher ist auch die Hallspannung U_H temperaturabhängig. Sie wird mit zunehmender Temperatur kleiner.
Die Hersteller geben zu jedem Hall-Generatortyp eine Reihe von Kennwerten an. Die für den Praktiker wichtigsten Angaben sind im folgenden aufgeführt:

I_M; I_{max} = Maximal zulässiger Steuerstrom; (Je nach Typ bis etwa 600 mA)
I_N; I_{1n} = Nennwert des Steuerstromes als üblicher Betriebswert; (Je nach Typ bis etwa 400 mA)
B_N; B_n = Nennwert des magnetischen Flusses. B_n begrenzt den linearen Bereich der Kennlinie. Bei $B > B_n$ besteht daher keine Proportionalität mehr zwischen U_H und B; (B_n je nach Typ bis etwa 1 T)
U_{Ho} = Leerlauf-Hallspannung. Sie wird angegeben für den unbelasteten Hall-Generator bei I_{1n} und B_n. Bei Belastung nimmt diese Spannung geringfügig ab.
R_{iH}; R_{10} = Innenwiderstand zwischen den Hallelektroden bei $B = 0$ T.
R_{ist}; R_{20} = Innenwiderstand zwischen den Steuerelektroden bei $B = 0$ T.
R_o = Ohmsche Nullkomponente.

Aus fertigungstechnischen Gründen können die beiden Hallelektroden nicht exakt auf der gleichen Potentiallinie angesetzt werden. Daher ist der Hallspannung noch ein kleiner ohmscher Spannungsanteil überlagert. Er tritt auch bei $B = 0$ T auf und wird dann als ohmsche Nullspannung $U_{HRo} = R_o \cdot I_{St}$ bezeichnet. Die ohmsche Nullspannung kann je nach Typ und Einzelstück bis etwa 20 mV betragen und muß daher bei genauen Messungen durch einen äußeren Spannungsteiler kompensiert werden.
Auf eine Reihe weiterer Kennwerte des Hall-Generators soll hier nicht mehr näher eingegangen werden.

5.4.2.3 Bauformen und Anwendungsbereiche

Zur Anpassung an die magnetische Steuergröße werden unterschiedliche Bauformen von Hall-Generatoren gefertigt. Bei der offenen Bauweise ist das Hallplättchen auf einem unmagnetischen, sehr dünnen Träger aufgebracht. Das Halbleitermaterial wird dabei nur durch eine Schicht aus Isolierlack oder Epoxidharz geschützt. Bei der Kastenbauweise ist das Hallplättchen von einem kleinen Gehäuse aus Al_2O_3 umgeben und wird dadurch auch vor mechanischen Beschädigungen geschützt.
Die Abmessungen von Hall-Generatoren sind sehr klein. **Bild 5.58** zeigt als Beispiele die Abmessungen der Feldsonde FA 24 (Siemens) sowie der Hall-Sonde für kleine Luftspalte RHY 19 (Siemens).
Hall-Generatoren lassen sich vielseitig einsetzen. Die praktische Ausnutzung der Hallspannung erfordert in der Regel aber nachgeschaltete Verstärker- oder Auswerteschaltungen, die bereits einen erheblichen Umfang haben können. Die heute überwiegend verwendeten Hall-Effekt-Sensoren enthalten neben dem Hallelement Verstärker und Auswerteelektronik in integrierter Form. Daher wird hier nur das Grundprinzip von zwei unterschiedlichen Anwendungsbereichen beschrieben.

FA 24

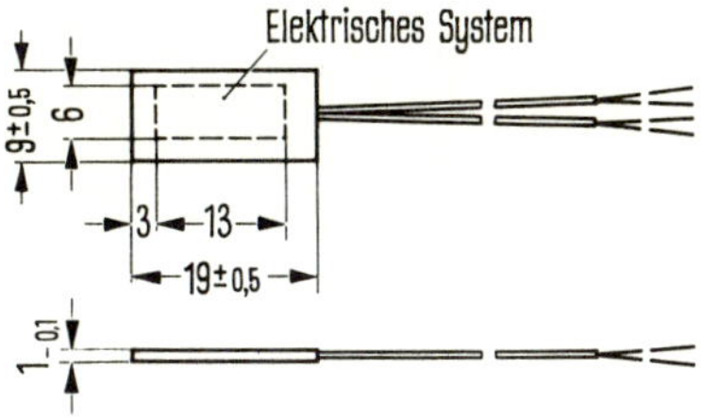

Gewicht etwa 0,7 g
Maße in mm

RHY19

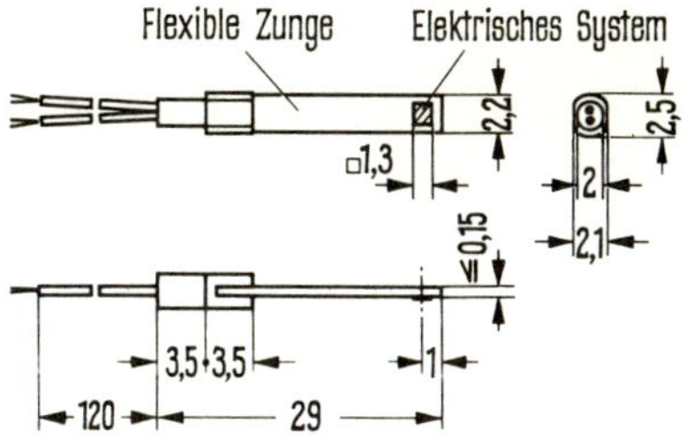

Gewicht etwa 0,3 g
Maße in mm

Bild 5.58 Bauformen von Hall-Generatoren

Messen der magnetischen Induktion *B*

Der Steuerstrom I_{St} wird hierbei fest eingestellt und sehr konstant gehalten. Die Hallspannung ist dann nur noch abhängig von der magnetischen Induktion B. Solange der Hall-Generator im linearen Bereich seiner Kennlinie betrieben wird, ist U_H proportional B. Je kleiner die Meßsonde ist, desto genauer kann ein Magnetfeld ausgemessen werden.
Häufig wird der Hall-Generator auch fest in den Luftspalt eines Eisenkernes oder Joches eingesetzt. Dann kann die an dieser Stelle vorhandene magnetische Induktion über die erzeugte Hallspannung gemessen oder überwacht werden. Dieses Verfahren wird z. B. auch bei der Messung hoher Gleichströme ausgenutzt. Hierbei wird das sich um ein Leiterstück ausbildende, ringförmige Feld mit einem Hall-Generator gemessen. Um eindeutige Verhältnisse zu schaffen, ist der Hall-Generator im Luftspalt eines Eisenjoches angeordnet, das um den Leiter gelegt wird. In **Bild 5.59** ist das Prinzip dieser Meßanordnung dargestellt.

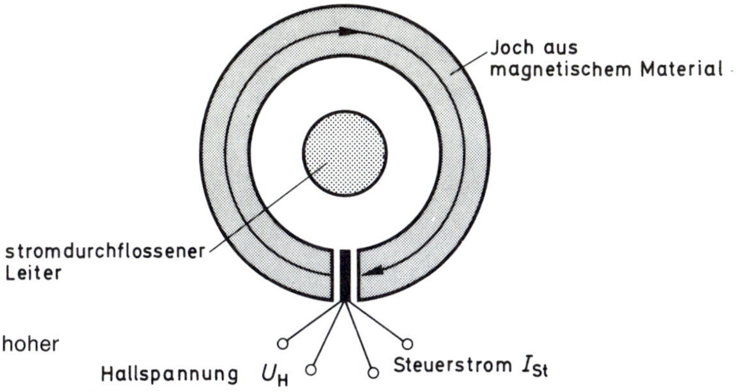

Bild 5.59 Messung hoher Gleichströme

Der große Vorteil dieses Meßverfahrens liegt darin, daß der Leiter zur Strommessung nicht aufgetrennt werden muß. Bei konstant gehaltenem Steuerstrom I_{St} des Hall-Generators ist die Hallspannung U_H proportional dem im Leiter fließenden Strom.

Hall-Generator als Signalgeber

Hall-Generatoren lassen sich zusammen mit kleinen Permanentmagneten als kontaktlose Signalgeber einsetzen. Wird ein solcher Magnet an einem vom Steuerstrom durchflossenen Hall-Generator vorbeigeführt, so entsteht eine Hallspannung, die als Signalspannung ausgenutzt und weiterverarbeitet werden kann.
Dieses Prinzip arbeitet auch dann einwandfrei, wenn der kleine Permanentmagnet auf einer Scheibe oder einem Zahnrad befestigt ist. Dann entsteht bei jeder Umdrehung ein kurzer Impuls der Hallspannung. Diese Impulse können elektronisch gezählt und so weiterverarbeitet werden, daß die Umdrehungszahl in *U*/min oder *U*/s direkt angezeigt wird. **Bild 5.60** zeigt das Grundprinzip einer Drehzahlmessung mit Hall-Generator.

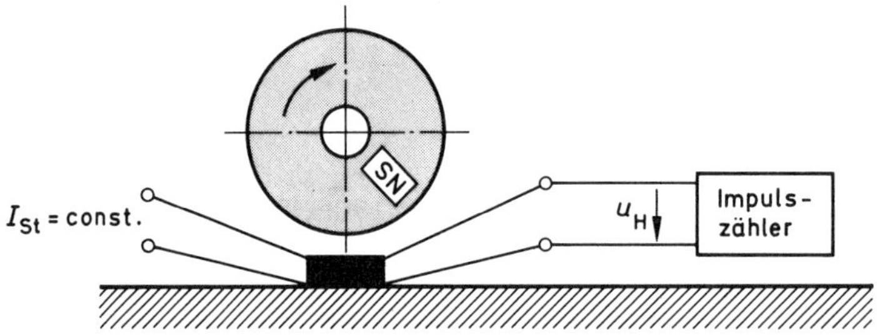

Bild 5.60 Grundprinzip einer Drehzahlmessung mit Hall-Generator

5.5 Dehnungsabhängige Sensoren

Die Messung mechanischer Größen wie Zug- oder Druckspannung, Kraft und Beschleunigung kann nicht direkt erfolgen und wird daher meist auf eine Dehnungsmessung zurückgeführt. Bei dem physikalischen Begriff der Dehnung ist zwischen positiver und negativer Dehnung zu unterscheiden **(Bild 5.61)**.

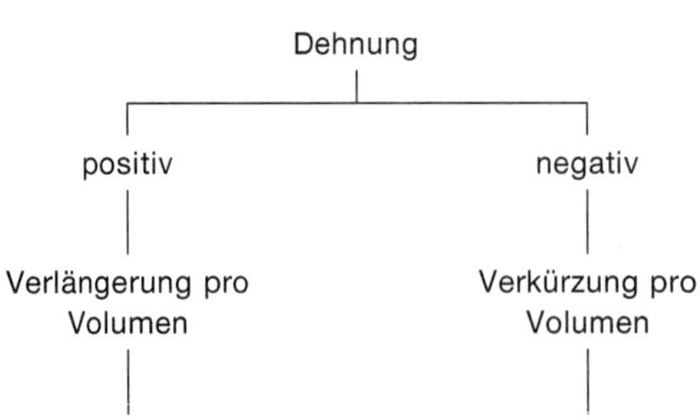

Bild 5.61 Unterscheidungsmerkmale zum Begriff Dehnung

Positive Dehnung wird durch Zug hervorgerufen und führt zu einer Verlängerung bei gleichbleibendem Volumen. Negative Dehnung wird durch Druck hervorgerufen und führt zu einer Verkürzung bei gleichbleibendem Volumen. Mathematisch werden diese Zusammenhänge durch das *Hooke'sche Gesetz* beschrieben:

$$\varepsilon = \frac{\sigma}{E} = \frac{\Delta l}{l_0}$$

ε = spezifische Längenänderung, Dehnung
σ = mechanische Spannung
E = Elastizitätsmodul
Δl = Längenänderung
l_0 = Ursprungslänge

Zur Umwandlung der Dehnung in ein auswertbares elektrisches Signal lassen sich die unterschiedlichsten physikalischen Prinzipien anwenden. Hier wird nur auf Verfahren eingegangen, die auf piezoresistiven oder piezoelektrischen Effekten beruhen (griech.: piezein = drücken).
Bei den *piezoresistiven* oder auch Piezowiderstands-Effekten führt eine äußerlich am Sensor angreifende Kraft, hervorgerufen durch Zug- oder Druckspannung, zu einer Änderung der Ladungsträgerbeweglichkeit oder der Ladungsträgerdichte und damit zu einer Veränderung des ohmschen Widerstandes des Sensormaterials. Sensoren, die auf diesen Effekten basieren, sind also passive Sensoren.
Beim *piezoelektrischen* Effekt bewirkt dagegen eine äußerlich am Sensor angreifende Kraft im Sensormaterial eine Ladungsträgerverschiebung, die als elektrische Spannung an den Elektroden abgegriffen werden kann. Es handelt sich somit um ein aktives Sensorprinzip.

5.5.1 Piezoresistive Sensoren

Piezoresistive Sensoren werden meistens als Dehnungsmeßstreifen (DMS) bezeichnet. Sie lassen sich sowohl zur direkten Messung von Längenänderungen als auch in den unterschiedlichsten Meßwertaufnehmern als Sensorelement einsetzen. Sie haben dort die Aufgabe, physikalische Größen wie Druck- oder Zugspannungen, Kräfte oder Beschleunigungen usw. in auswertbare Signale umzuwandeln. Grundsätzlich ist zwischen Widerstands-DMS und Halbleiter-DMS zu unterscheiden.

5.5.1.1 Widerstands-Dehnungsmeßstreifen

Grundprinzip und Arbeitsweise

Der ohmsche Widerstand von Leitermaterialien hängt u. a. von deren Geometrie ab:

$$R = \frac{l}{\varkappa \cdot A}$$

R = ohmscher Widerstand
l = Länge des Leiters
$\varkappa$ = spezifische Leitfähigkeit
A = Leiterquerschnitt

Wird dieser Zusammenhang mit dem Hooke'schen Gesetz verknüpft, ergibt sich folgende Gleichung:

$$\frac{\Delta R}{R_0} = K \cdot \frac{\Delta l}{l_0} = K \cdot \varepsilon$$

ΔR = Widerstandsänderung infolge Verformung
R_0 = Widerstandswert vor der Verformung
K = Proportionalitätskonstante

In der Materialkonstanten K sind alle Einflüsse der Längenänderung, der Querschnittsänderung usw. zusammengefaßt. Der K-Faktor – häufig in den Herstellerunterlagen auch als *Gauge*-Faktor bezeichnet – liegt bei den Widerstands-DMS etwa zwischen $K = 2$ und $K = 5$.

Beispiel

Ein Draht-DMS mit einem K-Faktor von $K = 2$ und einer maximal zulässigen Dehnung von 3 % wird an einer Meßspannung $U_M = 1$ V betrieben.
Wie groß ist die größte zu erzielende Änderung der Meßspannung?

$$\frac{\Delta U_M}{U_M} = \frac{\Delta R}{R} = K \cdot \frac{\Delta l}{l_0} = K \cdot \frac{l_0 \cdot 3\,\%}{l_0}$$

$$\Delta U_M = U_M \cdot K \cdot 3\,\% = 1\,\text{V} \cdot 2 \cdot 3\,\% = 0{,}06\,\text{V}$$

$$\Delta U_M = 0{,}06\,\text{V}$$

Zur einwandfreien Funktion dürfen DMS nur im elastischen Bereich verformt werden. Die somit erzielbaren Längenänderungen liegen je nach Bauart zwischen 2 % (Draht-DMS) und 5 % (Folien-DMS) von der Gesamtlänge. **Bild 5.62** zeigt den Zusammenhang

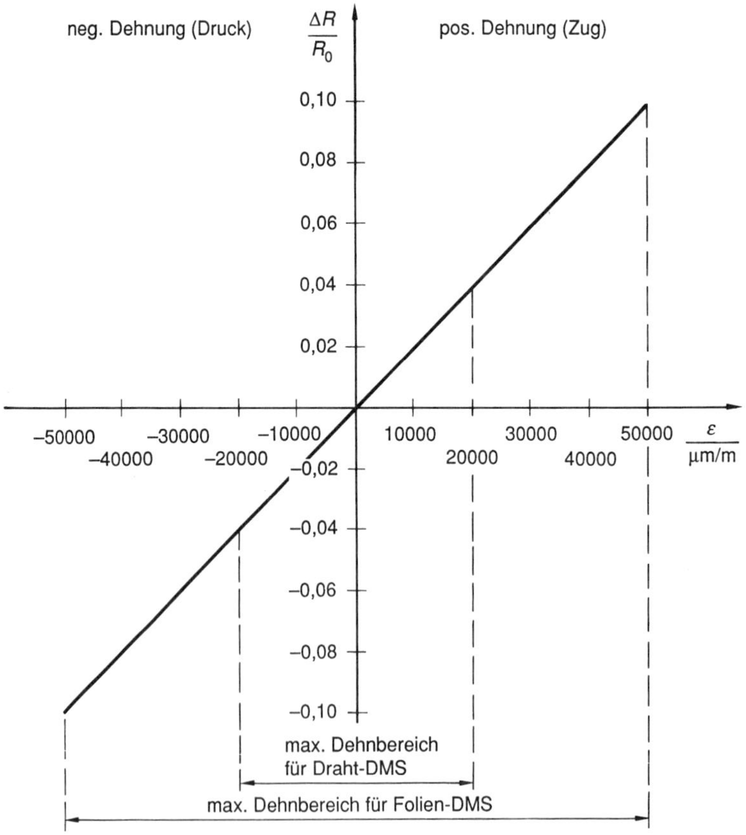

Bild 5.62 Maximale Dehnbereiche für Draht- und Folien-DMS

zwischen Empfindlichkeit und Dehnung für Draht-DMS und Folien-DMS. Die Kennlinien können in gewissen Grenzen von der in Bild 5.62 angegebenen abweichen. Dies gilt insbesondere für die Dehnbereiche. So kann der maximal zulässige Wert für positive und negative Dehnung durchaus unterschiedlich groß sein. Da der *K*-Faktor bei beiden Bauarten etwa gleich groß ist, wird der Unterschied der Kennlinien nur durch die unterschiedliche maximal zulässige Dehnung bestimmt, und es ergibt sich somit eine identische Kennlinie für den Bereich ± 20 000 µm/m.

Bauarten und Anwendungsbereiche

Widerstands-Dehnungsmeßstreifen sind in Draht-DMS und Folien-DMS – häufig auch kurz DMF (Dehnungsmeßfolien) genannt – zu unterscheiden. Draht-DMS bestehen aus Widerstandsdraht, der auf einen Träger aufgeklebt ist. Um einen möglichst hohen Widerstandswert zu erhalten, wird der Draht in Mäanderform aufgebracht oder um den Träger gewickelt. Da Drahtdurchmesser von 20 bis 30 µm verwendet werden, ist die Herstellung von Draht-DMS relativ aufwendig. **Bild 5.63** zeigt den prinzipiellen Aufbau eines Dehnungsmessers mit Widerstandsdraht.

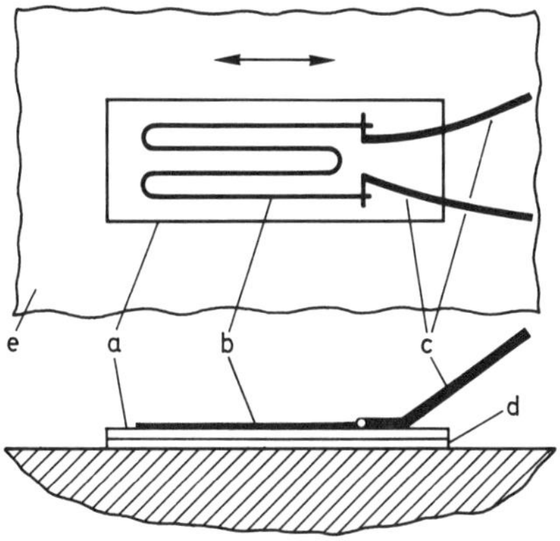

Dehnungsmeßstreifen, schematisch
a Träger
b Meßdraht
c Anschlußdrähte
d Klebstoff
e Bauteil

Bild 5.63 Dehnungsmesser mit Widerstandsdraht

Fortschritte in der Ätztechnik haben eine kostengünstige Serienproduktion der Folien-DMS ermöglicht. Mittels Ätzverfahren werden aus der auf den Träger aufgebrachten 2 ... 10 µm dicken, gewalzten Metallfolie die unterschiedlichsten Formen hergestellt. **Bild 5.64** zeigt einige Beispiele. Mit der Ätztechnik ist es möglich, auch komplizierte, auf die jeweilige Meßaufgabe speziell zugeschnittene Formen kostengünstig zu produzieren. Folien-DMS eignen sich aufgrund ihrer geringen Baugröße und guten Anpassungsfähigkeit besonders gut für Miniatursensoren.
Um eine möglichst hohe Signalspannung zu erreichen, müssen die DMS einen großen Widerstand haben. Damit wird die Zahl der geeigneten Widerstandsmaterialien eingegrenzt. So werden wegen ihres kleinen Temperaturkoeffizienten und ihres relativ hohen spezifischen Widerstandes hauptsächlich Konstantan und Platin-Wolfram-Legierungen verwendet. Als Trägermaterial eignen sich Papier, Bakelit oder Polyamide.

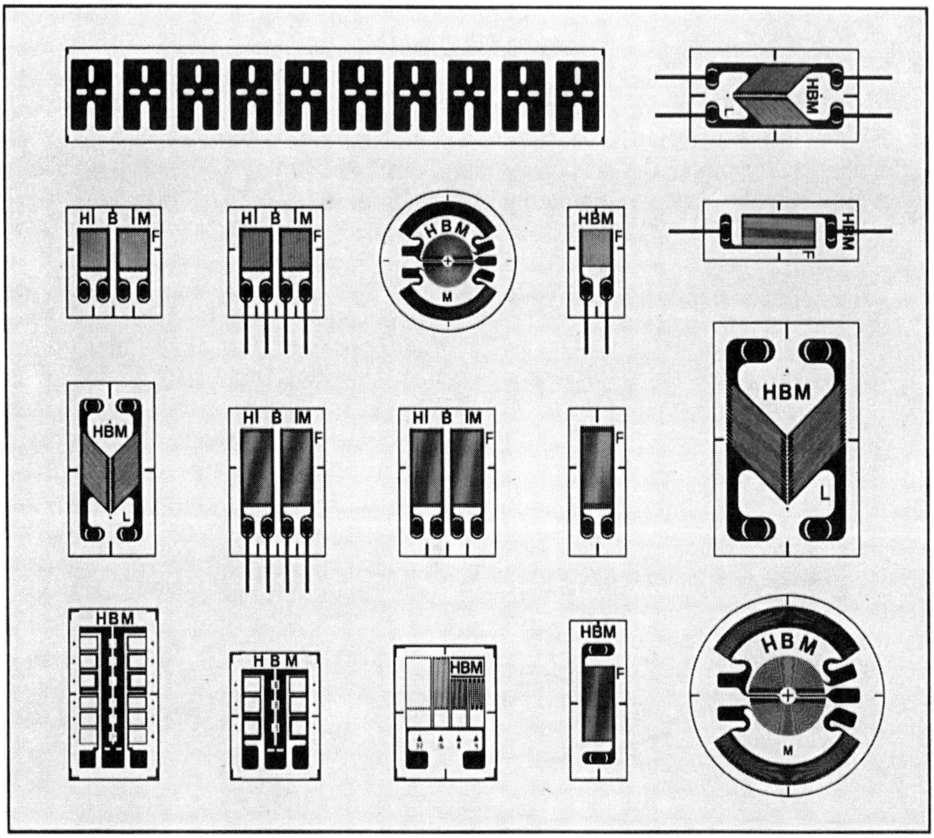

Bild 5.64 DMS in Folientechnik (HBM)

Neben der Anwendung als Sensoren zur Erfassung von Längenänderungen werden DMS auch als Sensorelement in Druck-, Kraft- und Winkelmessern eingesetzt. In allen Anwendungsfällen muß der DMS auf das Meßobjekt geklebt oder geschweißt werden. Die Qualität dieser Verbindung hat großen Einfluß auf das Meßergebnis. Besonders für die Klebeverbindungen ist neben den von den Herstellern angebotenen Spezialklebern auch Erfahrung in der Klebetechnik erforderlich.

Anwendungsbeispiele

DMS werden sowohl einzeln als auch in Brückenschaltung eingesetzt. **Bild 5.65** zeigt zwei Anwendungsbeispiele.
Bei der Winkelmessung in Bild 5.65a wird die Auslenkung des Biegebalkens über eine Längenänderung des DMS erfaßt, die wiederum in der Nachfolgeschaltung über die Widerstandsänderung zu einer Winkeländerung ausgewertet wird. Es besteht also eine Proportionalität zwischen einer Widerstandsänderung und einer Winkeländerung.

a) Winkelmessung mit DMS

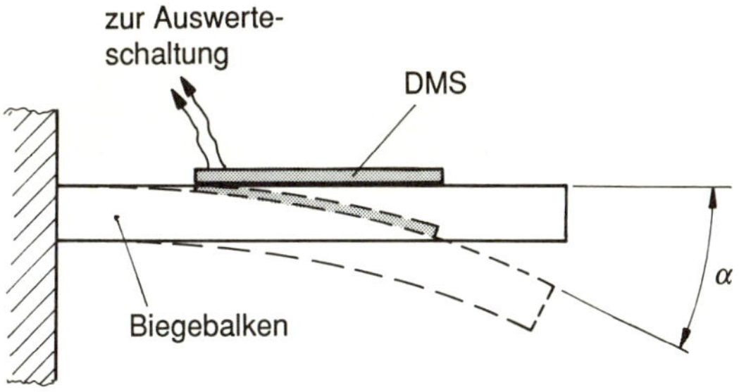

b) Druckaufnehmer mit DMS

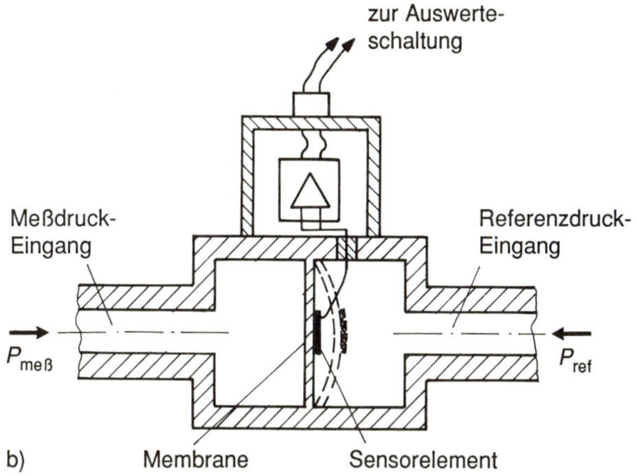

Bild 5.65 Meßeinrichtung mit DMS

In dem Druckaufnehmer nach Bild 5.65b dient ein Folien-DMS in Brückenschaltung als Sensorelement. Weicht der Druck am Meßeingang gegenüber dem Referenzdruck ab, wird die Membran ausgelenkt. Die dadurch auftretende Biegespannung wird wiederum über die Längenänderung und der damit einhergehenden Widerstandsänderung des DMS ausgewertet. Es ergibt sich somit ein proportionaler Zusammenhang zwischen Druckänderung und Widerstandsänderung.

5.5.1.2 Halbleiter-Dehnungsmeßstreifen

Grundprinzip und Wirkungsweise

Für Halbleiter-DMS wird am häufigsten Silizium als Basismaterial verwendet. Auch bei Silizium tritt der gleiche piezoresistive Effekt wie bei den Widerstands-DMS auf. Er wird aber noch durch einen wesentlich größeren Effekt überlagert, der charakteristisch für Halbleiter ist.
Durch gezieltes Eindiffundieren von Störstellen werden in einem Si-Plättchen Widerstandsbahnen – meist als Wheatstone-Brücke ausgelegt – erzeugt. Unter der Einwirkung einer äußeren Kraft tritt bei n-dotiertem Material eine Änderung der Ladungs-

trägerbeweglichkeit auf. Bei p-dotiertem Material ändert sich unter Einfluß einer äußeren Kraft dagegen die Anzahl der zum Ladungstransport zur Verfügung stehenden Ladungsträger. In beiden Fällen entsteht dadurch im Sensormaterial eine Widerstandsänderung. Sie führt zu K-Werten, die mit $K \approx 100$ bis 180 wesentlich größer als bei den Widerstands-DMS ($K \approx 2$ bis 5) sind. Der K-Wert von Halbleiter-DMS ist positiv, wenn das Sensormaterial eine p-Dotierung besitzt, und negativ bei einer n-Dotierung.

Die maximal zulässige Dehnung bei den Halbleiter-DMS liegt bei ca. 0,5 % und ist damit etwa um den Faktor 10 kleiner als bei den Widerstands-DMS. Wegen des hohen K-Faktors haben Halbleiter-DMS gegenüber den Widerstands-DMS aber eine wesentlich größere Empfindlichkeit.

In **Bild 5.66** ist der charakteristische Zusammenhang zwischen Empfindlichkeit und Dehnung für Halbleiter-DMS dargestellt. Die Größe der relativen Widerstandsänderung hängt von der Art des Sensormaterials sowie dessen Dotierung ab. Darüber hinaus bestehen aber auch Abhängigkeiten von der Richtung der einwirkenden Kraft sowie der Richtung der Feldlinien im Halbleitermaterial, die bei angelegter Betriebsspannung auftreten.

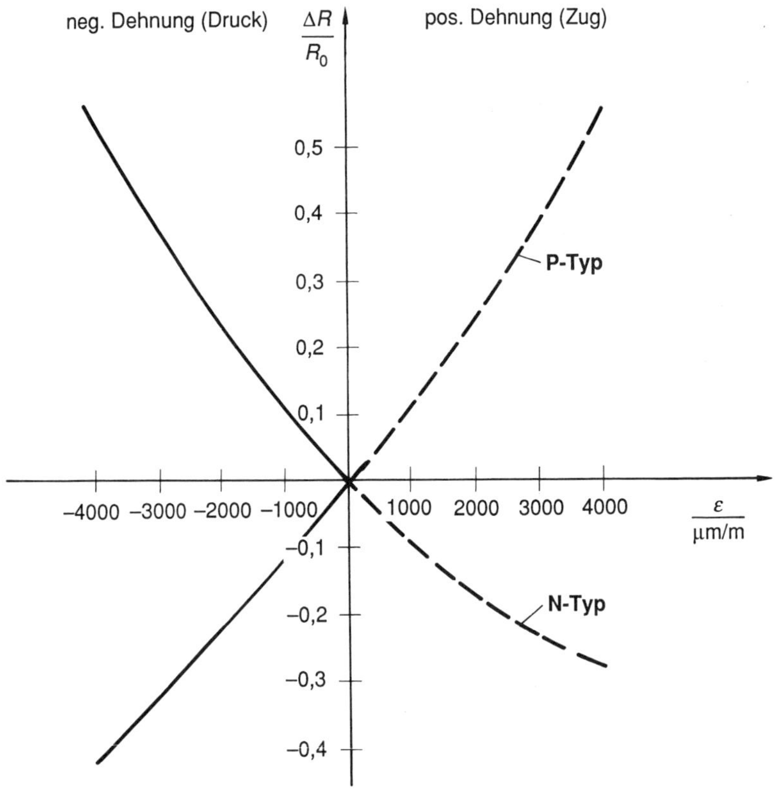

Bild 5.66 Zusammenhang zwischen Empfindlichkeit und Dehnung bei Halbleiter-DMS

Bauformen und Anwendungsbereiche

Halbleiter-DMS werden sowohl mit als auch ohne Träger hergestellt. **Bild 5.67** zeigt einige Bauformen von Halbleiter-DMS. Sie eignen sich aufgrund ihrer geringen Abmessungen besonders für Anwendungen in Miniatursensoren. Mit den Herstellungsverfahren der modernen Halbleitertechnologie ergeben sich vielfältige Möglichkeiten, das Sensorelement schon auf dem Wafer mit Kalibrier-, Kompensations- und Verstärkerschaltungen zu versehen.

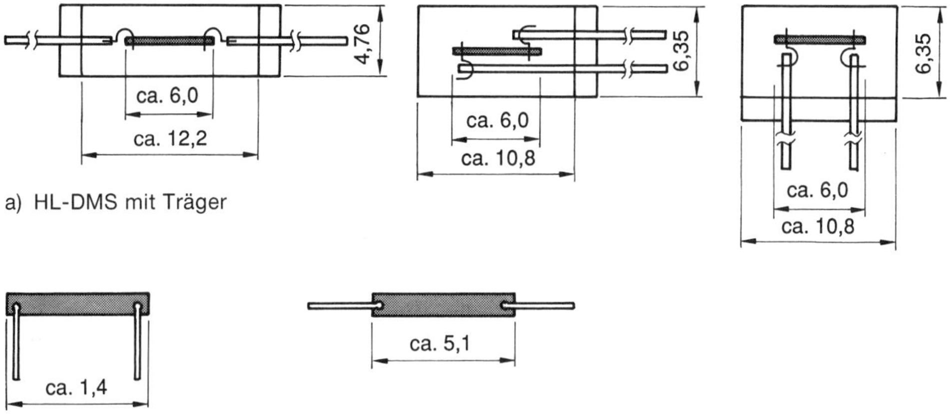

a) HL-DMS mit Träger

b) HL-DMS ohne Träger

Bild 5.67 Bauformen von Halbleiter-DMS

Wesentliche Nachteile gegenüber den Widerstands-DMS sind die größere Nichtlinearität der Kennlinie und die relativ große Temperaturabhängigkeit des Halbleitermaterials. Die meisten Hersteller bieten daher Sensoren an, die bereits für einen bestimmten Temperaturbereich kompensiert und linearisiert sind. Für die nichtlinearisierten DMS lassen sich die schon von den Halbleiter-Temperatursensoren her bekannten Linearisierungsschaltungen verwenden. Eine Temperaturkompensation ist einfach mit KTY-Temperatursensoren zu erreichen.

Anwendungsbeispiel

In **Bild 5.68** ist eine Schaltung zur Druckmessung mit einem Drucksensor KPY.. (Siemens) dargestellt. Der Sensor enthält vier Halbleiter-DMS in Brückenschaltung. Um eine möglichst große Änderung der Brückenspannung zu erhalten, besteht jeder Brückenzweig aus je einem DMS mit positivem und negativem K-Faktor. Da der Sensor keine interne Temperaturkompensation besitzt, muß diese durch externe Bauelemente vorgenommen werden. Dabei ist grundsätzlich zwischen der Temperaturkompensation der Brückenempfindlichkeit und des Brückennullpunktes zu unterscheiden. Die Kompensation der Temperaturabhängigkeit der Brückenempfindlichkeit wird durch den in Serie geschalteten Widerstand R 1 und den KTY bewirkt. Mit dem Widerstand R_K lassen sich die Temperaturabhängigkeit des Nullpunktes der Brückenspannung sowie auch die Größe der Nullpunktspannung beeinflussen. Die temperaturkompensierte Brückenspannung wird mit einem OP verstärkt.

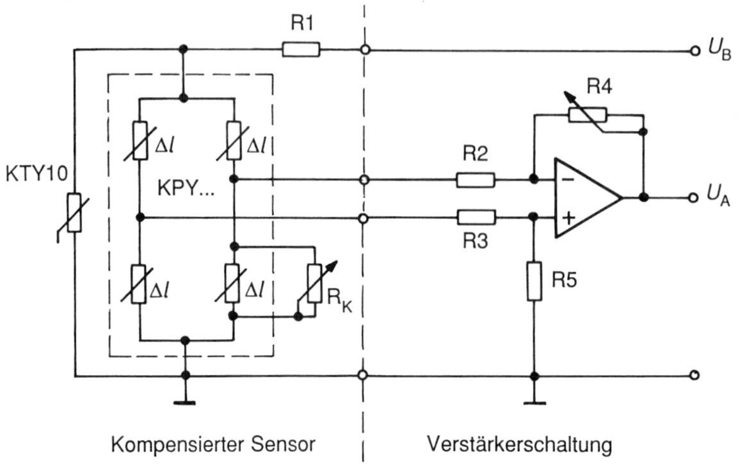

Bild 5.68 Temperaturkompensierter Druckmesser mit KPY.. (Siemens)

Zusammenfassung der wichtigsten Eigenschaften von DMS

In der Tabelle in **Bild 5.69** sind die wichtigsten Eigenschaften von verschiedenen DMS gegenübergestellt. Die angegebenen Daten können von Hersteller zu Hersteller variieren und bei Spezial-DMS zum Teil erheblich abweichen.

Kenngröße	Symbol	Draht-DMS	Folien-DMS	Halbleiter-DMS
Nennwiderstand	R_0/Ω	60, 120, 300, 350, 500, 1000	120, 300, 350, 700, 1000	120, 350, 1000, 2000, 3000
Aktive Meßlänge	l/mm	1,5 ... 150	0,6 ... 150	0,8 ... 9,0
K-Faktor		2 ... 4	ca. 2	−103 ... +180
Max. Dehnbarkeit	$\varepsilon_{max}/\%$	±2 ... 4	±5	±0,5
Zulässiger Meßstrom	I_M/mA	10 ... 40	20 ... 40	10 ... 20
Max. Brückenspeisespannung	U_B/V	2 ... 60	1,5 ... 50	1 ... 2
Temperaturbereich	°C	−268 ... +316	−268 ... +316	−73 ... +232

Bild 5.69 Zusammenfassung der wichtigsten Eigenschaften von DMS

5.5.2 Piezoelektrische Sensoren

Piezoelektrische Sensoren gewinnen zunehmend an Bedeutung. Ihre Anwendungsgebiete liegen hauptsächlich im Bereich der Druck- und Kraft- sowie Beschleunigungsmessung. Als Material für die Sensorelemente wird überwiegend Quarz – neuerdings jedoch auch Keramik und Kunststoffolie – verwendet.

5.5.2.1 Grundprinzip und Arbeitsweise

Der *direkte piezoelektrische Effekt* wurde bereits im Jahre 1880 von den Gebrüdern *Curie* entdeckt. Sie stellten fest, daß sich infolge mechanischer Belastung zwischen zwei gegenüberliegenden Seiten eines Quarzkristalls ein elektrischer Potentialunterschied aufbaut. Dieser Potentialunterschied entsteht dadurch, daß sich die Lage der positiven Si-Ionen und der negativen O-Ionen im Kristallgitter verändert. Er ist direkt proportional zur angreifenden Kraft. Die Potentialunterschiede sind materialabhängig und meistens so gering, daß sie nur mit zusätzlichen Verstärkerschaltungen – sogenannten Ladungsverstärkern – meßtechnisch ausgewertet werden können. Deshalb erfolgt eine eingehendere Behandlung der piezoelektrischen Sensoren erst im Fachlehrgang IV B »Meß- und Regelungstechnik«.

5.6 Lichtempfindliche Sensoren

Zu den lichtempfindlichen Sensoren auf Halbleiterbasis gehören Fotowiderstände, Fotozellen, Fotodioden und Fototransistoren. Bei ihnen bewirkt auftreffendes Licht eine Erhöhung der Leitfähigkeit des Halbleitermaterials, die dann auf unterschiedliche Weise ausgenutzt werden kann.
Fotowiderstände, Fotodioden und Fototransistoren werden als *passive Fotohalbleiter* bezeichnet. Bei Fotoelementen und Solarzellen handelt es sich dagegen um *aktive Fotohalbleiter*, weil das auftreffende Licht einen elektrischen Strom erzeugt. Fotoelemente und Solarzellen wandeln Lichtenergie in elektrische Energie um.
Die Schaltzeichen für Fotowiderstand, Fotoelement, Fotodiode und Fototransistor sind in **Bild 5.70** zusammengestellt.

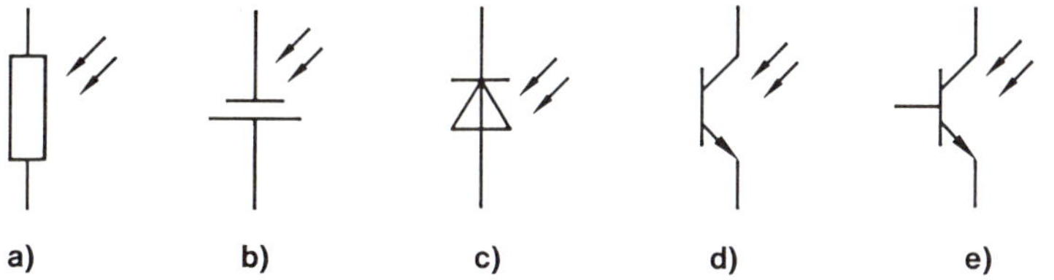

a) Fotowiderstand
b) Fotoelement/Solarzelle
c) Fotodiode
d) Fototransistor
e) Fototransistor mit herausgeführtem Basisanschluß

Bild 5.70 Schaltzeichen lichtempfindlicher Bauelemente

5.6.1 Lichttechnische Grundgrößen

Um die von den Herstellern angegebenen Daten und Kennlinien von Fotohalbleitern zu verstehen und sie miteinander vergleichen zu können, ist es erforderlich, einige der wichtigsten lichtelektrischen Grundgrößen sowie deren physikalische Zusammenhänge zu kennen. Für den praktisch tätigen Elektroniker ist es aber nicht notwendig, diese Größen selbst zu bestimmen. In vielen Anwendungsfällen tritt sowohl sichtbares als auch unsichtbares Licht gleichzeitig auf, so daß es ohnehin zweckmäßig oder erforderlich ist, die Fotohalbleiter oder die entsprechenden Schaltungen unter Original-Arbeitsbedingungen zu erproben.

Licht ist eine elektromagnetische Schwingung, die auch als elektromagnetische Strahlung bezeichnet wird. Die Sonne ist unsere größte, natürliche Lichtquelle. Glühlampen, Leuchtstoffröhren oder lichtemittierende Fotohalbleiter sind künstliche Lichtquellen, in denen auf verschiedenartige Weise elektrische Energie in Lichtenergie, d. h. in Strahlungsenergie umgesetzt wird. Das sichtbare, also vom menschlichen Auge wahrnehmbare Licht, ist nur ein sehr kleiner Ausschnitt aus dem großen Spektrum der elektromagnetischen Wellen. Dieses Spektrum erstreckt sich vom technischen Wechselstrom mit sehr niedriger Frequenz bis hin zur kosmischen Strahlung mit sehr hoher Frequenz. Da die Ausbreitungsgeschwindigkeit der elektromagnetischen Wellen, wie die Lichtgeschwindigkeit, etwa $c = 300\,000\,\text{km/s} = 3 \cdot 10^8\,\text{m/s}$ beträgt, besteht ein fester Zusammenhang zwischen der Frequenz f und der Wellenlänge λ der elektromagnetischen Schwingungen. Es gilt

$$\lambda = \frac{c}{f} = \frac{3 \cdot 10^8}{f} \frac{\text{m/s}}{1/\text{s}}$$

In **Bild 5.71** ist das Spektrum der elektromagnetischen Schwingungen bezogen auf die Wellenlänge dargestellt. Als Einheit für die Wellenlänge wurde das Mikrometer ($1\,\mu\text{m} = 1 \cdot 10^{-6}\,\text{m}$) gewählt. Die Übergänge zwischen den einzelnen, dargestellten Bereichen sind fließend. Herausgezogen und feiner unterteilt ist der Bereich des Lichtes.

Der Bereich des sichtbaren Lichtes ist innerhalb des Gesamtspektrums sehr klein. Dem Licht werden aber auch noch die infrarote Strahlung sowie die ultraviolette Strah-

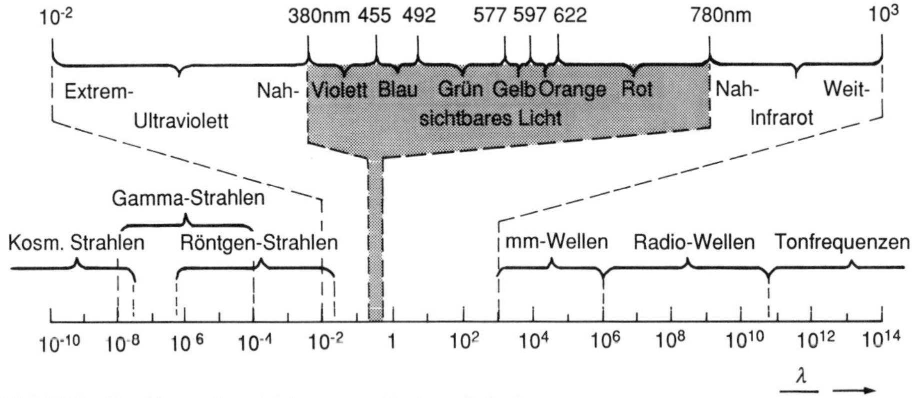

Bild 5.71 Spektrum der elektromagnetischen Schwingungen

lung zugerechnet. Sie werden vom menschlichen Auge nicht mehr wahrgenommen und daher auch als unsichtbares Licht bezeichnet. Die Lichtempfindlichkeit von Fotohalbleitern kann aber durchaus auch im Bereich dieses unsichtbaren Lichtes liegen.
In Bild 5.71 ist zu erkennen, daß die Farbe des Lichtes von der Wellenlänge abhängt. Das Infrarotlicht (IR) hat eine Wellenlänge von etwa 780 nm bis 1000 nm. Es schließt sich dann das langwellige, aber schon sichtbare dunkelrote Licht an. Das kurzwelligste sichtbare Licht hat eine violette Farbe und in Richtung kleinerer Wellenlänge folgt dann der Übergang zum unsichtbaren ultravioletten Licht (UV). Diese Reihenfolge der Farben ist z. B. auch bei jedem Regenbogen deutlich zu erkennen. Sie werden als Spektralfarben des Lichtes bezeichnet.
Das natürliche, weiße Sonnenlicht, aber auch das von Glühlampen oder Leuchtstoffröhren erzeugte Licht ist stets eine Mischung von elektromagnetischen Schwingungen der verschiedensten Wellenlängen. So läßt sich das Sonnenlicht mit Hilfe eines Prismas in die in Bild 5.71 angegebenen Spektralfarben zerlegen. Bei den künstlichen Lichtquellen ist es durch unterschiedliche Werkstoffe oder andere physikalische Eigenschaften möglich, den Hauptanteil der Strahlung, z. B. in den Infrarot-Bereich, den rot-orange-Bereich oder den gelb-grün-Bereich zu verlegen.
Für die von einer Lichtquelle ausgesandte Strahlungenergie werden das Formelzeichen Q_e und die Einheit Wattsekunde Ws verwendet.

Strahlungsenergie: Q_e in Ws

Als Strahlungsleistung oder auch als Strahlungsfluß wird die von einer Lichtquelle pro Zeiteinheit ausgesandte Strahlungsenergie bezeichnet. Sie hat das Formelzeichen Φ_e und die Einheit Watt W.

Strahlungsleistung: Φ_e in W

Ist die ausgesandte Strahlungsenergie konstant, so gilt:

Strahlungsleistung: $$\Phi_e = \frac{Q_e}{t}$$

Eine weitere wichtige Einheit ist die Strahlstärke oder Strahlungsintensität I_e. Sie ergibt sich aus dem Verhältnis der von einer punktförmigen Lichtquelle ausgehenden Strahlungsleistung zu dem durchstrahlten Raumwinkel Ω. (Der griechische Buchstabe Ω wird hier als physikalische Größe wie z. B. U oder I und nicht als Einheit wie beim elektrischen Widerstand verwendet.) Die Einheit dieses Raumwinkels Ω ist der Steradiant, für den als Abkürzung sr üblich ist. In **Bild 5.72** ist der Zusammenhang zwischen einer punktförmigen Lichtquelle und dem Raumwinkel Ω als Kugelausschnitt dargestellt.

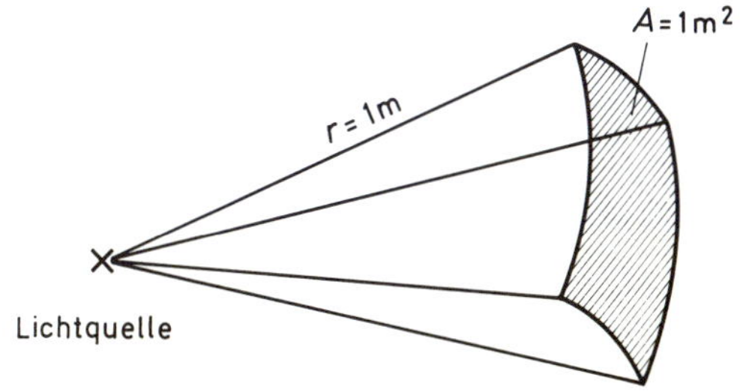

Bild 5.72 Raumwinkel Ω als Kugelausschnitt

Die Grundeinheit Steradiant liegt vor, wenn bei einem Kugelradius von 1 m die Kugelausschnittsfläche 1 m^2 beträgt. Ist die Strahlungsleistung einer punktförmigen Lichtquelle für alle Raumwinkel gleich groß, so kann vereinfacht gesetzt werden:

Strahlstärke: $I_e = \frac{\Phi_e}{\Omega}$ in $\frac{W}{sr}$

Die angegebenen strahlungstechnischen Größen Q_e, Φ_e und I_e gelten zwar ganz allgemein, werden aber in Zusammenhang mit Fotohalbleitern nur bei unsichtbarem Licht, also im wesentlichen bei infraroten Lichtquellen verwendet. Im Bereich des sichtbaren Lichtes muß dagegen noch berücksichtigt werden, daß das menschliche Auge für die verschiedenen Farben eine unterschiedliche Wahrnehmungsempfindlichkeit aufweist. In **Bild 5.73** ist der Hellempfindlichkeitsgrad des menschlichen Auges in Abhängigkeit von der Wellenlänge des Lichtes angegeben. Danach liegt die höchste Empfindlichkeit des Auges bei einer Wellenlänge von $\lambda \approx 555$ nm. Sie entspricht etwa dem grün-gelben Licht. Die Hellempfindlichkeit des Auges bei $\lambda = 555$ nm ist in dem Diagramm nach Bild 5.73 gleich 1 gesetzt. Nach kürzeren oder längeren Wellenlängen hin nimmt die Hellempfindlichkeit des Auges ab und erreicht beim Übergang zum IR- oder UV-Licht den Wert 0, d. h. es wird dann keine Lichtstrahlung mehr wahrgenommen.

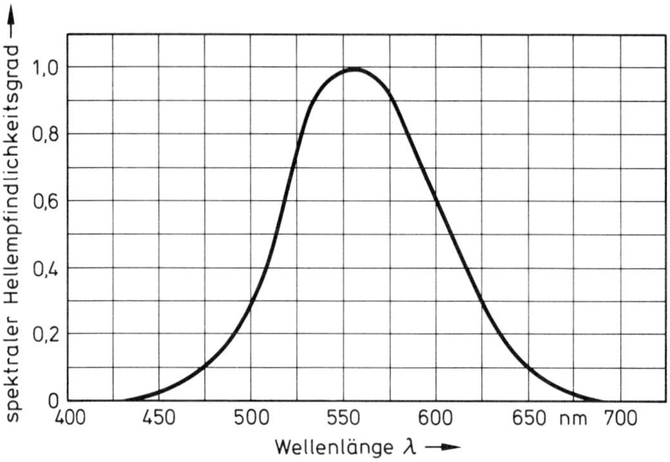

Bild 5.73 Spektraler Hellempfindlichkeitsgrad des Auges

Wird der spektrale Hellempfindlichkeitsgrad des Auges mit berücksichtigt, so ergeben sich andere lichttechnische Größen und Einheiten für den Bereich des sichtbaren Lichtes. So wird anstelle der Strahlungsenergie Q_e die physikalische Größe Lichtmenge oder Lichtenergie Q_V verwendet. Die Einheit dieser Lichtmenge ist die Lumensekunde (lms).

Lichtmenge: Q_V in lms

Der Strahlungsleistung Φ_e entspricht der Lichtstrom oder die Lichtleistung Φ_V mit der Einheit Lumen (lm).

Lichtstrom: Φ_V in lm

Eine Glühlampe von 40 W/220 V liefert z. B. einen Lichtstrom von etwa 400 bis 450 Lumen, eine Leuchtstoffröhre 40 W/220 V je nach Typ etwa 2000 bis 3000 Lumen. Der von einer Leuchtdiode erzeugte Lichtstrom liegt dagegen nur in der Größenordnung von etwa 0,2 Lumen.
Bei ausgesandter konstanter Lichtmenge gilt wiederum:

Lichtstrom: $\Phi_V = \frac{Q_V}{t}$

Entspechend wird bei Berücksichtigung der Empfindlichkeit des Auges anstelle der Strahlstärke I_e in W/sr die daraus abgeleitete Größe Lichtstärke in lm/sr verwendet.

Lichtstärke: $I_V = \frac{\Phi_V}{\Omega}$ in $\frac{\text{lm}}{\text{sr}}$

Die Einheit Lumen pro Steradiant wird als Candela (cd) (lat.: candela = Kerze) bezeichnet.

Lichtstärke: I_V in $\frac{\text{lm}}{\text{sr}} = \text{cd}$

In den technischen Daten und Kennlinien von Leuchtdioden (LEDs), die sichtbares Licht abstrahlen, werden wegen der erforderlichen Berücksichtigung der Hellempfindlichkeit des Auges stets die lichttechnischen Größen Q_V, Φ_V und I_V angegeben. Bei LEDs, die im Infrarotbereich arbeiten, werden dagegen die strahlungstechnischen Größen Q_e, Φ_e und I_e verwendet.
Die bisher angeführten lichttechnischen Größen gelten nur für die lichtemittierenden Bauelemente. Die lichtempfindlichen Fotohalbleiter reagieren dagegen nur auf einfallendes Licht. Als technische Größe für auffallendes Licht wurde die Bestrahlungs- bzw. Beleuchtungsstärke E festgelegt. Auch hier ist wieder zu unterscheiden zwischen der Bestrahlungsstärke E_e, wenn es sich um unsichtbares Licht handelt, und der Beleuchtungsstärke E_V, wenn im Bereich des sichtbaren Lichtes die Augenempfindlichkeit mit berücksichtigt werden muß.
Die Bestrahlungsstärke E_e ist das Verhältnis von einfallender Strahlungsleistung zur Fläche, auf die sie auftrifft.

Bestrahlungsstärke: $E_e = \frac{\Phi_e}{A}$ in $\frac{\text{W}}{\text{m}^2}$ (für unsichtbares Licht)

Als Beleuchtungsstärke E_V gilt dann sinngemäß das Verhältnis des auffallenden Lichtstromes zur Fläche, auf die er auftrifft. Daher wird:

Beleuchtungsstärke: $E_V = \frac{\Phi_V}{A}$ in $\frac{\text{lm}}{\text{m}^2}$ (für sichtbares Licht)

Die Einheit Lumen pro m² wird als Lux (lx) (lat.: lux = Licht) bezeichnet.

Beleuchtungsstärke: $E_V = \frac{\Phi_V}{A}$ in lx

In **Bild 5.74a** ist der Zusammenhang zwischen Lichtstrom und Beleuchtungsstärke veranschaulicht.

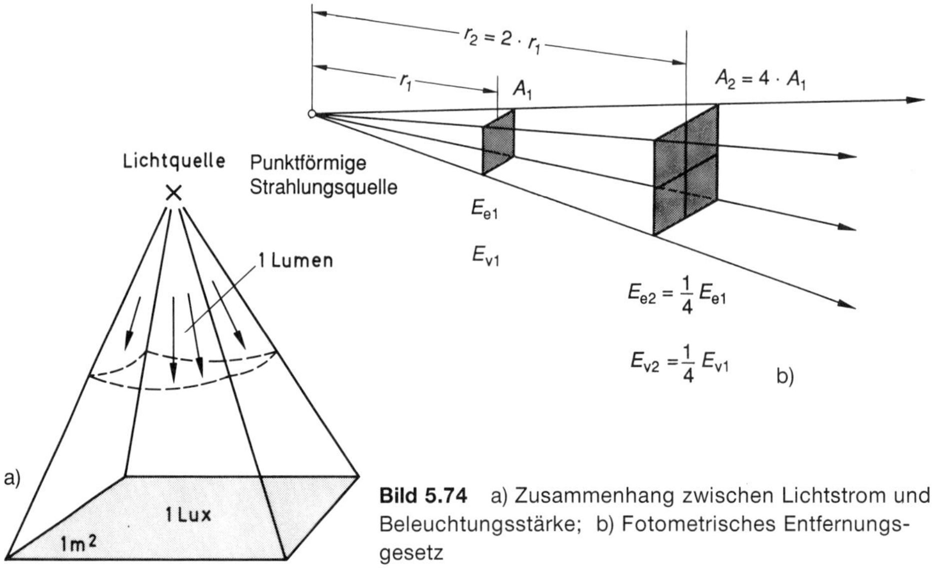

Bild 5.74 a) Zusammenhang zwischen Lichtstrom und Beleuchtungsstärke; b) Fotometrisches Entfernungsgesetz

Volles Sonnenlicht liefert eine Beleuchtungsstärke bis zu 100 000 Lux, bei Mondschein tritt dagegen nur noch eine Beleuchtungsstärke von etwa 0,1 Lux auf. Bei der Beleuchtung von Wohnungen und Werkstätten liegen die Beleuchtungsstärken etwa zwischen 150 Lux für Nebenräume und 1000 Lux, die bereits für Feinarbeiten ausreichen.
Von Bedeutung ist noch das fotometrische Entfernungsgesetz. Es besagt, daß die Bestrahlungs- bzw. Beleuchtungsstärke von Flächen umgekehrt proportional zum Quadrat der Entfernungen dieser Fläche von der Lichtquelle ist. In **Bild 5.74b** ist dieser Zusammenhang grafisch dargestellt. Als mathematische Gleichung ausgedrückt gilt daher:

$$E_e = \frac{I_e}{r^2} \quad \text{in } \frac{\text{W/sr}}{\text{m}^2} \quad \text{bzw.} \quad E_V = \frac{I_V}{r^2} \quad \text{in } \frac{\text{cd}}{\text{m}^2}$$

Bei einigen, im sichtbaren Licht arbeitenden lichtempfindlichen Fotohalbleitern ist die Spektralempfindlichkeit so breitbandig, daß auch die vom Auge nicht wahrnehmbare infrarote Strahlung zu einer Änderung der Leitfähigkeit führt. In diesen Fällen wird dann in den Kennlinien sowohl die Bestrahlungsstärke E_e als auch die Beleuchtungsstärke E_V angegeben.

5.6.2 Lichtempfindliche Fotohalbleiter

Bei den Fotowiderständen, Fotodioden, Fototransistoren, Fotoelementen und Solarzellen handelt es sich um lichtempfindliche Fotohalbleiter. Ihre Untergliederung ist in **Bild 5.75** aufgezeigt.
Obwohl sich die verschiedensten Arten der lichtempfindlichen Fotohalbleiter von ihrem Aufbau und ihrer Funktion her durchaus unterscheiden, beruht ihre Wirkungs-

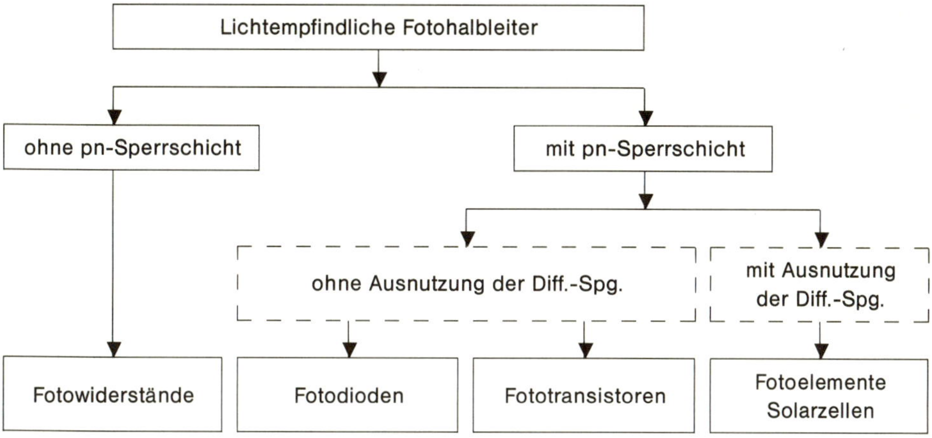

Bild 5.75 Lichtempfindliche Fotohalbleiter

weise auf dem gleichen physikalischen Effekt. Er wird als »Innerer fotoelektrischer Effekt« bezeichnet.
Jedes Halbleitermaterial hat bei Raumtemperatur eine Eigenleitfähigkeit. Sie wird mit zunehmender Temperatur größer, weil durch die stärkeren Wärmebewegungen der Atome immer mehr Kristallbindungen aufbrechen und somit auch immer mehr frei bewegliche Elektronen entstehen. Dieser Effekt tritt aber nicht nur auf, wenn Wärmeenergie zugeführt wird, sondern auch dann, wenn dem Halbleitermaterial Energie in Form von Licht zugeführt wird. Die Zahl der durch das auftreffende Licht freigesetzten Elektronen wird umso größer, je größer die Bestrahlungs- bzw. Beleuchtungsstärke ist.
Dieser innere fotoelektrische Effekt tritt bei allen Halbleitermaterialien auf. Weil er sich bei den Dioden und Transistoren sehr störend auswirken würde, haben diese Bauelemente lichtundurchlässige Gehäuse. Bei allen lichtempfindlichen Fotohalbleitern sind die Gehäuse dagegen mit einem Fenster versehen, damit das Licht auf das Halbleitermaterial auftreffen kann.

5.6.2.1 Fotowiderstand

Fotowiderstände bestehen einheitlich aus Halbleiter-Mischkristallen. Da keine pn-Sperrschicht vorhanden ist, liegt auch keine Stromrichtungsabhängigkeit des Widerstandes vor. Fotowiderstände können daher sowohl an Gleichspannung als auch an Wechselspannung betrieben werden. Das auf den Fotowiderstand auftreffende Licht löst Valenzelektronen aus dem Kristallgitter des Halbleitermaterials und macht sie zu frei beweglichen Elektronen, durch die die Eigenleitfähigkeit erhöht wird. Der Widerstandswert eines Fotowiderstandes wird also mit zunehmender Beleuchtungsstärke kleiner.
Für die Herstellung von Fotowiderständen, deren spektrale Empfindlichkeit im Bereich des sichtbaren Lichtes liegt, werden als Halbleitermaterialien Cadmiumsulfid (CdS) und Cadmiumselenid (CdSe) verwendet. Die spektrale Empfindlichkeit von Fotowider-

ständen aus Bleisulfid (PbS) und Indiumantimonid (InSb) liegt dagegen im Infrarotbereich. Diese infrarotempfindlichen Fotowiderstände haben heute jedoch keine besondere Bedeutung mehr.

Bild 5.76 zeigt die relative Empfindlichkeit von Cadmiumsulfid-Fotowiderständen. Deutlich erkennbar ist der sehr breite Spektralbereich, in dem eine große relative Empfindlichkeit auftritt. Zusätzlich eingetragen ist in dem Diagramm auch die mittlere Empfindlichkeit des menschlichen Auges.

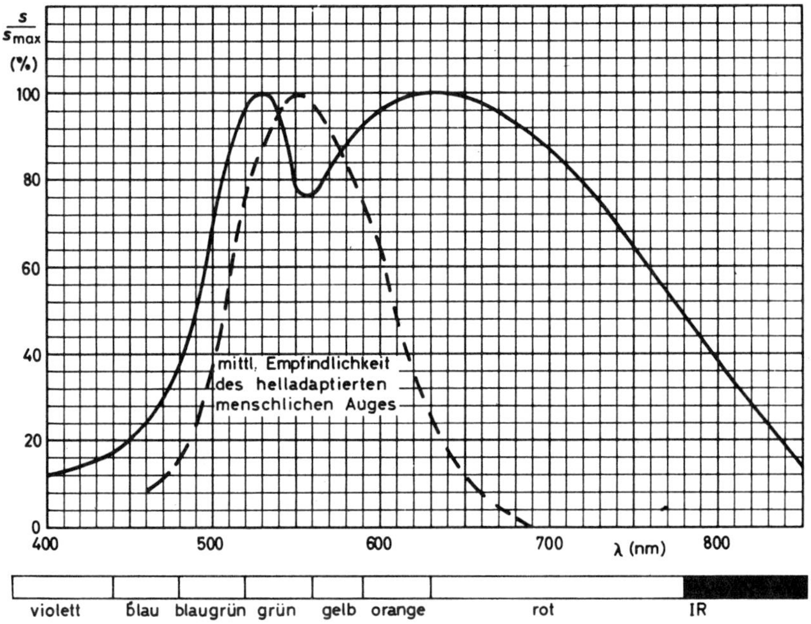

Bild 5.76 Relative Empfindlichkeit von Cadmiumsulfid-Fotowiderständen

Die wichtigsten Kennwerte von Fotowiderständen sind der *Dunkelwiderstand* R_0 und der *Hellwiderstand* R_H, der in den Datenblättern meistens für eine Beleuchtungsstärke von $E_V = 100$ Lux angegeben wird. Häufig sind aber zusätzlich auch noch die Hellwiderstände für eine Beleuchtungsstärke E_V = 1000 Lux als R_{1000} in den Datenblättern zu finden.

Dunkelwiderstand: R_0 = Widerstandswert 1 Minute nach völliger Abdunkelung
$R_0 > 10\,\mathrm{M\Omega}$

Hellwiderstand: R_H = Widerstandswert bei E_V = 100 Lux oder E_V = 1000 Lux
$R_{H100} \approx 500\,\Omega$ bis $50\,\mathrm{k\Omega}$ je nach Typ

Als Beispiel sind in **Bild 5.77** die Kennlinie des Fotowiderstandes vom Typ LDR 03 (Valvo) sowie seine wichtigsten Daten zusammengefaßt. Um den Arbeitsbereich besser zu erfassen, wurde ein doppelt-logarithmischer Maßstab gewählt. Zu beachten ist bei einer derartigen Darstellung, daß trotz des geradlinigen Verlaufes der Kennlinie kein linearer Zusammenhang zwischen der Beleuchtungsstärke E_V und dem Widerstand R besteht.

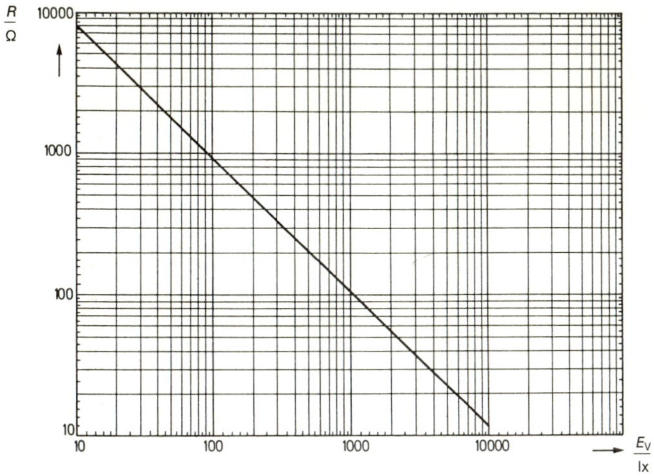

Typ	$U_{B\,max}$/V	P_{max}/mW	R_0/MΩ	R_H/kΩ
LDR 03	150	100 (ϑ_U = 50 °C)	> 10	1 (E_V = 100 lx) 0,1 ÷ 0,3 (E_V = 1000 lx)

Bild 5.77 Kennlinie, Grenz- und Kennwerte des Fotowiderstandes LD3 03

Die tatsächlich auftretenden Werte bei den einzelnen Fotowiderständen des gleichen Typs schwanken jedoch innerhalb eines bestimmten Bereichs der Kennlinie. Aus dem Diagramm ist abzulesen, daß beim Typ LDR 03 der Hellwiderstand $R_{100} \approx 1$ kΩ beträgt. Für den Dunkelwiderstand R_0 gibt der Hersteller einen Wert von $R_0 \geq 10$ MΩ an.
Der Fotowiderstand vom Typ LDR 03 wird wegen seiner kleineren, zulässigen Betriebsspannung überwiegend in Meß- und Überwachungsschaltungen zusammen mit Transistoren eingesetzt.
In **Bild 5.78** sind der typische Aufbau sowie die Bauformen des LDR 03 dargestellt.

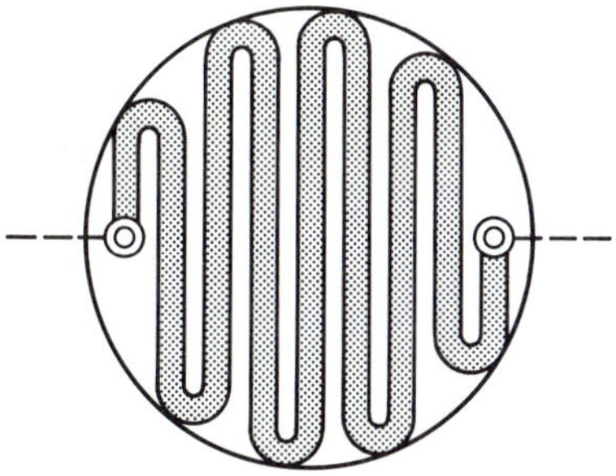

Typischer Aufbau

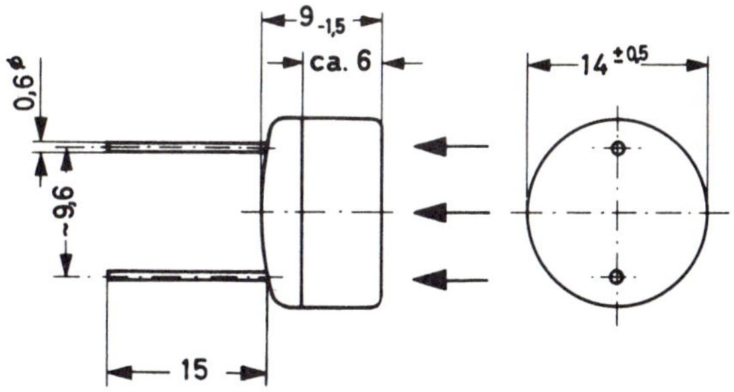

LDR 03

Bild 5.78 Typischer Aufbau und Bauformen von Fotowiderständen

Charakteristisch für Fotowiderstände ist der mäanderförmige Verlauf der Widerstandsbahn, die oft von außen sichtbar ist.
Beim praktischen Einsatz von Fotowiderständen muß noch beachtet werden, daß der Widerstandswert einer Änderung der Beleuchtungsstärke nur mit einer gewissen Trägheit folgt. Diese Trägheit hängt einerseits vom jeweiligen Arbeitspunkt ab und andererseits auch von der Stärke der Helligkeitsänderung. So können z. B. 30 Sekunden bis zu 20 Minuten je nach Typ vergehen, bis nach völliger Abdunkelung ein Dunkelwiderstand $R_0 > 1\,\text{M}\Omega$ erreicht wird. Diese Trägheit tritt auf, weil die durch Belichtung erzeugten, frei beweglichen Ladungsträger erst wieder rekombinieren müssen, also wieder in eine feste Bindung innerhalb des Kristallgitters eintreten. Fotowiderstände sind daher nicht besonders gut für einen Einsatz geeignet, bei dem schnelle Änderungen der Beleuchtungsstärke erfaßt werden müssen.

Beispiel

Der Spannungsteiler nach **Bild 5.79** soll so dimensioniert werden, daß $U_A \approx 9\,\text{V}$ bei $E_V = 30\,\text{lx}$ und $U_A \approx 3\,\text{V}$ bei $E_V = 500\,\text{lx}$ beträgt.

Für Beleuchtungsstärke $E_V = 30\,\text{lx}$ gilt:

$$I_{(30)} = \frac{U_{A(30)}}{R_{H30}} = \frac{9\,\text{V}}{3 \cdot 10^3\,\Omega} = 3\,\text{mA}$$

$$R_{V(30)} = \frac{U_B - U_{A(30)}}{I_{V30}} = \frac{12\,\text{V} - 9\,\text{V}}{3 \cdot 10^{-3}\,\text{A}} = 1\,\text{k}\Omega$$

Für Beleuchtungsstärke $E_V = 500\,\text{lx}$ gilt:

$$I_{(500)} = \frac{U_{A(500)}}{R_{H500}} = \frac{3\,\text{V}}{200\,\Omega} = 15\,\text{mA}$$

$$R_{V(500)} = \frac{U_B - U_{A(500)}}{I_{V500}} = \frac{12\,\text{V} - 3\,\text{V}}{15 \cdot 10^{-3}\,\text{A}} = 600\,\Omega$$

Gewählt: $R_V = 820\,\Omega$

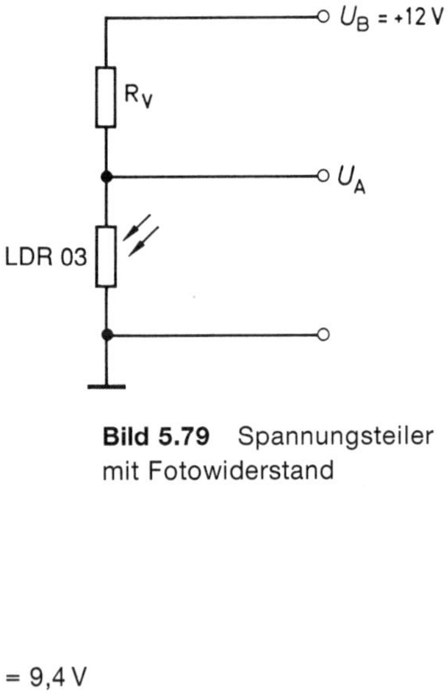

Bild 5.79 Spannungsteiler mit Fotowiderstand

Kontrolle der Spannungen

$$U_{A(30)} = \frac{U_B}{R_V + R_{H30}} \cdot R_{H30} = \frac{12\,\text{V}}{820\,\Omega + 3 \cdot 10^3\,\Omega} \cdot 3 \cdot 10^3\,\Omega = 9{,}4\,\text{V}$$

$$U_{A(500)} = \frac{U_B}{R_V + R_{H500}} \cdot R_{H500} = \frac{12\,\text{V}}{820\,\Omega + 200\,\Omega} \cdot 200\,\Omega = 2{,}4\,\text{V}$$

Kontrolle der Leistungen

Fotowiderstand:

$$P_{(30)} = U_{A(30)} \cdot \frac{U_B}{R_V + R_{H30}} = 9{,}4\,\text{V} \cdot \frac{12\,\text{V}}{820\,\Omega + 3 \cdot 10^3\,\Omega} = 30\,\text{mW}$$

$$P_{(500)} = U_{A(500)} \cdot \frac{U_B}{R_V + R_{H500}} = 2{,}4\,\text{V} \cdot \frac{12\,\text{V}}{820\,\Omega + 200\,\Omega} = 27\,\text{mW}$$

Vorwiderstand:

$$P_{(30)} = (U_B - U_{A(30)}) \cdot \frac{U_B}{R_V + R_{H30}} = 2{,}6\,\text{V} \cdot \frac{12\,\text{V}}{820\,\Omega + 3 \cdot 10^3\,\Omega} = 8{,}2\,\text{mW}$$

$$P_{(500)} = (U_B - U_{A(500)}) \cdot \frac{U_B}{R_V + R_{H500}} = 9{,}6\,\text{V} \cdot \frac{12\,\text{V}}{820\,\Omega + 200\,\Omega} = 113\,\text{mW}$$

5.6.2.2 Fotoelemente und Solarzellen

Grundprinzip

Fotoelemente und Solarzellen liefern bei Beleuchtung einen Strom, dessen Größe von der Beleuchtungsstärke abhängt. Sie werden daher auch als »aktive Fotohalbleiter« bezeichnet. Beide Bauelemente arbeiten nach dem gleichen Grundprinzip und haben auch einen gleichen technologischen Aufbau.
Das Halbleitermaterial besteht bei den Fotoelementen und Solarzellen aus einem n-leitenden und einem p-leitenden Gebiet. Im Übergangsbereich tritt genau wie bei den Halbleiterdioden infolge von Diffusionsvorgängen eine Diffusionsspannung auf. Sie wirkt einem weiteren Überwechseln von Elektronen in das p-Gebiet und von Löchern in das n-Gebiet entgegen. Die äußerst dünne Sperrschicht ist nahezu frei von beweglichen Ladungsträgern.
Trifft nun Strahlungsenergie in Form von Licht auf das Sperrschichtgebiet, so werden als Folge der Energiezufuhr Kristallbindungen aufgerissen, und es entstehen bewegliche Ladungsträger-Paare. Unter dem Einfluß des elektrischen Feldes, das infolge der Diffusionsspannung an der Sperrschicht besteht, wandern die beweglichen Elektronen in das n-Gebiet und die beweglichen Löcher in das p-Gebiet. Daher tritt im n-Gebiet ein Überschuß an Elektronen und im p-Gebiet ein Überschuß an Löchern auf, wodurch die n-Schicht zum Minuspol und die p-Schicht zum Pluspol einer Spannungsquelle wird. In **Bild 5.80** sind diese Vorgänge vereinfacht und schematisch dargestellt.

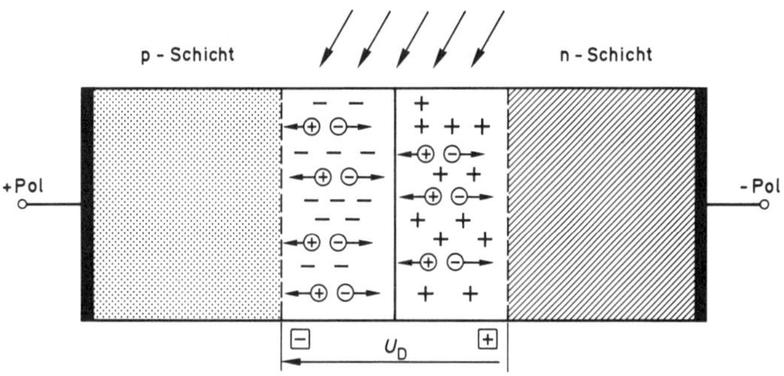

Bild 5.80 Grundprinzip der Fotoelemente und Solarzellen

Wird das Fotoelement belastet, so fließt ein Strom, der von der durch die Beleuchtung entstandenen Spannung durch den Lastwiderstand getrieben wird. Einfachstes Anwendungsbeispiel für ein Fotoelement ist der Belichtungsmesser, bei dem ein empfindliches Drehspulinstrument als Lastwiderstand angeschlossen ist. Der Ausschlag dieses Instrumentes ist dann ein Maß für die Beleuchtungsstärke. **Bild 5.81** zeigt den Prinzipaufbau eines Si-Fotoelementes in Planartechnik.

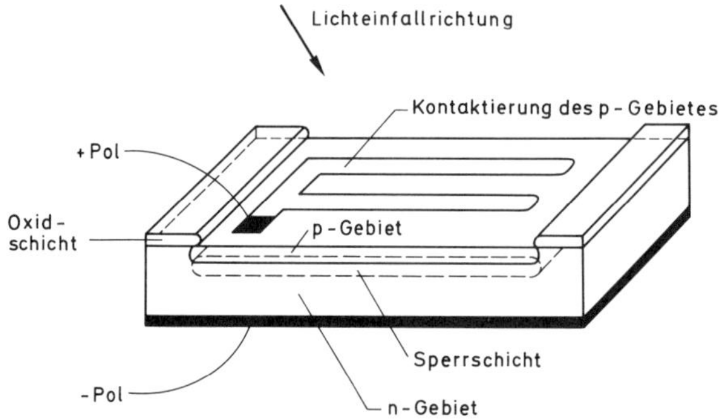

Bild 5.81 Prinzipaufbau eines Si-Fotoelementes in Planartechnik

Bei dem Aufbau nach Bild 5.81 liegt die pn-Sperrschicht dicht unter der Oberfläche, damit das auffallende Licht eine möglichst große Wirkung hat. Die Solarzellen sind gleichartig aufgebaut. Sie sind aber gegenüber den Fotoelementen großflächiger ausgelegt.

Kennlinien und Kennwerte von Fotoelementen

In **Bild 5.82** ist die für alle Si-Fotoelemente charakteristische Abhängigkeit der Leerlaufspannung U_L von der Beleuchtungsstärke E_V dargestellt. Dieser Zusammenhang wird als Leerlaufkennlinie der Fotoelemente bezeichnet.

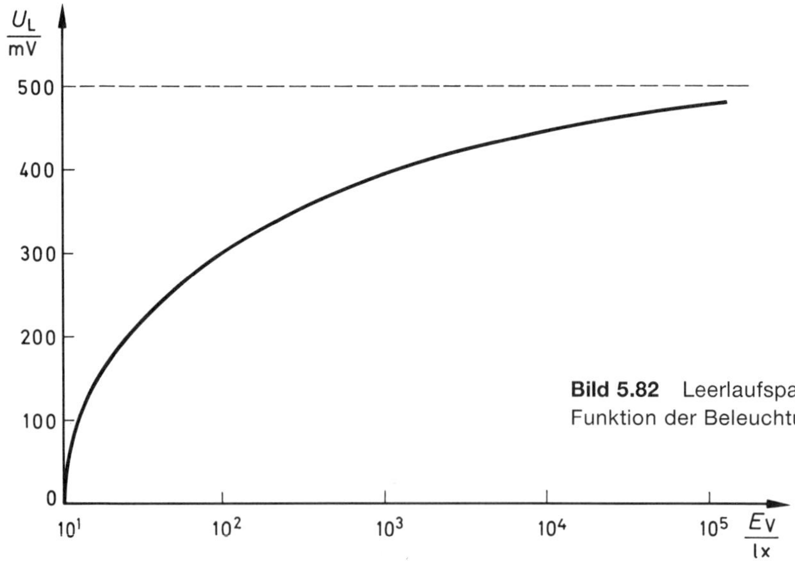

Bild 5.82 Leerlaufspannung U_L als Funktion der Beleuchtungsstärke E_V

Wird bei einem Fotoelement die Beleuchtungsstärke von $E_V = 0$ lx ausgehend erhöht, so steigt die Leerlaufspannung bis $E_V \approx 100$ lx zunächst relativ schnell. Bei weiterer

Erhöhung der Beleuchtungsstärke ist der Anstieg von U_L dann aber wesentlich geringer und strebt bei Si-Fotoelementen gegen einen Grenzwert von $U_L \approx 500\,\text{mV}$ bei größter Beleuchtungsstärke. $U_{L\,max}$ ist also stets geringer als die Diffusionsspannung eines pn-Überganges.
Der logarithmische Verlauf der Leerlaufkennlinie gilt für alle Fotoelemente in gleicher Weise. Zusätzlich besteht lediglich noch eine Abhängigkeit der Leerlaufspannung von der Temperatur und den Materialeigenschaften. Die Größe der lichtempfindlichen Fläche des Fotoelementes hat jedoch keinen Einfluß auf die Größe der erzeugten Leerlaufspannung.
Für den praktischen Einsatz von Bedeutung ist auch die Kurzschlußstromkennlinie. Sie gibt die Abhängigkeit des Kurzschlußstromes I_K von der Beleuchtungsstärke E_V an und ist in **Bild 5.83** dargestellt.

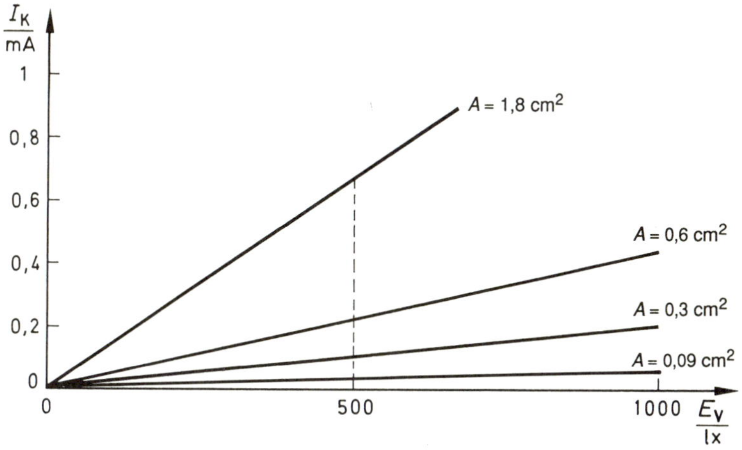

Bild 5.83 Kurzschlußstrom I_K als Funktion der Beleuchtungsstärke E_V

Zwischen dem Kurzschlußstrom I_K und der Beleuchtungsstärke E_V besteht bei den Fotoelementen ein nahezu linearer Zusammenhang. I_K steigt also fast linear mit E_V an. Darüber hinaus besteht noch ein weiterer linearer Zusammenhang zwischen der absoluten Größe von I_K und der Größe der lichtempfindlichen Fläche A des Fotoelementes. Als Beispiel sind in Bild 5.83 die Kennlinien für lichtempfindliche Flächen von $A = 0{,}09\,\text{cm}^2$, $A = 0{,}3\,\text{cm}^2$, $A = 0{,}6\,\text{cm}^2$ sowie $A = 1{,}8\,\text{cm}^2$ eingetragen.
Aus der Steigung der Kurzschlußstromkennlinie läßt sich die Fotoempfindlichkeit S ermitteln. Sie wird meistens in nA/lx angegeben.

$$\text{Fotoempfindlichkeit } S = \frac{\Delta I_K}{\Delta E_V} \qquad \text{in } \frac{\text{nA}}{\text{lx}}$$

Je größer die lichtempfindliche Fläche, desto größer wird der Kurzschlußstrom I_K und damit auch die Fotoempfindlichkeit S. Als charakteristische Beispiele für Fotoelemente wurden die Typen BPY 11 und BPY 64 ausgewählt.

Bild 5.84 zeigt die Kennlinien $U_L = f(E_V)$ und $I_K = f(E_V)$ des Typs BPY 11, die hier in ein gemeinsames Diagramm eingetragen sind. Mit den zwei I_K-Kennlinien wird zusätzlich eine Gruppensortierung mit $S_{IV} \approx 47$ nA/lx und $S_V \approx 56$ nA/lx angegeben.

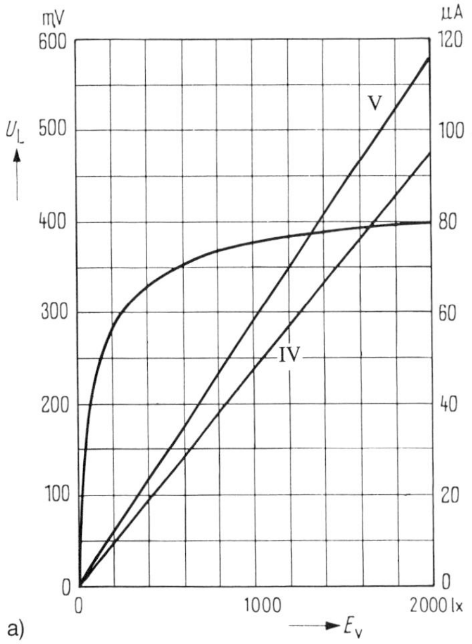

a)

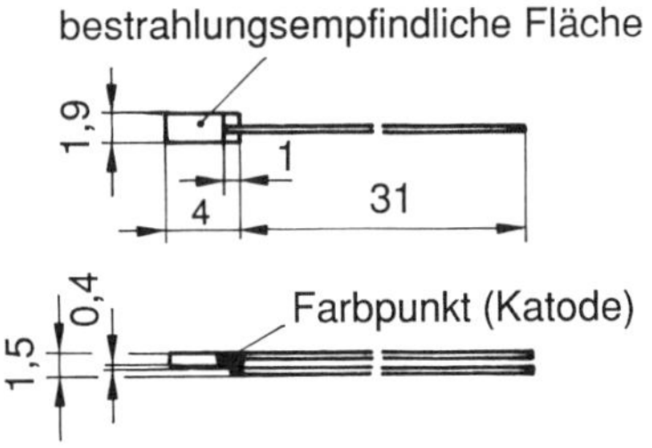

b)

Bild 5.84 Leerlauf-, Kurzschlußkennlinien und Ausführungsform des Fotoelementes BPY 11

Bild 5.85 zeigt die Kennlinie für den Typ BPY 64. Zu erkennen ist, daß dieses Fotoelement mit $S \approx 230$ nA/lx eine etwa sechsfach höhere Fotoempfindlichkeit als der Typ BPY 11 hat.

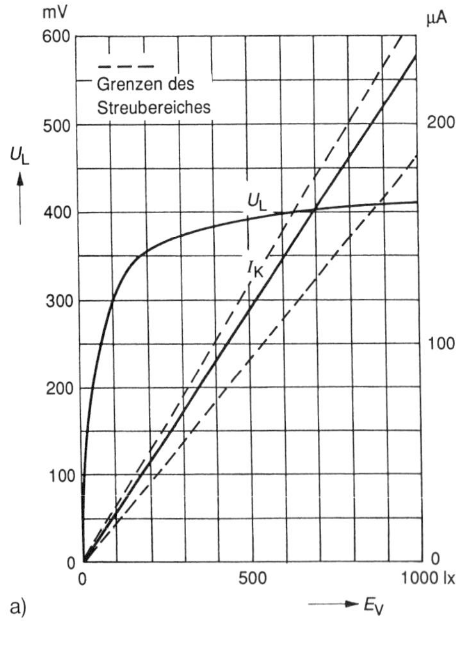

a)

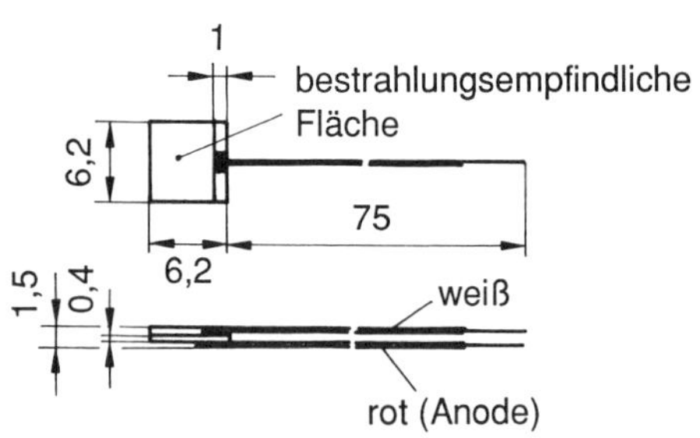

b)

Bild 5.85 Leerlauf-, Kurzschlußkennlinien und Ausführungsform des Fotoelementes BPY 64

Leerlaufspannung und Kurzschlußstrom von Fotoelementen haben eine Temperaturabhängigkeit, die als Temperaturkoeffizienten in Datenbüchern angegeben werden. So gilt für die Typen BPY 11 und BPY 64 etwa $TK_{(U_L)} \approx -2{,}6\,\text{mV/K}$ und $TK_{(I_K)} \approx +12\,\%/\text{K}$.

Für den praktischen Einsatz der Fotoelemente von Bedeutung sind auch ihre spektrale Empfindlichkeit sowie ihre Richtcharakteristik. In **Bild 5.86 a** ist die relative spektrale Empfindlichkeit für die Typen BPY 11 und BPY 64 angegeben. Das Maximum liegt hier wie bei den meisten anderen Si-Fotoelementen bei $\lambda \approx 850$ nm, also bereits im Infrarotbereich.

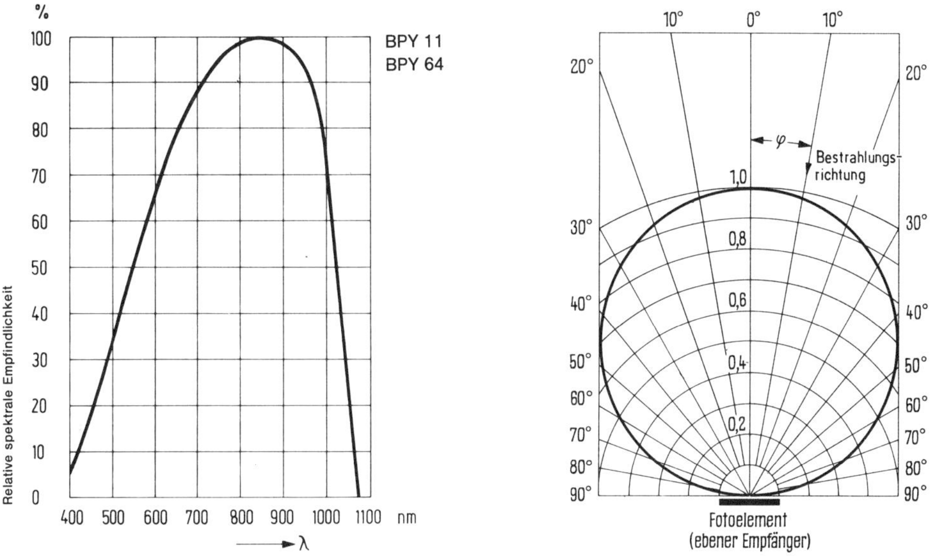

a) b)

Bild 5.86 Relative spektrale Empfindlichkeit und Richtcharakteristik $I_K = f(\varphi)$ der Fotoelemente BPY 11 und BPY 64

Aus der Richtcharakteristik nach **Bild 5.86 b** läßt sich der Zusammenhang zwischen der Bestrahlungsrichtung φ und dem Kurzschlußstrom I_K erkennen. Je flacher das Licht auf das Fotoelement auftrifft, desto geringer ist bei gleicher Beleuchtungsstärke der Kurzschlußstrom I_K.

Fotoelemente wandeln Lichtenergie in elektrische Energie um. Soll diese Umwandlung praktisch ausgenutzt werden, so muß ein Lastwiderstand R_L an das Fotoelement angeschlossen werden. Einer Spannungsquelle kann die größte Leistung entnommen werden, wenn $R_L = R_i$ ist, also eine Leistungsanpassung vorliegt.

Der Innenwiderstand R_i eines Fotoelementes kann aus Leerlaufkennlinie und Kurzschlußstromkennlinie ermittelt werden, denn es gilt:

$$R_i = \frac{U_L}{I_K} \qquad \text{für} \quad E_V = \text{const.}$$

Wie sich z. B. auch aus den beiden Kennlinien des Fotoelementes BPY 64 entnehmen läßt, ist der Innenwiderstand nicht konstant, sondern ändert sich in Abhängigkeit von der Beleuchtungsstärke E_V. So beträgt bei dem genannten Typ $R_i \approx 13\,k\Omega$ bei $E_V = 100\,lx$, $R_i \approx 3{,}3\,k\Omega$ bei 500 lx und $R_i \approx 1{,}8\,k\Omega$ bei 1000 lx. Der Innenwiderstand eines Fotoelementes wird also mit zunehmender Beleuchtungsstärke kleiner.
Fotoelemente werden überwiegend zur Messung von Beleuchtungsstärken eingesetzt. Hier ist es von Vorteil, wenn ein möglichst linearer Zusammenhang zwischen den optischen und den erzeugten elektrischen Größen besteht. Dieses läßt sich weitgehend erreichen, wenn die Fotoelemente mit Stromanpassung des Lastwiderstandes betrieben werden, also R_L viel kleiner als R_i ist. Bei $R_L \ll R_i$ liegt praktisch ein Kurzschlußbetrieb vor. Dabei ergibt sich dann bis zu hohen Beleuchtungsstärken der erwünschte lineare Zusammenhang zwischen Fotostrom und Beleuchtungsstärke.

Kennlinien und Kennwerte von Solarzellen

Fotoelemente mit größeren lichtempfindlichen Flächen werden heute als Solarzellen bezeichnet. Die Übergänge bei der Einstufung sind aber fließend. Während die Fotoelemente überwiegend für meßtechnische Aufgaben verwendet werden, liegt das Haupteinsatzgebiet von Solarzellen in der Umwandlung der Energie des Sonnenlichtes in elektrische Energie. Um hierbei einen möglichst hohen Wirkungsgrad zu erreichen, kann die Frage einer optimalen Leistungsanpassung des Lastwiderstandes durchaus von Bedeutung sein. Der Wirkungsgrad von Solarzellen liegt aber auch bei Ausnutzung aller Möglichkeiten mit $\eta \approx 15 \ldots 18\,\%$ niedrig.
Technologisch sind die Solarzellen nach dem gleichen Prinzip wie die Si-Fotoelemente aufgebaut und arbeiten deshalb auch nach dem gleichen Grundprinzip. Um die Kosten zu senken, konzentriert sich die Entwicklung auf Solarzellen mit amorphem Silizium. Höhere Wirkungsgrade werden von Tandem-Zellen erwartet, die in der oberen Zelle das kurzwellige Licht, in der unteren das langwelligere Licht umwandeln **(Bild 5.87)**. Nachteilig ist, daß amorphe Solarzellen jedoch Materialermüdungen zeigen.

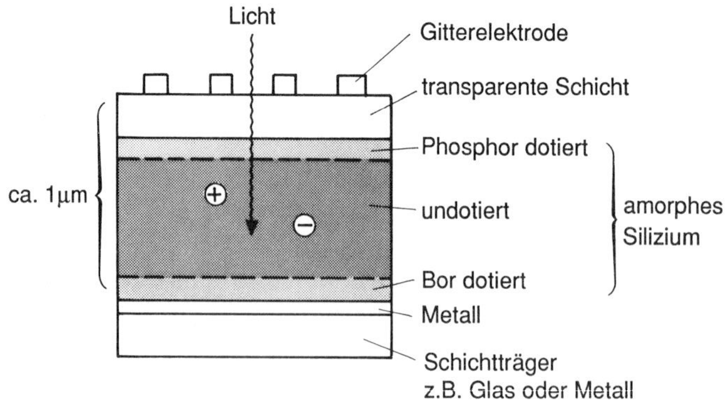

Bild 5.87 Aufbau amorpher Solarzellen

Bild 5.88 zeigt den Zusammenhang von flächenbezogenem Kurzschlußstrom und Leerlaufspannung für unterschiedliche Einstrahlungen. Zusätzlich ist in **Bild 5.89** die Temperaturabhängigkeit dargestellt.

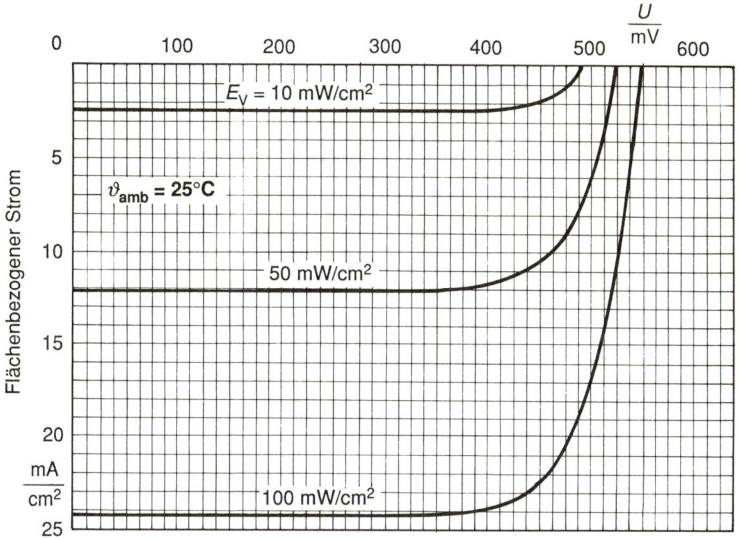

Bild 5.88 Spannung und flächenbezogener Strom in Abhängigkeit von E_V

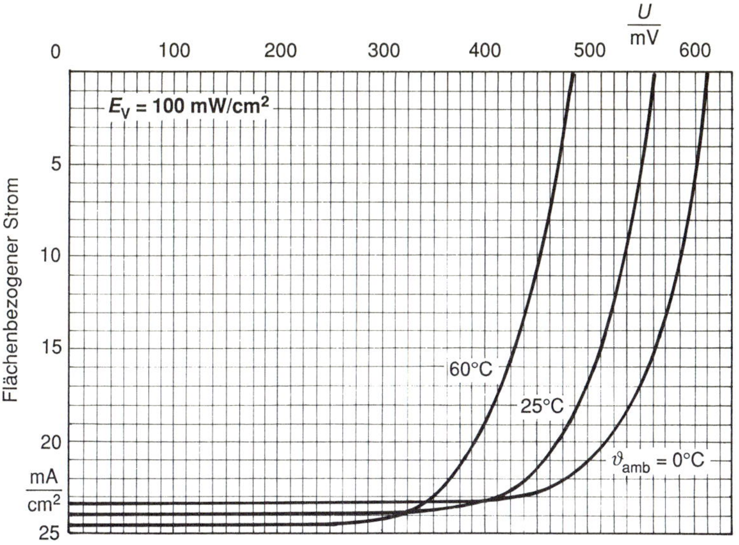

Bild 5.89 Temperatureinfluß auf Leerlaufspannung und flächenbezogenen Kurzschlußstrom

Industriell gefertigte Solarmodule in monokristalliner Technik liefern bei einer aktiven Fläche von 0,4 m² im Leerlauf 18 V Spannung; sie können einen 12 V-Akku mit 3 A laden.

Zunächst hatten die Solarzellen die Form von Kreissegmenten, heute werden jedoch überwiegend rechteckige Formen hergestellt. Übliche Abmessungen sind:

Länge × mm	Breite mm	Fläche cm^2
100	100	100
50	100	50
25	100	25
20	100	20

Länge × mm	Breite mm	Fläche cm^2
50	50	25
25	50	12,5
20	50	10
10	50	5

Als typische Daten werden angegeben:

Basismaterial:	polykristallines (amorphes) Silizium
spezifischer Widerstand:	1 – 5 Ωcm
Zelldicke:	200 – 500 μm
Leerlaufspannung U_L:	560 mV
Kurzschlußstrom I_K:	25 mA/cm^2
Maximale Ausgangsleistung:	10,5 mW/cm^2

Solarzellen zeigen häufig eine charakteristische blaue Oberfläche, die von der Beschichtung herrührt. Sie soll den Reflexionsgrad der Siliziumoberfläche herabsetzen.
Durch Hintereinanderschalten von Solarzellen läßt sich die Spannung eines Solarmoduls erhöhen, eine Parallelschaltung erhöht den entnehmbaren Strom.
Alle bisher gestarteten Nachrichtensatelliten haben zur Stromversorgung ausgedehnte Solarmodule. In Entwicklung befindet sich die Stromversorgung des »Space Telescope«, sie soll auf 52 m^2 Fläche mehr als 50 000 Solarzellen erhalten.
Solarzellen werden immer mehr zur kabelunabhängigen Stromversorgung von Funkbojen, Leuchtfeuern, Rundfunk- und Fernsehfüllsendern, Notrufsendern usw. eingesetzt. Da diese Anlagen aber auch bei Dunkelheit voll funktionsfähig bleiben müssen, sind Akkus erforderlich, die dann bei Tageslicht mit Hilfe der Solarzellen aufgeladen werden.

5.6.2.3 Fotodioden

Fotodioden werden heute nur noch in Si-Technik gefertigt. Zu unterscheiden ist zwischen den pn-Fotodioden und den PIN-Fotodioden. Der technologische Aufbau von pn-Fotodioden entspricht dem Aufbau von Fotoelementen, die eindiffundierte p-Zone ist jedoch etwas dicker ausgebildet. Auf diese Weise wird mit $U_R \approx 7$ V bis 10 V eine höhere Sperrspannung erreicht. Diese gegenüber Fotoelementen wesentlich höhere Sperrspannung ist notwendig, weil Fotodioden in Sperrichtung betrieben werden. Zum Betrieb von Fotodioden sind daher eine Betriebsspannung sowie ein Vorwiderstand erforderlich. **Bild 5.90** zeigt die Prinzipschaltung.
Ohne Beleuchtung fließt durch die pn-Sperrschicht wie bei jeder normalen Halbleiterdiode ein Sperrstrom, der bei den Fotodioden meistens als Dunkelstrom I_{R0} bezeichnet

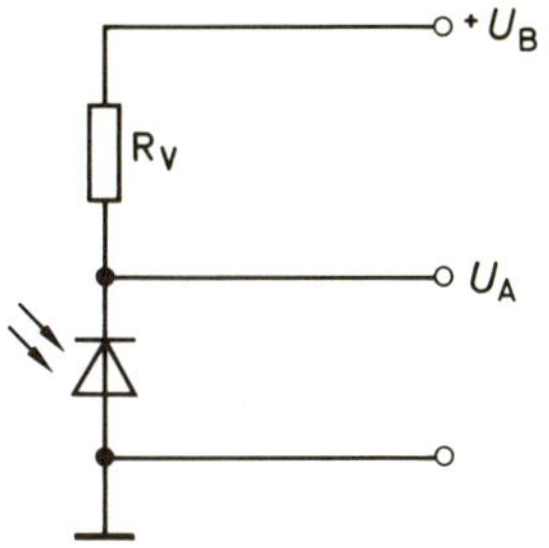

Bild 5.90 Prinzipschaltung für den Betrieb von Fotodioden

wird. Trifft Licht auf die pn-Schicht, so werden, genau wie beim Fotoelement, infolge der Energiezufuhr Kristallbindungen aufgerissen. Es entstehen bewegliche Ladungsträger-Paare, die infolge des vorhandenen elektrischen Feldes sofort abfließen. Dabei wandern die Löcher zur p-Schicht und die Elektronen zur n-Schicht. Als Folge der Beleuchtung tritt somit ein zusätzlicher Fotostrom I'_{Fot} auf, der linear mit der Beleuchtungsstärke ansteigt. Dieser Fotostrom überlagert sich als Sperrstrom dem relativ kleinen Dunkelstrom, so daß für den gesamten, bei Beleuchtung auftretenden Fotostrom gilt:

$$I_{Fot} = I_{Ro} + I'_{Fot}$$

Da I_{Ro} sehr viel kleiner als I'_{Fot} ist, gilt:

$$I_{Fot} \approx I'_{Fot}$$

Bild 5.91 zeigt den typischen Zusammenhang zwischen dem Fotostrom I_{Fot} und der Beleuchtungsstärke E_V bei Fotodioden. Die angegebene Kennlinie gehört zur pn-Fotodiode vom Typ BPW 32 (Siemens).

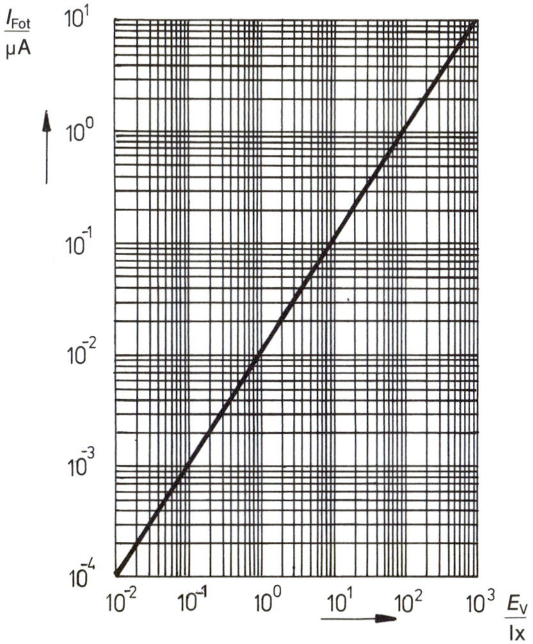

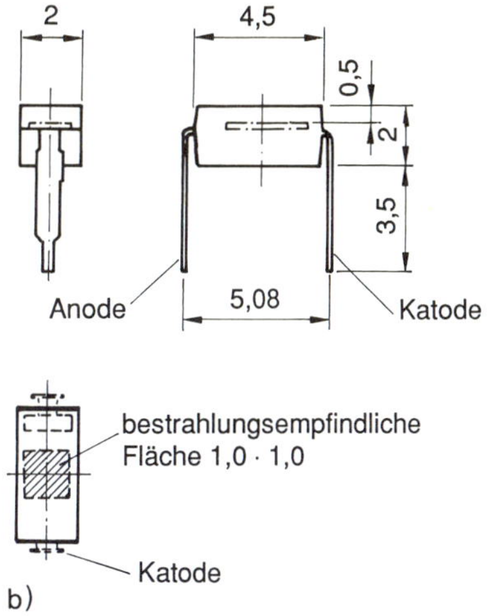

Bild 5.91 Fotostrom als Funktion der Beleuchtungsstärke bei der Fotodiode BPW 32 für ϑ_U = 25 °C (a); Gehäuse und Abmessungen (b)

Die Kennlinie in Bild 5.91 ist im doppelt-logarithmischen Maßstab dargestellt. Aus dem konstanten, positiven Anstieg dieser Kennlinie ist zu erkennen, daß eine lineare Abhängigkeit zwischen I_{Fot} und E_V vorliegt. Daher lassen sich Fotodioden auch besonders gut zur genauen Messung von Beleuchtungsstärken einsetzen.
Nachteilig für den Einsatz als genauer Meßfühler ist jedoch die Abhängigkeit des Dunkelstromes I_{Ro} von der Temperatur. Wie bei jeder normalen Halbleiterdiode ist dieser Temperatureinfluß umso größer, je größer die Sperrschichtfläche ist. In **Bild 5.92** ist die Temperaturabhängigkeit des Dunkelstromes I_{Ro} für die Fotodiode BPW 32 angegeben.

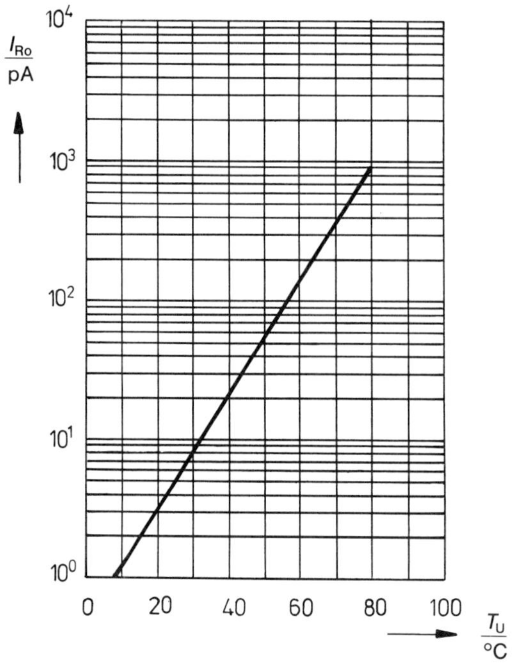

Bild 5.92 Temperaturabhängigkeit des Dunkelstromes der Fotodiode BPW 32

Einfacher ist die Ermittlung des Temperatureinflusses mit Hilfe der Kennlinie nach **Bild 5.93 a**. Hier ist das Verhältnis $I_{Fot} / I_{Fot(25\,°C)}$ als Funktion der Temperatur dargestellt.
Aus der Kennlinie nach Bild 5.91 läßt sich der Fotostrom I_{Fot} bei ϑ_U = 25 °C für eine bestimmte Beleuchtungsstärke E_V entnehmen. Die Änderung dieses Fotostromes im Temperaturbereich von − 30 °C bis + 80 °C kann dann mit Hilfe der Kennlinie nach Bild 5.93 a ermittelt werden. Hierzu ist der Fotostrom $I_{Fot(25\,°C)}$ mit dem aus Bild 5.93 a abgelesenen Faktor zu multiplizieren.
Wie alle anderen lichtempfindlichen Bauelemente haben auch die Fotodioden eine spektrale Empfindlichkeit. Sie ist für die Fotodiode BPW 32 als relative spektrale Empfindlichkeit S_{rel} in **Bild 5.93 b** angegeben.
Die größte Empfindlichkeit dieser Fotodiode liegt bei $\lambda \approx$ 800 nm, also etwa im Übergangsgebiet von Dunkelrot zu Infrarot. Dies ist auch bei den meisten anderen Typen

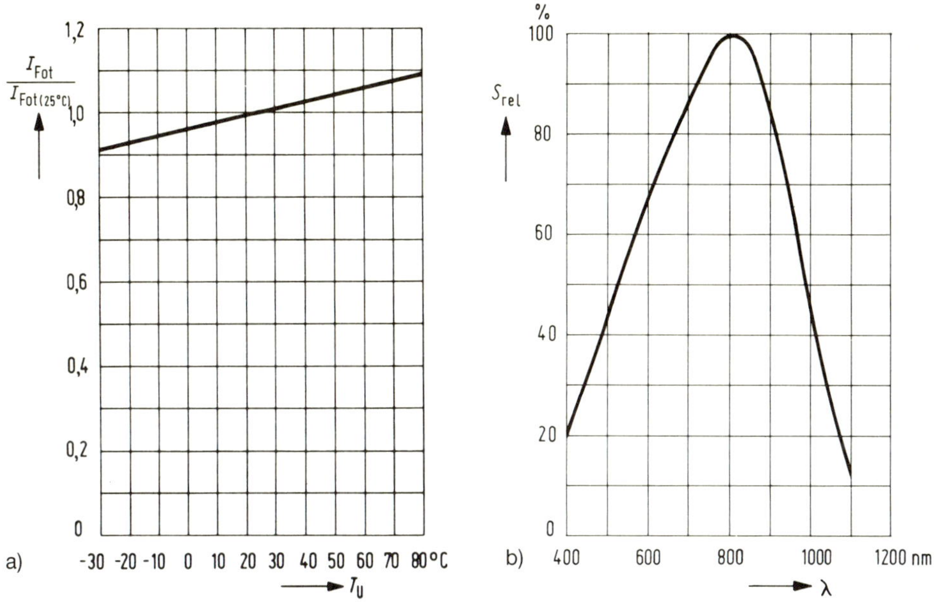

Bild 5.93 $I_{Fot}/I_{Fot(25°)}$ als Funktion der Temperatur und die relative spektrale Empfindlichkeit der Fotodiode BPW 32

von Si-Fotodioden der Fall. Die in Bild 5.86 b für ein Fotoelement angegebene Richtcharakteristik gilt auch die die Fotodiode BPW 32, sofern keine besonderen optischen Maßnahmen getroffen werden.

Der relativ großflächige pn-Übergang bei den Fotodioden hat auch eine große Sperrschichtkapazität zur Folge. Sie wirkt sich ungünstig bei schnellen Änderungen der Beleuchtungsstärke aus, weil der Fotostrom diesen schnellen Änderungen nicht mehr linear folgen kann. Daher liegen die Schaltzeiten von pn-Fotodioden im Bereich von Mikrosekunden.

Für Anwendungen in Nachlaufsteuerungen und Kantenführungen werden zwei Fotodioden im Abstand von etwa 50 µm in ein Gehäuse eingebaut. Bei gleichem Fotostrom in beiden Dioden liegt der auftreffende Lichtstrahl in der Mitte.

Um die Nachteile von pn-Fotodioden bei größeren Signaländerungsgeschwindigkeiten zu beseitigen, wurden die PIN-Fotodioden entwickelt. Der Name PIN weist auf die Zonenfolge p-Schicht-Intrinsicschicht-n-Schicht bei diesen Fotodioden hin. **Bild 5.94** zeigt den technologischen Aufbau von PIN-Fotodioden.

Bei den PIN-Dioden befindet sich zwischen den sehr dünnen p- und n-Schichten noch eine breite Intrinsic-Schicht, d. h. eine nicht dotierte Schicht von eigenleitfähigem Halbleiter-Grundmaterial. Diese I-Schicht ist weitgehend frei von beweglichen Ladungsträgern, so daß an ihr fast die gesamte angelegte Spannung abfällt. Wegen der hohen Feldstärke in der I-Schicht werden die bei Beleuchtung erzeugten Ladungsträger-Paare viel schneller als bei den pn-Fotodioden in die p- bzw. n-Schicht abgesaugt. Diese größere Beweglichkeit der Ladungsträger-Paare wirkt sich günstig auf das Schaltverhalten aus, so daß die Schaltzeiten von PIN-Fotodioden im Nanosekundenbereich liegen und damit um den Faktor 10^3 kürzer als bei pn-Fotodioden sind. PIN-

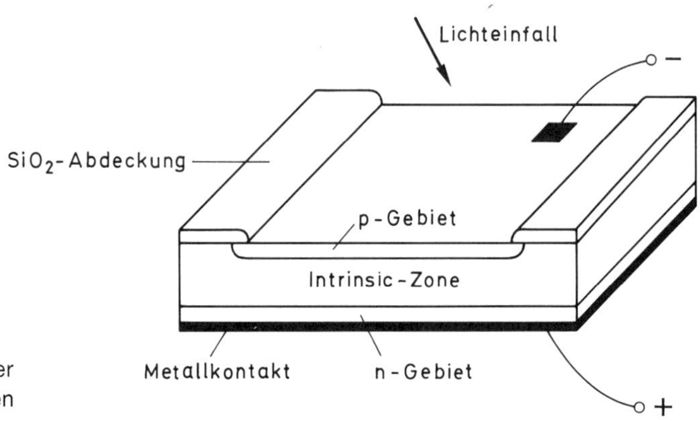

Bild 5.94 Technologischer Aufbau von PIN-Fotodioden

Dioden können also noch bei wesentlich schnelleren Lichtwechseln, d. h. höheren Frequenzen als pn-Fotodioden eingesetzt werden.
Die Fotoströme als Funktion der Beleuchtungsstärke sind bei den PIN-Fotodioden – bei gleicher lichtempfindlicher Fläche – nur etwa halb so groß wie bei pn-Fotodioden. Bezüglich der spektralen Empfindlichkeit sowie dem Temperaturverhalten bestehen keine wesentlichen Unterschiede zwischen den beiden Arten von Fotodioden. Wegen der relativ breiten I-Schicht haben PIN-Dioden aber wesentlich höhere Sperrspannungen. Sie liegen bei $U_R \approx 50\,V$ bis $100\,V$.

Beispiel

Ein Spannungsteiler nach **Bild 5.95** soll für $U_B = 24\,V$ so dimensioniert werden, daß bei $E_V = 1000\,lx$ die Ausgangsspannung $U_A \approx 12\,V$ beträgt. Zur Verfügung steht eine PIN-Fotodiode BPW 34.

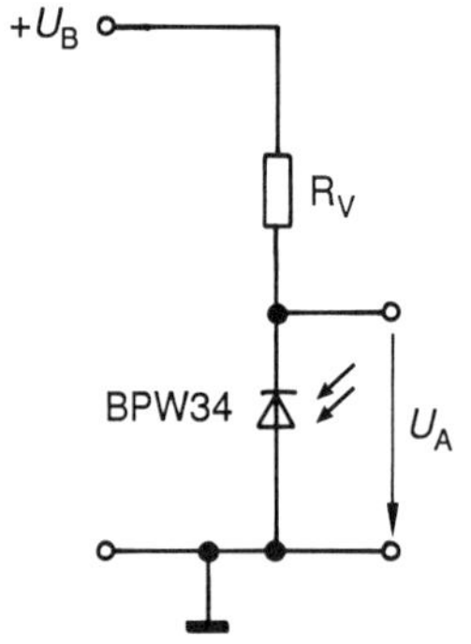

Bild 5.95 Spannungsteiler zum Berechnungsbeispiel

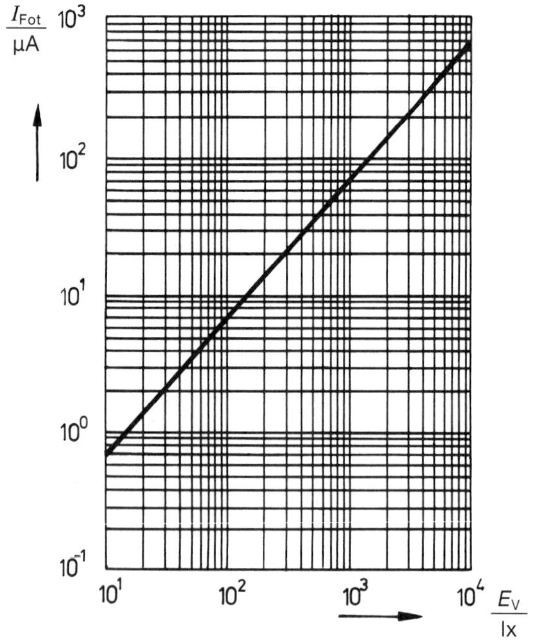

Bild 5.96 Fotostrom als Funktion der Beleuchtungsstärke der PIN-Diode BPW 34

Welcher Wert muß für den Vorwiderstand gewählt werden und wie groß ist U_A bei $E_V = 100\,\text{lx}$?

$$R_V = \frac{U_B - U_{A(1000)}}{I_{Fot(1000)}} = \frac{12\,\text{V}}{70 \cdot 10^{-6}\,\text{A}} = 171\,\text{k}\Omega$$

Gewählt: $R_V = 180\,\text{k}\Omega$

$$U_{A(100)} = U_B - U_{RV(100)} = U_B - R_V \cdot I_{Fot(100)}$$

$$= 24\,\text{V} - 180 \cdot 10^3\,\Omega \cdot 7 \cdot 10^{-6}\,\text{A} = 24\,\text{V} - 1{,}26\,\text{V} \approx 22{,}7\,\text{V}$$

Kontrolle

$$U_{A(1000)} = U_B - U_{RV(1000)} = U_B - R_V \cdot I_{Fot(1000)}$$

$$= 24\,\text{V} - 180 \cdot 10^3\,\Omega \cdot 70 \cdot 10^{-6}\,\text{A} = 24\,\text{V} - 12{,}6\,\text{V} \approx 11{,}4\,\text{V}$$

PIN-Fotodioden haben in den vergangenen Jahren eine immer größere Bedeutung erlangt. So werden sie wegen ihrer hohen Empfindlichkeit im Infrarotbereich und ihrer kurzen Schaltzeiten z. B. in großem Umfang bei der Fernsteuerung mit moduliertem Infrarotlicht eingesetzt.
Wegen des gleichartigen technologischen Aufbaues sowie des gleichen Funktionsprinzips können pn-Fotodioden und PIN-Fotodioden auch als Fotoelemente betrieben werden. Sie arbeiten dann ohne äußere Betriebsspannung. Dieser Einsatz von Fotodioden bleibt aber meistens auf Ausnahmefälle beschränkt.

5.6.2.4 Fototransistoren

Für zahlreiche praktische Einsatzmöglichkeiten sind der Fotostrom oder die zulässige Belastung des Spannungsteilers aus Vorwiderstand und Fotodiode zu gering. Um diese Nachteile zu beseitigen, wurden Fototransistoren entwickelt. **Bild 5.97** zeigt den technologischen Aufbau eines Fototransistors in Planartechnik.
Durch Eindiffundieren eines weiteren pn-Überganges wird das p-dotierte Gebiet einer pn-Diode zur Basis eines Fototransistors. Fällt Licht auf die relativ große Basisfläche, so entstehen bewegliche Ladungsträger-Paare, die dann als Basisstrom einen 100- bis 700fach größeren Kollektorstrom steuern.

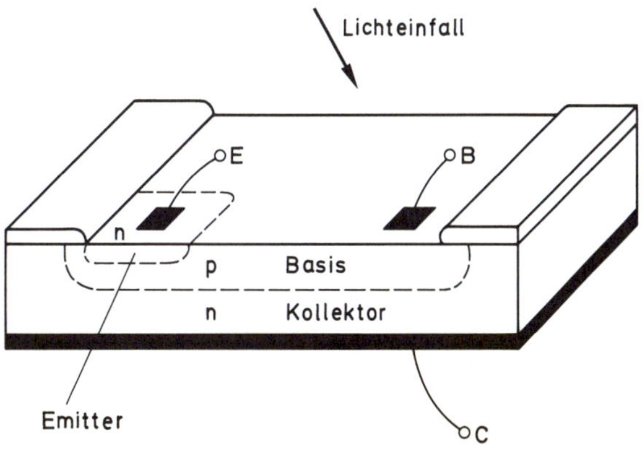

Bild 5.97 Technologischer Aufbau eines Fototransistors in Planartechnik

Fototransistoren können sowohl in ihrem Aufbau als auch in ihrer Arbeitsweise als die Zusammenschaltung einer Fotodiode mit einem normalen bipolaren Transistor aufgefaßt werden. In **Bild 5.98** ist das vereinfachte Ersatzschaltbild des Fototransistors angegeben.

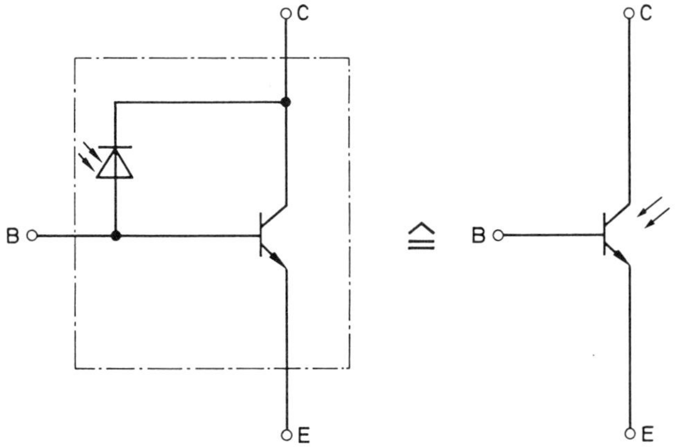

Bild 5.98 Vereinfachtes Ersatzschaltbild des Fototransistors

Ohne Beleuchtung fließt durch die Fotodiode nur der sehr kleine Dunkelstrom I_{Ro}. Er ist gleichzeitig der Basisstrom des Transistors. Für den Dunkelstrom I_{Co} des Transistors ergibt sich dann

$$I_{Co} = B \cdot (I_{CBo} + I_{Ro}),$$

wobei I_{CBo} der Sperrstrom der Kollektor-Basisdiode und B die Stromverstärkung des Transistors ist.
Bei Beleuchtung der Fotodiode fließt ein Fotostrom I_{Fot}, der um die Stromverstärkung B verstärkt als Kollektorstrom auftritt und sich dem Dunkelstrom überlagert.
Für den Kollektorstrom des Fototransistors gilt daher:

$$I_C = I_{Co} + B \cdot I_{Fot}$$

Da der Dunkelstrom I_{Co} sehr viel kleiner als $B \cdot I_{Fot}$ ist, kann I_{Co} in der Regel vernachlässigt werden, so daß in der Praxis

$$I_C \approx B \cdot I_{Fot}$$

gesetzt werden kann.
Hauptvorteile der Fototransistoren gegenüber Fotodioden sind ihre wesentlich höhere Empfindlichkeit und der um den Faktor B vergrößerte, von der Beleuchtungsstärke abhängige Kollektorstrom I_C. Infolge der gekrümmten Transistorkennlinien besteht kein linearer Zusammenhang zwischen Kollektorstrom I_C und Beleuchtungsstärke E_V. Durch besondere technologische Maßnahmen ist es aber inzwischen gelungen, in größeren Bereichen der Beleuchtungsstärke ausreichend lineare Zusammenhänge zu erreichen.

Bild 5.99 zeigt das Ausgangskennlinienfeld eines Fototransistors. Es ähnelt sehr stark dem eines normalen bipolaren Transistors. Anstelle des Basisstromes oder der Basis-Emitter-Spannung wird hier jedoch die Beleuchtungsstärke E_V als Parameter angegeben.

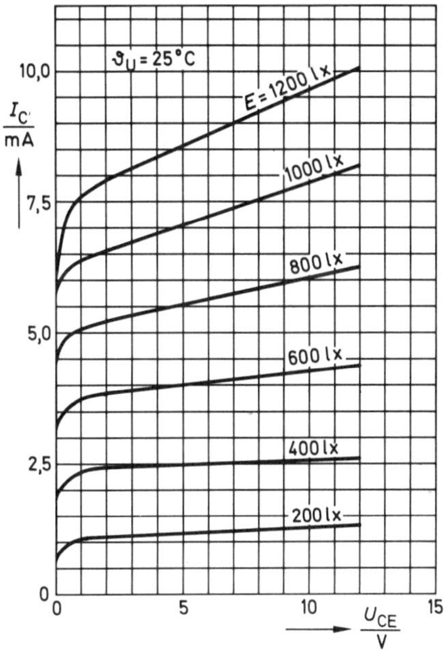

Bild 5.99 Ausgangskennlinienfeld eines Fototransistors

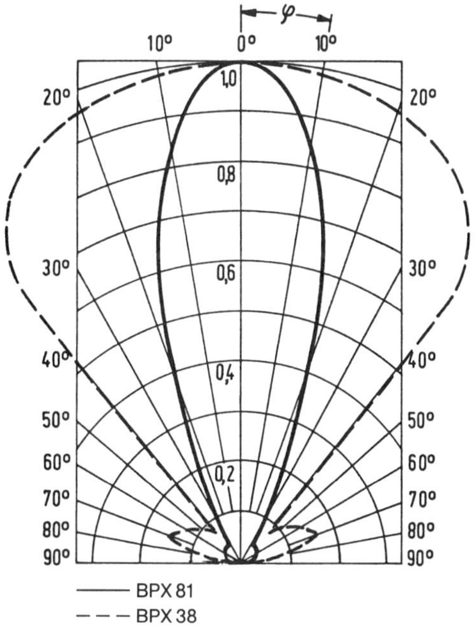

Bild 5.100 Richtcharakteristiken $I_C = f(\varphi)$ der Fototransistoren BPX 38 und BPX 81

In dieses Ausgangskennlinienfeld nach Bild 5.99 kann wie üblich die Arbeitsgerade des Kollektorwiderstandes eingetragen werden. Dieser wird genau wie bei einem normalen bipolaren Transistor dimensioniert. Schwierigkeiten treten hier aber oft auf, weil eine ausreichend genaue Abschätzung der beim praktischen Einsatz vorliegenden Beleuchtungsstärken oft nicht möglich ist. Gegebenenfalls ist eine Messung der auftretenden Beleuchtungsstärke erforderlich.

Die Empfindlichkeit von Fototransistoren hängt, wie bei Fotoelementen und Fotodioden, von der Wellenlänge des auftreffenden Lichtes und von der Einstrahlrichtung ab. Das Maximum der spektralen Empfindlichkeit liegt bei Wellenlängen des Lichtes von $\lambda \approx 800$ nm bis 870 nm und entspricht damit Bild 5.86 a. Ohne zusätzliche optische Maßnahmen gilt für Fototransistoren auch die Richtcharakteristik nach Bild 5.86 b. Sie wird bei Fototransistoren oft durch eine zusätzlich in das Gehäuse eingebaute Linse verändert und dadurch an bestimmte Aufgaben besser angepaßt.

In **Bild 5.100** sind als Beispiel die Richtcharakteristiken der Fototransistoren BPX 38 und BPX 81 (Siemens) dargestellt. Der Typ BPX 81 hat einen wesentlich kleineren Öffnungswinkel als der Typ BPX 38.

Für besondere Einsatzbereiche wird der Typ BPX 81 auch als Fototransistorzeile mit maximal 10 Transistorsystemen im Abstand von jeweils 2,54 mm geliefert. Der kleinere Öffnungswinkel bei diesem Typ bewirkt, daß keine gegenseitige Lichtbeeinflussung erfolgt.

Fototransistoren werden mit und ohne herausgeführte Basisanschlüsse hergestellt. Ist kein Basisanschluß vorhanden, so erfolgt die Steuerung des Kollektorstromes ausschließlich durch die Änderung der Beleuchtungsstärke. Die Festlegung eines Arbeitspunktes ist dann nicht mehr möglich. Derartige Fototransistoren werden daher meistens nur als lichtempfindliche Schalter betrieben.

Zu den Fototransistoren ohne herausgeführten Basisanschluß gehört z. B. der Typ BPX 81, für den folgende Grenzdaten angegeben werden:

$U_{CE\,max} = 32\,V$ $\quad I_{C\,max} = 50\,mA$
$\vartheta_{J\,max} = 90\,°C$ $\quad P_{tot} = 100\,mW$
$R_{th\,JU} = 750\,K/W$

Die Kennlinien in **Bild 5.101** zeigen die Abhängigkeit des Kollektorstromes I_C von der Beleuchtungsstärke E_V und der Bestrahlungsstärke E_e, weil der BPX 81 aufgrund seiner spektralen Empfindlichkeit sowohl für sichtbares als auch für Infrarot-Licht eingesetzt wird. Mit den drei parallelen Kennlinien ist die Gruppierung der Fototransistoren nach ihrer Fotoempfindlichkeit angegeben. Diese Gruppierung erfolgt bei $E_V = 1000$ lx.

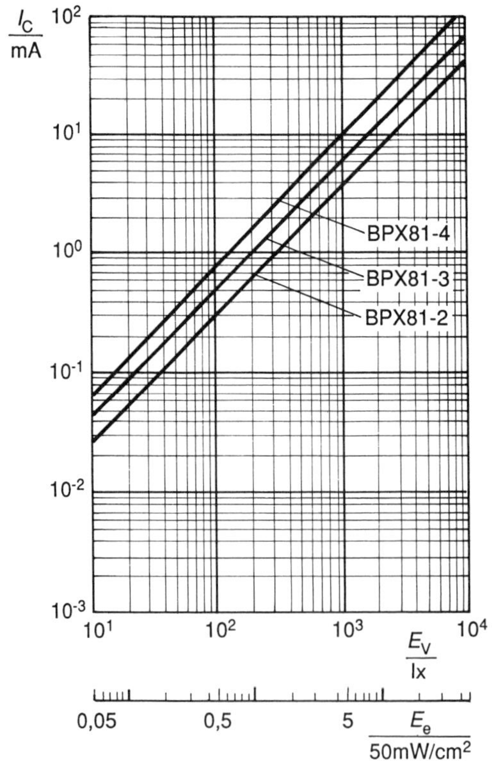

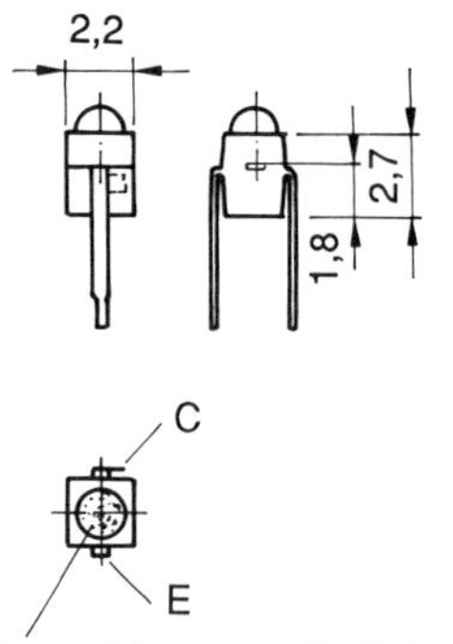

Bild 5.101 I_C als Funktion von E_V für Fototransistoren BPX 81

Beispiel:

Der Spannungsteiler nach **Bild 5.102** soll mit einem Fototransistor BPX 81-4 so dimensioniert werden, daß bei $E_V = 500\,\text{lx}$ die Ausgangsspannung $U_A > 10\,\text{V}$ beträgt. Weiterhin ist zu berechnen, welche Ausgangsspannung sich bei $E_V = 10\,\text{lx}$ einstellt.
Aus der Kennlinie für den BPX 81-4 in Bild 5.101 kann entnommen werden:

$I_{C(10)} \approx 7 \cdot 10^{-5}\,\text{A}$; $I_{C(500)} \approx 4 \cdot 10^{-3}\,\text{A}$

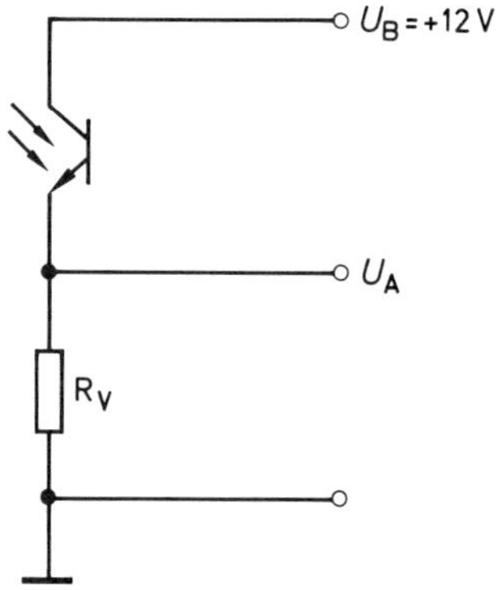

Bild 5.102 Spannungsteiler mit Fototransistor BPX 81

Für die Beleuchtungsstärke $E_V = 500\,\text{lx}$ gilt:

$$U_{A(500)} = R_V \cdot I_{C(500)}$$

$$R_V > \frac{U_{A(500)}}{I_{C(500)}} = \frac{10\,\text{V}}{4 \cdot 10^{-3}\,\text{A}} = 2{,}5 \cdot 10^3\,\Omega$$

Gewählt: $R_V = 2{,}7\,\text{k}\Omega$

$$U_{A(10)} = R_V \cdot I_{C(10)} = 2{,}7\,\text{k}\Omega \cdot 7 \cdot 10^{-5}\,\text{A} = 189\,\text{mV} \approx 0{,}2\,\text{V}$$

Kontrolle der Leistungen

Fototransistor:

$$P_{(500)} = U_{CE(500)} \cdot I_{C(500)} = 1{,}2\,\text{V} \cdot 4 \cdot 10^{-3}\,\text{A} = 4{,}8\,\text{mW}$$
$$P_{(10)} = U_{CE(10)} \cdot I_{C(10)} = 11{,}8\,\text{V} \cdot 7 \cdot 10^{-5}\,\text{A} = 0{,}83\,\text{mW}$$

Widerstand R_V:

$$P_{(500)} = U_{RV(500)} \cdot I_{C(500)} = 10{,}8\,\text{V} \cdot 4 \cdot 10^{-3}\,\text{A} = 43\,\text{mW}$$
$$P_{(10)} = U_{RV(10)} \cdot I_{C(10)} = 0{,}2\,\text{V} \cdot 7 \cdot 10^{-5}\,\text{A} = 14\,\mu\text{W}$$

Der bereits erwähnte Fototransistor BPX 38 gehört zur Gruppe der Fototransistoren mit herausgeführtem Basisanschluß. Für ihn gelten die Grenzdaten:

$U_{CE\,max} = 50\,\text{V}$ $\quad I_{C\,max} = 50\,\text{mA}$
$\vartheta_{J\,max} = 175\,°\text{C}$ $\quad P_{tot} = 330\,\text{mW}$
$R_{th\,JU} = 450\,\text{K/W}$

Der BPX 38 wird in vier Empfindlichkeitsgruppen geliefert. Die Daten sind in der Tabelle nach **Bild 5.103** angegeben.

Gruppe	II	III	IV	V
Fotostrom I_{Fot} bei $E_e = 0{,}5\,\text{mW/cm}^2$	0,2 bis 0,4 mA	0,32 bis 0,63 mA	0,5 bis 1,0 mA	0,8 bis 1,6 mA
B	150	240	350	k. A.

Bild 5.103 Kenndaten für den Fototransistor BPX 38

Bild 5.104 zeigt die üblichen Kennlinien für $I_C = f(E_V)$ bzw. $I_C = f(E_e)$. Die Kennlinien entsprechen denen für den Fototransistor ohne Basisanschluß. Kennlinien, aus denen der Einfluß der Basisströme hervorgeht, werden heute meist nicht mehr veröffentlicht.

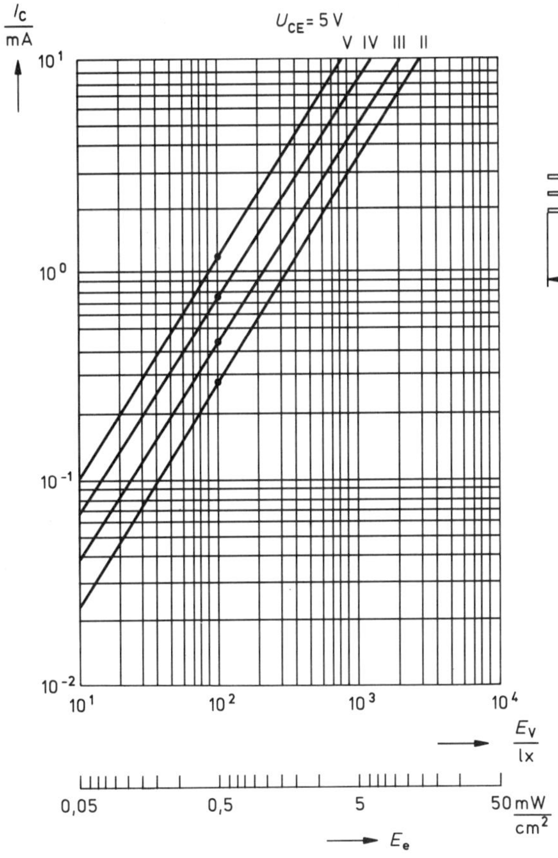

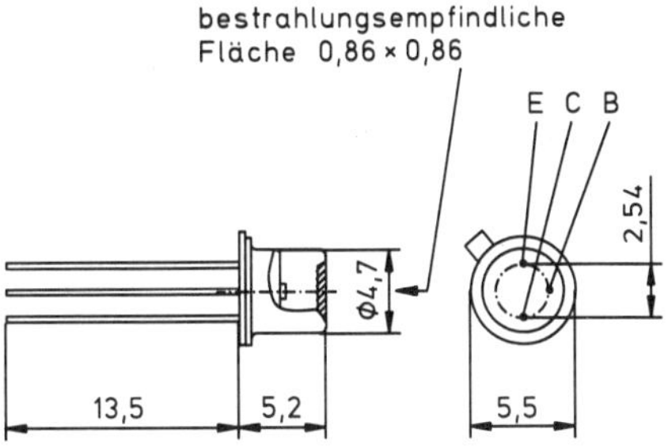

Bild 5.104 $I_C = f(E_V)$ für BPX 38

Der Fototransistor BPX 38 hat einen herausgeführten Basisanschluß. Durch Verändern eines Basisspannungsteilers läßt sich der Arbeitspunkt des Fototransistors in gewissen Grenzen den Erfordernissen einer kontinuierlichen Steuerung oder des Schaltbetriebes anpassen.

5.6.3 Anwendungsbeispiele

Von den zahlreichen Einsatzmöglichkeiten für lichtempfindliche Fotohalbleiter wurden vier sehr einfache Schaltungen als Anwendungsbeispiele ausgewählt.

Lichtempfindlicher Schalter mit Fotowiderstand

In der Schaltung nach **Bild 5.105** bilden der Fotowiderstand, sein Vorwiderstand R_V, R 1 und R 2 eine Brückenschaltung. Der nachgeschaltete Operationsverstärker arbeitet als Komparator und wertet die Diagonalspannung der Brücke aus. Bei einer entsprechend starken Belichtung schaltet der OP den Ausgang auf $U_A \approx 0$ V, der Transistor wird durchgesteuert und das Relais zieht an. Sinkt aufgrund geringerer Belichtung die Spannung am Minus-Eingang unter die am Plus-Eingang, so fällt das Relais ab.

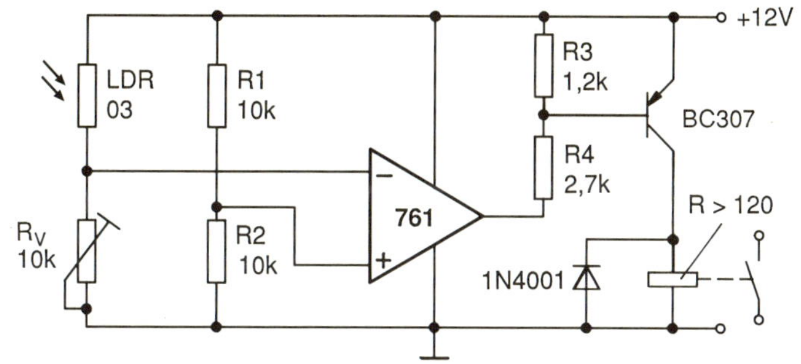

Bild 5.105 Lichtempfindlicher Schalter mit Fotowiderstand

Ladeschaltung für Ni-Cd-Akkumulatoren

Bild 5.106 zeigt eine Schaltung zur Ladung von Nickel-Cadmium-Akkus mit Hilfe von Solar-Moduln. Da Ni-Cd-Akkus empfindlich gegenüber zu großen Ladeströmen sind, ist eine Begrenzung des Ladestromes erforderlich. Sie erfolgt durch den Vorwiderstand R_V, der in der angegebenen Schaltung einstellbar ist. Die Diode D hat die Aufgabe, bei fehlender oder nicht ausreichender Beleuchtungsstärke einen Rückstrom vom Akku zu den Solarzellen zu verhindern.

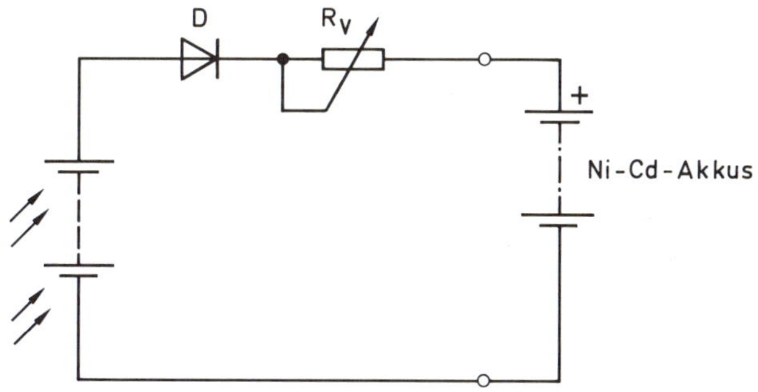

Bild 5.106 Ladeschaltung für Ni-Cd-Akkus

Die Größe des zulässigen Ladestromes wird von den Herstellern angegeben. Zusammen mit den Daten der Solar-Moduln kann daraus dann der Wert für R_V ermittelt werden. Bei größeren Ladeanlagen werden zur Verbesserung des Wirkungsgrades oft spezielle Regler anstelle von Vorwiderständen eingesetzt. Bei Ladeanlagen für einzelne Bleiakkus kann der Vorwiderstand oft entfallen, da diese Sammler weniger empfindlich auf höhere Ladeströme reagieren als Ni-Cd-Akkus.

Lichtgesteuerte Verstärkerstufen mit Fotodiode und Fototransistor

Wegen des sehr kleinen Fotostromes können Spannungsteiler aus Vorwiderstand und Fotodiode nur sehr geringfügig belastet werden. Die zulässige Belastung reicht für die meisten Einsatzmöglichkeiten von Fotodioden nicht aus. Wesentlich bessere Möglichkeiten ergeben sich, wenn eine Verstärkerstufe nachgeschaltet wird. Wegen des hohen Eingangswiderstandes werden hierfür meistens Verstärkerstufen mit FETs eingesetzt. In **Bild 5.107** ist die Schaltung für eine einfache lichtgesteuerte Verstärkerstufe angegeben.
Mit dem Trimmer R 2 läßt sich der Arbeitspunkt des FET einstellen. Bei zunehmender Beleuchtung der Fotodiode wird die negative Gatespannung kleiner, und U_A wird ebenfalls kleiner. Für die Widerstände R 4 und R 3 wurde der gleiche Wert gewählt, damit bei richtiger Arbeitspunkteinstellung ein linearer Zusammenhang zwischen I_{Fot} und U_A in einem möglichst großen Bereich besteht. Durch den Sourcekondensator *C* wird erreicht, daß die FET-Verstärkerstufe nicht nur bei sehr langsamen Änderungen der Beleuchtungsstärke, sondern auch bei Wechsellicht einwandfrei verstärkt.
Die Schaltung nach Bild 5.107 läßt sich erheblich vereinfachen, wenn anstelle von Fotodiode und FET ein Fototransistor verwendet wird. **Bild 5.108** zeigt eine derartige Verstärkerstufe mit einem Fototransistor ohne herausgeführten Basisanschluß.

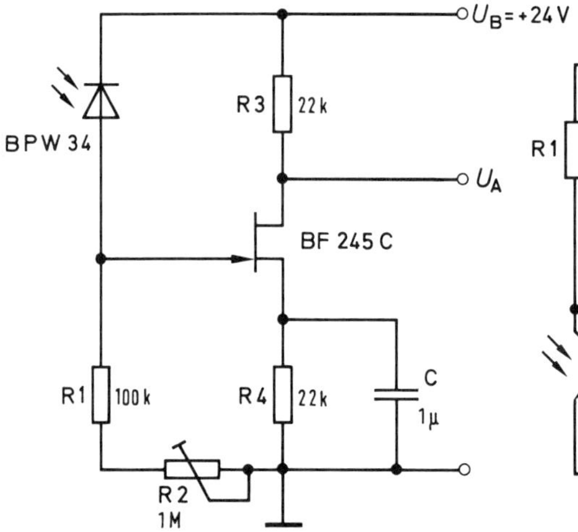

Bild 5.107 Lichtgesteuerter Verstärker mit Fotodiode

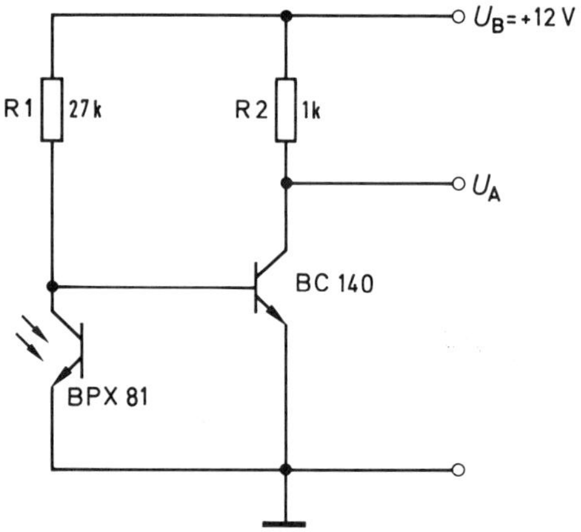

Bild 5.108 Lichtgesteuerter Verstärker mit Fototransistor

Der Widerstand R 1 bildet zusammen mit dem Fototransistor wieder einen lichtempfindlichen Spannungsteiler. Der Fototransistor wird hier also wie eine Fotodiode, die eine größere Steilheit und einen größeren Fotostrom hat, betrieben. Wegen dieses größeren Fotostromes kann der Widerstand R 1 gegenüber dem Vorwiderstand in der Schaltung nach Bild 5.107 einen kleineren Wert haben, so daß der Spannungsteiler wesentlich stärker belastet werden kann. Daher ist es möglich, einen Kleinleistungstransistor, z. B. BC 140, direkt vom Kollektor des Fototransistors anzusteuern.

Bild 5.109 zeigt eine Schaltung mit näherungsweise linearer Kennlinie $I_e = f(E_e)$ als Luxmeter zur Messung von Beleuchtungsstärken. Sie arbeitet mit einer Darlington-Schaltung aus dem NPN-Fototransistor BPX 81 und einem PNP-Transistor BC 307.

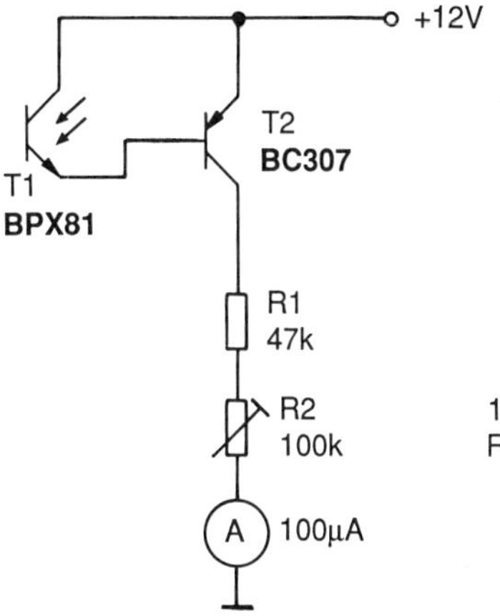

Bild 5.109 Luxmeter mit Darlington

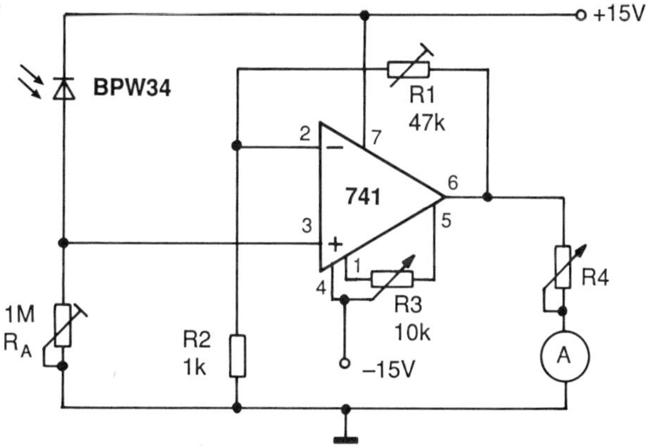

Bild 5.110 Luxmeter mit OP

Eine entsprechende Schaltung mit einem OP als Verstärker zeigt **Bild 5.110**. Entsprechend dem Trend zur vollständigen Integration liefert Siemens einen Fotosensor mit integriertem, nachgeschalteten OP in einem transparenten Miniaturgehäuse mit sechs Anschlüssen. Der Ausgangsstrom des Sensors folgt mit der Empfindlichkeit von 5 µA/lx linear der Beleuchtungsstärke, die im Bereich zwischen 0,05 lx und 5000 lx liegen darf. Der Sensor hat die Typenbezeichnung TFA 1001 W und ist für den Einsatz in Videokameras und optischen Instrumenten gedacht.

Lichtgesteuerter Schalter

Bild 5.111 zeigt eine Schaltung, die die Zustände »Fototransistor belichtet« und »Fototransistor nicht belichtet« auswertet. Zur Signalverstärkung dient ein OP, der hier als

Bild 5.111 Lichtgesteuerter Schaltverstärker

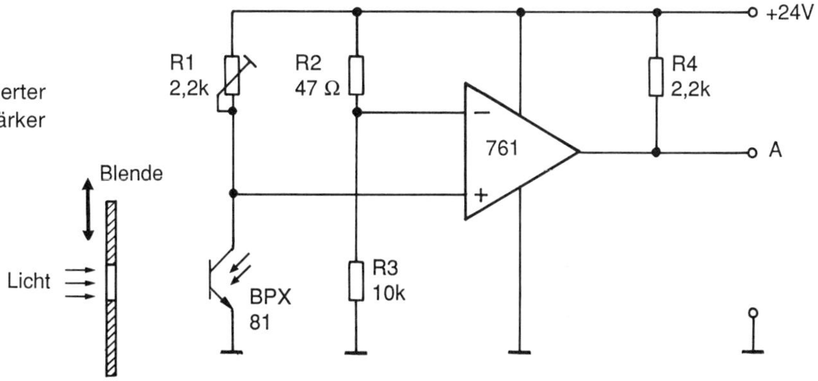

Komparator arbeitet. Bei unbelichtetem Fototransistor ist die Spannung am N-Eingang des OPs größer als am P-Eingang, und der Ausgang liegt wegen des Betriebs mit nur einer Betriebsspannung auf U_A = 0 V. Bei belichtetem Fototransistor kehren sich die Verhältnisse an den Eingängen des OPs um, und die Ausgangsspannung beträgt näherungsweise $U_A \approx +24$ V.
Wesentlich einfacher aufbauen läßt sich ein Schaltverstärker, wenn anstelle des OPs ein integrierter Schwellwertschalter eingesetzt wird **(Bild 5.112)**. Für einen Betrieb als Lichtschranke wird die Lichtquelle so eingestellt, daß der Schwellwertschalter bei Belichtung gerade umgeschaltet hat. Zwischen Pin 2 und Pin 1 (3) liegt dann eine Spannung von 400 mV (Einschaltschwelle). Die Ausschaltschwelle liegt bei 370 mV. An Pin 4 steht das Ausgangssignal in Normallage, d. h. $U_A \approx U_B$ bei hoher Belichtung, zur Verfügung. An Pin 5 kann das umgekehrte Signal abgenommen werden.

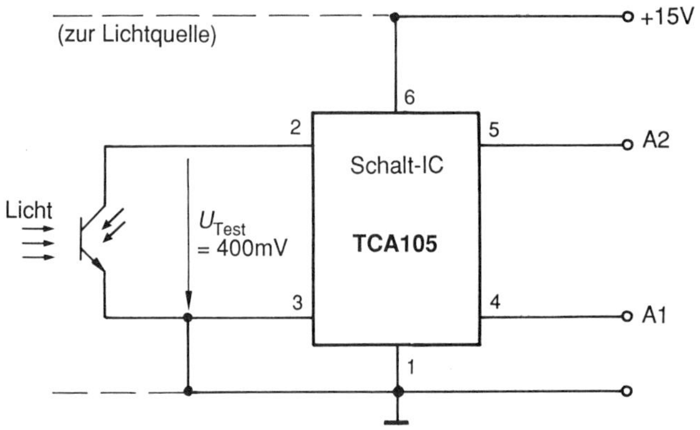

Bild 5.112 Lichtgesteuerter Schaltverstärker mit Schwellwertschalter-IC

6 Lichtemittierende Fotohalbleiter, Lichtwellenleiter und Anzeigeeinheiten

6.1 Allgemeines

In den lichtemittierenden Fotohalbleitern wird elektrische Energie in Strahlungsenergie umgewandelt. Dieser Vorgang vollzieht sich im Bereich einer dünnen pn-Sperrschicht. Wichtigste Bauelemente dieser Gruppe sind die Leuchtdioden, die auch als Lumineszenzdioden oder LEDs (*L*ight *E*mitting *D*iode) bezeichnet werden. Sie werden in Durchlaßrichtung betrieben und können je nach Ausgangsmaterial rotes, gelbes, grünes, blaues oder auch infrarotes Licht abstrahlen. Lichtschranken sind eines der vielfältigen Einsatzgebiete von LEDs. Sie werden aber auch in optischen Fernsteuerungen als Lichtsender eingesetzt. Beim Optokoppler sind eine LED als Sender und ein Fototransistor als Empfänger in einem kleinen Gehäuse zusammengefaßt. Auf diese Weise kann eine galvanische Trennung von Signalkreisen erreicht werden.
Eine immer größere Bedeutung für die Signalübertragung haben die Lichtwellenleiter (LWL) erlangt. Mit ihnen lassen sich optische Signale über größere Entfernungen weitgehend störungsfrei übertragen. Zur Erzeugung der hierfür erforderlichen Strahlungsleistung werden entweder Leistungs-LEDs oder Laserdioden eingesetzt. Das Wort »Laser« ist aus der Bezeichnung »*L*ight *a*mplification by *s*timulated *e*mission of *r*adiation« abgeleitet, d. h. »Lichtverstärkung durch induzierte Emission von Strahlung«.
LEDs werden aber auch in großem Umfang für Anzeigeeinheiten eingesetzt, die heute bis zu Flächen von mehreren Quadratmetern zusammengebaut werden. Eine andere Art von Anzeigeeinheiten sind die LCDs (*L*iquid *C*ristal *D*isplay), die auch als Flüssigkeitskristall-Anzeigen bekannt sind. Sie haben nur einen geringen Leistungsbedarf, sind aber von der Umfeldbeleuchtung abhängig. Eine besonders hohe Lichtintensität liefern die Vakuum-Fluoreszenz-Anzeigen. Bei ihnen entsteht der Leuchteffekt durch Auftreffen von Elektronen auf eine beschichtete Glasfläche. Sie arbeiten daher nach einem ähnlichen Prinzip wie die Oszilloskopröhren.

6.2 Lichtemittierende Fotohalbleiter

6.2.1 Grundprinzip

Wie alle anderen Dioden sind auch die Leuchtdioden aus einer p-Schicht und einer n-Schicht aufgebaut, zwischen denen sich eine Sperrschicht ausbildet. Wird eine Diode in Durchlaßrichtung betrieben, so wandern bei gleicher Dotierung der beiden Schichten etwa gleich viele Elektronen von der n-Schicht in die p-Schicht wie Löcher von der p-Schicht in die n-Schicht. Bei LEDs ist die n-Schicht jedoch sehr stark dotiert, die p-Schicht dagegen weniger stark. Auf diese Weise wird erreicht, daß bei Betrieb der Diode in Durchlaßrichtung der Strom durch die Sperrschicht fast vollständig von Elektronen getragen wird. Die in die p-Schicht gelangenden Elektronen rekombinieren mit den dort vorhandenen Löchern. Dabei wird Energie frei, die je nach Ausgangsmaterial

zu einem Teil als *sichtbares Licht* oder als *Infrarotstrahlung* abgestrahlt wird. Diese Strahlung läßt sich nach außen herausführen. **Bild 6.1** zeigt den technologischen Aufbau einer Leuchtdiode für sichtbares Licht.
Zu erkennen ist in Bild 6.1, daß die p-Schicht sehr viel dünner als die n-Schicht ist und dadurch die Sperrschicht dicht unter der Oberfläche liegt. Das erzeugte Licht kann gut nach außen abstrahlen. Aufgrund optischer Gesetzmäßigkeiten treten an der Übergangsfläche zwischen Halbleitermaterial und Luft Reflexionen auf. Sie bewirken, daß der Anteil des nach außen abgestrahlten Lichtes kleiner wird. Um diese Verluste zu verringern, werden bei LEDs auf die Lichtaustrittsfläche meistens kleine Kunststoffkörper aufgesetzt. Durch eine optisch günstige Form gelingt es dabei, den Anteil der nach außen abgestrahlten Lichtenergie erheblich zu vergrößern. In **Bild 6.2** ist das Aufbauprinzip einer LED mit aufgesetztem Kunststoffkörper dargestellt.

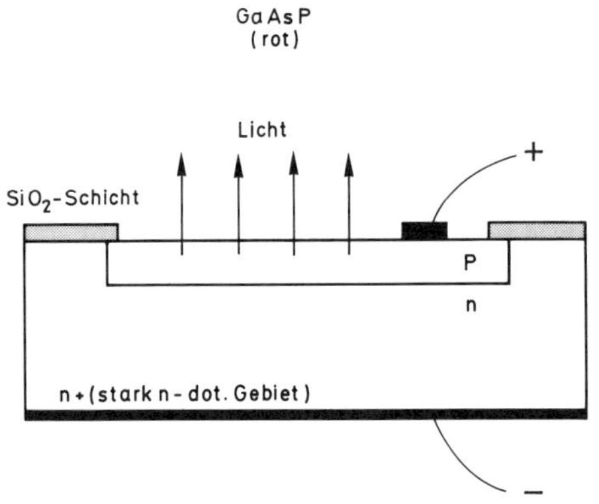

Bild 6.1 Technologischer Aufbau einer LED für sichtbares Licht

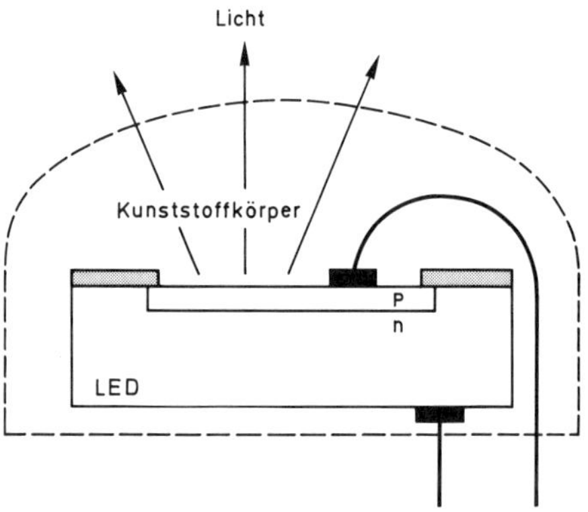

Bild 6.2 Aufbauprinzip einer LED mit Kunststoffkörper

Die Wellenlänge und damit auch die Farbe des abgestrahlten Lichtes hängt von der Art des verwendeten Halbleitermaterials ab. Ausgangsmaterial für Leuchtdioden sind Gallium-Verbindungen. Abhängig von dem verwendeten Halbleitermaterial können Modifizierungen im technologischen Aufbau erforderlich sein. Für den Bereich des sichtbaren Lichtes werden bisher grün-, gelb-, orange- und rotleuchtende LEDs hergestellt. Lieferbar sind inzwischen aber auch blauleuchtende Typen. In allen Fällen erstreckt sich das erzeugte Lichtspektrum aber jeweils nur über einen schmalen Bereich. Daher werden Leuchtdioden auch als monochromatische Lichtquellen bezeichnet. **Bild 6.3** zeigt die Strahlungsmaxima und die Spektralkennlinien von LEDs für die Lichtfarben Blau, Grün, Gelb, Orange und Rot. Gallium-Phosphid-Verbindungen (GaP) liefern grünes Licht, Gallium-Arsenid-Phosphid-Verbindungen (GaAsP) dagegen gelbes, oranges und rotes Licht.

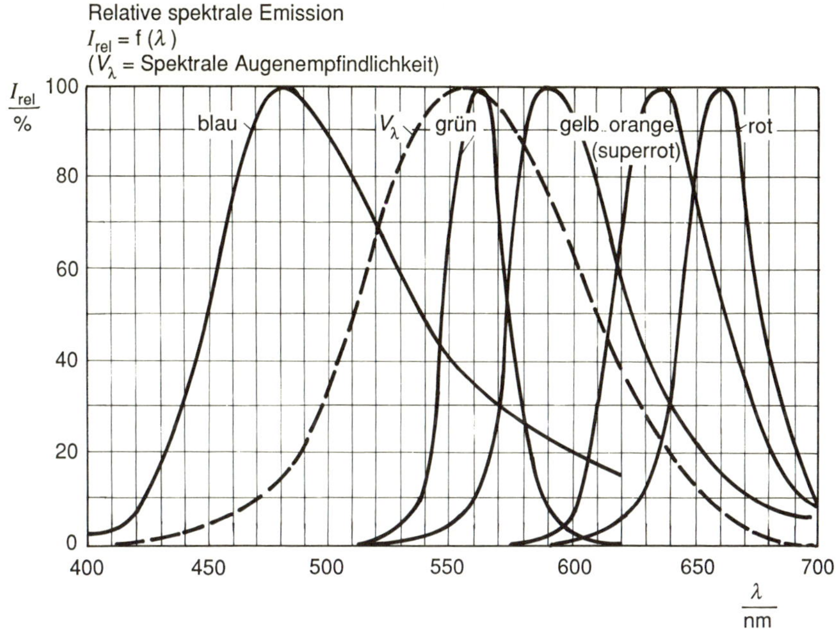

Bild 6.3 Spektralkennlinien von LEDs

Leuchtdioden werden aber nicht nur für sichtbares Licht, sondern auch für infrarote Strahlung gefertigt. Ausgangsmaterial für die IR-Leuchtdioden ist Gallium-Arsenid (GaAs). Ihren etwas anderen technologischen Aufbau zeigt **Bild 6.4**.

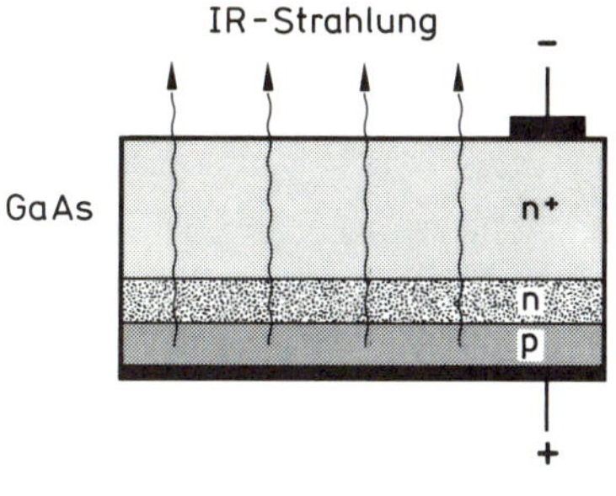

Bild 6.4 Technologischer Aufbau einer LED für IR-Licht

Bei LEDs zur Erzeugung von IR-Licht ist das lichtemittierende Gebiet an der Kristallunterseite angeordnet. Die erzeugte Strahlung muß also noch die beiden n-Schichten durchdringen, ehe sie aus dem Material austreten kann. Weil diese Schichten aber für IR-Strahlung gut durchlässig sind, treten nur geringe Verluste auf. Die Anordnung des lichtemittierenden Gebietes an der Kristallunterseite hat den Vorteil, daß eine wesentlich bessere Wärmeableitung möglich ist. Damit ergeben sich größere zulässige Durchlaßströme und höhere Strahlungsleistungen.
Trotz des unterschiedlichen technologischen Aufbaues besteht aber in der grundsätzlichen Arbeitsweise kein wesentlicher Unterschied zwischen Leuchtdioden für sichtbares Licht und für Infrarotlicht.

6.2.2 Leuchtdioden für sichtbares Licht

Bild 6.5 zeigt die Prinzipschaltung für den Betrieb von Leuchtdioden. Sie werden grundsätzlich in Durchlaßrichtung betrieben. Zur Strombegrenzung ist ein Vorwiderstand R_V erforderlich.

Die erzeugte Lichtstärke I_V wird bei LEDs meistens in Millicandela (mcd) angegeben. Sie hängt nahezu linear von der Größe des Durchlaßstromes I_F ab.

In **Bild 6.6** ist dieser Zusammenhang für eine grünleuchtende LED vom Typ TLHG 5100 (Telefunken Electronic) als eine charakteristische Kennlinie dargestellt. Die entsprechenden Kennlinien andersfarbiger LEDs oder von LEDs anderer Hersteller haben einen ähnlichen Verlauf.

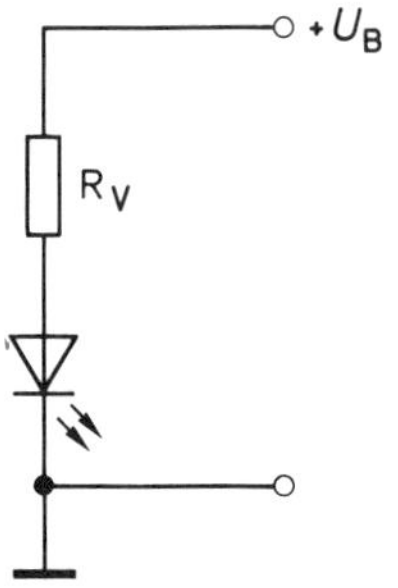

Bild 6.5 Prinzipschaltung für den Betrieb von Leuchtdioden

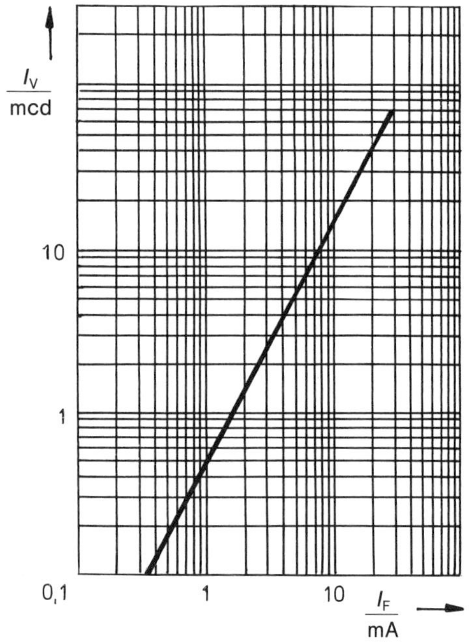

Bild 6.6 Lichtstärke als Funktion des Durchlaßstromes für die Leuchtdiode TLHG 5100

Für den praktischen Betrieb von Leuchtdioden ist der Zusammenhang zwischen Durchlaßstrom I_F und Durchlaßspannung U_F von Bedeutung. Wegen der anderen Halbleitermaterialien liegen die Durchlaßspannungen bei LEDs wesentlich höher als bei normalen Si-Gleichrichterdioden. Typische Werte bei I_F = 20 mA sind:

$U_F \approx 1{,}6$ V bei rot-leuchtenden LEDs
$U_F \approx 2{,}0$ V bei (superrot) orange-leuchtenden LEDs
$U_F \approx 2{,}4$ V bei gelb-leuchtenden LEDs
$U_F \approx 2{,}4$ V bei grün-leuchtenden LEDs
$U_F \approx 3{,}4$ V bei blau-leuchtenden LEDs

In **Bild 6.7** sind die Kennlinien für die vier Typen TLUR 5100 (rot), TLHR 5100 (orange), TLHG 5100 (grün) und TLHY 5100 (gelb) dargestellt. Bei den durchgezogenen Kennlinien handelt es sich jeweils um die typischen Werte. Die gestrichelten Kennlinien geben den Streubereich an.

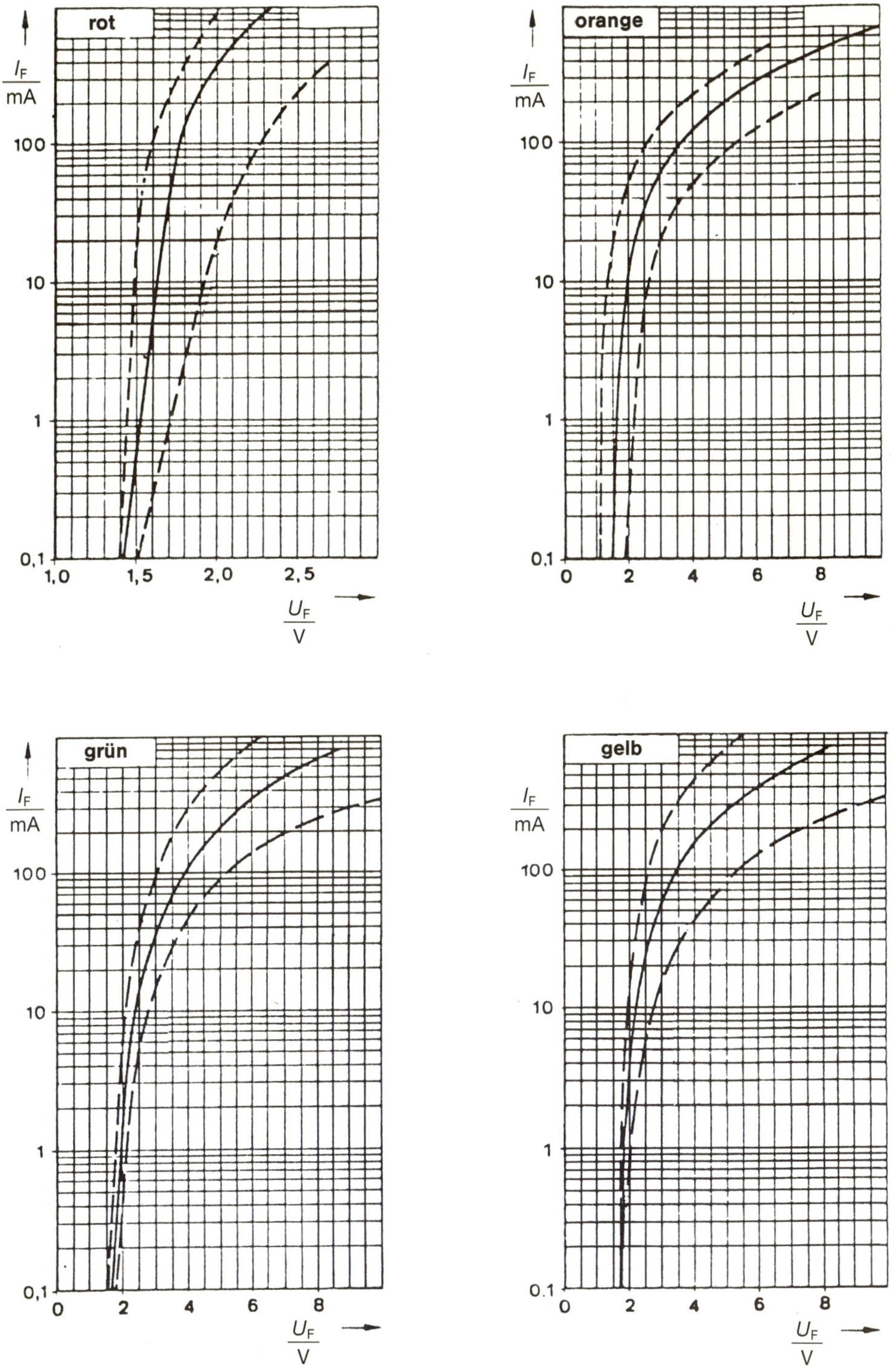

Bild 6.7 Kennlinien unterschiedlicher LEDs

Die Kennlinien nach Bild 6.7 gelten weitgehend auch für entsprechende Typen anderer Hersteller.
Genau wie bei allen anderen Halbleiterbauelementen müssen auch beim Einsatz von Leuchtdioden wichtige Grenzwerte beachtet werden. Sie sind zusammen mit einigen charakteristischen Kennwerten von LEDs für die schon genannten Typen der Reihe TLU./TLH.5100 (5 mm ∅) sowie für die vergleichbaren Typen der Reihe TLU./ TLH.4100 (3 mm ∅) in der Tabelle nach **Bild 6.8** zusammengefaßt.

	TLUR 5100 TLUR 4100	TLHR 5100 TLHR 4100	TLHY 5100 TLHY 4100	TLHG 5100 TLHG 4100
$U_{R\,max}$	6 V	6 V	6 V	6 V
$I_{F\,max}$	50 mA	30 mA	30 mA	30 mA
$U_{F\,typisch}$	1,6 V	2,0 V	2,4 V	2,4 V
$P_{V\,max}$	100 mW	100 mW	100 mW	100 mW
$\vartheta_{J\,max}$	100 °C	100 °C	100 °C	100 °C
λ_{max}	660 nm	635 nm	585 nm	565 nm
	rot	orange (superrot)	gelb	grün

Bild 6.8 Grenz- und Kennwerte von LEDs

Da sich die Daten für ähnliche Typen nur wenig von den in Bild 6.8 angegebenen Grenz- und Kennwerten unterscheiden, können die Angaben in Bild 6.8 als charakteristische Werte für Leuchtdioden angesehen werden.
Durch eine entsprechende Form der aufgesetzten Kunststoffkörper ist es leicht möglich, den Leuchtdioden unterschiedliche Richtcharakteristiken zu geben. In **Bild 6.9** sind die Richtcharakteristiken für Standardausführungen mit Öffnungswinkeln von 80 ° (breit) und 14 ° (gebündelt) angegeben.

Werden Leuchtdioden nur zur optischen Signalanzeige, z. B. Ein – Aus, eingesetzt, so ist ihr Schaltverhalten von untergeordneter Bedeutung. Mit etwa 5 bis 20 Nanosekunden haben LEDs so kleine Ein- und Ausschaltzeiten, daß sie auch zur Abstrahlung von sich sehr schnell ändernden Lichtsignalen verwendet werden können. Hiervon wird z. B. bei den Optokopplern Gebrauch gemacht.

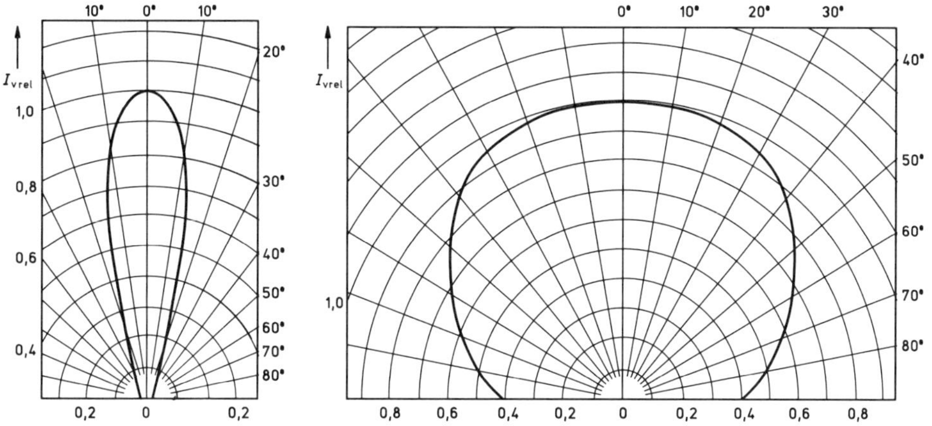

Bild 6.9 Richtcharakteristiken von LEDs

Beispiel

Das Vorhandensein einer Betriebsspannung $U_B = +24\,V$ soll entsprechend Bild 6.5 mit Hilfe einer LED vom Typ TLHR 5100 angezeigt werden.
Welchen Wert muß der Vorwiderstand R_V erhalten?

Aus Gründen einer ausreichenden Helligkeit der LED wird ein Strom $I_F \approx 20\,mA$ gewählt. Aus der Kennlinie in Bild 6.7 kann die zugehörige Durchlaßspannung zu $U_F = 2{,}0\,V$ ermittelt werden.

$$R_V = \frac{U_B - U_F}{I_F} = \frac{24\,V - 2{,}0\,V}{20 \cdot 10^{-3}\,A} = 1100\,\Omega$$

Gewählt: $R_V = 1{,}2\,k\Omega$

Kontrolle:

$$I'_F = \frac{U_B - U_F}{R_V} = \frac{24\,V - 2{,}0\,V}{1{,}2 \cdot 10^3\,\Omega} = 18{,}3\,mA$$

$P_{V(LED)} = U_F \cdot I'_F = 2{,}0\,V \cdot 18{,}3 \cdot 10^{-3}\,A = 36{,}6\,mW$ $\qquad P_{V(LED)} < P_{V\,max} = 100\,mW$

$P_{RV} = (U_B - U_F) \cdot I'_F = 402{,}6\,mW$

Gewählt: $R_V = 1{,}2\,k\Omega / 0{,}5\,W$

Bei den LEDs geht die Entwicklung in Richtung hoher Intensität des abgestrahlten Lichts ($I_v > 20\,mcd$; $I_F = 2\,mA$). Um in technischen Einrichtungen LEDs als Kontrollampen einsetzen zu können, wurden Groß-LEDs mit bis zu 10 mm Durchmesser entwickelt. Zur Signalisierung eignen sich Symbol-LEDs; übliche Formen sind Kreis, Quadrat, Dreieck und Rechteck. Symbol-LEDs mit rechteckiger Abstrahlfläche sind meist so ausgeführt, daß sie sich problemlos aneinander reihen lassen. Besteht die Notwendigkeit, Signale besonders auffällig erscheinen zu lassen, so wird in die LED eine Blink- oder Farbwechselfunktion integriert. Nur langsam steigt der vom Anwender gewünschte Einsatz von blauen LEDs. Diese werden aus dem Halbleiterwerkstoff SiC, Siliziumkarbid, hergestellt. Ihre Lichtausbeute ist im Vergleich zu den anderen LEDs wesentlich geringer.
LEDs als Signalindikatoren sind von den Herstellern in Gruppen mit bestimmten Lichtemissionen selektiert.

6.2.3 Leuchtdioden für Infrarotlicht

Ausgangsmaterial für IR-Leuchtdioden ist Gallium-Arsenid (GaAs). Erreichen läßt sich damit eine spektrale Emission im Bereich von etwa 900 nm bis 1040 nm. **Bild 6.10** zeigt als Beispiel die relative spektrale Emission der IR-LED vom Typ LD 271 (Siemens) sowie die Abhängigkeit der Strahlstärke I_e und der Durchlaßspannung U_F vom Durchlaßstrom I_F.

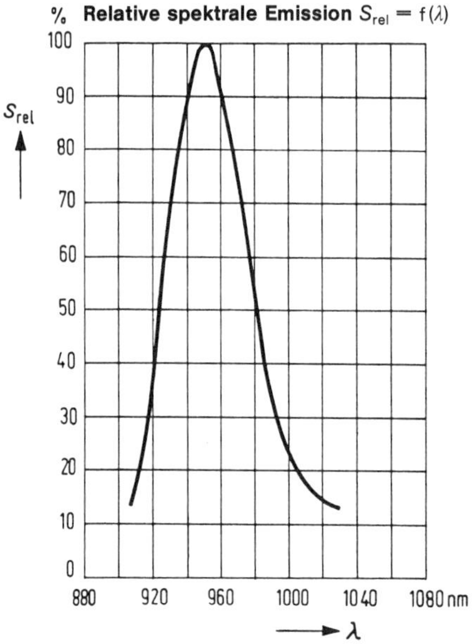

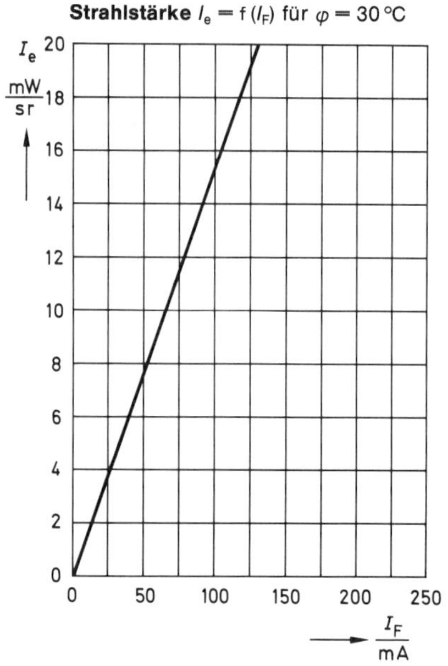

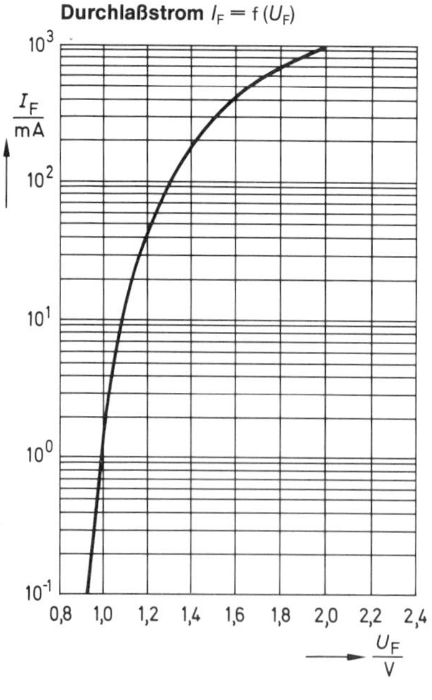

Bild 6.10 Kennlinien der IR-Leuchtdiode LD 271

Da es sich um unsichtbares Licht handelt, werden bei den IR-LEDs immer die strahlungstechnischen Größen angegeben. Die IR-Leuchtdiode LD 271 hat folgende Grenz- und Kennwerte:

$I_{F\,max}$ = 130 mA; $U_{R\,max}$ = 4 V
$P_{V\,max}$ = 210 mW; $R_{th\,JU}$ = 350 K/W

Wegen des Kunststoffgehäuses ist beim Typ LD 271 eine Vergrößerung der zulässigen Verlustleistung durch Kühlung nicht möglich.
Die Grenz- und Kennwerte der heute lieferbaren Infrarot-LEDs differieren bei den einzelnen Typen und Herstellern weitaus stärker als bei den LEDs für sichtbares Licht. Müssen IR-LEDs ausgetauscht werden, so sollte auf keinen Fall von der gleichen Gehäusegröße auch auf etwa gleiche Grenzwerte geschlossen werden. Es ist daher in jedem Fall notwendig, die genauen Werte aus den Datenbüchern der Hersteller zu entnehmen.
Um höhere Strahlstärken zu erreichen, werden die Infrarot-Leuchtdioden auch in Kühlkörper eingesetzt, die gleichzeitig als Reflektor ausgebildet sind, um die auftretende Strahlung zu bündeln. Reicht die erzielbare Strahlstärke für die vorgesehene Aufgabe nicht aus, so können mehrere IR-Leuchtdioden parallel betrieben werden **(Bild 6.11)**.

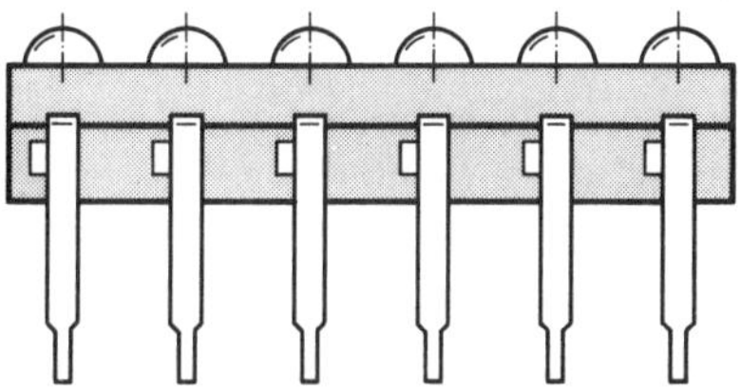

Bild 6.11 Diodenzeile mit Infrarot-LEDs

Die typischen Schaltzeiten von IR-LEDs liegen in der Größenordnung von Mikrosekunden. Sie haben also erheblich größere Schaltzeiten als Leuchtdioden für sichtbares Licht. Infrarot-Leuchtdioden werden gern als Lichtquellen in Lichtschranken eingesetzt, weil auf diese Weise der unerwünschte Einfluß von Tages- oder Kunstlicht verringert werden kann. Aus ähnlichen Gründen werden IR-LEDs bei Fernsteuerungen, z. B. von Fernsehgeräten, eingesetzt. Da sie dabei nur impulsmäßig betrieben werden, sind gegebenenfalls höhere Strahlstärken zulässig.

6.2.4 Anwendungsbeispiele

6.2.4.1 LEDs als Signalanzeige

Kontrollanzeige für Betriebsspannung

In **Bild 6.12 a** ist eine einfache Schaltung zur Kontrollanzeige der Betriebsspannung mit einer Leuchtdiode angegeben. Durch Umpolen der LED ist sie für eine negative Betriebsspannung verwendbar. Die Schaltung läßt sich auch zur Anzeige einer Wechselspannung erweitern. Dann muß aber unbedingt sichergestellt sein, daß die zulässige Sperrspannung der LED nicht überschritten wird. **Bild 6.12 b** zeigt eine für den Betrieb an Wechselspannung erweiterte Schaltung.

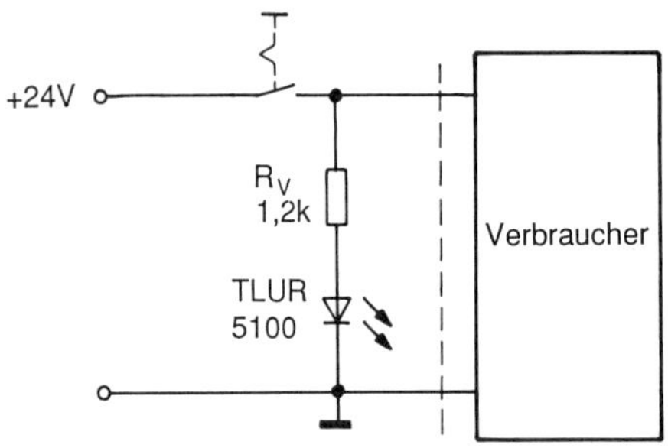

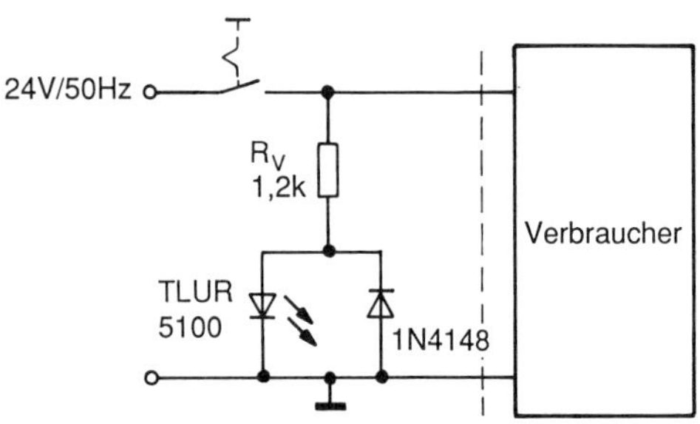

Bild 6.12 Kontrollanzeige von Betriebsspannungen

Bei der Schaltung nach Bild 6.12 b handelt es sich um die Antiparallelschaltung einer LED mit einer normalen Gleichrichterdiode. Während der positiven Halbwelle ist die Diode vom Typ 1N4148 gesperrt, und die LED wird in Durchlaßrichtung betrieben. Sie leuchtet also während der positiven Halbwelle. In der negativen Halbwelle ist die Diode leitend. Da ihre Durchlaßspannung bei $U_F \approx 0{,}7\,V$ liegt, kann zwangsläufig auch nur diese Spannung als Sperrspannung an der LED liegen. Daher wird $U_{R\,max} = 6\,V$ der LED nicht überschritten.

Die Dimensionierung des Vorwiderstandes R_V erfolgt wie beim Berechnungsbeispiel in Abschnitt 6.2.2 angegeben. Wegen der etwas geringeren Durchlaßspannung der Schutzdiode ist der Strom während der negativen Halbwelle geringfügig größer als in der positiven Halbwelle. Da die LED hier nur mit Halbwellen betrieben wird, leuchtet sie nicht so hell wie bei Betrieb an Gleichspannung. Reicht die Helligkeit nicht mehr aus, so kann durch einen Vorwiderstand mit einem kleineren Widerstandswert der Strom I_F größer als etwa 20 mA gewählt werden. Es muß aber dann weiterhin sichergestellt sein, daß die zulässigen Verlustleistungen der Diode und der LED nicht überschritten werden.

LED-Schaltung zur farblichen Polaritätsanzeige und Polaritätsanzeige mit Symbolen

Mit zwei Leuchtdioden unterschiedlicher Farbe läßt sich eine sehr einfache Schaltung zur Anzeige der Polarität einer Spannung aufbauen. Sie ist in **Bild 6.13** angegeben. Ist die angelegte Spannung U_B positiv, so leuchtet die rote LED vom Typ TLUR 5100, bei negativer Spannung dagegen die grüne LED vom Typ TLHG 5100. Mit ihren Durchlaßspannungen von $U_F \approx 1{,}6$ V bei der rotleuchtenden LED und $U_F \approx 2{,}4$ V bei der grünleuchtenden LED schützen sich die beiden Leuchtdioden gegenseitig gegen eine unzulässig hohe Sperrspannung.

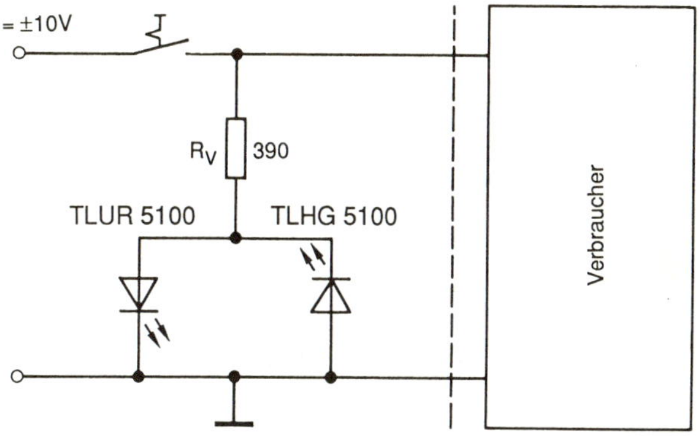

Bild 6.13 Polaritätsanzeige mit 2 LEDs

Die Schaltung nach Bild 6.13 ist für Spannungen von $U_B = \pm 10$ V ausgelegt. Wegen der unterschiedlichen Durchlaßspannungen der beiden LEDs sind die Durchlaßströme bei gleichen Vorwiderständen etwas unterschiedlich.

$$I_{TLUR\,5100} = \frac{U_B - U_F}{R_V} = \frac{10\,V - 1{,}6\,V}{390\,\Omega} = 21{,}5\,mA$$

$$I_{TLHG\,5100} = \frac{U_B - U_F}{R_V} = \frac{10\,V - 2{,}4\,V}{390\,\Omega} = 19{,}5\,mA$$

Bild 6.14 zeigt eine Schaltung, durch die eine positive Betriebsspannung mit einem rotleuchtenden Pluszeichen und eine negative Betriebsspannung mit einem ebenfalls rotleuchtenden Minuszeichen angezeigt wird. Erforderlich ist hierzu eine entsprechende Anordnung der LEDs.

Liegt bei der Schaltung nach Bild 6.14 eine negative Betriebsspannung an, so fließt der Strom von Masse über D3, die drei parallelgeschalteten LEDs D5 – D6 – D7 sowie über D1 und R_V nach $-U_B$. Da nur die nebeneinander liegenden LEDs D5, D6 und D7 leuchten, entsteht der Eindruck eines Minuszeichens. Ist U_B dagegen positiv, so fließt der Strom über R_V, die beiden parallelgeschalteten LEDs D4 und D8, die drei parallelgeschalteten LEDs D5, D6 und D7 sowie über D2 nach Masse. Dabei werden alle LEDs in Durchlaßrichtung betrieben und leuchten. Infolge der geometrischen Anordnung der

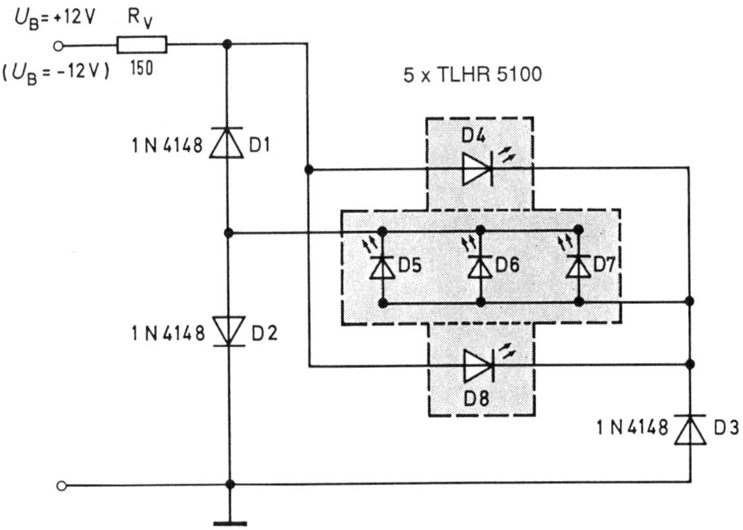

Bild 6.14 Polaritätsanzeige mit Symbolen

LEDs entsteht ein Pluszeichen. Werden nicht die Standard-LEDs verwendet, sondern Sonderbauformen mit entsprechenden Lichtaustrittsflächen, so kann die Ausführung des Plus- und Minuszeichens optisch noch wesentlich verbessert werden. Bei der Berechnung des Vorwiderstandes R_V sind auf jeden Fall die Stromverzweigungen und die unterschiedlichen Durchlaßspannungen zu berücksichtigen.

Schaltungen mit Blink-LEDs

Rotes Dauerlicht und rotes Blinklicht lassen sich sehr einfach mit der Blink-LED TLBR 4500 (Telefunken) erzeugen. Die Auswahl »Blinklicht« oder »Dauerlicht« erfolgt über einen Steuerspannungsanschluß. Für $U_{ST} = U_B$ ergibt sich Dauerlicht, für U_{ST} = 0 V Blinklicht **(Bild 6.15)**.

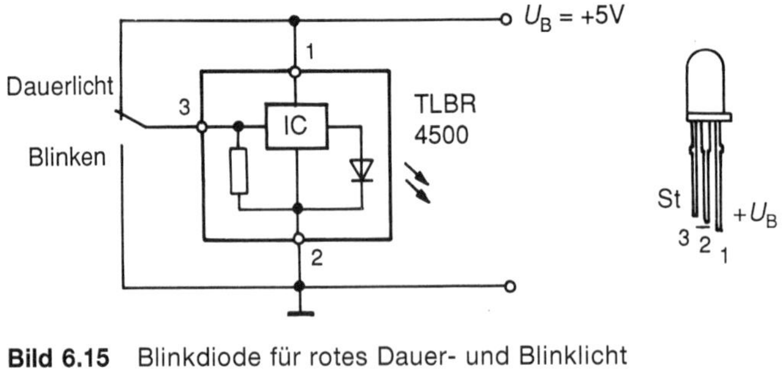

Bild 6.15 Blinkdiode für rotes Dauer- und Blinklicht

Eine weitere Möglichkeit ergibt sich mit der Blink-LED TLBV 5380. Mit ihr läßt sich »normale Betriebsbereitschaft« über ein grünes Dauerlicht anzeigen, »Eingeschränkte Betriebsbereitschaft« oder »Störung« kann durch ein orange-gelbes Blinklicht signalisiert werden **(Bild 6.16)**.

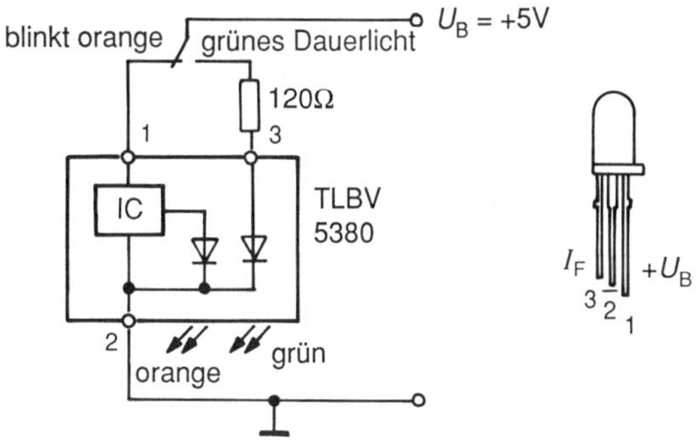

Bild 6.16 Blinkdiode für Dauer-/ Blinklicht mit Farbwechsel

Die Blinkfrequenz liegt typisch bei 3 Hz für eine Betriebsspannung von U_B = 5 V, sie streut jedoch zwischen 1,3 und 5,2 Hz. Eine einfache Schaltung, die bei Überschreiten eines bestimmten Spannungspegels am Eingang E ein Blinksignal abgibt, läßt sich mit einem OP741 aufbauen. Der OP arbeitet hier als Spannungskomparator. Die Festlegung der Spannung, bei deren Überschreitung der Blinkbetrieb einsetzt, erfolgt durch R 1 und R 2 auf $U_B/2$. Die Z-Diode begrenzt die Spannung für die Blink-LED auf etwa 5 V. Der hochohmige Widerstand R 3 kann eingesetzt werden, wenn ein ständiger Wechsel zwischen Blink- und Nichtblinkbetrieb für Spannungen im Bereich der Schaltschwelle vermieden werden soll. Durch den Widerstand erhält die Schaltung eine sogenannte Umschalthysterese **(Bild 6.17)**.

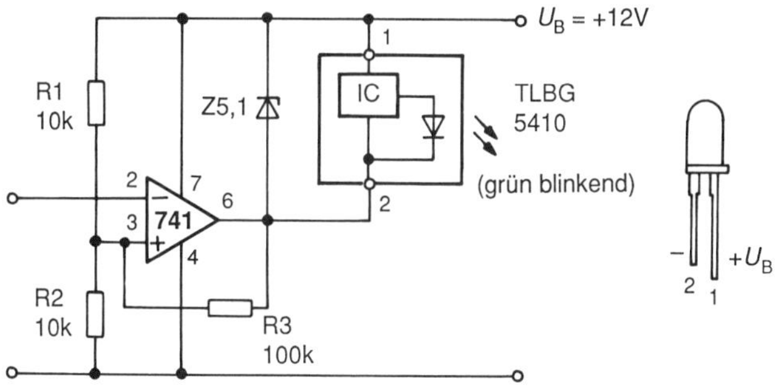

Bild 6.17 Schwellwert-Schalter mit OP

Spannungsmesser mit LED-Anzeige

Ein einfacher Weg, um mit LEDs Spannungspegel anzuzeigen, ist der Einsatz von integrierten Steuerschaltern. **Bild 6.18** zeigt die Spannungsstufen für die Steuer-ICs U 237 B, U 247 B und U 267 B (Telefunken).

IC	Stufe 1	Stufe 2	Stufe 3	Stufe 4	Stufe 5
U 237 B	200 mV	400 mV	600 mV	800 mV	1 V
U 247 B	100 mV	300 mV	500 mV	700 mV	900 mV
U 267 B	0,1 V ≙ –20 dB	0,32 V ≙ –10 dB	0,71 V ≙ –3 dB	1,0 V ≙ 0 dB	1,41 V ≙ +3 dB

Bild 6.18 Spannungsstufen für Steuer-IC zur Ansteuerung von LED-Ketten

Die Ansteuerung der LEDs durch das Steuer-IC erfolgt in Bargraph-Technik **(Bild 6.19)**, d. h. ohne Ansteuerung (0 V) leuchtet keine der angeschlossenen LEDs. Wird die erste Stufe überschritten, leuchtet eine LED. Mit jedem Überschreiten einer weiteren Stufe wird eine LED zugeschaltet, bis bei maximaler Ansteuerung alle LEDs leuchten. Durch die Kombination der Steuer-ICs U 237 B und U 247 B läßt sich eine Spannungsanzeige aufbauen, die Spannungen im Bereich zwischen 0 ... 1 V in 10 Schritten mit je einer LED pro Schritt anzeigt. Ein Vorwiderstand R_V ermöglicht eine Erweiterung des Meßbereiches. Durch die Wahl von LEDs in unterschiedlichen Farben, z. B. grün und rot, lassen sich Grenz- oder Alarmwerte signalisieren. Der in Tabelle Bild 6.18 mit aufgeführte Baustein U 267 B hat nicht wie die anderen Bausteine eine lineare Stufenteilung, hier erfolgt die Einteilung in logarithmischer Stufung.

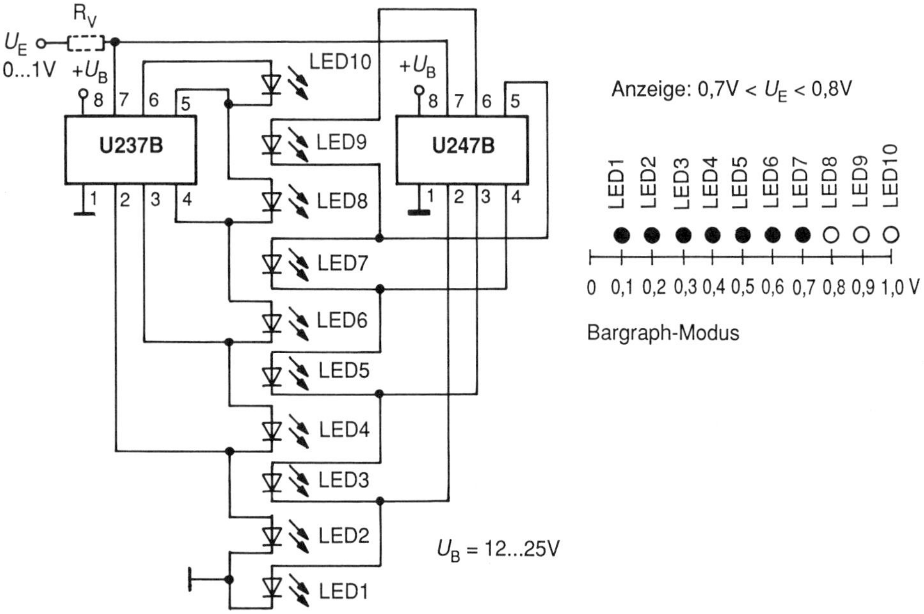

Bild 6.19 Spannungsanzeige mit 10 LEDs für Spannungen von 0 ... 1 V

6.2.4.2 Optokoppler

Wird eine LED mit einem lichtempfindlichen Fotohalbleiter kombiniert, so kann die Signalübertragung mit Licht erfolgen. Sind dabei Lichtsender und Lichtempfänger in einem gemeinsamen, lichtdichten Gehäuse angeordnet, wird eine solche Anordnung als Optokoppler bezeichnet. Optokoppler haben anwendungstechnisch den großen Vorteil, daß zwischen Eingangskreis und Ausgangskreis eine vollständige galvanische Trennung besteht.

Die meisten Optokoppler arbeiten mit einer IR-LED als Sender und einem Fototransistor als Empfänger. Gebräuchlich sind zwei Ausführungen. Bei der einen sind Lichtsender und Lichtempfänger nebeneinander montiert, und die ausgesandte Strahlung erreicht nach Reflexion den Lichtempfänger **(Bild 6.20 a)**. Bei der anderen sind Sender und Empfänger gegenüberliegend angeordnet **(Bild 6.20 b)**.

a) Aufbau der Sender- und Empfängerchips nebeneinander

b) Gegenüberaufbau

Bild 6.20 Aufbau von Optokopplern (Telefunken Electronic)

Die Anordnung nebeneinander ergibt einen deutlich größeren räumlichen Abstand von Sender und Empfänger, was für Optokoppler mit besonderen Sicherheitsanforderungen von Bedeutung ist. Weiterhin führt der größere Abstand zu sehr kleinen Koppelkapazitäten und verbessert die Übertragung steilflankiger Signalübergänge. Bezüglich des Abstandes zwischen Lichtsender und Lichtempfänger muß unabhängig von der Bauart ein Kompromiß getroffen werden. Um die Strahlung möglichst ohne größere Verluste vom Sender zum Empfänger zu bringen, sollte der Abstand zwischen Sender und Empfänger klein sein. Andererseits wird aber zur Erweiterung der Einsatzmöglichkeiten eine hohe Spannungsfestigkeit zwischen Eingangs- und Ausgangskreis gefordert, so daß ein großer Abstand von Vorteil ist. Heute werden Optokoppler mit Isolierprüfspannungen von bis zu 10 kV geliefert. Aus der Vielzahl lieferbarer Optokoppler wurde der Typ CNY 21 N (Telefunken Electronic) als Beispiel ausgewählt. **Bild 6.21** zeigt seine Bauform sowie sein Prinzipschaltbild.

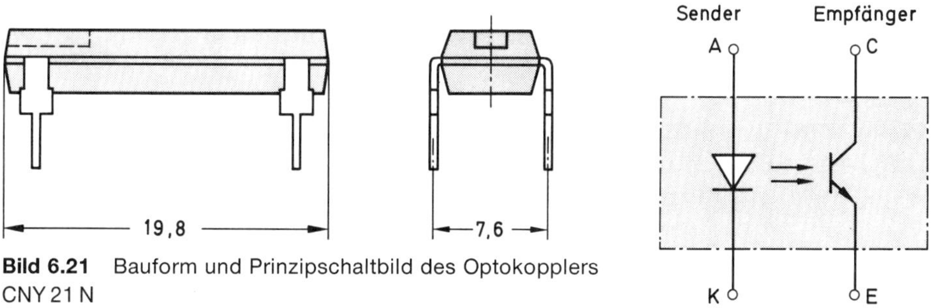

Bild 6.21 Bauform und Prinzipschaltbild des Optokopplers CNY 21 N

Ein wichtiger Kennwert für Optokoppler ist das Stromübertragungsverhältnis (engl. *c*urrent *t*ransfer *r*atio) *CTR*, das von einigen Herstellern auch als Koppelfaktor bezeichnet wird. Mit *CTR* wird das Verhältnis von Ausgangsstrom zu Eingangsstrom bezeichnet, also:

$$CTR = \frac{I_C}{I_F}$$ für Optokoppler mit LED und Fototransistor

$$CTR = \frac{I_{Fot}}{I_F}$$ für Optokoppler mit LED und Fotodiode

Die Zusammenhänge zwischen Eingangs- und Ausgangsstrom werden meistens in Form einer Übertragungskennlinie angegeben. **Bild 6.22 a** zeigt die Abhängigkeit des Kollektorstromes I_C vom Durchlaßstrom I_F für den Optokoppler CNY 21 N. Zu erkennen ist, daß das *CTR* nicht konstant ist, sondern sich etwas mit der Größe von I_F ändert. Bei den verschiedenen Typen der heute lieferbaren Optokoppler mit Fototransistor liegen die typischen Stromübertragungsverhältnisse zwischen 0,2 und 3,2.

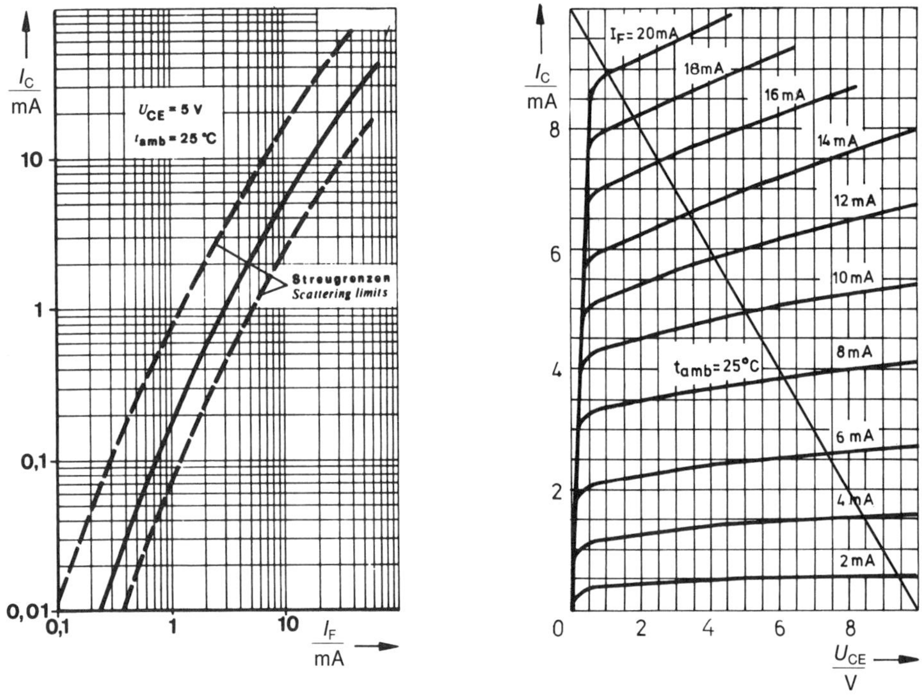

a) Übertragungskennlinie

b) Ausgangskennlinienfeld

Bild 6.22 Kennlinien des Optokopplers CNY 21 N

Das Ausgangskennlinienfeld eines Optokopplers gleicht weitgehend dem eines Fototransistors bzw. eines normalen Transistors, jedoch sind die Stromverstärkungsfaktoren *B* der im Optokoppler enthaltenen Fototransistoren meist niedriger. In **Bild 6.22 b** ist das Ausgangskennlinienfeld des CNY 21 N angegeben. Zusätzlich eingetragen ist eine Arbeitsgerade für R_3 = 1 kΩ für ein nachfolgendes Berechnungsbeispiel.
Wichtige Kenn- und Grenzwerte für den CNY 21 N sind in der Tabelle nach **Bild 6.23** angegeben.
Die Dicke der Isolierschicht ist größer als 2 mm, und die Anschlüsse liegen mehr als 12 mm auseinander. Der Optokoppler CNY 21 N kann daher auch dort eingesetzt werden, wo höhere Anforderungen an die Sicherheit gestellt werden. Höhere Sicherheitsanforderungen sind z. B. bei Haushaltsgeräten, Büromaschinen, Radio-und Fernsehgeräten und Geräten der Elektromedizin zu stellen. Bauteile, die solchen Anforderun-

gen genügen, erhalten das VDE-Zeichen nach VDE 0833. Noch höher sind die Anforderungen in eigensicheren Kreisen. Die hierfür geeignete Ausführung CNY 21 N Exi hat einen Prüfschein der PTB (Physikalisch-Technische Bundesanstalt).

Sender		Empfänger	
$U_{R\,max}$	5 V	$U_{CE\,max}$	32 V
$I_{F\,max}$	50 mA	$I_{C\,max}$	50 mA
$P_{V\,tot}$	120 mW	$P_{V\,max}$	130 mW
$\vartheta_{J\,max}$	100 °C	$\vartheta_{J\,max}$	100 °C
$U_{F\,typisch}$	1,25 V	$U_{CE\,sat}$	0,3 V
$I_{F\,typisch}$	10 ... 20 mA	$I_{C\,typisch}$	5 ... 10 mA

Stromübertragungsverhältnis:	$CTR \approx 0{,}25$ bis 0,6
Schaltzeiten:	11 bis 13,5 µs
Grenzfrequenz:	$f_{grenz} \approx 170$ kHz
Isolationsprüfgleichspannung:	10 kV
Nenn-Isolations-Betriebsspannung:	1 kV AC / 1,2 kV DC

Bild 6.23 Kenn- und Grenzwerte für den Optokoppler CNY 21 N

Beispiel

In welchen Grenzen ändert sich die Ausgangsspannung U_A, wenn bei der in **Bild 6.24** angegebenen Schaltung eines Optokopplers der Trimmer von Anschlag a zum Anschlag b verstellt wird?

Berechnung der Eingangsströme $I_{F(a)}$ und $I_{F(b)}$

$U_F = 1{,}25\text{ V}$ (aus Tab. 6.23)

$$I_{F(a)} = \frac{U_E - U_F}{R_2} = \frac{5\text{ V} - 1{,}25\text{ V}}{220\,\Omega} = \frac{3{,}75\text{ V}}{220\,\Omega} = 17\text{ mA}$$

$$I_{F(b)} = \frac{U_E - U_F}{R_1 + R_2} = \frac{5\text{ V} - 1{,}25\text{ V}}{1\text{ k}\Omega + 220\,\Omega} = \frac{3{,}75\text{ V}}{1220\,\Omega} = 3\text{ mA}$$

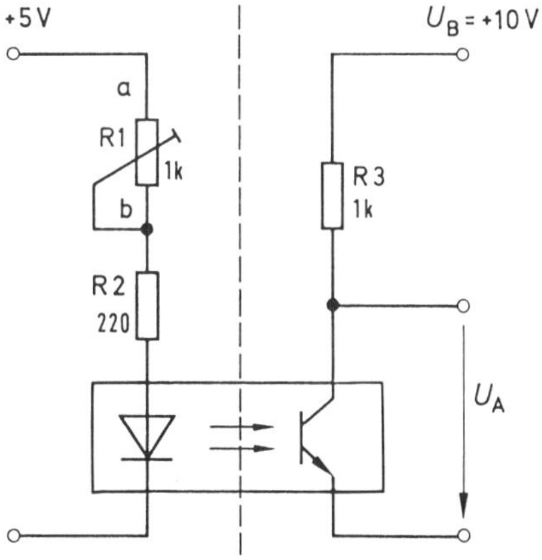

Bild 6.24 Schaltung zum Betrieb eines Optokopplers

Ermittlung der Ausgangsspannung U_A

In das Ausgangskennlinienfeld (Bild 6.22 b) ist bereits die Arbeitsgerade für $R_3 = 1\text{ k}\Omega$ eingetragen. Daher können in Näherung die Werte für U_{CE} abgelesen werden.

$U_{A(a)} = U_{CE(a)} \approx 2{,}2\text{ V}$

$U_{A(b)} = U_{CE(b)} \approx 9\text{ V}$

Kontrolle des Stromübertragungsverhältnisses CTR

$$I_{C(a)} \approx \frac{U_B - U_{CE(a)}}{R_3} \approx \frac{10\,V - 2{,}2\,V}{1 \cdot 10^3\,\Omega} \approx \frac{7{,}8\,V}{1 \cdot 10^3\,\Omega} \approx 7{,}8\,mA$$

$$I_{C(b)} \approx \frac{U_B - U_{CE(b)}}{R_3} \approx \frac{10\,V - 9\,V}{1 \cdot 10^3\,\Omega} \approx \frac{1\,V}{1 \cdot 10^3\,\Omega} \approx 1\,mA$$

$$CTR_{(a)} \approx \frac{I_{C(a)}}{I_{F(a)}} \approx \frac{7{,}8 \cdot 10^{-3}\,A}{17 \cdot 10^{-3}\,A} \approx 0{,}46$$

$$CTR_{(b)} \approx \frac{I_{C(b)}}{I_{F(b)}} \approx \frac{1 \cdot 10^{-3}\,A}{3 \cdot 10^{-3}\,A} \approx 0{,}33$$

Die Werte $CTR_{(a)}$ und $CTR_{(b)}$ liegen innerhalb des für den Optokoppler CNY 21 N typischen Wertebereiches $CTR_{(typ)} \approx 0{,}25 \ldots 0{,}6$.

6.2.4.3 Lichtschranken

In der Steuerungstechnik werden viele Zustandsformen, z. B. »Transportschlitten in Endlage« oder »Transportschlitten nicht in Endlage«, durch Unterbrechen eines Lichtstrahls gewonnen. Die Einheit aus Sender, Empfänger und dem dazwischen liegenden Lichtweg wird als Lichtschranke bezeichnet. **Bild 6.25** zeigt den prinzipiellen Aufbau einer solchen Lichtschranke.

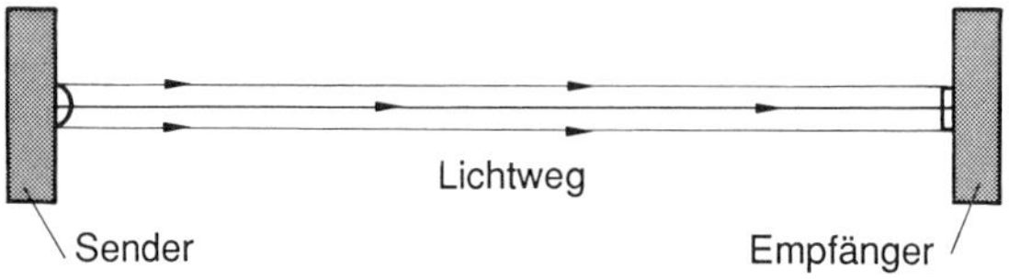

Bild 6.25 Aufbau einer Lichtschranke in Einweganordnung

Eingesetzt werden Lichtschranken als berührungslose Endlagenschalter, auch Endschalter genannt, in Zählschaltungen und zur Absicherung gefährlicher Bereiche. Bei entsprechender Auswertung lassen sich mit zwei Lichtschranken auch Geschwindigkeiten erfassen. Neben der in Bild 6.25 dargestellten Anordnung ist es auch möglich, Sender und Empfänger in unmittelbarer Nachbarschaft, meist im gleichen Gehäuse, zu installieren **(Bild 6.26)**.

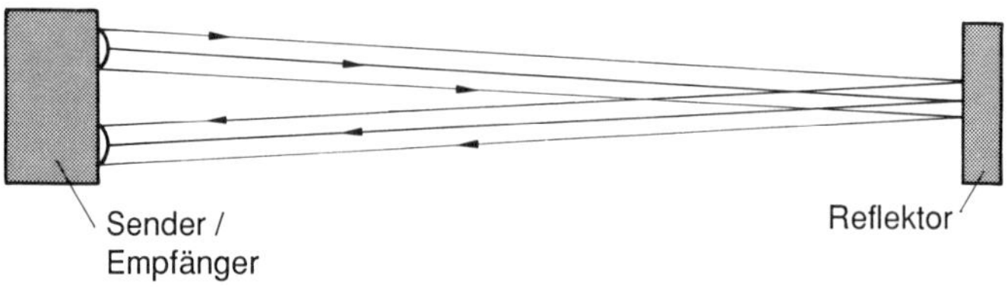

Bild 6.26 Aufbau einer Lichtschranke in Reflexanordnung

Im Gegensatz zur Einweganordnung, bei der der Lichtstrahl ohne Umlenkung vom Sender zum Empfänger verläuft (Bild 6.25), wird hier das Licht durch den Reflektor reflektiert, daher die Bezeichnung »Lichtschranke in Reflexanordnung«. Ihr Vorteil liegt in der einfacheren Installation, da die Steuerleitungen nur zu einem Ort hin geführt werden müssen. Nachteilig kann die geringere Reichweite einer Reflexlichtschranke bei gleicher Senderleistung sein.

Als »Licht« wird heute sowohl sichtbares Licht als auch infrarote Strahlung verwendet. Glühlampen als Lichtsender werden nur noch in geringem Umfang eingesetzt. In der überwiegenden Zahl der Fälle dienen LEDs für sichtbares Licht oder infrarote Strahlung als Sender. Die mögliche Reichweite, d. h. die Länge des Lichtweges, hängt von der Sendeleistung des Lichtsenders und der Empfindlichkeit des Empfängers ab. Die Reichweite üblicher Lichtschranken liegt zwischen einigen Zentimetern und einigen Metern.

Als Beispiel für Bauelemente, die speziell für den Aufbau von Lichtschranken ausgelegt sind, werden hier die Lichtsender- und Empfänger-Bauelemente LRL 80 und LPT 80 A (Siemens) angegeben. **Bild 6.27** enthält die wichtigsten Daten.

Sender: LRL 80 A

Wellenlänge bei I_{max}:	950 nm
Öffnungswinkel:	± 35 °
U_F (I_F = 20 mA):	1,2 V
I_e in Achsrichtung (I_F = 20 mA):	≥ 0,4 mW/sr

Empfänger: LPT 80 A

Wellenlänge $\lambda_{S\,max}$:	870 nm
Öffnungswinkel:	± 40 °
Fotostrom für E_e = 0,5 mW/cm^2:	≤ 200 µA
$U_{CEO\,max}$:	30 V

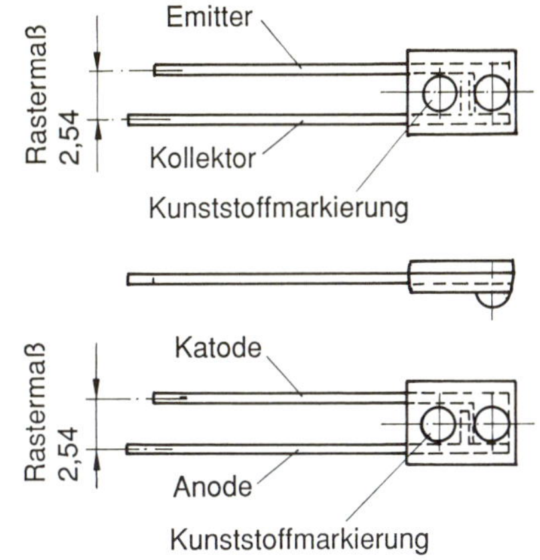

Bild 6.27 Sender und Empfänger für Einweglichtschranken

Bei der Lichtschranke E3F-3 .. (Omron) sind sowohl Sender als auch Empfänger in einem M 18-Gehäuse eingebaut. Die Betriebsspannung für beide kann zwischen 12 V und 24 V DC liegen. Die maximale Stromaufnahme beträgt 45 mA. Der Abstand zwischen Sender und Empfänger darf nicht größer als 3 m sein. Um den Lichtstrahl in der Lichtschranke ausreichend abzuschatten, muß der zu erfassende Gegenstand quer zur Lichtstrahlrichtung mindestens eine Ausdehnung von 11 mm haben. Als Fremdlicht sind Glühlampenlicht bis 3000 lx oder Tageslicht bis 10 000 lx zugelassen, ohne die Funktion zu stören. Zur Funktionskontrolle hat der Sender eine LED. Sie leuchtet, wenn die Betriebsspannung anliegt. Beim Empfänger leuchtet die Kontroll-LED, wenn sich kein Objekt im Strahlengang befindet. Eine einfache Anwendung für eine Lichtschranke ist das Auszählen von Gegenständen auf einem Förderband **(Bild 6.28)**.

Die Lichtschranke E3F-3.. wird in zwei Ausführungen geliefert, bei denen die Last am Empfänger entweder gegen $+U_B$ oder gegen Masse gelegt werden kann. In Abhängigkeit vom verwendeten Schalttransistor werden die Ausführungen des Ausganges als PNP-oder NPN-Ausgang bezeichnet. In Normalausführung ist der Ausgangstransistor durchgesteuert, wenn sich kein Objekt im Strahlengang befindet.

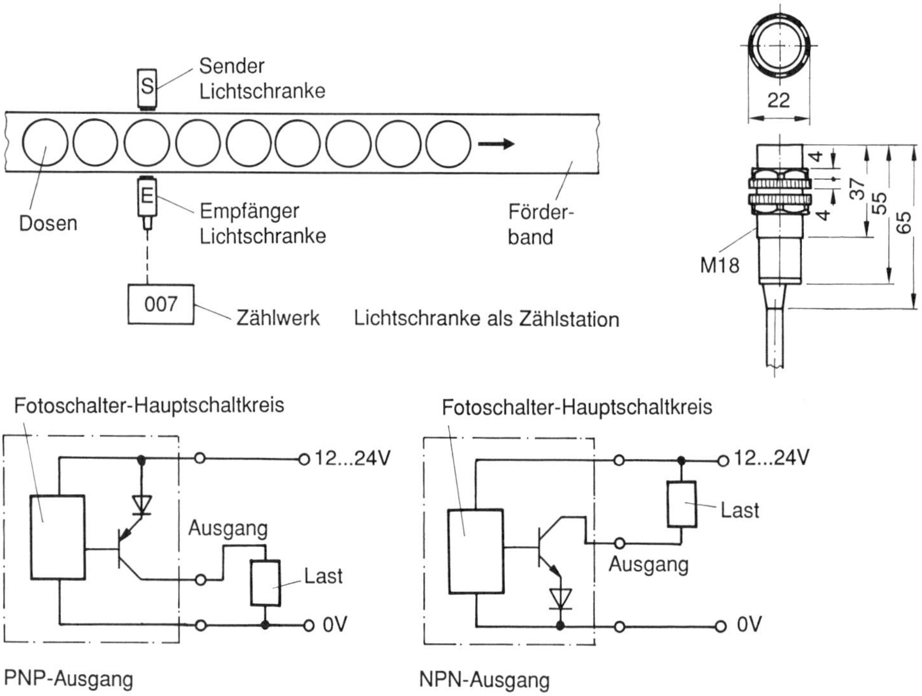

Bild 6.28 Zählen mit Lichtschranke

In **Bild 6.29** ist eine Gabellichtschranke dargestellt. Sie enthält in einem lichtdichten Gehäuse eine IR-LED als »Licht«-Sender und einen NPN-Fototransistor ohne herausgeführten Basisanschluß als Empfänger.

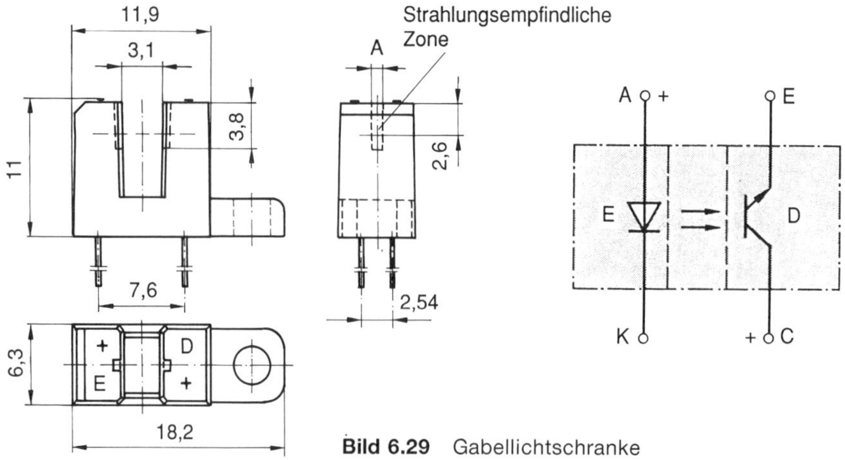

Bild 6.29 Gabellichtschranke

Die dargestellte Gabellichtschranke gehört zur TCST 110./430.-Reihe (Telefunken-Electronic). Elektrische Kennwerte für einige weitere Ausführungen sind in **Bild 6.30** tabellarisch zusammengestellt. Ausgewählt wurden drei Ausführungen mit unterschiedlichen Blenden im Strahlengang der Lichtquelle. In der Tabelle ist zusätzlich zu den bekannten Parametern für optoelektrische Bauelemente auch der Koppelfaktor *CTR* angegeben, der wie bei den Optokopplern ermittelt wird. Bei den Lichtschranken erfolgt die Angabe des Koppelfaktors oft jedoch auch in prozentualer Form:

$$CTR = \frac{I_C}{I_F} \cdot 100\,\%$$

Sender		Empfänger	
Durchlaßspannung bei I_F = 60 mA	1,25 V	Dunkelstrom:	200 nA
		I_F = 20 mA, U_{CE} = 5 V:	
		TCST 2104:	I_C = 6 mA
		TCST 2203:	I_C = 4 mA
		TCST 2301:	I_C = 1 mA

Koppelfaktor: I_F = 20 mA, U_{CE} = 5 V		
TCST 2104	*CTR* = 30 %	Blende: 1 mm
TCST 2203	*CTR* = 20 %	Blende: 0,5 mm
TCST 2301	*CTR* = 5 %	Blende: 0,25 mm

Bild 6.30 Kennwerte von Gabellichtschranken der TCST-Reihe

Haupteinsatzgebiet von Gabellichtschranken ist die Ermittlung von Drehzahlen. Hierzu wird auf die Welle eine Schlitzblende aufgesetzt, deren Schlitze in der Gabellichtschranke so justiert werden, daß sie den Lichtweg zwischen Sender und Empfänger kurzzeitig freigeben. Durch den Lichtauffall wird der Fototransistor angesteuert. Zwischen der Drehzahl der Welle und der Anzahl der Schaltvorgänge je Sekunde besteht der Zusammenhang:

$$f_S = \frac{n \cdot z}{60}$$

f_S = Schaltfrequenz des Impulsgebers in Hz
n = Drehzahl in min^{-1}
z = Anzahl der Schlitze in der Blende

Bild 6.31 zeigt den prinzipiellen Aufbau für die Erfassung von Drehzahlen mittels Schlitzblenden und optischer Abtastung.
Lieferbar sind auch Gabellichtschranken, bei denen dem Fototransistor im Empfänger ein integrierter Impulsformer nachgeschaltet ist. Dadurch treten am Ausgang immer gleichartige Impulsformen auf, die dann wesentlich besser weiterverarbeitet werden können. Durch eine entsprechend versetzte Anordnung zweier Lichtschranken sowie einer zusätzlichen Auswerteschaltung lassen sich außer der Drehzahlermittlung auch noch Informationen über die Drehrichtung gewinnen.

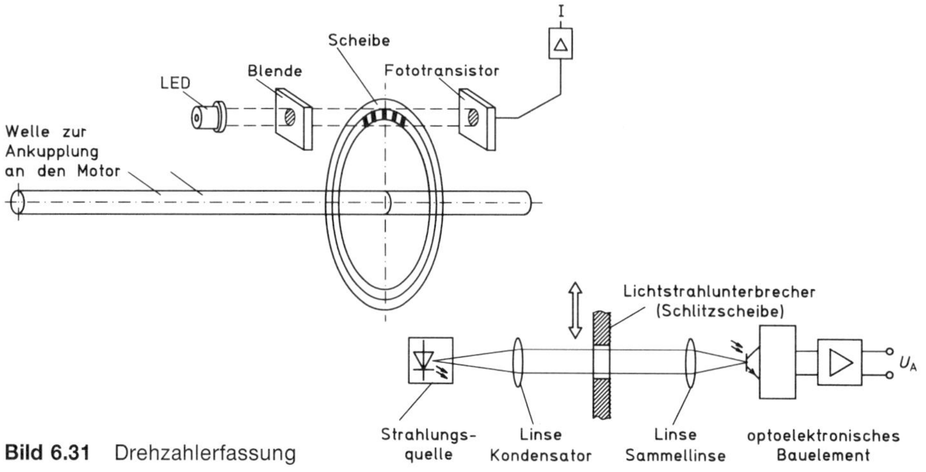

Bild 6.31 Drehzahlerfassung

Insbesondere bei den offenen Lichtschranken wird der Lichtstrahl oft noch durch zusätzliches Licht aus der Umgebung gestört. Der Empfänger bleibt dann auch noch aktiviert, obwohl der erzeugte Lichtstrahl unterbrochen wurde. Um diesen Effekt zu vermeiden, wird die Grundstrahlung moduliert. Dies kann z. B. durch eine Überlagerung mit einer sinusförmig schwankenden Strahlungsänderung erfolgen. In **Bild 6.32** ist dieses Prinzip schematisch dargestellt.

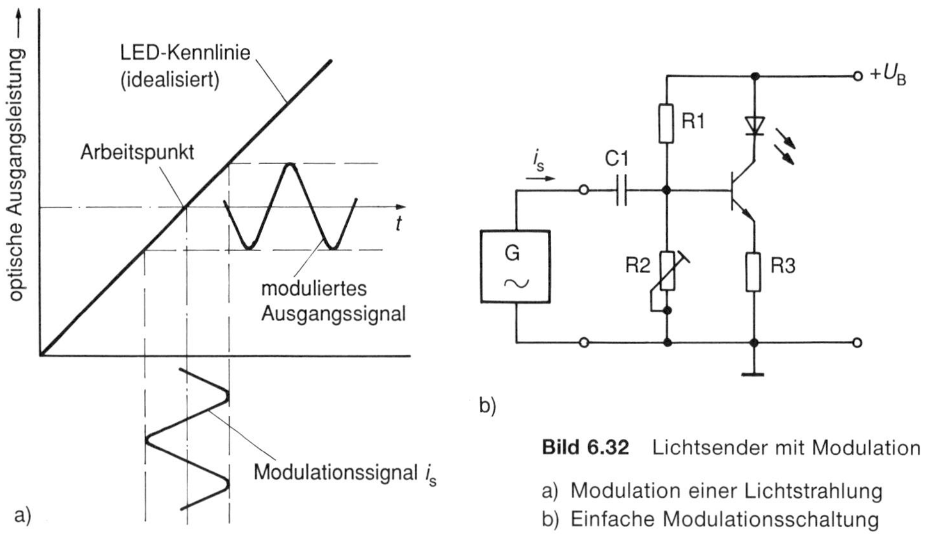

Bild 6.32 Lichtsender mit Modulation

a) Modulation einer Lichtstrahlung

b) Einfache Modulationsschaltung

Wird im Lichtempfänger jetzt nicht der Lichtpegel, sondern die Schwankung der gemessenen Lichtintensität ausgewertet, so lassen sich aus der Umgebung einfallendes Gleichlicht und langsame Änderungen der Helligkeit der Umgebung vom eigentlichen Signal trennen.

6.2.4.4 Fernsteuerung mit Licht

In einer der Lichtschranke entsprechenden Anordnung lassen sich auch analoge Signale und digitale Ein/Aus-Informationen übertragen **(Bild 6.33)**.

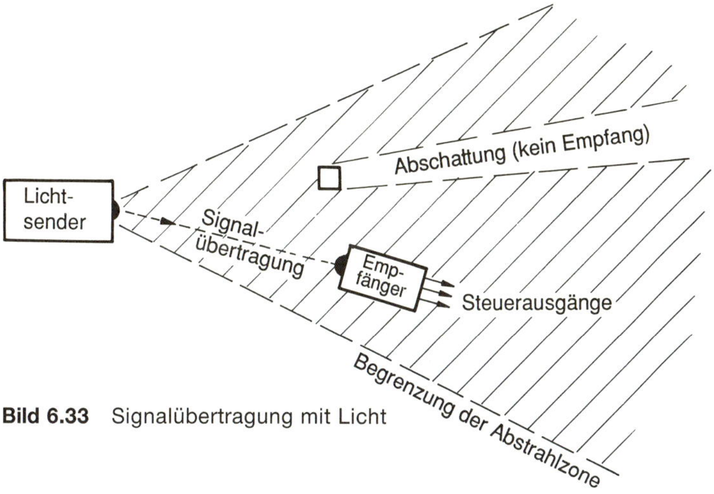

Bild 6.33 Signalübertragung mit Licht

Als Sender werden bei Fernsteuerungen mit Licht in der Regel IR-LEDs eingesetzt. In den Empfängern wandeln PIN-Fotodioden oder Fototransistoren die Schwankungen der Strahlungsintensität wieder in elektrische Signale um. Diese werden dann meist in integrierten Schaltungen weiterverarbeitet und ausgewertet. Zur Übertragung der Informationen gibt es verschiedene Modulationsverfahren für analoge und digitale Signale. **Bild 6.34** zeigt Prinzipschaltungen für einfache Fernsteuersender und -empfänger.
Die Reichweite von IR-Sendern mit LEDs ist auf ca. 10 bis 20 m begrenzt. Eine der bekanntesten Fernsteuerungen mit IR-Strahlung ist die Fernbedienung von Fernseh- und Videogeräten.

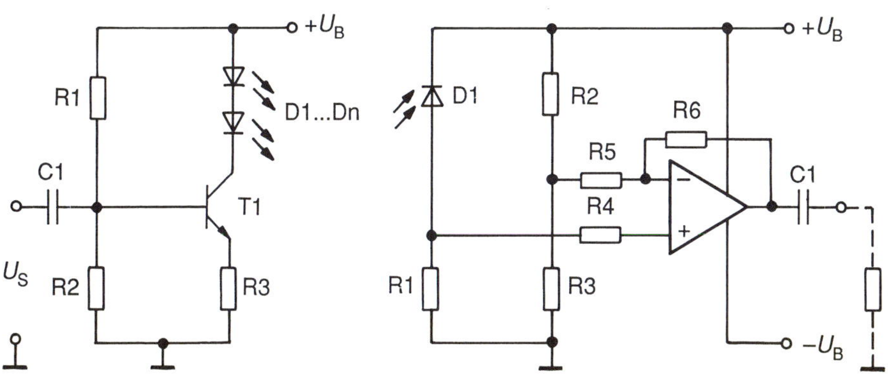

a) Sender
b) Empfänger

Bild 6.34 Prinzipieller Aufbau von Sender und Empfänger zur Signalübertragung

6.3 Lichtwellenleiter zur Signalübertragung

6.3.1 Lichtwellenleiter

Lichtwellenleiter, kurz auch LWL bezeichnet, bestehen aus sehr dünnen Glas- oder Kunststoffasern. Diese haben jeweils einen Kern und einen Mantel mit unterschiedlichen optischen Eigenschaften. Die Funktion eines LWL beruht nämlich auf der Reflexion von Lichtstrahlen an der Grenzfläche zwischen unterschiedlichen optischen Medien. **Bild 6.35** zeigt die schematische Darstellung eines Lichtwellenleiters mit einer Krümmung am Ende der Faser.

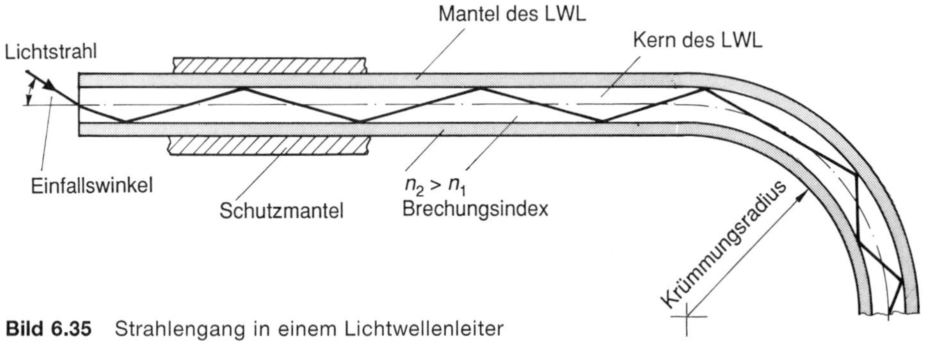

Bild 6.35 Strahlengang in einem Lichtwellenleiter

Ein genau in Richtung der Mittelachse eines völlig geraden Lichtwellenleiters punktförmig eingespeister Lichtstrahl würde den Leiter auch geradlinig durchlaufen. Da sich bei der Einspeisung aber eine Brechung an der Schnittstelle des LWL nicht vermeiden läßt, tritt der Lichtstrahl unter einem Winkel zur Mittelachse in den Leiter ein. Sobald er aber auf die Grenzfläche zwischen Kern und Mantel auftrifft, wird er reflektiert und in den Kern zurückgeworfen. Auch hierfür gelten die Gesetze für die Brechung und Reflexion von Lichtstrahlen beim Auftreffen auf optisch unterschiedliche Medien. Eines dieser Gesetze besagt, daß der Ausfallswinkel gleich dem Einfallswinkel ist.
Der Lichtstrahl wird also beim Auftreffen auf die Grenzfläche zwischen Mantel und Kern immer wieder reflektiert und verläuft daher in Zickzacklinie durch den Kern. Trifft er auf eine Krümmung des LWL, so wird auch der Lichtstrahl umgeleitet, weil sich im Bereich der Krümmung lediglich die Ein- und Ausfallswinkel ändern. Auf diese Weise lassen sich Lichtstrahlen, die sich sonst stets nur geradlinig ausbreiten, um Kurven herumführen.

Auch im Lichtwellenleiter verringert sich die Intensität des eingespeisten Lichtstrahls mit zunehmender Länge des Leiters. Diese Verringerung der Intensität wird als optische Dämpfung bezeichnet. Für diese optische Dämpfung gilt:

$$\frac{d}{\text{dB}} = 10 \cdot \lg \frac{\Phi_{eA}}{\Phi_{eE}}$$

d = Dämpfung in dB
Φ_{eE} = eingestrahlte Leistung in W
Φ_{eA} = ausgestrahlte Leistung in W

Bei einem vorgegebenen Medium ist diese Dämpfung aber auch von der Wellenlänge des Lichtes abhängig. **Bild 6.36** zeigt den typischen Dämpfungsverlauf eines Glaslichtwellenleiters in Abhängigkeit von der Wellenlänge des eingestrahlten Lichtes.

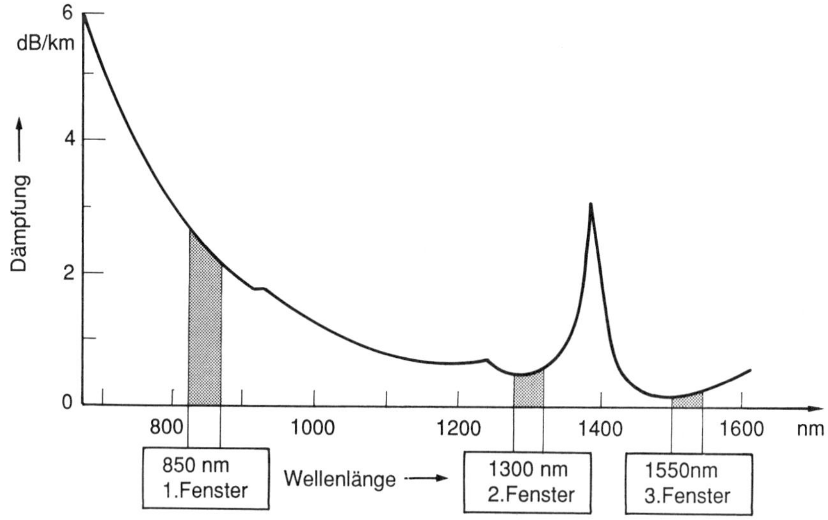

Bild 6.36 Optische Dämpfung in Abhängigkeit von der Wellenlänge

Zunächst standen nur geeignete Lichtsender und Lichtempfänger für eine Strahlung im Bereich von etwa 850 nm, also im Bereich der infraroten Strahlung zur Verfügung. Dieser Bereich wird als erstes Fenster bezeichnet. In dem Diagramm nach Bild 6.36 ist erkennbar, daß in einem 2. Fenster bei etwa 1300 nm eine wesentlich geringere Dämpfung auftritt. Es wurde daher versucht, Sender und Empfänger für diesen Bereich zu entwickeln. Heute stehen diese Bauelemente auch für das zweite Fenster zur Verfügung. Angestrebt wird noch eine Übertragung im Bereich des dritten Fensters.

Werden nicht sinusförmige Lichtwellen, sondern Lichtimpulse über den Lichtwellenleiter übertragen, so treten infolge der Reflexion unterschiedliche Lichtwege auf. Sie führen zu einer Streuung der Signallaufzeiten im Lichtwellenleiter. Aufgrund dieser Streuung erfährt ein ausgesandter Impuls während der Übertragung eine Verbreiterung. Diese beschränkt die Übertragung schneller Impulsfolgen über große Entfernungen, weil die Impulse dann ineinander übergehen und vom Empfänger nicht mehr als zwei aufeinanderfolgende Einzelimpulse erkannt werden können.

Bei der Ausführung von Lichtwellenleitern sind drei Typen zu unterscheiden, und zwar

die Stufenindexfasern,
die Gradientenindexfasern sowie
die Einmoden-Fasern.

Die Bezeichnung der Fasern ist aus ihrem unterschiedlichen Aufbau abgeleitet. Bei der Stufenindexfaser ändert sich der Brechungsindex zwischen Kern und Mantel sprunghaft, bei der Gradientenindexfaser erfolgt die Änderung des Brechungsindex zwischen Kern und Mantel dagegen kontinuierlich. Bei der Einmoden-Faser handelt es sich um einen Sonderfall, weil bei ihr keine Reflexion auftritt, sondern der Lichtstrahl in der Mitte des Kerns vom Anfang bis zum Ende der Faser verläuft. **Bild 6.37** zeigt die Strahlenverläufe in den drei Ausführungen von Lichtwellenleitern und ihre Auswirkung auf eine Impulsübertragung. Erkennbar ist, daß die Einmoden-Faser übertragungstechnisch die besten Ergebnisse liefert. Ihre Fertigung und ihr praktischer Einsatz befinden sich aber noch teilweise im Versuchsstadium.

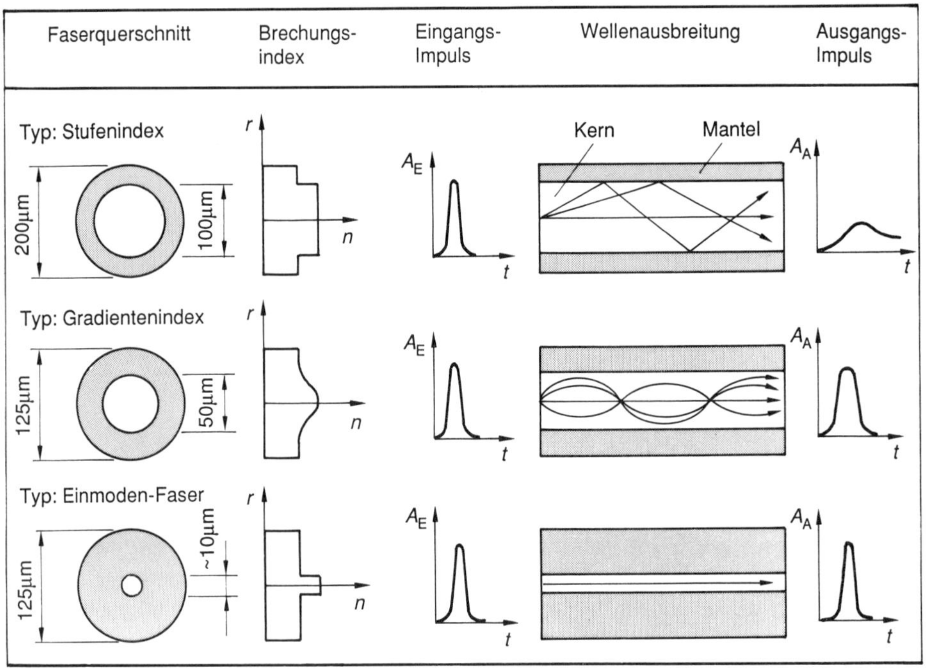

Bild 6.37 Merkmale verschiedener Glasfasertypen

Lichtwellenleiter für Übertragungen über große Entfernungen werden aus Glasfasern gefertigt. Sie werden dann meistens auch zu Bündelkabeln zusammengefaßt. Die Übertragung erfolgt mit Strahlung im 1. und 2. Fenster. Für kürzere Übertragungsstrecken lassen sich auch Lichtwellenleiter aus Kunststoffasern einsetzen. Hierbei wird dann aber meistens sichtbares Licht im Bereich von 660 bis 685 nm verwendet. In **Bild 6.38** sind die wichtigsten technischen Daten von zwei handelsüblichen Glaslichtwellenleitern zusammengefaßt.

Fasertyp Gradientenindex 50/125 µm		Fasertyp Einmoden-Faser	
Abmessungen:		Abmessungen:	
Kerndurchmesser	50 ± 3 µm	Kerndurchmesser	≈ 9 µm
Kernexzentrizität	1,5 µm (max. Wert)	Kernkonzentrizität	< 6 %
Faserdurchmesser	125 ± 3 µm	Faserdurchmesser	125 ± 3 µm
Optische Eigenschaften:		Optische Eigenschaften:	
Wellenlänge	Dämpfung (dB/km) max.	Dämpfung bei 1300 nm max.	0,4/0,5/0,6 dB/km
bei 850 nm:	2,5/2,7/3,0/3,5	Grenzwellenlänge	1100 ... 1280 nm
bei 1300 nm:	0,7/0,8/1,0/1,5		
Mechanische Eigenschaften:		Mechanische Eigenschaften:	
Kleinster Biegeradius	50 mm	Kleinster Biegeradius	50 mm
Mindestzugfestigkeit (screen test)	5 N	Mindestzugfestigkeit (screen test)	5 N
Mittlere Bruchfestigkeit	50 N	Mittlere Bruchfestigkeit	50 N

Bild 6.38 Kenndaten von zwei verschiedenen Lichtwellenleitern

Lichtwellenleiter für größere Übertragungsstrecken müssen aus Teilstücken zusammengesetzt werden. Dies erfolgt durch Verschweißen der Fasern oder durch optische Verbindungselemente mit Linseneigenschaften, damit im Koppelbereich nur geringe zusätzliche Reflexionen auftreten. Hohe Anforderungen werden dabei an die Endflächen der LWL und die Spezialisten gestellt, die diese Verbindungen manuell ausführen müssen. Inzwischen gibt es aber auch lösbare Steckgarnituren für die Verbindungsstellen.

6.3.2 Leistungs-LED und Laser als Strahlungssender

Um für die Signalübertragung über größere Strecken die erforderliche, höhere Strahlungsleistung zu erhalten, werden anstelle normaler LEDs spezielle Leistungs-LEDs eingesetzt. Noch höhere Strahlleistungen lassen sich mit Laserdioden erzeugen.

6.3.2.1 Leistungs-LED

Die Leistungs-LED hat, anders als die Standard-LED, einen Aufbau aus Halbleiterschichten mit unterschiedlichen Zusammensetzungen und Eigenschaften. Dabei wird eine sehr dünne, aktive Schicht durch andere Schichten so begrenzt, daß die Rekombination und damit die Strahlungserzeugung nur in der aktiven Schicht erfolgt. Durch Konzentration auf ein kleines Gebiet ist eine höhere Intensität der erzeugten Strahlung erreichbar. Der Aufbau aus mehreren Schichten mit der oben beschriebenen Eigenschaft wird als Doppelheterogenstruktur, kurz DH-Struktur, bezeichnet.
Um die erzeugte Strahlung möglichst ohne größere Verluste auskoppeln zu können, d. h. auf den LWL zu übertragen, wird in das Substrat ein Loch geätzt. Dadurch ist eine Ankopplung des Lichtwellenleiters in der Nähe der aktiven Schicht möglich, und die in der LED auftretenden Absorptionsverluste werden relativ klein gehalten. Eine so ausgeführte LED wird auch als Burrus-LED bezeichnet. Leistungs-LEDs erzeugen infrarote Strahlung im Bereich von 820 bis 900 nm. **Bild 6.39** zeigt den Aufbau einer Leistungs-LED.

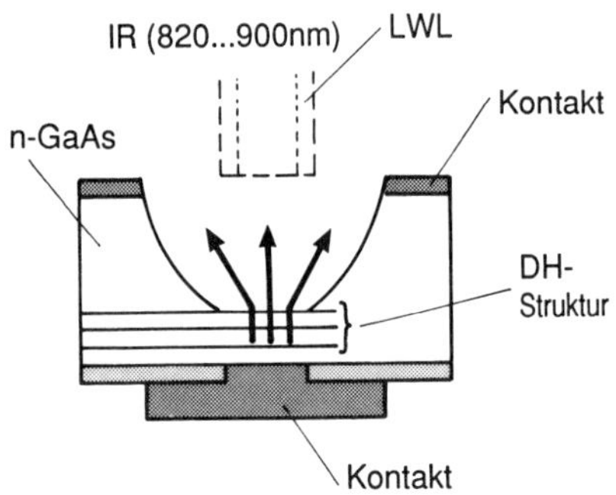

Bild 6.39 Leistungs-LED für IR-Strahlung

Der untere Teil der Burrusdiode ist speziell auf eine optimierte Wärmeabfuhr hin ausgelegt. Diese Maßnahme dient zur Steigerung der zulässigen erreichbaren Lichtleistung.
Als Beispiele für Leistungsdioden sind die Dioden SFH 450/451/452 (Siemens) ausgewählt. In **Bild 6.40** sind ihre wichtigsten technischen Daten und zwei Bauformen dargestellt. Die Einkoppelleistung der Diode wurde durch eine integrierte Linse im Gehäuse gesteigert. Das Einbaugehäuse ist weiterhin so gestaltet, daß ein Lichtwellenleiter mit Kunststoffasern von 2,2 mm Durchmesser und 1 mm Kerndurchmesser selbstjustierend angekoppelt werden kann, ohne daß die Ummantelung entfernt werden muß.
LEDs für Übertragungen mit sichtbarem Licht werden in gleichartigen Bauformen geliefert. Sie strahlen im Bereich des roten Lichtes mit Wellenlängen von 660 bis 685 nm und haben die Typenbezeichnung SFH 750. Leistungssendedioden anderer Hersteller können in ihren Daten und Bauformen von den in Bild 6.40 dargestellten Ausführungen durchaus abweichen.

Typische Werte:		
Sperrspannung U_R	SFH 450 SFH 451/52	5 V 3 V
Durchlaßstrom I_F (U_F = 1,3 ... 1,5 V)	SFH 450 SFH 451/52	130 mA 100 mA
Wellenlänge λ der Strahlung	SFH 450 SFH 451 SFH 452	950 nm 830 nm 770 nm
Schaltzeiten	SFH 450 SFH 451 SFH 452	1 µs 0,1 µs 50 ns
Einkoppelleistung I_F = 10 mA	SFH 450 SFH 451 SFH 452	90 µW 40 µW 20 µW

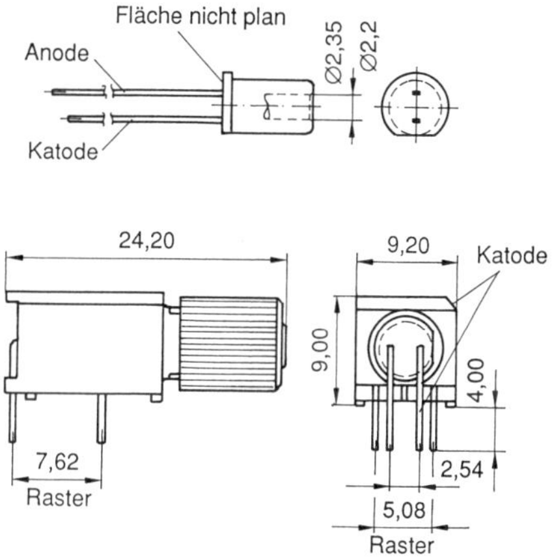

Bild 6.40 Daten und Bauformen von Leistungs-LEDs

6.3.2.2 Laserdiode

Auch mit Leistungs-LEDs lassen sich nur relativ kleine Lichtleistungen erzeugen. Werden größere Lichtleistungen benötigt, so müssen Laserdioden eingesetzt werden. **Bild 6.41a** zeigt den schematischen Aufbau einer GaAlAs-Laserdiode. Auch bei der Laserdiode liegt die aktive Schicht zwischen zwei Halbleiterschichten mit unterschiedlichen Eigenschaften und bildet eine Doppelheterogenstruktur. Durch zusätzliche Maßnahmen wird eine seitliche Einengung der aktiven Zone erreicht, so daß die aktive Zone nur aus einem schmalen, dünnen Streifen besteht, der auf einer Seite in einer kleinen Strahlungsaustrittsfläche endet.

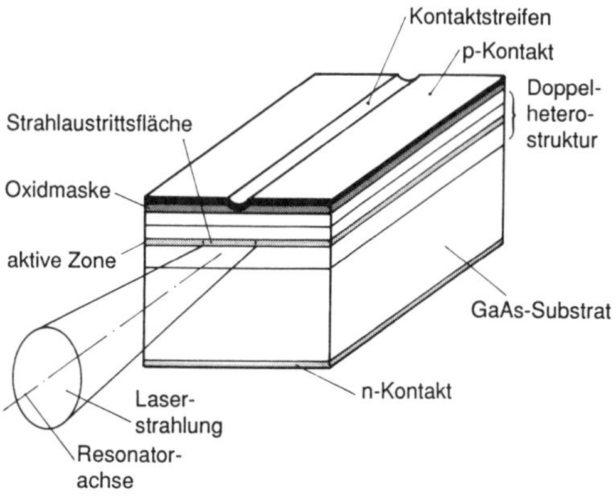

a) Schematischer Aufbau

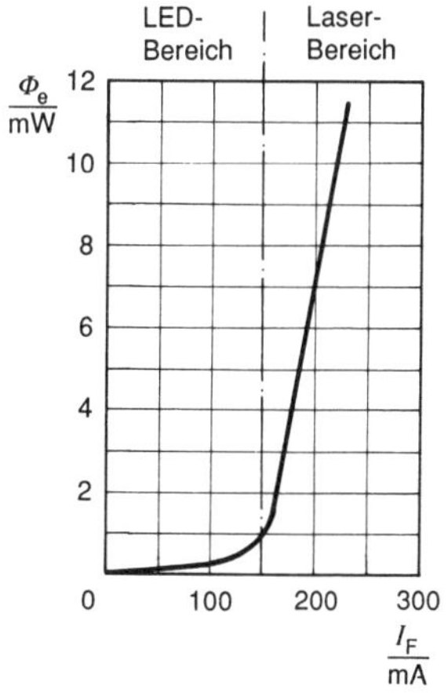

b) Kennlinie

Bild 6.41 Schematischer Aufbau und Strahlungsleistung-Diodenstrom-Kennlinie der Laserdiode

Wird eine Laserdiode in Durchlaßrichtung mit einem relativ kleinen Strom betrieben, so wird die Strahlung wie bei einer LED erzeugt und emittiert. Bei Erhöhung des Durchlaßstromes über einen charakteristischen Schwellenwert hinaus steigt die emittierte Strahlung stark an. Die Laserdiode geht dann in den Laser-Betrieb über. Hierbei treten komplizierte Wechselwirkungen zwischen Atomen des Halbleitermaterials und der erzeugten Strahlung auf. Es entsteht in der aktiven Schicht eine Art Resonanz, durch die die Emission weiter gesteigert wird. Aufgrund der Resonanz ist die Bandbreite der erzeugten Strahlung sehr klein. Sie wird daher als monochromatische, d. h. einfarbige Strahlung, bezeichnet. Der aus der Austrittsfläche austretende Laserstrahl ist scharf gebündelt, so daß er auch über größere Strecken nur sehr gering aufgefächert wird. In **Bild 6.41b** ist der Zusammenhang von Durchlaßstrom und emittierter Strahlungsleistung dargestellt. Der Verlauf dieser Kennlinie im Laser-Bereich ist nahezu linear.
Die meisten Laserdioden werden in modifizierte TO3- oder TO5-Gehäuse eingebaut, die zum Austritt der Strahlung ein Glasfenster haben **(Bild 6.42)**.

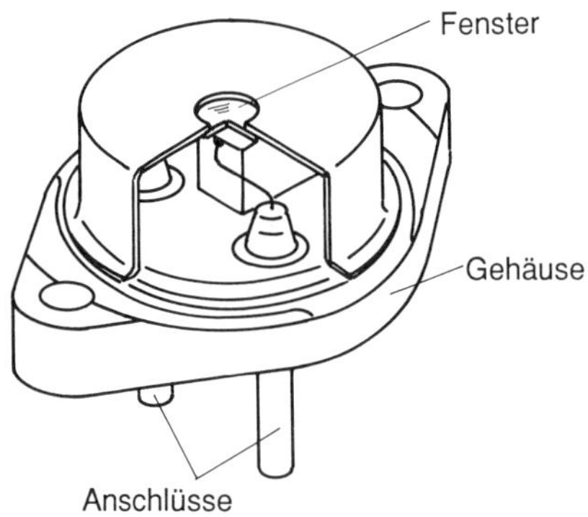

Bild 6.42 Laserdioden

Die Wellenlänge der Strahlung liegt zwischen 770 und 840 nm und die Ausgangsleistung beträgt 50 mW bis 1 W. Um diese Strahlungsleistungen zu erreichen, müssen Laserdioden gekühlt werden. Dies erfolgt durch eine in das Gehäuse mitintegrierte Regelschaltung, bei der ein elektronisches Kühlelement (Peltier-Element) für eine konstante Temperatur der eigentlichen Laserdiode sorgt.

6.3.3 PIN-Fotodiode und Fototransistor als Strahlungsempfänger

Um möglichst lange Übertragungsstrecken zu erreichen, müssen die Strahlungsempfänger eine hohe Empfindlichkeit besitzen. Sie dürfen auch nur kleine Schaltzeiten haben, damit je Zeiteinheit eine große Anzahl von optischen Informationen empfangen und wieder in elektrische Signale umgewandelt werden kann. Durchgesetzt haben sich in der LWL-Technik PIN-Dioden und Fototransistoren als Strahlungsempfänger. Ihre Bauformen sind dieser Technik angepaßt.

PIN-Fotodioden für Lichtwellenleiter

Als Beispiel für eine PIN-Fotodiode wurde die Type SFH 250 (Siemens) ausgewählt. Ihre Schaltzeit liegt bei etwa 10 ns und ist damit sehr kurz. Eine in das Gehäuse integrierte Linse sorgt für eine große Empfindlichkeit. Die Bauform dieser PIN-Fotodiode ist – wie bei der Leistungs-LED SFH 450 – für den möglichst einfachen Anschluß eines Kunststoff-Lichtwellenleiters konzipiert. Die wichtigsten Daten sowie Bauformen von PIN-Fotodioden sind in **Bild 6.43** zusammengefaßt.

Typische Daten SFH 250	
Sperrspannung $U_{R\,max}$	30 V
Wellenlänge der max. Fotoempfindlichkeit	850 nm
Dunkelstrom I_R	1 nA
Fotostrom I_P U_R = 5 V, Einstrahlung 1 µW	3 µA

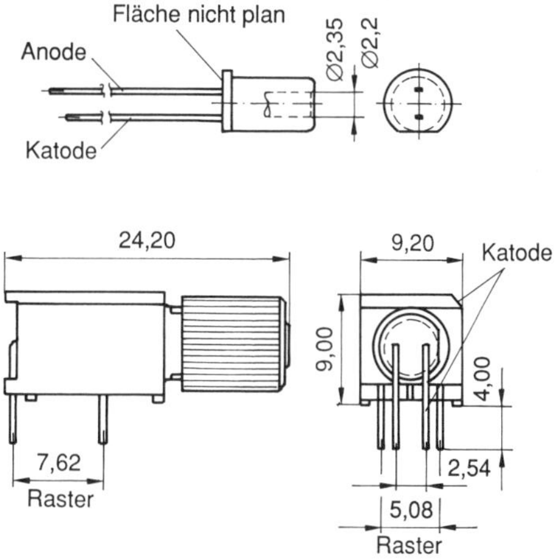

Bild 6.43 Daten und Bauformen von PIN-Fotodioden

Fototransistor für Lichtwellenleiter

Der Fototransistor SFH 350 (Siemens) gehört zu der gleichen Baureihe wie die bereits angeführten Leistungs-LEDs und PIN-Fotodioden. Der SFH 350 hat schon bei schwachen Signalen eine gute Linearität. Der Arbeitspunkt läßt sich über eine herausgeführte Basis auf optimale Werte einstellen. Zur besseren Ankopplung des LWL ist eine Linse eingebaut. Auch die Bauform entspricht der von PIN-Fotodioden.
In **Bild 6.44** sind die wichtigsten Daten des SFH 350 sowie Bauformen von Fototransistoren wiedergegeben.

Typische Daten SFH 350	
Kollektor-Emitter-Spannung $U_{CE\,max}$	50 V
Kollektor-Strom $I_{C\,max}$	50 mA
Wellenlänge der max. Fotoempfindlichkeit	850 nm
Schaltzeiten	15 µs
Fotostrom I_{CE} Einstrahlung 10 µW	0,8 mA

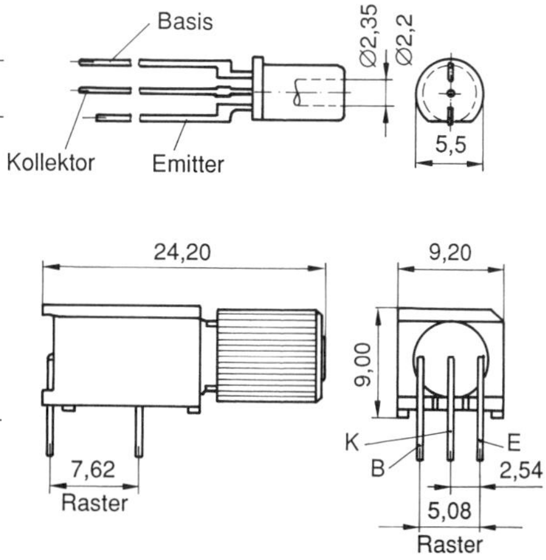

Bild 6.44 Daten und Bauformen von Fototransistoren

Ähnliche Fototransistoren für Lichtwellenleiter werden auch von anderen Herstellern gefertigt. Ihre Bauformen sind jeweils für bestimmte Lichtwellenleiter ausgelegt.

6.3.4 Anwendungsbeispiele

Lichtschranken mit Lichtwellenleitern

Lichtwellenleiter ermöglichen es, Lichtschranken auch für Aufgaben einzusetzen, die mit üblichen Lichtschranken nicht lösbar sind. Ein Beispiel für eine solche Anwendung ist das Erkennen von sehr flachen Gegenständen auf einem Förderband **(Bild 6.45)**. Durch den Einsatz von Lichtschranken mit Lichtwellenleitern lassen sich dabei Teile mit nur wenigen Millimetern Höhe sicher erfassen.

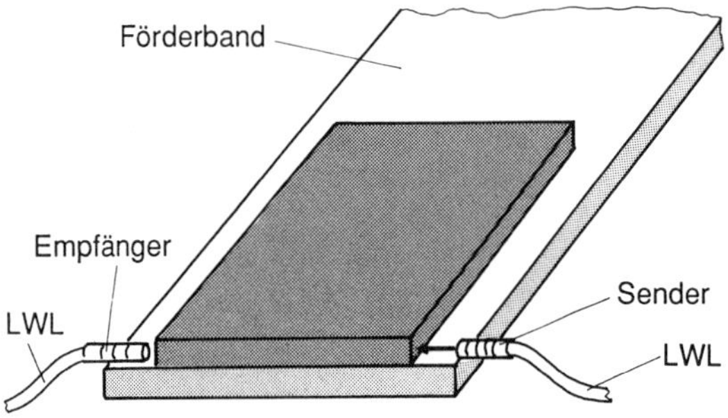

Bild 6.45 Teileerfassung mit LWL-Lichtschranke

Bei Lichtschranken mit Lichtwellenleitern werden Sender, Empfänger und eine Auswerteelektronik in ein Gehäuse eingebaut. Der Anschluß der Lichtwellenleiter erfolgt über Steck- oder Schraubverbindungen. Für den Einsatz als Einweg-Lichtschranke werden zwei Lichtwellenleiter verwendet, bei Reflex-Lichtschranken erfolgt die Führung beider Lichtwellenleiter in einem Strang. Eine Anpassung an die vor Ort vorliegenden Verhältnisse erfolgt über unterschiedliche Ausführungen von Sender und Empfänger bzw. des Sende/Empfängers. Durch die Verwendung von Spiegelköpfen läßt sich der Strahlengang an Sender und Empfänger um 90° umlenken **(Bild 6.46)**.

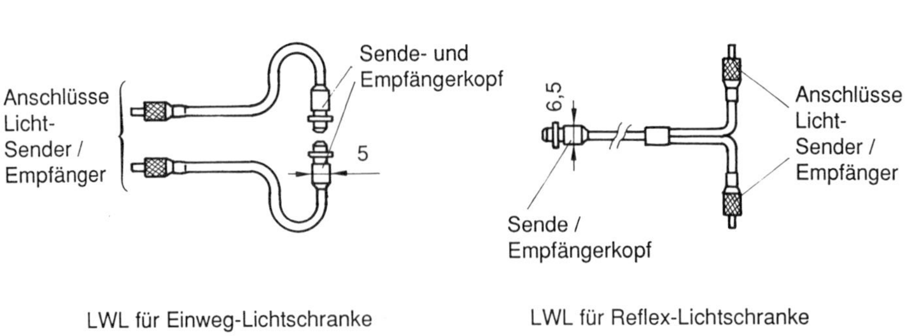

Bild 6.46 Lichtwellenleiter für Lichtschranken

Signalübertragung mit Lichtwellenleitern

Lichtwellenleiter mit entsprechenden Sendern und Empfängern dienen auch zur Übertragung von Signalen über größere Entfernungen. Sie treten in Konkurrenz zu verdrillten Kupferleitungen (z. B. Telefonleitungen) und Koaxialkabeln, bei denen der Kernleiter den einen Leiter und der gegen den Kernleiter isolierte Mantel den anderen Leiter bildet. In einer Tabelle **(Bild 6.47)** sind wichtige Eigenschaften der drei Leitungstypen gegenübergestellt. Den Aufbau der Signalübertragung mit den drei Leitungstypen zeigt **Bild 6.48**.

Eigenschaften	Leiter-paar	Koaxial-Kabel	Lichtwellenleiter (Glas)
Gewicht	groß	groß	klein
Dimensionen	groß	groß	klein
Verlegung der Kabel	mittel	schwierig	leicht
Kabelverbindungen	einfach	mittel	aufwendig
Verstärkerabstände (km)	1 ... 10	1 ... 2	2 ... 15
Bandbreite über 1 km (MHz)	5	100	500
Fernspeisung	ja	ja	mit zusätzlichen Cu-Leitern
Dämpfung $A = f(f)$	$\sqrt{f}$	$\sqrt{f}$	gering
Systemkosten	niedrig	mittel	hoch, stark fallend

Bild 6.47 Eigenschaften von Leitungen zur Signalübertragung

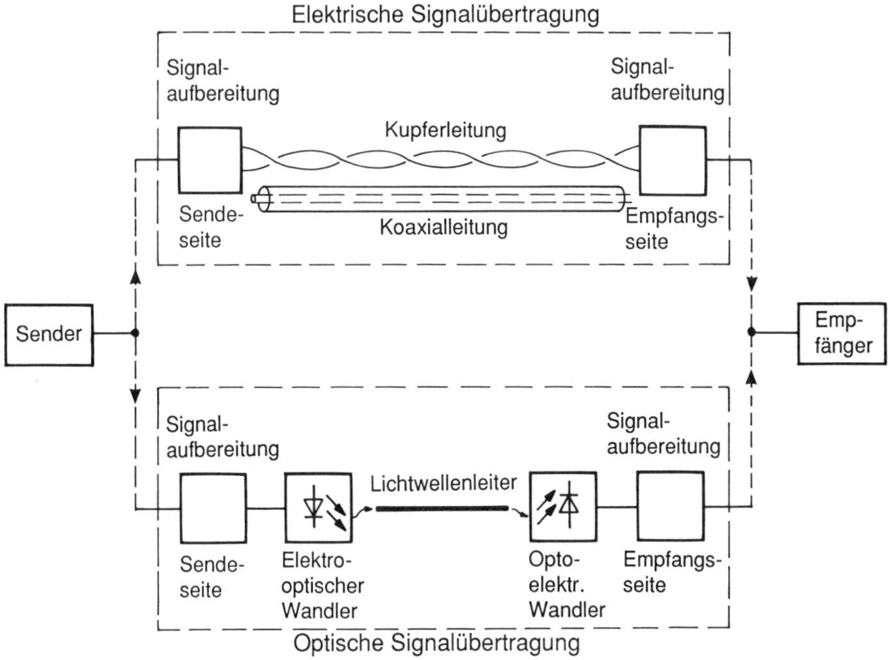

Bild 6.48 Signalübertragung

Vorteile der Übertragung durch Lichtwellenleiter sind:

- keine Beeinflussung parallel liegender Signalleitungen
- hohe Übertragungskapazität
- geringer Platzbedarf bei der Verlegung
- Abhörsicherheit durch Überwachung
- optische Isolation zwischen Sender und Empfänger
- keine Funkenbildung an den Kontaktstellen der Leitung
- unempfindlich gegenüber elektrischen und elektromagnetischen Umweltstörungen

Ein System aus der Praxis ist das Audio-Übertragungssystem OXAH 203 von Hirschmann. Es ermöglicht die störsichere Übertragung von Tonfrequenzen im Bereich zwischen 10 Hz und 30 kHz. Im Sendermodul OSAH 200 befindet sich die Signalaufbereitung und die Sendediode. Die Eingangsnennspannung beträgt $U_{E\,eff} = 0{,}775$ V, der Eingangswiderstand 10 kΩ. 25 bis 85 µW Lichtleistung lassen sich je nach Ausführung des Lichtwellenleiters einkoppeln. Der Empfängermodul OEAH 200 enthält als optischen Empfänger eine PIN-Fotodiode und die erforderliche Signalaufbereitung, die so ausgelegt ist, daß am Ausgang wieder eine Spannung von $U_{A\,eff} \approx 0{,}775$ V abgenommen werden kann. Die in diesem System zur Übertragung verwendete Strahlung liegt im Infrarot-Bereich bei etwa 850 nm. Sender und Empfänger sind zweikanalig ausgeführt, um Stereosignale übertragen zu können. Der Anschluß des Lichtwellenleiters an Sender und Empfänger erfolgt über spezielle Steck- oder Schraubanschlüsse. Mit Kunststoff-Lichtwellenleitern lassen sich Übertragungsstrecken von bis zu 30 m, mit Glas-Lichtwellenleitern bis zu 2000 m aufbauen **(Bild 6.49)**.

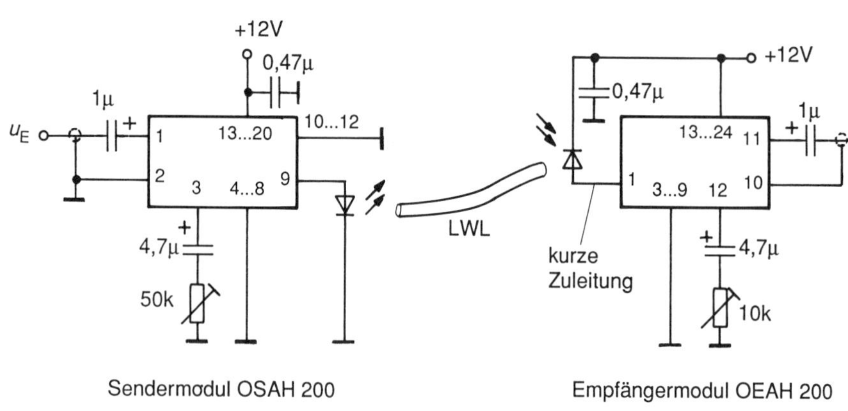

Bild 6.49 Audio-Übertragungssystem OXAH 203 (Hirschmann)

6.4 Anzeigeeinheiten

Zur Anzeige eines Ein-Aus-Zustandes reicht in der Regel eine Leuchtdiode aus. In elektronischen Geräten und Anlagen müssen aber in großem Umfang sowohl einzelne Ziffern und Buchstaben als auch Texte angezeigt werden. Dies hat zur Entwicklung von teilweise sehr unterschiedlichen Anzeigeeinheiten geführt, die auch als Display bezeichnet werden. Weit verbreitet sind die LED-Anzeigen, die LCD-Anzeigen und die Vakuum-Fluoreszenz-Anzeigen.
Bei den LED-Anzeigen werden mehrere Leuchtdioden in bestimmten geometrischen Anordnungen zusammengefaßt und einzeln so eingeschaltet, daß die gewünschten Ziffern oder Buchstaben entstehen. Bei der LCD-Anzeige wird dagegen die Ausrichtung von Flüssigkristallen in einem elektrischen Feld ausgenutzt. Da die Elektroden zur Erzeugung des elektrischen Feldes sich beliebig ausführen lassen, können mit LCD-Anzeigen nicht nur Ziffern und Buchstaben, sondern auch beliebige andere Zeichen dargestellt werden. Die Vakuum-Fluoreszenz-Anzeige arbeitet ähnlich wie die Elektronenröhre, indem von direkt beheizten Katoden Elektronen abgegeben und im elektrischen Feld zwischen Katode und Anode beschleunigt werden. Beim Auftreffen auf die beschichteten Anodensegmente leuchtet die Fluoreszenzschicht auf. Auch hier lassen sich Ziffern, Buchstaben und Sonderzeichen realisieren. Jede dieser Anzeigenarten hat ihre Vor- und Nachteile.

6.4.1 LED-Anzeigen

Bei den LED-Anzeigen muß im wesentlichen zwischen dem 7-Segment-System, dem alphanumerischen System und dem Punkt-Matrix-System unterschieden werden. Je größer die Zahl der für eine Einheit verwendeten LEDs ist, desto mehr kann das angezeigte Zeichen dem Schriftbild von Ziffern und Buchstaben angenähert werden. Mit jeder Leuchtdiode wird aber auch die zur Anzeige erforderliche elektrische Leistung größer.
In **Bild 6.50** ist die Erzeugung von Zeichen bei den drei wichtigsten Systemen dargestellt. Beim 7-Segment-System werden die zehn Ziffern durch 7 LEDs einwandfrei dargestellt, indem mit Hilfe aufgesetzter Linsen schmale rechteckförmige Leuchtflächen erzeugt werden. Auch einige Buchstaben können mit diesem System angezeigt werden. Erheblich vielseitiger ist das alphanumerische System. Hier sind 16 LEDs zu einer Einheit zusammengefaßt, so daß außer den 10 Ziffern 0 bis 9 auch alle Groß- und viele Kleinbuchstaben gut lesbar gebildet werden können. Bei dem Punkt-Matrix-System sind die Dioden in Zeilen und Spalten angeordnet. Die meisten Anzeigen dieser Art haben je Spalte 7 und je Zeile 4 oder 5 LEDs, so daß eine Einheit aus 28 bzw. 35 Leuchtdioden aufgebaut ist. Alle drei Anzeigesysteme enthalten oft noch eine zusätzliche Leuchtdiode, durch die ein Dezimalpunkt bzw. ein Komma angezeigt werden kann. Damit die gewünschten Zeichen erscheinen, müssen alle LEDs, die zur Darstellung dieser Zeichen erforderlich sind, an Spannung gelegt werden. Bei den sieben Leuchtdioden der 7-Segment-Anzeige sind die Zusammenhänge noch leicht überschaubar, und die einzelnen LEDs lassen sich gegebenenfalls auch noch mit mechanischen

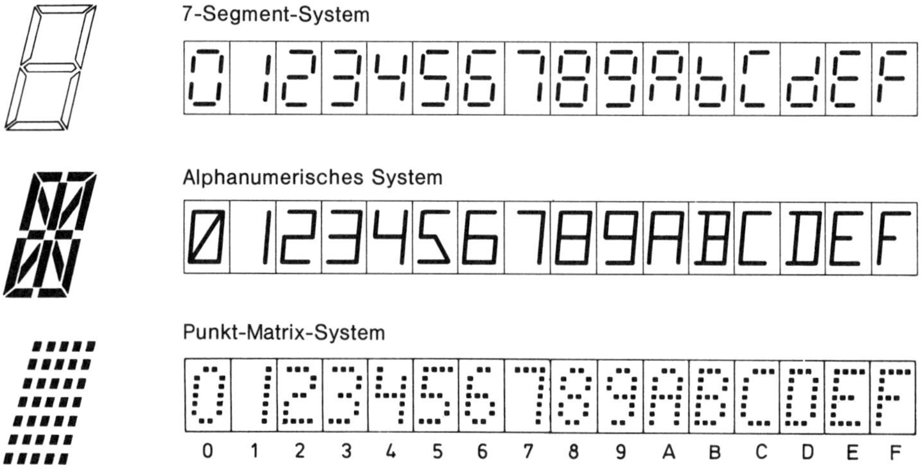

Bild 6.50 LED-Anzeigesysteme

Schaltern einschalten. In **Bild 6.51** ist eine zugehörige Tabelle, die auch als Wahrheitstabelle bezeichnet wird, angegeben. Die Ziffer 0 bedeutet hier, daß das entsprechende Segment zur Darstellung des angegebenen Zeichens nicht leuchten darf. Die Ziffer 1 besagt dagegen, daß das betreffende Segment leuchten muß.

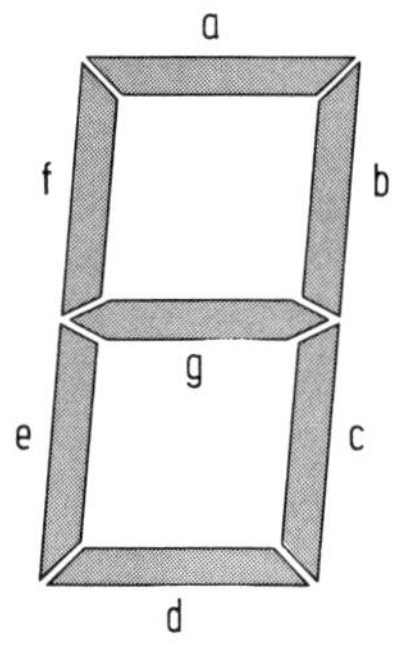

	g	f	e	d	c	b	a
0	0	1	1	1	1	1	1
1	0	0	0	0	1	1	0
2	1	0	1	1	0	1	1
3	1	0	0	1	1	1	1
4	1	1	0	0	1	1	0
5	1	1	0	1	1	0	1
6	1	1	1	1	1	0	1
7	0	0	0	0	1	1	1
8	1	1	1	1	1	1	1
9	1	1	0	1	1	1	1
A	1	1	1	0	1	1	1
B	1	1	1	1	1	0	0
C	0	1	1	1	0	0	1
D	1	0	1	1	1	1	0
E	1	1	1	1	0	0	1
F	1	1	1	0	0	0	1

Bild 6.51 Wahrheitstabelle für 7-Segment-Anzeige

Die Wahrheitstabellen für die alphanumerischen Anzeigen und die Punkt-Matrix-Anzeigen sind ähnlich aufgebaut, aber wegen der größeren Zahl von LEDs und darstellbaren Zeichen wesentlich umfangreicher. Die Ansteuerung aller LED-Anzeigen erfolgt heute nur noch mit integrierten Bausteinen, in denen eine Vielzahl elektronischer Schalter enthalten sind, die über sogenannte »Codewandler« ein- und ausgeschaltet werden.

LED-Anzeigen werden mit Symbolhöhen von 7, 10, 13 und 18 mm mit in den Farben rot, grün und gelb gefertigt. In der Tabelle nach **Bild 6.52** sind für eine Typenreihe von 7-Segment-Anzeigen (Siemens) einige Kennwerte angegeben.

Typ	Symbolhöhe	Symbol	Farbe	$I_{D\,max}$/Seg. mA	I_V/Seg. (I_D = 10 mA) µcd
HD 1075 R	7	7-Segment	rot	20	450
HD 1075 O	7	7-Segment	superrot	15	1800
HD 1075 Y	7	7-Segment	gelb	15	600
HD 1075 G	7	7-Segment	grün	15	900
HD 1105 R	10	7-Segment	rot	25	600
HD 1105 O	10	7-Segment	superrot	17,5	2300
HD 1105 Y	10	7-Segment	gelb	17,5	900
HD 1105 G	10	7-Segment	grün	17,5	1200
HD 1131 R	13	7-Segment	rot	35	750
HD 1131 O	13	7-Segment	superrot	20	2900
HD 1131 Y	13	7-Segment	gelb	20	1500
HD 1131 G	13	7-Segment	grün	20	900

Bild 6.52 Kennwerte von 7-Segment-Anzeigen

In **Bild 6.53** ist der mechanische Aufbau einer 7-Segment-Anzeige dargestellt. Gut erkennbar ist das System der sieben Lichtleiterschächte, die das in der LED erzeugte Licht verteilen und an die Frontplatte der Anzeige führen.

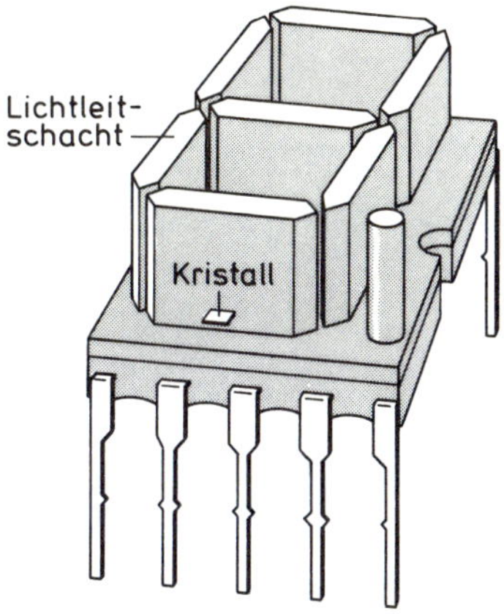

Bild 6.53 Mechanischer Aufbau einer 7-Segment-Anzeige

Durch Aneinanderreihen einzelner Anzeigeeinheiten lassen sich beliebig lange Ziffern- oder Buchstabenfolgen anzeigen. Reicht die Zifferngröße der lieferbaren LED-Anzeigen nicht aus, so können nach dem gleichen Segment-System durch Reihenschaltung von jeweils mehreren LEDs größere Anzeigen aufgebaut werden. Selbstverständlich ist es auch möglich, das Matrix-System in den Zeilen und Spalten beliebig zu erweitern. Die Helligkeit von LED-Anzeigen genügt den meisten Forderungen. Aber selbst wenn je LED auch nur Durchlaßströme von etwa 5 bis 20 mA erforderlich sind, so liegen die Betriebsströme für eine Anzeigeeinheit doch schon relativ hoch. Für mehrstellige LED-Anzeigen sind daher Ströme erforderlich, die schon ganz erheblich über dem Strombedarf der eigentlichen elektronischen Schaltungen liegen können, für die die Anzeige vorgesehen ist. Dies ist ein wesentlicher Nachteil aller LED-Anzeigen.

6.4.2 LCD-Anzeigen

Bei den LCD-Anzeigen werden die optischen Eigenschaften von Flüssigkristallen ausgenutzt. Die Abkürzung LCD ist aus der Bezeichnung *L*iquid *C*rystal *D*isplay abgeleitet. Normalerweise sind Kristalle feste Körper mit bestimmten Vorzugsrichtungen. Es gibt aber Flüssigkeiten, die aus beweglichen Kristallen aufgebaut sind. Diese Kristalle lassen sich dann durch ein elektrisches Feld so ausrichten, daß die Flüssigkeit vom durchsichtigen in einen undurchsichtigen Zustand übergeht. **Bild 6.54** zeigt den Prinzipaufbau einer LCD-Anzeige.

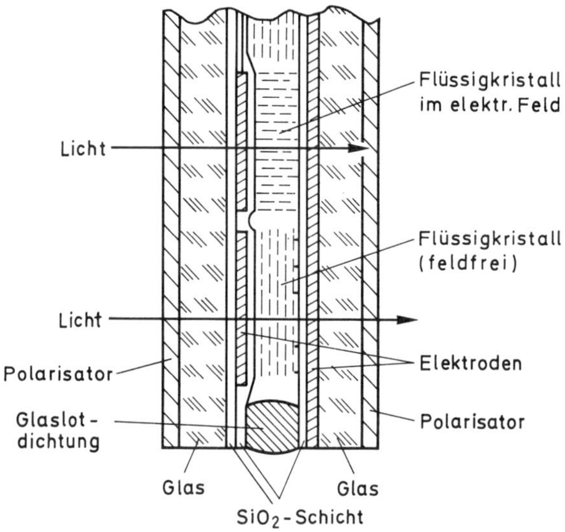

Bild 6.54 Prinzipaufbau einer LCD-Anzeige

Die Flüssigkeit ist zwischen zwei Glasplatten eingeschlossen. Auf der Innenseite der Glasplatten sind Elektroden aufgedampft, die gegenüber dem Flüssigkristall isoliert sind. Außen auf den Glasplatten befinden sich Polarisatoren. Je nach Lage ihrer Polarisationsebene kann auffallendes Licht über die Elektroden durch die Zelle durchtreten oder nicht. Der Polarisationsebene entsprechend erscheint die Zelle ohne Ansteuerung insgesamt hell oder dunkel. Heute werden überwiegend LCD-Anzeigen gefertigt, die ohne Ansteuerung hell erscheinen.

Die Form der einzelnen Anzeigeelemente wird durch die geometrische Form der Elektroden festgelegt. Für die Anzeige von Ziffern und Buchstaben ist, wie bei den LED-Anzeigen, das 7-Segment-System oder das alphanumerische System üblich. Auch Punkt-Matrix-Anzeigen mit einer Vielzahl von Punkten sind lieferbar. Durch eine entsprechende Form der Elektroden lassen sich aber auch beliebige andere Zeichen und Symbole anzeigen.
Wird an die Elektroden eine Spannung gelegt und damit ein elektrisches Feld zwischen den Elektroden erzeugt, so richten sich die Moleküle der Flüssigkristalle aus. Dadurch entstehen bei den lichtdurchlässigen Anzeigen der Elektrodenform entsprechende dunkle Abbildungen, bei den lichtundurchlässigen Anzeigen dagegen helle Abbildungen.
LCD-Anzeigen erzeugen also kein Licht, sondern es ist immer eine äußere Lichtquelle erforderlich. Bezüglich der Beleuchtung der LCD-Anzeigen sind drei verschiedene Bauarten lieferbar, und zwar für reflektierenden Betrieb, für transflektiven Betrieb und für Transmissions-Betrieb. In **Bild 6.55** sind die Unterschiede erkennbar.

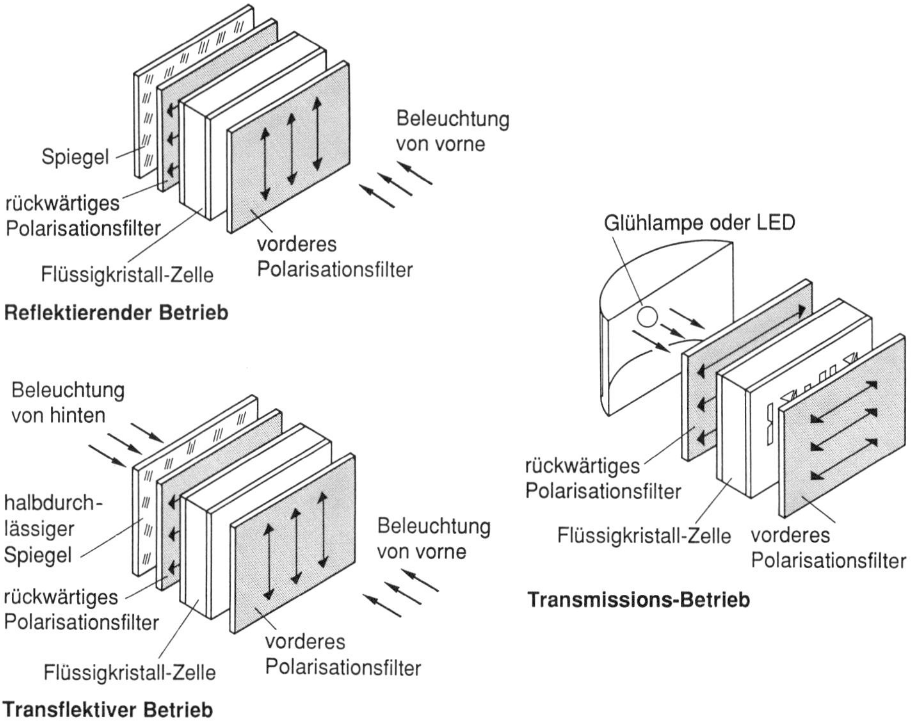

Bild 6.55 Bauarten von LCD-Anzeigen

Beim reflektierenden Betrieb erfolgt die Beleuchtung von vorn. Durch einen hinter der Anzeigezelle angebrachten Spiegel wird das auftreffende Licht reflektiert. Als Lichtquelle reicht hier meistens das Tageslicht oder die übliche Raumbeleuchtung aus. Bei der Ausführung für den transflektiven Betrieb ist auf der Rückseite ein halbdurchlässiger Spiegel angebracht, so daß auch die Möglichkeit besteht, die Zelle von hinten zu beleuchten. Es reicht aber auch eine Beleuchtung von vorn aus. Bei der Transmissions-Ausführung ist grundsätzlich hinter der Zelle eine Lichtquelle angebracht. Dies kann eine kleine Glühlampe, eine LED oder auch eine spezielle Beleuchtungsfolie sein, mit der eine besonders gleichmäßige Lichtverteilung erreicht wird. Der Helligkeitsunterschied zwischen anzeigender und nichtanzeigender Fläche wird als Kontrastverhältnis bezeichnet. Es liegt etwa bei 20 : 1. Inzwischen werden auch farbige Flüssigkeitskristallanzeigen gefertigt. Lieferbar sind sie bisher in den Farben Rot, Gelb, Grün und Blau.

Hauptvorteil der LCD-Anzeigen ist ihr außerordentlich geringer Leistungsverbrauch. So werden zur Erzeugung von 1 cm^2 Trübungsfläche nur etwa 0,1 mW benötigt. Die Betriebsspannungen liegen je nach Hersteller und Typ zwischen 3 und 15 V.

Bei den LCD-Anzeigen sind in der Regel mehrere Ziffern zu einer Einheit zusammengefaßt. Bei entsprechenden Stückzahlen können kundenspezifische LCD-Anzeigen mit beliebigen Zeichen, Anordnungen oder Symbolen geliefert werden. Die Ansteuerung von LCD-Anzeigen ist nur noch mit Hilfe integrierter Schaltungen möglich, die nach unterschiedlichen Ansteuerverfahren arbeiten. Geeignete Ansteuer-Bausteine werden von den Herstellern der Anzeigen entweder angegeben oder selbst gefertigt.

In **Bild 6.56** sind drei unterschiedliche LCD-Anzeigen mit ihren Maßen angegeben, und zwar eine fünfstellige 7-Segment-Ziffernanzeige mit zusätzlichen mathematischen Zeichen, eine vierstellige alphanumerische Einheit mit je 16 Segmenten sowie eine Skala als Beispiel für die vielfältigen Gestaltungsmöglichkeiten von LCD-Anzeigen.

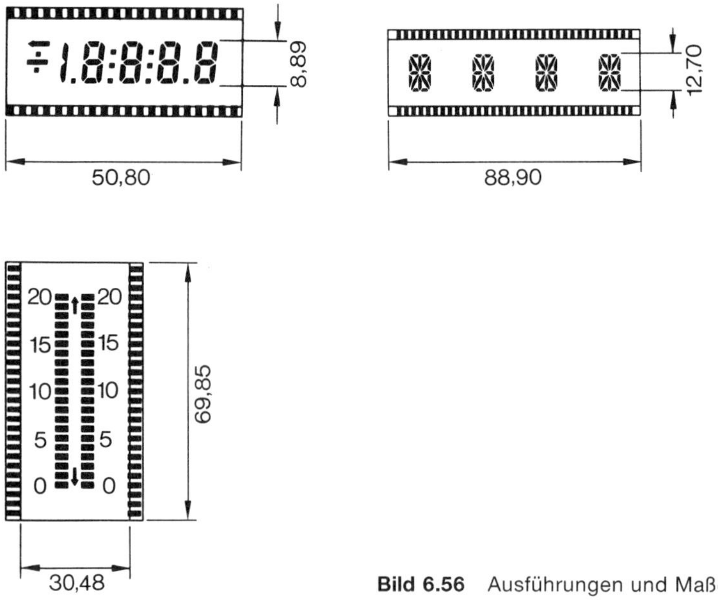

Bild 6.56 Ausführungen und Maße von LCD-Anzeigen

6.4.3 Vakuum-Fluoreszenz-Anzeigen

Ist eine Ablesbarkeit der Anzeige über große Entfernungen erforderlich, so muß die Lichtintensität relativ hoch sein. Neben speziellen großformatigen LED-Anzeigen werden in großem Umfang Vakuum-Fluoreszenz-Anzeigen verwendet.
Von ihrem Aufbau her ähnelt die Vakuum-Fluoreszenz-Anzeige einer Triode in der Röhrentechnik. Die Anzeigen haben direkt geheizte Katoden, Steuergitter und entsprechend dem Anzeigebild in Segmente geteilte Anoden. Auf die Anodensegmente aufgebracht ist fluoreszierendes Material. Das Innere der Anzeige ist evakuiert. Von der Katode werden beim Beheizen Elektronen in den Anzeigeraum abgegeben. Bei Ansteuerung eines Anodensegmentes entsteht ein elektrisches Feld, in dem sich die Elektronen zur Anode hin bewegen. Sie passieren dabei das Steuergitter, das die Aufgabe hat, Elektronen abzufangen, wenn keine der Anoden angesteuert ist, oder wenn die kinetische Energie der Elektronen für den Flug zur Anode nicht ausreicht. Treffen die Elektronen auf die beschichtete Anode auf, verursachen sie ein Aufleuchten der Fluoreszenzschicht. Das abgestrahlte Licht hat eine blaugrüne Farbe. Die wahrgenommene hohe Lichtintensität hängt auch damit zusammen, daß das Auge für diesen Farbbereich besonders empfindlich ist **(Bild 6.57)**.

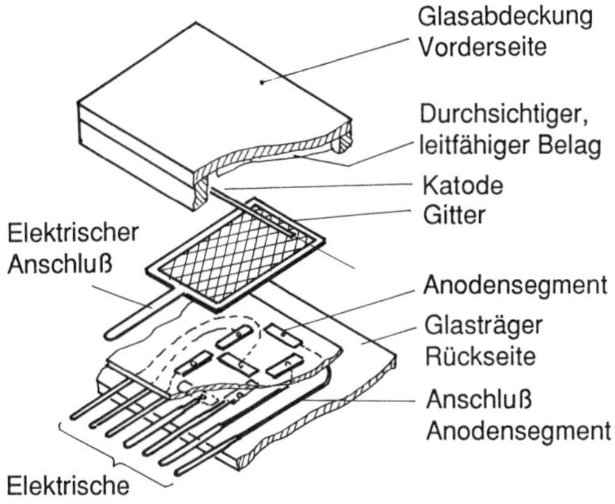

Bild 6.57 Aufbau einer Vakuum-Fluoreszenz-Anzeige

Die Ansteuerung von Vakuum-Fluoreszenz-Anzeigen ist aufwendiger als die Ansteuerung von LED-Anzeigen, da für Gitter und Anode höhere Spannungen benötigt werden. Um den Einsatz von Vakuum-Fluoreszenz-Anzeigen zu vereinfachen und den üblichen Ansteuersignalen anzupassen, werden Vakuum-Fluoreszenz-Anzeigen als Komplettbausteine angeboten. Sie erfordern dann nur noch den Anschluß der Betriebsspannung und der Steuer- und Signalleitungen.

7 Logische Schaltungen und Signalspeicher

7.1 Allgemeines

Charakteristisches Kennzeichen der Digitaltechnik ist das Auftreten von nur zwei unterschiedlichen Signalzuständen. Sie werden als logische Zustände »0« und »1« bezeichnet. Was technisch unter diesen Signalzuständen verstanden werden soll, muß jeweils festgelegt werden. In der Praxis werden diesen beiden Signalzuständen aber keine festen Spannungswerte, sondern Spannungspegel zugeordnet.
Logische Verknüpfungen sind die Basis der gesamten Digitaltechnik. Jede logische Verknüpfung – auch die umfangreichste und komplizierteste mit vielen Eingangsvariablen – läßt sich auf Kombinationen von nur drei verschiedenen *logischen Grundfunktionen* zurückführen. Es sind dies die UND-Verknüpfung, die ODER-Verknüpfung sowie die NICHT-Verknüpfung. Durch Kombinieren dieser drei Grundverknüpfungen entstehen die NAND-Verknüpfung und die NOR-Verknüpfung, die ebenfalls noch den Grundverknüpfungen zugerechnet werden. Darüber hinaus gibt es auch noch als spezielle Verknüpfungen die EXCLUSIV-ODER-Verknüpfung und die ÄQUIVALENZ-Verknüpfung.
Die praktische Realisierung von logischen Verknüpfungen erfolgt durch logische Schaltungen. Hier gibt es inzwischen eine größere Zahl von *Schaltungsfamilien* in integrierter Schaltungstechnik. Ausgangspunkt der Entwicklung war die Standard-TTL-Familie, aus der mehrere weitere Familien mit verbesserten Eigenschaften abgeleitet wurden. Es sind dies z. B. die Low-Power-TTL, die Schottky-TTL, die Low-Power-Schottky-TTL, die Advanced-Schottky-TTL, die Advanced-Low-Power-Schottky-TTL und die LSL-TTL. Aber auch in CMOS-Technik gibt es inzwischen mehrere Schaltungsfamilien. Innerhalb einer jeden Familie wird eine Vielzahl unterschiedlicher Bausteine angeboten.
Ein charakteristisches Kennzeichen von logischen Schaltungen ist ein konkreter und direkter zeitlicher Zusammenhang zwischen den anliegenden Eingangssignalen und den auftretenden Ausgangssignalen.
Ein *logisches Schaltnetz* liegt vor, wenn in einer digitalen Schaltung nur logische Verknüpfungen auftreten. Bei einem logischen Schaltnetz hängen daher die Signalzustände an den Ausgängen ausschließlich von den Signalzuständen an den Eingängen ab.
Die Untersuchung eines vorgegebenen Schaltnetzes wird als *Analyse von logischen Schaltnetzen* bezeichnet. Ihr Ziel ist es, den Zusammenhang zwischen der Ausgangsvariablen X und den Eingangsvariablen A, B, C ... des Schaltnetzes zu bestimmen. Bei der Analyse kann also stets von einem vorgegebenen Schaltnetz ausgegangen werden, für das entweder ein Verdrahtungsplan oder bereits ein Schaltbild in symbolischer Darstellung vorliegt. Hieraus lassen sich dann schrittweise die zugehörige Wahrheitstabelle, die Funktionsgleichung oder der Signal-Zeit-Plan entwickeln.
Das Entwerfen logischer Schaltnetze aufgrund einer vorgegebenen Aufgabenstellung wird *Synthese logischer Schaltnetze* genannt. Die Aufgabenstellung kann in Form einer Wahrheitstabelle, einer mathematischen Gleichung oder auch als Beschreibung mit Worten vorliegen. Als Ergebnis liefert die Synthese ein Schaltnetz, mit dem sich die gestellten Forderungen realisieren lassen.

In der Regel liefert die Synthese aber ein Schaltnetz, das sich auch noch mit einer geringeren Anzahl von Verknüpfungsgliedern aufbauen läßt. Die Methoden zur Ermittlung eines logischen Schaltnetzes mit einer möglichst geringen Zahl von Verknüpfungsgliedern wird als *Vereinfachung logischer Schaltnetze* bezeichnet. Eine solche Vereinfachung ist auf mathematischem Wege mit Hilfe der Schaltalgebra, die auch als Boolsche Algebra bezeichnet wird, möglich. Die Anwendung der Schaltalgebra bereitet aber den mathematisch weniger Geschulten große Schwierigkeiten und verlangt viel Übung im Umgang mit derartigen Funktionsgleichungen. Es gibt jedoch auch ein grafisches Verfahren zur Vereinfachung von Schaltnetzen. Dieses Verfahren wurde aus der Schaltalgebra entwickelt und läßt sich auch ohne deren genaue Kenntnis anwenden. Bei dem grafischen Verfahren werden die Eingangsvariablen durch Quadrate in den sogenannten *Karnaugh-Veitch-Tafeln (KV-Tafeln)* dargestellt. In diese Felder lassen sich dann auch die zugehörigen Ausgangsvariablen eintragen.
In der Signalverarbeitung ist es oft erforderlich, Signalzustände über die Dauer ihres Auftretens hinaus festzuhalten und wirksam werden zu lassen. Elektronische Schaltungen, die eine derartige Aufgabe erfüllen können, werden als *Signalspeicher* bezeichnet. Grundelement aller Signalspeicher sind die bistabilen Kippglieder. Sie haben stets zwei stabile Zustände, einen Setzzustand und einen Rücksetzzustand. Eingesetzt werden insbesondere drei verschiedene Ausführungen von Signalspeichern, und zwar die RS-Kippglieder, die D-Kippglieder und die JK-Kippglieder. Sie werden ebenfalls den Grundschaltungen der Mikroelektronik zugerechnet und sind in allen Schaltungsfamilien in zahlreichen Variationen lieferbar.

7.2 Grundfunktionen der logischen Verknüpfungen

Logische Verknüpfungen sind die Basis der gesamten digitalen Signalverarbeitung. Sie haben die Aufgabe, zwei oder mehrere digitale Eingangssignale zu einem digitalen Ausgangssignal zu verarbeiten. **Bild 7.1** zeigt das Blockschaltbild für eine digitale Signalverarbeitung.
Eine solche Signalverarbeitung ist aber nur dann sinnvoll gelöst, wenn zwischen den anliegenden Eingangssignalen und dem Ausgangssignal feste Gesetzmäßigkeiten und folgerichtige, d. h. logische Zusammenhänge bestehen. Solche logischen Zusammenhänge werden als logische Verknüpfungen bezeichnet.

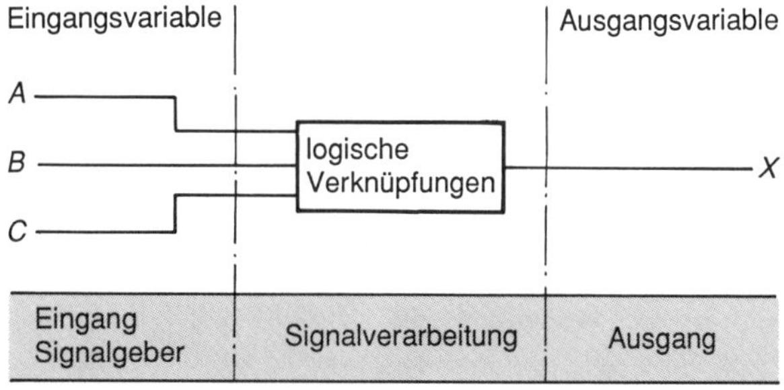

Bild 7.1 Blockschaltbild einer digitalen Signalverarbeitung

Logische Verknüpfungen lassen sich völlig unabhängig von einer technischen Realisierung auf fünf verschiedene Arten jeweils eindeutig beschreiben oder darstellen:

1. durch ein *Schaltzeichen* (symbolhafte Darstellung).
   Die Schaltzeichen sind nach DIN 40 900, Teil 12 genormt.
2. durch einen *Signal-Zeit-Plan* (Impuls-Diagramm).
   Hier wird in einer zeichnerischen Darstellung der zeitabhängige Zusammenhang zwischen der Ausgangsvariablen und den Eingangsvariablen gezeigt.
3. durch eine *Wahrheitstabelle*.
   In ihr sind die Werte der Ausgangsvariablen für jede mögliche Wertekombination der Eingangsvariablen in Tabellenform angegeben.
4. durch eine *Funktionsgleichung* (mathematische Gleichung).
   Sie ermöglicht eine rein rechnerische Erfassung von logischen Verknüpfungen. Mit Hilfe der Schaltalgebra (Boolsche Algebra) lassen sich logische Schaltnetze oft noch vereinfachen (minimieren).
5. durch eine *Beschreibung mit Worten*.
   Dadurch ist es möglich, einen konkreten Bezug zur praktischen Anwendung bzw. Aufgabenstellung herzustellen oder auch einem Laien die Arbeitsweise einer logischen Verknüpfung verständlich zu machen.

Jede beliebige logische Verknüpfung, auch die umfangreichste und komplizierteste mit vielen Eingangsvariablen, läßt sich stets auf eine Kombination der drei Grundfunktionen zurückführen. Diese sehr einfachen logischen Grundfunktionen sind:

UND-Funktion (Konjunktion),
ODER-Funktion (Disjunktion),
NICHT-Funktion (Negation).

Von großer Bedeutung für die Praxis sind außer diesen drei Grundfunktionen noch zwei zusammengesetzte Funktionen, weil mit ihnen logische Schaltnetze einfacher aufgebaut werden können.
Diese zusammengesetzten Funktionen sind:

NAND-Funktion,
NOR-Funktion.

Darüber hinaus gibt es auch noch einige spezielle logische Verknüpfungen; es sind dies:

EXCLUSIV-ODER-Verknüpfung (ANTIVALENZ-Verknüpfung),
ÄQUIVALENZ-Verknüpfung.

Auch diese Verknüpfungen lassen sich aus den drei Grundfunktionen zusammensetzen. Alle genannten logischen Verknüpfungen sind im Folgenden jeweils zusammenhängend mit Schaltzeichen, Funktionsgleichung, Wahrheitstabelle und Signal-Zeit-Plan beschrieben.

WICHTIGER HINWEIS

WICHTIGER FEHLERHINWEIS

Dieser Band

„Bauelemente und Grundschaltungen der Mikroelektronik“,

enthält Fehler bei den Wahrheitstabellen auf den Seiten 423 und 425 sowie im Signal-Zeit-Plan auf Seite 427.

Bitte beachten Sie folgende Korrekturhinweise:

Seite 423, Bild 7.6

falsch

Wahrheitstabelle

B	A	X
0	0	0
0	1	0
1	0	0
1	1	1

richtig

Wahrheitstabelle

B	A	X
0	0	0
0	1	1
1	0	1
1	1	1

Seite 425, Bild 7.9

falsch

Wahrheitstabelle

B	A	X
0	0	0
0	1	1
1	0	1
1	1	1

richtig

Wahrheitstabelle

A	X
0	1
1	0

Seite 427, Bild 7.13

falsch

Signal-Zeit-Plan

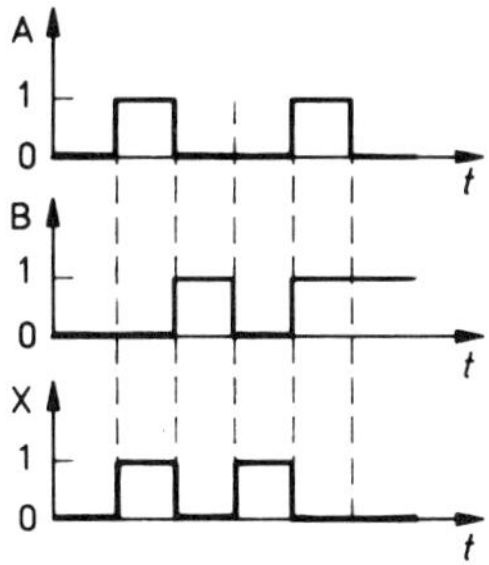

richtig

Signal-Zeit-Plan

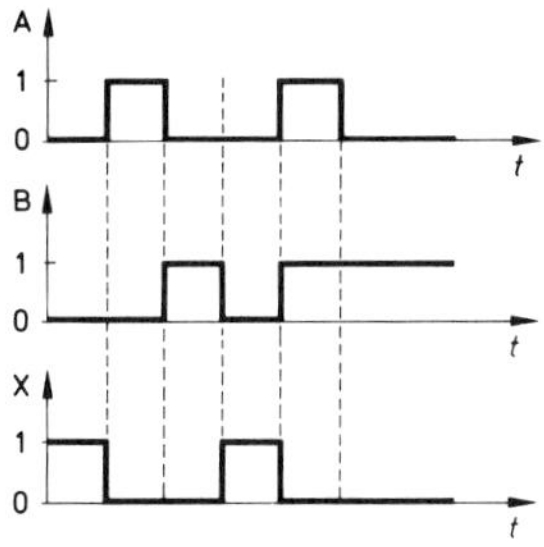

Pflaum Verlag München

7.2.1 Die UND-Verknüpfung (Konjunktion)

In **Bild 7.2** sind die wichtigsten Informationen über die UND-Verknüpfung zusammengefaßt.

Schaltzeichen

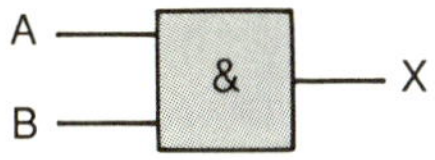

Funktionsgleichung

$A \wedge B = X$

$A \cdot B = X$

Bei der UND-Verknüpfung ist die Ausgangsvariable X nur dann gleich 1, wenn alle Eingangsvariablen $A, B \ldots$ gleich 1 sind. In allen anderen Fällen ist die Ausgangsvariable $X = 0$.

Wahrheitstabelle

B	A	X
0	0	0
0	1	0
1	0	0
1	1	1

Signal-Zeit-Plan

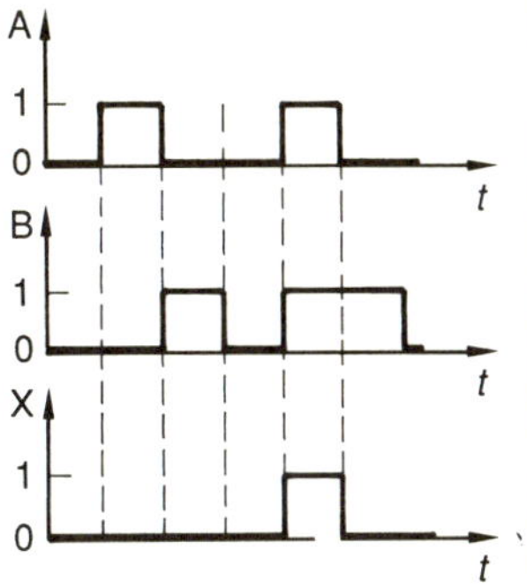

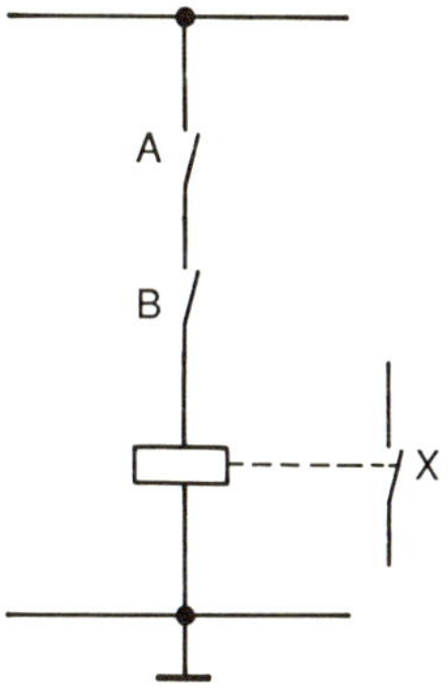

Bild 7.2 UND-Verknüpfung

Funktionsgleichung

Zur Kennzeichnung einer UND-Verknüpfung und als schaltalgebraisches Symbol wird das Zeichen $\wedge$ verwendet. Für 2 Eingangsvariable lautet die Funktionsgleichung einer UND-Verknüpfung damit

$A \wedge B = X$ sprich: A und B gleich X

Diese Funktionsgleichung kann auf beliebig viele Eingangsvariable erweitert werden. Man schreibt dann:

$$A \wedge B \wedge C \wedge D \wedge \ldots = X$$

Signal-Zeit-Plan

Eine Eindeutigkeit und damit eine vollständige Beschreibung ist nur dann gegeben, wenn in dem Signal-Zeit-Plan alle möglichen Wertekombinationen der Eingangsvariablen auftreten.

Wahrheitstabelle

Bei n Eingangsvariablen ergeben sich 2^n unterschiedliche Wertekombinationen dieser Eingangsvariablen und damit auch 2^n Zeilen der zugehörigen, vollständigen Wahrheitstabellen. In **Bild 7.3** sind drei Beispiele dargestellt.

2 Eingangsvariable

B	A	X
0	0	0
0	1	0
1	0	0
1	1	1

$2^2 = 4$ Zeilen

3 Eingangsvariable

C	B	A	X
0	0	0	0
0	0	1	0
0	1	0	0
0	1	1	0
1	0	0	0
1	0	1	0
1	1	0	0
1	1	1	1

$2^3 = 8$ Zeilen

4 Eingangsvariable

D	C	B	A	X
0	0	0	0	0
0	0	0	1	0
0	0	1	0	0
0	0	1	1	0
0	1	0	0	0
0	1	0	1	0
0	1	1	0	0
0	1	1	1	0
1	0	0	0	0
1	0	0	1	0
1	0	1	0	0
1	0	1	1	0
1	1	0	0	0
1	1	0	1	0
1	1	1	0	0
1	1	1	1	1

$2^4 = 16$ Zeilen

Bild 7.3 Wahrheitstabellen für UND-Verknüpfungen mit 2, 3 und 4 Eingangsvariablen

In welcher Reihenfolge die verschiedenen Wertekombinationen der Eingangsvariablen untereinander aufgeschrieben werden, ist an sich beliebig. Es ist aber zweckmäßig, ein stets gleiches, festes Ordnungsschema zu verwenden. Üblich ist ein Ordnungsschema in der Reihenfolge der Schreibweise der Dualzahlen.

Realisierung mit Kontakten und Relais

Bei der Realisierung einer Verknüpfung mit Kontakten und Relais muß stets noch eine Zuordnung zwischen Schaltzustand der Schalter und dem Signalzustand festgelegt werden. Für die Kontakt-Schaltung in Bild 7.2 gilt folgende Festlegung:

Eingang:	A, B offen	≙ 0-Signal	Ausgang: X offen	≙ 0-Signal
	A, B geschlossen	≙ 1-Signal	X geschlossen	≙ 1-Signal

Beispiel für eine UND-Verknüpfung:

Aus Sicherheitsgründen darf der Motor einer Presse nur dann laufen (Ausgangsvariable $X = 1$), wenn das Schutzgitter geschlossen ist (Eingangsvariable $A = 1$) und sowohl der rechte Taster (Eingangsvariable $B = 1$) als auch der linke Taster (Eingangsvariable $C = 1$) gedrückt sind **(Bild 7.4** und **7.5)**.

Funktionsgleichung: $X = A \wedge B \wedge C$

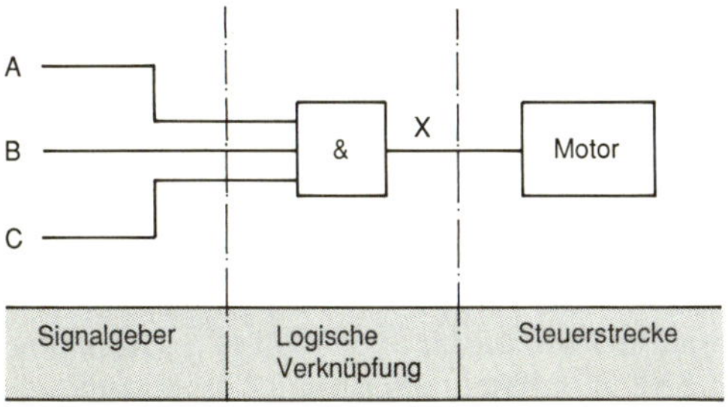

Bild 7.4 Prinzipschaltung

C	B	A	X	
0	0	0	0	
0	0	1	0	
0	1	0	0	
0	1	1	0	
1	0	0	0	
1	0	1	0	
1	1	0	0	
1	1	1	1	→ Motor läuft

Bild 7.5 Wahrheitstabelle

7.2.2 Die ODER-Verknüpfung (Disjunktion)

In **Bild 7.6** sind die wichtigsten Informationen über die ODER-Verknüpfung zusammengefaßt.

Schaltzeichen

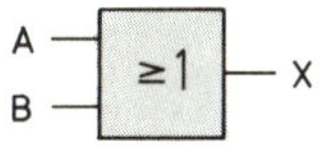

Funktionsgleichung

$A \vee B = X$

$A + B = X$

Bei der ODER-Verknüpfung ist die Ausgangsvariable $X = 1$, wenn mindestens eine Eingangsvariable gleich 1 ist.
Nur wenn alle Eingangsvariablen gleich 0 sind, ist auch die Ausgangsvariable $X = 0$.

Wahrheitstabelle

B	A	X
0	0	0
0	1	1
1	0	1
1	1	1

Signal-Zeit-Plan

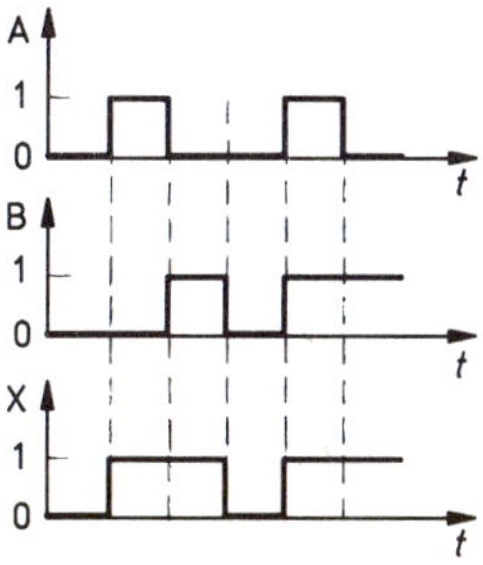

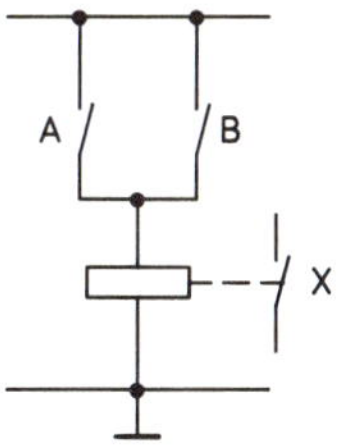

Bild 7.6 ODER-Verknüpfung

Zur Kennzeichnung einer ODER-Verknüpfung und als schaltalgebraisches Symbol wird das Zeichen $\vee$ verwendet. Für 2 Eingangsvariable lautet die Funktionsgleichung damit:

$A \vee B = X$ sprich: A oder B gleich X

Bei beliebig vielen Eingangsvariablen kann geschrieben werden:

$A \vee B \vee C \vee D \vee \ldots = X$

Wahrheitstabelle und Signal-Zeit-Plan können auf beliebig viele Eingangsvariable erweitert werden.

Beispiel für eine ODER-Verknüpfung:

Bei einer Alarmanlage entsprechend **Bild 7.7** und **7.8** soll von drei verschiedenen Stellen aus Alarm ausgelöst werden können und zwar durch Schließen eines handbetätigten Schalters (Eingangsvariable $A = 1$), oder durch Schließen eines Türmattenkontaktes (Eingangsvariable $B = 1$) oder durch einen Lichtsensor (Eingangsvariable $C = 1$). Die Alarmhupe wird in Betrieb gesetzt, wenn am Eingang des vorgeschalteten Verstärkers 1-Signal liegt ($X = 1$).

Funktionsgleichung: $X = A \vee B \vee C$

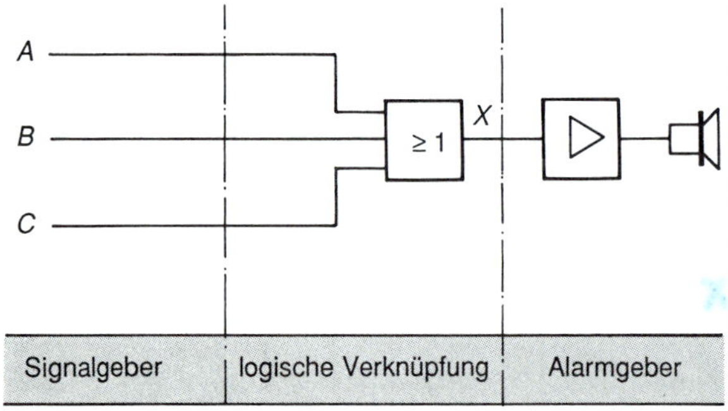

Bild 7.7 Prinzipschaltung

C	B	A	X	
0	0	0	0	
0	0	1	1	→ Alarm
0	1	0	1	→ Alarm
0	1	1	1	→ Alarm
1	0	0	1	→ Alarm
1	0	1	1	→ Alarm
1	1	0	1	→ Alarm
1	1	1	1	→ Alarm

Bild 7.8 Wahrheitstabelle

7.2.3 Die NICHT-Verknüpfung (Negation)

In **Bild 7.9** sind die wichtigsten Informationen über die NICHT-Verknüpfung zusammengefaßt.

Schaltzeichen

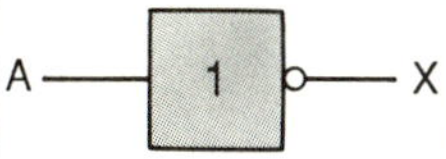

Funktionsgleichung

$\bar{A} = X$

Bei der NICHT-Verknüpfung ist die Ausgangsvariable immer dann $X = 1$, wenn die Eingangsvariable $A = 0$ ist, und $X = 0$, wenn $A = 1$ ist.

Wahrheitstabelle

B	A	X
0	0	0
0	1	1
1	0	1
1	1	1

Signal-Zeit-Plan

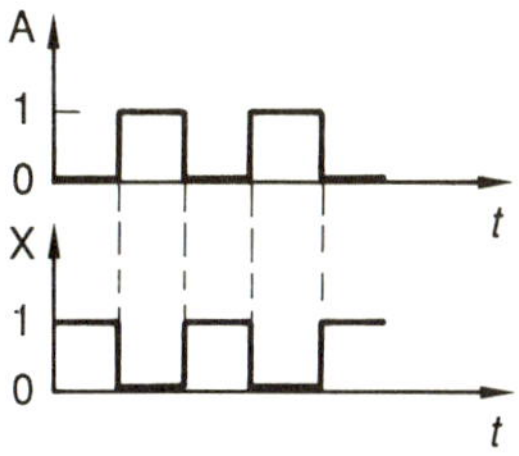

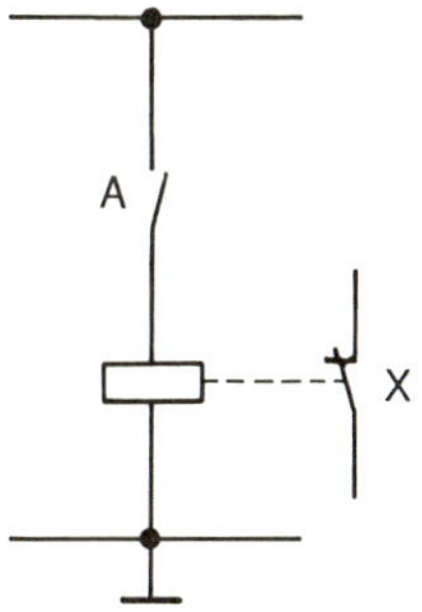

Bild 7.9 NICHT-Verknüpfung

Zur Kennzeichnung einer NICHT-Verknüpfung und als schaltalgebraisches Symbol werden die Eingangs- und Ausgangsvariablen mit einem darüber gesetzten Querstrich (Negationszeichen) versehen, z. B. $\bar{A}$; $\bar{X}$. Damit lautet die Funktionsgleichung einer NICHT-Verknüpfung:

$\bar{A} = X$ sprich: *A* nicht gleich *X*
oder: *A* quer gleich *X*

7.2.4 Die NAND-Verknüpfung

In **Bild 7.10** sind die wichtigsten Informationen über die NAND-Verknüpfung zusammengefaßt.

Zur Kennzeichnung der NAND-Verknüpfung wird über die UND-Verknüpfung ein Querstrich gesetzt.

$\overline{A \wedge B} = X$ sprich: *A* nänd *B* gleich *X*

Schaltzeichen

Funktionsgleichung

$\overline{A \wedge B} = X$

Bei einer NAND-Verknüpfung ist die Ausgangsvariable $X = 0$, wenn alle Eingangsvariablen gleich 1 sind. In allen anderen Fällen ist die Ausgangsvariable $X = 1$.

Wahrheitstabelle

B	A	X
0	0	1
0	1	1
1	0	1
1	1	0

Signal-Zeit-Plan

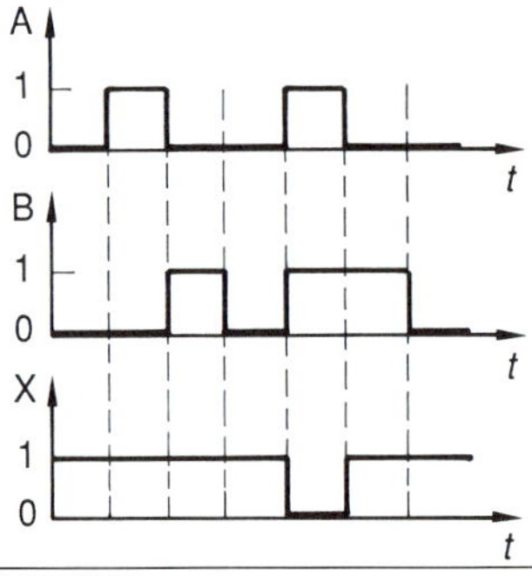

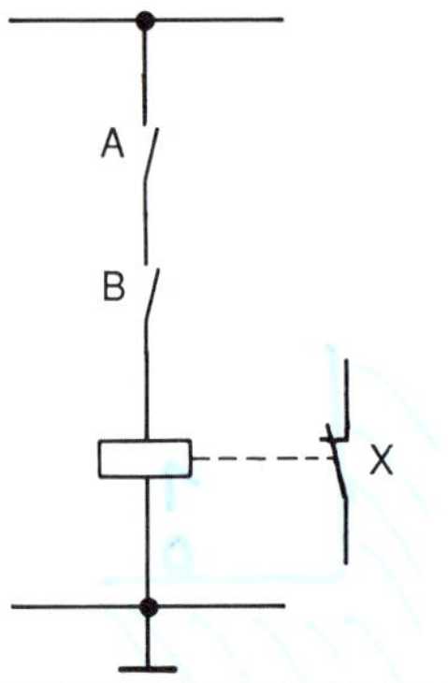

Bild 7.10 NAND-Verknüpfung

Beispiel für eine NAND-Verknüpfung:

Eine Kontrollampe soll über eine Logische Verknüpfung angesteuert werden. Die Lampe soll leuchten, wenn sowohl Gerät 1 (Eingangsvariable $A = 1$) als auch das Gerät 2 (Eingangsvariable $B = 1$) eingeschaltet ist. Die Signallampe leuchtet, wenn am Eingang des vorgeschalteten Verstärkers 0-Signal liegt **(Bild 7.11** und **7.12)**.

Funktionsgleichung: $X = \overline{A \wedge B}$

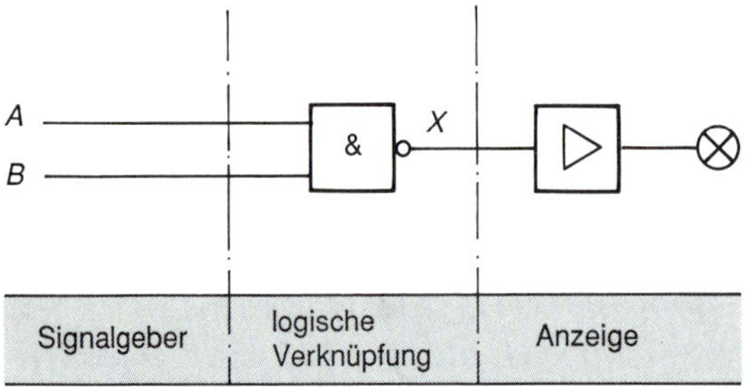

Bild 7.11 Prinzipschaltung

B	**A**	**X**
0	0	1
0	1	1
1	0	1
1	1	0

→ Lampe leuchtet

Bild 7.12 Wahrheitstabelle

7.2.5 Die NOR-Verknüpfung

In **Bild 7.13** sind die wichtigsten Informationen über die NOR-Verknüpfung zusammengefaßt.

Zur Kennzeichnung der NOR-Verknüpfung wird über die ODER-Verknüpfung ein Querstrich gesetzt.

$\overline{A \vee B} = X$ sprich: *A* nor *B* gleich *X*

Schaltzeichen

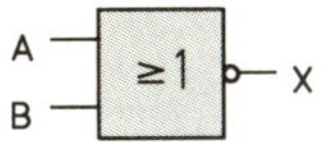

Funktionsgleichung

$\overline{A \vee B} = X$

Bei einer NOR-Verknüpfung ist die Ausgangsvariable nur dann gleich 1, wenn alle Eingangsvariablen gleich 0 sind.
In allen anderen Fällen ist die Ausgangsvariable $X = 0$.

Wahrheitstabelle

B	A	X
0	0	1
0	1	0
1	0	0
1	1	0

Signal-Zeit-Plan

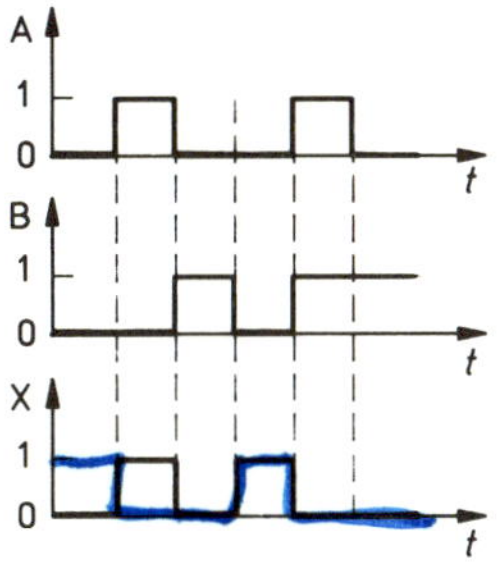

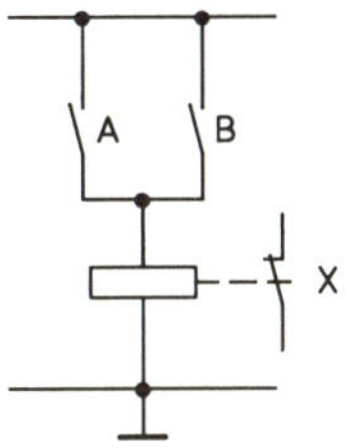

Bild 7.13 NOR-Verknüpfung

Beispiel für eine NOR-Verknüpfung:

Eine Saalbeleuchtung soll von drei verschiedenen Stellen mittels Schalter (Eingangsvariable *A*, *B* und *C*) eingeschaltet werden können. Als Stellglied ist ein Dimmer vorgesehen, der mit 0-Signal angesteuert werden muß, damit die Saalbeleuchtung brennt **(Bild 7.14** und **7.15)**.

Funktionsgleichung: $X = \overline{A \vee B \vee C}$

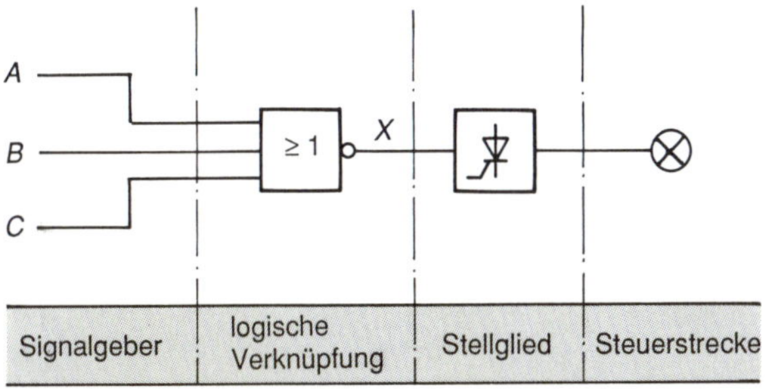

Bild 7.14 Prinzipschaltung

C	B	A	X	
0	0	0	1	
0	0	1	0	→ Lampe leuchtet
0	1	0	0	→ Lampe leuchtet
0	1	1	0	→ Lampe leuchtet
1	0	0	0	→ Lampe leuchtet
1	0	1	0	→ Lampe leuchtet
1	1	0	0	→ Lampe leuchtet
1	1	1	0	→ Lampe leuchtet

Bild 7.15 Wahrheitstabelle

7.2.6 Die EXCLUSIV-ODER-Verknüpfung

Die EXCLUSIV-ODER-Verknüpfung ist eine spezielle logische Verknüpfung. Sie wird auch als EXOR- bzw. XOR-Verknüpfung oder als ANTIVALENZ-Verknüpfung bezeichnet. Bei einer EXCLUSIV-ODER-Verknüpfung ist die Ausgangsvariable X nur dann gleich 1, wenn die beiden Eingangsvariablen ungleich (antivalent) sind. Bei gleichem Zustand der Eingangsvariablen wird die Ausgangsvariable X gleich 0. **Bild 7.16** zeigt Schaltzeichen, Funktionsgleichung, Wahrheitstabelle und Signal-Zeit-Plan der EXCLUSIV-ODER-Verknüpfung.

Schaltzeichen

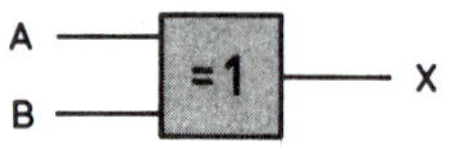

Funktionsgleichung

$$(A \wedge \bar{B}) \vee (\bar{A} \wedge B) = X$$

Wahrheitstabelle

B	A	X
0	0	0
0	1	1
1	0	1
1	1	0

Signal-Zeit-Plan

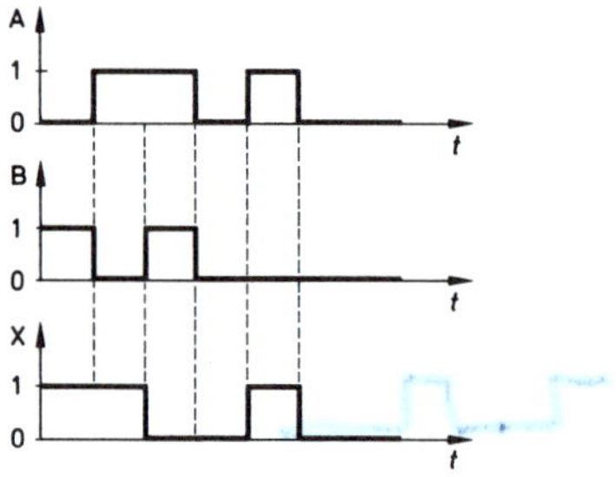

Bild 7.16 EXCLUSIV-ODER-Verknüpfung

Es gibt verschiedene Schaltungsvarianten, um die EXCLUSIV-ODER-Verknüpfung zu verwirklichen. Die in **Bild 7.17** gezeigte Schaltung ist direkt aus der Funktionsgleichung abgeleitet.

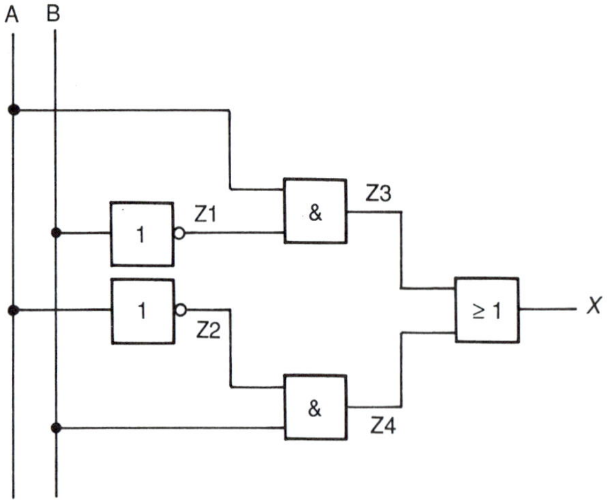

Bild 7.17 Schaltung einer EXCLUSIV-ODER-Verknüpfung

Bereits in dieser einfachen Kombination von Verknüpfungselementen in Bild 7.17 ist zu erkennen, wie beliebige logische Verknüpfungen aus den drei Grundverknüpfungen entwickelt werden können. Eine Kontrolle auf Einhaltung der EXCLUSIV-ODER-Verknüpfung ist durch eine erweiterte Wahrheitstabelle möglich. Hierzu werden die Ausgänge der Verknüpfungsglieder als Zwischenfunktionen Z 1, Z 2, Z 3 und Z 4 bezeichnet, und in der Wahrheitstabelle wird die Ausgangsvariable X stufenweise ermittelt. **Bild 7.18** zeigt die erweiterte Wahrheitstabelle für die Schaltung nach Bild 7.17.

B	**A**	**Z**1 = $\bar{\mathbf{B}}$	**Z**2 = $\bar{\mathbf{A}}$	**Z**3 = (**A** ∧ Z1)	**Z**4 = (**B** ∧ **Z**2)	**X** = **Z**3 ∨ **Z**4
0	0	1	1	0	0	0
0	1	1	0	1	0	1
1	0	0	1	0	1	1
1	1	0	0	0	0	0

Bild 7.18 Erweiterte Wahrheitstabelle für die Schaltung nach Bild 7.17

Die Schaltung nach Bild 7.17 liefert also den gleichen logischen Zusammenhang, wie bei einer EXCLUSIV-ODER-Verknüpfung gefordert.

7.2.7 Die ÄQUIVALENZ-Verknüpfung

Bei einer ÄQUIVALENZ-Verknüpfung ist die Ausgangsvariable X nur dann gleich 1, wenn die Eingangsvariablen gleich (äquivalent) sind. Die Ausgangsvariable wird 0, wenn die Eingangsvariablen ungleich sind. Damit stellt diese logische Verknüpfung eine am Ausgang invertierte EXCLUSIV-ODER-Schaltung dar. In **Bild 7.19** sind Schaltzeichen, Funktionsgleichung, Wahrheitstabelle und Signal-Zeit-Plan einer ÄQUIVALENZ-Verknüpfung zusammengefaßt.

Schaltzeichen

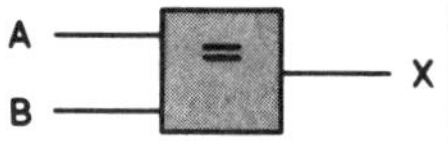

Funktionsgleichung

$$(A \wedge B) \vee (\bar{A} \wedge \bar{B}) = X$$

Wahrheitstabelle

B	A	X
0	0	1
0	1	0
1	0	0
1	1	1

Signal-Zeit-Plan

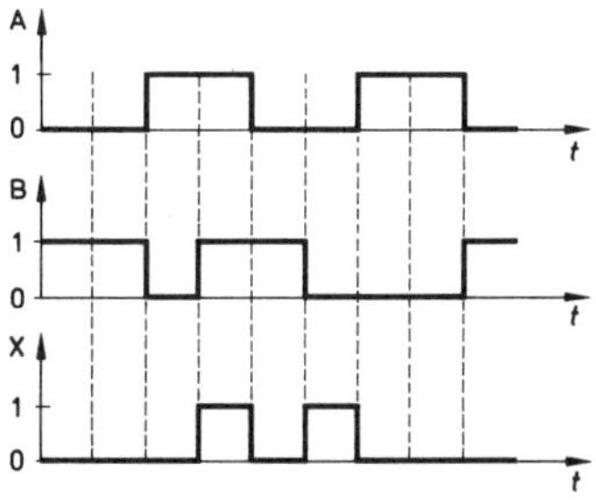

Bild 7.19
ÄQUIVALENZ-Verknüpfung

Auch zur Realisierung der ÄQUIVALENZ-Verknüpfung gibt es mehrere Schaltungsvarianten. Die in **Bild 7.20** gezeigte Schaltung kann z. B. wieder direkt aus der Funktionsgleichung abgeleitet werden.

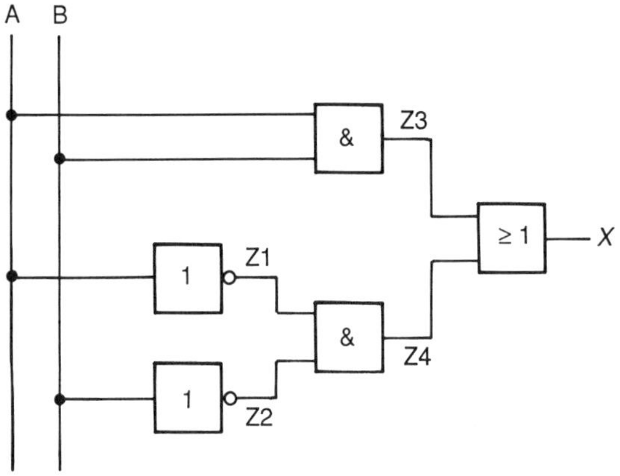

Bild 7.20 Schaltung einer ÄQUIVALENZ-Verknüpfung

Durch eine erweiterte Wahrheitstabelle kann der Nachweis erbracht werden, daß sich die Schaltung nach Bild 7.20 wie eine ÄQUIVALENZ-Verknüpfung verhält.

7.3 Schaltungstechnik logischer Verknüpfungselemente

In den Signal-Zeit-Plänen der logischen Verknüpfungen ist zu erkennen, daß sich die Signalzustände von 0 auf 1 oder umgekehrt stets sprunghaft ändern. Dies ist eine charakteristische Eigenschaft der gesamten Digitaltechnik. Sprunghafte Änderungen von Signalzuständen, d. h. schaltungstechnisch gesehen von Spannungswerten, lassen sich durch Verwendung von Bauelementen mit Schaltverhalten erreichen.

7.3.1 Schaltzeiten und Signalpegel

Auch bei elektronischen Schaltern treten Schaltzeiten auf, die gegebenenfalls berücksichtigt werden müssen. So benötigt jeder elektronische Schalter immer eine bestimmte Zeit, um von einem Schaltzustand in den anderen zu gelangen, selbst wenn man annimmt, daß die steuernde rechteckförmige Spannung U_I eine unendlich kurze Anstiegs- und Abfallzeit hat.

In **Bild 7.21** ist das Übergangsverhalten eines Schalters dargestellt. Als Einschaltzeit t_{ein} wird die Zeit bezeichnet, die vom Zeitpunkt t_0 aus vergeht, bis die Spannung U_Q 90 % ihres Höchstwertes erreicht hat. Diese Einschaltzeit t_{ein} setzt sich zusammen aus der Verzögerungszeit t_d (delay time) und der Anstiegszeit t_r (rise time).
Als Ausschaltzeit t_{aus} wird die Zeit bezeichnet, die vom Zeitpunkt t_1 aus vergeht, bis die Spannung U_Q auf 10 % ihres Höchstwertes abgesunken ist. Die Ausschaltzeit setzt sich zusammen aus der Speicherzeit t_s (storage time) und der Abfallzeit t_f (fall time). Tritt in einem Schalter eine Signalumkehrung (Inversion) auf, so gelten sinngemäß die gleichen Definitionen für das Übergangsverhalten.

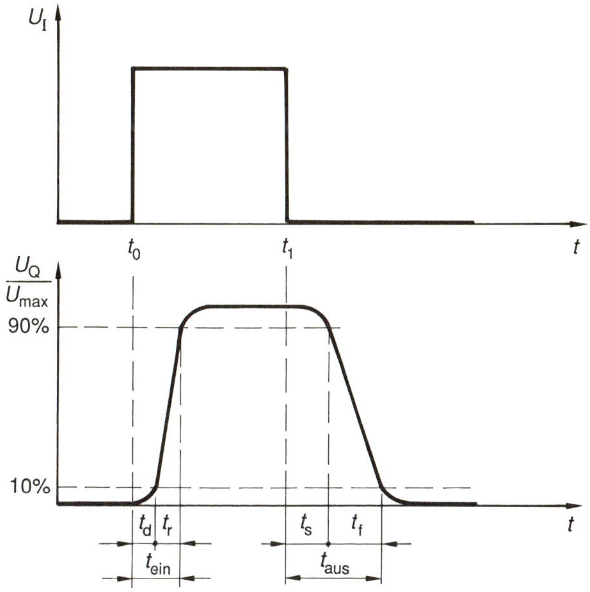

Bild 7.21 Übergangsverhalten eines Schalters

Die Schaltzeiten von elektronischen Schaltern, insbesondere von ICs, liegen im Bereich von nur wenigen Nanosekunden. Da aber in der digitalen Steuerungstechnik häufig eine große Zahl von Schaltern hintereinander geschaltet sind, summieren sich die einzelnen Schaltzeiten und dürfen dann oft nicht mehr vernachlässigt werden.
Die höchste Frequenz, mit der ein Schalter betrieben werden kann, muß eine Periodendauer haben, die größer ist als die Summe aus Einschalt- und Ausschaltzeit. Für die maximale Frequenz der Eingangsspannung U_I gilt daher:

$$f_{max} \leqq \frac{1}{t_{ein} + t_{aus}}$$

Bei logischen Verknüpfungsgliedern in IC-Technik wird auch als charakteristischer Kennwert die Signallaufzeit t_p angegeben (p = propagation = Ausbreitung). Hierbei ist der Halbwert des Spannungssprunges für den Beginn oder das Ende des Signals festgelegt **(Bild 7.22)**.
Als Signallaufzeit wird das Zeitintervall zwischen dem Halbwert des Eingangssignals U_I und dem zugeordneten Halbwert des Ausgangssignals U_Q gewertet. Durch einen weiteren Index wird angegeben, ob das Ausgangssignal ansteigend (+) oder abfallend (–) ist.

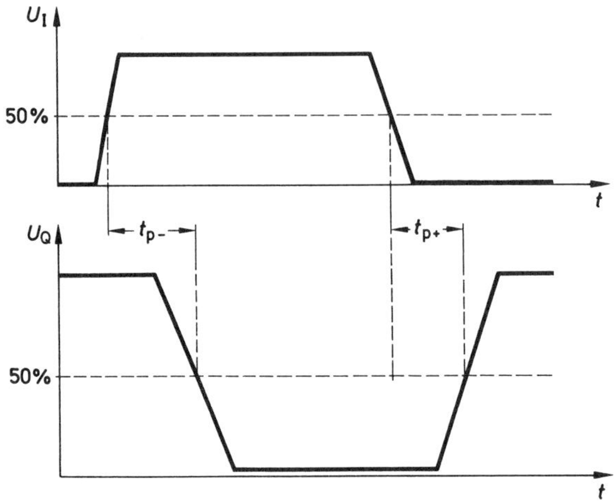

Bild 7.22 Festlegung einer Signallaufzeit

Elektronische Schalter dürfen in der Signalverarbeitung aber nicht gesondert, d. h. als Einzelelemente betrachtet werden. Sie werden nämlich in der Regel von der Ausgangsspannung U_Q eines vorhergehenden elektronischen Schalters angesteuert und steuern ihrerseits wiederum eine Reihe nachfolgender elektronischer Schalter an. Dadurch kann für den einzelnen Schalter sowohl eine Belastung des Einganges als auch des Ausganges auftreten. Diese Belastungen lassen sich als äußere Lastwiderstände darstellen und berücksichtigen. Als besondere Eigenart tritt dabei noch auf, daß die Belastung der Ein- und Ausgänge nicht nur gegen Masse, sondern auch gegen die Betriebsspannung erfolgt. Darüber hinaus hängen diese Belastungen aber auch noch von den jeweiligen Betriebszuständen ab. Als Folge dieser unterschiedlichen Belastungen tritt der Fall ein, daß innerhalb eines Signalverarbeitungssystems die jeweiligen Ausgangsspannungen U_Q auch bei gleichartigen Schaltern nicht mehr die Werte $U_Q \approx U_B$ oder $U_Q \approx 0\,V$ haben, sondern hiervon unter Umständen sehr stark abweichen können.

In der Signalverarbeitung ist es jedoch nicht erforderlich, daß die Ein- und Ausgangsspannungen stets nur zwischen zwei ganz bestimmten, festliegenden Spannungswerten springen. Man kann daher zur Signalkennzeichnung durchaus auch zwei Spannungsbereiche, also Signalpegel zulassen. Diese Spannungspegel werden dann auch als 0-Pegel und 1-Pegel bezeichnet. Bei integrierten Schaltern werden sie auch als L-Pegel (L = Low) und H-Pegel (H = High) angegeben.

Als Folge der technischen Entwicklung im Bereich der integrierten Schaltungen hat sich immer mehr die folgende Zuordnung durchgesetzt:

0-Pegel $\triangleq$ L-Pegel = niedriger Pegel (näher bei $-\infty$),
1-Pegel $\triangleq$ H-Pegel = hoher Pegel (näher bei $+\infty$).

Eine derartige Zuordnung bezeichnet man als »positive Logik«. In den folgenden Abschnitten wird grundsätzlich nur eine Signalzuordnung entsprechend der positiven Logik vorgenommen.

Bei der »negativen Logik« liegt eine umgekehrte Zuordnung vor, d. h. 1-Pegel = niedriger Pegel und 0-Pegel = hoher Pegel. Mit der negativen Logik wird heute nur noch in wenigen Ausnahmefällen gearbeitet.
Im **Bild 7.23** sind drei mögliche Fälle für Signalpegel dargestellt.

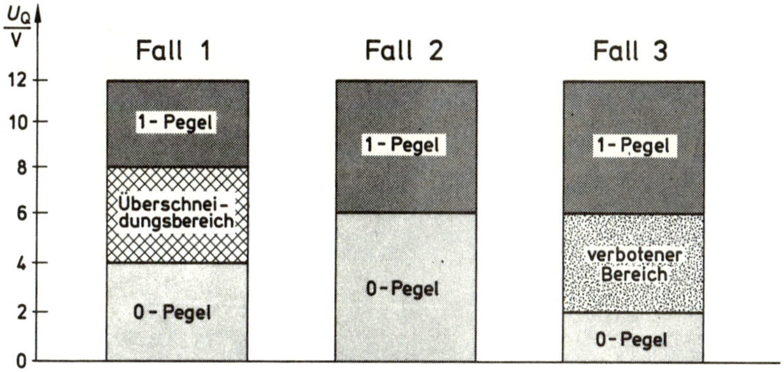

Bild 7.23 Signalpegel

Im Fall 1 gibt es einen Überschneidungsbereich der Pegel. Durch den nachfolgenden Schalter kann der Schaltzustand des vorhergehenden Schalters dann nicht mehr eindeutig identifiziert werden.
Im Fall 2 berühren sich die Pegel gerade. In dem Grenzbereich (U_Q = 6 V) ist durch den nachfolgenden Schalter praktisch auch keine eindeutige Zuordnung mehr möglich. Technisch bedingt würden auch hier häufig falsche Informationen über den Schaltzustand des vorhergehenden Schalters auftreten.
Dies läßt sich vermeiden, wenn zwischen der größten zulässigen Spannung des 0-Pegels und der kleinsten zulässigen Spannung des 1-Pegels ein genügend großer Sicherheitsabstand – ein sogenannter verbotener Bereich – liegt.
Der Fall 3 zeigt eine solche mögliche Zuordnung bzw. Festlegung. Spannungen zwischen 0 Volt und +2 Volt gelten als 0-Pegel, Spannungen zwischen +6 Volt und +12 Volt als 1-Pegel. Bei einer solchen Festlegung muß dann durch eine entsprechende Schaltungstechnik strikt vermieden werden, daß als Eingangs- oder Ausgangsspannungen statische Spannungswerte zwischen +2 V und +6 V auftreten können.
Die beiden Pegel und damit auch der verbotene Bereich können an sich frei gewählt werden. Es ist aber doch stets erforderlich, von der Arbeitsweise der als Schalter eingesetzten elektronischen Bauelemente auszugehen. Bei den heute überwiegend verwendeten ICs sind die Pegel und der verbotene Bereich jedoch in der Regel vom Hersteller fest vorgegeben.
Zu beachten ist, daß es sich bei Pegelangaben grundsätzlich um die Angabe von Spannungswerten handelt. Sie können sich nur auf konkrete Schaltungen beziehen.

7.3.2 Schaltungsfamilien

Die technischen Daten von logischen Schaltungen in IC-Technik werden vom Hersteller vorgegeben. Die einzelnen Bausteine lassen sich aber nur dann zu einem Gesamtsystem zusammenschalten, wenn wesentliche technische Daten übereinstimmen. Sind logische Schaltungen in der gleichen Technologie hergestellt und so ausgelegt, daß sie

gleiche Versorgungsspannungen,
gleiche Eingangs- und Ausgangspegel,
gleiche Größenordnung der Schalt- und Signallaufzeiten

haben, so werden sie als Schaltungsfamilien oder Schaltungsserien bezeichnet. Innerhalb einer Schaltungsfamilie gibt es stets eine größere Zahl von Bausteinen mit unterschiedlichen Funktionen, so daß sich in der Regel jede Steuerungsaufgabe mit den logischen Verknüpfungselementen aus einer Schaltungsfamilie verwirklichen läßt.
Ausgangspunkt der Entwicklung und Verbreitung von logischen Schaltungen in IC-Technik waren die Bausteine der TTL-Familie (Transistor-Transistor-Logik). Sie wird heute als Standard-TTL-Familie bezeichnet. Aus ihr wurden inzwischen eine Reihe weiterer Familien entwickelt, die jeweils charakteristische Eigenschaften besitzen. Die wichtigsten Schaltungsfamilien der TTL-Technik sind:

Standard-TTL	(74xx)
Low-Power-TTL	(74Lxx)
Schottky-TTL	(74Sxx)
Low-Power-Schottky-TTL	(74LSxx)
Advanced-Schottky-TTL	(74ASxx)
Advanced-Low-Power-Schottky-TTL	(74ALSxx)
Langsame störsichere Logik	(FZxx)

Darüber hinaus gibt es auch noch einige weitere Schaltungsfamilien, deren integrierte Schaltungen nicht aus bipolaren Transistoren, sondern aus FETs entwickelt wurden. Die bekannteste Familie ist die 4000-Serie, von der inzwischen ebenfalls einige weitere Serien abgeleitet wurden.

Standard-CMOS	(40xx)
High-Speed-CMOS	(74HCxx)
TTL in CMOS	(74Cxx)

Bei den in Klammern angegebenen Ziffern und Buchstaben handelt es sich um die üblichen Bezeichnungen bei den einzelnen Serien. Sie sind fast ausschließlich abgeleitet aus der Bezeichnung der Standard-TTL-Serie, die seinerzeit die Serienkennzeichnung 74xx erhalten hatte. Die weiteren Ziffern sind laufende Nummern für die einzelnen Funktionstypen. So handelt es sich z. B. beim Baustein 7410 um ein IC mit drei NAND-Gliedern, die jeweils drei Eingänge haben. Die Buchstaben in der Mitte der Typenbezeichnung weisen auf die entsprechende Technologie der Serie hin. Sowohl die Serienkennziffern als auch die Buchstaben werden leider nicht von allen Herstellern einheitlich verwendet.

Gleichartige Bausteine aus den verschiedenen Familien können oft direkt gegeneinander ausgewechselt werden. Man spricht dann von pinkompatiblen Bausteinen. Hier muß aber in jedem Einzelfall anhand von Datenblättern oder entsprechenden Listen geprüft werden, ob solch ein Austausch möglich oder zulässig ist.
Aufbauend auf den genannten TTL- und CMOS-Familien sind inzwischen noch einige weitere Serien mit speziellen Eigenschaften entwickelt worden, auf die hier aber nicht näher eingegangen werden kann.

7.3.2.1 TTL-Familien

Betriebsspannung und Signalpegel sind für alle TTL-Familien einheitlich festgelegt.

Betriebsspannung: $U_B = +5\,V \pm 5\,\%$
$= +5\,V \pm 0{,}25\,V$

Signalpegel: L $\triangleq$ $0\,V \leqq U_L \leqq +0{,}8\,V$
H $\triangleq$ $+2\,V \leqq U_H \leqq +5\,V$

Standard-TTL (74xx)

Bei einer logischen Schaltung der TTL-Familie (Transistor-Transistor-Logik) erfolgt die logische Verknüpfung durch einen Multi-Emitter-Transistor. Wie das **Bild 7.24** zeigt, handelt es sich dabei um eine integrierte Transistorausführung mit mehreren Emittern.

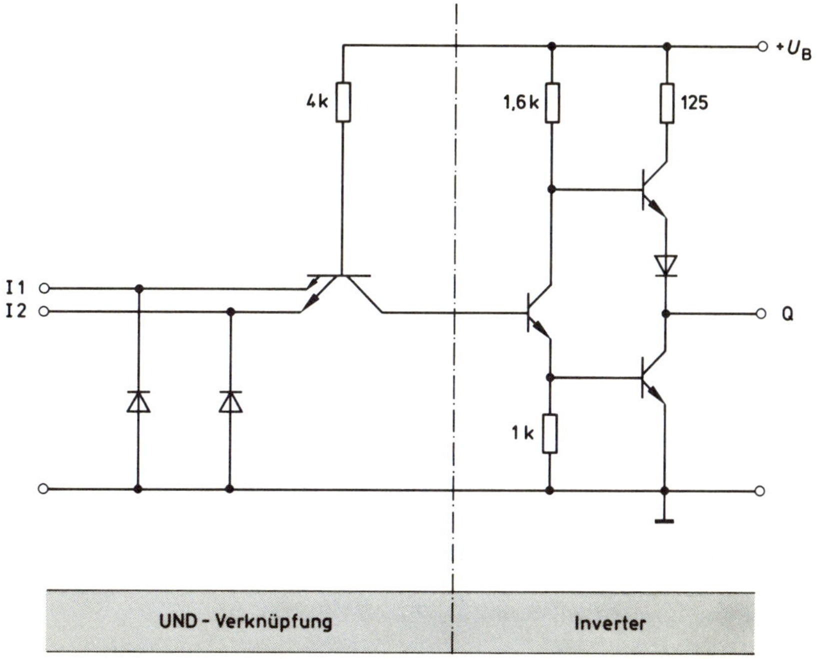

Bild 7.24 TTL-NAND-Gatter vom Typ 7400

Dieser Multi-Emitter-Transistor nimmt eine logische UND-Verknüpfung der Eingangssignale vor. Dem Eingangstransistor wird stets noch eine Inverter-Funktion nachgeschaltet, so daß sich als Standard-Baustein der TTL-Technik ein NAND-Glied ergibt. Die Inverter-Funktion wird durch einen Zwischenverstärker mit nachgeschalteter Gegentakt-Endstufe erreicht. Durch diese Schaltungskonzeption ergibt sich eine höhere Belastbarkeit am Ausgang und eine höhere Eingangs-Umschaltschwelle.
Ein nicht angeschlossener Eingang übt keine Funktion mehr aus und stört die anderen Emitter des Eingangstransistors nicht.

Low-Power-TTL (74Lxx)

Diese Familie ist pinkompatibel zur Standard-TTL-Familie. Ihr großer Vorteil liegt darin, daß die Leistungsaufnahme je Verknüpfungselement etwa 10 mal kleiner ist. Von Nachteil sind jedoch die etwa um den Faktor 3 größeren Verzögerungszeiten.

Schottky-TTL (74Sxx)

Eine weitere Variante der TTL-Familie stellt die Schottky-TTL-Technik dar. Sie unterscheidet sich von der Standard-TTL-Technik dadurch, daß parallel zu den Basis-Kollektor-Strecken aller Transistoren eine Schottky-Diode geschaltet ist. Außerdem werden alle Eingänge eines Gatters zum Schutz gegen Überspannungen über eine solche Schottky-Diode mit Masse verbunden.
Die parallel zur Basis-Kollektor-Strecke liegenden Dioden reduzieren die Signallaufzeiten. Ist nämlich ein Transistor bis in die Sättigung durchgesteuert, so werden Ladungen im Basisraum gespeichert, die beim Umschalten erst ausgeräumt werden müssen, was Zeit beansprucht. Eine parallel zur Basis-Kollektor-Strecke liegende Schottky-Diode mit ihrer kleinen Durchbruchspannung von ca. 0,35 V übernimmt beim Umschalten sofort den Ladungstransport von der Basis zum Kollektor, so daß keine nennenswerte Speicherung mehr zustande kommt. Bei gleicher Leistungsaufnahme ist daher die Signallaufzeit bei der Schottky-TTL-Familie nur noch halb so groß wie bei der Standard-TTL-Familie.

Low-Power-Schottky-TTL (74LSxx)

Bei dieser Serie handelt es sich um die Low-Power-Ausführung der schnellen Schottky-Serie. Allerdings wird auch hier wieder nicht die gleiche Schnelligkeit erreicht. Der große Vorteil der LS-Familie liegt aber inzwischen darin, daß sie sich immer mehr zu einem Industriestandard entwickelt hat, weil eine Vielzahl von Bausteinen mit unterschiedlichen Funktionen zur Verfügung stehen.

Advanced-Schottky-TTL (74ASxx)

Charakteristische Eigenschaft der AS-Serie gegenüber der S-Serie sind die geringeren Schaltzeiten, die bei etwa 3 ns liegen.

Advanced-Low-Power-Schottky-TTL (74ALSxx)

Bei dieser Familie sind der geringe Leistungsbedarf der LS-Serie mit den schnellen Schaltzeiten der S-Serie kombiniert.

Langsame störsichere Logik (FZxx)

Bei der LSL-Technik wurde größte Störsicherheit angestrebt. Um das zu erreichen, mußten andere Eigenschaften, so z. B. die Signalgeschwindigkeit, vernachlässigt werden. Zur Verbesserung der statischen Störsicherheit wurde für diese Logik-Familie eine Betriebsspannung von ca. 15 V gewählt, so daß ein großer Spannungshub zwischen dem H- und L-Pegel möglich ist. Mit Hilfe der Z-Diode wird die Eingangs-Umschaltschwelle auf ca. 6 V angehoben.
Zur Verbesserung der dynamischen Störsicherheit kann die Basis-Kollektor-Kapazität des Eingangstransistors durch einen von außen anschaltbaren Kondensator C erhöht werden. Beim Schalten lädt sich dieser Kondensator relativ langsam um, wodurch dynamische Störungen nicht wirksam werden können. Die Schaltzeiten werden jedoch hierdurch erheblich verlängert.
Bausteine der LSL-Familie werden unter den Bezeichnungen FZxx von Siemens und Philips/Valvo geliefert.
Beim praktischen Einsatz der TTL-Bausteine sind u. a. auch noch einige schaltungstechnische Vorschriften für unbenutzte Eingänge zu beachten.

Schaltungstechnische Vorschriften für unbenutzte Eingänge

Unbenutzte Eingänge von logischen Schaltungen der TTL-Familien müssen grundsätzlich beschaltet werden. Für diese Beschaltung gilt:

a) *Unbenutzte Eingänge von benutzten UND- und NAND-Gliedern* können entweder direkt mit der Betriebsspannung U_B oder auch mit benutzten Eingängen desselben Gliedes verbunden werden.
Ist nicht gewährleistet, daß $U_{B\,max} \leqq +5{,}5\,V$ ist, so müssen die unbenutzten Eingänge über einen Widerstand $R = 1\,k\Omega$ mit der Betriebsspannung U_B verbunden werden. Beim Zusammenschalten mehrerer Eingänge ist der Ausgangs-Lastfaktor (Fan out) der ansteuernden Stufe zu beachten.

b) *Unbenutzte Eingänge von benutzten ODER- und NOR-Gliedern* können entweder direkt mit Masse oder auch mit benutzten Eingängen desselben Gliedes verbunden werden. Im 2. Fall ist wieder der Ausgangs-Lastfaktor (Fan out) der ansteuernden Stufen zu beachten.

Bild 7.25 zeigt als Beispiel die Anschlußbilder für acht verschiedene Verknüpfungsglieder der TTL-Serie 74xx.

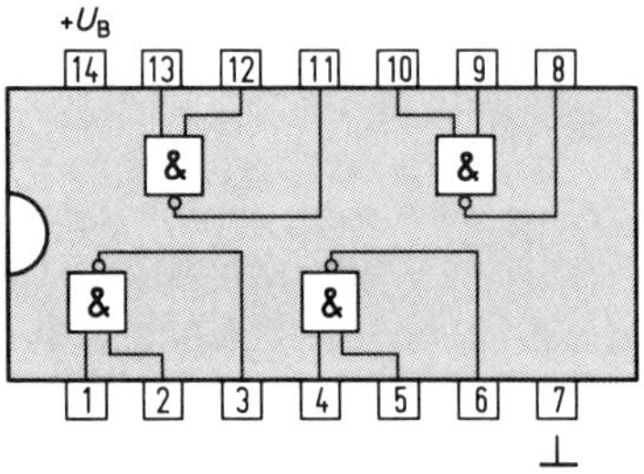

4 × NAND-Glieder mit je 2 Eingängen

Typ 7400

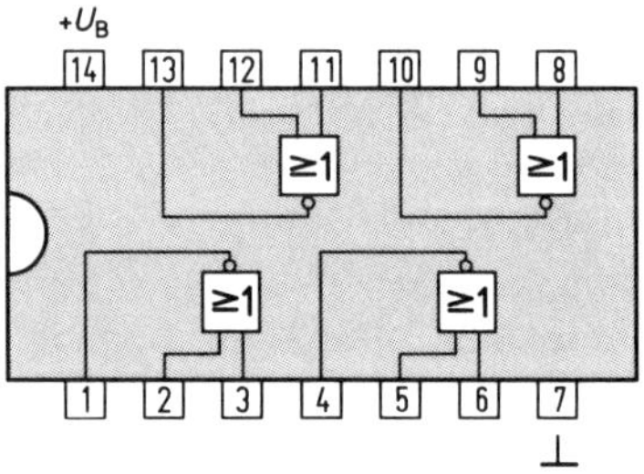

4 × NOR-Glieder mit je 2 Eingängen

Typ 7402

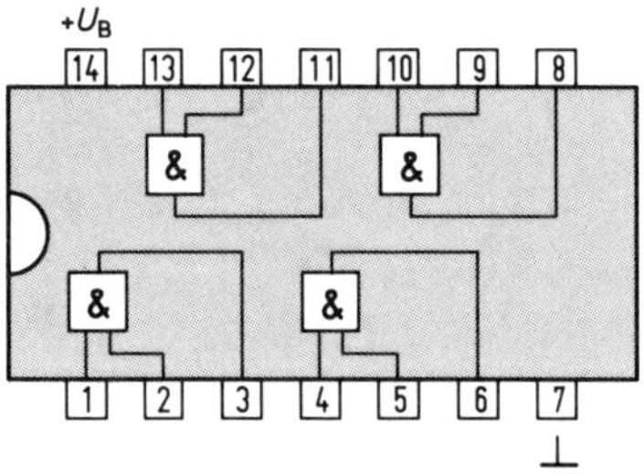

4 × UND-Glieder mit je 2 Eingängen

Typ 7408

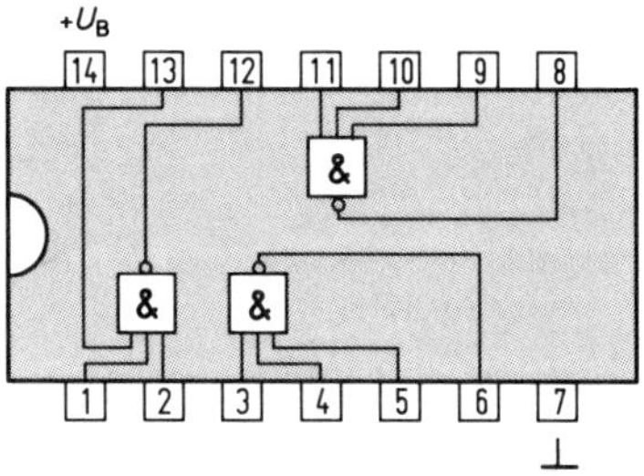

3 × NAND-Glieder mit je 3 Eingängen

Typ 7410

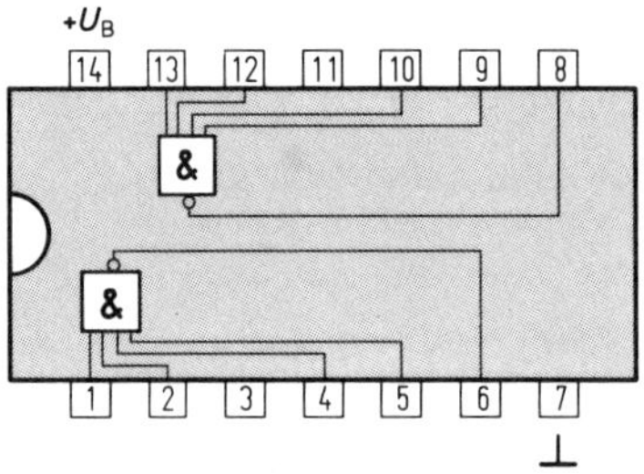

2 × NAND-Glieder mit je 4 Eingängen

Typ 7420

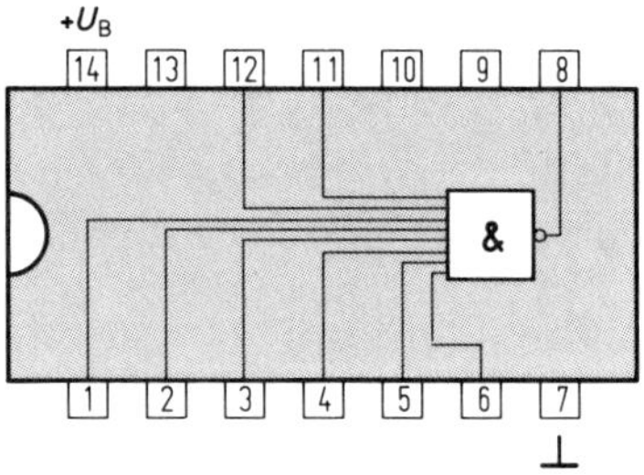

1 × NAND-Glied mit 8 Eingängen

Typ 7430

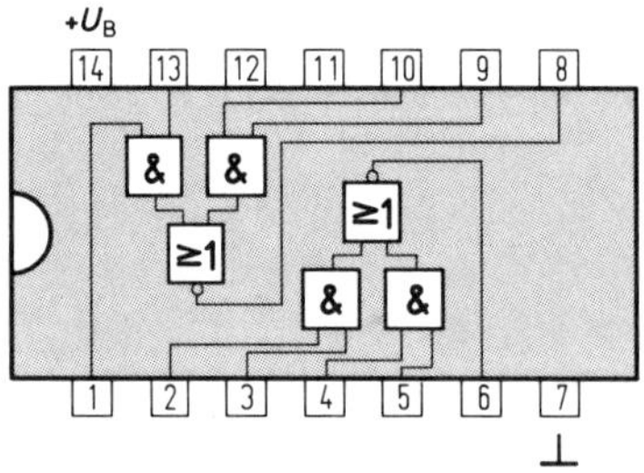

2 × UND-NOR-Glieder mit 2 × 2 Eingängen

Typ 7451

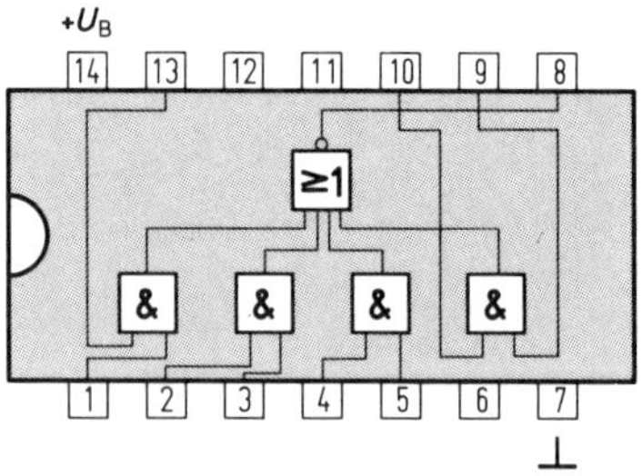

1 × UND-NOR-Glied mit 4 × 2 Eingängen

Typ 7454

Bild 7.25 Anschlußbilder (Draufsicht) für 8 verschiedene Verknüpfungsglieder der TTL-Serie 74xx

7.3.2.2 CMOS-Familien

Bild 7.26 zeigt das Grundprinzip eines CMOS-Schalters. Es handelt sich dabei um eine Reihenschaltung von zwei selbstsperrenden MOS-FETs, wobei der obere FET T 1 eine Ausführung vom p-Kanal-Typ, der untere FET T 2 eine Ausführung vom n-Kanal-Typ ist. Sie sind so zusammengeschaltet, daß an jedem FET eine Betriebsspannung mit der richtigen Polarität anliegt.

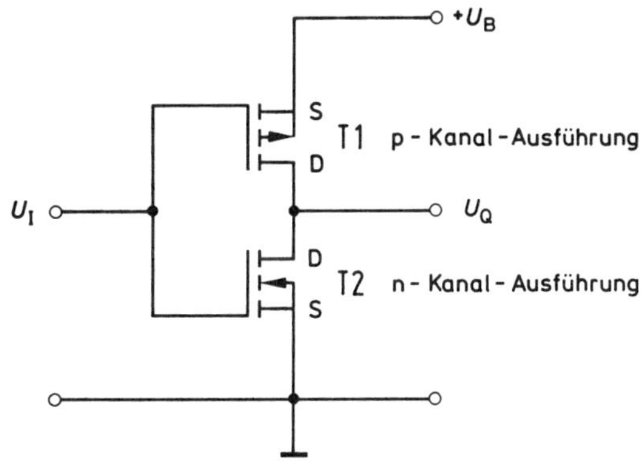

Bild 7.26 Grundprinzip eines CMOS-Schalters

Ist U_I = 0 V, so bedeutet dies für T 2 eine Gate-Spannung U_G = 0 V, d. h. T 2 ist voll gesperrt. Die gleiche Eingangsspannung U_I = 0 V bedeutet aber für T 1 gleichzeitig eine Gate-Spannung $U_G = -U_B$, d. h. T 1 ist voll leitend. Für die Ausgangsspannung U_Q gilt dann $U_Q \approx +U_B$.
Ist dagegen $U_I = U_B$, so bedeutet dies für T 2 eine Gatespannung $U_G = +U_B$, d. h. T 2 ist voll leitend. $U_I = U_B$ bedeutet dann aber für T 1 eine Gatespannung U_G = 0 V, d. h. T 1 ist voll gesperrt. Für die Ausgangsspannung U_Q gilt dann $U_Q \approx$ 0 V.
Charakteristisch für die CMOS-Technik ist eine Schutzbeschaltung von Eingang und Ausgang. Sämtliche Dioden sind integriert und haben die Aufgabe, den eigentlichen Inverter möglichst weitgehend vor Beschädigungen durch statische Aufladungen zu schützen. Trotz dieser Schutzdioden, die sich teilweise bei der Herstellung zwangsläufig ergeben, läßt sich jedoch kein vollständiger Schutz vor einer Beschädigung durch statische Aufladungen erreichen. Alle Bausteine der CMOS-Serie müssen daher sehr sorgfältig und entsprechend den Herstellervorschriften behandelt werden. Eine Gefährdung der Bausteine tritt insbesondere beim Verpacken und beim Einbau in die Schaltung auf. CMOS-ICs werden daher in der Regel aufgesteckt auf graphitiertem Schaumstoff geliefert. Einen guten Schutz bietet auch das Eindrücken der Anschlußstifte in Aluminiumfolie mit einem Stück Styropor als Trägermaterial.
Auch der Einbau eines CMOS-ICs erfordert besondere Vorsicht. Das Löten an den Anschlüssen sollte möglichst vermieden werden. Daher werden meistens Fassungen verwendet. Beim Bestücken einer Platine sollte der IC auch erst dann eingesteckt werden, wenn alle anderen Bauteile bereits eingelötet sind. Dabei sollte es zur Gewohnheit werden, mit den Fingern zuerst die IC-Verpackung zu berühren, dann den IC herausnehmen, die Platine zu berühren und erst dann den IC in die Fassung einsetzen. In entsprechend umgekehrter Reihenfolge ist auch zu verfahren beim Ausbau oder beim Auswechseln eines CMOS-Bausteines. Bei einer derartigen Behandlung ist dann stets ein Potentialausgleich möglich, und statische Aufladungen und Potentialdifferenzen an den IC-Anschlüssen werden vermieden.

Standard-CMOS-Familie (40xx)

Logische Verknüpfungsschaltungen der CMOS-Technik sind aus komplementären, selbstsperrenden MOS-Feldeffekt-Transistoren aufgebaut, d. h. es sind jeweils p-Kanal-MOS-FETs und n-Kanal-MOS-FETs zusammengeschaltet.
Ein NAND-Glied in CMOS-Technik mit zwei Eingängen entsteht, wenn zwei p-Kanal-MOS-FETs parallel und zwei n-Kanal-MOS-FETs in Reihe und diese FETs dann entsprechend **Bild 7.27a** zusammengeschaltet werden.
Liegt an beiden Eingängen I1 und I2 H-Signal, so sind alle p-Kanal-Transistoren gesperrt und alle n-Kanal-Transistoren leitend. Am Ausgang Q erscheint das L-Signal. Liegt dagegen an den Eingängen I1 oder I2 oder aber an beiden Eingängen L-Signal, so werden die zugehörigen n-Kanal-Transistoren gesperrt und die p-Kanal-Transistoren leitend. Am Ausgang erscheint dann in jedem Fall H-Signal.

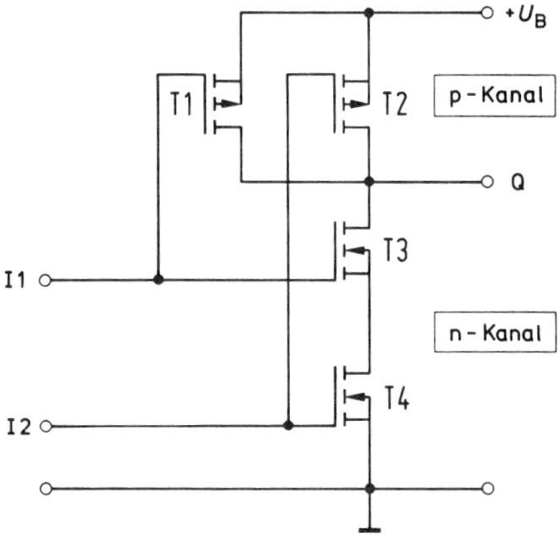

Bild 7.27 a Schaltbild eines NAND-Gliedes in CMOS-Technik

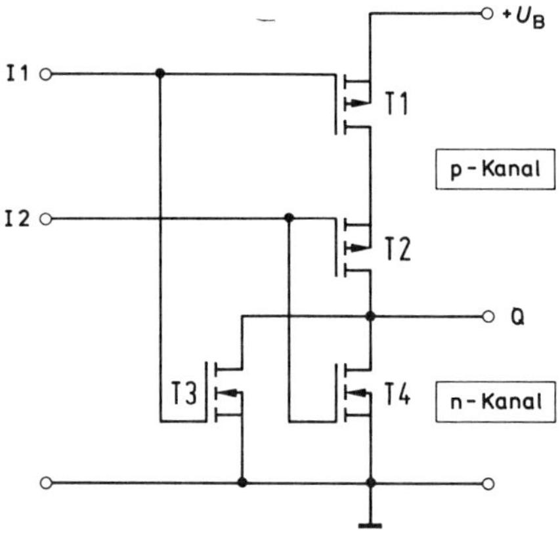

Bild 7.27 b Schaltbild eines NOR-Gliedes in CMOS-Technik

Bild 7.27b zeigt ein NOR-Glied in CMOS-Technik. Hier sind die p-Kanal-MOS-FETs in Reihe und die n-Kanal-MOS-FETs parallel geschaltet.
Liegt an einem Eingang oder an beiden Eingängen H-Signal, so sind die zugehörigen n-Kanal-MOS-FETs leitend und die p-Kanal-MOS-FETs gesperrt. Am Ausgang erscheint dann jeweils L-Signal. Liegt dagegen an beiden Eingängen L-Signal, sind beide p-Kanal-MOS-FETs leitend und beide n-Kanal-MOS-FETs gesperrt. Am Ausgang erscheint dann H-Signal.
In gleicher Weise können NAND-Glieder und NOR-Glieder in CMOS-Technik mit jeweils drei oder mehr Eingängen durch entsprechende Parallel- bzw. Reihenschaltung von jeweils drei oder mehr p-Kanal- und n-Kanal-Transistoren aufgebaut werden.
Für die CMOS-Serie 40xx gilt die gleiche Signalzuordnung wie bei der TTL-Serie 74xx, und zwar: L $\triangleq$ 0-Signal; H $\triangleq$ 1-Signal.

Waren jedoch bei der TTL-Serie 74xx die Betriebsspannungen und die Signalpegel für alle Bausteine einheitlich festgelegt, so ist das für die CMOS-Serie 40xx nicht der Fall. Als Betriebsspannungen werden von den meisten Herstellern Spannungen zwischen $U_B = +3$ V und $U_B = +15$ V zugelassen. Technische Daten sind in der Regel für $U_B = +5$ V und $U_B = +10$ V, teilweise auch für $U_B = +15$ V angegeben. Die übliche Betriebsspannung für die CMOS-Serie ist jedoch $U_B = +5$ V.
In **Bild 7.28** sind die garantierten Signalpegel für die TTL-Serie 74xx und die CMOS-Serie 40xx gegenübergestellt, und zwar in beiden Fällen für eine Betriebsspannung $U_B = +5$ V.
Die Eingangs- und Ausgangspegel der CMOS-Serie 40xx und der TTL-Serie 74xx unterscheiden sich auch bei gleicher Betriebsspannung voneinander. Der Störspannungsabstand ist bei beiden Serien unterschiedlich, und zwar beträgt er 1 V bei der CMOS-Serie, bei der TTL-Serie jedoch nur 0,4 V.

$S_L = U_L - U_{a\,min} = 0{,}8\,V - 0{,}4\,V = 0{,}4$
$S_H = U_{a\,max} - U_H = 2{,}4\,V - 2\,V = 0{,}4$

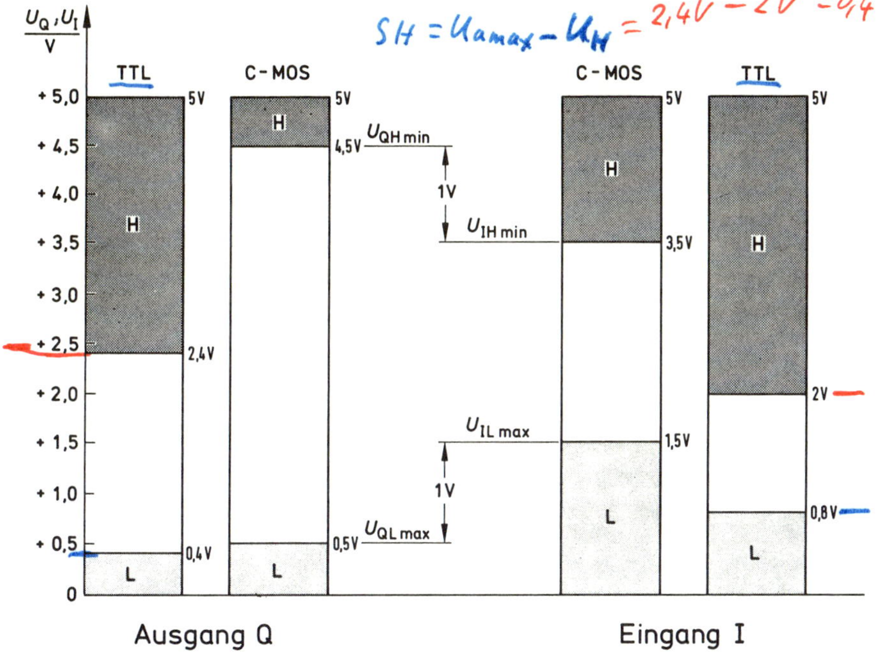

Bild 7.28 Garantierte Ausgangs- und Eingangspegel bei der TTL-Serie 74xx und der CMOS-Serie 40xx für $U_B = +5$ V

Die vom Hersteller garantierten Signalpegel sind in der CMOS-Serie keine Festwerte. Sie ändern sich in Abhängigkeit von der Betriebsspannung, die zwischen $U_B = +3$ V und $U_B = +15$ V wählbar ist. **Bild 7.29** zeigt den Zusammenhang zwischen der Betriebsspannung und den Pegelfeldern in vereinfachter Form.
Aus dem Diagramm ist auch zu erkennen, daß der Störspannungsabstand ebenfalls von der Betriebsspannung abhängt. Er beträgt bei $U_B = 5$ V gleich 1 V, bei $U_B = 10$ V gleich 2 V und bei $U_B = 15$ V gleich 3 V.

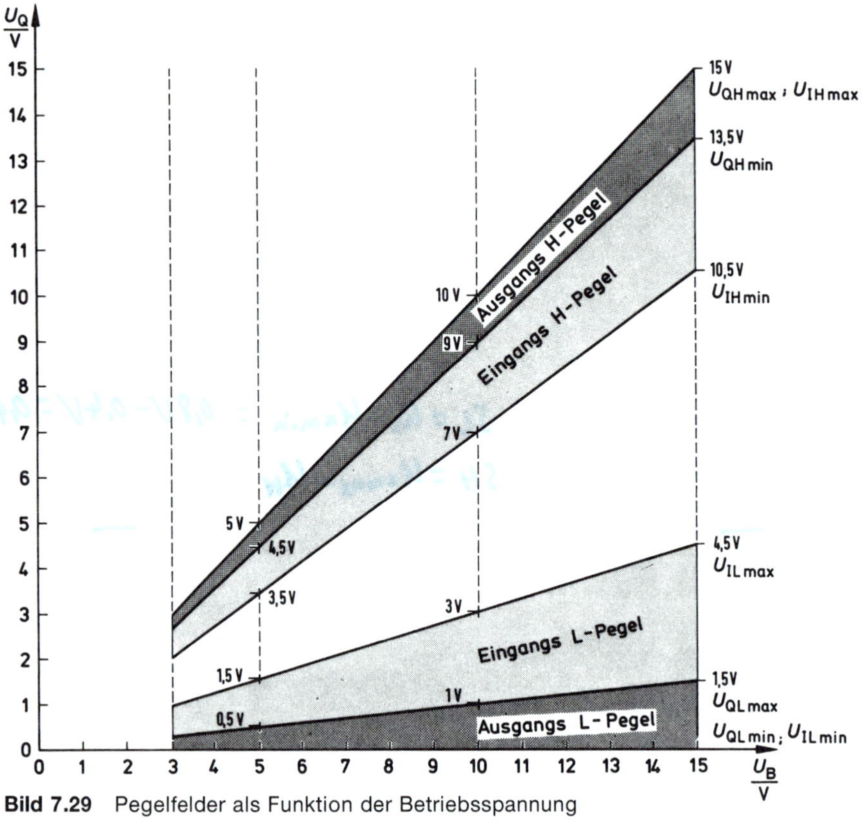

Bild 7.29 Pegelfelder als Funktion der Betriebsspannung

Die Anschlußbelegungen der CMOS-Bausteine entsprechen in der Regel nicht den Anschlußbelegungen der vergleichbaren TTL-Bausteine. Zu beachten sind bei der CMOS-Serie ebenfalls schaltungstechnische Vorschriften für unbenutzte Eingänge.

Schaltungstechnische Vorschriften für unbenutzte Eingänge

Unbenutzte Eingänge von logischen Schaltungen der CMOS-Familien müssen grundsätzlich beschaltet werden. Für diese Beschaltung gilt:

a) *Unbenutzte Eingänge von benutzten UND- und NAND-Gliedern* können entweder direkt an die Betriebsspannung U_B oder aber mit benutzten Eingängen desselben Gliedes verbunden werden.

b) *Unbenutzte Eingänge von benutzten ODER- oder NOR-Gliedern* können entweder direkt an Masse oder aber mit benutzten Eingängen desselben Gliedes verbunden werden.

Zusätzlich gilt noch ganz allgemein, daß zur Vermeidung von statischen Aufladungen auch die Eingänge aller nicht benutzten Glieder eines Chips über Widerstände $R = 200\,\mathrm{k}\Omega$ an Masse zu legen sind. In **Bild 7.30** sind als Beispiele die Anschlußbilder von acht verschiedenen Verknüpfungsgliedern der CMOS-Serie 40xx gezeigt.

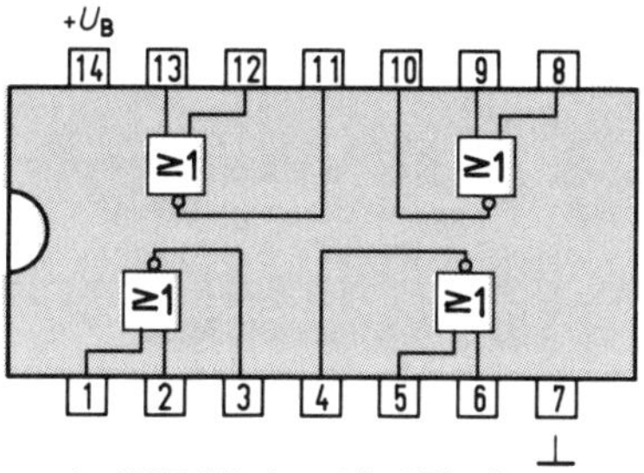

4 × NOR-Glieder mit je 2 Eingängen

Typ 4001

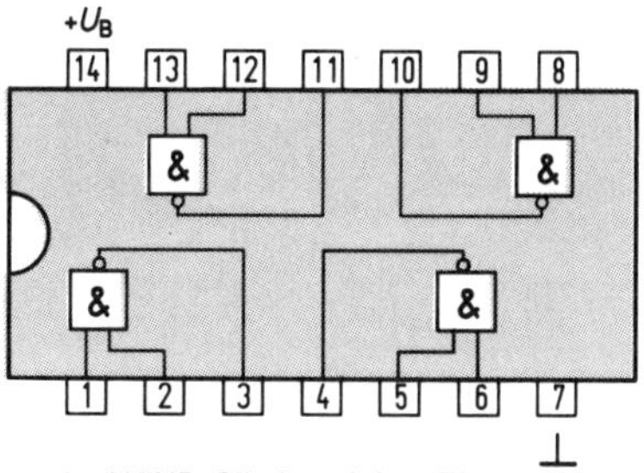

4 × NAND-Glieder mit je 2 Eingängen

Typ 4011

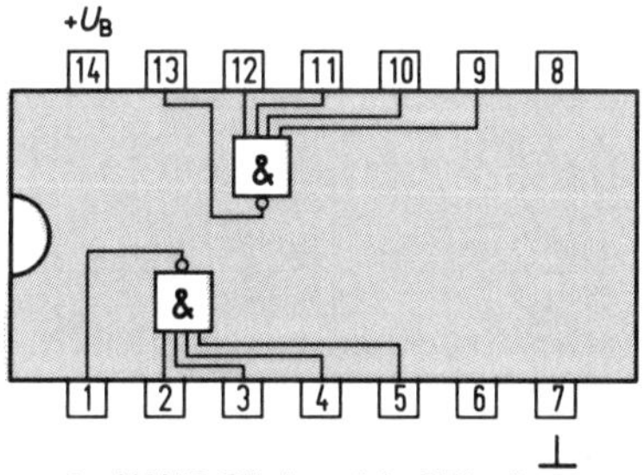

2 × NAND-Glieder mit je 4 Eingängen

Typ 4012

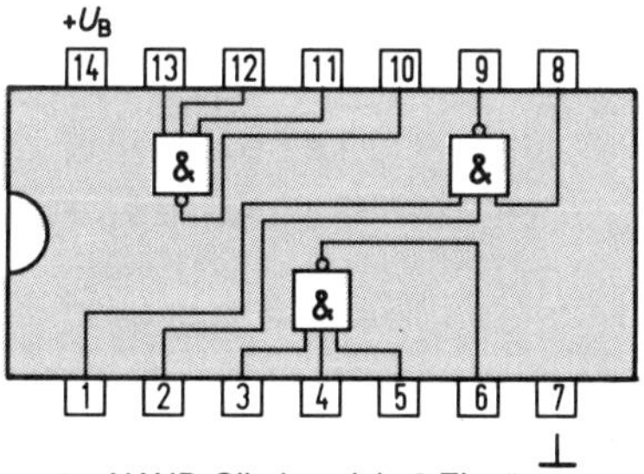

3 × NAND-Glieder mit je 3 Eingängen

Typ 4023

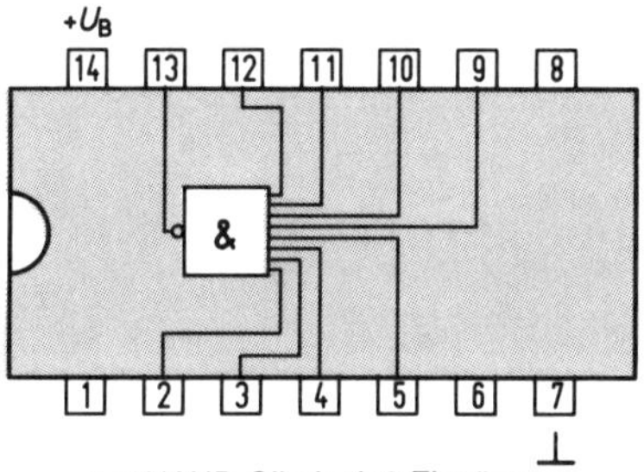

1 × NAND-Glied mit 8 Eingängen

Typ 4068

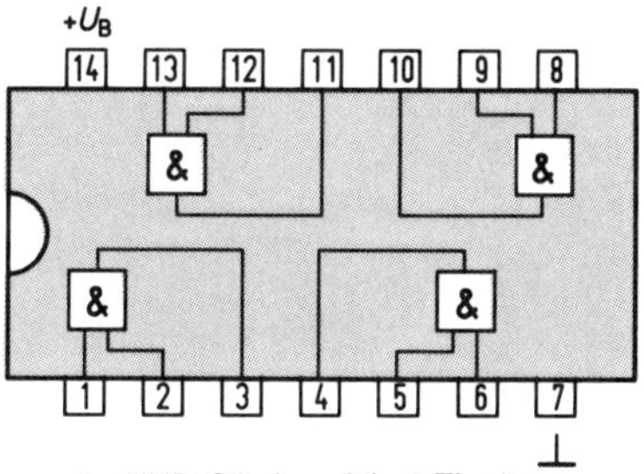

4 × UND-Glieder mit je 2 Eingängen

Typ 4081

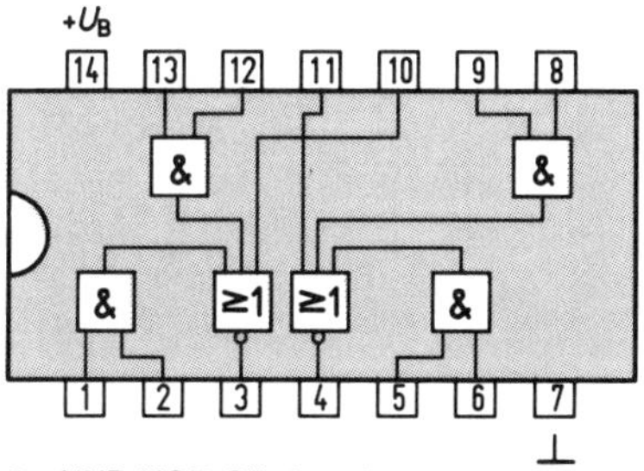

2 × UND-NOR-Glieder mit 2 × 2 Eingängen

Typ 4085

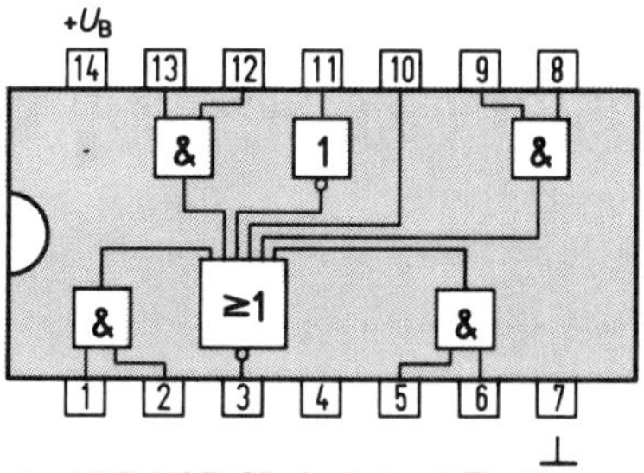

1 × UND-NOR-Glied mit 4 × 2 Eingängen

Typ 4086

Bild 7.30 Anschlußbilder (Draufsicht) für 8 verschiedene Verknüpfungsglieder der CMOS-Serie 40xx

7.3.2.3 Gegenüberstellung der Schaltungsfamilien

In der Tabelle nach **Bild 7.31** sind einige charakteristische Kenndaten der verschiedenen Schaltungsfamilien gegenübergestellt.

Familie	Betriebsspannung in V	Verlustleistung je Gatter in mW	Verzögerungszeit je Gatter in ns	Ausgangsstrom in mA
74xx	4,75 ... 5,25	10	10	16
74Lxx	4,75 ... 5,25	1	33	3,6
74Sxx	4,75 ... 5,25	20	3	30
74LSxx	4,75 ... 5,25	2	10	8
74ASxx	4,75 ... 5,25	2	<3	3
74ALSxx	4,5 ... 5,5	1,2	4	8
LSL(FZ)	11,4 ... 17	30	200	keine Angaben
40xx	3 ... 15	10^{-3}	94	0,5
74Cxx	3 ... 15	$10 \cdot 10^{-6}$	100	1
74HCxx	3 ... 15	$2{,}5 \cdot 10^{-6}$	8	4

Bild 7.31 Charakteristische Kenndaten der Schaltungsfamilien

7.3.3 Belastungsfälle von TTL- und CMOS-Bausteinen

Die Ausgänge von logischen Verknüpfungselementen und elektronischen Schaltern werden in der Regel durch die Eingangswiderstände nachfolgender Verknüpfungsglieder belastet. **Bild 7.32a** zeigt als Beispiel das Anschlußbild eines Standard-TTL-Bausteins vom Typ 7404, der sechs gleichartige Inverter in einem Dual-in-Line-Gehäuse (T0 116) enthält. Jeder dieser sechs Inverter ist in integrierter Schaltungstechnik völlig gleichartig aufgebaut **(Bild 7.32b)**.

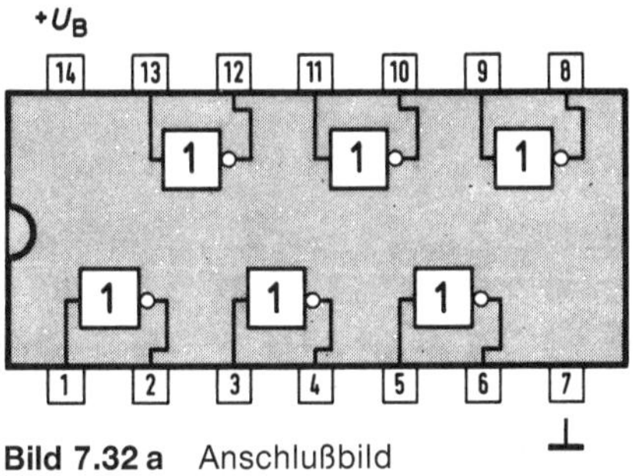

Bild 7.32 a Anschlußbild (Draufsicht) Inverter 7404

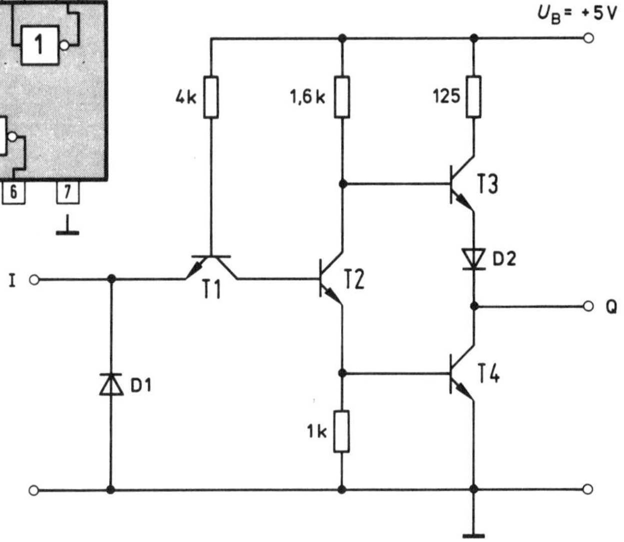

Bild 7.32 b Schaltbild eines Inverters 7404

Für die Arbeitsweise eines Inverters sind wieder zwei Schaltzustände zu unterscheiden.

L-Signal am Eingang: $0\,V \leqq U_{IL} \leqq +0{,}8\,V$

Der Transistor T 1 erhält über den Widerstand 4 kΩ einen Basisstrom, der die Emitter-Kollektorstrecke niederohmig macht. Die Spannung am Kollektor von T 1 ist daher nur geringfügig höher als seine Emitterspannung, d. h. als die Eingangsspannung. Diese Kollektorspannung von T 1 reicht nicht aus, um den Transistor T 2 leitend werden zu lassen. Daher erhält der Transistor T 3 einen ausreichend großen Basisstrom und ist voll leitend. Der Transistor T 4 bleibt dagegen gesperrt, weil an dem Widerstand 1 kΩ kein Spannungsabfall auftritt. Da T 4 gesperrt und T 3 leitend ist, liegt der Ausgang Q auf hohem Potential, also auf H-Pegel. Wird die zulässige Belastung des Ausganges nicht überschritten, liegt die Ausgangsspannung innerhalb der Pegelgrenzen $+2{,}4\,V \leqq U_{QH} \leqq +5\,V$.
Von Bedeutung ist die Tatsache, daß bei diesem Schaltzustand ein Strom I_{IL} aus dem Eingang herausfließt und über den Innenwiderstand der Signalquelle nach Masse geleitet werden muß.

H-Signal am Eingang: $+2\,V \leqq U_{IH} \leqq +5\,V$

Der Transistor T 1 wird jetzt invers betrieben. Daher fließt durch die in Durchlaßrichtung gepolte Kollektor-Basis-Diode von T 1 ein Strom, der den Transistor T 2 durchsteuert. Dadurch wird T 3 gesperrt und T 4 leitend. Die Ausgangsspannung liegt dann innerhalb der Pegelgrenzen $0\,V \leqq U_{QL} \leqq +0{,}4\,V$.
Bei diesem Schaltzustand fließt ein Strom I_{IH} in den Eingang I des Inverters hinein. Er muß von der Signalquelle aufgebracht werden.
Beim praktischen Einsatz eines integrierten Schalters müssen auf jeden Fall außer den Signalpegeln auch die auftretenden oder zulässigen Eingangsströme und Ausgangsströme berücksichtigt werden. Sie werden in den Datenblättern der Hersteller für die verschiedenen Betriebsfälle angegeben.

Betriebsfälle für Eingang und Ausgang

Für den praktischen Einsatz der IC-Schalter reicht die Kenntnis nur weniger wichtiger charakteristischer Daten aus. Zu ihnen gehören u. a. die auftretenden Eingangsströme bei den beiden Signalpegeln. Sie sind unabhängig von der Ausgangsbelastung des IC-Schalters.
Die zulässige Belastung des Ausganges bei den beiden Signalpegeln wird ebenfalls vom Hersteller angegeben, und zwar nicht als Lastwiderstand, sondern als zulässiger Laststrom.

Betriebsfälle am Eingang

Fall 1: L-Signal am Eingang $\triangleq 0\,V \leqq U_{IL} \leqq +0{,}8\,V$ **(Bild 7.33)**

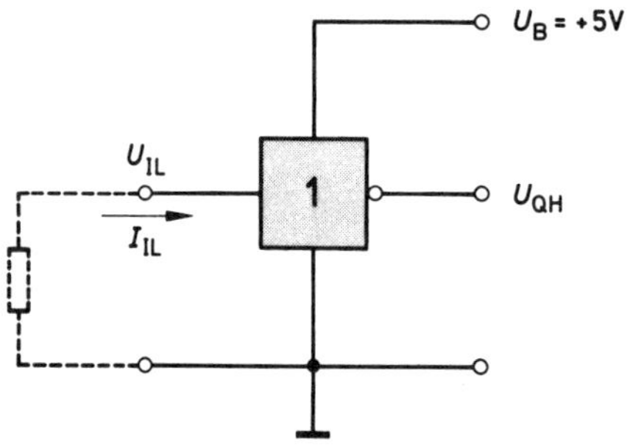

Eingangsstrom:

$-I_{IL} \leqq 1{,}6\,mA$ Garantiewert

bei $U_{IL} = +0{,}4\,V$

Bild 7.33 Betriebsfall 1 für den Eingang

Die Angabe $-I_{IL}$ weist darauf hin, daß der Strom I_{IL} nicht wie in Bild 7.33 angegeben, in den Eingang hineinfließt, sondern aus dem Eingang herausfließt. Die Festlegung, grundsätzlich die in eine Schaltung hineinfließenden Ströme positiv und die aus einer Schaltung herausfließenden Ströme negativ zu bezeichnen, wurde aus der Theorie der Vierpole übernommen.

Fall 2: H-Signal am Eingang ≙ $+2\,V \leqq U_{IH} \leqq +5\,V$ **(Bild 7.34)**

Eingangsstrom:

$I_{IH} \leqq 0{,}04$ mA Garantiewert

bei $U_{IH} = +2{,}4\,V$

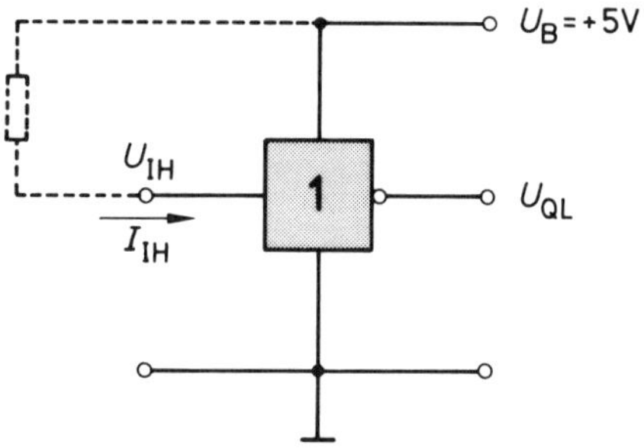

Bild 7.34 Betriebsfall 2 für den Eingang

Betriebsfälle am Ausgang

Fall 1: L-Signal am Ausgang ≙ $0\,V \leqq U_{QL} \leqq +0{,}4\,V$ **(Bild 7.35)**

zulässiger Laststrom:

$I_{QL} \leqq 16$ mA Garantiewert

bei $U_{QL} < +0{,}4\,V$

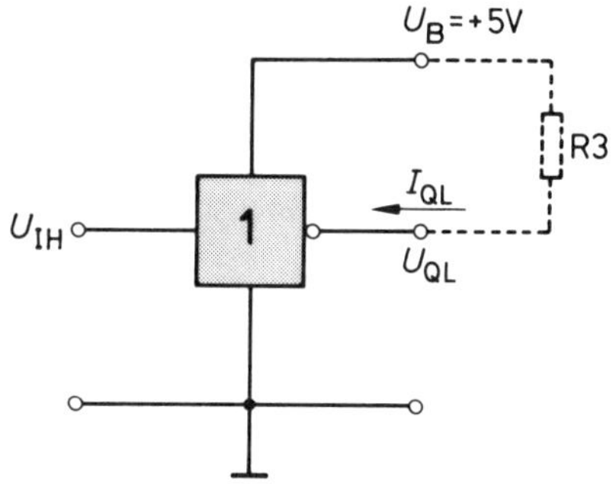

Bild 7.35 Betriebsfall 1 (Ausgang)

Bei L-Signal am Ausgang darf ein maximaler Laststrom $I_{QL} = 16$ mA in den Ausgang hineinfließen

Fall 2: H-Signal am Ausgang ≙ $+2{,}4\,V \leqq U_{QH} \leqq +5\,V$ **(Bild 7.36)**

zulässiger Laststrom:

$-I_{QH} \leqq 0{,}4$ mA Garantiewert

bei $U_{QH} > +2{,}4\,V$

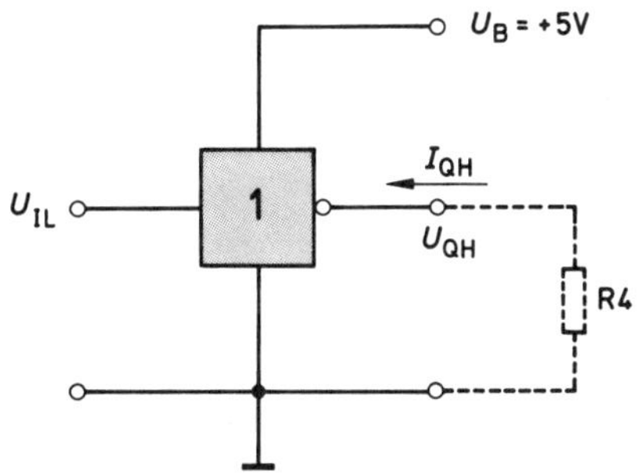

Bild 7.36 Betriebsfall 2 (Ausgang)

Die Angabe $-I_{QH}$ weist darauf hin, daß der Strom aus dem Ausgang herausfließt. Bei H-Signal am Ausgang darf ein maximaler Laststrom $I_{QH} = 0{,}4$ mA aus dem Ausgang herausfließen.

Die beiden weiterhin möglichen Belastungsfälle –
Fall 3: Belastung des Ausganges gegen Betriebsspannung (R 3) bei H-Signal,
Fall 4: Belastung des Ausganges gegen Masse (R 4) bei 0-Signal –
sind praktisch ohne Bedeutung. Es kann kein Ausgangsstrom fließen, da jeweils ein gesperrter Transistor (T 3 bzw. T 4 in Bild 7.32 b) in dem möglichen Stromweg liegt. Außerdem liegen die Lastwiderstände jeweils parallel zu einem leitenden Transistor. Alle diese Zusammenhänge gelten in gleicher Weise auch für die Ein- und Ausgänge der logischen Schaltungen.

Anwendungsbeispiele

1. Ausgangsbelastung eines Inverters 7404 durch die Eingangsströme angesteuerter Inverter 7404

Fall 1: L-Signal am Ausgang Q ≙ L-Signal an den Eingängen $I_1 \ldots I_n$

Für diesen Betriebsfall gilt:

$$I_{QL} \leqq 16\,\text{mA} \quad \text{und} \quad -I_{IL} \leqq 1{,}6\,\text{mA}.$$

Aus jedem Eingang eines angesteuerten Inverters fließt ein Strom ≦ 1,6 mA heraus, während ein in den Ausgang des ansteuernden Inverters hineinfließender Strom ≦ 16 mA zulässig ist. Daraus ist zu erkennen, daß in diesem Betriebsfall bis zu 10 Inverter 7404 von einem Inverter 7404 angesteuert werden können.

Fall 2: H-Signal am Ausgang Q = H-Signal an den Eingängen $I_1 \ldots I_n$

Für diesen Betriebsfall gilt:

$$-I_{QH} \leqq 0{,}4\,\text{mA} \quad \text{und} \quad I_{IH} \leqq 0{,}04\,\text{mA}.$$

In den Eingang eines jeden angesteuerten Inverters fließt ein Strom ≦ 0,04 mA hinein, während ein aus dem Ausgang des Inverters herausfließender Strom ≦ 0,4 mA zulässig ist. Daraus ergibt sich, daß auch in diesem Betriebsfall bis zu 10 Inverter 7404 von einem Inverter 7404 angesteuert werden können **(Bild 7.37)**.
Dieser Faktor 10 gilt für alle Bausteine der Standard-TTL-Serie 74xx mit Standard-Ausgang. Er wird auch als Ausgangs-Lastfaktor $F_Q = 10$ (F_Q = **F**an **o**ut) bezeichnet. Angegeben wird für den Inverter 7404 auch ein Eingangs-Lastfaktor $F_I = 1$ (F_I = **F**an **i**n). Damit ist es auf einfache Weise und ohne Berechnung von Lastströmen möglich, eine zu große Belastung des Ausganges zu vermeiden und die Signalpegel sicher einzuhalten.
Diese Lastfaktoren haben heute aber fast nur noch bei Bausteinen der Standard-TTL-Familie eine Bedeutung. Bei allen anderen Familien sind die Eingangsströme so gering, daß bis zu 30 oder 40 weitere Bausteine an einen Ausgang angeschlossen werden können. Derartige Fälle treten in der Praxis aber kaum auf.

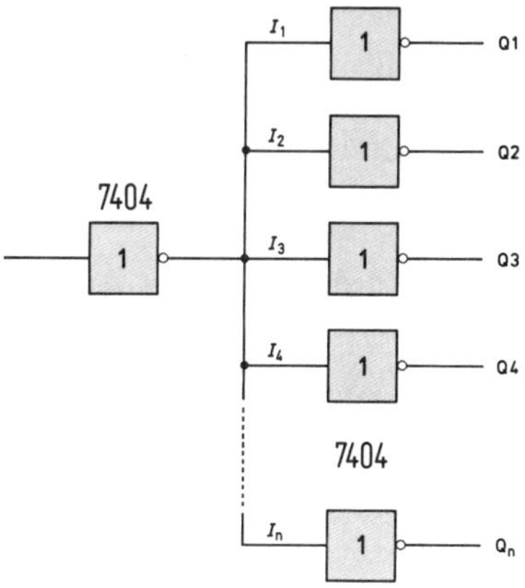

Bild 7.37 Ausgangsbelastung eines Inverters 7404

2. Direktansteuerung von LEDs zur Signalanzeige

Eine Schaltung zur Anzeige eines 1-Signals am Ausgang zeigt **Bild 7.38**.

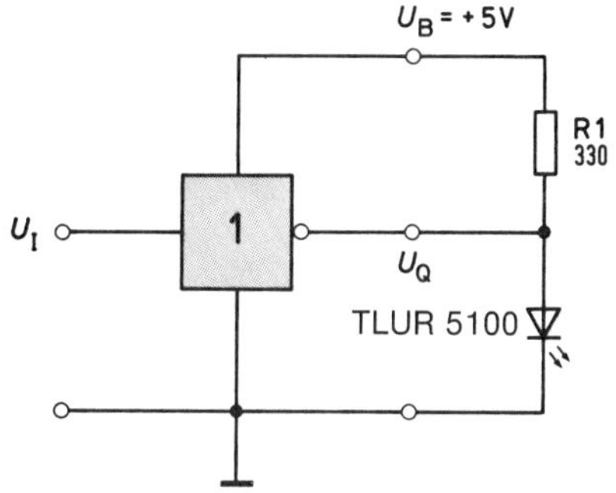

Bild 7.38 Schaltung zur Anzeige eines 1-Signals am Ausgang

Fall 1: H-Signal am Eingang ≙ L-Signal am Ausgang

Die Betriebsspannung der Leuchtdiode beträgt nur etwa 0,2 V, da $U_{QL} \approx +0{,}2\,V$. Die TLUR 5100 kann daher nicht leuchten. Über den Pull-up-Widerstand $R_1 = 330\,\Omega$ fließt jedoch ein Strom in den Ausgang hinein.

$$I_{QL} \approx \frac{U_B - U_{QL}}{R_1} = \frac{5\,V - 0{,}2\,V}{330\,\Omega} = 14{,}5\,mA$$

Dieser Strom ist also kleiner als der für diesen Betriebsfall zulässige Strom $I_{QL} = 16\,mA$.

Fall 2: L-Signal am Eingang ≙ H-Signal am Ausgang

Ein Teil des erforderlichen Betriebsstromes der Leuchtdiode wird über $R_1 = 330\,\Omega$ direkt der Spannungsquelle entnommen.

$$I_{R1} \approx \frac{U_B - U_F}{R_1} = \frac{5\,V - 1{,}6\,V}{330\,\Omega} = 10{,}3\,mA$$

Die Ausgangsspannung U_Q des Inverters wird jetzt aber zwangsläufig auf die Durchlaßspannung $U_F \approx 1{,}6\,V$ der LED herabgesetzt. Damit wird die Pegelgrenze $U_{QH\,min} = +2{,}4\,V$ eindeutig unterschritten. Dies ist nur dann zulässig und vertretbar, wenn an dem Aus-

gang Q des Inverters nicht gleichzeitig auch die Eingänge weiterer Bausteine der TTL-Serie angeschlossen sind, für die das Pegelfeld unbedingt eingehalten werden muß. Aus einer besonderen Belastungskennlinie für die TTL-Serie kann ermittelt werden, daß bei erzwungenen $U_{QH} = 1{,}6\,V$ ein Strom $-I_Q \approx 13\,mA$ aus dem Ausgang herausfließt. Dieser Wert liegt unterhalb des Ausgangskurzschlußstromes, für den 18 mA bis 55 mA angegeben wird.
Die Leuchtdiode leuchtet hell, weil ihr Strom

$$I_F = I_{R1} + I_Q \approx 10{,}3\,mA + 13\,mA \approx 23{,}3\,mA$$

beträgt und damit im Bereich des Nenn-Betriebsstromes liegt.

Eine Schaltung zur Anzeige eines 0-Signals am Ausgang zeigt **Bild 7.39**.

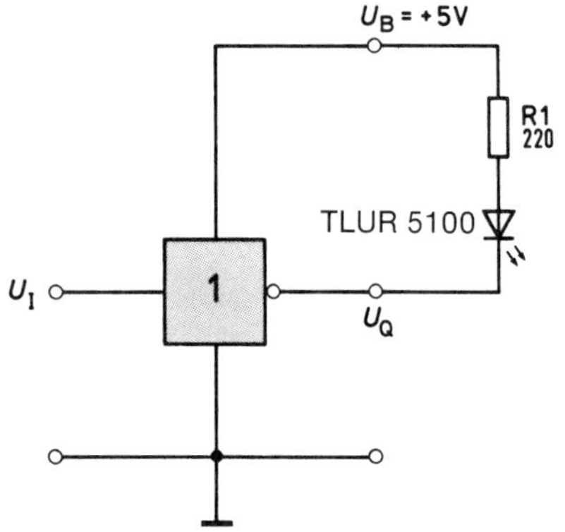

Bild 7.39 Schaltung zur Anzeige eines 0-Signals am Ausgang

Fall 1: H-Signal am Eingang ≙ L-Signal am Ausgang

Es darf ein Strom $I_{QL} \leqq 16\,mA$ in den Ausgang hineinfließen.

$$R_1 = \frac{U_B - U_F - U_{QL}}{I_{QL}} = \frac{5\,V - 1{,}6\,V - 0{,}2\,V}{16\,mA} = 200\,\Omega$$

Gewählt: $R_1 = 220\,\Omega$

Die LED leuchtet bereits deutlich sichtbar, obwohl sie nicht im Nennbetrieb ($I_F \approx 20\,mA$ bis 25 mA) betrieben wird. Bei Verkleinerung von $R_1 = 220\,\Omega$ auf $R_1 = 180\,\Omega$ würde ein Strom $I_{QL} = 17{,}7\,mA$ fließen, der bereits über dem zugelassenen Wert $I_{QL} = 16\,mA$ liegt.

Fall 2: L-Signal am Eingang ≙ H-Signal am Ausgang

Bei H-Signal am Ausgang kann kein Strom in den Ausgang hineinfließen. Die LED leuchtet daher nicht.
Dieses Beispiel zeigt, daß eine Direktansteuerung von LEDs zur Signalanzeige zwar möglich ist, aber doch einige Probleme bringt. So kann die Anzeige des L-Signals nur erfolgen, wenn zugelassen wird, daß die Ausgangsspannung U_Q nicht mehr im vorgegebenen Pegelfeld liegt. Bei der Anzeige des 0-Signals kann dagegen die LED nicht mehr mit Nennstrom betrieben werden.
Diese Probleme können umgangen werden, wenn ein TTL-Schalter mit offenem Kollektor verwendet wird.

7.3.4 Open-Collector- und Tri-State-Ausgänge

Bei den Bausteinen mit Open-Collector-Ausgängen muß noch ein externer Kollektorwiderstand angeschlossen werden, der an eine zweite Betriebsspannung geführt werden kann. Bei den Bausteinen mit Tri-State-Ausgang ist dagegen außer den Schaltzuständen H und L auch noch ein Schaltzustand »aus« möglich.

7.3.4.1 Bausteine mit Open-Collector-Ausgängen

Zum Betrieb eines Inverters oder Schaltverstärkers mit »offenem Kollektor« muß jeweils noch ein externer Kollektorwiderstand als Arbeitswiderstand angeschlossen werden. Dieser externe Arbeitswiderstand kann z. B. auch aus einer Anzeigelampe, Leuchtdiode oder einem Relais bestehen. Außerdem ist jeweils der Ausgangstransistor für eine höhere Betriebsspannung ausgelegt, so daß der externe Kollektorwiderstand nicht nur an die übliche Betriebsspannung der TTL-Serie, nämlich $U_B = +5\,V$, sondern auch an eine zweite Betriebsspannung U_{Bex} angeschlossen werden kann. Damit ergibt sich dann auch die Möglichkeit, eine solche Schaltung als Pegelumsetzer einzusetzen **(Bild 7.40)**.

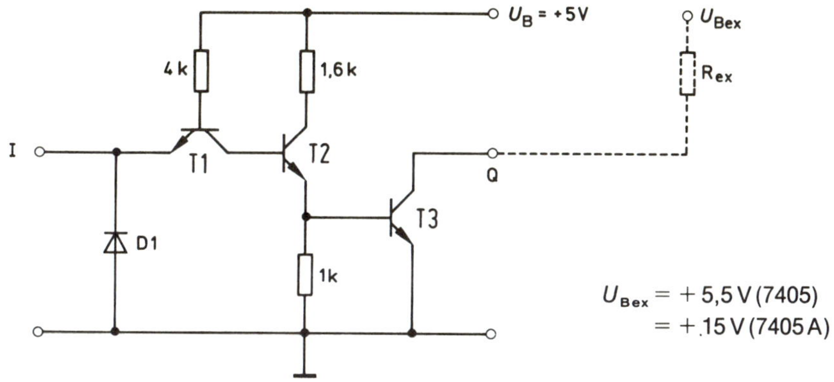

Bild 7.40 Schaltbild der Inverter 7405 und 7405 A

Innerhalb der TTL-Serie 74xx werden mehrere Versionen von Invertern und Schaltverstärkern angeboten, und zwar als Inverter die Typen 7405 und 7405 A, 7406 und 7416 sowie als Schaltverstärker die Typen 7407 und 7417.

Die Typen 7405 und 7405 A unterscheiden sich schaltungstechnisch von der Standardausführung 7404 lediglich dadurch, daß der Transistor T 3, sein Arbeitswiderstand $R = 125\,\Omega$ und die Diode D 2 (entsprechend Bild 7.32 b) fehlen. Anstelle dieser drei Bauelemente muß ein externer Arbeitswiderstand angeschlossen werden. Der Ausgangstransistor des 7405 kann mit maximaler Betriebsspannung $U_{Bex} = +5{,}5\,V$, derjenige des 7405 A jedoch mit $U_{Bex} = +15\,V$ betrieben werden. Alle übrigen Betriebsdaten stimmen überein.

Die Inverter 7406 und 7416 sind für eine größere Leistung und eine höhere Betriebsspannung des Ausgangstransistors ausgelegt **(Bild 7.41)**.

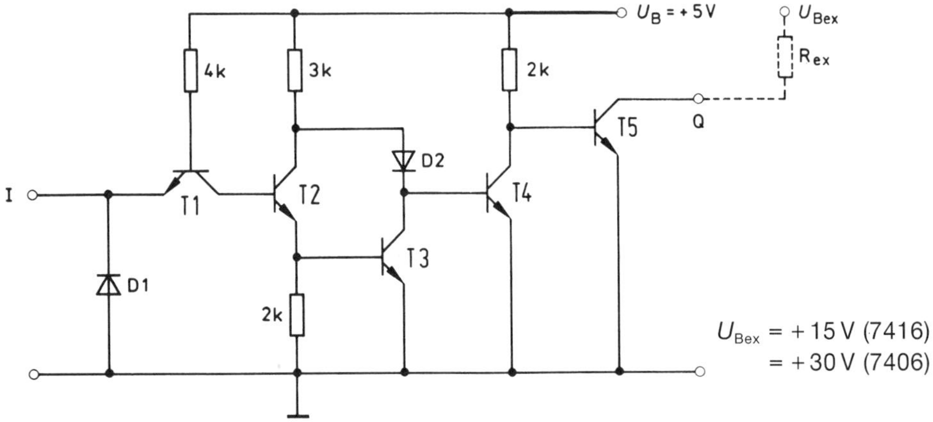

Bild 7.41 Schaltbild der Inverter 7406 und 7416

Auch die Schaltverstärker 7407 und 7417 sind für eine größere Leistung und höhere Betriebsspannungen ausgelegt **(Bild 7.42)**.

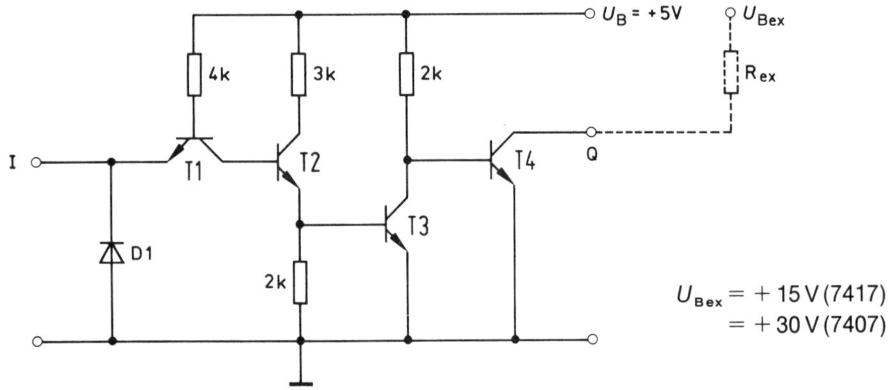

Bild 7.42 Schaltbild der Schaltverstärker 7407 und 7417

Wie bei den Standardausführungen sind auch bei den Schaltungen mit »offenem Kollektor« jeweils sechs einzelne, gleichartige Inverter oder Schaltverstärker in einem Gehäuse zusammengefaßt. Die Anschlußbilder sind bei allen Versionen gleich. Bei der symbolhaften Darstellung nach Norm wird die Besonderheit einer Ausführung mit »offenem Kollektor« nicht besonders berücksichtigt **(Bild 7.43** und **Bild 7.44)**.
Herausgeführt ist an die Anschlußpunkte 2, 4, 6, 8, 10 und 12 jeweils der Kollektoranschluß des Ausgangstransistors. Von diesen Anschlüssen (pins) aus muß dann noch jeweils der externe Arbeitswiderstand an die zusätzliche Betriebsspannung U_{Bex} angeschlossen werden.
Neben Invertern und Schaltverstärkern werden auch einige logische Schaltungen mit Open-Collector-Ausgängen angeboten.

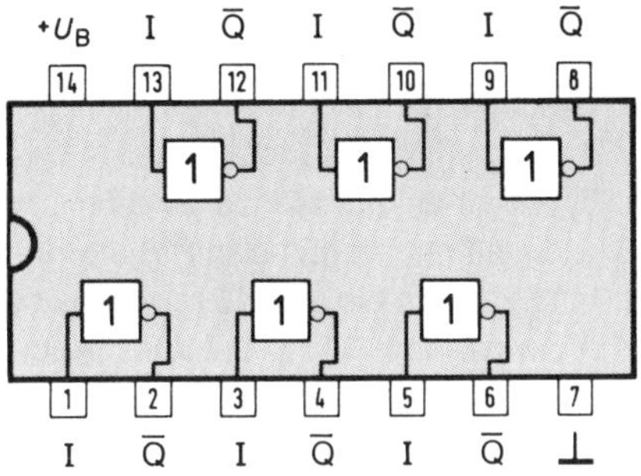

Bild 7.43 Anschlußbild (Draufsicht) für 7405, 7405 A, 7406, 7416

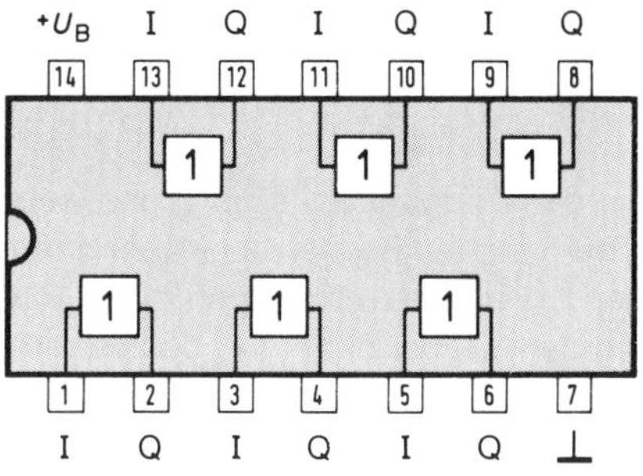

Bild 7.44 Anschlußbild (Draufsicht) für 7407 und 7417

Betriebsfälle für Eingang und Ausgang

Betriebsfälle am Eingang

Bezüglich der Eingangsschaltung (T 1) besteht kein Unterschied gegenüber der Standardversion. Daher gelten die gleichen Betriebswerte wie bei dem Typ 7404.

Fall 1: L-Signal am Eingang ≙ $0\,V \leqq U_{IL} \leqq +0{,}8\,V$

Es fließt ein Strom $-I_{IL} < 1{,}6\,mA$ (bei $U_{IL} = +0{,}4\,V$) aus dem Eingang heraus.

Fall 2: H-Signal am Eingang ≙ $+2\,V \leqq U_{IH} \leqq +5\,V$

Es fließt ein Strom $I_{IH} < 0{,}04\,mA$ (bei $U_{IH} = +2{,}4\,V$) in den Eingang hinein.

Die Eingangsströme I_{IL} und I_{IH} sind in ihrer Größe unabhängig von der Belastung des Ausganges und der Betriebsspannung U_{Bex} des Ausgangstransistors.

Betriebsfälle am Ausgang

Fall 1: L-Signal am Ausgang ≙ $0\,V \leqq U_{QL} \leqq +0{,}4\,V$ **(Bild 7.45)**

Für die Typen 7405, 7405 A, 7406, 7416 und 7407 und 7417 wird einheitlich garantiert, daß $U_{QL} \leqq +0{,}4\,V$ ist, sofern $I_{QL} = 16\,mA$ nicht überschritten wird.

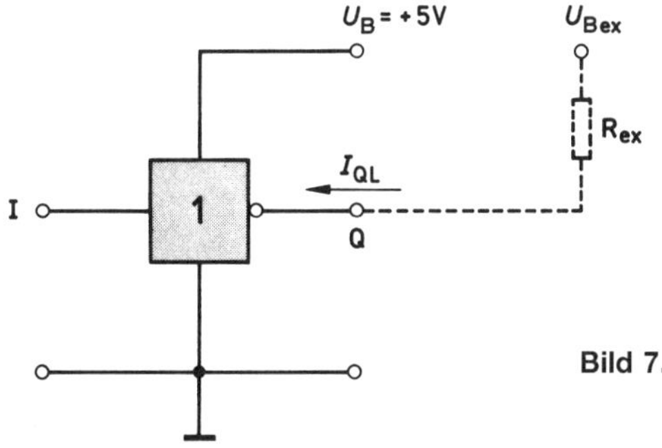

Bild 7.45 Betriebsfall 1 (Ausgang)

Soll also der Low-Pegel der TTL-Serie eingehalten werden, darf der externe Arbeitswiderstand in Abhängigkeit von der Betriebsspannung U_{Bex} bestimmte Werte nicht unterschreiten.

$U_{Bex} = +5{,}5\,V$ $R_{ex} \geqq 330\,\Omega$ (7405)
$U_{Bex} = +15\,V$ $R_{ex} \geqq 930\,\Omega$ (7405 A, 7416, 7417)
$U_{Bex} = +30\,V$ $R_{ex} \geqq 1900\,\Omega$ (7406, 7407)

An den Endpunkten einer Signalverarbeitung, z. B. bei einer Signalanzeige oder am Übergang auf Relais, ist es aber durchaus zulässig, die allgemeingültigen Pegelgrenzen zu verlassen. Die Typen 7406, 7416, 7407 und 7417 können bis $I_{QL} = 40$ mA belastet werden, wobei dann von den Herstellern garantiert wird, daß $U_{QL} \leqq 0{,}7\,V$ ist. Auch dieser Wert wird von einem angesteuerten Schalter noch einwandfrei als Low-Signal erkannt, da $U_{IL} \leqq +0{,}8\,V$. Der statische Störabstand beträgt dann jedoch nur noch 0,1 V.
Mit $I_{QL} = 40$ mA ergeben sich folgende Werte:

$U_{Bex} = +15\,V$ $R_{ex} \geqq 375\,\Omega$ (7416, 7417)
$U_{Bex} = +30\,V$ $R_{ex} \geqq 750\,\Omega$ (7406, 7407)

Fall 2: H-Signal am Ausgang $\triangleq +2{,}4\,V \leqq U_{QH} \leqq +5{,}5\,V$ (+15 V; +30 V) **(Bild 7.46).**

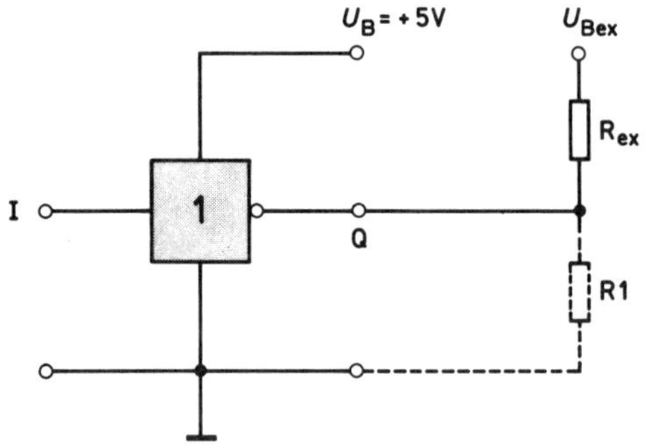

Bild 7.46 Betriebsfall 2 (Ausgang)

Der Ausgangstransistor ist gesperrt. Wegen der Schaltung mit »offenem Kollektor« kann kein Strom I_{QH} aus dem Ausgang herausfließen. Die Ausgangsspannung U_{QH} hängt daher ausschließlich von der Spannungsteilung zwischen den beiden Widerständen R_{ex} und R_1 ab. Soll die allgemeine Pegelgrenze $\geqq +2{,}4\,V$ eingehalten werden, muß das Teilerverhältnis entsprechend gewählt werden. An den Endpunkten der Signalverarbeitung kann die Pegelgrenze aber durchaus auch verlassen werden.

Zusammenfassung

Inverter, Schaltverstärker sowie logische Schaltungen mit »offenem Kollektor« bieten in der Signalverarbeitung einige Vorteile. So kann der Kollektorstrom des Ausgangstransistors einer zweiten Spannungsquelle entnommen werden. An diese Spannungsquelle brauchen dann keine so hohen Anforderungen bezüglich Stabilität und Brummfreiheit gestellt werden wie an die Betriebsspannung der TTL-Schaltungen $U_B = +5\,V$. Weiterhin können bei einigen Typen von Invertern und Schaltverstärkern mit »offenem Kollektor« auch größere Leistungen geschaltet werden. So ist es möglich, z. B. Leuchtdioden und Relais direkt anzusteuern und damit dann sonst zusätzlich erforderliche Transistorschalter einzusparen. Wegen der höheren Betriebsspannung U_{Bex} ist auch in einfacher Weise eine Pegelumsetzung möglich.

Anwendungsbeispiele

Direktansteuerung von LEDs zur Signalanzeige

Schaltung 1:

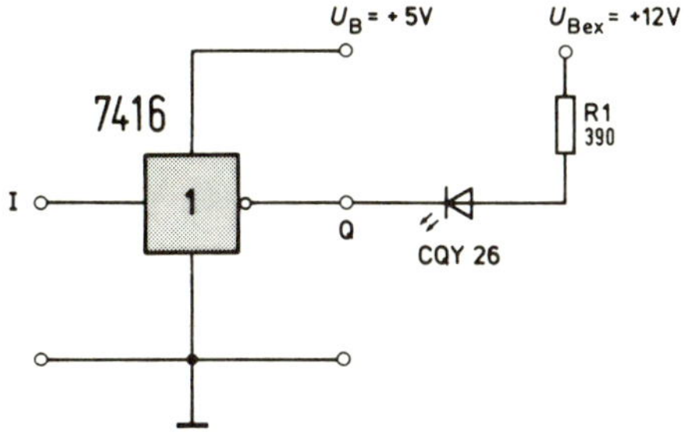

I	Q	LED
0	1	leuchtet nicht
1	0	leuchtet

Bild 7.47 Schaltung 1 mit zugehöriger Wertetabelle

Schaltung 2:

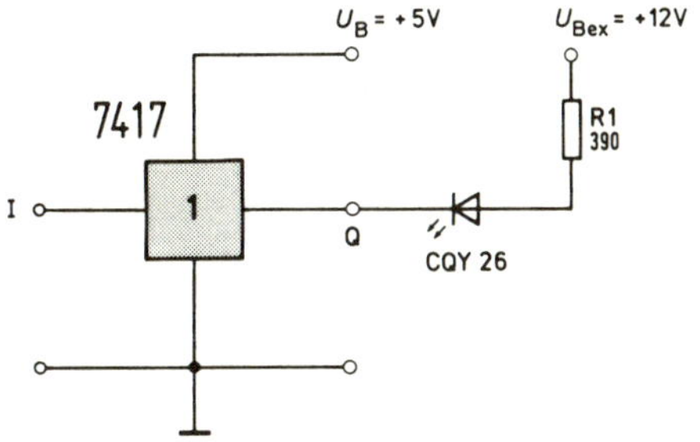

I	Q	LED
0	0	leuchtet
1	1	leuchtet nicht

Bild 7.48 Schaltung 2 mit zugehöriger Wertetabelle

Als Diodenstrom läßt sich für beide Schaltungen ermitteln:

$$I_F = I_{QL} \approx \frac{U_{Bex} - U_{QL} - U_F}{R_1} = \frac{12\,V - 0{,}7\,V - 1{,}6\,V}{390\,\Omega} = 24{,}8\,mA$$

Schaltung 3:

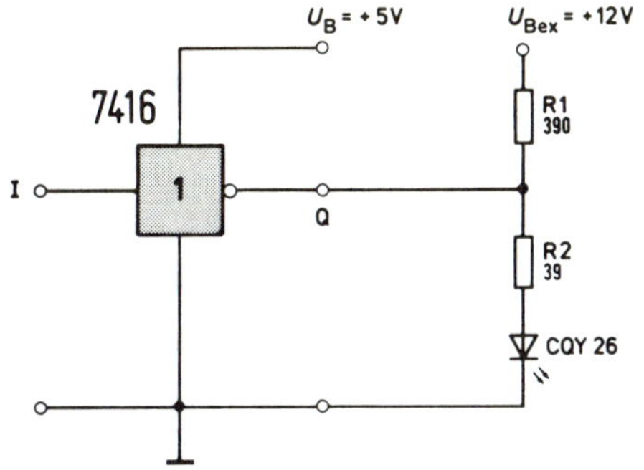

I	Q	LED
0	1	leuchtet
1	0	leuchtet nicht

Bild 7.49 Schaltung 3 mit zugehöriger Wertetabelle

Schaltung 4:

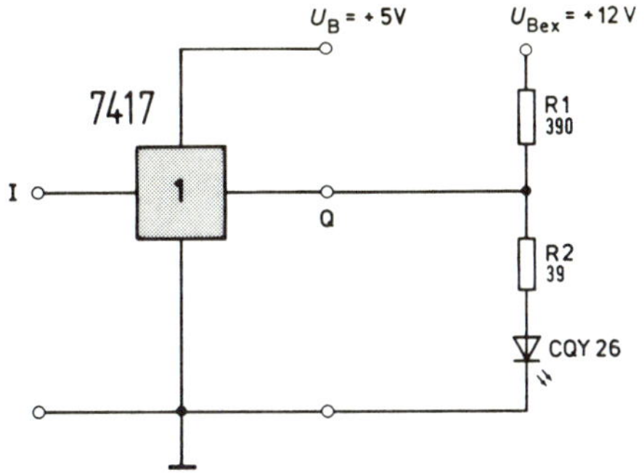

I	Q	LED
0	0	leuchtet nicht
1	1	leuchtet

Bild 7.50 Schaltung 4 mit zugehöriger Wertetabelle

Für diese beiden Schaltungen läßt sich ermitteln:

$$I_F = \frac{U_{Bex} - U_F}{R_1 + R_2} = \frac{12\,V - 1{,}6\,V}{429\,\Omega} = \frac{10{,}4\,V}{429\,\Omega} = 24{,}3\,mA$$

$$U_{QH} = U_{Bex} - R_1 \cdot I_F = 12\,V - 9{,}5\,V = 2{,}5\,V$$

$$I_{QL} = \frac{U_{Bex} - U_{QL}}{R_1} = \frac{12\,V - 0{,}7\,V}{390\,\Omega} = 29\,mA$$

7.3.4.2 Bausteine mit Tri-State-Ausgängen

Das Parallelschalten von Ausgängen mit Gegentaktendstufen auf eine Sammelleitung (Bus) kann ohne schaltungstechnische Maßnahmen zur Selbstzerstörung führen, wenn z. B. ein Ausgang H-Pegel, ein anderer L-Pegel führt. Für solche Anwendungsfälle wurden Bausteine mit Tri-State-Ausgängen entwickelt. Diese Tri-State-Technik ist eine Drei-Zustands-Logik. Sie enthält nämlich außer den Schaltzuständen H und L noch einen dritten Schaltzustand »aus«. Bei der Schaltstellung »aus« werden die Endtransistoren gesperrt, und der Ausgang ist somit hochohmig.
Bild 7.51 zeigt die Prinzipschaltung für einen Tri-State-Ausgang in TTL-Technik. In Schottky- bzw. Low-Power-Schottky wird der Tri-State-Ausgang ähnlich ausgeführt. Auch bei CMOS-Logikschaltungen werden Tri-State-Ausgänge benötigt. **Bild 7.52** zeigt eine Ausgangsstufe mit Tri-State-Steuerung.

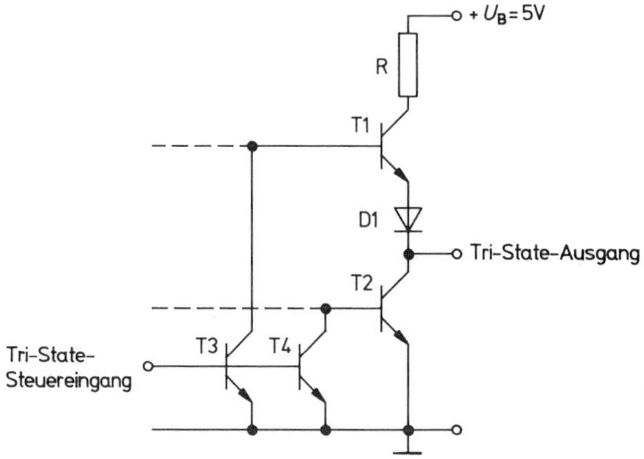

Bild 7.51 Tri-State-Ausgang bei TTL-Technik

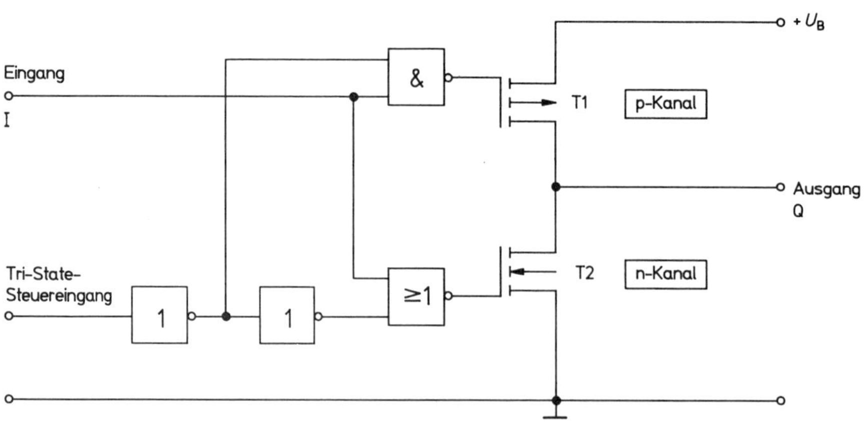

Bild 7.52 Tri-State-Ausgang in CMOS-Technik

7.4 Analyse logischer Schaltnetze

Beim Zusammenwirken von mindestens zwei logischen Grundschaltungen spricht man auch von einem logischen Schaltnetz. Als Analyse (= Auflösung, Zergliederung) von logischen Schaltnetzen bezeichnet man die Untersuchung vorgegebener Schaltnetze mit dem Ziel, die Funktion, d. h. den Zusammenhang zwischen der Ausgangsvariablen *X* und den Eingangsvariablen *A, B, C ...*, des Schaltnetzes zu bestimmen. Bei der Analyse eines logischen Schaltnetzes kann also stets von einer vorgegebenen, funktionsfähigen Schaltung ausgegangen werden, für die entweder ein Verdrahtungsplan oder aber bereits ein Schaltbild in symbolischer Darstellung vorliegt. Hieraus lassen sich dann schrittweise die Wahrheitstabelle, die Funktionsgleichung oder der Signal-Zeit-Plan entwickeln **(Bild 7.53)**.

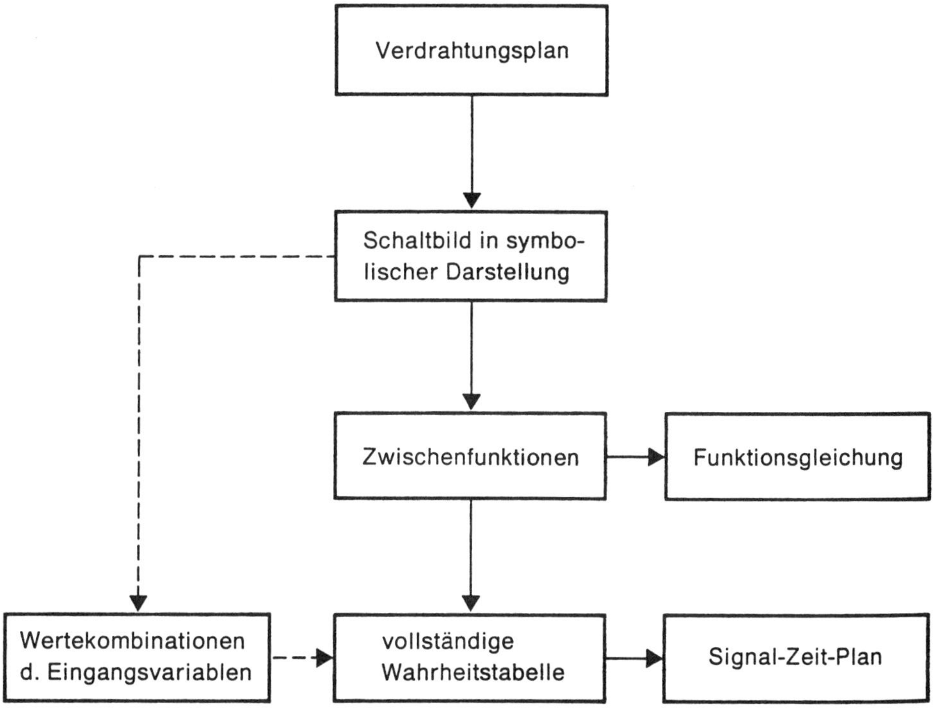

Bild 7.53 Ablaufplan für die Analyse logischer Schaltnetze

7.4.1 Ermittlung der vollständigen Wahrheitstabelle

Solange ein logisches Schaltnetz lediglich aus zwei oder drei logischen Schaltungen aufgebaut ist, lassen sich die Zusammenhänge noch ohne Schwierigkeiten überblicken. Besteht ein logisches Schaltnetz jedoch aus mehreren logischen Schaltungen, so kann die zugehörige, vollständige Wahrheitstabelle nur noch durch ein systematisches, schrittweises Vorgehen ermittelt werden.

Ausgangspunkt einer jeden vollständigen Wahrheitstabelle ist die Erfassung aller möglichen Wertekombinationen der Eingangsvariablen. Die Zahl dieser möglichen Wertekombinationen und damit auch die erforderliche Zahl der Zeilen in der Wahrheitstabelle hängt ausschließlich von der Zahl der Eingangsvariablen ab. Es gilt:

2 Eingangsvariable $\rightarrow 2^2 = 4$ verschiedene Wertekombinationen,
3 Eingangsvariable $\rightarrow 2^3 = 8$ verschiedene Wertekombinationen,
4 Eingangsvariable $\rightarrow 2^4 = 16$ verschiedene Wertekombinationen.

Bei n Eingangsvariablen ergeben sich also 2^n Zeilen für die vollständige Wahrheitstabelle. Die Wertekombinationen der Eingangsvariablen sollten immer nach einem gleichbleibenden Ordnungsschema entsprechend Bild 7.3 aufgeschrieben werden.
Bei der Ermittlung der vollständigen Wahrheitstabelle wird dann folgendermaßen vorgegangen:

1. Schritt

Im Schaltbild werden die Ausgänge eines jeden einzelnen Verknüpfungsgliedes als Zwischenausgänge $Z1 \ldots Zn$ gekennzeichnet. Man beginnt dabei zweckmäßigerweise in der Nähe der Eingänge mit der laufenden Kennzeichnung.

2. Schritt

In der Wahrheitstabelle werden sämtliche möglichen Wertekombinationen der Eingangsvariablen nach dem bekannten Ordnungsschema eingetragen.

3. Schritt

Es werden sämtliche Werte der Zwischenfunktionen ermittelt und in die entsprechenden Spalten eingetragen.

4. Schritt

Aus den entsprechenden Werten der einzelnen Zwischenfunktionen $Z1 \ldots Zn$ werden stufenweise die Werte der Ausgangsvariablen ermittelt und in die Wahrheitstabelle eingetragen.

Mit Hilfe der Zwischenfunktionen ist es also möglich, auch für umfangreichere logische Schaltnetze zu einem vorgegebenen Schaltbild die Werte der Ausgangsvariablen X als Funktion der Eingangsvariablen $A; B; C; \ldots$ in Form einer vollständigen Wahrheitstabelle zu ermitteln. Man beginnt dabei stets bei den Eingangsvariablen und »arbeitet« sich dann schrittweise mit Hilfe der Zwischenfunktionen bis zur Ausgangsvariablen X vor **(Bild 7.54 und 7.55)**.

Beispiel

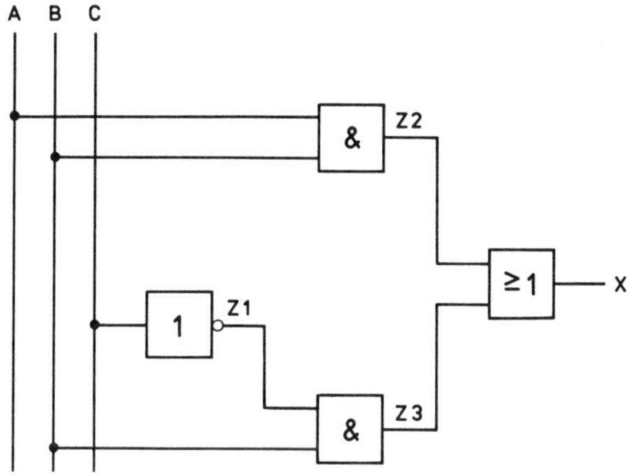

Bild 7.54 Beispiel für ein logisches Schaltnetz

C	B	A	$Z1 = \overline{C}$	$Z2 = A \wedge B$	$Z3 = Z1 \wedge B$	$X = Z2 \vee Z3$
0	0	0	1	0	0	0
0	0	1	1	0	0	0
0	1	0	1	0	1	1
0	1	1	1	1	1	1
1	0	0	0	0	0	0
1	0	1	0	0	0	0
1	1	0	0	0	0	0
1	1	1	0	1	0	1

Bild 7.55 Vollständige Wahrheitstabelle für das Schaltnetz nach Bild 7.54

7.4.2 Ermittlung der Funktionsgleichung

Solange ein logisches Schaltnetz nur aus einigen logischen Verknüpfungsgliedern aufgebaut ist, kann man die zugehörige Funktionsgleichung in den meisten Fällen direkt niederschreiben. Bei der Zusammenschaltung von mehreren logischen Verknüpfungsgliedern läßt sich die zugehörige Funktionsgleichung aber nur noch mit Hilfe von Zwischenfunktionen *Z* und durch systematisches Vorgehen – ähnlich wie bei der Aufstellung der Funktionstabelle – ermitteln. Man beginnt mit der Aufstellung der Funktionsgleichung hier jedoch am Ausgang des Schaltnetzes und »arbeitet« sich dann schrittweise bis zu den Eingängen vor.
Ohne genaue Kenntnis der Klammervorschriften für diese Funktionsgleichungen ist es erforderlich, grundsätzlich jede ersetzte Zwischenfunktion in Klammern zu setzen.
Bei der Ermittlung der Funktionsgleichung wird folgendermaßen vorgegangen:

1. Schritt

Die Ausgänge eines jeden einzelnen Verknüpfungsgliedes werden als Zwischenausgänge $Z1 \ldots Zn$ gekennzeichnet. Man beginnt zweckmäßigerweise in der Nähe der Eingänge mit der laufenden Kennzeichnung.

2. Schritt

Für alle Zwischenfunktionen $Z1 \ldots Zn$ werden die zugehörigen Funktionsgleichungen aufgeschrieben.

3. Schritt

Die einzelnen Zwischenfunktionen werden schrittweise durch die zugehörigen Funktionsgleichungen ersetzt.
Damit auch ohne Kenntnis der Klammerregeln als Ergebnis der Analyse keine falsche Funktionsgleichung für das gesamte Schaltnetz aufgestellt wird, ist es notwendig, jede ersetzte Zwischenfunktion in Klammern stehen zu lassen. Auf diese Weise können zwar mathematisch überflüssige Klammern in der Gleichung stehen, die Funktionsgleichung ist deshalb aber nicht falsch.

Beispiel

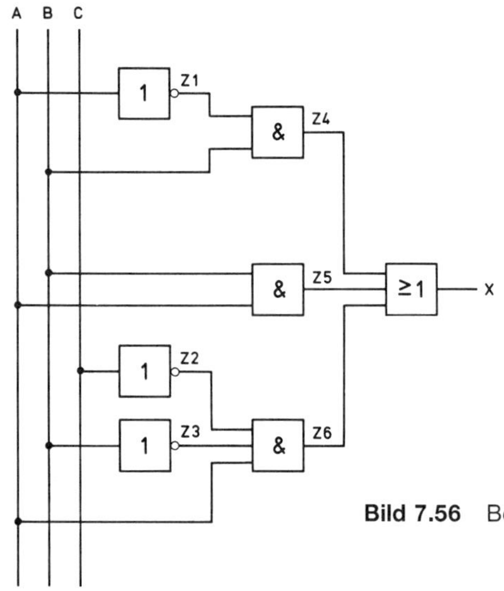

Bild 7.56 Beispiel für ein logisches Schaltnetz

1. Schritt

Zwischenausgänge $Z1 \ldots Z6$ kennzeichnen.

2. Schritt

Gleichungen der Zwischenfunktionen $Z1 \ldots Z6$ aufstellen.

$Z1 = \overline{A}$	$Z4 = Z1 \wedge B$
$Z2 = \overline{C}$	$Z5 = A \wedge B$
$Z3 = \overline{B}$	$Z6 = Z2 \wedge Z3 \wedge A$

3. Schritt

Zwischenfunktionen ersetzen.

$X = Z4 \vee Z5 \vee Z6$	$Z4$; $Z5$; $Z6$ ersetzen
$= (Z1 \wedge B) \vee (A \wedge B) \vee (Z2 \wedge Z3 \wedge A)$	$Z1$; $Z2$; $Z3$ ersetzen
$= ((\bar{A}) \wedge B) \vee (A \wedge B) \vee ((\bar{C}) \wedge (\bar{B}) \wedge A)$	Steht in der Klammer nur 1 Ausdruck, so kann die Klammer entfallen.
$X = (\bar{A} \wedge B) \vee (A \wedge B) \vee (\bar{C} \wedge \bar{B} \wedge A)$	

Damit liegt die Funktionsgleichung für das Schaltnetz nach **Bild 7.56** vor.

7.4.3 Ermittlung des Signal-Zeit-Planes

Zu jedem logischen Schaltnetz läßt sich auch der zugehörige Signal-Zeit-Plan ermitteln. Auch hierbei ist es erforderlich, wieder systematisch vorzugehen. Dies kann in folgender Weise geschehen:

1. Schritt

Aufstellen der vollständigen Wahrheitstabelle zu dem Schaltnetz. Dies erfolgt wie in Abschnitt 7.4.1 beschrieben.

2. Schritt

Übertragung der Wertekombination der Eingangsvariablen, d. h. aller Zeilen der Wahrheitstabelle als Signalfolge, in den Signal-Zeit-Plan. Hierbei ist es zweckmäßig, für die Eingangsvariable A ein Verhältnis $t_i = t_p$ zu wählen.

3. Schritt

Signalfolge der Ausgangsvariablen X in Signal-Zeit-Plan einzeichnen.

Beispiel

Gegeben ist ein logisches Schaltnetz nach Bild 7.57.

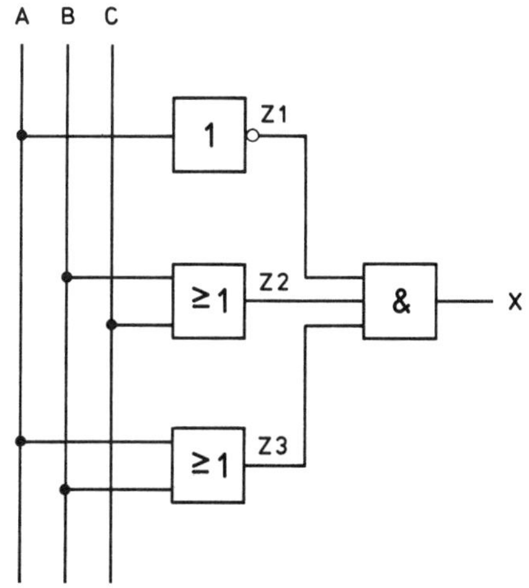

Bild 7.57 Beispiel für ein logisches Schaltnetz

1. Schritt

Aufstellen der vollständigen Wahrheitstabelle **(Bild 7.58)**.

C	B	A	$Z1 = \bar{A}$	$Z2 = B \vee C$	$Z3 = A \vee B$	$X = Z1 \wedge Z2 \wedge Z3$
0	0	0	1	0	0	0
0	0	1	0	0	1	0
0	1	0	1	1	1	1
0	1	1	0	1	1	0
1	0	0	1	1	0	0
1	0	1	0	1	1	0
1	1	0	1	1	1	1
1	1	1	0	1	1	0

Bild 7.58 Vollständige Wahrheitstabelle für Schaltnetz nach Bild 7.57

2. und 3. Schritt

Übertragung aller Zeilen in den Signal-Zeit-Plan **(Bild 7.59)**.

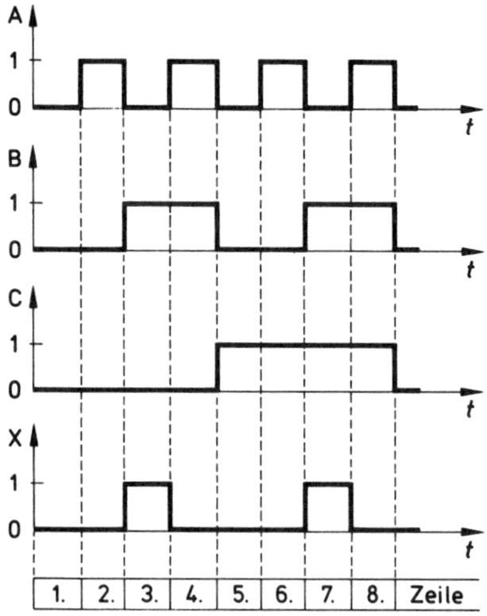

Bild 7.59 Signal-Zeit-Plan für Schaltnetz nach Bild 7.57

Oft ist es zweckmäßig, auch für alle Zwischenfunktionen den Signal-Zeit-Plan aufzuzeichnen.

7.4.4 Ermittlung der symbolischen Darstellung eines Schaltnetzes aus dem Verdrahtungsplan

Oft liegt für ein logisches Schaltnetz nur der Verdrahtungsplan vor. Dann muß für die weiteren Untersuchungen wie Ermitteln der Wahrheitstabelle, der Funktionsgleichung oder des Signal-Zeit-Planes zunächst die symbolische Darstellung des Schaltnetzes aus dem Verdrahtungsplan entwickelt werden. Dies ist jedoch nur möglich, wenn die in dem Baustein vorhandenen Verknüpfungsglieder und die Anschlußbelegungen bekannt sind **(Bild 7.60 und 7.61)**.

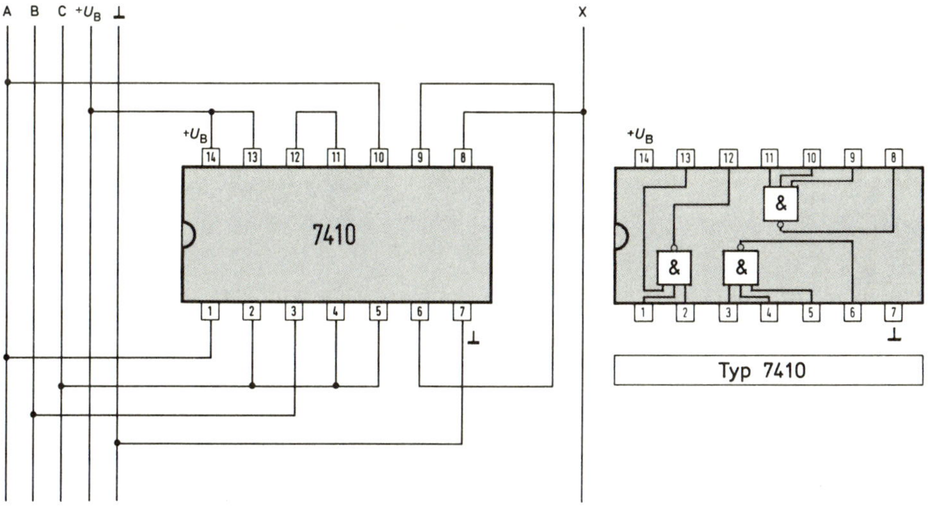

Bild 7.60 Verdrahtungsplan eines einfachen Schaltnetzes mit dem Baustein 7410

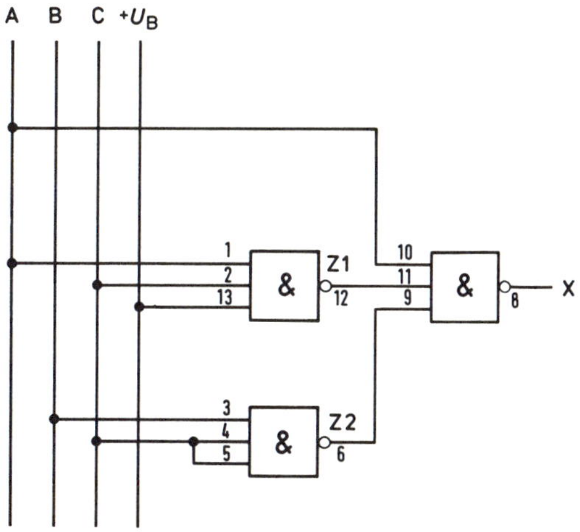

Bild 7.61 Symbolische Darstellung des Schaltnetzes zum Verdrahtungsplan nach Bild 7.60

Entsprechend Abschnitt 7.4.1 läßt sich zu dem Schaltnetz nach Bild 7.61 auch die zugehörige Wahrheitstabelle aufstellen **(Bild 7.62)**.

C	B	A	$Z1 = \overline{A \wedge C}$	$Z2 = \overline{B \wedge C}$	$X = \overline{A \wedge Z1 \wedge Z2}$
0	0	0	1	1	1
0	0	1	1	1	0
0	1	0	1	1	1
0	1	1	1	1	0
1	0	0	1	1	1
1	0	1	0	1	1
1	1	0	1	0	1
1	1	1	0	0	1

Bild 7.62 Wahrheitstabelle zum Schaltnetz nach Bild 7.61

Aus dem Schaltnetz nach Bild 7.61 kann dann auch entsprechend Abschnitt 7.4.2 die zugehörige Funktionsgleichung ermittelt werden:

$$Z1 = \overline{A \wedge C}; \qquad Z2 = \overline{B \wedge C};$$

$$X = \overline{A \wedge Z1 \wedge Z2}$$

$$X = \overline{A \wedge (\overline{A \wedge C}) \wedge (\overline{B \wedge C})}$$

7.4.5 Umwandlung von Grundverknüpfungen in NAND- und NOR-Verknüpfungen

Die drei Grundverknüpfungen UND, ODER, NICHT lassen sich sowohl durch NAND-Verknüpfungen als auch durch NOR-Verknüpfungen vollwertig ersetzen. Hiervon wird bei der praktischen Ausführung von logischen Schaltnetzen auch häufig Gebrauch gemacht, weil sich dann nämlich sämtliche logischen Verknüpfungen innerhalb eines Schaltnetzes nur durch eine einzige Art von Verknüpfungsgliedern realisieren lassen. Obwohl dabei dann oft mehr einzelne NAND- bzw. NOR-Verknüpfungsglieder benötigt werden, ergeben sich doch auch Kosteneinsparungen, da einzelne Chips viel besser ausgenutzt werden können.
Die Umwandlung eines vorgegebenen Schaltnetzes läßt sich in einfacher Weise mit Hilfe einer grafischen Methode durchführen. **Bild 7.63** zeigt eine Umwandlungstabelle, in der angegeben ist, in welcher Weise die Grundfunktionen durch NAND- bzw. NOR-Funktionen ersetzt werden können. Der Nachweis über die Richtigkeit und Zulässigkeit der »Ersatzschaltungen« ist jeweils in der zugehörigen Wahrheitstabelle gebracht.

Grundfunktionen	ersetzt durch NAND-Glieder	ersetzt durch NOR-Glieder

NICHT-Glied

Grundfunktion:

$X = \bar{A}$

A	X
0	1
1	0

Ersetzt durch NAND-Glieder:

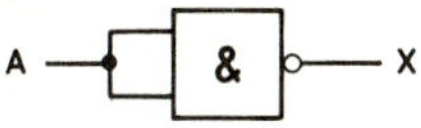

$X = \overline{A \wedge A} = \bar{A}$

A	X
0	1
1	0

Ersetzt durch NOR-Glieder:

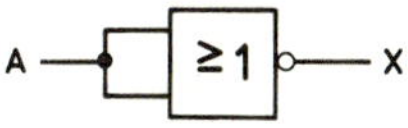

$X = \overline{A \vee A} = \bar{A}$

A	X
0	1
1	0

UND-Glied

Grundfunktion:

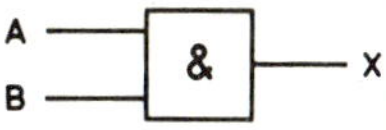

$X = A \wedge B$

B	A	X
0	0	0
0	1	0
1	0	0
1	1	1

Ersetzt durch NAND-Glieder:

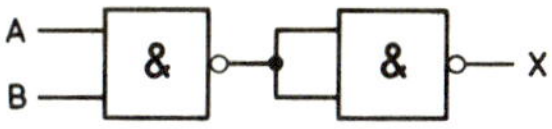

$X = \overline{\overline{A \wedge B}} = A \wedge B$

B	A	$\overline{A \wedge B}$	X
0	0	1	0
0	1	1	0
1	0	1	0
1	1	0	1

Ersetzt durch NOR-Glieder:

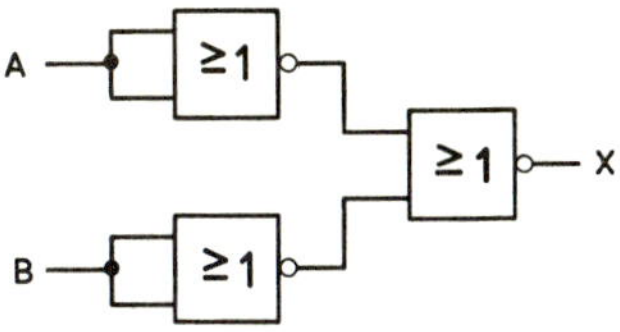

$X = \overline{\bar{A} \vee \bar{B}} = A \wedge B$

B	A	$\bar{B}$	$\bar{A}$	X
0	0	1	1	0
0	1	1	0	0
1	0	0	1	0
1	1	0	0	1

ODER-Glied

Grundfunktion:

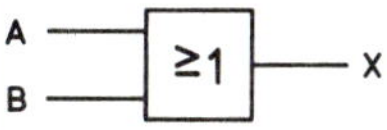

$X = A \vee B$

B	A	X
0	0	0
0	1	1
1	0	1
1	1	1

Ersetzt durch NAND-Glieder:

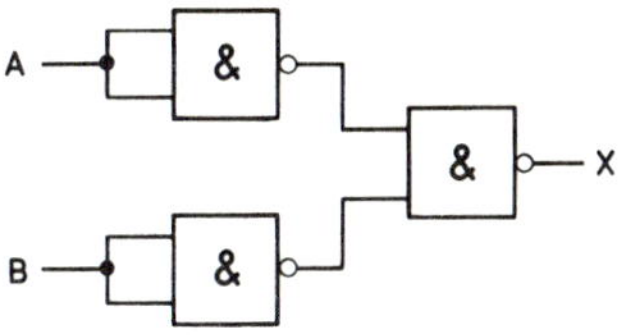

$X = \overline{\bar{A} \wedge \bar{B}} = A \vee B$

B	A	$\bar{B}$	$\bar{A}$	X
0	0	1	1	0
0	1	1	0	1
1	0	0	1	1
1	1	0	0	1

Ersetzt durch NOR-Glieder:

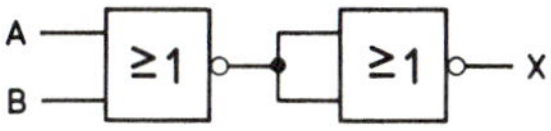

$X = \overline{\overline{A \vee B}} = A \vee B$

B	A	$\overline{A \vee B}$	X
0	0	1	0
0	1	0	1
1	0	0	1
1	1	0	1

Bild 7.63 Umwandlungstabelle für logische Verknüpfungsglieder

Eine Umwandlung des Schaltnetzes erfolgt bei der grafischen Methode in drei Schritten:

1. Schritt

Anstelle des zu ersetzenden Verknüpfungsgliedes wird die entsprechende »Ersatzschaltung« nach Bild 7.63 eingezeichnet.

2. Schritt

Tritt der Fall ein, daß durch die Umwandlung zwei Negationsglieder unmittelbar in Reihe geschaltet sind, so können sie entfallen (zweifache Negation) und durch eine direkte Leitungsverbindung ersetzt werden.

3. Schritt

Das Schaltnetz wird mit der gewünschten Art von Verknüpfungsgliedern neu aufgezeichnet.

Beispiel 1

Das in **Bild 7.64** dargestellte logische Schaltnetz enthält UND-, ODER- und NICHT-Verknüpfungen. Es soll mit Hilfe der Umwandlungstabelle nach Bild 7.63 in ein gleichwertiges Schaltnetz umgewandelt werden, das nur noch aus NAND-Verknüpfungsgliedern besteht **(Bild 7.65)**.

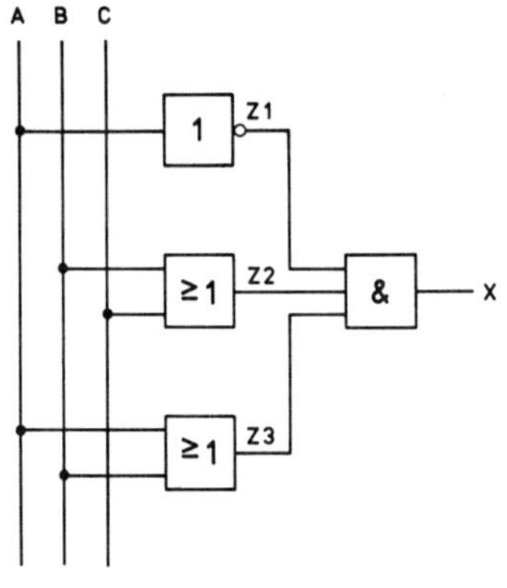

Bild 7.64 Beispiel für ein logisches Schaltnetz

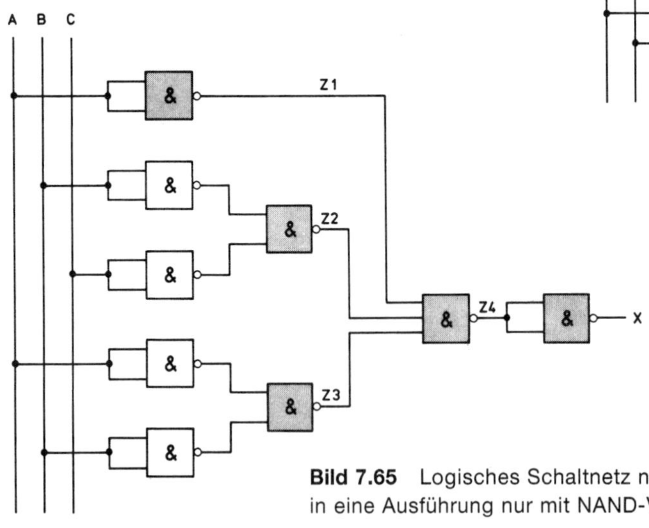

Bild 7.65 Logisches Schaltnetz nach Bild 7.64, umgewandelt in eine Ausführung nur mit NAND-Verknüpfungsgliedern

Beispiel 2

Das logische Schaltnetz nach Bild 7.64 soll mit Hilfe der Umwandlungstabelle nach Bild 7.63 in ein gleichwertiges Schaltnetz umgewandelt werden, das nur noch NOR-Verknüpfungsglieder enthält **(Bild 7.66)**.

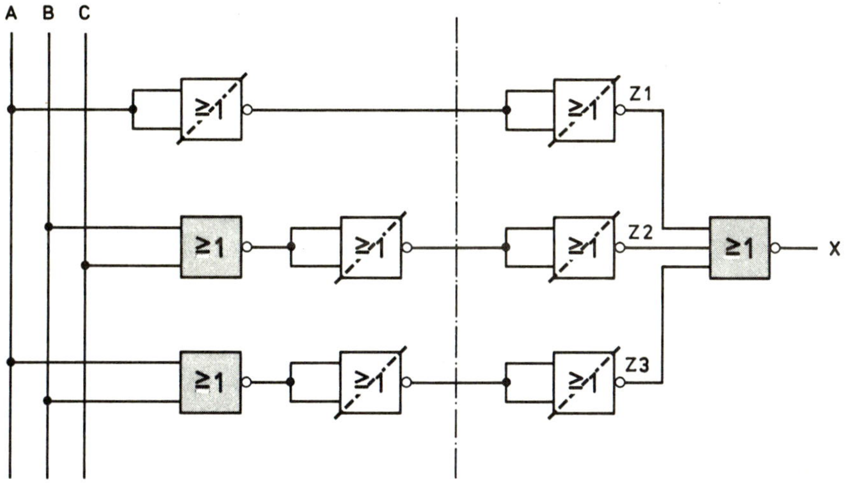

Bild 7.66 Logisches Schaltnetz nach Bild 7.64, umgewandelt in eine Ausführung nur mit NOR-Verknüpfungsgliedern

Das Schaltnetz nach Bild 7.66 läßt sich noch erheblich vereinfachen, da zwei hintereinander geschaltete NICHT-Glieder (zweifache Negation) entfallen können **(Bild 7.67)**.

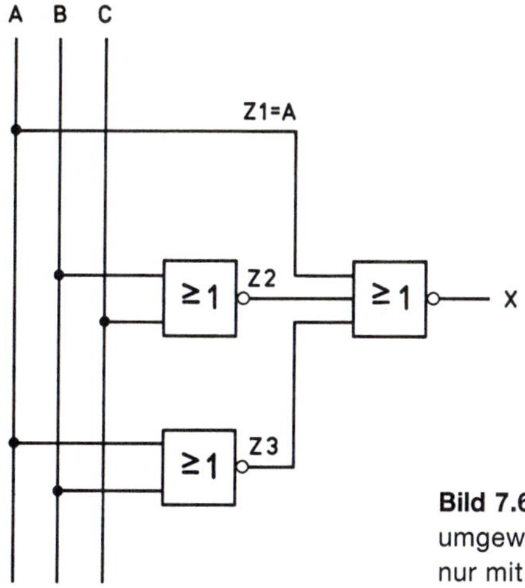

Bild 7.67 Logisches Schaltnetz nach Bild 7.64, umgewandelt in eine vereinfachte Ausführung nur mit NOR-Verknüpfungsgliedern

Für das Schaltnetz nach Bild 7.64 sind erforderlich:

1 × NICHT-Glied,
2 × ODER-Glieder mit je 2 Eingängen,
1 × UND-Glied mit 3 Eingängen.

Für das gleichwertige Schaltnetz nach Bild 7.65 werden dagegen benötigt:

8 × NAND-Glieder mit je 2 Eingängen,
1 × NAND-Glied mit 3 Eingängen.

Bild 7.67 zeigt die einfachste Ausführung des Schaltnetzes. Sie enthält nur

2 × NOR-Gliedern mit je 2 Eingängen,
1 × NOR-Glied mit 3 Eingängen.

Daß für die Ausführung mit NOR-Gliedern die geringste Anzahl von Verknüpfungsgliedern benötigt wird, ist hier zufällig. Für andere Schaltnetze ergeben sich bei der Umwandlung auch andere günstige Lösungen.
Der Beweis, daß die Schaltnetze nach Bild 7.64, Bild 7.65 und Bild 7.67 völlig gleichwertig sind, läßt sich in einfacher Weise durch Aufstellen der zugehörigen Wahrheitstabellen erbringen **(Bild 7.68)**.

C	B	A	Z1	Z2	Z3	X	Z1	Z2	Z3	Z4	X	Z1	Z2	Z3	X
0	0	0	1	0	0	0	1	0	0	1	0	0	1	1	0
0	0	1	0	0	1	0	0	0	1	1	0	1	1	0	0
0	1	0	1	1	1	1	1	1	1	0	1	0	0	0	1
0	1	1	0	1	1	0	0	1	1	1	0	1	0	0	0
1	0	0	1	1	0	0	1	1	0	1	0	0	0	1	0
1	0	1	0	1	1	0	0	1	1	1	0	1	0	0	0
1	1	0	1	1	1	1	1	1	1	0	1	0	0	0	1
1	1	1	0	1	1	0	0	1	1	1	0	1	0	0	0
			Schaltnetz nach Bild 7.64				Schaltnetz nach Bild 7.65					Schaltnetz nach Bild 7.67			

Bild 7.68 Wahrheitstabellen für die Schaltnetze nach Bild 7.64, 7.65 und 7.67

Für die drei Schaltnetze ergeben sich laut Wahrheitstabellen trotz sehr unterschiedlicher Ausführungen jeweils die gleichen funktionalen Zusammenhänge zwischen den Wertekombinationen der Eingangsvariablen und der Ausgangsvariablen.

Anwendungsbeispiele

Beispiel 1

Für das in **Bild 7.69** angegebene Schaltnetz soll die vollständige Wahrheitstabelle und die Funktionsgleichung aufgestellt werden. Anschließend ist das Schaltnetz umzuwandeln in eine gleichwertige Ausführung, die nur noch NAND-Verknüpfungsglieder enthält.

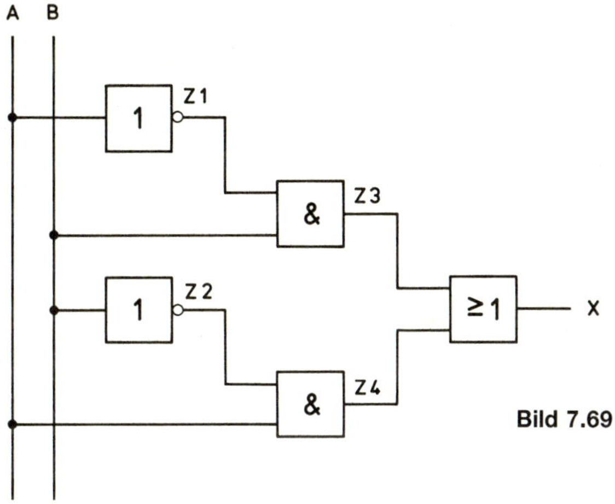

$Z1 = \bar{A}$
$Z2 = \bar{B}$
$Z3 = Z1 \wedge B$
$Z4 = Z2 \wedge A$

Bild 7.69 Logisches Schaltnetz zu Beispiel 1

B	A	Z1	Z2	Z3	Z4	X
0	0	1	1	0	0	0
0	1	0	1	0	1	1
1	0	1	0	1	0	1
1	1	0	0	0	0	0

Funktionsgleichung

$X = Z3 \vee Z4$
$\quad = (Z1 \wedge B) \vee (Z2 \wedge A)$
$X = (\bar{A} \wedge B) \vee (\bar{B} \wedge A)$

Bild 7.70 Wahrheitstabelle zum Schaltnetz nach Bild 7.69

Aus der Wahrheitstabelle nach **Bild 7.70** ist zu ersehen, daß in dem angegebenen Schaltnetz die Ausgangsvariable *X* nur dann gleich 1 ist, wenn die beiden Eingangsvariablen *A* und *B* nicht den gleichen Zustand haben. Bei gleichem Zustand der Eingangsvariablen ist dagegen die Ausgangsvariable *X* = 0.
Bild 7.71 zeigt den Aufbau des Schaltnetzes (Bild 7.69) nur mit NAND-Gliedern.

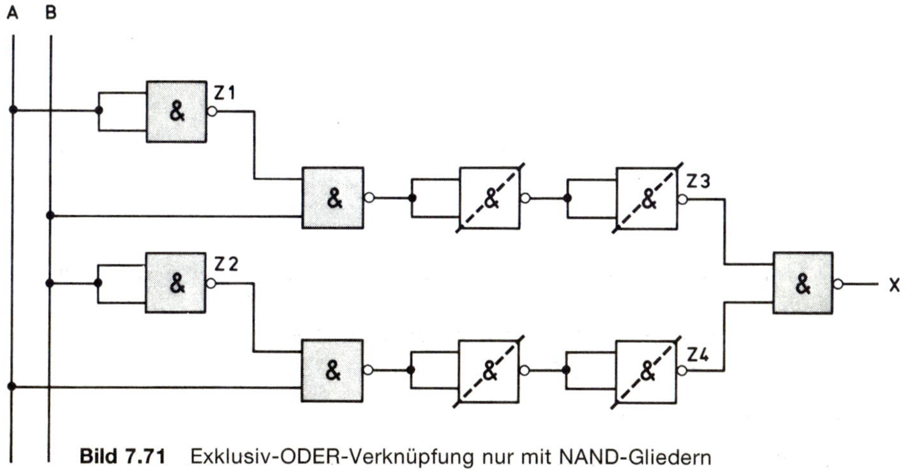

Bild 7.71 Exklusiv-ODER-Verknüpfung nur mit NAND-Gliedern

Die Schaltungen nach Bild 7.69 und Bild 7.71 liefern laut Wahrheitstabellen den gleichen funktionalen Zusammenhang zwischen der Ausgangsvariablen und den Eingangsvariablen **(Bild 7.72)**.

B	A	Z1	Z2	Z3	Z4	X
0	0	1	1	1	1	0
0	1	0	1	1	0	1
1	0	1	0	0	1	1
1	1	0	0	1	1	0

Bild 7.72 Wahrheitstabelle zum Schaltnetz nach Bild 7.71

Ein logisches Schaltnetz mit einem derartigen Verhalten wird

EXKLUSIV-ODER-Funktion, ANTIVALENZ-Funktion, XOR-Funktion

genannt. Die Norm enthält für diese Funktion ein eigenes Symbol (Bild 7.14).

Beispiel 2

Für das in **Bild 7.73** angegebene Schaltnetz soll die vollständige Wahrheitstabelle **(Bild 7.74)** und die Funktionsgleichung aufgestellt werden. Anschließend ist das Schaltnetz umzuwandeln in eine gleichwertige Ausführung, die nur noch NOR-Glieder enthält.

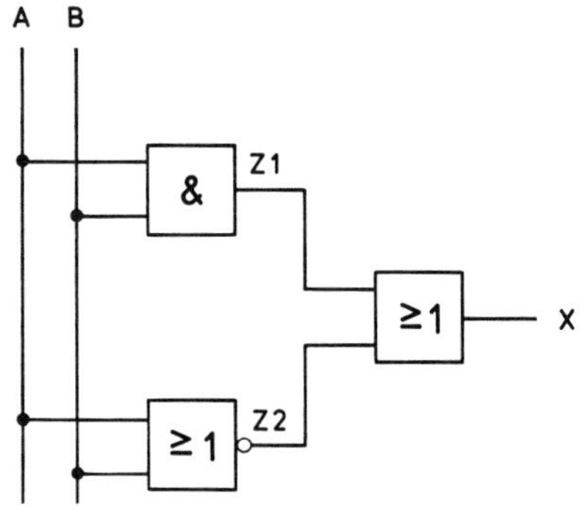

Bild 7.73 Logisches Schaltnetz zu Beispiel 2

B	A	Z1	Z2	X
0	0	0	1	1
0	1	0	0	0
1	0	0	0	0
1	1	1	0	1

Funktionsgleichung

$X = Z1 \vee Z2$

$X = (A \wedge B) \vee (\overline{A \vee B})$

Bild 7.74 Vollständige Wahrheitstabelle zu Bild 7.73

Aus der Wahrheitstabelle ist zu ersehen, daß die Ausgangsvariable *X* nur dann gleich 1 ist, wenn die Eingangsvariablen den gleichen Zustand haben. Bei unterschiedlichen Zuständen der Eingangsvariablen ist die Ausgangsvariable $X = 0$.
Ein Schaltnetz mit einem derartigen Verhalten wird

ÄQUIVALENZ-Funktion

genannt. Die Norm enthält für diese Funktion ein eigenes Symbol (Bild 7.19).

Die Schaltungen nach Bild 7.73 und **Bild 7.75** liefern den gleichen Zusammenhang zwischen der Ausgangsvariablen und den Eingangsvariablen. **Bild 7.76** zeigt die zugehörige Wahrheitstabelle.

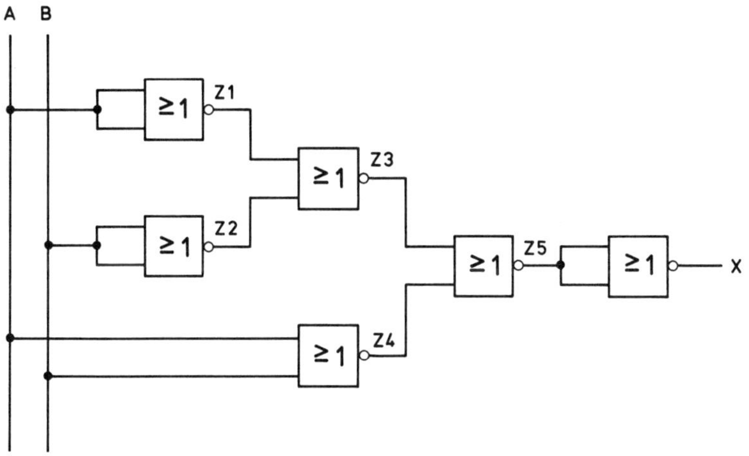

Bild 7.75 ÄQUIVALENZ-Verknüpfung mit NOR-Gliedern

Bild 7.76 Wahrheitstabelle zum Schaltnetz nach Bild 7.75

B	A	Z1	Z2	Z3	Z4	Z5	X
0	0	1	1	0	1	0	1
0	1	0	1	0	0	1	0
1	0	1	0	0	0	1	0
1	1	0	0	1	0	0	1

7.5 Synthese logischer Schaltnetze

Als Synthese (= Aufbau; Verbindung) bezeichnet man in der digitalen Steuerungstechnik das Entwerfen von logischen Schaltnetzen aufgrund einer vorgegebenen Aufgabenstellung, die in der Regel in einer Beschreibung mit Worten, einer Wahrheitstabelle oder einer mathematischen Gleichung vorliegt.
Die Schaltungssynthese geht also immer von einer vorliegenden Aufgabenstellung aus und liefert als Ergebnis ein Schaltnetz, mit dem sich die gestellten Forderungen realisieren lassen **(Bild 7.77)**.

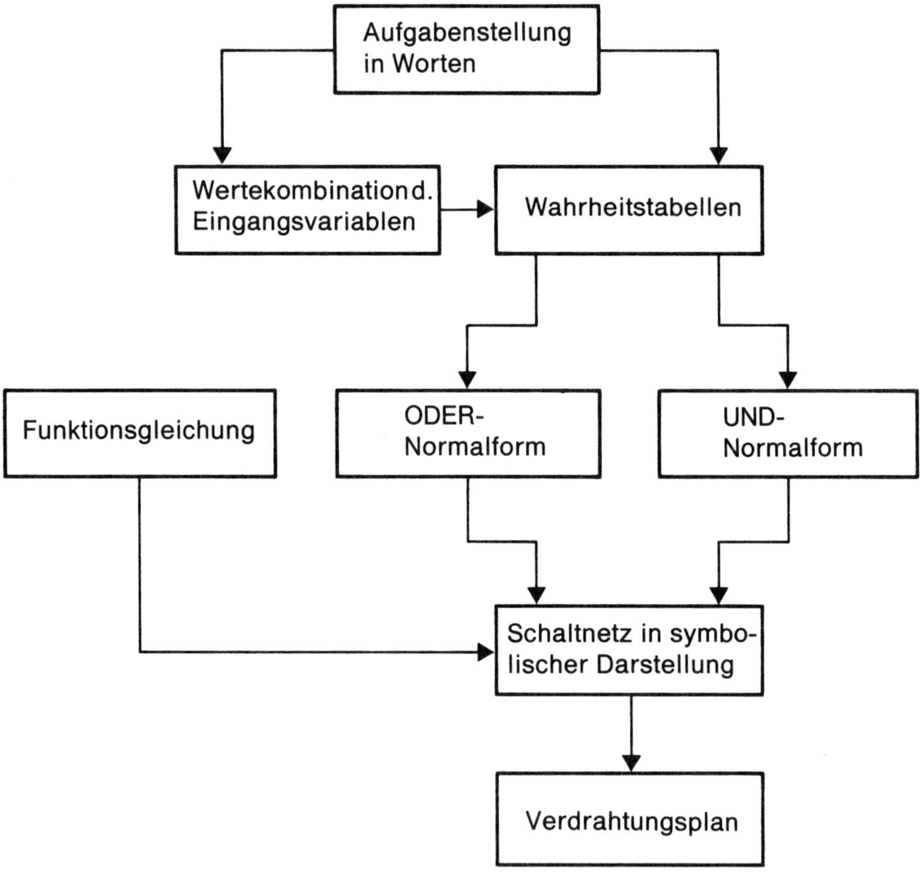

Bild 7.77 Ablaufplan für die Synthese logischer Schaltnetze

7.5.1 Synthese aufgrund einer vorgegebenen Funktionsgleichung

Wenn die Funktionsgleichung einer logischen Verknüpfung gegeben ist, so kann durch systematisches Umsetzen der Gleichung in Schaltsymbole ein Schaltnetz entworfen werden, mit dem sich der vorgegebene Zusammenhang zwischen den Eingangsvariablen und der Ausgangsvariablen verwirklichen läßt. Auch hier ist es stets zweckmäßig, ganz systematisch vorzugehen und mit Zwischenfunktionen zu arbeiten.

Beispiel: $X = (A \wedge \bar{B}) \vee (A \wedge C) \vee (\bar{A} \wedge B \wedge \bar{C})$.

1. Schritt:

Zwischenfunktionen einführen.

$Z1 = (A \wedge \bar{B})$; $Z2 = (A \wedge C)$; $Z3 = (\bar{A} \wedge B \wedge \bar{C})$

Damit wird:

$X = Z1 \vee Z2 \vee Z3$

Umsetzung in Schaltsymbol **(Bild 7.78)**

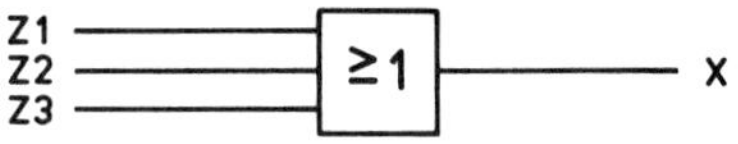

Bild 7.78 Ausgangsfunktion

2. Schritt:

Die eingeführten Zwischenfunktionen wieder ersetzen

$Z1 = (A \wedge \bar{B})$

Umsetzung in Schaltsymbol **(Bild 7.79)**

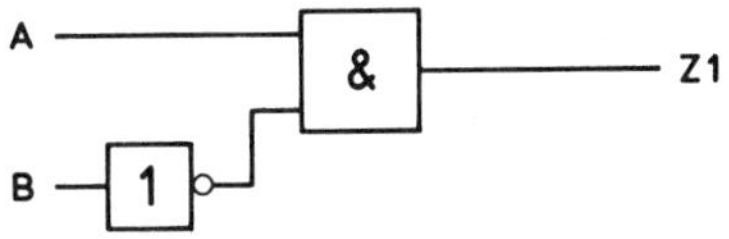

Bild 7.79 Zwischenfunktion Z 1

$Z2 = (A \wedge C)$

Umsetzung in Schaltsymbol **(Bild 7.80)**

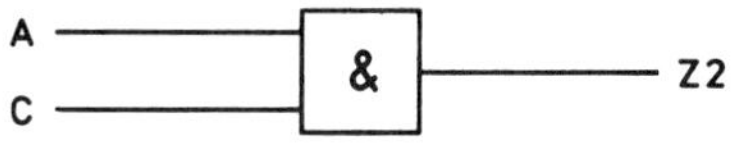

Bild 7.80 Zwischenfunktion Z 2

$Z3 = (\bar{A} \wedge B \wedge \bar{C})$

Umsetzung in Schaltsymbol **(Bild 7.81)**

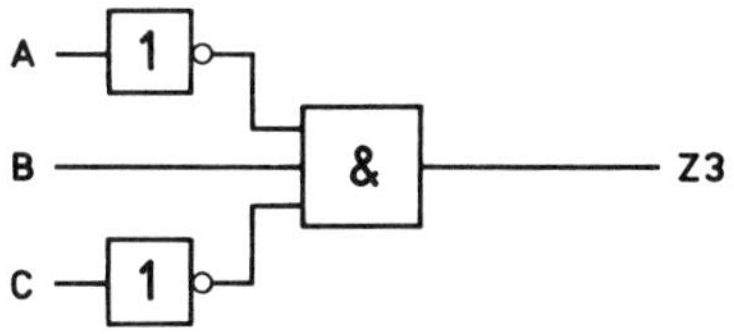

Bild 7.81 Zwischenfunktion Z 3

3. Schritt:

Zusammenfassung:
(Bild 7.82)

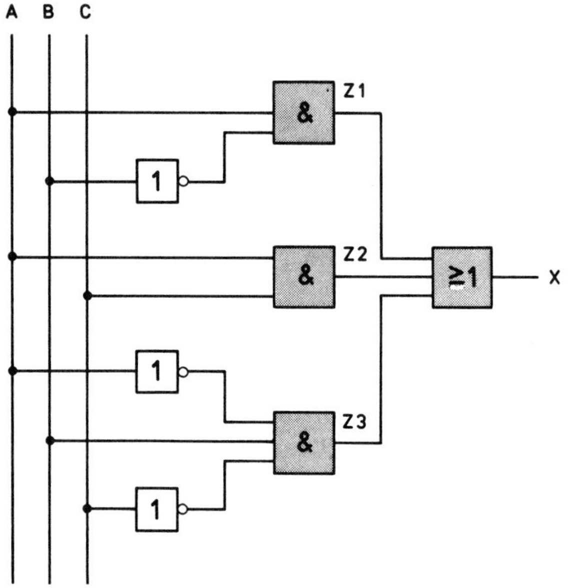

Bild 7.82 Logisches Schaltnetz für die Funktionsgleichung $X = (A \wedge \overline{B}) \vee (A \wedge C) \vee (\overline{A} \wedge B \wedge \overline{C})$

Mit dieser Methode läßt sich für *jede gegebene Funktionsgleichung* ein Schaltnetz entwickeln, das den laut Gleichung geforderten Zusammenhang zwischen den Eingangsvariablen und der Ausgangsvariablen erfüllt. Dabei ergeben sich stets Schaltnetze, bei denen jeweils maximal drei Logik-Bausteine hintereinander geschaltet sind. Entsprechend Abschnitt 7.4.1 kann dann für das ermittelte Schaltnetz (Bild 7.82) die vollständige Wahrheitstabelle aufgestellt werden. Sie liefert stets die übersichtlichste Aussage über das Verhalten eines logischen Schaltnetzes **(Bild 7.83)**.

C	B	A	$\overline{C}$	$\overline{B}$	$\overline{A}$	Z1	Z2	Z3	X
0	0	0	1	1	1	0	0	0	0
0	0	1	1	1	0	1	0	0	1
0	1	0	1	0	1	0	0	1	1
0	1	1	1	0	0	0	0	0	0
1	0	0	0	1	1	0	0	0	0
1	0	1	0	1	0	1	1	0	1
1	1	0	0	0	1	0	0	0	0
1	1	1	0	0	0	0	1	0	1

Bild 7.83 Vollständige Wahrheitstabelle zum Schaltnetz nach Bild 7.82

7.5.2 Synthese aufgrund einer vorgegebenen Wahrheitstabelle

Um ein Schaltnetz aufgrund einer vorgegebenen Wahrheitstabelle zu entwickeln, ist es notwendig, zunächst zu der Wahrheitstabelle eine zugehörige Funktionsgleichung aufzustellen. Hierfür gibt es zwei Methoden, und zwar:

1. Aufstellung der ODER-Normalform (Disjunktive Normalform),
2. Aufstellung der UND-Normalform (Konjunktive Normalform).

7.5.2.1 Aufstellen der ODER-Normalform

Die ODER-Normalform läßt sich aufstellen, wenn die vollständige Funktionstabelle eines Schaltnetzes vorliegt. Es ist dabei wiederum zweckmäßig, systematisch und schrittweise vorzugehen.

1. Schritt: **Festlegung der Zwischenfunktionen:**

Alle Zeilen der Funktionstabelle, die den Wert **X = 1** haben, werden der Reihe nach als Zwischenfunktionen $Z1 \ldots Zn$ gekennzeichnet.

2. Schritt: **Bildung der Zwischenfunktionen mit UND-Verknüpfungen:**

Alle Eingangsvariablen der Zwischenfunktionen werden durch *UND-Verknüpfungen* miteinander verknüpft, wobei alle Eingangsvariablen mit dem Wert »0« jeweils negiert aufgeschrieben werden müssen.

3. Schritt: **Bildung der ODER-Verknüpfungen:**

Alle Zwischenfunktionen $Z1 \ldots Zn$ werden durch *ODER-Verknüpfungen* miteinander verknüpft.

4. Schritt: **Bildung der ODER-Normalform:**

In der so ermittelten Funktionsgleichung werden die Zwischenfunktionen wieder ersetzt. Damit liegt dann die ODER-Normalform des Schaltnetzes vor.

5. Schritt: **Aufzeichnen des Schaltnetzes:**

Für die ODER-Normalform wird entsprechend Abschnitt 7.5.1 das Schaltnetz aufgezeichnet.

Beispiel

				1. Schritt	2. Schritt
C	**B**	**A**	**X**	**Z**	
0	0	0	1	$Z1 =$	$\bar{C} \wedge \bar{B} \wedge \bar{A}$
0	0	1	1	$Z2 =$	$\bar{C} \wedge \bar{B} \wedge A$
0	1	0	0		
0	1	1	0		
1	0	0	0		
1	0	1	1	$Z3 =$	$C \wedge \bar{B} \wedge A$
1	1	0	0		
1	1	1	0		

Bild 7.84 Wahrheitstabelle für Aufstellung der ODER-Normalform

1. und 2. Schritt: siehe Wahrheitstabelle **Bild 7.84**

3. Schritt: $X = Z1 \vee Z2 \vee Z3$

ODER-Normalform

4. Schritt: $X = (\bar{C} \wedge \bar{B} \wedge \bar{A}) \vee (\bar{C} \wedge \bar{B} \wedge A) \vee (C \wedge \bar{B} \wedge A)$

5. Schritt: Schaltung nach **Bild 7.85**

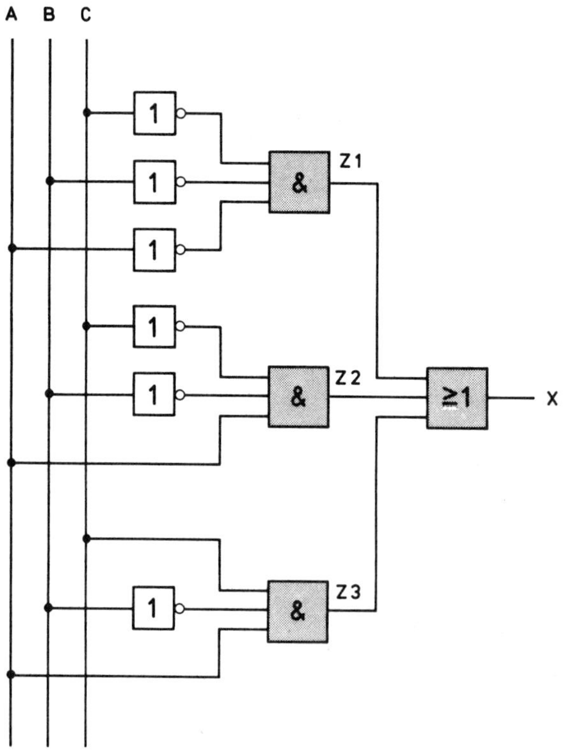

Bild 7.85 Schaltnetz zu Wahrheitstabelle nach Bild 7.84

Mit dieser Methode läßt sich aus jeder gegebenen vollständigen Wahrheitstabelle über die ODER-Normalform ein Schaltnetz entwickeln, das den geforderten funktionalen Zusammenhang zwischen den Eingangsvariablen und der Ausgangsvariablen erfüllt.
Eine Kontrolle kann über die Aufstellung der vollständigen Wahrheitstabelle für das Schaltnetz nach Bild 7.85 erfolgen.
Ein Vergleich der Wahrheitstabelle nach **Bild 7.86** mit der Wahrheitstabelle nach Bild 7.84 zeigt, daß der Zusammenhang zwischen den Eingangsvariablen und der Ausgangsvariablen in beiden Tabellen identisch ist. Das entwickelte Schaltnetz nach Bild 7.85 erfüllt also den geforderten funktionalen Zusammenhang.

C	B	A	$\bar{C}$	$\bar{B}$	$\bar{A}$	Z1	Z2	Z3	X
0	0	0	1	1	1	1	0	0	1
0	0	1	1	1	0	0	1	0	1
0	1	0	1	0	1	0	0	0	0
0	1	1	1	0	0	0	0	0	0
1	0	0	0	1	1	0	0	0	0
1	0	1	0	1	0	0	0	1	1
1	1	0	0	0	1	0	0	0	0
1	1	1	0	0	0	0	0	0	0

Bild 7.86 Wahrheitstabelle zu dem Schaltnetz nach Bild 7.85

7.5.2.2 Aufstellen der UND-Normalform

Auch die UND-Normalform läßt sich aufstellen, wenn die vollständige Wahrheitstabelle eines Schaltnetzes vorliegt. Notwendig ist wiederum ein schrittweises Vorgehen.

1. Schritt: Festlegung der Zwischenfunktionen:

Alle Zeilen der Wahrheitstabelle, die den Wert **X = 0** haben, werden der Reihe nach als Zwischenfunktionen *Z*1 — *Z*n gekennzeichnet.

2. Schritt: Bildung der Zwischenfunktionen mit ODER-Verknüpfungen:

Alle Eingangsvariablen werden durch *ODER-Verknüpfungen* miteinander verknüpft, wobei alle Eingangsvariablen mit dem Wert »1« jeweils negiert aufgeschrieben werden müssen.

3. Schritt: Bildung der UND-Verknüpfungen:

Alle Zwischenfunktionen werden durch *UND-Verknüpfungen* miteinander verknüpft.

4. Schritt: **Bildung der UND-Normalform:**

In der Funktionsgleichung werden die Zwischenfunktionen wieder ersetzt. Damit liegt dann die UND-Normalform vor.

5. Schritt: **Aufzeichnen des Schaltnetzes:**

Für die UND-Normalform wird wie in Abschnitt 7.5.1 das Schaltnetz aufgezeichnet.

Beispiel

				1. Schritt	2. Schritt
C	**B**	**A**	**X**	**Z**	
0	0	0	1		
0	0	1	1		
0	1	0	0	$Z1 =$	$C \vee \bar{B} \vee A$
0	1	1	0	$Z2 =$	$C \vee \bar{B} \vee \bar{A}$
1	0	0	0	$Z3 =$	$\bar{C} \vee B \vee A$
1	0	1	1		
1	1	0	0	$Z4 =$	$\bar{C} \vee \bar{B} \vee A$
1	1	1	0	$Z5 =$	$\bar{C} \vee \bar{B} \vee \bar{A}$

Bild 7.87 Wahrheitstabelle zum Aufstellen der UND-Normalform

1. und 2. Schritt: siehe Wahrheitstabelle nach **Bild 7.87**

3. Schritt: $X = Z1 \wedge Z2 \wedge Z3 \wedge Z4 \wedge Z5$

4. Schritt:

$$X = (C \vee \bar{B} \vee A) \wedge (C \vee \bar{B} \vee \bar{A}) \wedge (\bar{C} \vee B \vee A) \wedge (\bar{C} \vee \bar{B} \vee A) \wedge (\bar{C} \vee \bar{B} \vee \bar{A})$$

5. Schritt: Schaltung nach **Bild 7.88**

Mit dieser Methode läßt sich aus jeder gegebenen vollständigen Wahrheitstabelle über die UND-Normalform ein Schaltnetz entwickeln, das den geforderten funktionalen Zusammenhang zwischen den Eingangsvariablen und der Ausgangsvariablen erfüllt.
Eine Kontrolle kann wieder durch das Aufstellen der vollständigen Wahrheitstabelle für das Schaltnetz nach Bild 7.88 erbracht werden.

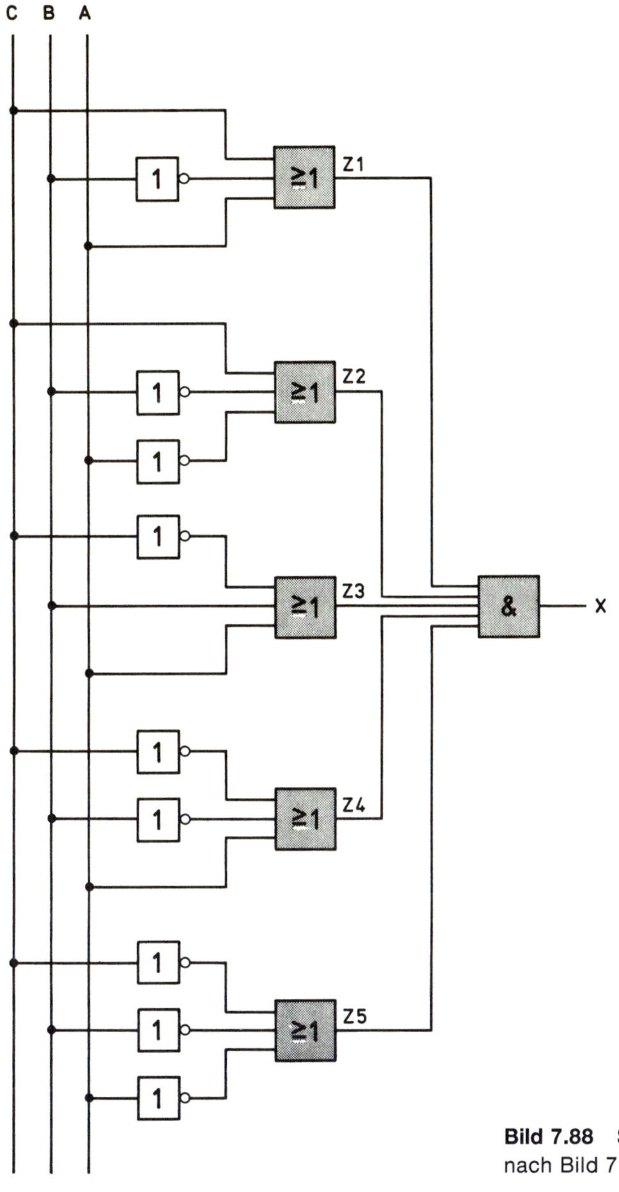

Bild 7.88 Schaltnetz zur Wahrheitstabelle nach Bild 7.87

7.5.2.3 Gleichwertigkeit von ODER-Normalform und UND-Normalform

Bei den Beispielen in den Abschnitten 7.5.2.1 und 7.5.2.2 wurde jeweils von der gleichen Wahrheitstabelle ausgegangen und nach den zwei verschiedenen Methoden – über die ODER-Normalform sowie die UND-Normalform – jeweils ein Schaltnetz entwickelt. Obwohl die beiden Schaltnetze sehr unterschiedlich aufgebaut sind, sind sie jedoch völlig gleichwertig und erfüllen den laut Wahrheitstabelle geforderten funktio-

nalen Zusammenhang zwischen den Eingangsvariablen und der Ausgangsvariablen. Durch Analyse beider Schaltnetze läßt sich auch leicht nachweisen, daß die Wahrheitstabellen beider Schaltnetze identisch sind. Es ist daher im Prinzip gleichgültig, ob man ein Schaltnetz mit Hilfe der ODER-Normalform oder der UND-Normalform entwickelt. In der Regel wird aber mit der ODER-Normalform gearbeitet.
In **Bild 7.89** ist nochmals die gemeinsame Wahrheitstabelle für die Schaltnetze nach Bild 7.85 und Bild 7.88 dargestellt. Die Ausgangsvariable hat in drei Fällen den Wert $X = 1$ und in fünf Fällen den Wert $X = 0$.

C	B	A	X	Z für ODER-Normalform	Z für UND-Normalform
0	0	0	1	$Z1 = \bar{C} \wedge \bar{B} \wedge \bar{A}$	
0	0	1	1	$Z2 = \bar{C} \wedge \bar{B} \wedge A$	
0	1	0	0		$Z1 = C \vee \bar{B} \vee A$
0	1	1	0		$Z2 = C \vee \bar{B} \vee \bar{A}$
1	0	0	0		$Z3 = \bar{C} \vee B \vee A$
1	0	1	1	$Z3 = C \wedge \bar{B} \wedge A$	
1	1	0	0		$Z4 = \bar{C} \vee \bar{B} \vee A$
1	1	1	0		$Z5 = \bar{C} \vee \bar{B} \vee \bar{A}$

Bild 7.89 Wahrheitstabelle für die Beispiele in den Abschnitten 7.5.2.1 und 7.5.2.2

Ein Vergleich der beiden zugehörigen Schaltungen zeigt, daß für die Schaltung nach der ODER-Normalform (Bild 7.85) 3 UND-Glieder, 1 ODER-Glied sowie 6 Inverter, für die Schaltung nach der UND-Normalform (Bild 7.88) dagegen 5 ODER-Glieder, 1 UND-Glied sowie 9 Inverter benötigt werden.
Um jeweils eine Schaltung mit möglichst wenig Logik-Bausteinen zu entwickeln, ist es zweckmäßig:

die *ODER-Normalform* zu wählen, wenn in der Wahrheitstabelle bei der Ausgangsvariablen der Wert $X = 1$ weniger auftritt als der Wert $X = 0$ und

die *UND-Normalform* zu wählen, wenn in der Wahrheitstabelle bei der Ausgangsvariablen der Wert $X = 0$ weniger auftritt als der Wert $X = 1$.

Unter Beachtung dieser Regel ist es also möglich, zu jeder beliebigen Wahrheitstabelle ein Schaltnetz mit einer geringsten Zahl von Logik-Bausteinen zu entwickeln. Die mit Hilfe der ODER-Normalform oder der UND-Normalform entwickelten Schaltnetze sind in der Regel aber noch aufwendiger als erforderlich, d. h. die gleichen Zusammenhänge lassen sich meist doch noch mit einer geringeren Zahl von Logik-Bausteinen verwirklichen.
Die Methoden zum Ermitteln eines logischen Schaltnetzes mit einer möglichst geringen Zahl von Logik-Bausteinen nennt man Vereinfachen, Minimieren oder Optimieren von logischen Schaltnetzen. Dies erfolgt entweder auf mathematischem Wege mit

Hilfe der Schaltalgebra (Boolsche Algebra) oder mit Hilfe eines grafischen Verfahrens, den Karnaugh-Veitch-Tafeln (KV-Tafeln) entsprechend Abschnitt 7.5.5.
Für die relativ einfachen Schaltnetze mit 2, 3 oder 4 Eingangsvariablen, wie sie in diesem Kapitel behandelt werden, ist der Vorteil, der durch die mögliche Einsparung einiger Logik-Bausteine erreicht werden könnte, jedoch recht gering.

7.5.3 Synthese aufgrund einer Beschreibung der Aufgabenstellung mit Worten

Häufig ist nur mit Worten beschrieben, welche Eigenschaften ein logisches Schaltnetz haben soll. Um aus diesen Angaben ein Schaltnetz entwickeln zu können, muß zunächst eine vollständige Wahrheitstabelle aufgestellt werden. Daraus läßt sich dann mit Hilfe der ODER-Normalform oder der UND-Normalform ein Schaltnetz entwickeln.
Das Aufstellen der vollständigen Wahrheitstabelle aufgrund eines gegebenen Aufgabentextes bereitet in der Regel einige Schwierigkeiten. Die Aufgabenstellungen sind oft sehr unterschiedlich abgefaßt und häufig nicht ausreichend genau.
Aus dem Text muß daher zunächst einmal geklärt werden, wieviele Eingangsvariablen überhaupt auftreten. Ist deren Zahl ermittelt, so kann die Tabelle der Eingangsvariablen in der üblichen Form aufgeschrieben werden. Dann muß aus dem Aufgabentext heraus für jeden möglichen Fall die Ausgangsvariable ermittelt werden. Eine schematische Anleitung hierfür ist nicht möglich. Das systematische Vorgehen bei der Synthese eines Schaltnetzes aufgrund einer Beschreibung mit Worten wird wieder anhand eines Beispiels gezeigt.

Beispiel

In einer Steuerungsanlage soll eine Signallampe immer nur dann leuchten, wenn von drei Schaltern jeweils zwei beliebige Schalter geschlossen sind, der dritte aber jeweils geöffnet ist.

1. Schritt: Ermittlung der Zahl der Eingangsvariablen:

In diesem Fall ist im Aufgabentext bereits genau angegeben, daß drei Schalter vorhanden sind, deren Schaltstellung als Eingangsvariable auftreten.
Zusätzlich muß noch eine Festlegung getroffen werden, welche Schaltstellung als »0«-Signal und welche als »1«-Signal angesehen werden soll.
Festlegung: Schalter geschlossen $\triangleq$ 1-Signal; Schalter offen $\triangleq$ 0-Signal.

2. Schritt: Aufstellen der Wahrheitstabelle (Eingangsvariablen) **Bild 7.90**:

			3. Schritt	**4. Schritt**	**5. Schritt**
C	**B**	**A**	**X**	**Z**	
0	0	0	0		
0	0	1	0		
0	1	0	0		
0	1	1	1	$Z1$	$Z1 = \bar{C} \wedge B \wedge A$
1	0	0	0		
1	0	1	1	$Z2$	$Z2 = C \wedge \bar{B} \wedge A$
1	1	0	1	$Z3$	$Z3 = C \wedge B \wedge \bar{A}$
1	1	1	0		

Bild 7.90 Wahrheitstabelle für Beispiel

3. Schritt: Ermittlung der Ausgangsvariablen:

Auch hier muß zunächst wieder eine Festlegung für die Ausgangsvariable getroffen werden.

Festlegung:
Lampe leuchtet, wenn $X = 1$, Lampe leuchtet nicht, wenn $X = 0$.

Mit dieser Festlegung ergibt sich, daß bei drei verschiedenen Wertekombinationen der Eingangsvariablen (zwei der jeweils drei Eingangsvariablen sollen den Zustand »1« haben) die Ausgangsvariable den Wert $X = 1$ erhalten muß.

4. Schritt: Wahl der Zwischenfunktionen:

In der Wahrheitstabelle tritt der Wert $X = 1$ dreimal, der Wert $X = 0$ jedoch fünfmal auf. Um das einfachste Schaltnetz zu erhalten, ist es daher zweckmäßig, die ODER-Normalform zu wählen. Die Zeilen, in denen $X = 1$ ist, werden mit den Zwischenfunktionen $Z1$, $Z2$ ud $Z3$ bezeichnet.

5. Schritt: Bildung der Zwischenfunktionen mit UND-Verknüpfung:

Alle Eingangsvariablen der Zwischenfunktionen werden durch UND-Verknüpfungen miteinander verknüpft, wobei alle Eingangsvariablen mit dem Wert »0« jeweils negiert aufgeschrieben werden müssen.

6. Schritt: Bildung der ODER-Verknüpfungen:

Alle Zwischenfunktionen $Z1 \ldots Z3$ werden durch ODER-Verknüpfungen miteinander verknüpft. Damit lautet dann die Funktionsgleichung:

$$X = Z1 \vee Z2 \vee Z3$$

7. Schritt: Aufstellen der ODER-Normalform:

$$X = (\bar{C} \wedge B \wedge A) \vee (C \wedge \bar{B} \wedge A) \vee (C \wedge B \wedge \bar{A}).$$

8. Schritt: Aufzeichnen des Schaltnetzes:

Für die Funktionsgleichung in ODER-Normalform wird entsprechend Kapitel 7.5.1 das Schaltnetz aufgezeichnet **(Bild 7.91)**.

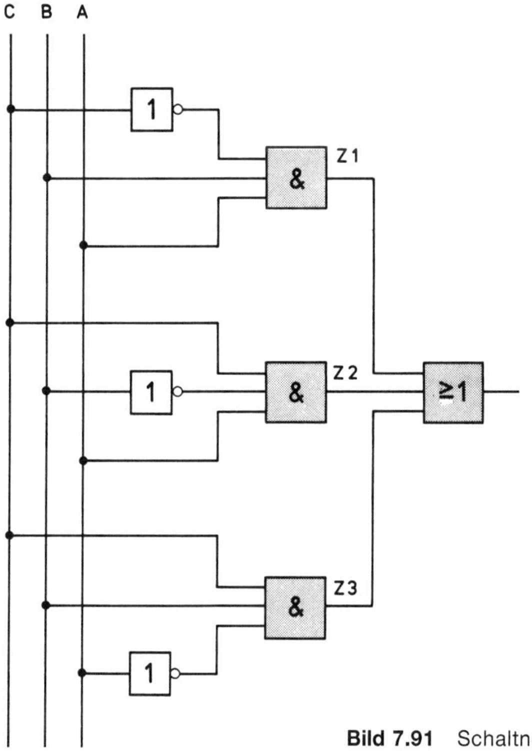

Bild 7.91 Schaltnetz zur Wahrheitstabelle nach Bild 7.90

Durch eine Analyse des Schaltnetzes nach Bild 7.91 kann der Nachweis erbracht werden, daß dieses Schaltnetz die Wahrheitstabelle nach Bild 7.90 erfüllt.

7.5.4 Anwendungsbeispiel

In einem Betrieb sind drei Werkzeugmaschinen mit einer Leistungsaufnahme P_1 = 3 kW, P_2 = 1 kW und P_3 = 6 kW installiert. Im Büro des Betriebsleiters soll durch eine rote Signallampe angezeigt werden, wenn die Leistungsaufnahme dieser drei Maschinen insgesamt 6,5 kW überschreitet.
Das logische Schaltnetz ist in TTL-Technik und ausschließlich mit NAND-Gliedern aufzubauen, wobei nur die in Bild 7.24 aufgeführten Typen verwendet werden sollen.

Lösungsweg: Entsprechend Abschnitt 7.5.3

1. Schritt: Ermittlung der Zahl der Eingangsvariablen:

Es müssen die Informationen von drei verschiedenen Motoren verarbeitet werden. Es liegen also 3 Eingangsvariable vor.

Festlegung:

Motor läuft ≙ 1-Signal
Motor läuft nicht ≙ 0-Signal
Lampe leuchtet ≙ 1-Signal
Lampe leuchtet nicht ≙ 0-Signal

Zuordnung:

Motor 1 (P_1 = 3 kW) ≙ A
Motor 2 (P_2 = 1 kW) ≙ B
Motor 3 (P_3 = 6 kW) ≙ C

2. Schritt: Aufstellen einer Wahrheitstabelle (Eingangsvariable) **Bild 7.92**:

				3. Schritt	4. Schritt	5. Schritt
C	**B**	**A**	***P*/kW**	**X**		
0	0	0	0	0		
0	0	1	3	0		
0	1	0	1	0		
0	1	1	4	0		
1	0	0	6	0		
1	0	1	9	1	$Z1$	$Z1 = C \wedge \bar{B} \wedge A$
1	1	0	7	1	$Z2$	$Z2 = C \wedge B \wedge \bar{A}$
1	1	1	10	1	$Z3$	$Z3 = C \wedge B \wedge A$

Bild 7.92 Wahrheitstabelle zu Beispiel 7.5.4

3. Schritt: Ermittlung der Ausgangsvariablen:

In einer Zwischenspalte in Bild 7.92 wird hier die Gesamtleistung der Motoren für die jeweiligen Betriebsfälle eingetragen. In allen Fällen, in denen $P \geqq 6{,}5$ kW ist, muß die Ausgangsvariable X den Wert 1 erhalten.

4. Schritt: Wahl der Zwischenfunktionen:

Da der Wert $X = 1$ dreimal, der Wert $X = 0$ jedoch fünfmal auftritt, ist es zweckmäßig, die ODER-Normalform zu wählen. Damit ergeben sich $Z1$, $Z2$ und $Z3$.

5. Schritt: Bildung der Zwischenfunktionen mit UND-Verknüpfungen:

Die Zwischenfunktionen werden in Tabelle 7.92 eingetragen.

6. Schritt: Bildung der ODER-Verknüpfung:

$$X = Z1 \vee Z2 \vee Z3$$
$$X = (C \wedge \bar{B} \wedge A) \vee (C \wedge B \wedge \bar{A}) \vee (C \wedge B \wedge A)$$

7. Schritt: Aufzeichnen des Schaltnetzes (Bild 7.93):

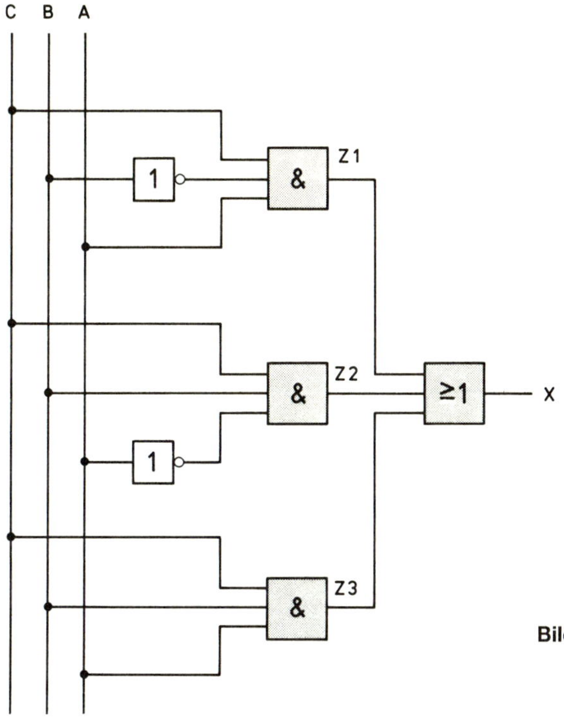

Bild 7.93 Schaltnetz zu Beispiel 7.5.4

8. Schritt: Kontrolle 1:

Es ist zweckmäßig, nach Aufzeichnen des Schaltnetzes stets eine Kontrolle durchzuführen, in der eine Analyse des entwickelten Schaltnetzes vorgenommen wird.

C	B	A	Z1	Z2	Z3	X
0	0	0	0	0	0	0
0	0	1	0	0	0	0
0	1	0	0	0	0	0
0	1	1	0	0	0	0
1	0	0	0	0	0	0
1	0	1	1	0	0	1
1	1	0	0	1	0	1
1	1	1	0	0	1	1

Bild 7.94 Kontroll-Wahrheitstabelle zu Schaltbild nach Bild 7.93

Ein Vergleich der Tabelle **(Bild 7.94)** mit der Tablle 7.92 zeigt, daß beide identisch sind. Das entwickelte Schaltnetz erfüllt also die gestellten Forderungen.

9. Schritt: Umwandlung der einzelnen Verknüpfungsglieder in NAND-Glieder:

Alle UND-, ODER- und NICHT-Glieder werden mit Hilfe der Tabelle (Bild 7.63) in NAND-Glieder umgewandelt **(Bild 7.95)**.

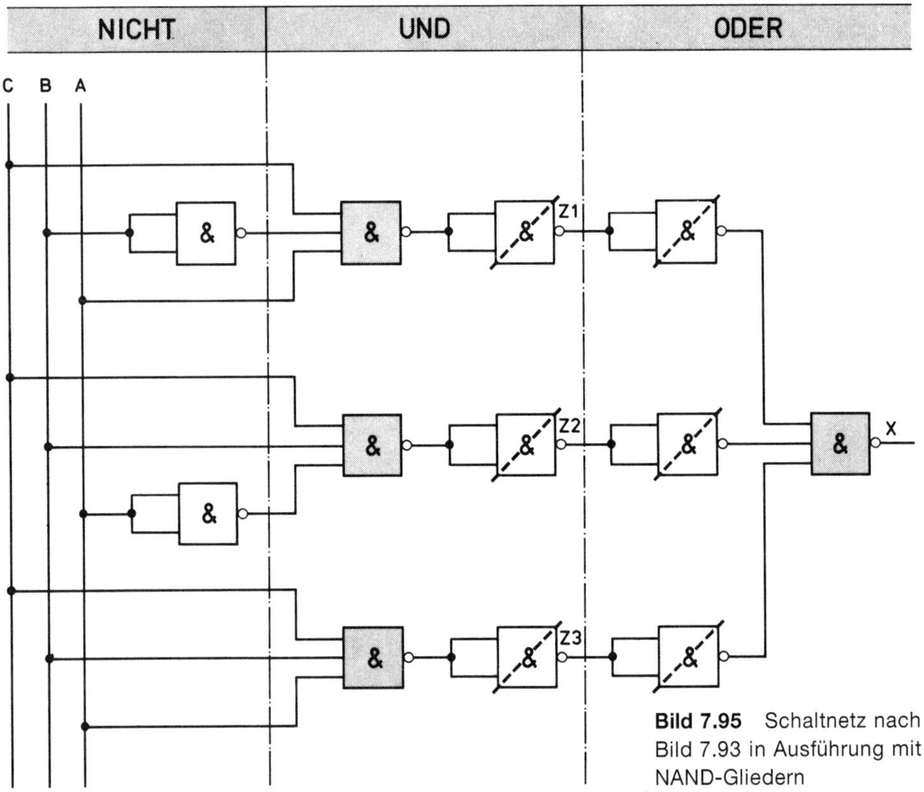

Bild 7.95 Schaltnetz nach Bild 7.93 in Ausführung mit NAND-Gliedern

10. Schritt: Kontrolle 2:

Auch nach dieser Umwandlung ist es zweckmäßig, wieder eine Kontrolle mit Hilfe der Wahrheitstabelle durchzuführen **(Bild 7.96)**.

C	B	A	Z1	Z2	Z3	X
0	0	0	1	1	1	0
0	0	1	1	1	1	0
0	1	0	1	1	1	0
0	1	1	1	1	1	0
1	0	0	1	1	1	0
1	0	1	0	1	1	1
1	1	0	1	0	1	1
1	1	1	1	1	0	1

Bild 7.96 Kontroll-Wahrheitstabelle zu Schaltbild nach Bild 7.95

Die jeweils unmittelbar hintereinander geschalteten NICHT-Glieder (in NAND-Ausführung) können entfallen. Damit ergibt sich das vereinfachte Schaltnetz nach **Bild 7.97**.

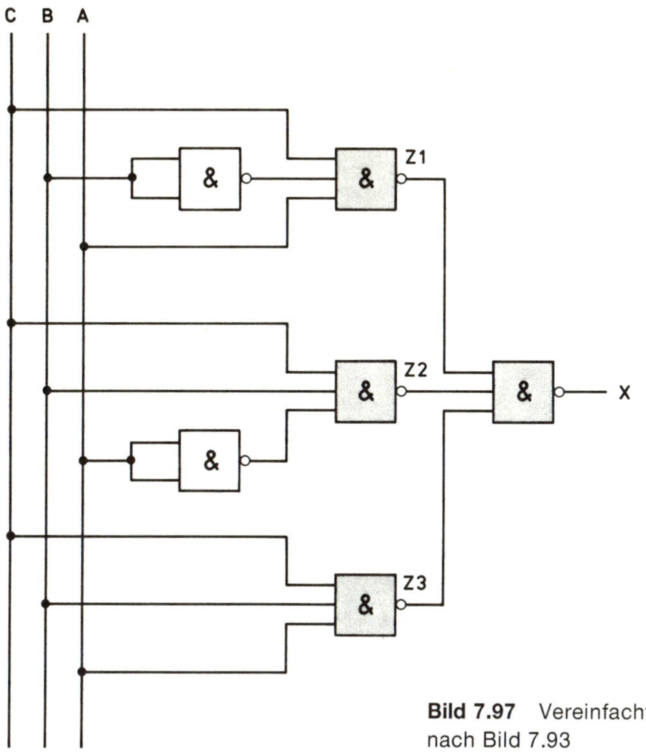

Bild 7.97 Vereinfachtes Schaltnetz zur Schaltung nach Bild 7.93

Die Wahrheitstabelle nach Bild 7.96 entspricht der Wahrheitstabelle nach Bild 7.94. Beide Schaltnetze haben das gleiche funktionale Verhalten.

11. Schritt: Auswahl der einzusetzenden TTL-Bausteine:

Für die Realisierung des Schaltnetzes nach Bild 7.93 werden insgesamt 6 NAND-Glieder benötigt, und zwar

2 × NAND-Glieder mit je 2 Eingängen,
4 × NAND-Glieder mit je 3 Eingängen.

Es empfiehlt sich, zwei Bausteine des Typs 7410 einzusetzen (siehe Bild 7.25). Der Typ 7410 enthält 3 × NAND-Glieder mit je drei Eingängen.
Bild 7.98 zeigt das mit 2 TTL-Chips 7410 aufgebaute und verdrahtete Schaltnetz zu Beispiel 7.5.4. Die gewählte Verdrahtung kann jedoch nur als eine von vielen Möglichkeiten angesehen werden. Sie ergibt sich in der Regel erst konkret, wenn z. B. auf einer Platine die Anordnung der Fassungen und die gedruckten Leitungen vorgegeben sind oder hierfür eine optimale Leitungsführung ermittelt werden muß.

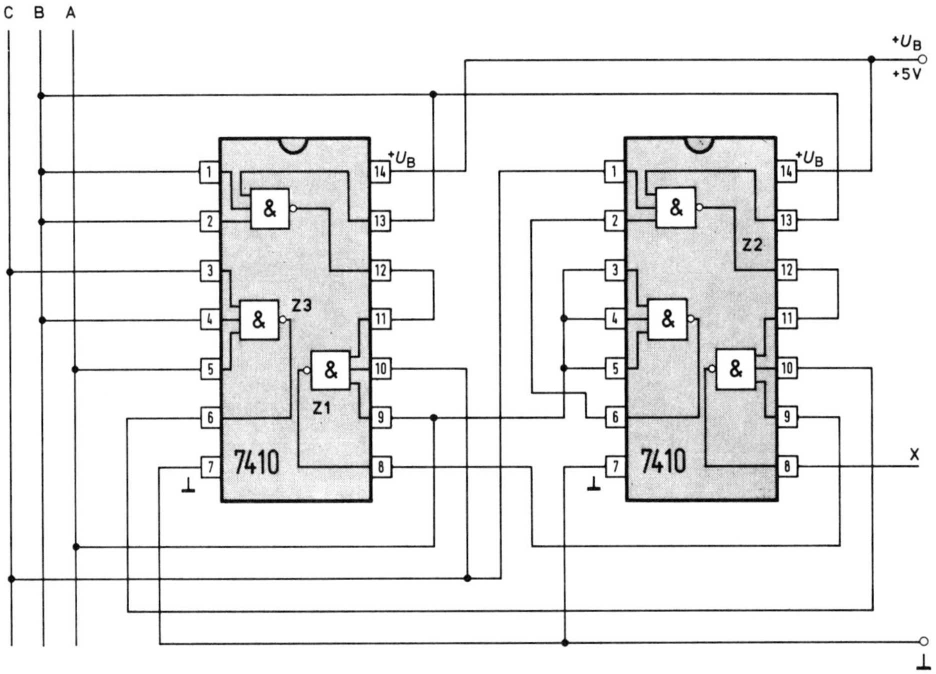

Bild 7.98 Verdrahtetes Schaltnetz zu Beispiel 7.5.4

7.6 Vereinfachung logischer Schaltnetze mit Hilfe von KV-Tafeln

Bei allen logischen Schaltnetzen besteht ein funktionaler Zusammenhang zwischen der Ausgangsvariablen X und den Eingangsvariablen A, B, C, D .... Diese Verknüpfungen lassen sich einfach und übersichtlich durch eine Funktionsgleichung beschreiben.

Der englische Mathematiker G. Boole (1815 bis 1864) entwickelte etwa um 1840 ein Rechenverfahren für ein duales Zahlensystem bzw. für das Rechnen mit zweiwertigen Variablen, das unmittelbar auf solche logischen Schaltnetze übertragen werden kann.

Mit Hilfe dieser Boolschen Algebra, die auch als Schaltalgebra bezeichnet wird, ist eine mathematische Behandlung digitaler Schaltungen möglich, und zwar unabhängig von einer technischen Realisierung. Die Schaltalgebra erfüllt heute zwei Aufgaben:

1. abstrakte Beschreibung logischer Verknüpfungen in digitalen Schaltungen
2. zur Vereinfachung von logischen Schaltnetzen.

Durch konsequente Anwendung der Boolschen Algebra ist es möglich, bereits die Funktionsgleichung eines logischen Schaltnetzes so zu vereinfachen, daß sich ein Schaltnetz ergibt, das sich mit einem Minimum an Logik-Bausteinen realisieren läßt.

Weil aber diese Rechenregeln und ihre Anwendung auf die Funktionsgleichungen für einen mathematisch wenig Geschulten große Schwierigkeiten bereiten, verlangt das Vereinfachen logischer Schaltnetze mit Hilfe der Schaltalgebra sehr viel Übung und Erfahrung im Umgang mit Funktionsgleichungen. Für den Praktiker ist es daher nicht notwendig, sich mit diesem Verfahren intensiv zu befassen, denn eine Vereinfachung mit Hilfe der sogenannten KV-Tafeln führt erheblich schneller und sicherer zu einer Minimalform.
Karnaugh und Veitch haben grafische Verfahren entwickelt, mit deren Hilfe es möglich ist, aus einer vorgegebenen Wahrheitstabelle ein Schaltnetz zu entwickeln, das sich mit einem Minimum an logischen Verknüpfungsgliedern realisieren läßt. Bei diesem Verfahren werden die Eingangsvariablen durch Quadrate in den sogenannten **K**arnaugh-**V**eitch-Tafeln (KV-Tafeln) dargestellt. In diese Felder werden die zugehörigen Werte der Ausgangsvariablen dann eingetragen. Diese KV-Tafeln können daher auch als eine abgewandelte Form der Wahrheitstabelle angesehen werden. Eine ausgefüllte KV-Tafel enthält nämlich – genau wie eine vollständige Wahrheitstabelle – alle Informationen über die funktionalen Zusammenhänge zwischen den Eingangs- und den Ausgangsvariablen.

7.6.1 Aufstellen von KV-Tafeln

Eine KV-Tafel besteht aus einem Rechteck, das so viele Felder enthält, wie mögliche Wertekombinationen der Eingangsvariablen auftreten können. Bei n Eingangsvariablen müssen daher 2^n Felder eingezeichnet werden. Durch eine zusätzliche Randbeschriftung erhält jedes einzelne Feld eine eindeutige Zuordnung zu den Eingangsvariablen.
In **Bild 7.99** ist eine KV-Tafel für zwei Variable dargestellt. Jedes der vier Felder läßt sich mit Hilfe der Eingangsvariablen eindeutig beschreiben.

$A \wedge B \rightarrow$ Feld oben links
$\bar{A} \wedge B \rightarrow$ Feld oben rechts
$A \wedge \bar{B} \rightarrow$ Feld unten links
$\bar{A} \wedge \bar{B} \rightarrow$ Feld unten rechts

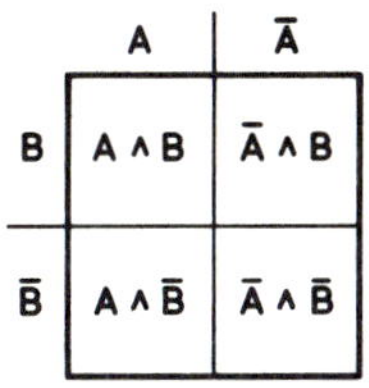

Bild 7.99 KV-Tafel für 2 Variable

In Bild 7.99 ist zu erkennen, daß sich bei der angegebenen Randbeschriftung zwischen zwei benachbarten Feldern nur jeweils der Zustand einer Variablen ändert. Diese Bedingung muß auch eingehalten werden, wenn mehr als zwei Variable vorhanden sind.
Bei den KV-Tafeln ist es also unbedingt erforderlich, daß sich benachbarte Felder lediglich im Zustand einer Variablen unterscheiden. Dies wird erreicht durch eine bestimmte Systematik in der »Randbeschriftung« der Tafeln. **Bild 7.100** zeigt KV-Tafeln für 1 bis 4 Eingangsvariable. Die Randbeschriftungen sind hier jeweils so gewählt, daß die Bedingung für benachbarte Felder stets gegeben ist. Obwohl durchaus auch andere Randbeschriftungen möglich sind, ist es zweckmäßig, die in Bild 7.100 angegebenen Beschriftungen zu verwenden.

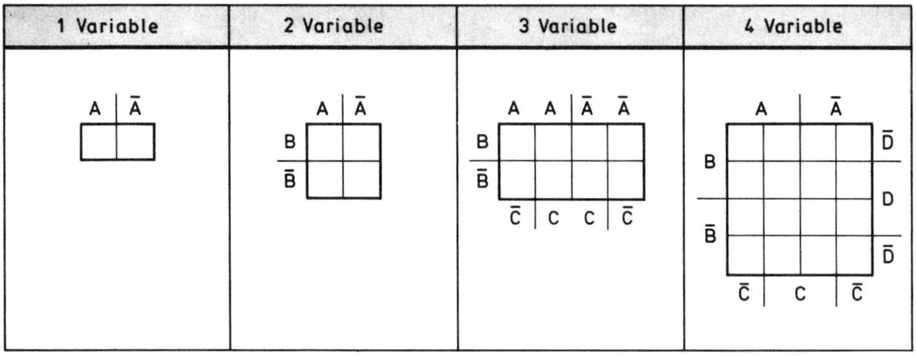

Bild 7.100 KV-Tafeln für 1 bis 4 Variable

Da jedes Feld in den angegebenen KV-Tafeln eindeutig einer bestimmten Wertekombination der Eingangsvariablen zugeordnet ist, kann in das entsprechende Feld auch der zugehörige Zustand der Ausgangsvariablen $X = 0$ bzw. $X = 1$ eingetragen werden. In **Bild 7.101** ist das Aufstellen einer KV-Tafel anhand einer vollständigen Wahrheitstabelle gezeigt.

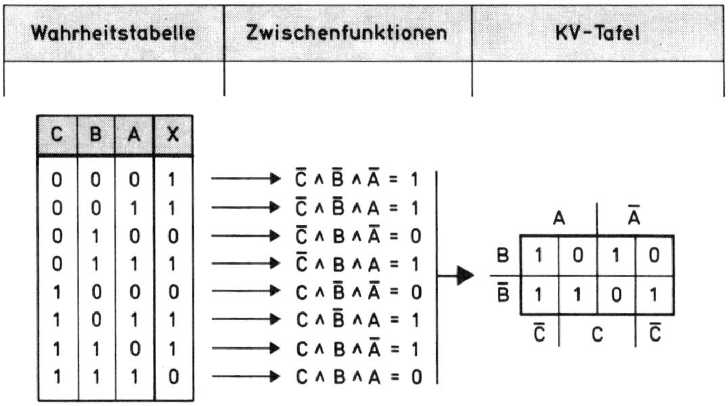

Bild 7.101 Wahrheitstabelle, Zwischenfunktion und KV-Tafel für ein logisches Schaltnetz

Auf diese Weise läßt sich zu jeder vorgegebenen Wahrheitstabelle mit Hilfe der Gleichungen für die Zwischenfunktionen eine zugehörige KV-Tafel aufstellen. Genau so gut ist es aber auch umgekehrt möglich, aus einer KV-Tafel die Zwischenfunktionen zu entnehmen und daraus die Wahrheitstabelle zu bilden.

7.6.2 Zusammenfassen von Feldern in KV-Tafeln

In der KV-Tafel lassen sich nun zwei benachbarte Felder zusammenfassen, wenn beide die Ausgangsvariable $X = 1$ enthalten. Eine solche Zusammenfassung von Feldern in der KV-Tafel wird als das »Bilden von Schleifen« oder »Bilden von Elementarblöcken« bezeichnet.

Das Bilden von Elementarblöcken beruht auf einer Kürzungsregel der Schaltalgebra, und zwar gilt:

$$X = (\bar{B} \wedge A) \vee (B \wedge A) = A \wedge (\bar{B} \vee B) = A \wedge 1$$
$$X = A$$

In dieser Gleichung tritt die Variable A nur in einem Zustand, die Variable B aber mit den beiden möglichen Zuständen B und $\bar{B}$ auf. Genau dies ist aber auch immer bei zwei benachbarten Feldern einer KV-Tafel der Fall. Enthalten diese benachbarten Felder den Wert »1«, so braucht als Zwischenfunktion nur die Variable aufgeschrieben zu werden, die sich in den beiden Feldern nicht ändert. Die Variable, die sich in einem Elementarblock ändert, kann dagegen entfallen.
Das Verfahren des Vereinfachens mit Hilfe der KV-Tafel wird an einem Beispiel gezeigt **(Bild 7.102)**.

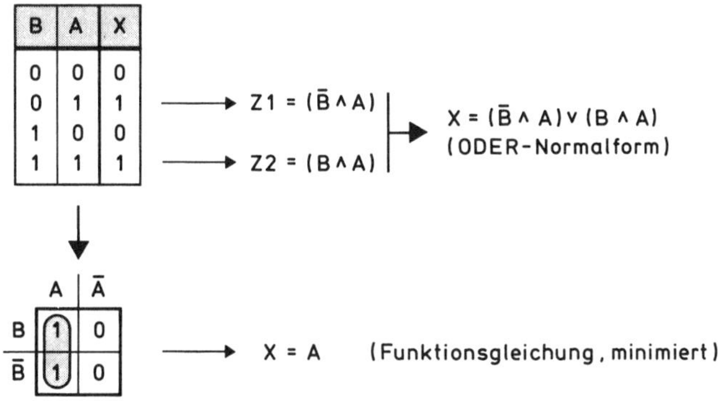

Bild 7.102 Wahrheitstabelle, KV-Tafel und Funktionsgleichungen für ein Schaltnetz

Durch die Möglichkeit der Zusammenfassung ergibt sich ein systematischer Weg zur Vereinfachung von Schaltnetzen. Der besondere Vorteil der KV-Tafeln liegt darin, daß die Möglichkeiten zur Vereinfachung sofort erkannt und ohne Kenntnis der Schaltalgebra genutzt werden können.
Für das Bilden von Schleifen oder Elementarblöcken in KV-Tafeln gelten folgende Regeln:

1. Es dürfen nur Felder zu Elementarblöcken zusammengefaßt werden, wenn sie als Wert der Ausgangsvariablen »1« enthalten und benachbart sind.
2. Als benachbart gelten auch Felder, wenn sie an dem gegenüberliegenden Ende einer Zeile oder an den gegenüberliegenden Rändern einer Spalte liegen.
3. Es dürfen jeweils nur 2, 4 oder 8 Felder zusammengefaßt werden.
4. Einzelne Felder können auch 2 oder mehreren Elementarblöcken zugeordnet werden.
5. Je größere Schleifen gebildet werden können, desto einfacher wird die Funktionsgleichung.
6. Lassen sich mehrere Elementarblöcke bilden, so müssen die Zwischenfunktionen für die einzelnen Schleifen durch eine ODER-Verknüpfung miteinander verknüpft werden.

7. Beim Aufstellen der minimierten Funktionsgleichungen müssen auch die Felder berücksichtigt werden, die den Wert »1« enthalten, aber nicht in einen Elementarblock aufgenommen werden können.

In **Bild 7.103** sind eine Reihe von Beispielen für das Bilden von Schleifen und das Aufstellen minimierter Funktionsgleichungen angegeben.

1. 2er-Schleifen

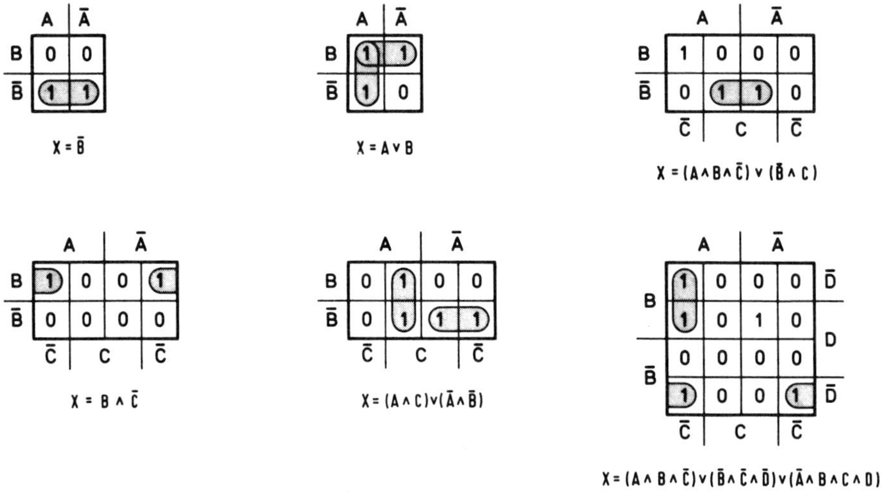

2. 4er-Schleifen

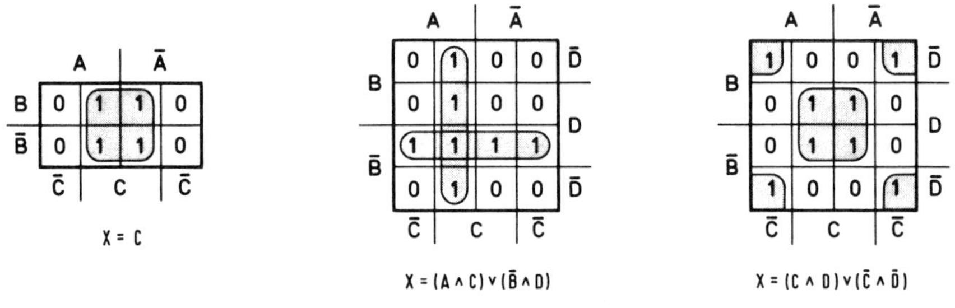

3. 8er-Schleifen

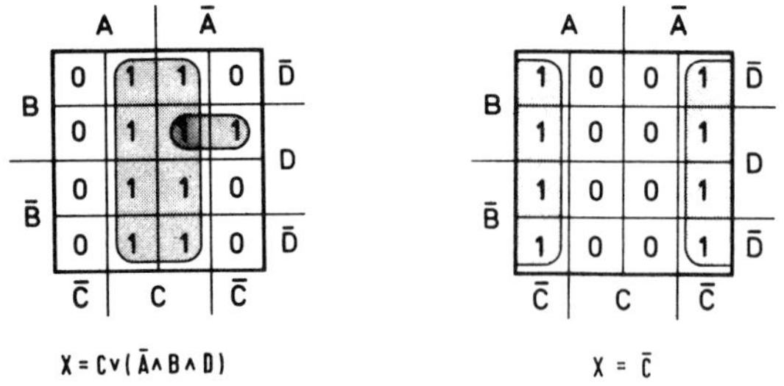

Bild 7.103 Beispiele für das Bilden von Schleifen und das Aufstellen minimierter Funktionsgleichungen

7.6.3 Ablaufplan für das Vereinfachen logischer Schaltnetze mit Hilfe von KV-Tafeln

Beim Vereinfachen eines logischen Schaltnetzes wird zweckmäßigerweise nach dem Ablaufplan in **Bild 7.104** vorgegangen. Ausgangspunkt ist bei dieser Minimierung stets die vollständige Wahrheitstabelle eines Schaltnetzes.

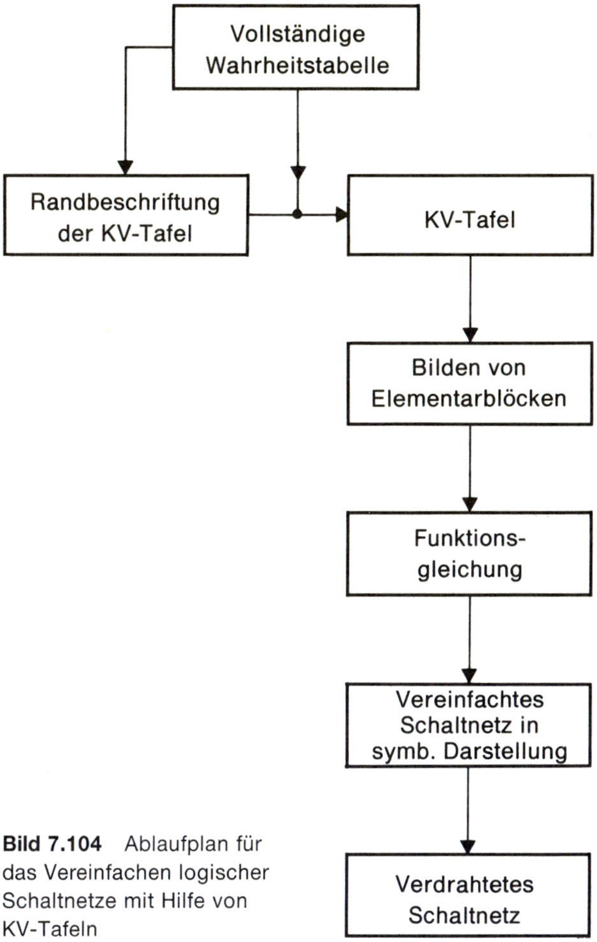

Bild 7.104 Ablaufplan für das Vereinfachen logischer Schaltnetze mit Hilfe von KV-Tafeln

Entsprechend dem Ablaufplan wird die Minimierung schrittweise vorgenommen.

1. Schritt: Aufstellen der KV-Tafel

2. Schritt: Bilden der Schleifen

3. Schritt: Aufschreiben der Zwischenfunktionen und der minimierten Funktionsgleichung

4. Schritt: Aufzeichnen des vereinfachten Schaltnetzes in symbolischer Darstellung

5. Schritt: Aufzeichnen des Verdrahtungsplanes

7.6.4 Anwendungsbeispiele

Beispiel 1

Vorgegeben ist die Wahrheitstabelle nach **Bild 7.105**. Zu entwerfen ist ein logisches Schaltnetz, mit dem sich der geforderte funktionale Zusammenhang bei einem Minimum an Gattern realisieren läßt. Das Schaltnetz soll in NAND-Technik ausgeführt werden.

D	C	B	A	X
0	0	0	0	0
0	0	0	1	1
0	0	1	0	0
0	0	1	1	1
0	1	0	0	0
0	1	0	1	0
0	1	1	0	0
0	1	1	1	0
1	0	0	0	1
1	0	0	1	1
1	0	1	0	1
1	0	1	1	1
1	1	0	0	0
1	1	0	1	0
1	1	1	0	0
1	1	1	1	0

Bild 7.105 Wahrheitstabelle zum Beispiel 1

1. und 2. Schritt: Aufstellen der KV-Tafeln und Bilden der Elementarblöcke

Hier können zwei 4er-Schleifen gebildet werden.

3. Schritt: Funktionsgleichung

1. Schleife: $Z1 = A \wedge \overline{C}$

2. Schleife: $Z2 = \overline{C} \wedge D$

$X = Z1 \vee Z2$

$X = (A \wedge \overline{C}) \vee (\overline{C} \wedge D)$.

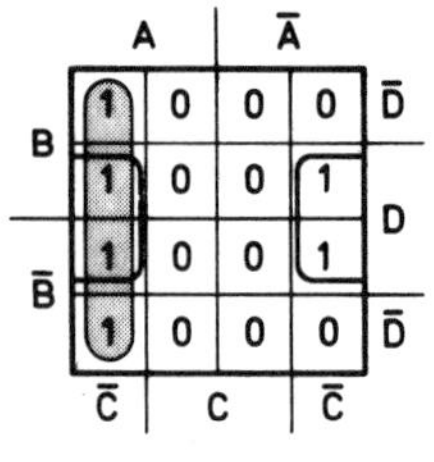

Bild 7.106 KV-Tafel mit Elementarblöcken zum Beispiel 1

In diesem Fall tritt die Variable *B* überhaupt nicht mehr auf. Sie ist überflüssig.

4. Schritt: Vereinfachtes Schaltnetz in symbolischer Darstellung **(Bild 7.107)**.

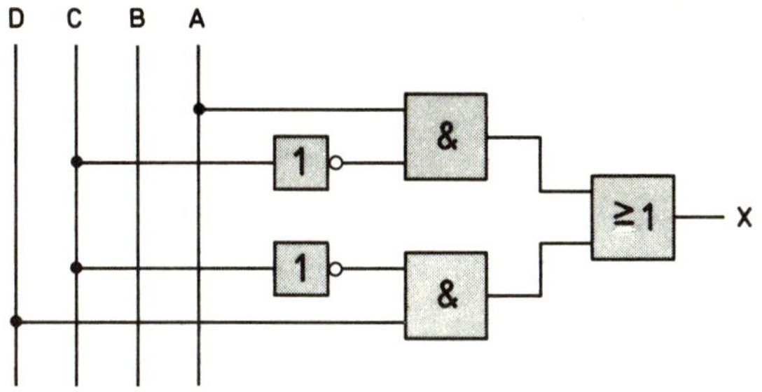

Bild 7.107 Schaltnetz zum Beispiel 1

Da das Schaltnetz in NAND-Technik ausgeführt werden soll, ist noch eine Umwandlung der in **Bild 7.107** angegebenen Verknüpfungsglieder in NAND-Glieder vorzunehmen. Dies kann auf grafische Weise oder durch Anwenden der Schaltalgebra erfolgen. Damit ergibt sich dann das gesuchte minimierte Schaltnetz in NAND-Technik entsprechend **Bild 7.108**.

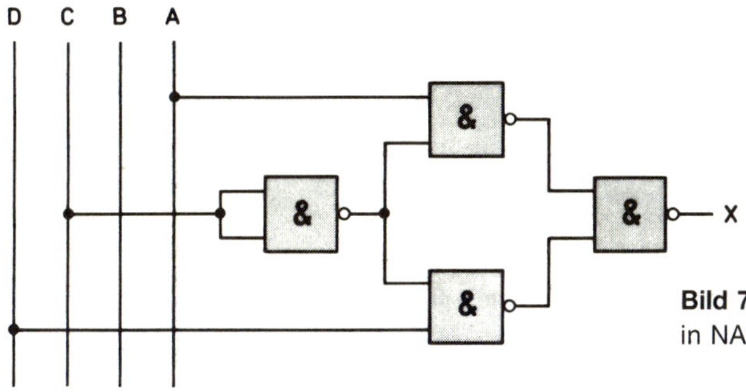

Bild 7.108 Vereinfachtes Schaltnetz in NAND-Technik zum Beispiel 1

Das Schaltnetz nach Bild 7.108 läßt sich in TTL-Technik z. B. mit einem Baustein 7400 aufbauen.

Beispiel 2

Eine Mischmaschine soll die Rohstoffe *A*, *B* und *C* mit einem Bindemittel *D* vermengen. Die Maschine soll nur mit dem Mischen beginnen, wenn die Stoffe *A* und *C* sowie das Bindemittel zugegeben werden und *B* fehlt. Sie soll jedoch auch arbeiten, wenn die Zuflüsse der Rohstoffe *B* und *C* gesperrt sind oder nur der Zufluß des Stoffes *A* gesperrt ist, aber die anderen Stoffe zugegeben werden. Außerdem soll die Mischmaschine auch laufen, wenn die Zuflüsse des Stoffes *A* und des Bindemittels *D* gesperrt sind, die anderen Stoffe aber zufließen. Ebenfalls müßte die Maschine laufen, wenn nur der Rohstoff *C* oder nur das Bindemittel *D* zusammen mit dem Rohstoff *C* eingefüllt wird. Das Schaltnetz soll in NAND-Technik aufgebaut werden.

1. Schritt: Zahl der Eingangsvariablen

Aus dem Aufgabentext ist direkt zu ersehen, daß die vier Eingangsvariablen *A*, *B*, *C* und *D* vorhanden sind.

Festlegung: Zufluß offen $\triangleq$ 1
Zufluß gesperrt $\triangleq$ 0

2. Schritt: Wertekombinationen der Eingangsvariablen

Bei vier Eingangsvariablen ergeben sich $2^4 = 16$ Wertekombinationen.

3. Schritt: Ermittlung der Ausgangsvariablen

Festlegung: Mischmaschine läuft, wenn $X = 1$
Mischmaschine läuft nicht, wenn $X = 0$

Bild 7.109 zeigt die vollständige Wahrheitstabelle.

D	C	B	A	X
0	0	0	0	0
0	0	0	1	0
0	0	1	0	0
0	0	1	1	0
0	1	0	0	1
0	1	0	1	0
0	1	1	0	1
0	1	1	1	0
1	0	0	0	0
1	0	0	1	1
1	0	1	0	0
1	0	1	1	0
1	1	0	0	1
1	1	0	1	1
1	1	1	0	1
1	1	1	1	0

Bild 7.109 Wahrheitstabelle zum Beispiel 2

4. Schritt: Aufstellen der KV-Tafel

5. Schritt: Bilden der Schleifen **(Bild 7.110)**.

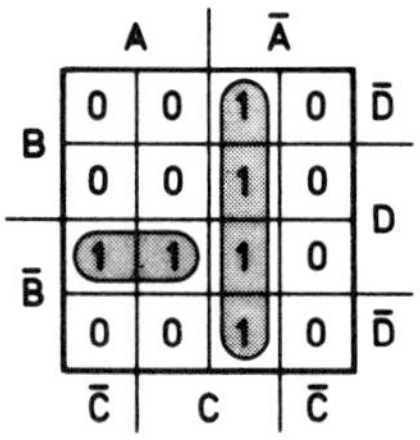

Bild 7.110 KV-Tafel mit Schleifen zum Beispiel 2

Es können eine 4er-Schleife sowie eine 2er-Schleife gebildet werden.

6. Schritt: Zwischenfunktionen und minimierte Funktionsgleichung

4er-Schleife: $Z1 = \bar{A} \wedge C$
2er-Schleife: $Z2 = A \wedge \bar{B} \wedge D$
$X = Z1 \vee Z2$
$X = (\bar{A} \wedge C) \vee (A \wedge \bar{B} \wedge D)$

7. Schritt: Schaltnetz in symbolischer Darstellung

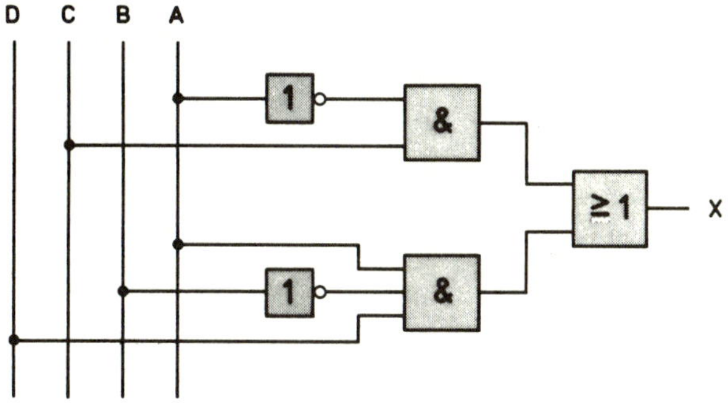

Bild 7.111 Vereinfachtes Schaltnetz zum Beispiel 2

8. Schritt: Umwandlung in NAND-Technik

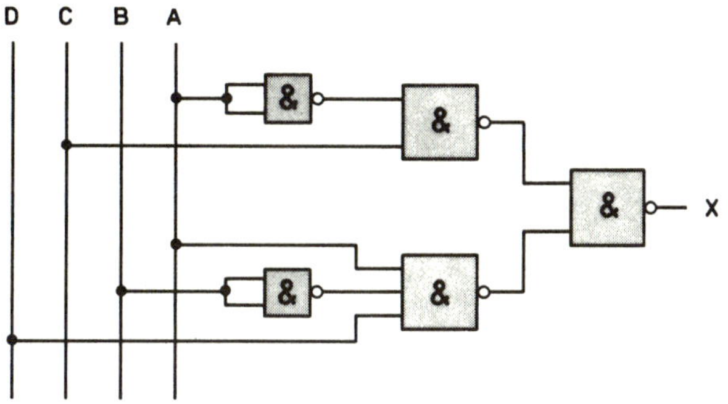

Bild 7.112 Vereinfachtes Schaltnetz zum Beispiel 2 in NAND-Technik

Beispiel 3

In einen Wasserbehälter, dem fortlaufend sehr unterschiedliche Wassermengen entnommen werden, sind drei Signalgeber für unterschiedliche Füllstände eingebaut. Sie liefern 1-Signal, wenn sie vom Wasser umgeben sind. Das Nachfüllen des Behälters soll mit Hilfe von zwei Pumpen erfolgen, wobei die Pumpe P 2 die doppelte Förderleistung wie Pumpe P 1 hat.

Bild 7.113 zeigt das Funktionsprinzip.

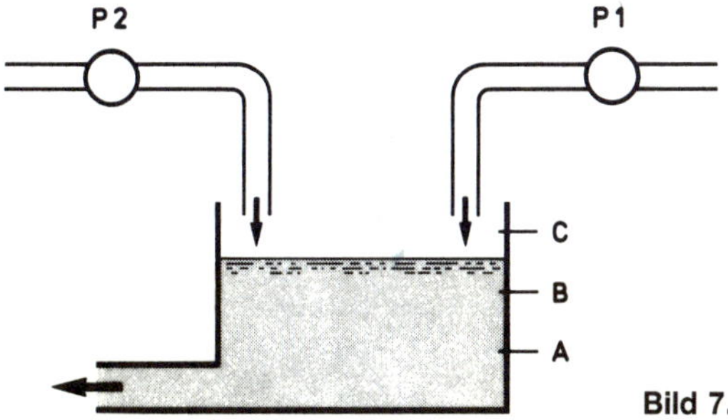

Bild 7.113 Technologieschema zum Beispiel 3

Es ist ein logisches Schaltnetz mit einer möglichst geringen Zahl von Gattern zu entwerfen.

1. Schritt: Zahl der Eingangsvariablen

Es sind drei Signalgeber vorhanden, daher drei Eingangsvariable.

Festlegung: Signalgeber von Wasser umgeben $\triangleq$ 1
Signalgeber nicht von Wasser umgeben $\triangleq$ 0

2. Schritt: Wertekombinationen der Eingangsvariablen

Bei drei Eingangsvariablen ergeben sich $2^3 = 8$ Wertekombinationen.

3. Schritt: Ermittlung der Ausgangsvariablen

Festlegung:	
Wasserstand unterhalb *A*	P 1 und P 2 an
Wasserstand oberhalb *C*	P 1 und P 2 aus
Wasserstand zwischen *A* und *B*	P 2 an
Wasserstand zwischen *B* und *C*	P1 an

Bild 7.114 zeigt die vollständige Wahrheitstabelle. Es gibt hier 2 Ausgangsvariable X 1 und X 2, für die jeweils gelten soll:

Pumpe läuft $\triangleq$ 1, Pumpe läuft nicht $\triangleq$ 0.

C	B	A	X1	X2
0	0	0	1	1
0	0	1	0	1
0	1	0	X	X
0	1	1	1	0
1	0	0	X	X
1	0	1	X	X
1	1	0	X	X
1	1	1	0	0

X 1 $\triangleq$ Pumpe 1; *X* 2 $\triangleq$ Pumpe 2

Bild 7.114 Vollständige Wahrheitstabelle zum Beispiel 3

Bei diesem Beispiel nach Bild 7.113 kann z. B. die Signalkombination *C* $\triangleq$ 1 und *A* $\triangleq$ 0, *B* $\triangleq$ 0 nicht auftreten. Man bezeichnet solche Fälle als Redundanzen (redundant [lat.] = überflüssig). Es ist daher gleichgültig, wie sich das Schaltnetz in einem derartigen, nicht möglichen Fall verhalten würde. Aus diesem Grunde wird in der Wahrheitstabelle anstelle des Wertes der Ausgangsvariablen 1 oder 0 zunächst ein »*X*« eingesetzt. Dieses »*X*« wird dann auch in die KV-Tafel übertragen.
Felder in der KV-Tafel, die ein *X* tragen, werden als „frei verfügbare Felder« oder »Don't care positions« bezeichnet. Anstelle des »*X*« kann dann der Wert 1 oder 0 beliebig eingetragen werden. Dadurch ergibt sich häufig die Möglichkeit, weitere oder größere Schleifen zu bilden.

4. Schritt: Aufstellen der KV-Tafeln

Da zwei Ausgangsvariable vorhanden sind, müssen auch 2 KV-Tafeln auftgestellt werden **(Bild 7.115)**.

	A	A	$\bar{A}$	$\bar{A}$
B	1	0	X	X
$\bar{B}$	0	X	X	1
	$\bar{C}$	C	C	$\bar{C}$

	A	A	$\bar{A}$	$\bar{A}$
B	0	0	X	X
$\bar{B}$	1	X	X	1
	$\bar{C}$	C	C	$\bar{C}$

Bild 7.115 KV-Tafeln zum Beispiel 3

5. Schritt: Bilden der Schleifen **(Bild 7.116 und Bild 7.117)**

Um günstige Schleifen bilden zu können, ordnet man den »frei verfügbaren Feldern« die Werte 1 oder 0 zu.

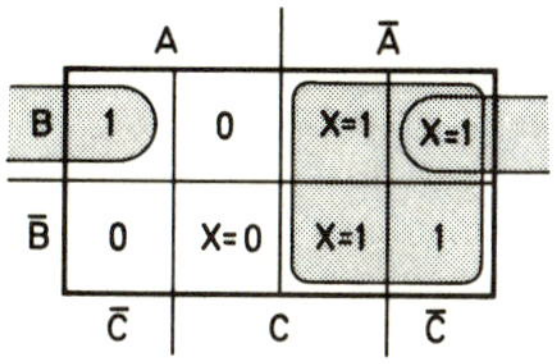

Bild 7.116 KV-Tafel für Ausgangsvariable X 1

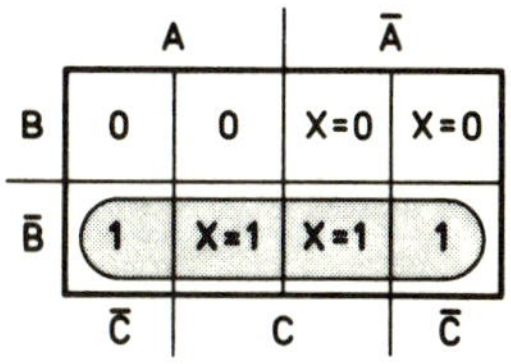

Bild 7.117 KV-Tafel für Ausgangsvariable X 2

In der KV-Tafel für $X1$ lassen sich durch Ausnutzung von drei verfügbaren Feldern eine 4er-Schleife und eine 2er-Schleife bilden. In der KV-Tafel für $X2$ lassen sich zwei verschiedene 4er-Schleifen bilden. Gewählt ist eine Schleife nach Bild 7.117.

6. Schritt: Zwischenfunktionen und minimierte Funktionsgleichung

$$X1 = (B \wedge \bar{C}) \vee (\bar{A})$$
$$X2 = \bar{B}$$

7. Schritt: Schaltnetz in symbolischer Darstellung **(Bild 7.118)**

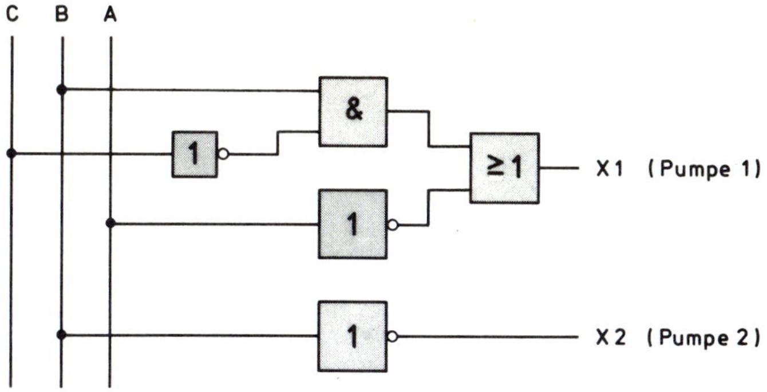

Bild 7.118 Vereinfachtes Schaltnetz zum Beispiel 3

7.7 Signalspeicher

Bei den bisher behandelten logischen Schaltungen besteht stets ein direkter zeitlicher Zusammenhang zwischen den gerade anliegenden Eingangssignalen und dem Ausgangssignal. In der Signalverarbeitung ist es jedoch sehr oft erforderlich, Signalzustände über die Dauer ihres Auftretens hinaus festzuhalten und wirksam werden zu lassen, d. h. einen Signalzustand zu speichern. Elektronische Schaltungen oder Bauelemente, die eine derartige Aufgabe erfüllen können, werden als Signalspeicher bezeichnet. Grundelemente dieser Signalspeicher sind die *bistabilen Kippglieder*. Sie werden auch bistabile Kippstufen oder Flipflops genannt.
Bistabile Kippstufen haben grundsätzlich zwei (bi = zwei) stabile Zustände, einen *Setzzustand* und einen *Rücksetzzustand*. **Bild 7.119** zeigt das allgemeine Schaltzeichen für ein bistabiles Kippglied.

Bild 7.119 Allgemeines Schaltzeichen für ein bistabiles Kippglied

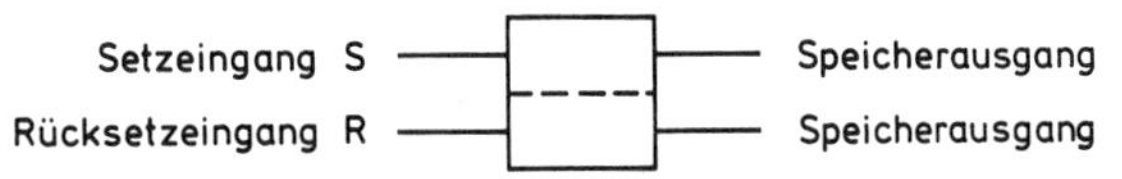

Laut Festlegung befindet sich das Flipflop im Setzzustand, wenn am Ausgang Q 1-Signal und am komplementären Ausgang $\overline{Q}$ 0-Signal liegt. Es befindet sich dagegen im Rücksetzzustand, wenn am Ausgang Q 0-Signal und am Ausgang $\overline{Q}$ 1-Signal liegt.
Über den Setzeingang S (abgeleitet von **s**et = setzen) kann der Speicher durch ein entsprechendes Signal in den Setzzustand gebracht werden. Bezeichnet wird dieser Vorgang als »Setzen« eines Speichers. Der Setzzustand bleibt auch dann weiter erhalten, wenn das Setzsignal nicht mehr vorhanden ist. Weitere Signale am S-Eingang sind wirkungslos, da dieser Eingang »verriegelt« wird. In den Rücksetzzustand kann das bistabile Kippglied nur noch durch ein entsprechendes Signal am Rücksetzeingang R (abgeleitet von **r**eset = rücksetzen) gebracht werden. Dieser Vorgang wird als »Rücksetzen« eines Speichers bezeichnet. Auch der Rücksetzzustand bleibt erhalten, wenn das Rücksetzsignal nicht mehr vorhanden ist.
In der Signalverarbeitung werden insbesondere drei verschiedene Ausführungen von Signalspeichern eingesetzt.

Es sind die RS-Kippglieder,
die D-Kippglieder und
die JK-Kippglieder.

Sie unterscheiden sich jedoch im wesentlichen nur durch die Art der Ansteuerung und der Auslösung des Kippvorganges von dem einen stabilen Zustand in den anderen stabilen Zustand. Jede dieser drei Ausführungen von Speichern hat seine speziellen Einsatz- und Aufgabengebiete.
Ein bistabiles Kippglied kann nur ein einzelnes Signal speichern. Mit einem Flipflop kann daher der Informationsgehalt von 1 bit gespeichert werden.

7.7.1 RS-Kippglieder

Das einfachste Element zur Speicherung eines logischen Signals ist das RS-Kippglied. Es besitzt mindestens zwei Eingänge, und zwar den Setzeingang S und den Rücksetzeingang R. Der R-Eingang und der S-Eingang sind statische Eingänge. Sie reagieren also genau wie die logischen Schaltungen auf anliegende Spannungspotentiale. Vorhanden ist weiterhin mindestens ein Speicherausgang Q, oft auch noch der zugehörige komplementäre Ausgang $\overline{Q}$.
In der Praxis ist vielfach auch eine einfache Abwandlung des RS-Kippgliedes zu finden, das $\overline{RS}$-Kippglied. Schon aus der Bezeichnung ist zu erkennen, daß es sich dabei um ein RS-Kippglied mit negierten Eingängen handelt. **Bild 7.120** zeigt das Schaltzeichen für das RS-Kippglied und **Bild 7.121** das Schaltzeichen für das $\overline{RS}$-Kippglied.

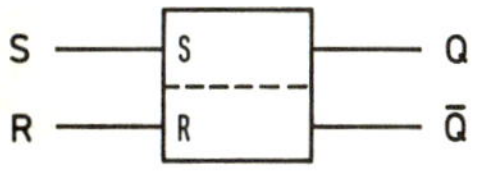

Bild 7.120 Schaltzeichen für das RS-Kippglied

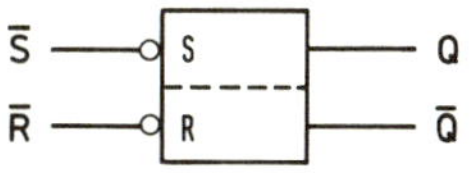

Bild 7.121 Schaltzeichen für das $\overline{RS}$-Kippglied

Das logische Verhalten des RS-Kippgliedes läßt sich in anschaulicher Weise im Signal-Zeit-Plan darstellen.

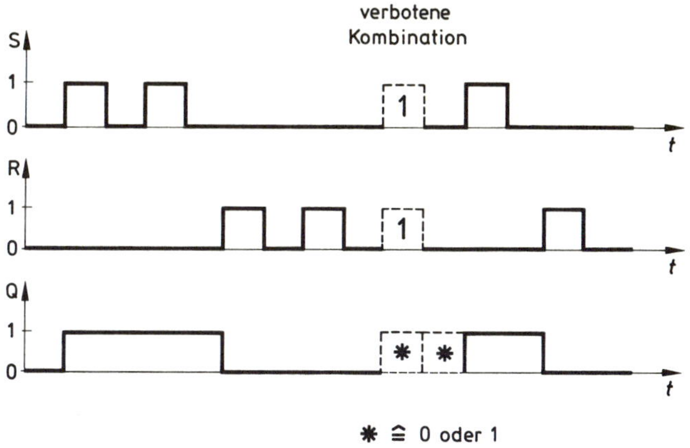

Bild 7.122 Signal-Zeit-Plan für das RS-Kippglied

Bild 7.122 zeigt den Signal-Zeit-Plan für das RS-Kippglied. Eingetragen sind alle denkbar möglichen Fälle. Als Besonderheit ist hier die Wertekombination S = 1 und R = 1 zu beachten. Sie darf einerseits aus logischen Gründen nicht auftreten, weil gleichzeitige Befehle »Setzen« und »Rücksetzen« widersprüchlich sind. Andererseits ist die Eingangskombination S = 1 und R = 1 aber auch aus schaltungstechnischen Gründen verboten, weil in Abhängigkeit vom Aufbau des RS-Kippgliedes an beiden Ausgängen der Zustand 0 auftritt. Weiterhin tritt ebenfalls aus schaltungstechnischen Gründen ein unbestimmter Zustand ein, wenn unmittelbar nach S = 1 und R = 1 die Wertekombination S = 0 und R = 0 folgt. Das RS-Flipflop wird zwar dann in einen der beiden möglichen

Zustände kippen; ob es aber der Setz- oder Rücksetzzustand ist, hängt im wesentlichen nur von zufälligen Schaltungsunsymmetrien ab, nicht aber von den Eingangsbedingungen. Aus diesen Gründen ist beim RS-Kippglied die Wertekombination der Eingangsvariablen S = 1 und R = 1 verboten.

In Bild 7.122 befindet sich das RS-Kippglied zum Zeitpunkt $t = 0$ s im Rücksetzzustand, S = 0; R = 0; Q = 0. Dann wird mit einem 1-Signal am S-Eingang der Speicher gesetzt, d. h. Q = 1. Dieser Zustand bleibt weiter erhalten, auch unabhängig davon, ob danach am S-Eingang 0-Signal oder 1-Signal liegt. Weitere Signale am S-Eingang sind also wirkungslos, wenn der Speicher einmal gesetzt ist. Erst durch 1-Signal am R-Eingang kann der Speicher dann wieder zurückgesetzt werden, d. h. Q = 0. Weitere Signale am R-Eingang sind dann wirkungslos, der Speicher behält seinen Zustand bei.

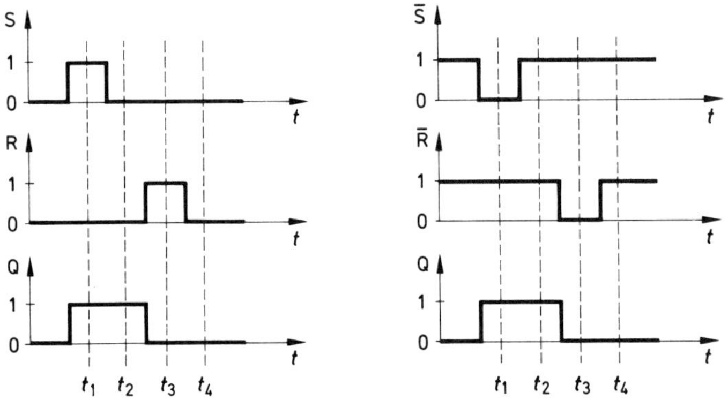

Bild 7.123 Signal-Zeit-Plan für das RS-Kippglied und das $\overline{RS}$-Kippglied

In **Bild 7.123** sind die Signal-Zeit-Pläne für das RS-Kippglied und das $\overline{RS}$-Kippglied in vereinfachter Form dargestellt. Fortgelassen sind jeweils die verbotenen Wertekombinationen für die Eingangssignale, beim RS-Kippglied die Kombination R = 1 und S = 1, beim $\overline{RS}$-Kippglied die Kombination $\overline{R} = 0$ und $\overline{S} = 0$. In dem Diagramm für das $\overline{RS}$-Kippglied ist deutlich zu erkennen, daß das Setzen und Rücksetzen des Speichers jeweils mit 0-Signal erfolgt.

Das logische Verhalten des RS-Kippgliedes läßt sich aber auch wie bei den logischen Schaltungen in Form einer Wahrheitstabelle angeben. Berücksichtigt werden muß hier jedoch, daß wegen der Speicherwirkung bei einer bestimmten Wertekombination der Eingangsspannungen auch noch der vorhergehende Zustand des Speichers einen Einfluß hat. Man muß in diesem Fall zwei verschiedene Zeitpunkte betrachten. Sie müssen so ausgewählt sein, daß zwischen ihnen alle Schalt-, Kipp- und Übertragungsvorgänge abgeschlossen sind. In Bild 7.123 sind solche charakteristische Abfragezeitpunkte bereits eingezeichnet.

Aus dem Signal-Zeit-Plan läßt sich in einfacher Weise die Wahrheitstabelle **(Bild 7.124)** für das RS-Kippglied ermitteln.

	S	**R**	**Q**
Zeitpunkt t_1	1	0	1
Zeitpunkt t_2	0	0	1
Zeitpunkt t_3	0	1	0
Zeitpunkt t_4	0	0	0

Bild 7.124 Wahrheitstabelle zum Signal-Zeit-Plan für das RS-Kippglied nach Bild 7.123

Die Wahrheitstabelle nach Bild 7.124 gilt für die gewählte Signalfolge bei Bild 7.123. Erkennbar ist, daß bei der Wertekombination S = 0 und R = 0 am Ausgang Q sowohl 1-Signal als auch 0-Signal auftreten kann. Welches dieser beiden möglichen Signale jedoch auftritt, hängt von dem Zustand ab, den das Kippglied hatte, bevor die Wertekombination R = 0 und S = 0 eintrat. Dieser Zustand muß also bekannt sein. In Bild 7.123 tritt bei R = 0 und S = 0 zum Zeitpunkt t_2 der Wert Q = 1 auf, weil zum Zeitpunkt t_1 der Wert Q = 1 vorlag. Zum Zeitpunkt t_4 liegt ebenfalls die Kombination R = 0; S = 0 vor. Hier tritt dann aber der Wert Q = 0 auf, weil zum Zeitpunkt t_3 der Wert Q = 0 vorlag.
In den üblichen Wahrheitstabellen für Speicher werden die logischen Zusammenhänge allgemeingültiger angegeben.

S	**R**	**Q_{tn+1}**
0	0	Q_{tn} keine Änderung
1	0	1 Speicher gesetzt
0	1	0 Speicher nicht gesetzt
1	1	✶ Zustand unbestimmt

Bild 7.125 Wahrheitstabelle für das RS-Kippglied

Q_{tn} = Zustand einer neuen Wertekombination der Eingangssignale.

Q_{tn+1} = Zustand vor einer neuen Wertekombination der Eingangssignale.

✶ = Beide Ausgänge haben 0 oder 1

In der Wahrheitstabelle nach **Bild 7.125** sind die Zeiten t_2 und t_4 zusammengefaßt. Die Angabe Q_{tn} bedeutet hier, daß keine Änderung auftritt, also der jeweils vorher vorliegende Zustand erhalten bleibt.
In gleicher Weise kann dann auch die Wahrheitstabelle für das $\overline{RS}$-Kippglied angegeben werden **(Bild 7.126)**.

$\bar{S}$	**$\bar{R}$**	**Q_{tn+1}**
0	0	✶
1	0	0
0	1	1
1	1	Q_{tn}

Bild 7.126 Wahrheitstabelle für das $\overline{RS}$-Kippglied

7.7.1.1 RS-Kippglieder aus NOR- oder NAND-Gliedern

RS-Kippglieder lassen sich in einfacher Weise durch entsprechendes Zusammenschalten von zwei NOR-Gliedern aufbauen. **Bild 7.127** zeigt eine solche Schaltung. Der Nachweis, daß sich die Schaltung nach Bild 7.127 wie ein RS-Kippglied verhält, kann schrittweise erbracht werden. Betrachtet werden dabei wieder wie in Bild 7.122 vier verschiedene charakteristische Zeitpunkte.
Durch Invertieren der Eingangssignale kann die Schaltung nach Bild 7.122 zu einem $\overline{RS}$-Kippglied umgewandelt werden. Verwendet man für die vorzuschaltenden Inverter NOR-Glieder, so läßt sich auch das $\overline{RS}$-Kippglied nur aus NOR-Gliedern aufbauen **(Bild 7.128)**.

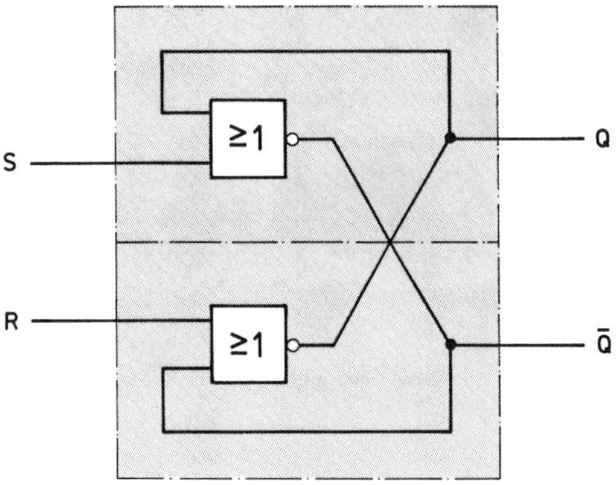

Bild 7.127 RS-Kippglied aus NOR-Gliedern

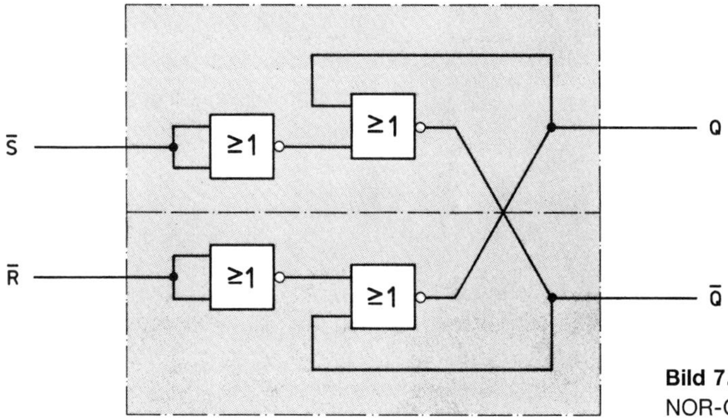

Bild 7.128 $\overline{RS}$-Kippglied aus NOR-Gliedern

In ähnlicher Weise lassen sich auch aus NAND-Gliedern RS-Kippglieder zusammenschalten (**Bild 7.129** und **Bild 7.130**). Als die einfachere Schaltung ergibt sich hier jedoch das $\overline{RS}$-Kippglied.

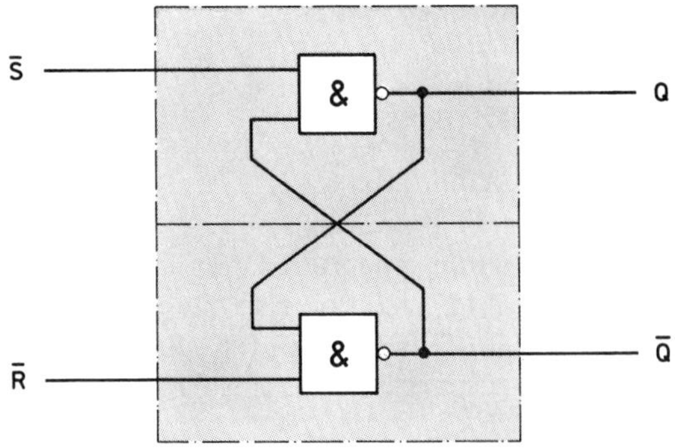

Bild 7.129 $\overline{RS}$-Kippglied aus NAND-Gliedern

Praktisch aufgebaut werden die angegebenen RS-Kippglieder aus den logischen Bausteinen der TTL- oder CMOS-Serie. So lassen sich z. B. mit einem Baustein 7402 (vier NOR-Glieder mit je zwei Eingängen) entweder zwei RS-Kippglieder oder ein $\overline{RS}$-Kipp-

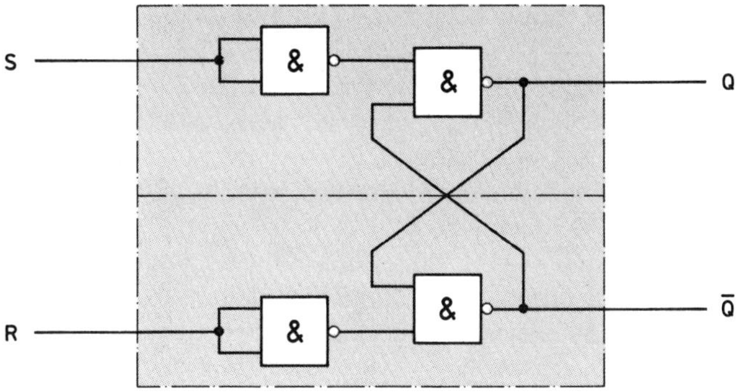

Bild 7.130 RS-Kippglied aus NAND-Gliedern

glied zusammenschalten. Aus einem Baustein 7400 (vier NAND-Glieder mit je zwei Eingängen) ergeben sich dann entweder zwei $\overline{RS}$-Kippglieder oder ein RS-Kippglied. **Bild 7.131** zeigt eine Zusammenschaltung der vier NAND-Glieder des TTL-Bausteines 7400 zu zwei $\overline{RS}$-Kippgliedern.

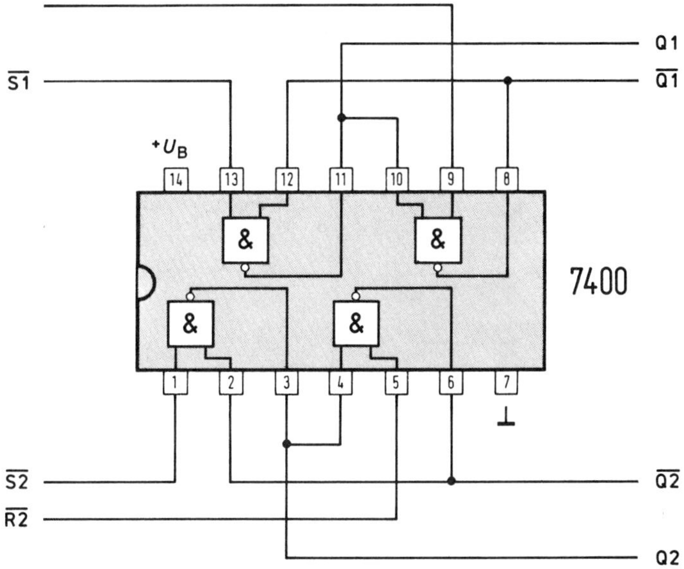

Bild 7.131 Zwei $\overline{RS}$-Kippglieder aus dem TTL-Baustein 7400

Von der Möglichkeit, RS-Flipflops bzw. $\overline{RS}$-Flipflops aus NOR- und NAND-Gliedern aufzubauen, wird immer dann Gebrauch gemacht, wenn in einer Steuerschaltung mit vielen NOR- und NAND-Gliedern nur wenige RS-Kippglieder benötigt werden.

7.7.1.2 RS-Kippglieder der TTL-Serie 74xx

Aus technologischen Gründen wurde bei der Entwicklung von derartigen Kippgliedern in integrierter Schaltungstechnik auf das NAND-Glied als Grundbaustein zurückgegriffen. Wie in Bild 7.129 gezeigt, läßt sich mit nur zwei NAND-Gliedern ein $\overline{RS}$-Kippglied verwirklichen. Aus diesen Gründen enthält die TTL-Serie 74xx nur integrierte Bausteine mit $\overline{RS}$-Kippgliedern.
In dem Baustein 74118 sind sechs $\overline{RS}$-Kippglieder und in dem Baustein 74279 insgesamt vier $\overline{RS}$-Kippglieder zusammengefaßt. **Bild 7.132** zeigt die Anschlußbelegungen der beiden Bausteine. Die Kippglieder sind hier, wie auch in den Datenblättern üblich, vereinfacht dargestellt.

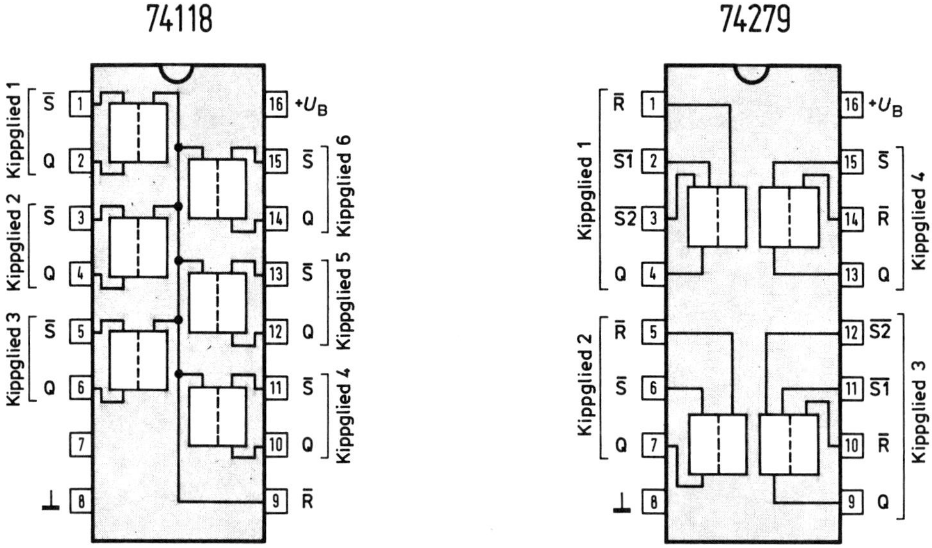

Bild 7.132 Anschlußbelegungen der $\overline{RS}$-Kippglieder in den TTL-Bausteinen 74118 und 74279

Der TTL-Baustein 74118 enthält sechs $\overline{RS}$-Kippglieder. Die $\overline{R}$-Eingänge aller sechs Kippglieder sind hier jedoch intern zusammengeschaltet und auf nur einen gemeinsamen Anschluß herausgeführt. Es ist bei diesem Baustein also nur möglich, durch ein Rücksetzsignal am R-Eingang alle sechs Kippglieder gleichzeitig in den Rücksetzzustand zu bringen. Gesetzt werden kann dagegen jeder der sechs Speicher einzeln über den jeweiligen $\overline{S}$-Eingang.

Bei dem TTL-Baustein 74279 haben die Kippglieder 2 und 4 je einen $\bar{S}$-Eingang und einen $\bar{R}$-Eingang. Die Kippglieder 1 und 3 besitzen dagegen jeweils 2 Setzeingänge, die durch eine UND-Schaltung miteinander verknüpft sind. **Bild 7.133** zeigt das ausführliche Schaltzeichen und die Wahrheitstabelle für die Kippglieder 2 und 4.

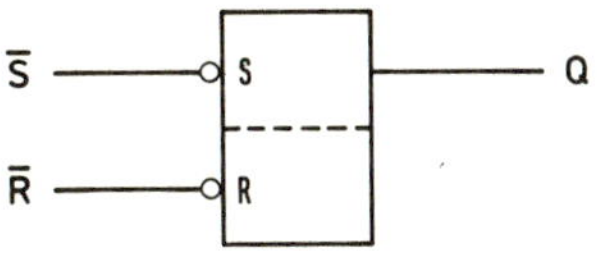

$\bar{S}$	$\bar{R}$	Q_{tn+1}
0	0	*
0	1	1
1	0	0
1	1	Q_{tn}

Bild 7.133 Schaltbild und Wahrheitstabelle für die Kippglieder 2 und 4 des TTL-Bausteines 74279

Bei der Wahrheitstabelle nach **Bild 7.134** handelt es sich um eine verkürzte Form der Wahrheitstabelle, bei der die logischen Zusammenhänge zwischen $\bar{S}$, $\bar{S}1$ und $\bar{S}2$ als bekannt vorausgesetzt werden. Die vollständige Wahrheitstabelle ist in **Bild 7.135** aufgeführt.

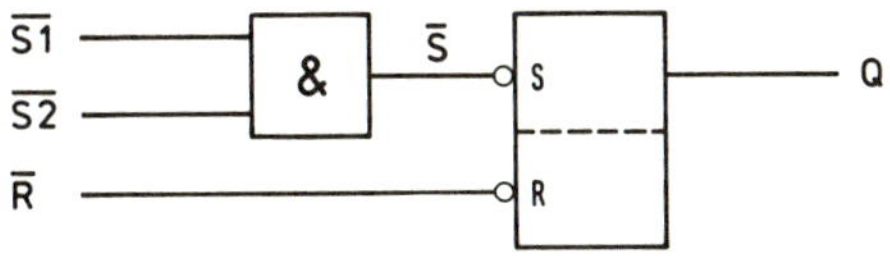

Bild 7.134 Schaltbild und Wahrheitstabelle für die Kippglieder 1 und 3 des TTL-Bausteines 74279

$\bar{S} = \overline{S1} \wedge \overline{S2}$	$\bar{R}$	Q_{tn+1}
0	0	*
0	1	1
1	0	0
1	1	Q_{tn}

$\overline{S1}$	$\overline{S2}$	$\bar{S}$	$\bar{R}$	Q_{tn+1}	$\bar{S}$	$\bar{R}$	Q_{tn+1}
0	0	0	0	*			
0	1	0	0	*	0	0	*
1	0	0	0	*			
0	0	0	1	1			
0	1	0	1	1	0	1	1
1	0	0	1	1			
1	1	1	0	0	1	0	0
1	1	1	1	Q_{tn}	1	1	Q_{tn}

Bild 7.135 Vollständige Wahrheitstabelle für die Kippglieder 1 und 3 des TTL-Bausteines 74279

Durch Ordnungslinien in der Wahrheitstabelle sind in Bild 7.135 diejenigen Zeilen der vollständigen Wahrheitstabelle gekennzeichnet, die in der verkürzten Form zu jeweils einer Zeile zusammengefaßt worden sind. Im allgemeinen wird nur die verkürzte Form der Wahrheitstabelle in den Datenbüchern der Hersteller angegeben.

7.7.1.3 Anwendungsbeispiele

Aus der Vielzahl der Einsatzmöglichkeiten für RS-Kippglieder wurden lediglich drei charakteristische Anwendungsbeispiele ausgewählt.

RS-Kippglied mit Priorität eines Eingangssignals

Für das RS-Kippglied ist die Wertekombination S = 1 und R = 1 nicht zugelassen. In der Praxis kann aber das gleichzeitige Auftreten dieser beiden Signale am Eingang eines RS-Speichers nicht immer vermieden werden. Damit jedoch der geforderte logische Zusammenhang zwischen Eingangs- und Ausgangssignalen erhalten bleibt, muß mit Hilfe zusätzlicher Schaltungsmaßnahmen vor dem Eingang des RS-Kippgliedes eines der beiden gleichzeitig anstehenden Signale wirkungslos gemacht werden. Dabei muß dann entschieden werden, welches der Eingangssignale bevorzugt werden, d. h. Priorität haben soll. Hierfür gibt es drei Möglichkeiten:

1. das Setzsignal hat Priorität
2. das Rücksetzsignal hat Priorität
3. das zuerst vorhandene Signal hat Priorität.

Die gewünschte Priorität eines Eingangssignals läßt sich durch ein logisches Schaltnetz vor den Eingängen des RS-Kippgliedes erreichen.

1. Priorität des Setzsignals

Bild 7.136 zeigt den Signal-Zeit-Plan für ein RS-Kippglied mit Priorität des Setzsignals.

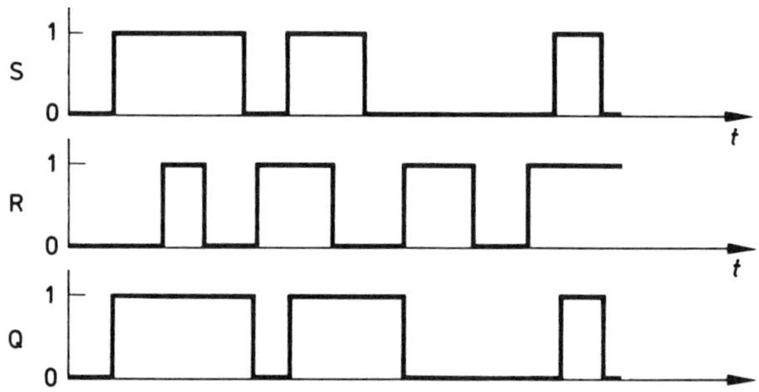

Bild 7.136 Signal-Zeit-Plan eines RS-Kippgliedes mit Priorität des Setzsignals

In dem Signal-Zeit-Plan nach Bild 7.136 ist erkennbar, daß ein Signal am R-Eingang wirkungslos ist, solange 1-Signal am S-Eingang liegt. **Bild 7.137** zeigt die Prinzipschaltung für die Bevorzugung des Setzsignals.

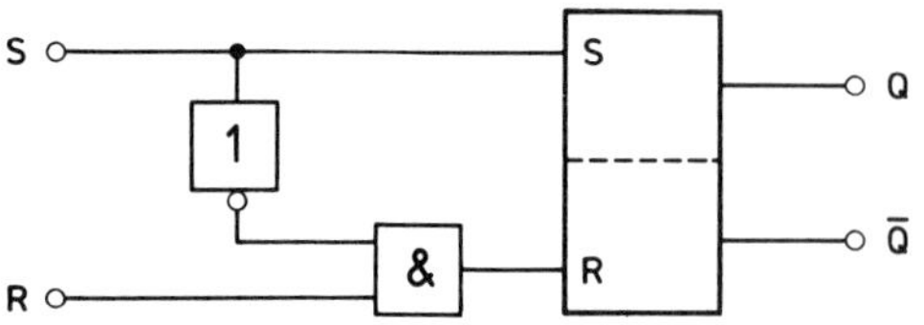

Bild 7.137 Prinzipschaltung für die Priorität des Setzsignals

Vor den R-Eingang des RS-Kippgliedes ist ein UND-Gatter geschaltet, dem das S-Signal negiert zugeführt wird. Liegt am S-Eingang 1-Signal, so liegt am R-Eingang des Kippgliedes zwangsläufig 0-Signal. Damit ist jedes 1-Signal am Eingang der Schaltung wirkungslos.

2. Priorität des Rücksetzsignals

Bild 7.138 zeigt den Signal-Zeit-Plan für ein RS-Kippglied mit Priorität des Rücksetzsignals. Hier ist erkennbar, daß 1-Signal am S-Eingang wirkungslos ist, solange 1-Signal am R-Eingang liegt. **Bild 7.139** zeigt die zugehörige Prinzipschaltung.

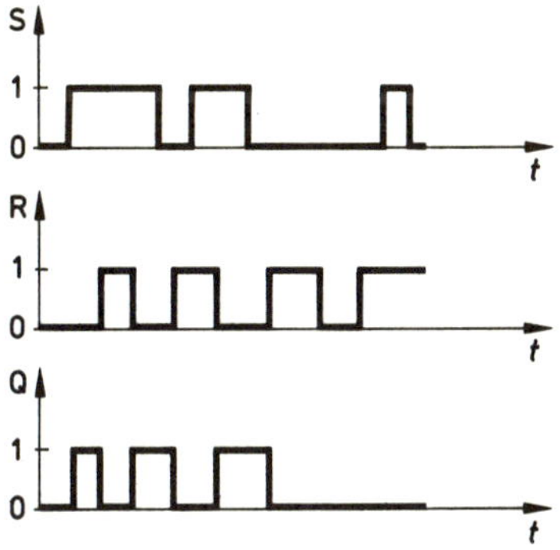

Bild 7.138 Signal-Zeit-Plan eines RS-Kippgliedes mit Priorität des Rücksetzsignals

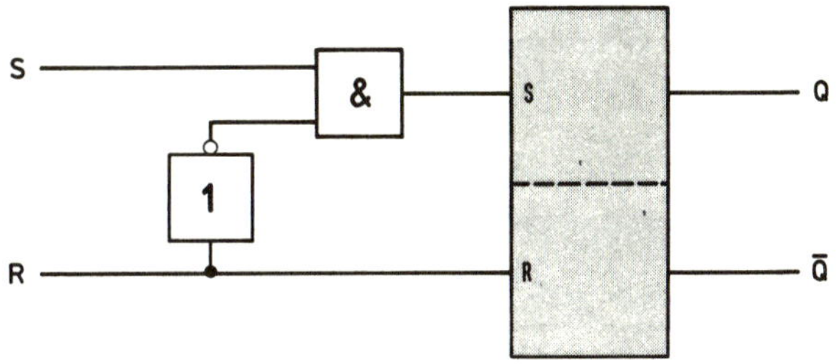

Bild 7.139 Prinzipschaltung für die Priorität eines Rücksetzsignals

3. Priorität des zuerst eintreffenden Eingangssignals

Durch eine Kombination der Eingangsschaltungen nach Bild 7.137 und Bild 7.139 läßt sich erreichen, daß das zuerst eintreffende Eingangssignal Priorität erhält. In **Bild 7.140** ist dieses Verhalten im Signal-Zeit-Plan dargestellt. **Bild 7.141** zeigt die Prinzipschaltung.

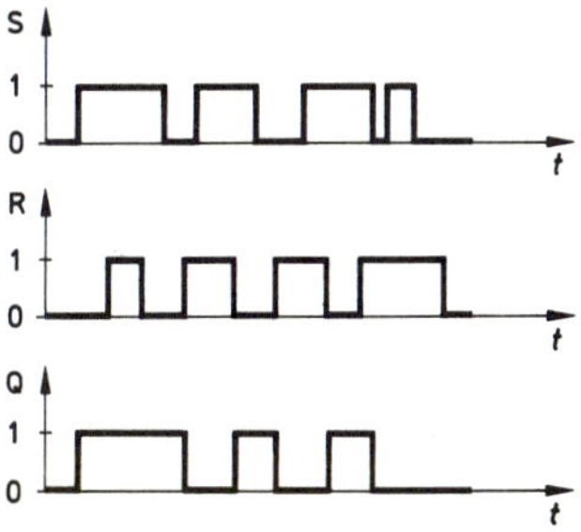

Bild 7.140 Signal-Zeit-Plan eines RS-Kippgliedes mit Priorität des zuerst eintreffenden Eingangssignals

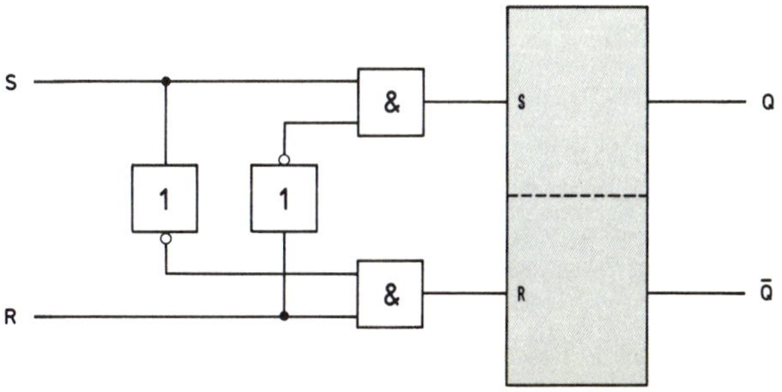

Bild 7.141 Prinzipschaltung mit Priorität des zuerst eintreffenden Eingangssignals

Durch die Prioritätsschaltungen beim RS-Kippglied wird erreicht, daß die an sich nicht zugelassene Wertekombination R = 1 und S = 1 nicht mehr zu einem undefinierten Zustand führt. Damit ergeben sich dann für die drei angegebenen Prioritätsschaltungen die Wahrheitstabellen nach **Bild 7.142, 7.143 und 7.144**.

S	R	Q_{tn+1}
0	0	Q_{tn}
1	0	1
0	1	0
1	1	1

Bild 7.142 Wahrheitstabelle für RS-Kippglied mit Priorität des Setzsignals

S	R	Q_{tn+1}
0	0	Q_{tn}
1	0	1
0	1	0
1	1	0

Bild 7.143 Wahrheitstabelle für RS-Kippglied mit Priorität des Rücksetzsignals

S	R	Q_{tn+1}
0	0	Q_{tn}
1	0	1
0	1	0
1	1	Q_{tn}

Bild 7.144 Wahrheitstabelle für RS-Kippglied mit Priorität des zuerst eintreffenden Signals

Entsprechende Wahrheitstabellen gelten auch für das $\overline{RS}$-Kippglied.

Prellfreier Signalgeber mit RS-Kippglied

Mechanische Schaltkontakte lassen sich in digitalen Steuerungen meistens nicht direkt einsetzen, weil ihr Kontaktprellen in der nachfolgenden Signalverarbeitung sehr leicht als Impulsfolge gewertet werden kann. Dadurch können dann falsche Steuersignale oder Fehlanzeigen ausgelöst werden. **Bild 7.145** zeigt die Prinzipschaltung zur Unterdrückung des Kontaktprellens.

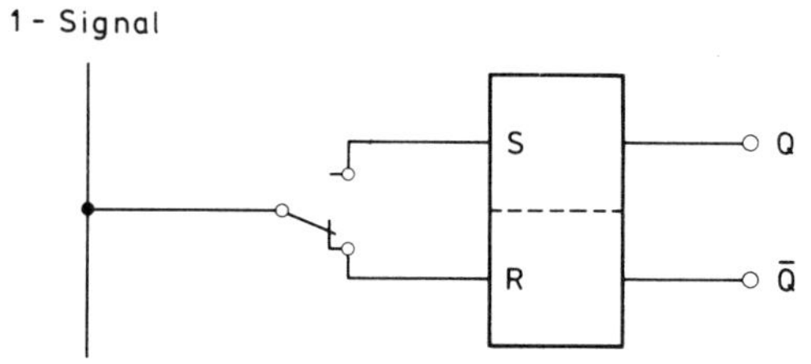

Bild 7.145 Prinzipschaltung zum Unterdrücken des Kontaktprellens mit RS-Kippglied

Erforderlich ist ein Umschaltkontakt, über den 1-Signal entweder auf den S-Eingang oder den R-Eingang geführt wird. Bei der ersten Kontaktberührung wird dann der Speicher gesetzt oder rückgesetzt. Die infolge des Kontaktprellens weiter auftretenden S- oder R-Signale sind wirkungslos. An den Ausgängen Q und $\overline{Q}$ liegen eindeutige 1- bzw. 0-Signale.
Nachteilig bei dieser Prinzipschaltung ist die Tatsache, daß während des Umschaltvorganges und des Prellvorganges die Eingänge des RS-Kippgliedes praktisch unbeschaltet sind. Dies ist bei integrierten Kippgliedern aber genauso wenig zulässig wie bei den logischen Schaltungen.
Um diese Vorschrift einhalten zu können, ist eine Schaltung nach **Bild 7.146** erforderlich, die in diesem Fall für ein $\overline{RS}$-Kippglied angegeben ist. Hier erfolgt das Setzen und Rücksetzen jeweils durch ein 0-Signal.

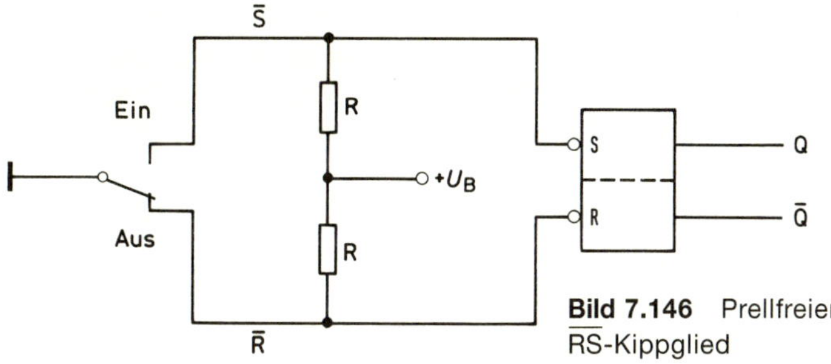

Bild 7.146 Prellfreier Signalgeber mit $\overline{RS}$-Kippglied

Befindet sich der Umschaltkontakt in Bild 7.146 in Stellung »Aus«, so liegt am $\bar{R}$-Eingang 0-Signal, d. h. der Speicher ist rückgesetzt und daher Q = 0 sowie $\bar{Q}$ = 1. Während des Umschaltvorganges liegt jetzt aber infolge der beiden Widerstände an den Eingängen des Kippgliedes 1-Signal, die Eingänge sind also auch während dieser Zeit beschaltet. Bei der ersten Berührung der Kontakte in Stellung »Ein« tritt am $\bar{S}$-Eingang 0-Signal auf. Der Speicher wird gesetzt und damit Q = 1 und $\bar{Q}$ = 0. Er bleibt auch weiterhin im Setzzustand, unabhängig davon, ob sich infolge des Kontaktprellens am $\bar{S}$-Eingang mehrmals 0- und 1-Signale abwechseln.

Bild 7.147 zeigt das Schaltbild eines aus NAND-Gliedern aufgebauten prellfreien Signalgebers für TTL-Schaltungen und **Bild 7.148** einen möglichen Schaltplan mit dem Baustein 7400.

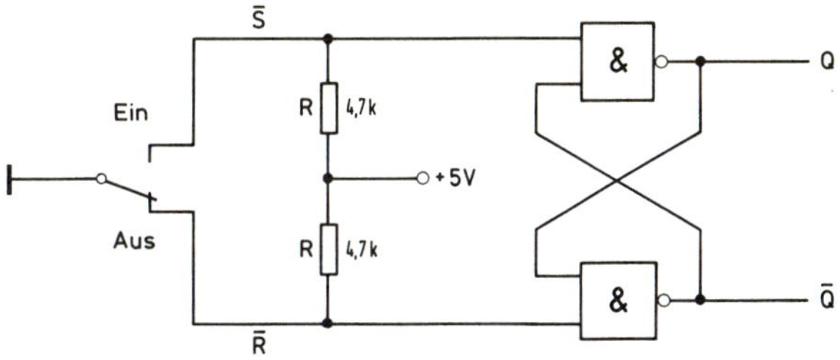

Bild 7.147 Schaltbild für prellfreien Signalgeber für TTL-Schaltungen

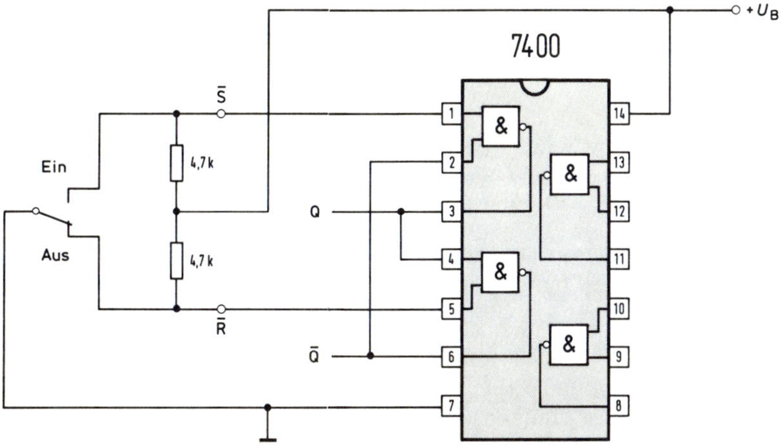

Bild 7.148 Schaltplan für prellfreien Signalgeber aus TTL-Baustein 7400

Der Wert der Widerstände R muß so gewählt werden, daß innerhalb des 1-Pegels der größtmögliche Strom I_{IH} = 0,04 mA an diesem Widerstand nur einen Spannungsabfall $U \leqq 2{,}6$ V hervorruft. Daraus würde sich $R \leqq$ k Ω ergeben. Bei 0-Signal, also bei Setzen oder Rücksetzen, fließt ein Strom durch den Widerstand R nach Masse. Dieser soll die Spannungsversorgung nicht zu stark belasten. Als übliche Erfahrungswerte werden Widerstände R = 4,7 k Ω verwendet. Damit werden die genannten Bedingungen für 0-und 1-Signal voll erfüllt.

7.7.2 D-Kippglieder

Eine Reihe von Speicheraufgaben lassen sich mit dem RS-Kippglied weniger gut oder nur mit einem zusätzlichen Aufwand an äußerer Beschaltung der Eingänge mit logischen Schaltungen erfüllen. Es wurden daher weitere Typen von Signalspeichern in integrierter Schaltungstechnik entwickelt. Dazu gehört auch das D-Kippglied (D abgeleitet von **d**elay = verzögern). Es wird geliefert und eingesetzt als D-Kippglied mit statischer Ansteuerung und als D-Kippglied mit dynamischer Ansteuerung. Das D-Kippglied mit dynamischer Ansteuerung wird auch als D-Kippglied mit Flankensteuerung oder als D-Kippglied mit Flankentriggerung bezeichnet.

7.7.2.1 D-Kippglied mit statischer Ansteuerung

Das D-Kippglied mit statischer Ansteuerung hat zwei Eingänge, und zwar einen D-Eingang und einen C-Eingang. Der D-Eingang wird auch Daten-Eingang und der C-Eingang Clock-Eingang oder Takt-Eingang genannt.
Bild 7.149 zeigt das Schaltzeichen für ein D-Kippglied. Zur Kennzeichnung der Zusammengehörigkeit eines C-Einganges mit einem D-Eingang dient eine Zählnummer, im angegebenen Beispiel die Nr. 1. Diese Zählnummer wird beim D-Eingang vor das D und beim C-Eingang hinter das C gesetzt.

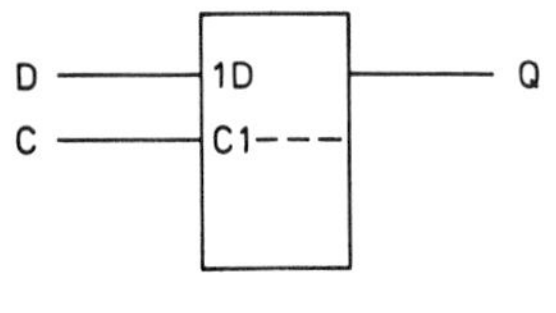

Bild 7.149 Schaltzeichen für ein D-Kippglied mit statischer Ansteuerung

Das Verhalten des D-Kippgliedes mit statischer Ansteuerung läßt sich wieder am einfachsten aus dem Signal-Zeit-Plan erkennen.
Als charakteristische Abfragepunkte sind in **Bild 7.150** die Zeitpunkte t_1 bis t_6 eingezeichnet. Hierfür läßt sich die zugehörige Wahrheitstabelle aufstellen.

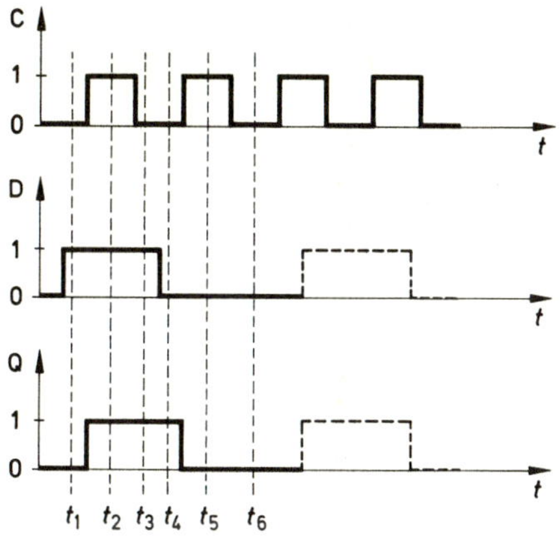

Bild 7.150 Signal-Zeit-Plan für ein D-Kippglied mit statischer Ansteuerung

	C	D	Q	
Zeitpunkt t_1	0	1	0	Q_{tn}
Zeitpunkt t_2	1	1	1	Setzen
Zeitpunkt t_3	0	1	1	Q_{tn}
Zeitpunkt t_4	0	0	1	Q_{tn}
Zeitpunkt t_5	1	0	0	Rücksetzen
Zeitpunkt t_6	0	0	0	Q_{tn}

Bild 7.151 Wahrheitstabelle zum Signal-Zeit-Plan für ein D-Kippglied nach Bild 7.150

Sowohl aus dem Signal-Zeit-Plan nach Bild 7.150 als auch aus der Wahrheitstabelle nach **Bild 7.151** ist zu erkennen, daß eine Änderung des Speicherzustandes nicht erfolgt, wenn C = 0 ist. Dies gilt für die Zeitpunkte t_1 und t_3 mit jeweils C = 0 und D = 1 sowie für t_4 und t_6 mit jeweils C = 0 und D = 0. Gesetzt wird der Speicher nur, wenn die Wertekombination C = 1 und D = 1 vorliegt. Rückgesetzt wird der Speicher dagegen immer, wenn C = 1 und D = 0 sind.
Diese Zusammenhänge lassen sich auch in einer einfacheren Wahrheitstabelle **(Bild 7.152)** angeben, in der die Zeitpunkte t_1 und t_3 sowie t_4 und t_6 dann jeweils zusammengefaßt sind.

C	D	Q_{tn+1}
0	0	Q_{tn}
0	1	Q_{tn}
1	1	1
1	0	0

Bild 7.152 Wahrheitstabelle für ein D-Kippglied mit statischer Ansteuerung

Beim D-Kippglied mit statischer Ansteuerung werden die Setz- und Rücksetzbefehle auf den D-Eingang gegeben. Das Setzen des Speichers erfolgt durch 1-Signal, das Rücksetzen durch 0-Signal. Ausgelöst wird der Setzvorgang jedoch immer erst dann, wenn am C-Eingang das nächste 1-Signal erscheint. Dieser Setzzustand bleibt weiter erhalten, auch wenn nach dem Setzen am C-Eingang wieder 0-Signal liegt. Genauso wird ein Rücksetzen des Speichers erst immer dann ausgelöst, wenn bei D = 0 am C-Eingang das nächste 1-Signal erscheint. Auch dieser Rücksetzzustand bleibt erhalten, wenn am C-Eingang wieder 0-Signal liegt.
Für ein korrektes Verhalten des D-Kippgliedes mit statischer Ansteuerung muß daher ausgeschlossen werden, daß sich das D-Signal ändert, während ein 1-Signal am C-Eingang liegt. Aus diesem Grunde sind die beiden noch möglichen Fälle im Signal-Zeit-Plan nach Bild 7.150 gestrichelt dargestellt.

In den Datenbüchern der Hersteller wird eine gegenüber Bild 7.152 noch weiter vereinfachte Wahrheitstabelle für das D-Kippglied angegeben.

t_n	t_{n+1}
D	*Q*
1	1
0	0

t_n = Zeitpunkt vor dem C-Impuls
t_{n+1} = Zeitpunkt nach dem C-Impuls

Bild 7.153 Vereinfachte Wahrheitstabelle für ein D-Kippglied mit statischer Ansteuerung

In der Wahrheitstabelle nach **Bild 7.153** sind gegenüber Bild 7.152 die Zeilen weggelassen, bei denen sich der Speicherzustand nicht ändert, also $Q_{tn+1} = Q_{tn}$. Weiterhin wird das C-Signal nicht mehr angegeben, da die Kenntnis vorausgesetzt wird, daß der Speicher nur gesetzt oder rückgesetzt werden kann, wenn 1-Signal am C-Eingang liegt.

7.7.2.2 D-Kippglied mit Flankensteuerung

Beim D-Kippglied mit statischer Ansteuerung mußte die Forderung gestellt werden, daß sich der Signalzustand am D-Eingang nicht ändert, solange am C-Eingang 1-Signal liegt. Diese Forderung zu erfüllen, bereitet in der Praxis oft Schwierigkeiten. Es wurde daher versucht, die Zeit für die Informationsaufnahme, also für das Setzen und Rücksetzen von Kippgliedern zu verkürzen. Dies hat zur Entwicklung von Kippgliedern mit Flankensteuerung geführt. Hierbei wird das Setzen bzw. Rücksetzen des Kippgliedes bereits ausgelöst, wenn das Signal am C-Eingang von 0-Signal auf 1-Signal springt, also während der positiven Signalflanke. In dem Augenblick, in dem dann 1-Signal am C-Eingang liegt, ist der D-Eingang bereits wieder verriegelt. Änderungen des Signalzustandes am D-Eingang während der Dauer des Taktsignals bewirken daher keine Änderung des Speicherzustandes mehr. Dadurch kann dann die zusätzliche Forderung wie beim D-Kippglied mit statischer Ansteuerung entfallen.
Bild 7.154 zeigt das Schaltzeichen für ein D-Kippglied mit Flankensteuerung. Es unterscheidet sich vom Schaltzeichen des D-Kippgliedes mit statischer Ansteuerung nur durch den offenen Pfeil vor der Bezeichnung C 1 des Clock-Einganges. Der offene Pfeil gibt an, daß der Kippvorgang beim Übergang des C-Signals von 0-Signal auf 1-Signal, also bei der positiven Flanke des Taktimpulses erfolgt.

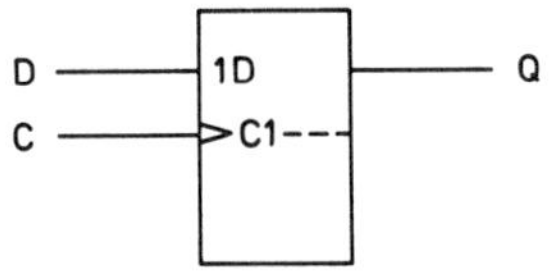

Bild 7.154 Schaltzeichen für ein D-Kippglied mit Flankensteuerung

Im Signal-Zeit-Plan wird die Flankensteuerung durch einen Pfeil auf der Flanke des auslösenden Impulses gekennzeichnet.

Bild 7.155 zeigt den Signal-Zeit-Plan für ein D-Kippglied mit Flankensteuerung. Die eingezeichneten Signalzustände für die Zeitpunkte t_1 bis t_6 unterscheiden sich in keiner Weise von den Signalzuständen beim D-Flipflop mit statischer Ansteuerung nach Bild 7.150.

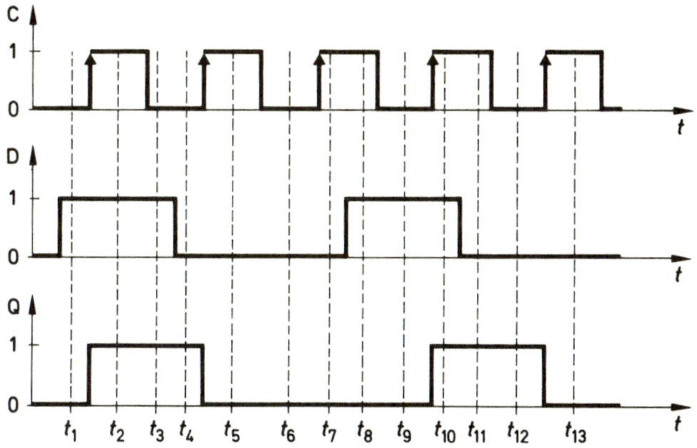

Bild 7.155 Signal-Zeit-Plan für ein D-Kippglied mit Flankensteuerung

Zwischen den Zeitpunkten t_7 und t_8 ändert sich im Signal-Zeit-Plan nach Bild 7.155 der Signalzustand am D-Eingang, während der Taktimpuls anliegt. Der Speicher wird jedoch erst gesetzt, wenn die nächste positive Flanke am C-Eingang auftritt, also zwischen den Zeitpunkten t_9 und t_{10}. Auch die Signaländerung am D-Eingang zwischen den Zeitpunkten t_{10} und t_{11} führt erst bei der nächsten positiven Flanke des C-Signals zum Rücksetzen des Speichers. Ein D-Kippglied mit Flankensteuerung bietet also den Vorteil, daß der während der positiven Flanke des Taktsignals am D-Eingang liegende Signalzustand gespeichert wird. Änderungen des Signalzustandes am D-Eingang während des Taktimpulses werden nicht weiter registriert.

In der Wahrheitstabelle für das D-Kippglied mit Flankensteuerung wird der Unterschied gegenüber dem D-Kippglied mit statischer Ansteuerung nicht weiter berücksichtigt. In den Datenbüchern der Hersteller wird auch hier nur die vereinfachte Wahrheitstabelle für ein D-Kippglied wie in Bild 7.152 angegeben **(Bild 7.156)**.

t_n	t_{n+1}
D	Q
1	1
0	0

t_n = Zeitpunkt vor dem C-Impuls
t_{n+1} = Zeitpunkt nach dem C-Impuls

Bild 7.156 Vereinfachte Wahrheitstabelle für ein D-Kippglied mit Flankensteuerung

7.7.2.3 D-Kippglied mit Flankensteuerung und R-S-Eingängen

Beim RS-Kippglied war durch den R-Eingang eine Möglichkeit gegeben, das Speicherelement in eine bestimmte Grundstellung zu bringen. Auch beim D-Kippglied kann aus technischen Gründen eine solche Grundstellung erforderlich sein. D-Flipflops haben daher in der Regel noch einen S-Eingang und einen R-Eingang bzw. einen $\overline{S}$-Eingang und einen $\overline{R}$-Eingang. Diese Eingänge werden genau wie beim RS-Kippglied statisch angesteuert.
Die R- und S-Eingänge arbeiten völlig unabhängig vom D-Eingang und C-Eingang. Solange 1-Signal am S-Eingang liegt, befindet sich der Speicher im Setzzustand, und zwar unabhängig davon, welche Signale am D-Eingang und am C-Eingang anstehen. Der Speicher befindet sich dagegen im Rücksetzzustand, solange 1-Signal am R-Eingang liegt, und zwar ebenfalls unabhängig davon, welche Signale am C- und D-Eingang anliegen. Erst wenn dann am R-Eingang wieder 0-Signal liegt, arbeitet der Speicher wieder wie ein normales D-Flipflop. Unbenutzte R- und S-Eingänge müssen stets auf 0-Signal, unbenutzte $\overline{R}$- und $\overline{S}$-Eingänge stets auf 1-Signal gelegt werden.
Bild 7.157 zeigt das Schaltzeichen für ein D-Kippglied mit zusätzlichen R-S-Eingängen und **Bild 7.158** ein solches mit zusätzlichen $\overline{R}$-$\overline{S}$-Eingängen.

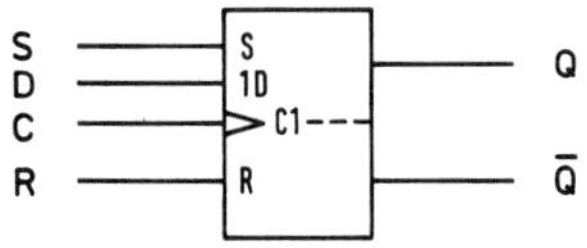

Bild 7.157 Schaltzeichen für ein D-Kippglied mit Flankensteuerung und zusätzlichen RS-Eingängen

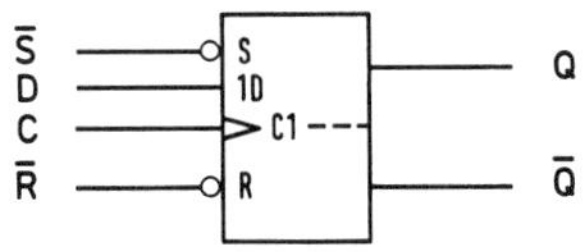

Bild 7.158 Schaltzeichen für ein D-Kippglied mit Flankensteuerung und zusätzlichen $\overline{RS}$-Eingängen

Für ein D-Kippglied mit Flankensteuerung und zusätzlichen R-S-Eingängen wird die gleiche vereinfachte Wahrheitstabelle angegeben wie beim D-Kippglied ohne R-S-Eingänge. Auch hier wird dann die Kenntnis über die Wirkung der Signale am R- und S-Eingang vorausgesetzt.

7.7.2.4 D-Kippglieder der TTL-Serie 74xx und der CMOS-Serie 40xx

D-Kippglieder mit statischer Ansteuerung werden innerhalb der TTL-Serie 74xx unter der Typenbezeichnung 7475 angeboten. Dieser Baustein 7475 enthält vier gleichartige D-Kippglieder. Die C-Eingänge der Kippglieder 1 und 2 sowie der Kippglieder 3 und 4 sind dabei intern zusammengeschaltet und auf einen gemeinsamen Anschluß herausgeführt.
Bild 7.159 zeigt die Anschlußbelegung des Bausteins 7475. Zu beachten ist, daß dieser Chip 16 Anschlüsse hat und die Betriebsspannung $+U_B$ an den Anschluß 5 und Masse an den Anschluß 12 zu legen ist.

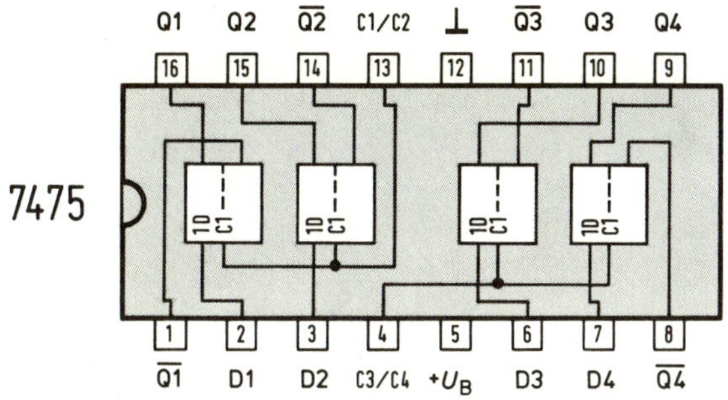

Bild 7.159 Anschlußbelegungen des TTL-Bausteines 7475 mit 4 D-Kippgliedern

Für die einwandfreie Funktion eines D-Kippgliedes ist es erforderlich, daß der Taktimpuls, d. h. 1-Signal am C-Eingang, eine Mindestdauer haben muß. Sie wird in den Datenbüchern meistens als »Taktimpulsdauer t_{PT}« angegeben. Für den Baustein 7475 gilt $t_{PT} \geqq 20\,\text{ns}$.
Als weiterer Wert ist die »Vorbereitungszeit t_V« zu beachten. Sie gibt an, wie lange bereits 1-Signal am D-Eingang anliegen muß, bevor ein Taktimpuls am C-Eingang wirksam werden kann und damit ein Setzen oder Rücksetzen des D-Flipflops bewirkt. Für den Baustein 7475 wird angegeben $t_V \geqq 20\,\text{ns}$.
Als *D-Kippglied mit Flankensteuerung* wird innerhalb der TTL-Serie 74xx ein Baustein mit der Typenbezeichnung 7474 angeboten. Hier sind zwei gleichartige D-Flipflops in einem Gehäuse zusammengefaßt.
Bild 7.160 zeigt die Anschlußbelegung für den TTL-Baustein 7474. In **Bild 7.161** ist das Schaltzeichen für das Kippglied 1 angegeben.
D-Kippglieder mit Flankensteuerung ohne R-S-Eingänge werden in integrierter Technik nicht angeboten.
Dem Baustein 7474 in TTL-Technik entspricht der Baustein 4013 in CMOS-Technik. Auch hier sind zwei flankengesteuerte D-Kippglieder in einem Gehäuse zusammengefaßt. Im Gegensatz zum Baustein 7474 mit $\overline{R}$-$\overline{S}$-Eingängen sind beim Baustein 4013 R-S-Eingänge vorhanden.

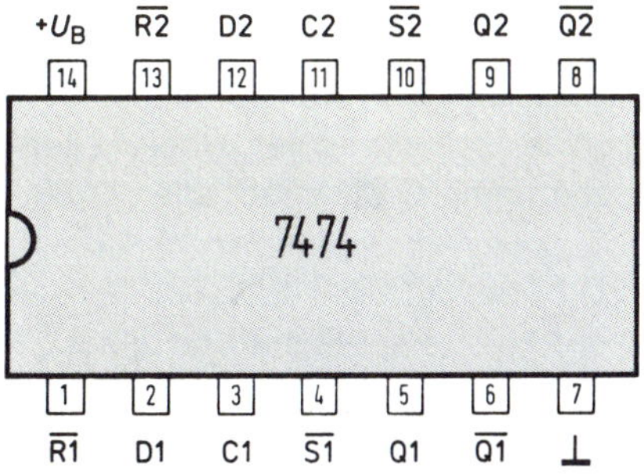

Bild 7.160 Anschlußbelegungen des TTL-Bausteines 7474 mit 2 flankengesteuerten D-Kippgliedern

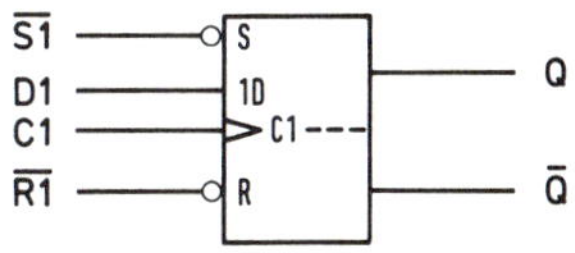

Bild 7.161 Schaltzeichen für ein D-Kippglied 7474

Aus **Bild 7.162** ist zu erkennen, daß der Baustein 4013 eine andere Anschlußbelegung als der Baustein 7474 hat.

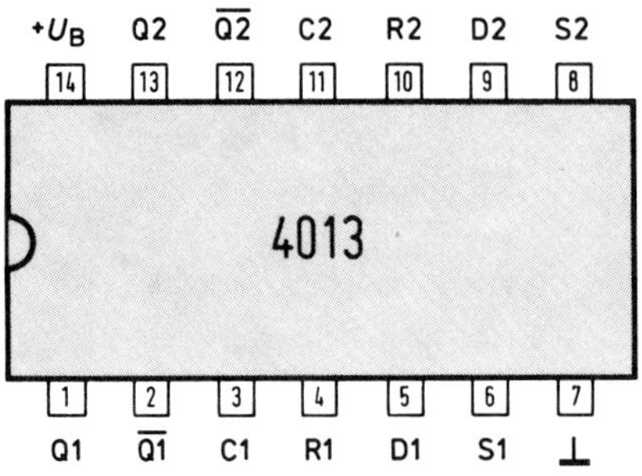

Bild 7.162 Anschlußbelegungen für den CMOS-Baustein 4013

Für den CMOS-Baustein 4013 wird angegeben:

Taktimpulsdauer $t_{PT} \geqq 140$ ns und
Vorbereitungszeit $t_v \geqq 50$ ns.

Diese Werte liegen beim CMOS-Flipflop erheblich höher als beim TTL-Flipflop. Dies ist aber für den praktischen Einsatz des 4013 ohne Bedeutung, da die angegebenen Grenzwerte nur selten berücksichtigt werden müssen.

7.7.2.5 Anwendungsbeispiel

Prellfreie Drucktastenschaltung mit gegenseitiger Auslösung

Im Abschnitt 7.7.1.3 waren prellfreie Signalgeber mit RS-Kippgliedern beschrieben. Derartige Signalgeber lassen sich auch mit D-Kippgliedern aufbauen. **Bild 7.163** zeigt eine Drucktastenschaltung mit gegenseitiger Auslösung der Drucktasten zur prellfreien Ansteuerung von Digitalschaltungen. Verwendet wird der Baustein 7475 mit 4 D-Kippgliedern.
Befinden sich die Taster T 1 und T 4 in Ruhestellung, so liegt über die Widerstände R 1, R 3, R 4 und R 5 jeweils 0-Signal an den D-Eingängen der vier-Kippstufen. Über R 2 liegt gleichzeitig 1-Signal am Eingang des Inverters und damit 0-Signal an allen C-Eingängen.
Wird jetzt z. B. der Taster T 1 gedrückt, so erhält D 1 über R 1 ein 1-Signal. Über den Arbeitskontakt des Tasters T 1 erhält der Eingang des Inverters 0-Signal und daher die C-Eingänge 1-Signal. Damit werden dann die an den D-Eingängen liegenden Signale auf die zugehörigen Ausgänge Q übertragen, also Q 1 = 1; Q 2 = 0; Q 3 = 0; Q 4 = 0. Dieser Zustand bleibt auch erhalten, wenn der Kontakt T 1 prellt oder der Taster wieder in Ruhestellung kommt.
Wird anschließend z. B. T 2 gedrückt, wird D 2 = 1 und C = 1. Der Speicher 2 wird also gesetzt und der Speicher 1 rückgesetzt, da D 1 = 0. Bei den Speichern 3 und 4 bleibt der Zustand Q = 0 unverändert erhalten. Die entsprechenden Setz- bzw. Rücksetzvorgänge erfolgen, wenn ein beliebiger anderer Taster gedrückt wird.

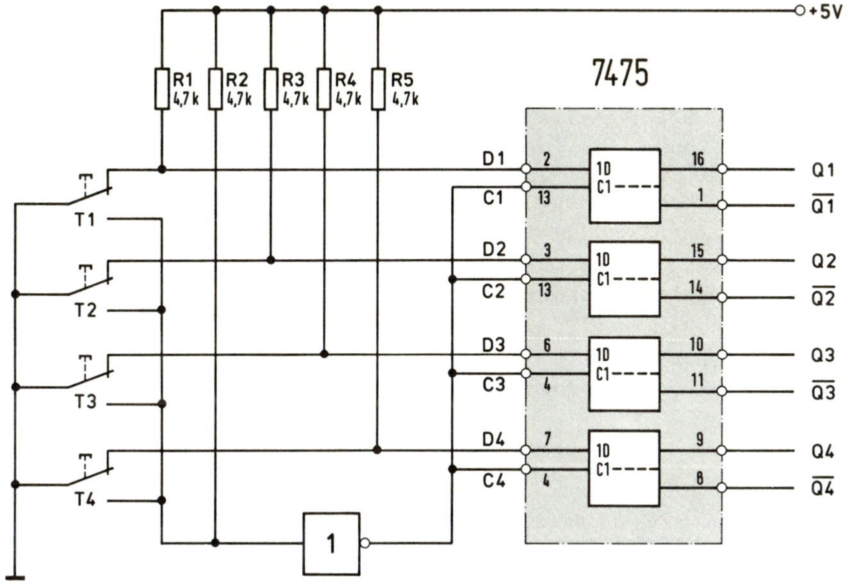

Bild 7.163 Prellfreie Drucktastenschaltung mit gegenseitiger Auslösung

Die Schaltung nach Bild 7.163 arbeitet jedoch nicht mehr einwandfrei, wenn gleichzeitig zwei oder mehrere Taster gedrückt werden, weil dann keine gegenseitige Auslösung mehr erfolgen kann und somit an mehreren Ausgängen Q ein 1-Signal auftritt. Um dies zu vermeiden, wären noch weitere logische Schaltungen erforderlich, die, wie bei den Prioritätsschaltungen in Abschnitt 7.7.1.3, bestimmte Signalkombinationen ausschließen.

7.7.3 JK-Kippglieder

Ein weiteres Element zur Speicherung von logischen Signalen ist das JK-Kippglied. Es ist universell einsetzbar und daher auch das am meisten verwendete Kippglied. Ein JK-Flipflop hat mindestens drei Eingänge, den schon bekannten C-Eingang als Takteingang sowie den J-Eingang und K-Eingang. Die Bezeichnungen J und K für die Eingänge sind hier willkürlich gewählt und nicht wie bei den bisher genannten Eingängen von bestimmten Begriffen abgeleitet. **Bild 7.164** zeigt das allgemeine Schaltzeichen für ein JK-Kippglied.

Bild 7.164 Allgemeines Schaltzeichen für ein JK-Kippglied

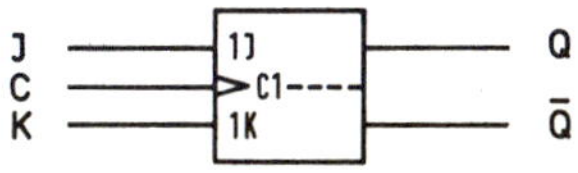

JK-Kippglieder sind grundsätzlich flankengesteuert, wobei zwei verschiedene Ausführungen zu unterscheiden sind, das JK-Kippglied mit Einflankensteuerung und das JK-Kippglied mit Zweiflankensteuerung. Das zweiflankengesteuerte Kippglied wird oft auch als JK-Master-Slave-Flipflop bezeichnet.
Beide Arten von JK-Kippgliedern haben in ihrer praktischen Ausführung in integrierter Schaltungstechnik meistens mehrere J- und K-Eingänge, die intern durch logische Schaltungen verknüpft sind. Vorhanden sind oft auch zusätzlich noch ein S-Eingang und ein R-Eingang, die statisch angesteuert werden.

7.7.3.1 JK-Kippglied mit Einflankensteuerung

Im Signal-Zeit-Plan nach **Bild 7.165** ist die Arbeitsweise des JK-Kippgliedes mit Einflankensteuerung recht gut zu erkennen. Das Setzen und Rücksetzen des Speichers wird genau wie beim D-Kippglied mit Flankensteuerung immer erst durch die positive Flanke des nächsten 1-Signals am C-Eingang ausgelöst. 1-Signal am J-Eingang bedeutet Setzbefehl (Zeitpunkt t_1). 1-Signal am K-Eingang dagegen Rücksetzbefehl (t_3). Im Gegensatz zum RS-Kippglied ist beim JK-Kippglied das gleichzeitige Auftreten von Setz- und Rücksetzbefehl aber zulässig (Zeitpunkt t_5 bis t_8). Liegt die Wertekombination J = 1 und K = 1 vor, so wird von der ersten folgenden positiven Flanke des C-Signals der Speicher gesetzt (Zeitpunkt t_5) und von der zweiten positiven Flanke der Speicher wieder rückgesetzt (Zeitpunkt t_6). Dieser Vorgang wiederholt sich dann, solange J = 1 und K = 1 ist.
Aus dem Signal-Zeit-Plan nach Bild 7.165 läßt sich wieder die zugehörige Wahrheitstabelle ableiten.
Auch bei der Wahrheitstabelle nach **Bild 7.166** handelt es sich um eine vereinfachte Form. Vorausgesetzt wird hier wieder die Kenntnis, daß nur positive Flanken am C-Eingang das Setzen und Rücksetzen auslösen können und diese Auslösung dann durch die positive Flanke des Takt-Signals erfolgt.

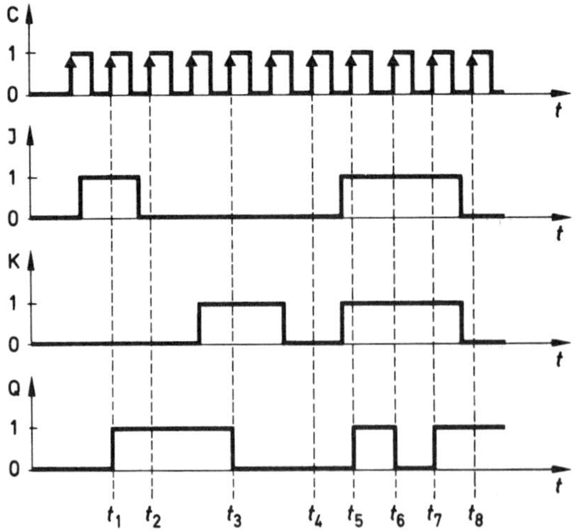

Bild 7.165 Signal-Zeit-Plan für ein JK-Kippglied mit Einflankensteuerung

J	K	Q_{tn+1}
0	0	Q_{tn}
1	0	1
0	1	0
1	1	$\overline{Q}_{tn}$

Bild 7.166 Wahrheitstabelle für JK-Kippglied mit Einflankensteuerung

In der Wahrheitstabelle tritt erstmals auch die Angabe $\overline{Q}_{tn}$ auf. Damit ist dann eindeutig angegeben, daß bei der Wertekombination J = 1 und K = 1 bei jeder positiven Flanke des C-Signals der Speicherzustand jeweils wechselt (Zeitpunkte t_5 bis t_8 in Bild 7.165).

7.7.3.2 JK-Kippglied mit Zweiflankensteuerung

Bei den bisher behandelten Kippgliedern stand die Informationsaufnahme und das Speichern der Informationen im Vordergrund. Es gibt aber auch viele Einsatzgebiete, bei denen es zweckmäßig oder erforderlich ist, eine Information aufzunehmen und diese Information bei der Aufnahme einer neuen Information weiterzugeben. Grundbedingung ist dabei jedoch, daß das am Eingang neu auftretende Signal das dann am Ausgang abgehende Signal nicht beeinflussen darf. Um eine solche Beeinflussung auszuschließen, ist eine Zwischenspeicherung des Signals in einem zusätzlichen Kippglied erforderlich.
Bild 7.167 zeigt den Signal-Zeit-Plan für ein JK-Kippglied mit Zweiflankensteuerung. Für die Darstellung ist die gleiche Impulsfolge der Eingangssignale gewählt worden wie bei dem Signal-Zeit-Plan für das JK-Kippglied mit Einflankensteuerung nach Bild 7.165. Aus dem Vergleich des Bildes 7.165 mit Bild 7.167 läßt sich das unterschiedliche Verhalten der beiden JK-Kippglieder erkennen. Besonders gekennzeichnet ist bei der Zweiflankensteuerung auch die negative Flanke des C-Signals.

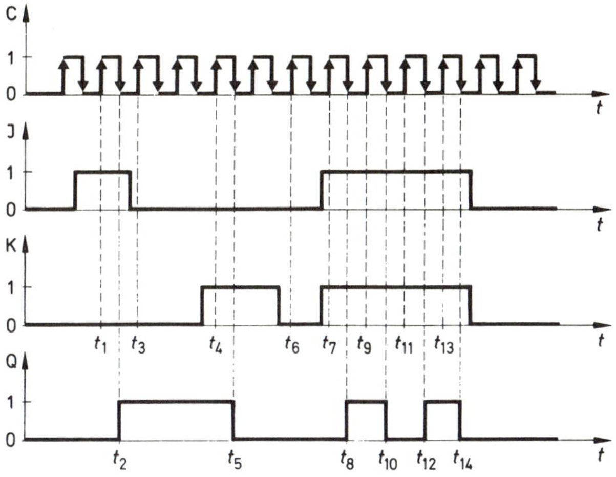

Bild 7.167 Signal-Zeit-Plan für ein JK-Kippglied mit Zweiflankensteuerung

Bei einem einflankengesteuerten JK-Kippglied wird das Eingangssignal mit der positiven Flanke des C-Signals aufgenommen und – nur um eine kleine interne Laufzeit verzögert – durch die gleiche positive Flanke des C-Signals auf den Ausgang Q übertragen (z. B. t_1 in Bild 7.165). Bei dem zweiflankengesteuerten JK-Kippglied wird zwar das Eingangssignal auch durch die positive Flanke des C-Signals aufgenommen, aber in einem Zwischenspeicher eingespeichert und dann erst durch die folgende negative Flanke des C-Signals auf den Ausgang Q übertragen (z. B. t_1 und t_2 in Bild 7.167).

Das zweiflankengesteuerte JK-Kippglied wird auch als JK-Master-Slave-Kippglied bezeichnet. Hierbei bedeutet »Master« soviel wie »Haupt-Kippglied« und »Slave« soviel wie »Folge-Kippglied«.
Bei einem JK-Kippglied mit Zweiflankensteuerung erscheinen die Signale am Ausgang mit einer Verzögerung, die von der Dauer des C-Signals abhängt. Diese Verzögerung wird im Schaltzeichen besonders gekennzeichnet.
Bild 7.168 zeigt das Schaltzeichen für ein JK-Kippglied mit Zweiflankensteuerung. Das Zeichen ⌝ weist auf die »retardierten« Ausgänge hin (retardiert = verzögert).
Die Wahrheitstabelle des JK-Kippgliedes mit Zweiflankensteuerung **(Bild 7.169)**, also des JK-Master-Slave-Kippgliedes, unterscheidet sich nicht von der Wahrheitstabelle des JK-Kippgliedes mit Einflankensteuerung.

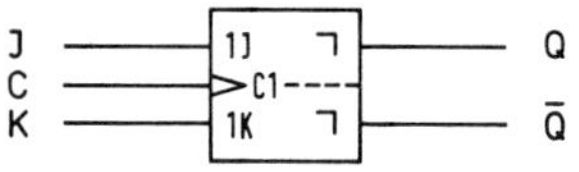

Bild 7.168 Schaltzeichen für JK-Kippglied mit Zweiflankensteuerung

J	K	Q_{tn+1}
0	0	Q_{tn}
1	0	1
0	1	0
1	1	$\overline{Q}_{tn}$

Bild 7.169 Wahrheitstabelle für ein JK-Master-Slave-Kippglied

Auch bei dieser vereinfachten Form der Wahrheitstabelle wird die Kenntnis des Zusammenhanges mit dem C-Signal vorausgesetzt und jetzt zusätzlich noch, daß das Ausgangssignal Q_{tn+1} immer erst mit der negativen Flanke des C-Signals erscheint.

7.7.3.3 JK-Kippglieder der TTL-Serie 74xx und der CMOS-Serie 40xx

JK-Kippglieder werden von den Herstellern insbesondere innerhalb der TTL-Serie 74xx in einer relativ großen Typenvielfalt angeboten. Die verschiedenen Typen unterscheiden sich aber oft nur durch die Zahl der J- und K-Eingänge, durch zusätzliche Setz- und Rücksetzeingänge oder durch spezielle Eigenschaften der Eingänge. Aus der großen Typenzahl sind hier wieder nur einige Beispiele ausgewählt.

1. Baustein 7470

JK-Flipflop mit Einflankensteuerung und je drei J- und K-Eingängen sowie Setz- und Rücksetzeingang.
Aus den Anschlußbelegungen für den Baustein 7470 **(Bild 7.170)** ist zu erkennen, daß die 3 J-Eingänge und 3 K-Eingänge vorhanden sind. Diese mehrfachen J- und K-Eingänge sind in der Regel durch logische Schaltungen miteinander verknüpft. Im Datenblatt wird für den Baustein 7470 zusätzlich angegeben:

$$J = \overline{J1} \wedge J2 \wedge J3$$
$$K = \overline{K1} \wedge K2 \wedge K3$$

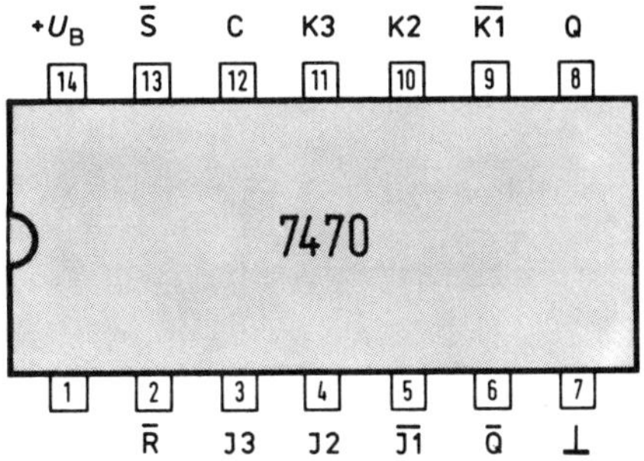

Bild 7.170 Anschlußbelegungen für den TTL-Bausteines 7470

Diese Eingänge sind also jeweils durch eine UND-Schaltung miteinander verknüpft. Weiterhin wird noch angegeben, daß der $\overline{R}$-Eingang sowie der $\overline{S}$-Eingang unabhängig vom C-Signal arbeiten.
Das Schaltzeichen für ein derartiges JK-Kippglied ist entweder ebenfalls im Datenblatt angeführt oder es läßt sich auch aus den Angaben entwickeln. **Bild 7.171** zeigt, wie ein Kurz-Schaltzeichen für das JK-Kippglied 7470 entsteht.

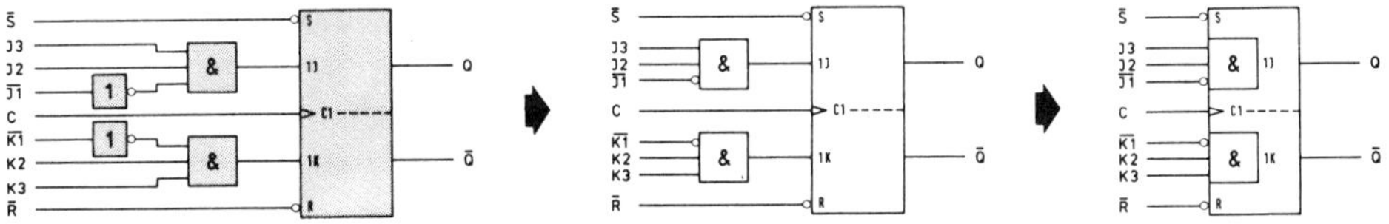

Bild 7.171 Schaltzeichen für das JK-Kippglied 7470

Wichtig für den praktischen Einsatz dieser Kippglieder mit mehrfachen J- und K-Eingängen ist, daß unbenutzte Eingänge stets zu beschalten sind. Hinweise auf die erforderliche Beschaltung unbenutzter Eingänge sind in den Abschnitten 7.3.4.1 und 7.3.4.2 gegeben. Wie bereits in Abschnitt 7.7.2.3 angegeben, müssen $\overline{R}$- und $\overline{S}$-Eingänge an 1-Signal, R- und S-Eingänge auf 0-Signal gelegt werden.

2. Baustein 7472

JK-Master-Slave-Flipflop mit je drei J- und K-Eingängen sowie zusätzlichem Setz- und Rücksetzeingang **(Bild 7.172)**.

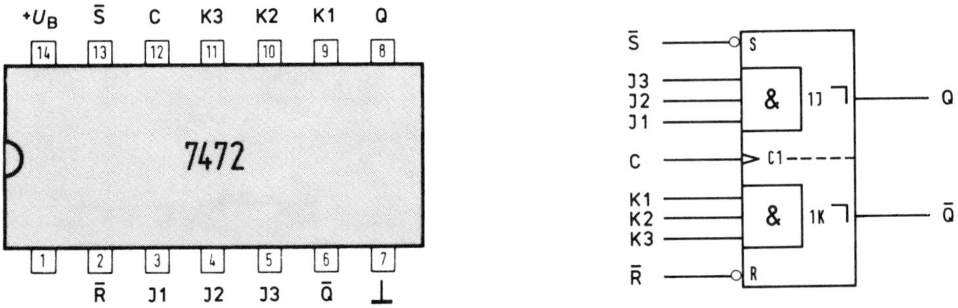

Bild 7.172 Anschlußbelegungen und Schaltzeichen für TTL-Bausteines 7472

3. Baustein 7473

Zwei JK-Master-Slave-Flipflops mit Rücksetzeingang **(Bild 7.173)**.

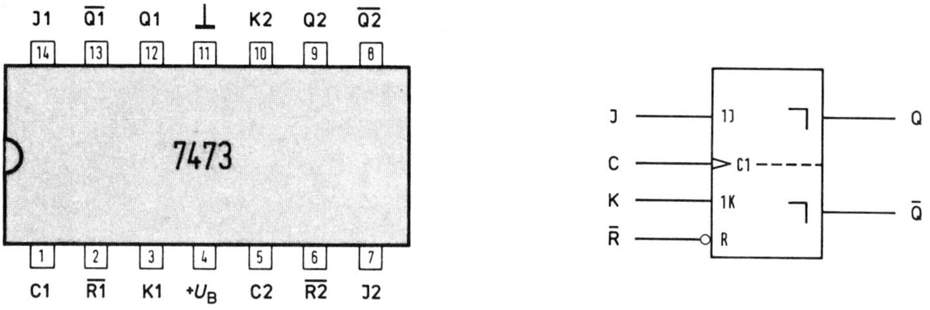

Bild 7.173 Anschlußbelegungen und Schaltzeichen für TTL-Bausteines 7473

4. Baustein 7476

Zwei JK-Master-Slave-Flipflops mit Setz- und Rücksetzeingang **(Bild 7.174)**.

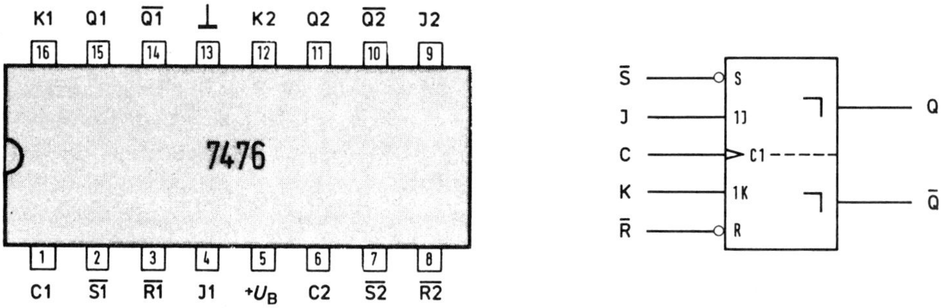

Bild 7.174 Anschlußbelegungen und Schaltzeichen für TTL-Bausteines 7476

5. Baustein 4027

Zwei JK-Master-Slave-Flipflops mit Setz- und Rücksetzeingang **(Bild 7.175)**.

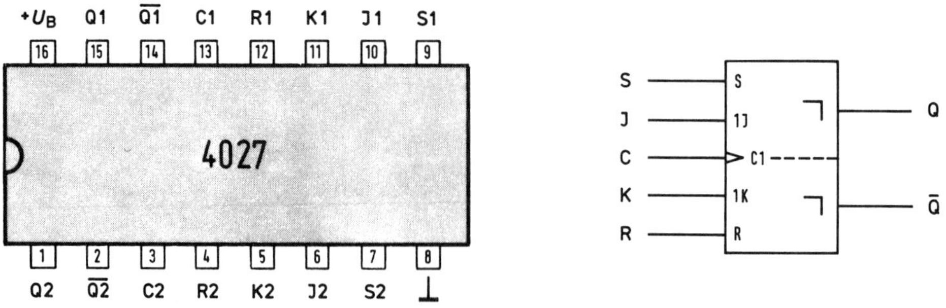

Bild 7.175 Anschlußbelegungen und Schaltzeichen für CMOS-Baustein 4027

7.7.3.4 Anwendungsbeispiel

JK-Kippglied als Frequenzteiler

JK-Kippglieder werden sehr oft als Frequenzteiler für rechteckförmige Spannungen eingesetzt. Man nutzt hier die Eigenschaft des JK-Kippgliedes aus, daß bei der Wertekombination J = 1 und K = 1 bei jedem Taktimpuls das Kippglied in seinen komplementären Zustand umgeschaltet wird (siehe t_8 bis t_{14} in Bild 7.167).

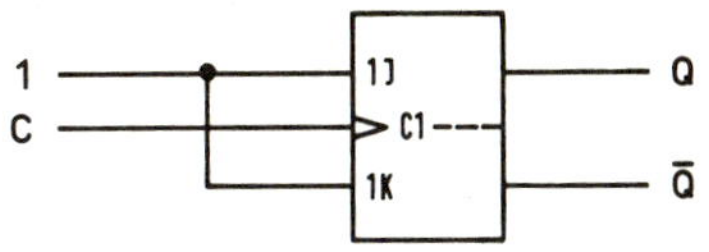

Bild 7.176 Prinzipschaltung für ein JK-Kippglied als Frequenzteiler

In **Bild 7.176** ist die Prinzipschaltung angegeben, nach der ein JK-Kippglied als Frequenzteiler eingesetzt werden kann. Es ist lediglich erforderlich, den J-Eingang und den K-Eingang zu verbinden und mit 1-Signal anzusteuern. Wird jetzt eine Rechteckspannung, d. h. ein ständiger Wechsel von 0-Signalen und 1-Signalen auf den C-Eingang gegeben, so erscheint am Ausgang Q eine Rechteckspannung mit der halben Frequenz der Eingangsspannung. Das JK-Kippglied teilt also eine Frequenz der an den C-Eingang gelegten Rechteckspannung im Verhältnis 2 : 1.
Bild 7.177 zeigt einen Schaltplan für einen 2 : 1-Frequenzteiler, aufgebaut mit einem einflankengesteuerten JK-Flipflop vom Typ 7470.

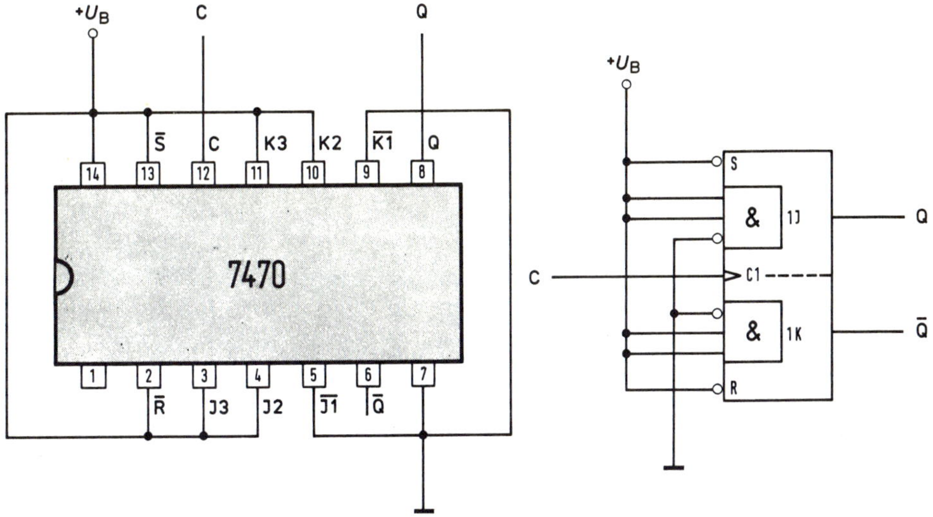

Bild 7.177 Frequenzteiler 2:1 mit dem TTL-Baustein 7470

Auch bei der Schaltung nach Bild 7.177 muß darauf geachtet werden, daß alle nicht benötigten Eingänge nach Vorschrift beschaltet sind. Nur dann ist eine einwandfreie Funktion gewährleistet. Da es sich bei dem Baustein 7470 um ein einflankengesteuertes JK-Kippglied handelt, treten die Änderungen des Signalzustandes am Ausgang jeweils mit den positiven Flanken des Eingangssignals auf. In **Bild 7.178** sind die Zusammenhänge der Frequenzteilung nochmals in einem Diagramm dargestellt.

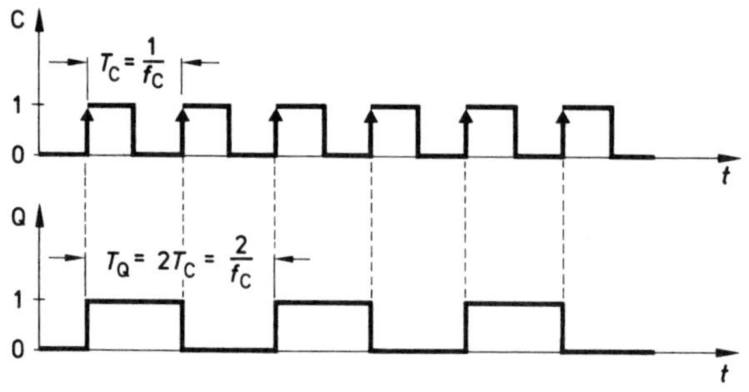

Bild 7.178 Frequenzteilung 2:1 mit einflankengesteuertem JK-Flipflop 7470

Selbstverständlich läßt sich auch das zweiflankengesteuerte JK-Flipflop in gleicher Weise für eine Frequenzteilung einsetzen. Zu beachten ist hier lediglich, daß der Signalwechsel am Ausgang immer mit der negativen Flanke des Eingangssignals erfolgt.

Schaltet man mehrere Frequenzteiler hintereinander, so wird die Eingangsfrequenz in jeder Stufe im Verhältnis 2 : 1 geteilt. Dabei entstehen Teilerverhältnisse entsprechend 2^n, wobei *n* die Zahl der hintereinandergeschalteten Teilerstufen ist. Bei zwei Teilerstufen erfolgt also eine Frequenzteilung im Verhältnis $2^2 = 4$, bei drei Stufen $= 2^3 = 8$, bei vier Stufen $= 2^4 = 16$.

8 Thyristoren

8.1 Allgemeines

In diesem Kapitel werden die wichtigsten Mehrschicht-Halbleiter und deren Grundschaltungen behandelt. Die Mehrschicht-Halbleiter werden meistens unter dem Oberbegriff Thyristoren zusammengefaßt. Diese Halbleiterbauelemente haben drei und mehr pn-Übergänge und ein ausgeprägtes Schalt- oder Kippverhalten. Sie besitzen zwei Schaltzustände: den Schaltzustand EIN ≙ leitend und den Schaltzustand AUS ≙ gesperrt. Das Umschalten vom gesperrten in den leitenden Zustand wird als »Zünden« und das Umschalten vom leitenden in den gesperrten Zustand als »Löschen« bezeichnet. Sowohl der Zündvorgang als auch der Löschvorgang laufen in sehr kurzer Zeit ab.

Bild 8.1 zeigt eine Übersicht über wichtige Mehrschicht-Halbleiter mit den zugehöri-

Bauarten/Bezeichnung		Schaltzeichen
normgerechte	praxisübliche	
Einrichtungs-Thyristordiode	Vierschichtdiode	
Einrichtungs-Thyristortriode anodenseitig steuerbar katodenseitig steuerbar	Thyristor	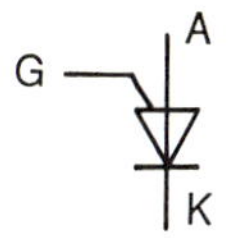 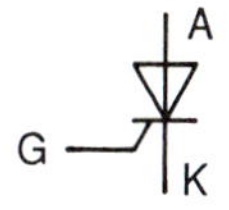
Abschalt-Thyristortriode	GTO	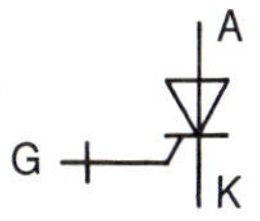
Zweirichtungs-Thyristordiode	Diac	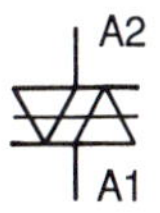
Zweirichtungs-Thyristortriode	Triac	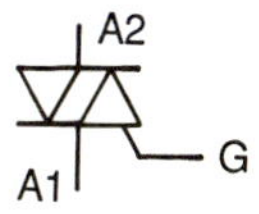

Bild 8.1 Bauarten und Schaltzeichen von Mehrschicht-Halbleiter

gen Schaltzeichen. Neben den Bezeichnungen, die in Normblättern angegeben werden, sind auch die in der Praxis üblichen Bezeichnungen zusätzlich in der Übersicht aufgeführt.
Bei den Einrichtungs-Thyristortrioden ist ein Stromfluß durch das Bauelement nur in einer Richtung möglich. Werden zwei gleiche Bauelemente antiparallel geschaltet, so kann ein Stromfluß in beiden Richtungen erfolgen. Bei den Zweirichtungs-Thyristordioden und -trioden ist eine derartige Antiparallelschaltung bereits im Halbleiterkristall vorgenommen.
Die Schaltzeichen der Mehrschicht-Halbleiter weisen auf eine enge Verwandtschaft zu den Dioden hin. Bei allen Bauelementen mit Einrichtungs-Betrieb werden die beiden Hauptanschlüsse wie bei der Diode mit Anode und Katode bezeichnet. Ein Stromfluß ist nur möglich, wenn die Anode positiv gegenüber der Katode ist. Bei den Bauelementen mit Zweirichtungs-Betrieb werden die Hauptanschlüsse dagegen Anode 1 (A1) und Anode 2 (A2) genannt.
Die Zündung von Thyristordioden ist nur durch die am Bauelement liegende Spannung möglich. Dieses Verfahren wird häufig als »Über-Kopf-Zünden« bezeichnet. Thyristortrioden haben jedoch einen Steueranschluß, der wie bei den FETs als Gate (G) bezeichnet wird. Die Zündung über das Gate erfolgt mit einem Steuerstrom. Er löst einen wesentlich größeren Hauptstrom durch das Bauelement aus. Aus diesem Grund werden Thyristortrioden hauptsächlich als Leistungsschalter eingesetzt.
Nach dem Zünden können die Bauelemente nur durch Absenken der Spannung zwischen den Hauptelektroden unter den Wert der Haltespannung von annähernd Null Volt oder durch spezielle Löschschaltungen gelöscht werden. Ein Löschen über das Gate durch einen Rückwärts-Steuerstrom ist nur bei den speziell hierfür entwickelten Abschaltthyristoren, die auch als GTO (GTO = gate turn-off) bezeichnet werden, möglich.
Diacs dienen vorrangig zur Ansteuerung von Triacs und liefern dabei die notwendigen Zündimpulse an das Gate. Wegen der geringen Steuerströme werden sie auch nur für kleine Ströme ausgelegt.
Thyristoren sind elektronische Leistungsschalter, die in der Leistungselektronik und Antriebstechnik als elektronische Steller genutzt und dort als Ventile bezeichnet werden. Sie werden entsprechend ihrer Verwendung für kleine und große Ströme sowie für Spannungen bis zum kV-Bereich gefertigt.
Sie können aber ebenso wie die Triacs zur Steuerung der Leistung in Phasenanschnitt-, Impulspaket- und Schwingungspaketsteuerungen Verwendung finden. Je nach Anwendung werden Heizleistung, Helligkeit von Lampen oder Drehzahlen von Motoren gesteuert oder durch ergänzende Schaltungseinrichtungen geregelt.
Die Ansteuerung der Thyristoren und Triacs ist vielfältig. Neben Gleich- und Wechselstromzündung hat die Impulszündung eine vorrangige Bedeutung. Dabei ist ein verstärkter Einsatz von integrierten Schaltkreisen festzustellen.

8.2 Einrichtungs-Thyristortrioden (Thyristoren)

8.2.1 Technologischer Aufbau und Wirkungsweise

Die Einrichtungs-Thyristortrioden werden allgemein als Thyristoren bezeichnet. Verwendet wird jedoch auch die Kurzform SCR, die von der englischen Bezeichnung *S*ilicon *C*ontrolled *R*ectifier abgeleitet ist. **Bild 8.2** zeigt den technologischen Aufbau von Thyristoren. Auf einem Trägerplättchen sind in der Reihenfolge pnpn vier verschiedene Halbleiterschichten aufgebracht. Die beiden äußeren Schichten sind als Anode (A) und Katode (K) mit sperrschichtfreien Anschlüssen versehen. Der zusätzliche Gateanschluß (G) ist als Steueranschluß ebenfalls sperrschichtfrei herausgeführt.

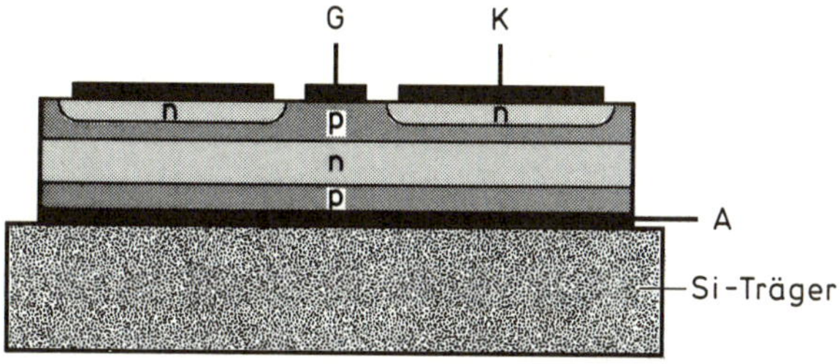

Bild 8.2 Technologischer Aufbau von Thyristoren

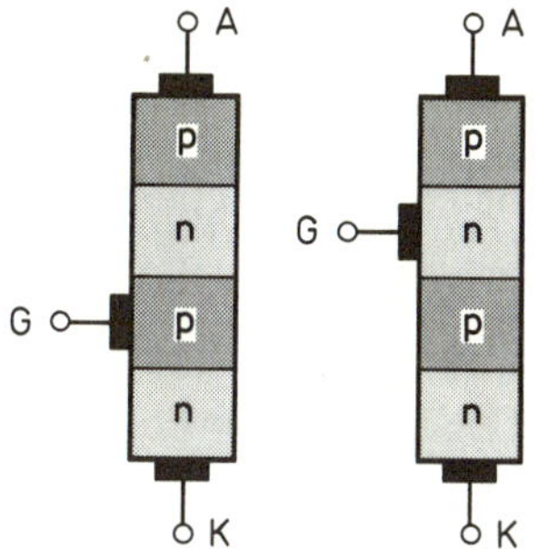

Der Anschluß des Gates ist sowohl an der innenliegenden p-Schicht als auch an der innenliegenden n-Schicht möglich. Hieraus ergeben sich Unterscheidungsmerkmale für die Thyristoren.

In **Bild 8.3** sind der schematische Aufbau und die zugehörigen Schaltzeichen der beiden Bauarten von Einrichtungs-Thyristortrioden dargestellt. Die katodenseitig gesteuerten Thyristoren sind am weitesten verbreitet. Deshalb werden nur sie im folgenden behandelt.

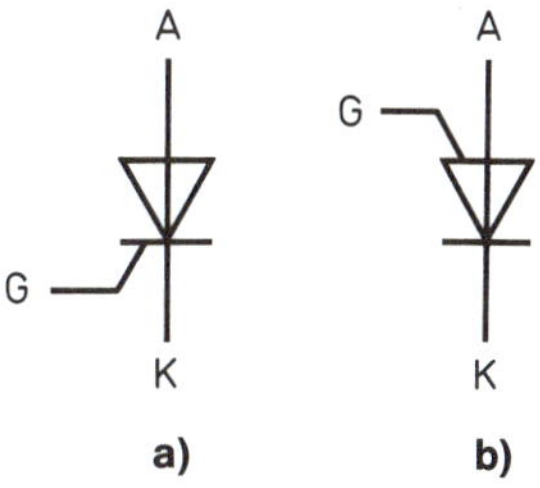

Bild 8.3 Schematischer Aufbau und Schaltzeichen von Einrichtungs-Thyristortrioden
a) katodenseitig gesteuerte Thyristortriode b) anodenseitig gesteuerte Thyristortriode

Der katodenseitig gesteuerte Thyristor hat vier Zonenfolgen, so daß drei pn-Übergänge entstehen. Jeder dieser Übergänge kann im Ersatzschaltbild als eine Diode dargestellt werden. **Bild 8.4** zeigt das Ersatzschaltbild eines katodenseitig gesteuerten Thyristors sowie die beiden möglichen Betriebsarten.

In Bild 8.4 ist zu erkennen, daß das Gate an den Anoden der beiden gegeneinander geschalteten Dioden D2 und D3 liegt. Wird eine Spannung so an den Thyristor gelegt,

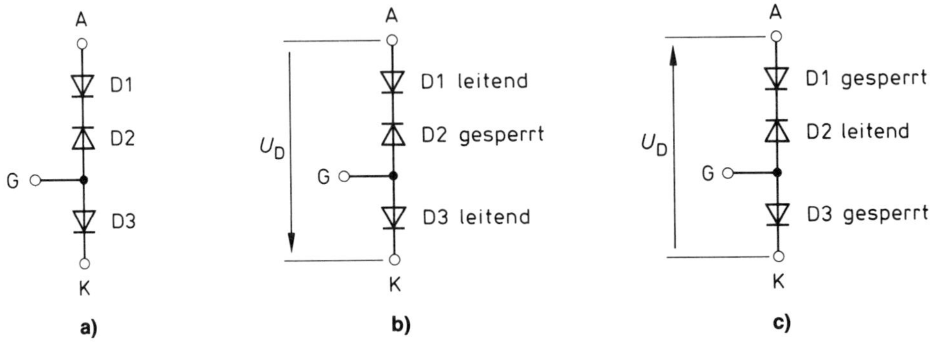

Bild 8.4 Ersatzschaltbild eines katodenseitig gesteuerten Thyristors sowie die beiden Betriebsarten
a) Ersatzschaltbild b) Anode positiv gegenüber Katode c) Anode negativ gegenüber Katode

daß die Anode positiv gegenüber der Katode ist, sind die Dioden D1 und D3 in Durchlaßrichtung gepolt. Die Diode D2 wird dagegen in Sperrichtung betrieben. In Bild 8.4 c ist die Anode negativ gegenüber der Katode. In diesem Fall sind die Dioden D1 und D3 gesperrt, die Diode D2 ist leitend.

Unabhängig von der Polarität der zwischen Anode und Katode liegenden Spannung ist mindestens ein pn-Übergang gesperrt. Der Thyristor ist daher sowohl im Vorwärtsbetrieb (Anode positiv gegenüber Katode) als auch im Rückwärtsbetrieb (Anode negativ gegenüber Katode) zunächst gesperrt; es kann kein nennenswerter Strom fließen. Wird bei Vorwärtsbetrieb die Betriebsspannung weiter erhöht, so tritt nach Überschreiten eines bestimmten Spannungswertes ein Durchbruch der gesperrten Diode D2 auf. Dadurch kippt der Thyristor schlagartig in einen leitenden Zustand. Dieser Vorgang wird als »Überkopfzünden« bezeichnet und ist eine zulässige, reversible Betriebsmöglichkeit.

Bild 8.5 zeigt die charakteristische Kennlinie eines Thyristors für offenen Gateanschluß.

In Rückwärtsrichtung verhält sich der Thyristor ähnlich wie eine Diode. Solange die maximal zulässige Sperrspannung $U_{(BR)R}$ nicht überschritten wird, fließt nur ein sehr kleiner Sperrstrom I_R. Wird $U_{(BR)R}$ jedoch überschritten, kommt es zu einem lawinenartigen Anstieg des Sperrstromes I_R, und der Thyristor wird in kürzester Zeit zerstört.

Bei Betrieb in Vorwärtsrichtung müssen drei verschiedene Kennlinienbereiche unterschieden werden. Von $U_D = 0\,V$ ausgehend ist der Thyristor in Vorwärtsrichtung zunächst gesperrt, da noch ein pn-Übergang in Sperrichtung gepolt ist. Dieser Bereich wird als Vorwärts-Sperrbereich oder Blockier-Bereich bezeichnet; es fließt nur ein sehr geringer Strom durch das Bauelement.

Wird U_D weiter erhöht, so kommt es bei einem bestimmten Spannungswert, der als Nullkippspannung $U_{(B0)0}$ bezeichnet wird, ohne Zerstörung des Thyristors zu einem Durchbruch in dem bisher gesperrten pn-Übergang. Er wird dadurch leitend, und der Thyristor zündet. Infolge der gegenseitigen Beeinflussung der pn-Übergänge wird der Thyristor schlagartig niederohmig, und der Durchlaßstrom I_D steigt im Übergangsbereich sehr schnell an, so daß eine Strombegrenzung erforderlich ist. Die am Thyristor abfallende Spannung sinkt im Durchlaßbereich auf $U_D \approx 1{,}5$ bis $2\,V$.

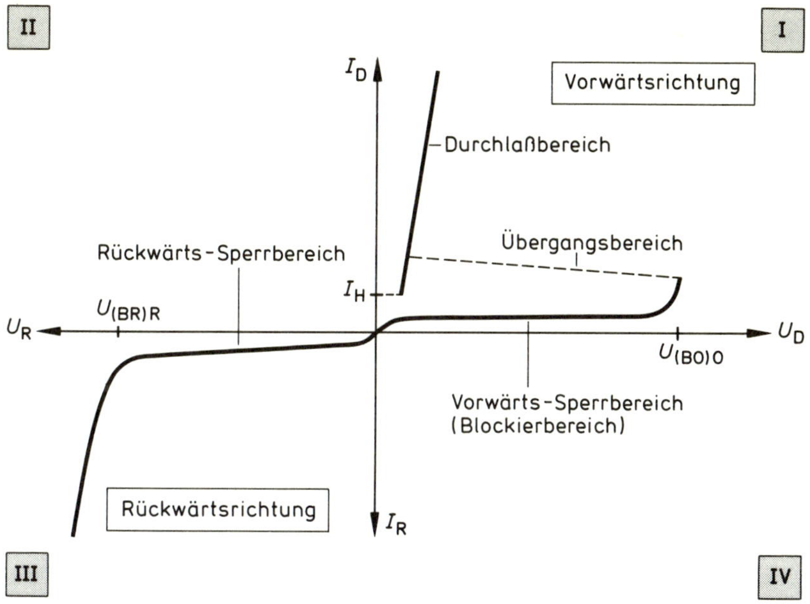

Bild 8.5 Charakteristische Kennlinie eines Thyristors bei offenem Gate

Der Verlauf der Kennlinie eines Thyristors im Übergangsbereich hängt von verschiedenen, nicht genau erfaßbaren Einflüssen beim Zünden ab. Da weiterhin ein stationärer Betrieb in diesem Übergangsbereich nicht möglich ist, wird die Kennlinie hier gestrichelt gezeichnet.

Im Durchlaßbereich wird der Strom durch den Thyristor nur durch den zum Betrieb erforderlichen Vorwiderstand begrenzt. Die Kennlinie verläuft hier ähnlich wie die Durchlaßkennlinie einer Diode.

Im praktischen Einsatz wird der Zündvorgang beim Thyristor jedoch nicht durch Überkopfzündung, sondern durch eine Ansteuerung des Gates eingeleitet. Eine Überkopfzündung ist in der Regel sogar unerwünscht. Die maximale Betriebsspannung des Thyristors soll daher die Nullkippspannung $U_{(B0)0}$ nicht erreichen oder überschreiten. Eine ausreichende Sicherheit gegen ein unbeabsichtigtes Überkopfzünden ist gegeben, solange $U_{D\,max} < {}^2/_3 \cdot U_{(B0)0}$ ist.

8.2.2 Zündung von Thyristoren

Thyristoren werden durch Ansteuerung des Gates gezündet. Bei den katodenseitig gesteuerten Thyristoren ist eine positive Gatespannung U_G zum Zünden erforderlich. Sie bewirkt, daß ein Gatestrom I_G in den Thyristor hineinfließt. **Bild 8.6** zeigt die Prinzipschaltung.

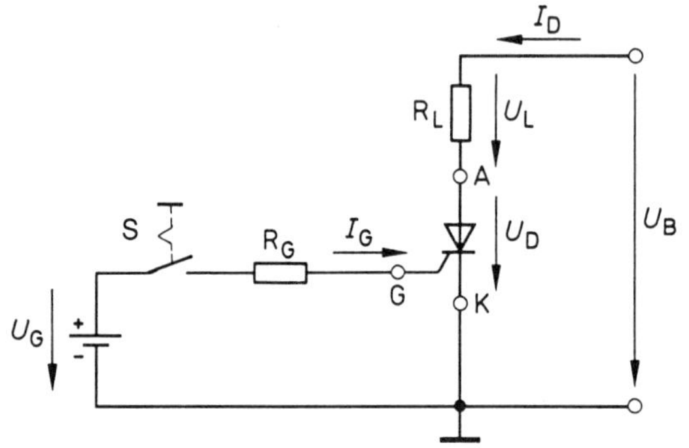

Bild 8.6 Prinzipschaltung zur Ansteuerung des Gates

In Bild 8.6 wird der Thyristor in Vorwärtsrichtung betrieben. Bei offenem Schalter S ist der Thyristor gesperrt. Wird S geschlossen, so liegt am Gate eine positive Spannung, und es fließt ein Gatestrom I_G in den Thyristor. Dadurch gelangen Ladungsträger in die Halbleiterzonen und bewirken eine Zündung. Infolge der gegenseitigen Beeinflussung der pn-Übergänge kippt der Thyristor sehr schnell vom gesperrten in den leitenden Zustand. Der Zündvorgang hängt wesentlich von der Größe des Gatestromes I_G ab. **Bild 8.7** zeigt die charakteristische Kennlinie von Thyristoren bei Ansteuerung über das Gate.

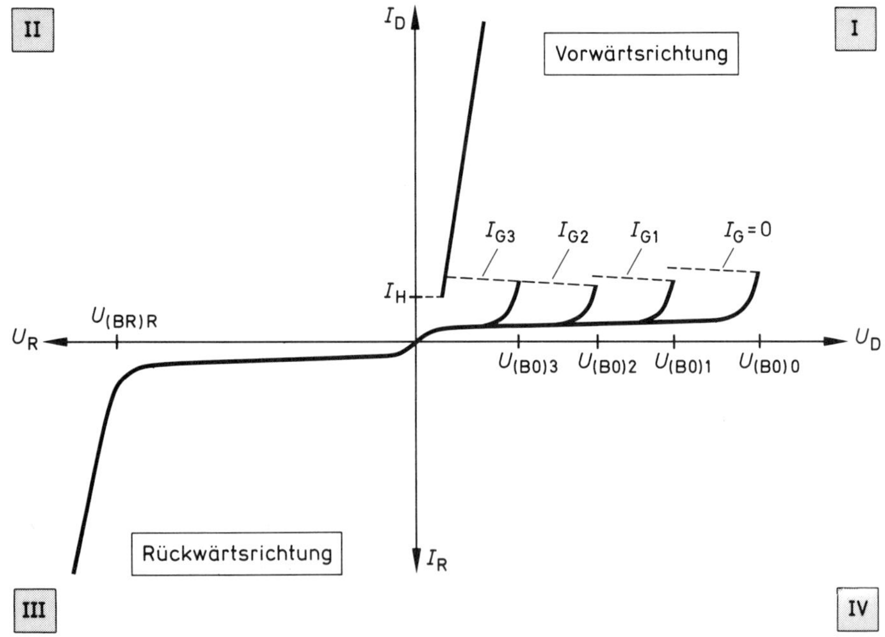

Bild 8.7 Charakteristische Strom-Spannungs-Kennlinie von Thyristoren bei Ansteuerung über das Gate

Es ist zu erkennen, daß in Abhängigkeit von der Größe des Gatestromes die Zündung des Thyristors bei unterschiedlichen Spannungswerten erfolgt. Je größer der Gatestrom I_G ist, desto kleiner ist die Spannung U_D, bei der ein Zündvorgang eintritt. Daher gilt:

$$I_{G1} < I_{G2} < I_{G3}$$
$$U_{(B0)1} > U_{(B0)2} > U_{(B0)3}$$

In den Kennlinien werden die Strom- und Spannungswerte bei gezündeten Thyristoren (Durchlaßzustand) häufig als I_T anstelle von I_D und U_T anstelle von U_D angegeben.
Einer Kennlinie nach Bild 8.7 sind für den praktischen Einsatz keine ausreichenden Informationen zu entnehmen. Daher geben die Hersteller die Zusammenhänge zwischen U_G und I_G in Zünddiagrammen an. **Bild 8.8** zeigt ein charakteristisches Zünddiagramm für Thyristoren.

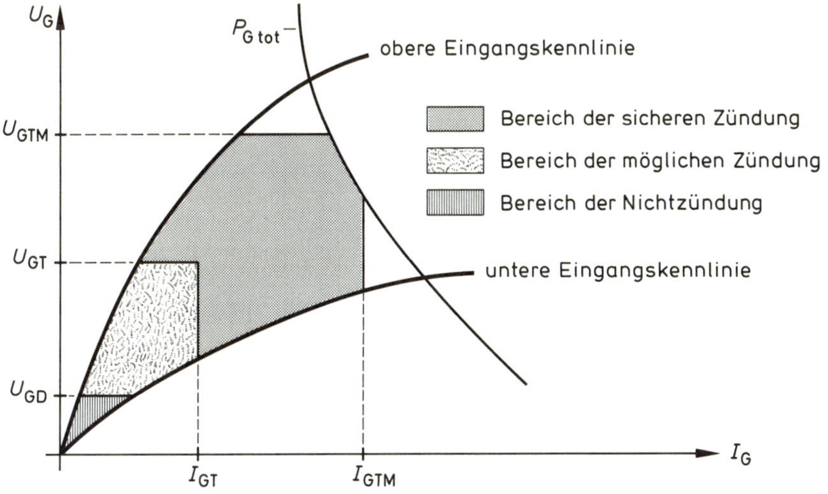

Bild 8.8 Charakteristisches Zünddiagramm für Thyristoren

Da der Thyristor nur im Vorwärtsbereich gezündet werden kann, gilt das Zünddiagramm nach Bild 8.8 nur für den I. Quadranten. Es enthält drei für das Zündverhalten wichtige Zonen.
Unterhalb der Spannung U_{GD} ist der Thyristor gesperrt, und eine Zündung nicht möglich, weil die erforderliche Zündenergie nicht zur Verfügung steht.
Oberhalb der Spannung U_{GD} liegt ein Bereich, in dem eine Zündung möglich ist. Er wird begrenzt durch die obere Zündspannung U_{GT} und den oberen Zündstrom I_{GT}. Ob jedoch in diesem Bereich tatsächlich eine Zündung bewirkt werden kann, hängt im wesentlichen vom Einzelexemplar einer Typenreihe ab. Darüber hinaus haben aber auch noch die Durchlaßspannung U_D und die Sperrschichttemperatur einen Einfluß auf die mögliche Zündung.
Eine sichere Zündung des Thyristors ist nur dann gewährleistet, wenn die Werte für die Gatespannung größer als U_{GT} und für den Zündstrom größer als I_{GT} sind. Begrenzt wird dieser Bereich durch die Grenzwerte U_{GTM}, I_{GTM} und die maximal zulässige Gate-Verlustleistung $P_{G\,tot}$.
Weiterhin werden die drei Bereiche jeweils durch die obere und untere Eingangskennlinie begrenzt. Sie haben einen ähnlichen Verlauf wie die Durchlaßkennlinien von Si-

Dioden und erfassen als Grenzwerte die Exemplarstreuungen der Bauelemente einer Typenreihe.
Das Zündverhalten und damit auch das Zünddiagramm hängt relativ stark von der Sperrschichttemperatur ϑ_J des Thyristors ab. Je höher die Temperatur, desto kleiner werden die zur sicheren Zündung erforderliche obere Zündspannung U_{GT} und der obere Zündstrom I_{GT}. **Bild 8.9** zeigt als Beispiel diese Temperaturabhängigkeit für einen bestimmten Thyristortyp.

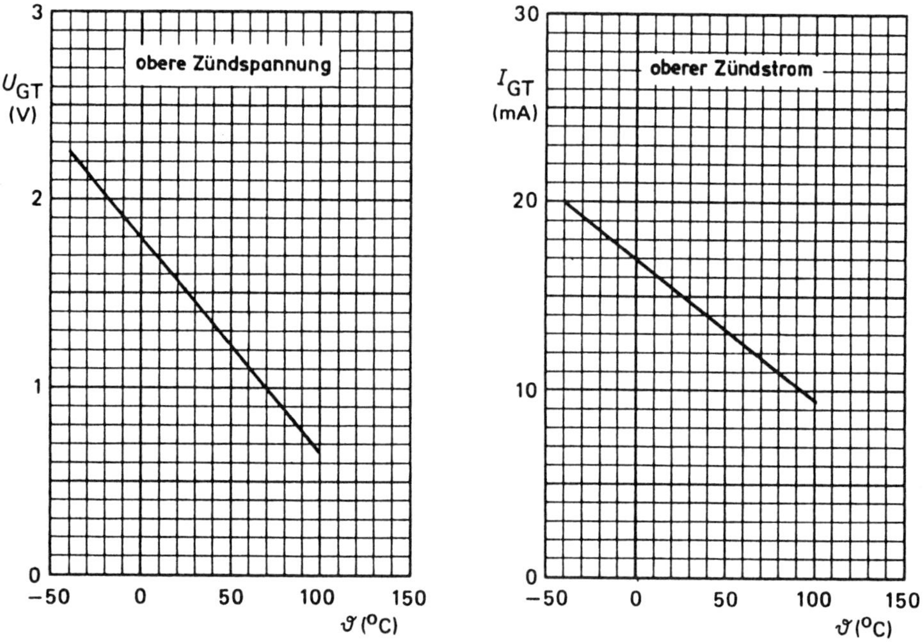

Bild 8.9 Temperaturabhängigkeit der Steuergrößen U_{GT} und I_{GT} für einen bestimmten Thyristortyp

8.2.3 Durchlaßverhalten von Thyristoren

Nach dem Zünden kippt der Thyristor sehr schnell vom Blockierbereich in den Durchlaßbereich. Die Kennlinie in diesem Bereich ähnelt der Durchlaßkennlinie von Si-Dioden, jedoch ist die Durchlaßspannung in der Regel etwas größer. Als Beispiele sind in **Bild 8.10** die Durchlaßkennlinien von zwei verschiedenen Thyristortypen dargestellt. In dem einen Diagramm wird ein doppelt-linearer, im anderen ein linear-logarithmischer Maßstab verwendet.
Wegen der nicht unerheblichen Exemplarstreuungen geben einzelne Hersteller neben den Kennlinien für typische Mittelwerte auch Kennlinien für die oberen Streuwerte an. Die Diagramme in Bild 8.10 enthalten außer den Kennlinien für ϑ_J = 25 °C auch die Kennlinien für ϑ_J = 100 bzw. 125 °C. Erkennbar ist daraus, daß bei konstantem Durchlaßstrom I_T die Durchlaßspannung U_T kleiner wird, wenn die Temperatur ansteigt.

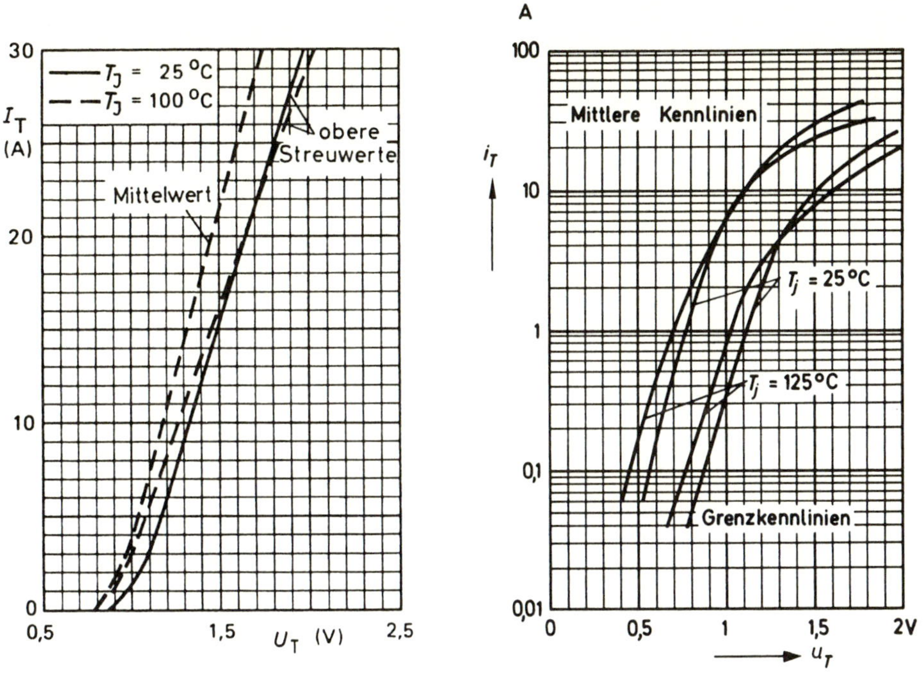

Bild 8.10 Durchlaßkennlinien von Thyristoren

8.2.4 Löschen von Thyristoren

Nach der Zündung ist die Anoden-Katoden-Strecke eines Thyristors niederohmig, und es fließt ein großer Durchlaßstrom. Da genügend Ladungsträger vorhanden sind, um die pn-Übergänge in leitfähigem Zustand zu halten, ist ein Löschen über das Gate bei den üblichen Thyristoren nicht mehr möglich.

Um den Thyristor wieder in den Sperrzustand zu bringen, muß der Durchlaßstrom kleiner als der Haltestrom I_H werden. Dieser Haltestrom I_H hängt vom jeweiligen Thyristortyp ab und liegt zwischen einigen mA und etwa 100 mA. Auch der Haltestrom ist stark temperaturabhängig. **Bild 8.11** zeigt als Beispiel die Temperaturabhängigkeit des Haltestromes I_H eines Thyristortyps.

Wird ein Thyristor mit sinusförmiger Wechselspannung betrieben, so erfolgt ein Löschen bei jedem Nulldurchgang der Betriebsspannung, weil dadurch zwangsläufig der Haltestrom unterschritten wird.

Bei Betrieb mit Gleichspannung muß entweder die Betriebsspannung abgeschaltet oder der Thyristor durch einen parallelliegenden Schalter kurzgeschlossen werden. Üblich ist aber bei Gleichspannungsbetrieb das Löschen durch einen kurzen negativen Spannungsimpuls an der Anode. Dadurch wird der Thyristor kurzzeitig im Rückwärts-Sperrbereich betrieben und somit gelöscht.

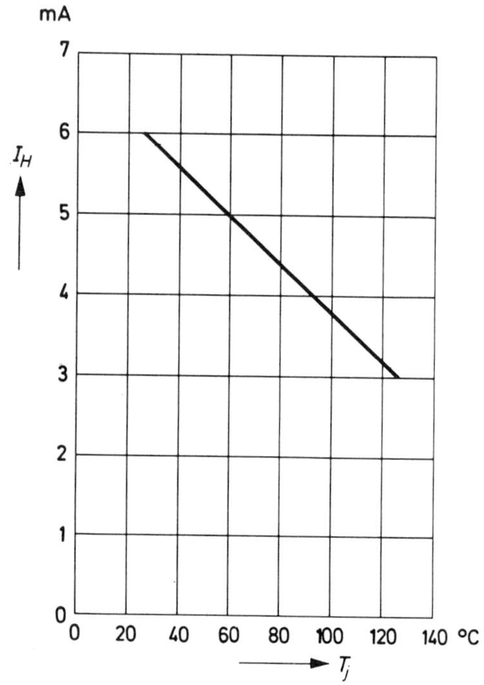

Bild 8.11 Temperaturabhängigkeit des Haltestromes I_H eines Thyristortyps

Da das Löschen von Thyristoren je nach Anwendung zu aufwendigen Schaltungen führen kann, kommt den speziell entwickelten Abschalt-Thyristoren eine besondere Bedeutung zu. Diese Abschalt-Thyristoren, auch GTO-Thyristoren (GTO = gate turn-off) genannt, verhalten sich grundsätzlich wie die bereits beschriebenen Thyristoren. Die Besonderheit liegt in der Möglichkeit, durch einen Rückwärts-Steuerstrom vom Durchlaßbereich in den Vorwärts-Sperrbereich zu gelangen und damit den leitenden Thyristor zu löschen. Grundsätzlich ist auch ein GTO aus vier p- und n-dotierten Zonen aufgebaut. Um ihn jedoch durch einen Rückwärts-Steuerstrom abschalten zu können, ist eine andere Auslegung der Steuerelektrode erforderlich. **Bild 8.12** zeigt den schematischen Aufbau und das Schaltzeichen eines GTO.

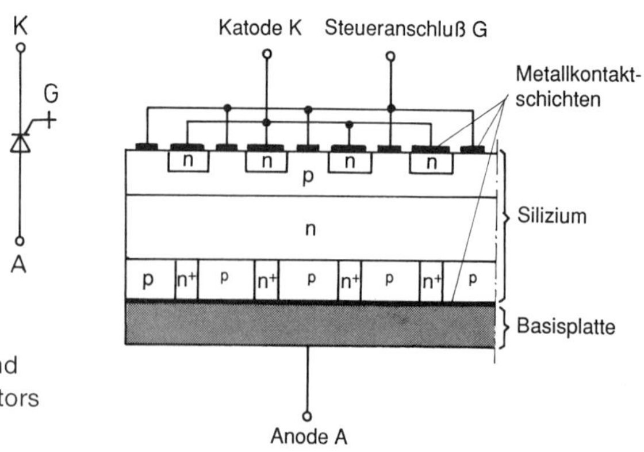

Bild 8.12 Schematischer Aufbau und Schaltzeichen eines Abschalt-Thyristors (GTO)

Zu erkennen ist die verzweigte Anordnung der Steuerelektrode an der p-dotierten Halbleiterzone.
Durch die unterschiedlichen, anwendungsbezogenen Bauarten von GTOs ergeben sich verschiedene Grenz- und Kennwerte, die jeweils typenabhängig zu beachten sind. Hier ist besonders die Anforderung an den Wert für den Rückwärts-Steuerstrom zur Auslegung des Steuergenerators zu berücksichtigen.

8.2.5 Kennwerte

Von den Herstellern werden für die einzelnen Thyristortypen eine Vielzahl von Kennwerten angegeben. Sie sind wieder untergliedert in Grenzdaten und Kenndaten. Leider werden von den einzelnen Herstellern für diese Daten noch unterschiedliche Bezeichnungen und Definitionen verwendet.

8.2.5.1 Kenndaten

In vielen Datenblättern werden die Kenndaten auch als Kennwerte bezeichnet. Die wichtigsten Kenndaten von Thyristoren sind:

Haltestrom I_H

Der Haltestrom I_H ist der kleinste Wert des Durchlaßstromes. Wird I_H unterschritten, kippt der Thyristor sofort in seinen hochohmigen Zustand zurück.

Zündstrom I_{GT}

Als Zündstrom I_{GT} wird der obere Wert des Gatestromes angegeben, der erforderlich ist, um den Thyristor zu zünden.

Sperrströme I_D und I_R

Für die Blockierrichtung wird ein positiver Sperrstrom I_D und für die Sperrichtung ein negativer Sperrstrom I_R angegeben. Beide Sperrströme sind etwa gleich groß.

Durchlaßspannung U_T

Als Durchlaßspannung wird die am Durchlaßwiderstand zwischen den Hauptanschlüssen A und K auftretende Spannung bezeichnet.

Zündspannung U_{GT}

Die Zündspannung U_{GT} ist die Spannung, die beim Fließen des Zündstromes zwischen Gate und Katode auftritt.

Nullkippspannung $U_{(BO)0}$

Als Nullkippspannung $U_{(BO)0}$ wird diejenige Spannung zwischen Anode und Katode bezeichnet, bei der der Thyristor bei offenem Gate zündet. Da ein Überkopfzünden von Thyristoren nicht immer zulässig ist, wird dieser Spannungswert in Datenblättern oft nicht mehr angegeben.

8.2.5.2 Grenzdaten

Aus der großen Zahl von Grenzdaten werden hier nur die wichtigsten aufgeführt.

Periodische Spitzensperrspannung U_{DRM} und U_{RRM}

Die positive Spitzensperrspannung U_{DRM} und die negative Spitzensperrspannung U_{RRM} sind die höchstzulässigen Augenblickswerte von periodischen Sperrspannungen. Beide Werte sind in der Regel gleich groß. Bei der Auswahl der Spannungsklassen von Thyristoren wird meistens noch ein Sicherheitsfaktor von 1,5 bis 3 berücksichtigt.

Höchstzulässige Stoßspitzenspannungen U_{RSM} und U_{DSM}

Die negative Stoßspitzenspannung U_{RSM} ist der höchstzulässige Augenblickswert einer nicht-periodischen Spannungsspitze, die in Sperrichtung anliegen darf. Die positive Stoßspitzenspannung U_{DSM} entspricht der Nullkippspannung $U_{(BO)0}$.

Dauergrenzstrom I_{TAV}

Der Dauergrenzstrom I_{TAV} ist der arithmetische Mittelwert des höchsten, dauernd zulässigen Durchlaßstromes bei einem Stromflußwinkel $\theta = 180\,°$.

Höchster periodischer Spitzenstrom I_{TRM}

Als I_{TRM} wird der höchstzulässige Spitzenwert des Durchlaßstromes einschließlich aller kurzzeitig auftretenden periodischen Stromspitzen bezeichnet, die dem Betriebsstrom überlagert sind.

Höchstzulässiger Durchlaßstrom I_{TRMS}

Als I_{TRMS} wird der höchstzulässige Effektivwert des Durchlaßstromes während einer vollen Periode angegeben.

Von den einzelnen Herstellern werden noch eine Reihe weiterer Grenzdaten mit teilweise unterschiedlichen Definitionen angegeben. Daher muß im konkreten Fall jeweils auf die Angaben in den zum Thyristor gehörenden Datenblättern zurückgegriffen werden.

8.2.5.3 Verlustleistung

Bei Betrieb eines Thyristors mit Gleichspannung fließt nach erfolgter Zündung ein konstanter Strom. Die Verlustleistung ergibt sich aus dem Produkt von Durchlaßstrom I_T und Durchlaßspannung U_T, wenn nach dem Zünden das Gate nicht angesteuert wird.

$P_T = I_T \cdot U_T$ (bei Gleichspannungsbetrieb).

Die Verlustleistung des Thyristors bei Betrieb mit Wechselspannung ist aber sehr viel schwieriger zu ermitteln. Sie setzt sich zusammen aus der Verlustleistung P_T während der Durchlaßphase, der Verlustleistung P_R während der Sperrphase, der Gate-Verlustleistung P_G, die sich aus U_G und I_G ergibt sowie aus Verlusten, die während des Zündvorganges auftreten. Da es sich bei Thyristoren um Leistungshalbleiter handelt, liefern die Durchlaßverluste P_T den weitaus größten Anteil. Alle zusätzlich auftretenden Verluste können mit $0{,}1 \cdot P_T$ berücksichtigt werden. Damit ergibt sich für die Gesamtverlustleistung des Thyristors in Näherung:

$$P_V \approx P_T + 0{,}1 \cdot P_T$$

Diese Gesamtverlustleistung P_V muß stets kleiner sein als die maximal zulässige Verlustleistung P_{tot} eines Thyristors, die vom Hersteller als Grenzwert angegeben wird.
Bei Wechselspannungsbetrieb ist der Thyristor in der negativen Halbwelle stets gesperrt und eine Zündung ist nur in der positiven Halbwelle möglich. Sie kann so gesteuert werden, daß der Zündvorgang jeweils bei einem bestimmten Phasenwinkel der anliegenden Wechselspannung erfolgt. **Bild 8.13** zeigt die Zusammenhänge.

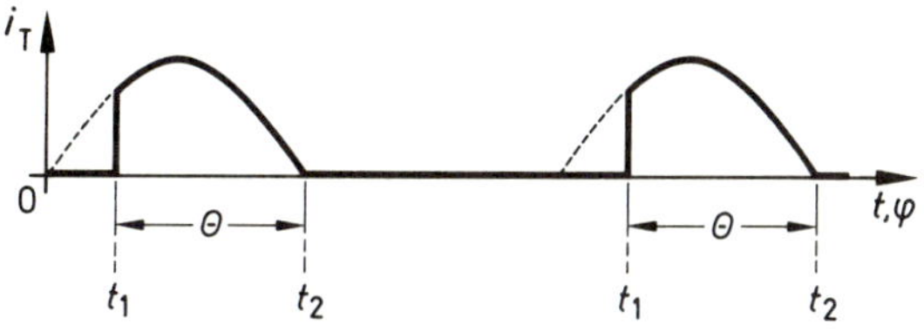

Bild 8.13 Phasenanschnitt für Wechselspannungsbetrieb

Bei dem in Bild 8.13 dargestellten Beispiel wird der Thyristor jeweils zum Zeitpunkt t_1 gezündet und zum Zeitpunkt t_2, also im nächsten Nulldurchgang der Wechselspannung automatisch wieder gelöscht. Nur während dieses Zeitraumes zwischen t_1 und t_2 fließt ein Strom durch den Thyristor. Da die X-Achse auch in Winkeleinheiten eingeteilt werden kann, läßt sich die Zeit, während der ein Strom fließt, auch als Winkel angeben. Er wird als Stromflußwinkel θ bezeichnet.
Dieser Stromflußwinkel θ wird zur Ermittlung des arithmetischen Mittelwertes des Dauergrenzstromes I_{TAV} benötigt. Da die Berechnung schwierig ist, wird der Zusammenhang von Verlustleistung, Stromflußwinkel θ und Strom I_{TAV} in Form von Diagrammen angegeben. **Bild 8.14** zeigt als Beispiel ein derartiges Diagramm für einen bestimmten Thyristortyp.

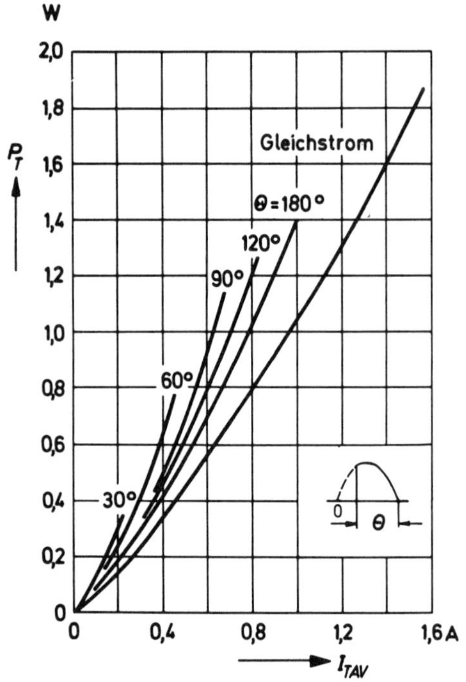

Bild 8.14 Durchlaßverluste als Funktion von I_{TAV} für verschiedene Stromflußwinkel Θ

8.2.5.4 Thermische Kennwerte

Wie bei allen Halbleiterbauelementen entsteht auch im Thyristor Wärme, wenn Strom durch ihn fließt. Entsprechend wird die maximal zulässige Sperrschichttemperatur mit T_J oder ϑ_J bezeichnet. Sie liegt im Bereich von ϑ_J = 100 bis 150 °C. Als typischer Wert ist ϑ_J = 125 °C anzusehen.
Damit die maximal zulässige Sperrschichttemperatur nicht überschritten wird, sind gegebenenfalls zusätzliche Kühlungsmaßnahmen erforderlich. Sie erfolgen wie bei Dioden und Transistoren durch eine Vergrößerung der Oberfläche mit Hilfe von metallischen Kühlkörpern.
Auch für die Thyristoren werden Wärmewiderstände angegeben, und zwar meistens

R_{thJG} = Wärmewiderstand zwischen Sperrschicht und Gehäuseboden,
R_{thGK} = Wärmewiderstand zwischen Gehäuseboden und Kühlkörper,
R_{thJU} = Wärmewiderstand zwischen Sperrschicht und Umgebung.

Thermische Berechnungen können im Prinzip wie bei Dioden vorgenommen werden. Bei der Ermittlung der Verlustleistung muß aber gegebenenfalls noch der Stromflußwinkel θ berücksichtigt werden. In den Datenblättern sind häufig Angaben zur Wärmebelastung und Kühlung zu finden. **Bild 8.15** zeigt als Beispiel die Zusammenhänge zwischen der zulässigen Umgebungstemperatur ϑ_U und dem arithmetischen Mittelwert des Dauerstromes I_{TAV} für verschiedene Stromflußwinkel θ eines Thyristortyps. Ein weiteres Diagramm für die Zusammenhänge zwischen den Durchlaßverlusten P_T, dem Wärmewiderstand R_{thGK}, der Umgebungstemperatur ϑ_U sowie verschiedener Kühlkörper ist in **Bild 8.16** angegeben.

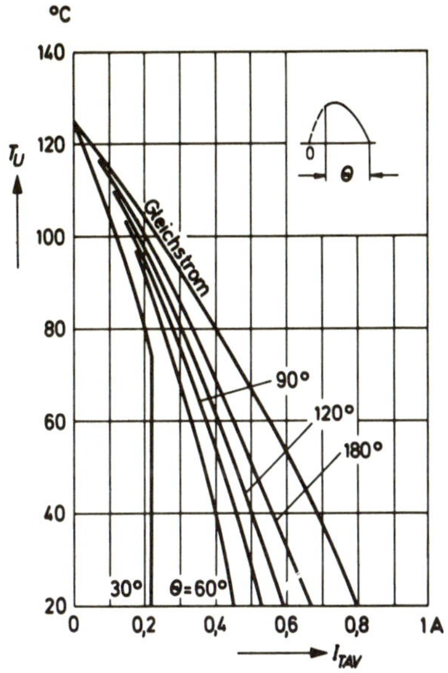

Bild 8.15 Zulässige Umgebungstemperatur in Abhängigkeit vom Dauerstrom bei einem bestimmten Thyristortyp

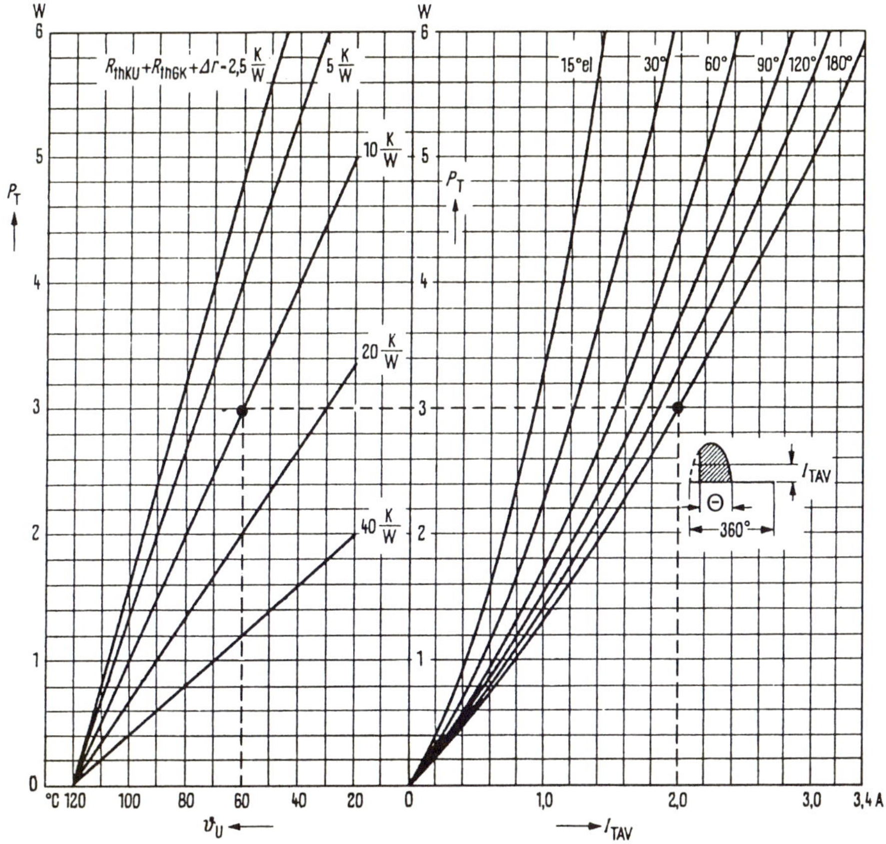

Bild 8.16 Diagramm zur Ermittlung von P_T und I_{TAV} bei verschiedenen Kühlbedingungen und Stromflußwinkeln mit eingezeichnetem Beispiel

In dem Diagramm nach Bild 8.16 ist auf der Y-Achse für beide Kurvenscharen gemeinsam die Durchlaßverlustleistung P_T aufgetragen. Die linke Kennlinienschar gibt den Zusammenhang zwischen P_T und der Umgebungstemperatur ϑ_U für verschiedene Wärmewiderstände $R_{thGK} + R_{thK}$ an. Die rechte Kennlinienschar zeigt dagegen die Abhängigkeit der Verlustleistung P_T vom Dauergrenzstrom I_{TAV} für verschiedene Stromflußwinkel.

Beispiel

Ein Thyristor wird mit sinusförmiger Wechselspannung betrieben. Die Zündung erfolgt so, daß der Stromflußwinkel $\theta = 180\,°$ beträgt. Der arithmetische Mittelwert des Stromes beträgt $I_{TAV} = 2$ A.
Welcher Wärmewiderstand zwischen Gehäuse und Umgebung $R_{thGK} + R_{thK}$ darf maximal gewählt werden, damit der Thyristor bei $\vartheta_U = 60$ °C betrieben werden kann?
Die Werte dieses Beispiels sind bereits in das Diagramm nach Bild 8.16 eingetragen. Von $I_{TAV} = 2$ A ausgehend ergibt sich ein Schnittpunkt mit der Kennlinie für $\theta = 180\,°$. Dieser Schnittpunkt führt zu $P_T = 3$ W auf der Y-Achse. Ein weiterer Schnittpunkt ergibt sich für $P_T = 3$ W und $\vartheta_U = 60$ °C. Er liegt auf der Kennlinie für $R_{thGK} + R_{thK} = 10$ K/W. Für die angegebenen Betriebsbedingungen darf demnach der Wärmewiderstand maximal $R_{thGK} + R_{thK} = 10$ K/W betragen.

8.2.5.5 Dynamische Kennwerte

Für den Betrieb von Thyristoren sind noch einige dynamische Kennwerte von Bedeutung. Die wichtigsten sind:

Kritische Spannungssteilheit $S_{U\,krit}$

Jede Spannungsänderung ΔU, die in einer bestimmten Zeit Δt auftritt, bewirkt einen Verschiebestrom in den Sperrschichtkapazitäten des Thyristors. Wird dieser Verschiebestrom zu groß, so kann eine Zündung des Thyristors eintreten, auch wenn die Nullkippspannung $U_{(B0)0}$ noch nicht erreicht ist. Der Grenzwert dieser Spannungsänderung wird als »Kritische Spannungssteilheit $S_{U\,krit} = \Delta U/\Delta t$« angegeben. Da eine Zündung des Thyristors durch einen zu großen Spannungsanstieg $\Delta U/\Delta t$ nicht erwünscht ist, darf $S_{U\,krit}$ nicht überschritten werden. Typische Werte für $S_{U\,krit}$ liegen etwa zwischen 200 bis 2000 V/µs.

Kritische Stromsteilheit $S_{I\,krit}$

Ein zu schneller Stromanstieg kann im Thyristor zu einer thermischen Zerstörung des Halbleitermaterials führen. Daher darf die vom Hersteller angegebene »Kritische Stromsteilheit $S_{I\,krit} = \Delta I/\Delta t$« nicht überschritten werden. Typische Werte für $S_{I\,krit}$ liegen etwa zwischen 20 und 200 A/µs.

Zündzeit t_{gt}

Der zum Zünden des Thyristors erforderliche Gatestrom I_{GT} muß mindestens solange fließen, bis die Zündung erfolgt ist. Diese Zeit wird als Zündzeit t_{gt} bezeichnet. Die Zusammenhänge sind in **Bild 8.17** dargestellt.
Die Zündzeit t_{gt} setzt sich zusammen aus der Zündverzugszeit t_{gd} und der Durchschaltzeit t_{gr}. Als Zündverzugszeit t_{gd} ist die Zeit definiert, die zwischen dem Eintreffen des

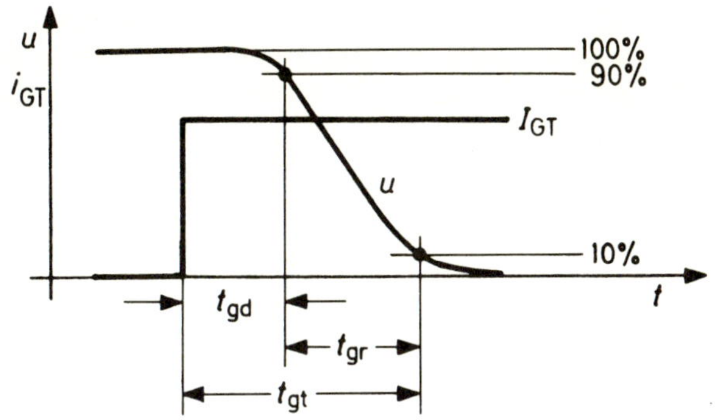

Bild 8.17 Zündzeit t_{gt}

Zündimpulses bis zum Absinken der Thyristorspannung auf 90 % vergeht. Die Durchschaltzeit t_{gr} gibt die Zeitdauer des Absinkens der Thyristorspannung von 90 % auf 10 % an.

Die Zündzeit von Thyristoren liegt etwa zwischen 1 µs und 5 µs. Zum sicheren Zünden eines Thyristors muß die Dauer des Zündimpulses stets größer als die vom Hersteller angegebene Zündzeit sein.

Freiwerdezeit t_q

Die Freiwerdezeit oder Erholzeit t_q ist die Mindestwartezeit, die zwischen dem Löschzeitpunkt im Nulldurchgang des Durchlaßstromes bis zur Wiederkehr einer Spannung in Vorwärtsrichtung vergehen muß. Sie hängt im wesentlichen von der Temperatur, dem vorher fließenden Durchlaßstrom, der Größe der wiederkehrenden Vorwärts-Sperrspannung und noch einigen weiteren Faktoren ab. Die Freiwerdezeit t_q liegt in der Größenordnung von etwa 10 µs bis 300 µs.

8.2.6 Schutzmaßnahmen

Thyristoren sind im Betrieb vielfältigen elektrischen und thermischen Belastungen ausgesetzt. So können Überspannungen, Überströme und Übertemperaturen auftreten, die kurzfristig zur Zerstörung der Sperrschichten führen. Thyristoren sollten daher nur mit entsprechenden Schutzmaßnahmen betrieben werden.

8.2.6.1 Überstromschutz

Thyristoren können die durch Überströme auftretende zusätzliche Verlustwärme nicht schnell genug abführen. Bei den Überströmen ist zu unterscheiden zwischen einem reinen Kurzschlußstrom im Zeitbereich $t < 10$ ms und einem länger andauernden Überstrom.

Zum Schutz gegen Kurzschlußströme werden superflinke Schmelzsicherungen eingesetzt. Sie sind entsprechend DIN VDE 0636 mit der Betriebsklasse aR (Teilbereichs-Halbleiterschutz) oder gR (Ganzbereichs-Halbleiterschutz) gekennzeichnet. Die Auswahl der Kurzschlußsicherung kann durch einen Vergleich der Überlastkennlinie der Sicherung mit der Grenzstromkennlinie des Thyristors, die im Datenblatt angegeben wird, erfolgen. In der Regel reicht es aber aus, eine superflinke Sicherung zu wählen, deren Nennstrom gleich oder etwas kleiner als I_{TAV} des Thyristors ist.
Eine superflinke Sicherung als Kurzschlußschutz schützt den Thyristor in der Regel auch gegen einen länger andauernden Überstrom. Bei Thyristoren für hohe Nennströme werden zusätzlich Schnellschalter sowie thermische oder magnetische Überstromauslöser eingesetzt.

8.2.6.2 Überspannungsschutz

Thyristoren sind sehr empfindlich gegen Überspannungen. Hierunter werden kurzzeitig auftretende Spannungsspitzen verstanden, deren Werte größer als die periodischen Stoßspitzensperrspannungen sind. Überspannungen können entweder durch den Betrieb des Thyristors selbst entstehen oder sie können auch aus dem Netz kommen.
Überspannungen durch den Betrieb des Thyristors entstehen durch den Trägerstaueffekt, der beim Übergang vom leitenden in den sperrenden Zustand auftritt. Hierbei muß der mittlere pn-Übergang von Ladungsträgern geräumt werden. Dies geschieht aufgrund der Trägerlebensdauer jedoch mit einer Verzögerung, so daß der Thyristor unmittelbar nach dem Nulldurchgang des Stromes noch nicht sperren kann. Daher fließt zunächst der Strom noch weiter. Er reißt dann aber schlagartig ab, sobald die mittlere Sperrschicht von Ladungsträgern geräumt ist. Durch diese steile Stromänderung entstehen Spannungsspitzen, die sich der anliegenden Sperrspannung überlagern.
Zur Begrenzung der so erzeugten Überspannungen wird ein RC-Glied parallel zum Thyristor geschaltet. Sie wird als TSE-Beschaltung (*T*räger*s*tau*e*ffekt-Beschaltung) bezeichnet. Übliche Werte für die TSE-Beschaltung sind in der Tabelle nach **Bild 8.18** angegeben.

Anschlußspannung	Widerstand		Kondensator	
U_{eff}/V	R/Ω	P/W	C/µF	U_{eff}/V
30	3,3	0,5	0,1	70
45	4,7	0,5	0,1	90
60	6,8	0,5	0,1	120
125	15	0,5	0,1	190
220	27	1	0,1	330

Bild 8.18 Werte für die TSE-Beschaltung

Im Netz können Überspannungen durch Schaltvorgänge auftreten. Diese Überspannungsspitzen lassen sich durch eine zusätzliche Spannungsbegrenzung unschädlich machen. Hierzu wird ein Varistor parallel zum Thyristor geschaltet, der die Überspannungsspitzen ohne Zeitverzögerung begrenzt. Beim Betrieb an 220/230 V und einer Spitzensperrspannung des Thyristors von 600 V soll z. B. eine Begrenzung der Überspannungen auf etwa 340 bis 600 V erfolgen. Es muß dann ein Varistor mit entsprechenden Werten ausgewählt werden.

Bild 8.19 zeigt die Beschaltung eines Thyristors mit den genannten Schutzmaßnahmen gegen Überspannungen und Überströme.

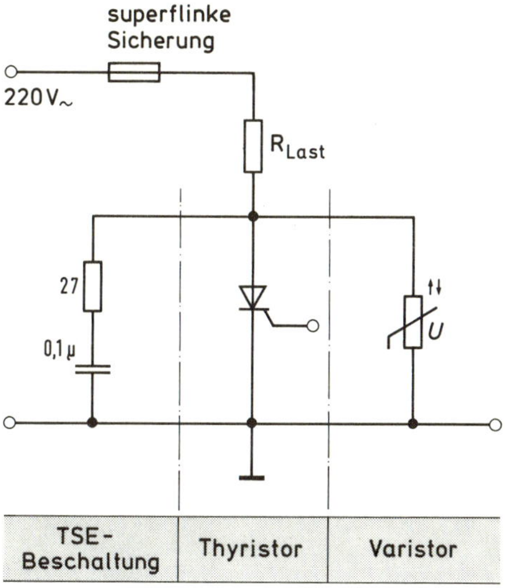

Bild 8.19 Schutzmaßnahmen bei Thyristoren gegen Überspannungen und Überströme

8.2.7 Gehäuseformen und Kennzeichnung von Thyristoren

8.2.7.1 Gehäuseformen

Thyristoren werden mit sehr unterschiedlichen Gehäuseformen gefertigt. Die Größe der Gehäuse steht in einem engen Zusammenhang mit den Höchstwerten von Spannung, Strom und Leistung. Kleinleistungsthyristoren sind heute lieferbar für Sperrspannungen ab ca. 30 V und Nennströme ab etwa 500 mA. Angeboten werden inzwischen aber auch Leistungsthyristoren mit Sperrspannungen von ca. 3500 V und Dauergrenzströmen von etwa 1500 A. Dazwischen liegt eine Vielzahl von Zwischenstufen.

Die Gehäuse von Kleinleistungsthyristoren ähneln denen von Kleinleistungstransistoren. Verwendet werden auch Kunststoffgehäuse. Mittlere Leistungsthyristoren haben Metallgehäuse entsprechend TO 66 oder Schraubgehäuse entsprechend TO 83. Zur Kühlung stehen passende Kühlkörper mit Wärmewiderständen bis $R_{thK} \approx 1$ K/W zur Verfügung. Große Leistungsthyristoren werden mit Flachbodengehäuse oder in Scheibenform hergestellt und haben Durchmesser bis zu etwa 60 mm. **Bild 8.20** zeigt eine Auswahl typischer Gehäuseformen von Thyristoren.

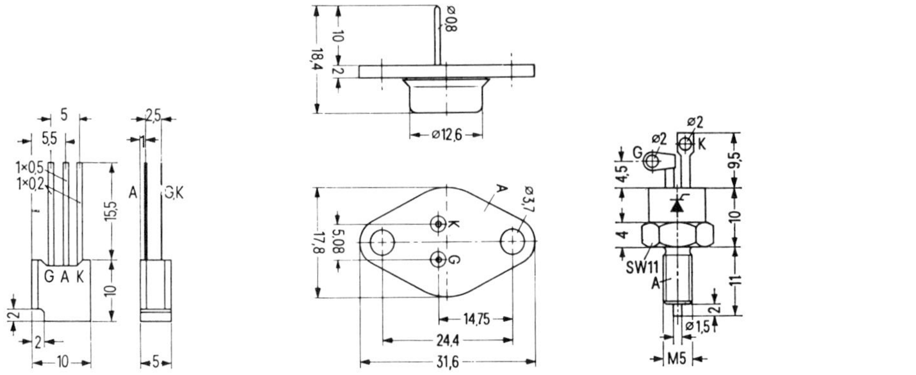

a) Kunststoffgehäuse **b)** Metallgehäuse TO 66 **c)** Schraubgehäuse

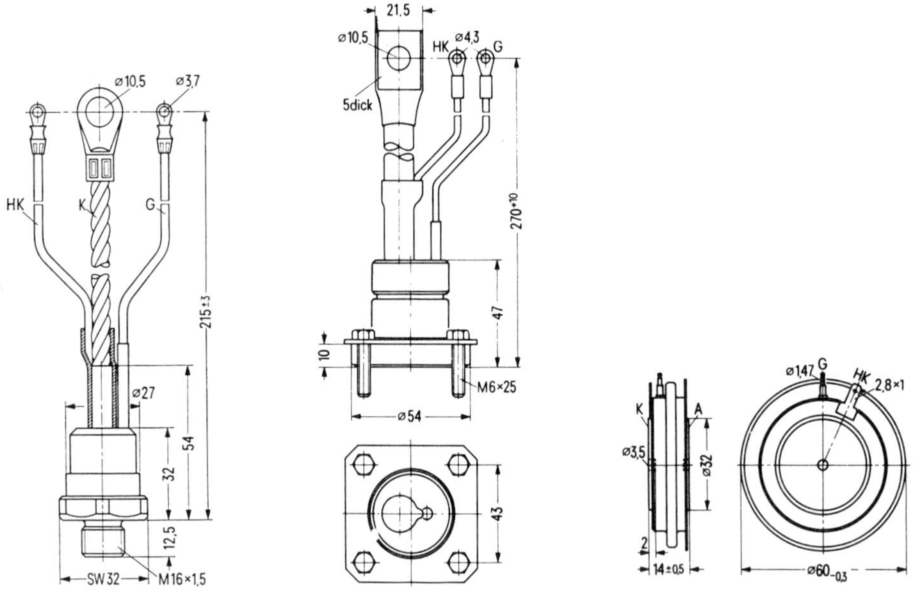

d) Schraubgehäuse **e)** Flachbodengehäuse **f)** Scheibengehäuse

Bild 8.20 Gehäuseformen von Thyristoren

Thyristoren mit Flachbodengehäuse werden einseitig über den Anodenanschluß gekühlt. Der Katodenanschluß ist flexibel mit verdrillter Litze und Anschlußöse ausgelegt. Zusätzlich ist der Katodenanschluß noch über eine dünne Litze als Hilfskatode HK als Parallelanschluß herausgeführt. Als ausgesprochene Hochleistungstypen müssen die Thyristoren mit Scheibengehäuse sowohl anodenseitig als auch katodenseitig gekühlt werden. Für den Einbau sind stets die besonderen Vorschriften der Hersteller zu beachten.

8.2.7.2 Kennzeichnung

Die Kennzeichnung von Thyristortypen erfolgt teilweise nach »Pro Electron«, bei der der 1. Buchstabe auf das Halbleitermaterial und der zweite Buchstabe auf die Hauptfunktion hinweist. Das Schema ist bereits in Abschnitt 1.3.4 angegeben. Danach beginnt die Typenbezeichnung von Thyristoren grundsätzlich mit den Buchstaben BT.... Weitere Buchstaben und Zahlen geben den Einsatzbereich und weitere spezifische Unterscheidungsmerkmale an. Bei dem Typ BTW 48/200 gibt z. B. die Zahl 200 die maximalen periodischen Spitzensperrspannungen U_{RRM} und U_{DRM} in Volt an.
Die Kennzeichnung von Thyristoren ist leider insgesamt sehr uneinheitlich, da die meisten Hersteller eigene Kennzeichnungsschemata verwenden. So beginnen die Typenkennzeichnungen z. B. mit 2N..., TKE..., TGF..., BSt..., T3N..., G... usw. Daher sind bei der Auswahl von Thyristoren immer auch die Unterlagen und Datenblätter der Hersteller erforderlich.

8.3 Zweirichtungs-Thyristortrioden (Triacs)

8.3.1 Technologischer Aufbau und Wirkungsweise

Zweirichtungs-Thyristortrioden werden allgemein als Triacs bezeichnet. Dieser Name ist abgeleitet aus der englischen Bezeichnung »*tri*ode *a*lternating *c*urrent *s*witch« = Triodenwechselstromschalter. **Bild 8.21** zeigt den schematischen Aufbau von Triacs und ihr Schaltzeichen.

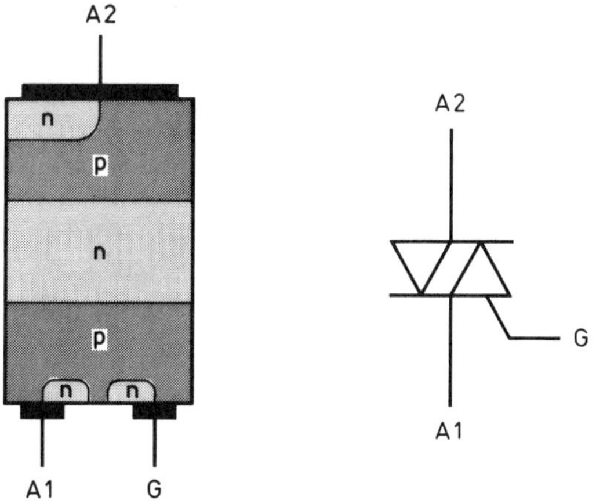

Bild 8.21 Schematischer Aufbau von Triacs und ihr Schaltzeichen

Ein Triac kann von seinem technologischen Aufbau und seiner Funktion her als eine Antiparallelschaltung von zwei Thyristoren betrachtet werden. In **Bild 8.22** ist die Entwicklung eines Triacs aus zwei antiparallelgeschalteten Thyristoren vereinfacht dargestellt.

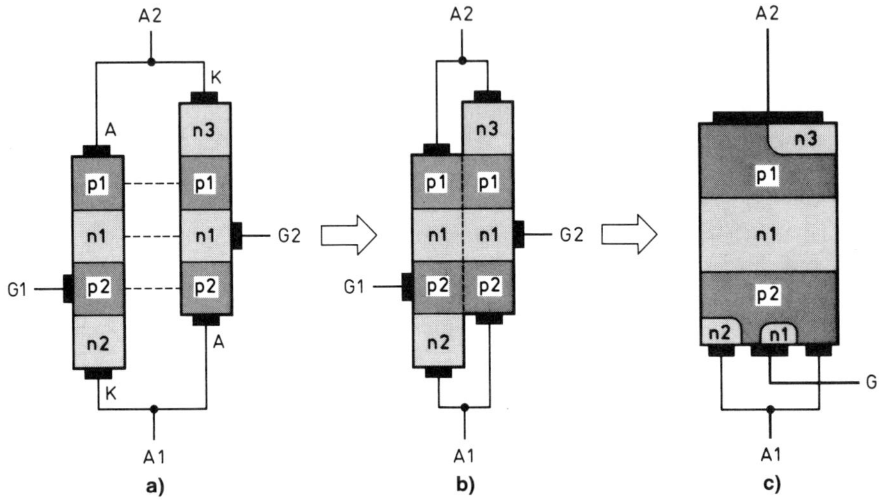

Bild 8.22 Entwicklung des Triacs aus zwei antiparallelgeschalteten Thyristoren

In Bild 8.22 a sind die beiden Thyristorkristalle getrennt dargestellt und in Bild 8.22 b bereits zu einem einzigen Kristall vereinigt. Ist die Anode A2 positiv gegenüber A1, so fließt nach der Zündung über das Gate G1 der Hauptstrom I_T von A2 über die Zonen p_1-n_1-p_2-n_2 nach A1. Ist dagegen die Anode A1 positiv gegenüber A2, dann fließt nach der Zündung über G2 der Hauptstrom von A1 über die Zonen p_2-n_1-p_1-n_3 nach A2. In Bild 8.22 c sind die einzelnen Zonen so angeordnet, daß sich die gleichen Zusammenhänge wie in Bild 8.22 b ergeben. Da beim Triac nur ein Gateanschluß vorhanden ist, muß er gleichzeitig auf die Zonen n_1 und p_2 wirken. Dies ist in Bild 8.22 c deutlich zu erkennen.
Da aufgrund seines technologischen Aufbaues ein Triac in beiden Richtungen gezündet werden kann, ergibt sich für die Kennlinie eines Triacs ein spiegelbildlicher Verlauf im I. Quadranten und III. Quadranten des Kennlinienfeldes. **Bild 8.23** zeigt den charakteristischen Verlauf der Kennlinie eines Triacs.
Weil der Triac sich in beiden Polungsrichtungen gleichartig verhält, hat seine Kennlinie einen positiven und einen negativen Sperrbereich, einen positiven und einen negativen Übergangsbereich sowie einen positiven und einen negativen Durchlaßbereich.
Ein gezündeter Triac kippt genau wie ein Thyristor nur dann wieder in seinen hochohmigen Zustand zurück, wenn sein Haltestrom I_H unterschritten wird. Die Zündung eines Triacs ist aber auf vier verschiedene Arten möglich. Diese Steuerungsarten sind in **Bild 8.24** in den Quadranten des U_{A2A1}-I_G-Kennlinienfeldes dargestellt.

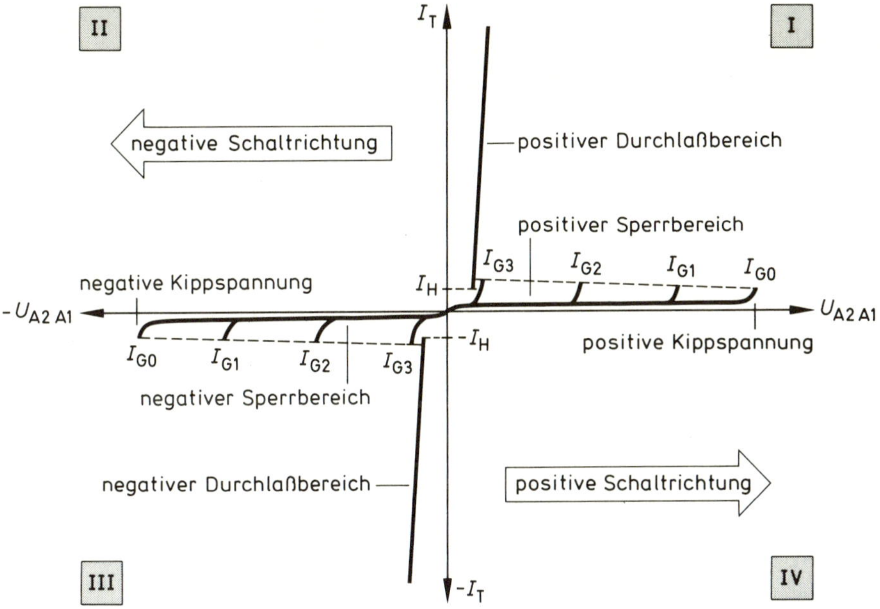

Bild 8.23 Charakteristischer Verlauf der Kennlinie eines Tricas

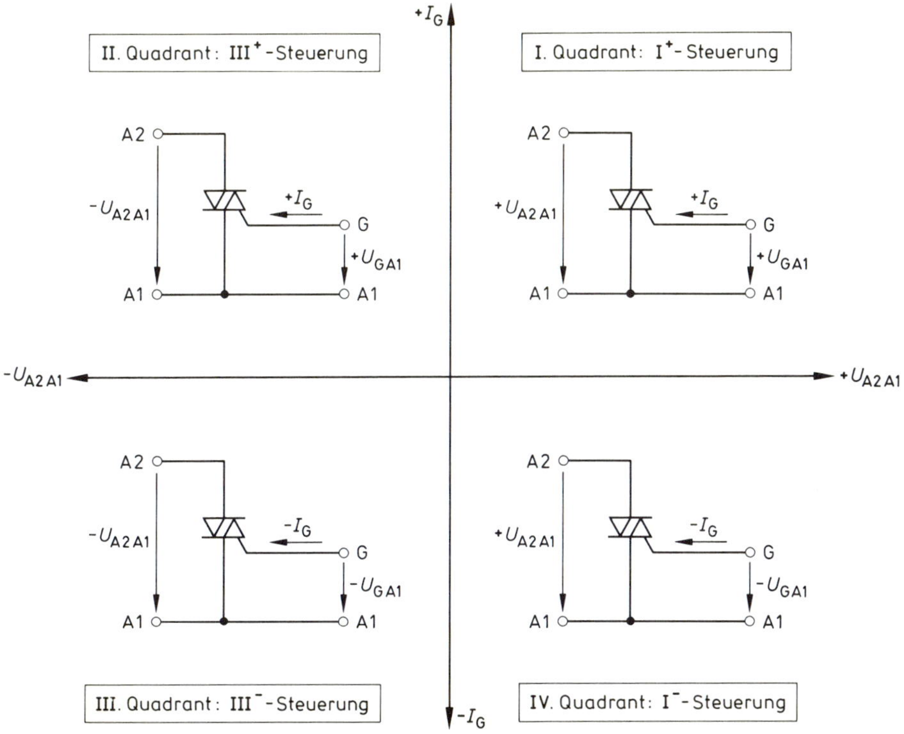

Bild 8.24 Steuerungsarten des Triacs

Im I. Quadranten des Kennlinienfeldes ist A2 positiv gegenüber A1. Der Triac kann hier mit einer positiven Gatespannung ($+U_{GA1}$) gezündet werden. Dabei fließt ein Strom in das Gate hinein ($+I_G$). Im II. Quadranten mit A2 negativ gegenüber A1 ist eine Zündung mit positiver Gatespannung ($+U_{GA1}$) möglich, wobei ebenfalls ein Strom in das Gate hineinfließt ($+I_G$).
Im III. Quadranten ist A2 negativ gegenüber A1. Der Triac wird hier mit einer negativen Gatespannung ($-U_{GA1}$) gezündet. Dabei fließt ein Strom aus dem Gate heraus ($-I_G$). Im IV. Quadranten ist A2 positiv gegenüber A1. Gezündet wird mit einer negativen Gatespannung ($-U_{GA1}$). Dabei fließt ein Strom aus dem Gate heraus ($-I_G$). Die Tabelle in **Bild 8.25** zeigt eine vereinfachte Übersicht über diese vier Steuerungsarten, wobei A1 als Bezugspotential gewählt ist.

Quadrant	Anode A2	Gate G	Steuerungsart
I.	+	+	I^+
II.	–	+	III^+
III.	–	–	III^-
IV.	+	–	I^-

Bild 8.25 Übersicht über die vier Steuerungsarten von Triacs

Triacs werden in der Regel mit der I^+-Steuerung und der III^--Steuerung betrieben. Eine Zündung durch I^--Steuerung und III^+-Steuerung ist zwar auch möglich, erfordert aber eine größere Steuerleistung.

8.3.2 Kennwerte

Auch bei den Triacs werden als Kennwerte eine Reihe von Grenzdaten und Kenndaten angegeben. Die Kennwerte entsprechen weitgehend denen der Thyristoren. Wegen der vier möglichen Steuerungsarten werden für die Gateströme in der Regel auch vier zugehörige Werte angegeben.
Die wichtigsten Grenzdaten des Triacs sind:

Periodische Spitzensperrspannung $\pm U_{DRM}$

Da Triacs auch im III. Quadranten betrieben werden, wird für die periodische Spitzensperrspannung $\pm U_{DRM}$ ein Wert angegeben. Es handelt sich hierbei um den höchstzulässigen Augenblickswert einer periodischen Spannung.

Höchstzulässige Stoßspitzenspannung $\pm U_{DSM}$

Die höchstzulässige Stoßspitzenspannung $\pm U_{DSM}$ ist der höchstzulässige Augenblickswert einer nicht-periodischen Spitzenspannung in positiver und negativer Richtung.

Dauergrenzstrom I_{TAV}

Der Dauergrenzstrom I_{TAV} ist der arithmetische Mittelwert des höchsten, dauernd zulässigen Durchlaßstromes bei Halbwellenbetrieb.

Höchstzulässiger Durchlaßstrom I_{TRMS}

Als I_{TRMS} wird der höchstzulässige Effektivwert des Durchlaßstromes angegeben.

Höchster periodischer Spitzenstrom I_{TRM}

Als I_{TRM} wird der höchstzulässige Spitzenwert des Durchlaßstromes während einer Periode angegeben.

Weitere Grenzdaten sind die höchstzulässige Steuerverlustleistung P_V sowie die höchstzulässige Sperrschichttemperatur ϑ_J. Darüber hinaus sind bei den einzelnen Herstellern in den Datenblättern noch eine Reihe weiterer Grenzdaten und Kenndaten angegeben. Sie haben dann aber zum Teil unterschiedliche Bezeichnungen und sind oft unterschiedlich definiert.

8.3.3 Schutzmaßnahmen

Auch die Triacs müssen gegen Überströme, Überspannungen und Übertemperaturen geschützt werden. Dabei werden die gleichen Schutzmaßnahmen wie bei den Thyristoren entsprechend Abschnitt 8.2.7 angewendet.
Ein zusätzliches Problem ergibt sich jedoch, wenn mit Triacs induktive Lasten geschaltet werden sollen. Hierbei tritt eine Phasenverschiebung zwischen Spannung und Strom auf, so daß bei Nulldurchgang des Stromes am Triac noch eine Spannung in Schaltrichtung abfällt. Wird jetzt beim Spannungsanstieg die kritische Spannungssteilheit S_U überschritten, zündet der Triac ungewollt. Er wird dadurch zwar nicht zerstört, verliert aber seine Steuerfähigkeit.
Um diesen unerwünschten Effekt zu beseitigen, wird parallel zum Triac ein RC-Glied geschaltet. Es ist etwas anders dimensioniert als die TSE-Beschaltung beim Thyristor in Bild 8.18. Übliche Werte für den Triac sind $R = 100\,\Omega$ und $C = 0{,}1\,\mu F$.

8.3.4 Gehäuseformen und Kennzeichnung von Triacs

Bis auf einige Spezialausführungen werden bei den Triacs die gleichen Gehäuseformen wie bei den Thyristoren verwendet. Größe und Ausführung der Gehäuse stehen auch beim Triac in engem Zusammenhang mit den jeweils höchstzulässigen Strom- und Spannungswerten. Triacs werden heute für Sperrspannungen bis ca. 1500 V und für Durchlaßströme bis ca. 100 A angeboten. In **Bild 8.26** sind drei typische Gehäuseformen von Triacs für kleinere, mittlere und große Dauerströme dargestellt.

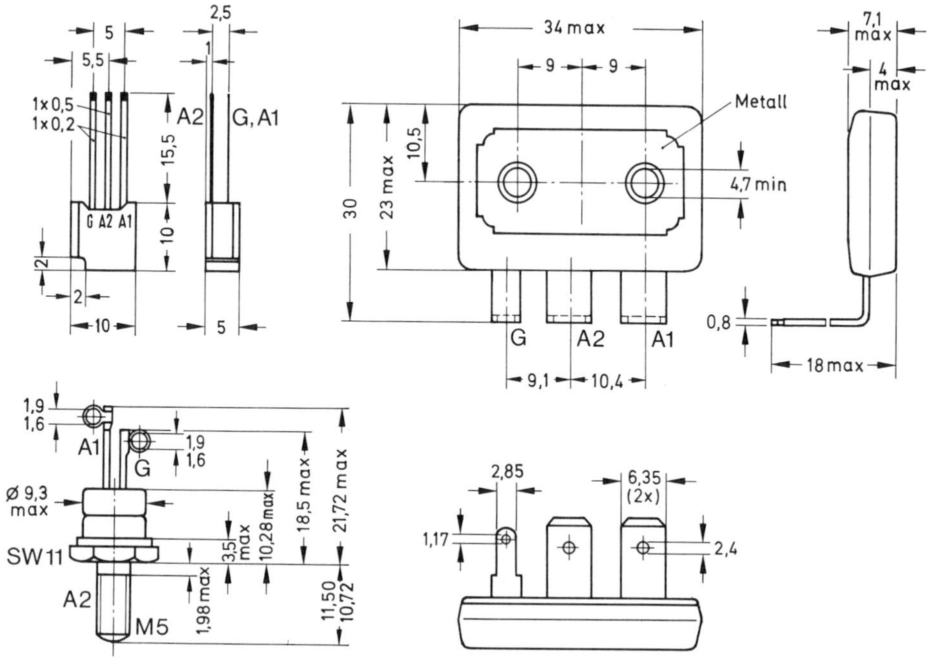

Bild 8.26 Gehäuseformen von Triacs

Die Kennzeichnung von Triacs erfolgt bei den einzelnen Herstellern nach völlig unterschiedlichen Systemen. Daher ist es nicht möglich, ein einheitliches Kennzeichnungsschema anzugeben.

8.4 Zündverfahren

Thyristoren und Triacs werden in großem Umfang als Leistungsschalter in Gleich-, Wechsel- und Drehstromkreisen eingesetzt. Dabei kommt es wesentlich darauf an, ein zeitlich richtiges Zünden oder Löschen der Leistungshalbleiter sicher durchzuführen. Angepaßt an die jeweilige Anwendung erfolgt die Auswahl des entsprechenden Zündverfahrens.

8.4.1 Thyristorbetrieb mit Gleichspannungszündung

Bei Betrieb mit Gleichspannungszündung wird der Thyristor mit einer positiven Gleichspannung am Gate gezündet. **Bild 8.27** zeigt eine derartige Schaltung. Sie kann sowohl in Gleichstromkreisen als auch in Wechselstromkreisen verwendet werden.

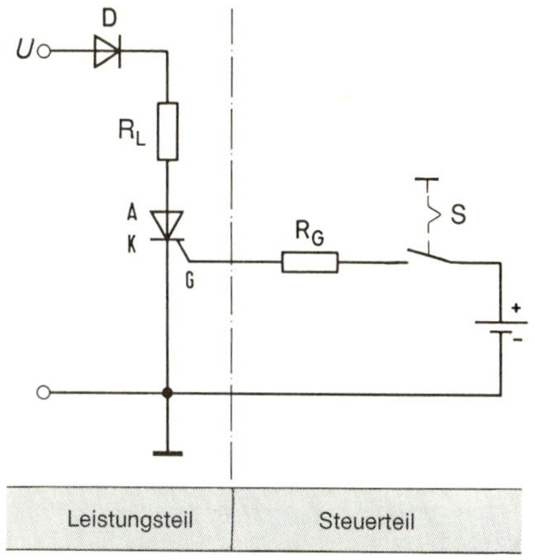

Bild 8.27 Thyristorbetrieb mit Gleichspannungszündung

Bei der Schaltung nach Bild 8.27 liegt der Lastwiderstand R_L in Reihe mit dem Thyristor. Dieser Lastwiderstand begrenzt gleichzeitig den Strom I_T durch den Thyristor.
Ist bei Betrieb mit Gleichspannung der Schalter S geschlossen, liegt am Gate eine positive Gleichspannung, und es fließt ein Gatestrom I_G über den Begrenzungswiderstand R_G in den Thyristor. Bei ausreichender Größe bewirkt er die Zündung. Der Thyristor bleibt gezündet, auch wenn der Schalter S wieder öffnet. Zum Löschen des Thyristors muß daher bei dieser einfachen Schaltung die Betriebsspannung U abgeschaltet werden. Durch zusätzliche Löschschaltungen ist auch ein Löschen von Thyristoren im Gleichspannungskreis zu erreichen.
Bei Betrieb der Schaltung nach Bild 8.27 an Wechselspannung zündet der Thyristor bei geschlossenem Schalter S kurz nach Beginn der positiven Halbwelle der Betriebsspannung. Er löscht wieder, wenn kurz vor dem nächsten Nulldurchgang der Wechselspannung sein Haltestrom zwangsläufig unterschritten wird. Die Diode D hat hier die Aufgabe, einen Betrieb des Thyristors in Rückwärtsrichtung zu verhindern. Dies ist notwendig, weil bei geschlossenem Schalter S ständig eine positive Gatespannung anliegt.
Solange der Schalter S geschlossen ist, fließt in jeder positiven Halbwelle ein Strom durch den Lastwiderstand R_L und den Thyristor. In jeder negativen Halbwelle ist dagegen der Thyristor gesperrt und kein Stromfluß möglich. Die im Lastwiderstand umgesetzte Leistung ist somit nur halb so groß wie bei Vollwellenbetrieb.

8.4.2 Thyristorbetrieb mit Wechselspannungszündung

Bei Betrieb mit Wechselspannungszündung wird die zum Zünden erforderliche Gatespannung aus der anliegenden Betriebs-Wechselspannung gewonnen. **Bild 8.28** zeigt zwei derartige Schaltungen. Bei der Schaltung nach Bild 8.28 a liegt das Gate über einen Vorwiderstand, eine Diode und einen Schalter direkt an der Betriebsspannung. Bei der Schaltung 8.28 b wird die Betriebsspannung durch einen Transformator auf die erforderliche Gatespannung herabgesetzt.

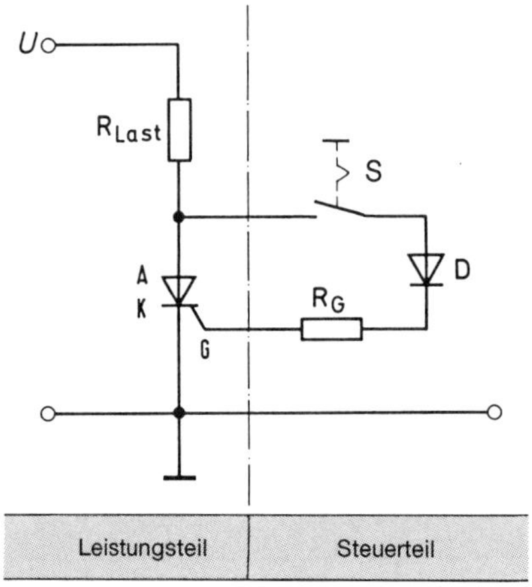

a)

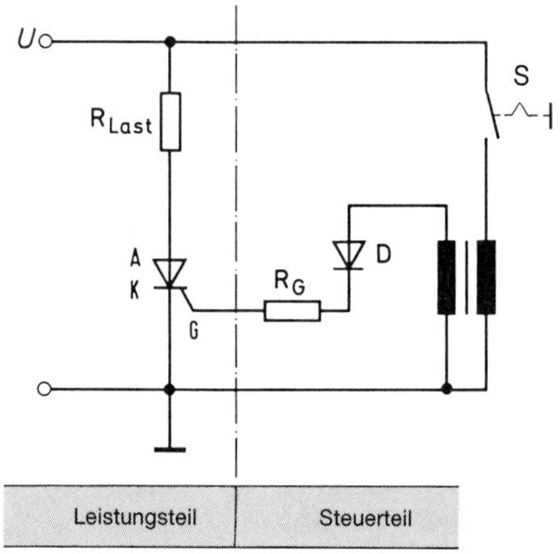

b)

Bild 8.28 Thyristorbetrieb mit Wechselspannungszündung

In den beiden Schaltungen nach Bild 8.28 wird bei geschlossenem Schalter der Thyristor jeweils kurz nach dem positiven Nulldurchgang der Betriebsspannung gezündet. Er löscht jeweils wieder kurz vor dem nächsten negativen Nulldurchgang, weil sein Haltestrom unterschritten wird. Die Diode im Gatekreis verhindert eine negative Gatespannung in der negativen Halbwelle der Betriebsspannung. Der Widerstand R_G begrenzt den Gatestrom in der positiven Halbwelle.
Auch bei diesem einfachen Verfahren mit Wechselspannungszündung liegt ein Halbwellenbetrieb vor. Die im Lastwiderstand umgesetzte Leistung ist daher auch hier halb so groß wie bei Vollwellenbetrieb.

8.4.3 Impulszündung

Die sicherste Art, Thyristoren und Triacs zu zünden oder GTOs zu löschen, ist die Impulszündung. Dabei werden Nadelimpulse entsprechend der geforderten Kennwerte der Bauteile erzeugt, die nur während einer kurzen Zeit am Gate des steuerbaren Halbleiterbauelementes anliegen und die zum Zünden oder Löschen erforderliche Energie liefern. **Bild 8.29** zeigt das Grundprinzip der Impulszündung für einen Thyristor sowie Zünden und Löschen eines GTO.
Für die Zündung von Triacs gilt das gleiche Grundprinzip wie in Bild 8.29 a für den Thyristor. Beim GTO wird an den Zündgenerator die Forderung gestellt, positive und negative Impulse zu erzeugen, die ein Zünden (EIN) und Löschen (AUS) des GTO ermöglichen. Das Grundprinzip zeigt Bild 8.29 b.
Wird der Leistungsteil mit Wechselspannung betrieben, ist eine Synchronisation zwischen dieser Wechselspannung und dem Zündgenerator erforderlich, damit die Zündimpulse die zeitlich jeweils richtige Zuordnung in jeder Periode der Wechselspannung haben.

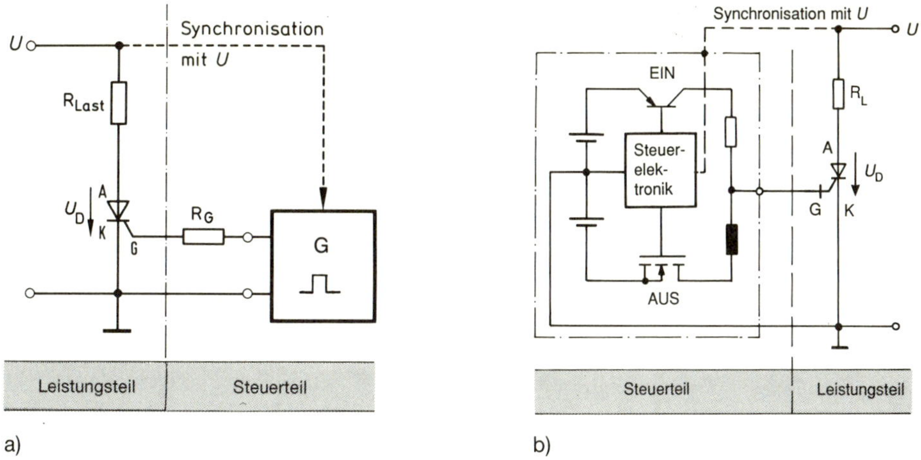

Bild 8.29 Grundprinzip der Zündung und Löschung mit Impulsgenerator

Durch spezielle Bauelemente wie Vierschichtdiode und Diac, aber auch durch komplexere elektronische Schaltungen in diskreter Form oder als integrierte Schaltkreise lassen sich unterschiedlich aufwendige Impulsgeneratoren herstellen. Ihr Einsatz ist wesentlich von der Anwendung der zu steuernden Leistungshalbleiter abhängig.

8.4.3.1 Impulszündung mit Einrichtungs-Thyristordioden

Die Einrichtungs-Thyristordiode wird auch als Vierschichtdiode bezeichnet, weil sie technologisch aus einem Siliziumkristall mit vier Schichten wechselnder Leitfähigkeit aufgebaut ist. Der Aufbau entspricht der Einrichtungs-Thyristortriode, wobei die Vierschichtdiode jedoch keinen Steueranschluß besitzt und somit auch nicht steuerbar ist. **Bild 8.30** zeigt das Grundprinzip des technologischen Aufbaus, das Schaltbild und die Kennlinie einer Vierschichtdiode.

Die Kennlinie zeigt weitgehende Parallelen zur Kennlinie des Thyristors in Bild 8.5. Im I. Quadranten befindet sich der Blockierbereich, in dem die Diode hochohmig ist und nur ein sehr kleiner Durchlaßstrom fließt. Übersteigt die Durchlaßspannung U_F die Schaltspannung U_S, zündet die Vierschichtdiode. Typische Werte sind $U_S \approx 20\,V$ bis 200 V. Die Diode wird leitend und der Arbeitspunkt liegt im niederohmigen Durchlaßbereich. Das Löschen erfolgt durch Unterschreiten der Haltespannung U_H oder des Haltestromes I_H mit typischen Werten von $U_H \approx 0{,}5\,V$ bis 1,5 V und $I_H \approx 1\,mA$ bis 50 mA. Wird die Diode in Sperrichtung, also mit negativer Anoden-Katoden-Spannung betrieben, fließt nur der sehr kleine Sperrstrom I_R.

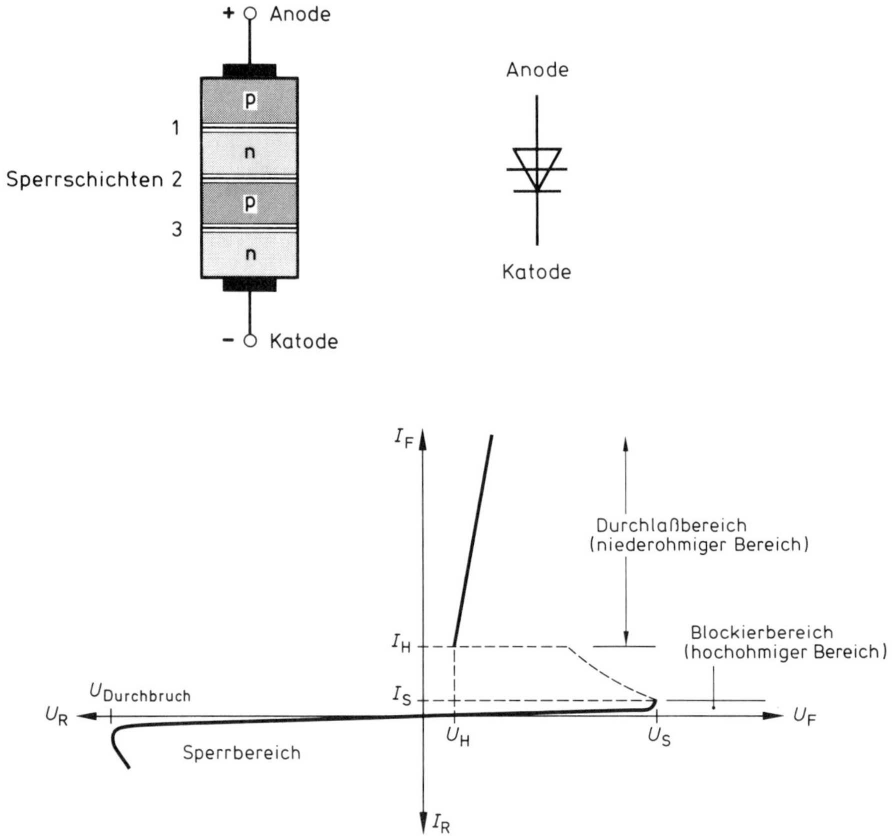

Bild 8.30 Technologischer Aufbau, Schaltzeichen und Kennlinie einer Vierschichtdiode

Der Einsatz von Vierschichtdioden erfolgt überwiegend zur Ansteuerung von Thyristoren. **Bild 8.31** zeigt eine Schaltung mit Impulszündung eines Thyristors durch Einsatz einer Vierschichtdiode.

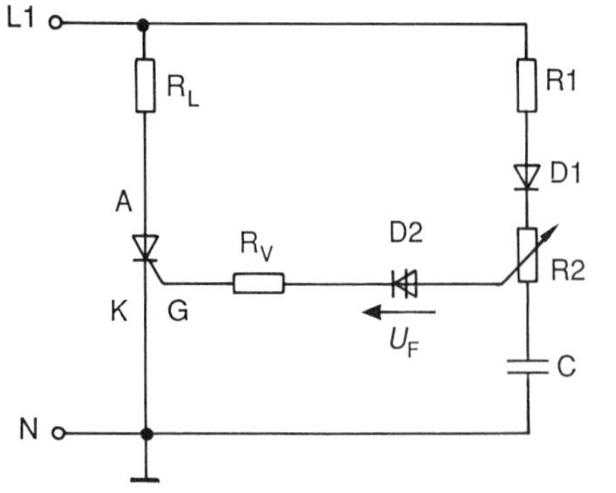

Bild 8.31 Impulszündung eines Thyristors mit Vierschichtdiode

Während der positiven Halbwelle wird der Kondensator C über die leitende Diode aufgeladen. Die Widerstände R1 und R2 begrenzen den Ladestrom und beeinflussen somit die Zeitkonstante des Ladevorganges. Erreicht die Spannung am Kondensator den Wert der Einschaltspannung U_S der Vierschichtdiode D2, wird diese schlagartig leitend. Damit entlädt sich der Kondensator über die Gate-Katoden-Strecke des Thyristors und liefert den zum Zünden des Thyristors erforderlichen Zündimpuls. Während der negativen Halbwelle sperrt die Diode D1, so daß die Vierschichtdiode nicht mehr leitend werden kann und nicht belastet wird.

8.4.3.2 Impulszündung mit Zweirichtungs-Thyristordioden

Die Zweirichtungs-Thyristordiode wird auch als Diac bezeichnet und entspricht einer Antiparallelschaltung von Einrichtungs-Thyristordioden. Dadurch ist eine Zündung in Vorwärtsrichtung – Anode positiv gegenüber Katode – und in Rückwärtsrichtung – Anode negativ gegenüber Katode – möglich. **Bild 8.32** zeigt den technologischen Aufbau, das Schaltzeichen und die Kennlinie eines Diac.

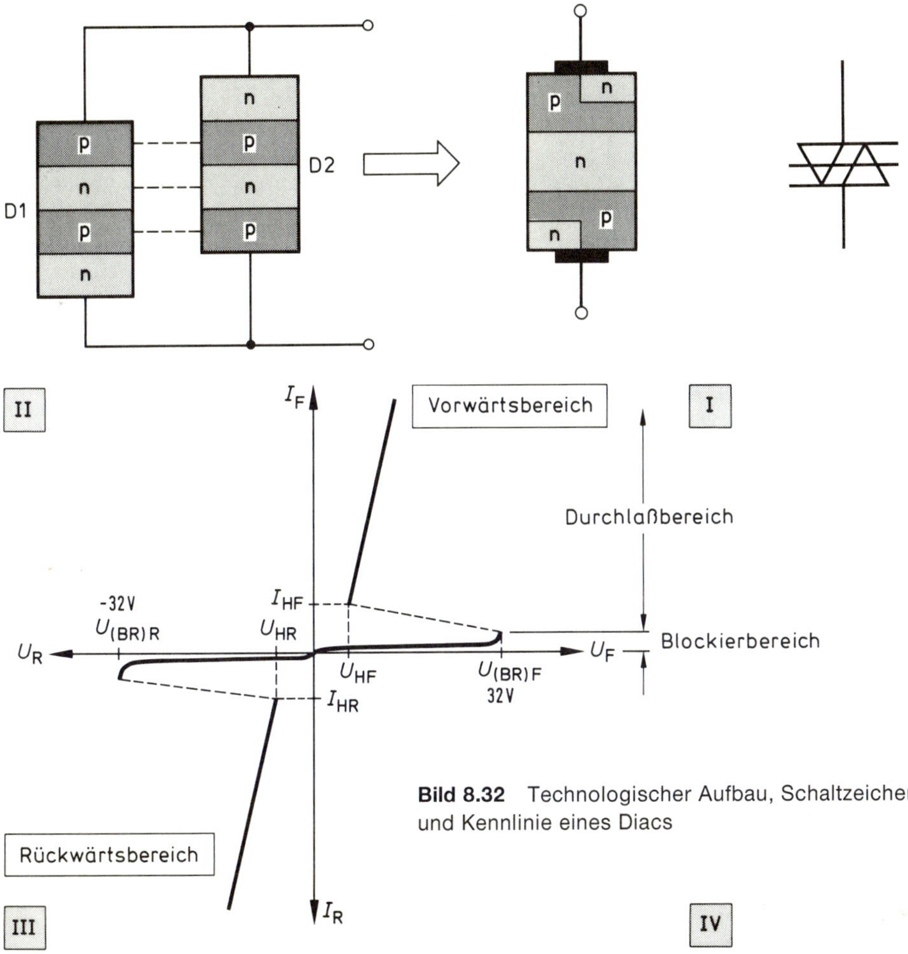

Bild 8.32 Technologischer Aufbau, Schaltzeichen und Kennlinie eines Diacs

Im I. und III. Quadranten verläuft die Kennlinie annähernd symmetrisch. Im Blockierbereich ist der Diac hochohmig, und es fließt nur ein sehr kleiner Strom I_F bzw. I_R. Nach Überschreiten der Durchbruchspannung $U_{BR} \approx 28$ V bis 35 V erfolgt die Zündung, und der Arbeitspunkt liegt im Durchbruchbereich. Dies geschieht unabhängig von der Polarität der Anoden-Katoden-Spannung. Ein Löschen kann nur durch Unterschreiten der Haltespannung U_H oder des Haltestromes I_H erfolgen.
Die Eigenschaften des Diac lassen sich zur Zündung von Triacs nutzen, so daß hierin auch die fast ausschließliche Anwendung des Diac liegt. **Bild 8.33** zeigt das Grundprinzip der Impulszündung eines Triac mit einem Diac.

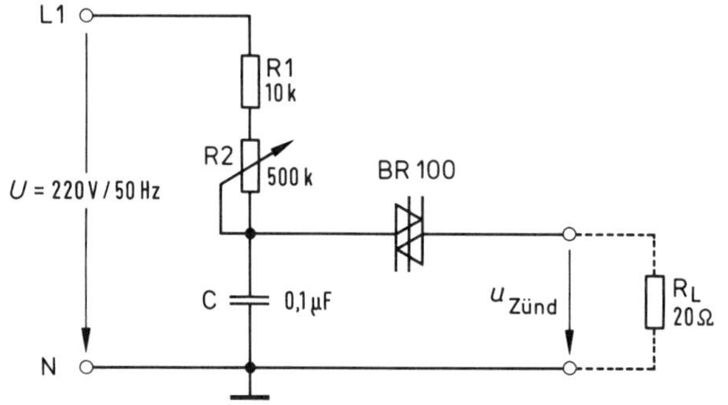

Bild 8.33 Impulszündung eines Triacs mit einem Diac

8.4.3.3 Impulszündung mit integrierten Schaltungen

Das sichere Zünden und Löschen von Thyristoren und Triacs erfordert anwendungsbezogen häufig komplexere Zündgeneratoren, die unterschiedliche Zündimpulse liefern. Auch sollen solche durch Verknüpfungen mit anderen Parametern entstehen.
Die hierzu notwendigen Schaltungen sind teilweise mit diskreten Bauelementen aufgebaut, werden jedoch heute weitestgehend als ICs gefertigt. Dadurch lassen sich komplexere multifunktionale Schaltungen herstellen, die ein breites Spektrum von Anwendungen abdecken.
Beispiele für integrierte Impulsgeneratoren zur Ansteuerung von Thyristoren und Triacs sind die Bausteine U 106 BS, U 113 (AEG-Telefunken), TCA 280 A (VALVO) oder TCA 785 (Siemens). **Bild 8.34** zeigt das Blockschaltbild des TCA 785.
Der integrierte Baustein TCA 785 ist ein Impulsgenerator zur Ansteuerung von Thyristoren und Triacs. Er liefert an den Ausgängen Q1 (Pin 14) und Q2 (Pin 15) positive Zündimpulse, die abhängig von der synchronisierenden Wechselspannung des Leistungsteiles in die positive und negative Halbwelle der Wechselspannung fallen.
Die Ausgänge $\overline{Q1}$ (Pin 4) und $\overline{Q2}$ (Pin 2) liefern die inversen Signale zu Q1 und Q2 und sind als offene Kollektorausgänge mit einem Widerstand zu beschalten. Die Ausgänge QU und QZ liefern Signale, die durch Verknüpfungen zustande kommen.
Der Baustein wird intern von einer geregelten Spannungsquelle versorgt, die eine Spannung von $U_{int} \approx 3{,}1$ V liefert. Die externe Betriebsspannung beträgt $U_S = 8$ V bis 18 V.

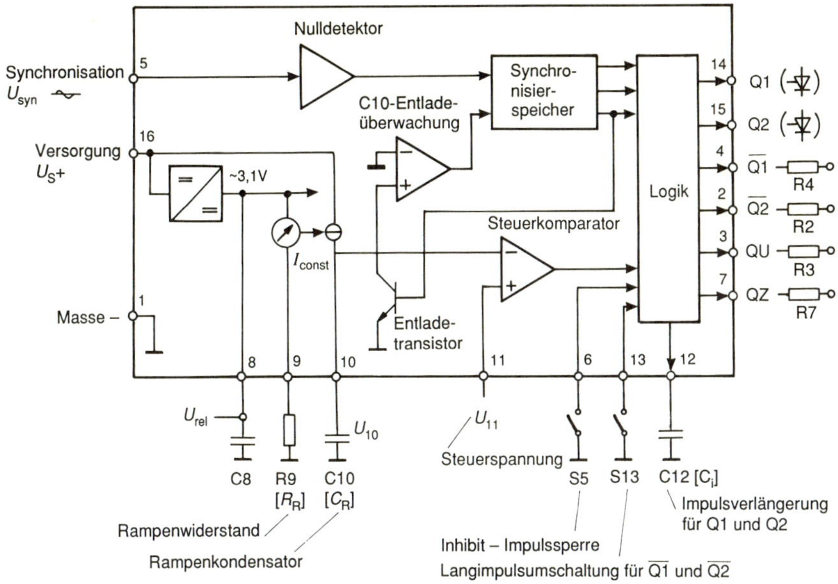

Bild 8.34 Blockschaltbild des integrierten Baustein TCA785

Zur Erzeugung des Zündimpulses wird ein Sägezahn- oder Rampengenerator vom Synchronisierspeicher gesteuert. Dabei wird durch eine Konstantstromquelle ein an Pin 10 anzuschließender Kondensator C10 bzw. C_R aufgeladen. Für den Rampenkondensator C_R sind Werte von 500 pF bis 1 µF zulässig. Mit R9 bzw. R_R an Pin 9 wird der Konstantstrom und damit die Steilheit der Rampenspannung des Sägezahngenerators bestimmt. Für den Rampenwiderstand sind Werte von R_R = 3 kΩ bis 300 kΩ vorgesehen.

Die zur Synchronisation erforderliche Spannung wird von der Wechselspannung des Leistungsteils gewonnen und versorgt über Pin 5 den Nulldetektor. Beim Nulldurchgang der Wechselspannung wird der Sägezahngenerator gestartet und die Rampe erzeugt. Sie endet beim nächsten Nulldurchgang mit der Entladung von C_R durch den Entladetransistor.

Ein Zündimpuls entsteht jedoch erst durch die Verknüpfung der Rampenspannung mit der Steuerspannung U_{11}, die extern an Pin 11 anzulegen ist. Überschreitet die Rampenspannung die Steuerspannung, werden vom Steuerkomparator die jeweiligen Ausgangsimpulse gestartet. Damit bestimmt die Höhe der Steuerspannung den Zündzeitpunkt und auch den Zündverzögerungswinkel.

Die Logik liefert in Abhängigkeit unterschiedlicher Ansteuerungen an Pin 6, Pin 12 und Pin 13 verschiedene Impulse an den Ausgängen.

Die verschiedenen ICs unterscheiden sich in ihren Eigenschaften bezogen auf die jeweiligen Anwendungsbereiche. Weitere Informationen sind den Datenblättern zu entnehmen sowie im Abschnitt 8.5 und den Lehrbüchern weiterführender Lehrgänge enthalten.

8.5 Anwendungen

Thyristoren und Triacs sind elektrische Ventile, die schlagartig einen Stromkreis schließen oder unterbrechen. Ihr Einsatz ist aufgrund der technologischen Möglichkeiten sowohl für den kleineren als auch besonders für den mittleren und größeren Leistungsbereich vorgesehen. Dabei ist vor allem die Anwendung von Thyristoren sehr vielfältig. Im Vordergrund steht das Schalten, Umformen, Steuern und Regeln elektrischer Engerie. So ergibt sich als wichtiges Einsatzfeld die Leistungselektronik und die elektrische Antriebstechnik im Gleich-, Wechsel- und Drehstrombetrieb. Für kleinere und mittlere Leistungen sind Anwendungen in Fernseh- und Blitzlichtgeräten, zur Steuerung der Helligkeit von Beleuchtungseinrichtungen sowie zur Leistungssteuerung und -regelung von Heizgeräten von Bedeutung. Dabei wird in der Regel die Energie des Einphasen-Wechselstromnetzes genutzt und unmittelbar mit der sinusförmigen Netzspannung von 230 V gearbeitet.

8.5.1 Phasenanschnittsteuerung

Mit der Phasenanschnittsteuerung läßt sich die Leistung eines an Wechselspannung angeschlossenen Verbrauchers kontinuierlich einstellen. Bei voller Ausnutzung der sinusförmigen Wechselspannung wird im Verbraucher eine Leistung $P = U^2/R$ umgesetzt, die von der Größe der Spannung und vom Widerstand des Verbrauchers abhängt. Wird dem Verbraucher die Spannung während einer vollen Periode zugeführt, so ergibt sich der Effektivwert $U = \hat{u}/\sqrt{2}$.
Durch die Phasenanschnittsteuerung kann der Verbraucher nur während eines definierten Zeitabschnitts innerhalb der gesamten Periode an die Spannung gelegt werden. Da dies mit Hilfe der zündbaren Bauelemente Thyristor und Triac geschieht, wird die gesteuerte Spannung in zwei Abschnitte geteilt, die unter Verwendung des Winkelmaßes als Zündverzögerungswinkel α und Stromflußwinkel Θ bezeichnet werden. **Bild 8.35** zeigt das Grundprinzip einer Phasenanschnittsteuerung.
Der Verbraucher ist in Reihe mit einem Thyristor an die Netzspannung 230 V/50 Hz angeschlossen. Während der Zeit t_1 ist der Thyristor gesperrt, da durch die Zündschaltung noch keine Zündspannung geliefert wird. Der zugehörige Phasenwinkel wird als Zündverzögerungswinkel bezeichnet. Der gesperrte Thyristor wirkt im Stromkreis wie ein offener Schalter, an dem die gesamte Spannung abfällt. Deren Verlauf entspricht der angelegten Wechselspannung und ist in Bild 8.35 im Liniendiagramm gestrichelt eingezeichnet. Erfolgt nun die Zündung des Thyristors, wird dieser leitend, und es fließt während der Zeit t_2 Strom im Stromkreis. Die Größe des Stromes wird durch den Widerstand des Verbrauchers bestimmt, da am Thyristor lediglich die geringe Haltespannung von ca. 1,5 V abfällt. Der zugehörige Phasenwinkel wird als Stromflußwinkel Θ bezeichnet. Am Verbraucher fällt annähernd die gesamte Spannung ab. Der Verlauf ist als durchgezogene Linie im Liniendiagramm dargestellt. Zündverzögerungswinkel α und Stromflußwinkel Θ ergänzen sich immer zu 180 °. Es gilt:

$$\alpha + \Theta = 180\,°$$

Bei einer Phasenanschnittsteuerung mit einem Thyristor kann nur während einer Halbwelle der Wechselspannung eine Zündung erfolgen und Strom durch den Verbraucher fließen. Dadurch beträgt die Leistung gegenüber einem Betrieb unmittelbar an der Wechselspannung maximal 50 %. Die Steuerung der Leistung ist damit nur zwischen 0 % und 50 % möglich.

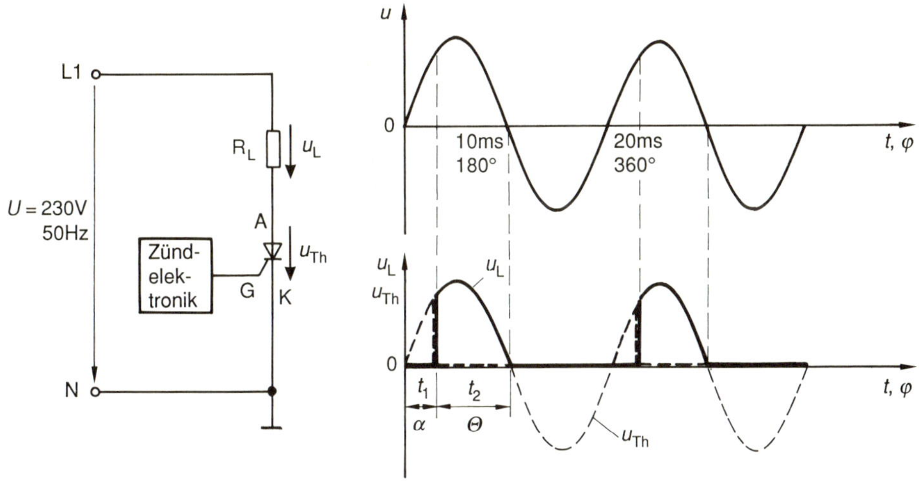

Bild 8.35 Prinzip der Phasenanschnittsteuerung

Ein solcher Nachteil läßt sich durch Antiparallelschaltung von zwei Thyristoren oder durch Einsatz eines Triacs vermeiden.

Bild 8.36 zeigt das Prinzip einer Phasenanschnittsteuerung als Vollwellensteuerung mit Thyristoren und Triac sowie die zugehörigen Liniendiagramme der Spannungen.

Bei der Betrachtung der Vorgänge wird davon ausgegangen, daß Zündimpulse ausreichender Größe zu den Zeitpunkten t_1 und t_3 von der Zündelektronik geliefert werden. In der positiven Halbwelle erfolgt die Zündung zum Zeitpunkt t_1 und zündet dabei den Thyristor Th1, über den der Strom durch R_L fließt. Der Thyristor Th2 ist während der positiven Halbwelle gesperrt, da die Spannung U_{AK} negativ ist. Beim Nulldurchgang der Wechselspannung wird Th1 gelöscht, Th2 bleibt aber weiter gesperrt, da kein Zündimpuls ansteht. Erst zum Zeitpunkt t_3 in der negativen Halbwelle wird Th2 gezündet, und es fließt Strom über R_L und Th2. Der Thyristor Th1 ist gesperrt, da nun seine Spannung U_{AK} negativ ist. Jeweils ein Thyristor liegt in Reihe mit dem Verbraucher, so daß sich die Augenblickswerte der Spannungen u_L und u_{Th} zur Spannung u addieren. Dies wird im Liniendiagramm in Bild 8.36 a deutlich.

Beim Triac in Bild 8.36 b ergibt sich ein vergleichbares Verhalten. Lediglich ist aufgrund der Eigenschaft des Triacs nur ein Bauelement als Leistungsschalter erforderlich. Dadurch läßt sich der schaltungstechnische Aufwand verringern.

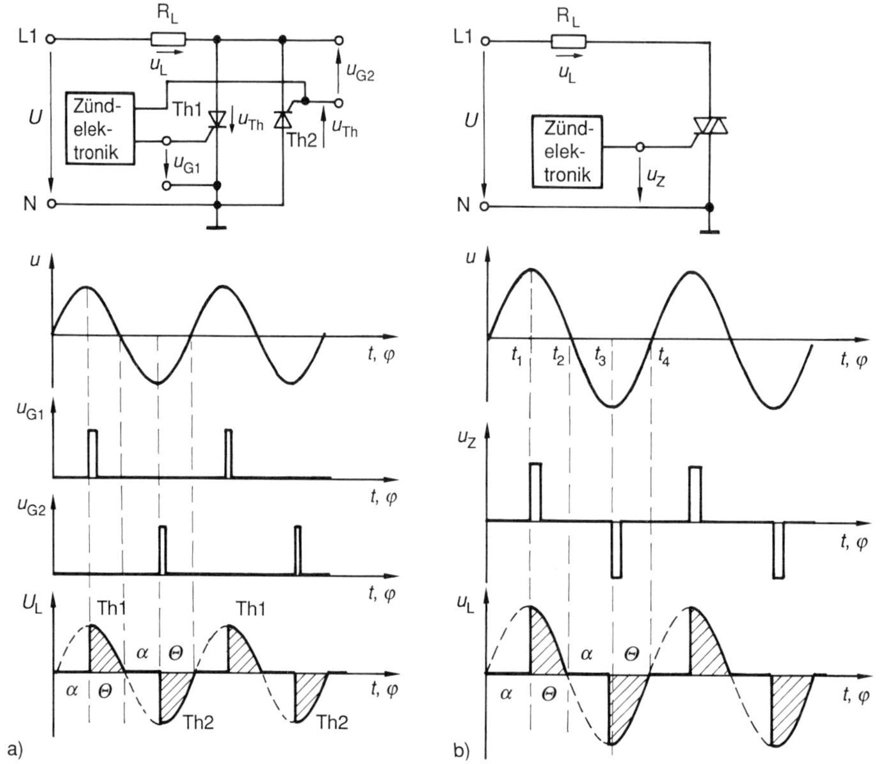

Bild 8.36 Phasenanschnittsteuerung als Vollwellensteuerung; a) mit antiparallelen Thyristoren; b) mit Triac

Die Leistung am Verbraucher ist abhängig vom Zündverzögerungswinkel α bzw. vom Stromflußwinkel θ. Theoretisch kann mit einer Vollwellensteuerung die Leistung zwischen 0 % und 100 % verändert werden. In der Praxis ist der Steuerbereich wesentlich von der verwendeten Zündelektronik abhängig. Bei einfachen Schaltungen mit RC-Gliedern, Vierschichtdioden und Diacs ist der Bereich zwischen $\alpha \approx 20\,°$ bis $160\,°$ eingeschränkt, während bei integrierten Impulsgeneratoren fast ideale Werte erreicht werden.
Der Zusammenhang zwischen der Leistung eines Verbrauchers und dem Zündwinkel α bzw. dem Stromflußwinkel θ ist bei einer Phasenanschnittsteuerung nicht linear. Das Diagramm in **Bild 8.37** zeigt diesen Zusammenhang, wobei das Leistungsverhältnis P_{α}/P_{max} auf der Y-Achse aufgetragen ist.

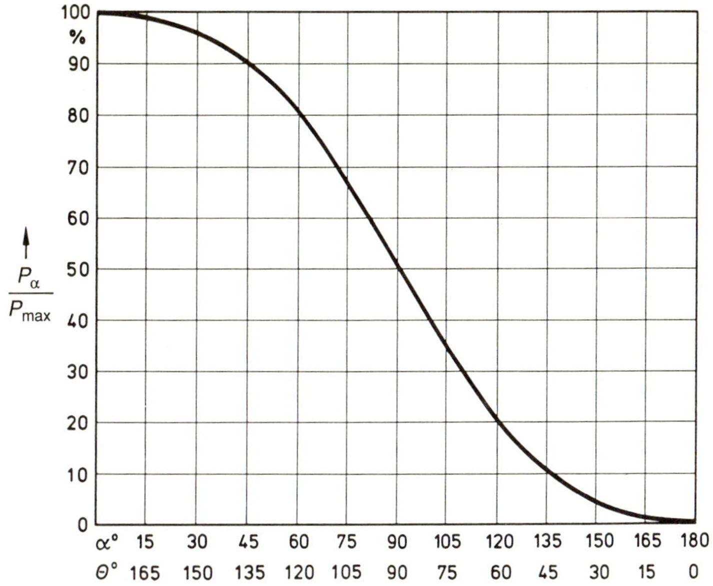

Bild 8.37 Zusammenhang zwischen P_α/P_{max} und α bzw. Θ bei Phasenanschnittsteuerungen mit Vollwellenbetrieb

P_α: am Lastwiderstand umgesetzte Leistung bei einem Zündverzögerungswinkel α

P_{max}: größte am Lastwiderstand umgesetzte Leistung

8.5.1.1 Phasenanschnittsteuerung mit RC-Glied

Die beiden Schaltungen in **Bild 8.38** zeigen das Grundprinzip einer Phasenanschnittsteuerung mit Thyristor und RC-Glied.

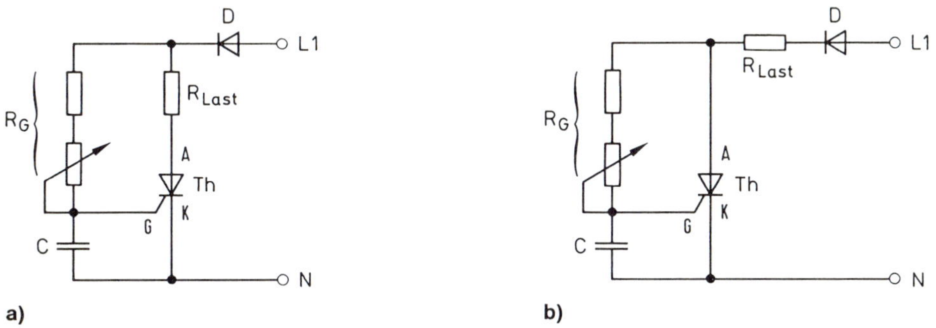

Bild 8.38 Phasenanschnittsteuerung mit RC-Glied

Bei den Schaltungen nach Bild 8.38 wird der Kondensator C während der positiven Halbwelle über den veränderbaren Vorwiderstand R_G aufgeladen. Je nach Widerstandswert von R_G steigt die Spannung am Kondensator schneller oder langsamer an. Dadurch wird die zum Zünden des Thyristors erforderliche Gatespannung erst mit einer einstellbaren Verzögerung gegenüber dem Beginn der positiven Halbwelle der Betriebsspannung erreicht. Als Folge davon fließt der Strom nur noch während eines kürzeren Zeitabschnittes.
Sobald der Thyristor gezündet hat, wird der Kondensator über die Gate-Katodenstrecke des Thyristors teilweise wieder entladen. Die Schaltung 8.38 b hat den Vorteil, daß nach dem Zünden des Thyristors als Ladespannung des Kondensators nur noch die kleine Durchlaßspannung des Thyristors auftreten kann.
Mit den Schaltungen nach Bild 8.38 lassen sich Stromflußwinkel von etwa $\theta = 20°$ bis 160° erreichen. Beide Schaltungen haben aber für den praktischen Einsatz eine Reihe von Nachteilen, die nur durch zusätzliche Schaltungsmaßnahmen beseitigt werden können.

8.5.1.2 Phasenanschnittsteuerung mit Triac und Diac

Mit Triacs lassen sich auf recht einfache Weise Phasenanschnittsteuerungen für Vollwellenbetrieb aufbauen. Die Zündung erfolgt in der Regel mit Impulsen. Wird als Impulsgenerator ein Diac verwendet, ergibt sich eine einfache Schaltung wie in **Bild 8.39** dargestellt. Sie ist für einen Betrieb mit einer Wechselspannung $U_B = 50$ V und einen Lastwiderstand $R_L = 560\ \Omega$ ausgelegt.

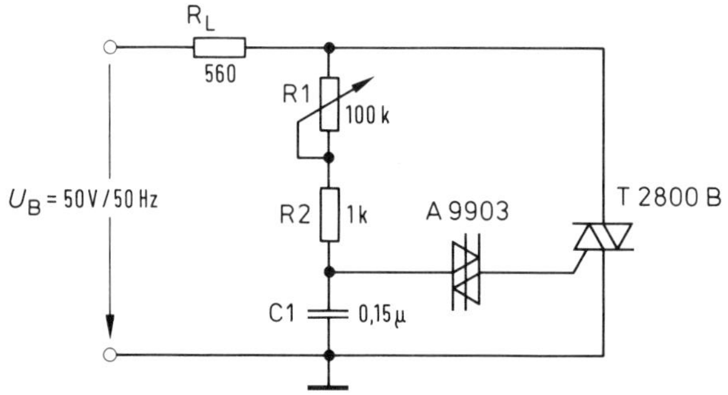

Bild 8.39 Phasenanschnittsteuerung mit Triac und Diac

Bei jedem Nulldurchgang der Wechselspannung sperrt der Triac und wird damit hochohmig. Zu Beginn einer jeden Halbwelle liegt die sinusförmige Betriebsspannung an dem RC-Glied und der Kondensator C1 wird über die Widerstände R1 und R2 aufgeladen. Sobald seine positive oder negative Ladespannung die positive bzw. negative Durchbruchspannung des Diac erreicht, zündet der Diac und es erfolgt eine Entladung des Kondensators über den Diac und das Gate des Triacs. Dadurch wird der Triac gezündet und bleibt bis zum Ende der Halbwelle im leitenden Zustand. Lade- und Zündvorgang wiederholen sich in gleicher Weise während jeder positiven und negativen Halbwelle. Die Ladezeit des Kondensators C1 bis zum Erreichen der Durchbruchspannung des Diacs hängt sowohl von der Größe der Durchbruchspannung des Diacs

als auch von der Kapazität des Kondensators ab. Da die Durchbruchspannung mit der Wahl eines Diac-Typs festliegt, kann der Zündverzögerungswinkel nur durch eine Veränderung der Ladezeit beeinflußt werden. Eine genaue Berechnung der erforderlichen Werte ist nur mit Hilfe der höheren Mathematik möglich, weil das RC-Glied nicht an einer Gleichspannung, sondern an einer sinusförmigen Spannung liegt. Daher wird in der Praxis bei der Wahl geeigneter Werte für C1, R1 und R2 auf Erfahrungswerte zurückgegriffen, die dann durch Versuche optimiert werden.
Die Synchronisation des Impulsgenerators mit der Netzfrequenz erfolgt bei dieser Schaltung, indem die Ladespannung hinter dem Lastwiderstand abgegriffen wird. Solange der Triac leitend ist, ist die Ladespannung gleich der kleinen Durchlaßspannung des Triacs, und es kann keine Aufladung erfolgen. Erst wenn der Triac nach einem Nulldurchgang der Wechselspannung wieder sperrt, beginnt eine erneute Aufladung von C1.
Wird in der Schaltung nach Bild 8.39 der Widerstandswert von R1 verringert, so wird C1 schneller aufgeladen und damit der Zündwinkel kleiner. Der umgekehrte Fall tritt ein, wenn der wirksame Widerstandswert von R1 vergrößert wird. In **Bild 8.40** sind die Zusammenhänge für drei verschiedene Zündverzögerungswinkel bzw. Stromflußwinkel dargestellt.

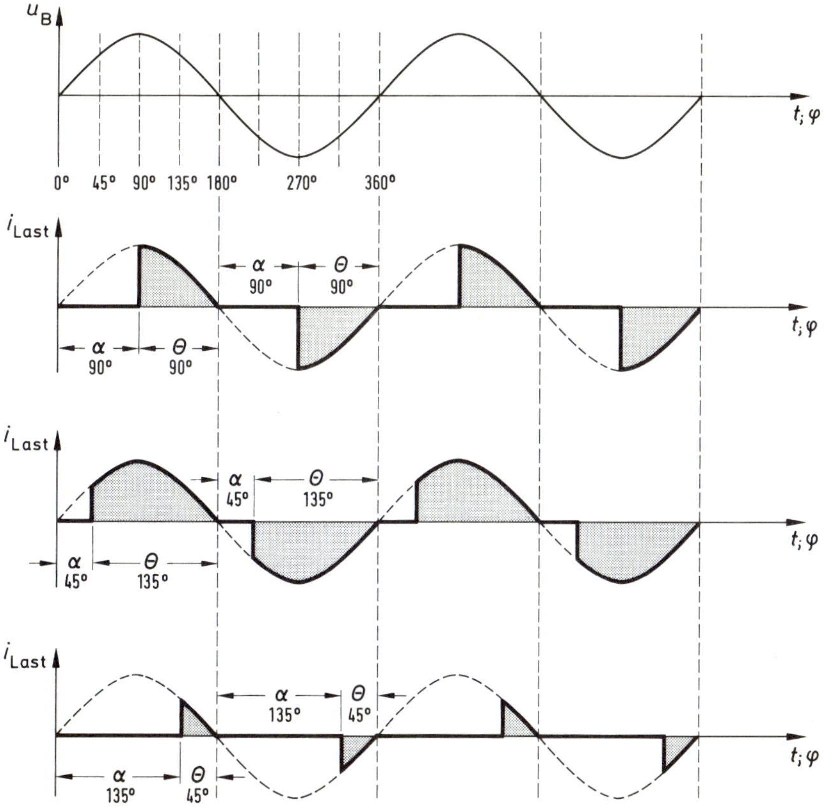

Bild 8.40 Phasenanschnittsteuerung bei der Schaltung nach Bild 8.39

Eine nach Bild 8.39 aufgebaute Schaltung arbeitet bereits einwandfrei als Phasenanschnittsteuerung. Sie hat aber noch den Nachteil, daß eine erhebliche Hysterese auftritt. Diese macht sich dadurch bemerkbar, daß das Potentiometer R1 zunächst von 0 % bis etwa 40 % seines Widerstandsbereiches verstellt werden muß, bis der Triac erstmalig zündet. Ist aber diese erstmalige Zündung erfolgt, so kann das Potentiometer wieder bis auf etwa 5 % seines Widerstandswertes zurückgestellt werden, ehe der Triac nicht mehr zündet. Wird als Lastwiderstand z. B. eine Glühlampe verwendet, so kann diese wegen der Hysterese nicht mit geringster Helligkeit eingeschaltet werden. Sie wird sofort mit der Helligkeit leuchten, die der Potentiometerstellung beim erstmaligen Zünden entspricht. Ursache für diese Hysterese ist der gegenüber dem Dauerbetrieb etwas unterschiedliche Lade- und Entladevorgang in der ersten Halbwelle nach dem Anlegen der Betriebsspannung.
Diese unerwünschte Hysterese kann erheblich verkleinert werden, wenn noch ein zweites RC-Glied nachgeschaltet wird. **Bild 8.41** zeigt eine solche verbesserte Schaltung.
Wird bei der Schaltung nach Bild 8.41 eine Glühlampe als Lastwiderstand verwendet, so wird eine solche Phasenanschnittsteuerung auch als Dimmer bezeichnet. Die angegebene Schaltung ist so dimensioniert, daß Glühlampen bis zu $P \leqq 1700$ W verwendet werden können.

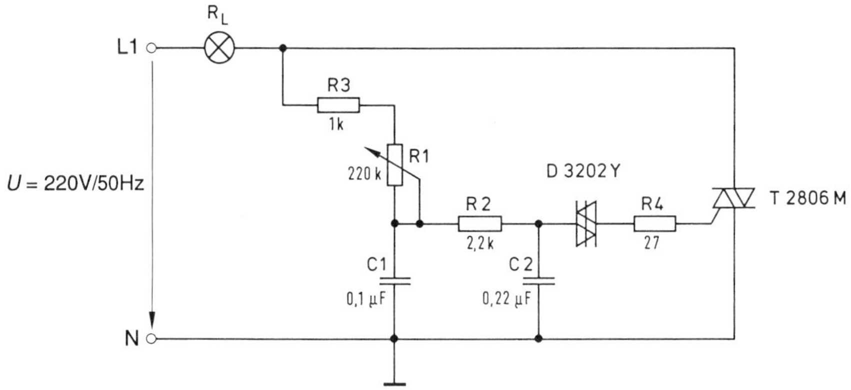

Bild 8.41 Phasenanschnittsteuerung mit kleiner Hysterese

Der Zündverzögerungswinkel α hängt bei einer Schaltung nach Bild 8.41 vom Zusammenwirken mehrerer Komponenten ab, und zwar von den Ladewiderständen R1, R2 und R3, von den Ladekondensatoren C1 und C2 sowie von der Durchbruchspannung des verwendeten Diacs. Dadurch kann sehr leicht der Fall eintreten, daß bei einem Aufbau der Schaltung nicht der gesamte Stellbereich von R1 wirksam ist, sondern der Einschaltpunkt z. B. zur Mitte hin verschoben ist. Zum Ausgleich der auftretenden Toleranzen wird daher dem Potentiometer R1 oft noch ein hochohmiger Trimmer parallel geschaltet. Durch ihn ist es möglich, den Einstellpunkt für die Beleuchtungsstärke Null an das zuständige Ende des Potentiometers zu verschieben.

Die heute in großem Umfang verwendeten Dimmer, die anstelle eines einfachen Lichtschalters in Unterputzdosen eingesetzt werden, arbeiten überwiegend nach dem Prinzip der Schaltung entsprechend Bild 8.41. Je nach Hersteller werden die verschiedensten Abwandlungen für den Impulsgenerator verwendet.
Da der Triac in wenigen Mikrosekunden zündet, muß auch der Strom in dieser sehr kurzen Zeit jeweils von $I = 0$ A auf jeden Wert ansteigen, den die Last zum Zündzeitpunkt erfordert. Derartig kurze Stromanstiegszeiten verursachen jedoch Hochfrequenzstörungen, die sich besonders im Kurz-, Mittel- und Langwellenbereich bemerkbar machen. Bei jeder Phasenanschnittsteuerung ist daher ein Entstörfilter erforderlich.
Bild 8.42 zeigt zwei mögliche Ausführungen.

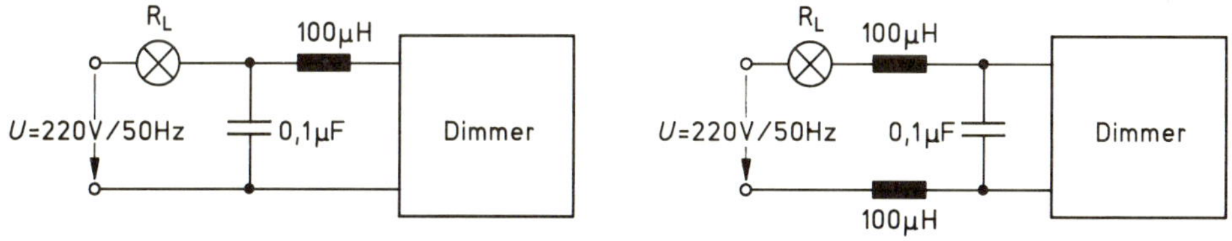

Bild 8.42 Entstörfilter für Dimmer

Die in Bild 8.42 angegebenen Entstörfilter reichen in der Regel aus, die von einem Dimmer erzeugten HF-Störungen weitgehend zu unterdrücken. Die Spulen müssen dabei selbstverständlich für den maximal fließenden Laststrom ausgelegt sein. Vielfach sind die im Haushalt eingesetzten Dimmer bereits mit Entstörfiltern ausgestattet und als kompakte Einheit unzugänglich vergossen.

8.5.1.3 Phasenanschnittsteuerung mit IC

Integrierte Impulsgeneratoren haben wegen ihrer vielfältigen Anwendungsmöglichkeiten eine große Bedeutung. Auch ergibt sich häufig eine einfache Dimensionierung der Schaltung aufgrund der Angaben des Herstellers.
Bild 8.43 zeigt eine Phasenanschnittsteuerung für einen Kleinthyristor mit dem integrierten Baustein TCA 785, dessen Blockschaltbild in Bild 8.34 wiedergegeben ist.
Die Schaltung wird unmittelbar an das Wechselstromnetz angeschlossen. Der Stromflußwinkel θ ist zwischen 0 ° und 180 ° einstellbar. Damit läßt sich eine Verbraucherleistung zwischen 0 und 400 W steuern. Die Versorgungsspannung des TCA 785 wird über den Vorwiderstand R 1 aus der Netzspannung durch Gleichrichtung mit der Diode D 1 gewonnen. Eine Stabilisierung erfolgt mit der Z-Diode D4. C 1 dient als Glättungskondensator.

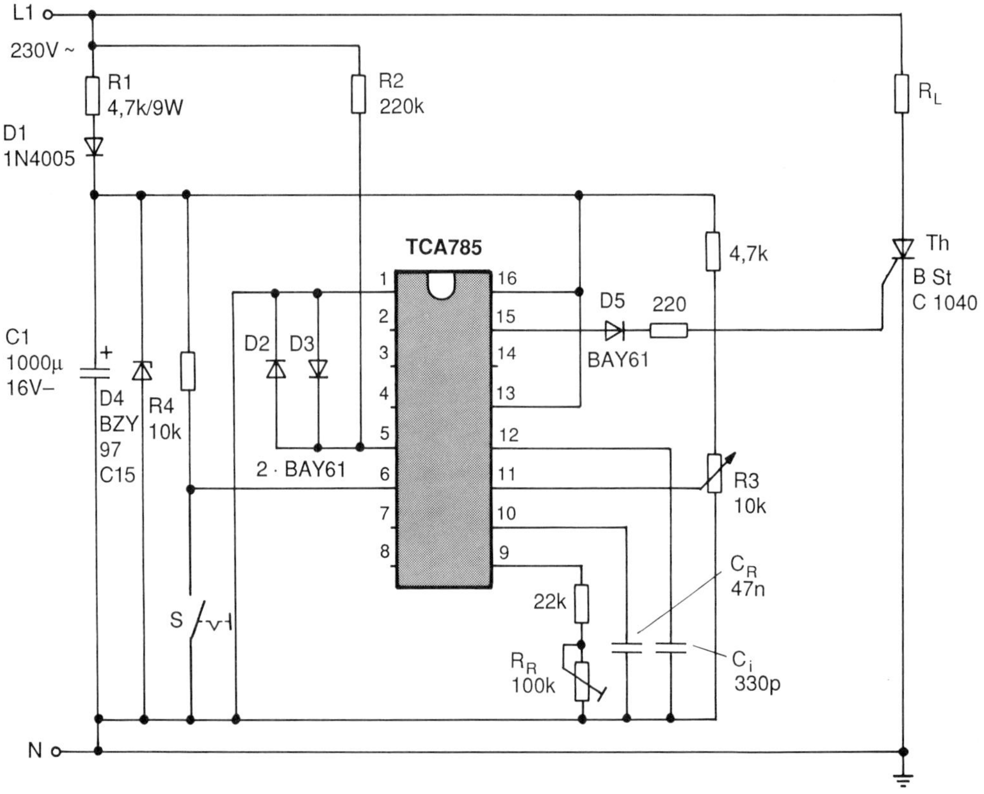

Bild 8.43 Phasenanschnittsteuerung mit integriertem Impulsgenerator TCA 785 (Siemens)

Damit die von der Schaltung gelieferten Zündimpulse in jeder Periode der Wechselspannung zu gleichen eingestellten Zündverzögerungswinkeln auftreten, ist eine Synchronisation mit der Netzspannung grundsätzlich erforderlich. Diese geschieht über die Verbindung von L1 über R2 zu Pin 5. Die antiparallelen Dioden D2 und D3 begrenzen die Spannung am Synchronisiereingang auf +0,6 V.
Die Erzeugung des Zündimpulses ist von einem internen Sägezahngenerator, dessen Rampensteilheit durch den Rampenwiderstand R_R und den Rampenkondensator C_R eingestellt wird, abhängig. Die Einstellung des Zündwinkels erfolgt durch die Verknüpfung von Sägezahnspannung und Steuerspannung, die über das Potentiometer R3 an Pin 11 des ICs gelangt.

Positive Zündimpulse mit einer Periodendauer von 20 ms können an Pin 15 abgenommen werden. Die Impulsbreite wird mit Kondensator C 1 bestimmt. Mit typisch 620 µs/nF liegt sie bei dem verwendeten Kondensator C_i = 330 pF bei 205 µs. Dabei fließt ein Zündstrom von maximal 47 mA. Positive Zündimpulse am IC-Ausgang Pin 15 sind noch davon abhängig, daß an einem weiteren Steuereingang (Inhibiteingang) Pin 6 ein Potential > + 4 V liegt. Über den Vorwiderstand R 4 wird dies erreicht, solange der Schalter S offen ist. Durch Schließen des Schalters S wird Pin 6 auf Masse gelegt, und der Ausgang ist gesperrt, es treten keine Zündimpulse mehr auf.
Es gibt noch viele Einsatzgebiete für Thyristoren und Triacs. Einige weitere Anwendungen sind in den Lehrbüchern der weiterführenden Lehrgänge III und IV A beschrieben. Auch auf die Veröffentlichungen der Hersteller sei an dieser Stelle hingewiesen, da gerade im Zusammenhang mit der ständigen Weiterentwicklung integrierter Schaltungen immer wieder interessante Anwendungen möglich sind.

Sachverzeichnis

Informationen über die bundeseinheitlichen Elektronik-Lehrgänge

Das bundeseinheitliche Elektronik-Schulungsprogramm des HPI ist stufenweise nach dem Baukastenprinzip aufgebaut. Es besteht aus den 3 Grundlehrgängen:

I. Elektrotechnische Grundlagen der Elektronik
II. Bauelemente und Grundschaltungen der Mikroelektronik
III. Baugruppen der Mikroelektronik

sowie den Fachlehrgängen

IVA Leistungselektronik
IVB Meß- und Regelungstechnik
IVC Mikrocomputer
IVD Digitale Steuerungstechnik

Zum Abschluß eines jeden Lehrganges kann der Teilnehmer freiwillig eine Prüfung ablegen. Die Durchführung der Prüfung erfolgt ebenfalls nach einheitlichen Richtlinien. Die bestandene Abschlußprüfung nach dem Lehrgang III ist Voraussetzung für die Teilnahme an den verschiedenen Fachlehrgängen, die sich dann mit den unterschiedlichsten Spezialgebieten befassen.

Mit diesem Schulungsprogramm werden in erster Linie Gesellen, Facharbeiter und Meister aus allen elektronikanwendenden Wirtschaftsbereichen angesprochen. Die Lehrgänge sind also bevorzugt auf den Praktiker ausgerichtet und werden daher praxisnah gestaltet. Es wird keine »Kreide-Elektronik« oder »Demonstrationselektronik« betrieben. Der theoretische Teil ist auf das notwendige Maß beschränkt, und jeder Teilnehmer muß selbständig Schaltungen der Elektronik meßtechnisch untersuchen und die Meßergebnisse auswerten.

Auf diese Weise werden praktische Erfahrungen auch im Umgang mit dem Oszilloskop und anderen Meß- und Prüfgeräten gesammelt. Die »Anerkannten Elektronik-Schulungsstätten« sind entsprechend ausgestattet.

Nur in diesen »Anerkannten Elektronik-Schulungsstätten« kann der »Elektronik-Teil des Berufsbildungspasses« als Qualifikationsnachweis erworben werden. Er besteht aus einer blauen Umschlaghülle im Format DIN A 6 mit dem Aufdruck »Berufsbildungspaß«, in die eine Stammkarte mit den Personalien des Inhabers eingeschoben wird. In diese Paßhülle können die einzelnen Teilnahmebescheinigungen als Maßnahmeblätter eingeheftet werden. Für jeden Lehrgang ist ein eigenes Maßnahmeblatt vorgesehen. Es enthält den Rahmenlehrplan für den jeweiligen Lehrgang sowie Angaben über dessen Dauer. Zusätzlich wird ein Prüfungszeugnis im A4-Format ausgegeben.

Das Verzeichnis der »Anerkannten Elektronik-Schulungsstätten« kann bei der Leitstelle, Heinz-Piest-Institut, 3000 Hannover 1, Wilhelm-Busch-Straße 18, Telefon (0511) 70155-15, kostenlos angefordert werden.

Aufbau des Schulungsprogramms

GRUNDLEHRGANG
Teil I
160 Stunden

I
Elektrotechnische Grundlagen der Elektronik

Nach Abschluß dieses Lehrganges besteht die Möglichkeit zur Ablegung einer Zwischenprüfung

---

GRUNDLEHRGANG
Teil II
160 Stunden

II
Bauelemente und Grundschaltungen der Mikroelektronik

Nach Abschluß dieses Lehrganges besteht die Möglichkeit zur Ablegung einer Zwischenprüfung

---

GRUNDLEHRGANG
Teil III
160 Stunden

III
Baugruppen der Mikroelektronik

Nach Abschluß dieses Lehrganges besteht die Möglichkeit zur Ablegung der Prüfung »Grundausbildung Elektronik«. Bestandene Prüfung berechtigt zur Teilnahme an beliebigen Fachlehrgängen

---

FACHLEHRGÄNGE
je 120 Stunden

Nach Abschluß eines jeden Lehrganges besteht die Möglichkeit zur Ablegung einer Prüfung

IV A | IV B | IV C | IV D | IV E | IV F

IV A Leistungselektronik
IV B Meß- und Regelungstechnik
IV C Mikrocomputer
IV D Digitale Steuerungstechnik

(Die Reihe der Fachlehrgänge wird noch erweitert und auf andere Gebiete ausgedehnt. Die Lehrgänge laufen parallel.)